JOHANNES DECHANT

Ultrarotspektroskopische Untersuchungen an Polymeren

Ultrarotspektroskopische Untersuchungen an Polymeren

von

JOHANNES DECHANT

UNTER MITARBEIT VON

RUDI DANZ

WOLFGANG KIMMER

RUDOLF SCHMOLKE

Mit 82 Tabellen und 154 Abbildungen

AKADEMIE-VERLAG · BERLIN

1972

Autoren:

Dr. rer. nat. JOHANNES DECHANT
Institut für Polymerenchemie
der Deutschen Akademie der Wissenschaften zu Berlin in Teltow

Dr. rer. nat. RUDI DANZ
Institut für Polymerenchemie
der Deutschen Akademie der Wissenschaften zu Berlin in Teltow

Dr. rer. nat. WOLFGANG KIMMER
Kombinat VEB Chemische Werke Buna in Schkopau

Dr. rer. nat. RUDOLF SCHMOLKE
Kombinat VEB Chemische Werke Buna in Schkopau

Erschienen im Akademie-Verlag GmbH, 108 Berlin, Leipziger Straße 3—4

Lizenz-Nr. 202 · 100/435/72
Einband und Schutzumschlag: Hanz Kurzhahn
Gesamtherstellung: VEB Druckhaus „Maxim Gorki", 74 Altenburg
Bestellnummer: 761 500 2 (5841) · ES 18 B 1 / 18 B 5
Printed in German Democratic Republic

Vorwort

Dieses Buch wurde geschrieben, um den Wissenschaftlern, die sich in der Industrie und in Forschungsinstituten mit der Ultrarotspektroskopie der Polymere befassen, das erforderliche literarische Rüstzeug in einem überschaubaren Rahmen in die Hand zu geben. Der Plan für dieses Vorhaben wurde bereits vor einer Reihe von Jahren gefaßt, als wir das Fehlen eines solchen Buches als spürbaren Mangel empfanden und wir uns für unsere Arbeit eine umfangreiche Schrifttumskartei anlegten. In der Zwischenzeit erschienen einige Werke zu dieser Thematik, in denen jeweils spezielle Gesichtspunkte vorwiegendes Interesse fanden, wie die theoretischen Grundlagen (Zbinden (1964)) oder die Analyse, Identifizierung und Spektrensammlung (Hummel (1968)), so daß die Herausgabe einer allgemeineren Monographie nach wie vor gerechtfertigt und notwendig erscheint.

Bei der Auswahl und Darstellung des Textes mußten die sehr unterschiedlichen Vorkenntnisse der Benutzer, an die sich das Buch wendet, berücksichtigt werden. Das Stoffgebiet ist viel zu umfangreich, um in einem Buch und mit begrenzten Kräften alle Probleme erschöpfend darlegen zu können. Andererseits sollte vermieden werden, nur Andeutungen und Literaturhinweise zu bringen. Der dadurch bedingte Kompromiß mußte dazu führen, daß der einzelne Leser einiges vermissen und anderes für überflüssig ansehen wird.

Die gesamte zitierte Literatur befindet sich in alphabetischer Anordnung am Schluß des Buches. Im Text werden gewöhnlich nur der Name des erstgenannten Autors und das Erscheinungsjahr angegeben, so daß der Leser sofort erkennen kann, wie neu die Arbeit ist. Die bis Ende 1971 erschienenen Arbeiten wurden nach Möglichkeit erfaßt. Unser ursprüngliches Vorhaben, die Literatur vollständig zu erfassen, mußte sehr bald in das Bestreben, alle wesentlichen Arbeiten zu berücksichtigen, umgeändert werden.

Die Kapitel 1. bis 5. sind eine Einführung in die experimentellen und theoretischen Grundlagen sowie in die Methodik der ultrarotspektroskopischen Untersuchung von Polymeren. Im sechsten Kapitel werden die an speziellen Polymeren erzielten Ergebnisse beschrieben. Hierbei mußte an die Stelle der Vollständigkeit die Auswahl der wichtigsten Polymertypen treten. Insbesondere konnten nicht alle nur im Labormaßstab hergestellten polymeren Verbindungen und die Vielzahl der Co- und Mischpolymerisate berücksichtigt werden. In dieser Hinsicht sei auf das weit umfassendere Atlaswerk von Hummel (1968) verwiesen. Für die dem einzelnen Polymer gewidmete Ausführlichkeit waren außer der wissenschaftlichen und technischen Bedeutung des Polymers zwei weitere Gründe maßgebend: Sie ist erstens subjektiv bedingt durch die persönlichen Arbeitsgebiete und Interessen der Bearbeiter, und sie hängt zweitens davon ab, ob eine geschlossene und widerspruchsfreie ultrarotspektroskopische Bearbeitung des Polymers bereits erfolgt ist. Anorganische Polymere werden trotz der großen und wachsenden Bedeutung dieser Verbindungsklasse im sechsten Kapitel nicht besprochen. Die in den übrigen Kapiteln beschriebenen methodischen Problemstellungen sind jedoch auch auf die ultrarotspektroskopische Untersuchung der anorganischen Polymere übertragbar.

Das Buch ist als Gemeinschaftswerk entstanden. Die Mitarbeiter Dr. R. DANZ, Dr. W. KIMMER und Dr. R. SCHMOLKE haben nicht nur die mit ihrem Namen gekennzeichneten Abschnitte verfaßt, sondern sie haben darüber hinaus bei der Disposition des ganzen Buches mitgewirkt und die Manuskripte kritisch durchgesehen und ergänzt, so daß ihre Anregungen in alle Teile des Buches eingeflossen sind.

Die Bearbeitung der Monographie wurde durch die großzügige Unterstützung durch das Institut für Polymerenchemie (früher Institut für Faserstoff-Forschung) der Deutschen Akademie der Wissenschaften zu Berlin in Teltow-Seehof und durch das Kombinat VEB Chemische Werke Buna in Schkopau ermöglicht, die es gestatteten, instituts- beziehungsweise betriebseigene Hilfsmittel und Einrichtungen für die Beschaffung und die Bearbeitung der Literatur und für spezielle Untersuchungen einzusetzen, und die die Arbeit in jeder Weise förderten. Bei einzelnen Fragestellungen hat uns eine Reihe von Fachkollegen mit wertvollen Hinweisen und Anregungen unterstützt, wofür ihnen an dieser Stelle herzlich gedankt sei. Insbesondere danke ich dem Direktor des Institutes für Polymerenchemie, Herrn Prof. Dr. B. PHILIPP, sowie den Herren Prof. Dr. G. REINISCH und Dr. habil. Ch. RUSCHER für viele kritische Diskussionen. Herr Dipl.-Krist. D. FANTER unterstützte mich bei der Anfertigung des Sachverzeichnisses. Frau M. JÜTTNER danke ich für ihre tatkräftige Hilfe bei der Anfertigung der Abbildungen und beim Lesen der Korrekturen.

Teltow, im März 1972

JOHANNES DECHANT

Inhaltsverzeichnis

1. Einführung

Das rasche Wachstum der Polymerforschung und der Polymerindustrie in den letzten Jahrzehnten hatte eine ebenso starke Zunahme ultrarotspektroskopischer Untersuchungen an Polymeren zur Folge. Erste zusammenfassende Berichte über die Ultrarotspektren polymerer Verbindungen erschienen etwa 1945 (zum Beispiel THOMPSON und TORKINGTON (1945, 1945a)). Die weiteren Fortschritte waren abhängig von der Konstruktion zuverlässiger Ultrarotspektrometer und von der Entwicklung und Verbesserung der theoretischen Grundlagen für die Interpretation der Schwingungsspektren von Makromolekülen. Noch vor etwa zwanzig Jahren konnte SUTHERLAND (1950) schreiben: *Während beim Ammoniakmolekül eine vollständige Schwingungsanalyse möglich ist, aus der die Bindungslängen und -winkel mit einer Genauigkeit von 1⁰/₀₀ zu ermitteln sind, läßt sich über Polymere an Hand ihres UR-Spektrums kaum mehr aussagen, als daß sie diese oder jene chemischen Gruppen enthalten.* Der letzte Teil dieser Aussage hat sich seither grundlegend gewandelt. Von einer ganzen Reihe einheitlich gebauter Polymere mit einfachen Grundbausteinen liegen vollständige Schwingungsanalysen vor. Auch die qualitativen Ergebnisse gehen über den bloßen Nachweis des Vorhandenseins einer chemischen Gruppe hinaus; die genauen Frequenz- und Intensitätsmessungen ermöglichen Angaben über die Lage, Bindungsverhältnisse und Wechselwirkungen der Gruppen. In sehr starkem Umfang wird die Ultrarotspektroskopie zur quantitativen Analyse eingesetzt, wobei sie oft genauere und fast immer schnellere Ergebnisse zu liefern vermag als konventionelle chemische Methoden.

Am Wert und der Bedeutung der Ultrarotspektroskopie sowohl für die Grundlagenforschung als auch bei der Bearbeitung von Problemen der angewandten Forschung besteht heute kein Zweifel mehr. Es erscheinen zahlreiche Publikationen auf dem Gebiet der Polymerforschung, die Ultrarotspektren enthalten, teils als wesentlichen Bestandteil ihres Inhaltes, teils nur als Illustration. Die weite Verbreitung und der Einzug spektroskopischer Methoden in Betriebslabors, begünstigt durch die auf dem Markt befindlichen leicht zu bedienenden Geräte, bringen es mit sich, daß viele Forscher ohne Spezialausbildung sich mit ultrarotspektroskopischen Arbeiten befassen. Dabei erhebt sich früher oder später der Wunsch nach einem etwas breiteren Verständnis der Grundlagen und der Möglichkeiten dieser Methode. Bei der Befriedigung dieses Wunsches und bei der Auffrischung der Kenntnisse soll dieses Buch helfen. Darüber hinaus soll es den Zugang zur Literatur erleichtern und den Weg durch die anschwellende Literaturflut ebnen.

Die Absorption der Ultrarotstrahlung hängt mit Schwingungen der Moleküle beziehungsweise der Molekülgruppen zusammen. Die Schwingungsfrequenzen werden durch Wechselwirkung zwischen den Gruppen beeinflußt. Niedermolekulare Verbindungen haben normalerweise eine definierte räumliche Struktur und feste intramolekulare Wechselwirkungen, so daß bei Berücksichtigung der Umgebung eine eindeutige Beziehung zwischen der Art des Moleküls und seinem Schwingungsspektrum besteht. Bei Polymeren ist diese Eindeutigkeit nicht mehr in vollem Ausmaß gewährleistet. Zwar hat ein bestimmtes Makromolekül in bestimmter Lage ein definiertes Schwingungsspektrum, dieses hängt aber in stärkerem Maße als bei den niedermolekularen Verbindungen von physikalischen Einwirkungen ab, welche die Konformation und die übermolekulare Struktur verändern. Die Änderungen spiegeln sich im Schwingungsspektrum wider, welches damit wertvolle Informationen über die Struktur enthält und zur Lösung chemischer und physikalischer Probleme beiträgt.

Die theoretische Schwingungsanalyse geht von regulären Makromolekülen aus. Darunter sind gestreckte, regelmäßig gebaute Kettenmoleküle von unendlicher Länge zu verstehen, beziehungsweise die so lang sind, daß ihre Länge auf das Schwingungsspektrum keinen wesentlichen Einfluß mehr hat. Auf diese Weise wird das Problem auf das dynamische Verhalten einer wesentlich kleineren Einheit reduziert und kann mit den bei niedermolekularen Verbindungen gebräuchlichen Methoden behandelt werden. Die Mehrzahl der realen Polymeren ist jedoch von dem idealen Modell des regulären Makromoleküls weit entfernt. Zur physikalischen Unregelmäßigkeit in Gestalt von Kettenfaltungen, dem Wechsel zwischen geordneten und ungeordneten Bereichen und Konformationsänderungen kommen chemische Uneinheitlichkeiten wie Verzweigungen, verschiedene stereoreguläre Konfigurationen und die Sequenzlängenverteilung der Copolymeren. Das experimentell gemessene Spektrum kommt durch die Überlagerung der Spektren einzelner Molekülabschnitte zustande, zwischen denen noch Wechselwirkungen bestehen. Wenn die Spektren trotzdem teils mit Hilfe der charakteristischen Gruppenfrequenzen, teils durch die theoretische Analyse weitgehend interpretiert werden können, so liegt es daran, daß viele der Defektstrukturen entweder nur in einem geringen Anteil vorhanden sind oder nur geringe Auswirkungen auf die Absorptionsbanden haben.

Der experimentellen Methodik kommt für die Erzielung brauchbarer Ergebnisse eine erhebliche Bedeutung zu. Polymere werden häufiger als niedermolekulare Verbindungen im festen Zustand untersucht, da es oft an geeigneten Lösungsmitteln fehlt und die Struktur des polymeren Festkörpers selbst Gegenstand des Interesses ist. Der Präparationstechnik und ihrer Auswirkung auf den Informationsgehalt des Spektrums und auf die Struktur der Polymeren wurde deshalb im Kapitel 4 breiter Raum eingeräumt.

Beim Vergleich der von verschiedenen Autoren angegebenen experimentellen Daten wird oft festgestellt, daß für die gleichen Banden voneinander abweichende Wellenzahlen genannt werden. Häufig werden die in älteren Arbeiten bestimmten Wellenzahlen übernommen, obwohl mit modernen hochauflösenden Gitterspektrometern genauere Messungen möglich sind. Wir haben in diesem Buch meist die in der zitierten Literaturstelle genannten Werte übernommen, teilweise wurde unter mehreren Angaben die wahrscheinlichste oder neueste ausgewählt, soweit nicht eigene genaue Frequenzmessungen durchgeführt wurden. Im allgemeinen ist auch bei unterschiedlichen Wellenzahlen eindeutig zu erkennen, welche Absorptionsbande gemeint ist, wenn man von einigen älteren Arbeiten über das ferne Ultrarot absieht, die größere Unsicherheiten enthalten.

Trotz der unbestrittenen großen Fortschritte, welche die Ultrarotspektroskopie in den vergangenen zwei Jahrzehnten bei der Gewinnung empirischer Daten und bei der theoretischen Schwingungsanalyse der Polymeren zu verzeichnen hat, gibt es noch eine Reihe offener Probleme, die hier wenigstens andeutungsweise erwähnt werden sollen. Die Kenntnisse über den Einfluß der Defektstrukturen — sowohl der unregelmäßig verteilten Störstellen als auch regelmäßiger Kettenfaltungen — auf die Normalschwingungen des Polymermoleküls befinden sich erst in einem Anfangsstadium. Über die Länge regulärer Sequenzen, die erforderlich ist, damit das Molekül wie ein unendlich langes gestrecktes Kettenmolekül behandelt werden kann oder damit bestimmte von der Regularität abhängige Absorptionsbanden auftreten, gibt es eine Reihe empirisch gefundener Ergebnisse, das Problem wurde aber noch nicht in allgemeiner Form theoretisch betrachtet.

Einige im Ultrarotspektrum enthaltene Informationen wurden bisher kaum ausgenutzt, weil es an den erforderlichen theoretischen Grundlagen und an exakten experimentellen Ergebnissen fehlt. Dazu gehören zum Beispiel die absolute integrierte Intensität, die mit der Elektronenstruktur der Bindungen zusammenhängt, und die Bandenform. Letztere wird von einer Reihe Faktoren bestimmt, die schwierig voneinander zu trennen sind, wie die Sequenzlängenverteilung, unterschiedliche lokale Konformationen und unterschiedliche Umgebungen der einzelnen Molekülsegmente. Auf den genannten und anderen Gebieten der Polymerspektroskopie sind weitere Fortschritte zu erwarten. Andererseits kann nicht verschwiegen werden, daß die vorhandenen Möglichkeiten der Ultrarotspektroskopie bei der Erforschung, Herstellung und Verarbeitung der Polymeren noch nicht voll ausgeschöpft werden. Es ist die Absicht der Autoren, mit diesem Buch einen Beitrag zum Schließen der Lücke zu leisten.

In der ersten Disposition war die Raman-Spektroskopie unberücksichtigt geblieben. In jüngster Zeit wurden jedoch mit Erfolg kombinierte ultrarot- und Raman-spektroskopische Untersuchungen bei der Strukturaufklärung von Polymeren und bei der Interpretation der Spektren angewendet. Dieser Fortschritt ist der Entwicklung der Laser-Raman-Spektrometer zu danken. Deshalb wurde der Abschnitt 5.11. über die Raman-Spektroskopie eingefügt, und im sechsten Kapitel wurden die Ergebnisse Raman-spektroskopischer Arbeiten einbezogen.

2. Allgemeine Grundlagen der Ultrarotspektroskopie

In diesem Kapitel sollen die wichtigsten experimentellen Grundlagen der Ultrarotspektroskopie beschrieben werden. Es wird nicht beabsichtigt, eine vollständige Einführung in die Ultrarotspektroskopie und eine umfassende Anleitung zum experimentellen Arbeiten zu geben, da ein solches Vorhaben den Rahmen dieses Buches weit überschreiten würde. Für diesen Zweck gibt es bereits eine Reihe ausgezeichneter Monographien, die eine gründliche Einarbeitung in das Gebiet der UR-Spektroskopie ermöglichen und zahlreiche experimentelle Hinweise enthalten (BAUMANN (1963), BRÜGEL (1962), COLTHUP—DALY—WIBERLEY (1964), DAVIES (1963), DERKOSCH (1967), HOYER (1955), LECOMTE (1958), MILLER (1965), SMITH—JONES—CHASMAR (1957), SZYMANSKI (1964), WEST (1956), WHITE (1964)).

Hier sollen vor allem diejenigen Grundlagen dargelegt werden, die ein auf dem Gebiet der Polymerforschung tätiger Wissenschaftler kennen sollte, um bei der Untersuchung der chemischen und physikalischen Struktur der Polymere die UR-Spektroskopie mit Erfolg anwenden zu können.

2.1. Das Ultrarotspektrum

Aufgabe der Spektroskopie ist es, die Wechselwirkung zwischen elektromagnetischer Strahlung und der Materie zu untersuchen. Diese Wechselwirkung besteht in der Absorption und Emission von Strahlung bestimmter Wellenlängen. Die Ultrarotspektroskopie befaßt sich nur mit einem kleinen Ausschnitt aus dem elektromagnetischen Spektrum, das von den bei der kosmischen Strahlung und den γ-Strahlen der Atomkerne auftretenden Wellenlängen von weniger als 10^{-8} cm bis zu den Radiowellen von mehreren km Länge reicht. Die in Abb. 2.1 eingetragenen Grenzen für die verschiedenen Spektralbereiche lassen sich nur für das sichtbare Gebiet einigermaßen exakt festlegen. Die gegenseitige Abgrenzung der anderen Spektralbereiche ist von der Betrachtungsweise abhängig. Die Unterteilung kann nach der Art der Wechselwirkung (Anregung von Kernniveaus, Elektronenspektren, Molekülschwingungen, Molekülrotationen usw.), nach der Art der Strahlungserzeugung (γ-Strahlen, Elektronenbremsstrahlung, Gasentladungen, thermische Strahlung, elektronische Strahlungserzeuger), nach dem Zerlegungsmittel (Gitter, Prismenmaterial) oder nach anderen Gesichtspunkten erfolgen.

Der ultrarote Spektralbereich erstreckt sich von der langwelligen Grenze des sichtbaren Lichtes bis zur Grenze der Anwendbarkeit thermischer Strahlungsquellen. Er umfaßt damit die Wellenlängen von 0,8 μm bis etwa 300 μm[1]). Da die Wellenlänge λ einer elektromagnetischen Strahlung von der Brechzahl n des Mediums abhängt, ist die unveränderliche Frequenz ν eine zur Kennzeichnung

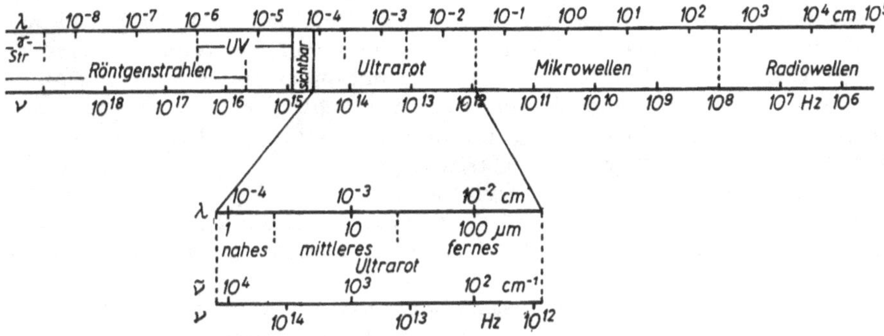

Abb. 2.1 Das elektromagnetische Spektrum in logarithmischer Darstellung.

der Strahlung besser geeignete Größe. Die Frequenz hat jedoch im UR-Gebiet unbequem hohe Zahlenwerte. Deshalb ist es üblich, die der Frequenz proportionale Wellenzahl

$$\tilde{\nu} = \frac{1}{\lambda}\ [\mathrm{cm}^{-1}] \tag{2.1}$$

der Darstellung von Ultrarotspektren zugrunde zu legen. λ ist die im Vakuum gemessene Wellenlänge, die etwa $0{,}3\,^0/_{00}$ größer ist als in Luft. Diese Differenz spielt nur bei mit extrem hoher Auflösung gemessenen Gasspektren eine Rolle und ist bei den uns interessierenden UR-Spektren von Polymeren fast stets ohne Bedeutung. Die Wellenzahl $\tilde{\nu}$ ist durch die Beziehung

$$\Delta E = h\nu = hc\tilde{\nu} \tag{2.2}$$

proportional zur mit der Absorption oder Emission verbundenen Energieänderung ΔE. Hauptsächlich aus diesem Grunde hat sich die Verwendung der Wellenzahl gegenüber der früher üblichen Wellenlänge fast vollständig durchgesetzt. Alle modernen Ultrarotspektrometer liefern eine in Wellenzahlen lineare Darstellung der Spektren.

Vom molekularphysikalischen Gesichtspunkt aus betrachtet, erfaßt die UR-Spektroskopie den Energiebereich, der den Bewegungen (Rotationen und Schwingungen) von Molekülen oder Molekülteilen entspricht, jedoch nicht zur Anregung von Elektronen-Niveaus führt. Diese Bewegungen lassen sich mit den Methoden der klassischen Physik beschreiben. Daher führen die klassische und die quantenmechanische Behandlung der Molekülschwingungen und -rotationen zu korrespon-

[1]) Er liegt also von unseren Sinnesempfindungen aus betrachtet jenseits (ultra) des roten sichtbaren Lichtes. Wir haben daher in diesem Buch die im deutschen Sprachraum seit langem übliche Bezeichnung Ultrarotspektroskopie beibehalten, obwohl in der angelsächsischen Literatur meist Infrared geschrieben wird.

denzmäßig gleichen Ergebnissen. Das kommt unter anderem darin zum Ausdruck, daß die für den harmonischen Oszillator auf klassischem Weg aus dem Kraftgesetz ermittelte Schwingungsfrequenz mit der quantenmechanisch aus den Energietermdifferenzen berechneten Frequenz übereinstimmt (Brügel (1962)). Beim anharmonischen Oszillator, der sowohl dem zweiatomigen Molekül als auch den in begrenzten Gruppen lokalisierten Schwingungen vielatomiger Moleküle besser entspricht, liefert die klassische Berechnung außer der Grundschwingung noch Oberschwingungen, deren Frequenz ein Vielfaches der Grundfrequenz ist. Die quantenmechanische Behandlung des anharmonischen Oszillators zeigt, daß die Auswahlregeln geändert und auch Quantensprünge $\Delta v = \pm 2, \pm 3, \ldots$ erlaubt sind, während beim harmonischen Oszillator nur $\Delta v = \pm 1$ möglich ist. Die mit Quantensprüngen $|\Delta v| > 1$ verbundenen Oberschwingungen liegen jedoch nicht genau, sondern nur angenähert beim Doppelten, Dreifachen usw. der Grundfrequenz.

Die korrespondenzmäßige Übereinstimmung ermöglicht es, die in diskreten Energiequanten erfolgende Absorption der Strahlung durch das anschauliche Bild der Anregung von Schwingungen eines aus Massenpunkten bestehenden Moleküls zu beschreiben. Die Einteilung des UR-Spektrums in das nahe, mittlere und ferne Ultrarot hat sowohl molekularphysikalische als auch durch die Geräteentwicklung bedingte Gründe. Das mittlere Ultrarot, das wir von 4000 cm^{-1} (2,5 μm) bis 400 cm^{-1} (25 μm) rechnen wollen, enthält im wesentlichen die Grundschwingungen und zwar sowohl die Valenzschwingungen, die hauptsächlich in der periodischen Änderung der Atomabstände bestehen, als auch die Deformationsschwingungen, bei denen sich die Bindungswinkel periodisch ändern. Dieser Bereich hat bisher die weitaus meisten und wichtigsten Beiträge zur Ultrarotspektroskopie der Polymere geliefert.

Im nahen Ultrarot treten hauptsächlich Ober- und Kombinationsschwingungen auf. Die höchstfrequente ultrarotaktive Grundschwingung ist die FH-Valenzschwingung im Fluorwasserstoff, die bei 3950 cm^{-1} liegt (Buswell (1940)). Obwohl die Ober- und Kombinationsschwingungen ebenso wie die Grundschwingungen eindeutig mit der Molekülstruktur verknüpft sind und aus ihrem Auftreten wertvolle Schlüsse über die Zuordnung der Grundschwingungen gezogen werden können, wurde das nahe Ultrarot bisher wenig untersucht. Die Ursache dafür sind Schwierigkeiten bei der Deutung der Spektren, die sich aus den Abweichungen der beobachteten Frequenzen von den Vielfachen bzw. Summen der entsprechenden Grundfrequenzen ergeben. Diese Abweichungen werden nicht nur durch die Anharmonizität der Schwingungen, sondern auch durch die Kopplung mit anderen Schwingungen ähnlicher Frequenz bedingt. Infolge der Fermi-Resonanz zwischen benachbarten Energieniveaus von Schwingungen, die zur gleichen Symmetrierasse gehören, können größere Lageverschiebungen und Intensitätsänderungen beobachtet werden. Auch experimentelle Schwierigkeiten haben zur Vernachlässigung des Oberschwingungsgebietes geführt. Die für Quantensprünge $\Delta v = \pm 2, \pm 3, \ldots$ sehr geringen Übergangswahrscheinlichkeiten erfordern große Schichtdicken, die bei festen Polymeren nicht immer in ausreichender Homogenität hergestellt werden können und Streulichtverluste zur Folge haben.

Die geringe Bedeutung, die bisher die Spektroskopie im fernen Ultrarot für Untersuchungen an Polymeren erfahren hat, wird vor allem durch meßtechnische Gründe bedingt. Kommerzielle Spektrometer für diesen Spektralbereich sind erst seit kurzer Zeit erhältlich und wegen des großen Aufwandes sehr kostspielig. Eigenbauapparaturen wurden, von wenigen Ausnahmen abgesehen (Liang (1956)), meist von Institutionen entwickelt, die sich nicht mit Polymeren befassen. Für Strukturuntersuchungen an Polymeren ist die Spektroskopie im fernen UR von besonderem Interesse, da hier Skelettschwingungen auftreten, an denen größere Gruppen von Atomen beteiligt sind. Diese Schwingungen werden durch intermolekulare Wechselwirkungen stark beeinflußt, sie eignen sich deshalb besonders zur Untersuchung der übermolekularen Ordnung. Wie im nahen UR sind wegen der geringen Intensität größere Schichtdicken erforderlich, sofern es sich nicht um Schwingungen stark polarer Gruppen mit schweren Atomen wie z. B. CF_2 im Polytetrafluoräthylen handelt.

Die durch UR-spektroskopische Untersuchungen erhaltenen Informationen können durch die Raman-Spektroskopie ergänzt werden. Während im UR-Spektrum solche Schwingungen bzw. Rotationen beobachtet werden, die eine Änderung des Dipolmomentes bewirken, treten im Raman-Spektrum die Linien auf, bei denen mit dem Übergang zwischen den Energieniveaus eine Änderung der Polarisierbarkeit verbunden ist. Übergänge, die UR-inaktiv sind, können daher Raman-aktiv sein. Darauf wird im 3. Kapitel näher einzugehen sein. Die Ramanspektroskopie von Polymeren wird durch besondere experimentelle Schwierigkeiten beeinträchtigt (Nielsen (1964)). Im Lösungszustand sind die erreichbaren Konzentrationen meist zu gering, um genügend intensive Ramanlinien des gelösten Polymers zu erhalten, und die Zahl der brauchbaren Lösungsmittel ist sehr beschränkt. Feste Polymere weisen eine starke Rayleigh-Streuung auf, wodurch die Ramanlinien überstrahlt werden. In der Polymerforschung ist daher die Bedeutung der Raman-Spektroskopie hinter der UR-Spektroskopie zunächst zurückgeblieben. Mit der Weiterentwicklung der Raman-Spektrometer und insbesondere durch die Anwendung von Laser-Lichtquellen gelang es jedoch in den letzten Jahren, eine Reihe von Polymeren Raman-spektroskopisch zu untersuchen, worüber im Abschnitt 5.11. berichtet wird.

2.1.1. *Darstellung von UR-Spektren*

Ein Spektrum besteht grundsätzlich aus der Angabe der Quantität (z. B. Intensität) einer Strahlung in Abhängigkeit von der Qualität (z. B. Wellenlänge). Aus weiter oben angeführten Gründen ist hinsichtlich der Abszisse eine wellenzahllineare Darstellung zu bevorzugen. Bei wellenlängenlinearer Auftragung wird die kurzwellige Seite des Spektrums stark zusammengedrängt, bzw. die langwellige Seite auseinandergezogen, wodurch leicht Irrtümer über die Bandenschärfe und das Auflösungsvermögen des Gerätes entstehen.

Als Ordinate wird meist der Transmissionsgrad (Durchlässigkeit, englisch: transmittance)

$$\tau = \frac{\Phi}{\Phi_0} \tag{2.3}$$

aufgetragen, wo Φ_0 der einfallende und Φ der von der Probe durchgelassene Lichtstrom sind, da diese Größe in Zweistrahlspektrometern einfach zu erfassen ist.

Weniger gebräuchlich ist der Absorptionsgrad

$$\alpha = 1 - \tau \tag{2.4}$$

Einstrahlspektrometer registrieren das Produkt aus Emissionsvermögen der Strahlungsquelle, Transmissionsgrad des Spektrometers einschließlich des Luftweges, Transmissionsgrad der Probe und spektraler Empfindlichkeit des Empfängers.

Für die quantitative Analyse ist die Kenntnis der Extinktion[1])

$$E = \log \frac{\Phi_0}{\Phi} = -\log \tau \tag{2.5}$$

wesentlicher als die des Transmissionsgrades. Viele Spektrometer ermöglichen durch Einschaltung eines logarithmischen Stellgliedes oder Verwendung eines Zweitschreibers die Registrierung der Extinktion. Das Aussehen des Spektrums wird dadurch sehr verändert. Deshalb ist beim Vergleich von Spektren sorgfältig auf eine vergleichbare Darstellung zu achten (Abb. 2.2).

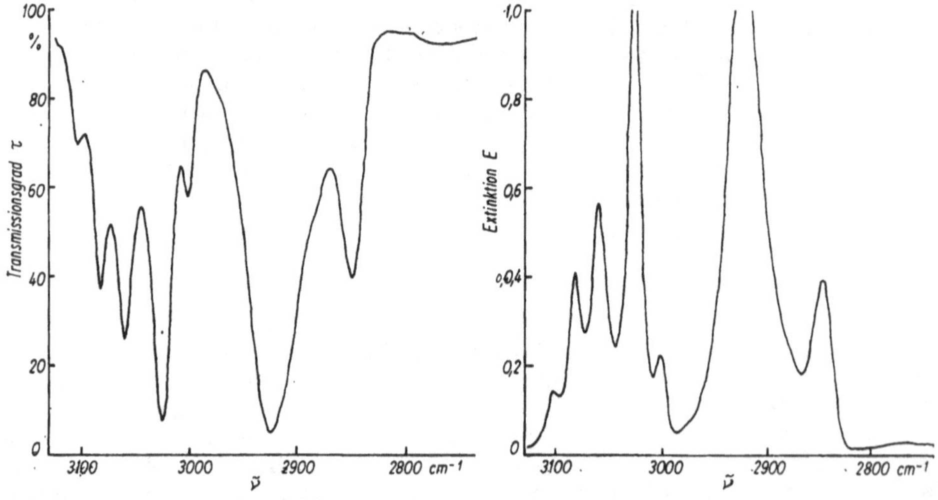

Abb. 2.2 Einfluß des Ordinatenmaßstabs auf das Aussehen von Ultrarotspektren (ν(CH)-Banden von Polystyrol).

[1]) Die Bezeichnung *Extinktion* ist nicht korrekt, da mit dieser Wortbildung der *Vorgang* der Lichtschwächung und nicht das Ergebnis zu benennen ist. Im Englischen wird $\log \Phi_0/\Phi$ oft mit absorbance A bezeichnet, jedoch gibt es dafür keine gute deutsche Übersetzung. Die richtige deutsche Benennung für die logarithmierte Verhältnisgröße wäre *Absorptionsmaß* (DIN 5485).

2.2. Ultrarotspektrometer und Zubehör

2.2.1. Ultrarotspektrometer

2.2.1.1. Prinzipieller Aufbau

Die großen Erfolge, die mit Hilfe der Ultrarotspektroskopie bei der Erforschung der Polymere erzielt werden konnten, wurden zu einem guten Teil dadurch ermöglicht, daß die feinmechanisch-optische Industrie Hochleistungsspektrometer entwickelte, die mit einem minimalen Aufwand an experimenteller Arbeit die Anfertigung guter Ultrarotspektren gestatten. Durch den hohen Grad an Automatisierung, der in den Geräten verwirklicht wurde, kann sich der Bearbeiter ganz auf die Präparation der Proben und die theoretische Auswertung der Spektren konzentrieren. Diese Beschränkung birgt jedoch die Gefahr in sich, daß das Leistungsvermögen der Spektrometer nicht voll ausgenutzt und durch unvorteilhafte Betriebsbedingungen ein Teil des Informationsgehaltes der UR-Spektren verschenkt wird.

Es erscheint aus diesem Grunde nicht unangebracht, einige Grundprinzipien der Konstruktion und des Betriebes von UR-Spektrometern an dieser Stelle zu

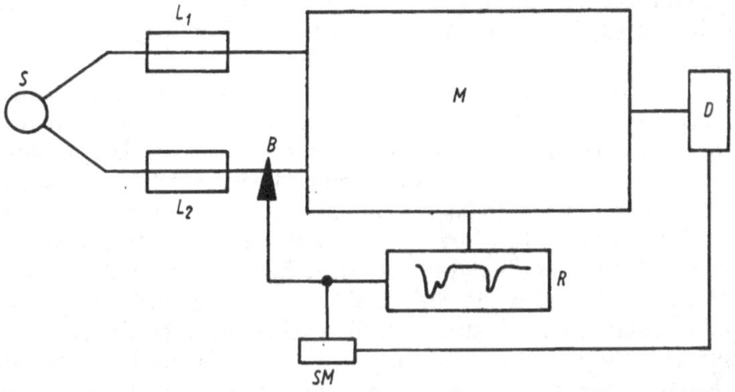

Abb. 2.3 Prinzip des Zweistrahlspektrometers.
S — Strahlungsquelle, L_1 — Meßstrahl, L_2 — Vergleichsstrahl, M — Monochromator, D — Detektor und Verstärker, SM — Stellmotor, R — Registriereinrichtung

erläutern. Für ein tieferes Eindringen in die damit verbundenen Probleme muß auf Spezialwerke verwiesen werden. Viele Hinweise findet man in den Monographien über die UR-Spektroskopie (Baumann (1963), Brügel (1962), Davies (1963), Smith—Jones—Chasmar (1957), White (1964)).

Die grundsätzlichen Bauelemente eines Spektrometers sind Strahlungsquelle, Monochromator und Strahlungsdetektor mit Registriereinrichtung. Das Wirkungsprinzip eines Zweistrahlspektrometers, wie sie heute fast ausschließlich in Gebrauch sind, wird in Abb. 2.3 gezeigt. Die von der Strahlungsquelle S ausgehende Strahlung erreicht auf zwei optisch gleichen Wegen L_1 und L_2 den Monochromator M. Im Meßstrahl L_1 liegt die zu untersuchende Probe, im Vergleichsstrahl L_2 eine Vergleichsprobe (Lösungsmittel, Leerküvette). Ein optischer oder mechanischer Umschalter läßt abwechselnd die Meß- und die Vergleichsstrahlung nach spektraler Zerlegung im Monochromator auf den Strahlungsdetektor gelangen. Das vom Detektor empfangene Signal wird verstärkt und steuert einen Stellmotor SM, der mit Hilfe einer meist kammförmigen Blende B den Vergleichsstrahl soweit schwächt, daß bei der am Monochromator eingestellten Wellenlänge auf den Strahlungswegen L_1 und L_2 gleiche Energie zum Detektor gelangt. Der wesentliche Vorteil des Zweistrahlprinzips besteht in der Möglichkeit zur Registrierung von Differenzspektren und in der Kompensation der Wellenzahlabhängigkeit der von der Strahlungsquelle emittierten Energie sowie der Absorptionsbanden der Luft.

Die ersten Zweistrahlspektrometer wurden 1942 bis 1945 entwickelt (BAKER (1943), LEHRER (1942), SUTHERLAND (1945)); 1947 wurde das erste kommerzielle Gerät dieses Typs beschrieben (BAIRD (1947)). Die meisten Zweistrahlspektrometer können auch auf Einstrahlbetrieb umgeschaltet werden. Das ist für spezielle Anwendungen erforderlich, bei denen der Meßstrahlengang stark verändert wird, sowie bei der Eichung des Gerätes mit den Absorptionsbanden des Kohlendioxyds und Wassers der atmosphärischen Luft.

In der technischen Ausführung weisen die kommerziellen Geräte erhebliche Unterschiede auf. Jedes Gerät hat seine vorteilhaften Eigenschaften, doch kann kein Gerät alle Vorteile in sich vereinigen. Bei der ständigen Weiterentwicklung, die von allen UR-Spektrometer produzierenden Firmen betrieben wird, ist es nicht angebracht, eines oder mehrere Geräte besonders hervorzuheben. Zu den besonderen Anforderungen, die bei der Untersuchung von Polymeren an ein UR-Spektrometer zu stellen sind, gehören u. a. geringe thermische Belastung der Probe, Meßbarkeit kleiner Proben und die Bereitstellung von bestimmtem Zubehör (Polarisatoren, ATR-Einrichtung). Die beiden ersten dieser Forderungen lassen sich im allgemeinen leichter verwirklichen, wenn ein Nernststift als Strahlungsquelle verwendet wird, da Siliziumkarbidstäbe größere Dimensionen haben. Die Temperaturempfindlichkeit der Proben schränkt den Einsatz von Strahlungskondensoren zur Messung kleiner Proben ein. Um Manipulationen an den Proben während der Messung zu erleichtern und das Zubehör ohne Schwierigkeiten einsetzen zu können, sollte der Probenraum leicht zugänglich und nicht zu klein sein.

Das sehr hohe Auflösungsvermögen von modernen Hochleistungsspektrometern ist bei der Spektroskopie von festen Polymeren nicht unbedingt erforderlich. Durch intermolekulare Wechselwirkungen werden die Absorptionsbanden in den kondensierten Phasen verbreitert, und es können auch durch höchste Auflösung keine solchen Details wie in den Rotationsschwingungsspektren von Gasen sichtbar gemacht werden. Diese Geräte haben jedoch eine große Leistungsreserve, die ausgenutzt werden kann, indem durch Vergrößerung der Spaltbreite bei etwas verringerter Auflösung gearbeitet wird. Die auf diese Weise gewonnene Energie ermöglicht die Verwendung einer schnelleren Registriergeschwindigkeit, wodurch der Zeitaufwand und die Gefahr einer thermischen Schädigung der Probe herabgesetzt werden. Außerdem kann durch Einfügen einer Blende in den Meßstrahlengang bei gleichzeitiger entsprechender Schwächung des Vergleichsstrahls ein kleinerer Probenquerschnitt untersucht werden.

Abb. 2.4 zeigt die Auflösung der CH-Valenzschwingungen von Polystyrol bei verschiedenen Registrierbedingungen. Mit einem Lithiumfluoridprisma kann durch Verringerung der spektralen Spaltbreite von 3 cm^{-1} auf 1,5 cm^{-1} die Auflösung nicht verbessert werden, während die erforderliche Registrierdauer stark erhöht wird. Das Natriumchloridprisma hat wegen der geringeren Dispersion ein schlechteres Auflösungsvermögen und bringt nicht alle Feinheiten des Spektrums zur Geltung.

Der mit Prismenspektrometern erfaßbare Spektralbereich erstreckt sich bei Verwendung eines Cäsiumjodidprismas bis 200 cm^{-1}. Um in allen Bereichen eine gute Auflösung zu erzielen, sind für die größeren Wellenzahlen weitere Prismen mit größerer Dispersion notwendig. Die Prismenspektrometer werden langsam aber sicher durch Gitterspektrometer verdrängt, die unter vergleichbaren Bedin-

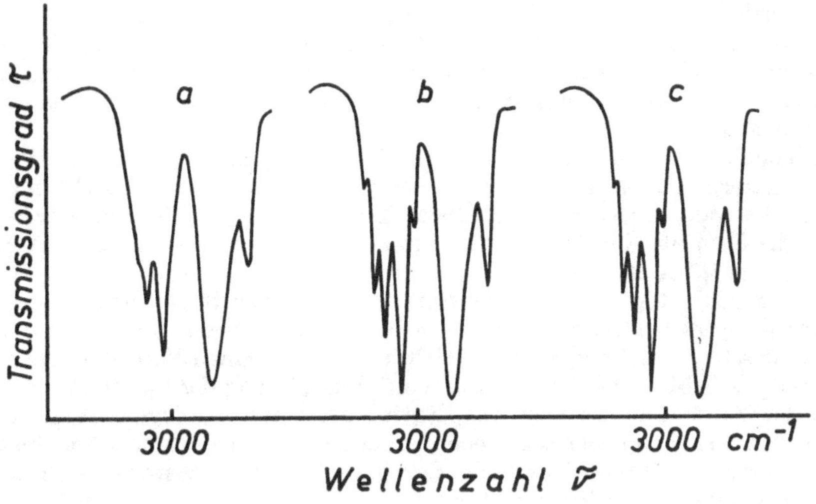

Abb. 2.4 Ultrarotspektren von Polystyrol bei verschiedener Auflösung.
a — NaCl-Prisma, spektrale Spaltbreite 15 cm^{-1}, Registriergeschwindigkeit 150 cm^{-1}/min
b — LiF-Prisma, spektrale Spaltbreite 3 cm^{-1}, Registriergeschwindigkeit 150 cm^{-1}/min
c — LiF-Prisma, spektrale Spaltbreite 1,5 cm^{-1}, Registriergeschwindigkeit 50 cm^{-1}/min

gungen ein besseres Auflösungsvermögen und größere Lichtstärke haben. Zur Vermeidung der Überlagerung des in verschiedenen Ordnungen gebeugten Lichtes haben die Gitterspektrometer ein Vorprisma oder hinter dem Monochromator angeordnete Filter, die jeweils nur für einen begrenzten Spektralbereich durchlässig sind. Wie bei den Prismenspektrometern sind zur Erfassung des ganzen ultraroten Spektralbereiches mehrere Gitter mit unterschiedlicher Furchendichte erforderlich.

2.2.1.2. *Optimale Betriebsbedingungen*

Der Informationsgehalt eines UR-Spektrums, worunter das Auflösungsvermögen $\tilde{\nu}/\Delta\tilde{\nu}$ und die photometrische Genauigkeit g zu verstehen sind, wird von den Betriebsbedingungen des Spektrometers bei der Anfertigung des Spektrums bestimmt. Zwischen diesen Größen und der Registriergeschwindigkeit Rg besteht der Zusammenhang (s. HENNIKER (1967) und LUFT (1947))

$$g \cdot (\tilde{\nu}/\Delta\tilde{\nu})^2 \cdot \sqrt{Rg} = \text{const}, \tag{2.6}$$

worin die Konstante ein Maß für die Güte des Spektrometers ist und von der bei der Wellenzahl $\tilde{\nu}$ verfügbaren Energie sowie den Eigenschaften des Strahlungsempfängers und Verstärkers abhängt.

Nur zwei Größen der linken Seite von Gleichung (2.6) sind frei wählbar, die dritte Größe wird durch sie festgelegt. Der Willkür sind jedoch Grenzen gesetzt, denn die photometrische Genauigkeit kann nicht besser sein als die Strichbreite des Schreibers, das maximal erreichbare Auflösungsvermögen wird von den Abmessungen des Prismas oder Beugungsgitters bestimmt, und die Registriergeschwindigkeit kann nicht beliebig schnell oder langsam gewählt werden, da die Zeitkonstanten von Detektor und Verstärker nur in bestimmten Grenzen veränderlich sind.

Die Möglichkeiten zur Variation der Betriebsbedingungen sind bei den einzelnen Spektrometern sehr verschieden. Bei einfachen Routinegeräten steht nur eine geringe Auswahl zur Verfügung. Beim Betrieb von Hochleistungsgeräten ist jedoch die Kenntnis der Zusammenhänge notwendig, um den Informationsgehalt voll auszuschöpfen und das Spektrometer nicht zu überfordern.

Die Genauigkeit g wird im wesentlichen durch das Signal-Rauschverhältnis bestimmt. Geringes Rauschen, wie es für quantitative Messungen oder zur Erkennung sehr schwacher Banden erforderlich ist, bedingt einen Verlust an Auflösung oder Zeit. Dabei ist zu beachten, daß eine Veränderung der Spaltbreite auch die Form der Bande und die maximale Extinktion verändert (vgl. Abschnitt 2.4.). Bei der Untersuchung sehr schwacher Banden kann ein elektronischer Spektrenakkumulator gute Dienste leisten, der durch wiederholte Abtastung des Spektrums das Signal-Rausch-Verhältnis verbessert.

2.2.1.3. *Eichung*

Transmissionsgrad- und Wellenzahlskala eines Spektrometers sind Veränderungen durch äußere Einflüsse oder Abnutzung unterworfen und müssen von Zeit zu Zeit überprüft werden. Die Linearität der Transmissionsgradskala hängt von der mechanischen Genauigkeit der Kammblende im Vergleichsstrahl ab und kann vom Benutzer des Gerätes nicht beeinflußt werden. Zur Überprüfung eignen sich rotierende Sektoren (KRAMER (1963)). Für quantitative Untersuchungen ist neben der Linearität die Kontrolle der 0%- und 100%-Linien erforderlich. Die 0%-Linie kann durch Streulicht verfälscht werden. Die 100%-Linie ist meist nicht für den ganzen Meßbereich auf einen konstanten Wert einstellbar, da Meß- und Vergleichsstrahlengang nie exakt gleich sind. Sie muß daher bei der Wellenzahl der interessierenden Banden abgeglichen werden.

Wenn die Genauigkeit der Abszisse von Bedeutung ist, insbesondere wenn Wellenzahlangaben veröffentlicht werden sollen, muß die Wellenzahlskala vor der Messung geeicht werden. Man kann sich nicht auf den vom Spektrometer angezeigten Wert oder auf den Koordinatenaufdruck des Diagrammpapiers verlassen, da diese durch Temperaturfehler, Luftfeuchte und andere Einflüsse verändert werden können. Das gilt besonders für Prismenspektrometer. Die veröffentlichten Wellenzahlen differieren oft um 10 bis 20 cm^{-1}, obwohl sie auf 0,1 cm^{-1} angegeben sind und so eine große Genauigkeit vortäuschen.

Für eine Anzahl zur Eichung von UR-Spektrometern geeigneter Substanzen wurden Wellenzahltabellen veröffentlicht (Int. Union Pure Appl. Chem. (1961)). Zusammenstellungen sind bei Brügel (1962) und Szymanski (1964) zu finden.

Neben einigen im nahen Ultrarot liegenden Emissionslinien werden zur Eichung die Rotationsschwingungsspektren von Gasen und die Spektren anderer Substanzen mit schmalen Banden und gut definierten Maxima herangezogen. Um exakte Wellenzahlbestimmungen durchzuführen, müssen Eichsubstanz und Probe unmittelbar hintereinander unter gleichen Registrierbedingungen vermessen werden.

Die Verwendung von gasförmigen Eichsubstanzen ist trotz der großen Bandenschärfe nicht immer zweckmäßig, da sie höhere Auflösung als kondensierte Phasen erfordern. In der Praxis haben sich Polystyrol und 1,2,4-Trichlorbenzol als bequem zu handhabende Eichsubstanzen für das nahe und mittlere Ultrarot bewährt. Die Wellenzahlen sind in Tab. 2.1 zusammengestellt. Newbold (1959) empfiehlt, zur Eichung des Spektrometers im Bereich der C=O-Valenzschwingungen Polyvinylmethacrylat (1730 cm^{-1}) und Polyvinylacetat (1738 cm^{-1}) zu verwenden. Bei Arbeiten im fernen Ultrarot wird auf die Rotationsschwingungsspektren von Wasser und Ammoniak zurückgegriffen.

Tabelle 2.1 Eichbanden von Polystyrol und 1.2.4-Trichlorbenzol (nach Brügel (1962))

Substanz	Wellenzahl cm^{-1}	Substanz	Wellenzahl cm^{-1}
Polystyrol	3104,4	1.2.4-Tri-	6020,3
	3082,6	chlorbenzol	4644,2
	3060,5		4322,9
	3026,5		4160,3
	3002,5		4101,6
	2924,2		3930,6
	2850,0		574,5
	1945,8		458,6
	1801,6		439,3
	1602,7		
	1494,9		
	1028,1		
	906,0		
	699,6		

2.2.2. Küvetten und Lösungsmittel

Polymere werden überwiegend in fester Phase untersucht und vorzugsweise ohne weitere Hilfsmittel in das Ultrarotspektrometer eingesetzt. Die Untersuchung im flüssigen oder gelösten Zustand hat geringere Bedeutung, kann aber keinesfalls als vernachlässigbar angesehen werden. Bei der Spektroskopie der Monomeren sowie niedermolekularer Begleitstoffe spielt die Untersuchung in Lösung eine wesentliche Rolle. Darüber hinaus hat die Suspensionstechnik (siehe Abschnitt 4.1.2.) viele Gemeinsamkeiten mit der UR-Spektroskopie von Lösungen.

Die zur Untersuchung von Lösungen geeigneten Küvetten und ihre Handhabung werden in den Gebrauchsanleitungen der Hersteller und einigen Monographien der praktischen UR-Spektroskopie ausführlich beschrieben (z. B. BRÜGEL (1962), WHITE (1964)). Dort sind auch Hinweise zur Bearbeitung der Küvettenfenster zu finden, die häufig nachpoliert werden müssen, da die ultrarotdurchlässigen Materialien meist hygroskopisch und weich sind.

An das Material, aus dem die Küvettenfenster hergestellt werden, sind zwei triviale Anforderungen zu stellen: Es muß erstens im interessierenden Wellenzahlbereich genügend durchlässig sein und zweitens gegenüber der Lösung eine ausreichende chemische und physikalische Beständigkeit aufweisen. In Tab. 2.2 sind die meist verwendeten Fenstermaterialien und ihre wichtigsten Eigenschaften zusammengestellt. Die als hygroskopisch bezeichneten Materialien müssen im Exsikkator oder bei erhöhter Temperatur aufbewahrt werden, da schon die in der Luft enthaltene Feuchtigkeit schädigend wirkt. Einige Materialien, die hauptsächlich wegen ihrer Korrosionsbeständigkeit Verwendung finden, haben eine sehr hohe Brechzahl, die nicht nur Reflexionsverluste sondern auch störende Interferenzen bei Untersuchungen in dünner Schicht verursacht. Sie sollten nur dann benutzt werden, wenn andere Küvettenfenster nicht geeignet sind.

Zur Untersuchung von Polymerlösungen oder von Substanzen, die zur Polymerisation neigen, sind zerlegbare Küvetten geeigneter als Festküvetten, da letztere schwierig zu reinigen sind. Dieser Nachteil wiegt schwerer als die bessere Abdichtung und genauere Schichtdicke der Festküvetten. Die Schichtdicke von zerlegbaren Küvetten läßt sich interferometrisch aus dem Spektrum der leeren Küvette oder durch Extinktionsmessungen an geeichten Substanzen mit genügender Genauigkeit bestimmen.

Gute Dienste leistet bei der Spektroskopie von Lösungen und Suspensionen eine im Vergleichsstrahl angeordnete Küvette mit veränderlicher Schichtdicke. Durch Verschieben einer keilförmigen Schicht oder Veränderung des Abstandes der Küvettenfenster mit einer Mikrometerschraube läßt sich die Absorption des Lösungsmittels oder der Immersion weitgehend kompensieren. Eine vollständige Kompensation ist oft nicht möglich, wenn Wechselwirkungen zwischen Gelöstem und Lösungsmittel bestehen oder die Suspension zu grobkörnig ist.

Größere Schwierigkeiten als die Wahl eines geeigneten Küvettenfensters bereitet die Suche nach brauchbaren Lösungsmitteln. Ein ideales Lösungsmittel für ultrarotspektroskopische Untersuchungen soll keine oder wenig Absorptionsbanden haben. Diese Forderung wird am besten von Verbindungen mit hoher Molekülsymmetrie und kleiner Atomzahl erfüllt. Die Atomzahl bezieht sich dabei auf die individuell schwingende Einheit. H_2O ist trotz seiner kleinen Atomzahl ein denkbar ungeeignetes Lösungsmittel, da die Wassermolekeln stark miteinander in Wechselwirkung treten, was kräftige und sehr breite Absorptionsbanden zur Folge hat.

Die in der UR-Spektroskopie gebräuchlichsten Lösungsmittel Tetrachlorkohlenstoff und Schwefelkohlenstoff haben für viele Polymere nur ein sehr geringes Lösevermögen. Größere Bedeutung haben sie für die Untersuchung von Elasten

Tabelle 2.2 Ultrarotdurchlässiges Material für Küvettenfenster

Material	Anwendungsbereich	Beständigkeit gegen Wasser[1])	Bemerkungen, Literatur
Glas	bis 4000 cm^{-1}	++	
Quarz	bis 2500 cm^{-1}	++	
LiF	bis 1500 cm^{-1}	+−	
CaF_2	bis 1000 cm^{-1}	++	
As_2S_3	bis 850 cm^{-1}	++	unbeständig gegen Laugen, $n = 2{,}40$
Irtran 2 (polykristallines Zinksulfid)	bis 800 cm^{-1}	++	$n = 2{,}26$ (WHITE (1964))
BaF_2	bis 700 cm^{-1}	++	sehr stoßempfindlich
NaCl	bis 600 cm^{-1}	0	
AgCl	bis 450 cm^{-1}	++	lichtempfindlich, weich
Germanium	bis 400 cm^{-1}	++	$n = 4{,}10$
Silizium	bis 400 cm^{-1}	++	$n = 3{,}45$, enthält oft Sauerstoff, der störende Banden verursacht (WAGNER (1965))
Irtran 6	bis 350 cm^{-1}	++	(Eastman Kodak Co.)
KBr	bis 350 cm^{-1}	0	hygroskopisch
KJ	bis 250 cm^{-1}	0	„
KRS-5 (TlBr + TlJ)	bis 250 cm^{-1}	+	weich, giftig; $n = 2{,}40$ (DECHANT (1965))
CsBr	bis 200 cm^{-1}	0	hygroskopisch
CsJ	bis 170 cm^{-1}	0	„
Quarz	ab 175 cm^{-1}	++	(WYSS (1964))
Teflon	ab 175 cm^{-1}	++	(WYSS (1964))
Polyäthylen	ab 400 cm^{-1}	++	(WYSS (1964)), (CONN-AVERY (1960))
Polystyrol	ab 400 cm^{-1}	++	(CONN-AVERY (1960))

[1]) ++ sehr gut, + gut, +− mäßig, 0 unbeständig

(vgl. Abschnitt 6.10.) und ataktischen Polymeren. Es gelang auch, verhältnismäßig schwer lösliche Polymere, wie isotaktisches Polystyrol, Polyparachlorstyrol und Polypropylen, in CS_2 und CS_2—$CHCl_3$-Mischungen zu lösen und Lösungsspektren bei tiefen Temperaturen aufzunehmen, indem die Polymeren bis zu einem genügend niedrigen Molekulargewicht abgebaut wurden (KOBAYASHI (1968)). Meist ist man aber auf polare Lösungsmittel angewiesen, die ein bandenreiches UR-Spektrum und breite undurchlässige Bereiche haben.

Das Lösevermögen polarer Lösungsmittel beruht auf Wechselwirkungen zwischen den Lösungsmittelmolekülen und denen der gelösten Substanz. Durch diese physikalischen oder chemischen Einwirkungen wird das Absorptionsspektrum verändert. Es kann völlig anders aussehen als das Spektrum der betreffenden Substanz im festen Zustand. Auch beim Vergleich von in verschiedenen Lösungsmitteln aufgenommenen Spektren sind die Wechselwirkungskräfte zu beachten, die sowohl die Lage als auch die Intensität der Absorptionsbanden beeinflussen. Bestehen zwischen den gelösten Molekülen stärkere Wechselwirkungen, so können sie Assoziationseffekte zur Folge haben, und das Spektrum ist von der Konzentration abhängig. Dabei spielen Wasserstoffbrücken eine besondere Rolle.

Diese Erscheinungen zusammen mit der begrenzten Auswahl an brauchbaren Lösungsmitteln schränken die Möglichkeit einer UR-spektroskopischen Untersuchung von Polymeren in Lösung ein. Die Lage braucht jedoch nicht völlig pessimistisch beurteilt zu werden, denn es ist gewöhnlich nicht das Ziel einer UR-spektroskopischen Arbeit, das vollständige Absorptionsspektrum einer Probe aufzunehmen, sondern vielmehr einen chemischen oder physikalischen Vorgang zu untersuchen, der sich im Auftreten beziehungsweise in der Veränderung einer oder mehrerer Banden widerspiegelt. Es sind dann nur solche Lösungsmittel erforderlich, die an den interessierenden Stellen, z. B. im Bereich der Carbonylbanden von 1600 cm^{-1} bis 1900 cm^{-1}, genügend durchlässig sind. Für quantitative Messungen bilden Lösungsmitteleinflüsse nicht unbedingt ein Hindernis, da sie mit eingeeicht werden können und, wie oben erwähnt, zumindest teilweise zu kompensieren sind.

In Abb. 2.5 sind die Ultrarotspektren einiger gebräuchlicher Lösungsmittel wiedergegeben. Zahlreiche weitere Spektren und Tabellen sind in den Monographien von SZYMANSKI (1964), WEST (1956) und WHITE (1964) und in einer Arbeit von TORKINGTON (1945) zu finden. MILLER (1965) stellte UR-Spektren von Lösungsmitteln für Polymere zusammen. WYSS u. a. (1964) untersuchten die Durchlässigkeit einiger organischer Lösungsmittel im fernen Ultrarot bis 50 cm^{-1}.

Die Reinigung der Lösungsmittel für die UR-Spektroskopie bereitet keine besonderen Probleme, wenn die Verunreinigungen keine starken Absorptionsbanden in den interessierenden Spektralbereichen haben. Andererseits ist bei niedrigen Konzentrationen der untersuchten Substanz damit zu rechnen, daß auch geringe Verunreinigungen durch chemische Reaktionen oder physikalische Wechselwirkung das UR-Spektrum verfälschen können. Einige Lösungsmittel enthalten Stabilisatoren, die entfernt werden müssen; z. B. wird Chloroform 1 bis 2% Alkohol zugesetzt. Eine Reihe von Arbeitsvorschriften zur Reinigung und Trocknung von Lösungsmitteln wurden von PESTEMER (1951, 1955) und WOHLLEBEN (1955) mitgeteilt. Chromatographische Reinigungsmethoden wurden von HESSE (1955) beschrieben.

Für spezielle Zwecke wurden einige ungewöhnliche Lösungsmittel verwendet. Von HOYER (1960) wurde Schwefeldioxyd vorgeschlagen, das allerdings wegen seines niedrigen Siedepunktes druckfeste Küvetten erfordert. Es ist bei 1450 cm^{-1} und von 1050 bis 600 cm^{-1} durchlässig. LACHER u. a. (1954, 1955, 1955a) benutzten Antimontrichlorid für ultrarotspektroskopische Untersuchungen an Aminosäuren und Antibiotika. Die Wechselwirkung von Polymeren mit Antimontrichlorid wurde von SZYMANSKI (1965) untersucht. Während sich einige Polymere ohne starke Wechselwirkungen lösten, reagierten andere sehr intensiv mit Antimontrichlorid. Die langwellige Durchlässigkeitsgrenze dieses Lösungsmittels liegt bei 800 cm^{-1}. Die mit AgCl-Fenstern und Teflondichtungen versehenen Küvetten

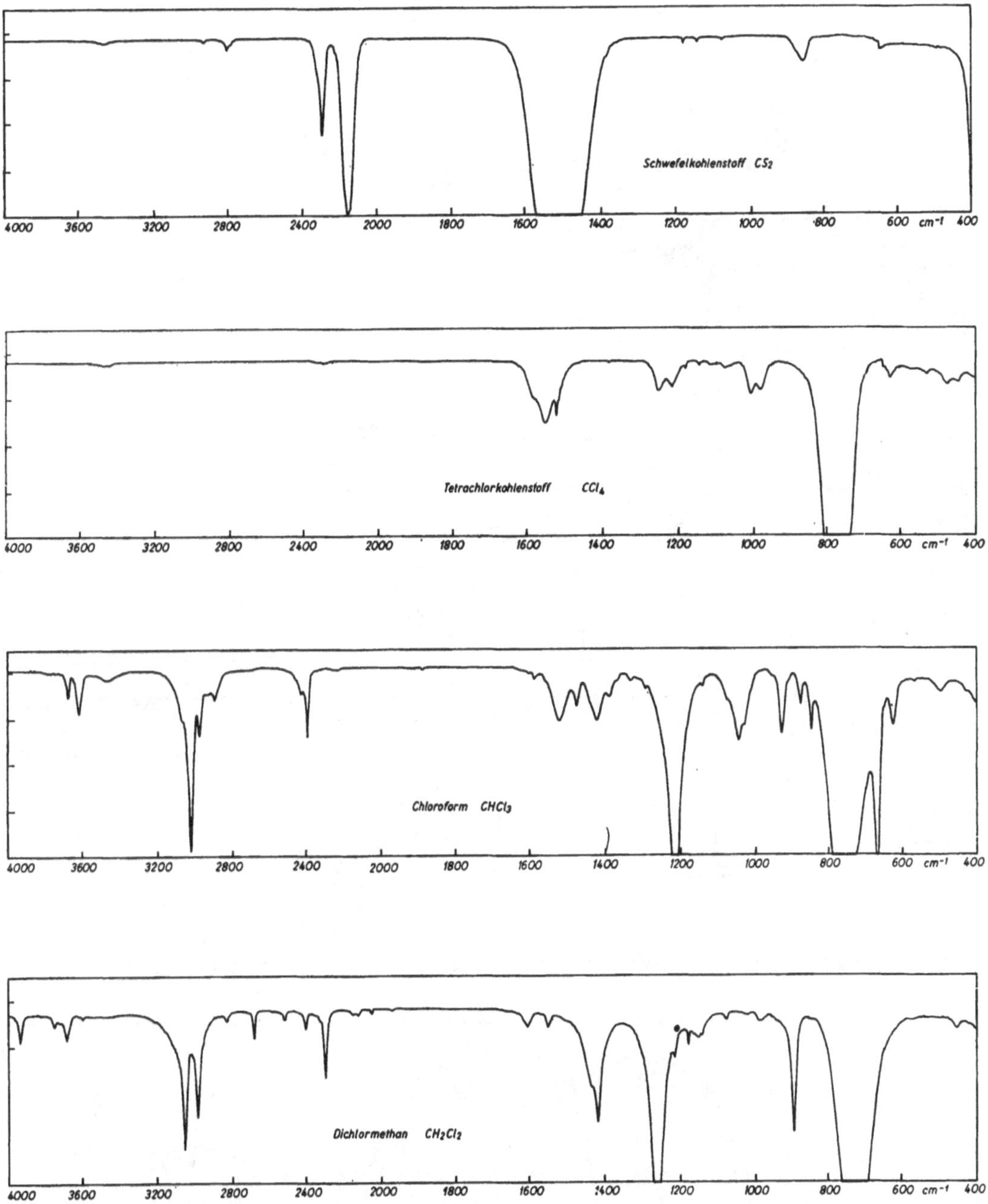

Abb. 2.5 UR-Spektren von einigen für ultrarotspektroskopische Untersuchungen gebräuchlichen Lösungsmitteln (Schichtdicke $d = 0{,}07$ mm).

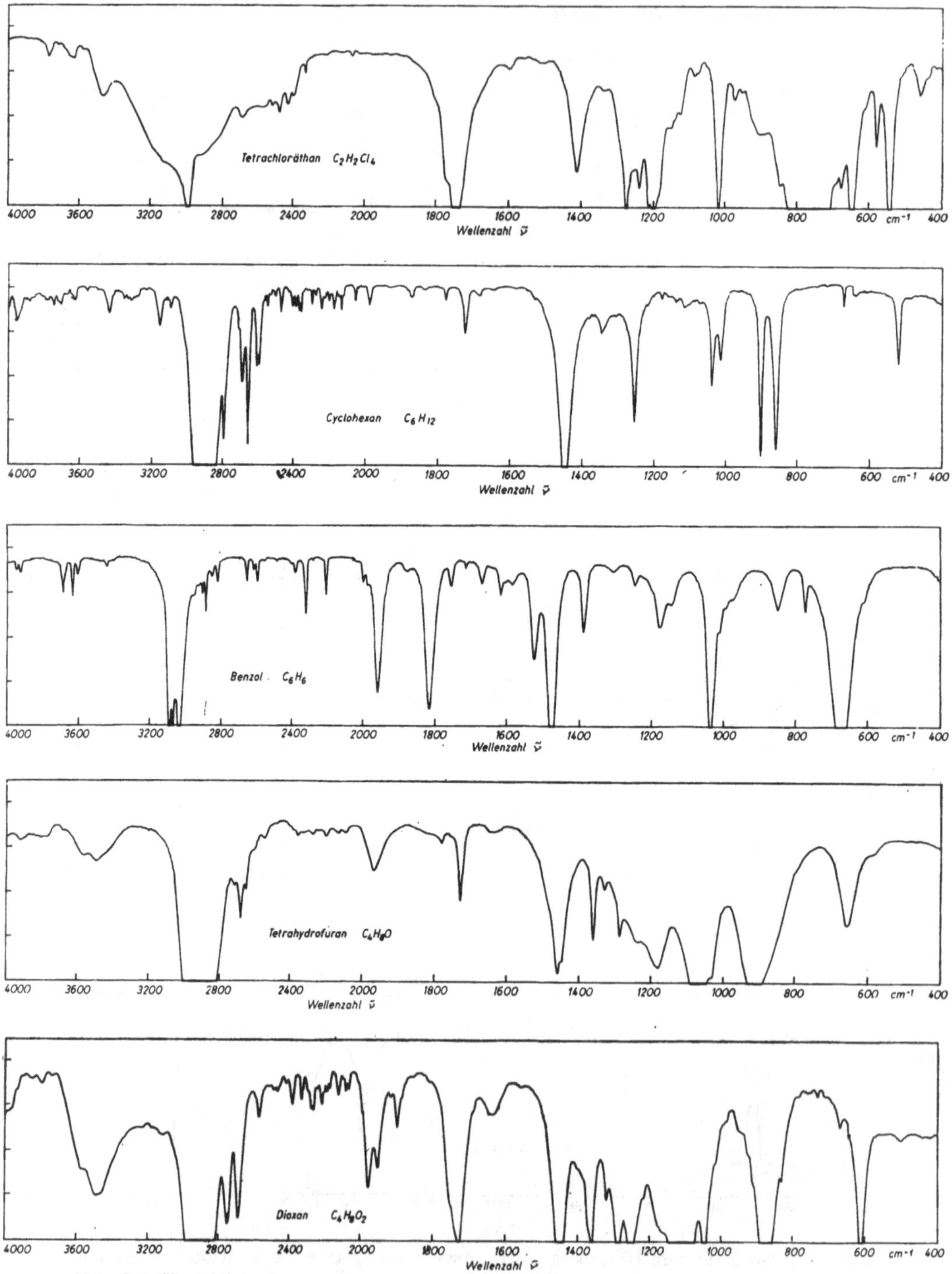

Abb. 2.5 (Fortsetzung)

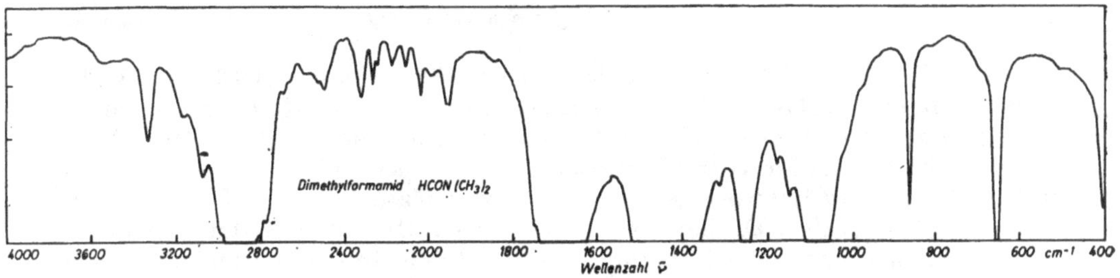

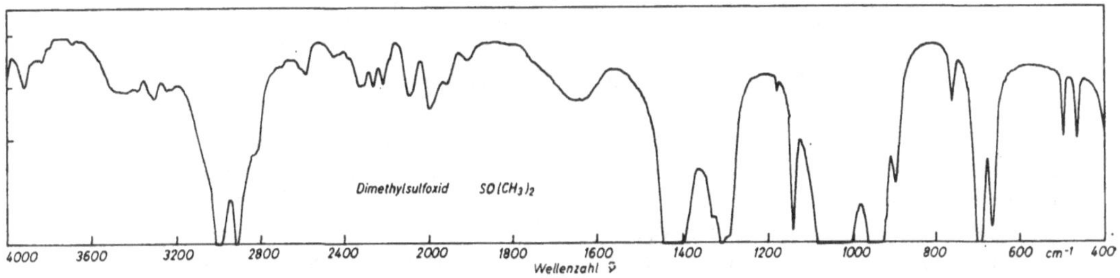

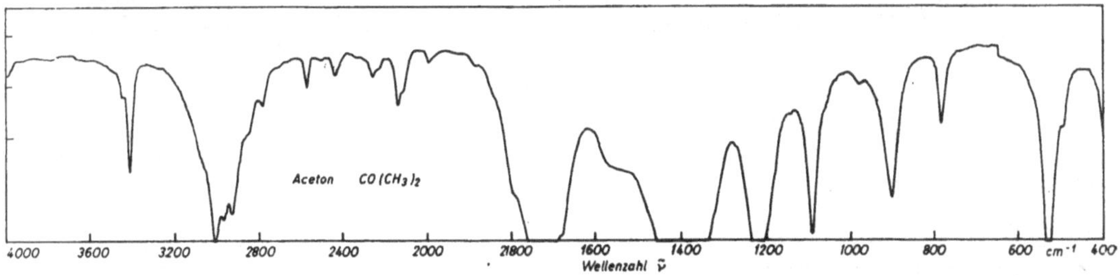

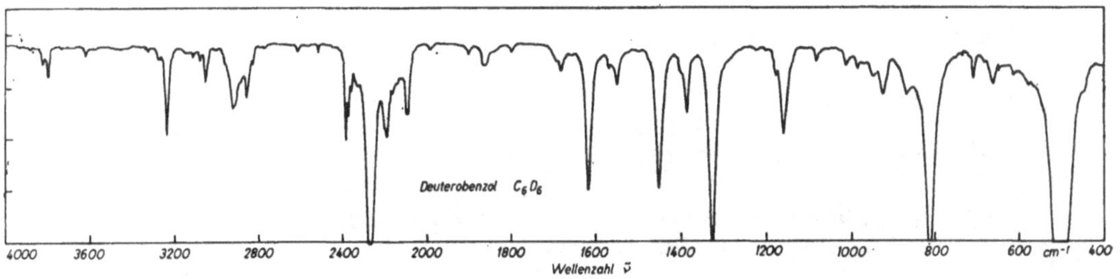

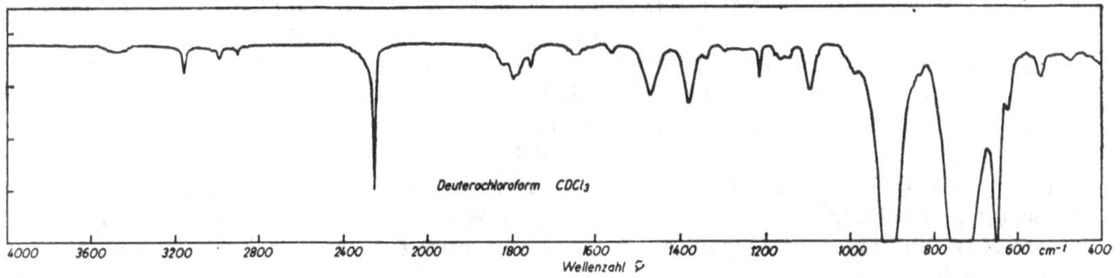

Abb. 2.5 (Fortsetzung)

müssen auf 85 bis 90 °C erhitzt werden, da der Fixpunkt von $SbCl_3$ bei 73,3 °C liegt. LINDQUIST (1955) beschrieb die Lösungsmitteleigenschaften von Arsentrichlorid (Fp. −16 °C), das auch von SZYMANSKI u. a. (1964a, 1965a, 1965b) als Lösungsmittel für Ultrarot- und Kernresonanzmessungen an Polymeren empfohlen wird. $SbCl_3$ und $AsCl_3$ werden bei Einwirkung von Wasser zersetzt. Die Lösungen müssen deshalb in einer Drybox vorbereitet werden. Die gute UR-Durchlässigkeit dieser polaren Lösungsmittel beruht darauf, daß die Absorptionsbanden der aus schweren Atomen bestehenden Moleküle im fernen Ultrarot liegen.

2.2.2.1. *UR-Spektroskopie von wäßrigen Lösungen*

Die Anwendung wäßriger Lösungen muß in der UR-Spektroskopie auf solche Fälle beschränkt bleiben, für die es kein anderes Lösungsmittel gibt oder bei denen die Wechselwirkungen zwischen dem Wasser und der Probe Gegenstand der Untersuchung sind. Die Hygroskopizität der üblichen Küvettenmaterialien bildet für die Spektroskopie wäßriger Lösungen kein unüberwindliches Hindernis, wie Tab. 2.2 zeigt. Im mittleren Ultrarot bis 700 cm^{-1} werden Küvettenfenster aus CaF_2 und BaF_2 bevorzugt, im fernen Ultrarot ab 400 cm^{-1} sind solche aus Poly-

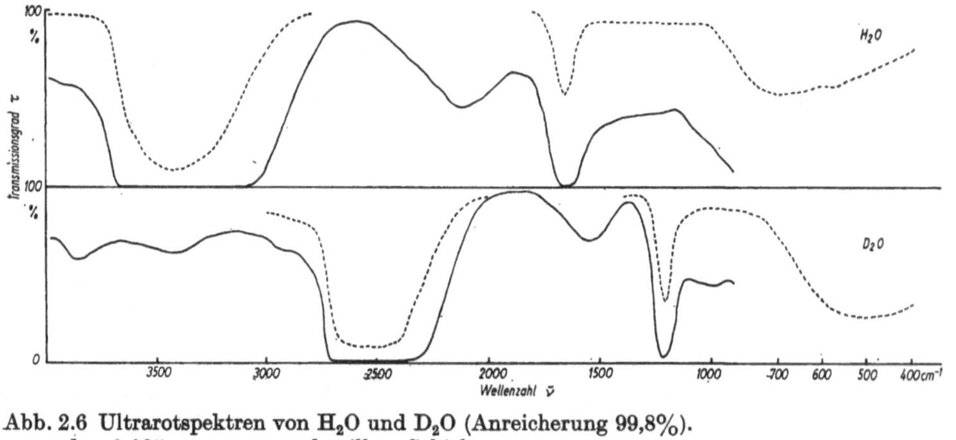

Abb. 2.6 Ultrarotspektren von H_2O und D_2O (Anreicherung 99,8%).
—— d = 0,025 mm, - - - - kapillare Schicht

äthylen und Polystyrol verwendbar, wenn die Eigenabsorption dieser Materialien kompensiert wird. Küvettenfenster aus hochbrechendem Material, wie KRS-5, verursachen durch Mehrfachreflexion in der dünnen Lösungsschicht schwer zu beseitigende Interferenzen, die sich dem Spektrum der Probe überlagern. Einige Autoren beschichteten Küvettenfenster aus hygroskopischem Material mit Polystyrol oder Polyäthylen (GATEHOUSE (1957), STEGER (1963)), oder die Lösung wurde in Teflon- beziehungsweise Polyäthylenbeuteln zwischen die Küvettenfenster gebracht (FOGELBERG (1959), KAILA (1957), ROBINSON (1959)). FERRAND (1962) stellte für einmaligen Gebrauch bestimmte Küvetten mit Polyäthylenfenstern her.

Wasser hat auch in sehr dünner Schicht starke Absorptionsbanden, die mit Durchlässigkeitsbereichen von schwerem Wasser zusammenfallen (Abb. 2.6). In dieser Hinsicht bilden H_2O und D_2O ein sich ergänzendes Lösungsmittelpaar, jedoch müssen bei Verwendung von D_2O die durch Isotopenaustausch hervorgerufenen Veränderungen des Spektrums beachtet werden. Auch bei Kompensation des Lösungsmittels sind mit größeren Schichtdicken als 0,05 mm kaum brauchbare Spektren zu erhalten. Die gelöste Substanz muß deshalb, von Ausnahmefällen abgesehen, in Konzentrationen von mindestens 5 bis 10% vorliegen.

Die UR-Spektroskopie wäßriger Lösungen dient überwiegend der Untersuchung von anorganischen und organischen Ionen sowie biochemischer Substanzen, insbesondere Biopolymeren (BLAKE (1961), BLOUT (1957), GOULDEN (1959), SVENSON (1967)), für die Wasser das natürliche Medium darstellt und die im wasserfreien Zustand wesentlich verändert werden. Über die Anwendbarkeit der ATR-Technik (vgl. Abschnitt 4.4.) bei der Untersuchung wäßriger Lösungen berichten GOULDEN (1964), KATLAFSKY (1963), PARKER (1963) und ROBINSON (1964).

2.2.3. *Polarisierte Ultrarotstrahlung*

Anisotrope Proben, in denen die von der einfallenden Strahlung induzierten Dipolmomentänderungen nicht gleichmäßig auf alle Richtungen des Raumes verteilt sind, zeigen die Erscheinung des Ultrarotdichroismus. Die an einer Absorptionsstelle gemessene Extinktion hängt von der Orientierung der Probe zur Schwingungsebene der Strahlung ab. Diese Erscheinung spielt bei der Spektroskopie von Einkristallen und festen Polymeren eine wichtige Rolle. Auf Grund der großen sterischen Anisotropie der Makromoleküle sind Polymere, die eine molekulare Orientierung besitzen, stets anisotrop. An solchen Proben können nur unter Anwendung polarisierter Strahlung definierte spektroskopische Messungen vorgenommen werden. Die mit der Orientierung der Übergangsmomente zusammenhängende experimentell meßbare Größe ist das dichroitische Verhältnis

$$R = \frac{E_\pi}{E_\sigma}, \qquad (2.7)$$

wo E_π und E_σ die Extinktionen für parallel und senkrecht zur Vorzugsrichtung polarisierte Strahlung sind. Je nachdem, ob $R > 1$ oder $R < 1$ ist, nennt man die Absorptionsbande π- oder σ-dichroitisch.

Der Ultrarotdichroismus ist ein wertvolles Hilfsmittel für die Interpretation eines Absorptionsspektrums. Dichroitische Messungen ermöglichen die Untersuchung von Orientierungsvorgängen in Polymeren. Sollen orientierte Proben mit unterschiedlichem Orientierungsgrad untereinander verglichen werden, so darf die Messung nicht im unpolarisierten Licht erfolgen, denn wie im Abschnitt 5.3. näher ausgeführt wird, hat eine äquivalente unorientierte Probe die Extinktion

$$E = \frac{1}{3}\,(E_\pi + 2\,E_\sigma), \qquad (2.8)$$

während die im unpolarisierten Licht gemessene Extinktion $\frac{1}{2}(E_\pi + E_\sigma)$ beträgt. Infolge der Eigenpolarisation der Spektrometer liegen oft unübersichtliche Verhältnisse vor, und die Extinktion hängt auch bei unpolarisierter Strahlung von der Lage der Probe im Spektrometer ab. Von MAKAS (1967) wurde darauf hingewiesen, daß dies auch bei Prismenspektrometern mit relativ kleiner Eigenpolarisation zu merklichen Fehlern führt.

2.2.3.1. Polarisatoren

Die meisten bisher in der UR-Spektroskopie verwendeten Polarisatoren beruhen auf der Polarisation des Lichtes bei Reflexion an nicht absorbierenden Medien. Nach den FRESNELschen Formeln beträgt die Intensität des senkrecht bzw. parallel zur Einfallsebene schwingenden reflektierten Lichtes[1])

$$\Phi_{\sigma,r} = \Phi_\sigma \sin^2(\varphi - \chi)/\sin^2(\varphi + \chi) \tag{2.9}$$

und

$$\Phi_{\pi,r} = \Phi_\pi \tan^2(\varphi - \chi)/\tan^2(\varphi + \chi), \tag{2.10}$$

wo Φ_σ und Φ_π die einfallende Intensität, φ der Einfallswinkel und χ der Brechungswinkel sind. Beim durch die Beziehung

$$\tan \varphi_0 = n$$

definierten BREWSTERschen Winkel φ_0 stehen reflektierter und gebrochener Strahl senkrecht aufeinander, und das reflektierte Licht ist vollständig linear polarisiert. In Tab. 2.3 sind für einige Materialien die BREWSTERschen Winkel und die reflektierte Intensität, bezogen auf einfallendes unpolarisiertes Licht, angegeben. Wegen der Dispersion gelten diese Werte streng genommen nur für eine Wellenzahl, und die Eigenschaften eines Polarisators können nicht im ganzen Anwendungsbereich optimal sein.

Die letzte Spalte in Tab. 2.3 gibt die Schwächung der Senkrechtkomponente des gebrochenen Lichtstroms an und ermöglicht die Abschätzung des Polarisationsgrades nach Durchgang durch eine planparallele Platte. Als Polarisationsgrad des Lichtstroms wird die Größe

$$P = \frac{\Phi_\pi - \Phi_\sigma}{\Phi_\pi + \Phi_\sigma} \tag{2.11}$$

definiert.

[1]) Es ist üblich, als Polarisationsebene die Ebene des magnetischen Vektors zu bezeichnen. Da in der UR-Spektroskopie der elektrische Vektor die für die Wechselwirkung mit der Materie maßgebende Größe ist, wird hier dessen Schwingungsebene hervorgehoben.

Tabelle 2.3 Reflexion von UR-Strahlung unter dem BREWSTERschen Winkel

Material	Brech-zahl	BREWSTERscher Winkel φ_0	Intensität des reflektierten Lichtes $\Phi_{\sigma,r}$ [%]
Silberchlorid	2,0	63°26′	18
KRS-5	2,4	67°25′	25
Selen (amorph)	2,54	68°30′	27
Germanium	4,1	76°20′	40
Bleisulfid (GREČUŠNIKOV (1963))	4,2	76°35′	40
Tellur (DITTMANN (1966))	5,0	78°40′	43
Polyäthylen	1,4	54°30′	5,3

Bereits nach einer einmaligen Reflexion kann ein sehr hoher Polarisationsgrad erreicht werden. Um den Strahl in seine ursprüngliche Richtung zurückzulenken, sind mindestens zwei weitere Reflexionen notwendig, die auch an Metallspiegeln erfolgen können. Mit Selenspiegeln arbeitende Reflexionspolarisatoren (CROOKS (1947), DU BOIS (1911), MANN (1952), PFUND (1947)) wurden wegen der geringen reflektierten Intensität von Transmissionspolarisatoren verdrängt. Mit hochbrechenden Materialien lassen sich jedoch gute Reflexionspolarisatoren herstellen;

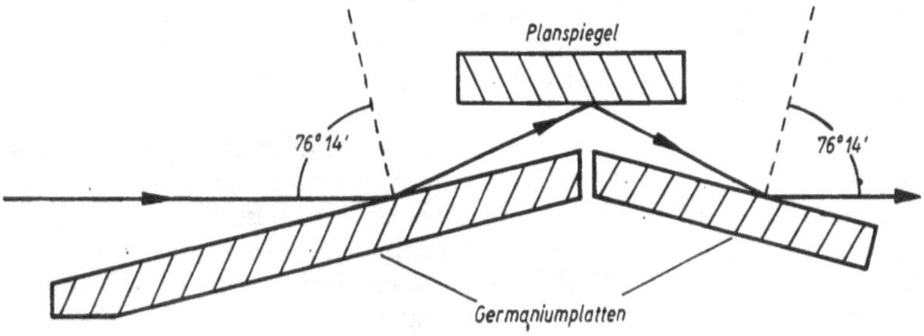

Abb. 2.7 Germanium-Polarisator (nach FLOURNOY (1966)).

es fanden insbesondere Germanium (BOR (1966), FLOURNOY (1966), HARRICK (1959)) und Bleisulfid (GREČUŠNIKOV (1963)) Verwendung. Germanium ist auch im fernen Ultrarot bis 200 μm geeignet (BOR (1966)). Mit der Anordnung in Abb. 2.7 erreichte FLOURNOY (1966) einen Polarisationsgrad von 99% bei einer Durchlässigkeit von 39% der einfallenden unpolarisierten Strahlung.

Reflexionspolarisatoren haben den Nachteil, daß durch die Richtungsänderung des Strahlengangs eine kompakte Bauweise erschwert und die Drehbarkeit der Anordnung behindert wird. Ihr Vorteil ist, daß bei gleicher Apertur ein besserer Polarisationsgrad zu erreichen ist als mit Transmissionspolarisatoren.

Transmissionspolarisatoren nutzen die partielle Polarisation der von einer unter dem BREWSTERschen Winkel angeordneten planparallen Platte durchgelassenen

Strahlung. Nach einer Platte reicht der Polarisationsgrad nicht aus, doch kann durch Vergrößerung der Plattenzahl eine genügende Polarisation erreicht werden. Zur Berechnung des Polarisationsgrades aus Plattenzahl und Brechungsindex wurden verschiedene Formeln angegeben (BIRD (1959), DRECHSEL (1962), ELLIOTT (1948)), die aber die realen Verhältnisse nicht exakt widerspiegeln können, da Mehrfachreflexion, Interferenzeffekte und ungleiche Plattendicke das Ergebnis beeinflussen. Nach BIRD und SHURCLIFF (1959) ist es von Vorteil, die Platten schwach keilförmig zu gestalten und sie fächerartig anzuordnen. Damit kann ein besserer Polarisationsgrad erreicht werden.

Die ersten Transmissionspolarisatoren für die UR-Spektroskopie mit Selenfolien wurden von ELLIOTT (1947, 1948) beschrieben. Zu ihrer Herstellung wird Selen auf Cellulosenitrat oder ein anderes Trägermaterial aufgedampft, das nach Befestigung der Folie in einer Halterung weggelöst wird. Die Selenfilme sollen eine Dicke von etwa 5 μm haben. Bei zu dicken Filmen besteht nach DRECHSEL (1962) die Gefahr, daß sich infolge der durch verstärkte Absorption hervorgerufenen Temperaturerhöhung das amorphe Selen in die graue, kristalline Modifikation umwandelt, die für UR-Strahlung undurchlässig ist. Mit sechs Selenfilmen kann von 5000 bis 400 cm^{-1} ein Polarisationsgrad von 98% bei etwa 45% Durchlässigkeit erreicht werden. Durch Ausnutzung von Interferenzeffekten erzielte HERTZ (1959) mit drei sehr gleichmäßigen Selenfilmen in einem begrenzten Spektralbereich 99,5% Polarisation bei hoher Durchlässigkeit des Polarisators.

Die dünnen Selenfilme sind äußerst stoßempfindlich und müssen mit großer Vorsicht behandelt werden. Kommerzielle Selenpolarisatoren haben deshalb etwas dickere Filme und werden gegen starke Luftbewegung und Verstaubung mit KBr-Fenstern geschützt (DRECHSEL (1962)), wodurch jedoch ein Teil der Durchlässigkeit verloren geht. Für die Verwendung im nahen Ultrarot verzichtete BUIJS (1960) auf die Ablösung der Trägerfolie, um die Stabilität zu erhöhen.

Wesentlich robuster im Gebrauch sind Polarisatoren, die anstelle der Selenfilme Silberchloridplatten enthalten. Sie wurden erstmals von NEWMAN und HALFORD (1948) und von WRIGHT (1948) beschrieben. Wegen der kleineren Brechzahl des Silberchlorids ist bei gleicher Plattenzahl der erreichbare Polarisationsgrad geringer; die Durchlässigkeit ist aber größer als bei Selenfilmen. NEWMAN (1948) verwendete gewalzte 0,05 mm starke AgCl-Schichten. Kommerzielle AgCl-Polarisatoren enthalten etwa 0,5 mm dicke AgCl-Platten. Bei diesen Dicken ist die seitliche Strahlversetzung nicht mehr zu vernachlässigen und muß durch eine schräg gestellte NaCl-Platte kompensiert werden (Abb. 2.8a). In der von MAKAS und SHURCLIFF (1955) vorgeschlagenen Anordnung der Abb. 2.8b wird die Strahlversetzung vermieden. Die Doppel-V-Anordnung nach LIANG (1964) ermöglicht eine gedrungenere Bauweise. Durch entsprechende Orientierung der AgCl-Platten kann auch eine durch das Auswalzen des Silberchlorids hervorgerufene Doppelbrechung kompensiert werden. Silberchloridpolarisatoren müssen vor der Einwirkung von Tages- oder Fluoreszenzlicht geschützt werden, da andernfalls das Silberchlorid zersetzt und der Polarisator undurchlässig wird.

Neben Selen und Silberchlorid sind auch andere Materialien zur Herstellung von Transmissionspolarisatoren verwendet worden. LAGEMANN und MILLER (1951) berichteten über Versuche mit KRS-5 und schlugen die Verwendung daraus hergestellter Polarisatoren bis 250 cm^{-1} vor. DITTMANN und HERRMANN (1966) konnten mit Tellur, das einen doppelt so hohen Brechungsindex wie Selen hat, mit zwei Filmen einen Polarisationsgrad von 99,5% erzielen. GOTTLIEB (1967) verwendete einen Transmissionspolarisator aus Germanium. Für das langwellige Ultrarot haben MITSUISHI u. a. (1960) einen Polarisator aus Polyäthylenfolien vorgeschlagen. Mit etwa 20 Folien von 0,02 bis 0,03 mm Dicke wird im Bereich von 300 bis 5 cm^{-1} ausreichende Polarisation erhalten. Im nahen Ultrarot sind nach WALTON (1964) Polyäthylenterephthalatfolien besser geeignet.

Außer der Reflexionspolarisation können noch andere Effekte zur Polarisation von ultraroter Strahlung ausgenutzt werden. Für das nahe Ultrarot wurden

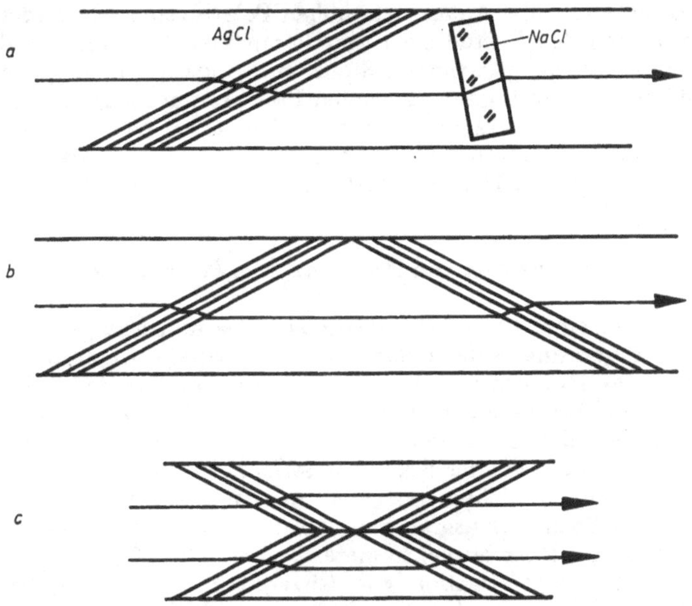

Abb. 2.8 Silberchlorid-Polarisatoren.
a — mit Kompensationsplatte; *b* — Anordnung nach MAKAS und SHURCLIFF (1955); *c* — Anordnung nach LIANG (1964)

dichroitische Polarisationsfilter entwickelt, in denen eine Komponente absorbiert wird. Sie bestehen aus Polyvinylalkoholfilmen, die mit Jod eingefärbt und verstreckt werden. Von 15000 bis 3600 cm^{-1} und von 2800 bis 1550 cm^{-1} ist der Polarisationsgrad größer als 99%. Im dazwischen liegenden Bereich absorbiert das Trägermaterial. Solche Filter werden unter anderem für spannungsoptische Untersuchungen eingesetzt (DRECHSEL (1957, 1958)).

Aus parallelen Drähten bestehende Gitter können zur Polarisation von elektromagnetischen Wellen verwendet werden, wenn die Gitterkonstante kleiner als die Wellenlänge ist (z. B. POHL (1944)). Ein solches Gitter läßt nur die senkrecht zu den Drähten schwingende Komponente durch. DU BOIS und RUBENS (1911) untersuchten die durch Drahtgitter erzeugte Polarisation der Wärmestrahlung. Wenn die Gitterkonstante kleiner als ein Fünftel der Wellenlänge ist, wird der Polarisationsgrad größer als 98% (DUVERNEY (1957)). Um kleine Gitterkonstanten zu erhalten und die Anwendung weiter ins mittlere Ultrarot auszudehnen, können Abdrücke von Beugungsgittern mit Gold bedampft werden (BIRD (1960), HASS (1965)). Mit diesen Polarisatoren aufgenommene Spektren enthalten noch die Absorptionsbanden des Abdruckmaterials (ELLIOTT (1964)). YOUNG (1965) bedampfte in Irtran 2 und Irtran 4 geritzte Gitter mit Aluminium. In neuerer Zeit werden sehr gute Drahtgitterpolarisatoren für das mittlere Ultrarot angeboten. Beim Wire-Grid-Polarizer von PERKIN-ELMER wurde Gold auf eine Silberchloridunterlage aufgedampft. Das sehr feine Gitter hat 2880 Linien je Millimeter und bewirkt von 4000 bis 400 cm^{-1} eine ausgezeichnete Polarisation bei 40 bis 45% Durchlässigkeit. Der Polarisationsgrad steigt von 98% bei 4000 cm^{-1} auf 99,9% bei 1200 cm^{-1} an (PERKIN—ELMER (1966)). Außer dem hohen Polarisationsgrad bieten die Drahtgitterpolarisatoren den Vorteil einer sehr kompakten Bauweise, so daß sie ohne Schwierigkeiten an der günstigsten Stelle im Spektrometer angeordnet werden können und den zur Verfügung stehenden Probenraum nicht verkleinern. Da sie keine seitliche Strahlversetzung bewirken, können sie beliebig gedreht werden. Auf Grund dieser vorteilhaften Eigenschaften ist zu erwarten, daß sich die Drahtgitterpolarisatoren in der UR-Spektroskopie weitgehend durchsetzen werden.

2.2.3.2. Gerätepolarisation und Anordnung des Polarisators

Die Bedeutung eines hohen Polarisationsgrades und genügender Bewegungsfreiheit bei der Anordnung des Polarisators leuchtet ein, wenn die Polarisationseigenschaften des Monochromators beachtet werden. Die durch Brechung und Reflexion an den Prismenflächen bewirkte Polarisation kann in der Nähe der Absorptionsstellen des Prismenmaterials erhebliche Werte annehmen. Hinzu kommt die Polarisation bei der Reflexion an metallischen Spiegeln, insbesondere, wenn diese mit Schutzschichten versehen sind. An Absorptionsstellen der Schutzschicht kann ein Polarisationsgrad von über 90% erreicht werden (JOKL (1961)), während er sonst bei Prismenspektrometern etwa 10 bis 20% beträgt. Wesentlich größer ist die Gerätepolarisation von Gittermonochromatoren, bei denen der Polarisationsgrad über weite Bereiche 60% und mehr betragen kann. Messungen von GEORGE (1966) und HANNAH (1966) zeigten, daß der Polarisationsgrad bei Gitterwechsel sich sprunghaft ändert und beim Überschreiten des Blaze-Winkels sein Vorzeichen wechselt. LIANG und KRIMM (1956a) verwendeten die polarisierende Wirkung des Beugungsgitters zur Bestimmung des Dichroismus im fernen Ultrarot.

Die Gerätepolarisation kann einerseits zur direkten Verfälschung des gemessenen dichroitischen Verhältnisses führen und zum anderen größere Schwankungen der vom System Polarisator–Monochromator durchgelassenen Energie bewirken, die vom Detektor und Verstärker nicht verarbeitet werden können. Durch zweckmäßige Anordnung des Polarisators können die Meßfehler gesenkt werden. Größere Fehler treten auf, wenn im Zweistrahlspektrometer polarisierte Strahlung mit unpolarisierter verglichen wird. Besser ist es, im Vergleichsstrahl einen zweiten Polarisator mit gleichen Eigenschaften anzubringen oder den Polarisator vor den Eintrittsspalt des Monochromators zu setzen, so daß Meß- und Vergleichsstrahl polarisiert werden, wie von FRASER und SUZUKI (1965) vorgeschlagen wurde. CHARNEY (1955) zeigte, welche Fehler bei dieser Anordnung auftreten, wenn der

Polarisator unvollständig polarisiert. Leider ergeben gerade die viel verwendeten AgCl-Polarisatoren einen relativ niedrigen Polarisationsgrad. Eine rechnerische Korrektur ist nur bei genauer Kenntnis der Eigenschaften von Polarisator und Monochromator möglich (FREUND (1968)).

Die durch das Zusammenwirken von Polarisator und Gerätepolarisation verursachten Energieschwankungen sind besonders kritisch bei Gitterspektrometern. HANNAH (1966) empfiehlt, den Polarisator unter 45° zum Gitter anzuordnen, was auch von TASUMI (1961) und von TSUBOI (1962) vorgeschlagen wird. Bei Prismenspektrometern kann auch ein anderer Winkel als 45° zur Erzielung eines konstanten Energieniveaus notwendig sein. Die schräg zum Monochromatorspalt liegende Polarisationsrichtung bringt jedoch andere Schwierigkeiten mit sich. Linear polarisiertes Licht hat nach der Reflexion unter einem von 0° oder 90° verschiedenen Azimut an Metallspiegeln elliptische Polarisation (WILKINSON (1959)). CHARNEY (1961) wies darauf hin, daß zwei Polarisatoren, von denen einer fest unter 45° angeordnet ist, ihre maximale Durchlässigkeit nicht in Parallelstellung, sondern bei einem etwas davon abweichenden Winkel haben. Bei Schrägstellung des Polarisators liegt auch die Vorzugsrichtung der Probe schräg zum Spektrometerspalt. Verstreckte Polymere, z. B. Fasern, haben aber meist solche Abmessungen, daß sie nur parallel zum Spalt angeordnet werden können. Weicht der Winkel von 45° ab, muß zur Messung des dichroitischen Verhältnisses immer die Probe gedreht werden. Das macht eine sehr gleichmäßige Dicke und Orientierung der Probe sowie ausreichende Größe erforderlich, um in allen Stellungen den Strahlungsquerschnitt auszufüllen. Infolge dieser schwerwiegenden Einschränkung können mit feststehendem Polarisator viele Probleme nicht untersucht werden. Zusatzeinrichtungen, z. B. für die ATR-Technik, können nur in Parallelstellung zum Spalt verwendet werden.

Außer der Ausrichtung zum Spalt kann auch die Reihenfolge der polarisierenden Elemente Polarisator, Monochromator und Probe variiert werden, und es erhebt sich die Frage nach der Auswirkung der Reihenfolge auf das Meßergebnis. JONES (1956) hat die Durchlässigkeit eines aus drei Polarisatoren bestehenden Systems untersucht. Wird zwischen zwei parallelen Polarisatoren ein dritter Polarisator gedreht, der doppelbrechend ist, so wird das Durchlässigkeitsminimum nicht in der 90°-Stellung, sondern bei einem davon abweichenden Winkel gefunden. In Abb. 2.9 wurde der doppelbrechende Polarisator durch einen verstreckten Polycaprolactamfilm ersetzt. In der Anordnung a wird in der 90°-Stellung der Probe anstelle des erwarteten Minimums ein relatives Maximum der Durchlässigkeit gefunden, das auch noch erkennbar ist, wenn der dritte Polarisator durch die Eigenpolarisation des Monochromators verwirklicht wird (Kurve b). In der Anordnung c beeinflußt die Doppelbrechung das Ergebnis nicht, und das Durchlässigkeitsminimum liegt bei 90°.

Zur Bestimmung des dichroitischen Verhältnisses wird die Probe nur parallel und senkrecht zur Streckrichtung durchstrahlt. Die Polarisationsebene liegt dann in einem Hauptschnitt der Probe, und man erhält in den Anordnungen a, b und c den gleichen Wert. Wenn die Winkelabhängigkeit der Durchlässigkeit untersucht werden soll oder eine unbekannte Vorzugsrichtung durch dichroitische Messungen zu ermitteln ist, kann dies nur in der Anordnung c erfolgen.

Die geschilderten Verhältnisse lassen keine eindeutige Entscheidung zugunsten einer bestimmten Aufstellung der Polarisators zu. Die sichersten Ergebnisse sind zu erhalten, wenn ein Polarisator mit hohem Polarisationsvermögen parallel oder senkrecht zum Spalt vor dem Monochromator angeordnet wird und die Lage der Probe während einer Messung konstant bleibt. Verstärkung und Registriergeschwin-

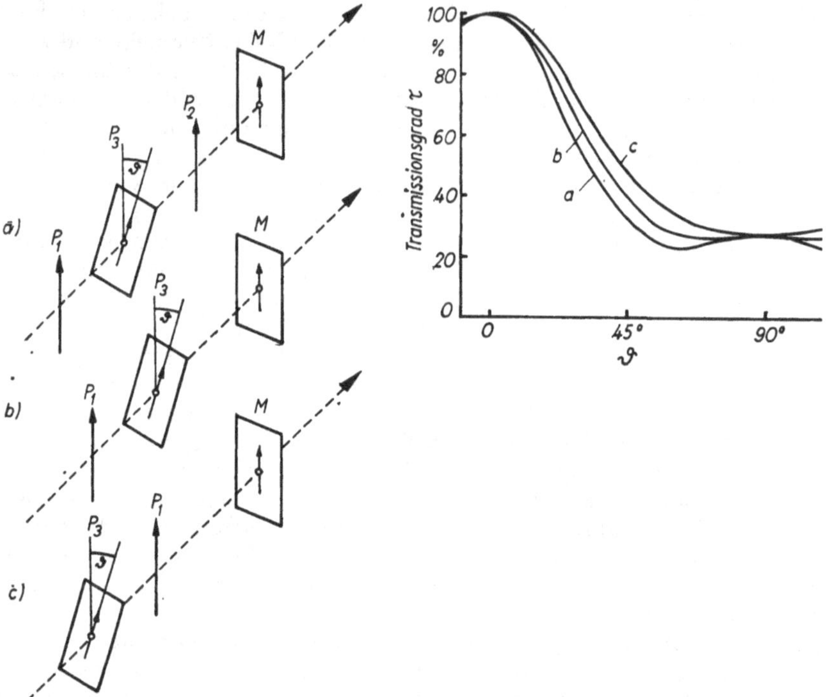

Abb. 2.9 Transmissionsgrad τ eines Systems aus mehreren Polarisatoren bei verschiedenen Anordnungen.
P_1, P_2 — Selenpolarisatoren, P_3 — verstreckte Polyamid-6-Folie (d = 0,045 mm): dichroitische Bande bei 930 cm^{-1}, M — Monochromator des Prismenspektrometers (Polarisationsgrad bei 930 cm^{-1}: 80 %)

digkeit sind entsprechend der niedrigsten im untersuchten Spektralbereich zum Detektor gelangenden Energie zu wählen. Bei der 45°-Stellung ist eine bessere Energiekonstanz gewährleistet, und die durch mangelnden Polarisationsgrad verursachten Fehler können kleiner sein, jedoch lassen die Schwierigkeiten hinsichtlich der zweckmäßigen Orientierung der Probe eine Schrägstellung des Polarisators nicht immer zu.

2.2.3.3. *Doppelt orientierte Polymere*

Zur Charakterisierung von doppelt orientierten Proben, die mehr als eine Vorzugsrichtung haben, muß die Extinktion für drei nicht in einer Ebene liegende Polarisationsrichtungen gemessen werden. Man könnte dazu die Probe senkrecht zur Oberfläche in dünne Streifen schneiden und diese in einem Ultrarotmikroskop untersuchen. Meist ist es einfacher, die Probe gegen die Strahlungsrichtung zu neigen. ZBINDEN (1964) beschreibt ein Verfahren, nach dem bei bekanntem Brechungsindex der Probe aus einer solchen Messung die Extinktion bzw. das dichroitische Verhältnis für die drei Hauptrichtungen bestimmt werden kann. Da sich an einer Absorptionsstelle der Brechungsindex ändert, ist es besser, die Probe in ultrarotdurchlässige Halbkugeln einzuschließen. SCHMIDT (1963) verwendete bei Messungen an Polyäthylenterephthalat Halbkugeln aus Kaliumbromid und brachte zum besseren optischen Kontakt eine Immersionsflüssigkeit zwischen Probe und KBr. AMBROSE u. a. (1949) nahmen unter dem Neigungswinkel angeschliffene KBr-Prismen. KOENIG u. a. (1967) berichteten über dreidimensionale Messungen an verstreckten Polyäthylenfilmen, die nicht eingebettet wurden. Die Brechungsindizes konnten aus den Absorptionsmessungen ermittelt werden. SIBILIA (1971) untersuchte nach dem gleichen Verfahren Polyamid-6-Filme.

2.2.3.4. *Polymere mit sehr schwacher Orientierung*

Bei schwach orientierten Polymeren ist das dichroitische Verhältnis R nur wenig von eins verschieden, und die ein Maß für die Orientierung darstellende Differenz $R - 1$ kann aus dem experimentell nach Gleichung 2.7 bestimmten R nur mit geringer Genauigkeit berechnet werden. Es wurden verschiedene Anordnungen beschrieben, die eine genauere Bestimmung von $R - 1$ ermöglichen. MANN (1958) vergrößerte das dichroitische Verhältnis, indem er im Vergleichsstrahl einen etwas dünneren unorientierten Film anbrachte. Besser ist es, in den Meßstrahl zwei parallele und in den Vergleichsstrahl zwei gekreuzte Proben zu setzen.

Bei einem anderen Verfahren (ZBINDEN (1964)) werden in Meß- und Vergleichsstrahl gekreuzte Polarisatoren gestellt, und die Probe kommt vor den Monochromatorspalt. Mit dieser Anordnung kann der dichroitische Koeffizient

$$\mu = E_\pi - E_\sigma \tag{2.12}$$

direkt gemessen werden, aus dem nach einer Messung von E_π oder E_σ das dichroitische Verhältnis

$$R = 1 + \frac{\mu}{E_\sigma} = \frac{1}{1 - \dfrac{\mu}{E_\pi}} \tag{2.13}$$

zu berechnen ist. Die gleiche Anordnung von Probe und Polarisator benutzte GOTOH (1965) zur gleichzeitigen Messung von Spannung und Ultrarotdichroismus. Wenn das Spektrometer auf feste Wellenzahl eingestellt wird, kann der Dichroismus in Abhängigkeit von der Zeit oder einer zeitabhängigen Dehnung registriert werden. STEIN (1961) hat ein Einstrahlspektrometer zur Aufzeichnung des dichroitischen Koeffizienten μ verwendet; ein Polarisator rotiert mit einer auf den Wechselstromverstärker abgestimmten Frequenz, so daß nur die Differenz der π- und σ-Komponente verstärkt wird.

2.2.3.5. Fehlerquellen bei dichroitischen Untersuchungen

Der exakten Definition des dichroitischen Verhältnisses einer Absorptionsbande muß die integrale Extinktion zugrunde gelegt werden:

$$R_0 = \frac{\int_0^\infty E_\pi(\nu)\, d\nu}{\int_0^\infty E_\sigma(\nu)\, d\nu} \tag{2.14}$$

Die Integration ist nur über die von der betrachteten Schwingung verursachte Absorption zu erstrecken. Sofern die Parallel- und Senkrechtkomponenten der Bande gleiche Gestalt haben, kann stattdessen das Extinktionsverhältnis am Bandenmaximum gemessen werden (Gleichung 2.7). Diese Annahme ist berechtigt, wenn die Absorptionsbande durch eine LORENTZ-Kurve approximiert wird, was in vielen Fällen möglich ist (FRASER (1953)).

Die bei der Bestimmung des dichroitischen Verhältnisses auftretenden Fehler können im Spektrum, in der Probe und in der Apparatur begründet sein. Die meisten Fehlerquellen, Bandenüberlappung, Streustrahlung, Reflexionsverluste, mangelnde Auflösung usw., sind bei allen quantitativen Messungen vorhanden und werden im Abschnitt über die quantitative Analyse ausführlicher diskutiert. Auf das dichroitische Verhältnis wirken sich die genannten Fehler gewöhnlich weniger stark aus als auf die Einzelkomponenten, wenn die Parallel- und Senkrechtanteile in gleicher Richtung verfälscht werden. Es kann aber auch das Gegenteil der Fall sein, wenn sich zwei Banden mit entgegengesetztem Dichroismus überlagern, da dann jeweils die schwächere Komponente von der starken Komponente der Nachbarbande abzutrennen ist. Die grafische Analyse der überlagerten Banden unter der Annahme von LORENTZ-Kurven wird durch die Anisotropie des Untergrundes erschwert, denn infolge der Doppelbrechung und des Formdichroismus der Probe sind die Reflexions- und Streuverluste vom Polarisationszustand des Lichtes abhängig.

Typische Fehlerquellen für dichroitische Messungen sind außer der im Abschnitt 2.2.3.2. diskutierten Doppelbrechung der Probe die unvollkommene Polarisation und die Konvergenz des Strahlungsbündels. Wenn der relative Anteil der unerwünschten Schwingungsrichtung des Lichtstroms mit δ bezeichnet wird, so muß das dichroitische Verhältnis statt durch Gleichung 2.7 durch die Beziehung

$$R = \frac{\log \dfrac{\Phi_{0,\pi} - \delta \Psi_{0,\sigma}}{\Phi_\pi - \delta \Psi_\sigma}}{\log \dfrac{\Phi_{0,\sigma} - \delta \Psi_{0,\pi}}{\Phi_\sigma - \delta \Psi_\pi}} \tag{2.15}$$

dargestellt werden. Darin werden mit Φ die gemessenen und mit Ψ die für $\delta = 0$ richtigen Werte bezeichnet. Die Anisotropie des Untergrundes kann gegen den Dichroismus der Absorptionsbande meist vernachlässigt werden. Wenn $R - 1$

klein ist, geht 2.15 ohnehin in die einfache Gleichung 2.7 über. Wir können daher $\Phi_{0,\pi} = \Psi_{0,\pi} = \Phi_{0,\sigma} = \Psi_{0,\sigma} = \Phi_0$ schreiben und erhalten

$$R = \frac{\log\left[(1-\delta)\Big/\left(\frac{\Phi_\pi}{\Phi_0} - \delta\frac{\Phi_\sigma}{\Phi_0}\right)\right]}{\log\left[(1-\delta)\Big/\left(\frac{\Phi_\sigma}{\Phi_0} - \delta\frac{\Phi_\pi}{\Phi_0}\right)\right]}, \tag{2.16}$$

wobei in erster Näherung $\Psi_\pi = \Phi_\pi$ und $\Psi_\sigma = \Phi_\sigma$ gesetzt wurde. Diese Näherung ist berechtigt, denn genaue Messungen der Durchlässigkeiten sind nur möglich, wenn sich Φ_π und Φ_σ um nicht mehr als einen Faktor fünf unterscheiden, die Einzelkomponenten also höchstens um den Faktor 5δ verfälscht werden. ZBINDEN (1964) hat eine exakte Gleichung für den Zusammenhang zwischen wahrem und gemessenem dichroitischen Verhältnis angegeben. Innerhalb der Genauigkeit ultrarotspektroskopischer Messungen liefert sie die gleichen Ergebnisse wie die Gleichung 2.16.

Ultrarotspektroskopische Untersuchungen werden fast ausschließlich mit einem konvergenten Strahlenbündel durchgeführt. Für die achsenfernen Strahlen hat in einem solchen Bündel der elektrische Vektor eine Komponente parallel zur optischen Achse, also senkrecht zur Oberfläche der ebenen Probe. Die bei der Bestimmung des dichroitischen Verhältnisses dadurch verursachten Fehler wurden von FRASER (1953) berechnet. Für einen Strahlungskegel, dessen äußerer und innerer halber Öffnungswinkel im Innern der Probe θ_1 bzw. θ_2 betragen, erhielt er das korrigierte dichroitische Verhältnis

$$R = \frac{\log\frac{\Phi_0}{\Phi_\pi + M(\Phi_\sigma - \Phi_\pi)}}{\log\frac{\Phi_0}{\Phi_\sigma}} \tag{2.17}$$

mit

$$M = 1 - \frac{3}{2}(\cos\theta_1 + \cos\theta_2)/(\cos^2\theta_1 + \cos^2\theta_2 + \cos\theta_1\cos\theta_2)$$

Bei normalen Untersuchungen ist der Fehler vernachlässigbar. Hat der Strahlungskegel einen halben Öffnungswinkel von 5° und die Probe die Brechzahl 1,5, so ist $M = 0{,}001$. Größere Werte nimmt M an, wenn sehr kleine Proben mit Hilfe eines Mikroilluminators oder Reflexionsmikroskopes untersucht werden. Im Reflexionsmikroskop wird gerade der achsennahe Teil des Strahlungskegels ausgeblendet. Zur Berechnung von M ist die Kenntnis der Brechzahl der Probe an der Absorptionsstelle erforderlich. ZBINDEN (1964) schlägt deshalb vor, die Korrektur empirisch zu bestimmen, indem ein genügend großer Film aus gleichem Material mit und ohne Strahlungskondensor untersucht wird und die dabei gefundenen dichroitischen Verhältnisse untereinander verglichen werden.

Die Gleichung 2.17 läßt sich nur auf ebene Proben anwenden. Nichtebene Proben, z. B. Fasern, müssen deshalb in einer brechzahlgleichen Immersion zwischen dünnen Fenstern aus ultrarotdurchlässigem Material untersucht werden. Außerdem ist die von FRASER durchgeführte Ableitung auf einachsig orientierte

Proben beschränkt. Messungen an mehrfach orientierten Proben können sehr fehlerhafte dichroitische Verhältnisse ergeben, wenn das Übergangsmoment eine größere Komponente senkrecht zur Filmebene hat als parallel dazu.

2.2.4. *Ultrarot-Mikrospektroskopie*

Um Spektren von extrem kleinen Proben, die den Monochromatorspalt nicht überdecken, zu erhalten, wird eine Einrichtung benötigt, die am Ort der Probe ein genügend kleines Zwischenbild des Spaltes erzeugt. Eine solche Einrichtung besteht ähnlich wie ein Mikroskop aus einem Kondensorsystem, das einen möglichst großen Teil der Strahlung auf die Probe konzentriert, und einem Objektiv, das die Probe auf den Monochromatorspalt oder den Empfänger abbildet. Je nachdem, ob man den ersten oder den zweiten Teil der Anordnung hervorheben will, spricht man von Mikroilluminatoren oder von Ultrarotmikroskopen. Von Brügel (1962) und Elliott (1959) wurden die Geräte und ihre Anwendung ausführlich beschrieben.

Ein einfacher Mikroilluminator läßt sich aus zwei Silberchloridlinsen aufbauen (Abb. 2.10). Mit ein oder zwei weiteren Linsen können die optischen Eigenschaften verbessert und ein in der Probe weniger divergenter Strahlengang erzeugt werden.

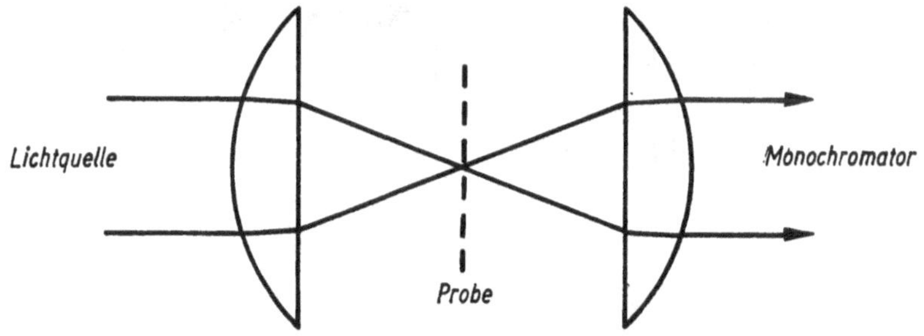

Abb. 2.10 Linsen-Mikroilluminator.

An die Stelle der Silberchloridlinsen können auch solche aus Kaliumbromid oder eine entsprechende Anordnung von elliptischen Spiegeln treten. Mit derartigen Mikroilluminatoren, die vorwiegend zum Gebrauch mit Mikroküvetten bestimmt sind, lassen sich Verkleinerungen des Spaltbildes im Verhältnis 1:3 bis 1:4 erreichen.

Noch kleinere Proben können im Reflexionsmikroskop untersucht werden, dessen Konstruktion in der Abb. 2.11 gezeigt wird. Der zum Einbringen der Probe verfügbare Zwischenraum kann durch unsymmetrischen Bau von Kondensator und Objektiv vergrößert werden. Da bei der Abbildung mit Hilfe von Schwarzschild-Spiegelobjektiven keine chromatischen Fehler auftreten, läßt sich die Justierung der Probe mit sichtbarem Licht durchführen. Der Vergrößerungsfaktor von Reflexionsmikroskopen für die UR-Spektroskopie beträgt etwa 10. Der achsennahe Teil der Strahlung wird durch die zentralen Spiegel abgedeckt.

Nach Abzug der Reflexionsverluste stehen noch etwa 40% der einfallenden Energie zur Verfügung. Der zu untersuchende Probenquerschnitt kann durch Einfügung einer Gesichtsfeldblende weiter verkleinert werden. Zur Erhöhung der auf den Empfänger gelangenden Energie ist dann auf Kosten der Auflösung die Spaltbreite zu vergrößern. Ein Reflexionsmikroskop, das ursprünglich für die Ultraviolettmikroskopie konstruiert worden war, wurde erstmalig von BARER u. a. (1949) in der Ultrarotspektroskopie u. a. zur Untersuchung von Polyesterfasern eingesetzt. FRASER (1950) beschrieb ein speziell für die UR-Spektroskopie gebautes Gerät.

Es gibt verschiedene Möglichkeiten, Ultrarotmikroskope in Zweistrahlspektrometern einzusetzen (WILKINSON (1959)). Im Einstrahlbetrieb müssen die Absorption der Luft und die Emissionskurve der Lichtquelle berücksichtigt werden, wobei besonders die Wasserdampfbanden sich unangenehm auswirken. Der Einsatz von zwei Mikroskopen in Meß- und Vergleichsstrahl ist kostspielig und erfor-

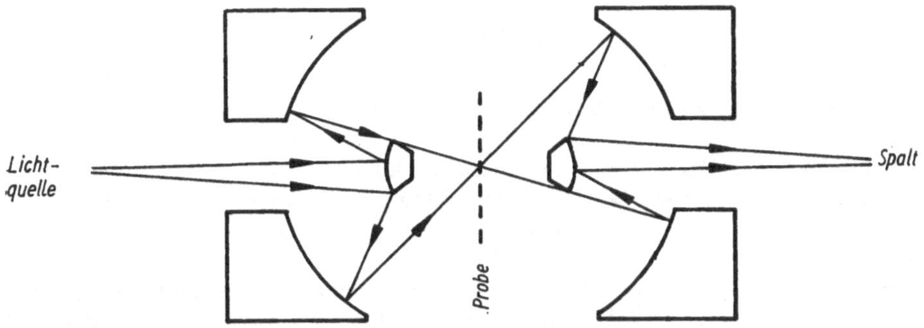

Abb. 2.11 Reflexions-Ultrarotmikroskop (nach NORRIS (1954)).

dert einen erhöhten Aufwand an Justierarbeit. Billiger ist es, im Vergleichsstrahl eine Langweggasküvette anzuordnen und den Druck so zu variieren, daß eine gute Kompensation der Wasserbanden erreicht wird. Wegen der Unterschiede des Strahlengangs im Meßstrahl ist für Banden mit sehr unterschiedlicher Extinktion eine gleichzeitige Kompensation nicht immer möglich. In einer anderen Anordnung wird der Strahl so abgelenkt, daß er abwechselnd durch die Probe und durch eine Vergleichsfläche verläuft, oder Probe und Vergleichsfläche werden abwechselnd in den Strahlengang gebracht. Eine Apparatur, die dies bewerkstelligt, wurde von ELLIOTT (1959) beschrieben.

Eine unangenehme Nebenerscheinung bei Untersuchungen in Mikroilluminatoren ist die Erwärmung der im Brennpunkt der Strahlung befindlichen Probe, wodurch deren Anwendung in vielen Fällen ausgeschlossen ist. Nach HUMMEL (1965) wird die Erwärmung verringert, wenn der zu untersuchende Stoff in direktem Kontakt mit einem gut wärmeleitenden, aber UR-durchlässigem Material, z. B. AgBr oder KRS-5, steht, was jedoch weitere Reflexionsverluste mit sich bringt. Mehr Erfolg verspricht die Anordnung des Reflexionsmikroskops zwischen Monochromator und Detektor, wie das bei dem Gerät von PERKIN—ELMER der Fall ist.

Die starke Konvergenz der Strahlung an der Probe bringt Meßfehler mit sich, die vorwiegend auf der ungenauen Bestimmung der effektiven Schichtdicke beruhen. BLOUT (1950) berechnete die für isotrope Proben erforderliche Korrektur. VETTEGREN (1963) und WOOD (1958) berechneten die Absorption eines konvergenten Strahlenbündels im anisotropen planparallelen Plättchen. Die bei der Untersuchung von Fasern erforderlichen Korrekturen hat FRASER (1953, 1958) berechnet.

Die geschilderten Nachteile der Ultrarot-Mikrospektroskopie haben eine verbreitete Anwendung von Ultrarotmikroskopen behindert. Den zahlreichen methodischen Arbeiten über Konstruktion und Anwendung (Literatur bei BRÜGEL (1962) und ELLIOTT (1959)) stehen verhältnismäßig wenig Berichte über Ergebnisse von praktischen Messungen gegenüber. Dazu hat sicher auch die Entwicklung der Hochleistungsspektrometer beigetragen, mit denen bei stark eingeengtem Strahl noch gute Spektren von kleinen Proben erhalten werden können.

2.3. Charakteristische Gruppenfrequenzen

2.3.1. Nomenklatur der Schwingungsbezeichnungen

Eine einheitliche Bezeichnung der Schwingungen hat sich bisher nicht durchsetzen können. Wir verwenden in diesem Buch eine Symbolik, die in ähnlicher Form häufig in spektroskopischen Arbeiten über Polymere anzutreffen ist (siehe z. B. KRIMM (1960)).

Valenzschwingungen, im Englischen meist treffender *stretching vibration* genannt, werden mit ν bezeichnet: z. B. ν(OH). Bei aus mehr als zwei Atomen bestehenden Gruppen wird zwischen der symmetrischen Valenzschwingung ν_s und der antisymmetrischen ν_a unterschieden: z. B. $\nu_s(CH_2)$ und $\nu_a(CH_2)$.

Deformationsschwingungen, die überwiegend in der Änderung von Valenzwinkeln bestehen, bezeichnen wir mit δ. Das gleiche Symbol erhalten die speziellen Deformationsschwingungen in einer bevorzugten Ebene und die symmetrische Deformationsschwingung (Scherenschwingung) der AB_2-Gruppe: z. B. δ(OH) und $\delta(CH_2)$. Wenn Verwechslungen möglich sind, werden Indizes angefügt: z. B. δ_i(OH) für die Schwingung in der COH-Ebene und $\delta_s(CH_2)$ für die Scherenschwingung.

Waggingschwingungen, Symbol γ_w, sind Deformationsschwingungen aus einer bevorzugten Ebene heraus: z. B. γ_w(OH) die Schwingung senkrecht zur COH-Ebene und $\gamma_w(CH_2)$ die Schwingung senkrecht zur Ebene der CH_2-Gruppe.

Als weitere wichtige Schwingungsformen der AB_2-Gruppe werden die Drehschwingung um die Winkelhalbierende als *Torsions-* oder *Twistingschwingung* γ_t und die gleichsinnige Schwingung der B-Atome in der Gruppenebene als *Rockingschwingung* γ_r bezeichnet (Abb. 2.12).

Schwingungen, an denen mindestens drei Atome außer H-Atomen beteiligt sind, werden *Gerüstschwingungen* genannt und durch Δ gekennzeichnet: z. B. Δ(CCC). Bei speziellen Schwingungsbildern werden dafür auch die oben eingeführten Symbole verwendet: z. B. ν_s(COC) für die symmetrische Valenzschwingung der COC-Gruppe oder γ_w(COC) für die Deformation senkrecht zur COC-Ebene. Die symmetrische Valenzschwingung von Ringmolekülen wird anschaulich als *Ringatmungsschwingung* β bezeichnet.

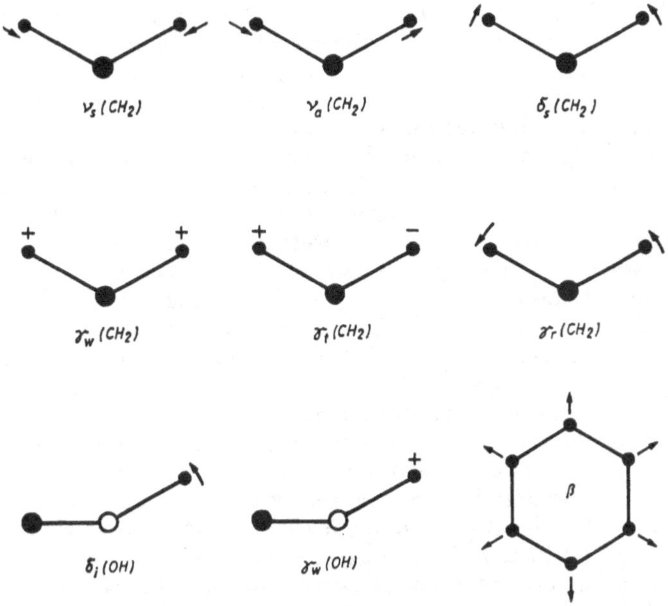

Abb. 2.12 Bezeichnung einiger Schwingungen.
● — C-Atom, ○ — O-Atom, ● — H-Atom

2.3.2. *Die Bedeutung der Gruppenfrequenzen für die Konstitutionsaufklärung*

Die Feststellung, daß zwischen der Anwesenheit von bestimmten chemischen Gruppen in einer Verbindung und dem Auftreten von Absorptionsbanden in bestimmten begrenzten Spektralbereichen eine enge Korrelation besteht, hat wesentlich zu der verbreiteten Anwendung der UR-Spektroskopie in der Analytik beigetragen und ist in vielen Fällen Ausgangspunkt von UR-spektroskopischen Untersuchungen. Vom physikalischen Standpunkt aus gesehen ist die Existenz von für bestimmte Gruppen charakteristischen Frequenzen zunächst nicht selbstverständlich, da eine exakte Berechnung des Schwingungsverhaltens eines Moleküls von der Betrachtung des ganzen Moleküls ausgehen muß und im allgemeinen nicht ein Teil isoliert von den anderen Teilen behandelt werden kann. Jedes Molekül hat ein eindeutiges Schwingungsspektrum, das von allen beteiligten Atomen und den zwischen diesen wirkenden Kräften abhängt. Nur in bestimmten Fällen kann auf Grund von Symmetriebetrachtungen ein Schwingungszustand auf einen Teil des Moleküls reduziert werden. Insbesondere können die Normalschwingungen der periodisch gebauten Makromoleküle auf die Schwingungen des Grundbausteins zurückgeführt werden, wovon im Kapitel 3 Gebrauch gemacht wird.

Wenn im Gegensatz zu diesen Ausführungen viele Schwingungsfrequenzen mit bestimmten chemischen Gruppen in Zusammenhang gebracht werden können, so liegt das an der Vielfalt und der diskontinuierlichen Verteilung der Atommassen und Bindungskräfte, was dazu führt, daß ein Molekül aus Oszillatoren mit sehr unterschiedlichen Eigenfrequenzen aufgebaut ist. Die Schwingungen dieser Oszillatoren sind um so weniger miteinander vermischt, je mehr sie sich in der Frequenz unterscheiden und je kleiner die Kopplungskräfte zwischen ihnen sind. Eine geringe Wechselwirkung besteht jedoch zwischen allen zur gleichen Symmetrierasse gehörenden Schwingungen eines Moleküls.

Das Gerüst der meisten organischen Verbindungen wird durch C-, O- und N-Atome gebildet, deren Massen sich nur wenig unterscheiden und die überwiegend durch Einfachbindungen untereinander verknüpft sind. Daher sind die Schwingungen dieses Gerüstes stark miteinander verkoppelt und geben keine guten charakteristischen Gruppenfrequenzen. Bei Einbeziehung von Atomen mit wesentlich anderer Masse, insbesondere von H-Atomen, in das Schwingungsbild, kommen Oszillatoren mit anderen Eigenfrequenzen hinzu, welche die charakteristischen Gruppenfrequenzen der ν(OH), ν(NH) und ν(CH)-Schwingungen liefern. Das trifft auch auf Gruppen mit schweren Atomen, z. B. die CCl-Gruppe zu, wobei aber Einschränkungen zu machen sind. So kann die Valenzschwingung der CS-Gruppe nicht als sehr charakteristisch angesehen werden, da die Energie der C—S-Bindung stark von der Struktur der Umgebung abhängt, so daß die Absorption in einem breiten Frequenzbereich zu erwarten ist. Die Deformationsschwingungen von XH-Gruppen können als charakteristisch angesehen werden, obwohl sie zum Teil in das Frequenzgebiet der Gerüstschwingungen fallen. Die Kopplung ist gering, da wegen des großen Massenunterschiedes die Schwingungsenergie hauptsächlich in den endständigen H-Atomen lokalisiert ist. Das gilt vor allem für die δ_s-(CH_2)-Schwingung, während bei den γ_r- und γ_w-Schwingungen die Mitbewegung des Kohlenstoffatoms eine etwas stärkere Kopplung an die Gerüstschwingungen bewirkt. Bei kleinem Frequenzunterschied kann starke Kopplung zustandekommen. So ist in Amiden die NH-Deformationsschwingung eng mit der CN-Valenzschwingung vermischt und gibt Anlaß zu der für diese Verbindungen sehr charakteristischen Amid-II-Bande.

Valenzschwingungen von Mehrfachbindungen koppeln wegen ihrer durch die größere Kraftkonstante bedingten höheren Frequenz nicht mit Gerüstschwingungen der einfach gebundenen Atome. Dreifachbindungen absorbieren in einem Frequenzbereich, der frei von anderen Absorptionsbanden ist. Die C=O-, C=C- und C=N-Schwingungen sind von anderen Frequenzen und untereinander genügend getrennt, um gute charakteristische Gruppenfrequenzen zu geben. Insbesondere wird die endständige C=O-Gruppe durch Kopplungen sehr wenig beeinflußt. Die genaue Lage der ν(C=O)-Schwingung wird hauptsächlich durch die Elektronegativität der Nachbaratome bestimmt, während die Struktur des Molekülrestes von geringerer Bedeutung ist. Daher können die Carbonylgruppen von Aldehyden, Ketonen, Estern und Carbonsäuren recht gut an Hand des UR-Spektrums unterschieden werden.

Ein weiterer Lage und Intensität der Absorptionsbanden bestimmender Faktor ist die Molekülsymmetrie. Bei einer zentrumsymmetrisch substituierten C=C-Gruppe tritt im UR-Spektrum keine ν(C=C)-Bande auf. Die Intensität dieser Bande wird um so größer, je unsymmetrischer die C=C-Gruppe im Molekül angeordnet ist. Konjugierte C=C-Gruppen neigen sehr stark zur Kopplung. Das führt bei einfacher Konjugation zur Aufspaltung in zwei Frequenzen, die den Schwingungen in Phase und in Gegenphase entsprechen. Die Aufspaltung folgt auch aus der Symmetrie der C=C—C=C-Gruppe, da die symmetrische und die antisymmetrische Schwingung dieser Gruppe verschiedenen Symmetrierassen angehören und zwei nicht koppelnde Schwingungszustände bilden. In gleicher Weise ist das Auftreten einer symmetrischen und einer antisymmetrischen Valenzschwingung der AB_2-Gruppe zu erklären.

Während man die Identität oder Nichtidentität zweier Verbindungen an Hand ihrer UR-Spektren mit großer Sicherheit entscheiden kann, ist es meist nicht möglich, allein aus dem Ultrarotspektrum die chemische Struktur abzuleiten. Es ist leichter, aus dem Fehlen einer Absorptionsbande in einem bestimmten Frequenzbereich auf das Nichtvorhandensein einer chemischen Gruppe zu schließen, als aus der Beobachtung einer Bande die Anwesenheit einer Gruppe herzuleiten, sofern diese Bande nicht in einem sonst vollständig absorptionsfreien Gebiet liegt. Nur in erster grober Näherung sind die Schwingungsfrequenzen einer Gruppe von der Umgebung und den Nachbargruppen unabhängig. Bei genauerer Betrachtung müssen den Schwingungen mehr oder weniger breite Frequenzbereiche zugeordnet werden, die sich in bandenreichen Spektren überlagern. Andererseits bringt die Abhängigkeit der Frequenz von der Struktur der Umgebung den Vorteil mit sich, daß aus der speziellen Lage einer Bande sehr viel weiterreichende Schlüsse gezogen werden können als nur die Feststellung der Anwesenheit einer bestimmten chemischen Gruppe. In besonderen Fällen ist auch in bandenreichen Spektralgebieten die Zuordnung von charakteristischen Gruppenfrequenzen möglich, wenn bei chemischen Reaktionen auftretende Änderungen des Spektrums zur Beurteilung mit herangezogen werden. Brako und Wexler (1963) wandten diese Methode bei der Bestimmung von funktionellen Gruppen in Copolymeren an.

2.3.3. Charakteristische Frequenzen von einigen wichtigen chemischen Gruppen

Die meisten Monographien über die Ultrarotspektroskopie und ihre Anwendungen enthalten ausführliche Kapitel über die Lage der charakteristischen Gruppenfrequenzen und tabellarische Zusammenstellungen. Darunter verdient das Werk von Bellamy (1962), das ausschließlich der Konstitutionsanalyse durch UR-Spektroskopie gewidmet ist, wegen seiner übersichtlichen Darstellung besonders hervorgehoben zu werden. Neuere Literatur wurde in den einschlägigen Kapiteln der Bücher von Colthup—Daly—Wiberly (1964) und White (1964) verarbeitet. In einem Ergänzungswerk berichtet Bellamy (1968) über Fortschritte auf dem Gebiet der charakteristischen Gruppenfrequenzen mit besonderer Berücksichtigung des Einflusses der molekularen Umgebung auf die Schwingungsfrequenz. Erwähnt seien auch die Tabellen von Flett (1963) und Otting (1963) wegen ihrer handlichen Form, die sie zum unmittelbaren Gebrauch am Spektrometer geeignet macht, und die viel verwendete Tafel von Colthup (1950). Die im Caesiumbromidbereich zwischen 700 und 300 cm^{-1} liegenden charakteristischen Gruppenfrequenzen wurden von Bentley, Smithson und Rozek (1968) gründlich untersucht. In den folgenden Unterabschnitten werden die charakteristischen Frequenzen einiger in organischen Polymeren häufig vorkommender Gruppen beschrieben. Für ausführlichere Untersuchungen muß auf die oben erwähnten Bücher verwiesen werden.

2.3.3.1. CH, CH_2, CH_3

Die CH-Valenzschwingungen liegen im Bereich von 2700 bis 3350 cm^{-1}. Die Lage hängt vom Bindungszustand des C-Atoms und der Elektronegativität der Nachbaratome ab, so daß aus dem Studium dieses Spektralbereiches Schlüsse auf die Molekülstruktur gezogen werden können. Der diagnostische Wert der ν(CH)-Banden darf aber nicht überschätzt werden, da viele Faktoren auf Lage und Intensität der Banden einwirken. In Tab. 2.4 sind mittlere Wellenzahlen und die

Tabelle 2.4 Charakteristische CH-Frequenzen

Schwingung	Wellenzahl [cm^{-1}]	Intensität	Schwingung	Wellenzahl [cm^{-1}]
ν(CH)	2890	*w*		
$\nu_a(CH_2)$	2930	*s*	γ_w 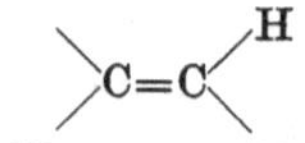	820
$\nu_s(CH_2)$	2850	*m*—*s*		
$\nu_a(CH_3)$	2960	*s*		
$\nu_s(CH_3)$	2870	*m*—*s*	γ_w 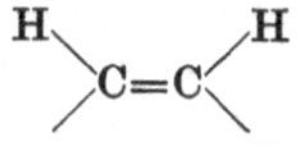	675—730
ν(≡CH)	3300	*s*		
ν(=CH)	3020	*m*		
$\nu_a(=CH_2)$	3080	*m*	γ_w 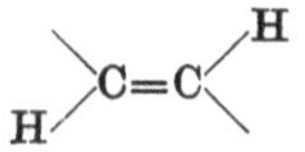	965
$\nu_s(=CH_2)$	3000	*m*		
$\nu(CH)_{arom}$	3000—3100	*w*		
δ(CH)	~1350	*w*	γ_w 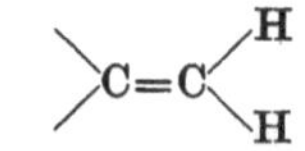	890
$\delta_s(CH_2)$	1460—70	*m*		
$\delta_a(CH_3)$	1460	*m*		
$\delta_s(CH_3)$	1380	*s*	γ_w 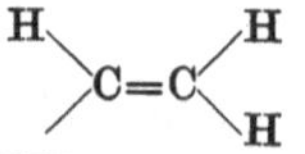	910 und 990
			$\gamma_w(CH)_{arom.}$	670—900
			$\gamma_r((CH_2)_n)$	815 für $n = 1$
				752 $n = 2$
				735 $n = 3$
				727 $n = 4$
				722 $n \geqq 5$

relative Intensität für charakteristische Frequenzen von Kohlenwasserstoffen angegeben. Die höchste Frequenz einer CH-Schwingung wird in Acetylenderivaten gefunden. Die ν(≡CH)-Bande kann auf Grund ihrer größeren Schärfe von den ebenfalls bei 3300 cm^{-1} liegenden Banden assoziierter OH- und NH-Gruppen unterschieden werden. CH-Banden oberhalb 3000 cm^{-1} weisen auf das Vorliegen von Doppelbindungen oder aromatischen Ringen hin. Sie können aber auch auf stark elektronegative Substituenten, wie Halogene, oder auf starke Ringspannung in dreigliedrigen Ringen (Cyclopropanderivate, Epoxyde) zurückzuführen sein.

Wiberg und Nist (1961) untersuchten die Abhängigkeit der Frequenz von der Ringspannung. In gesättigten ungespannten Kohlenwasserstoffen sind die CH_2- und CH_3-Valenzschwingungen recht lagekonstant (Fox (1940)), sie werden aber durch N- oder O-Atome beeinflußt und sind bei Anwesenheit von Heteroatomen nicht immer voneinander zu unterscheiden. In Aldehyden werden zwei ν(CH)-Banden bei 2820 und 2720 cm^{-1} beobachtet, die durch Fermi-Resonanz mit der Oberschwingung einer CH-Deformationsschwingung erklärt werden (Pinchas (1955)).

Die symmetrische CH_2-Deformationsschwingung liegt ziemlich lagekonstant bei 1465 ± 20 cm^{-1} in enger Nachbarschaft mit der antisymmetrischen CH_3-Deformationsschwingung. Interessanter ist die symmetrische $\delta_s(CH_3)$-Bande bei 1380 cm^{-1}, deren Lage vom Nachbaratom abhängt. Aus dem Intensitätsverhältnis der $\delta_s(CH_2)$- und $\delta_s(CH_3)$-Banden kann der Verzweigungsgrad von Kohlenwasserstoffen ermittelt werden. Das Verfahren ist jedoch nicht ohne Vorbehalt auf andere Verbindungsklassen übertragbar. Die im Bereich der Gerüstschwingungen liegenden CH-Wagging- und Torsionsschwingungen sind weniger charakteristisch. Waggingschwingungen der an Doppelbindungen liegenden CH-Gruppe geben für den Substitutionstyp charakteristische Banden (Tab. 2.4). Potts u. a. (1959) untersuchten den Einfluß der Substituenten auf die Frequenz. Die im gleichen Frequenzbereich liegenden Waggingschwingungen von Aromaten sind ebenfalls typisch für den Substitutionsgrad, der aber noch besser an Ober- und Kombinationsschwingungen zwischen 1700 und 2000 cm^{-1} zu erkennen ist (Young (1951)). Die CH_2-Rockingschwingung hängt von der Zahl der benachbarten CH_2-Gruppen ab und kann zur Bestimmung der Länge von CH_2-Sequenzen herangezogen werden (vgl. Abschnitt 6.1.3.2.).

2.3.3.2. OH

Das spektroskopische Verhalten der Hydroxylgruppe wird maßgebend durch die starke Neigung zur Ausbildung von Wasserstoffbrückenbindungen gekennzeichnet, die eine Frequenzabnahme der Valenzschwingungen und Frequenzzunahme der Deformationsschwingungen zur Folge haben. Wegen der großen Bedeutung der Wasserstoffbrücken für die Festkörpereigenschaften von Polymeren werden wir hierauf im Abschnitt 5.4. ausführlicher eingehen.

Freie Hydroxylgruppen können nur in verdünnten Gasen und sehr verdünnten Lösungen sowie in wenigen Fällen, bei denen aus sterischen Gründen keine Wasserstoffbrücken möglich sind, beobachtet werden. Bei primären Alkoholen liegt die ν(OH)-Bande etwas höher als bei sekundären und tertiären Alkoholen, die Differenz reicht aber nicht immer zur sicheren Unterscheidung aus. Im kondensierten Zustand ermöglichen Lage und Art der Hydroxylbanden, Aussagen über die Assoziation zu machen (Tab. 2.5). Inter- und intramolekulare H-Brücken sind dadurch zu unterscheiden, daß die zu ersteren gehörenden Banden bei zunehmender Verdünnung schwächer werden. Resonanzstabilisierte, sehr starke Wasserstoffbrücken verschieben die ν(OH)-Bande bis in den Bereich der CH-Valenzschwingungen, von denen sie aber durch Deuterierung mit D_2O leicht abgetrennt werden können. Die Deuterierung läßt sich nach Hoyer (1959) sehr schnell durch Ausschütteln einer CCl_4-Lösung mit D_2O durchführen.

OH-Deformationsschwingungen haben für sich keinen großen Wert als charakteristische Banden, sie können aber zusammen mit Deuteriumaustauschmethoden sehr zur Konstitutionsaufklärung beitragen.

Tabelle 2.5 Charakteristische OH-Frequenzen

Schwingung	Wellenzahl [cm^{-1}]	
$\nu(OH)_{frei}$		
in Alkoholen	3610–3650	*m*, scharf
in Phenolen	3600–3620	*s*, scharf
in Carbonsäuren	3500–3550	*m*, scharf
$\nu(OH)_{gebunden}$		
zyklisch-dimerer Alkohol	3450–3550	var., scharf
polymer assoziierter Alk.	3200–3400	*s*, breit
resonanzstabilisierte Brücken		
in Carbonsäuren	2500–3300	sehr breit
intramolek. Brücken	3450–3570	scharf
Chelatbindungen	2500–3300	sehr breit
δ (OH)		
in Carbonsäuren	1390–1440	
in Phenolen	1330–1390	
γ(OH)		
in Carbonsäuren	875– 960	
in Alkoholen	~650	

2.3.3.3. NH, NH_2

Die NH-Gruppe ist ebenso wie die OH-Gruppe zur Ausbildung von Wasserstoffbrücken befähigt. Die Energie der Brückenbindung ist hier etwas schwächer, so daß die Frequenzverschiebungen geringer und die NH-Banden im assoziierten Zustand meist weniger breit sind (Tab. 2.6). Die Wellenzahlen der symmetrischen und antisymmetrischen NH_2-Schwingungen von Aminen sind durch die Beziehung

$$\tilde{\nu}_s = 345{,}5 + 0{,}876\tilde{\nu}_a \tag{2.18}$$

verknüpft (Bellamy (1957)), wenn die Bindungen beider H-Atome identisch sind. Abweichungen von dieser Gleichung weisen auf unterschiedliche H-Brücken hin. Eine Schulter bei 3200 cm^{-1} ist die erste Oberschwingung der bei 1600 cm^{-1} gelegenen $\delta_s(NH_2)$-Bande.

In Amiden besteht die Möglichkeit einer Wasserstoffbrücke zur Carbonylgruppe. Die NH_2-Valenzbanden von Amiden liegen im festen Zustand bei 3350 und 3180 cm^{-1} bzw. bei 3300 cm^{-1} in N-substituierten Amiden. Die NH-Deformationsschwingung ist mit der CN-Valenzschwingung gekoppelt und gibt Anlaß zu der für die trans-Amidgruppe sehr charakteristischen Amid-II-Bande bei 1550 cm^{-1} und der weniger starken Amid-III-Bande bei 1250 cm^{-1}. In Lactamen mit einer cis-Amidgruppe fehlt die Amid-II-Bande. Zu den charakteristischen Banden von sekundären Amiden sind auch die durch FERMI-Resonanz mit der ν(NH)-Schwingung verstärkte Oberschwingung von Amid-II bei 3100 cm^{-1} und die Kombinationsschwingung von Amid-I und Amid-II bei 3200 cm^{-1} zu zählen.

Tabelle 2.6 Charakteristische NH-Frequenzen

Schwingung	Wellenzahl [cm^{-1}]
Amine	
$\nu_a(NH_2)_{frei}$	~3500
$\nu_s(NH_2)_{frei}$	~3400
$\nu(NH)_{frei}$	3300—3500
$\nu(NH)_{gebunden}$	3000—3500
$\delta_s(NH_2)$	1650—1590
Amide	
$\nu_a(NH_2)$	3350
$\nu_s(NH_2)$	3180
ν(NH)	3300
δ(CNH)	1550 (Amid II)
	1250 (Amid III)

2.3.3.4. C=O, C—O

Die C=O-Valenzschwingung gehört sowohl wegen ihrer hohen Intensität als auch wegen ihrer konstanten Lage in einem relativ kleinen Frequenzintervall zu den charakteristischsten Ultrarotbanden. Ihre Lage wird sehr wenig von den Massen der Nachbaratome, aber deutlich durch deren Elektronegativität, durch Konjugation und Ringspannung beeinflußt (Tab. 2.7). HADŽI (1963) hat die verschiedenen Einflüsse näher diskutiert. Konjugation mit einer C=C-Bindung hat eine Frequenzerniedrigung um 30 bis 40 cm^{-1} zur Folge. An gesättigten fünfgliedrigen Ringen steigt die Frequenz um etwa 25 cm^{-1} und an viergliedrigen Ringen um etwa 50 cm^{-1} an (BELLAMY (1962)). Stark elektronegative Atome in α-Stellung wirken der Tendenz des Carbonylsauerstoffs zur Bildung der polaren Form $C^+—O^-$ entgegen; sie stärken damit den Doppelbindungscharakter und erhöhen die ν(C=O)-Frequenz. Andererseits führt in Amiden die Mesomerie mit der $N^+=C—O^-$-Form zur Frequenzerniedrigung.

Die Lage der ν(C=O)-Bande von Carbonsäuren wird wesentlich durch Wasserstoffbrücken bestimmt. Eine Unterscheidung von anderen C=O-Gruppen ist nach Umsetzung zu einem Carbonsalz möglich, dessen $[COO]^-$-Ion eine symmetrische und eine antisymmetrische Valenzschwingung hat.

Valenzschwingungen der C—O-Einfachbindungen haben als charakteristische Frequenzen nicht die ausgezeichnete Bedeutung wie die von C=O-Doppelbindungen, da sich die Frequenzintervalle der verschiedenen Verbindungen überlappen

(Tab. 2.7) und C—O- und C—C-Frequenzen oft zu Gerüstschwingungen verkoppelt sind. In den meisten Fällen ist jedoch die ν(C—O)-Bande im Bereich von 1100 bis 1250 cm^{-1} sicher zu identifizieren. Am ehesten kann man bei der antisymmetrischen ν_a(COC)-Schwingung der Äther von einer charakteristischen Frequenz sprechen, die zu einer etwas stärkeren Bande im angegebenen Wellenzahlbereich führt. Bei Alkoholen kommt die Kopplung mit δ(OH)-Schwingungen hinzu, wobei eine bei 1200 bis 1400 cm^{-1} liegende Absorption mehr in der δ(OH)-Schwingung zu lokalisieren ist, während im Bereich 1000 bis 1200 cm^{-1} der ν(C—O)-Anteil überwiegt.

Tabelle 2.7 Charakteristische CO-Frequenzen

Schwingung	Wellenzahl [cm^{-1}]
ν(C=O)	
Dialkylketone	1705—1725
Einfach konj. Ketone	1670—1700
α-Chlor-Ketone	1725—1745
Aldehyde (aliph.)	1720—1740
Ester (gesättigt)	1735—1750
Ester (konj.)	1715—1730
Carbonsäuren (monomer)	1740—1800
Carbonsäuren (assoziiert)	1700—1720
Carbonsalze	
$\nu_a(COO^-)$	1550—1610
$\nu_s(COO^-)$	1300—1420
Säurechloride	~1800
Amide	~1650 (Amid I)
ν(C—O)	
Ester	1160—1210
Äther (aliph.)	1100—1150
Äther (aromatisch)	~1250
Vinyläther	1200—1225
Alkohole	1000—1200

2.3.3.5. C≡C, C≡N, C=C, C=N

Valenzschwingungen von Dreifachbindungen liegen zwischen 2100 und 2300 cm^{-1} (Tab. 2.8) und sind auch bei geringer Intensität meist gut zu erkennen, da diese Region frei von anderen Grundschwingungen ist. Die ν(C≡C)-Schwingung ist bei symmetrischer Substitution UR-inaktiv; ihre Intensität wird um so größer, je unsymmetrischer die Substituenten sind. Die Intensität der Nitrilbande ist variabel und hängt von der Anwesenheit weiterer polarer Gruppen im Molekül ab. In Nachbarschaft von sauerstoffhaltigen Gruppen kann die Bande so schwach werden, daß sie nicht gefunden wird. Bei Konjugation mit einer C=C- oder C=N-Doppelbindung sinkt die Frequenz infolge von Mesomerieeffekten unter 2200 cm^{-1}.

Tabelle 2.8 Charakteristische CC- und CN-Frequenzen

Schwingung	Wellenzahl [cm^{-1}]	Intensität
ν(HC≡C)	2100–2150	*m*
ν(C≡C)	2200–2300	*w*
ν(C≡N)	2200–2300	*m–s*
ν(SC≡N)	~2150	*m*
ν_a(C=C=C)	~1950	s
ν_a(N=C=O)	~2270	*ss*
ν_a(C=C=N)	2000–2050	*ss*
ν_a(C=C=O)	2130–2160	*ss*
$\nu(C{=}C)_{Olefine}$	1600–1700	var.
$\nu(C{=}C)_{arom.}$	1500–1600	var.
ν(C=N)	1600–1690	*m*

Die antisymmetrische Valenzschwingung von kumulierten Doppelbindungen führt zu starken bis sehr starken Banden um 2000 cm^{-1}, die für die verschiedenen Strukturen sehr charakteristisch sind. Die zugehörige symmetrische Schwingung ist schwächer, bei der Allenstruktur oft inaktiv und fällt in das Gebiet der δ(CH)- und ν(C–C)-Frequenzen.

Valenzschwingungen von olefinischen Doppelbindungen liegen zwischen 1600 und 1700 cm^{-1}. Zahl, Intensität und Lage der Banden werden durch Konjugation, Substituenten und Ringspannung bestimmt (Bellamy (1962)). Die entsprechenden Banden von aromatischen Strukturen zwischen 1500 und 1600 cm^{-1} sind mehr als Gerüst- denn als Valenzschwingungen anzusehen und hängen vom Substitutionstyp ab. Der in Tab. 2.8 für die ν(C=N)-Schwingung angegebene Frequenzbereich ist in konjugierten cyclischen Verbindungen bis 1480 cm^{-1} zu erweitern.

2.3.3.6. C–*Halogen*, C–S, C=S

Wegen der Schwingungswechselwirkung sind bei ein- und mehrfach halogenierten Kohlenwasserstoffen unterschiedliche Schwingungsbilder zu erwarten. Hinzu kommen insbesondere bei fluorhaltigen Verbindungen Kopplungen mit anderen Schwingungen des Kohlenstoffgerüstes, die eine sichere Zuordnung nicht immer erlauben. In der oberen Hälfte der in Tab. 2.9 angegebenen Frequenzintervalle liegen die Banden der Polyhalogenverbindungen, während Monohalogenkohlenwasserstoffe bei etwas kleinerer Wellenzahl absorbieren. In halogenierten Arylverbindungen tritt starke Wechselwirkung mit Ringfrequenzen auf, so daß hier keine isolierten C—Halogen-Schwingungen gefunden werden.

Tabelle 2.9 Charakteristische C-Halogen- und CS-Frequenzen

Schwingung	Wellenzahl [cm⁻¹]	Intensität
ν(CF)	1100—1350	*ss*
ν(CCl)	600— 800	*s*
ν(CBr)	500— 650	*s*
ν(CI)	480— 600	*s*
ν(C—S)	570— 720	*w*
ν(C=S)	1025—1225	*m*
ν(NC=S)	1570—1395	
	1420—1260	
	1140— 940	
	850— 680	

Die ν(C—S)-Schwingung erscheint als schwache Bande zwischen 570 und 720 cm^{-1}, die nicht immer sicher zuzuordnen ist, wenn noch andere im gleichen Bereich absorbierende Gruppen vorhanden sind. Im Raman-Spektrum ist die Bande stärker. Sheppard (1950) untersuchte die Abhängigkeit der Bande vom Alkylrest in gesättigten Mercaptanen und Sulfiden. Für die Valenzschwingung der (C=S)-Gruppe in keinen Stickstoff enthaltenden Verbindungen wird ein Bereich von 1025 bis 1225 cm^{-1} genannt (Rao (1963)). Die Intensität ist viel geringer als bei der C=O-Schwingung; auch fällt die Bande in ein Gebiet, wo die Möglichkeit zur Kopplung mit einer Vielzahl anderer Frequenzen besteht, so daß sie wenig charakteristisch ist. Die N—C=S-Gruppe gibt Anlaß zu einer Anzahl Banden in den in der Tabelle eingetragenen Bereichen, deren Zuordnung Rao (1963) diskutiert.

2.3.4. *Frequenzbeeinflussende Faktoren*

Die Umgebung einer schwingenden Gruppe wirkt auf die elektronische Struktur der chemischen Bindung ein und beeinflußt die frequenzbestimmenden Kraftkonstanten und Bindungslängen. Die dadurch hervorgerufenen Frequenzverschiebungen sollen in diesem Abschnitt beschrieben werden. Sie können Aufschlüsse über die Struktur der Umgebung der chemischen Gruppe geben. Die sehr vereinfachte Darstellung soll nur auf die Bedeutung der verschiedenen Effekte hinweisen, sie darf nicht darüber hinwegtäuschen, daß Frequenz und Intensität einer Absorptionsbande erst durch das komplexe Zusammenspiel vieler Faktoren bestimmt werden.

Die wichtigsten Typen der elektronischen Wechselwirkung zwischen einer chemischen Gruppe und ihren Substituenten werden als induktive und mesomere Effekte bezeichnet. Unter der induktiven Wechselwirkung wird die Verschiebung der Elektronenwolke durch die mehr oder weniger große Elektronegativität der Substituenten verstanden, die je nach der bereits vorhandenen Polarität der Gruppe die Bindung stärken oder schwächen kann. In X=O-Gruppen ist infolge der elektronenanziehenden Wirkung des Sauerstoffs die Elektronenwolke zum Sauerstoffatom hin verlagert, wobei durch Bildung der polaren Struktur X^+—O^- eine Schwächung der Doppelbindung eintritt. Elektronegative Substituenten wirken dieser Tendenz entgegen und erhöhen die ν(X=O)-Frequenz, wie HADŽI (1963) am Beispiel der P=O- und S=O-Valenzschwingungen zeigte. Am ausführlichsten ist in dieser Hinsicht die Carbonylgruppe untersucht worden, bei der jedoch der induktive Effekt häufig durch den Mesomerieeffekt überlagert wird.

Der Mesomerie- oder Resonanzeffekt beruht auf der leichten Beweglichkeit der π-Elektronen in Doppelbindungen. Unter dem Einfluß elektronegativer Substituenten wird der Doppelbindungscharakter zum Teil auf die Einfachbindung übertragen. Eines der markantesten Beispiele dafür ist die oben erwähnte Erniedrigung der Carbonylfrequenz in Amiden durch die Mesomerie

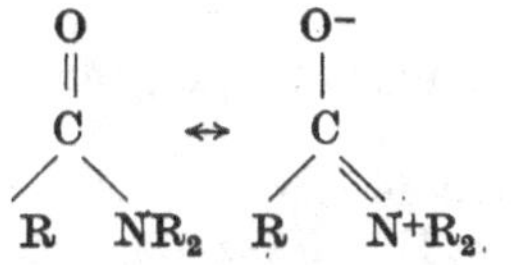

Die Frequenzerniedrigung in konjugierten Doppelbindungen ist durch Mesomerie mit der Resonanzstruktur C⋯C⋯C⋯C zu erklären.

Nur in wenigen Fällen sind induktiver oder mesomerer Effekt isoliert voneinander vorhanden; im allgemeinen wird die Frequenz durch die kombinierte Wirkung beider Einflüsse bestimmt. So läßt sich die Frequenzabnahme der ν(C=O)-Bande in der Reihe

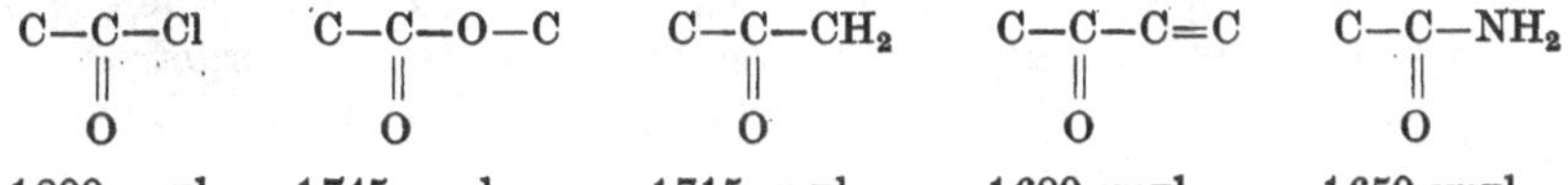

1800 cm^{-1} 1745 cm^{-1} 1715 cm^{-1} 1680 cm^{-1} 1650 cm^{-1}

weniger durch die Abnahme der Elektronegativität des Substituenten als durch von links nach rechts fortschreitende Zunahme des mesomeren Effektes gegenüber dem induktiven Effekt erklären.

Frequenzverschiebungen wurden mit zahlreichen anderen physikalischen Eigenschaften der Moleküle in Zusammenhang gebracht, die ihrerseits von den induktiven und mesomeren Effekten abhängen. Die wichtigsten dieser Eigenschaften sind die σ-Werte nach HAMMETT und die σ^*-Werte nach TAFT. Sie beschreiben die Reaktivität in Abhängigkeit vom Substituenten und werden ebenso wie die Frequenz von der elektronischen Struktur der Bindung bestimmt. Für zahlreiche Substanzen wurde ein linearer Zusammenhang zwischen der Schwingungsfrequenz einer reaktiven Gruppe und den σ- bzw. σ^*-Werten gefunden (DAVIES (1963)).

Die Geometrie des Moleküls spiegelt sich ebenso wie die chemische Struktur in Bandenverschiebungen wider, da von ihr die Wechselwirkung zwischen den verschiedenen Gruppen im Molekül abhängt. Vinylketone und Vinylester können in den Konformationen

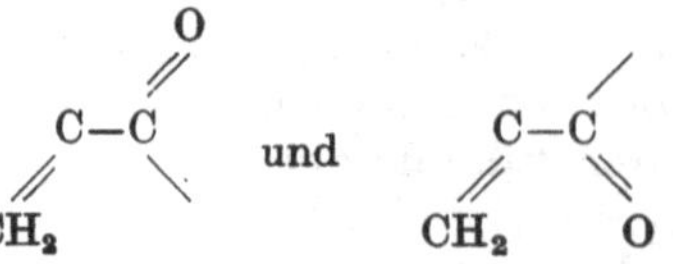

vorliegen, in denen die Überlappung der π-Elektronensysteme beider Doppelbindungen unterschiedlich ist, was zu einer schwachen Aufspaltung sowohl der ν(C=O)- als auch der ν(C=C)-Bande dieser Verbindungen führt. Neben der über die Bindungselektronen vermittelten Induktion und Mesomerie spielen Dipolfeldeffekte von stark polaren Gruppen eine Rolle, die naturgemäß von der räumlichen Lage des Dipols abhängen, wie JONES (1952) an α-Halogenketonen zeigen konnte. BELLAMY u. a. (1957a) haben den Einfluß der Dipol–Dipol-Wechselwirkung auf die Frequenz eingehender untersucht. Zu den durch die Molekülgeometrie bedingten sterischen Effekten ist auch die Abhängigkeit der Gruppenfrequenz von der Ringspannung zu rechnen, welche durch die erzwungene Änderung der Valenzwinkel sowohl auf die Schwingungskopplung als auch auf die Elektronenstruktur der chemischen Bindung einwirkt.

Wenn zwei Energieniveaus von zur gleichen Symmetrierasse gehörenden Schwingungen sehr dicht zusammenfallen, tritt FERMI-Resonanz ein, die anschaulich durch enge Mischung der beiden Schwingungszustände bei gleichzeitiger Abstoßung der Energieniveaus beschrieben werden kann. Die Erscheinung der FERMI-Resonanz ist besonders augenfällig, wenn sie zwischen einer Ober- oder Kombinationsschwingung und einer Grundschwingung erfolgt, da erstere dabei so verstärkt wird, daß ihre Intensität mit der von Grundschwingungen vergleichbar wird. Je enger die ungestörten Energieniveaus zusammenliegen und je größer die Wechselwirkung, d. h. die Überlappung der Eigenfunktionen ist, um so stärker werden die Aufspaltung und der Intensitätsausgleich der zu den Energieniveaus gehörenden Ultrarotbanden, um so weniger ist aber auch eine getrennte Zuordnung der Banden möglich. Die mathematische Formulierung der FERMI-Resonanz ist bei HERZBERG (1945) zu finden.

Die bisher genannten Frequenzverschiebungen waren in der inneren Struktur des Moleküls begründet. Eine Mittelstellung zwischen im Molekül und in der Umgebung liegenden Wechselwirkungen nehmen intermolekulare Wasserstoffbrücken ein, die eine Frequenzerniedrigung der Valenzschwingungen und eine Frequenzzunahme der Deformationsschwingungen mit sich bringen. In gleicher Richtung liegen die Frequenzverschiebungen beim Übergang vom Gaszustand zur Lösung. KIRKWOOD (1937) und BAUER und MAGAT (1938) haben für die Frequenzänderung die Beziehung

$$\frac{\Delta\tilde{\nu}}{\tilde{\nu}_{Gas}} = K\,\frac{\varepsilon - 1}{2\varepsilon + 1} \tag{2.19}$$

abgeleitet, wo ε die Dielektrizitätskonstante des Lösungsmittels ist. In unpolaren Lösungsmitteln ist die Beziehung recht gut erfüllt, noch besser, wenn anstelle der Dielektrizitätskonstanten das Quadrat des Brechungsindex für Ultrarotstrahlung eingesetzt wird. Die Verhältnisse in polaren Lösungsmitteln können durch die Beziehung (2.19) nicht richtig wiedergegeben werden, da sie die intermolekularen Wechselwirkungen und die Veränderung der Struktur des Lösungsmittels in der nächsten Nachbarschaft der gelösten Moleküle nicht berücksichtigt. Mit diesen Fragen haben sich BELLAMY u. a. (1958, 1959, 1959a, 1960) näher befaßt und die Lösungsmitteleffekte für bestimmte funktionelle Gruppen untersucht. HALLAM (1961) berichtete über die Anwendung dieser Untersuchungen.

Abschließend sei noch auf die vom Aggregatzustand abhängigen Frequenzverschiebungen hingewiesen. In kondensierten Phasen ist jede schwingende Gruppe von anderen Molekülen umgeben, welche die Dielektrizitätskonstante des Mediums verändern und intermolekulare Wechselwirkungen ausüben. Beim Übergang vom flüssigen oder amorphen in den kristallinen Zustand sind vielfältige Erscheinungen zu beobachten. Es können Banden verschwinden, die zu nur in der flüssigen Phase existierenden Rotationsisomeren gehören, Bandenverschiebungen und neue Banden können als Folge der geänderten intermolekularen Wechselwirkung auftreten, die Kristallsymmetrie kann Anlaß zu Bandenaufspaltungen geben. Im Abschnitt 5.1. wird darüber ausführlicher berichtet. Den Einfluß der zwischen den Monomergliedern einer Polymerkette bestehenden Wechselwirkung auf die Carbonylbande untersuchte MICHAJLOV (1963, 1963a).

In diesem Abschnitt wurde ausschließlich auf die durch die Umgebung der Gruppe beeinflußten Frequenzverschiebungen hingewiesen. Von gleicher Bedeutung sind Intensitätsänderungen, über die aber bisher weniger ausführliche Untersuchungen bekannt wurden, was in der im Vergleich zu Frequenzmessungen weit geringeren Genauigkeit von Messungen der absoluten Intensität begründet ist.

2.4. Quantitative Analyse

Bei ultrarotspektroskopischen Untersuchungen an Polymeren kommt der quantitativen Analyse mindestens die gleiche Bedeutung zu wie der qualitativen Analyse. Die Mehrzahl der Untersuchungen erfordert die quantitative Messung oder den Vergleich der Intensitäten von Absorptionsbanden. Neben der eigentlichen Analytik, die das Ziel hat, die Zusammensetzung einer Probe, z. B. eines Polymergemisches oder eines Copolymeren, oder den Anteil von Fremdgruppen und Begleitstoffen zu bestimmen, werden auch bei Strukturuntersuchungen, wie den verschiedenen Methoden zur Bestimmung des Ordnungszustandes und des Kristallinitätsgrades und bei dichroitischen Untersuchungen an orientierten Polymeren, überwiegend quantitative Messungen durchgeführt.

Auf den ersten Blick scheinen die theoretischen Grundlagen und die praktische Ausführung der quantitativen Analyse keine besonderen Probleme mit sich zu bringen. Eine eingehendere Betrachtung der zu messenden Größen zeigt jedoch, daß nur die Berücksichtigung aller Besonderheiten der jeweiligen Aufgabe die Gewähr für optimale Ergebnisse bietet. In den Monographien von BAUMAN (1963), BRÜGEL (1962), DERKOSCH (1967), LECOMTE (1958), SZYMANSKI (1964), WEST (1956) und WHITE (1964) wird der Beschreibung der quantitativen Analyse breiter Raum eingeräumt. Die zweite Auflage des Buches von KÖSSLER (1966) ist vollständig der quantitativen Analyse vorbehalten. In den folgenden Abschnitten sollen die wichtigsten Zusammenhänge und die Meßmethoden unter Berücksichtigung der bei Polymeren auftretenden Besonderheiten dargelegt werden. Die besondere Stellung der Polymeren ergibt sich daraus, daß sie oft nur im festen Zustand untersucht werden können und es nicht immer möglich ist, reine Standardsubstanzen zu beschaffen.

Die quantitative Spektrometrie findet außer für analytische Fragen zunehmend Interesse bei der Bestimmung der absoluten Intensität von Absorptionsbanden, die mit der Größe der Dipolmomentänderung zusammenhängt und wertvolle Informationen über Bindungsverhältnisse und damit einen Beitrag zur Lösung von Strukturproblemen liefern kann (Kriegsmann (1967)). Einen Überblick über die Anwendung auf einfach gebaute Moleküle gibt Overend (1963). Obwohl auf den Wert von absoluten Intensitätsmessungen zur vollen Ausnutzung des Informationsgehaltes des Ultrarotspektrums häufig hingewiesen wurde (Jones (1956b), Mecke (1959), Ramsay (1952)), stehen einer breiten Anwendung theoretische und experimentelle Schwierigkeiten entgegen (Kriegsmann (1967), Schowtka (1961)). Bei Polymeren wurde davon bisher kaum Gebrauch gemacht, doch werden auch bei diesen Substanzen in Zukunft absolute Intensitätsmessungen an Bedeutung gewinnen.

Für die Analytik reicht in vielen Fällen die Extinktionsmessung am Bandenmaximum aus, die aber von vielen Parametern abhängt und nicht als molekulare Eigenschaft angesehen werden kann. Um vergleichbare Molekülkonstanten zu erhalten, ist es notwendig, die integrale Intensität zu bestimmen, die bei richtiger Ermittlung von äußeren Einflüssen weniger beeinflußt wird und die Genauigkeit einer Analyse erhöht.

2.4.1. Das Absorptionsgesetz

Im homogenen Medium hängt die Absorption einer monochromatischen Strahlung exponentiell von der Dicke der durchlaufenen Schicht ab. Der Transmissionsgrad τ einer Schicht der Dicke d beträgt

$$\tau = \frac{\Phi}{\Phi_0} = e^{-m'd} \tag{2.20}$$

Dieses Gesetz wurde von Bouguer experimentell gefunden und von Lambert theoretisch begründet; es heißt Lambertsches Absorptionsgesetz. Da es meist bequemer ist, mit dekadischen Logarithmen zu rechnen, schreiben wir es in der Form

$$\tau = \frac{\Phi}{\Phi_0} = 10^{-md} \tag{2.21}$$

oder logarithmiert

$$E = -\log \tau = \log \frac{\Phi_0}{\Phi} = md \tag{2.22}$$

Darin sind Φ_0 der in die Probe eintretende Lichtstrom, Φ der Lichtstrom nach Durchlaufen der Schichtdicke d und m die Absorptionskonstante. Die dimensionslose Größe $E = md$ wird als Extinktion bezeichnet (vgl. dazu die Anmerkung auf S. 8).

Die Extinktion ist proportional der Zahl der im Strahlengang befindlichen absorbierenden Teilchen (Moleküle, Gruppen oder Übergangsmomente) und damit der Konzentration des zu analysierenden Stoffes. Durch Kombination dieser von BEER entdeckten Abhängigkeit mit dem LAMBERTschen Gesetz erhält man das LAMBERT—BEERsche Gesetz

$$\tau = \frac{\Phi}{\Phi_0} = 10^{-\varepsilon c d} \quad \text{oder} \quad E = \varepsilon c d, \tag{2.23}$$

das wir im folgenden kurz BEERsches Gesetz nennen wollen, da uns meist die Konzentrationsabhängigkeit der Extinktion interessiert. Die Proportionalitätskonstante ε wird Extinktionskoeffizient genannt. Ihre Dimension hängt von der gewählten Konzentrationseinheit ab. Wird die Konzentration in [Mol/Liter] angegeben, so nennt man ε den molaren Extinktionskoeffizienten, der die Dimension [Liter Mol^{-1} cm^{-1}] hat. Der numerische Wert von ε hängt nicht nur von den Maßeinheiten, sondern auch davon ab, ob mit natürlichen oder dekadischen Logarithmen gerechnet wird, worauf beim Vergleich von Meßergebnissen sorgfältig zu achten ist. Während sich bei der Bestimmung der Maximalextinktion die Verwendung dekadischer Logarithmen weitgehend durchgesetzt hat, erfolgt die Berechnung der integralen Intensität aus historischen und theoretischen Gründen oft noch mit natürlichen Logarithmen. Literaturangaben für ε sind wegen der geringen Meßgenauigkeit wenig zu finden. Für einige chemische Gruppen sind Zahlenwerte in den Tabellen von FLETT (1963) angegeben.

Die Anwendung des BEERschen Gesetzes für die Analyse setzt die richtige Messung der photometrischen Größen Φ und Φ_0 voraus. Das gilt auch dann, wenn das Spektrometer die Extinktion aufzeichnet. Da nur die durch die zu bestimmenden Gruppen verursachte Absorption interessiert, muß Vorsorge getroffen werden, daß Reflexions- und Streuverluste sowie die Absorption des Lösungsmittels oder anderer Gruppen nicht mit erfaßt werden.

Die Energiebilanz eines Lichtstroms Φ_e, der eine mit einer Lösung gefüllte Küvette durchläuft, kann geschrieben werden:

$$\Phi = \Phi_e \, 10^{-\varepsilon c d - m_l d - \Sigma s_i d_i} \prod (1 - R_i), \tag{2.24}$$

wo m_l die Absorptionskonstante des Lösungsmittels, s_i die Streufaktoren der Küvettenfenster und der Lösung und R_i die Reflexionsvermögen der Trennflächen sind. Für eine mit reinem Lösungsmittel gefüllte Küvette gilt entsprechend

$$\Phi_0 = \Phi_e \, 10^{-m_l' d' - \Sigma s_i' d_i'} \prod (1 - R_i'). \tag{2.25}$$

Abgesehen von den seltenen Fällen, in denen sich die Fehler zufällig gegenseitig kompensieren, ist das BEERsche Gesetz (2.23) erfüllt, wenn $m_l d = m_l' d'$, $s_i d_i = s_i' d_i'$ und $R_i = R_i'$ ist. Mit einem gut abgeglichenen Küvettenpaar und verdünnten

Lösungen lassen sich diese Forderungen meist gut erfüllen. Bei Verwendung einer Küvette mit veränderlicher Schichtdicke ist die Forderung $m_l d_l = m_l' d_l'$ auch bei konzentrierteren Lösungen noch zu realisieren.

Schwieriger ist es, wenn reine Flüssigkeiten oder feste Proben untersucht werden sollen, da dann die Kompensation der Streuungs- und Reflexionsverluste nicht möglich ist und die Untergrundabsorption auf andere Weise abgetrennt werden muß. Im allgemeinen ändern sich die Streufaktoren und Reflexionskonstanten nur langsam mit der Wellenzahl, so daß sie von nicht zu breiten Banden leicht abgetrennt werden können. Sehr starke Streuverluste treten in Polymeren auf, die Mattierungsmittel oder Füllstoffe enthalten. Das Reflexionsvermögen hängt vom Brechungsindex ab, der sich in der Nähe von Absorptionsbanden schneller ändern kann. In solchen Fällen ist es ratsam, im Vergleichsstrahl eine dünne Schicht der zu untersuchenden Probe anzubringen. Als effektive Schichtdicke ist die Differenz zwischen Meß- und Vergleichsprobe einzusetzen. Bei sehr dünnen Schichten können durch Mehrfachreflexionen größere Fehler entstehen, die nach YASUMI (1955) die Extinktion starker Banden bis zu 30% verfälschen. Die Verfahren zur Abtrennung des Untergrundes werden im nächsten Abschnitt beschrieben.

Das BEERsche Gesetz gilt streng nur für verdünnte Lösungen, in denen keine Wechselwirkungen zwischen den absorbierenden Einheiten auftreten, da nur dann der Extinktionskoeffizient konzentrationsunabhängig ist. Abweichungen sind stets zu erwarten, wenn sich durch Dissoziations- und Assoziationsprozesse das chemische Gleichgewicht verschiebt, wobei die wahre Konzentration der Teilchen oder die Größe der Übergangsmomente geändert wird, was zum Beispiel bei der Bildung von intermolekularen Wasserstoffbrücken der Fall ist. In Copolymeren treten Abweichungen vom BEERschen Gesetz auf, wenn sich durch Sequenzverkürzung die Umgebung der zu analysierenden Gruppen ändert, da hierdurch die Extinktionskoeffizienten beeinflußt werden und die Extinktion von Banden, die auf eine bestimmte Anzahl sich wiederholender Gruppen zurückzuführen sind, sich nicht linear mit der Konzentration dieser Gruppen ändert (HERMA (1966, 1966a), SCHMOLKE (1965)).

Außer den in der Substanz begründeten Abweichungen vom BEERschen Gesetz können Unzulänglichkeiten der Meßanordnung eine nicht lineare Abhängigkeit der Extinktion von der Konzentration vortäuschen. Abgesehen von der leicht zu überblickenden Verfälschung durch nichtlineare Spektrometeranzeige und durch die im Abschnitt 2.4.4. zu behandelnden Streulichteinflüsse, ist vor allem die endliche spektrale Spaltbreite der Strahlung zu beachten, da das BEERsche Gesetz nur für monochromatische Strahlung exakt gilt. Abb. 2.13 demonstriert die Veränderung der Nitrilbande bei Vergrößerung der Spaltbreite. Maßgebend für die Abweichungen ist das Verhältnis der spektralen Spaltbreite zur Halbwertsbreite der Absorptionsbande, das kleiner als 0,2 sein muß, wenn der Fehler für die Maximalextinktion 3% nicht überschreiten soll (RAMSAY (1952)). Nach Untersuchungen von SLOANE (1962) haben Flüssigkeiten und Lösungen im mittleren Ultrarot häufig Banden mit einer Halbwertsbreite von 5 cm^{-1} und weniger. Das trifft auch auf Festkörper zu. Mit guten Gitterspektrometern kann im Gegensatz zu Prismengeräten eine spektrale Spaltbreite von weniger als 1 cm^{-1} erreicht werden. Auch unter etwas ungünstigeren Verhältnissen erhält man noch eine lineare Eichkurve, d. h. einen konstanten Fehler über einen größeren Extinktionsbereich (siehe Tab. 2.10), wobei aber der Extinktionskoeffizient von der Geräteeinstellung abhängt. Die Abweichungen sind wesentlich größer, wenn statt am Bandenmaximum bei einer an der Bandenflanke liegenden Wellenzahl gemessen wird (ROBINSON (1951)).

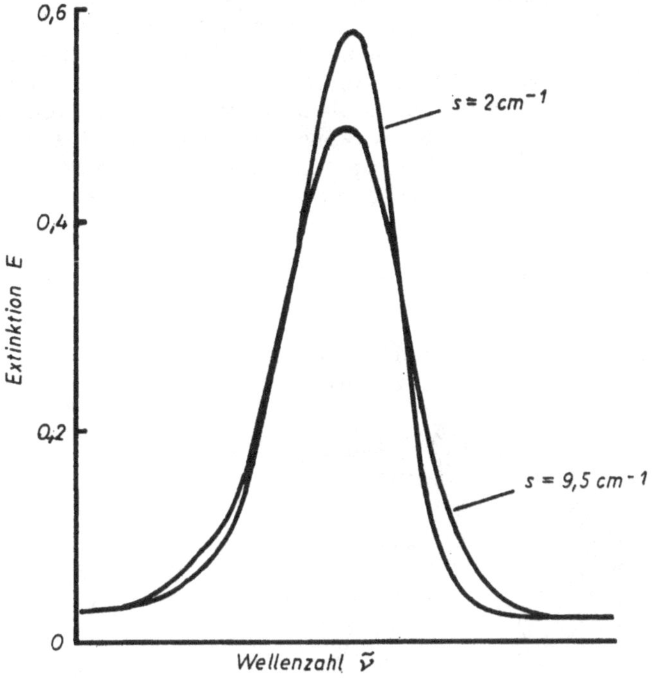

Abb. 2.13 $\nu(C{\equiv}N)$-Bande von Polyacrylnitril (Halbwertsbreite $\Delta\tilde{\nu}_{1/2} = 14\,cm^{-1}$) bei verschiedenen spektralen Spaltbreiten s.

Tabelle 2.10 Verhältnis der wahren Maximalextinktion $\log\left(\frac{\Phi_0}{\Phi}\right)_{max}$ zur beobachteten Maximalextinktion $\log\left(\frac{T_0}{T}\right)_{max}$ in Abhängigkeit von $\log\left(\frac{T_0}{T}\right)_{max}$ und dem Verhältnis der spektralen Spaltbreite s zur beobachteten Halbwertsbreite $\Delta\tilde{\nu}^{(a)}_{1/2}$ (nach RAMSAY (1952))

$\log\left(\frac{T_0}{T}\right)_{max}$	$s/\Delta\nu^{(a)}_{1/2}$													
	0,00	0,05	0,10	0,15	0,20	0,25	0,30	0,35	0,40	0,45	0,50	0,55	0,60	0,65
0,869	1,00	1,00	1,01	1,02	1,03	1,04	1,06	1,09	1,13	1,18	1,24	1,32	1,44	1,61
0,782	1,00	1,01	1,01	1,02	1,03	1,04	1,06	1,09	1,13	1,18	1,24	1,32	1,44	1,59
0,695	1,00	1,01	1,01	1,02	1,03	1,04	1,06	1,09	1,13	1,18	1,24	1,32	1,43	1,58
0,608	1,00	1,01	1,01	1,02	1,03	1,04	1,06	1,09	1,13	1,18	1,24	1,32	1,43	1,57
0,521	1,00	1,01	1,01	1,02	1,03	1,04	1,06	1,09	1,13	1,17	1,24	1,31	1,42	1,56
0,434	1,00	1,01	1,01	1,02	1,03	1,04	1,06	1,09	1,13	1,17	1,24	1,31	1,42	1,55
0,347	1,00	1,01	1,01	1,02	1,03	1,04	1,06	1,09	1,13	1,17	1,24	1,31	1,41	1,54
0,261	1,00	1,01	1,01	1,02	1,03	1,04	1,06	1,09	1,13	1,17	1,24	1,31	1,41	1,53
0,174	1,00	1,01	1,01	1,02	1,03	1,04	1,06	1,09	1,13	1,17	1,23	1,30	1,40	1,53
0,087	1,00	1,01	1,01	1,02	1,03	1,04	1,06	1,09	1,13	1,17	1,23	1,30	1,40	1,52

2.4.2. *Integrale Absorption*

Jede Absorptionsbande nimmt aus verschiedenen Gründen, von denen die durch die Unschärferelation bedingte natürliche Breite, der Dopplereffekt und die Wechselwirkungen mit Nachbarmolekülen genannt seien, einen endlichen Wellenzahlbereich ein. In kondensierten Phasen werden Form und Breite der Banden fast ausschließlich durch Wechselwirkungseffekte bestimmt. In diesen Parametern steckt ein großer bisher wenig ausgenutzter Informationsgehalt der Ultrarotspektren, der gerade bei Polymeren von Interesse ist, deren Eigenschaften stark von den Wechselwirkungskräften abhängen. Wenn die Verbreiterung hauptsächlich auf der Störung durch Nachbarmoleküle beruht, kann die Extinktion durch eine LORENTZ-Kurve dargestellt werden (RAMSAY (1952)):

$$\log \frac{\Phi_0}{\Phi} = \frac{a}{(\tilde{\nu} - \tilde{\nu}_0)^2 + b^2}. \tag{2.26}$$

Die Konstanten a und b bestimmen die maximale Extinktion und die Halbwertsbreite der Bande (Abb. 2.14):

$$\log \left(\frac{\Phi_0}{\Phi}\right)_{\max} = \frac{a}{b^2}, \quad \Delta\tilde{\nu}_{1/2} = 2b. \tag{2.27}$$

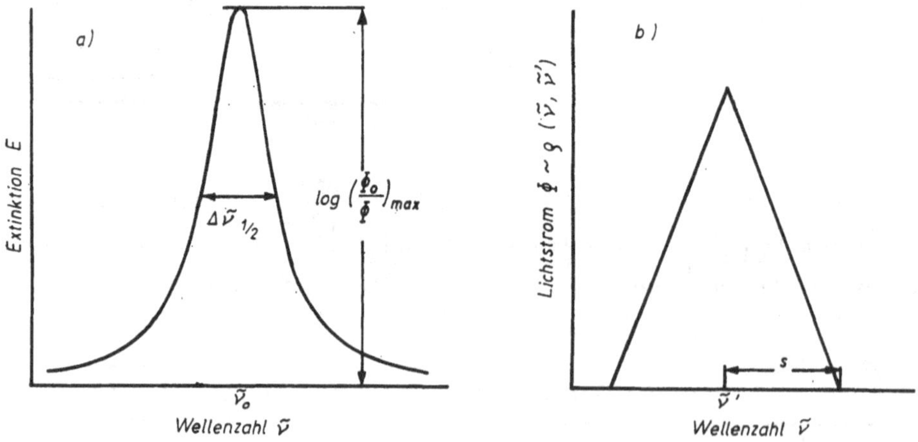

Abb. 2.14 a — Absorptionsbande mit LORENTZ-Form; b — Energieverteilung $\varrho(\tilde{\nu}, \tilde{\nu}')$ eines auf maximale Intensität bei $\tilde{\nu}'$ eingestellten Monochromators mit der spektralen Spaltbreite s.

Andere Bandenformen wurden ebenfalls untersucht (BAKER (1964), FOX (1938), KOSTOWSKI (1956), PHILPOTTS (1951), PIRLOT (1950), RICHARDS (1949), WILLIS (1951)). ABRAMOWITZ (1963) diskutierte einen aus LORENTZ- und GAUSS-Kurve kombinierten Ausdruck. Dabei ergab sich, daß sich die Form der meisten Banden mehr einer LORENTZ-Kurve als einer GAUSS-Kurve nähert.

Bei Kenntnis der Bandenform kann man im Prinzip die absolute integrale Intensität einer Absorptionsbande berechnen, worunter die Größe

$$A = \frac{1}{cd} \int_{-\infty}^{+\infty} \log \left(\frac{\Phi_0}{\Phi}\right)_{\tilde{\nu}} d\tilde{\nu} \tag{2.28}$$

zu verstehen ist.

Im Ultrarotspektrometer werden aus den bereits genannten Gründen nicht die exakten Werte von Φ_0 und Φ, sondern experimentelle Größen T_0 und T gemessen. Es ist daher eine Reihe von Verfahren entwickelt worden, um aus den experimentellen Größen die integrale Intensität A zu ermitteln (Seshadri (1963)). Wir beziehen uns bei den folgenden Betrachtungen auf die grundlegende Arbeit von Ramsay (1952). Mit Hilfe der Spaltfunktion $\varrho(\tilde{\nu}, \tilde{\nu}')$ des Spektrometers, welche die Energieverteilung am Austrittsspalt eines auf die Wellenzahl $\tilde{\nu}'$ eingestellten Monochromators angibt, kann die experimentelle Durchlässigkeitskurve aus der wahren Bandenform berechnet werden. Bei Annahme der in Gleichung (2.26) angegebenen Bandenform wird

$$\left(\frac{T}{T_0}\right)_{\tilde{\nu}'} = \frac{\int \varrho(\tilde{\nu}, \tilde{\nu}') \cdot \exp \frac{-a}{(\tilde{\nu} - \tilde{\nu}')^2 + b^2} d\tilde{\nu}}{\int \varrho(\tilde{\nu}, \tilde{\nu}') \, d\tilde{\nu}} \tag{2.29}$$

Bei den üblichen Spektrometeranordnungen ist $\varrho(\tilde{\nu}, \tilde{\nu}')$ mit guter Genauigkeit durch ein gleichschenkliges Dreieck mit der Spitze bei $\tilde{\nu}$ darzustellen (Abb. 2.14). Die halbe Basislänge des Dreiecks wird als spektrale Spaltbreite s bezeichnet. Sie wird im wesentlichen durch die geometrische Spaltweite, die Dispersion und durch Beugungserscheinungen bestimmt (Kramer (1961), Williams (1948)). Durch numerische Auswertung der Gleichung (2.29) kann $(T/T_0)_{\tilde{\nu}}$ in Abhängigkeit von den Parametern a, b und s berechnet werden. Aus den Ergebnissen dieser Rechnung stellte Ramsay Tabellen zur Gewinnung der wahren Größen aus den experimentellen Messungen zusammen.

In Tab. 2.10 ist das Verhältnis der wahren Maximalextinktion $\log \left(\frac{\Phi_0}{\Phi}\right)_{\max}$ zur gemessenen Maximalextinktion $\log \left(\frac{T_0}{T}\right)_{\max}$ in Abhängigkeit von $\log \left(\frac{T_0}{T}\right)_{\max}$ und dem Verhältnis $s/\Delta\tilde{\nu}_{1/2}^{(a)}$ zusammengestellt, wo $\Delta\tilde{\nu}_{1/2}^{(a)}$ die scheinbare (experimentelle) Halbwertsbreite der Bande ist. Schon bei einer spektralen Spaltbreite, die gleich der halben Halbwertsbreite der Bande ist, wird die Maximalextinktion um fast 25 % verfälscht. Die Abhängigkeit des Fehlers von der experimentellen Maximalextinktion ist geringer und macht sich erst bei größeren Spaltbreiten bemerkbar.

Bei Zugrundelegung der Lorentz-Kurve (2.26) erhält man durch Ausrechnen der Gleichung (2.28) die integrale Intensität

$$A = \frac{1}{cd} \cdot \frac{\pi a}{b}. \tag{2.30}$$

In dieser Gleichung können a und b nach (2.27) durch die Maximalextinktion und die Halbwertsbreite ersetzt werden, und man erhält

$$A = \frac{\pi}{2} \frac{1}{cd} \log \left(\frac{\Phi_0}{\Phi}\right)_{\max} \cdot \Delta \tilde{\nu}_{1/2} \tag{2.31}$$

oder mit den experimentell meßbaren Größen $\log \left(\frac{T_0}{T}\right)_{\max}$ und $\Delta \tilde{\nu}_{1/2}^{(a)}$

$$A = K \frac{1}{cd} \left(\frac{T_0}{T}\right)_{\max} \Delta \tilde{\nu}_{1/2}^{(a)} \tag{2.32}$$

Der Korrekturfaktor K wurde von Ramsay in Abhängigkeit von der beobachteten Maximalextinktion und dem Verhältnis von spektraler Spaltbreite zur beobachteten Halbwertsbreite berechnet. Das Ergebnis ist in Tab. 2.11 enthalten. Bei

Tabelle 2.11 Korrekturfaktor K zur Berechnung der wahren integralen Intensität aus der beobachteten Maximalextinktion $\log \left(\frac{T_0}{T}\right)_{\max}$ und dem Verhältnis der spektralen Spaltbreite s zur beobachteten Halbwertsbreite $\Delta \tilde{\nu}_{1/2}^{(a)}$ nach Gleichung 2.32 (nach Ramsey (1952))

$\log \left(\frac{T_0}{T}\right)_{\max}$	$s/\Delta \tilde{\nu}_{1/2}^{(a)}$													
	0,00	0,05	0,10	0,15	0,20	0,25	0,30	0,35	0,40	0,45	0,50	0,55	0,60	0,65
0,869	1,57	1,57	1,57	1,57	1,57	1,57	1,57	1,57	1,58	1,59	1,60	1,62	1,65	1,68
0,782	1,57	1,57	1,57	1,57	1,57	1,57	1,57	1,57	1,57	1,58	1,58	1,60	1,62	1,64
0,695	1,57	1,57	1,57	1,57	1,57	1,57	1,57	1,57	1,57	1,57	1,57	1,58	1,59	1,60
0,608	1,57	1,57	1,57	1,57	1,57	1,56	1,56	1,56	1,56	1,56	1,56	1,56	1,56	1,56
0,521	1,57	1,57	1,57	1,57	1,56	1,56	1,56	1,55	1,55	1,54	1,54	1,54	1,54	1,53
0,434	1,57	1,57	1,57	1,56	1,56	1,55	1,55	1,54	1,54	1,53	1,52	1,52	1,51	1,50
0,347	1,57	1,57	1,57	1,56	1,56	1,55	1,54	1,53	1,52	1,51	1,50	1,49	1,48	1,47
0,261	1,57	1,57	1,56	1,56	1,55	1,55	1,54	1,53	1,51	1,50	1,48	1,46	1,45	1,43
0,174	1,57	1,57	1,56	1,56	1,55	1,54	1,53	1,52	1,50	1,48	1,46	1,44	1,41	1,38
0,087	1,57	1,57	1,56	1,56	1,55	1,54	1,53	1,51	1,49	1,47	1,44	1,41	1,37	1,33

kleinen relativen Spaltbreiten und mittleren Extinktionswerten ist K nicht sehr von $\frac{\pi}{2}$ verschieden, da unter diesen Bedingungen die geringere Maximalextinktion durch die größere Halbwertsbreite der Bande ausgeglichen wird, so daß die integrale Intensität von Spaltbreiteeinflüssen viel weniger abhängt als die Maximalextinktion. Kuratani u. a. (1958) stellten ähnliche Tabellen auf, in denen eine von der Dreieckform abweichende Spaltfunktion berücksichtigt wurde. Cabana und Sandorfy (1960) berücksichtigten außer der Halbwertsbreite noch die Breite der Bande bei 3/4, 1/4 und 1/8 der Maximalextinktion und verallgemeinerten das Verfahren auf unsymmetrische Banden. In erster Näherung kann bei unsymmetrischen Banden die Berechnung für die beiderseits vom Absorptionsmaximum liegenden Bandenteile getrennt ausgeführt werden.

Auf weitere Verfahren zur Bestimmung der absoluten integralen Intensität kann an dieser Stelle nicht näher eingegangen werden. Sie beruhen teilweise auf der Extrapolation der gemessenen Größen zur Schichtdicke oder Konzentration Null (Bourgin (1927), Kabiel (1963, 1965), Wilson (1946)). Eine Gegenüberstellung der verschiedenen Methoden ist in den Arbeiten von Bacaloglu (1967), Ramsay (1952), Schowtka (1961) sowie bei Brügel (1962) und Kössler (1966) zu finden.

2.4.3. *Auswerteverfahren*

2.4.3.1. *Eichkurven*

Grundlage aller Verfahren zur quantitativen Auswertung von UR-Spektren ist das Beersche Gesetz (2.23), das aber nur selten ohne weitere Überlegungen zur Berechnung der Konzentration c aus der gemessenen Extinktion E angewendet werden kann. Im einfachsten Fall wird der Extinktionskoeffizient ε durch eine einmalige Messung an einer Standardsubstanz bestimmt, was aber die genaue Kenntnis der Schichtdicke d voraussetzt. Größere Genauigkeit ist durch empirische Bestimmung des Zusammenhangs zwischen E und c mit Hilfe einer Reihe von Standardsubstanzen zu erzielen, in denen nur der zu analysierende Anteil variiert wird, während alle anderen Komponenten unverändert bleiben. Bei Gültigkeit des Beerschen Gesetzes ergibt die Auftragung von E gegen c eine durch den Nullpunkt gehende Eichgerade mit der Steigung $\varepsilon \cdot d$. Die Voraussetzungen dafür wurden im vorhergehenden Abschnitt beschrieben: 1. geringe spektrale Spaltbreite, 2. keine die Konzentration c beeinflussenden Wechselwirkungen, 3. eine isolierte Analysenbande, die frei von Streuungs- und Reflexionsverlusten ist. Fehlen diese Voraussetzungen, so wird eine mehr oder weniger gekrümmte Eichkurve erhalten, die nicht immer durch den Nullpunkt geht, aber ebenso genaue Ergebnisse ermöglicht wie eine Gerade, wenn die Eichung in der Nähe der zu bestimmenden Konzentrationen durchgeführt wird.

2.4.3.2. *Grundlinienverfahren*

Wenn, was meistens der Fall ist, keine isolierte Analysenbande gefunden wird, kann man anstelle des Beerschen Gesetzes schreiben

$$E(\tilde{\nu}) = \varepsilon(\tilde{\nu})cd + K(\tilde{\nu}), \tag{2.33}$$

worin das Korrekturglied $K(\tilde{\nu})$ die nicht kompensierten Streuungs- und Reflexionsverluste und die auf Nachbarbanden zurückzuführenden Extinktionsanteile enthält. $K(\tilde{\nu})$ stellt somit die Grundlinie dar, die das Spektrometer aufzeichnen würde, wenn die Analysenbande nicht vorhanden wäre. Das Auffinden von $K(\tilde{\nu})$ ist ein zentraler Bestandteil der Durchführung einer quantitativen Analyse. Es kommt dabei nicht so sehr darauf an, $K(\tilde{\nu})$ exakt anzugeben, sondern vielmehr, eine solche Näherung zu finden, die sich bei den Eich- und Meßbedingungen oder beim Vergleich verschiedener Proben möglichst gut reproduzieren läßt.

Befinden sich beiderseits der Analysenbande ausgeprägte Durchlässigkeitsmaxima oder ändert sich der Untergrund im Bereich der Analysenbande monoton, so wählt man die Tangente an diese Maxima bzw. die monotone Fortsetzung des Untergrundes als Grundlinie (Abb. 2.15a). Wenn nur ein ausgeprägtes Maximum vorhanden ist, weil die Analysenbande von einer Seite her durch ein breites Absorptionsgebiet überlagert wird, kann die Grundlinie parallel zur 100%-Linie gezogen werden (Abb. 2.15b). Liegen mehrere Banden nebeneinander, deren Flanken sich teilweise überlagern, so kann für diese Banden eine gemeinsame Grundlinie gezogen werden. Bessere Ergebnisse sind oft durch Anwendung eines

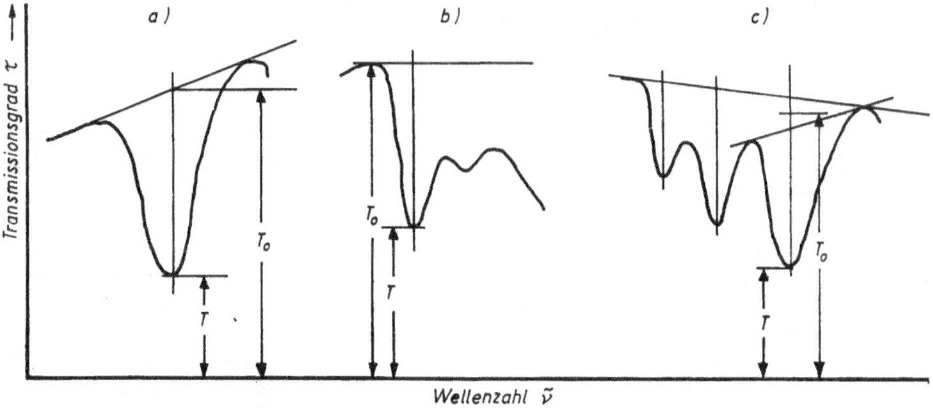

Abb. 2.15 Verschiedene Möglichkeiten zum Einzeichnen einer Grundlinie bei nicht isolierten Banden.

modifizierten Grundlinienverfahrens nach KIMMER (1959) zu erhalten, bei dem der mit zwei verschiedenen Grundlinien erhaltene Mittelwert als Untergrund genommen wird (Abb. 2.15c). Eine Abänderung dieser Verfahren hat PIRLOT (1949) für solche Fälle angegeben, bei denen keine Maxima vorhanden sind, an die eine Tangente gelegt werden kann (Abb. 2.16). Man wählt beiderseits vom Bandenmaximum zwei Wellenzahlen $\tilde{\nu}_1$ und $\tilde{\nu}_2$, wobei die Abstände $\tilde{\nu}_1 - \tilde{\nu}_0$ und $\tilde{\nu}_0 - \tilde{\nu}_2$ nicht unbedingt gleich sein müssen, und legt eine Grundlinie durch die Meßkurve bei diesen Wellenzahlen. Welches der beschriebenen oder ähnlicher Grundlinienverfahren bei einem gegebenen Problem zweckmäßig anzuwenden ist, muß von Fall zu Fall entschieden werden. Wichtig ist, und darauf wird oft nicht genügend geachtet, daß die die Lage der Grundlinie bestimmenden Punkte nicht durch zusätzliche Komponenten der Probe oder andere Einwirkungen verändert werden.

Bei sich stark überlappenden Absorptionsbanden ist das Grundlinienverfahren nicht anwendbar (Abb. 2.17), und man ist auf die graphische oder rechnerische Trennung der Banden angewiesen. POHL (1967, 1968) trennte auf graphischem Wege die zu verschiedenen Rotationsisomeren gehörenden ν(CCl)-Banden in Polyvinylchlorid. Er ging dabei von den Annahmen aus, daß alle Banden des untersuchten Bandenkomplexes symmetrisch sind und die beiden äußeren Flanken durch Überlagerung nicht gestört werden. Über die Auflösung sich überlappender Banden mit Hilfe eines Digitalrechners berichteten FRASER u. a. (1966). Bei diesem Verfahren wird die Extinktion in der Form

$$E = \sum_{i=1}^{N} A_i + B \tag{2.34}$$

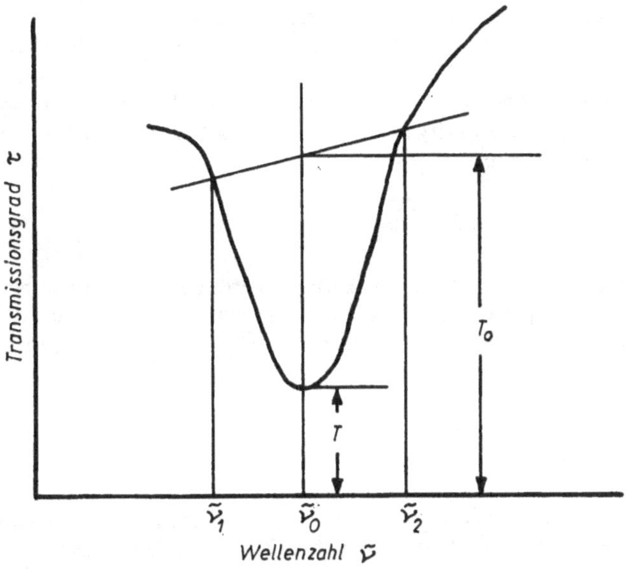

Abb. 2.16 Grundlinienverfahren nach PIRLOT (1949).

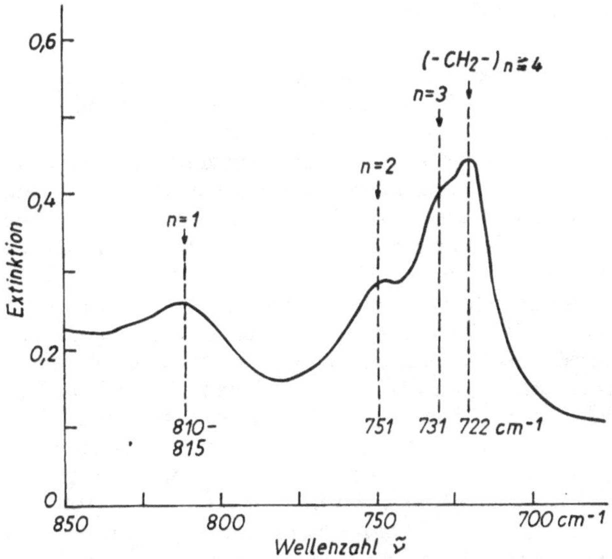

Abb. 2.17 Ultrarotspektrum eines Äthylen—Propylen-Copolymeren im Bereich der $\gamma_r(CH_2)$-Schwingungen (nach DRUSHEL (1968)).

dargestellt, wo A_i Funktionen sind, die jeweils eine Bande repräsentieren, und B die Grundlinie beschreibt. Nach der Methode der kleinsten Quadrate werden dann für A_i und B solche Parameterwerte gesucht, daß durch die Gleichung (2.34) die experimentelle Kurve möglichst gut angenähert wird. DRUSHEL u. a. (1968) bestimmten auf diese Weise die Sequenzverteilung in Äthylen—Propylen-Copolymeren aus den CH_2-Rockingschwingungen, wobei für A_i LORENTZ-Kurven und für die Grundlinie die Form

$$B = \alpha + \beta\tilde{\nu} + \gamma\tilde{\nu}^2 \tag{2.35}$$

angenommen wurde. In der gleichen Arbeit wird eine am Spektrometer anzubringende Zusatzeinrichtung zur Darstellung des UR-Spektrums in digitaler Form beschrieben, wie sie für den Einsatz von Digitalrechnern erforderlich ist.

2.4.3.3. *Mehrkomponentensysteme*

Wenn zwei oder mehr Komponenten in einer Probe quantitativ bestimmt werden sollen, muß für jede Komponente mindestens eine Analysenbande ausgewählt werden, die bei einer Wellenzahl liegt, wo die anderen Komponenten nicht absorbieren oder einen wesentlich kleineren Extinktionskoeffizienten haben. Für den allgemeinen Fall, daß bei der Analysenwellenzahl $\tilde{\nu}_i$ der i-ten Komponente alle anderen Komponenten ebenfalls absorbieren, lautet das BEERsche Gesetz

$$E(\tilde{\nu}_i) = \varepsilon_1(\tilde{\nu}_i)c_1 d + \cdots + \varepsilon_i(\tilde{\nu}_i)c_i d + \cdots + \varepsilon_n(\tilde{\nu}_i)c_n d, \tag{2.36}$$

wo $\varepsilon_1(\tilde{\nu}_i)$ der Extinktionskoeffizient der Komponente 1 bei der Wellenzahl $\tilde{\nu}_i$ ist. Voraussetzung für die in (2.36) angenommene Additivität der Extinktion ist, daß die Komponenten nicht miteinander reagieren.

Mit n Analysenbanden für n Komponenten erhält man ein System von n linearen Gleichungen, aus denen die Konzentrationen c_1 bis c_n zu bestimmen sind. Wenn die Extinktionskoeffizienten alle bekannt sind, d. h. wenn jede Komponente in reiner Form (als Standard) untersucht worden ist, kann das Gleichungssystem nach den bekannten Regeln der Matrizenrechnung gelöst werden. Bei zwei oder drei Komponenten ist der Rechenaufwand noch erträglich, für $n > 3$ lohnt sich bereits der Einsatz von elektronischen Rechenmaschinen. Oft ist es aber zweckmäßiger, durch physikalisch-chemische Trennverfahren die Anzahl der Komponenten zu verringern, da wegen der unvermeidlichen Meßfehler die Genauigkeit mit zunehmender Komponentenzahl schnell abnimmt, so daß die Zahl der nebeneinander bestimmbaren Komponenten weniger durch den Rechenaufwand als durch die Meßgenauigkeit begrenzt wird. Über die Verbindung von Trennungsmethoden mit der UR-Spektroskopie wurde von HENNIKER (1967) und KÖSSLER (1966) berichtet. Die Genauigkeit kann erhöht werden, wenn bei mehr Analysenbanden, als Komponenten vorhanden sind, gemessen wird, und die Konzentrationen aus dem überbestimmten Gleichungssystem so ermittelt werden, daß die quadratischen Abweichungen zwischen den nach Gleichung (2.36) berechneten und den gemessenen Extinktionen möglichst klein werden (Barnett (1960)). Als Erweiterung dieses Verfahrens schlug Jones (1965) vor, das Spektrometer direkt mit einem Digitalrechner zu koppeln und die quadratische Abweichung nicht nur für einzelne Banden, sondern für das ganze Spektrum zu minimalisieren, um den Informationsgehalt des Spektrums voll auszunutzen.

Die Lösung des Gleichungssystems wird besonders einfach, wenn isolierte Analysenbanden vorhanden sind, die nicht von Banden der anderen Komponenten überlagert werden, da dann jede Gleichung nur eine unbekannte Konzentration enthält. Bei schwacher Fremdabsorption kann nach einem Iterationsverfahren die Rechnung vereinfacht werden, indem man zunächst unter Vernachlässigung der Überlagerungsbanden angenäherte Konzentrationen bestimmt, die dann in Gleichung (2.36) eingesetzt werden, um eine bessere Näherung für c_i zu erhalten. Zwei bis drei solcher Schritte ergeben meist schon ein der Meßgenauigkeit entsprechendes gutes Resultat. Derkosch (1967) beschrieb ein anderes Näherungsverfahren für den Fall, daß das Beersche Gesetz nicht gilt, die Abweichungen aber aus Messungen an den Standardsubstanzen bekannt sind.

Bei den bisherigen Betrachtungen hatten wir angenommen, daß die Extinktionskoeffizienten aus Messungen an den reinen Komponenten oder geeigneten Modellsubstanzen bekannt sind. Auch mit Hilfe von Mischungen bekannter Zusammensetzung können die Extinktionskoeffizienten bestimmt werden, indem das Gleichungssystem nach ε_i statt nach c_i aufgelöst wird. Bei Untersuchungen an Polymeren ist diese Voraussetzung sehr oft nicht erfüllt, z. B. bei der Bestimmung des Ordnungsgrades von Polymeren, die weder im vollständig kristallinen noch im vollständig amorphen Zustand herzustellen sind. Eine exakte Analyse solcher nicht trennbarer Mischungen ist möglich, wenn für jede Komponente eine isolierte, von anderen Komponenten nicht gestörte Analysenbande gefunden wird und wenn soviel Mischungen mit linear unabhängiger quantitativer Zusammensetzung hergestellt werden können, wie Komponenten zu bestimmen sind. Wir bezeichnen den Molenbruch der i-ten Komponente mit x_i und die Gesamtkonzentration mit c, dann lautet das Beersche Gesetz für die Analysenbande der i-ten Komponente

$$E(\tilde{\nu}_i) = \varepsilon_i(\tilde{\nu}_i) x_i c d. \tag{2.37}$$

Für jede Mischung ist die Summe der Molenbrüche

$$\sum_i x_i = 1, \tag{2.38}$$

und wir erhalten

$$\sum_i \frac{1}{\varepsilon_i(\tilde{\nu}_i)} E(\tilde{\nu}_i) = c d. \tag{2.39}$$

n voneinander unabhängige Mischungen ergeben ein Gleichungssystem, aus dem die $\varepsilon_i(\tilde{\nu}_i)$ bestimmt werden können. Auch hier kann die Genauigkeit durch Untersuchungen an mehr Mischungen nach der Methode der kleinsten Quadrate verbessert werden.

Für ein binäres System erhält man aus (2.39)

$$\varepsilon_1(\tilde{\nu}_1) = \frac{E(\tilde{\nu}_1, 1)E(\tilde{\nu}_2, 2) - E(\tilde{\nu}_1, 2)E(\tilde{\nu}_2, 1)}{E(\tilde{\nu}_2, 2) - E(\tilde{\nu}_2, 1)} \tag{2.40}$$

$$\varepsilon_2(\tilde{\nu}_2) = \frac{E(\tilde{\nu}_1, 1)E(\tilde{\nu}_2, 2) - E(\tilde{\nu}_1, 2)E(\tilde{\nu}_2, 1)}{E(\tilde{\nu}_1, 1) - E(\tilde{\nu}_1, 2)}, \tag{2.41}$$

wo $E(\tilde{\nu}_1, 1)$ die Extinktion der Mischung 1 bei der Wellenzahl $\tilde{\nu}_1$ ist und zur Vereinfachung Konzentration und Schichtdicke gleich eins gesetzt wurden.

Kimmer und Schmalz (1959, 1962, 1963) bestimmten nach diesem Verfahren die Isomerenzusammensetzung von Kautschukpolymerisaten. Ungestörte Analysenbanden wurden durch geeignete Wahl der Grundlinie erhalten; eine dadurch bewirkte geringe Abweichung vom Beerschen Gesetz wurde durch Extrapolation aller Messsungen zur Konzentration $c = 0$ berücksichtigt. Ruscher und Dechant (1964) wendeten die Methode zur spektroskopischen Ermittlung des Ordnungsgrades von Polycaproamid an. Bei Unkenntnis der Gesamtkonzentration und der Schichtdicke können die Molenbrüche x_i nach Gleichung (2.37) nur bis auf einen gemeinsamen Faktor bestimmt werden, der aber aus (2.38) zu berechnen ist. Daher genügt es auch, von vornherein nur Relativwerte der $\varepsilon_i(\tilde{\nu}_i)$ zu bestimmen, und die Analyse kann ohne genaue Kenntnis von c und d an gequollenen oder festen Polymeren durchgeführt werden (Kimmer (1965), Ruscher (1964), Schmalz (1961)).

Für den allgemeineren Fall, daß keine ungestörten Analysenbanden vorhanden sind, ist die exakte Analyse von Mehrkomponentensystemen nicht möglich, da dann Gleichung (2.37) durch eine Summe ersetzt werden muß und in (2.39) mehr Unbekannte auftreten, als das System Komponenten enthält. Das Gleichungssystem kann aber nicht durch Vergrößerung der Zahl der Eichmischungen erweitert werden, denn in einem System von mehr als n Mischungen kann jede Mischung durch eine Linearkombination der übrigen Mischungen dargestellt werden. Für ein Zweikomponentensystem beschrieb Kössler (1966, 1966a) ein Verfahren zur Ermittlung von Näherungslösungen und zur Abschätzung des Fehlers, das angewendet werden kann, wenn der Beitrag der Überlagerungsbanden gering ist.

2.4.3.4. Schichtdicke und innerer Standard

Die Schichtdicke von Flüssigkeiten oder Gasen kann mit den im Abschnitt 2.2.2. beschriebenen Methoden leicht mit ausreichender Genauigkeit bestimmt werden. Weit schwieriger gestaltet sich eine genaue Schichtdickenmessung an festen Proben, ganz gleich, ob sie in Form von Filmen oder als KBr-Preßlinge untersucht werden. Mikrometer werden meist nur zur Abschätzung der Dicke beim Aussuchen von geeigneten Probenstücken eingesetzt, da wegen der Zusammen drückbarkeit von Polymerfilmen die Messung nicht sehr zuverlässig ist. Besser ist es, die Dicke aus Fläche und Gewicht der Probe oder aus der Absorption von β-Strahlen zu berechnen, wobei zugleich eine Mittelwertsbildung über den Probenquerschnitt erfolgt. An KBr-Preßlingen kann das Produkt $c \cdot d$ aus dem Probengewicht und der Fläche des Preßlings berechnet werden.

Nach Möglichkeit wird man aber bei der Analyse von festen Proben auf solche Methoden zurückgreifen, die auf Vergleichsmessungen beruhen und keine genaue Messung der Schichtdicke erfordern. Die Extinktion E der Analysenbande wird in Beziehung zur Extinktion E' einer Vergleichsbande gesetzt, die einer Komponente oder Gruppe entspricht, deren Konzentration bekannt oder konstant ist. Es ist unerheblich, ob diese als innerer Standard bezeichnete Vergleichssubstanz von vornherein in der Probe vorhanden ist oder in einem bestimmten Verhältnis zugesetzt wird. Aus dem Beerschen Gesetz folgt

$$\frac{E}{E'} = \frac{\varepsilon c d}{\varepsilon' c' d} = \frac{\varepsilon}{\varepsilon' c'} \cdot c. \tag{2.42}$$

Wenn der Wert von c' durch die Konzentration c der zu bestimmenden Substanz nicht merklich beeinflußt wird, können ε, ε' und c' in einer Konstanten k zusammengefaßt werden, und man erhält für das Extinktionsverhältnis in Abhängigkeit

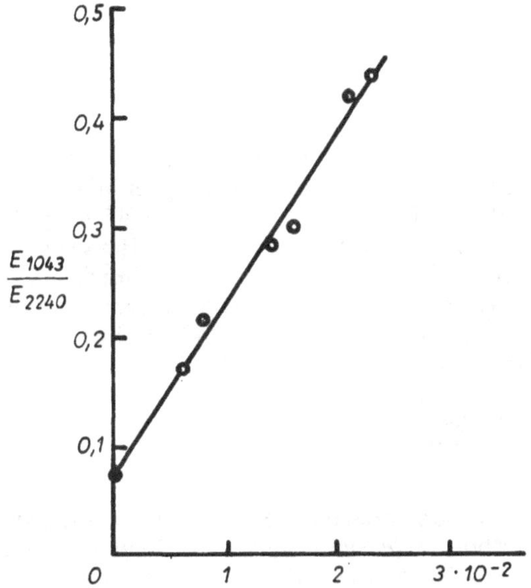

Abb. 2.18 Eichkurve zur Bestimmung des Allylsulfonsäuregehaltes in Acrylnitril—Allylsulfonat-Copolymeren (nach Gröbe u. a. (1966)).

von c eine durch den Nullpunkt gehende Eichgerade. Auch bei Abweichungen vom Beerschen Gesetz oder nicht richtiger Lage der Grundlinie erhält man noch eine verwertbare Eichkurve, die dann nicht unbedingt durch den Nullpunkt gehen muß. Die empirische Eichung ist die bei der quantitativen Analyse von festen Polymeren am meisten angewandte Methode. Als Beispiel zeigt Abb. 2.18 eine

Eichkurve zur Bestimmung der Zusammensetzung von Acrylnitril—Allylsulfonat-Copolymeren aus dem Extinktionsverhältnis der Banden bei 1043 und 2240 cm^{-1} (GRÖBE (1966)).

Bei der Analyse von Copolymeren ist stets zu beachten, daß die Extinktion auch von der Sequenzverteilung abhängen kann. In kristallisierenden Polymeren werden viele Banden mehr oder weniger vom Ordnungsgrad beeinflußt und können nicht als Eichbanden verwendet werden.

Wenn keine geeignete Eichbande vorhanden ist, kann der Probe eine als innerer Standard dienende Substanz zugesetzt werden. Dieses Verfahren wurde von BARNES u. a. (1947) für Paraffinölsuspensionen und von WIBERLEY u. a. (1957) für KBr-Preßlinge beschrieben. Ein innerer Standard muß mehrere Bedingungen erfüllen: Er soll kein zu bandenreiches Spektrum haben, seine Banden sollen scharf sein, er soll sich leicht zerreiben lassen, und er soll gegen Temperatur und Druck unempfindlich sein. Einige empfohlene Substanzen sind dl-Alanin, Kaliumrhodanid, Kaliumcyanoferrat(III), Kaliumcarbonat und Naphthalin (KÖSSLER (1966)), die aber keineswegs alle die genannten Bedingungen erfüllen und nur bei sehr sorgfältiger Verarbeitung reproduzierbare Spektren ergeben (DECHANT (1965a)).

2.4.4. *Fehlerquellen*

Wegen der Vielfalt der bei der quantitativen UR-spektroskopischen Analyse angewandten Untersuchungsmethoden ist es nicht möglich, hier eine vollständige Fehlerdiskussion durchzuführen. Es soll nur auf einige wichtige Fehlerquellen und die Wege zu ihrer Ausschaltung hingewiesen werden. Bei vielen Geräten wird der absolute Fehler $\Delta\tau$ einer Transmissionsmessung von Empfängerrauschen und der mechanischen Güte des Vergleichsstrahlabschwächers bestimmt und ist unabhängig vom Transmissionsgrad τ. Der relative Fehler einer Extinktions- oder Konzentrationsmessung ist dann nach Gleichung (2.23)

$$\frac{\Delta E}{E} = \frac{\Delta c}{c} = \frac{0{,}434}{\tau \cdot \log \tau} \Delta\tau. \tag{2.43}$$

In Abb. 2.19 ist für $\Delta\tau = 0{,}01$ der relative Fehler in Abhängigkeit vom Transmissionsgrad τ und der Extinktion E dargestellt. Der Fehler wird am kleinsten für $\tau = 36{,}8\%$ bzw. $E = 0{,}434$. Nach Möglichkeit sind Konzentration und Schichtdicke so zu wählen, daß der Transmissionsgrad zwischen 20 und 60% liegt, da beim Überschreiten dieser Werte der Fehler rasch ansteigt. Von MARTIN (1951) und HUGHES (1963) wurde die Auswirkung der Einzelfehler auf das Endergebnis ausführlicher diskutiert.

Von den im Gerät liegenden Fehlerquellen wurde die Auswirkung der endlichen spektralen Spaltbreite im Abschnitt 2.4.2. behandelt. Eine mangelhafte Linearität der Anzeige wird bei Verwendung von Eichkurven ausgeglichen, oder sie kann durch Korrekturen berücksichtigt werden. Bei Messungen an erhitzten Proben bewirkt die Temperaturstrahlung eine scheinbare Verkleinerung der Absorptionsbanden, da auf Grund des KIRCHHOFFschen Gesetzes die Strahlungsemission im

Bereich einer Absorptionswellenlänge stärker ist als in absorptionsfreien Gebieten. Dies macht sich im mittleren Ultrarot bei Temperaturen ab etwa 200 °C bemerkbar.

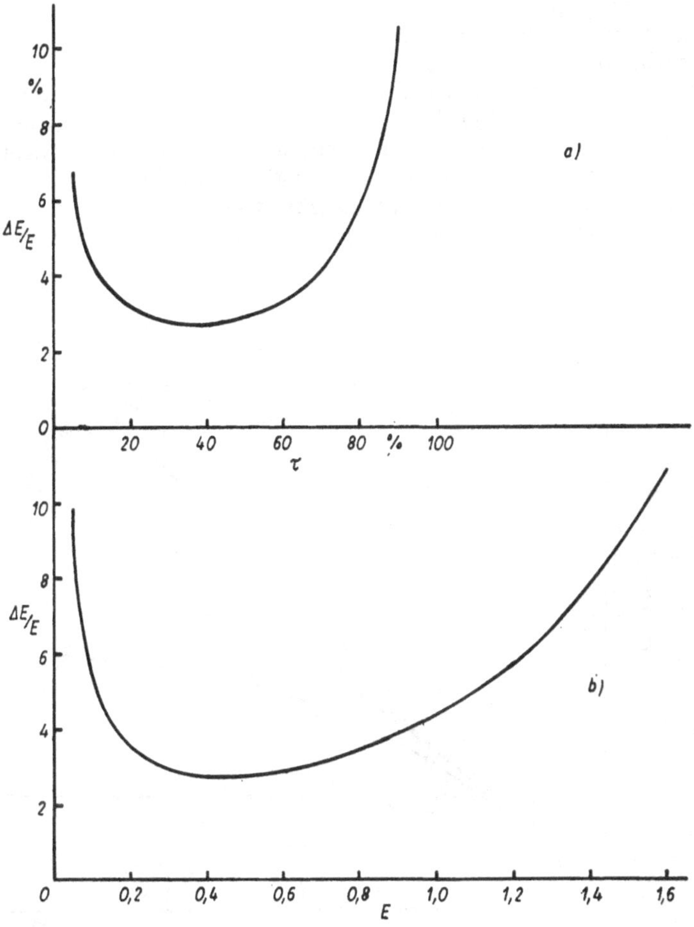

Abb. 2.19 Relativer Fehler $\frac{\Delta E}{E}$ bei einem konstanten Fehler des Transmissionsgrades $\Delta\tau = 1\%$ in Abhängigkeit von dem Transmissionsgrad *a*) und von der Extinktion *b*).

Eine weitere bedeutungsvolle Fehlerquelle bildet die Streustrahlung des Monochromators, worunter der durch Streuung an Geräteteilen auf den Empfänger gelangende Strahlungsanteil verstanden wird. Wenn man in erster Näherung annimmt, daß die Streustrahlung Φ_s nicht von der Probe abhängt, lautet die

Formel für den Transmissionsgrad

$$\tau = \frac{\Phi - \Phi_s}{\Phi_0 - \Phi_s}. \tag{2.44}$$

Der wesentlichste Teil der Streustrahlung hat eine höhere als die am Monochromator eingestellte Wellenzahl, da das Strahlungsmaximum der gewöhnlich benutzten Strahlungsquellen im nahen Ultrarotbereich liegt und Licht mit kürzerer Wellenlänge stärker gestreut wird. Zur experimentellen Bestimmung von Φ_s wird anstelle der Probe ein Filter in den Meßstrahl eingefügt, das nur kurzwellige Strahlung durchläßt, oder die Schichtdicke der Probe wird so vergrößert, daß bei der Analysenbande totale Absorption erfolgt. In modernen Filter-Gitter- oder Doppelmonochromatoren liegt der Streulichtanteil weit unter 1%; er steigt lediglich an den langwelligen Anwendungsgrenzen etwas höher an. In einfachen Pris-

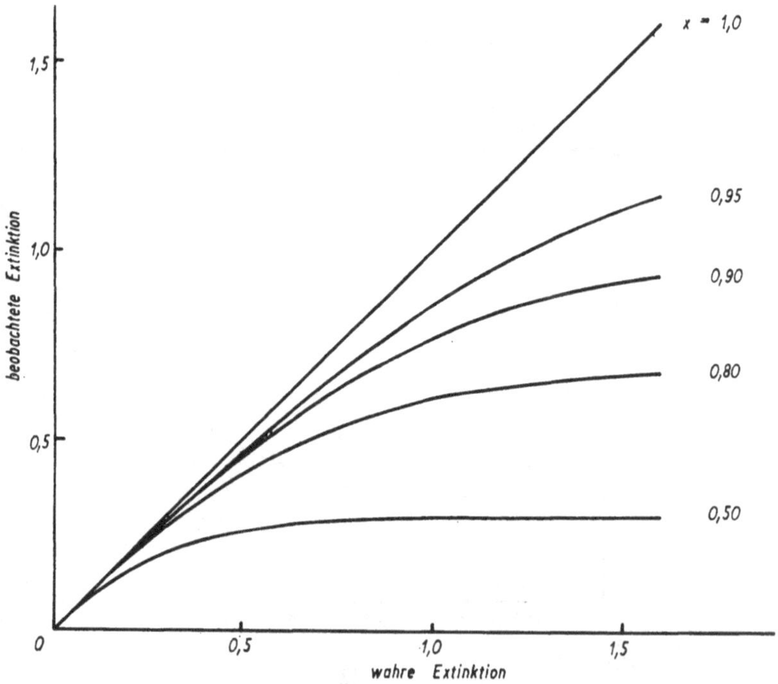

Abb. 2.20 Einfluß einer inhomogenen Verteilung des absorbierenden Materials auf die gemessene Extinktion (nach JONES (1952a)). $(1 - x)$ ist der Bruchteil der Strahlung, der ungeschwächt durch leere Stellen der Probe hindurchgeht.

menspektrometern wird aber oft 3% und mehr Streulicht gefunden, und der Transmissionsgrad muß nach Gleichung (2.44) korrigiert werden, wenn nicht mit Eichkurven oder Relativmethoden gearbeitet wird.

Weitere Fehlerquellen können in der Beschaffenheit der Probe begründet sein. Messungen an orientierten Proben müssen mit polarisierter Strahlung durchgeführt werden (siehe Seite 21). Eine unbeabsichtigte Orientierung kann bei der Untersuchung von anisotropen Teilchen in Paraffinölsuspensionen entstehen (BARNES (1947)). Bei inhomogener Verteilung des absorbierenden Materials im Strahlungsquerschnitt wird eine zu kleine Extinktion gefunden. JONES (1952a) hat die Ab-

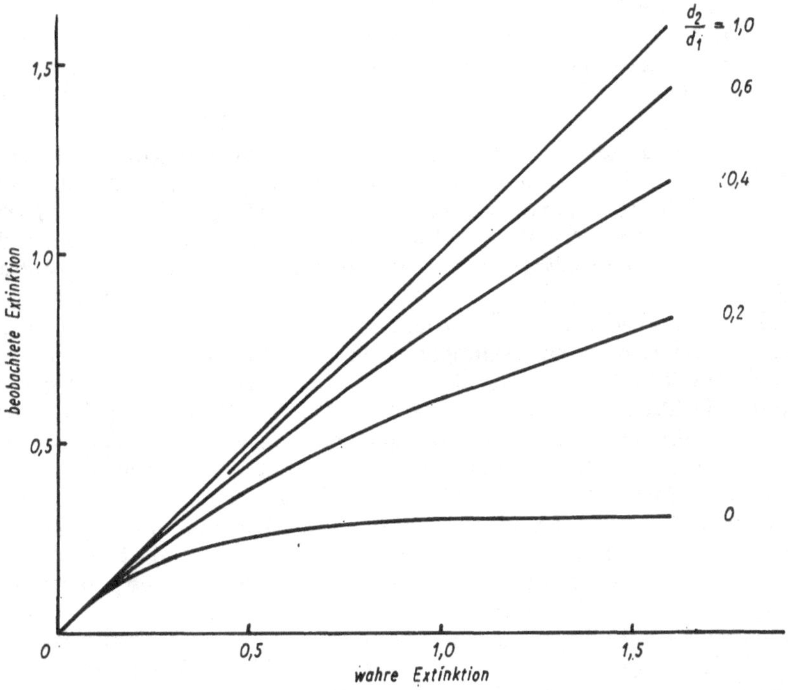

Abb. 2.21 Zusammenhang zwischen beobachteter und wahrer Extinktion für eine aus zwei gleichen Teilen mit unterschiedlichen Schichtdicken d_1 und d_2 bestehende Probe.

weichung der beobachteten von der wahren Extinktion für den Fall berechnet, daß ein Bruchteil der Strahlung die Probe ungeschwächt durchsetzt (Abb. 2.20). Solche Verhältnisse können in einer sehr grobkörnigen Suspension oder bei löchrigen Polymerfilmen vorliegen. In Abb. 2.21 ist der Zusammenhang zwischen beobachteter und wahrer Extinktion für eine Probe dargestellt, welche aus zwei gleichen Teilen mit unterschiedlicher Dicke besteht. Den allgemeineren Fall einer aus zwei verschiedenen Teilen mit ungleicher Schichtdicke bestehenden Probe sowie einer keilförmigen Schicht diskutierte und berechnete KOENIG (1964). Die Fehler sind um so geringer, je kleiner die Extinktion ist. Bei Verwendung eines inneren Standards können die auf Inhomogenitäten der Probe beruhenden Fehler weitgehend kompensiert werden, wenn Analysen- und Vergleichsbande ähnliche Extinktionen haben.

3. Theorie der Ultrarotspektren

Es ist nicht möglich und liegt auch nicht im Konzept des Buches, an dieser Stelle eine vollständige Behandlung der Theorie der Ultrarotspektroskopie zu bringen. Wir wollen uns vielmehr darauf beschränken, die wichtigsten Grundlagen darzulegen, die zum Verständnis des Zusammenhangs zwischen der Molekülstruktur und dem Ultrarotspektrum notwendig sind. Das Hauptinteresse unserer Betrachtungen gilt dem Schwingungsverhalten des Polymermoleküls und des polymeren Festkörpers. Trotzdem müssen wir uns aus didaktischen Gründen zunächst mit dem zweiatomigen Molekül befassen und werden dann erst zum mehratomigen Molekül und den Besonderheiten der periodisch gebauten Makromoleküle übergehen. Eine exakte theoretische Behandlung der Molekülspektren ist für kleine Moleküle im Gaszustand möglich; sie ist in den klassischen Werken von Herzberg (1939, 1945) zu finden. Andererseits wurde der weitaus überwiegende Anteil UR-spektroskopischer Untersuchungen an Lösungen, Flüssigkeiten und Festkörpern durchgeführt, die eine exakte Theorie wegen der nur annähernd erfaßbaren Wechselwirkungskräfte zumindest erschweren. Schwerwiegender ist, daß beim vielatomigen Molekül zwar oft die geometrische Struktur bekannt ist, man aber sehr wenig über die für das Schwingungsspektrum wichtige dynamische Struktur, d. h. über das Potentialfeld im Molekül, weiß.

Die Schwingungsanalyse eines vielatomigen Moleküls wird durch die Symmetrieeigenschaften des Moleküls und der Schwingungen erleichtert, welche die Zahl der im UR-Spektrum zu beobachtenden Frequenzen herabsetzen, bzw. eine Einteilung in kleinere, getrennt zu behandelnde Gruppen ermöglichen. Ein wertvolles Hilfsmittel bei solchen Überlegungen bildet die Gruppentheorie, auf die im Abschnitt 3.2 näher eingegangen wird. Der Abschnitt 3.3 wird schließlich die Erweiterung und Anwendung der Theorie auf das Polymermolekül bringen. Wir lehnen uns in den beiden Abschnitten teilweise an die von Zbinden (1964) gewählte Darstellung an.

3.1. Schwingungsspektren

3.1.1. Zweiatomige Moleküle

Als Modell für ein zweiatomiges Molekül betrachten wir zwei durch eine Feder verbundene Massenpunkte. Bei Auslenkung des Modells aus seiner Gleichgewichtslage wirkt eine der Auslenkung proportionale rücktreibende Kraft, die eine Schwingung des Systems mit der Frequenz

$$\nu_0 = \frac{1}{2\pi}\sqrt{\frac{k}{\mu}} \tag{3.1}$$

verursacht. k ist die Kraftkonstante der Feder in dyn · cm^{-1}, μ ist die reduzierte Masse. Ein solches System wird als harmonischer Oszillator bezeichnet. Seine potentielle Energie ist eine quadratische Funktion der Auslenkung aus der Gleichgewichtslage:

$$V = \frac{1}{2}kx^2 = 2\pi^2\mu\nu_0^2x^2. \tag{3.2}$$

Die quantenmechanische Behandlung des Potentialansatzes (3.2) ergibt für die stationären Energieniveaus des harmonischen Oszillators

$$E(v) = \frac{h}{2\pi}\sqrt{\frac{k}{\mu}}\left(v + \frac{1}{2}\right). \tag{3.3}$$

Die daraus mit der Auswahlregel $\Delta v = \pm 1$ berechnete Frequenz stimmt mit dem auf klassischem Wege erhaltenen Wert (3.1) überein.

Das harmonische Oszillatormodell kann nur als eine für kleine Auslenkungen x gültige Näherung angesehen werden, denn die Anschauung besagt, daß mit wachsender Auslenkung die potentielle Energie nicht ständig zunehmen kann, sondern nach Erreichen eines Maximalwertes wieder abnehmen muß, da das Molekül dissoziiert. Mathematisch läßt sich dieses Verhalten durch Hinzufügung höherer Potenzen in der Gleichung (3.2) berücksichtigen. Der Oszillator vollführt dann keine harmonische Schwingung mehr, und seine Bewegung kann nicht durch eine einfache Sinusschwingung, sondern nur durch eine Fourier-Reihe beschrieben werden, in der auch Vielfache der Grundfrequenz ν_0 auftreten, die als die Oberschwingungen des Systems zu interpretieren sind. Im Ergebnis der quantenmechanischen Behandlung des anharmonischen Oszillators treten auch Quantensprünge $\Delta v = \pm 2, \pm 3, \ldots$ auf, deren Wahrscheinlichkeit jedoch schnell abnimmt, und die Energieniveaus sind nicht mehr äquidistant wie in Gleichung (3.3), so daß die Oberschwingungen keine exakten Vielfachen der Grundschwingung sind.

Außer der Schwingung können zwei- oder mehratomige Moleküle auch Rotationsbewegungen ausführen, die als periodische Vorgänge ebenfalls gequantelt sind. Die mit der Rotation verbundenen Energiesprünge sind wesentlich kleiner als die der Schwingungen. Das durch die Überlagerung der beiden Vorgänge entstehende Rotationsschwingungsspektrum ist bei hoher Auflösung im Gaszustand zu beobachten und wurde in den Büchern über die UR-Spektroskopie ausführlich beschrieben (z. B. Herzberg (1945)). Für die überwiegend im festen Zustand zu untersuchenden Polymere spielt die Rotation keine Rolle; teilweise tritt sie bei Kettenmolekülen in Gestalt von Torsionsschwingungen um die Längsachse in Erscheinung.

3.1.2. Mehratomige Moleküle

Ein aus N Atomen bestehendes, nicht lineares Molekül hat $3N$ Freiheitsgrade, daher sind $3N$ Koordinaten erforderlich, um die Bewegung eines solchen Moleküls zu beschreiben. Wenn wir den Schwerpunkt des Moleküls festhalten und Drehungen des Moleküls als Ganzes ausschließen, verbleiben $3N - 6$ Freiheitsgrade für eine Schwingungsbewegung. Bei nur geringen Auslenkungen der Atome aus ihrer Gleichgewichtslage sind die rücktreibenden Kräfte zu den Auslenkungen proportional, und die auf ein Atom wirkende Kraft ist eine lineare Funktion der Verschiebungen aller Atome. In kartesischen Koordinaten läßt sich das durch folgendes Gleichungssystem beschreiben:

$$\begin{aligned}
F_x^1 &= -k_{xx}^{11}x_1 - k_{xy}^{11}y_1 - k_{xz}^{11}z_1 - k_{xx}^{12}x_2 - \cdots - k_{xz}^{1N}z_N \\
F_y^1 &= -k_{yx}^{11}x_1 - k_{yy}^{11}y_1 - k_{yz}^{11}z_1 - k_{yx}^{12}x_2 - \cdots - k_{yz}^{1N}z_N \\
F_z^1 &= -k_{zx}^{11}x_1 - k_{zy}^{11}y_1 - k_{zz}^{11}z_1 - k_{zx}^{12}x_2 - \cdots - k_{zz}^{1N}z_N \\
F_x^2 &= -k_{xx}^{21}x_1 - k_{xy}^{21}y_1 - k_{xz}^{21}z_1 - k_{xx}^{22}x_2 - \cdots - k_{xz}^{2N}z_N \\
&- \\
&- \\
F_z^N &= -k_{zx}^{N1}x_1 - k_{zy}^{N1}y_1 - k_{zz}^{N1}z_1 - k_{zx}^{N2}x_2 - \ldots - k_{zz}^{NN}z_N
\end{aligned} \tag{3.4}$$

Die Koeffizienten k_{xy}^{il} geben an, wie die x-Komponente der auf das i-te Atom wirkenden Kraft von der y-Komponente einer Verschiebung des l-ten Atoms abhängt. Es gilt

$$k_{xy}^{il} = k_{yx}^{li}. \tag{3.5}$$

Wir suchen nach solchen Lösungen des Gleichungssystems (3.4), bei denen alle Atome eine harmonische Schwingung mit der gleichen Frequenz ν ausführen; dann können wir für die Kräfte schreiben:

$$\begin{aligned}
F_x^i &= -4\pi^2\nu^2 m_i x_i \\
F_y^i &= -4\pi^2\nu^2 m_i y_i \\
F_z^i &= -4\pi^2\nu^2 m_i z_i
\end{aligned} \tag{3.6}$$

Mit diesem Kräfteansatz wird (3.4) ein homogenes, lineares Gleichungssystem für die $3N$ Atomkoordinaten. Das Gleichungssystem ist dann lösbar, wenn die zugehörige Säkulardeterminante verschwindet:

$$\begin{vmatrix}
(k_{xx}^{11} - 4\pi^2\nu^2 m_1) & k_{xy}^{11} & \ldots & k_{xz}^{1N} \\
k_{yx}^{11} & (k_{yy}^{11} - 4\pi^2\nu^2 m_1) & \ldots & k_{yz}^{1N} \\
\cdot\cdot & \cdot\cdot & & \cdot\cdot \\
\cdot\cdot & \cdot\cdot & & \cdot\cdot \\
\cdot\cdot & \cdot\cdot & & \cdot\cdot \\
k_{zx}^{1N} & k_{zy}^{1N} & \ldots & (k_{zz}^{NN} - 4\pi^2\nu^2 m_N)
\end{vmatrix} = 0 \tag{3.7}$$

Damit hat man eine Bestimmungsgleichung für $3N$ Frequenzen, von denen jedoch 6 identisch Null sind (uneigentliche Schwingungen). Da das System $3N - 6$ Schwingungsfreiheitsgrade hat, läßt sich jede Schwingungsbewegung durch Überlagerung der aus (3.7) ermittelten $3N - 6$ Frequenzen darstellen, die deshalb als die Normalfrequenzen des Moleküls bezeichnet werden. Durch Einsetzen der Normalfrequenzen in das Gleichungssystem (3.4) erhält man die Auslenkungen x_1, y_1, z_1, $x_2 \ldots z_N$, welche sich zu den Normalschwingungen des Moleküls zusammensetzen. Die Auslenkungen (Amplituden) lassen sich aus (3.4) nur bis auf einen gemeinsamen Faktor bestimmen.

Nach den bisherigen Ausführungen ist es im Prinzip möglich, bei Kenntnis aller Kraftkonstanten k_{xy}^{il} usw. die Normalfrequenzen des N-atomigen Moleküls zu berechnen. Diese Aussage ist nicht umkehrbar, da im Gleichungssystem (3.4) bei Berücksichtigung der Beziehung (3.5) $\frac{1}{2} N(N + 1)$ Kraftkonstanten enthalten sind, denen nur $3N - 6$ Normalfrequenzen gegenüberstehen. Bei kleinen Molekülen kann man durch Isotopenaustausch etwas weiterkommen, da hierbei die Massen und die Frequenzen verändert werden, während die Kraftkonstanten erhalten bleiben. Im allgemeinen ist es jedoch notwendig, der Rechnung ein einfacheres Kraftmodell als in den Gleichungen (3.4) zugrunde zu legen. Dieses Vorgehen ist auch physikalisch sinnvoller, denn die Wechselwirkung zwischen den nächsten Nachbarn ist weit größer als die zwischen entfernteren Atomen. In einem Zentralkraftmodell wird die an einem Atom angreifende Kraft als die Resultierende aller Anziehungs- und Abstoßungskräfte der übrigen Atome angesetzt, die jeweils nur entlang der Verbindungslinie wirken. Dem realen Molekül ist am besten ein Valenzkraftmodell angepaßt, bei dem eine starke rücktreibende Kraft entlang der chemischen Bindung bei Änderung der Bindungslängen und ein Drehmoment bei Änderung der Valenzwinkel angenommen wird. Das Modell kann durch Berücksichtigung des Einflusses der übernächsten Nachbarn weiter verfeinert werden.

Auch mit vereinfachten Kraftmodellen und bei Einführung von diesen Modellen angepaßten Koordinaten bleibt (3.4) ein System von $3N$ Gleichungen. Eine Verkleinerung des Gleichungssystems ist unter Ausnutzung der Symmetrieeigenschaften des Moleküls möglich. Zunächst verringert sich in symmetrisch gebauten Molekülen die Zahl der unterschiedlichen Kraftkonstanten. Außerdem zerfällt das Gleichungssystem in mehrere voneinander unabhängig zu lösende Teile, genauer gesagt, in soviel Teile wie Schwingungsrassen vorhanden sind (siehe Abschnitt 3.2).

Die Bedeutung der Symmetrieeigenschaften für die Bestimmung der Normalschwingungen ist besser zu erkennen, wenn wir letztere nicht aus dem Newtonschen Kraftgesetz (3.6), sondern aus dem Energieerhaltungssatz herleiten. Die potentielle und kinetische Energie lassen sich in der harmonischen Näherung, d. h. für genügend kleine Auslenkungen, in Form einer quadratischen Summe

$$V = \frac{1}{2} \sum_{ij} k_{ij} q_i q_j \qquad T = \frac{1}{2} \sum_{ij} b_{ij} \dot{q}_i \dot{q}_j \tag{3.8}$$

aufschreiben, wo die q_i und q_j $(i, j = 1 \ldots 3N)$ beliebige Koordinaten sind. Es gibt immer eine lineare Transformation

$$q_i = \sum_k c_{ik} \eta_k, \tag{3.9}$$

deren Koeffizienten c_{ik} so beschaffen sind, daß die potentielle und die kinetische Energie in den neuen Koordinaten η_i rein quadratische Summen ohne gemischte Glieder sind:

$$V = \frac{1}{2} \sum_i \lambda_i \eta_i^2 \qquad T = \frac{1}{2} \sum_i \dot{\eta}_i^2 \tag{3.10}$$

λ_i sind die Wurzeln der Säkulargleichung

$$|k_{ij} - b_{ij} \cdot \lambda| = 0. \tag{3.11}$$

Wenn q_i kartesische Koordinaten sind, ist $b_{ij} = 0$ für $i \neq j$. Die Gesamtenergie $H = V + T$ wird durch $3N$ voneinander unabhängige Terme der Form

$$\frac{1}{2} (\lambda_i \eta_i^2 + \dot{\eta}_i^2) \tag{3.12}$$

dargestellt. Die daraus mit $\frac{d}{dt} H = 0$ abgeleiteten Gleichungen

$$\ddot{\eta}_i + \lambda_i \eta_i = 0 \tag{3.13}$$

werden durch den Ansatz

$$\eta_i = \eta_i^0 \cos (2\pi \nu_i t + \varphi_i) \tag{3.14}$$

gelöst, worin $\lambda_i = 4\pi^2 \nu_i^2$ gesetzt wurde.

ν_i sind die Normalfrequenzen und η_i die Normalkoordinaten des Moleküls. Das Schwingungsbild der i-ten Normalschwingung läßt sich aus der Beziehung (3.9) ermitteln, indem alle η_k außer η_i gleich Null gesetzt werden. Die Koeffizienten c_{ik} sind bis auf einen konstanten Faktor aus Gleichung (3.11) mit $\lambda = \lambda_i$ zu berechnen (vgl. Herzberg (1945)).

Bei einer Symmetrieoperation (Spiegelung, Drehung usw.) werden lediglich gleichartige Atome untereinander vertauscht, die potentielle Energie kann dabei nicht geändert werden. Wegen der Beziehung (3.10) bedeutet das, daß jede einzelne Normalkoordinate η_i erhalten bleibt oder ihr Vorzeichen wechselt; die betreffende Normalschwingung ist also symmetrisch oder antisymmetrisch zu der Symmetrieoperation. Man kann daher alle Normalschwingungen in Schwingungsrassen einteilen, die dadurch gekennzeichnet sind, daß alle zur gleichen Rasse gehörenden Schwingungen sich gegenüber den Symmetrieelementen des Moleküls in gleicher Weise verhalten. Diese Betrachtungen treffen auch auf eine aus mehreren Normalschwingungen zusammengesetzte Bewegung zu, daher können nur die zur gleichen Rasse gehörenden Normalschwingungen miteinander kombiniert werden. Das führt zu einer wesentlichen Vereinfachung der Säkulardeterminante (3.7). Wenn wir nämlich anstelle der kartesischen Koordinaten Symmetriekoordinaten einführen, die dadurch gekennzeichnet sind, daß sie sich bei einer Symmetrieoperation genau so transformieren wie eine Normalkoordinate, so zerfällt die Säkulardeterminante in so viele Unterdeterminanten, wie Symmetrie-

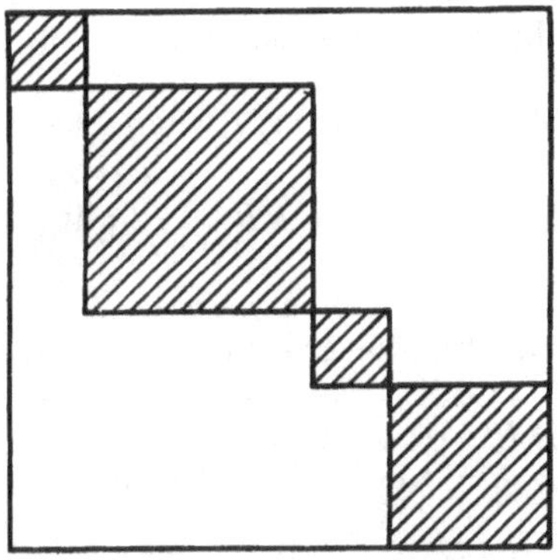

Abb. 3.1 Form der Säkulardeterminante bei Einführung von Symmetriekoordinaten (nach HERZBERG (1945)).

rassen vorhanden sind (Abb. 3.1). Im Abschnitt 3.2. wird gezeigt werden, wieviel Normalschwingungen zu einer Rasse gehören, d. h. wieviel unabhängige Symmetriekoordinaten notwendig sind.

Etwas weitergehende Überlegungen sind erforderlich, wenn entartete Schwingungen (Normalschwingungen mit gleicher Frequenz) auftreten, da dann nicht jedes einzelne Glied in (3.10) gegenüber der Symmetrieoperation invariant sein muß. Es genügt bei Entartung der i-ten und j-ten Normalschwingung, daß die Summe $\eta_i^2 + \eta_j^2$ konstant bleibt.

Am Ende dieses Abschnitts sei noch einmal kurz zusammengefaßt, was die Theorie der Schwingungsspektren leisten kann und worin das Ziel der Berechnungen besteht:

Bei Annahme eines Kraftmodells können die Normalschwingungen eines Moleküls im Prinzip berechnet werden. Der Rechenaufwand steigt mit zunehmender Atomzahl stark an. Der umgekehrte Weg ist nicht immer eindeutig, jedoch lassen sich bei kleinen Molekülen aus den beobachteten Frequenzen Kraftkonstanten bestimmen. Die so erhaltenen Werte können in ein vereinfachtes Kraftmodell eines größeren Moleküls eingesetzt werden, so daß dessen Normalschwingungen ermittelt werden können. An der Übereinstimmung mit den gemessenen Frequenzen ist die Brauchbarkeit des zugrunde gelegten Modells zu erkennen. Dieser Prozeß wird als Normalkoordinatenanalyse bezeichnet. Sie ermöglicht die Zuordnung der beobachteten Absorptionsbanden zu bestimmten Schwingungsbildern des Moleküls.

3.2. Gruppentheorie und Symmetrieeigenschaften

3.2.1 Gruppentheoretische Grundlagen

Die Symmetrie- oder Deckoperationen eines Punktsystems erfüllen die Postulate einer mathematischen Gruppe. Daher können wir uns bei der Analyse des Schwingungsspektrums einiger Ergebnisse der abstrakten Gruppentheorie bedienen. Eine ausführlichere Darstellung der Gruppentheorie und ihrer Anwendung auf die Eigenschwingungen von Punktsystemen ist in dem Buch von MATOSSI (1961) zu finden. Wir beschränken uns hier auf die Zusammenstellung der für die folgenden Überlegungen erforderlichen Ergebnisse.

Die Elemente E, A, B, C, ... R, ... bilden eine Gruppe, wenn sie die folgenden Postulate erfüllen:

1. Es gibt ein Einheitselement E, für das $RE = ER = R$ gilt, wenn R ein Element der Gruppe ist.
2. Die Verknüpfung zweier Elemente, geschrieben als deren Produkt, ist ein Element der Gruppe, z. B.: $AB = C$. Die Faktoren des Produktes sind nicht vertauschbar; im allgemeinen ist $AB \neq BA$.
3. Es gilt das Assoziativgesetz, z. B.: $(AB)C = A(BC)$.
4. Mit R ist auch das inverse Element R^{-1}, für das $RR^{-1} = R^{-1}R = E$ ist, ein Element der Gruppe.

Eine Gruppe ist vollständig bestimmt, wenn alle ihre Elemente und die Verknüpfungsregeln angegeben sind. Die Anzahl h der Elemente wird die Ordnung der Gruppe genannt. Teilmengen einer Gruppe, die schon für sich die Gruppenpostulate erfüllen, bilden eine Untergruppe. Die Ordnung einer Untergruppe ist stets ein ganzzahliger Teiler von h. $\frac{h}{g} = l$ ist der Index der Untergruppe. Zwei Gruppen sind isomorph, wenn jedem Element der einen Gruppe eindeutig ein Element der anderen Gruppe zugeordnet ist.

Die aus den Elementen R durch die Verknüpfung XRX^{-1}, wo X ein beliebiges Element der Gruppe ist, erhaltenen Elemente heißen die zu R konjugierten Elemente. Alle zueinander konjugierten Elemente zusammen bilden eine Klasse. Sie sind selbstkonjugierte Untergruppen, und ihre Ordnung ist ein ganzzahliger Teiler der Ordnung h. Das Einheitselement E bildet eine Klasse für sich. Kein Element kann zwei Klassen angehören, daher ist die Einteilung der Elemente in Klassen eine eindeutige Unterteilung der Gruppe.

Den abstrakten Elementen R einer Gruppe können wir quadratische Matrizen der Form

$$D(R) = \begin{pmatrix} D(R)_{11} & D(R)_{12} & \ldots & D(R)_{1n} \\ D(R)_{21} & D(R)_{22} & \ldots & D(R)_{2n} \\ \vdots & & & \vdots \\ D(R)_{n1} & D(R)_{n2} & \ldots & D(R)_{nn} \end{pmatrix} \tag{3.15}$$

zuordnen, deren Koeffizienten[1]) $D(R)_{ij}$ so beschaffen sind, daß das nach den bekannten Multiplikationsregeln für Matrizen gebildete Produkt das Gruppen-

[1]) Die Bezeichnung Koeffizient für die Matrixelemente wurde gewählt, um Verwechslungen mit den Elementen der Gruppe zu vermeiden.

postulat

$$D(A) \cdot D(B) = D(C) \tag{3.16}$$

erfüllt. Die anderen Postulate sind für Matrizen immer erfüllt. Die Matrizen $D(E), D(A), D(B), \ldots$ bilden eine isomorphe Gruppe zu $E, A, B, \ldots$ Sie wird eine Darstellung der Gruppe genannt. Da der Grad n der Matrizen nicht beschränkt ist, gibt es unendlich viele Darstellungen für eine Gruppe. Ihre Zahl kann jedoch durch Reduktionstransformationen eingeschränkt werden.

Mit $D(R)$ sind auch die transformierten Matrizen

$$D'(R) = T\,D(R)\,T^{-1} \tag{3.17}$$

Darstellungen der Gruppe, wo T eine Transformationsmatrix vom gleichen Grad wie $D(R)$ ist. Wenn solche Transformationen T gefunden werden können, daß die transformierte Matrix $D'(R)$ die Form

$$D'(R) = \begin{pmatrix} a_1\text{-mal} \left\{ \begin{matrix} D_1(R) & & \\ & \ddots & \\ & & D_1(R) \end{matrix} \right. & & & 0 \\ & a_2\text{-mal} \left\{ \begin{matrix} D_2(R) & & \\ & \ddots & \\ & & D_2(R) \end{matrix} \right. & & \\ & & \ddots & \\ 0 & & a_k\text{-mal} \left\{ \begin{matrix} D_k(R) & & \\ & \ddots & \\ & & D_k(R) \end{matrix} \right. & \end{pmatrix} \tag{3.18}$$

annimmt, dann sind auch die Matrizen $D_1(R)$, $D_2(R)$ usw. Darstellungen der Gruppe. Läßt sich der Grad der Matrizen $D_i(R)$ nicht weiter verringern, so sind die $D_i(R)$ die irreduziblen Darstellungen der Gruppe $E, A, B, \ldots R, \ldots$ Aus der Gruppentheorie folgt der wichtige Satz, daß es genau soviel verschiedene irreduzible Darstellungen für eine Gruppe gibt, wie die Gruppe Klassen enthält.

Die Summe der Diagonalkoeffizienten einer Matrix $D_i(R)$ wird als deren Spur

$$\chi_i(R) = \sum_{\mu} D_i(R)_{\mu\mu} \tag{3.19}$$

bezeichnet. Die Gesamtheit der Spuren einer irreduziblen Darstellung für alle Elemente der Gruppe ist der Charakter Γ_i der Darstellung:

$$\Gamma_i = \chi_i(E), \quad \chi_i(A), \quad \chi_i(B), \tag{3.20}$$

Die Spur einer Matrix wird durch die in (3.17) beschriebene Transformation nicht geändert, das bedeutet, daß konjugierte Elemente — also die Elemente einer Klasse — die gleiche Spur haben. Der Charakter einer Darstellung ist daher schon durch Angabe der Spur für jede Klasse der Gruppe bestimmt.

3.2.2. Symmetrieoperationen und Punktgruppen

Zur Beschreibung der Symmetrie eines Moleküls werden folgende Symmetrieelemente benötigt:
Symmetriezentrum oder Inversionszentrum i,
Symmetrieebenen σ,
n-zählige Drehachsen C_n,
n-zählige Drehspiegelachsen S_n.

Wenn die Symmetrieelemente noch durch die Identität E ergänzt werden und als Produkt zweier Symmetrieelemente die nacheinander erfolgende Ausführung der Symmetrieoperationen definiert wird, dann können an einem Molekül nur solche Kombinationen von Symmetrieelementen verwirklicht sein, die zusammen eine Gruppe bilden. Bei jeder dieser Gruppen bleibt mindestens ein Punkt im Molekül unverändert, sie werden daher Punktgruppen genannt. In der Kristallographie werden 32 Punktgruppen unterschieden. Bei Molekülstrukturen treten noch einige weitere Punktgruppen auf, da in Molekülen im Gegensatz zu Kristallen auch 5- und ∞-zählige Drehachsen vorkommen.

Die Punktgruppen können durch die Transformationsmatrizen dargestellt werden, welche die Transformation der Atomkoordinaten q_i bei Ausführung der Symmetrieoperation beschreiben:

$$\begin{pmatrix} D(R) \end{pmatrix} \begin{pmatrix} q_1 \\ \vdots \\ q_{3N} \end{pmatrix} = \begin{pmatrix} q_1' \\ \vdots \\ q_{3N}' \end{pmatrix} \tag{3.21}$$

Durch Reduktion wird die Matrix $D(R)$ diagonalisiert. Nach vollständiger Reduktion besteht die Transformationsmatrix nur noch aus Diagonalkoeffizienten, und jede Koordinate q_i trägt nur zu einer Koordinate q_i' bei. Die q_i sind dann Symmetriekoordinaten, und wegen der aus Gleichung (3.10) folgenden Symmetrieeigenschaften können die Diagonalkoeffizienten nur die Werte ± 1 annehmen, sofern nur nicht entartete Schwingungen auftreten. Entartete Symmetriekoordinaten werden bei einer Symmetrieoperation durch eine lineare Kombination der miteinander entarteten Koordinaten transformiert. Die zugehörigen irreduziblen Darstellungen sind Matrizen vom Grad der Entartung.

3.2.3. Klassifizierung der Normalschwingungen

Aus der vollständig reduzierten Darstellung $D'(R)$ können wir nach Gleichung (3.18) die nicht äquivalenten irreduziblen Darstellungen $D_i(R)$ entnehmen. Es gibt so viele, wie die Gruppe Klassen hat, und da jede irreduzible Darstellung einem Satz von Symmetriekoordinaten entspricht, die sich bei einer Symmetrieoperation in gleicher Weise transformieren, gehört zu jeder irreduziblen Darstellung eine Schwingungsrasse. Die Normalkoordinaten der Schwingungsrasse sind Linearkombinationen der Symmetriekoordinaten. Das Einheitselement E bildet stets eine Klasse für sich, deshalb treten bei Molekülen, die außer der Identität noch weitere Symmetrieelemente aufweisen, mindestens zwei Schwingungsrassen auf.

Da die irreduziblen Darstellungen nicht entarteter Schwingungen Matrizen vom Grad eins sind, ist ihre Spur die Matrix selbst, und sie gibt das Symmetrieverhalten der Schwingung an. Die Spuren sind in den Charaktertafeln zusammengestellt, die für die verschiedenen Punktgruppen in einigen Spektroskopiebüchern (z. B. COLTHUP—DALY—WIBERLEY (1964), HERZBERG (1945), MATOSSI (1961)) zu finden sind. Als Beispiel ist in Tab. 3.1 die Charaktertafel für die Punktgruppe D_{3h} wiedergegeben, die außer der Identität E zwei 3-zählige Symmetrieachsen C_3, drei 2-zählige Symmetrieachsen C_2, eine Symmetrieebene σ_h senkrecht zu C_3, zwei 3-zählige Drehspiegelachsen S_3 und drei Symmetrieebenen σ_v senkrecht zu den C_2 enthält. Die Drehachsen C_3 und S_3 treten zweifach in Erscheinung, da positiver und negativer Drehsinn getrennt zu zählen sind.

Tabelle 3.1 Charaktertafel für die Punktgruppe D_{3h}

Charakter	Klassen						Schwingungs-rasse
	E	$2C_3$	$3C_2$	σ_h	$2S_3$	$3\sigma_v$	
Γ_1	+1	+1	+1	+1	+1	+1	A_1'
Γ_2	+1	+1	+1	−1	−1	−1	A_1''
Γ_3	+1	+1	−1	+1	+1	−1	A_2'
Γ_4	+1	+1	−1	−1	−1	+1	A_2''
Γ_5	+2	−1	0	+2	−1	0	E'
Γ_6	+2	−1	0	−2	+1	0	E''

In der letzten Spalte der Tabelle sind die Bezeichnungen für die Schwingungsrasse eingetragen. Es bedeuten:

A: Symmetrie bezüglich der Hauptsymmetrieachse (im Beispiel C_3)
B: Antisymmetrie bezüglich der Hauptsymmetrieachse
E, F: zwei- oder dreifach entartete Schwingung

1 und 2 (als Indices): Symmetrie bzw. Antisymmetrie bezüglich einer Drehachse (im Beispiel C_2)
g und u (als Indices): Symmetrie bzw. Antisymmetrie bezüglich eines Symmetriezentrums
Strich und Doppelstrich: Symmetrie bzw. Antisymmetrie bezüglich der Hauptsymmetrieebene (im Beispiel σ_h).

Jeder Charakter Γ_i einer irreduziblen Darstellung repräsentiert eine Reihe von Transformationsmatrizen für Normalkoordinaten. Da das Molekül einschließlich der Translationen und Rotationen $3N$ Normalschwingungen hat, können in jedem Charakter Γ_i oder in jeder Schwingungsrasse mehrere Normalschwingungen enthalten sein, deren Zahl a_i formal nach vollständiger Reduktion aus der Matrix (3.18) entnommen werden könnte. Aus der Orthogonalitätsrelation der irreduziblen Darstellungen läßt sich eine einfachere Formel zur Berechnung der a_i

ableiten, bei der nur die Spuren der irreduziblen Darstellungen und der ausreduzierten Matrix $D'(R)$ bekannt sein müssen:

$$a_i = \frac{1}{h} \sum_R \chi(R)\, \chi_i(R). \tag{3.22}$$

h ist die Anzahl der Symmetrieelemente (die Ordnung der Gruppe), $\chi(R)$ ist die Spur von $D'(R)$, die $\chi_i(R)$ sind der Charaktertafel zu entnehmen. $\chi(R)$ erhält man aus der einfachen Beziehung

$$\chi(R) = u(2 \cos \varphi \pm 1), \tag{3.23}$$

wo u die Zahl der auf dem Symmetrieelement R liegenden Atome ist, die bei der Symmetrieoperation nicht transformiert werden. $\varphi = \frac{2\pi}{n}$ ist der Drehwinkel von R ($\varphi = 0$ für eine Symmetrieebene und $\varphi = 180°$ für die Inversion). Das Pluszeichen steht für reine Drehungen, einschließlich der Identität, das Minuszeichen für Drehspiegelungen, einschließlich der Reflexion und der Inversion.

3.2.4. *Auswahlregeln für Grund-, Ober- und Kombinationsschwingungen*

Die Auswahlregeln sagen aus, welche Schwingungsrassen im Ultrarot- bzw. im Raman-Spektrum auftreten und wie die Schwingung in bezug auf eine ausgezeichnete Achse des Moleküls polarisiert ist. Sie erleichtern somit die Zuordnung der beobachteten Absorptionsfrequenzen zu den Schwingungsrassen. Nach der klassischen Anschauung wird Strahlung dann absorbiert, wenn sich bei der Schwingung das Dipolmoment des Moleküls ändert. Solche Schwingungen heißen ultrarotaktiv. In der quantenmechanischen Berechnung ist die Intensität proportional zum Quadrat der Übergangswahrscheinlichkeit vom Grundzustand in den angeregten Zustand. Daraus läßt sich mit Hilfe von Symmetrieeigenschaften der zugehörigen Eigenfunktion die Bedingung ableiten, daß eine Schwingungsrasse dann ultrarotaktiv ist, wenn ihre Normalkoordinaten sich genau so transformieren wie das Dipolmoment. Da das Dipolmoment (bzw. die Dipolmomentänderung) ebenso wie eine Translation eine vektorielle Größe ist, sind nur die Schwingungsrassen ultrarotaktiv, zu denen auch eine Translation gehört. Das bedeutet, daß es für eine Punktgruppe höchstens drei ultrarotaktive Schwingungsrassen geben kann. In den Charaktertafeln wird meist die Aktivität der Schwingungen mit angegeben. Man kann sich aber auch leicht davon überzeugen, wie sich eine Translation bei einer Symmetrieoperation transformiert. In Tab. 3.1 sind die Schwingungsrassen A_2'' und E' ultrarotaktiv.

Die Richtung der Dipolmomentänderung kann ebenfalls der Charaktertafel entnommen werden. Sie liegt parallel zu einer Achse, für die $\chi = +1$ ist und senkrecht zu einer Ebene, für die $\chi = -1$ ist. Entartete Schwingungen sind senkrecht zur ausgezeichneten Achse polarisiert.

Die Aktivitätskriterien sind eine notwendige, aber nicht hinreichende Bedingung für das Auftreten einer Bande im Absorptionsspektrum, denn die Dipolmomentänderung kann zufällig null oder so klein sein, daß die Bande nicht beobachtet wird.

Ober- und Kombinationsschwingungen treten auf, wenn die potentielle Energie nicht nur quadratische, sondern auch höhere Potenzen der Atomkoordinaten enthält. Die Invarianz der Energie gegenüber einer Transformation muß dann für die Glieder 2., 3. usw. Ordnung gesondert gewahrt sein; daher bleiben die Auswahlregeln für die Grundschwingungen auch bei Anharmonizität des Kraftansatzes bestehen. Dieselben Auswahlregeln gelten auch für Ober- und Kombinationsschwingungen. Bei nicht entarteten Grundschwingungen wird die Zugehörigkeit der Ober- und Kombinationsschwingungen zu einer Schwingungsrasse der Punktgruppe durch das Produkt der Charaktere der betreffenden Grundschwingungen bestimmt. Die zweite Oberschwingung ist daher immer totalsymmetrisch, und sie kann nur dann ultrarotaktiv sein, wenn die totalsymmetrische Schwingungsrasse (A, A_1, A_g, A') ultrarotaktiv ist.

Außer der schon mehrfach erwähnten echten Entartung kann es im Schwingungsspektrum vielatomiger Moleküle zu zufälliger Entartung kommen, wenn zwei Schwingungsfrequenzen sehr dicht benachbart sind. Bei Schwingungen von der gleichen Symmetrierasse tritt dann eine Vermischung der Eigenfunktionen auf, die zum Auseinanderrücken der Energieniveaus und einer Umverteilung der Übergangswahrscheinlichkeiten führt. Diese Erscheinung wird als Fermi-Resonanz bezeichnet. Sie ist besonders augenfällig, wenn eine der Schwingungen eine Ober- oder Kombinationsschwingung ist, die dann verstärkt wird und eine mit Grundschwingungen vergleichbare Intensität erhalten kann.

3.3. Anwendung der Theorie auf Polymere

3.3.1. Einführende Bemerkungen

Polymermoleküle haben wegen ihrer großen Atomzahl sehr viele Schwingungsfreiheitsgrade. Da aber ein reguläres Makromolekül ähnlich wie ein Kristall durch Symmetrieoperationen (Translationen) aus einer sehr viel kleineren Elementareinheit aufgebaut werden kann, werden die optisch aktiven Schwingungsrassen durch Auswahlregeln auf einen Bruchteil der möglichen Schwingungen beschränkt. Wir wählen hier die Bezeichnung *optisch aktiv*, da die aus der Translationssymmetrie folgenden Auswahlregeln sowohl für Ultrarotaktivität als auch für Raman-Aktivität zutreffen. Das Ultrarotspektrum des regulären unendlichen Makromoleküls läßt sich ebenso wie das des unendlich großen Kristalls auf die Schwingungen der Elementareinheit bzw. der Elementarzelle zurückführen. Das trifft in sehr guter Näherung auch auf endliche, nur zum Teil gestreckte Moleküle zu, deren beobachtete Frequenzen sehr dicht an denen des regulären, gestreckten Moleküls liegen. Erst durch diese Beschränkung der aktiven Schwingungen auf wenige Frequenzen oder schmale Frequenzbereiche wird die Analyse des Ultrarotspektrums von Polymeren ermöglicht.

Die Theorie des Schwingungsspektrums von Polymeren ist eng mit der Theorie der Kristallschwingungen verknüpft. Ein wesentlicher Unterschied besteht darin, daß im polymeren Festkörper die Wechselwirkungen zwischen den Elementareinheiten entlang der Molekülkette gewöhnlich weit größer sind als intermolekulare Wechselwirkungen, so daß wir lineare Polymere in guter Näherung als eindimensionale Kristalle ansehen können.

In den Abschnitten 3.1. und 3.2. wurde das Schwingungsspektrum des freien Moleküls untersucht, das in verdünnten Gasen oder in inerten Lösungsmitteln zu messen ist. Beim Übergang vom Gaszustand zu kondensierten Phasen ist der Einfluß der Nachbarmoleküle auf die Potentialfunktion zu berücksichtigen. Er äußert sich erstens in einer meist geringen Verschiebung der Grundfrequenzen und zweitens in der Änderung der Symmetrie des Potentials, was die Änderung der Auswahlregeln und das Erscheinen neuer Banden zur Folge hat. In Flüssigkeiten und amorphen Festkörpern sind die Erscheinungen sehr verwickelt und einer exakten theoretischen Behandlung wenig zugänglich; daher geht hier die Kenntnis über die phänomenologische Feststellung der Änderungen des Spektrums kaum hinaus.

Im kristallinen Festkörper spielen die Wechselwirkungen zwischen den inneren Schwingungen der Moleküle und den Gitterschwingungen eine charakteristische Rolle, die wir qualitativ an Hand der Potentialfunktion diskutieren wollen. Die potentielle Energie einer Elementarzelle, die nur eine Sorte von Molekülen enthält, kann durch die Gleichung (3.24) beschrieben werden (nach HORNIG (1948, 1950)).

$$V = \sum_j (V_j^0 + V_j') + \sum_j \sum_k V_{jk} + V_L + V_{Lj}. \tag{3.24}$$

Die Summierung erstreckt sich über alle Moleküle in der Elementarzelle. V_j^0 ist die potentielle Energie des freien Moleküls j. V_j' beschreibt die durch das Kristallfeld im Gleichgewicht erzeugte Störung, die im allgemeinen eine Verringerung der Symmetrie von V_j^0 bewirkt. V_{jk} enthält die inneren Koordinaten der Moleküle j und k und gibt die Wechselwirkung zwischen Schwingungen beider Moleküle an. Dieser Term bewirkt die Aufhebung der n-fachen Entartung, die in einer n Moleküle enthaltenden Elementarzelle bei fehlender Wechselwirkung auftritt. V_L stellt das Gitterpotential dar, das von den Lagekoordinaten der Moleküle in der Elementarzelle abhängt. V_{Lj} schließlich beschreibt die Abhängigkeit des inneren Potentials des Moleküls j von den Gitterschwingungen des Molekülschwerpunktes. Wenn die Wechselwirkungsglieder V_{jk} und V_{Lj} zu vernachlässigen sind, können die Molekül- und die Gitterschwingungen getrennt analysiert werden, ähnlich wie bei der getrennten Behandlung von Elektronen- und Kernschwingungen in der Näherung von BORN und OPPENHEIMER (1927).

3.3.2. *Symmetriegruppen und Auswahlregeln für Kristalle und lineare Polymere*

Kristalle und reguläre makromolekulare Ketten unterscheiden sich von einfachen Molekülen durch das Auftreten der Translationssymmetrie. Um Translationen in die im Abschnitt 3.2. betrachteten Symmetriegruppen mit einzubeziehen, müssen zwei weitere Begriffe aus der Gruppentheorie eingeführt werden: die Nebengruppe und die Faktorgruppe.

Eine Nebengruppe ist die Menge von Elementen, die man erhält, wenn alle Elemente einer Untergruppe ($E, N_2, N_3, \ldots N_n$) mit einem Element X der Gruppe multipliziert werden:

$$X, XN_2, XN_3, \ldots XN_n. \tag{3.25}$$

Eine Faktorgruppe besteht aus den mit allen Elementen X gebildeten Nebengruppen einer Untergruppe:

$$\begin{aligned} F = F_1, F_2, \ldots F_l = {} & X_1, X_1N_2, X_1N_3, \ldots X_1N_n; \\ & X_2, X_2N_2, X_2N_3, \ldots X_2N_n; \\ & \vdots \\ & X_l, X_lN_2, X_lN_3, \ldots X_lN_n \end{aligned} \tag{3.26}$$

Die Elemente F_i einer Faktorgruppe sind also selbst Gruppen.

Alle Translationen, die ein unendliches Raumgitter in sich selbst überführen, bilden eine dreidimensionale unendliche Gruppe, deren Elemente durch Vektoren der Form

$$\vec{T}_{n_1n_2n_3} = n_1\vec{t}_1 + n_2\vec{t}_2 + n_3\vec{t}_3 \tag{3.27}$$

dargestellt werden können. Durch Einführung der BORNschen zyklischen Grenzbedingung (siehe z. B. BORN (1942)) wird die unendliche Translationsgruppe durch eine endliche Gruppe ersetzt. Diese Bedingung fordert, daß eine Translation $N_i\vec{t}_i$ äquivalent zum Einheitselement $\vec{T}_{000}$ der Translationsgruppe sein soll, d. h.

$$\vec{T}_{N_1N_2N_3} = \vec{T}_{OON_3} = \vec{T}_{ON_2O} = \vec{T}_{N_1OO} = \vec{T}_{OOO}. \tag{3.28}$$

Die zyklische Grenzbedingung hat nichts mit der endlichen Größe realer Kristalle oder Makromoleküle zu tun, sie wurde lediglich zur leichteren mathematischen Formulierung eingeführt und besagt, daß die an den Gitterpunkten (O, O, O), (N_1, N_2, N_3) usw. ablaufenden Vorgänge gleiche Phase haben.

Für die $N_1N_2N_3$ Elemente der auf Grund der BORNschen zyklischen Grenzbedingungen endlichen Translationsgruppe gibt es die gleiche Anzahl irreduzibler Darstellungen, da jedes Element dieser Gruppe eine Klasse für sich bildet. Wir schreiben den Charakter der j-ten Darstellung (vgl. Gleichung (3.20)).

$$\Gamma_j = \chi_j(1, 0, 0), \ldots \chi_j(n_1, n_2, n_3), \ldots \chi_j(N_1, N_2, N_3). \tag{3.29}$$

Die Gleichungen (3.27) und (3.28) lassen sich nur erfüllen, wenn die Elemente der Darstellung die Form

$$\chi_j(n_1, n_2, n_3) = \exp(2\pi i\vec{\varkappa}\vec{T}) \tag{3.30}$$

haben, wo $\vec{\varkappa}$ der sogenannte Wellenzahlvektor ist, der mit Hilfe der reziproken Gittervektoren $\vec{b}$ durch die Beziehung

$$\vec{\varkappa} = \frac{p_1}{N_1}\vec{b}_1 + \frac{p_2}{N_2}\vec{b}_2 + \frac{p_3}{N_3}\vec{b}_3 \tag{3.31}$$

definiert wird ($p_i = 0, \ldots N_i - 1$) (nach ZBINDEN (1964)).

In Tabelle 3.2 ist die Charaktertafel der Translationsgruppe dargestellt, wobei zur Vereinfachung die Elemente $(O, O, O) \ldots (N_1 - 1, N_2 - 1, N_3 - 1)$ von O bis $N - 1$ durchnumeriert wurden. Wenn die Elementarzelle m Atome enthält, dann hat das aus $N_1 N_2 N_3$ Elementarzellen bestehende Parallelepiped $3m N_1 N_2 N_3$ Freiheitsgrade, die sich gleichmäßig auf die $N_1 N_2 N_3$ Darstellungen Γ_j verteilen. Die Translationen des ganzen Parallelepipeds sind in der totalsymmetrischen Darstellung Γ_0 enthalten, daher enthält sie auch die optisch aktiven Grundschwingungen. Aus Tab. 3.2 können wir die Auswahlregeln für Ober- und Kombinationsschwingungen ableiten, deren Charakter durch das Produkt der konjugiert komplexen Charaktere der Grundschwingungen bestimmt wird:

$$\Gamma_{j,k} = \Gamma_j \Gamma_k^* = 1, \ldots, \exp\left[2\pi i(\vec{\varkappa}_j - \vec{\varkappa}_k)\vec{T}\right], \ldots \tag{3.32}$$

Dies ist nur dann gleich der totalsymmetrischen Darstellung Γ_0, wenn

$$\vec{\varkappa}_j = \vec{\varkappa}_k \tag{3.33}$$

ist. Die Beziehung (3.33) ist eine notwendige Bedingung für die optische Aktivität von Kombinationsschwingungen.

Tabelle 3.2 Charaktertafel für die Translationsgruppe

Charakter	Symmetrieoperationen					
	$T_0 = E$	T_1	…	T_i	…	T_{N-1}
Γ_0	1	1		1		1
Γ_1	1	$\exp(2\pi i\vec{\varkappa}_1\vec{T}_1)$		$\exp(2\pi i\vec{\varkappa}_1\vec{T}_i)$		$\exp(2\pi i\vec{\varkappa}_1\vec{T}_{N-1})$
⋮	⋮	⋮		⋮		⋮
Γ_j	1	$\exp(2\pi i\vec{\varkappa}_j\vec{T}_1)$		$\exp(2\pi i\vec{\varkappa}_j\vec{T}_i)$		$\exp(2\pi i\vec{\varkappa}_j\vec{T}_{N-1})$
⋮	⋮	⋮		⋮		⋮
Γ_{N-1}	1	$\exp(2\pi i\vec{\varkappa}_{N-1}\vec{T}_1)$		$\exp(2\pi i\vec{\varkappa}_{N-1}\vec{T}_i)$		$\exp(2\pi i\vec{\varkappa}_{N-1}\vec{T}_{N-1})$

Die meisten Kristallgitter haben außer den Translationen $\vec{T}$ noch weitere Symmetrieelemente R, wie Drehachsen, Spiegelebenen, Inversionszentrum, Schraubenachsen und Gleitspiegelebenen. Die Symmetrie des Gitters wird dann durch eine Raumgruppe beschrieben, deren Elemente die Kombinationen von Translationen mit den Symmetrieelementen R sind. Die Elemente der Raumgruppe lassen sich in so viel Nebengruppen zusammenfassen, wie zusätzliche Symmetrieelemente vorhanden sind:

$$\begin{aligned}
F_1 &= E T_0, E T_1, \ldots, E T_{N-1} \\
F_2 &= R_2 T_0, R_2 T_1, \ldots, R_2 T_{N-1} \\
&\vdots \\
F_H &= R_H T_0, R_H T_1, \ldots, R_H T_{N-1}.
\end{aligned} \tag{3.34}$$

Die Nebengruppen F_1 bis F_H bilden die Faktorgruppe der Raumgruppe; in abgekürzter Form werden häufig die Symmetrieelemente $E, R_2, \ldots R_H$ selbst als die Faktorgruppe bezeichnet. Faktorgruppen sind keine Punktgruppen, da sie auch solche Elemente enthalten, bei denen kein Punkt des Moleküls bzw. der Elementarzelle invariant bleibt. Jedoch ist jede Faktorgruppe isomorph zu einer Punktgruppe und hat die gleiche Charaktertafel.

Aus einem Theorem der Gruppentheorie folgt, daß die irreduziblen Darstellungen der Faktorgruppe auch irreduzible Darstellungen der Raumgruppe sind. Es sind genau die irreduziblen Darstellungen, die totalsymmetrisch gegenüber einer Translation sind und, wie bereits festgestellt wurde, die optisch aktiven

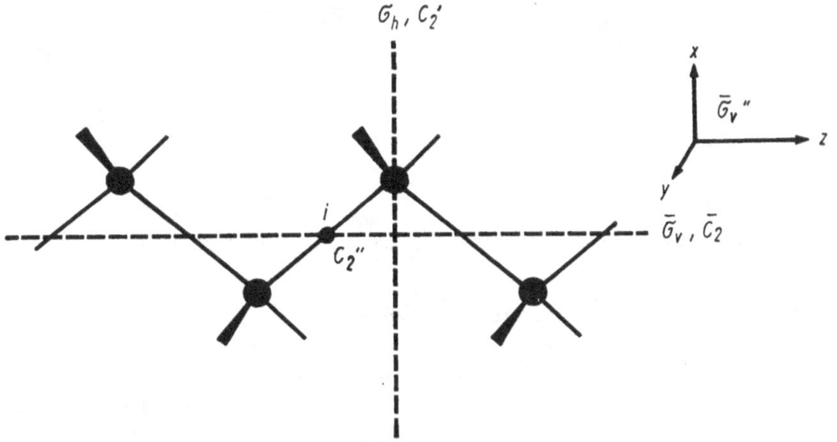

Abb. 3.2 Ebene Zickzack-Kette von Polyäthylen.

Schwingungen der Translationsgruppe enthalten. Die der Faktorgruppe isomorphe Punktgruppe legt fest, zu welchen Darstellungen die ultrarotaktiven Schwingungen gehören. Es läßt sich eine zur Gleichung (3.22) analoge Beziehung ableiten, die angibt, wieviel Schwingungen in den einzelnen Klassen der Faktorgruppe enthalten sind (vgl. ZBINDEN (1964) und WINSTON und HALFORD (1949)).

Kettenmoleküle können durch eindimensionale Raumgruppen charakterisiert werden, für die TOBIN (1955) die Bezeichnung Liniengruppen einführte. Diese Betrachtungsweise ist berechtigt, solange die intermolekularen Wechselwirkungen gegenüber den intramolekularen zu vernachlässigen sind. Alle obigen Ausführungen über dreidimensionale Translationsgruppen oder Raumgruppen lassen sich auf Liniengruppen übertragen, die Darstellungen werden aber kürzer und einfacher (TOBIN (1960)). Wenn die Elementarzelle nur eine Molekülkette enthält, sind Raumgruppenanalyse und Liniengruppenanalyse für die optisch aktiven Schwingungen gleichwertig.

Wir wollen den Unterschied zwischen Liniengruppen- und Raumgruppenanalyse am Beispiel des Polyäthylens erörtern. Die der Liniengruppe zugrunde liegende ebene Zickzack-Kette (Abb. 3.2) enthält folgende Faktorgruppenelemente: Die Identität E, eine Symmetrieebene σ_h in der xy-Ebene, eine Gleitspiegelebene $\bar{\sigma}_v'$ in der yz-Ebene, eine Symmetrieebene σ_v'' in der xz-Ebene, eine zweizählige Schraubenachse $\bar{C}_2$, eine zweizählige Drehachse C_2', eine zweizählige Drehachse C_2'' senkrecht zur xz-Ebene und das Inversionszentrum i. Diese

Abb. 3.3 CH_2-Rockingschwingungen der isolierten gestreckten Polyäthylenkette.

Faktorgruppe ist isomorph zur Punktgruppe V_h, deren Charaktertafel in der Tab. 3.3 wiedergegeben ist (nach Tobin (1955). Die Elementareinheit der Polyäthylenkette enthält 6 Atome und hat daher 18 Freiheitsgrade, deren Verteilung auf die Schwingungsrassen in der vorletzten Spalte der Tabelle angegeben ist. Die letzte Spalte enthält die Richtung der Übergangsmomente für die ultrarotaktiven Schwingungsrassen. Die geometrische Form der Schwingungen wurde in Gestalt von Symmetriekoordinaten, welche den zu erwartenden Normalschwingungen sehr ähnlich sind, von Krimm u. a. (1956) beschrieben. In Abb. 3.3 sind die geometrischen Bilder der CH_2-Rockingschwingungen wiedergegeben, die zu den Symmetrierassen B_{2u} (ultrarotaktiv) bzw. B_{1g} (ultrarotinaktiv) gehören.

Tabelle 3.3 Charaktertafel für die zu der Liniengruppe der gestreckten Polyäthylenkette isomorphe Punktgruppe V_h (nach Tobin (1955)).

Charakter	Symmetrieelemente								Schwingungsrasse	Normalschwingungen	Aktivität
	E	σ_h	$\bar{\sigma}_v'$	σ_v''	$\bar{C}_2$	C_2'	C_2''	i			
Γ_1	+1	+1	+1	+1	+1	+1	+1	+1	A_g	3	
Γ_2	+1	−1	−1	−1	+1	+1	+1	−1	A_u	1	
Γ_3	+1	+1	−1	−1	+1	−1	−1	+1	B_{1g}	3	
Γ_4	+1	−1	+1	+1	+1	−1	−1	−1	B_{1u}	2	M_z
Γ_5	+1	−1	−1	+1	−1	−1	+1	+1	B_{2g}	2	
Γ_6	+1	+1	+1	−1	−1	−1	+1	−1	B_{2u}	3	M_y
Γ_7	+1	−1	+1	−1	−1	+1	−1	+1	B_{3g}	1	
Γ_8	+1	+1	−1	+1	−1	+1	−1	−1	B_{3u}	3	M_x

Die Faktorgruppenelemente des Polyäthylenkristalls sind in Abb. 3.4 eingezeichnet: Eine Symmetrieebene σ_h (ab) in der Ebene der CH_2-Gruppen, eine Gleitspiegelebene $\bar{\sigma}_v$ (bc) mit der Translation $(b/2 + c/2)$, eine Gleitspiegelebene $\bar{\sigma}_v$

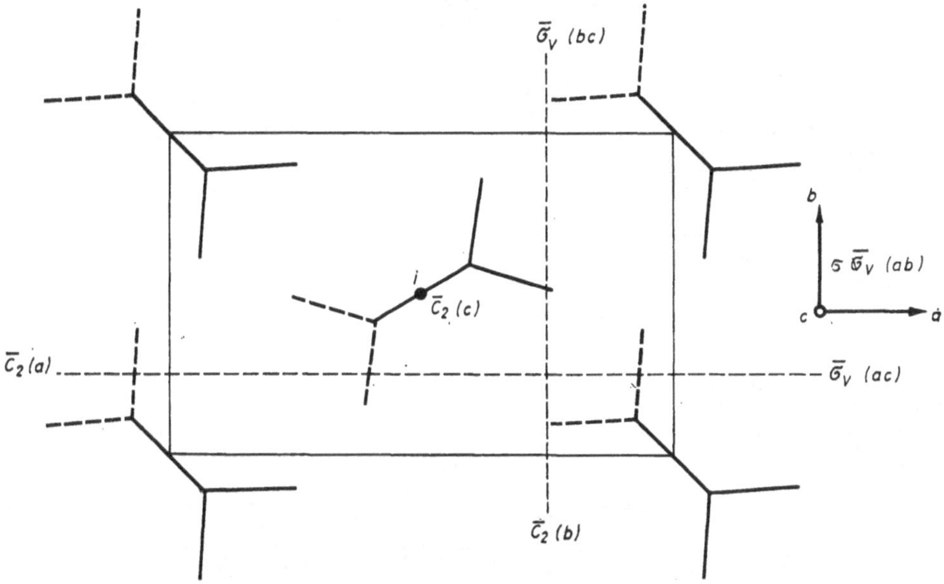

Abb. 3.4 Querschnitt der Elementarzelle von Polyäthylen senkrecht zur Kettenachse mit den Symmetrieelementen der Faktorgruppe (nach KRIMM (1956)).

(ac) mit der Translation $a/2$, drei aufeinander senkrechte zweizählige Schraubenachsen $\bar{C}_2$ (a), $\bar{C}_2$ (b), $\bar{C}_2$ (c) und das Inversionszentrum i. Diese Faktorgruppe ist zufällig auch isomorph zur Punktgruppe V_h. Charaktertafel, Schwingungsrassen, Zahl der Normalschwingungen und Ultrarotaktivität sind in der Tab. 3.4 auf-

Tabelle 3.4 Charaktertafel für die zu der Raumgruppe des Polyäthylenkristalls isomorphe Punktgruppe V_h (nach ZBINDEN (1964))

Charakter	Symmetrieelemente								Schwingungsrasse	Normalschwingungen	Aktivität
	E	$\sigma_h(ab)$	$\bar{\sigma}_v(bc)$	$\bar{\sigma}_v(ac)$	$\bar{C}_2(c)$	$\bar{C}_2(a)$	$\bar{C}_2(b)$	i			
Γ_1	+1	+1	+1	+1	+1	+1	+1	+1	A_g	6	
Γ_2	+1	−1	−1	−1	+1	+1	+1	−1	A_u	3	
Γ_3	+1	+1	−1	−1	+1	−1	−1	+1	B_{1g}	6	
Γ_4	+1	−1	+1	+1	+1	−1	−1	−1	B_{1u}	3	M_c
Γ_5	+1	−1	−1	+1	−1	−1	+1	+1	B_{2g}	3	
Γ_6	+1	+1	+1	−1	−1	−1	+1	−1	B_{2u}	6	M_b
Γ_7	+1	−1	+1	−1	−1	+1	−1	+1	B_{3g}	3	
Γ_8	+1	+1	−1	+1	−1	+1	−1	−1	B_{3u}	6	M_a

geführt. Die Elementarzelle des kristallinen Polyäthylen enthält 12 Atome, daher sind einschließlich der drei Translationen und Rotationen des starren Gitters 36 Schwingungsfreiheitsgrade vorhanden. Abb. 3.5 zeigt die geometrischen For-

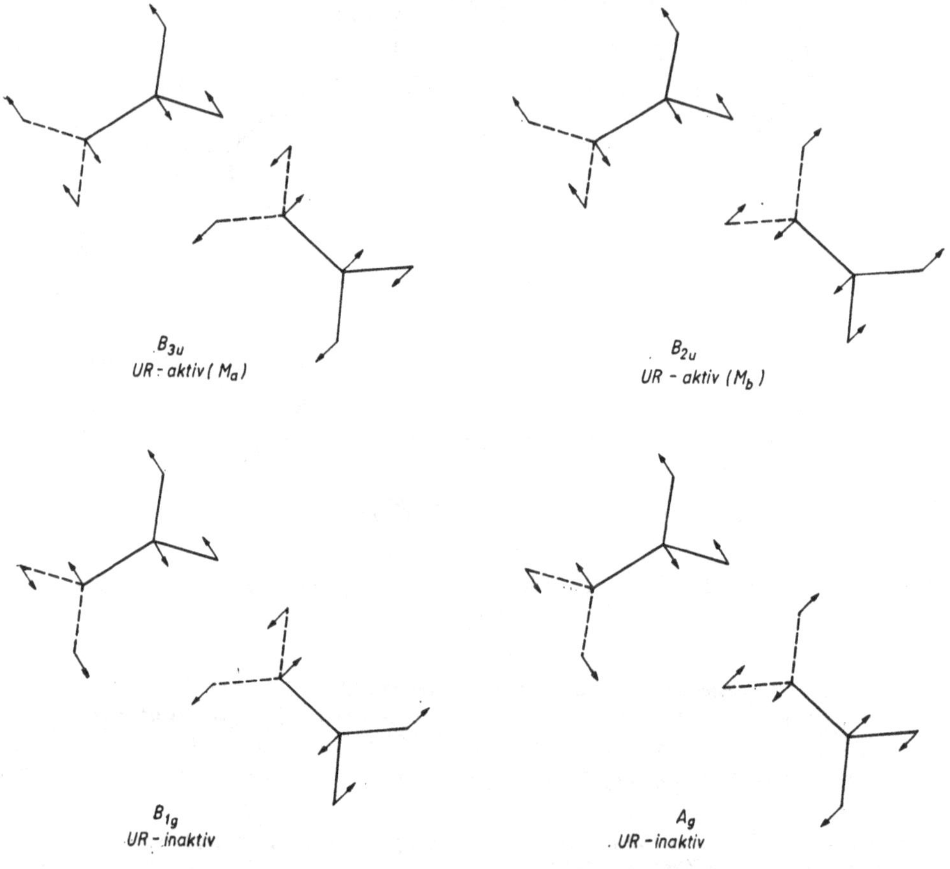

Abb. 3.5 CH_2-Rockingschwingungen von kristallinem Polyäthylen

men der CH_2-Rockingschwingungen. Anstelle der beiden Schwingungstypen der isolierten gestreckten Kette treten im Polyäthylenkristall vier $\gamma_r(CH_2)$-Schwingungstypen auf, die zu den UR-aktiven Schwingungsrassen B_{2u} und B_{3u} und den UR-inaktiven Rassen A_g und B_{1g} gehören. Jede Schwingung der isolierten Kette spaltet im Kristall in zwei Schwingungen auf, die als die gleich- und gegenphasigen Schwingungen der beiden durch die Elementarzelle laufenden Molekülketten angesehen werden können. Bei fehlender Wechselwirkung, d. h. bei Vernachlässigung des Gliedes V_{jk} in Gleichung (3.24), haben beide Schwingungen gleiche Frequenz.

3.3.3. *Das Schwingungsspektrum von Kettenmolekülen*

Wir betrachten ein reguläres Kettenmolekül, dessen Elementareinheiten m Atome enthalten. Das unendlich lange Molekül hat unendlich viele Schwingungsfreiheitsgrade. Durch formale Betrachtungen können wir in die zu erwartenden Frequenzen eine gewisse Ordnung bringen. Die potentielle Energie des Moleküls schreiben wir in der Form (Piseri (1968)):

$$2V = \sum_{n,n';i,k} F_{ik}^{nn'} R_i^n R_k^{n'}, \tag{3.35}$$

wo R_i^n die i-te Atomkoordinate der n-ten Elementareinheit ist. $F_{ik}^{nn'}$ sind Kraftkonstanten, welche die Kopplung der in den Elementareinheiten n und n' ablaufenden Bewegungen beschreiben. n und n' laufen von 1 bis ∞; i und k von 1 bis $3m$. Wegen der Periodizität der Kette kann $F_{ik}^{nn'}$ nur von der Differenz $|n - n'| = s$ abhängen, daher ist

$$F_{ik}^{nn'} = F_{ki}^{n'n} = F_{ik}^{s}. \tag{3.36}$$

Durch Substitution dieser Beziehung in Gleichung (3.35) erhält man

$$2V = \sum_{n;i,k} F_{ik}^{0} R_i^n R_k^n + \sum_{n,s;i,k} F_{ik}^{s} (R_i^n R_k^{n+s} + R_i^n R_k^{n-s}). \tag{3.37}$$

Eine analoge Beziehung läßt sich für die kinetische Energie aufstellen:

$$2T = \sum_{n;i,k} G_{ik}^{0} P_i^n P_k^n + \sum_{n,s;i,k} G_{ik}^{s} (P_i^n P_k^{n+s} + P_i^n P_k^{n-s}), \tag{3.38}$$

wo P_i^n verallgemeinerte Trägheitsmomente und G_{ik}^s die Elemente der Matrix der kinetischen Energie sind (vgl. hierzu Wilson—Decius—Cross (1955)). Ohne auf Einzelheiten einzugehen (siehe Piseri (1968), Zerbi (1967)), wollen wir hier nur feststellen, daß die aus (3.37) und (3.38) abzuleitenden Bewegungsgleichungen durch den Ansatz

$$R_i^{n+s} = A_i \exp\left[-i(\omega t + s\varphi)\right] \tag{3.39}$$

gelöst werden, worin φ die Phasenverschiebung zwischen äquivalenten Koordinaten R_i in benachbarten Elementareinheiten ist. Voraussetzung für die Lösbarkeit ist das Verschwinden der Säkulardeterminante

$$|\boldsymbol{G}(\varphi)\boldsymbol{F}(\varphi) - \omega^2(\varphi)\boldsymbol{E}| = 0 \tag{3.40}$$

wo
$$\boldsymbol{G}(\varphi) = \boldsymbol{G}^0 + \sum_s (\boldsymbol{G}^s e^{is\varphi} + \tilde{\boldsymbol{G}}^s e^{-is\varphi}),$$
$$\boldsymbol{F}(\varphi) = \boldsymbol{F}^0 + \sum_s (\boldsymbol{F}^s e^{is\varphi} + \tilde{\boldsymbol{F}}^s e^{-is\varphi})$$

und $\tilde{\boldsymbol{G}}$, $\tilde{\boldsymbol{F}}$ transponierte Matrizen sind.

G^0 und F^0 sind Matrizen vom Grad $3m$, daher hat die Gleichung (3.40) für jede Phase φ $3m$ Lösungen $\omega^2 = 4\pi^2 c^2 \tilde{\nu}^2$, oder mit anderen Worten: wir erhalten $3m$ Funktionen $\tilde{\nu}_i(\varphi)$, die als Frequenzzweige oder Dispersionskurven bezeichnet werden. Zweige, für die $\tilde{\nu}(0) = 0$ ist, werden akustische Zweige genannt; sie entsprechen den Schwingungen der starren Elementareinheiten. Beim isolierten linearen Kettenmolekül sind vier akustische Zweige vorhanden, die einer longitudinalen, zwei transversalen und einer Torsionsschwingung des Moleküls mit starren Elementareinheiten zuzuordnen sind.

Die Phasenverschiebung φ in Gleichung (3.39) läßt sich durch den Abstand d benachbarter Elementarzellen und den in Gleichung (3.31) definierten Wellenvektor $\vec{\varkappa}$ ausdrücken:

$$\varphi = d \cdot \varkappa \qquad \text{oder} \qquad \varphi = \vec{d} \cdot \vec{\varkappa}. \tag{3.41}$$

Die vektoriellen Größen sind bei dreidimensionalen Kristallen zu verwenden. Unterschiedliche Lösungen treten im Bereich zwischen $\varphi = -\pi$ und $\varphi = +\pi$ auf, der in der Theorie der Kristallschwingungen als die erste Brillouinsche Zone bezeichnet wird. Die Phasenverschiebung zwischen benachbarten Elementareinheiten kann zwischen einer gleichphasigen und einer gegenphasigen Schwingung liegen.

Sie ist bei den mit dem Ansatz (3.39) erhaltenen Lösungen im ganzen Kristall oder Kettenmolekül konstant, es werden also nur solche Schwingungen betrachtet, die sich periodisch durch den Kristall bzw. das Kettenmolekül fortpflanzen.

Die Auswahlregeln $\varkappa = 0$ für Grundschwingungen und $\Delta\varkappa = 0$ für Kombinationsschwingungen (Gleichung (3.33)) lassen sich daher wie folgt interpretieren: Grundschwingungen sind optisch aktiv, wenn benachbarte Elementareinheiten in Phase schwingen, und Kombinationsschwingungen sind aktiv, wenn die zugehörigen Grundschwingungen sich mit dem gleichen Wellenzahlvektor durch den Kristall oder das Molekül fortpflanzen.

Von besonderem Interesse sind Differenzbanden zwischen einem akustischen und einem optischen Zweig, die dem Übergang von einer reinen Gitterschwingung zur kombinierten Schwingung des Gitters und der Elementareinheit entsprechen. Diese Übergänge führen zu einer Verbreiterung der Grundschwingungsbande, da bei Zimmertemperatur stets einige Gitterschwingungen angeregt sind.

Bei der Berechnung der optisch aktiven Grundschwingungen durch Normalkoordinatenanalyse braucht wegen der Auswahlregel $\varkappa = 0$ nur eine einzige Elementareinheit betrachtet zu werden, die formal als isoliertes Molekül angesehen werden kann. Die Koordinaten dieses Modellmoleküls müssen die Nebenbedingung erfüllen, daß die beiden an Nachbareinheiten gebundenen Enden in Phase schwingen. Den Einfluß der Nachbareinheiten auf das Kraftfeld des Modellmoleküls erhalten wir mit $\varphi = 0$ aus den Gleichungen (3.40) oder aus Gleichung (3.37), wenn wir $R_j^n = R_j^{n+s} = R_j$ setzen:

$$2V = \sum_{i,k} \left(F_{ik}^0 + 2 \sum_s F_{ik}^s\right) R_i R_k. \tag{3.42}$$

Im allgemeinen nehmen die Wechselwirkungsglieder F_{ik}^s mit wachsendem s sehr schnell ab und können für $s > 1$ gegen F_{ik}^0 vernachlässigt werden.

Miyazawa (1961, 1961a) hat eine allgemeine Methode zur Berechnung der Normalschwingungen aus den inneren Koordinaten der Elementareinheit beschrieben und auf einige einfache Polymere angewendet. Mit größer werdender Atomzahl m nehmen sowohl der Rechenaufwand als auch die aus der mangelnden Kenntnis der Kraftkonstanten folgenden Unsicherheiten zu (Zerbi (1967a)). Als weitere Beispiele seien die Normalkoordinatenanalyse von Polyacrylnitril (Yamadera (1964)) und von isotaktischem und syndiotaktischem Polypropylen (Snyder (1964), Schachtschneider (1965)) genannt.

Bisher wurde angenommen, daß das Kettenmolekül durch Translationen aus der Elementareinheit erzeugt werden kann. Viele Kettenpolymere liegen in einer Helixkonformation vor und können durch Schraubentranslationen aus einer noch kleineren Einheit erzeugt werden, die häufig mit der Monomereinheit identisch ist.

Die allgemeinen Methoden zur Normalkoordinatenanalyse von Helixpolymeren und die Auswahlregeln für die optisch aktiven Grundschwingungen wurden von Higgs (1953) und Miyazawa (1961, 1961a, 1964) beschrieben. Für ultrarotaktive Grundschwingungen besteht die notwendige Bedingung, daß die Phasenverschiebung zwischen benachbarten Einheiten $\varphi = 0$ oder $\varphi = \theta$ beträgt, wenn $\theta = \frac{p}{l} \cdot 2\pi$ der Helixwinkel ist. l ist die Zahl der Monomereinheiten, die auf p volle Windungen der Helix kommen. Mit m Atomen in der Monomereinheit erhält man $3m - 2$ Schwingungen A mit der Phasendifferenz $\varphi = 0$, die zu parallelen Banden führen, und $3m - 1$ Paare von entarteten Schwingungen E mit der Phasendifferenz $\varphi = \theta$, die senkrecht polarisiert sind. Die Entartung ist eine Folge der Gleichwertigkeit der Phasen $+\theta$ und $-\theta$. Wegen der phasenabhängigen Kopplung zwischen benachbarten Einheiten liegen die A- und die E-Schwingungen im allgemeinen bei verschiedenen Frequenzen.

Die Berechnung der Frequenzzweige $\tilde{\nu}_i(\varphi)$ ist nach dem von Piseri und Zerbi (1968) angegebenen Verfahren möglich, wenn die geometrische Struktur und das Kraftfeld des Polymermoleküls hinreichend genau bekannt sind. Ein Kraftfeld, das richtige Werte für die Grundschwingungen von niedermolekularen Modellverbindungen oder für die optisch aktiven Schwingungen des Kettenmoleküls liefert, braucht deswegen noch nicht die ganze $\tilde{\nu}_i(\varphi)$-Kurve richtig zu beschreiben, da diese auch von weiterreichenden Kräften abhängt. In der Arbeit von Piseri und Zerbi (1968) wurden die Dispersionskurven für Polyäthylen, Deuteropolyäthylen und für zwei Modifikationen von Polyoxymethylen berechnet (Abb. 3.6). Aus der Steigung der Kurven läßt sich die Frequenzdichteverteilung $g(\tilde{\nu})$ ermitteln, die für einige Festkörpereigenschaften von Bedeutung ist. Insbesondere im Bereich niedriger Frequenzen ist aber ein dreidimensionales Modell erforderlich, da hier die Dispersionskurven stark von intermolekularen Wechselwirkungen abhängen.

Enomoto (1964) berechnete die Gitterschwingungen parallel zu den a- und b-Achsen eines vereinfachten Modells von kristallinem Polyäthylen. Die experimentelle Nachprüfung ist im Prinzip mit Hilfe der unelastischen Neutronenstreuung möglich (vgl. Abschnitt 5.10.3.). Auch der Vergleich mit den an Molekülen von endlicher Länge beobachteten Frequenzen ist möglich, die bei Vernachlässigung der Endgruppeneffekte auf den Dispersionskurven liegen sollen Lin

(1962), TASUMI (1962)). KITAGAWA (1970) berechnete die Frequenzverteilung des orthorhombischen Polyäthylenkristalls und ermittelte daraus die spezifische Wärme des Polymers.

Die Dispersionskurven und Frequenzdichteverteilungen einer isolierten Kette von isotaktischem Polypropylen wurden von ZERBI und PISERI (1968) berechnet und mit den Ergebnissen der unelastischen Neutronenstreuung verglichen.

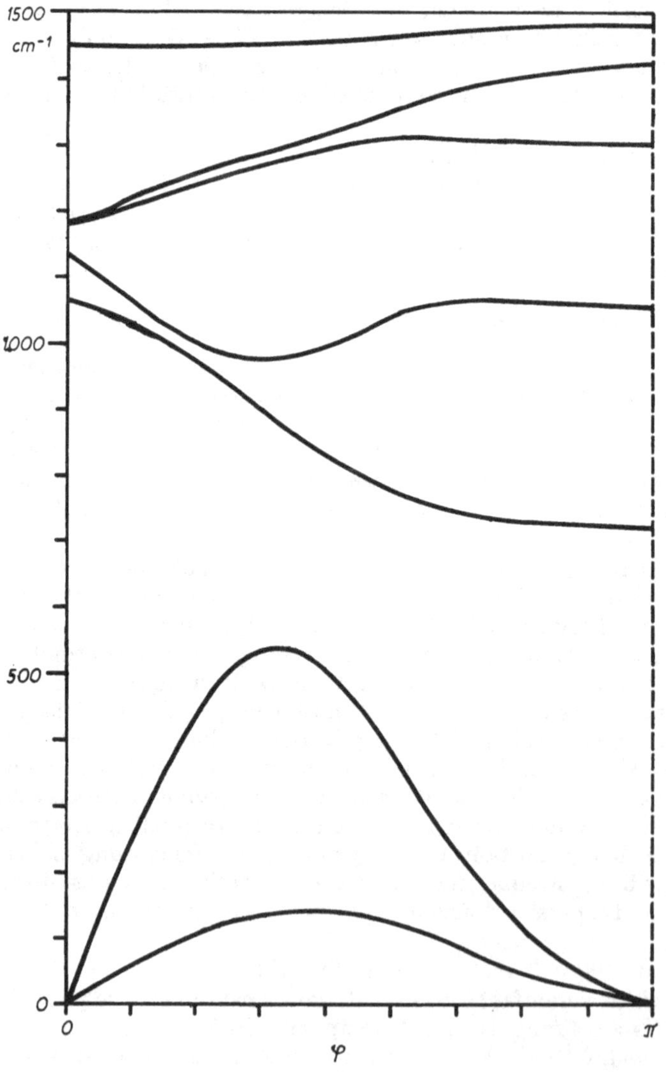

Abb. 3.6 Dispersionskurven für eine einzelne Polyäthylenkette (nach PISERI und ZERBI (1968)).

3.3.4. *Der Einfluß der endlichen Molekülllänge und anderer Defekte auf das Ultrarotspektrum von Kettenmolekülen*

Eine Reihe wesentlicher Eigenschaften der Schwingungsspektren von endlichen Kettenmolekülen lassen sich an einem einfachen Modell aus N gekoppelten Oszillatoren erkennen. Wir wollen annehmen, daß die Kopplungskraftkonstante klein gegen die Oszillatorkraftkonstante ist und daß der die Elementareinheit darstellende Oszillator nur einen Schwingungsfreiheitsgrad hat. Dies trifft näherungsweise auf gute charakteristische Gruppenfrequenzen zu, die nicht mit anderen Schwingungen vermischt sind. Mit der Annahme, daß die Kopplungskraft proportional zur Phasendifferenz benachbarter Oszillatoren ist, erhält man für eine Kette mit festen Enden N diskrete Schwingungsfrequenzen ω_s (ZBINDEN (1964)):

$$\omega_s^2 = \omega_0^2 + \omega'^2 \sin^2 \frac{(N + 1 - s)\pi}{2(N + 1)} \tag{3.43}$$

$$(s = 1, 2, 3, \ldots N).$$

ω_0 ist die Eigenfrequenz des ungekoppelten Oszillators, und ω' ist ein Wechselwirkungsparameter, der die Dimension einer Frequenz hat. Wenn wir die Phasendifferenz wie in Gleichung (3.41) mit Hilfe eines Wellenzahlvektors ausdrücken, beschreibt die Gleichung (3.43) die Funktion eines Frequenzzweiges, auf dem die diskreten Frequenzen ω_s liegen. Auch die relative Intensität der zu einem Frequenzzweig gehörenden Bandenfolge läßt sich mit dem gekoppelten Oszillatormodell berechnen. Die Intensität nimmt mit zunehmender Entfernung der Frequenz von ω_0 ab, und zwar um so schneller, je größer N ist. Wenn die einzelnen Banden nicht aufgelöst werden, entsteht eine unsymmetrische, nach größeren Frequenzen zu verbreiterte Bande.

Ein exakteres Verfahren zur Berechnung der Frequenzen und Intensitäten von periodischen Molekülen mit endlicher Länge wurde von GRIBOV (1967) entwickelt. Die praktische Anwendbarkeit der Modellrechnungen wird dadurch eingeschränkt, daß die Enden realer Ketten weder als frei noch als fest angesehen werden können und die Endgruppen sich im allgemeinen vom periodischen Teil des Moleküls unterscheiden. Den Einfluß der Endgruppen auf das Spektrum untersuchte GRIBOV (1967a) in einer weiteren Arbeit. Wenn sich die Frequenzen der Normalschwingungen der Endgruppen und des periodischen Teils stark unterscheiden, erhält man eine ungestörte Überlagerung der Spektren beider Teile. Andernfalls ist die gegenseitige Beeinflussung durch eine Störungsrechnung zu ermitteln. Das Spektrum der Endgruppen erhält man näherungsweise aus einem Modell, das aus einer Endgruppe und der ersten benachbarten Gruppe besteht. Die Einwirkung der Endgruppen auf die Schwingungsfrequenzen des zentralen Teils des Moleküls betrifft vorwiegend die Schwingungen, die mit einer größeren Phasenverschiebung zwischen benachbarten Elementareinheiten verbunden sind. Diese Schwingungen tragen aber bei großer Gliederzahl N nur wenig zu der Absorptionsbande bei, so daß bei genügend großem N der Einfluß der Endgruppen auf das UR-Spektrum des periodischen Teils endlicher Kettenmoleküle kaum in Erscheinung tritt.

Eingehendere Untersuchungen der Frequenz–Phasen-Beziehung und des Einflusses der Endgruppen wurden vor allem für die Polymethylenkette durchgeführt und mit den Spektren von Paraffinen und Fettsäuren verglichen (OKADA (1965), SCHACHTSCHNEIDER (1964), SNYDER (1960)). JAKEŠ (1965, 1967) untersuchte die Frequenzen der Methylenkette in Polymeren vom Typ $[(CH_2)_nY]$ und interpretierte damit die $\gamma(CH_2)$-Schwingungen von Polyamiden.

Im realen polymeren Festkörper treten außer der endlichen Größe der Moleküle und Kristallite weitere Abweichungen von der idealen, regulären Struktur auf: Verzweigungen, unvollständige Stereoregularität, Gitterbaufehler und parakristalline Störungen des Kristallgitters, Uneinheitlichkeit des Molekulargewichtes, regelmäßige und unregelmäßige Kettenfaltungen und amorphe Strukturbereiche. Jeder Defekt bewirkt eine Unterbrechung der regulären, gestreckten Kette, so daß sich das Spektrum näherungsweise aus den überlagerten Spektren von Ketten unterschiedlicher Länge zusammensetzt, was nach den voranstehenden Ausführungen zu einer mehr oder weniger unsymmetrischen Verbreiterung der Absorptionsbanden führt. Die exakte theoretische Behandlung der Verbreiterungseffekte scheitert daran, daß die Schwingungen der als Endgruppen anzusehenden Defektstellen häufig in starker Wechselwirkung mit den regulären Kettenschwingungen stehen. Dies wirkt sich in einer nicht überschaubaren Weise auf die Gestalt der Dispersionskurven aus. Die Lockerung der aus der Raumgruppensymmetrie abgeleiteten Auswahlregeln führt zum Erscheinen neuer Banden, die im Spektrum des regulären Makromoleküls verboten sind. In vielen Fällen macht sich die große Anzahl derartiger Banden in einer schwachen Zunahme des kontinuierlichen Untergrundes bemerkbar.

Bessere Aussichten zur theoretischen Behandlung irregulärer Ketten bestehen dann, wenn ein Unordnungstyp die anderen Defekte stark überwiegt. Unter dieser Voraussetzung analysierten TASUMI und ZERBI (1968) das Schwingungsspektrum einer Polymethylenkette mit statistisch verteilten CD_2-Gruppen.

Ein anderer mit statistischen Methoden erfaßbarer Unordnungstyp liegt in amorphen Bereichen vor, sofern die amorphe Unordnung nicht auf Unregelmäßigkeiten der chemischen Struktur, sondern wie zum Beispiel in abgeschreckten Schmelzen auf Kristallisationsbehinderungen physikalischer Art beruht. Infolge der Drehbarkeit um C—C-Bindungen kann das Kettenmolekül eine große Vielfalt von sterischen Konfigurationen einnehmen. Durch Rotationsbarrieren wird die freie Drehbarkeit behindert, so daß die Rotationsisomeren alle mehr oder weniger dicht an durch das Rotationspotential bestimmten Stellungen liegen (staggered positions). Das beobachtete Spektrum ist in erster Näherung durch die Überlagerung der zu den verschiedenen Rotationsisomeren gehörenden Spektren zu interpretieren. Unter Vernachlässigung der Wechselwirkung mit den Nachbargruppen lassen sich die Normalschwingungen der Isomeren durch Normalkoordinatenanalyse auf der Grundlage der lokalen Symmetrie ermitteln. Wegen der stark vereinfachenden Voraussetzungen kann eine solche Rechnung aber nur ein sehr grobes Bild der Schwingungsformen und Frequenzen liefern. PISERI und ZERBI (1968a) untersuchten das Schwingungsspektrum einer statistisch gefalteten einfachen Zickzack-Kette. Die Frequenzverteilung wurde für eine 100 Monomereinheiten lange Polyäthylenkette berechnet, die trans- und gauche-Konformationen in statistischer Verteilung enthält.

OPASKAR und KRIMM (1969) untersuchten die Auswirkung von Defekten auf das Schwingungsspektrum regulärer Kettenmoleküle unter der Voraussetzung, daß die Konzentration der Defektstellen so gering ist, daß die Dispersionskurven der regulären Kette nicht gestört werden. Schwingungen der Defektstellen bleiben in diesen lokalisiert, wenn ihre Frequenz außerhalb der Gitterschwingungsbanden liegt oder wenn die Kopplung mit den Gitterschwingungen sehr gering ist. In diesem Fall treten die Eigenschwingungen der Defektstelle im Absorptionsspektrum mit einer zur Defektkonzentration proportionalen Intensität auf. Bei stärkerer Kopplung ist zu erwarten, daß in den flachen Gebieten der Dispersionskurven (siehe Abb. 3.6) Gitterschwingungen aktiviert werden, die in der regulären Kette nicht ultrarotaktiv sind. Mit diesen defekt-aktivierten Gitterschwingungen konnten einige im Spektrum von Hochdruckpolyäthylen beobachtete Banden erklärt werden, die bei besser kristallinem Niederdruckpolyäthylen nicht auftreten. Auch im CCl-Valenzschwingungsbereich von syndiotaktischem Polyvinylchlorid durch mechanische Behandlungen hervorgerufene Änderungen ließen sich durch die Aktivierung von Gitterschwingungen interpretieren.

4. Experimentelle Methoden zur ultrarotspektroskopischen Untersuchung von Polymeren

Der Informationsgehalt eines Ultrarotspektrums hängt wesentlich von der Vorbereitung der zu untersuchenden Probe ab. Bei ungeeigneter Präparationstechnik kann auch das beste und teuerste Spektrometer nur unvollkommene Spektren liefern, und ein Teil der erhaltbaren Informationen wird verschenkt. Es lohnt sich daher stets der Probenvorbereitung die notwendige Aufmerksamkeit zuzuwenden, auch wenn angesichts des Bedienungskomforts moderner Spektrometer die Präparation der Substanzen weit mehr Zeit und Mühe erfordert als die eigentliche Anfertigung des Spektrums.

Für die Untersuchung gasförmiger und flüssiger Proben sind sehr vollkommene Methoden und Geräte entwickelt worden, über die in den meisten Monographien ausführlich berichtet wird. Zur Präparation fester Proben sind ebenfalls zahlreiche zusammenfassende oder Einzelprobleme behandelnde Arbeiten erschienen, die aber wegen der vielfältigen Erscheinungsformen des festen Zustandes nur beschränkten Anspruch auf allgemeine Gültigkeit erheben können. Die zweckmäßigste Präparationstechnik wird bei Festkörpern weit mehr von der zu untersuchenden Substanz und der Problemstellung bestimmt, als das bei Gasen und Flüssigkeiten der Fall ist.

Polymere müssen überwiegend im festen Zustand untersucht werden. Nur wenige spezielle Polymere mit relativ niedrigem Molekulargewicht haben einen unter Zimmertemperatur liegenden Schmelzpunkt. Messungen im geschmolzenen Zustand bei höherer Temperatur bringen andere Schwierigkeiten mit sich, so daß von dieser Möglichkeit nur Gebrauch gemacht wird, wenn der Schmelzzustand oder das Temperaturverhalten Gegenstand der Untersuchung sind. Die spektroskopische Untersuchung in Lösung ist bei Polymeren auf einige Ausnahmefälle beschränkt, da es im Gegensatz zu niedermolekularen Verbindungen für viele Polymere kaum Lösungsmittel gibt, die bei ausreichender Lösefähigkeit noch genügend ultrarotdurchlässig sind (vgl. dazu den Abschnitt 2.2.2.).

Abgesehen von den genannten Schwierigkeiten sind häufig die an den festen Zustand gebundenen Strukturen Gegenstand der UR-spektroskopischen Untersuchung von Polymeren, und die Präparation der Probe muß so schonend wie möglich und unter Erhaltung der übermolekularen Struktur erfolgen. Die günstigste Probenform fester Substanzen ist ein Film mit einer der Extinktion angemessenen Schichtdicke. Wenn ein solcher Film nicht hergestellt werden kann, muß die Substanz zerkleinert und als Suspension untersucht werden. Neben diesen wichtigsten Präparationstechniken für feste Polymere gibt es noch spezielle Verfahren, die auf der Messung des an der Probenoberfläche reflektierten Lichtes beruhen.

4.1. Einbettungsverfahren

Zu den historischen Methoden der Spektroskopie von festen Proben gehört das Spreiten oder Aufsprühen eines extrem fein gemahlenen Pulvers auf eine NaCl-Scheibe. Die Korngröße muß wesentlich kleiner als die Wellenlänge (möglichst unter 1/10 λ) sein, andernfalls geht ein großer Teil der Strahlung durch Streuung an den Partikeln verloren. HAZEBROEK (1959) beschrieb ein Verfahren zur Herstellung von homogenen Pulverfilmen durch elektrostatische Niederschlagung der in einem Gasstrom aufgewirbelten Partikel. Nur in wenigen Sonderfällen kann mit diesem Verfahren ohne weitere Maßnahmen ein brauchbares Spektrum erhalten werden. Durch Einbettung des Pulvers in ein festes oder flüssiges Medium, dessen Brechungsindex dem der Probe möglichst nahekommt, werden die Streuverluste drastisch herabgesetzt, und man erhält ein Spektrum, das in günstigen Fällen dem einer flüssigen Probe nicht nachsteht.

4.1.1. Kaliumbromid-Preßtechnik

Die Kaliumbromid-Preßtechnik ist das bei der spektroskopischen Untersuchung fester Proben am meisten angewendete Verfahren und hat bei Polymeren die gleiche Bedeutung wie die Filmmethode. Die Grundlagen des Verfahrens wurden von SCHIEDT (1952, 1953, 1953a) und STIMSON (1952) unabhängig voneinander entwickelt. Nach einer Mitteilung von COOK u. a. (1954) ist es vorher schon zur Untersuchung von Proteinen eingesetzt, aber nicht publiziert worden. Die fein zerriebene Substanz wird mit Kaliumbromidpulver innig vermischt, und die Mischung wird zu einer Tablette verpreßt. Bei ausreichend hohem Druck werden die Kaliumbromidkörner plastisch und fließen zu einer klar durchsichtigen Matrix zusammen, in die das zu untersuchende Pulver eingebettet ist. Kaliumbromid hat einige entscheidende Vorzüge, die es als Matrixsubstanz besonders geeignet erscheinen lassen. Es ist über einen weiten Bereich für Ultrarotstrahlung durchlässig; ein 1 mm dicker Preßling hat bei 250 cm^{-1} noch eine Durchlässigkeit von fast 30%. Der erforderliche Sinterdruck ist mit einer hydraulischen Presse bequem zu erreichen. Die Substanz kann in der notwendigen Reinheit erhalten werden, oder sie ist ohne großen Aufwand zu reinigen. Der Brechungsindex vieler organischer Verbindungen kommt dem des Kaliumbromids sehr nahe. Für spezielle Zwecke haben auch andere Alkalihalogenide und einige weitere Substanzen als Matrix Verwendung gefunden, die aber bei weitem nicht die Bedeutung des Kaliumbromids erlangten, so daß es durchaus berechtigt ist, allgemein von der KBr-Preßtechnik zu sprechen. Zu den Vorzügen dieser Präpariermethode gehören noch der geringe Substanzbedarf, die Eignung zu quantitativen Messungen, die homogene und isotrope Verteilung der Substanz im Preßling und die Möglichkeit, die Proben für spätere Verwendungen oder Nachbehandlungen aufzubewahren.

DUYCKAERTS (1959), RÖPKE und NEUDERT (1959) haben in Übersichtsarbeiten die Vorteile und Grenzen der KBr-Preßtechnik dargelegt. In diesen und vielen anderen Arbeiten wird auf eine Reihe von Punkten hingewiesen, die zu beachten sind, um gute Spektren zu erhalten und Fehlschlüsse zu vermeiden. Bibliographische Überblicke über die KBr-Preßtechnik wurden von BHATNAGAR (1964) und UNICAM (1965) veröffentlicht.

Über die Notwendigkeit und Art einer Vorbehandlung des zur Herstellung von Preßlingen vorgesehenen Kaliumbromids gehen die Ansichten auseinander. Die Vorbehandlung hängt von den im KBr vorhandenen Verunreinigungen ab, von denen Wasser (Banden bei 3500 und 1630 cm^{-1}), Kaliumnitrat (1390 cm^{-1}) und organische Materie (2930 cm^{-1}) besonders stören können. Neben einer Trocknung bei 105 °C (Harvey (1956)) wird häufig mehr oder weniger lange Erhitzung auf 400 bis 700 °C oder Schmelzen des KBr vorgeschlagen (Browning (1956), Meloche (1958), Morris (1961)), um alle Verunreinigungen zu zersetzen und auszutreiben. Auch Umfällen unter Zusatz von Bromwasserstoffsäure wurde empfohlen (Henniker (1967)). Schwochau (1962) hat die Gasabgabe beim Erhitzen gemessen und aus den Ergebnissen geschlossen, daß der Gasgehalt der KBr-Körner für die Trübung der Preßlinge nicht verantwortlich ist, während zwischen Wassergehalt und Trübung eine enge Korrelation gefunden wurde. Ein Teil der Vorbereitungsarbeit und Fehlschläge lassen sich umgehen, wenn handelsübliches speziell für die KBr-Preßtechnik entwickeltes Kaliumbromid verwendet wird. Das Kaliumbromid für Infrarotspektroskopie von E. Merck, Darmstadt, hat eine Korngröße von etwa 150 μm und braucht im allgemeinen nicht weiter zerkleinert zu werden. Zusätzliches Mahlen erhöht nach Hampel (1963) nur die Hygroskopizität, ohne bessere Preßlinge zu geben. Außer trockener Lagerung ist die Ausschaltung von Ammoniak und organischen Dämpfen wichtig, die von dem gepulverten Kaliumbromid absorbiert werden.

Gute Erfahrungen wurden im Laboratorium des Verfassers auch mit Einkristallabfällen aus der optischen Industrie gemacht. Sie sind jedoch unbequemer zu handhaben und nehmen beim Zerreiben Feuchtigkeit auf. Schwache Verunreinigungs- oder Wasserbanden können durch einen unter vergleichbaren Bedingungen hergestellten Preßling im Vergleichsstrahl kompensiert werden.

Eine Preßform zur Herstellung von KBr-Tabletten zeigt Abb. 4.1. Sie gleicht im Prinzip den meisten als Spektrometerzubehör angebotenen Preßwerkzeugen. Die Mischung aus Kaliumbromid und Probensubstanz wird zwischen Amboß und Stempel in einem Stahlring zur Tablette verpreßt. Ein Gummipuffer besorgt die Rückführung des Stempels beim Entlasten der Preßform. Bei anderen Werkzeugen wird auf den Stahlring verzichtet, doch zeigte Franck (1954), daß dann eine Trübung des Preßlings durch Entspannungsrisse entstehen kann. Auch läßt sich der im Ring befindliche Preßling leichter handhaben. Für besondere Zwecke kann er mit einer einfachen Vorrichtung aus dem Ring ausgestoßen werden. Mit rechteckigen Preßlingen ist der Strahlungsquerschnitt besser auszunutzen, ihre gleichmäßige Herstellung ist aber diffiziler. Der Druck wird mit einer hydraulischen Presse erzeugt. In der Literatur wurden für Kaliumbromid Sinterdrucke von 4000 bis 10000 kp · cm^{-2} und Belastungszeiten von einigen Sekunden bis 30 Minuten genannt. Morris und van der Walt (1961) haben den Transmissionsgrad in Abhängigkeit vom aufgewendeten Druck gemessen. Sie fanden, daß eine Druckerhöhung über 6000 kp · cm^{-2} bei einer Minute Belastungszeit keine Verbesserung bringt. 7000 kp · cm^{-2} und ein bis zwei Minuten Belastung können immer als ausreichend angesehen werden. Wichtiger als zu hoher Druck ist ein gutes Vakuum in der Preßform, das genügend lange (1 bis 2 min) vor dem Druck angelegt werden muß, damit die im KBr-Pulver enthaltene Luft durch die engen Kanäle abgesaugt werden kann. Obwohl über ohne Vakuum erzielte brauchbare Ergebnisse berichtet wurde (Walls (1962)), muß beim Vorhandensein von im Preßling eingeschlossener Luft mit Trübungserscheinungen beim Entspannen des Preßlings gerechnet werden. Eine Wasserstrahlpumpe, deren Betrieb neben der KBr-Presse ohnehin problematisch ist, reicht nicht immer aus. Durch Vorerwärmung des Preßwerkzeuges kann der Sintervorgang erleichtert und die Wasserdampfsorption während des Pressens vermieden werden.

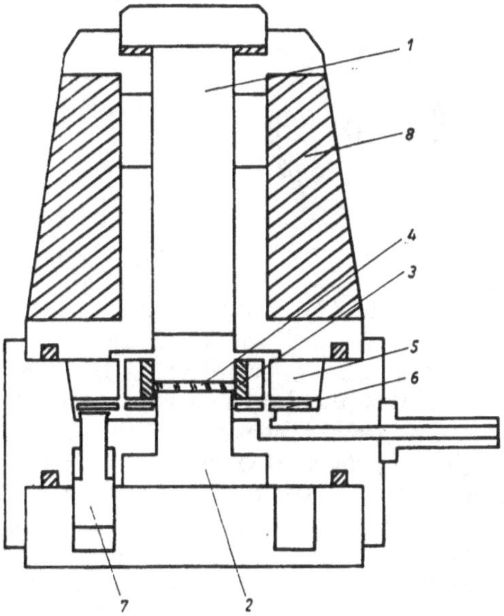

Abb. 4.1 Preßwerkzeug zur Herstellung von Kaliumbromid-Preßlingen (Hersteller: Ernst Hammerschmidt, Brand-Erbisdorf/Sa.).
1 — Stempel, *2* — Amboß, *3* — Stahlring, *4* — Kaliumbromid, *5* — Preßfutter mit Entlüftungskanal, *6* — Auswerferplatte, *7* — Auswerferstift, *8* — Gummipuffer

Die Konzentration der Probe richtet sich nach dem molaren Anteil der zu analysierenden Gruppen und den Extinktionskoeffizienten der Analysenbanden. Bei gut dispergierten Proben liegt die günstigste Konzentration in einem 1 mm dicken Preßling etwa zwischen 0,05 und 0,5 Gewichts-%. Übersichtsspektren von Polymeren, deren Verteilung in der Matrix nicht immer ideal ist, können Konzentrationen von 1% und mehr erfordern. Jedoch sind wesentlich größere Konzentrationen als 1% nicht zu empfehlen, da ein zu hoher Probenanteil die Sinterung des Kaliumbromids behindert und die Trübung der Preßlinge begünstigt. In einem solchen Fall ist es besser, die Dicke des Preßlings zu vergrößern.

Der Substanzbedarf für einen normalen Preßling liegt in der Größenordnung 1 mg. Um kleinere Mengen bis herab zu einem μg untersuchen zu können, wie sie bei chromatographischen Trennverfahren oder biologischen Arbeiten anfallen, wurden spezielle Einrichtungen zur Herstellung von Spar- oder Mikropreßlingen entwickelt. Eine einfache Möglichkeit zur Substanzersparnis bietet die Konzentrierung der Probe im durchstrahlten Teil des Preßlings. Hierzu wird in eine gleichmäßige Schicht aus reinem Kaliumbromidpulver eine Vertiefung gedrückt, in die, wie Abb. 4.2 zeigt, die mit KBr gemischte Probe gefüllt wird (GRIMM (1965)). Besser ist es, den Probenbereich mit Papierrähmchen abzugrenzen (KOČENT (1966)). Der von der Probe nicht ausgefüllte Querschnitt wird mit einer Schablone abgedeckt. Die Beschneidung des Strahlengangs kann mit einem Vergleichsstrahlabschwächer ausgeglichen werden; bei sehr kleinen Proben macht

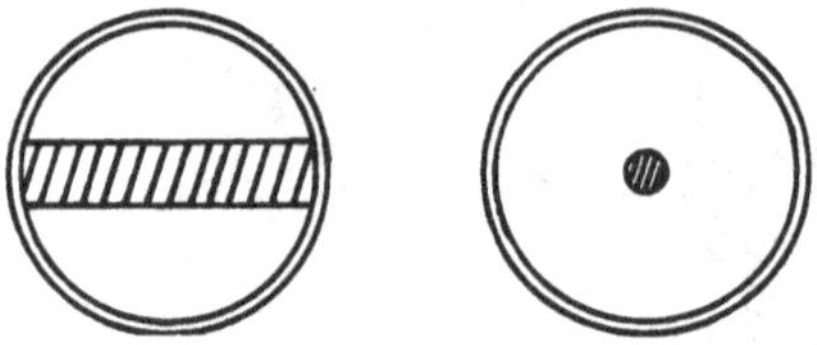

Abb. 4.2 Kaliumbromid-Preßlinge zur Untersuchung kleiner Substanzmengen (nach GRIMM 1965)).

sich die Verwendung eines Mikroilluminators erforderlich. In einer von STEGER (1960) beschriebenen Einrichtung wird die Probe in eine 2-mm-Bohrung einer Stahlplatte eingepreßt. BISSETT u. a. (1959) brachten Proben von 1 μg, dispergiert in 0,3 mg KBr, in einer nur 0,5 mm großen Bohrung unter. Bei derart kleinen Mengen besteht die größte Schwierigkeit darin, die Substanz gleichmäßig im Kaliumbromid zu verteilen und ohne Verluste zu verpressen. Einige Hinweise zur Lösung dieser Probleme sind bei WHITE (1964) zu finden.

Andere Matrixsubstanzen als Kaliumbromid haben zum besseren Ausgleich des Brechungsindex und zur Erweiterung des spektralen Durchlässigkeitsbereiches Verwendung gefunden. SMALLWOOD und HART (1963) untersuchten hochbrechende anorganische Proben in Silberchlorid, Thalliumchlorid und Thalliumbromid, von denen letzteres sehr gute Preßlinge ergab. Über ähnliche Arbeiten berichteten BACANOV (1964, 1965) und HENNING (1966). Die Brechungsindices der meisten Polymere liegen bei 1,5 bis 1,6, so daß nach Tab. 4.1 neben KBr noch KCl, NaCl und KI als Matrixsubstanzen in Frage kommen. HARVEY (1956) verpreßte Polyvinylchlorid mit KCl, KBr und KI. Die besten Spektren wurden unter sonst gleichen Bedingungen mit KBr erhalten. HIGGINS (1957) bevorzugte für Untersuchungen an Cellulose KCl, das weniger hygroskopisch als KBr ist und geringere chemische Reaktivität aufweist. Es erfordert etwas höheren Druck und wurde in einer auf 60 °C erwärmten Preßform verarbeitet. Auch SOBUE (1957) spektroskopierte Cellulose- und Keratinfasern in KCl-Preßlingen. Natriumchlorid wird wegen seines sehr hohen Sinterdruckes kaum verwendet (FORD (1954)). Preßlinge aus Kaliumjodid, Cäsiumbromid und Cäsiumjodid sind im fernen Ultrarot bis etwa 200 cm^{-1} verwendbar. Noch weiter erstreckt sich der Anwendungsbereich von Polyäthylen-Preßlingen (MAY (1963), SCHIELE (1966), YOSHINAGA (1955)). SMETHURST und STEELE (1964) verpreßten Polyäthylen in einer elektrisch auf 120 °C erhitzten Form mit etwa 1000 kp · cm^{-2}. SCHIELE und HALFAR (1965) konnten mit linearem Polyäthylen ohne Erwärmung bei 300 kp · cm^{-2} gute Preßlinge herstellen. Polyäthylen ist auch im mittleren Ultrarot trotz seiner Eigenabsorption als Matrixsubstanz für mit Halogeniden reagierende Verbindungen von Interesse. Für den gleichen Zweck wurde Polytetrafluoräthylen eingesetzt (KABANOV (1967)).

Tabelle 4.1 Eigenschaften von Matrixsubstanzen für die Preßtechnik (nach SMITH u. a. (1957), WHITE (1964), SMALLWOOD u. a. (1963))

Substanz	Brechzahl bei 5000 cm^{-1}	Anwendungsbereich
Kaliumchlorid	1,48	bis 500 cm^{-1}
Natriumchlorid	1,53	„ 600 cm^{-1}
Kaliumbromid	1,55	„ 330 cm^{-1}
Kaliumjodid	1,63	„ 250 cm^{-1}
Cäsiumbromid	1,67	„ 200 cm^{-1}
Silberchlorid	2,0	„ 500 cm^{-1}
Thalliumbromid	2,5	
Polyäthylen	1,4	„ 40 cm^{-1}

Gute Zerkleinerung und homogene Verteilung der Probe im Dispersionsmedium werden in vielen Fällen mit einer Vibrationskugelmühle erzielt. Allgemein gültige Arbeitsvorschriften lassen sich dafür nicht angeben, sie hängen vom Gerätetyp und den zu untersuchenden Substanzen ab. Oft ist es gut, die Substanz zunächst ohne Kaliumbromid zu mahlen, um die günstige Korngröße des handelsüblichen KBr nicht zu ändern und eine bessere Mahlwirkung zu erzielen. Andererseits erhöht sich dabei die Gefahr einer mechanischen oder thermischen Schädigung der Probe. Wesentlich schonender, wenn auch mühselig und langwierig, ist das Zerreiben in einem Achatmörser. In Porzellanschalen zerriebene Proben ergeben getrübte Preßlinge und weisen bei 1100 cm^{-1} eine auf Porzellanabrieb zurückzuführende Absorption auf. Polymere sind meist sehr schwer zu zerkleinern, und man ist bei ihnen mehr noch als bei niedermolekularen Substanzen auf die Anwendung von Kunstgriffen angewiesen. Wo es möglich ist, sollte man von vornherein darauf hinwirken, daß zur spektroskopischen Untersuchung vorgesehene Proben in feinpulvriger Form ausgefällt werden. Sehr langes Mahlen in der Vibrationskugelmühle bewirkt unerwünschte Abbau- und Oxydationsreaktionen, wie HARVEY (1956) an Polyvinylchlorid und der Verfasser an Cellulose feststellten. Bei einigen Polymeren, insbesondere solchen mit hohem Weichmachergehalt und Elastomeren, kann der Zerkleinerungseffekt durch Mahlen in einer Trockeneis-Kältemischung oder in flüssigem Stickstoff verbessert werden. Eine einfache Vorrichtung für diesen Zweck kann man sich herstellen, indem der Vibrator umgekehrt an einem Stativ befestigt wird, so daß der Mahlbecher in die Kälteflüssigkeit eintaucht. Dabei ist darauf zu achten, daß die Federn im Vibrator sich nicht mit abkühlen, sonst gehen sie sehr schnell zu Bruch.

Beim Vermischen mit der Matrixsubstanz kommt es vor, daß elektrostatische oder andere Adhäsionskräfte zur Zusammenballung und inhomogenen Verteilung der Probe führen. Durch wiederholtes Zerschlagen des Preßlings, Mahlen und erneutes Verpressen wird eine bessere Verteilung erreicht, da die in KBr eingebetteten Teilchen weniger zur Zusammenballung neigen. Der gleiche Effekt ist durch Zugabe von etwas Flüssigkeit, z. B. Tetrachlorkohlenstoff, zu erzielen.

Lösliche Substanzen werden im Kaliumbromidpulver sehr gleichmäßig verteilt, wenn die Lösung unter einer Wärmelampe so lange mit KBr verrieben wird, bis das Lösungsmittel verdunstet ist. WASHBROOKE (1960) hat zur Vermischung der Probe mit dem Kaliumbromid die Anwendung von Ultraschall vorgeschlagen.

Alle beschriebenen Methoden zur Dispergierung der Probe in der Matrixsubstanz haben eine mehr oder weniger starke Veränderung der übermolekularen

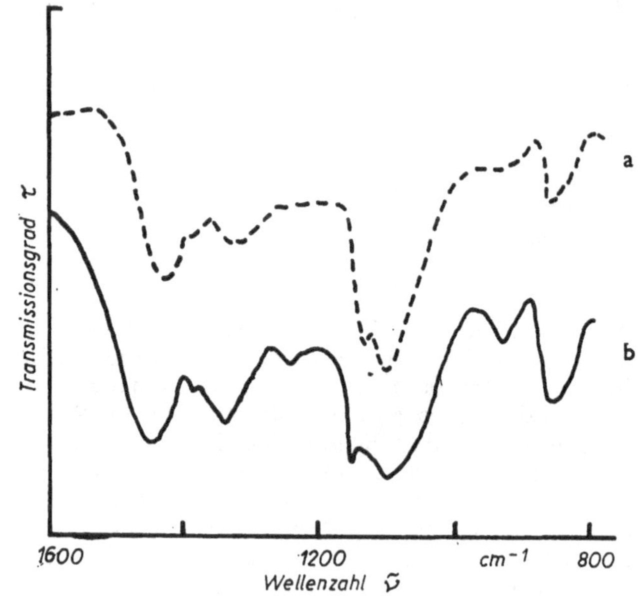

Abb. 4.3 Ultrarotspektren von Polyvinylalkohol in Kaliumbromidpreßlingen. *a* — PVA-Pulver, $c \cdot d = 2{,}5$ mg cm^{-2}; *b* — PVA mit KBr gefriergetrocknet, $c \cdot d = 0{,}6$ mg cm^{-2}

Struktur zur Folge; sie sind daher für Strukturuntersuchungen nur bedingt geeignet. Für solche Aufgaben müssen Arbeitsverfahren angewendet werden, welche die Zerkleinerung mehr durch Schneiden als durch Mahlen oder Zerschlagen bewirken. Sie werden im Abschnitt 4.3.1. im Zusammenhang mit der Untersuchung von Fasern beschrieben.

Den besten Weg zur Erzielung einer sehr feinen und gleichmäßigen Verteilung stellt die Gefriertrocknung (Lyophilisierung) dar. Probe und Matrixsubstanz werden in einem gemeinsamen Lösungsmittel gelöst, und die Lösung wird durch Schwenken des Gefäßes in einem Kältebad in dünner Schicht eingefroren. Anschließend wird das Lösungsmittel im Vakuum absublimiert. Das Gelöste bleibt als sehr lockeres Puder zurück, das wegen seiner großen Oberfläche äußerst hygroskopisch ist und bis zur Verarbeitung des Preßlings vorteilhaft auf einer leicht erhöhten Temperatur gehalten wird. Die Gefriertrocknung hat aber nicht nur eine sehr feine Verteilung, sondern auch die vollständige Preisgabe der Struktur des festen Zustands zur Folge, so daß nicht nur quantitative, sondern auch erhebliche qualitative Änderungen im Spektrum beobachtet werden (Abb. 4.3.).

Ein nicht unerheblicher Teil der Literatur über die Anwendung der Alkalihalogenid-Preßtechnik befaßt sich mit Fehlerquellen und Anomalien. Die wichtigsten das Spektrum beeinflussenden Faktoren sind in Übersichtsarbeiten beschrieben und durch zahlreiche Beispiele belegt worden (Duyckaerts (1959), Kutzelnigg (1960) und Röpke (1959)). Der enge Kontakt zwischen Probe und Matrixsubstanz beim Verreiben und Pressen kann Ionenaustauschreaktionen ermöglichen, die quantitativ verlaufen, wenn dabei eine flüchtige Verbindung (z. B. HBr) frei wird. Durch die Anwesenheit von Feuchtigkeitsspuren werden chemische Reaktionen begünstigt. Van der Maas (1962) hat die Abhängigkeit des Wassergehaltes der Preßlinge von der Luftfeuchte untersucht und konnte durch Wasser hervorgerufenen Substanztransport innerhalb des Preßlings nachweisen. Um Feuchtigkeit oder Sauerstoff bei der Spektroskopie instabiler Substanzen auszuschließen, führten Price und Maurer (1963) die Präparation einschließlich des Einfüllens in die Preßform in einer mit Stickstoff gespülten Drybox durch und brachten die Form während des Preßvorgangs in einem Polyäthylenbeutel unter.

Spedding (1962) stellte in einer Tabelle die Veränderungen zusammen, die in UR-Spektren von Kohlehydraten beim Verpressen mit verschiedenen Alkalihalogeniden beobachtet wurden. Überwiegend handelt es sich dabei um morphologische Umwandlungen, die teilweise nur langsam vonstatten gehen. Die Polymorphologie stellt bei der Spektroskopie fester Proben keine Ausnahme dar, sondern ist eine sehr allgemeine Erscheinung, deren Auftreten durch Kristallenergie, Intensität des Zerreibens, Teilchengröße und Stabilität der polymorphen Formen beeinflußt wird (Baker (1957)). Schwierigkeiten und Fehldeutungen können als Folge der Polymorphologie bei Identitätsprüfungen auftreten, wenn zum Vergleich Spektren aus der Literatur herangezogen werden, deren Herstellungsbedingungen nicht genau bekannt sind. Als Beispiel seien die cis- und trans-Isomeren von 4-Aminocyclohexylessigsäure angeführt, die zur Herstellung von thermisch stabilen Polymeren von Interesse sind. Bei der Isomerenanalyse nach einem von Titova (1966) angegebenen spektroskopischen Verfahren wurden mit normal hergestellten KBr-Preßlingen andere UR-Spektren als in der zitierten Arbeit erhalten (Abb. 4.4). Erst nach sehr langem Mahlen im Vibrator oder nach Gefriertrocknung der Proben stimmten die Spektren und Analysenbanden mit den Literaturangaben überein. In einigen Fällen war es möglich, die bei höheren Temperaturen stabilen Modifikationen im Preßling einzufrieren, da Umwandlung und Rekristallisation in der Matrix langsamer verlaufen als in der freien Substanz (Dechant (1965b), Nonnenmacher (1959)). Daß diese Erscheinungen bei der Spektroskopie von Polymeren nicht so häufig beobachtet werden, liegt vornehmlich an der meist unzureichenden Zerkleinerung polymerer Substanzen.

Quantitative Untersuchungen an Preßlingen werden durch den Teilchengrößeneffekt erschwert. Solange keine extrem feine Mahlung vorliegt, sind im durchstrahlten Probenquerschnitt Bereiche mit unterschiedlichen effektiven Schichtdicken vorhanden. Bei gutem Ausgleich der Brechungsindices von Probe und Matrix können auch mit relativ grobkörnigen Pulvern gute Spektren erhalten werden, so daß eine zu große Teilchengröße nicht immer sofort bemerkt wird und erst an der Extinktionszunahme bei fortschreitender Mahldauer zu erkennen ist. Duyckaerts (1959) und Lejeune (1954) haben den Zusammenhang zwischen Teilchengröße und Extinktion für kugel- und würfelförmige Teilchen berechnet.

Die Anwendung der abgeleiteten Beziehungen setzt aber die Kenntnis der Größenverteilung voraus. In der spektroskopischen Praxis bieten sich für quantitative Arbeiten mit Kaliumbromidpreßlingen folgende Methoden an: a) Gefriertrocknung, b) Fortsetzung des Mahlprozesses, bis keine Extinktionszunahme mehr

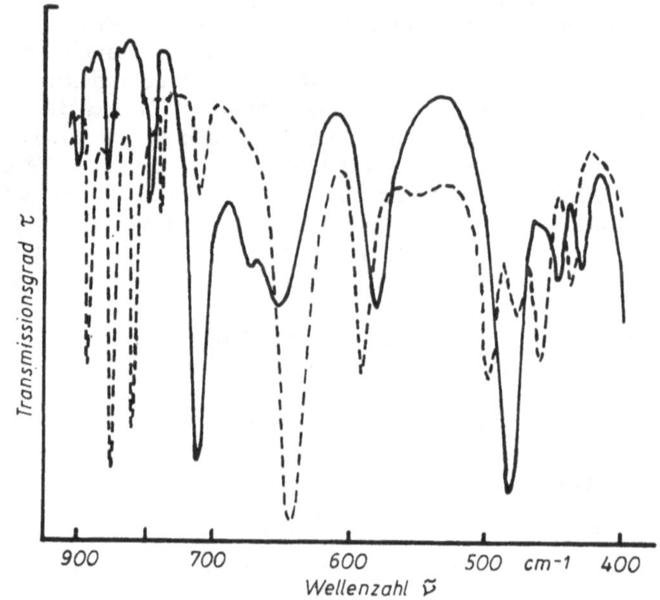

Abb. 4.4 Ultrarotspektren von trans-4-Aminocyclohexylessigsäure.
—— 1 min gemahlen
- - - - gefriergetrocknet bzw. nach TITOVA (1966)

festgestellt wird, und c) Einhaltung standardisierter Bedingungen. Für Untersuchungen an Polymeren kommt vorwiegend die zuletzt genannte Methode in Frage. Wenn in jeder Verarbeitungsstufe der Probenvorbereitung exakt gleiche Bedingungen eingehalten werden, sind gut reproduzierbare Ergebnisse zu erhalten. SPEDDING (1960) hat auf diese Weise den Acetylierungsgrad von Cellulose bestimmt. Die mittlere Schichtdicke ist aus der eingewogenen Probenmenge unter Berücksichtigung von Substanzverlusten zu berechnen, wobei ein der Probe zugesetzter innerer Standard von Nutzen sein kann (WIBERLEY (1957)), der aber auch dem Teilchengrößeneffekt unterliegt und bei unsachgemäßer Handhabung zusätzliche Fehler verursacht (DECHANT (1965a)). Weit vorteilhafter ist es, eine in der Probe liegende Absorptionsbande als inneren Standard zu verwenden, da dann Probe und Standard gleiche Teilchengröße haben und bei annähernd gleicher Extinktion der Teilchengrößeneinfluß kompensiert wird.

Bei ungenügender Zerkleinerung kommt es vor, daß die Absorptionsbanden die Form einer Dispersionskurve annehmen. Diese als CHRISTIANSEN-Filter-Effekt oder Dispersionseffekt bekannte Erscheinung wird durch den Verlauf der Brechzahl an Absorptionsstellen und die damit verbundene Änderung der Streuverluste verursacht. Neben der Änderung der Bandenform treten auch Bandenverschiebungen auf (DUYCKAERTS (1959)). Bei Schwingungen von überwiegend kovalent gebundenen Atomen, wie sie in den meisten organischen Verbindungen vorliegen, werden keine oder nur schwache Dispersionseffekte beobachtet (HARVEY (1956)). Wenn sie in einzelnen Fällen doch auftreten, kann ihr Einfluß auf das Spektrum durch sehr feine Zerkleinerung der Probe ausgeschaltet werden.

4.1.2. *Suspensionstechnik*

Suspensionen in flüssigen Einbettungsmitteln können in speziellen Fällen der Alkalihalogenid-Preßtechnik vorzuziehen sein, wenn die Gefahr einer chemischen Wechselwirkung mit der Matrixsubstanz besteht, oder unter vollständigem Feuchtigkeitsabschluß gearbeitet werden muß. Die üblichen Immersionsflüssig-

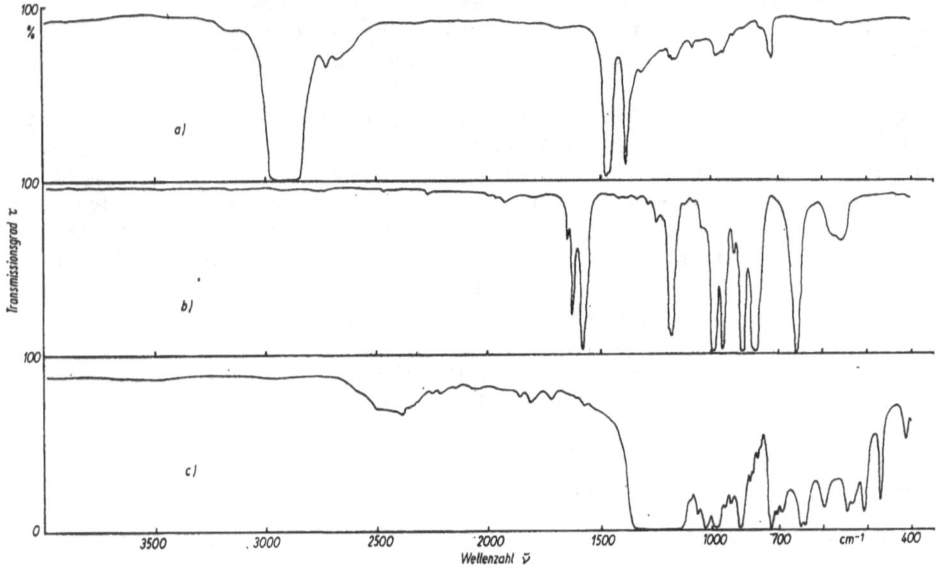

Abb. 4.5 Ultrarotspektren von Suspensionsmitteln.
a — Paraffinöl, *b* — Hexachlorbutadien, *c* — Perfluorcarbon (Schichtdicke $d = 0{,}05$ mm)

keiten sind im Gegensatz zu den Alkalihalogeniden wegen ihrer eigenen Absorptionsstellen jeweils nur in begrenzten Spektralbereichen verwendbar. Das meist verwendete Paraffinöl hat bei 2900, 1470, 1380 und 725 cm^{-1} starke Banden der CH_2- und CH_3-Gruppen, die sich dem Spektrum der eingebetteten Probe überlagern und nur zum Teil durch eine Vergleichsküvette kompensiert werden können. Zur Messung an diesen Stellen werden halogenierte Kohlenwasserstoffe herangezogen, deren Ultrarotspektren zusammen mit dem Spektrum von Paraffinöl in Abb. 4.5 dargestellt sind. Mit Hexachlorbutadien wird meist eine schnellere und bessere Benetzung der Probe erreicht, während Perfluorcarbon oder polymeres Chlortrifluoräthylen weniger flüchtig sind, was bei der Herstellung der Suspension von Vorteil ist.

Zur Herstellung der Suspension werden einige Milligramm Substanz im Achatmörser mit ein bis zwei Tropfen Immersionsflüssigkeit sorgfältig verrieben. Die Substanz kann vorher in der Vibrationskugelmühle fein gemahlen werden. Auch das Zerreiben zwischen aufgerauhten Glasplatten wurde empfohlen. Das Verreiben muß so lange fortgesetzt werden, bis eine homogene weiche Paste entsteht, in der keine Partikel oder Zusammenballungen zu erkennen sind. Mahlvorgang und Benetzung der Teilchen können durch Zugabe eines flüchtigen Lösungsmittels oder von etwas NaCl günstig beeinflußt werden (Rippere (1953)). Die fertige Paste wird zwischen zwei NaCl- oder KBr-Scheiben mit oder ohne Abstandsring unter leichter Drehung breitgequetscht. Bei quantitativen Untersuchungen ist die Suspensionstechnik im Nachteil, da Konzentration und Schichtdicke schlecht zu bestimmen sind. Obwohl auch für die Suspensionstechnik Mikroverfahren ausgearbeitet wurden, ist der Substanzbedarf größer als bei der Kaliumbromidtechnik. Partikel mit anisotroper Gestalt, wie stäbchen- oder plattenförmige Kristallite und Faserbruchstücke, werden beim Spreiten der Suspension orientiert und ergeben schlecht reproduzierbare Spektren, in denen bestimmte Banden fehlen können (Barnes (1947), Kutzelnigg (1960)).

Forziati u. a. (1950, 1951) wendeten die Suspensionstechnik zur Spektroskopie von Cellulosefasern an. Die vorzerkleinerten Proben wurden zwischen Glasplatten mit Paraffinöl verrieben. Als innerer Standard zur Bestimmung des Carboxylgruppengehaltes von oxydierter Cellulose wurde feines Polystyrolpulver zugegeben. Bei der spektroskopischen Untersuchung pulvriger Hydrolyserückstände von Cellulosefasern im deuterierten Zustand wurde eine Hexachlorbutadien-Suspension hergestellt, indem die Substanz zunächst trocken zwischen zwei NaCl-Platten verrieben und danach mit Hexachlorbutadien benetzt wurde (Baudisch (1968)). Die Immersionsflüssigkeit diente dabei nicht nur zur Verminderung der Streuverluste, sondern auch zur Vermeidung der Rehydrogenierung der deuterierten Hydroxylgruppen bei Einwirkung von Luftfeuchte.

4.2. Herstellung von Filmen

Ein transparenter Film ist die ideale Präparatform für die UR-Spektroskopie fester Substanzen, da er im allgemeinen weder Küvettenfenster noch Einbettungs- oder Lösungsmittel erfordert, so daß keine Beeinflussung des Strahlengangs und störenden Absorptionen zu befürchten sind. Die meisten Polymere sind von Natur aus zur Herstellung von dünnen, mechanisch festen Filmen geeignet, und man wird bei der UR-Spektroskopie von Polymeren immer zuerst an diese Präparationsmöglichkeit denken. Dem steht entgegen, daß die Herstellung von Filmen einen Eingriff in die übermolekulare Struktur darstellt, die häufig Gegenstand der Untersuchung ist. Die optimale Dicke der Filmproben kann beträchtlich variieren. Bei unpolaren Proben oder bei der Analyse von Gruppen in niedrigen molaren Konzentrationen liegt sie zwischen 0,01 bis einigen mm; bei polaren Substanzen beträgt sie oft weniger als 5 μm. Neben der richtigen Dicke ist auch die gleichmäßige Verteilung der Probe im durchstrahlten Querschnitt wichtig, andernfalls können die im Abschnitt 2.4.4. beschriebenen Fehler auftreten.

Weitere Anforderungen an den Film sind ein homogener Schichtaufbau, um die Streuverluste gering zu halten, und das Vermeiden von unbeabsichtigten Orientierungen bei der Filmpräparation. Anstelle trägerfreier Filme lassen sich Filme auf einer ultrarotdurchlässigen Unterlage verwenden. Sie haben außer der größeren mechanischen Festigkeit den Vorteil, daß das mühsame Ablösen von der Unterlage entfällt und keine Interferenzen auftreten. Im folgenden werden einige Methoden zur Filmherstellung beschrieben. Die Entscheidung über die anzuwendende Methode wird durch die physikalischen Eigenschaften der Probe und die Untersuchungsproblematik bestimmt.

4.2.1. Filme aus der Lösung

Die Lösungstechnik ist die sicherste Methode, um im Labor Polymerfilme mit den geforderten Eigenschaften herzustellen. Die optische Qualität der Filme hängt vom Polymer, dem Lösungsmittel und den Herstellungsbedingungen ab. Die Wahl des Lösungsmittels richtet sich in erster Linie nach dem Polymer. Es kommt aber nicht nur auf die Lösefähigkeit an, sondern auch darauf, daß sich aus der Lösung ein guter Film abscheiden läßt. Das Lösungsmittel darf nicht zu flüchtig sein, da sich sonst beim Eindampfen leicht Blasen bilden, die inhomogene, unebene Filme zur Folge haben. Andererseits soll es nicht zu schwer zu verdampfen sein und sich ohne Rückstände und Zersetzungsprodukte aus dem Polymerfilm entfernen lassen. Leichte Ketone und chlorierte Verbindungen sind für viele Polymere geeignete Lösungsmittel. Frisch destilliertes o-Dichlorbenzol wurde von Hausdorff (1950) wegen seiner vielseitigen Anwendbarkeit empfohlen. Polyvinylchlorid gibt gute Filme aus Tetrahydrofuranlösungen (Campbell (1955), Luther (1959)) oder aus Cyclohexanon. Für nachchloriertes PVC verwendeten Fuchs und Louis (1957) Pentachloräthan. Teilweise durften sich die Lösungen nicht abkühlen, sondern mußten heiß auf erwärmte NaCl-Platten gegossen werden. Auch bei der Filmgewinnung aus wäßrigen Polyvinylalkohol-Lösungen (Krimm (1956)) kann es notwendig sein, die Lösung heiß zu verarbeiten. In speziellen Fällen werden gute Ergebnisse mit Lösungsmittelgemischen erzielt: Polyvinylchlorid löst sich in einer 50:50-Mischung von Schwefelkohlenstoff und Aceton (Henniker (1967)), Polyäthylenterephthalat in einem Gemisch aus 60% Phenol und 40% Tetrachloräthan (Zachmann (1961)).

Die Beeinflussung der Struktur des entstandenen Polymerfilms durch das Lösungsmittel, die Eindampfbedingungen und die Unterlage wurde am Polycaproamid eingehender untersucht. Kawaguchi u. a. (1963) fanden, daß die Kristallstruktur der aus Ameisensäurelösungen erhaltenen Filme von der Säurekonzentration und der Eindampftemperatur abhängt. Die Ergebnisse konnten von Ruscher und Dechant (1964) nicht voll bestätigt werden, es zeigten sich aber Unterschiede zwischen den einzelnen Filmen, die auf eine von den Herstellungsparametern abhängige Orientierung der kristallinen Bereiche relativ zur Filmebene schließen lassen. Nach Dodd u. a. (1968) entsteht auf Glas-, Metall- und Polymerunterlagen die monokline α-Modifikation des Polycaproamids, während auf den (100)-Flächen von NaCl- und KBr-Kristallen überwiegend die hexagonale γ-Modifikation abgeschieden wird, deren Anteil mit höherer Eindampftemperatur zunimmt.

Die Ausgangskonzentration der Polymerlösung soll so hoch wie möglich sein, denn die Filmherstellung verläuft um so schneller, je geringer die zu verdampfende Lösungsmittelmenge ist. Andererseits wird die Höhe der Konzentration von einer Reihe weiterer Forderungen begrenzt. Abgesehen von der beschränkten Lösbarkeit ist eine vollständige Auflösung aller morphologischen Einheiten des festen Polymers bei zu hohen Konzentrationen nicht gewährleistet. Beim Erwärmen von konzentrierten, viskosen Lösungen ist darauf zu achten, daß keine lokalen Überhitzungen und Zersetzungen des Polymers auftreten. Je dünner die gewünschte Schichtdicke ist, um so niedriger muß die Konzentration der Lösung sein.

Die Unterlagematerialien zum Ausgießen der Lösungen sind in zwei Gruppen einzuteilen, je nachdem, ob der Film auf der strahlungsdurchlässigen Unterlage verbleiben soll oder ob er abgelöst wird, um als trägerfreie Probe spektroskopiert zu werden. Zur ersten Gruppe gehören vor allem NaCl- oder KCl-Platten, die relativ billig sind und leicht gereinigt und poliert werden können. Ausgediente Küvettenfenster finden hier noch ein Verwendungsgebiet. Sehr bewährt haben sich auch Kaliumbromidpreßlinge, im fernen Ultrarot auch solche aus Cäsiumbromid. Wenn die Tabletten in einem Ring gepreßt wurden, können verhältnismäßig große Lösungsmengen auf einmal aufgebracht werden (Herr (1966)). Recht gleichmäßige Filme entstehen, wenn die aus dem Ring ausgestoßenen Scheibchen sorgfältig bis zum Rand mit der Lösung benetzt werden, wobei darauf zu achten ist, daß die Flüssigkeit nicht unter die Tablette läuft. Als Unterlagen für wäßrige und andere aggressive Lösungen kommen AgCl, CaF_2, KRS-5 und Irtran in Frage (Newburger (1962), Stevenson (1953)). AgCl hat noch den Vorteil, gegen Temperaturschocks unempfindlich zu sein.

Polymere, die durch Vernetzungen unlöslich werden, können vor der Ausführung der Vernetzungsreaktion als Film präpariert werden. Ein Beispiel für diese Technik ist die Untersuchung von vulkanisiertem Gummi und das Studium des Vulkanisierungsprozesses (Bishop (1961), Shipman (1962)). Lösungen von Polybutadien und Polyisopren wurden unter Zugabe der erforderlichen Chemikalien auf KBr-Preßlinge gegossen. Die nach Verdampfung des Lösungsmittels zurückgebliebenen Polymerfilme wurden anschließend durch Erhitzen vulkanisiert. Die Haftung auf der Unterlage verhinderte eine Schrumpfung der Filme.

Als Unterlage zur Herstellung von trägerfreien Filmen dienen überwiegend Glas- und polierte Metallflächen. Zum Ablösen wird der Film mit einer Rasierklinge oder einem Skalpell am Rand gelockert und dann vorsichtig abgezogen. Dieser Vorgang wird wesentlich erleichtert, wenn man die Unterlage mit dem Film in Wasser taucht, das durch Kapillarkräfte die Ablösung unterstützt. Teilweise wird empfohlen, die Glasoberfläche mit Silikonöl zu behandeln. Jedoch wird dadurch die Benetzbarkeit verringert, und man erhält ungleichmäßige Filme. Aus dem gleichen Grund eignet sich Polytetrafluoräthylen nicht als Unterlage für Lösungsfilme. Die Ablösung des Polymerfilms von Metallen kann auf elektrolytischem Weg erfolgen (Szymanski (1958)), ein Verfahren, das sowohl zur Herstellung von Filmen als auch zur Untersuchung von Metallüberzügen von Nutzen ist. Henniker (1967) empfiehlt, die Unterlage mit einer dünnen, glatten Aluminiumfolie zu beziehen, die nach dem Eintrocknen der Lösung mit Natriumhydroxyd oder durch eine Amalgamierungstechnik entfernt wird. Ein sehr einfacher Weg zur Herstellung trägerfreier Filme ist die Auflösung von Alkalihalogenidunterlagen in Wasser (Hove (1954)). Man ist der Mühe des Ablösens enthoben, wenn die Polymerlösung auf eine Quecksilberoberfläche gegossen wird, die zugleich eine von vornherein waagerechte Unterlage darstellt. Eine Vorrichtung zur Anfertigung von Lösungsfilmen nach dieser Methode wurde von Henniker (1967) beschrieben. Die Lösung wird durch einen auf dem Quecksilber schwimmenden Metallring seitlich begrenzt. Eine darüber gestülpte Glasglocke ermöglicht das Eindampfen unter Vakuum. Rossbach (1971) verwendete als Unterlage für Polyamid- und Polyäthylenterephthalatfilme mit dem Lösungsmittel getränkte Polyäthylenfolien.

Voraussetzung für die Entstehung gleichmäßig dicker Filme ist die genau waagerechte Justierung der Unterlage, vor allem, wenn schwach konzentrierte, niedrigviskose Lösungen eingedampft werden sollen. Einen erheblichen Einfluß auf die Ebenheit der Filme üben die an den Berandungen auftretenden Kapillarkräfte aus. Oftmals wird beobachtet, daß die Filme im Zentrum dünner als in der Nähe des Randes sind. Bei konzentrierten Lösungen können sich diese Effekte weniger stark auswirken, vorausgesetzt, daß für eine möglichst gleichmäßige Spreitung der Lösung gesorgt wird. Hilfsmittel dazu sind Metallstäbe, in die Vertiefungen der gewünschten Dicke eingefräst sind, oder ein an zwei Stellen mit Klebstreifen umwickelter Glasstab. Wenn eine der Wicklungen etwas dicker ist, kann man damit Filme mit variierender Dicke herstellen, die für die Differentialspektroskopie von Nutzen sind. Die gleiche Wirkung ist durch eine leichte Schrägstellung der Unterlage zu erzielen. Bei der Spreitung hochviskoser Lösungen in einer Richtung ist immer die Gefahr gegeben, daß eine molekulare Orientierung hervorgerufen wird. Deshalb ist es ratsam, solche Filme auf Anisotropieeffekte zu untersuchen.

Für qualitative Untersuchungen kommt es oft weniger auf den sorgfältigen Aufbau ebener Filme als auf eine schnelle Filmbildung an. Verschiedene Verfahren dazu wurden beschrieben. Pan und Edwards (1963) füllten die Lösung in eine abgebrochene, mit einem Wattebausch verschlossene Pipette und strichen sie unter gleichzeitiger Einwirkung einer Heißluftdusche auf eine NaCl-Platte, bis die erforderliche Schichtdicke erreicht war. Hacskaylo (1954) empfiehlt, die Lösung auf heiße NaCl-Platten aufzupinseln, um die schnelle Verdunstung des Lösungsmittels zu erreichen. Ein anderes Verfahren, nach dem bei sorgfältigem Arbeiten auch sehr gleichmäßige Filme gebildet werden können, besteht im Versprühen der verdünnten Polymerlösung mit einem Zerstäuber unter einer Ultrarotlampe (Elliott (1965)).

Die Eindampftemperatur muß, solange noch viel Lösungsmittel zu entfernen ist, so niedrig gehalten werden, daß keine Blasen entstehen. Darauf ist besonders beim Eindampfen unter Vakuum zu achten. Andererseits ist beim Evakuieren ständige Wärmezufuhr erforderlich, da starke Abkühlung nicht nur den Verdampfungsprozeß verzögert, sondern auch zur Kondensation von Wasserdampf auf der Probe führen kann. Im Endstadium der Filmbildung kann die Temperatur weiter erhöht werden, sie muß aber immer hinreichend unter der Zersetzungstemperatur des Polymers und des Lösungsmittels bleiben. Heizung mit einem Wärmestrahler hat den Vorteil, daß die Erwärmung gleichmäßig in der ganzen Schichtdicke erfolgt. Die Entfernung der letzten Lösungsmittelreste wird im wesentlichen von Diffusionsvorgängen bestimmt, d. h., es ist durch Wärmezufuhr für eine genügend hohe Diffusionsgeschwindigkeit und durch Absaugen für ein Konzentrationsgefälle zu sorgen. Beim Extrahieren in einer Soxhlet-Apparatur wird das zur Oberfläche diffundierte Lösungsmittel weggewaschen. Dieser Vorgang wird teilweise durch eine Austausch-Extraktion ergänzt, bei der fest an das Polymermolekül adsorbierte Lösungsmittelmoleküle von dem im Überschuß vorhandenen Extraktionsmittel verdrängt werden. Ein Beispiel dafür ist die Entfernung von Dimethylformamidresten aus Polyacrylnitrilfilmen durch Extraktion

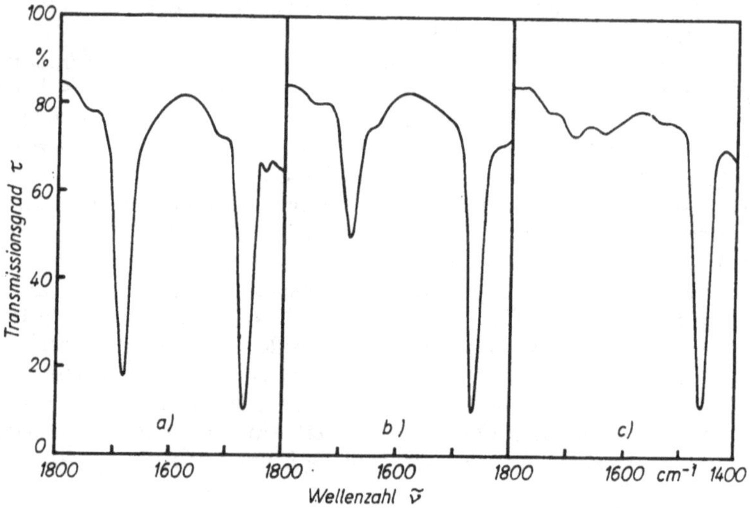

Abb. 4.6 Zur Entfernung von Dimethylformamid (ν(C=O) 1672 cm^{-1}) aus Polyacrylnitrilfilmen durch Temperung (nach SCHMOLKE (1965)).
a — 75 min bei 145°C, *b* — weitere 30 min bei 175°C, *c* — weitere 75 min bei 175°C

mit Äthanol oder Aceton (RUSCHER (1960)). Noch besser eignet sich dafür siedendes Wasser. Die Assoziation des Dimethylformamids an die Polymermoleküle konnte UR-spektroskopisch durch die Verschiebung und den Dichroismus der Carbonylbande nachgewiesen werden (SCHMOLKE (1965a)). Ohne Extraktionsmittel sind relativ hohe Temperaturen und lange Temperzeiten erforderlich, um das Lösungsmittel vollständig auszutreiben (Abb. 4.6).

Ein anderes Verfahren zur Herstellung von Filmen aus Lösungen, das zum Beispiel bei Cellulose anzuwenden ist, stellt die Ausfällung des Polymers in Fällbädern mit nachfolgender Herauswaschung des Lösungsmittels dar. Sehr gleichmäßige Cellulosefilme mit reproduzierbaren Schichtdicken werden nach BANDEL (1958) erhalten, indem man die Viskose auf schräggestellten Glasplatten in feuchter Atmosphäre ablaufen läßt. Anstellwinkel und Ablaufdauer bestimmen die Schichtdicke. Die Struktur der erhaltenen Filme wird durch die Zusammensetzung der Viskoselösung und des Fällbades bestimmt (DECHANT (1967)). Bakteriencellulose kann direkt in Filmform gewonnen werden (vgl. Abschnitt 6.11.). Filme aus Celluloseestern, die auf die übliche Weise durch Eindampfen einer Lösung hergestellt wurden, lassen sich durch Verseifung in Hydratcellulosefilme überführen.

Feinberg (1958) und Andrašina (1962) beschrieben Verfahren zur spektroskopischen Untersuchung von biologischen Materialien durch Einbettung in Agarfilme in wäßriger Lösung, deren Eigenabsorption mit einem probenfreien Agarfilm im Vergleichsstrahl kompensiert wird.

4.2.2. *Filme aus der Schmelze*

Voraussetzung für die Herstellung dünner Schichten durch Aufschmelzen der zu spektroskopierenden Substanz auf ein Trägermaterial ist ein genügend niedriger Schmelzpunkt und niedrige Schmelzviskosität. Lösungsmitteleinflüsse und die mechanische Zerkleinerung der festen Probe fallen dabei weg, um so mehr ist aber auf thermische Effekte, wie Zersetzung, Oxydation, Abbau und Polymerisation zu achten. In vielen Fällen muß in einer inerten Atmosphäre oder im Vakuum geschmolzen werden. Teilweise genügt es auch, die Substanz zwischen zwei Trägerplatten oder Folien zu erhitzen, so daß der Kontakt mit dem Luftsauerstoff möglichst gering ist. Einige Polymere, z. B. Polyäthylen und Polypropylen, lassen sich wegen ihres niedrigen Schmelzpunktes und ausreichender thermischer Beständigkeit relativ leicht zu Filmen verpressen. Polyäthylenterephthalat muß vor dem Schmelzen sorgfältig getrocknet werden, da geringe Wasserspuren die Zersetzung stark katalysieren (Tadokoro (1962)). Verdampfendes Wasser und gasförmige Zersetzungsprodukte verursachen Blasen, die den Schmelzfilm für quantitative Untersuchungen unbrauchbar machen. Die Herstellung von reproduzierbaren Schichtdicken in Schmelzfilmen erfordert Sorgfalt und Erfahrung sowie das Arbeiten nach standardisierten Verfahren unter genauer Einhaltung von Temperatur, Druck und Substanzmenge. Manchmal ist es möglich, die Dicke durch ein- oder mehrmalige Verstreckung in aufeinander senkrechten Richtungen zu verringern, sofern die Untersuchung von der dabei entstehenden Probenanisotropie und eventuellen Strukturänderungen nicht gestört wird.

Als Unterlage für den Schmelzprozeß dienen Glas- oder Metallplatten, oder es wird unmittelbar auf ultrarotdurchlässiges Material aufgeschmolzen. Zwischengelegte Aluminiumfolien lassen sich meist leicht von der erstarrten Probe abziehen. Teflonplatten sind wegen ihrer schlechten Wärmeleitfähigkeit als Unterlagematerial wenig geeignet. Besser ist es, zur Verhinderung der Haftung mit Fluorpolymeren beschichtete Metallplatten zu verwenden. Novak (1963) hat Polycaprolactam in einem Vakuumofen zwischen Messingplatten mit Teflon-Auflagen geschmolzen. Die Schichtdicke wurde mit Hilfe eines Rahmens aus Aluminiumfolie festgelegt.

Zur Herstellung von abgeschreckten und definiert kristallisierten Schmelzfilmen ist es vorteilhaft, zuerst aus einer Lösung einen Film mit der gewünschten Schichtdicke vorzubereiten und diesen dann auf eine Unterlage aufzuschmelzen. Daniels und Kitson (1958) haben Polyäthylenterephthalatfilme zwischen dünnen Aluminiumfolien bei 285 °C aufgeschmolzen. Die in Wasser abgeschreckte Probe war fast vollständig amorph. Koenig und Hannon (1967a) preßten die Filme in Silberchlorid ein und ließen sie nach dem Schmelzen langsam abkühlen, um kristalline Proben zu erhalten. Danz (1970) hat im Vakuum auf KBr-Preßlinge aufgeschmolzene Filme in flüssigem Stickstoff abgeschreckt. Die Preßlinge erhalten dabei Risse, ohne daß ihre optische Qualität für die Ultrarotspektroskopie sich merklich verschlechtert. Die Rißbildung wird vermindert, wenn die Preßlinge vorher gut getempert werden.

In Anlehnung an das industrielle Schlauchblasverfahren haben Miyake (1959) und Tadokoro (1962) geschmolzenes Polyäthylenterephthalat mit Hilfe einer Glasröhre wie eine Seifenblase zu dünnen Filmen aufgeblasen. Die Abkühlung erfolgt dabei so schnell, daß amorphe Proben entstehen und keine starke Zersetzung eintritt.

4.2.3. *Gepreßte Filme*

Thermoplastische Polymere lassen sich bei genügend hohem Druck unterhalb ihres Schmelzpunktes und damit bei geringerer Gefahr einer thermischen Schädigung zu Filmen verpressen. Eine hydraulische Presse zur Erzeugung der erforderlichen Preßdrucke ist in den meisten Ultrarotlabors vorhanden. Camer (1968), Coakley (1966) und Fagot (1965) beschrieben einfache Hilfsmittel und Verfahren, mit denen schnell Filme hergestellt werden können, die eine für die qualitative

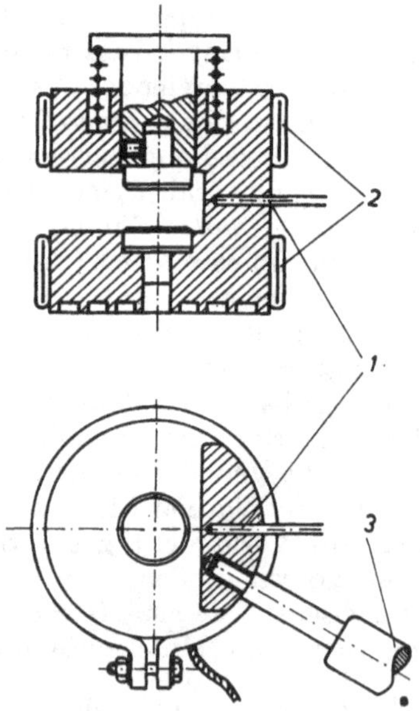

Abb. 4.7 Preßwerkzeug zur Herstellung von heißgepreßten Filmen (nach Henniker (1972)).
1 — Thermoelement, 2 — Heizdrähte, 3 — Handgriff

Identifizierung von Thermoplasten und Fasern ausreichende Beschaffenheit aufweisen. Zwei Stahlblöcke mit polierten Oberflächen werden auf einer Heizplatte erhitzt und dann mit der dazwischengelegten Probe zusammengepreßt. Die richtige Temperatur wird durch Probieren ermittelt. Gut polierte, mit Silikonöl gefettete Flächen oder Aluminiumfolien verhindern das Ankleben. Es gelingt fast immer, ein für die Aufnahme des UR-Spektrums ausreichendes Probenstück unzerstört abzulösen. DRUSHEL u. a. (1963) haben bei der Herstellung von Filmen aus Äthylen—Propylen-Copolymeren zwischen die Probe und die Aluminiumfolie noch eine Polyesterfolie gelegt.

HENNIKER (1967, 1972) beschrieb ein Preßwerkzeug, das auch für etwas anspruchsvollere Untersuchungen geeignet ist (Abb. 4.7). Wenn eine Arbeitsfläche etwas abgeschrägt wird, können keilförmige Filme gepreßt werden, die das Aufsuchen der richtigen Schichtdicke erleichtern und mit Vorteil für die Differentialspektroskopie zu verwenden sind. Beide Teile des Preßwerkzeuges werden elek-

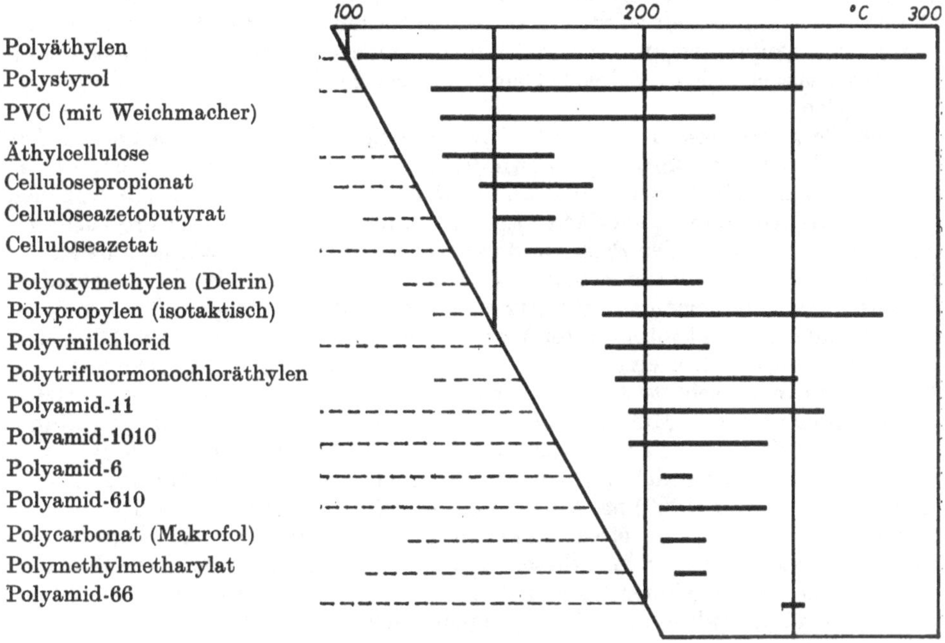

Abb. 4.8 Günstige Temperaturbereiche zur Herstellung von gepreßten Filmen (nach HENNIKER (1967)).

trisch geheizt; die Temperatur wird mit einem Thermoelement in der Nähe der Preßflächen kontrolliert. Temperatur und Preßdauer sollen zur Vermeidung thermischer Schädigungen auf Kosten eines hohen anzuwendenden Druckes so niedrig wie möglich gehalten werden. Zur Herstellung dünner, klarer Filme ist die Erhitzung auf eine Mindesttemperatur jedoch nicht zu umgehen. Etwa 0,2 g Material werden zwischen 30 μm dicken Aluminiumfolien gepreßt, die, falls sie festkleben, auf chemischem Weg abgelöst werden. Der Preßdruck liegt normalerweise bei 1 bis $3 \cdot 10^3$ kp/cm^2, die Preßdauer beträgt einige Sekunden.

In Abb. 4.8 sind die für die Herstellung von Preßfilmen empfohlenen Temperaturbereiche dargestellt. An der oberen Grenze treten Zersetzungserscheinungen auf. Die ideale Preßtemperatur liegt in der Nähe der unteren angegebenen Grenze. Es empfiehlt sich, die Proben zu trocknen, bevor sie in die Preßform gebracht werden, da verdampfende Feuchtigkeit Blasenbildung zur Folge hat.

4.2.4. Dünnschnitte

Ein Nachteil der in den vorausgehenden Abschnitten beschriebenen Filmherstellungsverfahren ist, daß bei der Präparation die Struktur der zu untersuchenden Polymerprobe zerstört wird. Um für die Transmissionsspektroskopie geeignete Proben unter Beibehaltung der Festkörperstruktur herzustellen, müssen Dünnschnitte angefertigt werden. Das gleiche Verfahren ist für die Untersuchung von solchen Polymeren anzuwenden, die sich ohne Zersetzung weder lösen noch schmelzen lassen, wie zum Beispiel vernetzte Harze, Elastomere oder Polytetrafluoräthylen.

Viele Polymere lassen sich mit einem kräftigen Mikrotom bearbeiten. Die Schneidbedingungen (Schnittgeschwindigkeit, Messerform und Temperatur) hängen von der Härte der Probe ab, so daß kaum allgemein gültige Angaben gemacht werden können. Die Schnittgeschwindigkeit soll möglichst groß sein, da dann die Deformation der Probe und des abgetrennten Films am geringsten ist. Die Temperierung kann mit einem Warmluftstrom bzw. mit verdampfendem flüssigen Stickstoff erfolgen. Bendit und Ross (1963) fertigten Keratinlängsschnitte auf einem Mikrotom unter Verwendung von Rasierklingen an. Die Probe wurde dazu in Paraffin eingebettet. Auf die Verfahren zum Mikrotomieren von Fasern wird im Abschnitt 4.3.2. näher eingegangen. Liang u. a. (1960) betteten Mikrotomschnitte von Hölzern zur Verringerung der Lichtstreuung in Kaliumbromid ein. Mit Füllstoffen verstärkte Polymere, z. B. rußgefüllter Gummi, sind wegen der starken Streulichtverluste oft nur in sehr dünnen Schichten ausreichend transparent. Corish (1960) hat von in Lösungsmitteln angequollenen Kautschukpolymeren Schnitte von etwa 2 μm Dicke abgetrennt. Durch elektronische Skalendehnung konnte er von diesen sehr dünnen Filmen brauchbare Spektren erhalten, da mit abnehmender Schichtdicke die Streuverluste schneller kleiner werden als die Extinktion der Absorptionsbanden.

Von größeren Blöcken des zu spektroskopierenden Polymers lassen sich auf einer Mechanikerdrehbank dünne Späne abtrennen, wobei mit wesentlich höheren Schnittgeschwindigkeiten gearbeitet werden kann als bei der herkömmlichen Mikrotomiertechnik. Das Verfahren eignet sich besonders für harte, zähe Polymere. Es wurde vorwiegend bei der spektroskopischen Untersuchung von Polyamiden angewendet (Doskočilová (1962), Ruscher (1964), Schneider (1962)). Der 5 bis 10 mm breite Drehstahl muß sorgfältig angeschliffen sein und soll einen Keilwinkel von etwa 70° haben. Wichtig ist die feste und schwingungsfreie Einspannung des Werkstückes. Die Schnittgeschwindigkeit kann einige Meter in der Sekunde betragen. Die auftretende Erwärmung beeinflußt die mechanischen Eigenschaften des Polymers und bewirkt in einigen Fällen Strukturänderungen, wie beim Abdrehen von Polycaprolactamspänen festgestellt wurde. Abhilfe schafft Kühlung mit einer Trockeneis-Methanol-Mischung oder mit flüssigem Stickstoff; es genügt meist, den Polymerblock vor der Bearbeitung auf tiefe Temperatur abzukühlen. Durch automatischen Vorschub des Drehstahls lassen sich Späne von 10 bis 20 μm Dicke abheben. Bei manuellem Vorschub fallen neben dickeren Spänen auch kleine, sehr dünne Stücke an.

Das Abrollen des Dünnschnittes an der schneidenden Kante hat sowohl beim Mikrotomieren als auch beim Abdrehen eine schwache molekulare Orientierung zur Folge. Deshalb müssen quantitative Untersuchungen an solchen Proben mit polarisierter Strahlung ausgeführt werden.

Außer Dünnschnitten können auch Dünnschliffe von Polymeren für die UR-spektroskopische Untersuchung Verwendung finden. Zu dicke Filme lassen sich mit einem Messer abschaben. Tanaka und Kurachi (1959) berichteten über eine Methode zur Herstellung von etwa 10 μm dicken Filmen aus gehärteten Harzen durch mechanisches Abschleifen. Schichten mit einer Genauigkeit von 1 bis 3 μm können nach Reichert (1966) auf einer Präzisionsdrehbank von einer Folie abgehoben werden. Die Folie wird dabei durch Anlegen eines Vakuums an einer Lochscheibe festgehalten.

4.2.5. *Orientierte Filme*

Durch einachsige Verstreckung von Polymerfilmen erzeugte molekulare Orientierung erleichtert die Zuordnung der Absorptionsbanden zu bestimmten Schwingungszuständen des Moleküls. Darüber hinaus ermöglicht die UR-spektroskopische Untersuchung verstreckter Proben das Studium der molekularen Deformationsprozesse. Erschwerend wirkt sich aus, daß im allgemeinen die Orientierung nicht von einer gleichzeitig erfolgenden Änderung der übermolekularen Struktur zu trennen ist, da die Parallellagerung der Kettenmoleküle eine Verbesserung der Nahordnung mit sich bringt. Ein markantes Beispiel dafür stellt die Kaltverstreckung der Polyamide dar (Dechant (1966)).

Der Verlauf der Verstreckung und der erreichte Orientierungsgrad werden entscheidend von der Temperatur, der Verstreckgeschwindigkeit, dem Weichmachergehalt, dem Ordnungszustand und der angelegten Zugspannung bestimmt. Gleichmäßige Verstreckung der ganzen Probe ist oberhalb der Erweichungstemperatur möglich, die etwa mit dem Glasumwandlungspunkt zusammenfällt und stark vom Weichmachergehalt beeinflußt wird, wozu auch Lösungsmittelreste, Feuchtigkeit und Monomere zu zählen sind. Bei der Kaltverstreckung tritt häufig der Teleskopeffekt auf, d. h. die Probe schnürt sich an einer schwachen Stelle ein, und die Verstreckung findet nur in einer eng begrenzten Zone statt, die im weiteren Verlauf über die ganze Probe hinwegläuft. Bei hinreichend langsamer Verstreckung läßt sich der Teleskopeffekt teilweise unterdrücken, da dann Spannungen und lokale Temperaturerhöhungen sich über die Probe ausgleichen können. Schnelle Verstreckungen kleiner Proben lassen sich gut mit der Hand ausführen. Für langsame, gleichförmige Streckgeschwindigkeiten ist die in Abb. 4.9 skizzierte einfache Streckapparatur von Nutzen. Der Film wird von Klemmen gehalten, wie sie bei Festigkeitsprüfungen üblich sind, und kann in ein Temperierbad eingetaucht werden. Ein einfaches Verfahren zur Verstreckung mit konstanter Zugkraft besteht darin, daß der beiderseits eingeklemmte Film mit Gewichten belastet und mit Heißluft erwärmt wird, bis der gewünschte Verstreckungsgrad erreicht ist (Ruscher (1960)). Durch auf dem Film angebrachte Markierungsstriche kann man grobe Anhaltspunkte über den erzielten Verstreckungsgrad erhalten, wenn die Verstreckung nicht gleichmäßig über die gesamte Filmlänge erfolgt.

Bei der Verstreckung von Copolymeren des Acrylnitrils wurde ein von den Streckbedingungen abhängiger maximaler Streckfaktor gefunden, bei dem eine

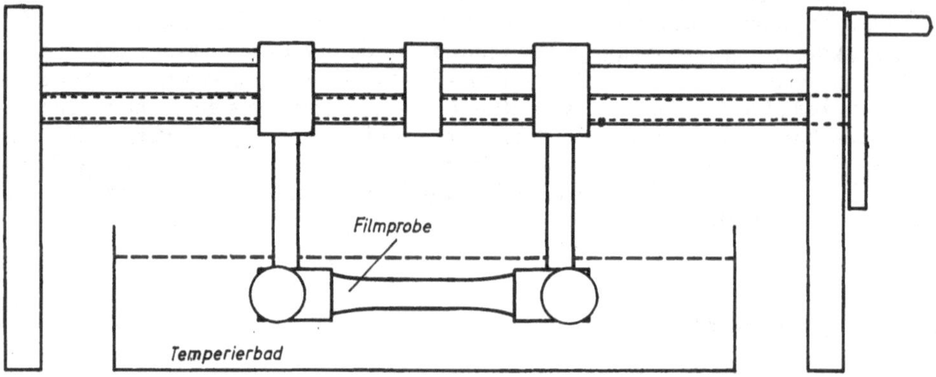

Abb. 4.9 Skizze einer Verstreckapparatur für Filme.

deutliche Verfestigung des Polymerfilms auftritt (Schmolke (1963)). Der beim maximalen Streckfaktor erreichte Orientierungsgrad, gemessen am dichroitischen Verhältnis der $\nu(C{\equiv}N)$-Bande, hat immer den gleichen Wert, wenn die Bedingungen so gewählt wurden, daß der Streckfaktor $s > 7$ ist. Bei stärkerer Verstreckung findet nur noch ein Abgleiten der Molekülketten statt. Die Verstreckung von Polyvinylalkoholfilmen wurde von Hanle (1958) untersucht. Bei langsamer Verstreckung (ca. 1 cm/min) erfolgte kontinuierliche Kaltverstreckung ohne Einschnürungen, während beim schnellen Strecken Schulterbildung und auf Kristallisation zurückzuführende Trübung des Films beobachtet wurde. Über siedendem Wasser konnten die Polyvinylalkoholfolien ohne Einschnürung und Trübung bis auf das Vierfache ihrer Länge verstreckt werden. Der Wasserdampf wirkt dabei zugleich als Temperierbad und als Weichmacher.

Präparate mit höherer (zweiachsiger) Orientierung können durch Walzen von Filmen hergestellt werden, wenn sie blättchenförmige Kristallite enthalten (Elliott (1949)). Empfindliche Filme werden zwischen Silberchloridschichten gewalzt, die nicht entfernt zu werden brauchen, aber wegen ihrer hohen Brechzahl Energieverluste durch Reflexion verursachen (Ambrose (1949), Elliott (1948b)). Einige Polymere lassen sich auf diese Weise erst bei erhöhten Temperaturen orientieren. Davison und Corrish (1955) haben Polyester zwischen Silberchloridschichten aufgeschmolzen und während der Verfestigung gewalzt. Auch beim mehrfachen Recken eines Films in aufeinander senkrechten Richtungen wurde das Eindrehen der Kristallite in die Filmebene beobachtet (Dechant (1965c)).

Ein interessantes Phänomen, das mit der morphologischen Struktur der Polymere zusammenhängt und für die Bandenzuordnung von Nutzen sein kann, stellt die manchmal zu beobachtende Umkehr des Dichroismus während der Verstreckung dar. Quynn und Steele (1954) fanden, daß der Paralleldichroismus einiger Banden von Nylon 66 und Polyäthylenterephthalat bei etwa zweifacher Verstreckung in Senkrechtdichroismus übergeht. Diese zunächst als Präparationsartefakt gedeutete Erscheinung (Caroti (1956)) wurde sehr ausgeprägt an einigen Banden von syndiotaktischen Polyvinylchloridfilmen gefunden (Asahina (1960), Shimanouchi (1961)). Tasumi und Shimanouchi (1961 a) zeigten, daß die Dichroismusumkehr durch die Orientierung der kristallinen Bereiche erklärt werden kann, indem zuerst die Blättchenebene in die Dehnungsrichtung gedreht wird und darauf die Ausrichtung der Molekülketten in die Streckrichtung erfolgt. In aus der Lösung kristallisierten Filmen erfolgte die Umkehr des Dichroismus etwa beim Streckverhältnis 2,5, während sie in schmelzkristallisierten Filmen von Krimm u. a. (1963) schon nach 10 bis 20% Dehnung gefunden wurde.

4.2.6. *Interferenzen und Schichtdickenmessung*

Bei der Durchstrahlung eines glatten, planparallelen Films mit der Dicke d und der Brechzahl n bilden sich Interferenzen zwischen dem durchgelassenen und den mehrfach reflektierten Strahlen aus, so daß Maxima bei den Wellenlängen $\lambda = 2dn/k$ und Minima bei $\lambda = 2dn/(k + 1/2)$ entstehen ($k = 1, 2, 3, \ldots$). Dem Absorptionsspektrum überlagert sich daher ein Interferenzspektrum, dessen Maxima auf einer Wellenzahlskala regelmäßige Abstände von

$$\Delta\tilde{\nu} = \frac{1}{2nd} \tag{4.1}$$

haben. In der Nähe von Absorptionsbanden sind die Abstände wegen der Dispersion unregelmäßig. Die Interferenzbanden können zu Fehlinterpretationen des Absorptionsspektrums führen, da sie nicht immer als solche erkennbar sind. Außerdem bilden sie eine Fehlerquelle bei quantitativen Messungen.

An unebenen und keilförmigen Filmen treten keine Interferenzen auf, da sich die Maxima und Minima gegenseitig auslöschen. Durch Aufrauhen der zur Herstellung der Filme verwendeten Matrizen, Folien oder Unterlagen lassen sich die Interferenzen vermeiden (Lünebach (1964)), wobei aber die Streuverluste zunehmen. Eine andere Möglichkeit besteht darin, den Film an eine Platte aus durchlässigem Material mit etwa gleicher Brechzahl zu pressen oder ihn zwischen zwei solchen Platten anzuordnen, da dann die Abstände der Interferenzmaxima so dicht liegen, daß sie vom Spektrometer nicht mehr aufgelöst werden (Lutinski (1958)). Guter optischer Kontakt wird durch eine dünne Schicht Paraffinöl oder einen perhalogenierten Kohlenwasserstoff erzielt (vgl. Abb. 4.10).

Aus den Abständen der Interferenzbanden kann nach Gleichung (4.1) die Schichtdicke d berechnet werden. Die Dicke eines auf einer Unterlage befindlichen Films läßt sich mit einem Lichtspaltmikroskop bestimmen (Rahbek (1952)). Da das Interferenzverfahren $d \cdot n$, die Messung mit dem Lichtspaltmikroskop aber d/n ergibt, sind aus der Kombination beider Messungen d und n getrennt zu bestimmen. Andere Möglichkeiten zur Schichtdickenbestimmung an Filmen sind die Wägung einer ausgemessenen Fläche und die Absorption von β-Strahlung. Meist werden aber mechanische Dickentaster mit Meßuhren oder Mikrometerschrauben verwendet. Meßdruck und Meßfläche sind der Härte und Unebenheit des Films anzupassen.

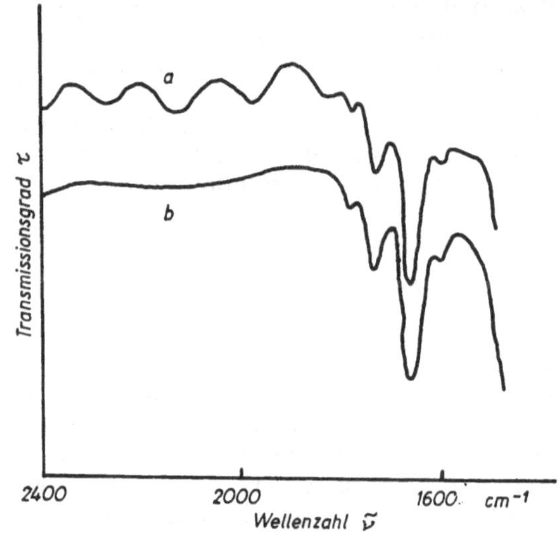

Abb. 4.10 Die Beseitigung von Interferenzbanden.
a — UR-Spektrum eines Cellulosefilms mit Interferenzen; *b* — der gleiche Film zwischen NaCl-Platten mit Perfluorcarbon

4.3. Untersuchungen an Fasern

Die Aufnahme der Ultrarotspektren von natürlichen und synthetischen Fasern wird durch die starke Lichtstreuung erschwert, wenn die Fasern ohne weitere Hilfsmaßnahmen in den Strahlengang eingebracht werden. Aufgabe der Präparationstechnik ist es, Proben herzustellen, die optisch homogen und dünn genug sind und eine glatte Oberfläche haben, ohne dabei die zu untersuchenden strukturellen Besonderheiten zu verändern. Zusammenfassende Berichte über die Präparationstechnik von Fasermaterialien wurden von Ruscher und Schmolke (1960), Žbankov (1963), Hummel (1965) sowie von Stace (1965) veröffentlicht. Die experimentellen Methoden können in drei Gruppen eingeteilt werden: Erstens solche Verfahren, bei denen nur die chemische Struktur erhalten bleibt; zweitens Methoden, die den übermolekularen Ordnungszustand erhalten; und drittens Verfahren zur Herstellung von orientierten Präparaten.

Zur ersten Gruppe gehören die Untersuchungen in Lösung und die Gewinnung von Filmen aus der Lösung oder Schmelze, wobei Fasern sich nicht anders als andere Polymere verhalten. Lösungen und Filme ergeben die besten Spektren, und wenn Substanz, Zeit und Problem es erlauben, sollten diese Präparationstechniken bevorzugt werden. Das gilt vor allem bei quantitativen Analysen oder beim Nachweis von chemischen Gruppen, deren Konzentration in der Probe sehr gering ist.

Die zweite Gruppe umfaßt Präparationsverfahren, bei denen die Fasern zerkleinert und die Bruchstücke statistisch verteilt in einer Matrix eingebettet oder zu einem zusammenhängenden Film verpreßt werden. Die Schwierigkeit besteht in der Erzielung einer zur Herabsetzung der Lichtzerstreuung ausreichenden Zerkleinerung der Fasern, ohne ihre übermolekulare Struktur zu zerstören.

Solche Präparationsverfahren sind nicht nur für Strukturuntersuchungen, sondern auch dann anzuwenden, wenn die Faser nicht ohne chemische Veränderung gelöst oder geschmolzen werden kann. Bei nicht zu hohen Ansprüchen an die Güte des Spektrums bieten die Einbettungsverfahren die schnellste Möglichkeit zur Identifizierung von Fasern und zur groben Abschätzung der Zusammensetzung von Fasermischungen.

Die dritte Gruppe von Präparationsmethoden dient zur spektroskopischen Untersuchung von unveränderten Fasern, insbesondere zur Bestimmung der für die physikalischen Eigenschaften der Faser wichtigen Orientierung der Moleküle und Kristallite. Die Herstellung von orientierten Proben ist mühselig und zeitraubend. Bedingt durch die Geometrie der Faser kann im allgemeinen keine homogene Schichtdicke erzielt werden, bei Fasern mit regelmäßigem Querschnitt lassen sich aber rechnerische Korrekturfaktoren ermitteln. Die Anwendbarkeit dieser Verfahren wird häufig dadurch eingeschränkt, daß der Durchmesser der Einzelfaser größer als die optimale Schichtdicke ist.

4.3.1. Anwendung der Einbettungstechnik bei Fasern

Die Einbettung zerkleinerter Fasern in Kaliumbromid ist das meist benutzte Präparationsverfahren zur ultrarotspektroskopischen Untersuchung von Fasern. Diese Methode bietet einerseits die Möglichkeit, verhältnismäßig schnell Routineanalysen durchzuführen, und ist andererseits bei entsprechend sorgfältigem Arbeiten auch für quantitative Analysen und Strukturuntersuchungen geeignet. Wichtigster Arbeitsgang ist die Zerkleinerung der Fasern, die auf sehr unterschiedliche Weise erfolgen kann. Eine einfache aber zeitraubende Methode ist das Zerschneiden mit einer scharfen Schere, wobei je nach Beschaffenheit der Fasern Stücke von 0,1 bis 0,5 mm Länge erhalten werden können (Fester (1965), Ruscher (1960), Spedding (1960)). Ähnliche Teilchengrößen werden beim Zerkleinern in einer Schneidmühle (Wiley-Mill) oder einer gewöhnlichen Kaffee-Schlagmühle und Aussieben der zerschlagenen Fasern erhalten. Solche Mühlen erfordern eine größere Substanzmenge als das Schneiden mit der Hand, sie arbeiten aber wesentlich schneller, und die Ergebnisse sind weniger von subjektiven Einflüssen abhängig. Letzteres ist für quantitative Untersuchungen wichtig, denn die geschnittenen Faserstücke sind viel zu groß, um eine in der KBr-Matrix homogen verteilte Probe zu ergeben. Trotzdem lassen sich oftmals mit solchen Preßlingen gut aufgelöste Spektren mit nur geringen Streulichtverlusten anfertigen, wenn die Brechungsindices von Fasern und Matrix sich nur wenig unterscheiden. Ideal ist in dieser Hinsicht Baumwolle, deren mittlerer Brechungsindex nur um 0,005 Einheiten von dem des Kaliumbromids abweicht. O'Connor u. a. (1957,

1958, 1958a, 1960, 1965) berichteten in einer Reihe von Arbeiten über mit Hilfe der KBr-Preßtechnik durchgeführte Untersuchungen zur qualitativen und quantitativen Analytik von Cellulosederivaten und chemisch modifizierten Cellulosen sowie über Strukturuntersuchungen an mechanisch und chemisch dekristallisierter Baumwolle. Beim Mahlen in einer Kugelmühle wurden die zerschnittenen Cellulosefasern feiner zerkleinert, wobei aber die übermolekulare Struktur zerstört wurde. HURTUBISE (1962) und HIGGINS (1957) verwendeten zur Zerkleinerung von Celluloseacetat ebenfalls eine WILEY-Schneidmühle. HIGGINS verpreßte die Fasern mit KCl, dessen Brechungsindex näher an dem von Acetylcellulose ($n = 1{,}48$) liegt.

CLEVERLEY und HERRMANN (1961) rollten die mit der Schere zerschnittenen Fasern zwischen den Fingern zu einer Kugel und schnitten erneut. Der Vorgang wurde mehrfach wiederholt und die Probe darauf noch in einer Kugelmühle gemahlen. Monofile wurden vor dem Schneiden in einer Presse flachgedrückt. Mit so vorbereiteten in KBr eingepreßten Proben ließen sich von einer Reihe von Fasern gute UR-Spektren aufnehmen. Die Autoren berichteten über die an verschiedenen Fasertypen gewonnenen Erfahrungen. Vorzerkleinerte Fasern erfordern in der Kugelmühle geringere Mahldauern als lange Fäden, so daß auch die Strukturänderungen geringer sind; sie sind aber bei gegen mechanische Einwirkung empfindlichen Fasern noch immer erkennbar. SHAH und GANDHI (1968) untersuchten die Oxydation von Keratinfasern nach dieser Methode. Das Mahlen von Wolle soll durch Zugabe von Tetrachlorkohlenstoff erleichtert werden (STRASHEIN (1960)). STEIN u. a. (1959) haben beim Zermahlen von Haaren und Wolle im Mörser mit Aceton und Trockeneis gekühlt, um die thermische Schädigung der Fasern zu vermeiden. Die Kühlflüssigkeit diente zugleich zur Abtrennung zu großer Teilchen durch Sedimentation.

Etwas günstiger als die Behandlung in einer Vibrationskugelmühle scheint das Zerreiben der Fasern zwischen mit Carborundpulver geschliffenen Glasplatten zu sein (CROOK (1958)). FESTER (1965) hat eine elektrisch angetriebene Einrichtung gebaut, in der die Fasern zwischen zwei konkav bzw. konvex geschliffenen Bauglasziegeln zerrieben werden. Die Teilchengröße ist kleiner und besser reproduzierbar als bei Handbetrieb, es besteht jedoch erhöhte Gefahr einer thermischen Schädigung, wie an unterschiedlich lange gemahlenen Fasern gezeigt werden konnte.

Die Notwendigkeit, bei schonender Einwirkung auf die Fasern möglichst kleine Teilchen zu erhalten, führt zwangsläufig zur Anwendung von Mikrotomierverfahren. In einem einfachen Handmikrotom, wie es in Abb. 4.11 dargestellt ist, sind mit einer scharfen Rasierklinge Schnitte von 30 bis 50 μm Dicke zu erreichen (HARVEY (1956), WHARTON (1961)). Das Faserbündel wird durch eine Bohrung in einer Metallplatte gezogen, in anderen Ausführungen auch in einem Schlitz zusammengedrückt, und beiderseits der Platte glatt abgeschnitten. Mit einer Mikrometerschraube wird das glattgeschnittene Faserbündel vorgeschoben und mit der Rasierklinge geschnitten. Zur Ausführung dünner Schnitte müssen die Fasern eingebettet werden, wofür Kollodiumlösung oder Paraffin geeignet sind, wenn sich diese Einbettungsmittel ohne Veränderung der Fasern wieder entfernen lassen. FESTER (1965) hat die Fasern bei $-25\,°C$ in Wasser eingebettet und auf einem Mikrotom mit Gefriertisch 5 μm starke Querschnitte hergestellt. Die Querschnitte wurden aufgetaut und das Wasser im Trockenschrank abgedampft.

Auf diese Weise ist eine sehr feine und gleichmäßige Zerkleinerung möglich. Elastomerfäden lassen sich nur durch Herstellung von Gefrierschnitten zerkleinern. Zum Vergleich herangezogene Spektren von mit der Schere zerschnittenen Fasern zeigten, daß beim Mikrotomieren keine Strukturänderungen auf-

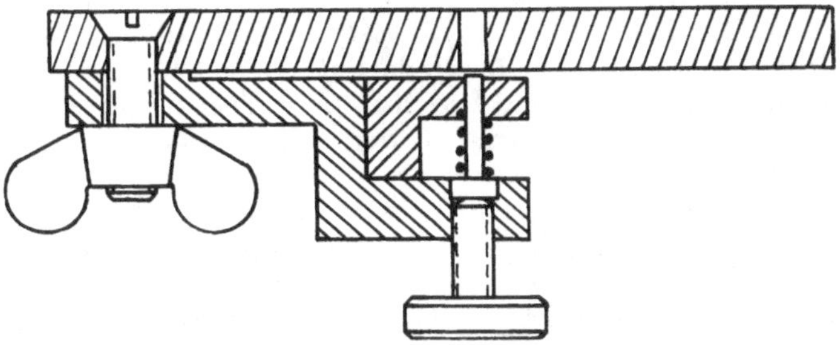

Abb. 4.11 Einfaches Handmikrotom zum Schneiden von Fasern (nach HERZOG (1939)). Andere Ausführungen des Gerätes und eine Beschreibung des Arbeitsganges sind bei HEYN (1954) zu finden.

traten, es wurden aber wesentlich kleinere Partikel und besser aufgelöste Spektren erhalten.

Fasersuspensionen in Flüssigkeiten sind wegen der Eigenabsorption der Immersionsmittel jeweils nur für begrenzte Spektralbereiche verwendbar (vgl. Abb. 4.5). Der Brechungsindex von Paraffinöl ($n_D = 1{,}48$) und Perfluorcarbon ($n_D = 1{,}31$) weicht vom Brechungsindex der meisten Fasern stärker ab, so daß zur Erzielung gleichwertiger Spektren feinere Zerkleinerung erforderlich ist als bei der KBr-Preßtechnik. Hexachlorbutadien ($n_D = 1{,}56$) ist in dieser Hinsicht ähnlich günstig wie Kaliumbromid. FORZIATI (1950, 1951) untersuchte Baumwolle und andere Cellulosefasern in Paraffinöl. DIAČIK und JAMBRICH (1961) wandten die Suspensionsmethode zur Bestimmung des Ordnungszustandes von Polycaproamidfäden an.

Die Einbettungstechnik fand verbreitete Anwendung zur Identifizierung von Faserproben und zur Analyse von Fasermischungen. Methoden und Vergleichsspektren sind in den Arbeiten CLEVERLEY (1961), HUMMEL (1965), O'CONNOR (1960), RAU (1963, 1964), SOBUE (1962), WHARTON (1961) sowie in einem Bericht aus dem Textile Institute Manchester (1965) zu finden. WHARTON und FORZIATI (1961) haben Fasermischungen vor der ultrarotspektroskopischen Identifizierung im Dichtegradientrohr in einzelne Komponenten aufgetrennt.

4.3.2. *Mikrospektroskopie der Einzelfaser*

Für dichroitische Messungen mit polarisierter Strahlung muß die Faser parallel zum Spektrometerspalt ausgerichtet werden. Fasern mit 10 bis 30 μm Durchmesser füllen die geometrische Spaltbreite der üblichen Spektrometer nicht aus, dickere Fasern oder Borsten haben im Grundschwingungsgebiet zu starke Absorption.

Über die spektroskopische Untersuchung einer Einzelfaser mit Hilfe eines Reflexionsmikroskopes (siehe Abschnitt 2.2.4.) berichteten erstmals BARER u. a. (1949). Das Reflexionsmikroskop kann vor oder hinter dem Monochromator angeordnet werden, wobei entweder unzulässige Erwärmung der Probe zu befürchten ist oder nur im Einstrahlbetrieb gearbeitet werden kann. Infolge der experimentellen Schwierigkeiten wurden nur wenig Arbeiten über die Mikrospektrometrie von Einzelfasern bekannt (CANNON (1957), CAROTI (1956, 1956a), QUYNN (1954)). MICHAJLOV (1962) verglich diese Methode mit der Spektroskopie einer Faserschicht. Ausführlichere Erfahrungsberichte über das Arbeiten mit dem IR-Mikroskop von PERKIN—ELMER sind in den Dissertationen von GAMPP (1955) und SCHWAIR (1966) enthalten.

Für Untersuchungen im mittleren Ultrarot soll der Durchmesser einer runden Faser nicht kleiner als 15 μm sein, da es keinen Sinn hat, die Spaltbreite am Ort der Faser kleiner als das Bild des Monochromatorspaltes zu wählen und der Monochromatorspalt aus Energiegründen eine Mindestgröße nicht unterschreiten darf. Für Messungen im polarisierten Licht soll der Faserdurchmesser wenigstens 20 μm betragen. Die genannten Schichtdicken sind für die meisten Grundschwingungsbanden mit starker Extinktion noch zu groß. Günstiger sind die Verhältnisse bei Fasern mit elliptischem oder nierenförmigem Querschnitt. SCHWAIR (1966) ordnete vier bis acht dünne Fasern parallel dicht nebeneinander an, indem er sie auf einer mit einem Schlitz versehenen selbstklebenden Folie anheftete, die auf dem Objekttisch des Mikroskops befestigt wurde.

Einige Autoren verringerten die Dicke von thermoplastischen Fasern durch Walzen oder Pressen, wobei aber Struktur und Orientierungszustand der Probe verändert werden, so daß sich das Verfahren nur für qualitative Untersuchungen eignet. Auch bei der Anfertigung von Längsschnitten mit unzweckmäßigen Mitteln können Orientierungsartefakte entstehen. CAROTI (1956) führte darauf den von QUYNN u. a. (1954) beobachteten Paralleldichroismus der NH- und CH-Valenzschwingungen von leicht verstreckten Nylon 66-Fäden zurück. Die Orientierung wird vermieden oder wenigstens verringert, wenn die Faser zum Mikrotomieren in Polymethylmethacrylat eingebettet wird, das nach KIRCHBERG (1960) zum Angleich an die Konsistenz der Faser mit Polyäthylenglykol weichgemacht wird. Ein anderes Verfahren zur Herstellung von Faserlängsschnitten beschrieben IWANOW und SCHNEIDER (1958). Mit einem Schneidwerkzeug, das einen Schnittwinkel von 90° hatte, konnten von Proteinfasern Längsschnitte bis herab zu 1 μm Schichtdicke hergestellt werden (AMBROSE (1951)). ELLIOTT (1953) hat für die direkte Durchstrahlung zu dicke Fäden auf einem Schleifstein aus Aluminiumoxyd bis zur gewünschten Schichtdicke abgeschliffen. Die Lichtstreuung an der nicht glatten Probenoberfläche wird durch eine Immersionsflüssigkeit herabgesetzt. MICHAJLOV (1962) verwendete dazu in einer Wärmeküvette aufgeschmolzenen Tetrabromkohlenstoff, der von 4000 bis 700 cm^{-1} frei von Absorptionen ist.

Bei quantitativen Messungen mit dem Ultrarotmikroskop sind eine Reihe von Fehlerquellen zu beachten, die bereits bei planparallelen Proben rechnerische Korrekturen erforderlich machen, welche von der Konvergenz des Strahlungsbündels, vom Brechungsindex der Probe und vom Extinktionswert abhängen (vgl. dazu Abschnitt 2.2.4.). Für Fasern, deren Durchmesser kleiner oder gleich dem Spaltbild am Ort der Probe ist, läßt sich eine effektive Schichtdicke kaum berechnen, wenn man nicht die Bildblende so eng macht, daß nur der zentrale Teil der Faser durchstrahlt wird. Voraussetzung für quantitative Messungen ist, daß die Faser sich in einer brechzahlgleichen Immersion befindet, um Brechung und Reflexion an ihrer Oberfläche auszuschalten und die Konvergenz der Strahlung so weit zu verringern, daß in erster Näherung parallele Durchstrahlung angenommen werden kann. Die dann noch erforderlichen Schichtdickenkorrekturen werden im nächsten Abschnitt im Zusammenhang mit der Durchstrahlung einer parallelen Faserschicht erörtert.

Dichroitische Messungen werden durch die parallel zur optischen Achse liegende Komponente des E-Vektors im polarisierten konvergenten Strahlenbündel verfälscht (Fraser (1953a)). Bei durch Walzen oder Pressen zweiachsig orientierten Proben sind drei verschiedene Extinktionskoeffizienten vorhanden (Vettegren (1963)). Die in den zitierten Arbeiten angegebenen Korrekturformeln enthalten den Brechungsindex, sie berücksichtigen aber nicht die Doppelbrechung verstreckter Fasern. Eine weitere Fehlerquelle bilden Beugungserscheinungen, die auftreten, wenn die Präparatdimensionen mit der Wellenlänge vergleichbar sind. Bohn (1964) hat darauf hingewiesen, daß für jede Wellenlänge eine von Probenbreite, Spaltbreite und Blendenweite abhängige optimale Dispersion oder Auflösung vorhanden ist, bei der die scheinbare Extinktion ein Maximum hat.

4.3.3. Faserschichten

4.3.3.1. Die Herstellung von parallelen Faserschichten

Für dickere Präparate, wie sie bei schwachen Banden oder im Oberschwingungsgebiet benötigt werden, wird ein parallel gekämmtes Faserbündel zwischen strahlungsdurchlässigen Platten festgeklemmt (Miller (1957)). Zur Verminderung der Lichtstreuung muß es mit einer Immersion getränkt werden. Ellis (1940) und Bassett (1963) nahmen zur Untersuchung von Cellulose im nahen Ultrarot eine Mischung aus CS_2 und CCl_4 mit dem Brechungsindex 1,57. Die gleiche Fasermatte kann für eine Reihe von Immersionen mit verschiedenen Brechzahlen oder Durchlässigkeitsbereichen benutzt werden, wenn die Flüssigkeiten herausgewaschen oder herausgeblasen werden. Luftblasen zwischen den Fasern lassen sich durch Evakuieren der Küvette entfernen. Fraser (1958a) hat auf Rahmen gewickelte Wollfasern in einer evakuierbaren Küvette getrocknet, mit D_2O deuteriert und nach erneuter Vakuumtrocknung in einer Hexachlorbutadienimmersion spektroskopiert.

Im Grundschwingungsbereich sind dünnere Präparate aus einer oder wenigen Faserschichten erforderlich, die so hergestellt werden müssen, daß möglichst keine Lücken zwischen den Fasern vorhanden sind. Holliday (1959) beschrieb eine einfache Anordnung aus zwei U-förmigen Metallrahmen, die mit der Faserdicke entsprechenden Abstandfolien zusammengeschraubt werden. Faserstücke werden einzeln zwischen die sorgfältig polierten und entgrateten Schenkel eingeführt und festgeklemmt. Ruscher und Schmolke (1960) haben das Verfahren dahingehend verbessert, daß ein endloser Faden einlagig aufgewickelt werden kann, der nach jeder Windung an einem Klebwachskegel befestigt wird (Abb. 4.12). Die günstigste Faserdicke liegt je nach Intensität der interessierenden Banden zwischen 10 und 40 μm. Von glatten Fasern können ohne Immersion befriedigende Spektren erhalten werden. Bei rauhen Fasern läßt sich die Streuung

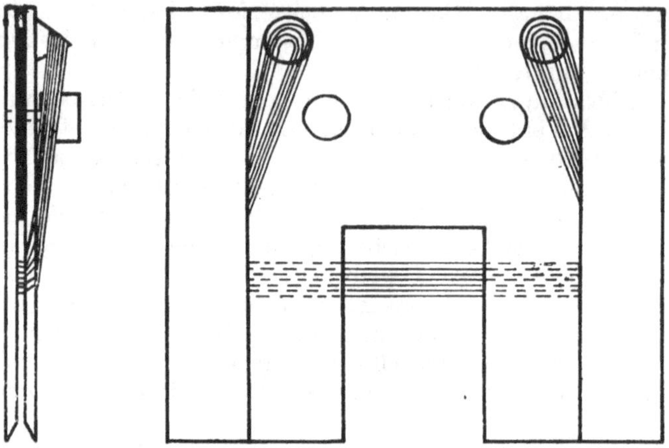

Abb. 4.12 Rahmen zum Aufwickeln von endlosen Fäden für die ultrarotspektroskopische Untersuchung (nach RUSCHER und SCHMOLKE (1960)).

durch Tränken des Vorhangs mit Paraffinöl oder Hexachlorbutadien beträchtlich vermindern. Die Güte des Spektrums hängt wesentlich von der exakten und lückenlosen Parallellagerung der Fäden ab. Die Ausführung der Wicklung wird zweckmäßig mit einem Stereomikroskop kontrolliert.

Nach einer anderen Methode werden die Fasern unmittelbar auf ein Plättchen aus Kaliumbromid oder Natriumchlorid aufgewickelt, das in eine Küvette mit Immersionsflüssigkeit gestellt wird (ŽBANKOV (1963)). Mit Hilfe von Aufwickelmaschinen wird die Herstellung der Faserschichten erleichtert und eine gleichmäßige, kontrollierbare Fadenlage erzielt. In Abb. 4.13 ist ein solches Gerät dargestellt. Der Faden wird auf einen in der Halterung befestigten Präparatträger aufgewickelt. Als Präparatträger werden je nach dem Verwendungszweck Metallplatten, Metallrahmen oder Platten aus ultrarotdurchlässigem Material eingesetzt. Der Fadenvorschub je halber Windung kann mit einem Reibradgetriebe kontinuierlich zwischen 5 und 50 μm variiert werden. Die Fadenspannung wird mit einem einstellbaren Fadenführer reguliert. Zur Befestigung der Fadenenden am Rand des Präparatträgers dient Paraffin, das mit einem erwärmten Glasstab aufgetragen wird. Bei Benutzung einer Immersion muß ein in der Flüssigkeit unlösliches Klebemittel verwendet werden, oder die Klebschicht wird durch eine Klemmleiste ersetzt. MICHAJLOV (1962) und ŠABLYGIN (1963) beschrieben eine ähnliche Einrichtung zum Aufwickeln von Fasern auf NaCl-Platten. Parallel zum Plattenrand angebrachte Führungsstifte erleichtern das Wickeln von Mehrfachschichten. Durch Variation des Verhältnisses zwischen Vorschub und Faserdurchmesser bestimmten die Autoren experimentell den Einfluß der Packungsgüte auf das Spektrum. Der Präparatträger kann mit einer Mikrometerschraube senkrecht zum Spektrometerspalt verschoben werden, um einen günstigen Teil der Probe aufzusuchen. Als Immersionsmedien dienten Hexachlorpropylen und Paraffinöl. Die Absorption der Immersion wurde mit einer Vergleichsküvette kompensiert. Wegen der inhomogenen Schichtdicke ist die gleichzeitige Kompensation verschieden starker Banden nicht möglich.

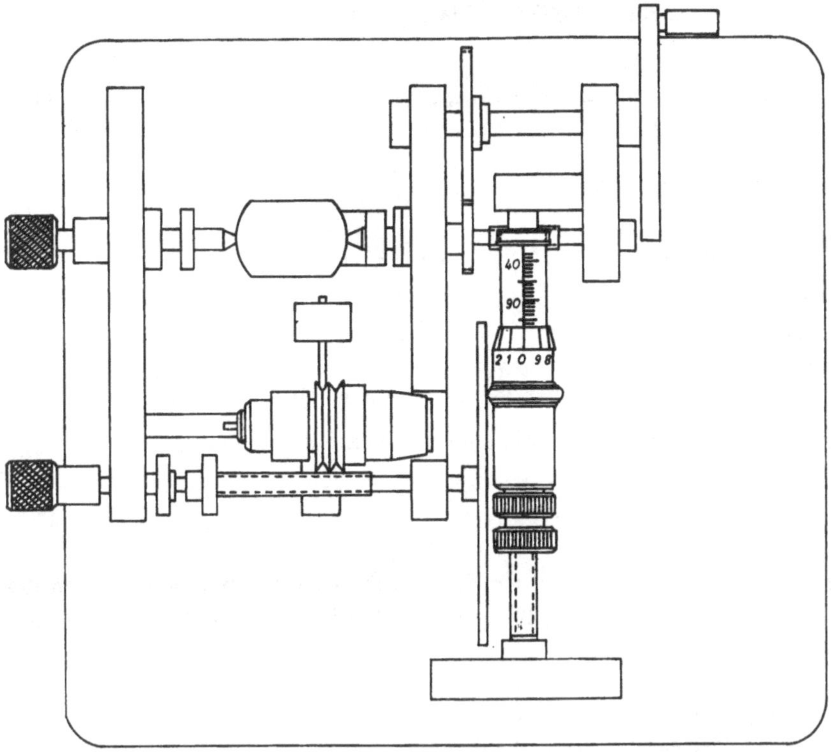

Abb. 4.13 Wickelmaschine zur Herstellung paralleler Faserschichten.

Die Herstellung guter Faserschichten ist mühselig und nicht immer erfolgreich. Andererseits ist es die einzige Möglichkeit, Fasern im unveränderten Zustand zu untersuchen. Trotz der im folgenden Abschnitt beschriebenen Fehlerquellen liefert die Spektroskopie von Faserschichten zuverlässigere Ergebnisse als mikrospektroskopische Methoden. Ein weiterer Vorteil ist, daß die Messung nicht an einem kurzen Einzelstück erfolgt, sondern über einem längeren Fadenabschnitt gemittelt wird.

4.3.3.2. Fehlerquellen und Korrekturen bei der Spektroskopie von Faserschichten

Die Extinktion eines senkrecht auf eine ideal gepackte, einlagige Faserschicht fallenden Lichtstroms wurde von Fraser (1953a) berechnet. Es handelt sich dabei um einen Sonderfall der im Abschnitt 2.4.4. diskutierten inhomogenen

Verteilung der Probe im Strahlungsquerschnitt. Der Transmissionsgrad einer Faser mit dem Radius r und der Absorptionskonstanten m ist (vgl. Abb. 4.14)

$$\tau = \int_0^{\pi/2} 10^{-2mr\sin\theta} \sin\theta \, d\theta. \tag{4.2}$$

Mit Hilfe des von CLINGMAN (1957) tabellierten Integrals

$$J(\alpha) = \frac{4}{\pi\alpha} \int_0^{\pi/2} [1 - \exp(-\alpha \sin\theta)] \sin\theta \, d\theta \tag{4.3}$$

erhält man für die Extinktion

$$E = -\log\tau = -\log\left[1 - \frac{1}{4}\pi\alpha J(\alpha)\right], \tag{4.4}$$

wo $\alpha = \dfrac{2mr}{\log e}$ ist.

Ein der Fasermasse entsprechender homogener Film hat die Schichtdicke $\frac{1}{2}\pi r$, und die berechnete Extinktion einer solchen Schicht beträgt

$$E_{\text{ber}} = \frac{1}{2}\pi r m = \frac{\pi\alpha}{4}\log e. \tag{4.5}$$

Die Differenz zwischen E_{ber} und E wurde in Abb. 4.15 in Abhängigkeit von der gemessenen Extinktion E aufgetragen. Im für quantitative Messungen günstigen

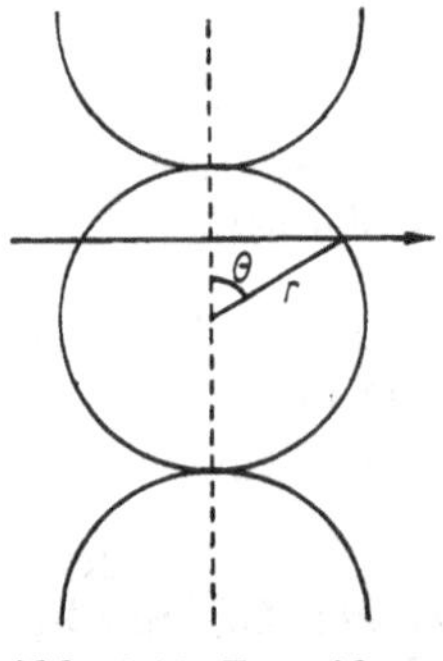

Abb. 4.14 Zur Absorption in einer ideal gepackten, einlagigen Faserschicht (nach FRASER (1953a)).

Extinktionsbereich beträgt der Fehler 1 bis 6%. Er fällt vor allem ins Gewicht, wenn Banden mit unterschiedlicher Intensität verglichen werden, was bei dichroitischen Messungen häufig der Fall ist. Die gleiche Korrektur ist bei der mikrospektroskopischen Untersuchung der Einzelfaser anzubringen, wenn die

Faser die Blende genau ausfüllt. Da die Blende gewöhnlich kleiner ist und die Faserränder verdeckt, ist der durch die zylindrische Probenform hervorgerufene Fehler kleiner als nach Abb. 4.15.

STACE (1965) hat die Extinktionskorrektur für N ideal gepackte und gegeneinander um einen halben Faserdurchmesser versetzte Faserschichten berechnet.

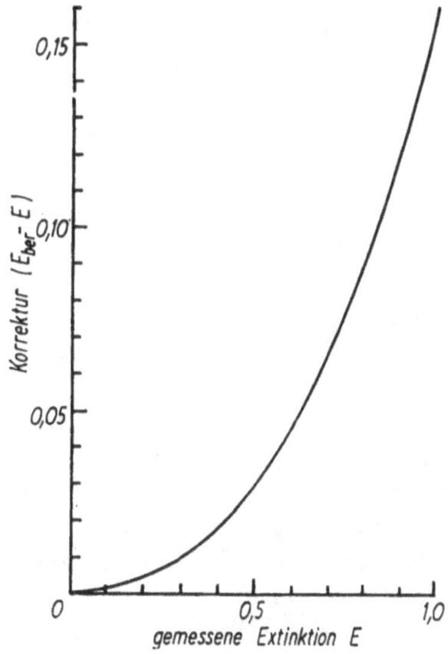

Abb. 4.15 Extinktionskorrektur für eine ideal gepackte, einlagige Schicht glatter runder Fasern (nach FRASER (1953a)).

In Tabelle 4.2 sind die Korrekturwerte für den Fall angegeben, daß die homogen verteilte Probe die theoretische Extinktion $E_{ber} = 1{,}0$ hat. Bei geradzahligem N ist der Fehler von N unabhängig und hat den gleichen Wert, dem er sich mit wachsendem ungeraden N nähert. Die in der Tabelle angeführten Werte sind als obere Grenzen anzusehen, da der Fehler wie in Abb. 4.15 bei kleineren Extinktionen geringer wird. Nur für Einfachschichten nimmt der auf die zylindrische Probenform zurückzuführende Fehler merkliche Werte an; bei Mehrfachschichten ist er gegen andere Fehler zu vernachlässigen.

Tabelle 4.2 Extinktionskorrektur für Mehrfachschichten von Fasern (nach STACE (1965))

Zahl der Schichten	1	3	5	geradzahlig
gemessene Extinktion E	0,884	0,970	0,978	0,982
zu addierende Korrektur	0,116	0,030	0,022	0,018

Auch bei sorgfältiger Herstellung einer Einzelfaserschicht werden kleine Lücken zwischen den Fasern verbleiben, durch die das Licht ungeschwächt hindurchdringen kann. Dieser unerwünschte Strahlungsanteil bewirkt im registrierten Spektrum, ähnlich wie das Monochromatorstreulicht, eine Abflachung der Banden; er ist aber meist größer als das Streulicht und kann zu beträchtlichen Fehlern führen. Es sei a die Breite des Spektrometerspaltes und a' die summierte Breite des Bildes aller Fasern auf dem Spalt. Der Füllfaktor $x = a'/a$ charakterisiert die Güte der Wicklung. Zwischen dem berechneten Transmissionsgrad τ_{ber} einer a' breiten idealen Faserschicht und dem gemessenen Transmissionsgrad τ besteht der Zusammenhang

$$\tau = \tau_{\text{ber}} x + 1 - x. \tag{4.6}$$

Der Füllfaktor x kann durch Ausmessen des Präparates mit einem Meßmikroskop ermittelt werden. Die experimentelle Bestimmung von x ist möglich, wenn im Spektrum der Probe eine sehr starke Bande mit $\tau_{\text{ber}} \approx 0$ vorhanden ist oder wenn für zwei Banden das Extinktionsverhältnis bekannt ist. Michajlov (1962) beschrieb ein Verfahren zur Bestimmung des reziproken Füllfaktors mit Hilfe einer Absorptionsbande der Immersion.

Die bisherigen Überlegungen gelten nur, wenn die Strahlung beim Durchgang durch die Fasern nicht abgelenkt wird, d. h. bei Brechzahlgleichheit von Faser und Immersion, die aber wegen der Doppelbrechung der meisten Fasern oft nur angenähert zu erreichen ist. Geringe Abweichungen machen sich noch nicht störend bemerkbar, aber bei stark doppelbrechenden hochverstreckten Polyesterfasern ($n_\perp = 1{,}54$; $n_\parallel = 1{,}71$ (Morrison (1963)) bereitet die Messung der Parallelkomponente Schwierigkeiten (Šablygin (1963)). Das Ergebnis von dichroitischen Untersuchungen ist gegen Brechzahldifferenzen besonders empfindlich. In Mehrfachschichten haben die Streuverluste für die Senkrecht- und Parallelkomponenten der Strahlung verschiedene Werte, und die Mehrfachstreuung bewirkt eine teilweise Depolarisation. Hinzu kommt, daß sich dem eigentlichen strukturellen Dichroismus der Probe der Formdichroismus überlagert, der nach Fraser (1958a) näherungsweise eliminiert werden kann, weil er sich im Gegensatz zum Absorptionsspektrum nur langsam mit der Wellenzahl ändert, also im wesentlichen zum Dichroismus des Untergrundes beiträgt.

4.3.4. Verpressen von Fasern zu Filmen

Unter hohem Druck lassen sich Fasern ohne Einbettungsmittel zu einem zusammenhängenden Film verpressen, der dünn und transparent genug ist, um für qualitative und quantitative Untersuchungen befriedigende Spektren anzufertigen. Das Verfahren wurde hauptsächlich zur Untersuchung von Cellulosefasern angewendet, worüber in einer Reihe Arbeiten berichtet wurde (Ermolenko (1959), Gusev (1964), Stepanov (1961, 1963), Žbankov (1956, 1962, 1963, 1964)). Zur Herstellung isotroper Präparate werden auf ein bis zwei Millimeter Länge geschnittene Fasern gleichmäßig auf der Oberfläche des Preßstempels verteilt. Der erforderliche Preßdruck von 3000 bis 30000 kp cm^{-2} kann mit den meisten für die KBr-Preßtechnik bestimmten hydraulischen Pressen erzeugt werden.

Die Transparenz der erhaltenen Cellulosescheibchen nimmt mit steigendem Preßdruck zunächst zu und bleibt etwa ab 15000 kp cm^{-2} konstant. Obwohl die Faserstruktur im Preßling bestehen bleibt, ist der optische Kontakt zwischen den Einzelfasern so gut, daß durch das Präparat hindurch eine Schrift gelesen werden kann (Žbankov (1956)). Feuchte Fasern ergeben besser transparente Filme als scharf getrocknete Proben, allerdings ist beim Pressen von in Wasser gequollener Cellulose mit Strukturveränderungen zu rechnen, die sich durch Dichtezunahme bemerkbar machen (Karlinský (1954)). Gute Ergebnisse sollen auch durch Pressen von Textilien ohne vorhergehende Zerkleinerung zu erzielen sein. Die von Einbettungsmitteln freien Preßfilme eignen sich zur spektroskopischen Untersuchung der Wechselwirkung zwischen Cellulose und chemischen Reagenzien (Žbankov (1962)). Dieser Vorteil geht verloren, wenn die Probe zur Verringerung der Streulichtverluste mit einer im untersuchten Spektralbereich durchlässigen Immersionsflüssigkeit getränkt wird, wonach erheblich bessere Spektren erhalten werden. Die Lichtstreuung einer gepreßten Scheibe in der Immersion ist geringer als die eines Kaliumbromidpreßlings mit gleichen Extinktionswerten. Ant-Wuorinen und Visapää (1960) erhielten mit nach einer Sandwich-Technik zwischen Kaliumbromidschichten eingepreßten Cellulosescheiben besser reproduzierbare Ergebnisse als bei der gewöhnlichen KBr-Preßtechnik.

Zur Herstellung orientierter Präparate werden parallele Faserschichten gepreßt, wobei es aber wesentlich schwieriger ist, mechanisch feste Filme herzustellen. Tsuboi (1956, 1957) hat native Cellulosefasern, bevor sie gepreßt wurden, in 4%iger NaOH- oder NaOD-Lösung gequollen, um hinreichend dünne orientierte Cellulosefilme zu erhalten. Strukturänderungen können bei diesem Verfahren nicht ausgeschlossen werden. Gusev und Ermolenko (1964) erhielten von Baumwolle und Viskoseseide brauchbare Filme bei einem Druck von 10000 kp cm^{-2}. Der Dichroismus der Absorptionsbanden konnte qualitativ bestimmt werden, die exakte Messung der Orientierung bereitete aber wegen der erforderlichen Korrekturen Schwierigkeiten. Cumberbirch und Spedding (1962) wickelten auf eine Stahlplatte zweilagige Faserschichten, die mit Aluminiumfolie bedeckt wurden. Nach dem Pressen mit etwa 10000 kp cm^{-2} wurde die Probe angefeuchtet und erneut gepreßt. Durch Röntgenbeugung und Doppelbrechungsmessung konnten keine signifikanten, auf Druckeinwirkung zurückzuführende Strukturänderungen festgestellt werden. Jayme u. a. (1964) fanden bei relativ niedrigen Drucken Änderungen des röntgenographisch bestimmten Ordnungsgrades von Cellulose, die aber auch auf einer Druckorientierung der Faserstücke beruhen können, da mit zunehmendem Preßdruck ein konstanter Kristallinitätsindex erhalten wurde. Einlagige Schichten von 20 μm dicken Cellulosecordseide-Fäden ergaben erst bei Drucken über 40000 kp cm^{-2} und mehreren Stunden Preßdauer locker zusammenhängende Filme (Dechant (1966a)). Schwache Banden bei 1590 und 1740 cm^{-1} weisen auf eine Molekülschädigung durch Druckeinwirkung hin. Bei Deuterierung in flüssigem D_2O oder in mit D_2O-Dampf gesättigter Luft zerfielen die Proben, sie konnten aber bei 50% D_2O-Feuchtigkeit deuteriert werden und ergaben zwischen NaCl-Scheiben mit Hexachlorbutadien-Immersion befriedigende Spektren. Smith u. a. (1963) haben die Preßfilme zur Erhöhung der mechanischen Festigkeit einseitig mit AgCl-Pulver bestreut und nochmals gepreßt.

Außer Cellulose wurden auch Polyamid-, Polyester-, Polyacrylnitril- und andere Fasern in Form von isotropen (Burgess (1961)) oder orientierten (Knight (1967))

Preßfilmen spektroskopiert. Preßdruck und -dauer zur Erzielung guter Präparate hängen vom Fasermaterial ab. Bei plastischen Materialien ist mit erheblichen Strukturänderungen und Verformungen zu rechnen, die das Verfahren nur für qualitative Aussagen geeignet erscheinen lassen. Das gilt noch mehr, wenn der Preßvorgang in geheizten Formen dicht unter oder über dem Schmelzpunkt durchgeführt wird (Coakley (1966), Fagot (1965)), Zimmer (1969)).

4.4. ATR-Technik

Die Methode der geschwächten Totalreflexion (attenuated total reflection — ATR) wurde etwa Anfang der 60er Jahre in die Ultrarotspektroskopie eingeführt. Das Prinzip dieser Methode besteht in der Messung des an der Grenzfläche zwischen einem optisch dichteren und einem optisch dünneren Medium totalreflektierten Lichtes, wobei die Totalität der Reflexion verloren geht, wenn das optisch dünnere Medium absorbiert. Die ATR-Technik macht eine Reihe mit anderen Verfahren nicht oder schwer zu lösende Probleme der ultrarotspektroskopischen Untersuchung zugänglich. Obwohl sie keine so breite Anwendung und stürmische Entwicklung wie die KBr-Preßtechnik erfahren hat, kommt sie dieser doch an Bedeutung als Präparationsverfahren für feste Substanzen am nächsten. Die Entwicklung ist sowohl hinsichtlich der experimentellen Ausführung als auch der theoretischen Interpretation der ATR-Spektren keineswegs abgeschlossen. Häufig wird die allgemeinere Bezeichnung innere Reflexionsspektroskopie (internal reflection spectroscopy — IRS) angewendet. Nach einem Nomenklaturvorschlag der American Society for Testing and Materials (Harrick (1967)) wird beim ATR-Effekt die Schwächung durch Absorption im optisch dünneren Medium bewirkt. Wenn die Schwächung auf andere Effekte zurückzuführen ist, wird sie mit FTR (frustrated total reflection) bezeichnet.

Die ATR-Technik wurde gleichzeitig und unabhängig von Fahrenfort (1961, 1962) im Zusammenhang mit Arbeiten zur Bestimmung optischer Konstanten durch Reflexionsmessungen und von Harrick (1959a, 1963) bei der spektroskopischen Untersuchung von Halbleiteroberflächen entwickelt. In der Folgezeit erwies sich die Methode als sehr gut geeignet zur Untersuchung solcher Substanzen, die für die gewöhnliche Transmissionsspektroskopie schwierig zu präparieren sind. Eine ausführliche Darlegung der theoretischen und experimentellen Grundlagen der inneren Reflexionsspektroskopie ist in einer von Harrick (1967) geschriebenen Monographie zu finden.

4.4.1. Grundlagen der Methode

Das Prinzip einer ATR-Einrichtung zeigt die Abb. 4.16. Die Strahlung wird an der Grenzfläche zwischen einem als Hemizylinder ausgebildeten Kristall mit der hohen Brechzahl n_1 und der Probe mit der kleineren Brechzahl n_2 reflektiert. Wenn der Einfallswinkel θ größer als der durch die Beziehung

$$\sin \theta_c = \frac{n_2}{n_1} \tag{4.7}$$

bestimmte Grenzwinkel θ_c ist, tritt Totalreflexion ein. Die Strahlung wird entweder auf die Grenzfläche fokussiert, oder sie verläuft im Kristall parallel. Letzteres ist notwendig, wenn zur Bestimmung optischer Konstanten genaue Winkelmessungen erforderlich sind (GILBY (1966, 1966a)). Die exakte Anwendung der

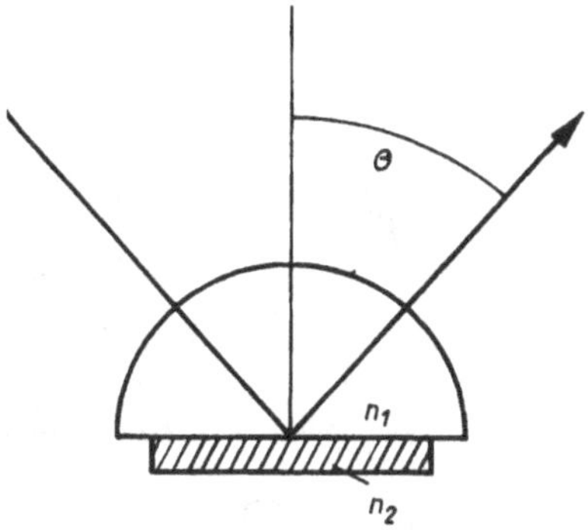

Abb. 4.16 Das Prinzip der geschwächten Totalreflexion (ATR-Technik).

MAXWELLschen Gleichungen auf die Reflexion an einer Grenzfläche zeigt, daß bei Totalreflexion zwar im Mittel keine Energie vom optisch dichteren in das dünnere Medium fließt, daß aber in jedem Moment ein Energiestrom an bestimmten Stellen vom ersten ins zweite Medium und an anderen Stellen entgegengesetzt gerichtet ist (FAHRENFORT (1963)). Zugleich tritt ein Energiestrom parallel zur Grenzfläche auf, der zu einer experimentell nachweisbaren Strahlversetzung führt (GOOS (1947)). Durch die Wechselwirkung mit dem zweiten Medium wird bei Wellenlängen, an denen das Medium absorbiert, die reflektierte Strahlung geschwächt, und das ATR-Spektrum weist eine große Ähnlichkeit mit dem Transmissionsspektrum auf (Abb. 4.17a und b). Dagegen gibt das gewöhnliche, an einem optisch dichteren Medium erhaltene Reflexionsspektrum, abgesehen von der weit geringeren reflektierten Intensität, im wesentlichen nur den Verlauf des Brechungsindex wieder (Abb. 4.17c). Zu den besonderen Vorzügen der ATR-Technik gehören die Möglichkeit, Gebiete starker Extinktion zu untersuchen, ohne extrem dünne Proben herzustellen, die Untersuchung von Proben, die nur in dicker Schicht charakteristisch sind oder sich auf einer undurchlässigen Unterlage befinden, und das Studium von Oberflächeneffekten.

Die Fortpflanzung einer elektromagnetischen Welle im absorbierenden Medium wird durch den komplexen Brechungsindex

$$n' = n(1 - i\varkappa) \tag{4.8}$$

bestimmt, der direkt mit den molekularen Eigenschaften des Mediums zusammenhängt (FAHRENFORT (1963)). Zwischen dem Absorptionsindex $\varkappa$ und der im LAMBERTschen Absorptionsgesetz (Gleichung 2.20) enthaltenen Absorptionskonstanten m' besteht die Beziehung

$$m' = \frac{1}{\lambda} \cdot 4\pi n \varkappa . \tag{4.9}$$

Amplitude und Phase der an einer Grenzfläche gebrochenen oder reflektierten Strahlung werden durch die FRESNELschen Formeln beschrieben (BORN, WOLF (1959)). Bei einem nicht absorbierenden Medium 1 und mit $n_2/n_1 = n$ wird die

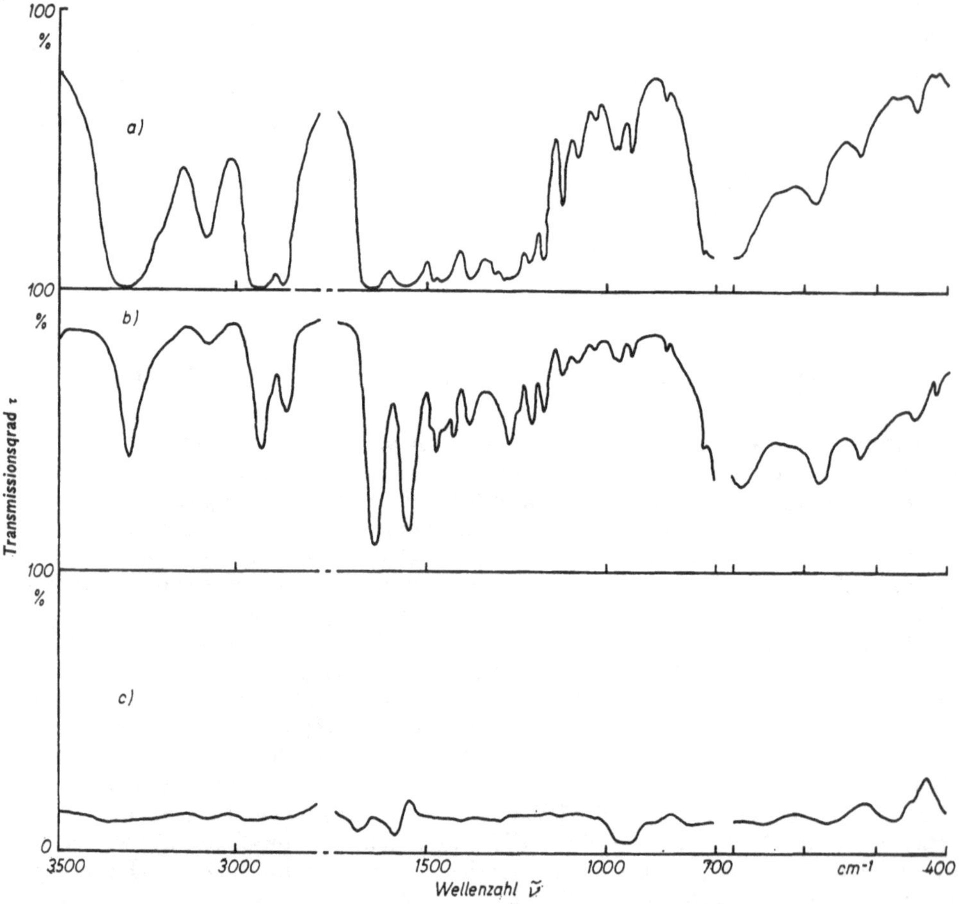

Abb. 4.17 Ultrarotspektren von Polycaprolactam.
a — Transmissionsspektrum, Schichtdicke $d = 0{,}04$ mm; *b* — ATR-Spektrum, $\theta = 45°$, KRS-5-Kristall, zweifache Reflexion; *c* — normales Reflexionsspektrum, $\theta = 55°$

reflektierte Intensität für parallel bzw. senkrecht zur Einfallsebene polarisiertes Licht nach GOTTLIEB (1966, 1967)

$$R_{\|} = \frac{[(n^2 - n^2\varkappa^2)\cos\theta - b]^2 + [a - 2n^2\varkappa\cos\theta]^2}{[(n^2 - n^2\varkappa^2)\cos\theta + b]^2 + [a + 2n^2\varkappa\cos\theta]^2} \tag{4.10}$$

und

$$R_\perp = \frac{(\cos\theta - b)^2 + a^2}{(\cos\theta + b)^2 + a^2} \tag{4.11}$$

mit

$$2a^2 = \sin^2\theta - n^2(1-\varkappa^2) + \sqrt{[\sin^2\theta - n^2(1-\varkappa^2)]^2 + 4n^4\varkappa^2}$$

$$2b^2 = -[\sin^2\theta - n^2(1-\varkappa^2)] + \sqrt{[\sin^2\theta - n^2(1-\varkappa^2)]^2 + 4n^4\varkappa^2}$$

Flournoy (1963) und Hansen (1965) haben Reihenentwicklungen für diese Gleichungen angegeben, aus denen hervorgeht, daß die Abhängigkeit von $\varkappa$ und damit der Kontrast im ATR-Spektrum für $\sin\theta \to n_2/n_1$, d. h. am Grenzwinkel der Totalreflexion, und für $n_2/n_1 \to 1$ am größten wird. Andererseits ist es jedoch nicht ratsam, unter diesen Bedingungen zu messen, da der Brechungsindex infolge der anomalen Dispersion beim Durchlaufen einer Absorptionsbande nicht konstant ist und damit auch der Grenzwinkel der Totalreflexion Änderungen unterliegt. Dies bewirkt eine stark verzerrte Wiedergabe der Absorptionsbanden; das Bandenminimum wird nach kleineren Wellenzahlen verschoben und die Bande in gleicher Richtung asymmetrisch verbreitert. Bei genügendem Abstand vom Grenzwinkel wird eine Lorentz-Bande nach Untersuchungen von Zolotarev u. a. (1965, 1965a) nur an den Bandenausläufern merklich verändert. In den Abb. 4.18 und 4.19 wird der Einfluß der Aufnahmebedingungen auf das Aussehen des ATR-Spektrums illustriert. Bei der Untersuchung schwacher Banden ist es besser, die Extinktion durch Mehrfachreflexion zu vergrößern, als zu dicht am Grenzwinkel zu messen. Zolotarev (1965) nennt die optimalen Bedingungen zur Aufnahme von ATR-Spektren, die aber wegen der geringen Zahl geeigneter optischer Materialien mit hohem Brechungsindex nur begrenzten Wert haben.

Für den Vergleich von ATR-Spektren mit Transmissionsspektren ist es bequem, eine effektive Schichtdicke d_e zu definieren, die angibt, in welcher Dicke ein Film in Transmission die gleiche Extinktion aufweist wie dickes Material im ATR-Spektrum. Bei kleinen Absorptionskonstanten m hängt d_e nicht von m ab, sondern wird nur vom Brechungsindex $n = n_2/n_1$, dem Einfallswinkel θ und der Wellenlänge bestimmt. Von den gleichen Größen hängt die Eindringtiefe der elektromagnetischen Welle ins dünnere Medium ab (Harrick (1963)). Für parallel beziehungsweise senkrecht zur Einfallsebene polarisiertes Licht beträgt die effektive Schichtdicke nach Harrick (1966)

$$\frac{d_{e\parallel}}{\lambda_1} = \frac{n\cos\theta\,(2\sin^2\theta - n^2)}{\pi(1-n^2)[(1+n^2)\sin^2\theta - n^2]\,(\sin^2\theta - n^2)^{1/2}} \tag{4.12}$$

und

$$\frac{d_{e\perp}}{\lambda_1} = \frac{n\cos\theta}{\pi(1-n^2)(\sin^2\theta - n^2)^{1/2}}. \tag{4.13}$$

λ_1 ist die Wellenlänge im optisch dichteren Medium. $d_{e\parallel}$ ist stets größer als $d_{e\perp}$, deshalb werden mit parallel polarisierter Strahlung kontrastreichere Spektren erhalten. Insbesondere wird für $\theta = 45°$ $d_{e\perp} = \frac{1}{2} d_{e\parallel}$. In Abb. 4.20 ist die relative Schichtdicke in Abhängigkeit vom Einfallswinkel für verschiedene Brechungs-

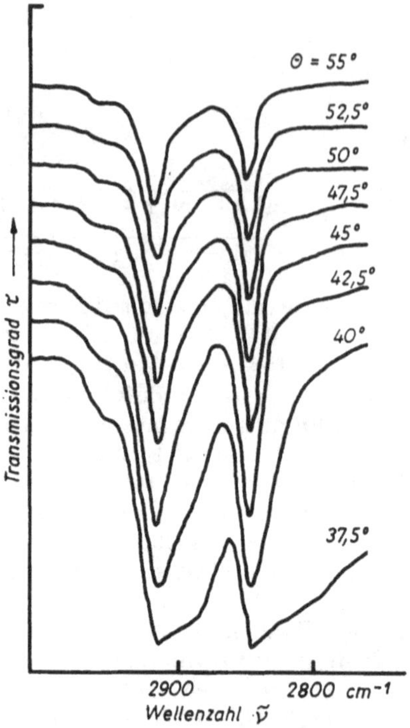

Abb. 4.18 Änderung des ATR-Spektrums von Polyäthylen in Abhängigkeit vom Reflexionswinkel θ. KRS-5-Kristall, $\theta_c = 39°$, zweifache Reflexion. Die Kurven wurden auf einheitlichen Transmissionsgrad bei 3000 cm^{-1} transformiert. Wegen der Konvergenz der Strahlung tritt auch bei $\theta < \theta_c$ noch teilweise Totalreflexion auf.

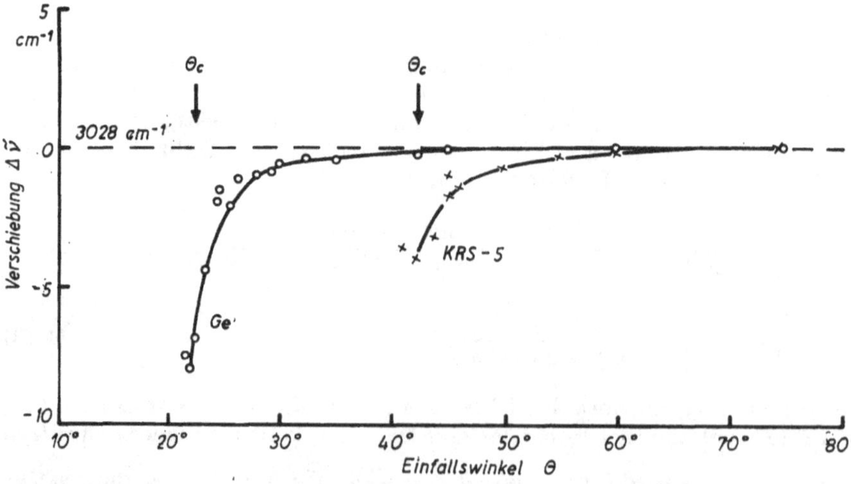

Abb. 4.19 Frequenzverschiebung der maximalen Extinktion der Polystyrolbande bei 3028 cm^{-1} im ATR-Spektrum bei Annäherung an den Grenzwinkel θ_c (nach Harrick (1967)).

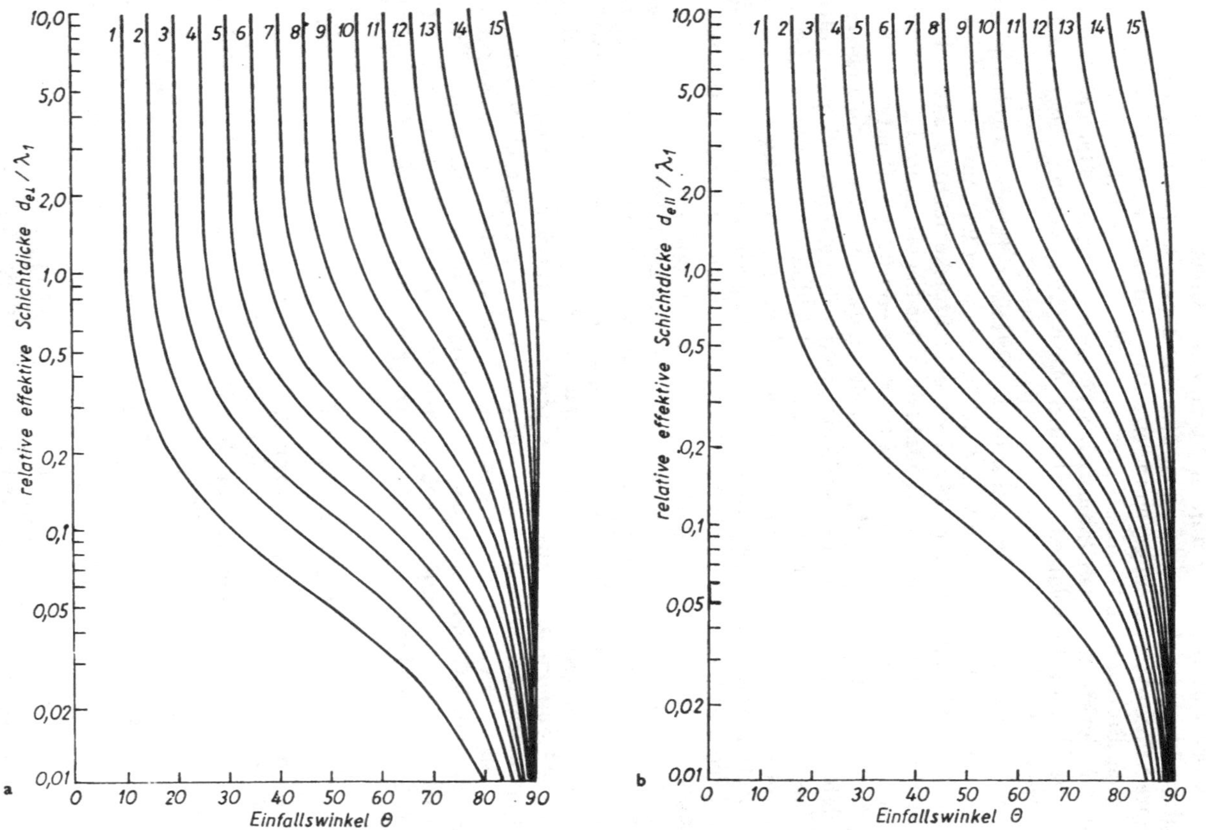

NO.	1	2	3	4	5	6	7	8	9	10	11	12	13	14	15	16
θ_c	10°	15°	20°	25°	30°	35°	40°	45°	50°	55°	60°	65°	70°	75°	80°	85°
n_{21}	.174	.239	.342	.423	.500	.574	.643	.707	.766	.819	.866	.906	.940	.966	.985	.996

NO.	1	2	3	4	5	6	7	8	9	10	11	12	13	14	15
θ_c	10°	15°	20°	25°	30°	35°	40°	45°	50°	55°	60°	65°	70°	75°	80°
n_{21}	.174	.259	.342	.423	.500	.574	.643	.707	.766	.819	.866	.906	.940	.966	.985

Abb. 4.20 Relative effektive Schichtdicke in Abhängigkeit vom Einfallswinkel θ für verschiedene Grenzflächen. $\lambda_1 = \lambda/n_1$ ist die Wellenlänge im optisch dichteren Medium (nach Harrick (1967)).
a — für senkrecht zur Einfallsebene polarisierte Strahlung; *b* — für parallel zur Einfallsebene polarisierte Strahlung

indices dargestellt (nach HARRICK (1967)). Wegen der Proportionalität der effektiven Schichtdicke zur Wellenlänge erscheinen im ATR-Spektrum langwellige Banden relativ stärker als kurzwellige.

Die bei der Untersuchung dünner Filme oder Schichten mit Hilfe der ATR-Technik vorliegenden Verhältnisse wurden von HARRICK (1966) diskutiert. Wenn die wahre Schichtdicke klein gegen die effektive Schichtdicke ist, wird der Grenzwinkel vom Brechungsindex der Unterlage und nicht von dem der Probe bestimmt. Die Spektren werden dann auch bei Messungen in der Nähe des Winkels θ_c nicht verzerrt, und die relative Stärke der Absorptionsbanden hängt nicht von der Wellenlänge ab.

Für quantitative ATR-Messungen kann das BEERsche Gesetz als gute Näherung angesehen werden, wenn es auch wegen der bei größeren Extinktionskoeffizienten auftretenden Abhängigkeit der effektiven Schichtdicke nicht exakt gültig ist. Nach FLOURNOY und SCHAFFERS (1966a) hängt der Logarithmus der reflektierten Intensität im Bereich der normalerweise bei Polymeren anzutreffenden Extinktion linear vom Absorptionsindex $\varkappa$ ab, wenn nicht zu dicht am Grenzwinkel gemessen wird. Mehr noch als bei der Transmissionsspektroskopie wird bei quantitativen ATR-Messungen von empirisch gewonnenen Eichkurven Gebrauch gemacht. Wichtig ist dabei die exakte Einhaltung der Aufnahmebedingungen wie Einfallswinkel und Kontakt zwischen Probe und ATR-Kristall. Die Eichkurven zeigen keine größeren Abweichungen von der Linearität als sie auch bei Transmissionsmessungen gefunden werden (FAHRENFORT (1961), KATLAFSKY (1963), PUTTNAM (1965)). Bei Festkörpern ist die Reproduzierbarkeit des Kontaktes nicht immer gewährleistet, und es wird vorteilhaft mit einem inneren Standard gearbeitet.

Es wurde bereits darauf hingewiesen, daß parallel zur Einfallsebene polarisierte Strahlung in stärkere Wechselwirkung mit der Probe tritt, als die senkrecht polarisierte Komponente. Daher ist die reflektierte Intensität auch bei Verwendung unpolarisierter Strahlung von der Anisotropie und der Orientierung der Probe abhängig. FLOURNOY und SCHAFFERS (1966a) leiteten die FRESNELschen Formeln für die Reflexion polarisierter Strahlung an einem anisotropen Film ab, der an einer Seite von einem hochbrechenden isotropen Medium und an der anderen Seite von Luft begrenzt wird. Die Formeln enthalten drei komplexe Brechungsindices

$$n_j' = n_j(1 - i\varkappa_j) \qquad j = x, y, z \tag{4.14}$$

für die Richtungen x = senkrecht zur Einfallsebene, y = parallel zur Einfallsebene und z = senkrecht zur Grenzfläche. Bei dicken Proben ($d \gg \lambda$) mit $\varkappa_j < 0{,}1$ und $n_x = n_y = n_z = n_2$ werden für den Reflexionsgrad die relativ einfachen Formeln (4.15) und (4.16) erhalten.

$$\ln R_\perp = -\frac{4n^2\varkappa_x}{\tan\theta\left(1 - \dfrac{n^2}{\sin^2\theta}\right)^{1/2}(1 - n^2)}, \tag{4.15}$$

$$\ln R_\parallel = -\frac{4n^2\left[\varkappa_z + \left(1 - \dfrac{n^2}{\sin^2\theta}\right)\varkappa_y\right]}{\tan\theta\left(1 - \dfrac{n^2}{\sin^2\theta}\right)^{1/2}\left(1 - \dfrac{n^2}{\sin^2\theta} + n^4\cot^2\theta\right)}. \tag{4.16}$$

Der Reflexionsgrad wird analog zum Transmissionsgrad aus dem Verhältnis der Lichtströme Φ und Φ_0 bestimmt, wobei Φ_0 im allgemeinen durch ein Grundlinienverfahren zu ermitteln ist (vgl. Abschnitt 2.4.3.2.).

Bei q-facher Reflexion wird ein experimenteller Reflexionsgrad R_{ex} gemessen, der mit dem in obige Gleichung einzusetzenden Wert für einfache Reflexion durch die Beziehung

$$R_{ex} = R^q \tag{4.17}$$

zusammenhängt. Die Voraussetzung $\varkappa_j < 0{,}1$ ist bei den meisten in Polymeren vorkommenden Absorptionsbanden erfüllt. $n_x = n_y = n_z = n_2$ besagt, daß die Anisotropie der Probe nur im Absorptionsindextensor und nicht im Brechungsindextensor liegt. Diese Annahme ist berechtigt, wenn n_2 hinreichend klein gegen $n_1 \cdot \sin\theta$ ist. Aus den Gleichungen (4.15) und (4.16) können durch Messung bei zwei verschiedenen Winkeln, oder durch Drehen der Probe um 90°, d. h. durch Vertauschen von x und y, die Absorptionsindices $\varkappa_x$, $\varkappa_y$ und $\varkappa_z$ ermittelt werden, die nach Gleichung (4.9) mit den Absorptionskonstanten zusammenhängen.

ATR-Messungen mit polarisierter Strahlung ergänzen die Transmissionsspektroskopie dichroitischer Proben, da mit der ATR-Technik die Absorptionskonstanten für alle drei räumlichen Richtungen meßbar sind und die Oberflächenorientierung unabhängig von der Orientierung tiefer liegender Schichten gemessen wird. Flournoy (1966) hat auf der Grundlage dieser Überlegungen den molekularen Orientierungsprozeß in einachsig verstreckten Polypropylenfilmen untersucht. Er fand, daß die Oberflächenorientierung innerhalb der Meßgenauigkeit mit der Gesamtorientierung übereinstimmt und daß die Absorptionskonstanten radialsymmetrisch zur Streckrichtung sind.

4.4.2. *Experimentelle Ausführung von ATR-Messungen*

Um die in Abb. 4.16 skizzierte Anordnung mit einem hemizylindrischen ATR-Kristall in das Spektrometer einzusetzen, muß die Strahlung durch ein System von drehbaren Plan- und Hohlspiegeln abgelenkt und nach der Reflexion wieder auf den Eintrittsspalt des Monochromators fokussiert werden. Als Zubehör für die meisten Spektrometer werden nach diesem Prinzip arbeitende ATR-Einrichtungen angeboten. Tabelle 4.3 enthält die Brechungsindices n_1 und die Grenzwinkel der Totalreflexion θ_c der als ATR-Kristalle verwendeten Materialien für

Tabelle 4.3 Brechungsindex n_1 von optischen Materialien für die ATR-Technik und Grenzwinkel θ_c für Proben mit $n_2 = 1{,}5$

Material	n_1	$\theta_c = \arcsin \frac{n_2}{n_1}$
AgCl	2,0	49°
KRS-5	2,4	39°
Silizium	3,45	26°
Germanium	4,1	21,5°

Proben mit dem Brechungsindex $n_2 = 1{,}5$. Der spektrale Anwendungsbereich ist aus Tab. 2.2 ersichtlich. Es wurden auch Geräte beschrieben, die anstelle des Hemizylinders ein Dreikantprisma enthalten (FEILER (1966)). Die Möglichkeit zur Variation des Reflexionswinkels ist dann stark eingeengt, was jedoch keine ernste Behinderung bedeutet, da die meisten Messungen nur in einem kleinen Winkelbereich oberhalb θ_c ausgeführt werden. Die aufwendige und mit Energieverlusten verbundene Reflexion der Strahlung an mehreren Spiegeln wird bei

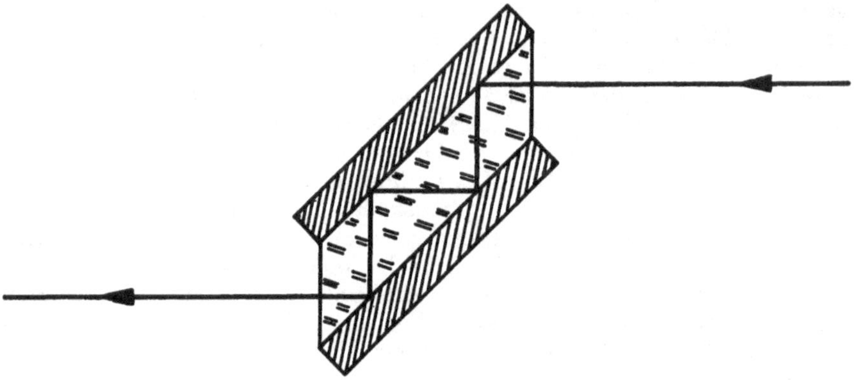

Abb. 4.21 Strahlengang in einem ATR-Prisma für vierfache Reflexion.

einer von DECHANT (1969) beschriebenen Anordnung vermieden, bei der die Strahlung im Prisma zwei- oder vierfach reflektiert wird (Abb. 4.21). Die geringe seitliche Versetzung des Strahls wird ohne zusätzliche Spiegel oder mit zwei Planspiegeln erreicht (SHERMAN (1964)). Durch Drehung des Prismas kann der Reflexionswinkel zwischen 35 und 55° variiert werden.

Schwache Banden können durch Vielfachreflexion verstärkt werden, ohne die effektive Schichtdicke durch Annäherung an den kritischen Winkeln zu vergrößern und die damit verbundenen Nachteile in Kauf zu nehmen. Das gleiche Verfahren erweist sich als sehr nützlich, wenn die Beschaffenheit der Proben, z. B. bei Fasermaterial, keinen vollständigen optischen Kontakt mit dem Prisma zuläßt. HARRICK (1964, 1966) und HANSEN (1964) beschrieben Prismenausführungen für vielfache innere Reflexion, die auch in der UV-Spektroskopie Verwendung finden und teilweise mehrere Hundert Reflexionen ermöglichen. In der UR-Spektroskopie sind Einrichtungen für etwa 25 Reflexionen gebräuchlich, mit denen z. B. von Baumwollfasern gute Spektren erhalten werden (PERKIN-ELMER (1966a)). BAXTER und PUTTNAM (1965) wiesen auf die Vorteile der Vielfachreflexion zur Untersuchung sehr dünner Schichten auf Papier und Folien hin, wenn durch Vergrößerung des Reflexionswinkels die effektive Schichtdicke gering gehalten wird. Die Anwendung der Methode führt nicht immer zum Erfolg, da mit der Reflexionszahl auch die Streuverluste zunehmen (FORD (1966)). FUJIMOTO (1969) konstruierte eine ATR-Einrichtung zur Verwendung bei hohen Temperaturen und setzte sie bei der Untersuchung von Polymerisations- und Vernetzungsreaktionen ein.

Wegen der geringen Eindringtiefe der totalreflektierten Strahlung ist zur Erzielung guter ATR-Spektren sehr enger optischer Kontakt zwischen der Probe und dem Prisma erforderlich. Nicht zu harte Polymere mit glatter Oberfläche können durch mäßigen Druck in guten Kontakt zum Prisma gebracht werden. Elastomere sind in dieser Hinsicht besonders vorteilhaft. Mit Mikro-ATR-Einrichtungen, bei denen nur kleine ebene Probenflächen erforderlich sind, ist das Kontaktproblem leichter zu lösen. Über größere Flächen kann ein gleichmäßiger Druck mit Hilfe hydraulischer Systeme oder mit einer weichen Gummiunterlage erzielt werden. Proben mit rauhen Oberflächen zerstören bei zu starkem Druck die Prismenflächen. JAYME und ROHMANN (1965) empfehlen, die Proben vor der ATR-Messung zur Erzeugung einer glatten Oberfläche in einem KBr-Preßwerkzeug mit polierten Preßflächen einem Druck von etwa 8000 kp cm^{-2} auszusetzen. Vielfach-ATR-Messungen stellen an den Kontakt zwischen Probe und Prisma weniger hohe Anforderungen, so daß es beispielsweise möglich ist, von Textilgeweben ohne weitere Vorbehandlung gute Spektren zu erhalten (LOESER (1966)). Unter Umständen kann ein flüssiges oder plastisches Immersionsmedium den Kontakt verbessern. Das Zwischenmedium soll nicht absorbieren und einen Brechungsindex zwischen dem der Probe und dem des Prismas haben, so daß an der Grenzfläche Prisma–Immersion keine Totalreflexion erfolgt. Plastischer Schwefel ($n = 2{,}1$) und plastisches Selen ($n = 2{,}4$) (GOTTLIEB (1967)) sowie AgCl und AgBr (HIRSCHFELD (1967)) oder eine Lösung von Schwefel in Methylenchlorid (DEANE (1966)) wurden empfohlen.

Teilweise bereitet es Schwierigkeiten, zwei größere Bauelemente, wie ATR-Einrichtung und Polarisator, gleichzeitig im Spektrometer unterzubringen. Einen wesentlichen Vorteil besitzen in dieser Hinsicht die flach gebauten Drahtgitter-Polarisatoren (vgl. Abschnitt 2.2.3.1. und (KROHMER (1968)) In anderen Fällen muß der Polarisator dicht vor dem Monochromatorspalt angebracht werden (FLOURNOY (1966), GOTTLIEB (1967), YAMADA (1967)).

4.4.3. *Einige Anwendungen und Ergebnisse der ATR-Technik*

Polymere gehörten zu den ersten mit Hilfe der ATR-Technik untersuchten Substanzen. FAHRENFORT (1961) zeigte die Überlegenheit der ATR-Technik gegenüber der normalen Spiegelreflexion oder der KBr-Technik für die Spektroskopie so schwierig zu präparierender Substanzen wie Epoxydharz. HARRIS und SVOBODA (1962) verwendeten ATR-Spektren für analytische Untersuchungen an Alkydharzen. Außer harten, unlöslichen Materialien lassen sich auch sehr weiche Stoffe, wie Gummi oder Schaumstoffe, vorteilhaft mit der ATR-Technik untersuchen. Undurchlässige Füllstoffe stören weniger als bei der Transmissionsspektroskopie. Dank der schonenden Vorbehandlung der Proben, die sich auf das Zuschneiden der Probengröße und die Herstellung einer einigermaßen glatten Oberfläche beschränkt, können biologische Präparate ohne ihre Struktur und Zusammensetzung verändernde Eingriffe untersucht werden. BAIER (1970) untersuchte den Zusammenhang zwischen der Oberflächenstruktur und der Benetzbarkeit von Polyamidfilmen. Dies hat man sich für die spektroskopische Untersuchung von Haut, Geweben und Knochen zunutze gemacht (FUREDI (1968), PARKER (1967),

SHERMAN (1964)). Weitere typische Anwendungsmöglichkeiten der ATR-Technik werden in einem Bericht von WILKS und HIRSCHFELD (1967) mitgeteilt.

Wegen der geringen und in gewissen Grenzen variierbaren effektiven Schichtdicke lassen sich Beschichtungen ohne störende Absorption der Unterlage untersuchen. Darauf beruhen einige Verfahren zur Analyse von Papierveredelungsmitteln, deren Abtrennung von der Unterlage andernfalls nur durch sehr zeitraubende Präparationstechniken möglich ist (DELEY (1963), JAYME (1965, 1966, 1972), SCHWAB (1965)). HERMANN (1965) berichtet über die ATR-Spektroskopie dünner Überzüge auf Fasern und Metallplatten. GEDEMER (1965) untersuchte den Abbau von Polycarbonaten bei Einwirkung von UV-Strahlung. Von der belichteten Seite der Proben wurden nach und nach dünne Schichten abgeschliffen und die ATR-Spektren der belichteten und der unbelichteten Seite miteinander verglichen. Es zeigte sich, daß der Strahlungsabbau in einer sehr dünnen Schicht an der bestrahlten Oberfläche konzentriert ist. In ähnlicher Weise bestimmte REICHERT (1966) den Schichtaufbau von Lackfilmen und die oxidative Schädigung von Äthylcellulosefilmen bei UV-Bestrahlung. Dünne Schichten wurden durch Abdrehen auf einer Präzisionsdrehbank von der Oberfläche abgetragen. LUONGO u. a. (1966) zeigten mit Hilfe der ATR-Spektroskopie, daß in Polybuten-1 die Umwandlung polymorpher Modifikationen unter dem Einfluß von Wärme oder Bestrahlung von der Filmoberfläche aus erfolgt. SCHMITZ (1969) berichtete über die Anwendung der ATR-Technik zur Untersuchung von Anstrichstoffen. CARLSSON (1970, 1971, 1971a) untersuchte die Veränderungen, die an der Oberfläche von Polypropylenfilmen bei Einwirkung einer Koronaentladung und bei der Photooxydation auftreten. Die Eindringtiefen wurden durch die Wahl der Reflexionsbedingungen zwischen 0,1 und 0,4 μm variiert. WAGNER (1971) untersuchte die spektralen Oberflächenänderungen von bestrahlten gepfropften und imprägnierten Plasten.

In einer Reihe von Arbeiten (BARR (1967), LOESER (1966), McCALL (1966), O'CONNOR (1965)) wurde die ATR-Spektroskopie zur Untersuchung von Fasern und Textilgeweben verwendet. Wegen des ungenügenden Kontaktes zwischen Faser und ATR-Kristall sind die Spektren quantitativ schlecht reproduzierbar, jedoch konnten nach Eichung auch quantitative Messungen durchgeführt werden (McCALL (1966)). Die Auflösung und Wiedergabe starker Banden ist besser als in Transmissionsspektren. Zu beachten ist die bevorzugte Erfassung der Faseroberfläche, so daß dort wirkende Textilhilfsmittel im ATR-Spektrum stärker hervortreten. BARR (1967) untersuchte die molekulare Orientierung von Polyamidfasern. Er fand, daß bis zum Streckverhältnis 1,4 die Oberfläche etwas besser als das Faserinnere orientiert ist. HEIDEMANN (1970) wies mittels ATR-Messungen bei verschiedenen Reflexionswinkeln an Polyamidfasern die Existenz einer Kern-Mantel-Struktur nach.

5. Spezielle Probleme der ultrarotspektroskopischen Untersuchung von Polymeren

5.1. Die Bestimmung des Ordnungszustandes

Die Eigenschaften von festen Polymeren hängen sehr stark von der Vorgeschichte des Stoffes ab; sie werden insbesondere durch thermische und mechanische Einwirkungen beeinflußt, welche die molekulare Ordnung verändern. Die Vielfalt der räumlichen Konformationen, die das Kettenmolekül unter dem Einfluß von intra- und intermolekularen Kräften einnehmen kann, spiegelt sich in der übermolekularen Ordnung wieder. Sie reicht vom vollständig amorphen Zustand bei strukturbedingter Kristallisationsbehinderung oder in abgeschreckten Schmelzen bis zum nahezu perfekten Kristallit, der durch sorgfältige Temperung oder langsame Kristallisation aus verdünnten Lösungen zu erhalten ist. Dazwischen treten mittlere Ordnungszustände auf, wie mehr oder weniger lange gestreckte Abschnitte von Einzelmolekülen und mesomorphe Strukturen, die nur in ein oder zwei Richtungen regelmäßig geordnet sind.

Im allgemeinen liegen Bereiche mit unterschiedlicher Ordnung im polymeren Festkörper nebeneinander vor. Im einfachsten Fall kann das Polymer in eine geordnete (kristalline) Phase und eine ungeordnete (amorphe) Phase eingeteilt werden. Der Phasenbegriff ist dabei nicht unbedingt im strengen thermodynamischen Sinn aufzufassen, es genügt vielmehr anzunehmen, daß sich der zu einer Phase gehörende Teil des Polymers homogen gegenüber der angewandten Meßmethode verhält, also eine örtlich konstante Dichte oder ein einheitliches UR-Spektrum hat.

Neben der Röntgenbeugung, der magnetischen Kernresonanz, der Elektronenmikroskopie und anderen Methoden kann auch die Ultrarotspektroskopie zur Bestimmung der übermolekularen Ordnung in festen Polymeren beitragen. Voraussetzung für die richtige Interpretation der Ergebnisse ist aber die sorgfältige Analyse des Zusammenhangs zwischen dem Schwingungsspektrum und der übermolekularen Struktur. Der gemessene geordnete Anteil wird oft als Kristallinität oder Kristallinitätsgrad bezeichnet. Richtiger ist es, vom Ordnungsgrad hinsichtlich der angewandten Meßmethode zu sprechen und die Bezeichnung Kristallinitätsgrad den Fällen vorzubehalten, wo die kristalline Phase sowohl begrifflich als auch durch die Meßmethode eindeutig zu erfassen ist. Bei ultrarotspektroskopischen Untersuchungen ist das nicht immer der Fall.

5.1.1. *Klassifizierung der von der übermolekularen Struktur abhängigen Absorptionsbanden*

Die Abhängigkeit des Ultrarotspektrums vom Ordnungszustand wurde schon bei den ersten ultrarotspektroskopischen Untersuchungen an kristallisationsfähigen Polymeren beobachtet und zur Charakterisierung der Polymere herangezogen. Zu den ältesten und bekanntesten Beispielen gehört die Aufspaltung der in geschmolzenem oder abgeschrecktem Polyäthylen bei 728 cm^{-1} gelegenen Bande in zwei Komponenten im kristallinen Polymer (THOMPSON (1945)). Ein anderes Beispiel sind die von MOCHEL und HALL (1949) beschriebenen Änderungen des UR-Spektrums von Polychloropren bei der Kristallisation (siehe Abschnitt 6.10.3.). Vereinfacht werden Banden, deren Intensität bei der Erhöhung des Ordnungsgrades zunimmt oder die nur in kristallinen Proben erscheinen, als kristalline Banden bezeichnet, während Banden mit einem negativen Ordnungsgradeffekt amorphe Banden genannt werden.

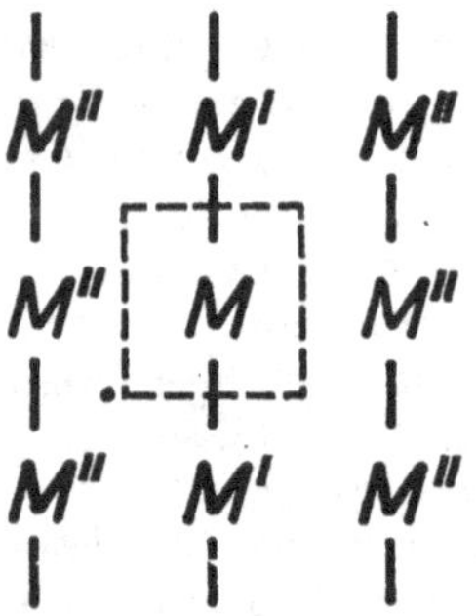

Abb. 5.1 Zur Wechselwirkung zwischen den Schwingungen der Monomereinheiten M.

Häufig wird aber für die einzelnen Banden eines Polymers eine verschieden schnelle Zu- bzw. Abnahme festgestellt, so daß die Einteilung in kristalline und amorphe Banden zur Beschreibung des Zusammenhangs zwischen der übermolekularen Struktur und dem Ultrarotspektrum nicht ausreicht.

ZERBI, CIAMPELLI und ZAMBONI (1964) haben eine weitergehende Klassifizierung der strukturabhängigen Banden vorgeschlagen, auf der die folgende Darstellung mit einigen Ergänzungen beruht. Insbesondere wurden die mit der Kristallmorphologie zusammenhängenden Faltungsbanden mit einbezogen.

Das Schwingungsspektrum einer isolierten Monomer- oder Elementareinheit M (Abb. 5.1) wird durch die geometrische Struktur, die Atommassen, das Kraftfeld und die Symmetrie der Einheit bestimmt. Alle diese Parameter (außer den Atommassen) hängen von der Existenz und der Anordnung der Nachbareinheiten M' in der gleichen Molekülkette und M'' in benachbarten Ketten ab.

Konformationsbanden

Im allgemeinen gibt es wegen der Drehbarkeit um Einfachbindungen mehrere Rotationsisomere der Einheit M. Im ungeordneten Zustand liegen die Isomeren in einem aus der Thermodynamik des Systems folgenden Verhältnis vor und sind statistisch verteilt. Ein geordnetes Kristallgitter oder eine regelmäßige, gestreckte Kette lassen sich jedoch nur aus einem Isomeren oder einer gesetzmäßigen Folge von Isomeren aufbauen, so daß sich bei einer Änderung des Ordnungszustandes das Isomerenverhältnis und die relative Intensität der zu bestimmten Isomeren gehörenden Absorptionsbanden ändern.

Solche Banden, die allein von der Konformation der Einheit *M* bestimmt werden und nicht auf der Schwingungswechselwirkung mit Nachbareinheiten beruhen, werden Konformationsbanden genannt. Sie treten sowohl im geschmolzenen und abgeschreckten Zustand als auch in hochkristallinen Polymeren auf. Die Intensität der zur gleichen Konformation gehörenden Banden ändert sich bei einer Variation des Ordnungsgrades im gleichen Verhältnis. Auf Grund der freien Drehbarkeit sind unendlich viele Konformationen möglich, von denen aber einige wenige aus sterischen Gründen stark bevorzugt sind (staggered positions). Infolge der durch die Molekülgröße erschwerten Einstellung des thermodynamischen Gleichgewichtes sind auch die den staggered positions benachbarten Stellungen noch merklich besetzt, was zur Verbreiterung der Absorptionsbanden in festen Polymeren beiträgt.

Die Zuordnung der Konformationsbanden zu bestimmten Isomeren wird durch die spektroskopische Untersuchung von Modellverbindungen ermöglicht. Ein typisches Beispiel sind die Banden bei 1450 cm^{-1} (trans) und 1435 cm^{-1} (gauche) von Poly(trans-1,4)-Butadien (Ciampelli (1961)). Die Strukturabhängigkeit des UR-Spektrums von Polyäthylenterephthalat ist hauptsächlich durch die Konformation der $-O-CH_2-CH_2-O$-Gruppe zu erklären. Durch Vergleich mit den Spektren von Modellverbindungen und deuterierten Polymeren konnten die Banden 1473, 1343, 1120, 973 und 845 cm^{-1} der trans-Konformation und die Banden 1455, 1370, 1100, 1043 und 898 cm^{-1} entsprechenden Schwingungen der gauche-Konformation zugeordnet werden (Grime (1958), Miyake (1959, 1959a)). Zur Klasse der Konformationsbanden sind auch Schwingungen der OH-Gruppe zu zählen, die mit definierten intramolekularen Wasserstoffbrücken zusammenhängen und die zum Beispiel für die Strukturabhängigkeit des Cellulosespektrums verantwortlich sind.

Faltungskonformationsbanden

In den Faltungsbögen von Polymereinkristallen unterscheiden sich die Konformationen der Makromoleküle von denen des amorphen Polymers, wenn eine enge Rückfaltung der Kette erfolgt. Auf den Konformationsunterschieden basiert die Möglichkeit, die Kettenfaltung ultrarotspektroskopisch zu untersuchen, wovon Koenig u. a. (1966b, 1967a, 1968) in einer Reihe von Arbeiten Gebrauch machten. Bei Polyäthylen beruhen die Banden 1350 und 1304 cm^{-1} auf Methylengruppen in gauche-Konformation jedoch in unterschiedlichen Konformationen der Nachbargruppen. Das Extinktionsverhältnis der Banden ist in den Faltungsbögen anders als in verknäuelten Bereichen (Koenig (1966b)).

Durch Vergleich der Spektren von kristallinen und geschmolzenen *n*-Kohlenwasserstoffen und von cyclischen Kohlenwasserstoffen stellten Schonhorn und Luongo (1969) fest, daß eine Bande des Polyäthylens bei 1340 cm^{-1} mit der Kettenfaltung zusammenhängt. Im Polyäthylenterephthalat wurde eine schwache Bande bei 988 cm^{-1} der Faltungskonformation zugeordnet (Koenig (1967a), Prevorsek (1971), Statton (1970)). Im Polyamid-66 konnten zwei Banden bei 1329 und 1224 cm^{-1} als Faltungsbanden identifiziert und mit einem Strukturmodell der Faltungskonformation begründet werden (Frayer (1969), Koenig

(1968)). Im UR-Spektrum der Amylose wurde eine Bande bei 1295 cm^{-1} der in regulären Faltungsbögen vorliegenden Konformation zugeordnet (Koenig (1970)). Diese Bande tritt nur auf, wenn das Polymer in Faltungslamellen kristallisiert. Beim Tempern wächst die Extinktion der Bande im Vergleich zur kristallinen Bande bei 855 cm^{-1} infolge der Regularisierung der Kettenrückfaltungen zunächst an; beim mit weiterer Temperung verbundenen Dickenwachstum der Kristallite wird sie schwächer. Die Bande wird auch im Spektrum cyclischer Oligomere der Amylose gefunden.

Regularitätsbanden

Durch die gesetzmäßige, geordnete Aneinanderreihung von Monomereinheiten M entsteht eine reguläre Kette, die linear sein kann, im allgemeinen aber eine Helixkonformation hat, bei der benachbarte Monomereinheiten durch eine Schraubentranslation ineinander zu überführen sind. Das Schwingungsspektrum einer solchen regulären Kette wurde im Kapitel 3. beschrieben. Die dort angegebenen Auswahlregeln besagen, daß nur solche Schwingungen ultrarotaktiv sein können, bei denen benachbarte Einheiten in Phase schwingen oder bei denen die Phasendifferenz gleich dem Helixwinkel ist. Für beliebige, irreguläre Anordnungen ist die Phasendifferenz keinen Beschränkungen unterworfen. Frequenz und Intensität einer Bande hängen vom Schwingungszustand der benachbarten Einheiten und von der Wechselwirkung zwischen ihnen ab. Daher hat eine lange reguläre Kette, bei der nur diskrete Phasenbeziehungen im UR-Spektrum in Erscheinung treten, ein anderes Schwingungsspektrum als die irreguläre Kette, deren Banden gewöhnlich breiter sind. Absorptionsbanden, die von der regulären Konformation des Makromoleküls abhängen, wurden von Zerbi u. a. (1964) als Regularitätsbanden bezeichnet. Die theoretische Behandlung geht von dem Modell eines unendlich langen, isolierten Polymermoleküls aus. In der Praxis ist aber wegen der endlichen Moleküllänge sowie infolge von Faltungen, Verdrehungen und Unterbrechungen durch ungeordnete Abschnitte eine von der Struktur des Polymers abhängige Verteilung der regulären Kettenlängen vorhanden. Es erhebt sich daher die bisher ungeklärte Frage nach der notwendigen Kettenlänge, damit die Auswahlregeln wirksam werden, sowie nach dem Einfluß geringer Störungen der regulären Konformation. Über die experimentelle Bestimmung der kritischen Helixlängen im Polypropylenoxid berichtete Kumpanenko (1971).

Von der dreidimensionalen, kristallinen Ordnung hängen die Regularitätsbanden nur insofern ab, als durch diese Struktur die reguläre Helix stabilisiert wird. Zur Schwingungsanalyse ist aber die Betrachtung der Kristallstruktur und die Berücksichtigung der Wechselwirkung mit den Nachbarmolekülen nicht erforderlich. Regularitätsbanden wurden auch in smektischen Modifikationen gefunden (Zerbi (1964)), daher kann ihr Erscheinen nur bedingt mit der kristallinen Ordnung in Verbindung gebracht werden. Ciampelli u. a. (1964) untersuchten eine Anzahl Polymere im smektischen und im kristallinen Zustand und fanden teilweise geringe Frequenzverschiebungen, die mit der Packungsdichte und der Gegenläufigkeit der Molekülketten erklärt wurden.

Von den Regularitätsbanden sind begrifflich die Stereoregularitätsbanden zu unterscheiden, die unmittelbar mit einer bestimmten sterischen Konfiguration und nicht mit dem physikalischen Zustand des Polymeren zusammenhängen. Jedoch werden Regularitätsbanden sehr oft zur Bestimmung der Stereoregularität herangezogen, da ein Molekül nur so weit eine reguläre Konformation einnehmen kann, wie es stereoregulär gebaut ist. Der an gut getemperten Proben mit Hilfe von Regularitätsbanden bestimmte Ordnungsgrad ist eine untere Grenze für die Stereoregularität.

Kristallinitätsbanden

Im Gegensatz zu den Konformations- und Regularitätsbanden beruhen echte Kristallinitätsbanden auf der Schwingungswechselwirkung zwischen benachbarten Ketten im Kristallgitter. Sie können nur dann auftreten, wenn durch die Elementarzelle mehr als eine Molekülkette geht, da andernfalls alle Ketten des Kristalls in Phase schwingen müssen, so daß eine Einzelkettenanalyse zur Erklärung des Spektrums genügt. Wenn die Elementarzelle mehrere nicht identische Ketten enthält, geben weitere Phasenbeziehungen ultrarotaktive Schwingungen, die bei ausreichender Schwingungswechselwirkung zur Aufspaltung von Absorptionsbanden führen. Echte Kristallinitätsbanden wurden nur bei wenigen Polymeren beobachtet und einwandfrei als solche gedeutet. STEIN und SUTHERLAND (1954, 1955) sowie GOTLIB und KUBINSKAJA (1962) berechneten die Aufspaltung der $\delta(CH_2)$- und der $\gamma_r(CH_2)$-Schwingungen von kristallinem Polyäthylen. ZAMBONI und ZERBI (1964) interpretierten das Dublett bei 1488 und 1466 cm^{-1} der orthorhombischen Modifikation von Polyoxymethylen durch die Aufspaltung infolge der Wechselwirkung zwischen den beiden die Elementarzelle durchlaufenden Ketten. GRIBOV (1970) formulierte eine allgemeine Theorie der Schwingungen von gekoppelten Polymerketten und Kristallen.

Bandenaufspaltungen durch kristalline Wechselwirkung sind auch bei komplizierter gebauten Polymeren zu erwarten, insbesondere wenn diese stärkere intermolekulare Bindungen in Form von Wasserstoffbrücken aufweisen. Eindeutige Aussagen über die Existenz echter Kristallinitätsbanden werden aber durch die Kompliziertheit der Spektren und durch die Schwierigkeiten einer Normalkoordinatenanalyse verhindert. In einigen solchen Fällen ist es möglich, auf halbempirischem Wege mit Hilfe der Gruppenfrequenzen etwas über Kristallinitätsaufspaltungen zu erfahren. Nach MIYAZAWA (1960) kann die Frequenz einer durch kristalline Wechselwirkung gestörten Schwingung näherungsweise durch die Gleichung

$$\nu(\delta, \delta') = \nu_0 + \sum_s D_s \cos(s\delta) + \sum_s D_s' \cos(s\delta') \tag{5.1}$$

beschrieben werden. Darin sind ν_0 die ungestörte Frequenz, D_s und D_s' intra- bzw. intermolekulare Wechselwirkungskonstanten, δ und δ' die Phasenverschiebungen entlang der Kette und zur Nachbarkette. Mit dieser Frequenzbeziehung konnte die Lage der Amid I- und Amid II-Banden von Polypeptiden verschiedener Konformation erklärt werden (MIYAZAWA (1961), KRIMM (1962)). DECHANT (1965c) wendete das Verfahren auf die strukturabhängigen Banden von Polycaprolactam bei 933, 963 und 1030 cm^{-1} an und interpretierte diese Bandengruppe durch kristalline Aufspaltung der bei 980 cm^{-1} gelegenen ungestörten Frequenz.

5.1.2. *Methoden zur quantitativen ultrarotspektroskopischen Bestimmung des Ordnungsgrades*

Die quantitative Bestimmung des Ordnungsgrades von Polymeren ist eine spezielle Anwendung der im Abschnitt 2.4. beschriebenen quantitativen Analyse. Ihre Besonderheiten bestehen darin, daß die Proben stets im festen Zustand zu untersuchen sind, die zu analysierenden Komponenten meist nicht in reiner Form dargestellt werden können und der Zusammenhang zwischen der Analysenbande und der zu bestimmenden Struktur nicht immer sicher bekannt ist. Das Polymer wird hinsichtlich des Ordnungsgrades als ein Zweikomponentensystem angesehen: einem geordneten Anteil (o) steht ein ungeordneter Anteil (u) gegenüber. Diese Einteilung läßt die Möglichkeit offen, mit anderen Methoden oder anderen Analysenbanden eine andere Unterteilung des Polymers vorzunehmen. Die Auswerteverfahren könnten auch auf Systeme mit mehr als zwei strukturell verschiedenen Komponenten übertragen werden, doch wird es dann noch schwieriger, jeder Komponente eine Analysenbande zuzuordnen, und die bei Festkörpern ohnehin großen Meßfehler wachsen stark an.

Als den Ordnungsgrad der Probe bezeichnen wir die Gewichtsfraktion x des geordneten Anteils. $x \cdot \varrho$ ist die Volumenkonzentration der geordneten Substanz und $(1 - x)\varrho$ die der ungeordneten Substanz (ϱ = Dichte des Polymers). Das Beersche Gesetz (siehe Gleichung (2.23)) lautet für eine Analysenbande des geordneten Anteils

$$E(\tilde{\nu}_0) = \varepsilon(\tilde{\nu}_0) x \varrho d \tag{5.2}$$

und für den ungeordneten Anteil

$$E(\tilde{\nu}_u) = \varepsilon(\tilde{\nu}_u)(1 - x)\varrho d. \tag{5.3}$$

Zur Bestimmung der Extinktionskoeffizienten ε wurden verschiedene Methoden herangezogen. Während es nicht möglich ist, Polymere im vollständig kristallinen Zustand ($x = 1$) zu erhalten, kann der amorphe Zustand ($x = 0$) in der Schmelze verwirklicht werden. Nikitin u. a. (1954) bestimmten den Ordnungszustand von Polyäthylen mit Hilfe der amorphen Bande bei 1303 cm^{-1}, indem sie den Extinktionskoeffizienten ε_{1303} aus dem Spektrum der Schmelze entnahmen. Miller und Willis (1956) führten als besondere Vorteile der Ordnungsgradbestimmung mit amorphen Banden an, daß diese breit und wenig von Spaltweiteneinflüssen abhängig sind und Orientierungseffekte sich weniger als bei den kristallinen Banden auswirken. Um amorphe Proben bei Raumtemperatur messen zu können, schlagen sie vor, das geschmolzene Polymer durch Strahlung zu vernetzen und so an der Rekristallisation zu hindern oder nicht kristallisierende niederpolymere Modellsubstanzen heranzuziehen. Zachmann und Stuart (1961) wiesen auf die Temperaturabhängigkeit der Extinktion und die daraus resultierenden Fehler bei der Übernahme des Schmelzspektrums zur Auswertung der bei Zimmertemperatur gemessenen Spektren hin. Okada und Mandelkern (1967) haben die Extinktionskoeffizienten einiger amorpher Banden des Polyäthylens bei Zimmertemperatur und in der Schmelze gemessen. Zur Ordnungsgradbestimmung bei dazwischen liegenden Temperaturen wurde eine lineare Abhängigkeit der Extinktionskoeffizienten von der Temperatur angenommen.

Eine weitere Methode besteht in der Eichung der spektroskopischen Messungen mit einer davon unabhängigen Ordnungsgradbestimmung. Überwiegend werden Dichtemessungen verwendet. Zwischen dem Ordnungsgrad x und dem spezifischen Volumen v der Probe besteht die Beziehung

$$x = \frac{v_u - v}{v_u - v_0}. \tag{5.4}$$

v_u ist das spezifische Volumen des ungeordneten, v_0 das des geordneten Anteils. Wenn v_0 und v_u bekannt sind, kann der Ordnungsgrad von Eichproben durch Dichtemessungen bestimmt werden. Damit lassen sich in den Gleichungen (5.2) und (5.3) oder den daraus abgeleiteten Beziehungen

$$\frac{E(\tilde{\nu}_0)}{E(\tilde{\nu}_s)} = \varepsilon'(\tilde{\nu}_0) \cdot x, \tag{5.5}$$

$$\frac{E(\tilde{\nu}_0)}{E(\tilde{\nu}_u)} = \varepsilon'' \frac{x}{1 - x} \tag{5.6}$$

die Extinktionskoeffizienten ε bzw. deren Verhältnisse

$$\varepsilon'(\tilde{\nu}_0) = \frac{\varepsilon(\tilde{\nu}_0)}{\varepsilon(\tilde{\nu}_s)} \quad \text{und} \quad \varepsilon'' = \frac{\varepsilon(\tilde{\nu}_0)}{\varepsilon(\tilde{\nu}_u)} \tag{5.7}$$

ermitteln. $\tilde{\nu}_s$ ist die Wellenzahl einer vom Ordnungsgrad unabhängigen Standardbande (Cobbs (1953), Maynard (1954), Nichols (1954)).

Bei einer Reihe von Polymeren besteht ein linearer Zusammenhang zwischen dem spezifischen Volumen und der Extinktion strukturabhängiger Banden, der zur gegenseitigen Eichung der spektroskopischen und der Dichtemessungen ausgenutzt werden kann (Hendus (1961), Novak (1963), Sandeman (1956), Starkweather (1956)). Trägt man die Extinktion in Abhängigkeit vom spezifischen Volumen auf (Abb. 5.2), so erhält man durch Extrapolation nach $E(\tilde{\nu}_0) = 0$ das spezifische Volumen v_u des ungeordneten Anteils und nach $E(\tilde{\nu}_u) = 0$ das spezifische Volumen v_0 des geordneten Anteils. Außerdem können der Darstellung die Extinktionskoeffizienten einer vollständig geordneten und einer vollständig ungeordneten Probe entnommen werden. Diese Prozedur setzt voraus, daß von der Dichte und vom UR-Spektrum die gleichen Anteile als geordnet erkannt werden und daß die lineare Beziehung auch für sehr hohe und sehr niedrige Ordnungsgrade gilt. Okada und Mandelkern (1967) erhielten bei Polyäthylen mit den kristallinen Banden 1050, 1178 und 1894 cm^{-1} jeweils verschiedene Werte für das spezifische Volumen des amorphen Polymers und gaben dem mit 1894 cm^{-1} bestimmten Wert den Vorzug. Nach Novak (1963) ist vor allem bei niedrigen Ordnungsgraden die Linearität besser, wenn statt der maximalen Extinktion die integrale Extinktion gemessen wird, was auf die Verbreiterung der Absorptionsbanden bei kleinen oder stark gestörten kristallinen Bereichen zurückzuführen ist.

Im allgemeinen muß man davon ausgehen, daß spezifisches Volumen und Ultrarotspektrum unterschiedliche Strukturparameter widerspiegeln. Außerdem können Dichtemessungen durch Hohlräume verfälscht sein. Ein nur auf spektroskopischen Messungen beruhendes Verfahren, bei dem die Extinktionskoeffi-

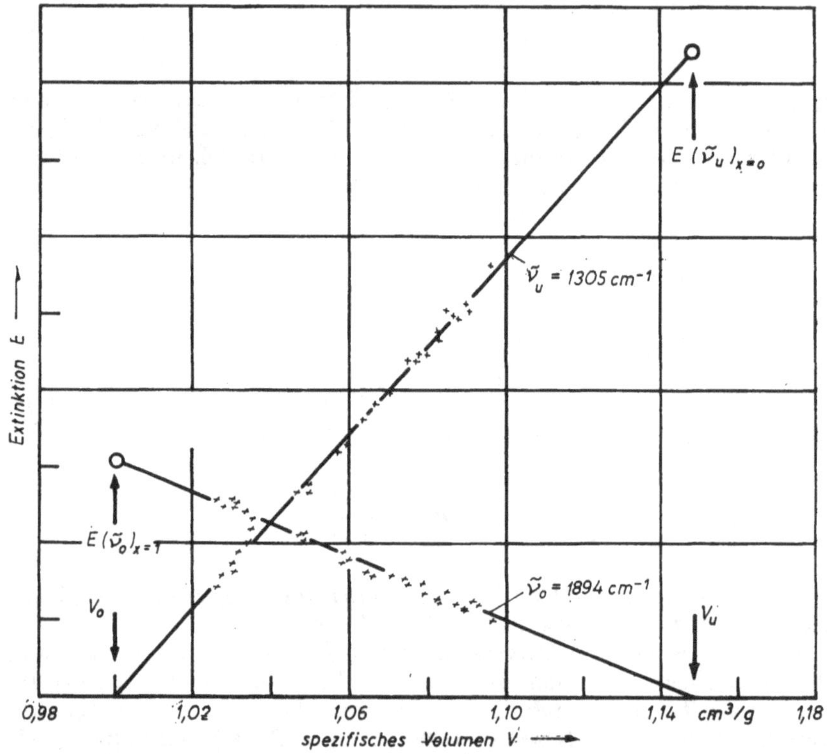

Abb. 5.2 Zusammenhang zwischen der Extinktion E der Banden 1305 cm^{-1} ($\tilde{\nu}_u$) und 1894 cm^{-1} ($\tilde{\nu}_0$) und dem spezifischen Volumen v von Polyäthylen (nach HENDUS (1961)).

zienten durch Kopplung der Meßwerte von zwei Proben mit verschiedenem Ordnungsgrad erhalten werden, wurde im Abschnitt 2.4.3.3. beschrieben. Wenn beide Proben gleiche Flächendichte $\varrho \cdot d$ haben, sind die Extinktionskoeffizienten aus den Gleichungen (2.40) und (2.41) zu berechnen. Bei ungleicher Schichtdicke wird der Dickeneinfluß mit Hilfe einer Vergleichsbande eliminiert, und man erhält die relativen Extinktionskoeffizienten

$$\varepsilon'(\tilde{\nu}_0) = \frac{\varepsilon(\tilde{\nu}_0)}{\varepsilon(\tilde{\nu}_s)} = \frac{E'(\tilde{\nu}_0, 1)E'(\tilde{\nu}_u, 2) - E'(\tilde{\nu}_0, 2)E'(\tilde{\nu}_u, 1)}{E'(\tilde{\nu}_u, 2) - E'(\tilde{\nu}_u, 1)}, \tag{5.8}$$

$$\varepsilon'(\tilde{\nu}_u) = \frac{\varepsilon(\tilde{\nu}_u)}{\varepsilon(\tilde{\nu}_s)} = \frac{E'(\tilde{\nu}_0, 1)E'(\tilde{\nu}_u, 2) - E'(\tilde{\nu}_0, 2)E'(\tilde{\nu}_u, 1)}{E'(\tilde{\nu}_0, 1) - E'(\tilde{\nu}_0, 2)}. \tag{5.9}$$

1 und 2 kennzeichnen die beiden Proben mit ungleichem Ordnungsgrad; E' ist die auf die Vergleichsbande bezogene Extinktion.

Der Ordnungsgrad ist mit einer der folgenden Gleichungen zu berechnen, die sich aus den Gleichungen (5.5) bis (5.7) ergeben:

$$x = \frac{1}{\varepsilon'(\tilde{\nu}_0)} \frac{E(\tilde{\nu}_0)}{E(\tilde{\nu}_s)}, \tag{5.10}$$

$$x = 1 - \frac{1}{\varepsilon'(\tilde{\nu}_u)} \frac{E(\tilde{\nu}_u)}{E(\tilde{\nu}_s)}, \tag{5.11}$$

$$x = \frac{1}{1 + \varepsilon'' \dfrac{E(\tilde{\nu}_u)}{E(\tilde{\nu}_0)}}. \tag{5.12}$$

In den Ableitungen wurde vorausgesetzt, daß sich das Polymer durch ein Zweiphasenmodell beschreiben läßt und die Analysenbanden $\tilde{\nu}_0$ und $\tilde{\nu}_u$ eindeutig den beiden Phasen zugeordnet sind. Wenn diese Voraussetzung nicht zutrifft, hängt der berechnete Ordnungsgrad von dem gewählten Bandenpaar ab. Dieser Abhängigkeit können nach RUSCHER und DECHANT (1964) weitere Informationen über die übermolekulare Struktur entnommen werden.

Wenn die Analysenbanden zu alternativen Konformationen des Moleküls gehören, handelt es sich um ein eindeutiges binäres System. Ein Beispiel dafür sind die trans- und gauche-Banden des Polyäthylenterephthalats (DECHANT (1972)). Während die kristalline Struktur nur die trans-Konformation enthält (t_k), treten im amorphen Anteil trans- und gauche-Konformationen auf (t_a und g).

Zwischen dem spektroskopisch gemessenen trans-gauche-Verhältnis $l = (t_k + t_a)/g$, dem trans-gauche-Verhältnis des amorphen Anteils $p = t_a/g$ und dem Kristallinitätsgrad x besteht die Beziehung

$$x = \frac{l - p}{l + 1}. \tag{5.13}$$

Bei bekanntem p läßt sich der Kristallinitätsgrad aus l berechnen. Interessanter ist die Möglichkeit, mit einem nach einer anderen Methode gemessenen Kristallinitätsgrad das trans-gauche-Verhältnis im ungeordneten Anteil zu bestimmen und so zu Aussagen über dessen Struktur zu kommen, die anderweitig schwer zu erhalten sind. FARROW und WARD (1960) fanden bei der Verstreckung von Polyäthylenterephthalatfäden nur geringe Änderungen des röntgenographisch oder aus der Dichte berechneten Kristallinitätsgrades aber eine deutliche Abnahme der gauche-Banden. Diese Diskrepanz kann auf Strukturänderungen im nicht kristallinen Anteil zurückgeführt werden.

In der Tab. 5.1 sind die strukturabhängigen Banden einiger Polymere zusammengestellt. Die meisten Banden wurden nur auf Grund ihres Verhaltens bei einer Änderung des Ordnungsgrades als *kristalline* oder *amorphe* Banden gekennzeichnet, daher konnte in der Tabelle nur in wenigen Fällen eine weitergehende Klassifizierung vorgenommen werden. Weitere Hinweise zur Bestimmung des Ordnungsgrades werden im Kapitel 6. bei den einzelnen Polymeren gegeben.

Tabelle 5.1 Strukturabhängige Ultrarotbanden zur Bestimmung des Ordnungszustandes von Polymeren

Polymer	Ordnungsbanden [cm⁻¹]	Unordnungsbanden [cm⁻¹]	Dickenstandard [cm⁻¹]	Literatur
Polyäthylen			3644	Koenig (1966b)
	1894			Hendus(1961), Okada (1966, 1967)
	1473c			Gotlib (1962),
	1464c	1466		Stein (1954, 1955)
		1368a		Brown (1963b), Koenig (1966b),
		1352a		Miller (1956), Okada (1967),
		1303a		Witenhafer (1968)
	1178			Okada (1967)
	1050			
			908d	Okada (1966)
	731c	720		Gotlib (1962), Kaiser (1957),
	720c			Stein (1954, 1955)
	71c			Bank (1968)
Polypropylen (isotaktisch)			1460	Kissin (1967), Kotschkina (1968)
	1168b			Abe (1959), Brader (1960),
	998b			Diačik (1960), Heinen (1959),
			973	Kissin (1967), Kotschkina (1968),
				Luongo (1960), McDonnald (1961),
				Quynn (1959), Sibilia (1962)
	899b			Kotschkina (1968), Quynn (1959)
	842b			Heinen (1959), Kotschkina (1968),
				Sibilia (1962)
Polypropylen (syndiotaktisch)	867a			Okamoto (1964)
Polybuten-1	1220e		1150	
	1208			Nishioka (1962, 1962a),
	1059			Ukita (1966),
	922			Luongo (1966, 1969)
	849			
Polyvinylchlorid			2970	Štokr (1967), Witenhafer (1970)
			2920	Kawasaki (1961)
	1426			
	1333			Kawasaki (1961), Štokr (1967)
	1254			Witenhafer (1970)
	1229			
	957	970		Kawasaki (1961)
	638b	690a		Krimm (1959, 1963, 1964b)
			$\int_{600}^{700} E(\tilde{\nu})\,d\tilde{\nu}$	Pohl (1968, 1968a)
	603b	615a		Tasumi (1961a)

Tabelle: 5.1. (Fortsetzung)

Polymer	Ordnungsbanden [cm^{-1}]	Unordnungsbanden [cm^{-1}]	Dickenstandard [cm^{-1}]	Literatur
Polyvinylidenchlorid	884 753			NARITA (1959d)
Polyvinylidenfluorid	1075			WENTINK (1961)
	980			ENOMOTO (1968), WENTINK (1961)
		905		MAKAREVIČ (1965)
	855 798 762	 740		WENTINK (1961)
	612 531 488	600		MAKAREVIČ (1965)
Polyvinylalkohol	1146			HAAS (1957), TADOKORO (1957b), KENNEY (1966)
Polytetrafluoräthylen			2365	MOYNIHAN (1959)
		778		MILLER (1956), MOYNIHAN (1959)
		740 720		DUBE (1964)
	638 625			MOYNIHAN (1959)
	516			DUBE (1964)
		384		MOYNIHAN (1959)
Polychlortrifluoräthylen	1285 580 506 490 438	755		MATSUO (1956, 1957, 1957a)
Polystyrol (isotaktisch)			2860	BRAUN (1959)
	1364b 1312b 1194b		1177 1028	KOBAYASHI (1968a), TADOKORO (1960)
	982			BRAUN (1959), TADOKORO (1960)
	920b 898b			KOBAYASHI (1968a)
Polyacrylnitril	775			WITENHAFER (1968a)

Tabelle 5.1. (Fortsetzung)

Polymer	Ord-nungs-banden [cm⁻¹]	Unordnungs-banden [cm⁻¹]	Dicken-standard [cm⁻¹]	Literatur
Polyäthylen-terephthalat	1473a	1455a		Grime (1958), Miyake (1959)
			1410	Danz (1970a)
	1387b			Danz (1970a), Koenig (1967a), Miyake (1959)
	1343a	1370a		Danz (1970a), Grime (1958), Miyake (1959), Novak (1967), Schönherr (1970)
		1172a		Miyake (1959), Zachmann (1961)
	1110b			Danz (1970a), Miyake (1959)
		1100a		Miyake (1959)
		1043a		Danz (1970), Grime (1958), Heffelfinger (1965), Miyake (1959), Schmidt (1962, 1963)
	1023b			Danz (1970a), Miyake (1959)
	988f			Koenig (1967a), Statton (1970)
	973a			Cobbs (1953), Danz (1970a), Heffelfinger (1965), Miyake (1959), Schmidt (1962, 1963), Schönherr (1970)
		898a		Grime (1958), Miller (1956), Schmidt (1962, 1963)
	875			Danz (1970), Zachmann (1961)
	845a			Grime (1958), Miyake (1959), Schmidt (1962, 1963)
			795	Cobbs (1953), Koenig (1967a), Miyake (1959), Schmidt (1962, 1963)
	633	680		} Krimm (1960), Manley (1969)
		613		
		525		
		502		Krimm (1960), Novak (1967)
	437			} Danz (1970), Krimm (1960), Manley (1969)
	379	344		
	176	300		
	138	193		
	78			
Polyamid-6	1202a	1172a		Doskočilová (1962), Sandeman (1956), Schneider (1962)
			1122	Dechant (1965c), Doskočilová (1962), Ruscher (1964)
			1080	Jambrich (1961), Sandeman (1956), Volček (1959)

Tabelle 5.1. (Fortsetzung)

Polymer	Ordnungsbanden [cm⁻¹]	Unordnungsbanden [cm⁻¹]	Dickenstandard [cm⁻¹]	Literatur
Polyamid-6	1029c 960c 929c 835	990 977		DECHANT (1965c), DOSKOČILOVÁ (1962), JAMBRICH (1961), NOVAK (1963), RUSCHER (1964), SANDEMAN (1956), VOLČEK (1959)
				NOVAK (1963), RUSCHER (1964), SANDEMAN (1956)
	691 580c 525c	712 624		DECHANT (1965c), MIYAKE (1960c), RUSCHER (1964), SCHNEIDER (1962)
Polyamid-66	6550	6750		NICHOLS (1954)
	1332f 1225f			KOENIG (1968)
		1140		BOURIOT (1967a), STARKWEATHER (1956)
	936			BOURIOT (1967a), SANDEMAN (1956), STARKWEATHER (1956)
Polyamid-610		1127		STARKWEATHER (1956)
	938			SANDEMAN (1956)
	854			STARKWEATHER (1956)
Neoprene	953 780		2940	MAYNARD (1954)
Cellulose			2900	NELSON (1964, 1964a)
	1430 (Cell-I)			NELSON (1964, 1964a), O'CONNOR (1958)
			1380	VODNANSKÝ (1963)
	1370 1335 1315 1277 1225			NELSON (1964, 1964a)
	1110 (Cell-I)			NELSON (1964, 1964a)
		900		O'CONNOR (1958)

a—Konformationsbande
b—Regularitätsbande
c—Kristallinitätsbande
d—Endgruppenbande
e—Stereoregularitätsbande
f—Faltungskonformationsbande

5.1.3. Die ultrarotspektroskopische Bestimmung der Umwandlungstemperaturen von Polymeren

An thermischen Umwandlungspunkten zweiter Ordnung (Glasübergangstemperaturen) treten Änderungen der Molekülbeweglichkeiten ein, die Spannungsrelaxation und Kristallisationsvorgänge zur Folge haben. FUKAWA (1963) und ANTON (1968) untersuchten die Möglichkeit, die Umwandlungspunkte und die Art der Umwandlung mit Hilfe ultrarotspektroskopischer Messungen zu bestimmen. In der von ANTON (1968) beschriebenen Einrichtung werden die

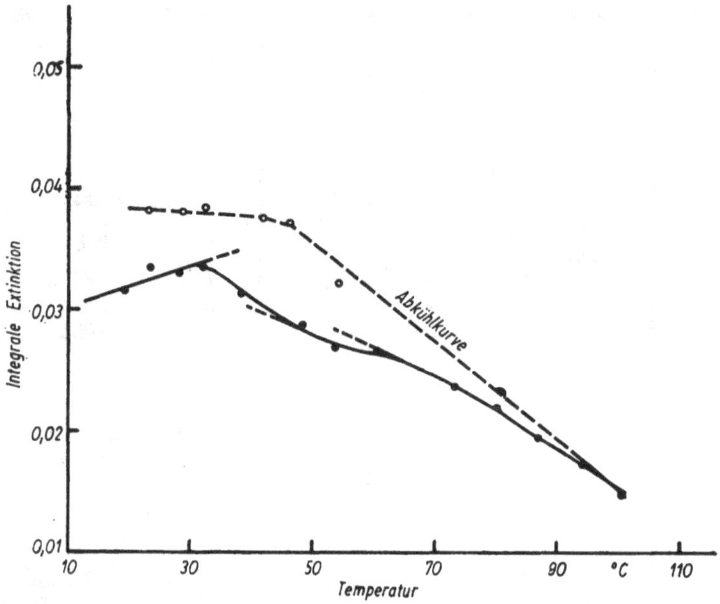

Abb. 5.3 Integrale Extinktion der Bande bei 940 cm^{-1} von Polyamid-610 im Temperaturbereich zwischen 10 und 100 °C (nach ANTON (1968)).

strukturempfindlichen Absorptionsbanden bei ansteigenden Temperaturen wiederholt registriert, und die graphisch oder mit einem automatischen Integrator bestimmten integralen Intensitäten werden in Abhängigkeit von der Temperatur aufgezeichnet. ALTER und HSIAO (1968) registrierten die Transmission des Bandenmaximums in Abhängigkeit von der Zeit bzw. von der Temperatur, wobei aber außer den Transmissionsänderungen auch temperaturbedingte Frequenzverschiebungen in dem Kurvenverlauf zum Ausdruck kommen.

Die Transmissions-Temperatur-Kurven spiegeln die thermischen Umwandlungen ähnlich wie andere Eigenschafts-Temperatur-Kurven durch plötzliche Änderung der Steigung zwischen Gebieten mit linearem Kurvenverlauf wider (Abb. 5.3). Eingehend untersuchte ANTON (1968) an Polyamid-66 die Temperaturabhängigkeit der Bande bei 940 cm^{-1}. Eine dem Glasumwandlungspunkt zugeschriebene Änderung der Steigung wurde zwischen 35 und 50°C beobachtet. Eine weitere Diskontinuität bei etwa 140 °C wurde mit der Änderung der Kristallstruktur erklärt. Die Absorption bei 3440 cm^{-1} zeigte zwei Übergangstemperaturen bei 80 und 135°C an, die von ANTON als Zunahme freier NH-Gruppen interpretiert wurden. HANNON (1969) und HUANG (1971) untersuchten die Umwandlungspunkte von Polyäthylenterephthalat und Polystyrol zwischen 13 °K und Zimmertemperatur. Banden mit bekanntem strukturellem Ursprung, die entweder den kristallinen oder den amorphen Bereichen zuzuordnen sind, wurden ausgewählt, um Struktur- und Umgebungseinflüsse auf die Übergangstemperaturen festzustellen. YANNAS (1971) untersuchte Molekülbewegungen in Polycarbonaten unterhalb der Glasumwandlungstemperatur.

5.2. Isotopenaustausch

Tauscht man in einem Molekül eines oder mehrere Atome gegen ihre Isotopen aus, so bleiben die chemischen und strukturellen Eigenschaften einschließlich der Stärke der Bindungen und der Atomabstände praktisch gleich. Es ändern sich nur die Atommassen, so daß, wenn die Kraftkonstanten und die Schwingungsformen bekannt sind, die Frequenzänderungen im Ultrarotspektrum vorausberechnet werden können. Umgekehrt kann man, und das ist der wichtigere Weg, aus den beobachteten Änderungen des Spektrums Schlüsse auf die Schwingungsformen und auf die an den Schwingungen beteiligten Atome ziehen. Die größten Effekte sind beim Austausch von Wasserstoff gegen Deuterium zu erwarten, da dabei die Masse um den Faktor zwei geändert wird. Da Deuterium und seine Verbindungen überdies relativ preiswert und in ausreichender Menge zugänglich sind, befassen sich die weitaus meisten Arbeiten über Isotopieeffekte im UR-Spektrum mit dem Deuteriumaustausch. Es wurden aber auch die Isotopieeffekte beim Austausch von ^{13}C, ^{15}N und ^{18}O untersucht. Noch größere Frequenzverschiebungen als mit Deuterium lassen sich durch den Austausch des Wasserstoffs gegen Tritium erzielen. HERITAGE (1963) verglich die ν(OT)-Bande von mit T_2O behandelter Cellulose mit der ν(OD)-Bande. Die Verwendung sehr teurer und radioaktiver Isotope scheitert aber meist daran, daß für ultrarotspektroskopische Untersuchungen isotopisch reine oder wenigstens stark angereicherte Moleküle notwendig sind, im Gegensatz zur Markierungsanalyse mit radioaktiven oder stabilen Isotopen.

Schon vor mehr als 20 Jahren publizierte HALVERSON (1947) einen zusammenfassenden Bericht über die Verwendung von Deuterium bei der Analyse von Schwingungsspektren. SHEPPARD und SUTHERLAND (1947) untersuchten als erste Polymere vollständig deuterierte langkettige Paraffine beziehungsweise Polyäthylen.

Die Deuteriumaustauschmethode ist nicht nur für die Identifizierung der Schwingungen des Wasserstoffatoms von Wichtigkeit, noch bedeutungsvoller ist sie für die Untersuchung der Wechselwirkung zwischen den Schwingungen, zum Beispiel zwischen denen der H-Atome und den Skelettschwingungen. Die spektroskopische Untersuchung fester Lösungen oder Mischkristalle von normalen und deuterierten Polymeren kann darüber entscheiden, ob intermolekulare

Wechselwirkungen sich auf das UR-Spektrum auswirken (KRIMM (1962a)). Eine andere Anwendung der Methode ist die Messung der Zugänglichkeit fester Polymere für D_2O und andere deuteriumhaltige Verbindungen.

5.2.1. *Frequenzverschiebungen beim Isotopenaustausch*

Bei lokalisierten Schwingungen, wozu die meisten X—H-Valenzschwingungen und oft auch die X—H-Deformationsschwingungen gehören, kann man der Berechnung der Frequenzverschiebung in erster Näherung einen zweiatomigen harmonischen Oszillator zugrunde legen. Man erhält in diesem Falle das Frequenzverhältnis

$$\frac{\nu'}{\nu} = \sqrt{\frac{m_H(m_X + m_D)}{m_D(m_X + m_H)}}, \qquad (5.14)$$

wo ν und ν' die Frequenzen vor und nach dem Deuteriumaustausch sind. Wenn m_X sehr groß ist, wird die Frequenz im Verhältnis $\sqrt{2}$ verkleinert. Das ist die obere Grenze für die durch Deuteriumaustausch erreichbare Frequenzerniedrigung, und man kann umgekehrt schlußfolgern, wenn die gemessene Verschiebung einer Bande in der Nähe von $\sqrt{2}$ liegt, ist die betreffende Schwingung weitgehend in der XH-Gruppe lokalisiert. Die Gleichung (5.14) läßt sich auch auf andere lokalisierte Schwingungen anwenden. Für die Carbonylschwingung ν(C=O) bei 1700 cm^{-1} errechnet man eine Herabsetzung der Wellenzahl um 40 cm^{-1}, wenn das Sauerstoffatom ^{16}O durch das Isotop ^{18}O ersetzt wird.

Die Berechnung der Frequenzänderung für Schwingungen, an denen viele Atome des Moleküls merklich beteiligt sind, gestaltet sich wesentlich schwieriger. REDLICH (1935) hat eine als Produktregel bekannte Beziehung abgeleitet, welche die Frequenzverschiebungen aller zu einer Symmetrierasse gehörenden Schwingungen enthält. Sie lautet in der von HALVERSON (1947) angegebenen Form

$$\prod_i \frac{\nu_i}{\nu_i'} = \left[\left(\frac{m'}{m}\right)^n \left(\frac{M}{M'}\right)^t \left(\frac{I_x}{I_x'}\right)^{\delta_x} \left(\frac{I_y}{I_y'}\right)^{\delta_y} \left(\frac{I_z}{I_z'}\right)^{\delta_z}\right]^{1/2}. \qquad (5.15)$$

Darin sind ν_i die Frequenzen oder Wellenzahlen, m die Atommassen, M die Molekülmasse, I_x, I_y, I_z die Trägheitsmomente um die x-, y- und z-Achsen. Die gestrichenen Größen gelten für das Isotopen-substituierte Molekül. n ist die Zahl der Schwingungen, einschließlich der Nullschwingungen, welche die substituierte Atomsorte zur Symmetrierasse beiträgt. t ist die Zahl der Translationen; δ_x, δ_y, δ_z sind 1 oder 0, je nachdem, ob die Rotation um die betreffende Achse zur Schwingungsrasse gehört oder nicht. Die Regel läßt sich auch auf den Fall erweitern, daß mehrere Atomsorten substituiert werden. Die praktische Anwendbarkeit der Produktregel ist auf kleine Moleküle mit hoher Symmetrie beschränkt, von denen die Trägheitsmomente bekannt sein müssen. In der Polymerspektroskopie kann man mit der Regel nicht viel anfangen. Das Gleiche ist von einigen weiteren Regeln zu sagen, wie zum Beispiel zu der von DECIUS (1951) und SVERDLOV (1951, 1960) abgeleiteten Summenregel, welche die Summe der Quadrate der Frequenzen verknüpft. Einen gewissen Wert haben diese Regeln aber für die Kontrolle der Zuordnung bei der Normalkoordinatenanalyse (LIANG (1964)).

KRIMM (1960a) hat eine Näherungsregel abgeleitet, die auf einzelne Frequenzen anwendbar ist und nicht die Kenntnis aller Frequenzen einer Schwingungsrasse voraussetzt. Die Beziehung hat die Form

$$\frac{\nu_k'^2}{\nu_k^2} = 1 - \frac{\sum_i \Delta T_i}{\varrho \cdot T}. \tag{5.16}$$

Darin sind ν_k und ν_k' die Frequenzen bzw. Wellenzahlen der k-ten Eigenschwingung. Genau genommen, sind es die Frequenzen nullter Ordnung, die sich von den beobachteten Frequenzen noch um die Anharmonizitätskonstanten unterscheiden (KRIMM (1960)).

$$T = \sum_{i=1}^{N} m_i \dot{q}_i^2$$

ist die gesamte kinetische Energie der Eigenschwingung.

$$\sum_i \Delta T_i = \sum_i \Delta m_i \dot{q}_i^2$$

ist die durch den Isotopenaustausch hervorgerufene Änderung der kinetischen Energie, wenn sich die Amplitude der Schwingung nicht ändern würde. ϱ ist

Tabelle 5.2 Anwendung der Isotopenregel (Gleichung 5.16) auf einige Gruppen (nach KRIMM (1960)).

Gruppe	Schwingung	$\frac{\nu}{\nu'}$ (berechnet)	$\frac{\nu}{\nu'}$ (gemessen)
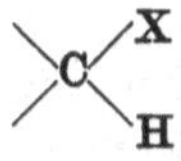	ν(CH) $m_X = 15$	1,320	
	$m_X = 35{,}5$	1,340	1,340
	$m_X = 80$	1,355	1,340
	δ(CH) $m_X = 15$	1,318	
	$m_X = 35{,}5$	1,322	1,339
	$m_X = 80$	1,328	1,362
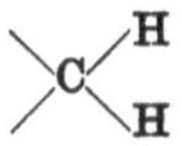	ν_s (CH_2)	1,379	1,372
	ν_a (CH_2)	1,349	1,342
	δ (CH_2)	1,349	1,341
	γ_r (CH_2)	1,379	1,384
	γ_w(CH_2)	1,323	
	γ_t (CH_2)	1,414	
$-CH_3$	ν_s (CH_3)	1,398	1,372
	ν_a (CH_3)	1,349	1,330
	δ_s (CH_3)	1,300	1,318
	δ_a (CH_3)	1,403	1,375
	γ_r (CH_3)	1,292	1,310

das Massenverhältnis der ausgetauschten Isotope, also $\varrho = 2$ bei Deuteriumaustausch. Die Anwendung der Gleichung (5.16) setzt die Kenntnis der Normalkoordinaten q_i voraus, die sich in vielen Fällen nicht sehr von den leichter anzugebenden Symmetriekoordinaten unterscheiden. Anschaulich zeigt die Gleichung (5.16), daß die Frequenz um so weniger geändert wird, je größer der Beitrag nicht ausgetauschter Atome an der Energie der betreffenden Schwingung ist. KRIMM (1960) hat die Isotopenregel (5.16) auf H_2O, NH_3 und auf die Gruppen $\equiv$C—H, $=CH_2$, $-CH_3$ angewendet. Einige für Polymere interessante Ergebnisse sind in der Tab. 5.2 enthalten. Auch die Gleichung (5.16) ist nur für charakteristische Gruppenfrequenzen brauchbar. Sie versagt bei komplizierten, stark gekoppelten Schwingungen, bei denen man nur aus der Wirkung einer gezielten Deuteriumsubstitution auf die Beteiligung bestimmter H-Atome an den beobachteten Frequenzen schließen kann.

5.2.2. *Die Herstellung von deuterierten Polymeren*

Deuterierte Polymere werden nach drei verschiedenen Methoden hergestellt: Erstens durch Substitution von austauschbaren Wasserstoffatomen am Makromolekül durch Einwirkung einer im Überschuß vorhandenen Deuteriumverbindung (meist schweres Wasser), zweitens durch Polymerisation von deuterierten Monomeren und drittens durch Synthese in einem deuteriumhaltigen Medium.

Von einer einfachen Austauschreaktion mit D_2O werden nur solche Gruppen erfaßt, an denen der Wasserstoff sehr locker gebunden ist. In Polymeren sind das vor allem OH- und NH-Gruppen. Wenn das Polymer im festen Zustand deuteriert wird, erfolgt der Austausch nur in den für das Deuterierungsmittel zugänglichen Bereichen. Darauf wird im Abschnitt 5.2.4. näher eingegangen. Nach HÜTTENRAUCH (1966) wurde bei einigen Substanzen (z. B. Pyridoxol) nach Auflösen in D_2O auch ein Austausch an den CH_3-Gruppen beobachtet, wie aus dem Auftreten von Absorptionsbanden bei 2198 cm^{-1} (ν_a) und 2055 cm^{-1} (ν_s) hervorgeht. Diese Erscheinung ist jedoch auf Ausnahmefälle beschränkt. DINH-NGUYEN (1966) deuterierte organische Substanzen einschließlich solcher mit hohen Molekulargewichten durch Einwirkung von D_2O in Gegenwart von Alkali, einem Metallkatalysator, wie er zur Hydrogenierung Verwendung findet, und einem Peroxid. Nach LIANG (1964) blieben aber Versuche, Polypropylen mit D_2 oder D_2O und verschiedenen Katalysatoren zu deuterieren, ohne Erfolg. HOYER (1959) deuterierte die OH-, NH- und SH-Gruppen von in Tetrachlorkohlenstoff gelösten Substanzen durch Schütteln der Lösung mit D_2O. Er verwendete dazu Quarzküvetten, die innen mit Trimethylchlorsilan hydrophobiert wurden, um das Ansetzen von D_2O-Tröpfchen zu vermeiden. Gelöste D_2O-Spuren wurden mit einer ebenso behandelten Vergleichsküvette kompensiert. Nach FALES (1962) kann man den Austausch auch durch einfaches Überschichten der CCl_4-Lösung mit D_2O herbeiführen. Die Diffusion des Wassers im Lösungsmittel reicht aus, um in 15 Minuten alle austauschfähigen Gruppen zu substituieren.

Am Kohlenstoff deuterierte Polymere werden fast ausschließlich durch Polymerisation der deuterierten Monomeren erhalten. In der Tab. 5.3 sind eine Anzahl auf diese Weise hergestellter Polymere sowie Literaturangaben dazu zusammengestellt. Über die Synthese der deuterierten Monomeren wird zum Teil in den in der Tabelle angeführten Arbeiten berichtet. Aus Monomeren mit der Struktur CHD=CHX lassen sich mit stereospezifischen Katalysatoren di-isotaktische Polymere erzeugen (NATTA (1958, 1960)), die zur Untersuchung des Polymerisationsprozesses Verwendung fanden (MIYAZAWA (1963)). PRICE (1966) untersuchte den Polymerisationsmechanismus und die sterische Struktur von Epoxiden durch Polymerisation von cis- und trans-Dideuteroäthylenoxiden. Copolymere aus normalem und deuteriertem Polystyrol wurden von KOBAYASHI (1968a) zur Bestimmung der regulären Sequenzlänge verwendet.

Biopolymere, die nicht direkt aus deuterierten Monomeren synthetisiert werden können, lassen sich aus Kulturen in schwerem Wasser mit deuterierten Nährstoffen gewinnen. CHORNEY (1960) und CRESPI (1959) haben Algen in schwerem Wasser gezüchtet, wobei unter anderem CD-deuterierte Cellulose produziert wird. CORRENS und DECHANT (1967, 1968) stellten am Kohlenstoff deuterierte Bakteriencellulose durch eine Kultur in schwerem Wasser mit Glycerin-d_8 als Kohlenstoffquelle her. Wenn nur das Wasser oder nur das Glycerin deuteriert sind, erhält man an verschiedenen Kohlenstoffatomen des Glucoserings deuterierte Cellulose.

5.2.3. *Bandenzuordnung durch Deuteriumaustausch*

Ein Vergleich der UR-Spektren von normalen und deuterierten Polymeren zeigt, an welchen Banden Schwingungen der Wasserstoffatome beteiligt sind. In einigen Fällen ist die Entscheidung relativ leicht, z. B. bei der Zuordnung der Banden bei 725 cm^{-1} im Polyäthylen zur CH_2-Rockingschwingung (SHEPPARD (1947)), oder bei der Unterscheidung zwischen Schwingungen von CH-Gruppen im Ring und in der Kette von Polystyrol (KOBAYASHI (1961a), ONISHI (1961)). Häufig stellt man aber fest, daß von der Deuterierung nahezu alle Banden irgendwie beeinflußt werden, und die Zuordnung wird erst durch die kombinierte Anwendung der Deuterierungstechnik und der Normalkoordinatenanalyse möglich.

KRIMM (1963) und ENOMOTO (1966) interpretierten die Spektren von Polyvinylchlorid und dessen deuterierten Derivaten. Im Bereich der CH-Valenzschwingungen treten fünf Banden bei 2970, 2935, 2913, 2856 und 2823 cm^{-1} auf, im Bereich der CD-Valenzschwingungen nur drei Banden bei 2210, 2150 und 2110 cm^{-1} (Wellenzahlen nach ENOMOTO). Die Bande 2970 cm^{-1} läßt sich unzweideutig der ν(CH)-Schwingung zuordnen; sie fehlt im Spektrum von α-d_1-PVC und liegt im Spektrum von β,β-d_2-PVC bei 2962 cm^{-1}. Die Banden 2935 und 2913 cm^{-1} werden den $\nu_a(CH_2)$- und $\nu_s(CH_2)$-Schwingungen zugeordnet. Die Bande 2856 cm^{-1} hängt mit der amorphen Phase des Polymers zusammen. Die Bande 2823 cm^{-1} interpretierte ENOMOTO als $\nu_s(CH_2)$-Schwingung; nach KRIMM ist die Frequenz für diese Zuordnung aber zu niedrig.

Polyacrylnitril und seine deuterierten Analogen wurden von LIANG u. a. (1961a), TADOKORO u. a. (1963) und von YAMADERA (1964a) untersucht. Bei diesem Polymeren liegen die Verhältnisse etwas übersichtlicher, da sowohl im CH- als auch im CD-Valenzschwingungsbereich jeweils nur drei Banden bei 2950, 2930 und 2870 cm^{-1} bzw. bei 2180, 2170 und 2130 cm^{-1} auftreten. Sie lassen sich unschwer

Tabelle 5.3 Deuterierte Polymere (zum Teil nach LIANG (1964))

Polymer	Monomereinheit	Literatur
Polyäthylen	$-CD_2-$	SHEPPARD (1947)
	$-CH_2-$, $-CDH-$, $-CD_2-$ (statistisch)	TASUMI (1966, 1967)
Polypropylen	$-CDHCH(CH_3)-$	NATTA (1958)
	$-CD_2CH(CH_3)-$	PERALDO (1959)
		LIANG (1960a, 1961)
	$-CH_2CD(CH_3)-$	PERALDO (1959)
		LIANG (1960a, 1961)
		McDONALD (1961)
	$-CH_2CH(CD_3)-$	LIANG (1960a, 1961)
		McDONALD (1961)
	$-CD_2CD(CD_3)-$	LIANG (1962)
	$-CH_2CH(CH_2D)-$	TADOKORO (1961)
Polyvinylchlorid	$-CHDCHCl-$	ENOMOTO (1966)
		KRIMM (1963)
	$-CH_2CDCl-$	ENOMOTO (1966)
		KRIMM (1963)
	$-CHDCDCl-$	ENOMOTO (1966)
		KRIMM (1963)
	$-CD_2CDCl-$	ENOMOTO (1966)
		KRIMM (1963)
		NARITA (1959)
Polyvinylidenchlorid	$-CD_2CCl_2-$	NARITA (1959a)
Polyvinylalkohol	$-CD_2CD(OH)-$	TADOKORO (1961a)
Polyvinylacetat	$-CD_2CD(Ac)-$	TADOKORO (1961a)
Polymethylmethacrylat	$-CH_2C(CH_3)(COOCD_3)-$	NAGAI (1962, 1963)
	$-CD_2C(CD_3)(COOCH_3)-$	NAGAI (1962, 1963)
	$-CD_2C(CD_3)(COOCD_3)-$	NAGAI (1962, 1963)
Polyacrylnitril	$-CH_2CD(CN)-$	YAMADERA (1964a)
		LIANG (1961a)
	$-CD_2CD(CN)-$	YAMADERA (1964a)
		TADOKORO (1963)
	$-CD_2CH(CN)-$	YAMADERA (1964a)
Polystyrol	$-CHDCH(C_6H_5)-$	KOBAYASHI (1961)
	$-CD_2CH(C_6H_5)-$	KOBAYASHI (1961)
	$-CHDCD(C_6H_5)-$	KOBAYASHI (1961)
	$-CD_2CD(C_6H_5)-$	TADOKORO (1959)
	$-CH_2CH(C_6H_4D)-$	TADOKORO (1959a)
	$-CH_2CH(C_6D_5)-$	ONISHI (1961)

Tabelle 5.3 (Fortsetzung)

Polymer	Monomereinheit	Literatur
Polyäthylen-terephthalat	$-OCD_2CD_2OCO(C_6H_4)CO-$	DANIELS (1958) LIANG (1959) MIYAKE (1959)
	$-OCH_2CH_2OCO(C_6D_4)CO-$	DANIELS (1958) LIANG (1959) GRIME (1958)
	$-OCD_2CD_2OCO(C_6D_4)CO-$	DANIELS (1958) LIANG (1959)
Polyamid-6	$-(CO)CD_2(CH_2)_4(NH)-$	NETTELBECK (1966)
	$-(CO)(CH_2)_4CD_2(NH)-$	HEIDEMANN (1967)
Polyamid-66	$-(CONH)CD_2(CH_2)_4CD_2-$ $-(NHCO)(CH_2)_4-$	HEIDEMANN (1963)
	$-(CONH)(CH_2)_6(NHCO)-$ $-CD_2CH_2CH_2CD_2-$	HEIDEMANN (1963)
Polybutadien	$-CH_2CD{=}CHCH_2-$	GOLUB (1960)
	$-CH_2CD{=}CDCH_2-$	GOLUB (1960)
	$-CD_2CD{=}CDCD_2-$	GOLUB (1960)
	$-CHDCH{=}CHCH_2-$ (cis und trans)	GOLUB (1964)
	$-CD_2CH{=}CHCD_2-$ (cis und trans)	GOLUB (1964)
Cellulose	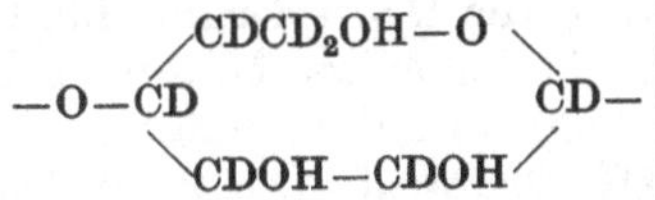	CORRENS (1968) DECHANT (1968a)
	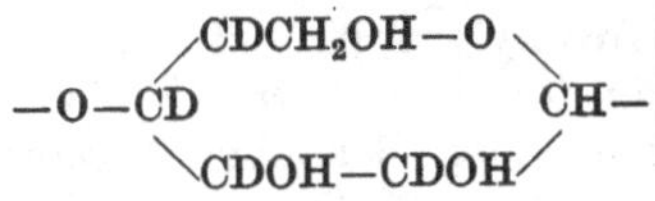	CORRENS (1968) DECHANT (1968a)
	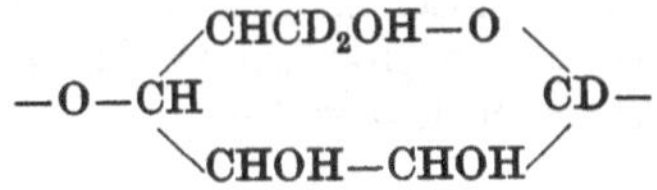	CORRENS (1968) DECHANT (1968a)
Polyglycin	$-NDCH_2CO-$ $-NHCD_2CO-$ $-NDCD_2CO-$ $-{}^{15}NHCH_2CO-$	SUZUKI (1966)

als $\nu_a(CH_2)$-, $\nu(CH)$- und $\nu_s(CH_2)$-Schwingungen interpretieren. Eine schwache Bande bei 2810 cm^{-1}, die von der Deuterierung nicht beeinflußt wird, wurde als Oberschwingung gedeutet.

Im UR-Spektrum von hochgeordneter Bakteriencellulose können fünf Banden im CH-Valenzschwingungsbereich unterschieden werden, während im deuterierten Polymer nur drei Banden beobachtet wurden (DECHANT (1968a)). Die größere CH-Bandenzahl wurde mit Kopplungen im kristallinen Zustand in Zusammenhang gebracht (vgl. Tab. 6.52), denn nach der Zerstörung des Kristallgitters in einer Kugelmühle hat der ν(CH)-Bereich eine ähnliche Bandenstruktur wie der ν(CD)-Bereich. Im mittleren UR-Spektrum der Cellulose zwischen 400 und 1500 cm^{-1} werden durch die Deuterierung nahezu alle Banden mehr oder weniger in Mitleidenschaft gezogen. Durch systematische Untersuchungen an verschieden deuterierten Proben, einschließlich der Deuterierung der Hydroxylgruppen und dichroitischer Messungen, war es möglich, die meisten der Banden zu interpretieren.

5.2.4. *Die Bestimmung der Accessibilität von Polymeren durch Deuteriumaustausch*

Im festen Zustand werden Polymere, die NH- oder OH-Gruppen enthalten, nur in den für D_2O oder ein anderes Deuterierungsmedium zugänglichen Bereichen deuteriert. Bereiche mit geordneter, kristalliner Struktur sind nicht oder schwerer zugänglich als die amorphen Anteile des Polymers. Daher läßt sich durch Messung des Deuterierungsgrades und der Deuterierungsgeschwindigkeit die übermolekulare Ordnung der Polymere charakterisieren.

Am gründlichsten wurde mit dieser Methode bisher die Struktur der Cellulose untersucht. Die ersten Arbeiten darüber stammen von ROWEN (1950) und ALMIN (1952). MANN (1956, 1956a, 1956b) und MARRINAN (1954, 1956) untersuchten die Reaktion zwischen Cellulose und schwerem Wasser. Besondere Beachtung fanden die Unterschiede, die bei der Deuterierung in der Dampfphase bzw. mit flüssigem D_2O auftreten. Erfolgt die Deuterierung mit D_2O-Dampf, so nimmt die Hydroxylbande bei 3500 cm^{-1} in den ersten Minuten schnell, dann langsamer ab. Zugleich entsteht bei etwa 2530 cm^{-1} die Deuteroxylbande der durch die Austauschreaktion gebildeten OD-Gruppen. Die nach beendetem Austausch verbleibende Absorption der Hydroxylgruppen ist in mehrere Banden aufgelöst, die den durch Wasserstoffbrücken in verschiedener Weise verknüpften OH-Gruppen in den nichtdeuterierten kristallinen Bereichen zugeordnet werden. Diese Feinstruktur der Hydroxylbande ist bei Cellulose I und Cellulose II sehr verschieden, und auch die anderen bekannten Strukturmodifikationen der Cellulose lassen sich durch das Ultrarotspektrum in diesem Bereich gut unterscheiden (MARRINAN (1956)).

Mit flüssigem schweren Wasser wird eine weitergehende und schnellere Deuterierung erreicht. Die so deuterierte Cellulose kann mit normalem Wasser nicht vollständig rehydrogeniert werden. Auch nach sehr langer Einwirkung von H_2O verbleibt ein Teil resistenter OD-Gruppen, die sich im UR-Spektrum durch eine in mehrere Einzelbanden aufgelöste Absorption bei 2500 cm^{-1} bemerkbar machen und offenbar geordneten deuterierten Bereichen angehören. Das Auftreten der resistenten OD-Gruppen läßt sich teilweise mit dem Eindringen von schwerem Wasser in kristalline Bereiche und teilweise durch eine bei der Behandlung mit schwerem Wasser erfolgte Rekristallisation erklären.

Die Extinktionskoeffizienten der ν(OH)- und ν(OD)-Banden sind nicht gleich. Sie hängen sehr stark von der Wasserstoffbrückenbindung ab. Deshalb wird der deuterierte Anteil mit einer vom UR-Spektrum unabhängigen Methode bestimmt. Dies kann durch Messung des Deuteriumgehaltes des zur Deuterierung bzw. zur Rehydrogenierung verwendeten Wassers erfolgen, wofür Dichtemessungen (FRILETTE (1948)), interferometrische Bestimmungen (MANN (1956a)) und ultrarotspektroskopische Verfahren (DECHANT (1967a)) eingesetzt wurden. JEFFRIES (1964) hat den deuterierten Anteil aus der Gewichtszunahme der getrockneten Proben berechnet.

Durch Anwendung gesättigter Lösungen von anorganischen Salzen in D_2O variierte JEFFRIES (1963) den D_2O-Dampfdruck. Teilweise führte er die Deuterierung bei höheren Temperaturen bis zu 150 °C durch. Die amorphen Bereiche sind bei Temperaturen zwischen 25 und 150 °C und Partialdampfdrücken von 0,03 bis 1,0 vollständig deuterierbar. Die Deuterierungsgeschwindigkeit nimmt mit dem Dampfdruck und mit der Temperatur zu. Dagegen hängt die Menge des deuterierbaren kristallinen Anteils, der mit H_2O nicht rehydrogeniert werden kann, sowohl vom Dampfdruck als auch von der Temperatur ab. Bei höherem Druck und höherer Temperatur erweist sich ein größerer Anteil der geordneten Cellulose als zugänglich. Zugleich werden bei fortschreitender Deuterierung der kristallinen Bereiche die Hydroxylbanden zunehmend besser aufgelöst. Diese Erscheinung wird durch die verschiedene Ordnungsgüte der kristallinen Bereiche erklärt. Die weniger gut geordneten Anteile der Kristallite werden schon bei niedrigem D_2O-Dampfdruck und bei niedriger Temperatur deuteriert. OKAJIMA und INOUE (1963, 1964) haben Celluloseseiden bei Temperaturen von 100 bis 210 °C deuteriert, um den Einfluß von Heißdampfbehandlungen auf die Struktur des Polymers zu untersuchen.

PENNINGS (1961) und RÅNBY (1964) deuterierten die Cellulose mit NaOD-Lösungen steigender Konzentration. In 16,4%iger NaOD waren die Proben vollständig zugänglich. Die Intensität der OH-Banden des nicht deuterierten Anteils bei 3500 cm^{-1} und 3450 cm^{-1}, die intramolekularen Wasserstoffbrücken zugeschrieben werden, nimmt langsamer ab, als die OH-Banden bei 3360 cm^{-1} und 3200 cm^{-1}. Die Autoren schlossen daraus, daß die intramolekularen Wasserstoffbrücken gegen den Deuteriumaustausch in NaOD-Lösungen stabiler sind als intermolekulare H-Brücken, obwohl letztere nach der Lage der entsprechenden Banden stärker sein sollten.

Die Deuterierung und Trocknung der untersuchten Celluloseproben müssen unter vollständigem Ausschluß der in der Laborluft enthaltenen Feuchtigkeit durchgeführt werden, weil sonst eine sehr schnelle Rehydrogenierung der leicht zugänglichen Bereiche erfolgt. Es ist zweckmäßig, die Deuterierung in der im Spektrometer befindlichen Küvette vorzunehmen, wodurch jegliche Manipulation mit der deuterierten Probe vermieden wird und es zugleich möglich ist, den Verlauf der Deuterierung an Hand der zunehmenden OD-Absorption zu verfolgen.

In Abb. 5.4 ist eine zu diesem Zweck konstruierte Küvette zusammen mit der Deuterierungseinrichtung dargestellt. Die Probe wird in einen Teflonrahmen eingespannt. Ein kleines Gefäß mit P_2O_5 in der Küvette beschleunigt den Trocknungsprozeß nach Beendigung der Deuterierung. Als Küvettenfenster dienen Kaliumbromid-Preßlinge von 20 mm Durchmesser. Bei Verwendung von Kaliumbromid guter Qualität sind die Preßlinge gegen den D_2O-Dampf hinreichend lange beständig. Bei Eintrübung nach längerem Gebrauch können sie leicht ausgewechselt werden. Da sich die Küvette im Strahlengang des Spektrometers etwas erwärmt, wird die Kondensation von D_2O an der Probe oder an den Küvettenfenstern verhindert. Zur Deuterierung wird ein getrockneter Stickstoffstrom durch

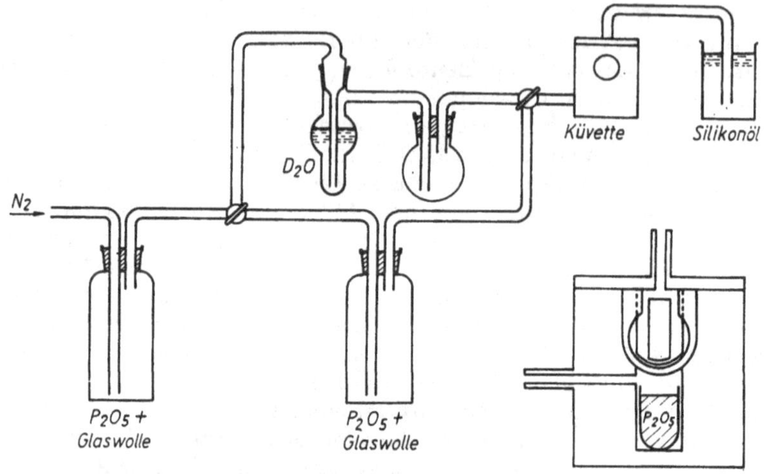

Abb. 5.4 Deuterierungsapparatur und Küvette (nach DECHANT (1967)).

D_2O und dann nach Passieren eines Tropfenabscheiders durch die Küvette geleitet. Den Ausgang der Apparatur bildet ein mit Silikonöl oder Quecksilber gefüllter Flüssigkeitsverschluß. Ähnliche Einrichtungen wurden von KNIGHT (1969), LIANG (1964), MARRINAN (1954) und SUTHERLAND (1957) beschrieben.

Abb. 5.5 zeigt die Ultrarotspektren eines aus Viskose hergestellten Cellulosefilms vor und nach der Deuterierung. Zur Bestimmung der Zugänglichkeit sind

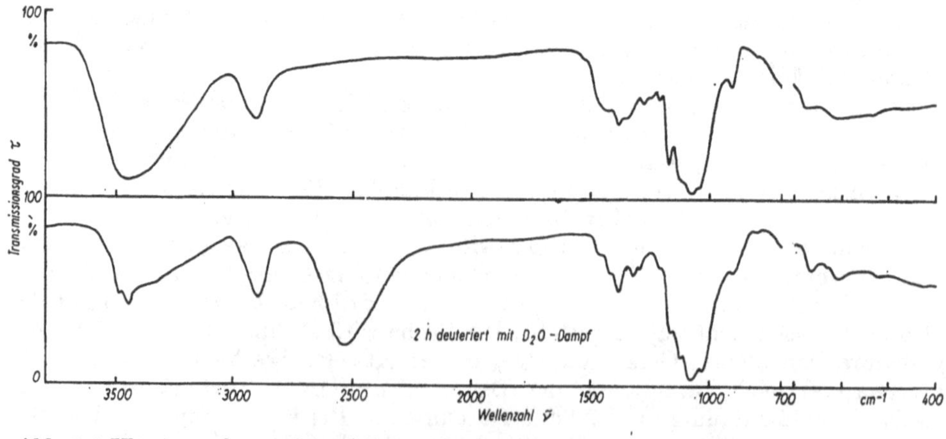

Abb. 5.5 Ultrarotspektren eines Cellulosefilms aus Viskose vor und nach der Deuterierung.

vor allem die Hydroxylbanden zwischen 3000 und 3600 cm^{-1} und die Deuteroxylbande zwischen 2400 und 2650 cm^{-1} von Interesse. Die im mittleren und langwelligen Bereich des Spektrums auftretenden Veränderungen sind dafür weniger gut geeignet, weil es sich hier überwiegend um gekoppelte Schwingungen handelt, die sich nicht eindeutig den Hydroxyl- bzw. Deuteroxylgruppen zuordnen lassen.

Als Zugänglichkeit oder Accessibilität A wird das Verhältnis der Konzentration der ausgetauschten Hydroxylgruppen zur Gesamtkonzentration der Hydroxylgruppen bezeichnet:

$$A = \frac{[\mathrm{OD}]}{[\mathrm{OD}] + [\mathrm{OH}]} \cdot 100\,[\%]. \tag{5.17}$$

Nach MANN (1956a) kann die Zugänglichkeit aus dem Verhältnis der bei 3360 cm^{-1} und bei 2540 cm^{-1} gemessenen Extinktionen bestimmt werden.

$$A = \frac{1}{1 + 1{,}11\,\dfrac{E_{3360}}{E_{2540}}} \cdot 100\,[\%]. \tag{5.18}$$

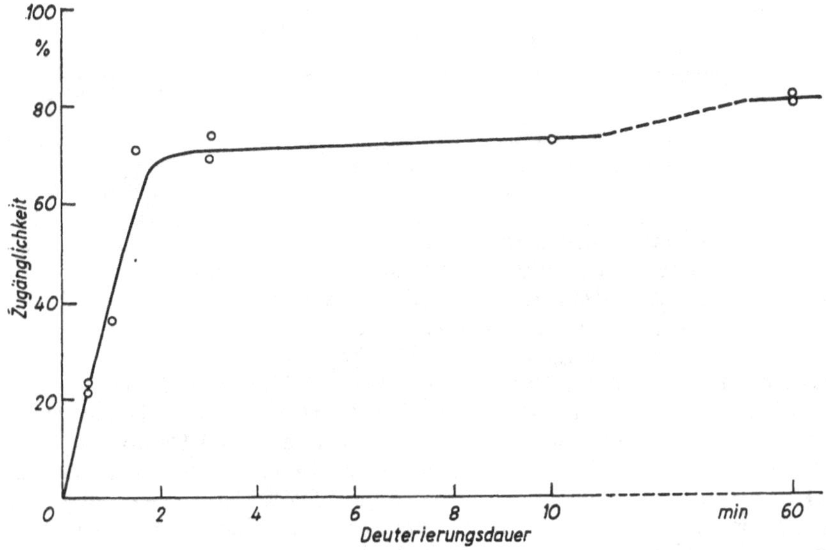

Abb. 5.6 Zugänglichkeit eines Cellulosefilms aus Viskose ($d = 5\,\mu m$) in Abhängigkeit von der Deuterierungszeit.

Die Konstante 1,11 ist das Verhältnis der Extinktionskoeffizienten bei den angegebenen Wellenzahlen. Als Maß für die Konzentration der Hydroxylgruppen wurde die Absorption bei 3360 cm^{-1} gewählt, weil an dieser Stelle die Absorption unabhängig von einer eventuellen Orientierung der geordneten Bereiche ist. In Abb. 5.6 ist die Zugänglichkeit eines Viskosefilms in Abhängigkeit von der Deuterierungszeit aufgetragen. Bereits nach wenigen Minuten ist der weitaus überwiegende Teil der zugänglichen Hydroxylgruppen deuteriert.

MANN (1956b) bestimmte die Zugänglichkeit von Celluloseproben verschiedenen Ursprungs. DECHANT (1967) hat den Einfluß der Koagulationsbedingungen auf die Accessibilität von Cellulosefilmen aus Viskoselösungen untersucht. Wenn die Filme vor ihrer ersten Trocknung in D_2O gewaschen werden, enthalten sie deuterierte geordnete Bereiche, die an der Auflösung der Deuteroxylabsorption in einzelne Peaks zu erkennen sind (Abb. 5.7). Die OD-Valenzschwingungsbande

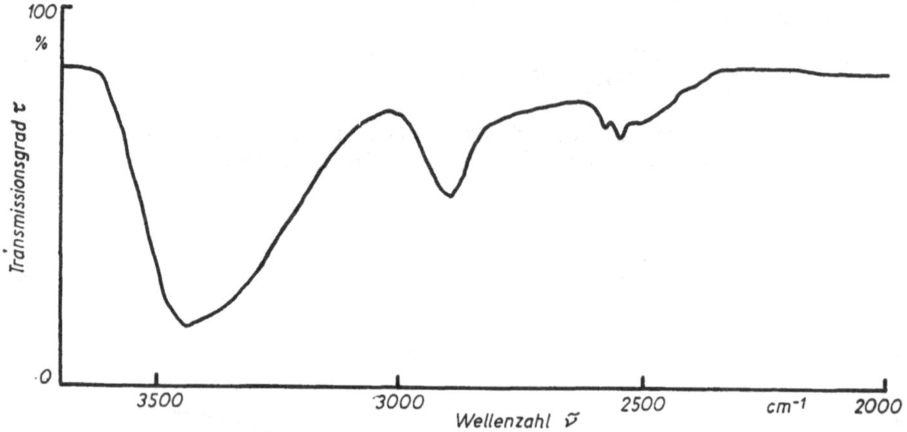

Abb. 5.7 Ultrarotspektrum eines vor der ersten Trocknung in D_2O gewaschenen und mit H_2O rehydrogenierten Cellulosefilms (nach DECHANT (1967)).

hat die gleiche Feinstruktur, wie man sie an einer normal hergestellten und mit flüssigem D_2O deuterierten Probe findet. Dies kann als ein Hinweis darauf angesehen werden, daß die Feinstruktur der ν(OH)-Bande von Cellulose durch die Existenz unterschiedlicher Wasserstoffbrücken und nicht durch die Wechselwirkung mit anderen Schwingungen verursacht wird.

CUMBERBIRCH und JEFFRIES (1967) bestimmten mit Hilfe der Deuterierungstechnik die geordneten Anteile und die Perfektion der Ordnung in drei sehr unterschiedlichen Celluloseregeneratfasern. Deuteriert wurde mit D_2O-Dampf bei 75% relativer Luftfeuchte und 20 °C in 5 Stunden. Unter diesen Bedingungen betrug der nicht deuterierte Anteil bei Fortisan und einer HWM-Faser etwa 40% und bei einer Supercordseide etwa 25%. Nach einer weiteren drastischeren Deuterierung traten deutliche Unterschiede in der Feinstruktur der ν(OH)-Absorption auf, die zeigen, daß die Perfektion der Ordnung in Fortisan weit größer ist als in den beiden anderen Cellulosetypen. Beim hydrolytischen Abbau nimmt die Ordnungsgüte in den Hydrolyserückständen zu. Aus ähnlichen Untersuchungen an hydrolysierten und äthanolysierten Cellulosen konnten Schlüsse auf die Ordnungsgradverteilung gezogen werden (BAUDISCH 1968)).

Native Cellulose wurde vorwiegend in Form der Bakteriencellulose hinsichtlich ihres Verhaltens gegenüber D_2O untersucht (DECHANT (1967), JEFFRIES (1964a), MANN (1956b), SUMI (1963)). Ihre Zugänglichkeit ist mit 20 bis 30% wesentlich geringer als die von Viskosefilmen (70 bis 80%). Auch bei Bakteriencellulose erhält man größere Anteile der geordneten Substanz mit OD-Gruppen, wenn vor der ersten Trocknung der Filme deuteriert wird. Daraus wurde gefolgert, daß der Ordnungsgrad der Bakteriencellulose bei der Entstehung der Mikrofibrillen noch nicht seine volle Höhe erreicht und ein Teil der Hydroxylgruppen erst bei der Trocknung in kristalline Bereiche eingebaut wird. DARUWALLA u. a. (1970) beschrieben die Methodik und Ergebnisse von Untersuchungen an deuterierten nativen Cellulosen in Faserform.

Die Accessibilität von Celluloseproben, die sich nicht in dünnen Filmen präparieren lassen, wird indirekt aus dem Deuteriumgehalt des zur Rehydrogenierung verwendeten Wassers bestimmt (DECHANT (1967a)). Die Probe wird zunächst

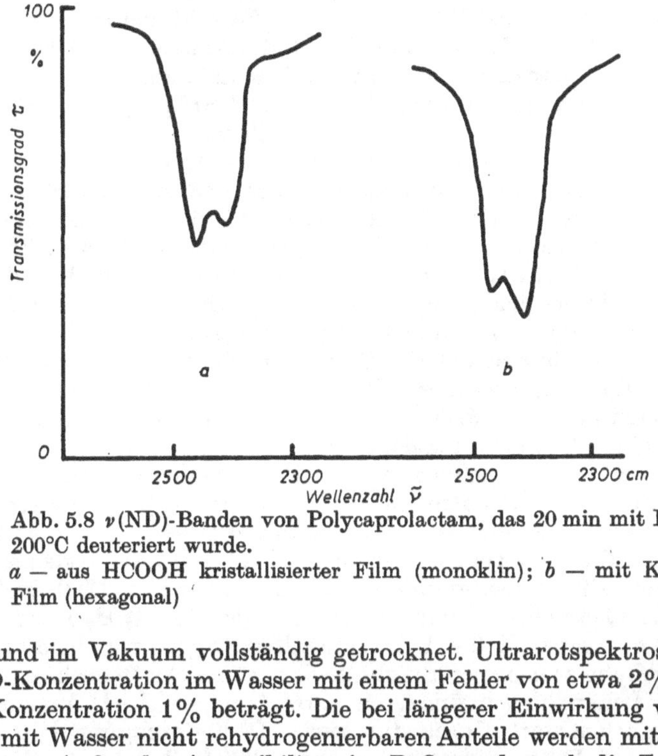

Abb. 5.8 ν(ND)-Banden von Polycaprolactam, das 20 min mit D_2O-Dampf bei 200°C deuteriert wurde.
a — aus HCOOH kristallisierter Film (monoklin); *b* — mit KJ_3 behandelter Film (hexagonal)

deuteriert und im Vakuum vollständig getrocknet. Ultrarotspektroskopisch läßt sich die OD-Konzentration im Wasser mit einem Fehler von etwa 2% bestimmen, wenn die Konzentration 1% beträgt. Die bei längerer Einwirkung von D_2O entstandenen, mit Wasser nicht rehydrogenierbaren Anteile werden mit Natronlauge rehydrogeniert. Außer der Accessibilität für D_2O wurde auch die Zugänglichkeit für CH_3OH und C_2H_5OH gemessen; dabei wurden charakteristische Unterschiede in der Struktur der ungeordneten Anteile von verschiedenen Cellulosetypen gefunden (DECHANT (1968)).

Im Spektrum von Polymeren mit Amidgruppen tritt nach der Behandlung mit D_2O ein Bandendublett bei etwa 2480 und 2420 cm^{-1} auf, und die ν(NH)-Bande bei 3300 cm^{-1} sowie die FERMI-Resonanzbanden bei 3200 und 3080 cm^{-1} werden schwächer. Die Dublettstruktur der ν(ND)-Bande wird durch FERMI-Resonanz erklärt (vgl. Abschnitt 5.4). Die relative Intensität der beiden Komponenten hängt von der Struktur des Polymer ab. In der monoklinen Modifikation von Polycaprolactam hat die höherfrequente Bande größere Intensität, in der hexagonalen Struktur ist die niederfrequente Bande stärker (Abb. 5.8). Wegen der unterschiedlichen Bandenstruktur im ν(NH)- und im ν(ND)-Bereich ist die spektroskopische Bestimmung des Ordnungsgrades schwieriger als bei Cellulose. Der Deuteriumaustausch in den zugänglichen Bereichen verläuft in Polyamiden wegen der geringeren Wasseraufnahme und der kleineren Diffusionsgeschwindigkeit des Wassers viel langsamer als bei Cellulose. Zu 100% an den Amidgruppen deuterierte Polyamide stellten CANNON (1960) durch Einwirkung von DCl und nachfolgende Behandlung mit D_2O und WOOD (1963) durch Auflösen in deuterierter Ameisensäure her.

JEFFRIES (1964b) hat den Deuterierungsgrad verschiedener Proteine und der Polyamide-66, -6 und -11 aus der Gewichtszunahme der Proben berechnet. Die Abnahme der Extinktion bei 3300 cm^{-1} war geringer als der ausgetauschte Anteil der NH-Gruppen. Die Differenz wurde durch die Annahme erklärt, daß das Verhältnis der Extinktionskoeffizienten am Bandenmaximum für die unzugänglichen und die zugänglichen Anteile etwa 1,5 bis 2,0 beträgt. Die ν(NH)-Bande des zugänglichen Polymers ist breiter als die nach der Deuterierung verbleibende Bande des geordneten Anteils. In einer weiteren Arbeit untersuchte JEFFRIES (1967) den Ordnungszustand von geschmolzenen und abgeschreckten Polyamidfilmen. Die Accessibilität (D_2O-Dampf, 20 °C, 0,5 h) der Proben hing von der Temperatur der Schmelze und von der Dauer des geschmolzenen Zustandes ab. Noch nach 15 bis 30 Minuten bei Temperaturen bis zu 60 °C oberhalb des Schmelzpunktes existiert in der Schmelze eine molekulare Ordnung, die sich in der geringeren Accessibilität der abgeschreckten Probe zu erkennen gibt. Ein 15 Minuten auf 325°C oder 40 Minuten auf 295 °C erhitzter Polyamidfilm war nahezu vollständig deuterierbar. Ein solcher Film kristallisiert in kochendem Wasser viel langsamer als ein Film, der noch geordnete Strukturelemente enthält.

KOSHIMO (1965, 1965a) untersuchte mit Hilfe der Deuterierungstechnik die Vorgänge bei der Heißdampffixierung von Polycaprolactam. Durch Polymerisation von deuteriertem Caprolactam wurde ein zu 97% deuteriertes Polymer erhalten. Normales Polycaprolactam wurde mit D_2O bei 150 °C in 45 Minuten zu 95% deuteriert. Die UR-Spektren der beiden Proben unterscheiden sich deutlich im Bereich der strukturempfindlichen Banden zwischen 1300 und 600 cm^{-1}. Wiederholte Heißdampfbehandlungen, die alternierend mit H_2O und D_2O durchgeführt wurden, ergaben, daß sich der Kristallinitätsgrad vor allem bei der ersten Behandlung erhöht, wobei später nicht mehr zugängliche Bereiche entstehen. Bei den weiteren Behandlungen findet ein alternierender H—D-Austausch in den amorphen Bereichen statt. Durch stufenweise Deuterierung mit D_2O-Dampf von 25 bis 150 °C und Differenzierung der Accessibilität–Temperatur-Kurve erhielt KOSHIMO (1965b) ein *Lateral-Order-Spektrum* von Polycaprolactam. Diese Verteilungskurven zeigen, daß bei einer Trockenhitzebehandlung die Anteile mit schlechter und mittlerer Ordnung abnehmen und die Bereiche mit höherer und kristalliner Ordnung zunehmen. Bei der Dampfbehandlung nimmt der Anteil mit mittlerer Ordnung ab, und die amorphen und kristallinen Bereiche nehmen zu.

KLOTZ (1968) berichtete über die Möglichkeiten, den Deuteriumaustausch als Mittel zur Untersuchung der Struktur von Proteinen heranzuziehen. FRASER (1958a, 1958b) hat die Austauschgeschwindigkeit und den Deuterierungsgrad von einigen Proteinen über die im nahen Ultrarot gelegenen Kombinationsbanden bei 4590 und 4870 cm^{-1} bestimmt. In α-Keratin werden bei 30 °C etwa 30% des locker gebundenen Wasserstoffs ausgetauscht. Dieser Wert nimmt auch nach sehr langen Deuterierungszeiten nicht zu, er steigt aber, wenn die Temperatur oder der pD-Wert erhöht werden. Bei vielen Proteinen läßt sich die partielle Deuterierung nicht mit der Unzugänglichkeit der Kristallite für Wasser erklären, da die Kristallite Wasser aufnehmen und Hydrate bilden. Die Unzugänglichkeit hängt hier mit der stereochemischen Struktur der Polypeptidkette zusammen.

5.3. Ultrarotdichroismus

5.3.1. *Einführung*

Neben der Frequenz, der Intensität und der Bandenform ist der Polarisationszustand ein weiterer Parameter zur Charakterisierung einer Absorptionsbande, der zur Aufklärung der Struktur der Materie mit Hilfe der Ultrarotspektroskopie herangezogen werden kann. Die von einem isolierten Molekül absorbierte Energie ist proportional zu dem Quadrat des skalaren Produktes aus der Änderung des Dipolmomentes mit der Normalkoordinate q $\left(\text{Übergangsmoment } \frac{\partial \vec{\mu}}{\partial q}\right)$ und dem elektrischen Vektor $\vec{E}$:

$$e \sim \left(\frac{\partial \vec{\mu}}{\partial q} \cdot \vec{E}\right)^2. \tag{5.19}$$

Die Absorption ist am größten, wenn der elektrische Vektor parallel zum Übergangsmoment liegt, sie verschwindet, wenn beide Größen senkrecht aufeinander stehen. Die Extinktion erhält man aus der Beziehung (5.19) durch Summation über alle in der Probe enthaltenen Moleküle:

$$E = K \int\limits_n \left(\frac{\partial \vec{\mu}}{\partial q} \cdot \vec{E}\right)_n^2 dn. \tag{5.20}$$

Bei isotroper Verteilung der Richtungen der Übergangsmomente ist die Extinktion von der Polarisation der einfallenden Strahlung unabhängig. Anisotrope Verteilungen sind in nahezu allen vorkommenden Fällen so gestaltet, daß sie eine oder mehrere Symmetrieachsen aufweisen. Mit senkrecht zu einer Vorzugsrichtung einfallender Strahlung werden im allgemeinen verschiedene Extinktionen E_π und E_σ erhalten, wenn die Strahlung parallel bzw. senkrecht zur Vorzugsrichtung polarisiert ist. Das Verhältnis

$$R = \frac{E_\pi}{E_\sigma} \tag{5.21}$$

wird dichroitisches Verhältnis genannt. Streng genommen müßten in (5.21) die integralen Extinktionen eingesetzt werden (vgl. Gleichung (2.14)). Jedoch haben die Parallel- und die Senkrechtkomponente der Bande meist gleiche Gestalt und Halbwertsbreite, so daß es genügt, mit den Maximalextinktionen zu rechnen.

Die praktische Bestimmung von E_π und E_σ schließt eine Reihe von Fehlerquellen ein, die durch die unvollständige Polarisation des Lichtes, die Bandenüberlagerung und durch die Konvergenz der Strahlung hervorgerufen werden. Die Möglichkeiten zur Umgehung der Fehlerquellen und die erforderlichen Korrekturen wurden in den Abschnitten 2.2.3. und 2.4. beschrieben. In diesem Abschnitt wollen wir von der Annahme ausgehen, daß wir stets in der Lage sind, das dichroitische Verhältnis mit der erforderlichen Genauigkeit zu messen.

Bei der Anwendung ultrarotdichroitischer Untersuchungen auf Polymere können wir drei verschiedene Aspekte, unter denen die Untersuchungen durchgeführt werden, unterscheiden. Erstens sind dichroitische Messungen bei der Zuordnung der Absorptionsfrequenzen zu den Symmetrierassen von Nutzen, denn in symmetrischen Molekülen oder Molekülgruppen sind die Übergangsmomente parallel oder senkrecht zu den Symmetrieelementen gerichtet. Zweitens liefern dichroitische Untersuchungen Informationen über die geometrische und chemische Struktur der Moleküle, indem sie es ermöglichen, den Winkel zwischen einer chemischen Gruppe bzw. dem Übergangsmoment und anderen Gruppen oder der Molekülkettenachse zu bestimmen. Drittens ist es möglich, bei Kenntnis der Lage des Dipolmomentes in bezug auf die Kettensegmente oder die kristallographischen Achsen die Orientierung der Moleküle und Kristallite in verstreckten Fasern und Filmen zu bestimmen.

Dichroitische Untersuchungen an Polymeren wurden anfangs vor allem von ELLIOTT (1948, 1948b) und AMBROSE (1949, 1951a) eingeführt und gefördert, die geeignete Polarisatoren entwickelten und die Orientierung von Polypeptiden und Polyamiden bestimmten. BEER (1956) und FRASER (1953a, 1958c) beschrieben Methoden zur quantitativen Interpretation von ultrarotdichroitischen Untersuchungen an partiell orientierten Polymeren. STEIN u. a. (1958, 1958a, 1961a, 1969) und READ (1968) untersuchten ebenfalls den quantitativen Zusammenhang zwischen der Orientierung und der optischen Anisotropie von Polymeren, insbesondere im Hinblick auf die Orientierungsprozesse und die Orientierung der amorphen Anteile in Polymeren.

5.3.2. Der Zusammenhang zwischen Orientierung und Dichroismus

Die Orientierung der Probe beschreiben wir durch eine Verteilungsfunktion $a(\varphi, \gamma)$, welche die Dichte der Übergangsmomente angibt, die in das von den Winkeln φ, $\varphi + d\varphi$, γ, $\gamma + d\gamma$ begrenzte Segment der Einheitskugel zeigen (Abb. 5.9). Die z-Achse ist die durch Walzen oder Strecken erzeugte Vorzugsrichtung der Probe. Die Strahlung fällt in der senkrecht zur z-Achse gelegenen xy-Ebene ein. Die Polarisationsebene des elektrischen Vektors ist um den Winkel β gegen die z-Achse geneigt. Dann beträgt nach Gleichung (5.20) die Extinktion

$$E(\beta, \alpha) = K \int_{\gamma=0}^{\pi} \int_{\varphi=0}^{2\pi} a(\varphi, \gamma) \sin\gamma \left(\frac{\partial \vec{\mu}}{\partial q} \cdot \vec{E}\right)^2 d\varphi\, d\gamma. \tag{5.22}$$

Zur Vereinfachung nehmen wir an, daß $\frac{\partial \vec{\mu}}{\partial q}$ und $\vec{E}$ Einheitsvektoren sind; dann wird

$$\left(\frac{\partial \vec{\mu}}{\partial q} \cdot \vec{E}\right)^2 = \sin^2 \gamma \cos^2 \varphi \sin^2 \beta \cos^2 \alpha + \sin^2 \gamma \sin^2 \varphi \sin^2 \beta \sin^2 \alpha + \cos^2 \gamma \cos^2 \beta + 2(\sin^2 \gamma \sin \varphi \cos \varphi \sin^2 \beta \sin \alpha \cos \alpha + \sin \gamma \cos \gamma \cos \varphi \sin \beta \cos \beta \cos \alpha + \sin\gamma \cos \gamma \sin \varphi \sin \beta \cos \beta \sin \alpha). \quad (5.23)$$

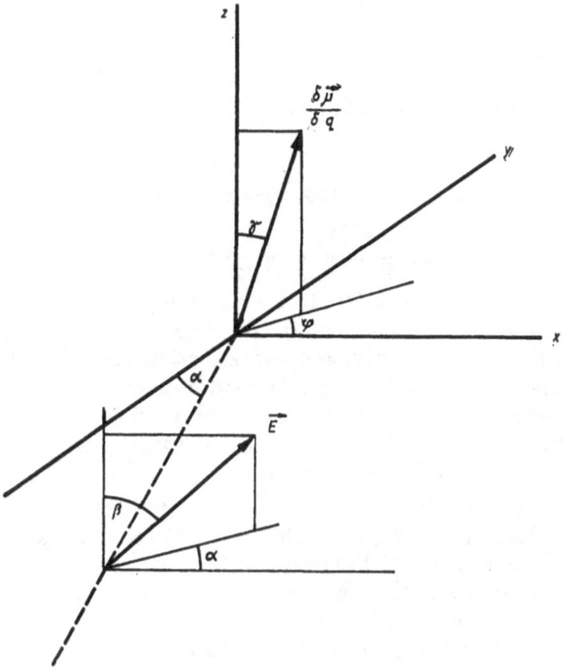

Abb. 5.9 Koordinaten des Übergangsmomentes $\frac{\partial \vec{\mu}}{\partial q}$ und des elektrischen Vektors $\vec{E}$. z ist die Streckrichtung der Probe, xy die Einfallsebene der Strahlung.

Für parallel zu den Koordinatenachsen x, y, z polarisiertes Licht erhalten wir

$$E_x = E\,(90°, 0°) = K \int_{\gamma=0}^{\pi} \int_{\varphi=0}^{2\pi} a(\varphi, \gamma) \sin^3 \gamma \cos^2 \varphi \, d\varphi \, d\gamma \quad (5.24)$$

$$E_y = E\,(90°, 90°) = K \int_{\gamma=0}^{\pi} \int_{\varphi=0}^{2\pi} a(\varphi, \gamma) \sin^3 \gamma \sin^2 \varphi \, d\varphi \, d\gamma \quad (5.25)$$

$$E_z = E\,(0°, \alpha) = K \int_{\gamma=0}^{\pi} \int_{\varphi=0}^{2\pi} a(\varphi, \gamma) \sin \gamma \cos^2 \gamma \, d\varphi \, d\gamma. \quad (5.26)$$

Wenn wir (5.23) in (5.22) einsetzen, erhalten wir unter Berücksichtigung der Gleichungen (5.24) bis (5.26)

$$E(\beta, \alpha) = E_x \sin^2 \beta \cos^2 \alpha + E_y \sin^2 \beta \sin^2 \alpha + E_z \cos^2 \beta \qquad (5.27)$$

$$+ \text{ drei Kreuzterme.}$$

Die Kreuzterme haben die Form

$$\int_{\gamma=0}^{\pi} \int_{\varphi=0}^{2\pi} a(\varphi, \gamma) f(\beta, \alpha) \sin^2 \gamma \sin \varphi \cos \varphi \, d\varphi \, d\gamma \qquad (5.28)$$

bzw.

$$\int_{\gamma=0}^{\pi} \int_{\varphi=0}^{2\pi} a(\varphi, \gamma) f(\beta, \alpha) \sin \gamma \cos \gamma \sin \varphi \, d\varphi \, d\gamma .$$

Sie verschwinden, wenn die Funktion $a(\varphi, \gamma)$ an den Stellen $\varphi = 0, \frac{\pi}{2}, \pi$ und $\frac{3}{2}\pi$ oder $\varphi = 0$ und π, $\gamma = 0$ und $\frac{\pi}{2}$ oder $\varphi = \frac{\pi}{2}$ und $\frac{3}{2}\pi$, $\gamma = 0$ und $\frac{\pi}{2}$ gerade ist, das heißt, wenn mindestens zwei der drei Ebenen xy, xz, und yz Symmetrieebenen der Verteilungsfunktion $a(\varphi, \gamma)$ sind. Da beim Absorptionsprozeß jedes Übergangsmoment äquivalent zum entgegengesetzt gerichteten Übergangsmoment ist, hat die Verteilungsfunktion immer ein Inversionszentrum, wodurch weitere Symmetrieelemente erzeugt werden (vgl. Zbinden (1964)). Die in der Praxis denkbaren Orientierungsprozesse führen stets zu Verteilungsfunktionen, welche die genannten Symmetrieeigenschaften aufweisen.

Beim Verschwinden der Kreuzterme ist (5.27) die Gleichung eines Ellipsoides mit den Hauptachsen $\sqrt{E_x}$, $\sqrt{E_y}$ und $\sqrt{E_z}$. Diese drei Parameter genügen, um das ultrarotdichroitische Verhalten eines Polymers vollständig zu beschreiben. Daher ist es im allgemeinen nicht möglich, die Verteilungsfunktion durch dichroitische Messungen eindeutig zu bestimmen.

Bei einer isotropen Probe ist $a(\varphi, \gamma)$ eine Konstante, deren Wert aus der Normierungsbedingung

$$\int_{\gamma=0}^{\pi} \int_{\varphi=0}^{2\pi} a(\varphi, \gamma) \sin \gamma \, d\varphi \, d\gamma = 1 \qquad (5.29)$$

zu entnehmen ist:

$$a(\varphi, \gamma)_{\text{isotrop}} = a_0 = \frac{1}{4\pi} . \qquad (5.30)$$

Damit erhalten wir aus den Gleichungen (5.24) bis (5.26) die von der Polarisation unabhängige Extinktion der isotropen Probe zu

$$E_{\text{isotrop}} = \frac{1}{3} K . \qquad (5.31)$$

Für eine orientierte Probe ergibt sich aus den Gleichungen (5.24) bis (5.26) bei Berücksichtigung der Normierung (5.29) die Beziehung:

$$E_x + E_y + E_z = K. \tag{5.32}$$

Durch Einsetzen dieser Beziehung in die Gleichung (5.31) erhalten wir für eine zu der orientierten Probe äquivalente isotrope Probe

$$E = \frac{1}{3}(E_x + E_y + E_z). \tag{5.33}$$

Von dieser Beziehung ist Gebrauch zu machen, wenn Proben mit unterschiedlicher Orientierung untereinander verglichen werden sollen. Bei einachsiger Orientierung lautet die Beziehung

$$E = \frac{1}{3}(E_\pi + 2E_\sigma). \tag{5.34}$$

Die Hauptachsen des Extinktionsellipsoids liegen normalerweise parallel oder senkrecht zu äußeren Begrenzungsflächen der Probe. Wir betrachten einen Film, dessen Oberfläche in der xz-Ebene liegt (Abb. 5.9). Mit senkrecht zur Filmebene einfallender Strahlung lassen sich E_x und E_z leicht messen. Zur Bestimmung von E_y gibt es mehrere Möglichkeiten. Übersichtliche Verhältnisse liegen vor, wenn Mikrotomschnitte des Films parallel zur z- oder x-Achse im Ultrarotmikroskop untersucht werden. Die Herstellung und Messung solcher Proben ist aber sehr mühsam. Tadokoro (1958) untersuchte auf diese Weise doppelt orientierte Polyvinylalkoholfilme. Einfacher ist es, den Film beim Spektroskopieren gegen die Strahlungsrichtung zu neigen (Koenig (1967), Schmidt (1963), Wolfram (1970)). Aus Gleichung (5.27) erhalten wir mit $\beta = 90°$

$$E(\alpha) = E_x \cos^2 \alpha + E_y \sin^2 \alpha, \tag{5.35}$$

wo α der Winkel zwischen y-Achse und Strahlungsrichtung im Innern der Probe ist. Er hängt mit dem experimentellen Neigungswinkel α' und dem Brechungsindex der Probe n durch die Beziehung

$$\sin \alpha = \frac{\sin \alpha'}{n} \tag{5.36}$$

zusammen. An geneigten Filmen treten hohe Reflexionsverluste auf, die durch Anordnung der Probe zwischen ultrarotdurchlässigen Halbkugeln oder schräg geschliffenen Platten zu vermeiden sind (siehe Abschnitt 2.2.3.3.). Eine weitere Möglichkeit zur Bestimmung der Extinktion in drei Richtungen bietet die ATR-Technik (Flournoy (1966a)). Koenig (1971) beschrieb eine Methode zur Bestimmung der Orientierung von Polymeren durch Messungen mit unpolarisierter Strahlung an geneigten Proben.

5.3.3. Orientierungsmodelle

Wie oben erwähnt, ist es prinzipiell nicht möglich, aus dichroitischen Messungen die Verteilungsfunktion abzuleiten. Man geht deshalb so vor, daß zunächst vernünftige Modelle für die Verteilungsfunktion angenommen werden und der Zusammenhang zwischen den Parametern dieser Modelle und dem Dichroismus berechnet wird. Die Orientierung des Polymers wird mit Hilfe der Parameter charakterisiert.

Im einfachsten Modell bilden alle Übergangsmomente den gleichen Winkel γ_0 mit der Streckrichtung z und sind statistisch um die z-Achse verteilt. Dann erhalten wir aus Gleichung (5.26) und Gleichung (5.29)

$$E_\pi = K \cos^2 \gamma_0 \iint a(\gamma) \sin \gamma \, d\varphi \, d\gamma = K \cos^2 \gamma_0 \tag{5.37}$$

und aus (5.24)

$$E_\sigma = K \sin^2 \gamma_0 \int_0^\pi a(\gamma) \sin \gamma \, d\gamma \int_0^{2\pi} \cos^2 \varphi \, d\varphi = \frac{1}{2} K \sin^2 \gamma_0 \, . \tag{5.38}$$

Das dichroitische Verhältnis ist dann

$$R_0 = \frac{E_\pi}{E_\sigma} = 2 \cot^2 \gamma_0, \tag{5.39}$$

und man findet Paralleldichroismus ($R_0 > 1$) für $\gamma_0 < 54°44'$ und Senkrechtdichroismus ($R_0 < 1$) für $\gamma_0 > 54°44'$.

Mit einem Modell, bei dem alle Kettensegmente mit der Streckrichtung den Winkel θ bilden und die Übergangsmomente gleichmäßig um die Kettenachse unter dem Winkel γ verteilt sind (Abb. 5.10), erhält man das dichroitische Verhältnis (Fraser (1953a))

$$R(\theta, \gamma) = \frac{2 \cot^2 \gamma \cos^2 \theta + \sin^2 \theta}{\cot^2 \gamma \sin^2 \theta + \frac{1}{2} (1 + \cos^2 \theta)} . \tag{5.40}$$

In einem weiteren von Fraser (1953a, 1956, 1958c) untersuchten Modell wird angenommen, daß der Anteil f des Polymers perfekt einachsig orientiert ist, während der Rest $(1 - f)$ vollständig unorientiert ist. Das dichroitische Verhältnis einer solchen Probe beträgt

$$R = \frac{f \cos^2 \gamma_0 + \frac{1}{3} (1 - f)}{\frac{1}{2} f \sin^2 \gamma_0 + \frac{1}{3} (1 - f)} \tag{5.41}$$

oder

$$R = \frac{1 + \frac{1}{3} (R_0 - 1)(1 + 2f)}{1 + \frac{1}{3} (R_0 - 1)(1 - f)} . \tag{5.42}$$

Darin sind γ_0 der Winkel zwischen dem Übergangsmoment und der Kettenachse und R_0 das dichroitische Verhältnis des perfekt orientierten Anteils f. Gewöhnlich sind sowohl f als auch R_0 bzw. γ_0 nicht bekannt, so daß es nicht möglich ist, diese

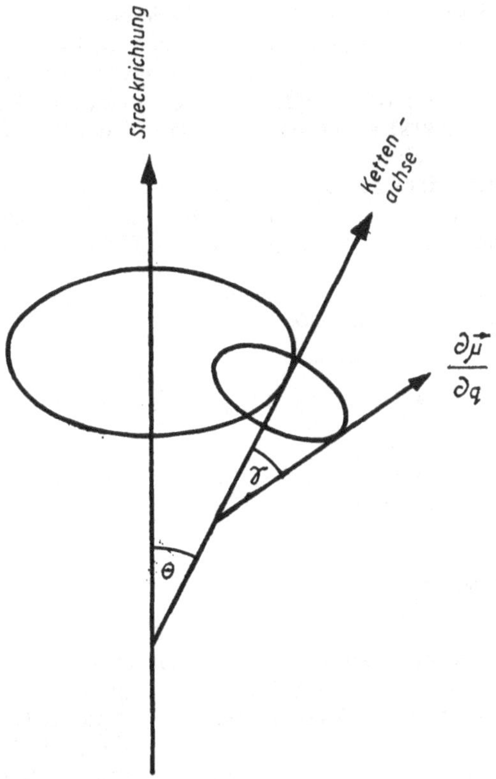

Abb. 5.10 Verteilung der Übergangsmomente im Modell eines orientierten Polymers (nach FRASER (1953a)).

Größen aus den Gleichungen (5.41) und (5.42) zu bestimmen. FRASER (1958d) zeigte aber durch Auflösen der Gleichung (5.42) nach f:

$$f = \frac{R - 1}{R_0 - 1} \cdot \frac{R_0 + 2}{R + 2}, \tag{5.43}$$

daß bestimmte Grenzen für R_0 angegeben werden können. Wenn von den Übergangsmomenten zweier Banden bekannt ist, daß sie aufeinander senkrecht stehen, ist es nach KRIMM (1960b) möglich, γ_0 und f eindeutig zu bestimmen.

BEER (1956) untersuchte die Voraussetzungen, die eine Orientierungsfunktion erfüllen muß, damit sie durch das von FRASER vorgeschlagene Modell ersetzt werden kann. Bei einachsiger Orientierung sind diese Voraussetzungen immer erfüllt, so daß, wenn der Orientierungsparameter f für eine Bande bestimmt wurde, er zur Bestimmung der Richtung der Übergangsmomente von weiteren Banden verwendet werden kann.

Sandeman und Keller (1956) schlugen ein Modell vor, bei dem die Kettensegmente gleichförmig in einem Kegel um die Kettenachse verteilt sind, wobei der Öffnungswinkel des Kegels als Orientierungsparameter verwendet wird. Tobin und Carrano (1957) nahmen eine elliptische Verteilung der Kettensegmente an und berechneten das dichroitische Verhältnis in Abhängigkeit vom Achsenverhältnis der Ellipse. Weitere Modelle einschließlich planarer Orientierungen wurden von Fraser (1958c), Zbinden (1964) sowie von Bamford, Elliott und Hanby (1956) diskutiert.

Stein (1958, 1958a) verwendete für die Interpretation ultrarot dichroitischer Messungen als Maßzahl der Orientierung das mittlere Quadrat des Richtungskosinus, das im Falle einachsiger Orientierung durch die Gleichung

$$\langle\cos^2\gamma\rangle = \frac{\int_0^\pi a(\gamma)\cos^2\gamma\sin\gamma\,d\gamma}{\int_0^\pi a(\gamma)\sin\gamma\,d\gamma} \tag{5.44}$$

definiert ist (Tsutsui (1966)). Hermans (1939, 1949) zeigte, daß die mit diesem Mittelwert gebildete Orientierungsfunktion

$$f_\gamma = \frac{1}{2}\,(3\,\langle\cos^2\gamma\rangle - 1) \tag{5.45}$$

in einfacher Weise mit der Doppelbrechung von Fasern zusammenhängt. Sie ist identisch mit dem von Fraser eingeführten Orientierungsparameter f (Gleichung (5.41)), ist aber nicht an ein bestimmtes Modell oder eine bestimmte Orientierungsverteilung gebunden. Wenn das dichroitische Verhältnis R_0 der perfekt orientierten Probe bekannt ist, kann f_γ aus Gleichung (5.43) berechnet werden. Bei kristallinen Polymeren läßt sich die Orientierungsfunktion der Kristallitachsen mit Hilfe von Röntgenbeugungsuntersuchungen bestimmen, so daß es durch Kombination beider Methoden im Prinzip möglich ist, die Orientierung des amorphen Anteils aus dem Dichroismus einer Bande zu bestimmen, die sowohl dem kristallinen als auch dem amorphen Anteil zuzuordnen ist (Stein (1958), Read (1968)).

Zur Beschreibung zweiachsiger (planarer) Orientierungen führte Stein (1958a) weitere Orientierungsfunktionen ein:

$$f_\varphi = 2\,\langle\cos^2\varphi\rangle - 1\,, \tag{5.46}$$

welche die Orientierung der Kristallite oder Kettensegmente in bezug auf die Filmebene angeben (Abb. 5.11). Die gesamte Orientierung kann durch drei Funktionen vom Typ (5.45) und drei Funktionen vom Typ (5.46) beschrieben werden, von denen aber nur vier voneinander unabhängig sind (Stein (1961a)). Sofern eine Seitengruppe über eine Einfachbindung drehbar an das Kettensegment gebunden ist, wie zum Beispiel der Benzolring im Polystyrol, wird eine weitere

Orientierungsfunktion zur Beschreibung der Lage der Seitengruppe erforderlich. STEIN (1961 b) diskutierte die experimentellen Möglichkeiten zur Bestimmung aller genannten Orientierungsfunktionen. Über die Theorie des Ultrarotdichroismus von amorphen Polymeren berichtete BARTENEV (1970).

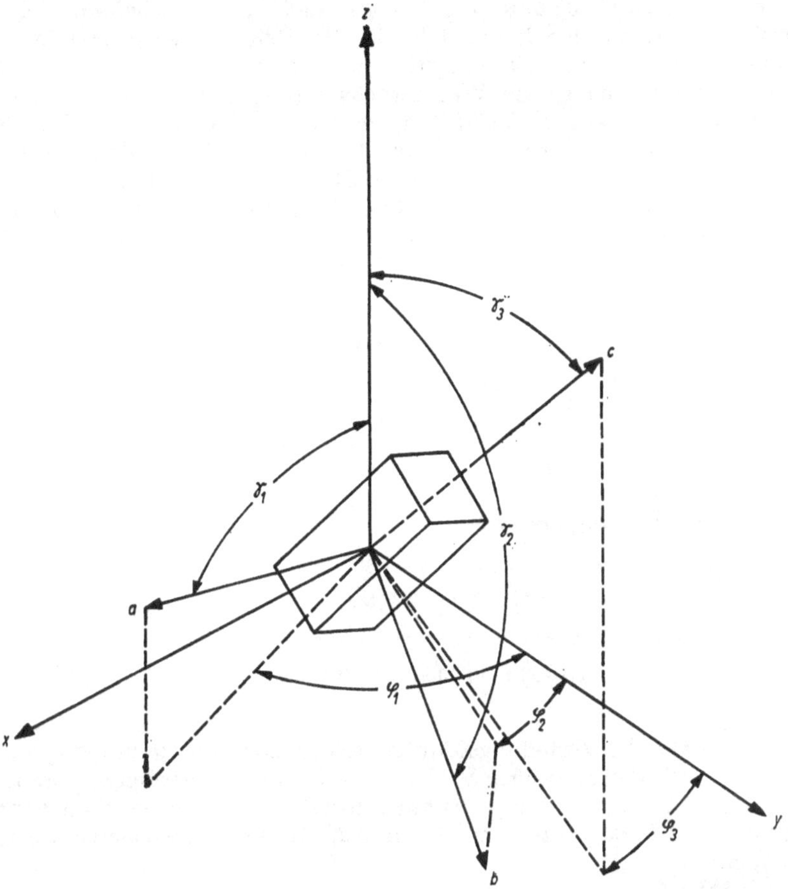

Abb. 5.11 Die Winkel zur Beschreibung der Lage eines Kristallits oder Kettensegmentes in einem biaxial orientierten Polymer (nach STEIN (1958)).

5.3.4. *Die Richtung der Übergangsmomente*

Im vorausgehenden Abschnitt wurde der Zusammenhang zwischen der Orientierung der Übergangsmomente und dem Dichroismus untersucht. Es muß jedoch darauf hingewiesen werden, daß die Richtung des Übergangsmomentes nicht immer in einfacher Weise von den Bindungsrichtungen der chemischen Gruppen abhängt (ANGELL (1964)). In symmetrisch gebauten Molekülen liegen die Übergangsmomente parallel oder senkrecht zu den Symmetrieelementen. Das trifft auch auf chemische Gruppen zu, deren Schwingungen wegen zu geringer Kopplung unabhängig vom Molekülrest betrachtet werden können. Ein Beispiel dafür sind die symmetrische und antisymmetrische Valenzschwingung der CH_2-Gruppe. Jedoch wird gerade bei diesen Schwingungen und anderen ν(X—H)-Banden häufig ein viel geringerer Dichroismus gefunden als auf Grund der Orientierung zu erwarten ist. ZBINDEN (1964) zeigte, daß diese Erscheinung teilweise darauf zurückgeführt werden kann, daß die CH_2-Gruppe gleichzeitig Waggingschwingungen senkrecht zur Bindungsrichtung ausführt. Da die Valenzschwingungen höhere Frequenzen als die Waggingschwingungen haben, erfolgt keine Mittelung über die verschiedenen Stellungen der Übergangsmomente. Wenn das H-Atom an einer Wasserstoffbrückenbindung beteiligt ist, kann die Richtung des Übergangsmomentes erheblich von der XH-Richtung abweichen.

In Helixmolekülen sind die ultrarotaktiven Schwingungsrassen A und E parallel bzw. senkrecht zur Helixachse polarisiert. Nach KRÖMER (1964) beträgt das dichroitische Verhältnis für alle Banden der Rasse A

$$R^A = \frac{\int_0^{\pi/2} a(\gamma) \cos^2 \gamma \sin \gamma \, d\gamma}{\frac{1}{2} \int_0^{\pi/2} a(\gamma) \sin^3 \gamma \, d\gamma} \tag{5.47}$$

und für die Schwingungsrasse E

$$R^E = \frac{\int_0^{\pi/2} a(\gamma) \sin^3 \gamma \, d\gamma}{\int_0^{\pi/2} a(\gamma) (1 + \cos^2 \gamma) \sin \gamma \, d\gamma} . \tag{5.48}$$

Darin ist $a(\gamma)$ die Verteilungsfunktion der Helixsegmente in bezug auf die Streckrichtung. Die dichroitischen Verhältnisse R^A und R^E werden nur dann beobachtet, wenn die A- und E-Komponenten aufspalten. Im allgemeinen wird wegen der teilweisen Überlagerung der A- und E-Banden schwächerer Dichroismus gefunden.

Über die Lage der Übergangsmomente in unsymmetrischen Gruppen und Molekülen gibt es nur wenig Angaben, da die experimentelle Bestimmung mit der prinzipiellen Schwierigkeit behaftet ist, daß zunächst die genaue Lage der Gruppe bekannt sein muß. Untersuchungen an Kristallen, in denen die Atomlagen durch Röntgenstrukturanalyse bestimmt werden können, sind nicht ohne weiteres auf andere Systeme zu übertragen, da in Kristallen das resultierende Übergangsmoment durch intermolekulare Wechselwirkungen bestimmt wird. In einer isolierten chemischen Gruppe hängt die Richtung des Übergangsmomentes sowohl von den mit der Schwingung verbundenen Verschiebungen der einzelnen Atome als auch von der elektronischen Struktur der Bindung ab.

Sehr intensiv wurde die Lage der Übergangsmomente für die Schwingungen der —CONH-Amidgruppe untersucht, die von besonderem Interesse für die

Bestimmung der Proteinstruktur ist. FRASER (1952) und PRICE (1953) wiesen darauf hin, daß zwei Effekte für die Abweichung des Übergangsmomentes der Amid-I-Bande bei 1650 cm^{-1} von der Richtung der C=O-Bindung verantwortlich sind. Wegen der Resonanzstruktur O⋯C⋯N sind die OCN-Gruppe als gewinkeltes dreiatomiges Molekül und die Amid-I-Bande als antisymmetrische Valenzschwingung dieses Moleküls anzusehen. Die Richtung des Übergangsmomentes liegt zwischen den Richtungen von C=O und C—N. Zum gleichen Ergebnis kommt man bei der Analyse eines 6-atomigen Modells der Amidgruppe (ČIRGADZE (1962)). Der zweite Effekt besteht darin, daß sich bei der Molekülschwingung die Ladungsverteilung der Resonanzstruktur ändert. Die gemeinsame Wirkung des mechanischen und des elektronischen Effektes führt dazu, daß sich das Übergangsmoment um etwa 20° gegen die C=O-Richtung verschiebt. Einen ähnlichen Winkel fanden ABBOTT und ELLIOTT (1956) bei dichroitischen Messungen an Acetanilid. Die Richtung des Übergangsmomentes der Amid-II-Bande bei 1550 cm^{-1} läßt sich anschaulich nicht erklären, da diese Frequenz durch Resonanzaufspaltung der symmetrischen Valenzschwingung der OCN-Gruppe und der NH-Deformationsschwingung zustande kommt. SANDEMAN (1955) fand, daß in kristallinem Diacetylhexamethylendiamin die NH-Valenz-, Amid-I- und Amid-II-Schwingungen in der Ebene der Amidgruppe liegen und mit der C=O-Richtung die Winkel 8°, 17° und 77° einschließen.

Die Richtung der C=O-Valenzschwingung der Estergruppe wurde von BRADBURY u. a. (1960) aus Messungen an einem aliphatischen Polyester zu etwa 9° oder 19° abgeschätzt; in Analogie zur Amidgruppe bevorzugten die Autoren den größeren Winkel. TSUBOI (1962) nimmt jedoch wegen der geringen Kopplung der ν(C=O)-Schwingung von Estern mit anderen Schwingungen an, daß das Übergangsmoment nahezu parallel zur C=O-Richtung liegt. Das Übergangsmoment der antisymmetrischen COC-Valenzschwingung, die in aliphatischen Estern bei 1170 cm^{-1} gefunden wird, bildet nach BRADBURY (1960) und TSUBOI (1962) mit der C=O-Gruppe einen Winkel von etwa 90°.

5.3.5. *Die Orientierung der Polymere*

5.3.5.1. *Aus dem Deformationsmechanismus abgeleitete Verteilungsfunktionen*

Im Abschnitt 5.3.3. wurden einige Modelle der Verteilungsfunktion $a(\varphi, \gamma)$ betrachtet. Die in realen Polymeren auftretenden Verteilungsfunktionen hängen vom Polymertyp und von den Verstreckbedingungen (Temperatur, Dehnungsgeschwindigkeit und Vorbehandlung) ab. Kristalline und amorphe Bereiche haben im allgemeinen unterschiedliche Orientierungen. Der Orientierungsmechanismus kann in den verschiedenen Stadien der Verstreckung nach unterschiedlichen Gesetzmäßigkeiten erfolgen, insbesondere, wenn die Orientierung von morphologischen Veränderungen begleitet wird (DECHANT (1966)). Unter vereinfachenden Voraussetzungen ist eine mathematische Formulierung des Orientierungsprozesses möglich. Das bekannteste Beispiel dafür ist die von KRATKY (1933) eingeführte Vorstellung der affinen Verzerrung eines homogenen Mediums, in das die orientierenden Elemente als Stäbchen eingebettet sind. Nach der Verstreckung v erhält man für die im Ausgangszustand ($v = 1$) isotrop verteilten Stäbchenachsen die Verteilungsfunktion

$$a(\gamma) = \text{const} \frac{v^3}{[1 + (v^3 - 1)\sin^2 \gamma]^{3/2}}. \tag{5.49}$$

Die gleiche Formel wurde von KUHN und GRÜN (1942) abgeleitet. In einigen Fällen, zum Beispiel bei der Dehnung trockener Cellulosefäden, wurde gute Übereinstimmung zwischen der Theorie und der experimentell bestimmten Orientierung gefunden. Aus Abweichungen von der Theorie können Schlüsse auf die morphologische Struktur des Polymers gezogen werden (STUART (1955)). Die KRATKYsche Verteilungsfunktion wurde von FRASER (1958c, 1958d) und ZBINDEN (1964) in Beziehung zu den weiter oben diskutierten Orientierungsparametern gebracht, die aus ultrarotdichroitischen Messungen zu bestimmen sind.

Von KUHN und GRÜN (1942) und von TRELOAR (1956) wurde im Zusammenhang mit Untersuchungen der Gummielastizität ein anderes Deformierungsmodell diskutiert, das den in nicht-kristallinen Polymeren vorliegenden Verhältnissen besser angepaßt ist. Diesem Modell liegt ein Kettenmolekül zugrunde, das aus Z gleichen Segmenten der Länge a besteht. Die Winkelverteilung der Segmente in bezug auf den die Kettenenden verbindenden Vektor $\vec{h}$ wird durch die Gleichung

$$dZ_{\vartheta,\varphi} = \frac{Z\beta}{\sinh \beta} e^{-\beta \cos\vartheta} \cdot \frac{1}{2} \sin \vartheta \, d\vartheta \, \frac{d\varphi}{2\pi} \tag{5.50}$$

dargestellt, wo $\beta = L^{-1}\left(\frac{h}{Za}\right)$ aus der inversen LANGEVIN-Funktion folgt und ϑ der Winkel zwischen $\vec{h}$ und der Segmentachse ist. Aus dem dichroitischen Verhältnis eines Segmentes ist mit Hilfe der Verteilungsfunktion (5.50) der Dichroismus einer Kette und mit Hilfe der Verteilungsfunktion der Kettenendenabstände in bezug auf die Streckrichtung der Dichroismus des orientierten Polymers zu berechnen. Die zuletzt genannte Verteilungsfunktion wurde von KUHN und GRÜN (1942) unter bestimmten Voraussetzungen (affine Deformation eines makromolekularen Netzwerkes) in Abhängigkeit vom Verstreckungsgrad berechnet. MARRINAN (1959) und TSUTSUI (1966) wendeten das Verfahren auf ultrarotdichroitische Untersuchungen an.

5.3.5.2. *Einige bei der Orientierung von Polymeren auftretende Besonderheiten*

Die kristallinen Bereiche von Polymeren haben häufiger die Gestalt dünner Blättchen als die von Stäbchen, wie bei der Ableitung der Gleichung (5.49) angenommen wurde. Bei der unbehinderten Orientierung von blättchenförmigen Kristalliten wird die Blättchenebene schneller in die Streckrichtung gedreht als die Längsachse der Kristallite. Dieser Blättcheneffekt tritt besonders ausgeprägt auf, wenn ein Film zweimal in aufeinander senkrechten Richtungen verstreckt wird, wobei sich die Blättchen parallel zur Filmebene anordnen. Bei gleichzeitiger

Verstreckung in zwei aufeinander senkrechten Richtungen liegen die Kristallite in der Filmebene und die Kristallitachsen sind statistisch in der Ebene verteilt (Koenig (1967b)). Der Blättcheneffekt kann auch bei einmaliger Verstreckung eines Films deutlich zur Geltung kommen, da häufig die Dickenabnahme bei der Verstreckung weit größer ist als die seitliche Kontraktion des Films, was äquivalent zu einer teilweisen Verstreckung senkrecht zur Hauptdehnungsrichtung ist. Ebenfalls auf den Blättcheneffekt ist die manchmal zu beobachtende Dichroismus-Umkehr (Tasumi (1961)) zurückzuführen, wobei bestimmte Banden bei schwacher Verstreckung Paralleldichroismus und bei starker Verstreckung Senkrechtdichroismus aufweisen (siehe Abschnitt 4.2.5.).

Nikitin (1957) und Volček (1957) untersuchten den Einfluß einer Temperung auf das dichroitische Verhältnis. Bei Polyvinylacetat nimmt der Dichroismus der Bande bei 1370 cm^{-1} beim Tempern oberhalb von 30 °C stark ab (Abb. 5.12a).

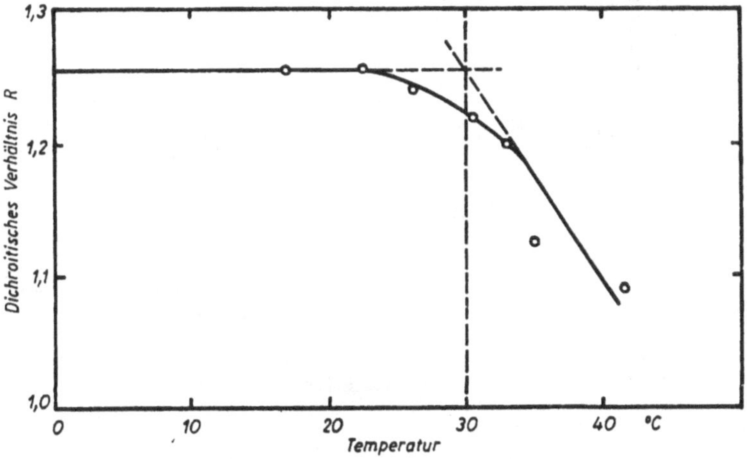

Abb. 5.12 *a* — Temperaturabhängigkeit des Ultrarotdichroismus der Bande 1370 cm^{-1} von Polyvinylacetat (nach Nikitin (1957)).

Diese Temperatur stimmt etwa mit der nach anderen Methoden bestimmten Glasübergangstemperatur überein, bei der die Ketten beweglich werden, so daß eine Desorientierung ermöglicht wird. Bei Polyvinylalkohol trat die Abnahme des Dichroismus bei 86 °C ein, was ebenfalls der Glasübergangstemperatur entspricht. Die Filme wurden ohne Einspannung getempert. An der Polycaprolactambande bei 930 cm^{-1} beobachteten die Autoren beim Tempern oberhalb 90 °C zunächst eine Zunahme des Dichroismus, die durch zusätzliche Orientierung der Kristallite infolge von Relaxationsprozessen in den dazwischenliegenden nichtkristallinen Bereichen gedeutet wurde. Bei 180 °C nimmt der Dichroismus der Bande stark ab (Abb. 5.12b). Um Informationen über die molekulare Natur und den Mechanismus rheologischer Prozesse in Polymeren zu erhalten, führten Takenaka u. a. (1970) gleichzeitige Messungen der Spannung und des Ultrarotdichroismus an Polychloropren-Filmen durch.

FAJZI (1971) stellte fest, daß auf orientierte Polypropylenfolien durch -Strahlung pfropfpolymerisiertes Polyvinylidenchlorid ebenfalls orientiert ist.

Zum Schluß sei noch erwähnt, daß Ultrarotdichroismus auch an Polymerlösungen beobachtet wurde, in denen die Makromoleküle durch Scherkräfte (BIRD (1956, 1958, 1959a)) oder ein starkes elektrisches Feld (SPACH (1959)) ausgerichtet wurden.

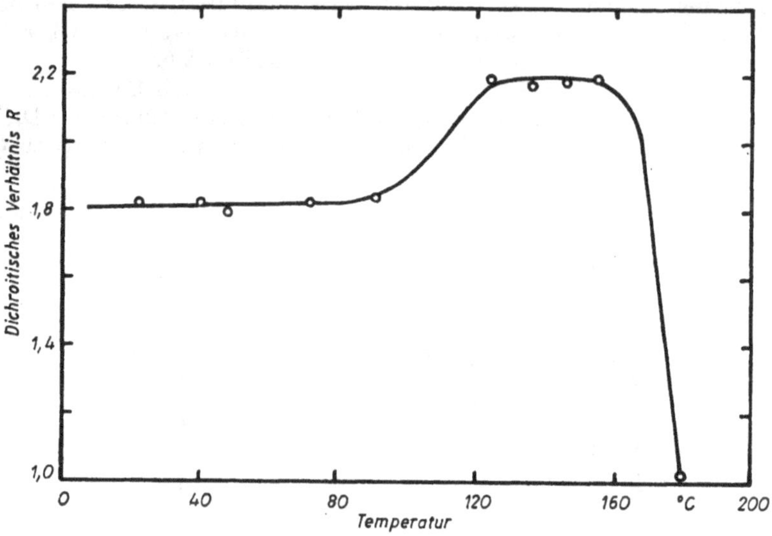

Abb. 5.12 *b* — Temperaturabhängigkeit des Ultrarotdichroismus der Bande 930 cm^{-1} von Polycaprolactam (nach VOLČEK (1957)).

5.4. Die Wasserstoffbrückenbindung

Unter den zwischenmolekularen Kräften, die für die Eigenschaften polymerer Festkörper von Bedeutung sind, spielen die Wasserstoffbrückenbindungen eine besondere Rolle. Ihre Bindungsenergie ist mit 5 bis 10 kcal/mol wesentlich größer als die der anderen zwischenmolekularen (VAN DER WAALSschen) Kräfte, deren Bindungsenergie unter 1 kcal/mol liegt. Die Wasserstoffbrückenbindung kann sich zwischen einer als Protonendonator bezeichneten XH-Gruppe und dem als Protonenakzeptor fungierenden Atom Y ausbilden. Da sie deutlichen Richtungs- und Sättigungscharakter hat, wird sie als eine Nebenvalenz des Wasserstoffatoms bezeichnet und in Formeln durch einė punktierte Verbindungslinie angedeutet:

$$R_1XH \cdots YR_2 .$$

Die Ultrarotspektroskopie ist die wichtigste Methode zur Untersuchung von Wasserstoffbrückenbindungen. Die ersten Arbeiten darüber erschienen in der Mitte der dreißiger Jahre (zum Beispiel FOX (1937), FREYMANN (1932), HILBERT

(1935)). Seitdem wurden eine große Fülle von experimentellen Ergebnissen sowie auch eine Reihe von Versuchen zur theoretischen Behandlung der Wasserstoffbrückenbindung bekannt, ohne daß es bisher gelang, eine befriedigende Theorie zu finden, die alle Erscheinungen qualitativ und quantitativ richtig wiedergibt. Zusammenfassende Berichte wurden von Hadzi (1959), Hallam (1963), Luck (1965, 1967), Korobkov (1966), Pimentel und McClellan (1960) und Sokolov (1965) verfaßt.

Wasserstoffbrückenbindungen sind überwiegend als elektrostatische Anziehungskräfte aufzufassen, die im wesentlichen auf der Dipol–Dipol-Wechselwirkung zwischen der XH-Gruppe und den Elektronen des Atoms Y beruhen. Dabei kommt es weniger auf das permanente Dipolmoment der beteiligten Gruppen als auf deren Polarisierbarkeit an. Eine allgemeine Voraussetzung für das Zustandekommen der Wasserstoffbrückenbindung ist, daß X und Y stark elektronegative Atome mit relativ kleinen Atomradien sind (Badger (1957)). Bei der eigentlichen Ausbildung der Bindung verschiebt sich der Schwerpunkt der Elektronenwolke der XH-Gruppe von H-Atom zum X-Atom, wodurch es dem H-Atom teilweise ermöglicht wird, die Elektronen des Atoms Y aufzunehmen. In diesem Modell werden XH als der Elektronenakzeptor und Y als der Elektronendonator bezeichnet, und die Wasserstoffbrückenbindung kommt als Folge der Elektronenverschiebung durch die wechselseitige Beeinflussung der Moleküle R_1XH und YR_2 zustande (Coulson (1959), Sokolov (1965)).

Die wichtigsten in den üblichen Polymeren vorkommenden Donator-Akzeptorkombinationen sind OH ··· O, OH ··· N, NH ··· O, NH ··· N. Außerdem können noch die Gruppen ClH, SH und besonders FH als Protonendonatoren auftreten. Auch CH-Gruppen sind zur Ausbildung von Wasserstoffbrückenbindungen befähigt, wenn an das C-Atom stark elektronegative Atome oder Gruppen gebunden sind (Allerhand (1963)) oder in Acetylenen (Korobkov (1966)).

Unter bestimmten sterischen Bedingungen werden intramolekulare Wasserstoffbrückenbindungen gebildet, bei denen Donator und Akzeptor zum gleichen Molekül gehören. Sie unterscheiden sich energetisch nicht von den intermolekularen Wasserstoffbrücken. Man erkennt sie an ihrem Verhalten bei Konzentrationsänderungen in Lösungen. Während intermolekulare Wasserstoffbrückenbindungen bei starker Verdünnung dissoziieren, was sich im Auftreten der Absorptionsbanden der ungebundenen XH-Gruppe bemerkbar macht, bleiben die intramolekularen H-Brücken unabhängig vom Verdünnungsgrad bestehen. Da sie nur bei geeigneter Stellung der Donator- und Akzeptorgruppen möglich sind, lassen sie sich zur Unterscheidung von molekularen Konfigurationen verwenden. Von besonderer Bedeutung sind sie für die Konformation des Cellulosemoleküls (Gillis (1969), vgl. Abschnitt 6.11.) und für die Stabilität der Proteinhelix in Lösungen.

Intermolekulare Wasserstoffbrückenbindungen können in Festkörpern zu regellosen oder — in Kristallen — zu regelmäßigen Netzstrukturen führen. In Polymeren werden häufig parallel oder antiparallel angeordnete Kettenmoleküle durch intermolekulare H-Brücken zu Rostebenen verbunden (Abb. 5.13). Sie sind auch dann als intermolekulare Bindungen anzusehen, wenn sie um viele Monomereinheiten getrennte Teile eines gefalteten Moleküls verknüpfen. In Flüssigkeiten und Lösungen werden die Moleküle durch Wasserstoffbrückenbindungen zu dimeren, trimeren und kettenförmigen Assoziaten verbunden.

Letztere wurden zum Beispiel bei Alkoholen nachgewiesen:

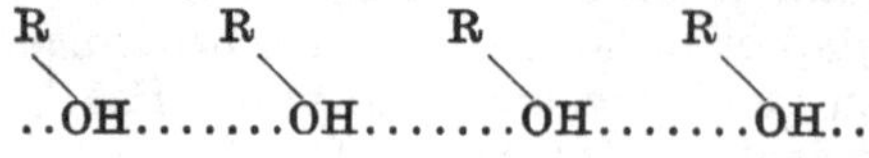

In dimerer Form liegen vor allem die Carbonsäuren vor:

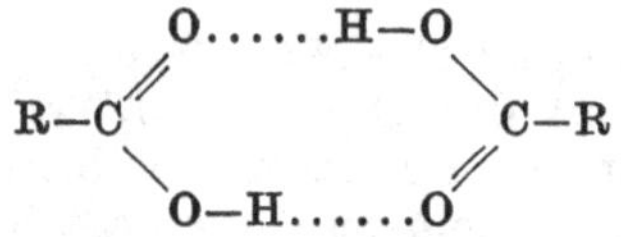

Caprolactam bildet nach Lord (1960) einen relativ stabilen dimeren Komplex, der erst bei sehr hoher Verdünnung zum monomeren Caprolactam dissoziiert,

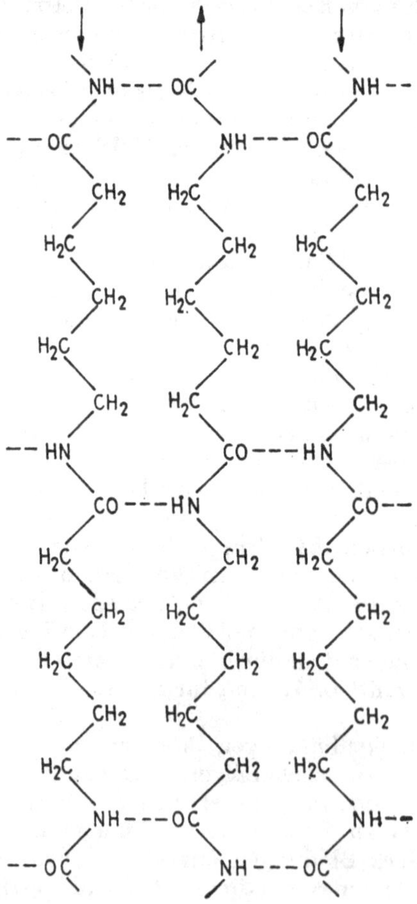

Abb. 5.13 Intermolekulare Wasserstoffbrückenbindungen in der monoklinen Modifikation von Polycaproamid (nach Holmes (1955)).

was im Ultrarotspektrum an der zunehmenden Intensität der Valenzschwingungsbande der freien NH-Gruppe erkennbar ist (Abb. 5.14). Aus der Temperatur- und Konzentrationsabhängigkeit der Spektren bestimmte LORD die Dissoziationskonstante.

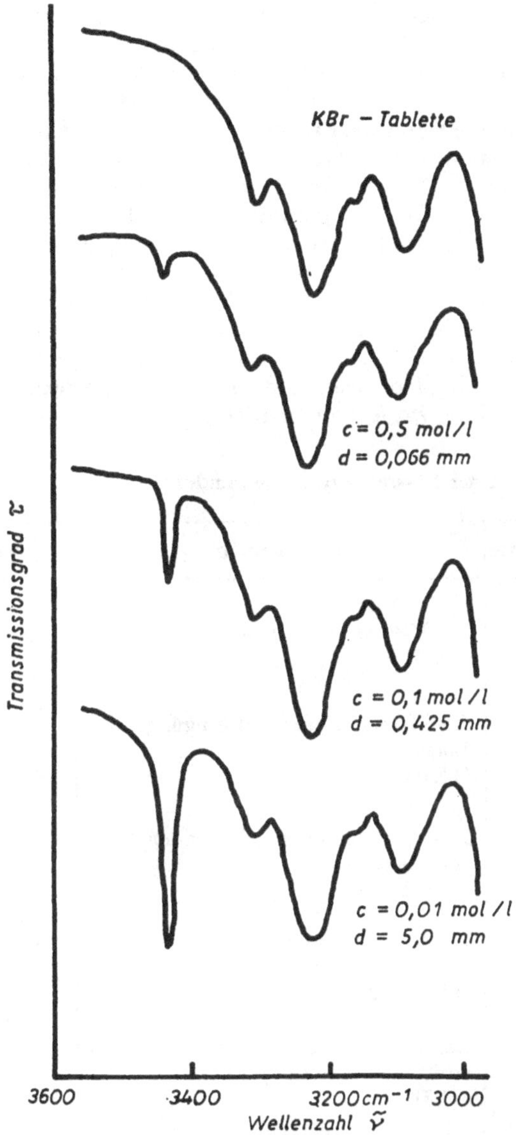

Abb. 5.14 NH-Valenzschwingungen von Caprolactam.
3430 cm^{-1}: freie NH-Gruppen; 3303, 3217, 3088 cm^{-1}: gebundene NH-Gruppen und Kombinationsschwingungen.

In der Tab. 5.4 sind die Schwingungen der Wasserstoffbrückenbindungen und die Wellenzahlbereiche, in denen die Schwingungen erwartet werden, zusammengestellt. Es ist klar, daß jede Änderung der Elektronenstruktur der X—H- und XH ... Y-Bindungen sich auf die Kraftkonstanten und daher auf die Frequenzen auswirken muß. Am besten untersucht sind in dieser Hinsicht die ν(XH)-Schwingungen, weil sie den Effekt der Wasserstoffbrückenbindung am deutlichsten zeigen und im Gegensatz zu den Deformationsschwingungen wenig von anderen Frequenzen überlagert werden. Sehr wichtig sind die Valenz- und Deformationsschwingungen der Brückenbindung ν(XH...Y) und δ(XH...Y), die nur in dem gebundenen Komplex auftreten und die Stärke der Bindung direkt widerspiegeln. Sie liegen aber in einem weit weniger gründlich erforschten Frequenzbereich und wurden früher hauptsächlich in RAMAN-Spektren untersucht (GROSS (1959)). Für die Zuordnung einer im fernen Ultrarot gefundenen Bande zu einer Schwingung der Wasserstoffbrücke OH...Y stellte HURLEY (1966) folgende Kriterien auf: (1) Die Bande verschwindet, wenn OH durch OCH_3 ersetzt wird; (2) die Bande ist im RAMAN-Spektrum sehr schwach — die Schwingungen sind RAMAN-aktiv, aber die Änderung der Polarisierbarkeit ist sehr gering, — und (3) die Bande ist breit und unsymmetrisch. JAKOBSEN u. a. (1968) verfaßten einen zusammenfassenden Bericht über die Möglichkeiten und die Ergebnisse der Untersuchung der Wasserstoffbrückenbindung im fernen Ultrarot.

Tabelle 5.4 Die Schwingungen der Wasserstoffbrückenbindung

Schwingungsform	Bezeichnung	Wellenzahlbereich
$\overleftarrow{X}-\overrightarrow{H} \ldots Y$	X—H-Valenzschwingung ν(XH)	3600—2500 cm^{-1}
$X-H \ldots Y$ (Drehpfeile an X und H, in der Ebene)	X—H-Deformationsschwingung in der Ebene δ(XH)	1650—1000 cm^{-1}
$\overset{-}{X}-\overset{+}{H} \ldots \overset{-}{Y}$	X—H-Deformationsschwingung aus der Ebene γ_w(XH)	900— 300 cm^{-1}
$\overleftarrow{X}-\overleftarrow{H} \ldots \overrightarrow{Y}$	Valenzschwingung der Wasserstoffbrücken-Bindung ν(XH... Y)	250— 30 cm^{-1}
$X-H \ldots Y$ (Drehpfeile an Y)	Deformationsschwingung der Wasserstoffbrückenbindung δ(XH... Y)	um 100 cm^{-1}

Wenn man vom fernen Ultrarot absieht, macht sich der Einfluß der Wasserstoffbrückenbindung am deutlichsten durch die Verschiebung der XH-Valenzschwingung zu kleineren Wellenzahlen bemerkbar (vgl. die Tab. 2.5 und 2.6).

Außer der Frequenzverschiebung treten eine starke Zunahme der integralen Intensität und eine Verbreiterung der Bande auf, deren Kontur in vielen Fällen mehrere Maxima aufweist. Die XH-Deformationsschwingungen werden etwas in Richtung größerer Wellenzahlen verschoben, wobei ebenfalls Änderungen der Intensität und Breite zu beobachten sind. Weiter können Frequenzänderungen der Schwingungen in der Akzeptorgruppe YR_1 auftreten. So werden zum Beispiel die ν(C=O)-Schwingungen um 5 bis 25 cm^{-1} zu kleineren Wellenzahlen verschoben, wenn die Carbonylgruppe in einer Wasserstoffbrückenbindung liegt (HALLAM (1963)).

Nach Untersuchungen von BADGER und BAUER (1937, 1940) ist die Verschiebung $\Delta\tilde{\nu}$ der Valenzschwingung ν(OH) eine lineare Funktion der Energie der Wasserstoffbrückenbindung. Die als BADGER-Gleichung bezeichnete Beziehung

$$\frac{\Delta\tilde{\nu}}{\tilde{\nu}} = K \cdot \varepsilon \qquad (5.51)$$

wurde von anderen Autoren für einige weitere Typen der Wasserstoffbrückenbindung bestätigt (FUSON (1959), MITRA (1962), TAMRES (1952, 1954)). FRITZSCHE (1963) fand, daß die Beziehung (5.51) nur für eine Serie mit konstanten Protonen-Donator und Protonen-Akzeptor gut erfüllt ist. Als Maß für die Energie ε der Brückenbindung kann zum Beispiel die Bildungswärme des Komplexes eingesetzt werden. Bei dem System OH...O=C ist es nach ZADEROŽNIJ (1965) vorteilhafter, statt der Verschiebung $\Delta\tilde{\nu}_{OH}$ die Verschiebung $\Delta\tilde{\nu}_{C=O}$ der C=O-Valenzschwingungsbande zu messen. Obwohl $\Delta\tilde{\nu}_{C=O}$ absolut wesentlich kleiner ist als $\Delta\tilde{\nu}_{OH}$, kann die Frequenzänderung der Carbonylbande genauer gemessen werden, weil die Bande schärfer ist und auch in der Wasserstoffbrückenbindung keine starke Verbreiterung erfährt. ZADEROŽNIJ fand, daß $\Delta\tilde{\nu}_{OH}$ und $\Delta\tilde{\nu}_{C=O}$ zueinander und zur Energie der Wasserstoffbrückenbindung proportional sind. Nach GINZBURG (1964) trifft dies auch auf die Verschiebung der ν(COC)-Schwingung von Äthern zu.

Experimentell wurden auch Korrelationen zwischen dem Betrag von $\Delta\tilde{\nu}$ und anderen molekularen und spektroskopischen Parametern gefunden. Nach HUGGINS (1964) nimmt die Halbwertsbreite der Bande linear mit der Erhöhung von $\Delta\tilde{\nu}$ zu. Sehr ausführliche Untersuchungen gibt es über den Zusammenhang zwischen $\Delta\tilde{\nu}$ und dem Abstand der Atome X und Y (LORD (1953), NAKAMOTO (1955), RUNDLE (1952)).

Für einige Bindungstypen, die für die Polymerstruktur von Bedeutung sind, gab PIMENTEL (1956) folgende Gleichungen an:

$$(\text{OH}\ldots\text{O}): \quad \Delta\tilde{\nu} = 4{,}43 \cdot 10^3\,(2{,}84 - R)\ \text{cm}^{-1} \qquad (5.52)$$

$$(\text{NH}\ldots\text{O}): \quad \Delta\tilde{\nu} = 0{,}548 \cdot 10^3\,(3{,}21 - R)\ \text{cm}^{-1} \qquad (5.53)$$

$$(\text{NH}\ldots\text{N}): \quad \Delta\tilde{\nu} = 1{,}05 \cdot 10^3\,(3{,}38 - R)\ \text{cm}^{-1} \qquad (5.54)$$

Darin ist R der Abstand X...Y in Å.

Die experimentellen Werte streuen stark um die angegebenen Kurven oder Geraden. Nur für schwache Wasserstoffbrückenbindungen ließen sich die linearen Beziehungen bisher auch theoretisch erklären (SOKOLOV (1965)), so daß sich die Befunde nicht ohne weiteres auf alle Wasserstoffbrückenbindungen übertragen lassen. KOROBKOV (1964) zeigte das für die Korrelation zwischen der Halbwertsbreite und der Verschiebung $\Delta\tilde{\nu}$.

BLINC (1960) faßte für den Bindungstyp OH...O alle bekannt gewordenen Messungen der Verschiebung $\Delta\tilde{\nu}_{OH}$ und $\Delta\tilde{\nu}_{OD}$ in Abhängigkeit von den Abständen O...O zusammen. Es ergab sich, daß die Werte in vier Gruppen einzuordnen sind, deren Zentren, wie Abb. 5.15 zeigt, auf einer Kurve liegen, während innerhalb

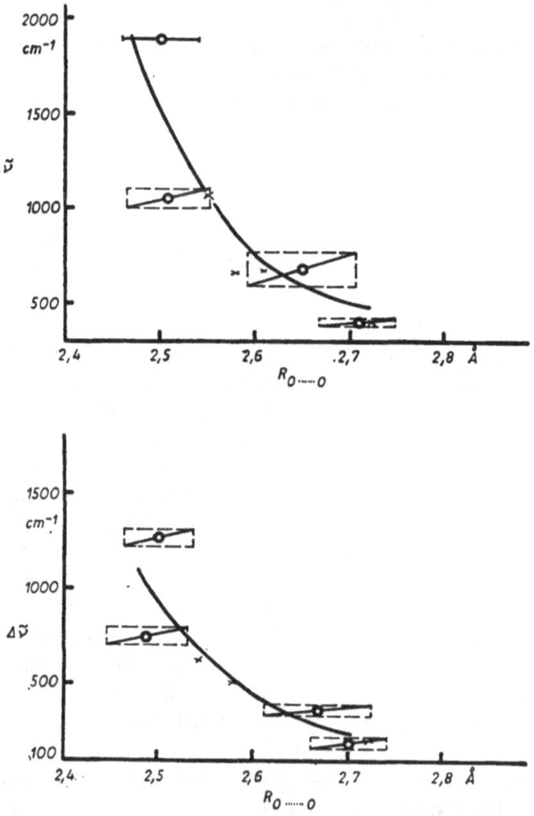

Abb. 5.15 Zur Korrelation zwischen $\Delta\nu$ und dem Abstand O...O (nach BLINC (1960)).

einer Gruppe keine eindeutige Korrelation da ist. Die einzelnen Gruppen kommen nach BLINC durch die verschiedenen Formen der Potentialkurven des Protons zustande. Bei der Gruppe *A* hat die Potentialkurve nur ein Minimum, das symmetrisch zwischen den beiden Sauerstoffatomen liegt. Bei Gruppe *B* ist ein symmetrisches Doppelminimum vorhanden, ebenso bei der Gruppe *C*, dort jedoch mit einer größeren Barriere. Die Gruppe *D* enthält die schwachen Wasserstoffbrückenbindungen, bei denen ein einfaches asymmetrisches Potentialminimum vorhanden ist. Die Bedeutung des Potentialverlaufs für die Wasserstoffbrückenbindung wurde erstmalig von Lippincott (1955) eingehender untersucht. Einen zusammenfassenden Bericht über die wellenmechanische Behandlung des Protons, in dem die verschiedenen Potentialkurven diskutiert werden, verfaßte Zimmermann (1964).

Die Theorie der schwachen Wasserstoffbrückenbindungen wird in der bereits zitierten Arbeit von Sokolov (1965) diskutiert. Während sich die Frequenzverschiebungen $\Delta\tilde{\nu}$ durch die Änderung der Kraftkonstanten relativ leicht deuten lassen, sind die anderen spektroskopischen Erscheinungen — wie die Verbreiterung, die Feinstruktur und die Intensitätszunahme — nicht so einfach zu erfassen.

Bei den schwachen Wasserstoffbrückenbindungen beträgt die Breite der Bande etwa 20 bis zu einigen 100 cm^{-1}. Bei den starken Bindungen kann sie 1000 cm^{-1} und mehr erreichen. Zum Teil lassen sich die Verbreiterung und die Entstehung mehrerer Maxima durch die Existenz mehrerer Typen von Wasserstoffbrückenbindungen erklären, die unterschiedliche Kraftkonstanten haben und in amorphen Substanzen kontinuierlich ineinander übergehen. Diese Erklärung wird häufig zur Interpretation der ν(XH)-Banden in den Spektren von Polymeren herangezogen. Im Bereich der OH-Valenzschwingungen von Cellulose tritt eine breite Bande auf, die sich bei der Deuterierung des ungeordneten Anteils in den ν(OD)-Bereich verschiebt, während im ν(OH)-Bereich mehrere deutliche Maxima erscheinen. Diese Peaks konnten mit Hilfe dichroitischer Untersuchungen bestimmten inter- und intramolekularen Wasserstoffbrückenbindungen zugeordnet werden. Sie sind aber immer noch wesentlich breiter als die Bande von ungebundenen Hydroxylgruppen.

Im allgemeinen muß man für die Breite und für die komplexe Kontur der ν(XH)-Bande andere Ursachen annehmen. So treten zum Beispiel sehr breite Banden bei den Carbonsäure-Dimeren auf, und im UR-Spektrum von kristallinem Glycinanhydrid sind 10 bis 15 einzelne Maxima zu erkennen, obwohl auf Grund der Kristallstruktur nur eine Art von Wasserstoffbrückenbindungen möglich ist (Čirgadze (1964)). Die Ursachen für diese Erscheinung lassen sich unter zwei Aspekten zusammenfassen. Sie können in der Natur der Wasserstoffbrückenbindung selbst liegen, und sie können eine Folge der Wechselwirkungen mit anderen Schwingungen der Wasserstoffbrücke oder des Komplexes $R_1XH \ldots YR_2$ sein.

Die Energieterme des Protons in einem Potential mit mehreren Minima wurden von einigen Autoren untersucht (Blinc (1959), Zimmermann (1964)). Der Tunneleffekt, der den Übergang des Protons zwischen zwei Potentialmulden ermöglicht, bewirkt eine Aufspaltung der Energieterme und führt zur Dublizität der Banden (Zundel (1967)). Weidemann (1967) zeigte durch eine Störungsrechnung, daß die durch das Tunneln des Protons verursachte Änderung des elektromagnetischen Feldes Anlaß zu Kopplungskräften zwischen benachbarten Wasserstoffbrückenbindungen gibt. Die Stärke der Kopplung hängt von der Entfernung der H-Brücken, von ihrer gegenseitigen Orientierung und von der Frequenz des Tunnelns ab. Wenn diese Größen statistisch verteilt sind, werden die Energieterme der tunnelnden Protonen zu breiten Energiebändern auseinandergezogen.

Die Wechselwirkung mit anderen Schwingungsfreiheitsgraden, insbesondere den Deformations- und Valenzschwingungen δ(XH) und ν(XH...Y) der Wasserstoffbrückenbindung sowie den Kombinations- und Oberschwingungen der R_1X-

und YR_2-Gruppen tragen sowohl zur Verbreiterung als auch zur Vervielfachung der ν(XH)-Banden bei. Durch die Anharmonizität der Valenzschwingung in der Wasserstoffbrückenbindung, die nach BERTHOMIEU (1965) und FOLDES (1966) in starken Bindungen größer als in den schwachen Bindungen ist, wird die Kopplung sehr begünstigt, da eine anharmonische Schwingung ν_i von den Amplituden anderer Schwingungen ν_j, ν_k usw. abhängt. MARÉCHAL (1967) hat die Kopplung der ν(XH)- und ν(XH...Y)-Schwingungen berechnet. Bei der Kopplung der ν(XH)-Frequenz mit Kombinations- und Oberschwingungen kommt der FERMI-Resonanz eine besondere Bedeutung zu (SHEPPARD (1959)). Sie ist zum Beispiel für die Banden bei 3080 und 3200 cm^{-1} verantwortlich, die im Spektrum von Polyamiden neben der ν(NH)-Bande bei 3300 cm^{-1} auftreten (DEMENTEVA (1970)). WOLFF (1968) berichtet in einer Arbeit über die FERMI-Resonanz bei der Wasserstoffbrückenassoziation primärer aliphatischer Amine über ein Verfahren, das es gestattet, aus Lage und Intensität eines FERMI-Resonanzpaares die Frequenz der ungestörten Schwingungen zu berechnen.

Beim Deuteriumsaustausch der in Wasserstoffbrücken gebundenen Protonen treten häufig kompliziertere Effekte als die sonst bei XH-Valenzschwingungen beobachtete Frequenzerniedrigung um den Faktor $\sqrt{2}$ auf. Die Ursache dafür ist, daß durch die Frequenzänderung die Kopplung und die FERMI-Resonanz aufgehoben werden oder nach dem Austausch mit anderen Schwingungen erfolgen. Auch der Tunneleffekt weist wegen der Frequenzabhängigkeit der Wechselwirkung zwischen den tunnelnden Protonen einen starken Isotopieeffekt auf, der sich nach ZIMMERMANN (1964) in einer Verringerung der Termaufspaltungen bemerkbar macht. In der Tat sind die ν(XD)-Banden von Wasserstoffbrückenbindungen gewöhnlich schmaler als die ν(XH)-Banden. In Polyamiden und Polypeptiden treten nach Deuterierung an Stelle der Bande bei 3300 cm^{-1} zwei etwas schmalere Banden ungefähr bei 2470 und 2420 cm^{-1} auf, deren Intensitätsverhältnis vom Ordnungsgrad des Polymers abhängt, ohne daß es jedoch möglich ist, eine der Banden einer bestimmten Phase zuzuschreiben (BENDIT (1962), ČIRGADZE (1964)). BEER (1958), CANNON (1960) und FRITZSCHE (1966) haben das Dublett durch die FERMI-Resonanz der ν(ND)-Schwingung mit einer Kombinationsschwingung erklärt.

Die Intensitätserhöhung der ν(XH)-Bande bei der Ausbildung einer Wasserstoffbrückenbindung kann man sich anschaulich an Hand der Donator–Akzeptor-Theorie vorstellen. Durch die Verschiebung der Elektronenwolke vom H-Atom zum X-Atom, die nur teilweise durch die Ladungsverschiebung am Y-Atom kompensiert wird, erhöhen sich sowohl das Dipolmoment als auch die Dipolmomentänderung beträchtlich (SOKOLOV (1952)). BOJARČUK (1964) bestimmte die Intensitätsänderung der ν(NH)- und ν(C=O)-Banden von N-monosubstituierten Amiden bei der Bildung der Wasserstoffbrückenbindung und diskutierte sie im Zusammenhang mit der Struktur der H-Bindung. Bei intramolekularen Wasserstoffbrücken kann es vorkommen, daß trotz sehr starker Bindungen und breiter Banden die integrale Intensität nicht zunimmt, weil über das Molekül hinweg ein Ladungsausgleich (charge-transfer) erfolgt. Wegen ihrer Breite kann die XH-Valenzschwingung dann so schwach sein, daß sie nur schwer zu beobachten ist.

WŁODARSKI (1964) berichtet in einer Übersichtsarbeit über die ultrarotspektroskopische Untersuchung der Wasserstoffbrückenbindung in Polymeren. In der Arbeit werden Cellulose, Polyamide und Polyvinylalkohol behandelt. Die an

Cellulose erhaltenen Ergebnisse wurden auch von IVANOVA (1964) zusammengestellt. ČIRGADZE (1964) berichtet über das Auftreten von Wasserstoffbrückenbindungen in den Ultrarotspektren von Polypeptiden. BESSLER und BIER (1969) untersuchten die Wasserstoffbrückenbindung in Polyamiden bei hohen Temperaturen. Der Anteil freier NH-Gruppen nimmt am Schmelzpunkt sprunghaft zu, und die $\nu(NH)_{geb}$-Bande verschiebt sich zu höheren Wellenzahlen. Die verschiedenen Arten der Wasserstoffbrückenbindung in Polyurethanen wurden spektroskopisch von TANAKA (1968) und ZARKOV (1968) untersucht. WARRIER (1970) erklärte eine Bande bei 64 cm^{-1} im Spektrum von syndiotaktischem Polyvenylchlorid mit der Existenz einer CH$\cdots$Cl-Wasserstoffbrücke zwischen benachbarten Ketten in kristallinen Bereichen.

5.5. Stereoregularität

Stereoreguläre oder taktische Polymere bestehen aus Makromolekülen, deren Monomereinheiten hinsichtlich ihrer sterischen Konfiguration einer Gesetzmäßigkeit folgen, die keinen statistischen Charakter hat (NATTA (1959)). In dieser Definition wird mit sterischer Konfiguration eine solche gegenseitige Anordnung der Atome im Molekül bezeichnet, die nur mit chemischen Mitteln, das heißt durch Auflösen von Bindungen in eine andere Anordnung überführt werden kann. Ein Nomenklaturbericht über sterische Anordnung in Polymeren wurde von HUGGINS u. a. (1962, 1965) verfaßt und von der IUPAC angenommen. Die Konfiguration der Atome hat einen bedeutenden Einfluß auf die Konformation, die das Molekül unter gegebenen physikalischen Bedingungen einnimmt und die ihrerseits mit dem übermolekularen Ordnungszustand zusammenhängt. Die einfachste Gesetzmäßigkeit ist eine regelmäßige Kopf-Schwanz- bzw. Kopf-Kopf-Anordnung der Monomereinheiten entlang der Molekülkette, die abgesehen von wenigen Ausnahmen fast immer verwirklicht ist. Weit größere Bedeutung hat die sterischreguläre Anordnung asymmetrischer Zentren, die durch Polymerisation mit stereospezifischen Katalysatoren erzielt werden kann (NATTA (1956, 1960)).

Als isotaktisch wird ein Polymer bezeichnet, dessen Monomereinheiten asymmetrisch sind und so angeordnet, daß entlang der Kette aufeinanderfolgende Einheiten gleiche Konfiguration haben. In syndiotaktischen Polymeren sind asymmetrische Monomereinheiten so angeordnet, daß entlang der Kette aufeinanderfolgende Einheiten inverse sterische Konfiguration haben (NATTA (1959)). Polymere mit einer statistischen Verteilung des sterischen Charakters werden ataktisch genannt.

Der Taktizitätsbegriff ist zuerst für Vinylpolymere, speziell für α-Olefine definiert worden[1]). Zur Veranschaulichung der Taktizität kann das Makromolekül als ebene Zickzack-Kette dargestellt werden (Abb. 5.16), obwohl isotaktische Polymere weit häufiger in der sterisch begünstigten Helixkonformation vorliegen. Analog dazu werden von zwei- oder dreifach substituierten Vinylmonomeren di- und tritaktische Polymere abgeleitet (NATTA (1960), DULOG (1966)).

[1]) Nach DENAXAS (1969) wäre es richtiger, statt Taktizität die Bezeichnung *Taxis* oder *Taxie* zu gebrauchen.

Das erste UR-spektroskopisch untersuchte di-isotaktische Polymer war d_1-Deuteropolypropylen (Natta (1958, 1960)). Polymere aus stereospezifisch polymerisierten cis- und trans-d_1-Deuteropropylen

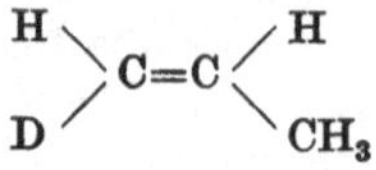

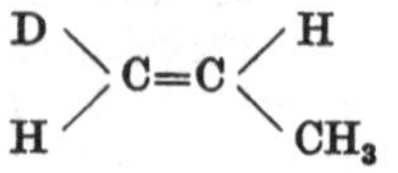

ergeben unterschiedliche Ultrarotspektren, woraus folgt, daß der eingesetzte Katalysator sowohl die Konfiguration der $HCCH_3$-Gruppe als auch die der HCD-Gruppe bestimmt.

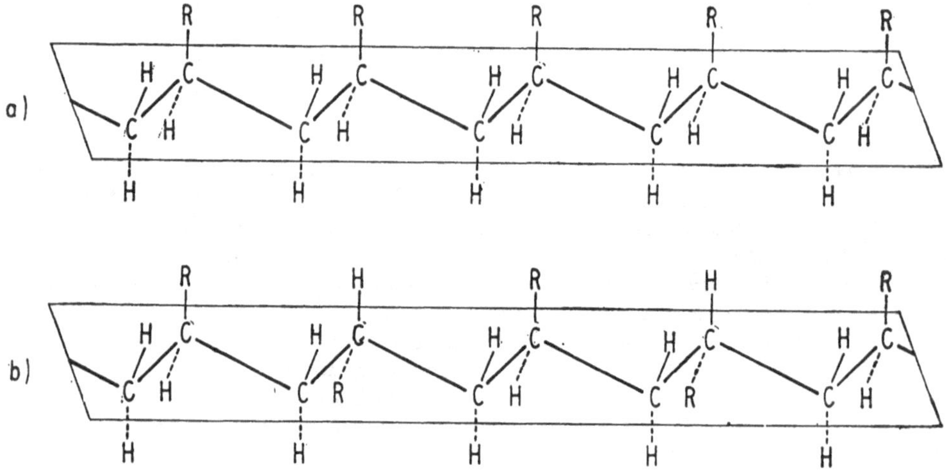

Abb. 5.16 Stereoreguläre Vinylpolymere (nach Natta (1956)).
a — isotaktisch, *b* — syndiotaktisch

Eine andere Art der Taktizität ist bei Polymeren mit Doppelbindungen oder anderen zur cis–trans-Isomerie fähigen Gruppen in der Hauptkette möglich. Wichtigster Vertreter dieser Polymere ist das Poly-1,4-Butadien, das mit Hilfe stereospezifischer Katalysatoren in cis- und trans-Konfiguration polymerisiert werden kann (Abb. 5.17).

Die technologischen Eigenschaften der Polymere werden wesentlich durch die sterische Struktur der Makromoleküle bestimmt. Stereoreguläre Molekülstruktur ist eine notwendige, wenn auch nicht immer hinreichende Voraussetzung für die Kristallisierbarkeit der Polymere. Die Konformation des Moleküls hängt sowohl im festen Zustand als auch bis zu einem gewissen Grad in der Schmelze und Lösung von der Stereoregularität ab. Auch mit stereospezifischen Katalysatoren hergestellte Makromoleküle sind nur selten vollständig taktisch geordnet (eutaktisch nach Natta (1959)), sie enthalten vielmehr die verschiedenen taktischen Verknüpfungen in durch die Polymerisationsbedingungen bestimmten Anteilen.

Als Taktizitätsgrad kann das Verhältnis der iso- oder syndiotaktischen Verknüpfungen zur Gesamtzahl der Monomereinheiten bezeichnet werden. Ein so definierter Taktizitätsgrad reicht zur Charakterisierung der Stereoregularität nicht aus, denn für die Eigenschaften der stereoregulären Polymere spielt auch die Länge sterisch einheitlich gebauter Sequenzen eine wesentliche Rolle. Bei den praktisch angewendeten Meßmethoden wird meist ein von der Sequenzlänge abhängiger Taktizitätsgrad ermittelt.

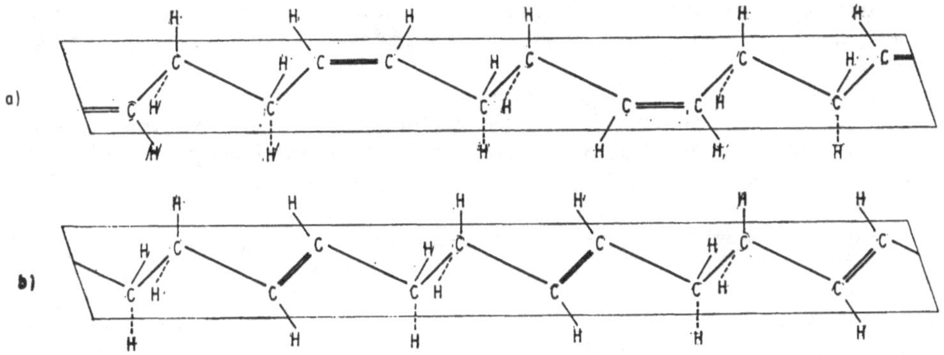

Abb. 5.17 Stereoreguläres Poly-1,4-Butadien (nach NATTA (1956)).
a — cis-isotaktisches Polymer, *b* — trans-isotaktisches Polymer

Wir können die Faktoren, welche für die Abhängigkeit des Spektrums von der Taktizität verantwortlich sind, in drei Gruppen einteilen: Erstens hängen die charakteristischen Gruppenfrequenzen von der lokalen Konfiguration ab, zweitens werden Symmetrie, Auswahlregeln, Intensitäten, Polarisation und intramolekulare Wechselwirkungen von der Konformation des Makromoleküls bestimmt, und drittens besteht ein Zusammenhang zwischen der Stereoregularität und der Existenz von regulären Ketten. Auch der Kristallinitätsgrad getemperter Proben hängt von der Stereoregularität ab.

Die meisten Kenntnisse über taktizitätsabhängige Absorptionsbanden wurden auf empirischem Weg durch Vergleich der Spektren von unterschiedlich polymerisierten Proben unter Heranziehung von Dichtewerten, Extraktionsmessungen und thermodynamischen Überlegungen erhalten (SIBILIA (1962)). Diese Größen sprechen aber ebenso wie die verschiedenen Absorptionsbanden nicht alle auf die gleichen Eigenschaften des Moleküls an, so daß es nicht verwunderlich ist, wenn man mit verschiedenen Banden oder Methoden unterschiedliche Werte für die Taktizität erhält (KRÖMER (1964), SIBILIA (1962)). Es besteht daher erhebliches Interesse an mehr als nur empirischen Informationen über den Einfluß der Stereoregularität auf das Ultrarotspektrum.

Eine deutliche Abhängigkeit charakteristischer Gruppenfrequenzen von der Konfiguration wird bei cis–trans-taktischen Polymeren beobachtet. Die Anteile der cis- und trans-Verknüpfungen in 1,4-Polybutadien lassen sich an Hand der bei 740 bzw. 970 cm^{-1} liegenden $\gamma_w(=CH)$-Frequenzen bestimmen (KIMMER (1963), WEBER (1967)). Solche Banden können als echte Stereoregularitätsbanden bezeichnet werden, die von der übermolekularen Ordnung unabhängig sind.

Die CCl-Valenzschwingungen von Polyvinylchlorid sind ein Beispiel für die Abhängigkeit der Frequenz von der lokalen Konformation benachbarter Monomereinheiten. Nach COLTHUP (1964a) ist diese Abhängigkeit auf die Wechselwirkung der CCl-Valenzschwingungen mit den Schwingungen des Kohlenstoffgerüstes zurückzuführen. Die Zuordnung der einzelnen beobachteten ν(CCl)-Banden zu bestimmten Konformeren wurde mit Hilfe von Modellsubstanzen (DOSKOČILOVÁ (1967), SCHNEIDER (1967)) und deuterierten Verbindungen ermöglicht. GERMAR (1963) hat die energetisch möglichen Rotationsisomeren der isolierten Polyvinylchloridkette in verdünnter Lösung untersucht und konnte aus der Temperaturabhängigkeit der bestimmten Isomeren zugehörenden Banden den syndiotaktischen Anteil ermitteln.

Konformationsbedingte Taktizitätsbanden sind nicht an den kristallinen oder festen Zustand gebunden, sie können vielmehr auch in verdünnter Lösung erhalten bleiben, wenn intramolekulare Kräfte die Polymerhelix genügend stabilisieren. BAUMANN u. a. (1959) zeigten, daß in 3%igen und 0,3%igen Chloroformlösungen von Polymethylmethacrylat die spektroskopischen Unterschiede zwischen syndiotaktischen und isotaktischen Polymeren völlig eindeutig sind. Die sowohl im festen Zustand als auch in der Lösung beobachtete Aufspaltung in fünf mit der Estergruppe verbundene Banden wurde von HAVRILIAK (1966) auf die möglichen Konformationen zurückgeführt, die die Estergruppe einnehmen kann. Wenn durch Copolymerisation die Bildung der Helix behindert wird, tritt an ihrer Stelle nur eine Esterbande auf.

Die dritte Gruppe von Stereoregularitätsbanden ist an das Vorhandensein genügend langer taktischer Sequenzen gebunden, so daß größere Abschnitte des Moleküls eine stabile reguläre Konformation einnehmen können. Sie werden gemäß der im Abschnitt 5.1. beschriebenen Klassifizierung Regularitätsbanden genannt.

Isotaktische Polymere liegen infolge der sterischen gegenseitigen Behinderung der Seitengruppen gewöhnlich in einer Helixkonformation vor, während syndiotaktische Polymere meist als ebene Zickzack-Ketten kristallisieren. Die Zickzack-Kette kann jedoch auch als zweizählige 2_1-Helix angesehen werden. Eine Ausnahme bildet syndiotaktisches Polypropylen, das eine besondere Helixkonformation hat (NATTA (1960)). Die Existenz von an die Helixkonformation gebundenen Absorptionsbanden ist meist leicht nachzuweisen, da diese Banden verschwinden, wenn die Regularität der Kette durch Schmelzen oder statistische Deuterierung beseitigt wird. Größere Schwierigkeiten bereiten die Zuordnung und die Interpretation im Hinblick auf die für das Auftreten der Banden erforderliche Länge taktischer Sequenzen. Der mit Hilfe dieser Banden bestimmte Helixanteil ist nicht immer mit dem Taktizitätsgrad identisch, sondern er stellt nur eine untere Grenze dafür dar (BRADER (1960)), da kurze Sequenzen und die nicht in regulären Helices angeordneten Molekülteile nicht mit erfaßt werden. Im Gegensatz zum Taktizitätsgrad, der eine chemische Eigenschaft des Polymers ist, hängt der Helixanteil von der physikalischen Vorbehandlung der Probe ab.

Das Schwingungsspektrum eines unendlich langen Helixmoleküls wurde von HIGGS (1953) im Zusammenhang mit Untersuchungen an Proteinen und synthetischen Polypeptiden analysiert. Er betrachtete eine Modellhelix, in der Gruppen von Atomen mit starken Bindungen zu Einheiten zusammengefaßt werden, zwischen denen nur schwache Bindungen oder Wechselwirkungen bestehen, und leitete eine Beziehung zwischen dem Helixwinkel benachbarter Einheiten, der Wechselwirkung und der Aufspaltung von Frequenzen der fest gebundenen Atome ab. Ausführlicher wurde das Problem von MIYAZAWA (1961) behandelt. LIANG und PEARSON (1960b) zeigten am Beispiel des isotaktischen Polypropylens, daß alle Banden eines Helixmoleküls vollständig polarisiert sein sollten. Unvollständiger oder fehlender Dichroismus ist die Folge von Überlagerungen der zu verschiedenen Schwingungsrassen gehörenden Banden. Wesentlicher Bestandteil dieser Betrachtungen im Hinblick auf die Stereoregularitätsbestimmung ist, daß die Helixsymmetrie bestimmte Auswahlregeln mit sich bringt. Die Wechselwirkungen zwischen den in benachbarten Monomereinheiten mit festen Phasenbeziehungen schwingenden Gruppen bewirkt eine Aufspaltung der durch die Auswahlregeln zugelassenen Schwingungen in senkrecht zueinander polarisierte Komponenten (vgl. Kapitel 3.).

Beim Schmelzen des Polymers verschwinden die meisten Regularitätsbanden, da infolge der Wärmebewegungen die Helix zerstört wird und die Regularität der Kette verloren geht. Manchmal treten an ihrer Stelle in der Schmelze oder Lösung schwächere und breitere Banden auf, die im ataktischen Material nicht vorhanden sind und die mit der Existenz sehr kurzer Helices zusammenhängen. Derartige Banden können zum Studium des Schmelzzustandes stereoregulärer Polymere herangezogen werden (ZERBI (1964)).

ONISHI und KRIMM (1961) haben die Ultrarotbanden von isotaktischem Polystyrol nach ihrem Verhalten beim Übergang vom ataktischen zum steroregulären Material in drei Typen eingeteilt. Von KOENIG (1966) wurde diese Klassifizierung verallgemeinert, um auch syndiotaktische Polymere mit einzubeziehen (Abb. 5.18). Zum Typ I gehören Banden, die im kristallinen syndiotaktischen und isotaktischen Material bei verschiedenen Frequenzen liegen, während das ataktische Polymer schwach bei mittleren Frequenzen absorbiert. Trennung und Intensität können von der isosterischen Sequenzlänge abhängen. Zu diesem Typ gehören die bereits erwähnten von der lokalen Konformation abhängigen Banden. Die Frequenzunterschiede zwischen den verschiedenen Rotationsisomeren reichen nicht immer zur Trennung der Banden aus. POHL und HUMMEL (1968) beschrieben ein Verfahren zur Auftrennung der überlagerten ν(CCl)-Banden von Polyvinylchlorid in Einzelbanden. KOENIG und VAN ROGGEN (1965) haben die durch geringe Frequenzverschiebungen bewirkte Bandenasymmetrie durch Bestimmung des ersten Momentes gemessen und fanden eine lineare Beziehung zwischen der Isotaktizität von Polypropylen und der Asymmetrie der Bande bei 972 cm^{-1}. PERALDO u. a. (1965) fanden eine Korrelation zwischen der Lage dieser Bande und den Konfigurationen bzw. Konformationen um die $CHCH_3$-Gruppe.

Banden vom Typ II spalten in zwei Komponenten gleicher oder entgegengesetzter Polarisation auf. Die Aufspaltung erfordert einen hohen Grad intramolekularer Kopplung und ist an das Vorhandensein von langen Stereosequenzen gebunden. Diese Banden lassen sich durch Untersuchung von Stereoblockpolymeren identifizieren. Sie sind wegen ihrer Brauchbarkeit zur Messung von Stereosequenzlängen interessant, jedoch fehlt es meist an einer zuverlässigen Eichmöglichkeit.

Banden vom Typ III haben senkrecht zueinander polarisierte Komponenten. Die Aufspaltung ist eine Folge der Auswahlregeln für die Helixsymmetrie. Im allgemeinen liegen die Banden im isotaktischen und syndiotaktischen Polymeren bei verschiedenen Frequenzen. Diesem Typ gehören die meisten zur Bestimmung der Stereoregularität verwendeten Banden an.

Die Banden der Typen II und III sind Regularitätsbanden im weiter oben genannten Sinn. Sie unterscheiden sich durch die für ihr Erscheinen erforderliche kritische Länge der regulären Helix. KOENIG u. a. (1966a) haben die taktizitätsabhängigen Banden von iso- und syndiotaktischem Polypropylen in die Typen I bis III klassifiziert (Tab. 5.5).

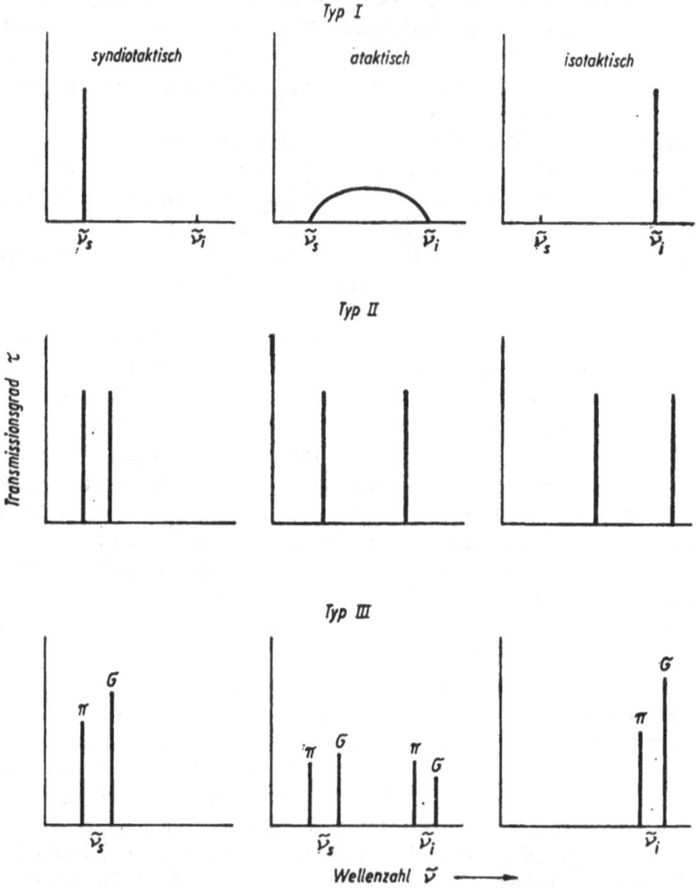

Abb. 5.18 Klassifikation der stereoregularitätsabhängigen Banden (nach KOENIG (1966)).

Mit der Bestimmung der kritischen Segmentlänge befaßten sich KISSIN u. a. (1967, 1968, 1968a), ZERBI u. a. (1967b) und KOBAYASHI u. a. (1968a). An reaktionskinetische Überlegungen anknüpfend fand KISSIN, daß die Polypropylenbande bei 973 cm^{-1} proportional zu dem in isotaktischen Blöcken mit mehr als vier Gliedern enthaltenen Propylenanteil ist, während für die Bande 998 cm^{-1} die minimale Segmentlänge 11 bis 13 Einheiten beträgt. Das ist etwas mehr als die berechnete mittlere Länge des isotaktischen Helixsegmentes in der Polypropylenschmelze, für die BORISOVA (1963) zehn Monomereinheiten fand. Mit

Tabelle 5.5 Klassifizierung der Banden von syndiotaktischem, isotaktischem und ataktischem Polypropylen (nach Koenig u. a. (1966a)).

	syndiotaktisch	isotaktisch	ataktisch	Zuordnung
Typ I	2886 [cm⁻¹]	2878 [cm⁻¹]	–	$\nu_s(CH_3)$
Typ II	1378 1245 1231	1375 1254 1218	1377 [cm⁻¹] 1257 1225	$\delta_s(CH_3)$ $\gamma_t(CH_2)$
Typ III	1310 1296	1303 1295	1300 –	δ(CH)
	1157 1152	1166 1151	– 1154	$\gamma_w(CH_3)$
	1083 1005	1102 1042	1095 1016	ν_a(C–C)
	977	997	988 961	$\gamma_r(CH_3)$
	962	972	996 972	
	866 811	840 807	864 840 807	$\gamma_r(CH_2)$

diesen Ergebnissen erklärte Kissin die Beobachtung, daß beim Schmelzen von isotaktischem Polypropylen die Bande 998 cm^{-1} verschwindet und die Bande 973 cm^{-1} nur etwas schwächer wird. Dieses Bandenpaar ist jedoch für derartige Untersuchungen nicht gut geeignet, denn wie unter anderem von Natta (1965) und Miyazawa (1964a) festgestellt wurde, hängt die Absorption bei 973 cm^{-1} nur von der Existenz der Gruppe CH_2—CCH_3—CH_2 und nicht von der Taktizität ab. Nach Kissin (1968a) wird aber mindestens die relative Intensität der Bande von der Isotaktizität des Polymers bestimmt.

Eine andere Möglichkeit zur Ermittlung der kritischen Segmentlänge von Regularitätsbanden bietet die Untersuchung von Copolymeren (Havriliak (1966), Kissin (1968, 1968a) Kobayashi (1968a), Schmolke (1965), Zerbi (1967b)). Bei zunehmendem Anteil eines die Regularität unterbrechenden Comonomeren verschwinden zuerst die an lange reguläre Kettenabschnitte gebundenen Banden. Kissin (1968, 1968a) und Zerbi (1967b) untersuchten zu diesem Zweck Äthylen—Propylen-Copolymere. Kobayashi (1968a) machte dagegen den Einwand geltend, daß die Einpolymerisation einer die Kristallisation behindernden Komponente die Bildung regulärer Helices stärker herabsetzt, als sich allein aus der Sequenzlängenverkürzung ergibt. Er untersuchte deshalb Copolymere aus normalen und deuterierten Monomeren, bei denen nur die Länge der spektroskopisch regulären Helix aber nicht die der strukturellen Helix verkürzt wird. Im Spektrum eines isotaktischen Copolymers aus Styrol und α-Monodeuterostyrol verschwinden die Banden bei 920 und 898 cm^{-1}, wenn der Styrolanteil unter 0,6 sinkt. Die relative Abnahme der Helixbanden verläuft mit abnehmendem Gehalt an Normalstyrol sehr ähnlich wie beim Übergang vom kristallinen zum amorphen Polymeren. Unter der Annahme, daß der Isotopieeffekt auf die Zusammensetzung der Copolymeren keinen Einfluß hat, wurde für die Banden 920 und 1053 cm^{-1} eine kritische Segmentlänge von zehn Monomereinheiten und für die Bande 1194 cm^{-1} eine solche von sechs Monomereinheiten gefunden. Aus der Untersuchung der UR-Spektren in CS_2-Lösung bei tiefer Temperatur ergaben sich für die Banden 1084, 918 und 896 cm^{-1} die kritischen Segmentlängen 5, 10 und 16 Monomereinheiten. Außerdem untersuchte Kobayashi Copolymere von Propylen und 1,1,2-d_3-Propylen und fand, daß für die Banden 998 und 842 cm^{-1} eine Helix aus mindestens zehn Propyleneinheiten erforderlich ist. Bei den Untersuchungen zur Sequenzlängenabhängigkeit der Helixbanden wurde die Frage außer acht gelassen, inwieweit der auf die Monomereinheit bezogene Extinktionskoeffizient von der Helixlänge abhängt (Folt (1962)).

Kristallinitätsbanden, die an sehr lange stereoreguläre Sequenzen gebunden sind oder auf intermolekularen Wechselwirkungen beruhen, eignen sich zur Differenzierung von Polymeren mit hoher Taktizität. Von zwei isotaktischen Polyvinylalkoholproben mit einem Taktizitätsgrad um 90% zeigte nur die in kaltem Wasser unlösliche Probe zusätzliche Kristallinitätsbanden bei 1160 und 1145 cm^{-1} (Murahashi (1966)). Bei Polymethacrylnitril wurde mit zunehmender durch Stereoregularität bedingter Unlöslichkeit eine Aufspaltung der Bande bei 1210 cm^{-1} in ein scharfes Dublett bei 1192 und 1210 cm^{-1} gefunden und als Kristallinitätseffekt gedeutet (Joh (1967)).

Erhebliche Fehleinschätzungen der Taktizität können bei solchen Polymeren unterlaufen, die wegen der Gestalt und Größe der Seitengruppen trotz ihrer Stereoregularität nicht oder schwer kristallisieren und keine hinreichend langen regulären Helices bilden. Sorgfältige Temperung in Gegenwart kleiner Mengen von Quellungs- oder Lösungsmitteln erhöht in solchen Fällen die Intensität der Stereoregularitätsbanden. Besser und sicherer ist es, durch eine chemische Umsetzung ohne Veränderung der Struktur der Hauptkette das amorphe Polymer in ein kristallisierbares Produkt mit gleicher Taktizität umzuwandeln. Natta (1959a, 1960) bestimmte auf diese Weise die Taktizität von amorphen Polyhalogenstyrolen, indem er nach katalytischer Dehalogenierung und Hydrogenierung des Benzolrings die UR-Spektren und Röntgendiagramme mit denen von isotaktischem Polyvinylcyclohexan verglich. Kotake u. a. (1967) setzten Polymethacrylnitril für die Bestimmung der Stereoregularität zu Polymethylmethacrylat um, da letzteres besser vermeßbare Regularitätsbanden hat.

Ein Verfahren zur Bestimmung der Stereoregularität aus dichroitischen Messungen wurde von Gotlib (1959) beschrieben. Das Verfahren geht davon aus, daß die Übergangsmomente bestimmter charakteristischer Schwingungen der CH_2- und CHR-Gruppen in syndiotaktischen und isotaktischen Segmenten unterschiedliche Richtung haben, während Frequenz und Extinktionskoeffizient gleich sind.

Dann hängt das Verhältnis der durch die Beziehung

$$R = \frac{E_\pi - E_\sigma}{E_\pi + 2E_\sigma} \tag{5.55}$$

definierten Anisotropie für zwei beliebige Banden nur von der sterischen Struktur und nicht vom Orientierungsgrad der Probe ab. Für eine praktische Anwendung erfordert das Verfahren zu viele vereinfachende Voraussetzungen; insbesondere werden nur syndiotaktische und isotaktische Segmente berücksichtigt, die ebene Zickzack-Ketten oder reguläre Helices bilden. Von VOLČEK und ROBERMAN (1960, 1962) wurde diese Methode zur Taktizitätsbestimmung von Polypropylen angewendet. Die Autoren fanden, daß das Anisotropieverhältnis der Banden 2926 und 2845 cm^{-1} nur von der Mikrotaktizität und nicht vom Kristallinitätsgrad und der Dehnung der Probe abhängt.

5.6. Copolymere (von R. SCHMOLKE)

5.6.1. Der Aufbau von Copolymeren

Ein beträchtlicher Teil der industriellen Kunststoffe sind Copolymere aus zwei oder mehr Komponenten. Wenn man den Begriff des Copolymers sehr weit faßt, dann versteht man darunter ein Polymer, dessen Kettenstruktur uneinheitlich aufgebaut ist. Diese Uneinheitlichkeit kann in einer Verknüpfung chemisch verschiedener Monomereinheiten, oder in einer Verknüpfung gleicher Bausteine mit sterisch verschiedener Anordnung bestehen. Hierzu gehören die cis–trans-Isomerie, Uneinheitlichkeit durch Kopf–Schwanz- und Kopf–Kopf-Polymerisation sowie Konfigurationsuneinheitlichkeit bei asymmetrischen Zentren (ataktische bzw. Stereoblock-Polymere). Schließlich kann man auch Polymere mit Kettenabschnitten unterschiedlicher Konformation als Copolymere auffassen. In diesem Kapitel sollen bevorzugt die Ultrarotspektren von Copolymeren im engeren Sinne, das heißt von Polymeren aus chemisch verschiedenen Monomereinheiten, behandelt werden. Die Zusammenhänge zwischen Stereoregularität und Ultrarotspektrum werden im Abschnitt 5.5. beschrieben.

Die Kettenstruktur von Copolymeren wird außer vom Konzentrationsverhältnis der beteiligten Monomeren auch von der Sequenzlängenverteilung bestimmt. Die Sequenzlänge ist definiert als Zahl der aufeinanderfolgenden identischen Monomereinheiten. Im einfachsten Falle, das heißt bei einem binären System, sind je nach Art der Monomeren und den Reaktionsbedingungen im Prinzip folgende Grundtypen möglich (Abb. 5.19):

a) statistisches Copolymer: statistisch regellose Folge der Monomereinheiten,
b) alternierendes Copolymer: regelmäßige Abwechslung der beiden Monomeren,
c) Blockcopolymer: Verknüpfung langer Sequenzen in der Kette,
d) Pfropf- oder *Graft*-Copolymer: Seitenzweige des einen Monomeren sind — meist in unregelmäßigen Abständen — auf die Grundkette des anderen Monomeren gepfropft.

Der Aufbau des Real-Copolymers entspricht jedoch nicht immer dem erwarteten Modellcharakter, es treten Übergänge und Gemische auf.

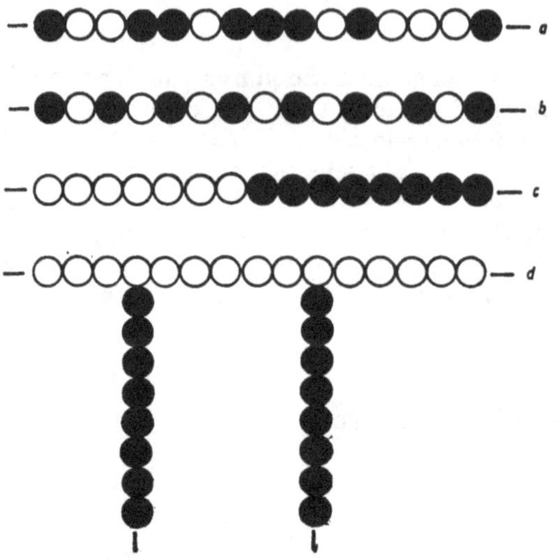

Abb. 5.19 Copolymertypen.
a — statistisch, *b* — alternierend, *c* — Block-Copolymer, *d* — Pfropf-Copolymer

Theoretisch ist die Kettenstruktur eines Copolymers aus reaktionskinetischen Daten herzuleiten. Entsprechend den vier verschiedenen Wachstumsreaktionen eines binären Systems hat man vier Geschwindigkeitskonstanten k_{ij}:

$$\begin{aligned} -M_1\cdot + M_1 &\rightarrow -M_1M_1\cdot : k_{11} \\ -M_1\cdot + M_2 &\rightarrow -M_1M_2\cdot : k_{12} \\ -M_2\cdot + M_2 &\rightarrow -M_2M_2\cdot : k_{22} \\ -M_2\cdot + M_1 &\rightarrow -M_2M_1\cdot : k_{21} \end{aligned} \tag{5.56}$$

Man definiert als Reaktivitätsverhältnisse r_1, r_2 (auch r-Werte genannt) die relativen Geschwindigkeitskonstanten

$$r_1 = \frac{k_{11}}{k_{12}} \quad \text{und} \quad r_2 = \frac{k_{22}}{k_{21}}. \tag{5.57}$$

Die momentane Zusammensetzung des Copolymers folgt dann aus der bereits 1944 abgeleiteten Copolymerisationsgleichung (MAYO (1944), ALFREY (1944)):

$$\frac{d[M_1]}{d[M_2]} = \frac{[M_1]}{[M_2]} \frac{r_1[M_1] + [M_2]}{r_2[M_2] + [M_1]}, \tag{5.58}$$

$[M_1]$, $[M_2]$ sind die Ausgangskonzentrationen. Bei geringen Umsätzen ist $d[M_1]/d[M_2]$ gleich dem Konzentrationsverhältnis m_1/m_2 der beiden Komponenten im Copolymer.

Die r-Werte sind im Falle radikalischer Copolymerisation weitgehend unabhängig vom Lösungsmittel, von der Temperatur und von der Art des Initiators. Bei der ionischen Polymerisation ist das nicht der Fall.

Auf der Grundlage kinetischer und statistischer Überlegungen läßt sich auch die Sequenzlängenverteilung berechnen (ALFREY (1944)). Die Wahrscheinlichkeit, daß eine m_1-Sequenz genau n Einheiten enthält, ist

$$W_1(n) = W_{11}^{n-1} W_{12}, \tag{5.59}$$

wobei

$$W_{11} = \frac{r_1[M_1]}{r_1[M_1] + [M_2]} \tag{5.60}$$

$$W_{12} = \frac{[M_2]}{r_1[M_1] + [M_2]} = 1 - W_{11}, \tag{5.61}$$

Der in Sequenzen der Länge n verknüpfte m_1-Anteil ergibt sich als

$$\varphi_1(n) = \frac{n\,W_1(n)}{\sum\limits_{n=1}^{\infty} n\,W_1(n)} = n\,W_{11}^{n-1} W_{12}^2. \tag{5.62}$$

Entsprechendes gilt für $W_2(n)$ und $\varphi_2(n)$.

In ähnlicher Weise lassen sich die einzelnen Bindungsfraktionen (Anteile an Übergängen $m_1{-}m_1$, $m_1{-}m_2$, $m_2{-}m_1$, $m_2{-}m_2$) berechnen. Bei Substitution von M_1/M_2 durch das Konzentrationsverhältnis m_1/m_2 im Copolymer gelangt man zu neuen Ausdrücken für die Verteilungsfunktionen, die nur noch vom Produkt der r-Werte, nicht aber von den r-Werten selbst abhängen (CRESPI (1965)). Bei gegebener Copolymerzusammensetzung ist die Sequenzverteilung aller Systeme, die gleiche Werte des Produktes $r_1 r_2$ besitzen, identisch.

In Tabelle 5.6 sind für $r_1 r_2 = 1$ (ideale Copolymerisation) die in Sequenzen der Länge $n = 1, 2, 3, 4$ und $n > 4$ verknüpften Anteile einer Komponente für verschiedene Zusammensetzungen angegeben. Daraus ist zum Beispiel ersichtlich, daß der Anteil der längeren m_1-Sequenzen erst oberhalb 50% m_1 beträchtliche Werte annimmt. Ist das Produkt der r-Werte $r_1 r_2 < 1$, so neigt das System zur alternierenden Copolymerisation, im umgekehrten Falle ($r_1 r_2 > 1$) sind längere Sequenzen (Blockbildung) zu erwarten.

Außer den genannten gibt es noch eine Reihe anderer Charakterisierungsmöglichkeiten für die Kettenstruktur von Copolymeren. HARWOOD (1964) hat die Einführung einer Blockzahl (run number) vorgeschlagen. Unter der Blockzahl wird die mittlere Zahl der Monomersequenzen pro 100 Monomereinheiten verstanden. RING (1963) definierte die Uneinheitlichkeit der Sequenzlängenverteilung analog der des Molekulargewichtes. Bei Vergleichen mit experimentellen Daten ist es oft zweckmäßig, die Bruchteile an m_1-Einheiten in der Mitte der Triaden vom Typ $m_1{-}m_1{-}m_2$, $m_1{-}m_1{-}m_1$ bzw. $m_2{-}m_1{-}m_2$ anzugeben. Geeignete graphische Darstellungen der Sequenzlängenverteilung wurden von IGARASHI

Tabelle 5.6 Theoretische Sequenzlängenverteilung für $r_1 r_2 = 1$

Mol-% m_1 im Copolymer	$\varphi_1(n)$				
	$n = 1$	$n = 2$	$n = 3$	$n = 4$	$n > 4$
10	0,810	0,162	0,024	0,003	0,001
20	0,640	0,256	0,077	0,021	0,006
30	0,490	0,294	0,132	0,053	0,031
40	0,360	0,288	0,173	0,092	0,087
50	0,250	0,250	0,188	0,125	0,187
60	0,160	0,192	0,173	0,138	0,337
70	0,090	0,126	0,132	0,123	0,529
80	0,040	0,064	0,077	0,082	0,737
90	0,010	0,018	0,024	0,029	0,919

(1963) und Tosi (1967) vorgeschlagen. Weitere Literatur über die Copolymerisationstheorie ist in folgenden Arbeiten zu finden: Cantow (1966), Coleman (1958, 1963), Corradini (1968), Goldfinger (1948), Ham (1965), Harwood (1965), Ito (1965), Kinsinger (1965), Markert (1969), Mayo (1966), Merz (1946), Miller (1966), Miller (1960), Miyake (1960), Natta (1960b), Price (1962), Tosi (1969), Tada (1966), Valvassoni (1967), Wall (1940, 1944). Tosi (1968) veröffentlichte eine zusammenfassende Darstellung, die auch numerische Tabellen enthält. In einer weiteren Arbeit behandelte Tosi (1970) die Sequenzverteilung in Terpolymeren.

Die aus der Reaktionskinetik abgeleiteten Beziehungen sind an konstante Konzentrationsverhältnisse am Reaktionsort und Homogenität des Monomerengemisches gebunden. Ferner wird angenommen, daß nur das jeweils letzte Glied das Wachstum der Kette beeinflußt. Diese Voraussetzungen sind in der Praxis nicht immer erfüllt. Aus diesen und anderen Gründen ist die experimentelle Bestimmung der Zusammensetzung und der Sequenzlängen am gegebenen Copolymerisat unerläßlich. Hierzu kann die UR-Spektroskopie entscheidende Beiträge leisten.

5.6.2. *Die Ultrarotspektren von Copolymeren*

Die Spektren von Copolymeren sind wie die von einheitlichen Polymeren (Homopolymeren) nicht allein durch eine Schwingungsanalyse der Monomerbausteine zu erklären. Je nach Zusammensetzung und Sequenzlängenverteilung kommen intra- und intermolekulare Einflüsse der entsprechenden Homopolymere zur Wirkung. Die Spektren von Block- und Pfropfcopolymeren sind in der Regel als additive Überlagerungen der Homopolymerspektren aufzufassen. Dieses Superpositionsprinzip ist bei statistischer Verteilung im allgemeinen nicht mehr erfüllt, am wenigsten im Grenzfall einer Alternierung. Die Gründe dafür ergeben sich aus der meist völlig veränderten molekularen und übermolekularen Struktur infolge der Uneinheitlichkeit.

Statistische Copolymere, die mehr als 20% der Fremdkomponente enthalten, sind im allgemeinen amorph. Ausnahmen bilden Copolymere mit isomorphen

Monomereinheiten und streng alternierende Systeme, die ein geordnetes Gitter aufbauen können. Abgesehen von diesen beiden Fällen wird im Konzentrationsbereich zwischen 20 und 80 Mol-% des Comonomers die für eine Kristallisation erforderliche Mindestsequenzlänge unterschritten. Kristallinitätsempfindliche Banden treten daher in den Spektren dieser Copolymere überhaupt nicht oder entsprechend schwach auf.

Neben den Kristallinitätsbanden sind diejenigen Banden, die von Ordnungsbeziehungen innerhalb der Kette abhängen, von Änderungen betroffen. Der Einbau von Fremdbausteinen in die Kette hebt die ursprünglichen Kopplungsverhältnisse auf. Die Folge davon sind charakteristische Intensitäts- und Frequenzänderungen der Regularitäts-, der Taktizitäts- und der Konformationsbanden.

An den Verknüpfungsstellen verschiedener Monomereinheiten können neue Absorptionen entstehen. Manche Schwingungen bestimmter Atomgruppen sind sehr empfindlich von der unmittelbaren Nachbarschaft abhängig. Unter Umständen (zum Beispiel bei VC—VDC-Copolymeren) lassen sich auf diese Weise die drei möglichen Verknüpfungen $m_1—m_2$, $m_1—m_1$ und $m_2—m_2$ spektroskopisch unterscheiden. Eine quantitative Auswertung gestattet in solchen Fällen wesentliche Aussagen über die Mikrostruktur der Kette. Bei Block- und Pfropfcopolymeren allerdings ist der Einfluß der wenigen Verknüpfungsstellen auf das Spektrum zu gering, als daß er praktisch zu beobachten wäre.

Aus den genannten Gründen ergibt sich für eine Reihe von Monomerkombinationen ein sehr kompliziertes spektroskopisches Verhalten, vor allem dann, wenn bereits die Homopolymerspektren stark strukturabhängig sind. Die Variationsbreite wird noch größer bei ternären und höheren Systemen.

Die praktische ultrarotspektroskopische Analyse von Copolymeren soll im Idealfall — gegebenenfalls in Verbindung mit anderen Methoden — zur Identifizierung der Komponenten, zur Bestimmung der Bruttozusammensetzung und der Sequenzlängenverteilung führen. Die Identifizierung bereitet im allgemeinen keine Schwierigkeiten. Fast immer finden sich charakteristische Banden, die eine eindeutige Zuordnung gestatten. Das Fehlen einer spezifischen Bande bedeutet nicht unbedingt die Abwesenheit der betreffenden Komponente, sondern kann auf Sequenzverkürzung beruhen. Eine ausgezeichnete Hilfe bei der Identifizierung von Copolymeren ist der Atlas der Kunststoffanalyse von Hummel und Scholl (1968).

Die spektroskopische Nachweisbarkeitsgrenze bei Copolymeren ist natürlich substanzabhängig. Der sichere Nachweis einer Minderheitskomponente in sehr geringer Konzentration setzt in der Regel eine isolierte spezifische Absorption mit hohem Extinktionskoeffizienten voraus. Zum Beispiel lassen sich auf Grund der intensiven C=O-Bande kleine Anteile von Vinylacetat im Polyacrylnitril noch im Bereich 0,2—0,5% quantitativ gut bestimmen (Kimmer (1970a)).

5.6.3. *Quantitative Analyse*

Die ultrarotspektroskopische Bestimmung der Bruttozusammensetzung von Copolymeren kann im Prinzip wie jede andere quantitative Analyse eines Stoffgemisches behandelt werden (Abschnitt 2.4.). An dieser Stelle soll daher nur auf die Besonderheiten der Copolymeranalytik eingegangen werden.

Grundsätzlich kommen für statistische Copolymere nur sequenzunabhängige Analysenbanden in Betracht. Der Extinktionskoeffizient der betrachteten Monomereinheit soll über einen möglichst weiten Konzentrationsbereich konstant sein. Die Nichtbeachtung dieser Forderung führte nicht selten zu falschen Interpretationen von Analysenergebnissen. Verfahren, die sich auf sequenzempfindliche Absorptionen stützen, sind jeweils nur für den der Eichung entsprechenden Copolymertyp bzw. annähernd gleichbleibende Polymerisationsbedingungen gültig.

Ang und Harwood (1964) zeigten, daß die Intensität der Phenylbande bei 700 cm^{-1} von Styrol-Maleinsäureanhydrid-Copolymeren nicht von der Sequenzlänge abhängt und sich daher für die Bestimmung der Copolymerzusammensetzung eignet. Dagegen unterliegt die Phenylbande bei 760 cm^{-1} dem Einfluß der Sequenzverteilung. Das Intensitätsverhältnis I_{760}/I_{700} wird mit abnehmendem Styrolgehalt in den Copolymeren kleiner.

Die Eichung kann auf verschiedenem Wege erfolgen. Eine Konzentrationsbestimmung über absolute Extinktionskoeffizienten einzelner Banden setzt die Kenntnis der Schichtdicke voraus und ist praktisch nur mit vollständig löslichen Proben durchführbar. In diesem Falle werden die Extinktionskoeffizienten an den entsprechenden Homopolymeren ermittelt oder — wie unter 2.4.3.3. beschrieben — durch mathematische Kopplung unter Zuhilfenahme mehrerer Copolymerisate unterschiedlicher Zusammensetzung bestimmt.

Nach Harwood u. a. (1966) kann eine Auswahl von Banden für die Zusammensetzungsbestimmung wie folgt vorgenommen werden: Für ein binäres Copolymer (x, y) in Lösung und zwei sich nicht überlappende Banden folgt aus

$$E_x = \varepsilon_x c_x d \qquad E_y = \varepsilon_y c_y d \tag{5.63}$$

und

$$c_x + c_y = c_M \tag{5.64}$$

$$\frac{E_x}{d \cdot \varepsilon_x} + \frac{E_y}{d \cdot \varepsilon_y} = c_M \tag{5.65}$$

und weiter

$$\frac{E_x}{d \cdot c_M} = -\frac{\varepsilon_x}{\varepsilon_y}\left(\frac{E_y}{d \cdot c_M}\right) + \varepsilon_x. \tag{5.66}$$

Wird für eine Serie von Copolymeren

$$\frac{E_x}{d \cdot c_M} \quad \text{über} \quad \frac{E_y}{d \cdot c_M}$$

aufgetragen, so ergibt sich bei sequenzunempfindlichen Banden eine lineare Abhängigkeit.

Entelis u. a. (1969) beschrieben eine mathematische Methode zur Bandenauswahl ohne Bandeninterpretation für die Analyse binärer und ternärer Systeme.

Häufig muß man auf die Kenntnis der absoluten Extinktionskoeffizienten verzichten. Unter Ausschaltung der Schichtdicke wird das Extinktionsverhältnis zweier komponentenspezifischer Banden gemessen. Dieses ist bei Gültigkeit des Beerschen Gesetzes dem Konzentrationsverhältnis der beiden Komponenten proportional. Die Analyse kann dann bequem an Filmen, Folien oder im Falle von Kautschuk zwischen den Fenstern einer Schraubküvette (KIMMER (1965)) im angequollenen Zustand erfolgen. Die Proportionalitätskonstante, das Verhältnis der beiden Koeffizienten, wird an einem Copolymer bekannter Zusammensetzung ermittelt. Zum Beispiel gibt MIYAKE (1959b) für die C≡N- und C=O-Valenzschwingungen von Acrylnitril—Methylacrylat-Copolymeren das Verhältnis der molaren Extinktionskoeffizienten mit

$$k = \frac{\varepsilon_{CN}}{\varepsilon_{CO}} \approx 0{,}05$$

an.

Nicht selten werden Gemische von Homopolymeren zur Eichung verwendet. Bei diesen Verfahren ist besonders auf Sequenzunabhängigkeit der gewählten Analysenbanden zu achten.

Im allgemeinen empfiehlt sich die Aufstellung einer Eichkurve, insbesondere in solchen Fällen, in denen kein linearer Zusammenhang erwartet werden kann, zum Beispiel falls die Analysenbanden Beiträge von beiden Komponenten enthalten.

Der Auftragungsmodus von Eichkurven sollte dem jeweiligen Problem angepaßt sein. Sofern die Intensität der Referenzbande annähernd der Gesamtkonzentration an Monomereinheiten proportional ist, trägt man das Extinktionsverhältnis über der Konzentration einer Komponente auf. Bei zwei komponentenspezifischen Banden ist eine Darstellung in Abhängigkeit vom Konzentrationsverhältnis der beiden Komponenten zu bevorzugen.

Die moderne ultrarotspektroskopische Literatur enthält zahlreiche Eichkurven und quantitative Daten für die verschiedensten Monomerkombinationen. Sehr gründlich wurden Äthylen—Propylen-Copolymere untersucht (vgl. Abschnitt 6.1.3.). TOSI u. a. (1968a) analysierten Äthylen—Buten-1, Äthylen—4-Methyl—Penten-1 und Propylen—Buten-1 auf Grund radiochemischer Eichung. Buten-1—Propylen-Copolymere wurden auch von KAWAI (1965) sowie COOVER u. a. (1966) untersucht. Propylen—Buten(1)—Octen(1)-Terpolymere untersuchte WEGEMER (1970).

MAJER (1966) bestimmte die Zusammensetzung von Propylen—Vinylchlorid durch Messung des Verhältnisses E_{1380}/E_{1255}. POHL und HUMMEL (1968b) verwendeten die relativen integralen Extinktionen der Banden bei 1380 oder 1460 cm^{-1} und als inneren Standard bevorzugt den Komplex der $\delta_a(CH_3)+\delta(CH_2)$-Schwingungen. Die Eichung erfolgte mittels Elementaranalyse, die für sich betrachtet genauere Werte liefert.

Bei Copolymeren des Acrylnitrils ist im allgemeinen die C≡N-Absorption bei 2244 cm^{-1} als Analysenbande bzw. innerer Standard zu benutzen, zum Beispiel in Verbindung mit der S—O-Schwingung (1043 cm^{-1}) bei Copolymerisation mit Allylsulfonsäure (GRÖBE (1966), vgl. Abb. 2.18). Methacrylnitril—Acrylnitril wird am besten im CH-Valenzschwingungsgebiet analysiert (HERMA (1966)). Die charakteristische Methacrylnitrilabsorption bei 1215 cm^{-1} ist wegen ihrer starken Sequenzabhängigkeit ungeeignet.

Mit der Ultrarotanalyse von Methylmethacrylat-Copolymeren befaßten sich mehrere Autoren (HUMMEL (1960), KOTERA (1966), POKROVSKIJ (1964), TABATA (1964)). Das Spektrum des Polymethylmethacrylats ist bei der Copolymerisation starken Veränderungen unterworfen. Die meisten Banden sind sequenz- oder taktizitätsempfindlich und daher nicht, oder nur unter Vorbehalt zur Analyse verwendbar (vgl. Abschnitt 5.6.4.).

Für die Analyse von Vinylacetat-Methylacrylat wurden von CHINAI und CAMPBELL (1961) die beiden Esterbanden bei 1250 cm^{-1} (Vinylacetat) und 1170 cm^{-1} (Methylacrylat) vorgeschlagen. Die Messung erfolgte in Acetonitril.

Vinylacetat-Vinylchlorid ist nach GRISENTHWAITE (1962) nach Eichung mit Polyvinylacetat an der Carbonylbande in Tetrahydrofuran zu analysieren. ZAKRZEWSKI (1961) sowie TAKEUCHI und MORI (1965) geben Verhältnismethoden (C=O- und CH_2-Absorptionen) an.

Bei styrolhaltigen Copolymeren kann sich der Spektroskopiker vor allem auf die bereits erwähnte intensive Phenylabsorption bei 700 cm^{-1} stützen. Styrol-Butadien (Styrolkautschuk) wird zweckmäßig als 4-Komponentensystem (3 Butadienisomere und Styrol) behandelt (BINDER (1954), KIMMER (1962, 1963), HAMPTON (1949), KUNTZ (1961)). Das gleiche gilt für Nitrilkautschuk (KIMMER (1962)). α-Methylstyrol-Styrol-Copolymere lassen sich nach POKROVSKIJ (1959) im Valenzschwingungsgebiet vermessen. Die gegenseitige Überlappung der Banden wird rechnerisch berücksichtigt.

DAINTON und SISLEY (1963) untersuchten die Extinktionskoeffizienten der Carbonyl- und der Amidbande bei 1653 cm^{-1} (6,05 μm) bzw. 3279 cm^{-1} (3,05 μm) am System Acrylamid-Methacrylamid. Sie stellten fest, daß das Verhältnis $\varepsilon_{CO}/\varepsilon_{NH_2}$ konstant und durch die Methylsubstitution unbeeinflußt bleibt. Die Zusammensetzung der Copolymeren wurde aus dem Extinktionsverhältnis E_{CO}/E_{CH_3} (Methylabsorption bei 1471 cm^{-1}) bestimmt.

Weitere Literatur zur quantitativen Analyse von Copolymeren: Acenapthylen-Styrol (ÜBERREITER (1957)), Acrylnitril-Butadien (DINSMORE (1948), SMALL (1959a)), Acrylnitril-Styrol (SCHEDDEL (1958), JANIK (1967), TAKEUCHI (1968)), Acrylnitril-Vinylsulfonsäure (KUNICHIKA (1961)), Acrylsäure-Butadien (SCISM (1968)), Äthylen-Buten-1 (KHODZHAEVA (1967)), Äthylen-Styrol (JANIK (1968)), Äthylenoxid-Propylenoxid (WEIS (1968)), Butadien-Styrol (WEXLER (1964)), ε-Caprolactam-α-Pyrrolidon (KOBAYASHI (1963)), Cellulose-Polyacrylnitril (IMRISOVA (1967)), Isooctylmethacrylat-Styrol (JANIK (1966)), Isopropenylchlorid-Vinylchlorid (CARACULACU (1966)), Methylmethacrylat-Butadien (SMALL (1959)), Propylen-Styrol (DANKOVIČ (1970)).

Die von den genannten Autoren publizierten Eichkurven und Extinktionskoeffizienten sind natürlich bis zu einem gewissen Grade von den Präparations- und Spektrometerbedingungen abhängig und nur unter Vorbehalt auf andere Laboratorien übertragbar.

5.6.4. *Sequenzanalyse*

Bei der Auswertung von Copolymerspektren zur Sequenzanalyse sind in erster Linie Intensitäts- und Frequenzänderungen zu verfolgen. Darüber hinaus ist an Änderungen der Halbwertsbreite bzw. des Bandenprofils durch Sequenzverkürzung zu denken. So fanden KAMIYAMA u. a. (1967), daß sich bei Methylacrylat-Styrol-Copolymeren die Halbwertsbreite $\Delta\tilde{\nu}_h$ der Carbonylbande (1733 cm^{-1}) mit fallendem Methylacrylatgehalt verringert.

Der Informationsgehalt von Copolymerspektren ist sehr unterschiedlich. Manche Monomerkombinationen enthalten in ihren Spektren — bezogen auf den gegenwärtigen Stand der Ultrarotspektroskopie — überhaupt keine oder nur qualitative Informationen über die Kettenmikrostruktur. Auch eine Entscheidung darüber, ob ein echtes Copolymerisat oder nur ein Gemisch vorliegt, ist manchmal nicht ohne weiteres möglich, besonders im Falle kleiner Anteile des Comonomeren. Detaillierte Aussagen über die Mikrostruktur setzen spezifische sequenzempfindliche Absorptionen und möglichst genaue Kenntnis über deren Ursprung voraus. Die vollständige Bestimmung der Sequenzlängenverteilung in allen wesentlichen Kenndaten (Bindungsfraktionen, Blockzahl usw.) ist bisher nur an einigen wenigen Copolymeren gelungen (Äthylen-Propylen, Vinylchlorid-Vinylidenchlorid).

Die spektroskopische Unterscheidung von Block- oder Pfropfcopolymeren einerseits und Gemischen andererseits ist aus den bereits angeführten Gründen im allgemeinen nicht möglich.

Über ultrarotdichroitische Messungen kann eine Strukturaufklärung auf indirektem Wege erfolgen, indem das dichroitische Verhalten spezifischer Schwingungen der Comonomereinheiten in orientierten Filmen oder Fasern beobachtet wird (Ruscher (1963), Read (1968)).

In diesem Abschnitt werden die an verschiedenen Copolymeren gefundenen Phänomene von Intensitäts- und Frequenzänderungen beschrieben. Die Berechnung von Sequenzparametern kann dabei jeweils nur angedeutet werden. Zusammenfassende Darstellungen zur Ultrarotspektroskopie von Copolymeren sind von Harwood (1965), Hummel (1965a), Schnell (1966) und Pohl (1967) erschienen.

Methylmethacrylat-Acrylnitril

Sehr aufschlußreiche Spektren bezüglich der Kettenstrukturanalyse liefert das System Methylmethacrylat-Acrylnitril. Gegenüber den Homopolymerspektren sind zahlreiche Intensitätsänderungen und Frequenzverschiebungen zu beobachten. Die mittelstarke Polyacrylnitrilbande bei 1073 cm^{-1} verschwindet schon nach Einbau von 30% Methylmethacrylat (Schmolke (1965)). In der Hauptsache aber betreffen die Änderungen die konfigurations- bzw. konformationsempfindlichen Methylmethacrylatabsorptionen zwischen 700 und 1500 cm^{-1} (Abb. 5.20) (Hummel (1960), Schmolke (1965), Schnell (1966)).

Die Bande bei 1060 cm^{-1}, ursprünglich nur bei syndiotaktischer Anordnung nachzuweisen, erleidet mit steigendem Acrylnitrilgehalt eine relative Intensitätsabnahme. Die beiden Dublettbanden bei 1270/1240 und 1195/1155 cm^{-1} verschmelzen mit Annäherung an die äquimolare Zusammensetzung zu zwei Singulettabsorptionen. Nach Ansicht von Havriliak (1966) handelt es sich bei dieser Bandengruppe um vier C—O-Absorptionen unterschiedlicher Konformation. Weitere mehr oder weniger deutliche Intensitätsänderungen sind an den Banden bei 1483 und 967 cm^{-1} (wahrscheinlich Schwingungen der α-CH_3-Gruppe (Nagai (1963)) sowie an anderen Stellen zu beobachten. Bei 750 cm^{-1} ist eine Frequenzverschiebung festzustellen (Schmolke (1965)). Alle diese Effekte sind am besten als Sequenzverkürzung zu deuten. Konventionelles Polymethylmethacrylat ist überwiegend syndiotaktisch aufgebaut. Durch den Einbau fremder Monomereinheiten werden die syndiotaktischen Folgen zerstört und die intramolekulare Wechselwirkung aufgehoben.

Schmolke u. a. (1965) werteten die Intensität der Bande bei 1060 cm^{-1} als Maß für den in syndiotaktischen Folgen >3 befindlichen Methylmethacrylat-

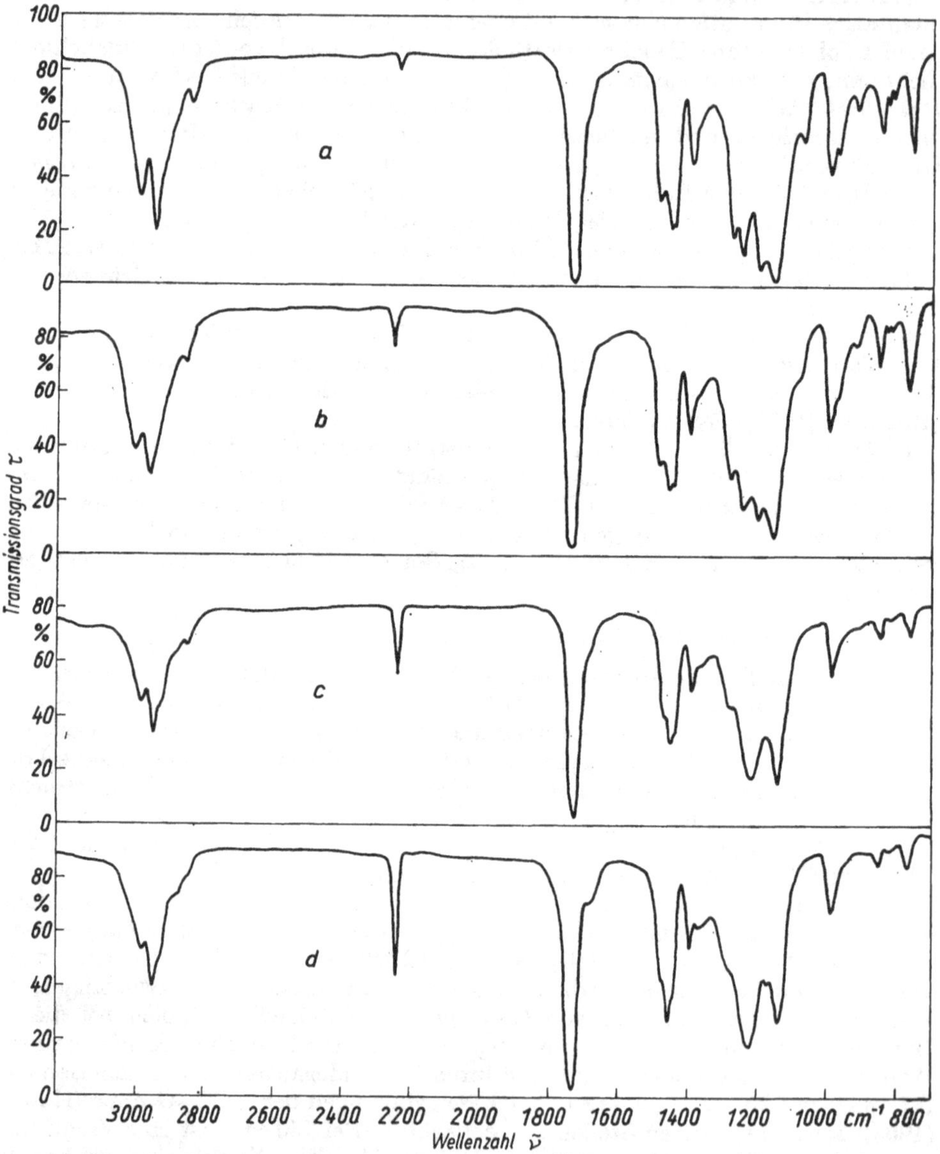

Abb. 5.20 Ultrarotspektren von Methylmethacrylat—Acrylnitril-Copolymeren.
a — 7 Mol-% Acrylnitril (Film aus Chloroformlösung)
b — 24 Mol-% „ (Film aus Chloroformlösung)
c — 56 Mol-% „ (Film aus Acetonlösung)
d — 71 Mol-% „ (KBr-Preßling)

anteil. Danach wurde an einer Serie von Copolymeren in Übereinstimmung mit der Theorie festgestellt, daß der Anteil an längeren Sequenzen bereits bei einem Acrylnitrilanteil von 20% stark zurückgeht und bei äquimolarer Zusammensetzung verschwindet.

Ähnliche Phänomene hat YANAGISAWA (1964) an Methylmethacrylat-Styrol-Copolymeren beobachtet.

Auch mit Copolymeren aus Methacrylsäure und Acrylnitril wurden von HERMA u. a. (1966a) Abweichungen vom Superpositionsprinzip gefunden, insbesondere an den von der Methacrylsäure verursachten Banden im Gebiet von 1100 bis 1300 cm^{-1}. Die Spektren methylierter Produkte erwiesen sich als nahezu identisch mit denen der konventionell hergestellten Methylmethacrylat-Acrylnitril-Copolymere gleicher Zusammensetzung.

Äthylen-Copolymere

Statistische Äthylen-Propylen-Copolymere wurden von einer ganzen Reihe von Autoren untersucht. Die Abhängigkeit der $\gamma_r(CH_2)$-Schwingung von der Anzahl der aufeinander folgenden CH_2-Gruppen gestattet hier die Bestimmung der Sequenzlängenverteilung im Detail. Unabhängig davon ist der von der Struktur

$$\begin{array}{c} \qquad\qquad CH_3 \\ R-(CH_2)_{n1}-\overset{|}{CH}-(CH_2)_{n2}-R \end{array}$$

abhängige Propylen-Bandenkomplex um 970 cm^{-1} einer quantitativen Auswertung zugänglich. Ausführlich wird die Sequenzanalyse von Äthylen-Propylen im Abschnitt 6.1.3. besprochen.

Auch bei anderen Äthylen-Copolymeren kann der $\gamma_r(CH_2)$-Bereich Aufschluß über die Kettenstruktur geben. ERUSSALIMSKY u. a. (1967) ordneten den im Spektrum von Äthylen-Vinylchlorid auftretenden Banden bei 833, 770, 752, 726 und 722 cm^{-1} CH_2-Folgen der Längen $n = 1, 2, 3, 4$ und ≥ 5 zu. Von MISONO u. a. (1966, 1967) wird die Absorption bei 750 cm^{-1}, abwesend in beiden Homopolymeren, ebenfalls der Folge $(CH_2)_3$ zugeordnet und ihr Auftreten als Beweis für eine Alternierung —VC—Ä—VC— gewertet. Ähnliche Untersuchungen wurden an Äthylen-Vinylacetat angestellt (ERUSSALIMSKY (1967), GOLDENBERG (1967, 1968)). Aus dem spektroskopisch bestimmten Anteil isolierter Einheiten folgt im Prinzip das Reaktivitätenprodukt $r_1 \cdot r_2$.

Die Copolymerisation von Äthylen und Butadien bei —25°C in Gegenwart koordinativ-anionischer Mischkatalysatoren führt zu kristallinen Produkten. Nach Fraktionierung der Rohprodukte erhielten NATTA u. a. (1964) Copolymere mit regelmäßiger Struktur. Aus Röntgenfeinstrukturuntersuchungen und den Ultrarotspektren ist eine Alternierung von Äthylen- und 1,4-trans-Butadien-Einheiten abzuleiten. Statt einer Bande bei 722 cm^{-1} (lange Methylensequenzen) erscheint eine Absorption bei 728 cm^{-1} (vier aufeinanderfolgende CH_2-Gruppen). Schließlich zitierten NATTA u. a. (1962) diesen Spektralbereich auch bei Äthylen-Buten-2-Copolymeren als Beweis einer alternierenden Struktur. Sie fanden bei schwacher $(CH_2)_{>4}$- eine starke $(CH_2)_2$-Absorption. Copolymere aus Äthylen-Trifluorpropylen wurden von GOLDENBERG (1967a) untersucht.

Vinylchlorid- und Vinylidenchlorid-Copolymere

Günstige Ansatzpunkte zur Sequenzanalyse bestehen bei Vinylchlorid-Vinylidenchlorid (Enomoto (1961), Germar (1965), Konishi (1962), Krimm (1956b), Narita (1959b), Thompson (1945, 1945a)). Die CH_2-Scherenschwingung ist hier von der unmittelbaren Umgebung der CH_2-Gruppe in der Kette abhängig, so daß man die drei möglichen Verknüpfungen im Spektrum unterscheiden kann:

VC—VC	$-CHCl-CH_2-CHCl$	1434 cm^{-1}
VDC—VC	$-CCl_2-CH_2-CHCl$	1420 cm^{-1}
VDC—VDC	$-CCl_2-CH_2-CCl_2$	1405 cm^{-1}

Germar (1965) nahm eine quantitative Auswertung dieses Bandenkomplexes vor. Er berechnete aus den Intensitäten der einzelnen Banden die Häufigkeit der entsprechenden Schritte im Copolymer. Enomoto (1961) und Narita (1959b) hatten bereits früher festgestellt, daß sich die CH-Deformationsschwingung einer VC-Einheit mit steigendem VDC-Gehalt im Copolymer zu niedrigeren Frequenzen verschiebt. Den drei Absorptionen bei 1247, 1235 und 1197 cm^{-1} wurden die drei unterschiedlichen Triaden VC—VC—VC, VDC—VC—VC bzw. VDC—VC—VDC zugeordnet und die Sequenzverteilung bestimmt.

In einer weiteren Arbeit haben Enomoto und Satoh (1967) die Struktur von VC—VDC mit deuterierten Monomeren untersucht. Nach ihrer Interpretation der UR- und NMR-Spektren findet bei der VC—VDC-Copolymerisation nur eine Kopf—Schwanz-Addition statt. Im Gebiet der CH_2-Scherenschwingungen ist mit Erfolg auch das System Vinylidenchlorid-Isobutylen zu charakterisieren. Johnsen und Lesch (1969) bestimmten Diadenkonzentrationen und mittlere Blocklängen. Die in den Copolymeren zusätzlich auftretende Bande bei 1424 cm^{-1} wurde der CH_2-Schwingung an VDC-Isobutylen-Verknüpfungsstellen zugeordnet.

Rosen und Marshall (1962) verfolgten an Hand des Bandenverhältnisses E_{635}/E_{692} den Einfluß der Copolymerisation mit Vinylacetat auf die Taktizität von PVC. Nach Takeuchi und Mori (1966) lassen sich Vinylchlorid-Vinylacetat-Copolymere von den entsprechenden Gemischen durch die Intensitätsverhältnisse im Bereich 600—700 cm^{-1} gut unterscheiden.

Pohl und Hummel (1968) untersuchten zwei Reihen von Vinylchlorid-Propylen-Copolymeren mit alternierender Tendenz, strahlenchemisch polymerisiert bei —63 und +23 °C. Der Einbau von Propylen bewirkt die Zerstörung der langen VC-Sequenzen und damit die Zunahme der Banden amorpher Bereiche auf Kosten der regulären Banden. Die Autoren fanden zahlreiche Veränderungen im Vergleich zu den Spektren von PVC und Polypropylen. So nimmt zum Beispiel die Intensität der CH-Schwingung des PVC bei 1253 cm^{-1} mit steigendem Propylengehalt ab. Bei 1260 und 1287 cm^{-1} entstehen zwei neue Absorptionen, die der alternierenden Struktur

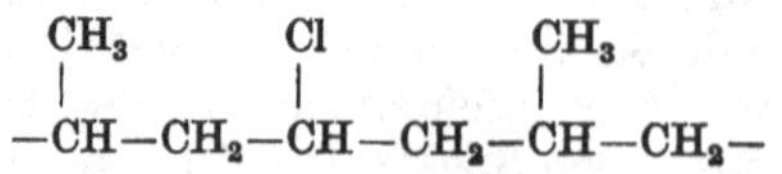

zugeschrieben wurden. Erwartungsgemäß traten auch im CCl-Schwingungsbereich charakteristische Effekte auf. Durch graphische Auftrennung wurde der CCl-Bandenkomplex einer eingehenden Untersuchung unterzogen.

Methacrylnitril-Copolymere

Die Spektren von Methacrylnitril-Copolymeren zeigen bei 1215 cm^{-1} ein sehr auffälliges Sequenzlängenphänomen. Die charakteristische starke Absorption des Polymethacrylnitrils bei 1215 cm^{-1}, vermutlich eine Gerüstschwingung der Konfiguration $CH_3{-}\overset{|}{\underset{|}{C}}{-}CN$ (SKODA (1959)), unterliegt bei der Copolymerisation einem drastischen Intensitätsschwund. Im Falle von Acrylnitril-Methacrylnitril tritt die Bande bei äquimolarer Zusammensetzung nur noch schwach in Erscheinung (HERMA (1966)). Offenbar ist bei dieser Zusammensetzung der größte Teil des Methacrylnitrils in kurzen Sequenzen verknüpft, wodurch die strukturempfindliche Gerüstschwingung unterbleibt. Das Ergebnis befindet sich in Übereinstimmung mit der Theorie, wenn ein Reaktivitätenprodukt $r_1 r_2 = 0{,}58$ zugrundegelegt wird. Das Verschwinden dieser Bande ist besonders deutlich auch an Butadien-Methacrylnitril-Copolymeren zu beobachten (SCHMOLKE (1971)).

Tetrafluoräthylen-Trifluorchloräthylen

Im Spektrum von Polytrifluorchloräthylen tritt bei 971 cm^{-1} eine CCl-Valenzschwingung auf. Polytetrafluoräthylen hat zwischen 900 und 1000 cm^{-1} keine Absorption. IWASAKI u. a. (1957) fanden an den entsprechenden Copolymeren zwei Zusatzbanden bei 957 und 967 cm^{-1}, deren Intensität mit der Zusammensetzung variiert. Die eine der beiden neuen Banden wurde isolierten Einheiten des Trifluorchloräthylens zugeordnet, die andere auf $m_1 - m_2$-Übergänge zurückgeführt.

957 cm^{-1} $m_1 - m_2 - m_1$

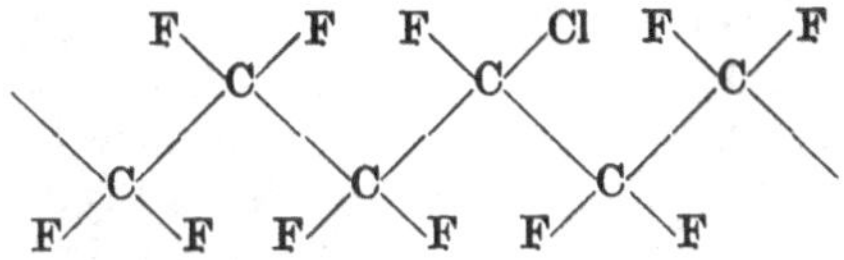

967 cm^{-1} $m_1 - m_2 - m_2$

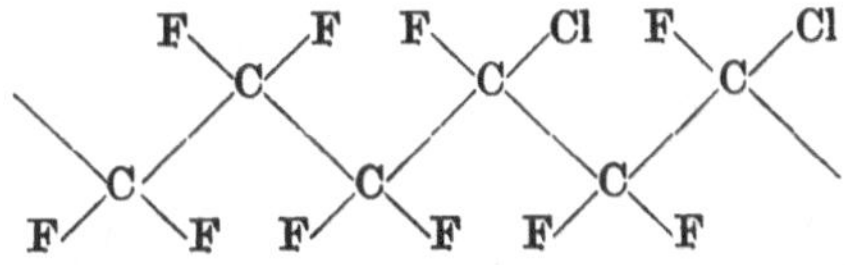

971 cm^{-1} $m_2 - m_2 - m_2$

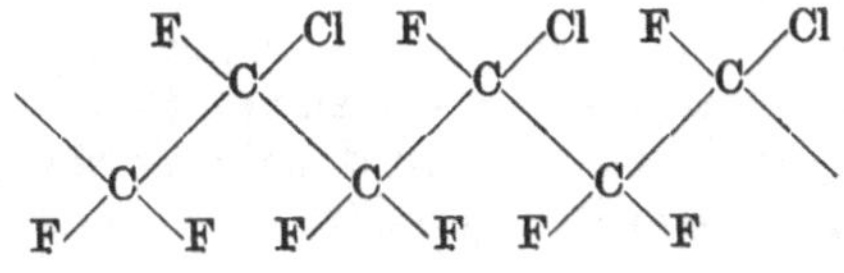

Damit ist leicht einzusehen, weshalb sich bei Copolymeren mit geringen Anteilen an Trifluorchloräthylen nur eine einzelne Bande bei 957 cm^{-1} zeigt. In diesem Konzentrationsbereich liegen die Trifluorchloräthyleneinheiten isoliert in der Kette. Bei äquimolarer Zusammensetzung ist erwartungsgemäß eine Doppelbande (957—967 cm^{-1}) zu beobachten.

RAGAZZINI u. a. (1970) beschrieben die Herstellung und Charakterisierung von Propylen-Trifluorchloräthylen-Copolymeren mit nahezu vollständig alternierender

Struktur. Das Spektrum dieser Copolymere hat keine Ähnlichkeit mehr mit den Spektren der beiden Homopolymeren. Die vier verschobenen Banden bei 3001, 2897, 2955 und 2855 cm⁻¹ (im Polypropylen bei 2956, 2915, 2869 und 2839 cm⁻¹) kann man den Methyl- und Methylen-Valenzschwingungen in Strukturen des Typs $-CF_2-CFCl-CH_2-CH(CH_3)-CF_2-CFCl-$ zuordnen.

Styrol-Copolymere

Von mehreren Autoren ist das spektroskopische Verhalten von Styrolsequenzen untersucht worden. YANAGISAWA (1964) beobachtete an Styrol-Methylmethacrylat und anderen Styrol-Copolymeren eine Verschiebung der Styrolabsorption von 1068 cm^{-1} nach etwa 1075 cm^{-1} bei geringeren Styrolgehalten. Ferner stellte er fest, daß die Bande bei 543 cm^{-1} das Vorhandensein von Styrolsequenzen mit $n > 3$ voraussetzt. Ähnliche Ergebnisse an Styrol-Butadien und Styrol-Acrylnitril wurden von ROPTE (1966) mitgeteilt. Danach handelt es sich um eine Phenylabsorption, gekoppelt mit einer Deformationsschwingung des aliphatischen C—C-Gerüstes. Isolierte Styroleinheiten absorbieren bei 560 cm^{-1}, Folgen von zwei bis drei Styroleinheiten bei 550—555 cm^{-1}, Folgen von vier bis fünf Einheiten bei 545 cm^{-1} und Sequenzen mit $n_s > 5$ bei 540 cm^{-1}. Letzteres entspricht ataktischem Polystyrol. Diese Befunde gestatten bei vielen styrolhaltigen Produkten eine schnelle Aufklärung der Einbauverhältnisse. HENDUS u. a. (1967) untersuchten auf dieser Basis die Struktur von Styrol-Butadien-Styrol-Blockcopolymeren.

Die Spektren von Styrol-Acrylnitril-Copolymeren zeigen Wellenzahlverschiebungen der Polystyrolbanden und der ν(C≡N)-Bande (FIEBER (1972)), sowie Intensitätsänderungen der Bande 1603 cm^{-1} gegenüber Polystyrol (KIMMER (1972)).

ANG (1964) und HARWOOD (1965) bestimmten aus der schon unter 5.6.2. erwähnten Änderung des Intensitätsverhältnisses E_{760}/E_{700} die Sequenzlängenverteilung von Styrol-Maleinsäureanhydrid-Copolymeren. Gleichung (5.67) verknüpft die relativen Intensitäten mit der Kettenstruktur.

$$\frac{E_{760}}{E_{700}} = a f_{SSS} + b f_{MSS} + c f_{MSM}. \qquad (5.67)$$

a, b und c sind die Extinktionskoeffizienten der aromatischen =CH-Schwingung bei 760 cm^{-1} für SSS-, MSS- bzw. MSM-Triaden, dividiert durch den Extinktionskoeffizienten der sequenzunabhängigen Bande bei 700 cm^{-1}. a folgt aus Polystyrolspektren, c aus Spektren von Copolymeren mit überwiegend isoliert stehenden Styroleinheiten. b wird näherungsweise gleich a gesetzt. Damit kann der Anteil f_{MSM} der Styroleinheiten in der Mitte von MSM-Triaden berechnet werden:

$$f_{MSM} = \frac{a - E_{760}/E_{700}}{a - c}. \qquad (5.68)$$

Acrolein-Acrylnitril

Ein besonderer Fall tritt dann ein, wenn die Monomereinheiten Gruppierungen enthalten, die zu einer intramolekularen Cyclisierung fähig sind. SCHULZ u. a. (1959) fanden an Acrolein-Acrylnitril-Copolymeren, daß die Intensität der Carbonylbande mit fallendem Acroleingehalt entgegen der Erwartung zunächst stark zunimmt und erst bei Konzentrationen unter 20 Mol-% Acrolein gegen Null geht. Die Autoren erklärten diese Beobachtung damit, daß benachbarte Aldehydgruppen cyclisieren (I) und nur isolierte Acroleinbausteine zur Absorption bei 1724 cm^{-1} (5,8 μm) beitragen. Die relative Konzentration isolierter Einheiten nimmt mit wachsendem Comonomerengehalt zu (II).

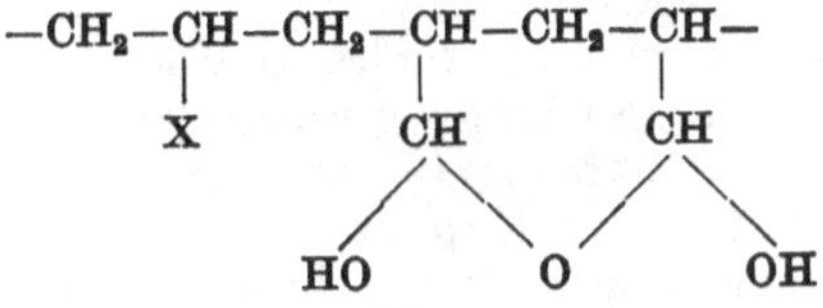

(I)

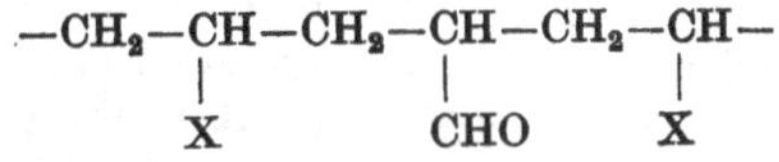

(II)

Ähnliche Beobachtungen wurden auch an Copolymeren des Acroleins und Methacroleins mit Methacrylnitril gemacht (SCHULZ (1964)).

Weitere Hinweise zur ultrarotspektroskopischen Charakterisierung von Copolymeren: Acenaphthylen-Styrol (ÜBERREITER (1957)), Äthylenoxid-Propylenoxid (KUMATA (1967)), Propylen-Buten-1 (HAYASHI (1965), KAWAI (1965)), Styrol-Propylen (YANAGISAWA (1964a)), Tetrafluoräthylen-Copolymere (TABATA (1964a, 1964b)), Äthylen-Propylen-Styrol (VAHLDIECK (1970)), Äthylen-Vinylacetat (LESCH 1970)).

5.7. Analytische Untersuchungen

5.7.1. *Identifizierung von Polymeren und der Nachweis von Begleitstoffen* (von W. KIMMER)

Die Identifizierung unbekannter Plaste und Elaste und ihrer Inhaltsstoffe nimmt im Bereich der Polymeren-Analytik neben der Strukturanalyse und quantitativen Untersuchungen einen vorrangigen Platz ein. Hierfür ist die Ultrarotspektroskopie besonders geeignet, da mit ihr in kürzester Zeit die chemische Natur und die wesentlichsten strukturellen Merkmale des polymeren Grundkörpers und seiner Begleitstoffe bestimmt werden können. Die Mannigfaltigkeit der Präparationstechniken für polymere Substanzen sowie die zahlreichen physikalisch-chemischen Anreicherungs- und Trennverfahren ermöglichen es, von fast allen Untersuchungsmustern und möglichen Begleitstoffen auswertbare und deutbare Spektren zu erhalten.

Der bevorzugte Bereich für die Identifizierung der Polymere ist das mittlere Ultrarot (200—4000 cm^{-1}), wo zu ca. 80% die Grundschwingungen der wichtigsten Polymermoleküle liegen, während das ferne und nahe Ultrarot für qualitative Nachweise geringere Bedeutung haben.

Die Identifizierung der Ultrarotspektren von Polymeren erfolgt vorzugsweise halbempirisch, unter der vereinfachenden Annahme, das Ultrarotspektrum baue sich aus Absorptionsbanden auf, die kleinen definierten Molekülgruppen im Makromolekül angehören. Bei dieser Betrachtungsweise wird jedoch die mechanische und elektrische Kopplung zwischen den schwingenden Monomereinheiten vernachlässigt (HUMMEL (1967, 1968)). Treten, wie im Falle amorpher Polymere mit unregelmäßiger Anordnung der Kettensegmente, nur geringe inter- oder intramolekulare Wechselwirkungskräfte auf, so können viele Identifizierungsprobleme durch diese halbempirische Näherung gelöst werden. Im Falle kristalliner Polymere hoher sterischer oder konformativer Ordnung versagt sie jedoch (HUMMEL (1967)), weil infolge der hierbei vorhandenen Wechselwirkung in den Spektren mehr Banden gefunden werden, als durch das Modell einer kleinen Schwingungseinheit ohne Kopplungseinflüsse erklärt werden kann. Während bei den amorphen Polymeren eine Interpretation des Spektrums über die Absorption der Monomereinheit möglich ist, läßt sich bei chemisch einheitlichen und kristallinen Polymeren das UR-Spektrum durch Anwendung exakter gruppentheoretischer Behandlungen und Auswahlregeln auf die röntgenographisch bestimmte Einheitszelle des kristallinen Polymers interpretieren (vgl. Kapitel 3).

Im letztgenannten Fall werden *Idealpolymere* betrachtet, d. h. Polymere streng definierten Aufbaues, deren Kette unendlich lang sein soll und als Einzelkette vorliegt. Bei den technischen Polymeren sind diese Bedingungen nicht oder nur näherungsweise erfüllt. Bei den *Realpolymeren* liegt kein 100%iges Kopf—Schwanz-Polymer vor, es treten Kettenverzweigungen auf, die Stereoregularität ist niemals perfekt, und die Helix ist nicht vollständig ausgebildet. Die Ketten haben unterschiedliche endliche Längen, hinzu kommen Kettenverflechtungen und Faltungen, die den Ordnungszustand beeinflussen.

In Praxi werden also im Gegensatz zum Idealpolymeren Schwingungsstörungen und Zusatzabsorptionen auftreten, deren Ursache und Einflüsse auf das UR-Spektrum noch wenig geklärt sind (ZERBI (1967)). Desweiteren werden auch bei Realpolymeren die Absorptionen der Gruppen-, Ketten- und Gerüstschwingungen von Konformation, Stereoregularität, Regularität und Kristallinität sowie inter- und intramolekularen Wechselwirkungskräften beeinflußt. In technischen Polymeren sind darüber hinaus Inhaltsstoffe zu erwarten, die teils vom Polymerisationsprozeß herrühren (Monomerenreste, Endgruppen, Regler, Emulgatoren, Katalysatorreste), teils zur Veränderung oder gezielten Verbesserung der Eigenschaften der Produkte zugefügt werden (Stabilisatoren, Füllstoffe, Weichmacher, Antistatika, Antiflammittel, Farbstoffe, Gleitmittel) und die zu mehr oder weniger intensiven Zusatzabsorptionen Anlaß geben. Andererseits gibt es eine Reihe Polymere, die z. T. ohne Zusätze industriell angewandt werden, wie zum Beispiel Polyäthylen, Polystyrol, Polyäthylenglykolterephthalat u. a. Bei Copolymeren sind Verschiebungen der Bandenlagen und Intensitätsveränderungen oder Zusatzabsorptionen durch Sequenzeinflüsse sowie mögliche Bandenüberlagerungen zu berücksichtigen.

Diese Bemerkungen zeigen, daß es im Falle technischer Produkte nur in wenigen Fällen möglich ist, die strukturellen Betrachtungsweisen, wie sie bei chemisch einheitlichen kristallinen Polymeren im Vordergrund stehen, zur Anwendung zu bringen. Die Identifizierung wird sich daher in der Praxis hauptsächlich auf Gruppenfrequenzen stützen, die aus dem Spektrum sicher zu erkennen und zuzuordnen sind und die Auskunft über die *Polymerenfamilie* geben. Ist die Zugehörigkeit zu einer Stoffklasse sichergestellt, so läßt sich die Identifizierung durch Vergleich mit einer Spektrensammlung erreichen. Dabei ist zu berücksichtigen, daß das UR-Spektrum eines Makromoleküls nicht streng spezifisch für das betreffende Polymer ist, sondern nur für die polymere Stoffklasse, während im allgemeinen bei niedermolekularen Verbindungen das UR-Spektrum als streng substanz-spezifisch gilt.

UR-Spektren von Polymeren, die aus den gleichen oder ähnlichen Grundbausteinen bestehen, sind daher wenig verschieden. So zeigen beispielsweise polymere Methyl- und Äthylester der gleichen Säure spektral nur geringfügige Unterschiede, ebenso ist es oft schwierig, in Estern oder Salzen mit einer langkettigen Fettsäurekomponente letztere eindeutig zuzuordnen. In diesen Fällen muß durch Verseifung bzw. Überführung des Salzes in die freie Säure und Anwendung anderer Untersuchungsverfahren (zum Beispiel Dünnschicht- oder Papierchromatographie) die Identifizierung vorgenommen werden. Besitzt ein Polymer nur wenig Banden, die zudem noch mit sehr häufig vorkommenden Absorptionen koinzidieren (Polyäthylen), so ist es schwierig, diese Polymere im Gemisch oder in Copolymeren exakt nachzuweisen. Hier ist die Anwendung von Trennverfahren bzw. im Falle von Copolymeren die Durchführung von Kompensationsmessungen unerläßlich. Mit steigender Kopplung der Schwingungen der Monomereneinheiten in der Polymerkette werden die spektralen Unterschiede ausgeprägter und chemisch ähnliche Polymere können deutlich im Spektrum voneinander unterschieden werden.

Liegen Polymere vor, die aus den gleichen Monomeren, aber unter verschiedenen Bedingungen hergestellt wurden, so ist es UR-spektroskopisch in einer Reihe von Fällen möglich, auf Grund ihrer strukturellen Unterschiede Zuordnungen vorzunehmen. Ein klassisches Beispiel hierfür ist die Ultrarotanalyse des Synthesekautschuks (vgl. Abschnitt 6.10.1.), wo sich spektroskopisch eine klare Abhängigkeit der Isomerenverteilung des Butadiens von der Herstellungsart nachweisen läßt, die eine Identifizierung der einzelnen Kautschuksorten (Warm-, Kalt-, Stereokautschuk) auch bei Anwesenheit von Comonomeren (Styrol, Acrylnitril) erlaubt.

Nicht ganz so eindeutig ist andererseits die spektroskopische Unterscheidung von Hoch- und Niederdruck-Polyäthylen, deren UR-Spektren sehr ähnlich sind. Auf Grund der unterschiedlichen Verzweigungsgrade lassen sich jedoch beide über quantitative Bestimmungsverfahren unterscheiden (vgl. Abschnitt 6.1.1.). Eine Sicherung der Ultrarotanalyse kann in diesem Falle röntgenographisch erfolgen, da sich beide Polymere im Ordnungszustand klar unterscheiden.

Trotz guter spektraler Übereinstimmung von Proben- und Vergleichsspektrum muß bei allen spektroskopischen Untersuchungen mit dem Vorhandensein weiterer Komponenten gerechnet werden, die auf Grund ihres geringen Gehaltes dem spektroskopischen Nachweis entgehen. So kann beispielsweise Polyäthylen in sehr geringem Maße höherhomologe Alkene (zum Beispiel Butene) enthalten, die nur durch Aufnahme von Differenzspektren sicher nachgewiesen werden (vgl. Schnell (1966)). Andererseits ermöglicht es die Differenzspektroskopie, die im Spektrum eines weichgemachten Polymeren (PVC) gut sichtbaren Weichmacherabsorptionen durch Kompensation der Polymerbanden so weit zu isolieren, daß eine Identifizierung des Weichmachers ohne vorherige präparative Abtrennung erfolgen kann.

Bei nicht sehr hochmolekularen Verbindungen können schwache Zusatzabsorptionen durch Endgruppen hervorgerufen werden, deren Nachweis für die Identifizierung im allgemeinen bedeutungslos ist, in manchen Fällen aber Hinweise auf das Herstellungsverfahren geben kann.

Im allgemeinen sollte vor der Ultrarotanalyse eines Polymers der Umfang der durchzuführenden Analysenaufgabe exakt festgelegt werden, da davon im wesentlichen der Gang des Analysenverfahrens bestimmt wird. So ist der zur Identifizierung eines Polymers zu betreibende Aufwand oft wesentlich geringer, wenn nur der vorhandene polymere Grundkörper untersucht werden soll; sind außerdem noch vermutete Weichmacher, Stabilisatoren oder Emulgatoren zu identifizieren, so sind neben den eigentlichen spektroskopischen Aufnahmen und Auswertungen oft präparative Arbeiten größeren Umfangs notwendig. Außerdem ist meist über die zu untersuchende Substanz etwas bekannt, so daß Präparation und Auswertung der UR-Spektren der Probe in einer Reihe von Fällen gezielt erfolgen können. Liegt das UR-Spektrum eines unbekannten Polymers vor, so kann aus dem Auftreten oder Fehlen von Absorptionen verschiedener Gruppen (CO, OH, SO, CN, C—O—C, NCO, NH, CCl, $CH_{arom.}$ u. a.) oder Bindungen ($C{=}C_{aliph.}$, $C{=}C_{arom.}$, $C{\equiv}C$) die Klasse des vorliegenden Polymers erkannt oder zumindestens eingeengt werden. Treten keinerlei Absorptionen sauerstoffhaltiger Gruppen auf, so kann beispielsweise die Anwesenheit von Polyestern, Polyäthern, Polyaldehyden, Polyalkoholen, sauerstoffhaltigen Weichmachern oder Copolymeren ausgeschlossen werden. Polymere auf aromatischer Basis, zum Beispiel Polystyrol und seine Derivate, sind leicht am Auftreten der ν(CH)- bzw. ν(C=C)-Schwingungen sowie der aromatischen γ_w-Schwingungen zu erkennen. Rasch und eindeutig sind Polymere zu erkennen, die charakteristische Banden in absorptionsarmen Wellenzahlenbereichen aufweisen, wie Polyacrylnitril und seine Copolymeren (ν(CN) bei 2240 cm^{-1}) oder Isocyanate. Durch Vergleich mit einer Spektrenkartei ist in vielen Fällen eine Zuordnung des Polymers und nach Abtrennung und Anreicherung auch eine Identifizierung der Inhaltsstoffe auf gleiche Weise möglich. Von den wichtigsten Spektrensammlungen seien hier genannt HASLAM und WILLIS (1965), HUMMEL (1958, 1966, 1968), NYQUIST (1960) und die Sadtler-Kartei.

Die Analyse kann erleichtert werden, wenn vor der spektroskopischen Untersuchung auf chemischem Wege eine qualitative und quantitative Elementaranalyse der Polymere erfolgte, weil aus der An- oder Abwesenheit von Stickstoff, Sauerstoff, Halogen, Schwefel, Phosphor und Silizium bereits eine Vorauswahl bei der Identifizierung erfolgen kann. Die Analyse von Polymeren nach *Leitelementen* wurde von KUPFER (1963) beschrieben.

Auch Füllstoffe mineralischen Ursprungs (Talkum, Kaolin, Karbonate, Sulfate) können nach ihrer Abtrennung, die wegen der Schwerlöslichkeit dieser Verbindungen oft wenig Schwierigkeiten bereitet, über das UR-Spektrum identifiziert werden, wozu CORISH (1961) und MOENKE (1962) Vergleichsspektren publizierten.

Eine nähere Beschreibung spektroskopischer Identifizierungsverfahren für Polymere und ihre Begleitstoffe findet sich in den Büchern von HASLAM und WILLIS (1965), HENNIKER (1967), HUMMEL (1958), HUMMEL (1968), KE (1964) und ZBINDEN (1964).

Besonders das Werk von HUMMEL (1968) bietet dem Polymeranalytiker auf Grund seines umfangreichen Spektrenkatalogs, der über 1750 Polymerspektren enthält, ein unentbehrliches Vergleichsmaterial. Im zugehörigen Textband werden neben UR-spektroskopischen auch chemische Nachweis- und Identifizierungsreaktionen für die wichtigsten Polymerklassen beschrieben; zur Erleichterung der Zuordnung der UR-Spektren werden Bandenkombinationen der einzelnen Polymere angegeben. Das Werk enthält darüber hinaus eine umfangreiche Literatursammlung über die spektroskopischen Identifizierungsmöglichkeiten der einzelnen Polymere, auf die in diesem Zusammenhang verwiesen sei.

Außer durch Vergleich mit einem Spektrenkatalog kann die Auswertung auch über verschlüsselte Kerblochkarten erfolgen, die nach festzulegenden Merkmalen von Hand oder maschinentechnisch ausgewählt werden. Dieses System, das mit der Einführung der EDV in die moderne Spektroskopie eine weitere Vervollkommnung findet, kann durch die Untersuchung neuer, bisher nicht beschriebener Spektren ständig ergänzt werden. Die Auswahl der Spektren für die Katalog- oder Lochkartenauswertung wird in der Praxis den jeweiligen Interessenrichtungen Rechnung tragen müssen.

Sind von einer polymeren Stoffklasse häufig Identifizierungen durchzuführen, so lohnt es sich, für die Untersuchungen ein Auswerteschema zu entwickeln, das in Kombination mit chemischen und anderen physikalisch-chemischen Methoden das Polymer und seine Begleitstoffe nach sinnvoll aufeinander abgestimmten Arbeitsgängen zu untersuchen gestattet. Ein solches für die Analyse unbekannter PVC-Typen entwickeltes Schema ist in Abb. 5.21 wiedergegeben.

Während der erfahrene Ultrarotspektroskopiker in vielen Fällen sofort nach dem Vorliegen des UR-Spektrums der unbekannten Substanz seine Zugehörigkeit zu einer Polymergruppe erkennt, ist es dem Gebiet Fernstehenden oft schwierig, aus dem Absorptionsverhalten eines Polymers die wesentlichsten qualitativen Merkmale herzuleiten. Um die Zuordnung zu erleichtern, wurde die Korrelationstafel 5.22 zusammengestellt, die die vier bis sieben stärksten und charakteristischsten Absorptionsbanden eines Polymers unter Vernachlässigung aller nicht spezifischen Absorptionen in Abhängigkeit von der Wellenzahl enthält.

Was die UR-Spektroskopie bei der Identifizierung leisten kann, soll nachstehendes Beispiel zeigen:

Es wurde das UR-Spektrum einer unbekannten Plastprobe in Folienform aufgenommen (Abb. 5.23). Im Spektrum sind deutlich die Absorptionen des Styrols bei 700, 760, 1495 und 1603 sowie 3030 cm^{-1} nebst einer Andeutung der *Fünffingerbanden* zu erkennen, die durch die starke CO-Absorption bei 1735 cm^{-1} überlagert werden. Sie gehört, wie die vier Absorptionen im Bereich 1100 bis 1300 cm^{-1} zeigen, einem Ester und zwar auf Grund der Bandenlage, -folge und -intensität einem Methacrylsäureester, worauf auch die $\delta_s(CH_3)$-Schwingung bei 1385 cm^{-1} hinweist. Bei 910 und 967 cm^{-1} sind deutlich die Absorptionen des polymerisierten Butadiens zu erkennen, während bei 2240 cm^{-1} eine Nitrilabsorption auftritt. Bei der vorliegenden Substanz handelt es sich somit um ein quarternäres System, das sich aus Styrol-, Butadien-, Methacrylsäureester- und Acrylnitrileinheiten aufbaut (MBSA-Polymerisat). Diese qualitative Zuordnung läßt noch eine verfeinerte Aussage über die Struktur der Verbindung zu. So erkennt man, daß die Butadienkomponente vorwiegend in trans-Konfiguration vorliegt (Bande bei 967 cm^{-1}). Die Verschiebung der Styrolbande von 540 nach 545 cm^{-1} deutet darauf hin, daß das Styrol nicht als Homopolymerisat oder in Blockform vorliegt. Die im Wellenzahlenbereich 1100–1300 cm^{-1} im konventionellen PMMA auftretenden Absorptionen, insbesondere die Doppelbande bei 1271 und 1242 cm^{-1}, ist im vorliegenden Produkt nach Lage und Intensität verschoben, was auf die Zerstörung des ursprünglichen Kettenaufbaues durch die Copolymerisation hinweist (Sequenzverkürzung). Alle diese Ergebnisse sprechen für das Vorliegen eines quarternären Copolymerisats.

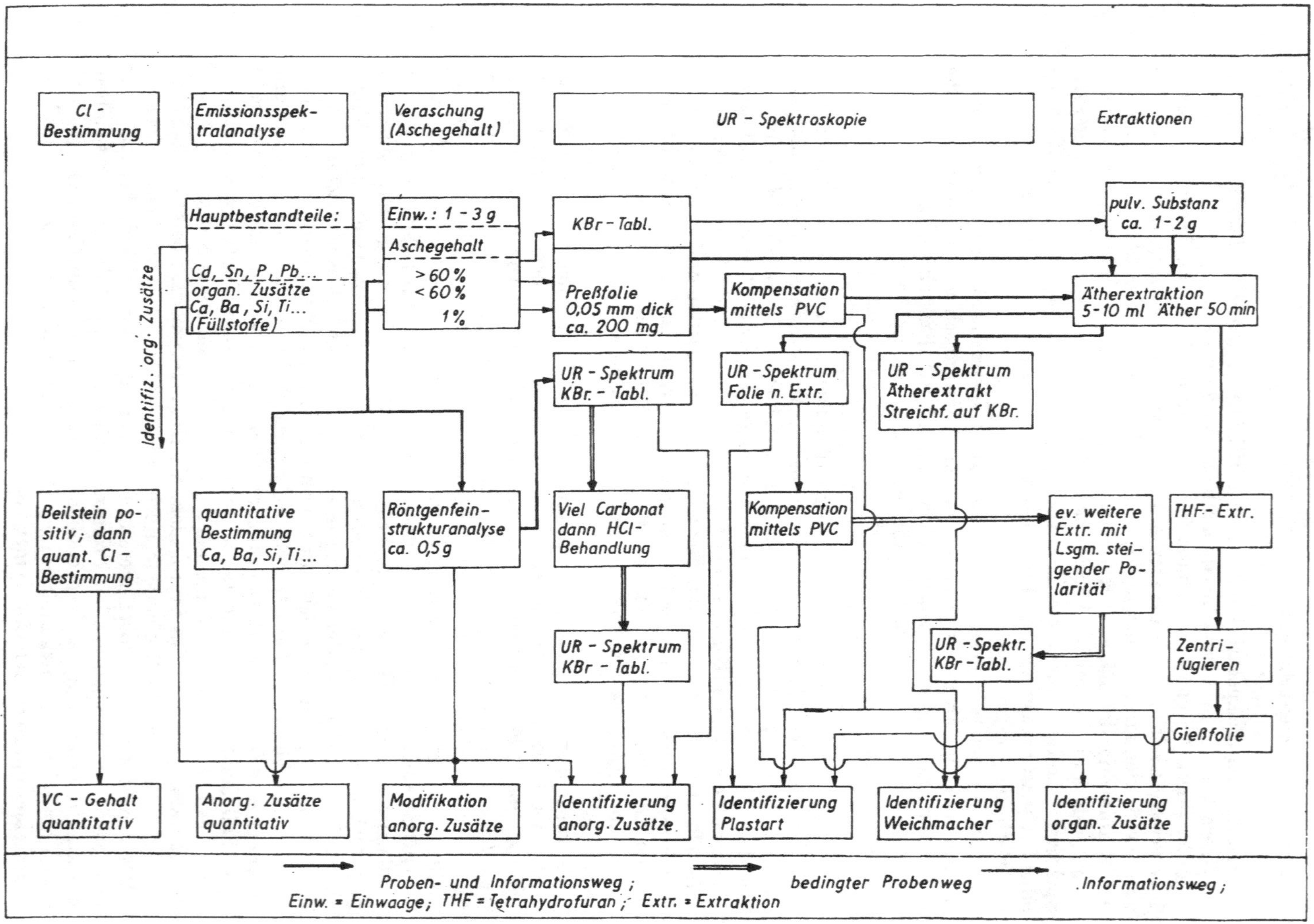

Abb. 5.21 Analysenschema zur Analyse von unbekannten PVC-Mustern.

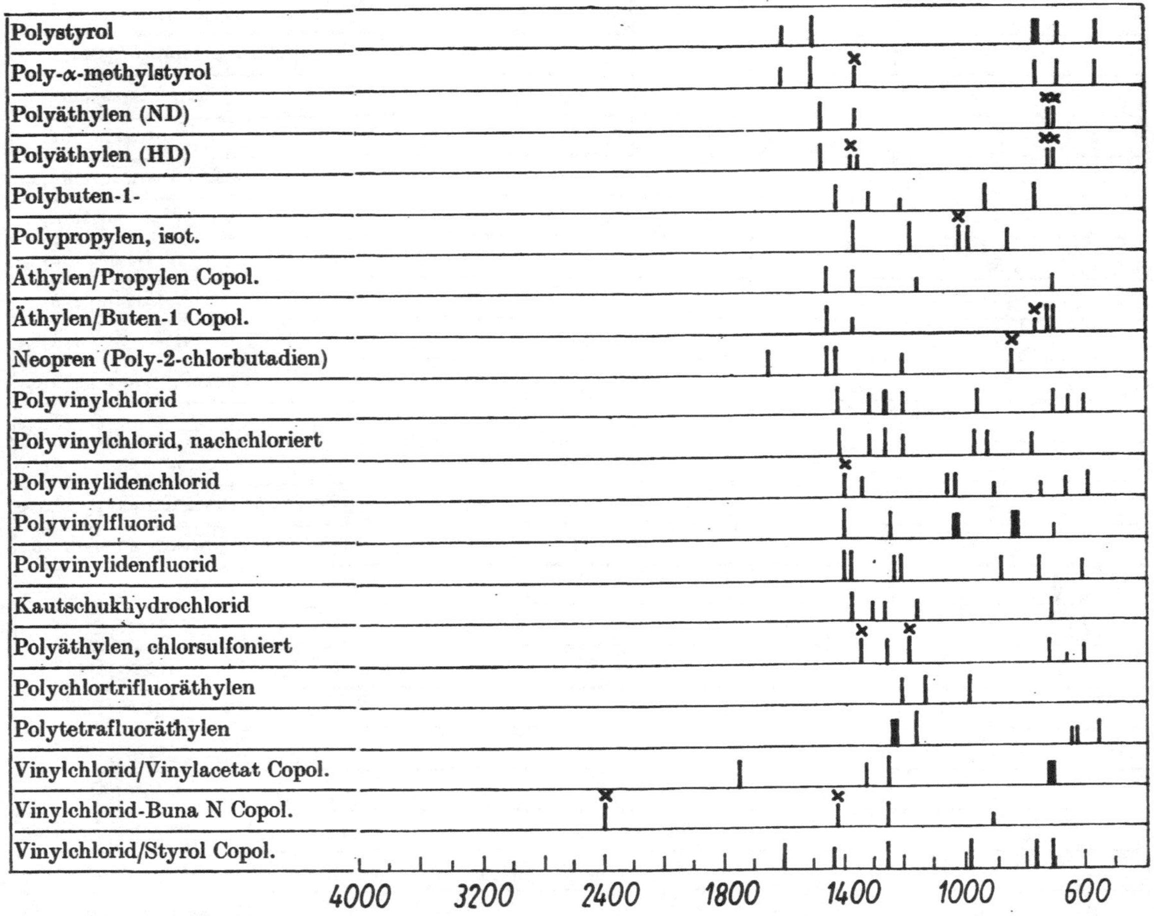

Abb. 5.22 Korrelationstafel zur Idendifizierung von Polymeren. Die Länge der Striche ist ein Maß für die relative Intensität der Absorptionsbanden. Doppelbanden sind durch ⊔, breite Banden durch ■, besonders charakteristische Absorptionen durch × gekennzeichnet.

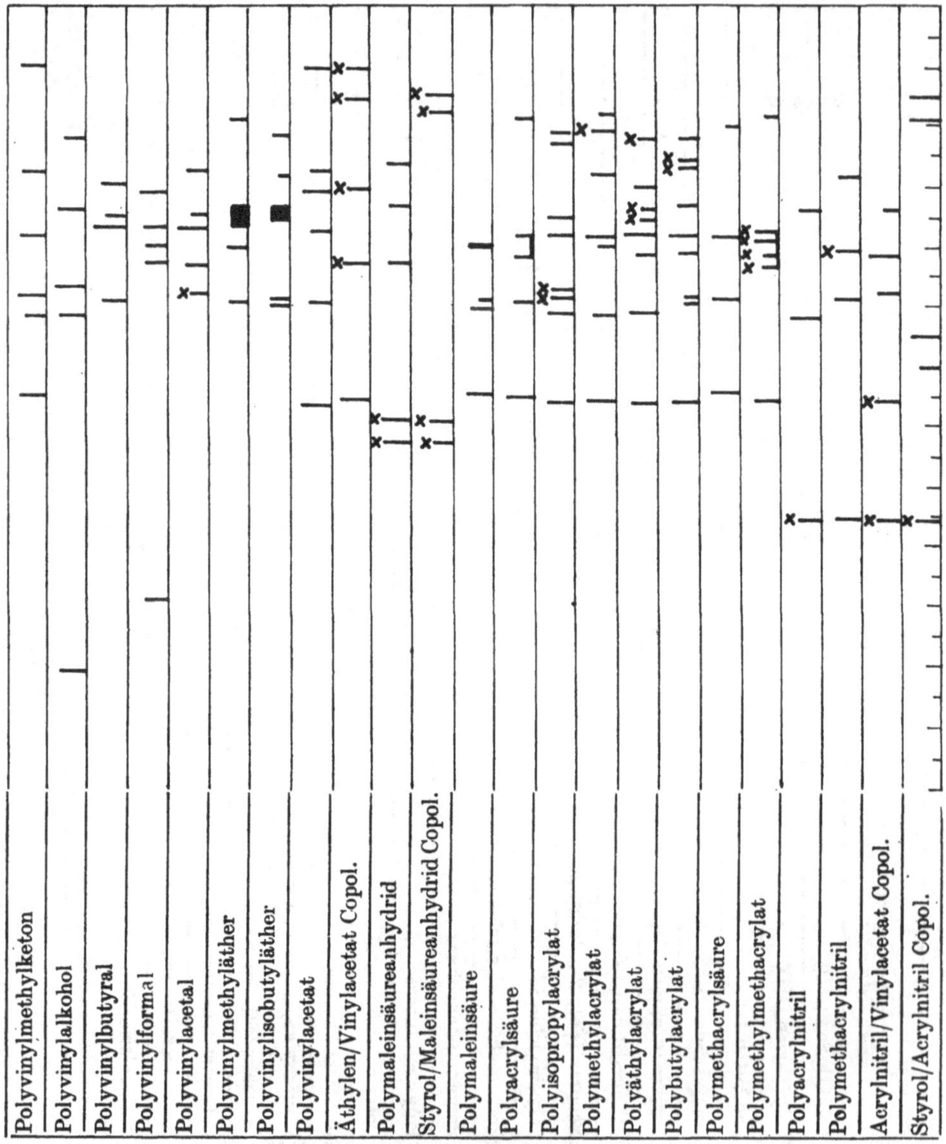
Polyvinylmethylketon
Polyvinylalkohol
Polyvinylbutyral
Polyvinylformal
Polyvinylacetal
Polyvinylmethyläther
Polyvinylisobutyläther
Polyvinylacetat
Äthylen/Vinylacetat Copol.
Polymaleinsäureanhydrid
Styrol/Maleinsäureanhydrid Copol.
Polymaleinsäure
Polyacrylsäure
Polyisopropylacrylat
Polymethylacrylat
Polyäthylacrylat
Polybutylacrylat
Polymethacrylsäure
Polymethylmethacrylat
Polyacrylnitril
Polymethacrylnitril
Acrylnitril/Vinylacetat Copol.
Styrol/Acrylnitril Copol.
4000
3200
2400
1800
1400
1000
600

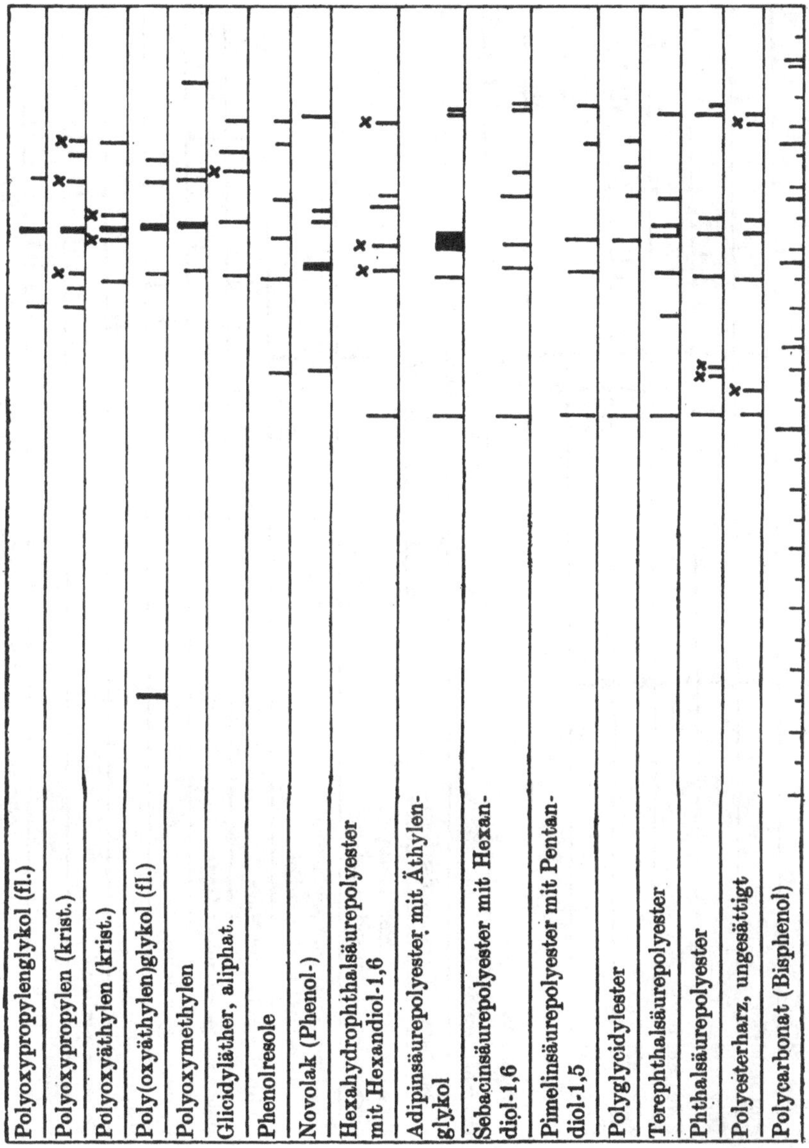

Polyoxypropylenglykol (fl.)
Polyoxypropylen (krist.)
Polyoxyäthylen (krist.)
Poly(oxyäthylen)glykol (fl.)
Polyoxymethylen
Glicidyläther, aliphat.
Phenolresole
Novolak (Phenol-)
Hexahydrophthalsäurepolyester mit Hexandiol-1,6
Adipinsäurepolyester mit Äthylenglykol
Sebacinsäurepolyester mit Hexandiol-1,6
Pimelinsäurepolyester mit Pentandiol-1,5
Polyglycidylester
Terephthalsäurepolyester
Phthalsäurepolyester
Polyesterharz, ungesättigt
Polycarbonat (Bisphenol)
4000
3200
2400
1800
1400
1000
600

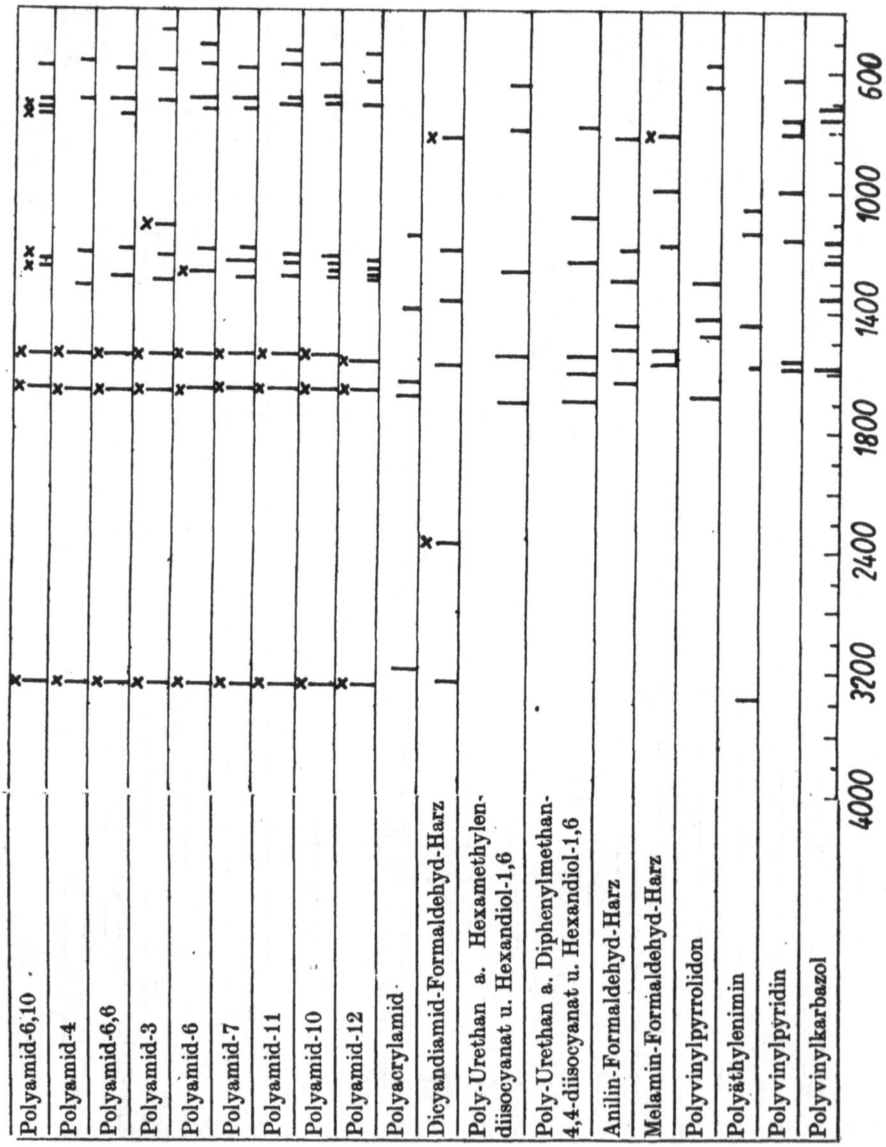
Polyamid-6,10
Polyamid-4
Polyamid-6,6
Polyamid-3
Polyamid-6
Polyamid-7
Polyamid-11
Polyamid-10
Polyamid-12
Polyacrylamid
Dicyandiamid-Formaldehyd-Harz
Poly-Urethan a. Hexamethylen-diisocyanat u. Hexandiol-1,6
Poly-Urethan a. Diphenylmethan-4,4-diisocyanat u. Hexandiol-1,6
Anilin-Formaldehyd-Harz
Melamin-Formaldehyd-Harz
Polyvinylpyrrolidon
Polyäthylenimin
Polyvinylpyridin
Polyvinylkarbazol
4000
3200
2400
1800
1400
1000
600

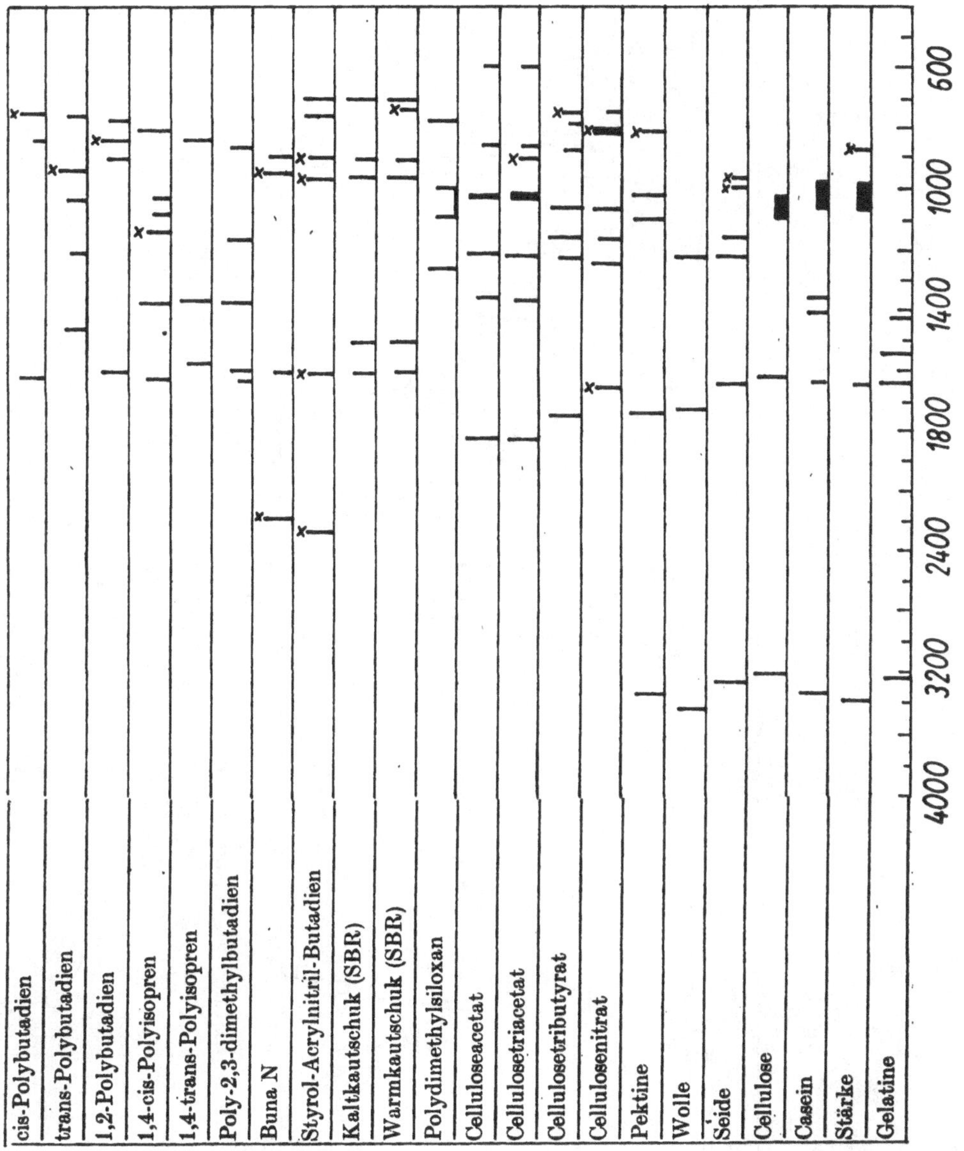
cis-Polybutadien
trans-Polybutadien
1,2-Polybutadien
1,4-cis-Polyisopren
1,4-trans-Polyisopren
Poly-2,3-dimethylbutadien
Buna N
Styrol-Acrylnitril-Butadien
Kaltkautschuk (SBR)
Warmkautschuk (SBR)
Polydimethylsiloxan
Celluloseacetat
Cellulosetriacetat
Cellulosetributyrat
Cellulosenitrat
Pektine
Wolle
Seide
Cellulose
Casein
Stärke
Gelatine
4000
3200
2400
1800
1400
1000
600

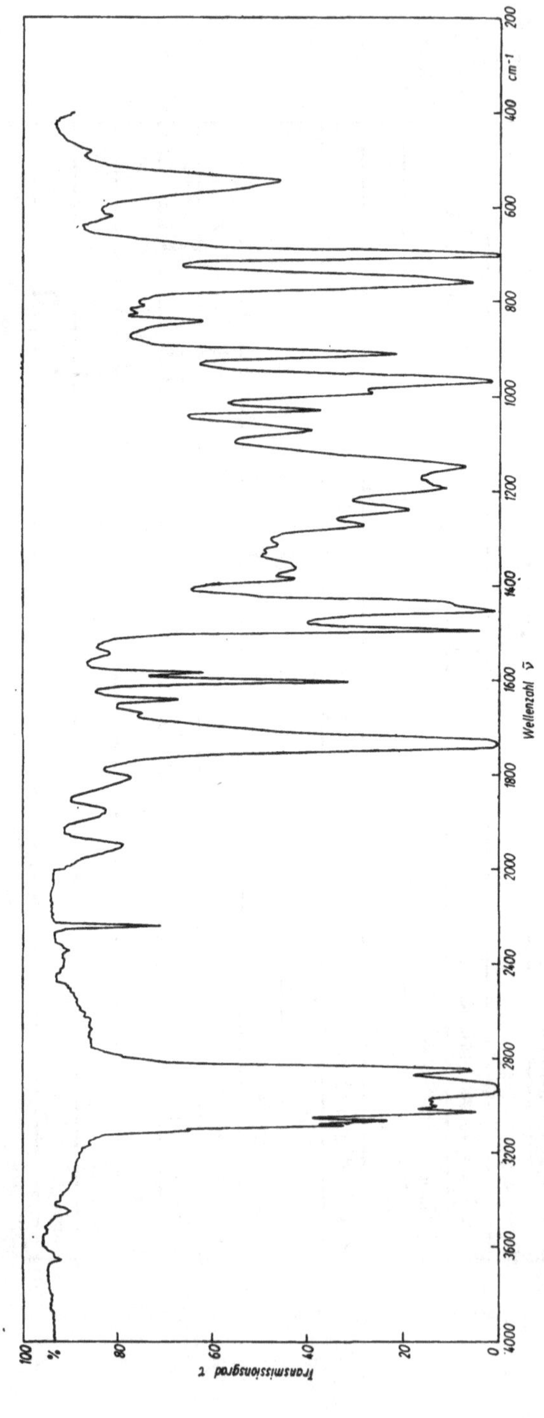

Abb. 5.23 Ultrarotspektrum eines Copolymerisats.

5.7.2. *Pyrolyse* (von W. KIMMER)

Obwohl es zahlreiche Präparationsverfahren für Polymere im Festzustand gibt, die die Überführung in eine für die UR-Spektroskopie geeignete Form ermöglichen, bereitet die Präparation hochvernetzter oder nachvernetzter und damit nahezu unlöslicher oder nicht fließfähiger Polymere erhebliche Schwierigkeiten. In diesen Fällen kann eine Identifizierung durch Pyrolyse, d. h. thermische Spaltung oder Zersetzung des Polymermoleküls in niedermolekulare Verbindungen

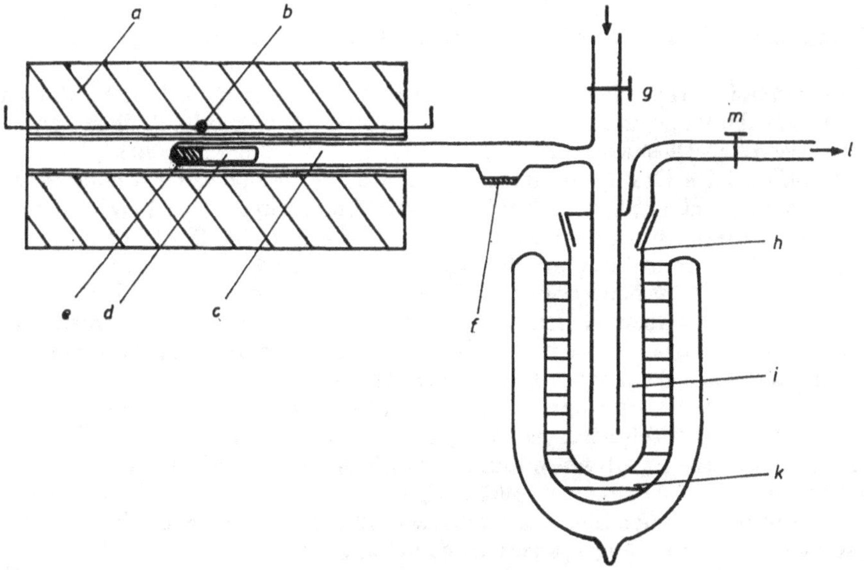

Abb. 5.24 Pyrolyseapparatur mit Vorlage (nach FEUERBERG (1969)).
a — elektrisch geheizter Rohrofen, *b* — Lötstelle des Thermoelementes, *c* — Pyrolyserohr, *d* — Reagenzglas, *e* — Elastomerprobe, *f* — Mulde des Pyrolyserohres zum Auffangen schwer flüchtiger Pyrolysate, *g* — Belüftungshahn, *h* — Kühlfalle zum Auffangen der leichtflüchtigen Pyrolysate, *i* — Aceton—Methanol-Füllung, *k* — Methanol-Trockeneis-Bad, *l* — Rohr zum Anschluß des Manometers und der Vakuumpumpe, *m* — Absperrhahn

erfolgen, die auf spektroskopischem Wege untersucht werden. Diese Methode hat in den letzten Jahren durch die Pyrolyse-Gaschromatographie und ihre Kombination mit der Massenspektroskopie sowie durch die Pyrolyse-Dünnschichtchromatographie eine gründliche Erweiterung und Verbesserung erfahren, so daß pyrolytische Untersuchungen mittels der Ultrarotspektroskopie in der modernen Analytik im allgemeinen auf Sonderfälle beschränkt sind. Die genannten Verfahren arbeiten wesentlich selektiver und rascher und besitzen eine höhere analytische Aussagekraft.

Bei der klassischen Hitzespaltung wird die zu untersuchende Substanz in ein Pyrolyserohr gebracht, das entweder mit einer Heizflamme oder in einem regulierbaren elektrischen Heizofen erhitzt wird (Abb. 5.24). Die Pyrolyseprodukte werden nach ihrer Flüchtigkeit in einer Kühlfalle (leichtflüchtige) oder bereits zuvor in einer Mulde des Pyrolyserohrs niedergeschlagen. Die Pyrolyse kann dabei in normaler Atmosphäre, unter Vakuum oder im Inertgas erfolgen. Der Substanzbedarf bei dieser Pyrolysetechnik ist besonders groß (bis zu etwa 300 mg), was von Vorteil ist, wenn eine gute Durchschnittsprobe erhalten werden soll (FEUERBERG (1969)). Im allgemeinen ist dies jedoch eher ein Nachteil, da die hohe Konzentration der Pyrolyse-Primärprodukte zu Sekundärreaktionen führt, wobei Stoffe entstehen, die die ursprüngliche Zusammensetzung der pyrolysierten Produkte nicht mehr exakt zu bestimmen gestatten. Reaktionen dieser Art sind weitere chemische Umsetzungen, Umlagerungen, Repolymerisationen, weiterer thermischer Abbau und andere. Pyrolysate sind daher meist Vielkomponentengemische, zu deren Trennung und Identifizierung Ultrarotuntersuchungen allein oft nicht ausreichen.

Um einigermaßen reproduzierbare Pyrolysebedingungen zu erhalten, die zu gut definierten Abbauprodukten führen, ist die Anwendung sehr kleiner Probemengen notwendig. Dies wird durch Pyrolyse von Polymeren erreicht, die auf elektrisch aufheizbare Drähte aufgetragen werden, in kleinen Quarz- oder Goldtiegelchen in einer Heizspirale erhitzt werden (Hitzdrahtpyrolyse), oder durch Erhitzen des Untersuchungsmaterials auf Metalldrähten im Hochfrequenzfeld, wobei eine Erwärmung auf die jeweilige Curietemperatur des Metalls erfolgt. Für Polymere hat sich die *Stufenpyrolyse* als besonders geeignet erwiesen, bei der die gleiche Probe bei verschiedenen Pyrolysetemperaturstufen durch geeignete elektronische Steuerungsimpulse in verschiedenen Zeitabständen abgebaut werden kann (LEHRLE (1959), BARLOW (1961), VOIGT (1965)).

Im Falle der Hitzdrahtpyrolyse liegt der Substanzbedarf bei wenigen Milligramm, bei der Hochfrequenzpyrolyse im Mikrogrammbereich. Die Ultrarotuntersuchungen dieser Pyrolyseprodukte setzt die Anwendung besonderer Mikrotechniken voraus (vgl. DE KLEIN (1969)). Durch das erforderliche Sammeln der Pyrolyseprodukte sind auch hier Sekundärreaktionen zu erwarten, die in strömenden Systemen (Gaschromatographie) zurückgedrängt sind.

Die thermische Spaltung führt in günstigen Fällen infolge Depolymerisation zur Bildung der Monomeren (Polystyrol, PMMA, z. T. Polyamide, Polyformaldehyd, Polyäthylen), in vielen Fällen entstehen flüssige Vielkomponentengemische oder geringe Mengen flüchtiger Bestandteile neben viel kohligen Rückständen. Die Art der Zersetzungsprodukte wird von den Spaltungsbedingungen, der Struktur des Ausgangspolymers und den Folgereaktionen der primären Bruchstücke bestimmt. Daneben ist die Möglichkeit katalytischer Einflüsse durch im Polymer enthaltene Füllstoffe auf den thermischen Abbau nicht auszuschließen (HENNIKER (1967)).

Ein wichtiges Anwendungsgebiet pyrolytischer Untersuchungen mittels der UR-Spektroskopie ist die Identifizierung der Elastomer-Vulkanisate (vgl. hierzu Abschnitt 6.10.5.).

Eine Literaturzusammenfassung bis 1962 veröffentlichter Pyrolysearbeiten über Polymere findet sich bei KUPFER (1963).

Mit der Identifizierung von Polymeren durch Hitzdrahtpyrolyse und UR-Spektroskopie befaßte sich LINDLEY (1965). Ein Schnellpyrolyseverfahren zur Identifizierung von Polyurethanen beschreibt KACZAJ (1967). Die Substanz wird hierbei auf einem NaCl-Fenster mit einem heißen Spatel pyrolysiert; gemessen wird die Isocyanatschwingung bei 2270 cm^{-1}. Die Charakterisierung polymerer

Substanzen durch Pyrolyse-UR-Spektroskopie beschreibt TRUETT (1967). Von CASSELS (1968) wurde eine UR-Pyrolyse-Studie synthetischer Fasern vorgenommen. Über ultrarotspektroskopische Untersuchungen des Pyrolyseverhaltens von Äthylen-Propylen-Copolymeren berichten TAKEUCHI u. a. (1969). Eine Methode zur quantitativen ultrarotspektroskopischen Analyse von Styrol-Acrylnitril-Copolymeren nach pyrolytischer Zersetzung wurde von GROSS (1969) angegeben.

Weitere Hinweise zur Pyrolyse-Ultrarotspektroskopie von Polymeren sind in den Arbeiten von BROWN (1963), JASPER (1970), SIBILIA (1965) und in den einschlägigen Kapiteln der Bücher von HASLAM und WILLIS (1965) und HUMMEL (1968) zu finden.

5.7.3. *Endgruppenanalyse*

Die Kenntnis von Art und relativem Anteil der Endgruppen ist sehr nützlich zur Charakterisierung eines Polymers. Überwiegend kommen chemische Methoden für die Analyse der Endgruppen zur Anwendung; in einigen Fällen ist jedoch die ultrarotspektroskopische Bestimmung wegen ihrer Selektivität, der Schnelligkeit der Ausführung und wegen des geringen Substanzbedarfs von Vorteil. Die chemische Struktur der Endgruppen gibt Hinweise auf den Polymerisationsmechanismus und die Wirkungsweise der Katalysatoren (KERN (1955), POPOV (1969), ZJATKOV (1966)).

Bei linearen Makromolekülen ist das Zahlenmittel des Molekulargewichtes umgekehrt proportional zur Anzahl der Endbausteine der Kettenmoleküle (vgl. LANGBEIN (1964)):

$$M_n = \frac{\sum n_i M_i}{\sum n_i} = \frac{\sum L_i m}{\frac{1}{2} \sum L_i'}. \tag{5.69}$$

Darin sind n_i die Zahl der Moleküle mit der Masse M_i, L_i die Zahl der Baueinheiten, deren Masse m beträgt, und L_i' die Zahl der Endgruppen des i-ten Moleküls (d. h. $L_i' = 2$). Die Summen $\sum L_i$ und $\sum L_i'$ sind proportional zur Extinktion von charakteristischen Banden der Grundbausteine bzw. der Endbausteine. Verzweigte Kettenmoleküle haben mehr als zwei Endgruppen. Deshalb ist die spektroskopische Molekulargewichtsbestimmung nur bei linearen Polymeren oder bei Polymeren mit bekannter Verzweigungsrate durchführbar. Der Verzweigungsgrad kann aus der Endgruppenanalyse nur bei Kenntnis des Molekulargewichtes ermittelt werden.

Die Verzweigung wurde vor allem bei Polyäthylen ultrarotspektroskopisch untersucht. Die hierbei anzuwendenden Methoden werden im Abschnitt 6.1.1. beschrieben. Außer dem Methyl-Methylengruppen-Verhältnis läßt sich auch die Länge kurzkettiger Verzweigungen bestimmen, da die $\gamma_r(CH_2)$-Bande von der Zahl benachbarter Methylengruppen abhängt (HARVEY (1961)).

Der Verzweigungsgrad von Polyvinylchlorid wurde von BOCCATO (1967) ermittelt, indem die Proben zunächst nach einem von COTMAN (1955) angegebenen Verfahren mit $LiAlH_4$ vollständig reduziert wurden. Der Reduktionsvorgang verursacht keinen Kettenabbau. Die reduzierten Proben haben ein gleiches UR-

Spektrum wie Polyäthylen, und der Verzweigungsgrad wird als Verhältnis der CH_3- zu den CH_2-Gruppen aus dem Verhältnis der Absorptionsbanden 1378 und 1386 cm^{-1} bestimmt.

Die Methode der ultrarotspektroskopischen Molekulargewichtsbestimmung wurde von LANGBEIN (1964) eingehend diskutiert und auf verschiedene Polymere angewendet. Die Intensität der Endgruppenbanden wird mit schwachen Banden der Kettenbausteine verglichen, wofür überwiegend Ober- und Kombinationsschwingungen in Frage kommen. Die Überlagerung der Analysenbanden durch Nachbarbanden wird mit Hilfe von Bandenformfaktoren berücksichtigt, welche zur Abschätzung der störenden Absorption bei der Analysenwellenzahl dienen. Als Alternativmethode wurde die Substitution der Endgruppen durch stärker absorbierende Gruppen vorgeschlagen, zum Beispiel durch Veresterung der alkoholischen Hydroxylendgruppen von Polyäthylenglykol mit Essigsäureanhydrid. Die starke, scharfe ν(C=O)-Bande der Estergruppe ist in ihrer Intensität vergleichbar mit den $\nu(CH_2)$-Banden. Der Tendenz der Hydroxylgruppen zur Ausbildung von Wasserstoffbrücken wurde durch die Ausführung der Messungen bei erhöhter Temperatur und in niedrig konzentrierten Lösungen entgegengewirkt. Zu dem Zweck wurde eine heizbare 70-mm-Küvette verwendet, die mit einem Rückflußkühler versehen war, in welchem der Lösungsmitteldampf mit trockenem Stickstoff und Molekularsieb getrocknet wurde. Auf diese Weise wurde die störende Wasserabsorption völlig ausgeschaltet, und Polyäthylenglykol konnte bis zum Molekulargewicht 40000 gut gemessen werden. Mit einer weniger aufwendigen Methode erreichte MAGNASCO (1962) brauchbare Ergebnisse bis zum Molekulargewicht 8000.

PATTERSON (1957) und WARD (1957, 1957a) untersuchten die carboxylischen und alkoholischen Endgruppen von Polyäthylenterephthalat bei 3543 cm^{-1} bzw. bei 3297 cm^{-1}. Die Zuordnung wurde durch die Verschiebung der Banden nach 2630 und 2460 cm^{-1} beim Deuterieren gesichert. Zur Eichung wurden Proben mit unterschiedlichem Verhältnis der —OH— und —COOH-Endgruppen durch mehrmalige Behandlung mit D_2O im amorphen Zustand des Polymers vollständig deuteriert und anschließend verbrannt. Der HDO-Gehalt des Verbrennungswassers wurde ultrarotspektroskopisch bestimmt. Carboxylische Endgruppen entstehen im Polyäthylenterephthalat beim thermischen und hydrolytischen Abbau (DANIELS (1958), RAVENS (1961)), so daß aus ihrem Anteil an der Gesamtendgruppenzahl auf die Vorgeschichte des Polymers geschlossen werden kann. LANGBEIN (1964) benutzte bei der Endgruppenbestimmung an Polyäthylenterephthalat als Vergleichsbande eine bei 4080 cm^{-1} liegende Oberschwingung des Phenylrings.

Die quantitative Endgruppenbestimmung am Polystyrol wurde von KÄMMERER u. a. (1962) über die Carbonylbande bei 1724 cm^{-1} durchgeführt. Das Verfahren ist auf solche Polystyrole beschränkt, die auf Grund des eingesetzten Katalysators Komponenten mit C=O-Gruppen in den Endgruppen enthalten. BRO u. a. (1959) untersuchten Carboxylendgruppen in Polytetrafluoräthylen, die durch die Bildung der ionisierten Carboxylgruppe bei der Behandlung mit NaOH identifiziert wurden. YAMADERA (1961) beobachtete an Polyacrylnitril, das in einem Redoxsystem polymerisiert worden war, eine Schulterbande bei 1043 cm^{-1}, deren Intensität mit steigendem Molekulargewicht des Polymers abnahm. Durch Kompensation mit strahlungspolymerisiertem Acrylnitril erhielt er ein Differenzspektrum, in welchem eine weitere Bande bei 1200 cm^{-1} erschien, die sich ebenso wie die bei 1043 cm^{-1} verhielt. Beide Banden wurden den $-SO_3-$H-Endgruppen zugeordnet. VILIJEV u. a. (1970) untersuchten die bei Einwirkung mechanischer Spannungen in Polyäthylen-, Polypropylen- und Polyvinylalkohol-Filmen entstehenden carboxylischen Endgruppen.

5.8. Untersuchungen bei hohen und tiefen Temperaturen

Häufig ist es wünschenswert oder notwendig, das Ultrarotspektrum bei anderen Temperaturen als der Zimmertemperatur aufzunehmen, zum Beispiel, wenn temperaturabhängige Strukturänderungen oder der Schmelzzustand zu untersuchen sind, oder wenn der Ablauf von Reaktionen bei hohen Temperaturen ultrarotspektroskopisch verfolgt werden soll.

In den UR-Spektren des Polyäthylens und anderer Polymere wurde festgestellt, daß die Erniedrigung der Temperatur zu einer allgemeinen Abnahme des Untergrundes vor allem bei niedrigen Wellenzahlen und zur Intensitätszunahme und Verschärfung vieler Banden führt (KING (1949), SUCHOV (1967, 1967a)). Amorphe Polymere zeigen diese Abkühlungseffekte gewöhnlich in geringerem Maße als kristalline Polymere. Besonders starke Effekte treten bei den Polymeren auf, die, wie zum Beispiel Kautschuk, bei tiefen Temperaturen kristallisieren. In solchen Fällen ist die Abkühlungsgeschwindigkeit von Bedeutung, da bei schneller Abkühlung die Struktur eingefroren wird (SUCHOV (1967a)).

HANSEN (1967) und SHEN (1969) untersuchten gründlich die $\gamma_r(CH_2)$-Banden von Polyäthylen. Bei Abkühlung auf 5°K verschieben sich die Bande 731 cm^{-1} nach 734 cm^{-1} und die Bande 720 cm^{-1} nach 721,5 cm^{-1}. Die Verschiebung ist im wesentlichen schon bei 80°K abgeschlossen, die weitere Abkühlung bewirkt vor allem eine Verschärfung der Banden. BROCKMEIER (1968) fand in den Spektren von Polyäthylen und Äthylen-Propylen-Copolymeren, daß sich bei der Abkühlung ein Teil der Banden zu größeren Wellenzahlen, ein anderer Teil jedoch zu kleineren Wellenzahlen verschiebt. Zu letzteren gehören unter anderem die CH_2-Valenzschwingungen. Der Autor diskutiert vier Mechanismen, um die beobachteten Frequenzverschiebungen zu erklären: a) die Kontraktion des polymeren Festkörpers bei abnehmender Temperatur, b) die Zunahme der Dispersionskräfte, c) die Änderung der Kopplung zwischen den Schwingungen und d) Konformationsänderungen der Molekülkette. Die meisten Effekte lassen sich mit der Kontraktion und der Dichtezunahme befriedigend interpretieren. Besonders große relative Frequenzverschiebungen erfahren die bei kleinen Wellenzahlen liegenden Gitterschwingungen, die im wesentlichen auf intermolekularen Wechselwirkungen beruhen und deshalb stark vom Kettenabstand abhängen (BANK (1968), TASUMI (1967a), ZERBI (1967c)). FEAIRHELLER (1971) untersuchte die Spektren von Aminosäuren und Polypeptiden bei der Temperatur des flüssigen Stickstoffs. Frequenzverschiebungen im Cellulosespektrum bei tiefen Temperaturen wurden mit Wasserstoffbrückeneffekten erklärt (McCALL (1971)). Über die spektroskopische Untersuchung der bei hohen Temperaturen ablaufenden chemischen Reaktionen berichteten BISHOP (1961a), CONLEY (1967) und LADY (1960).

In der Literatur wurden zahlreiche Küvetten für ultrarotspektroskopische Untersuchungen bei hohen und tiefen Temperaturen beschrieben. Bibliographische

Angaben wurden von DERKOSCH (1967) und WHITE (1964) zusammengestellt. In den einfachsten Anordnungen befindet sich die Probe in einem massiven Metallblock, der Öffnungen für den Strahlendurchtritt und Kanäle zum Durchpumpen einer thermostatisierten Flüssigkeit enthält. Auf diese Weise können Untersuchungen zwischen −80 °C und +200°C durchgeführt werden. Ein Nachteil ist die Trägheit der Temperatureinstellung.

In den meisten Tieftemperaturküvetten befindet sich die Probe in einem Kupferblock, der wärmeleitend mit einem das Kühlmittel enthaltenden Gefäß verbunden ist. Die Temperatur wird durch Änderung des Wärmekontaktes oder des Füllstandes der Kühlflüssigkeit reguliert. HANSEN (1967) hat mit flüssigem

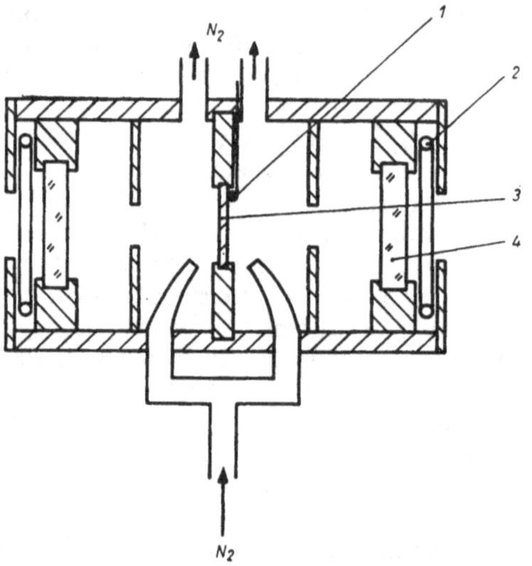

Abb. 5.25 Skizze einer Tieftemperaturküvette für Untersuchungen von −160 °C bis +60 °C.
1 — Thermoelement, *2* — Heizdraht, *3* — Probe, *4* — Fenster aus Kaliumbromid oder KRS-5

Helium bis etwa 5 °K gemessen; BROCKMEIER (1968) kühlte mit flüssigem Wasserstoff bis 22 °K. Bei den tiefsten Temperaturen muß die Probe gegen übermäßige Bestrahlung geschützt werden. Zu diesem Zweck werden in den Strahlenweg des Spektrometers Wärmeschutzfilter eingefügt, die die intensive kurzwellige Strahlung abschneiden. Germanium absorbiert oberhalb 5000 cm^{-1}, Silbersulfid oberhalb 1600 cm^{-1}. HANNON und KOENIG (1969) kühlten Kupferblock und Probe durch direkten Kontakt mit flüssigem Stickstoff. Nach vollständiger Verdampfung des Stickstoffs wurden die Spektren der sich langsam erwärmenden Probe in Abständen von etwa 5 °C registriert. Der Tieftemperaturteil der Küvette hat Fenster aus Irtran-4 und ist von einem Vakuummantel mit KBr-Fenstern umgeben. HERMANN (1969) konstruierte eine mit flüssigem Stickstoff gekühlte Probenhalterung für die Anwendung der ATR-Technik.

Eine andere Möglichkeit zur Abkühlung der Probe besteht darin, die Probe mit einem kalten Gasstrom anzublasen. Abb. 5.25 zeigt eine einfache Küvette, die auf diesem Prinzip beruht. Der Gasstrom wird zunächst durch flüssigen Stickstoff geleitet und gelangt dann durch ein doppelwandiges Dewarrohr in die Küvette. Für mittlere Temperaturen wird der Gasstrom mit einer Heizspirale erwärmt. Wichtig ist die Ableitung des kalten Stickstoffs, ohne daß sich im Spektrometerraum Nebel bildet. Die Küvettenfenster werden durch Heizdrähte von außen gegen Feuchtigkeitsbeschlag geschützt. An der Innenseite kann kein Feuchtigkeitsniederschlag entstehen, da in der Küvette ein Überdruck an trokkenem Stickstoff herrscht. PIVCOVÁ (1963) hat in einer ähnlichen Einrichtung flüssigen Stickstoff mit einer Heizspirale verdampft und die Temperatur der Probe durch Änderung der Verdampfungsgeschwindigkeit geregelt.

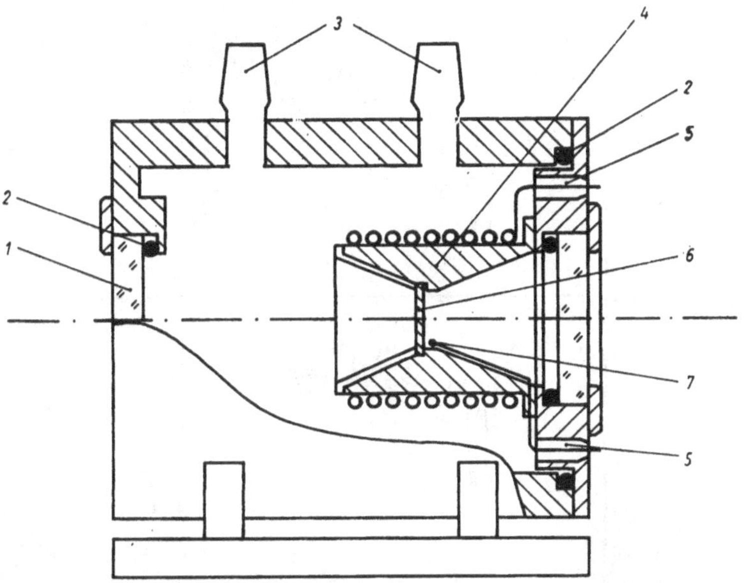

Abb. 5.26 Skizze einer Vakuumtemperaturküvette für Untersuchungen bis 400 °C (nach DANŻ (1972)). *1* — Kaliumbromidfenster, *2* — Dichtung aus Polytetrafluoräthylen oder Silikonkautschuk, *3* — Anschlüsse für Vakuum oder Schutzgaseinlaß, *4* — Heizofen, *5* — Stromdurchführungen, *6* — Probe, *7* — Thermoelement

BISHOP (1961a) beschrieb eine heizbare Küvette für Temperaturen bis 200 °C zur Untersuchung von Polymerfilmen, die sich auf oder zwischen KCl-Tabletten befinden. Die Tabletten wurden vor der Benutzung oberhalb der vorgesehenen Arbeitstemperatur getempert, um eine Eintrübung durch Spannungsrisse während der Aufnahme des Spektrums zu vermeiden. Viele Polymere werden bei hohen Temperaturen oxydativ oder hydrolytisch abgebaut. Sie müssen vor der Erhitzung gut getrocknet und unter einem inerten Schutzgas oder im Vakuum untersucht werden. Küvetten für die Untersuchung in kontrollierter Atmosphäre wurden von CONLEY (1967) und VRATNY (1960) beschrieben. Vakuumküvetten haben den zusätzlichen Vorteil, daß die Wärmeableitung gering ist. In Abb. 5.26 ist eine Vakuumtemperaturküvette abgebildet, mit der die Spektren von Polymeren bei Temperaturen bis zu 400 °C aufgenommen werden können. Die Probe wird auf einen KBr-Preßling aufgeschmolzen bzw. aus der Lösung ausgefällt, oder sie wird als Film zwischen zwei KBr-Preßlinge gelegt. Das Auslaufen geschmolzener Proben läßt sich verhindern, wenn sie zuvor in horizontaler Lage in einem Vakuumofen zwischen die KBr-Preßlinge eingeschmolzen werden. Die Adhäsionskräfte reichen dann aus, um den dünnen Polymerfilm am Weglaufen zu hindern. Zur Abdichtung der aus Kaliumbromidscheiben bestehenden Küvettenfenster und des Deckels, an dem der Ofen befestigt ist, dienen Ringe aus Silikonkautschuk oder Polytetrafluoräthylen. Die Küvette kann auf 10^{-3} mm Hg evakuiert und mit einem Schutzgas gefüllt werden.

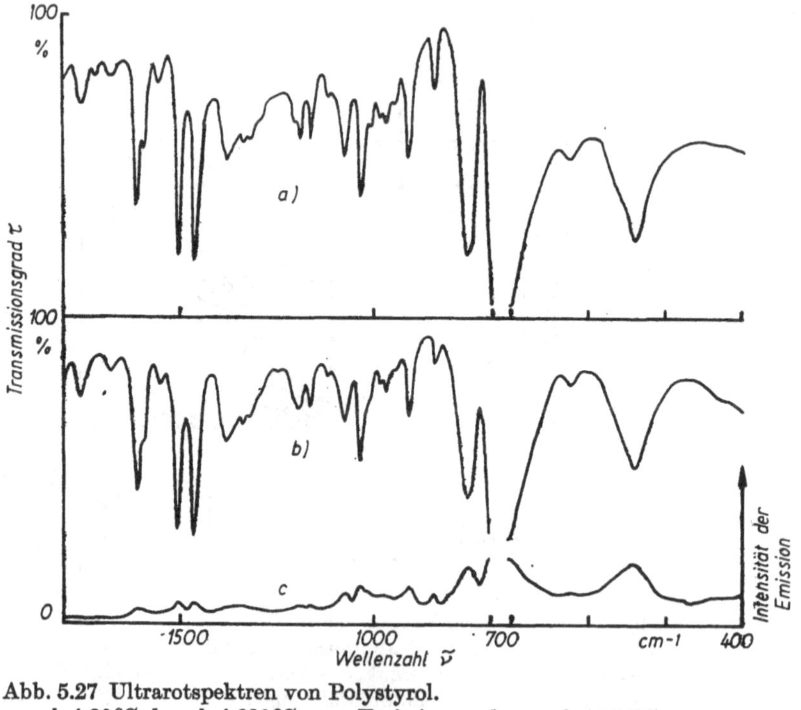

Abb. 5.27 Ultrarotspektren von Polystyrol.
a — bei 30°C, *b* — bei 230°C, *c* — Emissionsspektrum bei 230°C

Die in Abb. 5.27 wiedergegebenen Ultrarotspektren von Polystyrol bei 30°C und 230°C lassen erkennen, daß mit steigender Temperatur die Extinktion aller Banden schwächer wird. Die relative Abnahme der Bandenintensität ist bei kleinen Wellenzahlen am deutlichsten ausgeprägt. Lisica u. a. (1960, 1960a) fanden experimentell in Flüssigkeiten und niedermolekularen Festkörpern eine lineare Beziehung zwischen der Temperatur und der Extinktion, die sie damit erklärten, daß infolge der Zunahme des mittleren Molekülabstandes die durch intermolekulare Wechselwirkungen induzierten Dipolmomente und folglich die Größe der Extinktion abnehmen. Ovander (1961, 1962) zeigte durch theoretische Betrachtungen, daß die Berücksichtigung der Wechselwirkung zwischen inter- und intramolekularen Schwingungen ebenfalls zu einer linearen Beziehung zwischen der integralen Extinktion und der Temperatur führt. Der Temperaturkoeffizient ist für die einzelnen Banden verschieden groß. In kristallinen Polymeren kann die Temperaturbewegung eine wesentlich stärkere Abnahme der Extinktion verursachen, sofern die Banden mit intermolekularen Wechselwirkungen zusammenhängen.

Außer der Temperaturbewegung sind noch weitere Effekte zu erwähnen, die eine Abnahme der Bandenintensität hervorrufen und sich vor allem bei kleinen Wellenzahlen bemerkbar machen. Bei hohen Temperaturen ist ein Teil der Schwingungszustände thermisch angeregt, die Besetzung des Grundzustandes also verringert, wodurch eine Verringerung der Absorption eintritt. Im Zusammenhang mit der thermischen Anregung steht die Eigenemission der Probe, die eine scheinbare Reduzierung der Extinktion vortäuscht. Auf Grund des KIRCHHOFFschen Gesetzes emittiert ein selektiv absorbierender Körper bei den gleichen Wellenzahlen, bei denen er absorbiert. Aus dem in Abb. 5.27 zusammen mit den Absorptionsspektren dargestellten Emissionsspektrum von Polystyrol ist zu ersehen, daß zumindest ein Teil des bei 230 °C auftretenden Extinktionsrückganges auf die Überlagerung mit dem Emissionsspektrum zurückzuführen ist. NESZMÉLYI (1968) beschrieb ein Verfahren zur experimentellen Korrektur der durch die Emission hervorgerufenen Bandenabschwächung, das darauf beruht, daß vor der Probe eine geeichte Blende angebracht wird. Durch schrittweises Schließen der Blende findet man eine Stellung, bei der in der Probe scheinbar keine Absorption stattfindet, weil die Absorption durch die Emission kompensiert wird.

Wegen des Zusammenhangs zwischen der Absorption und Emission werden Emissionsspektren zur spektroskopischen Untersuchung von undurchsichtigen Körpern herangezogen (BOTT) 1970)). Nach DUNKEN (1963) erhält man bei kleinen Wellenzahlen schon mit auf 50 bis 60 °C erwärmten KBr-Preßlingen brauchbare Emissionsspektren. FISCHER (1956) untersuchte die Emissionsspektren von Polyäthylenfilmen zwischen 50 und 200 °C. HANSEL und LEE (1967) verfolgten die Zersetzung von Polystyrol bei Temperaturen oberhalb von 250 °C an Hand der Emission der Bande 2920 cm^{-1}.

5.9. Kinetische Untersuchungen

Beim Studium der Kinetik der Polymerisation, des Abbaus und anderer Reaktionen von Polymeren findet die Ultrarotspektroskopie verbreitete Anwendung. Eine Reihe von Beispielen dafür wurde von HENNIKER (1967) zusammengestellt. Zwei verschiedene Verfahrensweisen können bei kinetischen Untersuchungen angewendet werden: Die Spektroskopie der Reaktions- oder Zwischenprodukte und die direkte Verfolgung des Reaktionsverlaufs im Ultrarotspektrometer. Der besondere Vorteil ultrarotspektroskopischer Untersuchungen besteht darin, daß die Änderung der chemischen Struktur während des ganzen Reaktionsverlaufs verfolgt werden kann, auch wenn die Produkte unlöslich werden.

Wenn eine die Reaktion kennzeichnende Absorptionsbande nicht von anderen Banden überlagert wird, kann die Extinktion am Bandenmaximum in Abhängigkeit von der Zeit registriert werden. Bei in dieser Weise durchgeführten Untersuchungen werden die Reaktionsgeschwindigkeiten, die noch zu erfassen sind, nur durch die Zeitkonstante des Spektrometers begrenzt. Meist wird es besser sein, den interessierenden Spektralbereich in bestimmten Zeitintervallen wiederholt zu durchfahren, wobei vorausgesetzt werden muß, daß die Registriergeschwindigkeit groß gegen die Reaktionsgeschwindigkeit ist. Typische Beispiele sind in den Abb. 5.28 und 5.29 wiedergegeben (nach BISHOP (1961)). Die Abb. 5.28 zeigt die Zunahme der Extinktion der ν(C=O)-Bande bei 1720 cm^{-1} im Verlauf der Oxydation von Styrol-Butadien-Kautschuk bei 200 °C für verschiedene Filmdicken. In Abb. 5.29 werden die Änderungen der Carbonylbanden bei der thermischen Zersetzung der Oxydationszwischenprodukte von Styrol-Butadien-Kautschuk dargestellt.

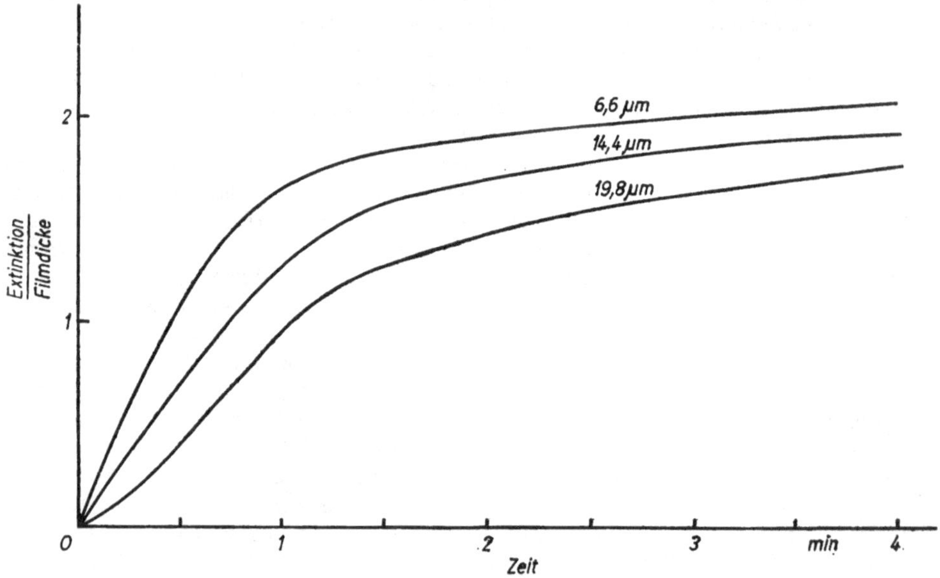

Abb. 5.28 Der Einfluß der Filmdicke auf die Oxydationsgeschwindigkeit von Styrol—Butadien-Kautschuk bei 200 °C (nach BISHOP (1961)). Aufgetragen wurde die auf einheitliche Filmdicke bezogene Extinktion bei 1720 cm^{-1}.

SLOWINSKI (1955) untersuchte die thermische Polymerisation von Styrol, indem das Monomere in einer NaCl-Küvette getempert und in bestimmten Zeitabständen das Spektrum registriert wurde. Das Ergebnis war von der Schichtdicke unabhängig, so daß angenommen werden kann, daß das Küvettenmaterial die Polymerisationsgeschwindigkeit nicht beeinflußt. SPURR u. a. (1959) haben auf ähnliche Weise die Polymerisation von Polyallylphthalat an Hand der Abnahme der ν(C=C)-Bande bei 1645 cm^{-1} verfolgt. Die aromatische ν(C=C)-Bande bei 1598 cm^{-1} diente als innerer Standard.

Eingehend wurde die Härtung von Epoxyharzen ultrarotspektroskopisch untersucht, da die entstehenden vernetzten Produkte einer Untersuchung mit anderen Methoden schwer zugänglich sind. FEAZEL (1957) hat das Harz zusammen mit dem Härter zwischen KBr-Preßlingen erhitzt und das Extinktionsverhältnis der bei 910 und 1610 cm^{-1} liegenden Banden der Epoxy- und Phenylgruppen über der Zeit aufgetragen. Auf diese Weise wurde die Wirksamkeit verschiedener

Härter verglichen. FELTZIN (1965) bestimmte bei verschiedenen Härtungsbedingungen den Gehalt an Epoxygruppen (913 cm^{-1}), Estergruppen (1739 cm^{-1}) und Hydroxylgruppen (3850 cm^{-1}). KLABAN (1968) wandte gegen diese Messungen ein, daß die Küvettenfenster aus Alkalihalogeniden die Härtungsreaktion katalysieren. In der Reihenfolge NaCl, KBr, LiCl wurde eine zunehmende katalytische Beschleunigung der Reaktion gefunden. Die Härtung verlief wesentlich langsamer,

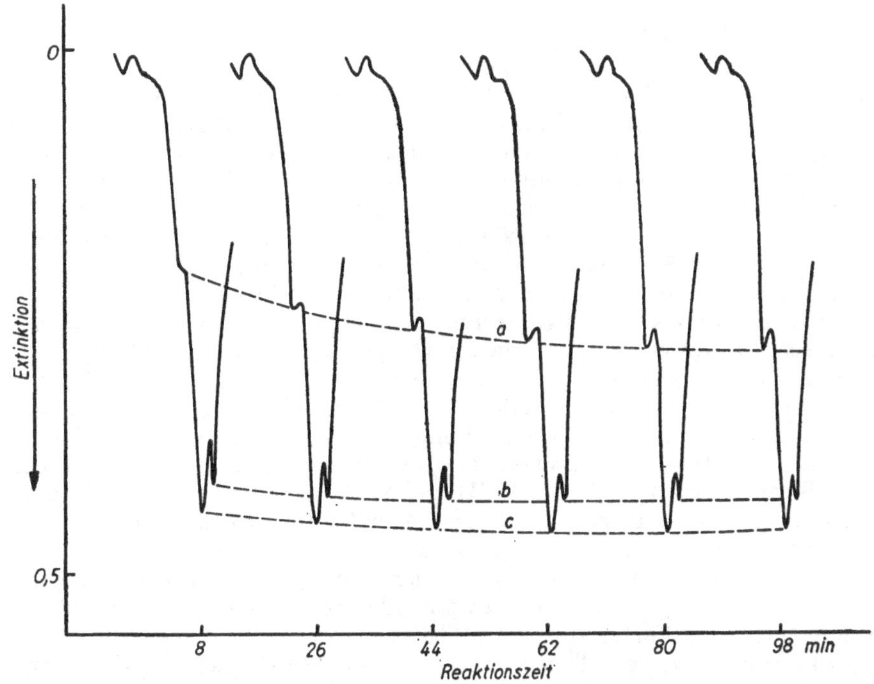

Abb. 5.29 Die Änderung der Carbonylbanden bei der thermischen Zersetzung der Oxydationszwischenprodukte von Styrol—Butadien-Kautschuk (nach BISHOP (1961)).
a — 1775 cm^{-1}, *b* — 1690 cm^{-1}, *c* — 1720 cm^{-1}.
Die angegebenen Reaktionszeiten beziehen sich auf die Bande 1720 cm^{-1}.

wenn die Substanz durch Teflonfolien vom Küvettenfenster getrennt wurde, oder wenn die Härtung in Ampullen und die spektroskopische Untersuchung mit der KBr-Preßtechnik erfolgten. STRECKER (1969) hat die Härtung von Polybutadien-Epoxid mit der ATR-Technik studiert, um den katalytischen Effekt des NaCl auszuschließen.

FUJIMOTO u. a. (1968) untersuchten mit Hilfe der UR-Spektroskopie den Reaktionsmechanismus der stereoregulären Polymerisation von Methylmethacrylat und Methacrylnitril. Sie nahmen die UR-Spektren von äquimolaren Mischungen der Monomeren mit organometallischen Katalysatoren auf und fanden eine Korrelation zwischen den ν(C=O)- bzw. ν(C≡N)-Frequenzen und der Stereoregularität der mit den entsprechenden Katalysatoren hergestellten Polymere. Je höher die Wellenzahl war, um so größer war die Isotaktizität. Daraus wurde ein Mechanismus der isotaktischen Polymerisation abgeleitet, bei dem das Katalysatorgegenion in der Nähe der Carbonylendgruppe des Polymermoleküls und der Carbonylgruppe des reagierenden Monomers angeordnet ist und so die isotaktische Anlagerung begünstigt.

5.10. Untersuchungen im nahen und fernen Ultrarot

5.10.1. Nahes Ultrarot

Als nahes Ultrarot wird das von etwa 3800 cm^{-1} bis zur Grenze des sichtbaren Lichtes reichende Spektralgebiet bezeichnet, in dem die Ober- und Kombinationsschwingungen der im mittleren Ultrarot auftretenden Grundfrequenzen liegen. Angesichts der Vielzahl von Kombinationsmöglichkeiten sollte man erwarten, daß dieses Gebiet sehr unübersichtlich ist. Es treten jedoch im wesentlichen nur die Schwingungen der CH-, OH- und NH-Gruppen auf, da die Intensität der Oberschwingungen von der Anharmonizität der Grundschwingungen abhängt, die bei den mit großer Amplitude schwingenden leichten H-Atomen am größten ist.

Das nahe Ultrarot ist weit weniger gründlich untersucht worden als das Grundschwingungsgebiet, was vor allem auf die schwierigere Zuordnung der Absorptionsbanden und auf die gegenseitige Überlagerung der relativ breiten Banden zurückzuführen ist. Andererseits bietet das nahe Ultrarot eine Reihe von Vorteilen, die für bestimmte Zwecke die Untersuchung von Polymeren in diesem Gebiet nützlich erscheinen lassen. Zusammenfassende Arbeiten über die Spektroskopie im nahen Ultrarot schrieben KAYE (1954) und McCALLUM (1964). GODDU (1960) stellte eine spektrale Zuordnungstafel für das nahe Ultrarot auf und gab die Durchlässigkeitsbereiche für einige gebräuchliche Lösungsmittel an.

Abgesehen von den Erleichterungen, die das Arbeiten mit Glas- und Quarzküvetten mit sich bringt, und von den im allgemeinen weniger aufwendigen Apparaturen liegt der Vorteil der nahen Ultrarotspektroskopie bei der Untersuchung von Polymeren vor allem in der geringeren Intensität von Ober- und Kombinationsschwingungen. Dadurch können die Schichtdicken wesentlich größer gehalten werden als im Grundschwingungsgebiet. Polymere werden meist als gepreßte Filme (MILLER (1956a), FOSTER (1964)), oder als Faserbündel in einer Immersionsflüssigkeit zur Herabsetzung des Streulichtes (ELLIOTT (1954), FRASER (1958a), MALCOLM (1958)) in Schichtdicken von etwa 0,2 bis 2 mm untersucht.

GLATT und ELLIS (1948, 1951) führten dichroitische Untersuchungen im nahen Ultrarot an doppelt orientierten Filmen von Polyamid, Polyäthylen, Polyvinylalkohol, Polyvinylchlorid und Polyvinylidenchlorid durch, um die Lage der CH_2-Zickzackkette und anderer Gruppen zu bestimmen. Natürliche und synthetische Proteine und Polypeptide wurden unter anderem von ELLIOTT (1954), FRASER (1956, 1958) und HECHT (1956) im nahen Ultrarot mit polarisiertem Licht untersucht. α- und β-Keratin unterscheiden sich durch den Dichroismus einiger Banden. JOKL (1963) hat die Spektren von Polycaprolactam und N-deuteriertem Polycaprolactam zwischen 4000 und 6000 cm^{-1} für die verschiedenen Strukturmodifikationen dieses Polymers aufgenommen und die Banden zugeordnet. ELLIS und BATH (1940) konnten an Hand des nahen UR-Spektrums zeigen, daß in Cellulose alle OH-Gruppen in Wasserstoffbrücken gebunden sind. Das Spektrum verschiedener Cellulosematerialien im Bereich von 4000 bis 8000 cm^{-1} wurde von BASSETT (1963) und MARCHESSAULT (1962) interpretiert. Die Zuordnung beruht auf den Kombinations- und Obertönen der Grundfrequenzen und wurde durch Deuteriumaustausch überprüft. Der Dichroismus aller Banden war sehr gering. TOSI (1968b) untersuchte Äthylen-Propylen-Copolymere im nahen UR. Eine bei 5800 cm^{-1} gelegene Oberschwingung der Valenzschwingung von CH_2-Gruppen besteht aus zwei Komponenten, deren relative Intensität von der Länge der Methylensequenzen abhängt. Die Verschiebung des Bandenmaximums von 5780 cm^{-1} im reinen Polyäthylen nach 5800 cm^{-1} im reinen Polypropylen hängt von der Zusammensetzung des Copolymers ab. TAKEUCHI u. a. (1969a) berichteten ebenfalls über die Analyse von Äthylen-Propylen-Copolymeren im nahen Ultrarot.

Eine bei 5150 cm^{-1} gelegene Bande, die der Kombinationsschwingung ν(OH) + δ(OH) des Wassermoleküls zugeschrieben wird, eignet sich sehr gut zur quantitativen Bestimmung des Wassergehaltes von Polymeren (ELLIOTT (1954), HECHT (1956), JONES (1953)).

5.10.2. Fernes Ultrarot

Die Abgrenzung des fernen Ultrarot gegen das mittlere wird weniger durch die Art der Schwingungen als durch die verwendeten Geräte bedingt. Meist bezeichnet man damit den Spektralbereich jenseits der langwelligen Absorptionsgrenze von NaCl- oder KBr-Prismen, also das Gebiet unterhalb von 650 bzw. 400 cm^{-1}. Bis 200 cm^{-1} sind Spektrometer mit CsJ-Prisma verwendbar, darüber hinaus kommen Gitterspektrometer und Interferenzspektrometer zum Einsatz. Einzelheiten über die Apparaturen und die Methodik sind in Arbeiten von STEWART (1965) und WILKINSON (1963) zu finden. Die Vorbereitung und Behandlung der Proben unterscheiden sich nicht wesentlich von den im mittleren Ultrarot üblichen Verfahren. Im allgemeinen sind etwas größere Schichtdicken erforderlich, da die Absorption weniger stark ist. Die Streulichtverluste sind wegen der größeren Wellenlänge geringer.

Das ferne Ultrarot wurde bisher weniger gründlich durchforscht als das mittlere UR, obwohl in dem Bereich viele wichtige Normalschwingungen liegen und sich die Wechselwirkungen zwischen den Kettenmolekülen in den Frequenzen widerspiegeln. Die Bedeutung des fernen UR für die Untersuchung von Polymeren wurde von KRIMM (1960, 1962a) betont, der mit seinen Mitarbeitern erstmals die UR-Spektroskopie der Polymeren bis 70 cm^{-1} ausgedehnt hat (KRIMM (1956), LIANG (1956, 1956a)). HUMMEL (1965b, 1966) hat die Spektren von zahlreichen Polymeren bis 250 cm^{-1} publiziert. BELOPOLSKAJA (1968, 1969) untersuchte einige Polymere im Bereich zwischen 600 und 50 cm^{-1}.

Die im fernen Ultrarot beobachteten Absorptionsbanden beruhen auf den Valenz- und Deformationsschwingungen schwerer Atome, auf den Schwingungen der Wasserstoffbrückenbindung (siehe Tab. 5.4) und auf Skelettschwingungen, an denen größere Molekülteile beteiligt sind, zum Beispiel den Torsionsschwingungen des Kettenmoleküls. Außerdem liegen in diesem Frequenzbereich die Gitterschwingungen. Die Gruppenfrequenzen sind im fernen UR wenig charakteristisch, da sie stärker noch als im mittleren UR von der Umgebung und der Konformation abhängen. Für den mit CsBr-Prismen zu erfassenden Bereich von 700 bis 300 cm^{-1} haben BENTLEY, SMITHSON und ROZEK (1968) eine umfangreiche Sammlung von Ultrarotspektren und charakteristischen Frequenzen publiziert. In einigen Fällen, besonders bei der Analyse aromatischer Verbindungen, besitzt das langwellige Ultrarot größere Selektivität und Empfindlichkeit für die Unterscheidung von Molekülen, die sehr ähnlich in ihrem Aufbau sind (JAROSLAVSKIJ (1962)). Von Interesse für die Polymerspektroskopie sind die Rocking-, Wagging- und Torsionsschwingungen der C-Halogen-Gruppen zwischen 200 und 400 cm^{-1} (Tab. 5.7), sowie die Banden des Polyacrylnitrils bei 127 cm^{-1} bzw. bei 259 cm^{-1} (LIANG (1958)).

Tabelle 5.7 FUR-Banden von einigen halogenhaltigen Polymeren

Polytetrafluoräthylen (LIANG (1956a))		Polyvinylchlorid (KRIMM (1956b))	
$\gamma_r(CF_2)$	203 cm^{-1}	$\gamma_w(CCl)$	315 cm^{-1}
$\gamma_w(CF_2)$	277 cm^{-1}	$\delta(CCl)$	363 cm^{-1}
$\gamma_t(CF_2)$	321 cm^{-1}		
Polychlortrifluoräthylen (LIANG (1956a))		**Polyvinylidenchlorid (KRIMM (1956b))**	
$\gamma_r(CClF)$	185 cm^{-1}	$\delta(CCl_2)$	245 cm^{-1}
$\gamma_r(CF_2)$	235 cm^{-1}	$\gamma_r(CCl_2)$	291 cm^{-1}, 307 cm^{-1}
$\gamma_w(CF_2)$	297 cm^{-1}	$\gamma_w(CCl_2)$	359 cm^{-1}
		$\gamma_t(CCl_2)$	430 cm^{-1}, 454 cm^{-1}

Ein Kettenmolekül kann Torsionsschwingungen ausführen, bei denen der Drehungssinn entlang der Kette periodisch wechselt. Bei Polyäthylen sind diese Schwingungen nicht ultrarotaktiv; sie können aber beobachtet werden, wenn andere Gruppen in die Kette eingebaut werden (MARTIN (1963)). Die Möglichkeit, daß kristallines Polyäthylen ultrarotaktive Translationsgitterschwingungen aufweist, wurde von KRIMM u. a. (1956) durch gruppentheoretische Analyse des Spektrums gezeigt. KITAGAWA (1965) und TASUMI (1965) haben die Gitterschwingungen von Polyäthylen mit Hilfe intramolekularer Potentialfunktionen berechnet. Die Bande bei 71 cm^{-1} wurde auf Grund dichroitischer Untersuchungen von BANK und KRIMM (1968) als die B_{1u}-Translationsgitterschwingung interpretiert. Diese Bande fehlt in n-Paraffinen, die nur eine Kette in der Elementarzelle enthalten, und verschiebt sich in Deuteroparaffinen um den zu erwartenden Betrag nach etwa 67 cm^{-1} (KRIMM (1965)). Beim Abkühlen verschiebt sich die Bande zu höheren Wellenzahlen (BERTIE (1964), STONE (1966)). Diese Verschiebung sowie die Abhängigkeit der Frequenz von der Verzweigung des Polymers konnten durch die Änderung der Gitterparameter erklärt werden (BANK (1968), TASUMI (1967a)). Beim Schmelzen verschwindet die Bande (FRENZEL (1964)). Die kontinuierliche Untergrundabsorption des Polyäthylens im fernen Ultrarot wurde von AMRHEIN und MÜLLER (1969) gemessen. Sie beruht auf den amorphen Strukturen und läßt sich dadurch deuten, daß alle Gitterschwingungen optisch aktiv werden, wenn die Translationssymmetrie eines Kristallgitters aufgehoben wird. Über ähnliche Messungen an Polyoxymethylen und an bestrahltem bzw. chloriertem Polyäthylen berichtete FRISCHKORN (1970).

Die Gitterschwingungen von orthorhombischem Polyoxymethylen wurden von ZERBI (1967c) diskutiert. Von den im Spektrum des Polymers im fernen Ultrarot beobachteten Banden bei 304, 130, 89 und 83 cm^{-1} ist 304 cm^{-1} die kleinste aus der Liniengruppenanalyse berechnete Wellenzahl. Die anderen Banden müssen den Gitterschwingungen zugeordnet werden, wenn man die wenig wahrscheinliche Deutung als Differenzbanden ausschließt. Die Frequenzen stimmen mit den berechneten Werten der zwei UR-aktiven Translationsgitterschwingungen und einer UR-aktiven Rotationsschwingung relativ gut überein. Bei Abkühlung auf 120 °K verschieben sich die Banden unter gleichzeitiger Erhöhung ihrer Intensität nach größeren Wellenzahlen. Diese Erscheinung wird ebenso wie beim Polyäthylen durch die Zunahme der effektiven Kraftkonstanten bei Verringerung des Kettenabstandes erklärt.

MANLEY und WILLIAMS (1969) untersuchten Polyäthylenterephthalat in verschiedenen Ordnungs- und Orientierungszuständen im Bereich von 650 bis 20 cm^{-1} mit polarisierter Strahlung. Sie ordneten die Banden Skelett- und Kristallgitterschwingungen zu. Nahezu alle Banden in diesem Bereich erwiesen sich als strukturabhängig. MANLEY (1971a) berechnete die Skelettschwingungen eines vereinfachten Modells der syndiotaktischen Polymethylmethacrylat-Kette und ordnete die Frequenzen den im fernen Ultrarot und im RAMAN-Spektrum gefundenen Absorptionsbanden zu.

5.10.3. *Unelastische Neutronenstreuung*

Die unelastische Neutronenstreuung ist eine relativ neue Methode, die dazu dient, die Schwingungen mit niedrigen Frequenzen in Polymeren zu untersuchen. Obwohl sie nicht zur Thematik dieses Buches gehört, soll sie an dieser Stelle erwähnt werden, da ihre Ergebnisse eine Ergänzung der Spektroskopie im fernen Ultrarot darstellen und teilweise viel weiter reichende Kenntnisse über die Bewegungen im polymeren Festkörper vermitteln. Wie bei anderen spektroskopischen Methoden ist es für die sinnvolle Ausschöpfung des Informationsgehaltes der Neutronenstreuungsspektren und für die Zuordnung der beobachteten Frequenzen zu bestimmten molekularen Bewegungen notwendig, den Mechanismus der Streuungswechselwirkung zu kennen. BERGHMANS (1969), SAFFORD (1967, 1967a) sowie TREVINO und BOUTIN (1967) schrieben Übersichtsarbeiten über die Anwendung dieser Methode bei der Untersuchung von Polymeren. TREVINO (1968) stellte die mit Hilfe der Neutronenspektroskopie zu erhaltenden Informationen der RAMAN- und Ultrarotspektroskopie gegenüber.

Das Prinzip der Neutronenspektroskopie beruht darauf, daß thermische Neutronen bei der Streuung an einer Probe Energiequanten (Phononen) aufnehmen oder abgeben können. Diese Energiequanten entsprechen den Schwingungsfrequenzen der Probe. Um ein ausreichendes Auflösungsvermögen zu erzielen, muß die Energiebreite des einfallenden Neutronenstroms klein gegen die Phononenenergie sein. Der Anwendungsbereich der Neutronenspektroskopie erstreckt sich von etwa 1000 cm^{-1} bis 10 cm^{-1}. Der wesentlichste Unterschied zwischen der unelastischen Neutronenstreuung und der Ultrarot- oder der RAMAN-Spektroskopie besteht darin, daß es für die Wechselwirkung zwischen den Neutronen und den Phononen keine Auswahlregeln gibt. Daher können grundsätzlich alle Schwingungsfrequenzen im Neutronenspektrum beobachtet werden; insbesondere erscheinen auch die aus einer Frequenzdichteverteilung wie in Abb. 3.6. zu entnehmenden Frequenzen für die Phasenbeziehungen $\varphi \neq 0$, so daß es möglich ist, mittels der unelastischen Neutronenstreuung Informationen über die Dichteverteilung der Schwingungszustände im Kristall zu erhalten.

Bei den Gitterschwingungen besteht nicht immer eine eindeutige Zuordnung zwischen den UR-Banden und den Maxima im Neutronenstreuungsspektrum, denn letztere entsprechen nicht den diskreten Energietermen, sondern den Bereichen mit hoher Dichte der Eigenschwingungszustände. Die Intensität der Neutronenbanden hängt von dem Wirkungsquerschnitt der an der Schwingung beteiligten Atome für die Neutronenstreuung ab. Da der Streuungsquerschnitt des Wasserstoffs mehr als zehnmal so groß ist wie der der meisten anderen Elemente, treten vor allem die Bewegungen der Wasserstoffatome in den Neutronenstreuungsspektren in Erscheinung. KITAGAWA und MIYAZAWA (1967, 1968) berechneten die Wirkungsquerschnitte für die Kristallschwingungen des Polyäthylens. Sie zeigten, daß auch die Mehrphononenstreuung — sie entspricht den Kombinationsschwingungen des UR-Spektrums — zu beobachten ist. Nach CHANG und SUMMERFIELD (1969) sind die Beiträge der Mehrphononenstreuung im Bereich der optischen Zweige von Polyäthylen so groß, daß es schwierig wird, aus dem Neutronenstreuungsspektrum eine quantitative Information über die Dynamik der Polymerkette zu entnehmen.

In Abb. 5.30 ist schematisch ein Flugzeitspektrometer dargestellt, wie es zur Aufnahme der Neutronenstreuungsspektren verwendet wird. Der aus dem Reaktor kommende Neutronenstrom wird mit einem Berylliumfilter, das nur Neutronen mit kleinerer Energie als 5,3 meV durchläßt, monochromatisiert. Der gestreute Neutronenstrom wird mit einem rotierenden Sektor in Impulse zerhackt, und die Energieverteilung wird an Hand der Flugzeit zwischen dem rotierenden Sektor und den in einigen Metern Entfernung befindlichen Detektoren bestimmt. Ein anderer Typ sind die Kristallspektrometer, bei denen der Neutronenstrom durch BRAGGsche Reflexion an Einkristallen monochromatisiert und analysiert wird.

Die Zuordnung der Neutronenstreuungsmaxima erfolgt durch Vergleich mit Ultrarotbanden, RAMAN-Spektren und den berechneten Normalschwingungen. An orientierten Proben kann auch die Polarisation der Schwingungen festgestellt und für die Zuordnung herangezogen werden. LONGSTER und WHITE (1968) wiesen auf die Möglichkeit hin, die Neutronenstreuungsbanden durch selektive Substitution der stark streuenden Wasserstoffatome gegen schwächer streuende Elemente in bestimmten Gruppen zu lokalisieren. Die im Spektrum von Polyacetaldehyd bei 30, 80 und 230 cm^{-1} beobachteten Peaks fehlen im Spektrum von Polytrifluoracetaldehyd, das die gleiche Helixstruktur wie das nichtfluorierte Polymer hat. Sie werden deshalb den Schwingungen der CH_3-Gruppe zugeschrieben.

Polyäthylen wurde sowohl hinsichtlich der theoretischen Schwingungsanalyse als auch experimentell am gründlichsten untersucht (Berghmans (1971), (Chang (1969), Danner (1964), Lynch (1968), Summerfield (1965)).

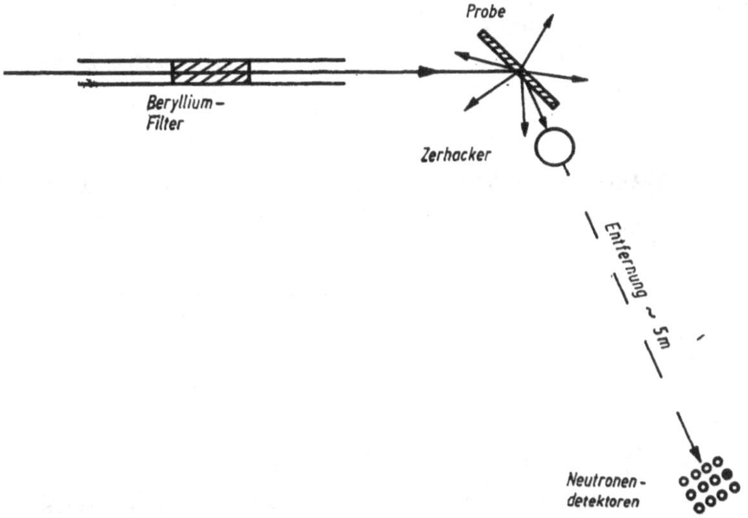

Abb. 5.30 Schema eines Flugzeitspektrometers zur Messung der unelastischen Neutronenstreuung.

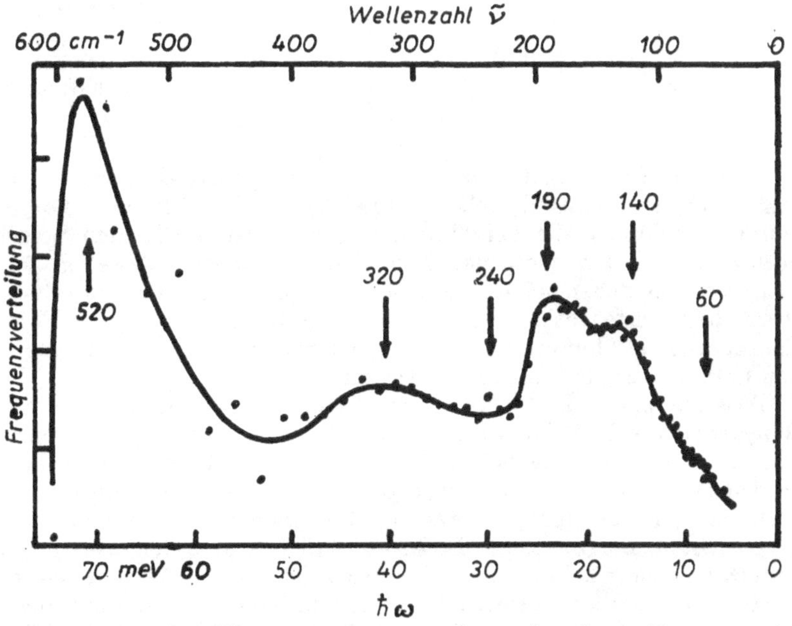

Abb. 5.31 Aus dem Neutronenstreuungsspektrum berechnete Frequenzverteilung von Polyäthylen bei 100°K (nach Danner (1964)).

Abb. 5.31 zeigt die aus der Neutronenstreuung berechnete Frequenzverteilung von kristallinem Polyäthylen bei 100°K (nach DANNER (1964)). In Tab. 5.8 werden die durch Neutronenstreuung ermittelten Schwingungsfrequenzen (in cm^{-1}) mit den berechneten Frequenzen verglichen. Auch bei Polyoxymethylen ergab die Gegenüberstellung berechneter und gemessener Frequenzen eine angesichts der geringen Genauigkeit der Neutronenstreuung befriedigende Übereinstimmung (PISERI (1968)).

Tabelle 5.8 Vergleich der durch Neutronenstreuung gemessenen Schwingungsfrequenzen von Polyäthylen mit berechneten Werten in [cm^{-1}] (nach TREVINO (1967))

Neutronen-streuung	berechnet von		Zuordnung
	TASUMI (1965)	KITAGAWA (1965)	
520	520	510	ν_5
320			
240	240	200	ν_9
190 (breit)	225	140	Rotationsschwingung
	160		
140 (breit)	100	90	Translation parallel zur Kettenachse
60 (breit)	70	60	Translation senkrecht zur Kettenachse

ZERBI und PISERI (1968) berechneten die Dispersionskurven und die Frequenzdichteverteilung eines Einzelkettenmodells von isotaktischem Polypropylen. Sie konnten praktisch alle experimentell gefundenen Peaks den berechneten Frequenzdichtemaxima zuordnen (Tab. 5.9). Die meisten dieser Peaks gehören zu Phasenwerten, denen keine optisch aktiven Schwingungen entsprechen. TWISLETON (1972) bestimmte aus der unelastischen Neutronenstreuung die Phononendispersionskurven der longitudinalen Gitterschwingungen senkrecht zur Kettenachse von hexagonalem Polytetrafluoräthylen.

Über die unelastische Neutronenstreuung einer Anzahl weiterer Polymere (Polyäthylenoxid, Polyacrylnitril, Polytetrafluoräthylen, Polyamid-6) wird in den oben zitierten Übersichtsarbeiten berichtet. SAFFORD und LOSACCO (1965) fanden eine Korrelation zwischen den Neutronenstreuungsspektren von festem n-Heptan und den $(CH_2)_5$-Ketten im Polyamid-6. TREVINO und BOUTIN (1966) untersuchten eine orientierte Probe von Polyoxymethylen, um die Schwingungen zu unterscheiden, bei denen sich die Wasserstoffatome parallel bzw. senkrecht zur Kettenachse bewegen. HENRY und SAFFORD (1969) bestimmten den Einfluß der Vernetzung und von Füllstoffen auf die Beweglichkeit der Methylgruppen und auf die Skelettschwingungen von Polydimethylsiloxan.

Tabelle 5.9 Vergleich der gemessenen und berechneten Maxima in der Frequenzdichteverteilung von isotaktischem Polypropylen (nach ZERBI (1968)). Die mit (*a*) bezeichneten Frequenzen sind nicht optisch aktiv

berechnet [cm^{-1}]	gemessen [cm^{-1}]	Zuordnung	
40	35	Kettentorsion	(*a*)
60	60	Kettentorsion	(*a*)
110	110	δ(C—C—C) + Kettentorsion	(*a*)
{140		δ(C—C—C) + Kettentorsion	
{170	180	δ(C—C—C) + Kettentorsion	(*a*)
{200		$\gamma_t(CH_3)$	
265	250	δ(C—C—C)	
{280		δ(C—C—C)	(*a*)
{	315		
{335		δ(C—C—C)	(*a*)
{385		δ(C—C—C) + δ(CH)	
{480	470	δ(C—C—C) + δ(CH) + $\gamma_r(CH_2)$	
{460		δ(C—C—C)	
575	570	δ(C—C—C)	(*a*)

5.11. Raman-Spektroskopie

Die RAMAN-Spektroskopie hatte vor dem Erscheinen kommerzieller automatischer Ultrarotspektrometer für die Untersuchung von Molekülstrukturen größere Bedeutung als die Ultrarotspektroskopie. Die RAMAN-Streuung von Polymeren wurde jedoch kaum untersucht, wofür hauptsächlich die experimentellen Schwierigkeiten verantwortlich zu machen sind. SIGNER und WEILER (1932) erhielten mit der für die Untersuchung von Flüssigkeiten üblichen Methodik ein RAMAN-Spektrum von Polystyrol, das sie durch besonders schonende thermische Polymerisation des sehr reinen Monomeren hergestellt hatten. Meist scheiterte die RAMAN-Spektroskopie der Polymere an dem durch die Inhomogenitäten der Probe verursachten Streulichtuntergrund. Ein noch schwierigeres Hindernis stellt die Fluoreszenzstrahlung dar, die von Katalysatorresten, Verunreinigungen und oxydativen Schädigungen ausgeht. Die von der Ultrarotspektroskopie forcierte Entwicklung der Theorie der Schwingungsspektren verlangte jedoch die Messung auch der nicht ultrarotaktiven Schwingungsfrequenzen, um die Strukturmodelle und die Zuordnungen der Ultrarotbanden zu überprüfen. Viele Banden im Absorptionsspektrum von Polyäthylen sind Kombinationsbanden, die auf Grund der Kristallsymmetrie nur durch Kombination einer RAMAN-aktiven und einer ultrarotaktiven oder inaktiven Grundschwingung zustande kommen können (NIELSEN (1964)). Der Depolarisationsgrad der RAMAN-Linien liefert eine sowohl für die Zuordnung als auch für die Bestimmung der Molekülstruktur sehr nützliche Information, die mit keiner anderen Methode zu erhalten ist.

Leicht polarisierbare Gruppen, zum Beispiel C=C, C≡C, C—S, geben starke RAMAN-Linien und können im RAMAN-Spektrum oft besser identifiziert werden als im Ultrarotspektrum. Die experimentelle Technik, die Theorie und zahlreiche Anwendungen der RAMAN-Spektroskopie sind in einer Arbeit von EVANS (1963) und vor allem in der Monographie von BRANDMÜLLER und MOSER (1962) ausführlich beschrieben worden.

NIELSEN (1964) hat über die bis dahin erschienenen RAMAN-Spektren von Polymeren und über die zur Untersuchung fester Polymere geeignete Technik berichtet. Sofern sich keine durchsichtigen oder durchscheinenden Probenkörper herstellen lassen, werden Polymere mit den zur Aufnahme der RAMAN-Spektren von Kristallpulvern üblichen Methoden untersucht (MOSER (1960)). SIMON u. a. (1958) haben die RAMAN-Spektren einiger Polymere sowohl im festen als auch im gelösten Zustand aufgenommen. Sie verfolgten an Hand des RAMAN-Spektrums die Polymerisation von Vinylacetat beim Stehen am Tageslicht über 1 1/2 Jahre. Weitere Polymere, deren RAMAN-Spektren mit Hilfe der klassischen RAMAN-Spektrometer mit Hg-Hochdrucklampen untersucht wurden, sind Polyäthylen (BROWN (1963a)), Polyoxymethylen und Polyoxyäthylen (TADOKORO (1961b), MATSUI (1965)), Polypropylen (TOBIN (1960a)), Polytetrafluoräthylen (HATHAWAY (1964)), isotaktisches Polypropylen (NIKITIN (1962)) und Polystyrol (PALM (1951)).

In den meisten oben zitierten Arbeiten wird auf den starken Streuuntergrund und die Fluoreszenzstrahlung hingewiesen, die schwache RAMAN-Linien überdecken und die Messung in der Nähe der Erregerlinie erschweren. Eine entscheidende Verbesserung in dieser Hinsicht brachte seit der Mitte der sechziger Jahre die Anwendung der Laser-Technik in der RAMAN-Spektroskopie. Wesentliche Vorteile der Laser-Lichtquellen sind die hohe Energiedichte, wodurch das zu bestrahlende Volumen stark verkleinert werden kann, und die geringe Linienbreite. Die vollständige Parallelität und Polarisation der Laserstrahlung erleichtern die Messung des Depolarisationsgrades. Was die Fluoreszenz anbetrifft, ist von Bedeutung, daß die meist verwendeten Helium-Neon-Laser die Wellenlänge 6328 Å emittieren. Infolge der gegenüber der Quecksilberlinie 4358 Å größeren Wellenlänge, ist die Gefahr der Fluoreszenzanregung geringer. SCHRADER (1971) beschrieb bewährte Probenanordnungen und Verfahren zur Probenvorbereitung.

Dank dieser Vorzüge der Lasertechnik wurden die Anwendungsmöglichkeiten der RAMAN-Spektroskopie stark erweitert, und man spricht heute direkt von der Laser-RAMAN-Spektroskopie. Zusammenfassende Berichte über die Methode und ihre Anwendung auf Polymere verfaßten HENDRA (1969a) und SCHAUFELE (1970).

SCHAUFELE (1967) beschrieb ein Laser-RAMAN-Spektrometer, mit dem die RAMAN-Linien von transparenten Proben bis 20 cm^{-1} gemessen werden können. Heute sind bereits mehrere kommerzielle Laser-RAMAN-Spektrometer auf dem Markt. Die Zahl der über die ramanspektroskopische Untersuchung von Polymeren veröffentlichten Arbeiten ist seit 1967 enorm angewachsen. Da die Theorie der Schwingungsspektren einen Vorsprung vor den experimentellen Messungen hatte, konnten die meisten RAMAN-Banden sofort zugeordnet werden, und die älteren Zuordnungen wurden mit Hilfe der zusätzlichen Informationen verbessert.

FRENZEL u. a. (1968) untersuchten das RAMAN-Spektrum von kristallinem Polyäthylen von 40 bis 3000 cm^{-1}. Zwischen 40 und 700 cm^{-1} korrelieren viele der RAMAN-Linien mit den aus der unelastischen Neutronenstreuung ermittelten Frequenzen. SCHAUFELE und SHIMANOUCHI (1967a) fanden in den RAMAN-Spektren von Polymethylenketten endlicher Länge eine Bandenfolge, deren Frequenzen von der Kettenlänge abhängen und von den longitudinalen Schwingungen des Kettengerüstes herrühren. Die Ergebnisse wiesen eine ausgezeichnete Übereinstimmung mit den theoretischen Berechnungen der Gitterschwingungen der unendlichen Kette auf (vgl. auch SNYDER (1970), PETERLIN (1971) und PETICOLAS (1971)).

ZERBI und HENDRA (1968a) analysierten die RAMAN-Spektren von Polyoxymethylen und deuteriertem Polyoxymethylen. Die Banden wurden den berechneten Frequenzen zugeordnet; insbesondere wurden auch einige zu den Rassen A_1 und E_2 gehörende RAMAN-Banden gefunden, die im Ultrarotspektrum nicht aktiv sind. SUGETA u. a. (1969) fanden bei den gleichen Polymeren weitere von der Theorie vorausgesagte RAMAN-Banden.

CORNELL und KOENIG (1969, 1969a) beschrieben Untersuchungen der RAMAN-Spektren von Polybutadien und Isopren. Die starken ν(C=C)-RAMAN-Banden zwischen 1600 und 1700 cm^{-1} eignen sich zur Unterscheidung der verschiedenen Mikrostrukturtypen. Um die Methode für quantitative Messungen des Gehaltes der Konfigurationsisomeren einzusetzen, ist jedoch die Eichung mit gut charakterisierten Proben notwendig.

FANCONI u. a. (1969) berichteten über theoretische und experimentelle ramanspektroskopische Untersuchungen an biologischen Polymeren. SMITH (1969) untersuchte Poly-L-Prolin im festen Zustand und in wäßriger Lösung.

Weitere mit Hilfe der Laser-RAMAN-Spektroskopie untersuchte Polymere sind:

isotaktisches Polypropylen	SCHAUFELE (1967), VASKO (1970)
Polybuten-1	CORNELL (1969b)
Polystyrol	CORNELL (1968)
Polyvinylchlorid	KOENIG (1969), LIEBMAN (1971)
Polyvinylfluorid	KOENIG (1969a)
Polyvinylidenfluorid	BOERIO (1969), HENDRA (1969)
Polytetrafluoräthylen	BOERIO (1971a), HANNON (1969a), KOENIG (1969b, 1970d), PEACOCK (1970)
Polymethylmethacrylat	WILLIS (1969)
Polymethacrylsäure	KOENIG (1969c), TOBIN (1969)
Poly(cis-1,4-butadien)	CORNELL (1970)
Polyäthylenglycol	KOENIG (1970c)
Polyamide	HENDRA (1970)
Poly-L-Alanin	KOENIG (1969e)
Poly-L-Prolin	RIPPON (1970)
Cellulose	BLACKWELL (1970)
Polyäthylensulfid	ANGOOD (1969)
Vinylchlorid- Vinylidenchlorid-Copolymer	MEEKS (1971)
Polyäthylenterephthalat	MCGRAW (1970)

6. Ergebnisse ultrarotspektroskopischer Untersuchungen an speziellen Polymeren

6.1. Polymere Kohlenwasserstoffe

6.1.1. Polyäthylen (von W. Kimmer)

6.1.1.1. Das UR-Spektrum der Polymethylenkette und des Polyäthylenkristalls

Die Strukturanalyse des Polyäthylens an Hand seines Schwingungsspektrums ist zum klassischen Fall der Ultrarotanalyse eines Polymers geworden. Auf Grund seines einfachen Ultrarotspektrums und der guten strukturellen Vergleichsmöglichkeiten mit definierten langkettigen n-Paraffinen sowie Deuteroderivaten war es Gegenstand zahlreicher strukturtheoretischer Betrachtungen und experimenteller Untersuchungen (Borello (1954), Brown (1950), Cross (1950), Elliott (1948b), Fox (1940), Glatt (1951), King (1949), Krimm (1954, 1956, 1960, 1968), Lin (1962), Nielsen (1957, 1960, 1961), Richards (1951), Robert (1952), Rossmann (1955), Rugg (1952, 1953), Sheppard (1947), Shimanouchi (1967), Stein (1954), Sutherland (1947), Tasumi (1962, 1963), Thompson (1945, 1945a), Tobin (1955, 1956)).

Der strukturelle Aufbau und das UR-Spektrum des Polyäthylens können als weitgehend gedeutet angesehen werden. Darüber hinaus hat das Polyäthylen wegen seiner großen technischen Bedeutung auch zu verschiedenen analytischen Untersuchungen mittels der Ultrarotspektroskopie Anlaß gegeben, die sich besonders mit der Bestimmung des Verzweigungsgrades, der ungesättigten Anteile, der Kristallinität, der Orientierung der Polymerketten und der Abbauvorgänge befassen.

Das Ultrarotspektrum des Polyäthylens (Abb. 6.1) ist in erster Näherung als eine Überlagerung der Spektren der amorphen und kristallinen Phasen des Polymers anzusehen. Die sich aus CH_2-Einheiten aufbauenden Zickzack-Ketten des Polyäthylens liegen in der Kristallzelle in planarer Anordnung vor, während in der amorphen Phase die Kettenkonformation im wesentlichen wahllos ist und lediglich durch die Erhaltung der Bindungswinkel und Bindungsabstände eine Beschränkung erfährt. Erst nach der Verstreckung tritt eine Teilorientierung auf. Wie Krimm u. a. (1956) gezeigt haben, lassen sich die Hauptzüge des UR-Spektrums von Polyäthylen bereits durch Betrachtung einer isolierten Einzelkette herleiten, obwohl eine vollständige Interpretation die tatsächliche Kristallstruktur des Polymers berücksichtigen muß. Neben den CH_2-Einheiten treten in den Polymerketten der technischen Polymerisate in Abhängigkeit von der Herstellungsart (Niederdruck-, Hochdruck-, Phillips-Polyäthylen) verschiedenartige Monoalkyläthyleneinheiten neben ungesättigten Gruppen als Verzweigungen auf. Sie ergeben Zusatzabsorptionen, die bei den Modellrechnungen für die unendlich lange Polymethylenkette nicht oder nur näherungsweise in ihrem Einfluß auf das Schwingungsverhalten des Polyäthylens erfaßt werden.

Wie in Abb. 3.2 gezeigt wurde, besteht die Wiederholungseinheit einer einzelnen, unendlich langen Polyäthylen-Kette aus zwei CH_2-Gruppen; die zu-

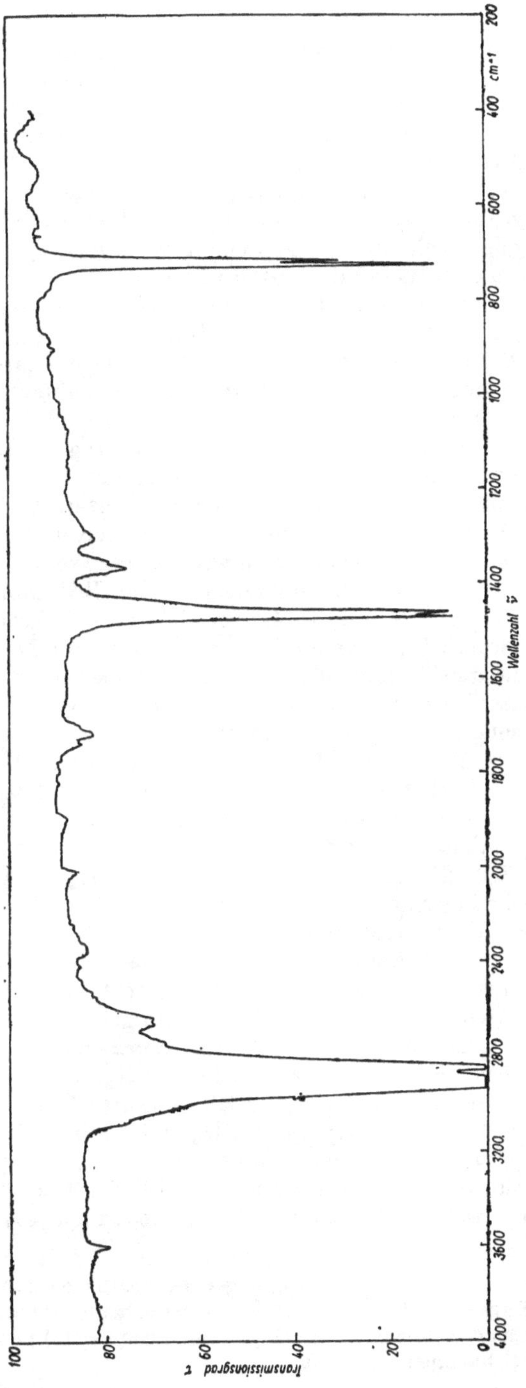

Abb. 6.1 Ultrarotspektrum von Niederdruck-Polyäthylen.

gehörigen Symmetrieelemente sind dort beschrieben (vgl. Tab. 3.3). Die einzelne Polymethylenkette ist als eindimensionaler Kristall mit der einfachen Einheitszelle $-CH_2-CH_2-$ zu betrachten. Die Einheitszelle besteht somit aus zwei identischen Einheiten, und man kann deshalb die Kette als eindimensionalen Kristall von CH_2-Einheiten betrachten, für die die optisch aktiven Schwingungen Phasendifferenzen δ von Null oder π haben (SHIMANOUCHI (1967)). Die die unendlich lange Kette beschreibenden Symmetrieelemente bilden eine Faktorgruppe, die mit der Punktgruppe $D_{2h} \equiv V_h$ isomorph ist (TOBIN (1955)). Die Normalschwingungen verteilen sich auf die Schwingungsrassen A_g, B_{1g}, B_{2g}, B_{3g}, A_u, B_{1u}, B_{2u} und B_{3u}. Von diesen sind die ersten vier ramanaktiv und die letzten drei ultrarotaktiv. Diese Bezeichnungsweisen sind leider nicht einheitlich. Einige Autoren verwenden zum Beispiel statt B_{2g}, B_{1g}, B_{2u} und B_{1u} die Bezeichnung B_{1g}, B_{2g}, B_{1u} und B_{2u} (SHIMANOUCHI (1967)). Eine Gegenüberstellung der verschiedenen Bezeichnungsweisen für die Rassen- und Schwingungsarten mehrerer Autoren wurde von LIN und KOENIG (1962) angegeben.[1])

Für die Rasse B_{3u} verläuft die Dipolmomentänderung parallel zur Kettenachse, für B_{1u} senkrecht zur C—C—C-Ebene und für B_{2u} senkrecht zur Kettenachse und parallel zur C—C—C-Ebene. In der Charaktertabelle für die Punktgruppe V_h (Tab. 3.3) sind auch die Normalschwingungen und die Auswahlregeln für die einzelne isolierte Polyäthylen-Kette angegeben. Von den nach Abzug der 3 Translationsfreiheitsgrade und des Freiheitsgrades der Rotation übrig bleibenden 14 Normalschwingungen ($18 - 4 = 14$) der Wiederholungseinheit des Polyäthylens sind 5 ultrarotaktiv, 8 ramanaktiv und eine ist infolge der Anwesenheit eines Symmetriezentrums weder ultrarot- noch ramanaktiv (KRIMM (1956)). Zu den ultrarotaktiven Schwingungen gehören nach der Normalkoordinatenbehandlung der unendlich langen Polymethylen-Zickzack-Kette (TASUMI u. a. (1962, 1963)) die antisymmetrische CH_2-Valenzschwingung (B_{1u}), die symmetrische CH_2-Valenzschwingung (B_{2u}), die CH_2-Scherenschwingung (B_{2u}), die CH_2-Wagging-(B_{3u}) und die CH_2-Rockingschwingung (B_{1u}); ramanaktiv sind die antisymmetrische CH_2-Valenzschwingung (A_g), die CH_2-Scherenschwingung (A_g), die CH_2-Wagging-(B_{1g}), die CH_2-Twisting- (B_{2g}), die CH_2-Rocking-(B_{3g}) und die zwei C—C-Skelettschwingungen (A_g und B_{1g}).

Die Absorptionen der ultrarot- und ramanaktiven $\nu_a(CH_2)$-, $\nu_s(CH_2)$-, $\delta(CH_2)$- und $\gamma_r(CH_2)$-Schwingungen konnten auf Grund der spektroskopischen Untersuchungen an definierten Kohlenwasserstoffen sofort zugeordnet werden; sie stimmen ziemlich genau mit den aus Modellrechnungen an der unendlich langen Polymethylen-Kette erhaltenen Werten überein (KRIMM (1960)). Die Schwingung $\nu_a(CH_2)$ erscheint hiernach bei 2919 cm^{-1}, die $\nu_s(CH_2)$ bei 2851 cm^{-1}, die entsprechenden RAMAN-Schwingungen bei 2848 und 2883 cm^{-1}, die $\delta(CH_2)$ bei 1460 cm^{-1} (UR) bzw. 1440 cm^{-1} (R), die $\gamma_r(CH_2)$ nahe 725 cm^{-1} (ihre Aufspaltung vgl. später). Bei den γ_w-, γ_t- und γ_r-Schwingungen gab die Zuordnung zunächst zu verschiedenen Deutungen Anlaß (vgl. KRIMM (1960)). Wie SNYDER (1963) und SCHACHTSCHNEIDER (1963, 1964) an Hand von Schwingungsanalysen an zahl-

[1]) Die in diesem Abschnitt benutzte Bezeichnungsweise der Schwingungsrassen von Polyäthylen geht auf KRIMM (1956, 1960) zurück und wird heute überwiegend angewendet. Sie unterscheidet sich etwas von den Bezeichnungen im Kapitel 3. In der Tab. 6.1 sind zum Vergleich beide Bezeichnungen angeführt.

reichen n-Paraffinen zeigten, erstreckt sich der Bereich der γ_r-(CH$_2$)-Schwingung von 720 bis 1050 cm^{-1} und der der γ_t(CH$_2$)-Schwingung von 1175 bis 1310 cm^{-1}.

Die in diesen Bereichen erscheinenden Banden können nicht als *reine* Rocking- bzw. Twisting-Schwingungen angesehen werden, sondern sind Hybridschwingungen des γ_r- und γ_t-Typs. So ist zum Beispiel für $\delta = 0$ die an der Grenze des Rockingbereiches liegende Absorption bei 720 cm^{-1} tatsächlich eine γ_r(CH$_2$), die Schwingung bei 1050 cm^{-1} dagegen eine γ_t(CH$_2$); ähnliches gilt für die γ_w(CH$_2$). Die niederfrequente Grenze der γ_w-Schwingungen liegt nahe 1170 cm^{-1}, während die Grenze des höherfrequenten Bereiches infolge der starken Wechselwirkung zwischen den γ_w- und den δ_s(CH$_3$)-Schwingungen (1378 cm^{-1}) nicht exakt festzulegen ist; sie liegt nach Normalkoordinatenanalysen bei etwa 1420 cm^{-1}. Die γ_w(CH$_2$)-Schwingung (B_{3u}) wird im allgemeinen der Absorption bei 1176 cm^{-1} zugeschrieben, wobei allerdings unklar ist, weshalb ihre Intensität so schwach ist (Shimanouchi (1967)). Die ramanaktive γ_w(CH$_2$)-Schwingung (B_{1g}) wurde von Snyder (1967) der Bande bei 1382 cm^{-1} zugeordnet; sie wurde in allen vorher veröffentlichten Arbeiten (Nielsen (1961), Tasumi (1962, 1963), Schachtschneider (1963, 1964)) zunächst mit der Absorption bei 1415 cm^{-1} in Zusammenhang gebracht. Diese Zuordnung mußte jedoch revidiert werden. Es ist wahrscheinlich, daß die Absorption bei 1415 cm^{-1} eine Oberschwingung der B_{2u}-Rocking-Schwingung bei 720 cm^{-1} ist (Snyder (1967)).

Werden die gruppentheoretischen Betrachtungen auf den Polyäthylenkristall angewandt, so ergeben sich Unterschiede zu den Ergebnissen der Einzelkettenanalyse, die ihre Ursache in der intermolekularen Wechselwirkung zwischen den Polymerketten haben und zu einer Aufspaltung der Banden der Normalschwingungen in zwei Komponenten mit σ-Dichroismus führen. Bei den strukturellen Betrachtungen tritt an die Stelle der Liniengruppen- die Raumgruppenanalyse, die im Abschnitt 3.3. beschrieben wurde.

Nach röntgenographischen Untersuchungen ist die Elementarzelle des kristallinen Polyäthylens orthorhombisch und enthält vier Methylengruppen, d. h. 12 Atome; sie wird von zwei Molekülketten durchlaufen, deren Ebenen alternierend senkrecht zueinander stehen (vgl. Bunn (1939), Smith (1953), Teare (1959), Schearer (1965), Hendus (1959), Tasumi (1967a)). Die Polymethylen-Ketten verlaufen parallel zur c-Achse. Die als Abweichung von der Planarität der Kohlenstoffkette auf Grund der intramolekularen H—H-Wechselwirkung im kristallinen Polyäthylen angenommene geringe Helixdrehung der c-Achse (Huggins (1961, 1966)) konnte durch experimentelle Untersuchungen nicht bestätigt werden (Krimm u. a. (1967)). Die Faktorgruppe ist mit der Raumgruppe V_h isomorph. Die Charaktertabelle, die Zahl der Normalschwingungen und die Auswahlregeln sind in Tab. 3.4 wiedergegeben. Jede Normalschwingung der Einzelkette spaltet in zwei Schwingungen auf, die verschiedenen Symmetrierassen des Kristalls angehören. Die Korrelationen zwischen den Kristall- und den Einzelkettenschwingungen sind in Tab. 6.1 zusammengestellt (Tasumi und Shimanouchi (1965)).

Von den 36 Schwingungsfreiheitsgraden des Polyäthylenkristalls sind 28 innere Schwingungszweige, die restlichen Zweige verteilen sich auf 3 akustische Zweige, 3 Translations- und 2 Rotationsgitterschwingungen (Nielsen und Holland (1961)). Daneben treten mehrere binäre und ternäre Kombinationen von Grundschwingungen der Einheitszelle auf, deren Auswahlregeln von Nielsen und Woollett (1957) beschrieben wurden.

Tabelle 6.1 Korrelation zwischen den Einzelketten- und den Kristallschwingungsrassen von Polyäthylen (nach TASUMI (1965))

Phasenverschiebung	Einzelkette	Kristall
0	A_g (A_g)	A_g, B_{3g} (A_g, B_{1g})
π	B_{1g} (B_{2g})	B_{1g}, B_{2g} (B_{2g}, B_{3g})
π	B_{2g} (B_{3g})	B_{1g}, B_{2g} (B_{2g}, B_{3g})
0	B_{3g} (B_{1g})	A_g, B_{3g} (A_g, B_{1g})
0	A_u (A_u)	A_u, B_{3u} (A_u, B_{1u})
π	B_{1u} (B_{2u})	B_{1u}, B_{2u} (B_{2u}, B_{3u})
π	B_{2u} (B_{3u})	B_{1u}, B_{2u} (B_{2u}, B_{3u})
0	B_{3u} (B_{1u})	A_u, B_{3u} (A_u, B_{1u})

ohne Klammer: Bezeichnung der Rassen in der Originalarbeit von TASUMI (1965)
mit Klammer: Bezeichnung der Rassen wie in den Tab. 3.3 und 3.4

Die auffälligsten Aufspaltungen im UR-Spektrum des kristallinen Polyäthylens erfolgen bei der $\gamma_r(CH_2)$-Schwingung bei etwa 725 cm^{-1}, die in zwei Komponenten bei 720 und 731 cm^{-1} aufspaltet, und bei der $\delta(CH_2)$-Schwingung bei 1460 cm^{-1}, deren Komponenten bei 1473 und 1463 cm^{-1} absorbieren (TASUMI und SHIMANOUCHI (1965)). Die höherfrequenten Komponenten der $\gamma_r(CH_2)$- und $\delta(CH_2)$-Schwingungen sind entlang der a-Achse polarisiert, die niederfrequenten entlang der b-Achse (STEIN (1953, 1954, 1955)). Daher gehören die Banden bei 1473 cm^{-1} und 731 cm^{-1} zur Rasse B_{1u}, die Banden bei 1463 und 720 cm^{-1} zur Rasse B_{2u}. Dieses Verhalten wird auch von der gruppentheoretischen Analyse vorausgesagt. Die Aufspaltung der $\gamma_r(CH_2)$-Bande, die beim Übergang in den flüssigen Zustand (Schmelzen) verschwindet, wird durch Wechselwirkung der benachbarten Moleküle in der kristallinen Phase erklärt, wobei die Rockingschwingungen in bzw. außer Phase schwingen (KRIMM (1956)). Sind die beiden im Kristall vorhandenen Ketten nicht mehr äquivalent, liegen also zum Beispiel Ketten von Polyäthylen und Polydeuteroäthylen vor, so erscheint bei einem genügend großen Anteil deuterierter Monomerer anstelle der Aufspaltung nur eine einzelne $\gamma_r(CH_2)$-Bande. Der Effekt ist konzentrationsabhängig. Nach SNYDER (1961) ist die Aufspaltung der ν_8-Banden bei Paraffinen von der Phasenverschiebung δ abhängig (ν_8=Hybridschwingung der CH_2-Rocking- und Twisting-Schwingungen, die reine $\gamma_t(CH_2)$-Schwingung der Einzelkettenrasse A_u liegt bei $\delta = 0$, die reine $\gamma_r(CH_2)$-Schwingung (B_{2u}) bei $\delta = \pi$). Für $\delta = 0$ beträgt die Aufspaltung bei Paraffinen in flüssigem Stickstoff etwa 7 cm^{-1}, nimmt mit ansteigendem δ ab, verschwindet fast vollständig bei $\delta = 80°$, steigt für $\delta > 80°$ wieder an und erreicht für $\delta = \pi$ einen Wert von etwa 12 cm^{-1}; bei Zimmertemperatur liegt dieser Wert bei etwa 11 cm^{-1}, entsprechend dem Abstand 731 bis 720 cm^{-1} im Polyäthylen-Dublett (TASUMI und SHIMANOUCHI (1965)). Die Absorption bei 731 cm^{-1} verschwindet beim Schmelzen und erscheint nach dem Abkühlen wieder. Sie wird deshalb mit den kristallinen Anteilen im Polymer in Zusammenhang gebracht, während die Bande bei 720 cm^{-1} sowohl auf den amorphen wie den kristallinen Anteil zurückgeführt wird. In der Schmelze wird nur eine Bande bei 723 cm^{-1} beobachtet. Wie die Tab. 6.2 zeigt, erfolgt im RAMAN-

Tabelle 6.2 Beobachtete und berechnete Frequenzen des Polyäthylens (nach Tasumi und Shimanouchi (1965))

Schwingung	Rasse	Wellenzahl [cm^{-1}]		
		beobachtet	berechnet	
			Kristall	Einzel-kette
$\nu_1^a(0)$	A_g	2848	2845	2828
$\nu_1^b(0)$	B_{3g}		2838	
$\nu_1^a(\pi)$	B_{1u}	2851	2874	2871
$\nu_1^b(\pi)$	B_{2u}		2877	
$\nu_2^a(0)$	A_g	1440	1437	1435
$\nu_2^b(0)$	B_{3g}	1464	1455	
$\nu_2^a(\pi)$	B_{1u}	1473	1489	1473
$\nu_2^b(\pi)$	B_{2u}	1463	1479	
$\nu_3^a(0)$	B_{3u}	1175	1175	1175
$\nu_3^b(0)$	A_u	—	1184	
$\nu_3^a(\pi)$	B_{2g}	1415[1]	1413	1405
$\nu_3^b(\pi)$	B_{1g}		1408	
$\nu_4^a(0)$	A_g	1131	1137	1125
$\nu_4^b(0)$	B_{3g}		1127	
$\nu_4^a(\pi)$	B_{2g}	1061	1056	1047
$\nu_4^b(\pi)$	B_{1g}		1051	
$\nu_5^a(0)$	A_g	—	171	0
$\nu_5^b(0)$	B_{3g}	—	138	
$\nu_5^a(\pi)$	B_{1u}	73[2]	76	0
$\nu_5^b(\pi)$	B_{2u}	—	105	
$\nu_6^a(0)$	A_g	2883	2899	2889
$\nu_6^b(0)$	B_{3g}		2904	
$\nu_6^a(\pi)$	B_{1u}	2919	2919	2914
$\nu_6^b(\pi)$	B_{2u}		2917	
$\nu_7^a(0)$	A_g	1168	1164	1157
$\nu_7^b(0)$	B_{3g}		1164	
$\nu_7^a(\pi)$	B_{2g}	1295	1303	1295
$\nu_7^b(\pi)$	B_{1g}		1308	
$\nu_8^a(0)$	B_{3u}	1050	1059	1050
$\nu_8^b(0)$	A_u	—	1053	
$\nu_8^a(\pi)$	B_{1u}	731	749	721
$\nu_8^b(\pi)$	B_{2u}	720	737	
$\nu_9^a(0)$	B_{3u}	—	0	0
$\nu_9^b(0)$	A_u	—	59	
$\nu_9^a(\pi)$	B_{1u}	—	0	0
$\nu_9^b(\pi)$	B_{2u}	—	0	

[1]) Revision dieser Zuordnung siehe Snyder (1967)
[2]) vgl. auch Krimm und Bank (1965)

Spektrum des Polyäthylens eine Aufspaltung der $\delta(CH_2)$-Bande, deren Komponenten bei 1440 und 1464 cm^{-1} liegen. Die Zuordnung beider Komponenten zu dieser Schwingung ist aber nicht ganz eindeutig, da in diesen Bereich auch die Oberschwingung der $\gamma_r(CH_2)$-Schwingung fällt. Die Aufspaltung der anderen Banden ist so gering, daß sie experimentell schwer nachzuweisen ist.

In Tab. 6.2 bedeuten ν_6 und ν_1 die antisymmetrische und symmetrische Valenzschwingung, ν_2 die $\delta(CH_2)$-Schwingung, ν_3 ist hauptsächlich die $\gamma_w(CH_2)$-Schwingung, ν_4 ist die Skelettschwingung, $\nu_4(0)$ ist die symmetrische (ramanaktive) Schwingung, in der die C—C-Valenz- und C—C—C-Deformationsschwingungen außer-Phase gekoppelt sind, ν_4 bei etwa $\delta = 60°$ ist vornehmlich eine reine C—C-Valenzschwingung. Die CH_2-Waggingschwingung ist für $\delta = \pi$ gemischt. In ν_7 und ν_8 sind die $\gamma_r(CH_2)$- und $\gamma_t(CH_2)$-Schwingungen gemischt. $\nu_7(0)$ und $\nu_8(0)$ sind die reinen CH_2-Rocking- und -Twistingschwingungen. Mit steigendem δ steigt die Twisting-Komponente in ν_7 an, ebenso der Rockinganteil in ν_8. $\nu_7(\pi)$ und $\nu_8(\pi)$ sind die reinen Twisting- bzw. Rockingschwingungen.

Während in der isolierten Kette die γ_r- und γ_w-Schwingungen unabhängig voneinander verlaufen, die γ_w symmetrisch zur Skelettebene, die γ_r entsprechend antisymmetrisch zu dieser Ebene, sind auf Grund der Symmetrieverhältnisse im Kristall beide Schwingungstypen Hybridschwingungen, so daß die Beschreibung des tatsächlichen Schwingungsverhaltens sehr kompliziert ist (Tasumi (1967a)). In der unendlichen Polymethylen-Kette treten zwei $\gamma_t(CH_2)$-Schwingungen der Rassen B_{2g} und A_u auf. Während die ramanaktive B_{2g}-Grundschwingung bei 1295 cm^{-1} erscheint, ist die A_u-Grundschwingung sowohl raman- wie ultrarotinaktiv. In der kristallinen Phase spaltet sie jedoch in die Rassen A_u und B_{3u} auf (vgl. Tab. 6.1), wobei die letztere ultrarotaktiv ist. Diese Schwingung wurde der sehr schwachen Absorptionsbande bei 1050 cm^{-1} zugeordnet, während durch Analyse der Bandenprogression von n-Paraffinen diese Schwingung bei etwa 1170 cm^{-1} gefunden wurde (Tasumi und Shimanouchi (1965)).

Die im niederfrequenten Bereich auftretenden ν_5- und ν_9-Schwingungen sind für die isolierte Kette Nullschwingungen. ν_5 ist die Skelett-Deformationsschwingung, ν_9 die Torsionsschwingung um die C—C-Bindungen. Im Kristall sind beide Schwingungen in ν_5 und ν_9 gemischt und stellen die Gitterschwingungen des Kristalls dar. $\nu_5^a(0)$ und $\nu_5^b(0)$ sind die A_g- und B_{3g}-Rotations-Gitterschwingungen, $\nu_5^a(\pi)$ und $\nu_5^b(\pi)$ die B_{1u}- und B_{2u}-Translations-Gitterschwingungen; $\nu_9^b(0)$ ist die A_u-Translations-Gitterschwingung; $\nu_9^a(\pi)$, $\nu_9^b(\pi)$ und $\nu_9^a(0)$ sind die nichtentarteten Schwingungen, entsprechend den Translationen entlang den a-, b- und c-Achsen (Tasumi (1965, 1967a)). Für $\nu_5^a(\pi)$ wird im UR-Spektrum eine Bande bei 72,5 cm^{-1} gefunden (Bertie (1964), Frenzel (1964), McKnight (1964), Willis (1963)). Ihr Dichroismus und die Verschiebung der Bande im perdeuterierten Polyäthylen rechtfertigen die Zuordnung zu einer Gitterschwingung (B_{3u}-Translationsschwingung). Im Temperaturbereich 100—300 °K verschiebt sich diese Bande mit steigender Temperatur um 6,5 cm^{-1}. Diese Verschiebung konnte mit der Veränderung der Kristalldimensionen in Zusammenhang gebracht werden. Die Bande bei 72,5 cm^{-1}, die auch in Paraffinen gefunden wird, fehlt in Paraffinen mit trikliner Elementarzelle, die nur eine Kette enthält. Im Raman-Spektrum werden zwei Absorptionen bei 167 und 122 cm^{-1} gefunden, die den $\nu_5^a(0)$- und $\nu_5^b(0)$-Schwingungen zugeordnet werden und für die Werte von 171 und 138 cm^{-1} berechnet wurden.

TASUMI und SHIMANOUCHI (1965) haben die Normalfrequenzen des Polyäthylenkristalls bestimmt und die Werte für die Kraftkonstanten der H—H-Wechselwirkung berechnet. Durch diese Rechnungen wurden die Faktorgruppenaufspaltung der $\delta(CH_2)$- und γ_r-Schwingungen erklärt und die Bande bei 72,5 cm^{-1} einer B_{3u}-Translations-Gitterschwingung zugeordnet. KRIMM und BANK (1965) ordnen sie der B_{2u}-Schwingung zu, da nach ihren Rechnungen die B_{1u}-Schwingung nahe 50 cm^{-1} erscheinen müßte.

TASUMI und KRIMM (1967a) untersuchten den Einfluß der Dipol-Dipol-Wechselwirkung auf die Gitterfrequenzen, die bei den Rechnungen von TASUMI und SHIMANOUCHI als sehr klein angenommen und daher vernachlässigt wurden. Sie untersuchten weiterhin den Einfluß des Winkels zwischen der a-Achse des Kristalls und der Ebene des C—C-Skeletts auf die Schwingungsfrequenzen des Polyäthylens, dessen Betrag in der Literatur unterschiedlich angegeben wird.

Ein anderes mathematisches Verfahren zur vollständigen Schwingungsanalyse der isolierten Polyäthylenkette wurde von LIN und KOENIG (1962) beschrieben. Weiter befaßten sich mit diesem Problem die Autoren BROWN (1963b), ENOMOTO (1964), FATELEY (1966),- FRENZEL (1968), GOTLIB (1962), MIYAZAWA (1964b), SHIMANOUCHI (1964), WUNDERLICH (1962).

Absorptionen, die nur von Schwingungen im amorphen Bereich herrühren, werden den Banden bei 1306 cm^{-1} ($\gamma_t(CH_2)$), 1367 und 1352 cm^{-1} (beide $\gamma_w(CH_2)$) zugeordnet (KRIMM (1956)).

Die Deutung der Ultrarotspektren technischer Polyäthylene wird durch die Tatsache erschwert, daß die Proben weder völlig kristallin noch völlig amorph sind und daher neben den Schwingungsbanden, die ihren Ursprung in den kristallinen bzw. amorphen Bereichen haben, auch mit dem Auftreten von Überlagerungsbanden beider Phasen zu rechnen ist. Des weiteren sind die Molekülketten nicht unendlich lang, sondern endlich und teilweise verzweigt. Im Ultrarotspektrum dieser Polyäthylene werden daher Zusatzbanden auftreten, die im Spektrum des völlig kristallinen Polyäthylens nicht gefunden werden. Dazu kommen schwache Absorptionen, die von strukturellen Irregularitäten im Kettenmolekül herrühren. Nach OPASKAR und KRIMM (1969) können optisch inaktive Frequenzen durch die Anwesenheit von Defekten in der Kette aktiviert werden. Solche Defektstellen sind chemische Unreinheiten oder Konformationsunregelmäßigkeiten; im UR-Spektrum von Hochdruck-Polyäthylen wurden verschiedene Veränderungen nachgewiesen, die defektinduzierten Absorptionen zugeordnet werden können. Aus diesem Grunde sind die UR-Spektren der kommerziellen Polyäthylentypen wesentlich bandenreicher als nach den vorstehend beschriebenen Modellbetrachtungen zu erwarten ist. So fanden KRIMM (1960) sowie NIELSEN und HOLLAND (1961) im festen Polyäthylen im Wellenzahlbereich 500 bis 5800 cm^{-1} rund 90 Absorptionsbanden, die sie auf Grund dichroitischer Messungen zuordneten, wobei aus den genannten Gründen nicht in allen Fällen eine sichere oder befriedigende Zuordnung möglich war.

6.1.1.2. Deuteriertes Polyäthylen

Die Ultrarotspektren der synthetisierten Poly-cis- und Poly-trans-1,2-Dideuteropolyäthylene, von denen das erste erythro-, das andere threo-diisotaktische Anteile enthalten soll, unterscheiden sich durch die Lage der CHD-Scherenschwingungen. Sie erscheinen bei 1310 cm^{-1} im Poly-cis-, bei 1329 und 1281 cm^{-1} im Poly-trans-Dideutero-Polyäthylen (IKEDA (1963, 1965), TASUMI (1964, 1966, 1966a)). Die Normalfrequenzen der perdeuterierten und trans-deuterierten Polyäthylene wurden von TASUMI und SHIMANOUCHI (1965) berechnet, tabellarisch den beobachteten Werten gegenübergestellt und die einzelnen Schwingungszweige zugeordnet. Darüber hinaus wurden die Schwingungen irregulärer Polyäthylenketten, die neben CH_2- auch CHD- und CD_2-Gruppen enthielten, untersucht und die Deformationsschwingungen für verschiedene Modellstrukturen berechnet, die eine Zuordnung der CHD-Schwingungen im Bereich 700 bis 500 cm^{-1} ermöglichten. TASUMI und ZERBI (1967) haben die Frequenzverteilung von regellosem Poly(cis-CHD=CHD—) und Poly(trans-CHD=CHD—) im Bereich 1270 bis 1350 cm^{-1} sowie von regellos deuteriertem Polyäthylen im CDH- und CH_2-Rokkingschwingungsbereich berechnet.

6.1.1.3. Verzweigungen im Polyäthylen

Betrachtet man die Intensitäten der Absorptionsbanden für die CH_3-Gruppen im Valenz- und Deformationsschwingungsbereich des Polyäthylens, so fällt auf, daß diese größer sind als man es beim alleinigen Vorliegen von CH_3-Endgruppen erwarten sollte. Hierauf haben erstmals FOX und MARTIN (1940) bei der Untersuchung der $\nu_a(CH_3)$-Schwingung bei 2960 cm^{-1} hingewiesen und daraus die Möglichkeit des Vorliegens von Verzweigungen im Polyäthylen abgeleitet. Zur Untersuchung der Länge, Zahl und Lage der Verzweigungen wurden zahlreiche Arbeiten durchgeführt, die die Kenntnis über den strukturellen Aufbau und die Relation zwischen Verzweigungsgrad und Eigenschaftswerten des Polyäthylens verbessert haben, die aber auch heute noch zahlreiche Fragen offen lassen. Die ursprüngliche Vorstellung, die Verzweigungen seien vorzugsweise CH_3-Gruppen, wurde durch die Arbeiten von ELLIOTT u. a. (1948, 1949) widerlegt; sie wiesen an Hand des Dichroismus der Bande bei 1378 cm^{-1} ($\delta_s(CH_3)$) an orientierten Polyäthylen-Proben nach, daß die Verzweigungen lang genug sind, um sich parallel zur Hauptkette zu orientieren und vermuteten Seitenkettenlängen mit mehr als 4 C-Atomen. Bei ähnlichen Untersuchungen mit höherer Auflösung fanden RUGG u. a. (1953) keine wesentliche Abhängigkeit der Intensität der CH_3-Absorptionen bei 1378 cm^{-1} und 2960 cm^{-1} von der Polarisationsrichtung und folgerten daraus, daß die Zahl der Verzweigungen kürzer als 4 C-Atome angenähert gleich der Zahl der Verzweigungen mit mehr als 4 C-Atomen ist, ohne etwas über ihre tatsächliche Länge exakt festzulegen.

In Anlehnung an Untersuchungen über das Ultrarotverhalten verzweigter Kohlenwasserstoffe wurde von RUGG u. a. (1953) der Bereich von 700—800 cm^{-1} untersucht, in dem Absorptionen von Alkylverzweigungen gefunden wurden. Sie ordneten die schwache Absorption bei 770 cm^{-1} einer Äthylverzweigung zu und fanden eine Korrelation zwischen der Absorptionsintensität dieser Bande und der Intensität der $\delta_s(CH_3)$-Schwingung bei 1378 cm^{-1}, d. h. der Gesamtzahl der CH_3-Gruppen. BRYANT und VOTER (1953) wiesen in geschmolzenen Polyäthylenproben ebenfalls schwache Absorptionen bei 775 und 740 cm^{-1} nach, brachten diese aber in Zusammenhang mit Schwingungen kleiner Segmente von langen unverzweigten Polymethylenketten.

Buckley u. a. (1950, 1952) führten Untersuchungen an definierten Polymethylenen durch, die eine bekannte Zahl von Seitenketten enthielten und die sie durch Umsetzung von Diazomethan mit Diazoalkanen erhielten. Sie fanden, daß im Durchschnitt die Seitenketten im Polyäthylen länger als Methyl- und kürzer als Amyl-Gruppen sind. In Anlehnung an den *Roedel-Mechanismus* (Roedel (1953)) wurden die Seitenketten vornehmlich Butylgruppen zugeschrieben. Eine Revision dieses Mechanismus machte sich notwendig, als man beim Strahlungsabbau von Polyäthylen mit γ-Strahlen und hochenergiereichen Elektronen neben Wasserstoff als Hauptkomponente (98%) Methan, Äthan und Butan fand (Charlesby (1952), Dole (1954), Lawton (1954), Smith (1968)). Diese Kohlenwasserstoffe wurden ohne direkte Beweisführung den Kurzkettenverzweigungen zugeschrieben.

Harlen (1955) und später Willbourn (1959) untersuchten die Bestrahlungsprodukte von Polymethylenen, die Verzweigungen bekannter Längen enthielten (Methyl, n-Butyl, n-Amyl), die sie durch Umsetzung von Diazomethan mit Diazoalkanen herstellten, und fanden neben Wasserstoff Methan, n-Butan und n-Pentan. Daraus folgerten sie, daß die Seitenketten als Ganzes abgespalten werden. Beim Strahlungsabbau von Polyäthylen niederer Dichte wurden vornehmlich Äthan und Butan gefunden, wobei Äthan dominierte.

Als Nebenprodukte traten Methan und höhere Kohlenwasserstoffe auf. Durch Anwendung von Polymethylen zur Kompensation des Dubletts bei 720/730 cm^{-1} wurden von Willbourn (1959) die Äthylbande bei 770 cm^{-1} und die Butylbande bei 745 cm^{-1} isoliert. Nach diesen Untersuchungen sind die im Polyäthylen niedriger Dichte enthaltenen Verzweigungen vornehmlich Äthyl- und Butylgruppen, während im Polyäthylen hoher Dichte in der Hauptsache nur Äthylgruppen gefunden wurden. Harvey und Ketley (1961) untersuchten die Lage der Kurzkettenverzweigungen im Polyäthylen, wobei sie Modellpolymere verwendeten, die aus verzweigten Olefinen mit Ziegler-Katalysatoren hergestellt wurden. Sie fanden, daß bei festen Polymeren die Frequenzen der Rockingschwingungen mit denen flüssiger Kohlenwasserstoffe vergleichbar sind, bestätigten die Zuordnung der Bande bei 770 cm^{-1} zur Äthyl-Gruppe, ordneten die Absorption bei 740 cm^{-1} aber im Gegensatz zu Willbourn (1959) einer n-Propylgruppe zu; stattdessen wurde die Butylverzweigung einer Absorption bei 724 cm^{-1} zugeschrieben, die mit der n-Pentyl- und n-Hexyl-Gruppe sowie mit den Absorptionen der längerkettigen CH_2-Sequenzen koinzidiert. Willbourn (1959) wies aber bereits darauf hin, daß die Lage der Absorptionsbanden für die Verzweigungen in polymeren, festen, teilkristallinen Kohlenwasserstoffen nicht die gleichen sind wie in den entsprechenden niedermolekularen flüssigen Verbindungen.

Tirpak (1965) befaßte sich mit der Untersuchung der Lage der Äthylverzweigung im konventionellen Polyäthylen. Bei der Untersuchung des Dichroismus der Äthylverzweigung bei 770 cm^{-1} im orientierten konventionellen Polyäthylen und Äthylen-Buten-1-Copolymer fand er einen starken parallelen Dichroismus für die Äthyl-Verzweigung im Copolymer, aber nur einen geringen oder gar keinen Dichroismus für die Äthyl-Verzweigung im Homopolymer. Daraus folgerte er, daß die Äthyl-Verzweigung im Homopolymer nicht direkt an der Polymethylenhauptkette sitzt, sondern an einer längeren Verzweigung nahe der Verbindungsstelle mit der Hauptkette. Die Verzweigungen sollen hiernach nochmals, vorwiegend in 1-Stellung zur Verknüpfungsstelle, verzweigt sein, so daß Seitenketten der Art 1-Äthyl-Pentyl, 2-Äthyl-Hexyl, 3-Äthyl-Heptyl u. a. vorliegen. Die Anwesenheit solcher verzweigter Alkylseitengruppen im Polyäthylen wurde bereits von WILLBOURN (1959) bei der Diskussion des Bildungsmechanismus der Polyäthylen-Verzweigungen durch die Annahme von 2-Äthyl-Hexyl-Verzweigungen angenommen.

Die im Polyäthylen vorliegenden Verzweigungen beeinflussen stark seine Eigenschaftswerte (BOENIG (1966), RAFF und DOAK (1965), SLOWINSKI (1956) und WILLBOURN (1959)). Am deutlichsten drückt sich das in der Abhängigkeit der Dichte bzw. Kristallinität vom Verzweigungsgrad aus. Bei größeren Verzweigungsgraden erfolgt eine Ausdehnung der Elementarzellenparameter im Vergleich zum linearen Polymer (vgl. WALTER und REDING (1956)). Über den Einfluß der Verzweigungen auf die Härte von Polyäthylenwachsen berichteten SIBILIA und PATERSON (1965).

Zur quantitativen Bestimmung des Verzweigungsgrades, der meist als *Zahl der Methylgruppen/100 oder 1000 C-Atome in der Polymerkette* angegeben wird (CH_3/100 C), wurde bisher vorwiegend die $\delta_s(CH_3)$-Schwingung bei 1378 cm^{-1} verwendet; auch die $\nu(CH_3)$-Schwingungen und Absorptionen im nahen und fernen Ultrarot wurden dazu herangezogen (BORELLO (1954), TARUTINA (1955)). Die Bestimmung der einzelnen Alkyl-Verzweigungen erfolgt im Bereich 700 bis 900 cm^{-1}. CROSS u. a. (1950) fanden einen linearen Zusammenhang zwischen dem Methylgehalt und den Absorptionen flüssiger n-Paraffine und geschmolzenem Polyäthylen bei 1378 cm^{-1} und 883 cm^{-1}. Sie wiesen auf die Beeinflussung der Absorption bei 1378 cm^{-1} durch die benachbarten CH_2-Schwingungen bei 1365 und 1350 cm^{-1} hin und versuchten, diese Einflüsse durch graphische Auflösung der Spektren zu eliminieren. BRYANT und VOTER (1953) ermittelten mittels definierter niedermolekularer Kohlenwasserstoffe die spezifischen Absorptionskoeffizienten für die $\delta_s(CH_3)$-Schwingung und stellten eine Beziehung auf, die den Zusammenhang dieses Koeffizienten mit dem CH_3-Gehalt widerspiegelt. Die Polyäthylen-Proben werden nach dieser Methode bei Zimmertemperatur in Folienform untersucht. Die Genauigkeit des Verfahrens wird durch die Genauigkeit der Schichtdickenbestimmung stark beeinflußt. GÜNZLER (1959) benutzt hierzu ein Schichtdickenmeßgerät, das nach dem Prinzip der β-Strahlenabsorption arbeitet, da die mechanische Schichtdickenbestimmung größere Fehlermöglichkeiten einschließt. Auf diese Weise werden Methyl-Gehalte bis 0,3 CH_3/100 C erfaßt.

SLOWINSKI u. a. (1956) stellten unter Verwendung definierter Paraffine ($C_{28}H_{58}$, $C_{36}H_{74}$, $C_{58}H_{118}$) eine Eichkurve auf, in der das Bandenverhältnis E_{1378}/E_{1370} gegen den Methylgehalt aufgetragen wurde. Dadurch wurde die Schichtdickenmessung umgangen. Da die Intensität der Bezugsbande von der Kristallinität abhängig ist, müssen die Proben im geschmolzenen Zustand untersucht werden.

Nach ROHMER (1959) ist das Verfahren für niedrige Methyl-Gehalte nicht mehr anwendbar. Zur Aufstellung einer Eichkurve für die in Polyäthylen-Proben oft auftretenden CH_3-Gehalte ist eine Eichung mit sehr langkettigen definierten Paraffinen notwendig, die sich aber praktisch in definierter Form nur sehr schwer sauber darstellen lassen. Deshalb schlug ROHMER (1959) zur Bestimmung kleiner CH_3-Gehalte die Eichung mit Mischungen aus Polypropylen- und Niederdruck-Polyäthylen-Pulvern vor. Dabei wurde Polypropylen als definiertes Hochpolymer betrachtet, bei dem in der Monomereinheit eine CH_3-Gruppe auf eine CH_2-Gruppe kommt.

Die Aufstellung der Eichkurve erfolgte an PP—PÄ-Mischungen, die Methyl-Gehalte von 0,2 bis 3,2 CH_3/100 C aufwiesen und die zu Folien verpreßt wurden. Bei 100 °C wurde das Extinktionsverhältnis E_{1378}/E_{1370} gemessen. Den ursprünglichen CH_3-Gehalt des zur Eichung verwendeten Polyäthylens erhält man durch Extrapolation des Extinktionsverhältnisses gegen Null.

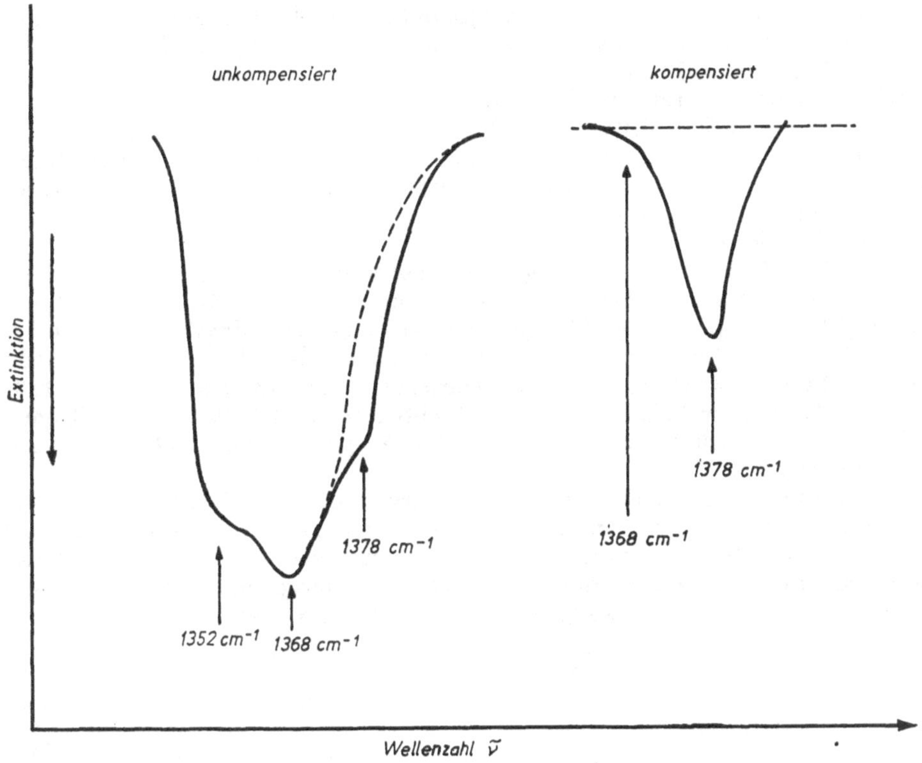

Abb. 6.2 Ultrarotspektrum des Polyäthylens im Bereich 1350 bis 1380 cm^{-1} vor und nach der Kompensation des Dubletts bei 1368/1352 cm^{-1} (nach WILLBOURN (1959)).

Die Nachweisempfindlichkeit kann nach WILLBOURN (1959) durch die Anwendung einer Doppelstrahl-Kompensationsmethode wesentlich verbessert werden. Durch Anwendung von keilförmigen Polymethylen- bzw. sehr hochmolekularen Niederdruck-Polyäthylen-Folien kann das Methylendublett bei 1368 und 1352 cm^{-1} völlig kompensiert werden, und man erhält eine ungestörte und symmetrische CH_3-Bande, deren Intensität sich nur mit der Temperatur, aber nicht mit dem amorphen Anteil ändert (Abb. 6.2). Ihre Intensität ist direkt proportional der CH_3-Gruppenkonzentration. Dadurch wird die Nachweisgrenze auf unter 0,05 CH_3/100 C verbessert. Über die Technik zur Herstellung dieser Kompensationskeile berichten HARVEY und PETERS (1960).

COLLIER und PANTING (1959) benutzten die 2. Ableitung des UR-Absorptionsspektrums des Polyäthylens im Bereich 1378 cm^{-1} zur Bestimmung des Methylgruppengehaltes im Bereich von 2,0 bis 0,05 CH_3/100 C. Dadurch wird der Einfluß der benachbarten Methylabsorption bei 1365 cm^{-1} eliminiert. Zur Eichung wurden Modellpolymere verwandt.

Ein ähnliches Kompensationsverfahren wurde von JANICKA und WIECHEĆ (1966) angewandt, die das Absorptionsverhältnis der $\delta_s(CH_3)$-Bande bei 1378 cm^{-1} zu den Bezugsbanden bei 4270 und 4345 cm^{-1} bestimmten. Die Kompensation der Methylengruppenabsorptionen erfolgte mit hochmolekularem Polyäthylen.

HUGHES und MARTIN (1958) wiesen eine Beeinflussung der Intensität der $\delta_s(CH_3)$-Bande bei 1378 cm^{-1} durch die Art der Verzweigung nach. Zum gleichen Ergebnis kamen REDING und LOVELL (1956). Sie fanden bei Modellpolymeren mit verschiedenen Seitenketten und gleichem CH_3-Gehalt für eine einfache CH_3-Seitenkette eine höhere Intensität bei 1378 cm^{-1} als für die Methylgruppe in der Äthylverzweigung, dagegen waren die Absorptionsintensitäten der am Ende einer Propyl-, Butyl- und längerkettigen Alkylgruppe sitzenden CH_3-Gruppen innerhalb der experimentellen Fehler gleich groß.

Diese Einflüsse werden beseitigt und die strukturelle Aussage verfeinert, wenn die auf Grund der Arbeiten von BRYANT und VOTER (1953) sowie von WILLBOURN (1959) nachgewiesenen Absorptionen der Äthyl- und Butylseitenketten bei 770 und 745 cm^{-1} quantitativ ausgewertet werden. Diese Absorptionen können aber nur durch Anwendung der oben beschriebenen Kompensationstechnik erfaßt werden. Während im Polyäthylen hoher Dichte nur die Äthylbande bei 770 cm^{-1} gefunden wird, erscheint im Spektrum des Polyäthylens kleiner Dichte zusätzlich die Butylabsorption.

WILLBOURN (1959) stellte zur Eichung dieser Banden Modellpolymere mit deuterierten Seitenketten her, die er bei der Umsetzung von Diazomethan mit Diazoalkanen erhielt. So wurde zum Beispiel deuteriertes butylverzweigtes Polymethylen durch Copolymerisation von 1-Diazo-2-Deuteropentan mit Diazomethan synthetisiert. Die Butylverzweigung hat demnach die Struktur

$$\begin{array}{l} | \\ CH_2 \\ | \\ CH-CHD-CH_2-CH_2-CH_3 \\ | \\ CH_2 \\ | \end{array}$$

Der D-Gehalt wurde durch Verbrennung zu schwerem Wasser bestimmt. Aus den D-Gehalten/1000 C-Atome lassen sich die Butylverzweigungen/1000 C angeben und damit die Methylbanden bei 1378 cm^{-1} bzw. die Butylabsorption bei 745 cm^{-1} eichen. Zur Zuordnung und Eichung der Äthylschwingung wurde hydriertes Polybutadien bekannten 1,2-Gehaltes verwendet.

In Proben mit unbekanntem Verzweigungsgrad ergibt die Messung der CH_3-Absorption bei 1378 cm^{-1} die Gesamtzahl der Verzweigungen pro 100 bzw. 1000 C-Atome an, unabhängig von der Art der anwesenden Alkylgruppen. Bei Anwendung dieses Verfahrens auf verschiedene kommerzielle Polyäthylentypen stimmt die Summe der Äthyl- und Butylverzweigungen im Polyäthylen niederer Dichte gut mit der Gesamtzahl der Verzweigungen überein. Daraus wurde geschlossen, daß alle Verzweigungen praktisch Äthyl- und Butylgruppen sind. WILLBOURN (1959) findet im Durchschnitt ein Äthyl-Butyl-Verhältnis von 2:1, während andere Autoren ein Verhältnis von 2:3 bzw. 1:1 (TIRPAK (1965, 1966)) angeben.

Im Polyäthylen hoher Dichte (Niederdruck-Polyäthylen) werden lediglich Äthylgruppen, keine Butylverzweigungen gefunden. Die Differenz zwischen der Gesamtkonzentration an CH_3-Gruppen und der Äthylkonzentration ist daher in diesen Polymeren ein ungefähres Maß für die Zahl der in den Molekülen vorhandenen CH_3-Endgruppen. BRYANT und VOTER (1953) wiesen auf ein Meßverfahren hin, bei dem Alkylketten bei einer Wellenzahl von 889 cm^{-1} bestimmt werden. Der Einfluß der bei der gleichen Wellenzahl absorbierenden Vinylidenanteile wird durch Behandlung des Polymers mit Bromdampf beseitigt. In Abhängigkeit von der Länge der Alkylseitenkette verschiebt sich deren Absorption von 903 cm^{-1} für n-Propyl nach 889 cm^{-1} für Ketten länger als C_5. Wegen der geringen Bandenintensitäten müssen die Messungen an 1 mm dicken Filmen durchgeführt werden. Dieses Verfahren kann als eine Verbesserung der von CROSS u. a. (1950) angegebenen Methode angesehen werden.

Beim Vorliegen nur einer Verzweigungsart ist nach TERANISHI und SUGAHARA (1966) eine Bestimmung des Extinktionskoeffizienten der $\delta_s(CH_3)$-Schwingung über Polymermischungen mit amorphem Polypropylen, Polybuten-1 oder Polyhexen-1 möglich. Die Methylverzweigungen werden bei 1155 cm^{-1} (Skelettschwingung der $CH{-}CH_3$-Gruppe), Äthylgruppen bei 762 cm^{-1} bestimmt. Das Verfahren erlaubt auch bei Anwesenheit mehrerer Verzweigungen die Bestimmung endständiger Methylgruppen und langkettiger Verzweigungen. 1964 wurde ein standardisiertes Verfahren zur Methylgruppenbestimmung in Polyäthylenen verschiedener Dichte (ASTM D 2238 — 64 T) beschrieben, das 1967 in revidierter Fassung erschien und nach dem unter Verwendung der $\delta(CH_3)$-Absorption bei 1378,4 cm^{-1} der Methylgehalt durch Kompensationsverfahren mittels Polyäthylen- oder Polymethylen-Keilen oder -Filmen bekannten CH_3-Gehalts bestimmt wird.

Obwohl keine exakten Grenzen für den Verzweigungsgrad der einzelnen Polyäthylen-Typen angegeben werden können, weisen im allgemeinen Hochdruckpolyäthylene eine größere Zahl von Verzweigungen auf (20 bis 30 CH_3-Gruppen pro 1000 C-Atome) als Niederdruckpolyäthylene, die mit Hilfe von ZIEGLER-Katalysatoren hergestellt wurden (3 bis 10 CH_3-Gruppen pro 1000 C-Atome). Sehr niedrige Verzweigungsgrade werden bei Polyäthylenen nach dem Phillips-Verfahren gefunden (1 bis 2 CH_3-Gruppen pro 1000 C-Atome) (SMITH (1956), SCHNELL (1959)).

6.1.1.4. Ungesättigte Anteile im Polyäthylen

Neben Alkylverzweigungen sind im Polyäthylen ungesättigte Bindungen enthalten, wobei Vinyl- (910 cm^{-1}), trans-Vinylen- (963 cm^{-1}), cis-Vinylen- (720 bis 790 cm^{-1}), Vinyliden- (889 cm^{-1}) und tri- (bei 800 cm^{-1}) bzw. tetrasubstituierte Doppelbindungen auftreten können. Während die Vinyl-, Vinyliden- und trans-Doppelbindungen ultrarotspektroskopisch gut nachweisbar sind, ist die Identifizierung der mehrfach substituierten Doppelbindungen schwierig. Des weiteren wird die Absorption der cis-Vinylbindung durch das Bandendublett bei 720/730 cm^{-1} gestört.

Quantitative Bestimmungen der ungesättigten Anteile im Polyäthylen beschreiben Biernacka (1961), Cernia (1963), Cross (1950), Cudby (1965), de Kock (1964), Lomonte (1965) und Rugg (1953). Die Ermittlung der Extinktionskoeffizienten für die Absorptionsbanden der ungesättigten Gruppen erfolgt in diesen Arbeiten vorwiegend mit Hilfe niedermolekularer Olefine.

Die Bestimmung der Vinylidengruppen bei 889 cm^{-1} wird durch die Absorption von Butylgruppen bei 895 cm^{-1} gestört. Für den Fall, daß bei den Polyäthylenen das Verhältnis der Methylabsorption bei 1378 cm^{-1} zur Butylabsorption konstant ist, und somit die Anzahl der Butylgruppen der der Methylgruppen proportional ist, läßt sich die Störung nach Lomonte (1962) rechnerisch eliminieren. Wird die Gesamtabsorption im Bereich 865 bis 925 cm^{-1} gemessen, die Polyäthylenfolie anschließend bromiert und nochmals ihr UR-Spektrum aufgenommen, so läßt sich aus der Absorptionsdifferenz der Vinylidengehalt ebenfalls bestimmen. Diese Methode ist die sicherste. Die Nachweisgrenze für die Vinyliden-Ungesättigtheit wird mit 0,005 (C=C)/100 C-Atome angegeben (de Kock (1964)).

Die Bestimmung der trans-Doppelbindungen wird durch eine schwache Rocking-Schwingung bei 965 cm^{-1} beeinflußt. Ihr Anteil läßt sich nach dem vorstehend beschriebenen Bromierungsverfahren abschätzen. Die Nachweisgrenze für trans-Vinylen-Doppelbindungen liegt bei 0,001 (C=C)/100 C-Atome.

Die Vinylabsorption bei 910 cm^{-1} wird durch einen Flügel der CH_3-Bande bei 895 cm^{-1} etwas gestört. Die Nachweisempfindlichkeit für Vinylgruppen liegt bei 0,001 (C=C)/100 C-Atome.

Zur cis-Vinylen-Bestimmung im Hochdruckpolyäthylen schlägt Cudby (1965) zwei Methoden vor: die Aufnahme von Differenzspektren vor und nach der Hydrierung des Polyäthylens und die Isomerisierung der cis-Anteile in die trans-Form mittels γ-Strahlung. Durch letztere Methode wird eine Nachweisempfindlichkeit bis 0,001 (C=C)/100 C-Atome erreicht. Nach diesen Untersuchungen ist die Gesamtungesättigtheit im Hochdruckpolyäthylen angenähert 0,05 (C=C)/100 C-Atome, wobei vorwiegend Vinylidengruppen vorliegen. Die Anzahl der cis-Doppelbindungen ist unbedeutend. Die Summe der olefinischen Strukturen läßt sich beim Hochdruckpolyäthylen an Hand der ν(C=C)-Schwingung bei 1643 cm^{-1} ermitteln; eine Überprüfung aller spektroskopischen Bestimmungsverfahren kann mit Hilfe der JCl-Methode erfolgen.

Im Gegensatz zum Hochdruckpolyäthylen wird in linearem Polyäthylen die Vinylgruppe gefunden, wobei in Ziegler-Polyäthylenen außerdem die trans-Vinylengruppierung zu 20 bis 40% an der Gesamtungesättigtheit beteiligt ist (Hummel (1968)). Bei der Einwirkung von Brom auf Polyäthylenkristalle wiesen Witenhafer und Koenig (1969) eine Abnahme der ungesättigten Vinylendgruppen auf etwa 10% nach, woraus sie folgerten, daß sich die ungesättigten Endgruppen an den Außenseiten der Kristalle befinden.

6.1.1.5. Oxydation und strahlenchemische Vernetzung von Polyäthylen

Beim thermischen oder strahlungsinduzierten Abbau von Polyäthylen in Luft oder Sauerstoff werden spektroskopisch nachweisbare Sauerstoffgruppierungen gebildet, die Rückschlüsse über den Mechanismus des Oxydationsverlaufes ermöglichen (BAUM (1959), VOIGT (1966)). Der spektroskopische Nachweis dieser Sauerstoffverbindungen (Aldehyde, Säuren, Ketone, Ester, Hydroperoxide, Äther, Acetale) und ihre quantitative Bestimmung waren Gegenstand zahlreicher Untersuchungen (BEACHELL (1956, 1960), BURNETT (1955), CROSS (1950), GRAFMÜLLER (1960), KRAMM (1964), LOMONTE (1964), MITCHELL (1967), RUGG (1954)). So ordneten BURNETT u. a. (1955) sowie CROSS u. a. (1950) die Absorption der ν(OH)-Schwingung bei 3559 cm^{-1} der Hydroperoxidgruppe im Polyäthylen zu. KRAMM u. a. (1964) wiesen auf die Lagebeeinflussung der OH-Bande durch andere Gruppen hin und bestimmten den OH-Gehalt im oxidierten Polyäthylen nach quantitativer Acetylierung bei 1245 cm^{-1} (ν(C—O)). Die Eichung erfolgte an oxydiertem Polyäthylen auf radiochemischem Wege, das mit C^{14} markiertem Essigsäureanhydrid umgesetzt wurde. MITCHELL und PERKINS (1967) setzten in Polyäthylenen vorhandene OOH-Gruppen mit SO_2 zu Sulfat um und bestimmten den Hydroperoxidgruppenanteil durch Messung der Bandenintensität bei 1195 cm^{-1}. Im allgemeinen ist die Absorption der OOH-Gruppe selbst zu schwach, um quantitativ ausgewertet werden zu können.

Die carbonylhaltigen Verbindungen absorbieren im Bereich 1700 bis 1750 cm^{-1}, wobei eine eindeutige Zuordnung zur jeweiligen Stoffklasse (Aldehyde, Ketone, Säuren, Ester) auf Grund der Bandenlage durch die mögliche Beeinflussung der CO-Absorption Unsicherheiten einschließt. Aus diesem Grunde bestimmte zum Beispiel LOMONTE (1964) den Estergehalt im oxydierten Polyäthylen durch Messung der ν(C—O)-Bande bei 1175 cm^{-1}. GRAFMÜLLER und HUSEMANN (1960) ordneten diese Absorption neben Ester- auch Äther- und Acetalbindungen zu. Eine im oxydierten Polyäthylen z. T. auftretende Bande bei 1685 cm^{-1} wird auf die Bildung α-β-ungesättigter Ketone in der Kette zurückgeführt.

LUONGO (1960) sowie MATSUDA und KURIHARA (1962) beobachteten einen Anstieg der Kristallinität bei der Oxydation des Polyäthylens an Luft bei 100 °C. IGARASHI u. a. (1964) fanden im Gegensatz hierzu durch Vergleich von DTA- mit UR-Messungen keine Änderung der absoluten kristallinen Anteile durch die Alterung. LUONGO (1963) erklärte in einer weiteren Untersuchung den scheinbaren Anstieg der Kristallinität während der Oxydation mit der Bildung von CO—OH- und OOH-Gruppen, die sich vorzugsweise aus den CH_2-Gruppen im amorphen Bereich bilden sollen. Die Abnahme dieser CH_2-Gruppenkonzentration schwächt die Intensität der Bande bei 720 cm^{-1}. Dadurch steigt das zur Kristallinitätsbestimmung verwendete Extinktionsverhältnis E_{730}/E_{720} an und täuscht eine Kristallinitätszunahme vor.

6.1.1.6. *Kristallinität und Orientierung*

Die Bestimmung des Ordnungszustandes (Kristallinität) der verschiedenen Polyäthylen-Typen, dessen Kenntnis von industriellem und wissenschaftlichem Interesse ist, kann außer durch Weitwinkelröntgenuntersuchungen, Dichtemessungen, Schmelzenthalpiebestimmungen, Breitlinien-NMR und selektive Oxydation durch Messung der Intensitäten von UR-Absorptionen erfolgen, bei denen infolge der unterschiedlichen Wechselwirkung der CH_2-Gruppen in den geordneten und ungeordneten Bereichen eine Abhängigkeit vom *kristallinen* bzw. *amorphen* Anteil festzustellen ist. Das Polyäthylen kann dabei in erster Näherung als partiell-kristallines Polymer betrachtet werden, bei dem geordnete kristalline neben ungeordneten amorphen Bereichen auftreten (Zweiphasenmodell).

In mehreren Arbeiten wurde das Bandendublett im Bereich 720 bis 731 cm^{-1} zur Kristallinitätsbestimmung herangezogen (HELLWEGE (1956), KAISER (1956, 1956a, 1957), KELLER (1955), KRIMM (1956), LUONGO (1964), NICHOLS (1954), RUGG (1953), STEIN (1954, 1955, 1956)). Während die Absorption bei 720 cm^{-1} sowohl von den kristallinen wie amorphen Anteilen hervorgerufen wird, erscheint die Absorption bei 731 cm^{-1} nur bei Anwesenheit kristalliner Anteile im Polymer (STEIN (1954, 1955)); sie verschwindet daher beim Schmelzen und erscheint nach dem Abkühlen wieder.

Das Verhältnis der integralen Absorptionen beider Dublettkomponenten korreliert mit dem Kristallinitätsgrad. Eine exakte Intensitätsmessung setzt aber eine genaue Auftrennung des Dubletts voraus, die Schwierigkeiten bereitet; infolge der starken Intensität beider Banden können die Untersuchungen nur an sehr dünnen Filmen (ca. 10 μm) durchgeführt werden. Außerdem zeigen beide Komponenten einen ausgeprägten Dichroismus, so daß vor der eigentlichen Analyse der Proben der Orientierungszustand mittels polarisierter Strahlung untersucht werden muß (BRADBURY (1960), CHAPMAN (1957), HENDUS (1961), LUONGO (1964), NIELSEN (1957), SCHNELL (1960), TOBIN (1957)).

Aus diesem Grunde wurden andere Absorptionsbanden zur Kristallinitätsbestimmung herangezogen. So wurden bei 2016, 1894, 1176 und 1050 cm^{-1} Banden gefunden, die Absorptionen kristalliner Anteile zuzuordnen sind (BROWN (1950), KONTNIK (1960), KRIMM (1960), NIELSEN (1960, 1961), NIKITIN (1954), TOBIN (1956)). Es wird angenommen, daß diese Banden charakteristisch für die trans-Konfiguration der Kohlenstoffkette sind. Die Banden bei 1303, 1352 und 1368 cm^{-1} entstammen nichtkristallinen oder amorphen Bereichen (BROWN (1963), KRIMM (1960), MILLER (1956a), NIELSEN (1960, 1961)), wobei die bei 1303 und 1352 cm^{-1} absorbierenden Methylengruppen wenigstens eine benachbarte gauche-Bindung aufweisen. Die Zuordnung der Bande bei 1368 cm^{-1} ist nicht einheitlich. KRIMM (1960) ordnet sie CH_2-Gruppen in gauche- oder trans-Konformation zu, NIELSEN und HOLLAND (1960) führen sie auf CH_2-Gruppen zurück, die von trans-Bindungen im Amorphen flankiert sind.

Zur Bestimmung der kristallinen Anteile wurde am häufigsten die Absorption bei 1894 cm^{-1} benutzt, die von NIELSEN und WOOLLETT (1957) mit einer Kombinationsschwingung der kristallinen Banden bei 731 und 1176 cm^{-1} in Zusammenhang gebracht wurde und auf Grund ihres Temperaturverhaltens rein kristallinen Charakter besitzt. Die Kristallinitätsbanden bei 1176 und 1050 cm^{-1} sind relativ schwach und geben bei niedrigen Kristallinitätsgraden fehlerhafte Ergebnisse.

HENDUS und SCHNELL (1961) fanden bei der Untersuchung einer Anzahl von Polyäthylen-Typen (lineare und verzweigte) eine lineare Abhängigkeit der Extinktion der amorphen und kristallinen Banden vom spezifischen Volumen. Die Extinktion der amorphen Anteile bei 1303 cm^{-1} nimmt mit steigendem, die Extinktion der kristallinen Bande bei 1894 cm^{-1} mit fallendem spezifischen Volumen linear zu. Durch Extrapolation nach $E_K = 0$ wurde das spezifische Volumen eines völlig amorphen, bzw. nach $E_A = 0$ eines völlig kristallinen Polyäthylen ermittelt. Des weiteren folgen hieraus die Extinktionswerte für völlig amorphes bzw. kristallines Polyäthylen (siehe auch Abschnitt 5.1.2. und Abb. 5.2). Dabei wird in Übereinstimmung mit der aus Röntgenmessungen berechneten Dichte für völlig kristallines Polyäthylen ein Wert von 1,00 g/cm³ gefunden, während für die Dichte des völlig amorphen Polyäthylens leicht abweichende Werte gefunden werden (0,862 g/cm³ röntgenographisch und 0,870 g/cm³ ultrarotspektroskopisch). Die Abweichung wurde von SCHNELL (1961) auf die unterschiedlichen Auswerteverfahren bei röntgenographischen und spektroskopischen Messungen zurückgeführt (Tab. 6.3).

Tabelle 6.3 Kristallinität X verschiedener Polyäthylene (nach HENDUS und SCHNELL (1961))

Herstellungsverfahren des Polyäthylens	Dichte [g/cm³]	Verzweigungsgrad [CH_3/1000 C]	X [%] Röntgen	Ultrarot
PHILLIPS	0,960	1	74	72
ZIEGLER	0,965	1	78	76
	0,950	4	68	65
Hochdruck-	0,935	12	57	53
Polyäthylen	0,918	28	45	40

OKADA und MANDELKERN (1966, 1967) erweiterten diese Ansätze durch Bestimmung der gauche- und trans-Anteile im amorphen Polyäthylen. Bei diesen Untersuchungen fanden sie für die Abhängigkeit der Intensitätsverhältnisse Φ_{1305}/Φ_{1368} und Φ_{1357}/Φ_{1368} von der Dichte eine Konstanz dieser Größen im Dichtebereich $< 0{,}96$ g/cm³; bei höheren Dichtewerten ist die Konstanz nicht mehr erfüllt. Daraus wurde gefolgert, daß die Intensität der beiden gauche-Banden bei 1305 und 1352 cm⁻¹ nicht nur durch die Konzentration der im nichtkristallinen Bereich vorhandenen gauche-Strukturen bestimmt wird, sondern bei höheren Dichten auch Einflüsse der Sequenzverteilung und der Wechselwirkung zwischen den aufeinanderfolgenden CH_2-Gruppen in der Kette eine Rolle spielen (Abb. 6.3).

Erwartungsgemäß nimmt mit steigender Temperatur die Intensität der kristallinen Bande bei 1894 cm⁻¹ ab, die der amorphen Banden zu (SCHNELL (1961)). Der Extinktionskoeffizient der kristallinen Bande nimmt mit steigender Temperatur stark ab, was bei Untersuchungen über die Temperaturabhängigkeit der Kristallinität zu beachten ist. Unter Berücksichtigung dieser Abhängigkeit ergeben sich für den Kristallinitätsgrad als Funktion der Temperatur gleiche Werte, ob man amorphe oder kristalline Banden zur Auswertung verwendet (OKADA und MANDELKERN (1967)). Wird der Temperatureinfluß nicht beachtet, ergeben sich beträchtliche Abweichungen von den realen Werten (ZACHMANN und STUART (1961)).

Bis etwa 100 °C ist der Kristallinitätsgrad beim linearen Polyäthylen unabhängig von der Temperatur, während zwischen 100 und 125 °C infolge des Schmelzbeginns Änderungen nachweisbar sind, die nach OKADA (1967) um so größer sind, je höher das Molekulargewicht der Probe und je niedriger ihr Kristallinitätsgrad ist; beim verzweigten Polyäthylen nimmt die Kristallinität dagegen mit steigender Temperatur allmählich ab. SUCHOV u. a. (1967) fanden eine Zunahme der Extinktion bei 1894 cm⁻¹ und damit der Kristallinität des Niederdruck-Polyäthylens um das 1,5- bis 1,9fache mit abnehmender Temperatur im Bereich von 310 bis 150 °K.

Teranishi und Sugahara (1966) stellten eine Beziehung zwischen der Kristallinität und der Kurzkettenverzweigung im Polyäthylen auf, wobei statistisch aufgebaute Äthylen-Propylen- bzw. Äthylen-Butylen-Copolymere für die Eichung

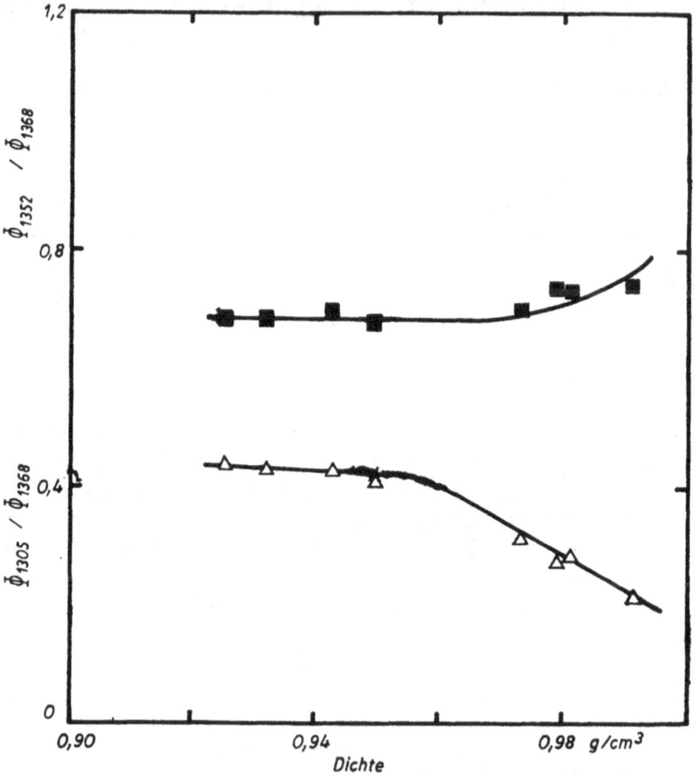

Abb. 6.3 Darstellung der Intensitätsverhältnisse Φ_{1305}/Φ_{1368} und Φ_{1352}/Φ_{1368} in Abhängigkeit von der Dichte von schmelzkristallisiertem Polyäthylen (nach Okada (1967)).

verwendet wurden. In die für die Berechnung der Kristallinität aufgestellten Beziehungen gehen das mittlere Molekulargewicht und der ultrarotspektroskopisch zu bestimmende Verzweigungsgrad ein.

Über die Kristallinitätsbestimmung an Polymermischungen aus Hoch- und Niederdruck-Polyäthylen berichteten Fujiwara und Naraski (1963). Einen Überblick über die verschiedenen Bestimmungsmethoden der Kristallinität des Polyäthylen und die Ergebnisse der einzelnen Meßverfahren gaben Kavesh und Schultz (1969).

In mehreren Arbeiten wurde der Nachweis erbracht, daß Polyäthylen Einkristalle bilden kann, die gefaltete Ketten enthalten. Die Kettenachsen sind in solchen Kristallen senkrecht zur Ebene der dünnen Plättchen angeordnet, die bei der Kristallisation aus verdünnter Lösung erhalten werden (Tasumi und Krimm

(1968a)). Mit der Molekulartheorie der Polymerkettenfaltung befaßten sich LINDENMEYER (1967) sowie KAWAI u. a. (1968, 1969).

Von KOENIG und WITENHAFER (1966b) sowie OKADA und MANDELKERN (1966, 1967) wurde die Kettenfaltung im unverzweigten Polyäthylen mittels der Absorptionen bei 1352 und 1303 cm^{-1} (CH_2-Gruppen in gauche-Konformation) untersucht, die Anteile der gestörten und der gefalteten Regionen enthalten. Dabei wurde im lösungskristallisierten Polyäthylen die gleiche Faltungsstruktur gefunden wie im langsam abgekühlten, schmelzkristallisierten Polyäthylen. Wird die Faltungsstruktur, deren Absorption einen niedrigeren Extinktionskoeffizienten besitzt, zerstört, so tritt wegen der höheren Extinktion der unregelmäßigen gauche-Strukturen ein scheinbarer Anstieg des Gesamt-gauche-Gehaltes auf (KOENIG und WITENHAFER (1966b)). Bei der Dehnung orientierter Polyäthylenfasern nimmt die Anzahl der gauche-Isomeren ab, wie GAFUROV und NOVAK (1970) durch Untersuchungen im Bereich zwischen 1200 und 1400 cm^{-1} zeigten.

Von TASUMI und KRIMM (1968a) wurden die Schwingungsfrequenzen eines Polyäthylen-Kristallgitters für verschiedene Strukturen berechnet, in denen völlig deuterierte Ketten mit normalen Ketten gemischt waren. Bei solchen Strukturen ist eine Unterscheidung der Kettenfaltung in der (110)-Ebene und der Faltung parallel zur (100)-Ebene möglich.

In dem regulären Polymer (CH_2—CD_2) läßt sich die Zahl der CH_2-Gruppen in der Faltung bestimmen. Durch Vergleich mit Modellverbindungen konnten SCHONHORN und LUONGO (1969) nachweisen, daß die Bande bei 1340 cm^{-1} mit der Faltungs- oder Biegungskonformation zusammenhängt; die Absorption bei 1350 cm^{-1} wurde der gauche-Konformation zugeordnet.

BANK und KRIMM (1969, 1970) fanden in den UR-Spektren von Einkristallmischungen von Polyäthylen und Polydeuteropolyäthylen Aufspaltungen der CD_2- und CH_2-Deformations- und Rockingschwingungen, die kleiner als die bei den reinen Komponenten sind. Dieser Effekt wird mit Störungen des Kristallgitters durch *Wimpern* (cilia) erklärt; das sind Molekülenden, die aus dem Einkristall herausragen und in den Nachbarkristall eindringen. Diese *cilia* können dem amorphen Anteil, der in Polyäthylen-Einkristallen gemessen wird, quantitativ nahezu entsprechen. Durch kräftiges Schütteln in einer Kugelmühle werden orthorhombische Polyäthylenkristallite teilweise in die monokline Struktur transformiert. Im Bereich der CH_2-Rockingschwingungen tritt eine Bande bei 715 cm^{-1} auf, die durch Tempern der geschüttelten Proben wieder zum Verschwinden gebracht wird (KIKUCHI (1970)). Untersuchungen an H/D-Mischkristallen und Kristallmischungen zeigten, daß nach dem Tempern nicht mehr die ursprüngliche Faltung in (110)-Ebenen, sondern eine (200)-Faltung vorliegt.

Über die Orientierung der Molekülketten bei Kalt- und Warmverformungen der einzelnen Polyäthylentypen liegen mehrere spektroskopische Arbeiten vor, in denen das dichroitische Verhalten des Bandendubletts bei 720 cm^{-1} sowie der beiden Kombinationsschwingungen bei 1894 cm^{-1} und 2016 cm^{-1} untersucht wird (AGGARWAL (1959), CHAPMAN (1957), DESPER (1969), JAKOBI (1962), KAISER (1956, 1957, 1958), KELLER (1955), KRIMM (1954), SCHNELL (1960), STEIN (1958)).

Während im kaltgereckten Polyäthylen das Bandendublett bei 720 cm^{-1} σ-Dichroismus aufweist, zeigt die Absorption bei 731 cm^{-1} nach dem Tempern bei 100 °C π-Dichroismus, was auf eine Umorientierung der Molekülketten hinweist (a-Achse parallel, c-Achse senkrecht zur ursprünglichen Reckrichtung). Auf Grund der Beeinflussung des Bandendubletts durch die Kristallinität der Probe ist es schwierig, zwischen Orientierungs- und Kristallinitätseffekten zu unterscheiden, deren gegenseitige Abhängigkeit in den einzelnen Arbeiten unterschiedliche Beachtung findet. Nach SCHNELL (1960) sind die Absorptionen bei 1894 und 2016 cm^{-1} zur getrennten Erfassung der Kristallinität und der Orientierung von gestrecktem Polyäthylen besser geeignet. Nach diesen Untersuchungen sind bei sehr hohen Reckgraden (700 bis 1000%) die π-Komponente der Bande bei 1894 cm^{-1} und die σ-Komponente bei 2016 cm^{-1} fast völlig verschwunden, und die anderen Komponenten zeigen Intensitäten, die einer annähernd idealen Orientierung entsprechen. Beim linearen Polyäthylen bleibt die Orientierung bis in Schmelzpunktnähe bestehen, während sie bei den verzweigten Typen mit steigender Temperatur zurückgeht. Beim Verstrecken wird keine Änderung der Kristallinität nachgewiesen.

GLENZ (1969, 1970, 1971, 1971a) untersuchte die Änderungen der Orientierung und Konformation von linearem Polyäthylen bei sehr großen Reckgraden (Recktemperatur 60°C). Die mit Hilfe der Kristallinitätsbande 1894 cm^{-1} ermittelte Kristallinität bleibt bei abgeschreckten Proben bis zum Streckfaktor 7 konstant und nimmt bei weiterer Reckung erst schnell dann langsamer zu. In Proben mit hoher Ausgangskristallinität durchläuft der Ordnungsgrad ein Minimum beim Streckfaktor 7. Die Orientierung der Kristallite steigt bis zum Streckfaktor 20 an und erreicht dann einen Sättigungswert. Die Orientierung der Kettensegmente in der amorphen Phase des Polymers nimmt ebenfalls zu; dabei steigt der Anteil der trans-Konformation auf Kosten der gauche-Konformationen an. Dies konnte aus der Abnahme der relativen Extinktionen der Banden 1368, 1353 und 1303 cm^{-1} und der Konstanz der Bande 1078 cm^{-1} gefolgert werden. Die Ergebnisse werden so gedeutet, daß in der Anfangsphase der Reckung die sphärolitische Struktur des Polymers zerstört wird, wobei die Unterschiede der Ausgangsmorphologie verschwinden. Der Anteil der Kettenschlaufen wird geringer, während die durchgehenden Kettensegmente zunehmen. In einer weiteren Arbeit wurde die Orientierung der Vinyl- und Methylendgruppen untersucht (GLENZ (1971b)).

Von SUČKOV und NOVAK (1969) wurde die Molekülorientierung von Hoch- und Niederdruck-Polyäthylen auf der Grundlage der Absorption bei 5782 cm^{-1} bestimmt. Sie berechneten die Konzentration und die Orientierung der Kristallite und die Molekülorientierung im amorphen Bereich.

6.1.2. Polypropylen

6.1.2.1. Einführung

Das technische und wissenschaftliche Interesse am Polypropylen

$$-[CH_2-\underset{\substack{|\\ CH_3}}{CH}-]_n$$

nahm mit der Entwicklung stereospezifischer Polymerisationsverfahren unter Verwendung von ZIEGLER-Katalysatoren durch Natta (1955, 1955a) sehr schnell zu.

Während die bei radikalischer Polymerisation entstehenden ataktischen Polymerisate ölige oder wachsartige Produkte mit relativ niedrigem Molekulargewicht sind, erhält man durch stereospezifische Polymerisation überwiegend isotaktisches, kristallisationsfähiges Polypropylen. Die Eigenschaften dieses Materials hängen in erheblichem Ausmaß vom Taktizitätsgrad ab, bei dessen Bestimmung neben Extraktionsverfahren (RUSSELL (1960)) ultrarotspektroskopische Methoden eine wichtige Rolle spielen. Ein großer Teil der spektroskopischen Untersuchungen des Polypropylens befaßt sich daher mit der Abhängigkeit des UR-Spektrums von der Taktizität (siehe Abschnitt 6.1.2.5.).

Die ersten Angaben über das UR-Spektrum von Polypropylen stammen von NATTA (1955). In dieser Arbeit, die auch die Ergebnisse dichroitischer Messungen enthält, wird bereits auf die Unterschiede zwischen den Spektren von kristallinem, geschmolzenem und ataktischem Polypropylen hingewiesen. Über ausführlichere Untersuchungen berichteten ABE (1959), LIANG (1960b), PERALDO (1959) und TOBIN (1960). RAMAN-Spektren vom Polypropylen wurden von MAKLAKOV (1964), NIKITIN (1962) und TOBIN (1960) veröffentlicht. Eine befriedigende Zuordnung der Absorptionsbanden zu charakteristischen Gruppenfrequenzen war zunächst nur für die CH-Valenzschwingungen sowie für die symmetrische CH_2-Deformationsschwingung (1435 cm^{-1}), die antisymmetrische CH_3-Deformationsschwingung (1454 und 1460 cm^{-1}) und für die symmetrische CH_3-Deformationsschwingung (1378 cm^{-1}) möglich.

Die Struktur des kristallinen isotaktischen Polypropylens wurde von NATTA u. a. (1955b, 1956a, 1960) durch Röntgenbeugung bestimmt. Die reguläre Molekülkette hat die Konformation einer 3_1-Helix mit drei Monomereinheiten in der Elementareinheit (Abb. 6.4). Auf der Grundlage dieser Struktur gab PERALDO (1959) eine theoretische Begründung der zu erwartenden Schwingungen. Wenn n die Zahl der Atome in der Monomereinheit ist, so treten bei einer Einzelkettenanalyse, welche die Wechselwirkung zwischen den die kristallographische Elementarzelle durchlaufenden Molekülketten vernachlässigt, $3n - 2 = 25$ Normalschwingungen der Rasse A und $2(3n - 1) = 52$ Normalschwingungen der Rasse E auf. Bei der Rasse A schwingen benachbarte Monomereinheiten in Phase, und das Übergangsmoment liegt parallel zur Helixachse. Bei den Schwingungen der Rasse E besteht zwischen benachbarten Einheiten die Phasenverschiebung $\pm \frac{3}{2} \pi$. Sie sind paarweise entartet, und das Übergangsmoment liegt senkrecht zur Helixachse. Einige Banden lassen sich auf Grund ihres starken Dichroismus der A- bzw. E-Rasse zuordnen. In den meisten Fällen sind aber die einander entsprechenden A- und E-Schwingungen nicht aufgelöst. Mit Hilfe des Strukturmodells ist es möglich, das Intensitätsverhältnis der beiden Komponenten abzuschätzen, so daß das experimentell bestimmte dichroitische Verhältnis die Zuordnung stützen kann (KRIMM (1960)). Einige Banden ließen sich mit Hilfe der Deuterium-Substitution zuordnen (siehe folgender Abschnitt). Die vollständige Interpretation des Ultrarotspektrums von Polypropylen gelang jedoch erst durch eine Normalkoordinatenanalyse (siehe Abschnitt 6.1.2.3.).

BENEDETTI (1967) untersuchte zum Zwecke der Zuordnung der Banden zu iso- und syndiotaktischen Strukturen die UR-Spektren einiger niedermolekularer Modellverbindungen.

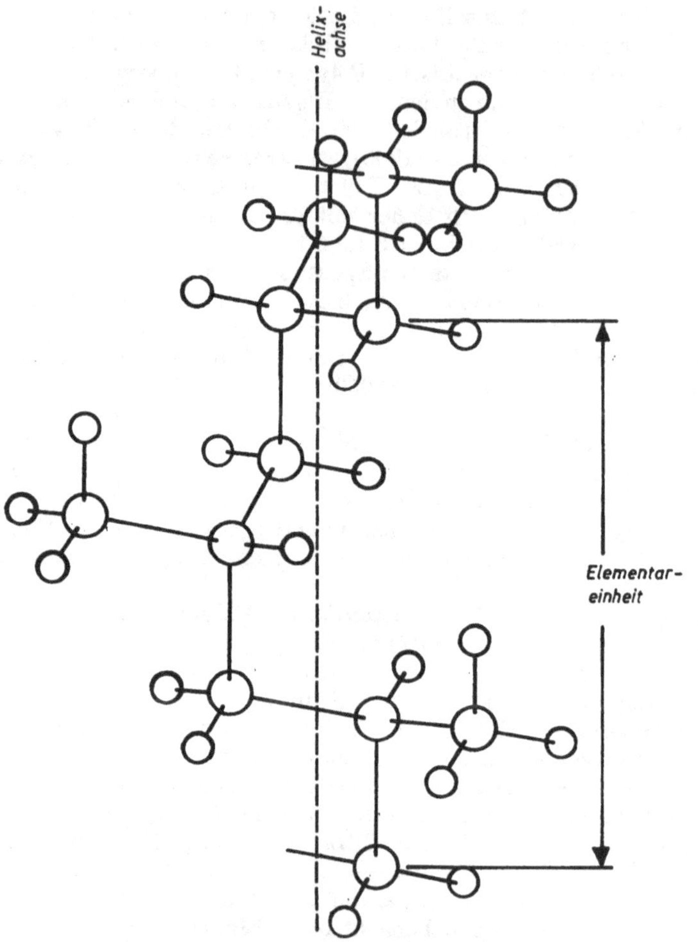

Abb. 6.4. Konformation der Molekülkette in kristallinem isotaktischen Polypropylen (nach SNYDER 1964)).

6.1.2.2. *Die UR-Spektren von deuterierten Polypropylenen*

LIANG und Mitarb. (1960a, 1960c, 1961, 1962) und McDONALD (1961, 1961a) diskutierten die Ultrarotspektren von deuterierten Polypropylenen. Die Polymere wurden durch stereospezifische Polymerisation der Monomeren $CD_2{=}CHCH_3$ (Poly-1,1-d_2-propylen), $CH_2{=}CDCH_3$ (Poly-2-d_1-propylen), $CH_2{=}CHCD_3$ (Poly-3,3,3-d_3-propylen) und $CD_2{=}CDCD_3$ (Poly-d_6-propylen) hergestellt. Durch Vergleich der in den Spektren dieser Polymere auftretenden Frequenzverschiebungen konnten einige Banden in bestimmten Kohlenwasserstoffgruppen lokalisiert werden. Eine einigermaßen sichere Zuordnung wurde jedoch nur für die CH-Valenzschwingungen (Tab. 6.4) und für die höherfrequenten CH-Deformationsschwingungen ermöglicht (Tab. 6.5). Alle anderen Banden im Gebiet zwischen 1500 und 600 cm^{-1} ändern ihre Intensität oder Lage bei der Deuteriumsubstitution an jeder der CH-, CH_2- oder CH_3-Gruppen. Sie sind daher als gekoppelte Schwingungen dieser Gruppen und des C—C-Skeletts anzusehen.

Tabelle 6.4 Zuordnung der CH- und CD-Valenzschwingungen von isotaktischem Polypropylen (nach LIANG (1960a))

Wellenzahl [cm^{-1}]	Zuordnung	Wellenzahl [cm^{-1}]	Zuordnung	$\frac{\tilde{\nu}(CH)}{\tilde{\nu}(CD)}$
2960	$\nu_a(CH_3)$	2214	$\nu_a(CD_3)$	1,34
2949	$\nu_a'(CH_3)$	2204	$\nu_a'(CD_3)$	1,34
2920	$\nu(CH)$	2153	$\nu(CD)$	1,36
2920	$\nu_a(CH_2)$	2170	$\nu_a(CD_2)$	1,35
2875	$2\times\delta(CH_2)$			
2866	$\nu_s(CH_3)$	2065	$\nu_s(CD_3)$	1,39
2836	$\nu_s(CH_2)$	2082	$\nu_s(CD_2)$	1,36

Tabelle 6.5 Zuordnung der CH-Deformationsschwingungen von Polypropylen (nach LIANG (1961))

Wellenzahl [cm^{-1}]	wird beeinflußt bei Deuterierung der Gruppe	Zuordnung
1460	CH_3	$\delta_a'(CH_3)$
1455	CH_3	$\delta_a(CH_3)$
1443	CH_2	$\delta_s(CH_2)$
1380	CH_3	$\delta_s(CH_3)$

6.1.2.3. *Schwingungsanalyse und Zuordnung der Ultrarotbanden von isotaktischem Polypropylen*

Die empirische Schwingungszuordnung erwies sich bei der Interpretation des UR-Spektrums von Polypropylen als sehr unbefriedigend. Die Ergebnisse der Deuteriumsubstitution zeigen, daß die Ursache dafür die starke Kopplung zwischen den verschiedenen CH-Deformationsschwingungen und den Gerüstschwingungen ist. Eine befriedigende Interpretation ist daher nur von einer rigorosen Normalkoordinatenanalyse zu erwarten.

GRAMBERG (1961) und KRÖMER (1964) versuchten, die Gerüstschwingungen durch eine vereinfachte Näherungsrechnung zu bestimmen, indem sie die Gruppen CH, CH_2 und CH_3 als starre Massenpunkte betrachten. Zwischen 850 und 200 cm^{-1}

ergab sich eine gewisse Übereinstimmung zwischen den berechneten und den gemessenen Frequenzen; die Zuordnung bleibt bei einem solchen vereinfachten Modell aber wegen der Vernachlässigung der Kopplung mit den CH-Deformationsschwingungen schwierig und unsicher.

Die von NATTA (1956a) beschriebene Elementarzelle des kristallinen isotaktischen Polypropylens enthält vier Molekülketten, so daß im Prinzip bei der Normalkoordinatenanalyse auch intermolekulare Wechselwirkungen zu berücksichtigen wären. NATTA (1959b) fand jedoch keinerlei Unterschiede in den Spektren von kristallinem und smektischem Polypropylen. Daraus folgt, daß die intermolekularen Wechselwirkungen so schwach sind, daß sie zu keiner Bandenaufspaltung führen und vernachlässigt werden können. (CIAMPELLI (1964) fand beim Übergang von der smektischen zur kristallinen Modifikation eine ganz geringe Verschiebung (0,4 cm^{-1}) der Bande bei 840 cm^{-1}). Dies berechtigt, die Normalkoordinatenanalyse auf eine einzelne Molekülkette zu beschränken, wodurch das Problem mit erträglichem Rechenaufwand lösbar wird.

Tabelle 6.6 Gemessene und berechnete Wellenzahlen der CH-Valenzschwingungen von isotaktischem Polypropylen nach PERALDO (1960) (gemessene Werte) und MIYAZAWA (1964) (berechnete Werte)

Wellenzahl [cm^{-1}] gemessen	Wellenzahl [cm^{-1}] berechnet	Zuordnung
2959 *vs*, π	2962 (*A*) 2962 (*E*)	$\nu_a(CH_3)$; antisymmetr. zur $H-C-CH_3$-Ebene
2950 *vs*, σ	2962 (*A*) 2962 (*E*)	$\nu_a'(CH_3)$; symmetr. zur $H-C-CH_3$-Ebene
2921 *vs*, σ	2927 (*E*) 2926 (*A*)	$\nu(CH)$
2879 *s*, σ	2903 (*E*) 2906 (*A*)	$\nu_a(CH_2)$
2868 *s*, σ	2873 (*E*) 2873 (*A*)	$\nu_s(CH_3)$
2838 *m*	2848 (*E*) 2845 (*A*)	$\nu_s(CH_2)$

Die isolierte einzelne Kette des isotaktischen Polypropylens enthält drei Monomereinheiten je Helixwindung (Abb. 6.4). Die intramolekularen Potentialfunktionen von Kohlenwasserstoffmolekülen wurden von SHIMANOUCHI (1963) und SCHACHTSCHNEIDER (1963, 1964) untersucht. Auf dieser Grundlage wurden die Normalschwingungen von Polypropylen und seinen deuterierten Analogen ausgehend von jeweils etwas unterschiedlichen Kraftfeldern von SCHACHTSCHNEIDER (1964), SNYDER (1964), MIYAZAWA (1963a, 1963b, 1964, 1964c, 1965, 1968) und TADOKORO (1963a, 1965) berechnet.

In den Tab. 6.6 bis 6.8 sind die von MIYAZAWA (1964, 1968) berechneten Werte zusammen mit von PERALDO (1960) gemessenen Wellenzahlen, den relativen

Intensitäten und der Polarisation der Banden angegeben. Die dritte Spalte der Tabellen enthält die Zuordnung der Banden bzw. die Verteilung der potentiellen Energie der Schwingungen auf die Gruppenschwingungen. Sie zeigt insbesondere im mittleren Ultrarot die starke Kopplung der Gruppenschwingungen. In Abb. 6.5 sind die polarisierten UR-Spektren von isotaktischem Polypropylen wiedergegeben.

Die Valenzschwingungen der CH_3-, CH_2- und CH-Gruppen sind in den jeweiligen Gruppen lokalisiert und werden deshalb von der Stereoregularität und der Kettenkonformation sehr wenig beeinflußt, was auch in den Spektren von deuteriertem Polypropylen zum Ausdruck kommt. Die Banden bei 2920 und 2875 cm^{-1} wurden

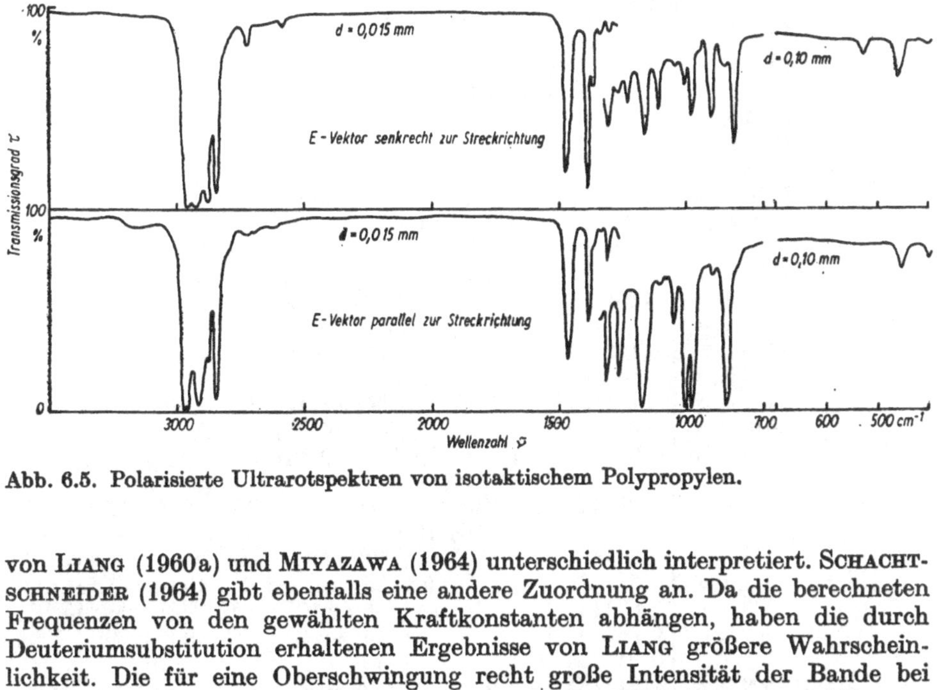

Abb. 6.5. Polarisierte Ultrarotspektren von isotaktischem Polypropylen.

von Liang (1960a) und Miyazawa (1964) unterschiedlich interpretiert. Schachtschneider (1964) gibt ebenfalls eine andere Zuordnung an. Da die berechneten Frequenzen von den gewählten Kraftkonstanten abhängen, haben die durch Deuteriumsubstitution erhaltenen Ergebnisse von Liang größere Wahrscheinlichkeit. Die für eine Oberschwingung recht große Intensität der Bande bei 2875 cm^{-1} läßt sich durch Fermi-Resonanz mit der $\nu(CH_2)$-Frequenz erklären.

Die symmetrische CH_2-Deformationsschwingung bei 1435 cm^{-1} wurde auch im Poly-2-d_1-propylen und im Poly-3,3,3-d_3-propylen gefunden. In dem zuletzt genannten Polymer war es möglich, die A- und E-Komponenten bei 1440 cm^{-1} (π) bzw. bei 1438 cm^{-1} (σ) aufzulösen (Peraldo (1960)). Auf Grund des Strukturmodells ist zu erwarten, daß die A-Komponente stärker als die E-Komponente ist. Dies wurde jedoch nur beim Poly-3,3,3-d_3-propylen beobachtet, woraus zu schließen ist, daß im Gegensatz zu den Angaben in Tab. 6.7 eine Kopplung mit der CH_3-Gruppe stattfindet.

Die antisymmetrischen Deformationsschwingungen der CH_3-Gruppe wurden den Banden bei 1460 und 1454 cm^{-1} zugeordnet. Eine Aufspaltung der A- und E-Komponenten erfolgt nicht. Die Schwingung δ_a', mit überwiegend äquatorialem

Tabelle 6.7 Gemessene und berechnete Wellenzahlen und die Verteilung der potentiellen Energie (in %) auf die Gruppenschwingungen von isotaktischem Polypropylen im mittleren Ultrarot nach PERALDO (1960) (gemessene Werte) und MIYAZAWA (1964, 1968) (berechnete Werte)

Wellenzahl [cm^{-1}]		Verteilung der pot. Energie
gemessen	berechnet	
1460 *s*, σ	1463 (*E*)	$\delta_a'(CH_3)$ (äq: 70; ax: 10)[1]
	1462 (*A*)	$\delta_a'(CH_3)$ (äq: 50; ax: 30)
1454 *m*, π	1461 (*A*)	$\delta_a(CH_3)$ (ax: 50; äq: 30)
	1461 (*E*)	$\delta_a(CH_3)$ (ax: 75; äq: 10)
1435 *m*, σ	1439 (*E*)	$\delta_s(CH_2)$ (100)
	1436 (*A*)	$\delta_s(CH_2)$ (100)
1378 *m*, π	1385 (*A*)	$\delta_s(CH_3)$ (90)
1377 *s*, σ	1386 (*E*)	$\delta_s(CH_3)$ (85)
1365 *vw*, π	1367 (*A*)	$\gamma_w(CH_2)$ (40); $\delta_s(CH_3)$ (15); δ(CH) (ax: 30)
1360 *m*, σ	1365 (*E*)	$\gamma_w(CH_2)$ (15); $\delta_s(CH_3)$ (15); δ(CH) (äq: 30); $\gamma_t(CH_2)$ (20)
1330 *w*, σ	1344 (*E*)	$\gamma_w(CH_2)$ (35); δ(CH) (ax: 35)
1326 *vw*, π	1332 (*A*)	δ(CH) (äq: 60)
1304 *m*, π	1304 (*A*)	$\gamma_w(CH_2)$ (50); $\gamma_t(CH_2)$ (25); δ(CH) (ax: 15)
1296 *w*, σ	1301 (*E*)	δ(CH) (ax: 20; äq: 20); $\gamma_w(CH_2)$ (40)
1254 *m*, π	1264 (*A*)	$\gamma_t(CH_2)$ (35); δ(CH) (ax: 20; äq: 10)
1220 *w*, σ	1195 (*E*)	$\gamma_t(CH_2)$ (25); δ(CH) (15); ν(C—C) (äq: 20)
1168 *s*, π	1165 (*A*)	ν(C—C) (ax: 40); $\gamma_r(CH_3)$ (ax: 25)
1155 *m*, σ	1166 (*E*)	$\nu(C—CH_3)$ (20); δ(CH) (15)
1103 *m*, σ	1112 (*E*)	$\gamma_r(CH_3)$ (ax: 20; äq: 10); ν(C—C) (ax: 25)
1045 *m*, π	1051 (*A*)	$\nu(C—CH_3)$ (35); ν(C—C) (äq: 30)
1034 *vw*, σ	1021 (*E*)	$\nu(C—CH_3)$ (30); $\gamma_r(CH_3)$ (äq: 15); $\gamma_t(CH_2)$ (15); δ(CH) (15)
998 *s*, π	996 (*A*)	$\gamma_r(CH_3)$ (äq: 35); $\nu(C—CH_3)$ (35); δ(CH) (15); $\gamma_t(CH_2)$ (15)
973 *s*, π	950 (*A*)	$\gamma_r(CH_3)$ (ax: 50); ν(C—C) (ax: 20); ν(C—C) (äq: 20)
941 *w*, σ	930 (*E*)	$\gamma_r(CH_3)$ (ax: 35; äq: 10); ν(C—C) (ax: 35)
899 *m*, σ	892 (*E*)	$\gamma_r(CH_3)$ (äq: 35); $\gamma_r(CH_2)$ (20); δ(CH) (äq: 15)
842 *s*, π	862 (*A*)	$\gamma_r(CH_3)$ (ax: 10; äq: 25); ν(C—C) (äq: 30)
	833 (*A*)	$\gamma_r(CH_2)$ (75); δ(CH) (ax: 15)
809 *m*, σ	818 (*E*)	$\gamma_r(CH_2)$ (35); $\nu(C—CH_3)$ (25); ν(C—C) (äq: 20)

[1]) äq und ax bedeutet, daß die Schwingung senkrecht bzw. parallel zur Helixachse (d. h. antisymmetrisch oder symmetrisch zur $H—C—CH_3$-Ebene) erfolgt

Anteil gehört zu der senkrecht zur Helixachse polarisierten Bande bei 1460 cm^{-1}. Die symmetrische CH_3-Deformationsschwingung liegt bei 1378 cm^{-1}. Wie nach dem Strukturmodell zu erwarten ist, hat die *E*-Komponente die größere Intensität.

Zwischen 1200 und 1370 cm^{-1} liegen die Wagging- und Twistingschwingungen der CH_2-Gruppe und die CH-Deformationsschwingungen, die, wie sowohl aus der Deuteriumsubstitution als auch aus der Normalkoordinatenanalyse folgt, stark miteinander gekoppelt sind.

Die Absorptionsbanden zwischen 700 und 1200 cm^{-1} beruhen auf der Kopplung zwischen den CH_3- und CH_2-Rockingschwingungen und den Valenzschwingungen des Kohlenstoffgerüstes. Die Aufteilung der potentiellen Energie auf die Schwingungen der einzelnen Gruppen ist näherungsweise in der Tabelle angegeben. Die parallel zur Helixachse liegende C—C-Bindung wurde als axial, die andere als äquatorial bezeichnet (vgl. Abb. 6.4). Wegen der starken Kopplung zwischen den Methyl- und Methylengruppen und dem Kohlenstoffgerüst hängen diese Banden sehr von der Stereoregularität und der Konformation des Moleküls ab.

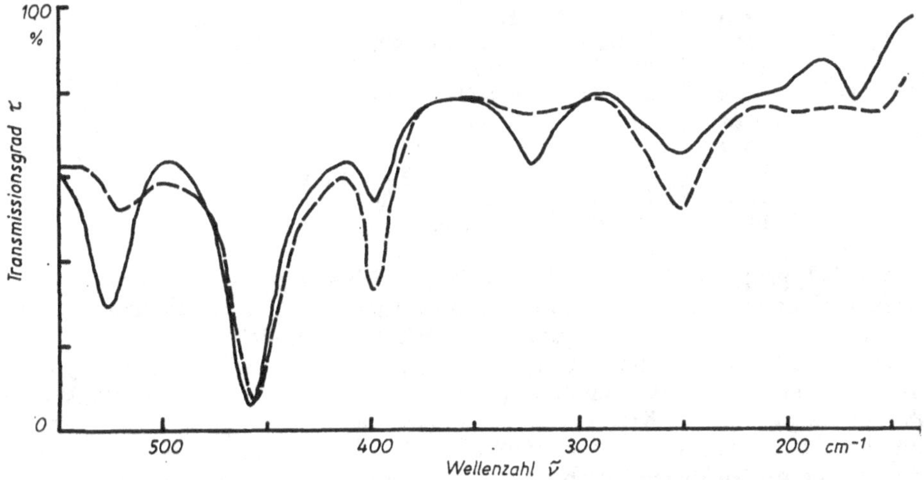

Abb. 6.6. Polarisierte Spektren im fernen Ultrarot von isotaktischem Polypropylen (nach MIYAZAWA (1968)). Die ausgezogene Kurve wurde mit dem E-Vektor senkrecht und die gestrichelte Kurve mit dem E-Vektor parallel zur Orientierungsrichtung gemessen.

Abb. 6.6 zeigt das Spektrum von isotaktischem Polypropylen im fernen Ultrarot. In Tab. 6.8 sind die gemessenen (MIYAZAWA (1963a, 1963c)) und berechneten (MIYAZAWA (1964c)) Wellenzahlen und die Verteilung der potentiellen Energie angegeben. Darin bedeuten δ_s und δ_a die symmetrische und antisymmetrische Deformationsschwingung der Gruppe C—CH(—C)—C; δ die Deformationsschwingung der Gruppe C—CH_2—C; $t_{CC_{ax}}$, $t_{CC_{äq}}$ und t_{C-CH_3} die inneren Rotationen um die axialen und äquatorialen C—C-Bindungen, bzw. um die C—CH_3-Bindung. Die Absorptionsbanden im fernen Ultrarot beruhen auf Gerüstdeformationsschwingungen und den inneren Rotationen der Kette. Diese Schwingungen sind nicht in einer Monomereinheit zu lokalisieren und geben deshalb nur bei der hochgeordneten Helixstruktur Anlaß zu gut definierten Banden (MIYAZAWA (1963c)).

ZERBI (1968) berechnete die Dispersionskurven und Frequenzverteilungen mit dem im Abschnitt 3.3.3. beschriebenen Verfahren für eine isolierte Kette von isotaktischem Polypropylen. Die erhaltenen Ergebnisse lieferten wertvolle Informationen für die Interpretation des Spektrums der unelastischen Neutronenstreuung.

Tabelle 6.8 Gemessene und berechnete Wellenzahlen und die Verteilung der potentiellen Energie (in %) der Schwingungen von Polypropylen im fernen Ultrarot nach Miyazawa (1964, 1968)

Wellenzahl [cm^{-1}] gemessen	berechnet	Verteilung der pot. Energie (Erklärung siehe Text)
528 σ	509 (E)	δ_a (40); δ (25)
460 σ	445 (E)	δ_s (65)
456 π	473 (A)	δ_a (75)
398 π	392 (A)	δ_s (35); δ_a (40)
321 σ	314 (E)	δ_a (60)
251 π	272 (A)	δ_s (40); δ_a (20)
210 σ	207 (E)	t_{C-CH_3} (95)
200 π	203 (A)	t_{C-CH_3} (85)
169 σ	162 (E)	δ_a (40); δ (30); $t_{CC_{ax}}$ (15)
155 π	157 (A)	δ (40); $t_{CC_{aq}}$ (35)
106	90 (E)	$t_{CC_{ax}}$ (70)

Poly-1-d_1-propylen kann als diisotaktisches Polymer in zwei isomeren Strukturen vorkommen, die von Natta (1958) synthetisiert und als die Threo- bzw. Erythro-Struktur bezeichnet wurden. Jedoch blieb zunächst die Frage offen, welche Struktur aus cis- bzw. trans-1-d_1-propylen erhalten wird. Beide Polymere unterscheiden sich nach Peraldo (1960) deutlich in ihren Ultrarotspektren, obwohl sie die gleiche Kristallstruktur haben und röntgenographisch nicht zu unterscheiden sind. Miyazawa (1963d, 1964d) berechnete die Normalschwingungen der beiden diisotaktischen Polymere. Für den Vergleich der gemessenen und berechneten Frequenzen wurden neun Banden zwischen 700 und 1400 cm^{-1} ausgewählt, die sich bei beiden Polymeren deutlich unterscheiden. Unter der Voraussetzung, daß das cis-Monomer die Erythro-Struktur und das trans-Monomer die Threo-Struktur ergeben, beträgt die mittlere Abweichung zwischen den berechneten und gemessenen Frequenzen etwa 1%. Im anderen Fall beträgt sie 2,5% und ist damit weit größer, als beim normalen isotaktischen Polypropylen gefunden wurde. Daraus ist zu schließen, daß die Polymerisation des Propylens über eine cis-Öffnung der Doppelbindung erfolgt (Miyazawa (1968)). Unter Zugrundelegung eines anderen Potentialansatzes kam Tadokoro (1963a) zum gleichen Ergebnis.

6.1.2.4. *Schwingungsanalyse und Zuordnung der Ultrarotbanden von syndiotaktischem Polypropylen*

Natta u. a. (1960, 1964a) beschrieben zwei kristalline Strukturen von syndiotaktischem Polypropylen, die sich durch das Röntgenbeugungsdiagramm und das Ultrarotspektrum deutlich unterscheiden. In der stabileren Struktur (I) hat die Molekülkette die Konformation einer Doppelhelix mit vier Monomereinheiten in der Elementareinheit (Abb. 6.7). Die Struktur (II) entsteht bei der Kaltverstreckung einer abgeschreckten Probe. Das Polymermolekül hat bei dieser Struktur die Konformation einer nahezu ebenen Zickzack-Kette (Abb. 6.8).

Während einer mehrstündigen Temperung oberhalb von 100 °C wird die Struktur (II) in die Struktur (I) umgewandelt. Die Ultrarotspektren von syndiotaktischem Polypropylen wurden von GRANT (1965) und PERALDO (1965) publi-

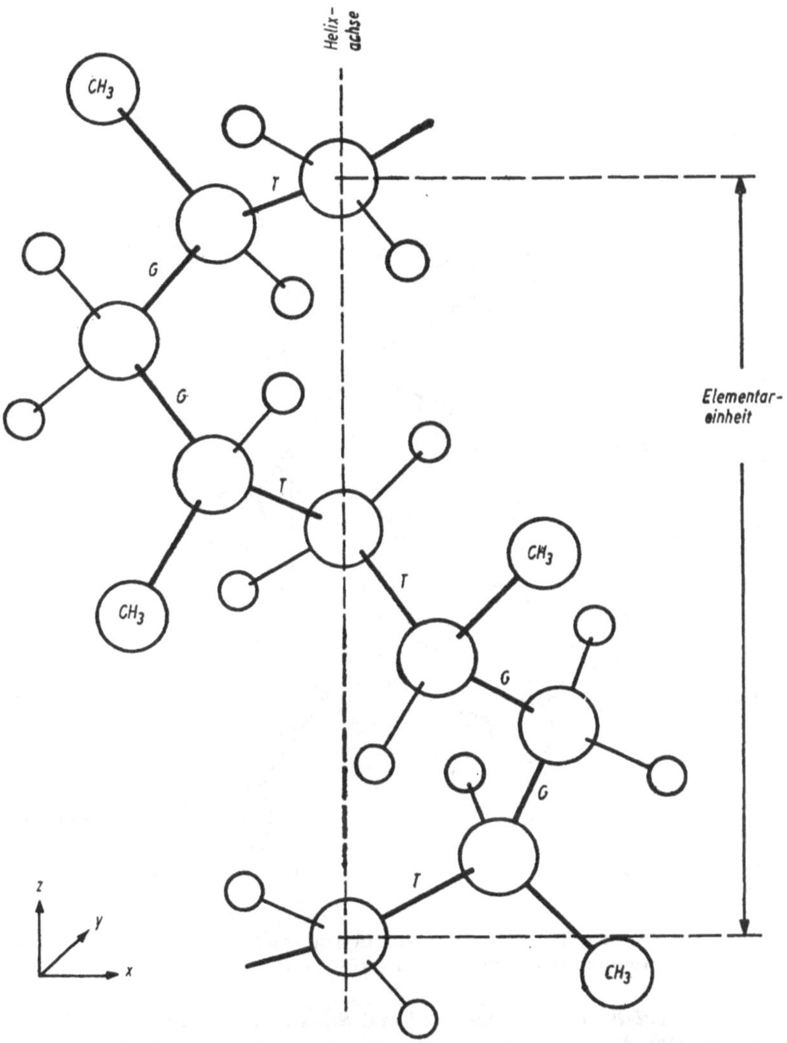

Abb. 6.7. Doppelhelix-Konformation (Struktur I) von syndiotaktischem Polypropylen (nach SCHACHTSCHNEIDER (1965)).

ziert. MIYAZAWA (1965a, 1968) und SCHACHTSCHNEIDER (1965) berechneten die Normalschwingungen beider Strukturen, wobei die für die Normalkoordinatenanalyse des isotaktischen Polypropylens verwendeten Potentialfunktionen auf die syndiotaktischen Strukturen übertragen wurden.

In der Helixstruktur (I) hat das Polypropylenmolekül eine zweizählige Schraubenachse $\bar{C}_2(z)$ parallel zur Helixachse und senkrecht dazu zwei zweizählige Drehachsen $C_2(y)$ und $C_2(x)$. Die Schwingungen der Kette verteilen sich, wie aus der in Tab. 6.9 dargestellten Charaktertafel zu entnehmen ist, auf vier Schwin-

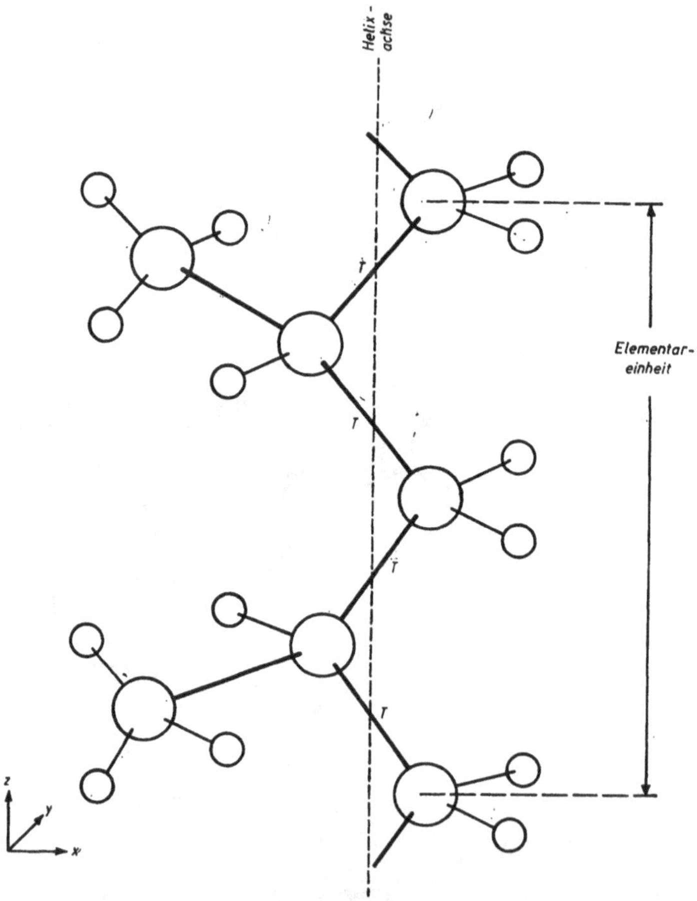

Abb. 6.8 Zickzack-Konformation (Struktur II) von syndiotaktischem Polypropylen (nach SCHACHTSCHNEIDER (1965)).

Tabelle 6.9 Charaktertafel und Schwingungsrassen der Helixmodifikation von syndiotaktischem Polypropylen nach MIYAZAWA (1968)

Schwingungsrasse	E	$\bar{C}_2(z)$	$C_2(y)$	$C_2(x)$	Aktivität
A	+1	+1	+1	+1	UR-inaktiv
B_1	+1	+1	−1	−1	$M_z(\pi)$
B_2	+1	−1	+1	−1	$M_y(\sigma)$
B_3	+1	−1	−1	+1	$M_x(\sigma)$

gungsrassen, von denen drei ultrarotaktiv sind. Zu jeder Rasse gehören 26 echte Schwingungen. Die B_1-Schwingungen sind symmetrisch zur Schraubenachse $\bar{C}_2(z)$ und ergeben parallele Ultrarotbanden, während die B_2- und B_3-Schwingungen zu senkrecht polarisierten Banden führen.

Die von MIYAZAWA (1965, 1965a, 1968) berechneten Frequenzen für das mittlere Ultrarot werden in Tab. 6.10 mit den von PERALDO (1965a) an doppelt orientierten Proben gemessenen Werten verglichen. Die Konformation der Hauptkette läßt

Tabelle 6.10 Gemessene und berechnete Wellenzahlen und die Verteilung der potentiellen Energie (in %) für die Helixkonformation von syndiotaktischem Polypropylen nach MIYAZAWA (1965a, 1968)

Wellenzahl [cm⁻¹]		Verteilung der pot. Energie
gemessen	berechnet	
	1366 (B_2)	δ(CH) (24); $\gamma_w(CH_2^G)$ (22); $\delta_s(CH_3)$ (29)
1360 *s, x*	1363 (B_3)	δ(CH) (34); $\gamma_w(CH_2^T)$ (24)
1346 *s, z*	1355 (B_1)	$\gamma_w(CH_2^T)$ (37); $\gamma_w(CH_2^G)$ (29); δ(CH) (22)
	1349 (B_1)	δ(CH) (35); $\gamma_w(CH_2^T)$ (29); $\gamma_w(CH_2^G)$ (21)
	1345 (B_3)	δ(CH) (44); $\gamma_w(CH_2^T)$ (37)
1332 *m, y*	1329 (B_2)	δ(CH) (36); $\gamma_w(CH_2^G)$ (35)
1312 *m, x*	1287 (B_3)	$\gamma_w(CH_2^T)$ (36); δ(CH) (33)
1294 *m, z*	1300 (B_1)	$\gamma_w(CH_2^G)$ (40); δ(CH) (31)
1289 *w, y*	1289 (B_2)	δ(CH) (42); $\gamma_w(CH_2^G)$ (30)
1264 *m, z*	1263 (B_1)	δ(CH) (50); $\gamma_w(CH_2^T)$ (23)
1201 *w, x*	1195 (B_3)	$\gamma_t(CH_2^G)$ (26); δ(CH) (22)
	1190 (B_2)	$\gamma_t(CH_2^T)$ (41); δ(CH) (33)
1168 *s, z*	1147 (B_1)	$\gamma_r(CH_3)$; $\nu(CC)^T$ (26); $\nu(CC)^G$ (17)
1160 *w, x*	1148 (B_3)	$\gamma_t(CH_2^G)$ (37); δ(CH) (20)
1152 *s, y*	1147 (B_2)	$\nu(CC)^T$ (29)
	1115 (B_3)	$\gamma_r(CH_3)$ (30); $\nu(CCH_3)$ (22)
1088, 1082 *m, y*	1113 (B_2)	$\gamma_r(CH_3)$ (30); $\nu(CC)^G$ (29)
1059 *w, z*	1062 (B_1)	$\nu(CC)^G$(26)
	1057 (B_1)	$\nu(CCH_3)$ (43)
1032 *w, x*	1033 (B_3)	$\nu(CCH_3)$ (28); $\nu(CC)^T$ (22) ; $\gamma_r(CH_3)$ (20)
1006 *m, y*	979 (B_2)	$\gamma_r(CH_3)$ (37); $\nu(CCH_3)$ (36); δ(CH) (21)
977 *s, z*	948 (B_1)	$\gamma_r(CH_3)$ (51); $\nu(CC)^T$ (22); $\nu(CC)^G$ (23)
	939 (B_2)	$\gamma_r(CH_3)$ (43); $\nu(CC)^G$ (36)
935 *w, x*	929 (B_3)	$\gamma_r(CH_3)$ (53); $\nu(CC)^T$ (20); $\nu(CC)^G$ (20)
905 *m, y*	901 (B_2)	$\gamma_r(CH_2^G)$ (37); $\gamma_r(CH_3)$ (28); $\nu(CCH_3)$ (21)
900 *w, z*	904 (B_1)	$\gamma_r(CH_2^G)$ (40); $\gamma_r(CH_3)$ (37)
	883 (B_3)	$\gamma_r(CH_3)$ (41)
867 *s, z*	873 (B_1)	$\gamma_r(CH_2^G)$ (31); $\gamma_r(CH_2^T)$ (25)
	820 (B_1)	$\nu(CCH_3)$ (31); $\gamma_r(CH_2^T)$ (29)
812 *s, x*	826 (B_3)	$\gamma_r(CH_2^T)$ (46)
	824 (B_2)	$\gamma_r(CH_2^G)$ (36); $\nu(CC)^T$ (25)
535 *w, y*	545 (B_2)	δ_a (50); $\delta(C-CH_2^T-C)$ (20)
484 *w, x*	484 (B_3)	δ_a (45); δ_s (20)
469 *w, z*	469 (B_1)	δ_s (68)

sich durch *TTGG* beschreiben, wo *T* und *G* die trans- bzw. gauche-Stellung der benachbarten C—C-Bindungen angeben. Es gibt daher zwei Arten von CH_2-Gruppen, je nachdem, ob die Gruppe zwischen zwei trans- oder zwischen zwei gauche-Bindungen steht. Sie werden in der Tabelle mit CH_2^T bzw. CH_2^G bezeichnet.

Die antisymmetrische und die symmetrische Deformationsschwingung der Methylgruppe erscheinen wie beim isotaktischen Polypropylen bei 1460 und 1380 cm^{-1}. Die Absorptionsbanden im Gebiet zwischen 1360 und 1200 cm^{-1} entstehen durch Kopplung der $\gamma_w(CH_2)$-, $\gamma_t(CH_2)$- und $\delta(CH)$-Schwingungen. Die Kopplung hängt von der Stereoregularität und von den Drehungen um die C—C-Bindungen der Hauptkette ab, wodurch die Unterschiede zwischen den Spektren von syndiotaktischem und isotaktischem Polypropylen entstehen. Die Bande 866 cm^{-1} ist mit den Rockingschwingungen der CH_2^T- und CH_2^G-Gruppen verknüpft. Sie ist charakteristisch für das syndiotaktische Polypropylen.

In der Zickzack-Konformation sind alle C—C-Bindungen der Hauptkette in trans-Stellung (*TTTT*). Die Elementareinheit der regulären Kette enthält zwei Monomereinheiten. Diese Struktur kann als ein substituiertes Polyäthylen angesehen werden. Die Symmetrieelemente sind eine zweizählige Drehachse $C_2(x)$ parallel zur x-Richtung, die Symmetrieebene σ_v parallel zur xy-Ebene und die Gleitspiegelebene σ_v' parallel zur xz-Ebene. Sie bilden eine zur Punktgruppe C_{2v} isomorphe Faktorgruppe. Die Schwingungsrassen, Charaktertafel und Aktivität sind in Tab. 6.11 wiedergegeben. Die ultrarotaktiven Schwingungen verteilen

Tabelle 6.11 Charaktertafel und Schwingungsrassen der Zickzack-Konformation von syndiotaktischem Polypropylen nach Miyazawa (1968)

Schwingungs-rasse	E	$C_2(x)$	$\sigma_v(xy)$	$\sigma_v'(xz)$	Aktivität
A_1	+1	+1	+1	+1	UR, σ
A_2	+1	+1	−1	−1	UR-inaktiv
B_1	+1	−1	+1	−1	UR, σ
B_2	+1	−1	−1	+1	UR, π

sich auf die Schwingungsrassen $A_1(14)$, $B_1(14)$ und $B_2(11)$. In der Klammer steht die Anzahl der zur Rasse gehörenden Grundschwingungen. Die B_2-Schwingungen sind antisymmetrisch in bezug auf die zweizählige Drehachse aber symmetrisch bezüglich der Gleitspiegelebene und geben Anlaß zu parallelen Banden. Die A_1- und B_1-Schwingungen sind senkrecht polarisiert. Von Schachtschneider (1965) wurden die Rassen B_1 und B_2 umgekehrt bezeichnet. In Tab. 6.12 werden die von Miyazawa (1965a, 1968) berechneten Frequenzen mit den Messungen von Peraldo (1965) verglichen. Mit $\delta_i(CH)$ und $\delta_0(CH)$ werden in der Tabelle die Schwingungen in der H—C—CH_3-Ebene bzw. die Schwingungen aus dieser Ebene heraus bezeichnet.

Die starke π-dichroitische Bande bei 1233 cm^{-1} ist charakteristisch für die Zickzack-Struktur. Diese Bande ist auf eine gekoppelte Schwingung (B_2) der CH_2-Waggingschwingung und $\delta_0(CH)$-Schwingung zurückzuführen. Dabei schwingen die Wasserstoffatome aller CH_2- und CH-Gruppen in Phase parallel zur Ketten-

Tabelle 6.12 Gemessene und berechnete Wellenzahlen und die Verteilung der potentiellen Energie (in %) für die Zickzack-Konformation von syndiotaktischem Polypropylen nach MIYAZAWA (1965b, 1968)

Wellenzahl [cm^{-1}] gemessen	berechnet	Verteilung der pot. Energie
	1360 (B_2)	$\gamma_w(CH_2)$ (48); $\delta_o(CH)$ (20)
	1344 (B_1)	$\gamma_w(CH_2)$ (79)
1322 σ	1326 (B_1)	$\delta_i(CH)$ (61); $\gamma_w(CH_2)$ (20)
1233 π	1259 (B_2)	$\gamma_w(CH_2)$ (54); $\delta_o(CH)$ (41)
	1254 (A_1)	$\gamma_t(CH_2)$ (38); $\delta_i(CH)$ (20)
1200 σ	1198 (A_1)	$\nu(CC)$ (31); $\nu(CCH_3)$ (20)
1155 σ	1157 (B_1)	$\gamma_r(CH_2)$ (33;) $\nu(CCH_3)$ (23); $\gamma_r(CH_3)_i$ (20)
1133 π	1139 (B_2)	$\nu(CC)$ (37); $\gamma_r(CH_3)_o$ (36)
1075 σ	1041 (B_1)	$\nu(CC)$ (55); $\nu(CCH_3)$ (28)
	959 (A_1)	$\gamma_r(CH_3)_i$ (52); $\delta_i(CH)$ (19); $\nu(CCH_3)$ (21)
963 π	932 (B_2)	$\gamma_r(CH_3)_o$ (51); $\nu(CC)$ (46)
899 σ	907 (B_1)	$\gamma_r(CH_3)_i$ (51); $\nu(CC)$ (24)
867 σ	865 (A_1)	$\nu(CCH_3)$ (51); $\gamma_r(CH_3)_i$ (19)
830 π	824 (B_2)	$\gamma_r(CH_2)$ (86); $\delta_o(CH)$ (21)
828 σ	827 (B_1)	$\nu(CCH_3)$ (42); $\gamma_r(CH_2)$ (25); $\nu(CC)$ (19)
492 σ	469 (B_1)	δ_s(70)

achse. Eine entsprechende Bande wurde bei 1228 cm^{-1} im UR-Spektrum der Zickzack-Konformation von syndiotaktischem Polyvinylchlorid gefunden. In der auf Grund der Normalkoordinatenberechnung bei 1360 cm^{-1} zu erwartenden B_2-Schwingung schwingen die CH_2- und CH-Gruppen gegeneinander. Diese Bande ist nur schwach und wurde experimentell nicht beobachtet. Die starke π-dichroitische CH_2-Rockingschwingung bei 830 cm^{-1} ist ebenfalls sehr charakteristisch für die Zickzack-Konformation des syndiotaktischen Polypropylens.

6.1.2.5. *Die Bestimmung des Taktizitätsgrades von isotaktischem Polypropylen*

In der Literatur wurden eine Reihe ultrarotspektroskopischer Verfahren zur Bestimmung des Taktizitätsgrades und der Kristallinität von Polypropylen beschrieben, die alle auf der empirischen Feststellung des Zusammenhangs zwischen der Intensität bestimmter Banden und anderen von der Taktizität abhängigen Parametern beruhen (ABE (1959), BRADER (1960), HEINEN (1959), KISSIN (1963, 1968), KOTSCHKINA (1968), LUONGO (1960a), MAJER (1961), QUYNN (1959) und SIBILIA (1962)). Die strukturabhängigen Banden von Polypropylen sind durchweg Regularitätsbanden, für deren Erscheinen die Existenz von genügend langen Helices Voraussetzung ist. Tatsächlich wird also mit ultrarotspektroskopischen Methoden nicht der Taktizitätsgrad, sondern der Helixanteil bestimmt, wobei jedoch nicht immer klar ist, wie groß die erforderliche Länge der Helix bei den einzelnen Banden ist. Einige Überlegungen zu dieser Frage wurden von KISSIN (1968) mitgeteilt. Auf die unterschiedlichen erfaßten Helixlängen und auf die Verschiedenheit der Eichverfahren sind die Differenzen zurückzuführen, die bei der Bestimmung des Taktizitätsgrades nach verschiedenen Methoden auftreten (SIBILIA (1962), KOTSCHKINA (1968)). In der Praxis wird häufig die Taktizität durch Extraktion des ataktischen Anteils bestimmt (NATTA (1957), RUSSELL (1960)). Es muß jedoch berücksichtigt werden, daß dabei auch kurzkettige isotaktische Anteile mit herausgelöst werden. Im UR-Spektrum des Extraktes sind einige dem isotaktischen Polymer zugeschriebene Banden noch schwach vorhanden, die im Spektrum der Schmelze oder des vollständig ataktischen Polymeren fehlen (QUYNN (1959), LIANG (1961b), FOLT (1962)). Durch Extraktion läßt sich also ebenso wie auf spektroskopischem Wege nur eine untere Grenze für den Taktizitätsgrad ermitteln. Für die spektroskopische Bestimmung ist es notwendig, durch gute Temperung dafür zu sorgen, daß möglichst alle isotaktischen Ketten in der regulären Helixkonformation vorliegen.

Nach QUYNN (1959) werden die Banden 1168, 998, 899, 842 und 809 cm^{-1} beim Übergang vom kristallinen zum amorphen Polymer schwächer und verschwinden in der Schmelze. Sie können daher alle als ein Maß für den Anteil an regulären Helices angesehen werden. Am häufigsten wird die Bande 998 cm^{-1} zusammen mit der als innerer Standard dienenden Bande 973 cm^{-1} verwendet (zum Beispiel ABE (1959) und LUONGO (1960a)), da beide Banden im Spektrum nebeneinander liegen, sich aber nicht gegenseitig stören und gut vergleichbare Intensitäten haben. KOTSCHKINA (1968) bevorzugt als inneren Standard die Bande bei 1460 cm^{-1}, da auf diese Weise im Bereich mittlerer und hoher Isotaktizität gute Übereinstimmung mit den Ergebnissen der Extraktionsmethode gefunden wurde. SIBILIA (1962) fand bei Verwendung der Banden 1168 cm^{-1} und 973 cm^{-1} gute Übereinstimmung mit einem Taktizitätsgrad, der mit Hilfe thermodynamischer Methoden aus dem Schmelzpunkt berechnet wird. Die Messung der Bande 1168 cm^{-1} wird aber von der bei 1155 cm^{-1} gelegenen Bande gestört, die nur wenig von der Taktizität abhängt.

Nach KISSIN (1967, 1968, 1968a) ist die Extinktion der Bande 998 cm^{-1} proportional dem Anteil an isotaktischen Helices mit mehr als zwölf Gliedern, während in die Extinktion bei 973 cm^{-1} die Blöcke mit mehr als vier Gliedern eingehen. Darauf wird zurückgeführt, daß beim Schmelzen die Bande 998 cm^{-1} verschwindet und die Bande 973 cm^{-1} nur schwächer wird. Dem steht aber die von einer Anzahl Autoren gefundene Feststellung entgegen, daß die Banden bei 973 cm^{-1} und 1155 cm^{-1} nicht von der stereoregulären Anordnung, sondern nur von der regelmäßigen Aufeinanderfolge von $—CH_2—CH_3$-Einheiten abhängen. In verzweigten und ataktischen Polymeren ohne regelmäßige Kopf-Schwanz-Anordnung sind die Banden wesentlich schwächer (IMMERGUT (1961), LIANG (1961b), NATTA (1965)). Beide Banden werden auch im syndiotaktischen Polypropylen bei etwa gleicher Wellenzahl gefunden (GRANT (1965)). KISSIN (1968a) vertritt die Ansicht, daß, wenn nicht die Frequenz, so doch zumindest die Intensität dieser Banden von der Isotaktizität abhängt. Nach den Schwingungsberechnungen von MIYAZAWA (1964a) sind diese Banden auf die Kopplung der CH_3-Rockingschwingung mit der $\nu(CH—CH_2)$-Valenzschwingung der Kette zurückzuführen. Die Schwingungen sind mit der CH_2-Gruppe und den benachbarten $CHCH_3$-Gruppen in der Kette wenig gekoppelt, so daß sie nicht von der Konformation abhängen. Sie werden deshalb auch im flüssigen Polypropylen beobachtet und sind gegenüber der Deuterierung der CH- und CH_2-Gruppen wenig empfindlich. Dagegen beruht die Bande 998 cm^{-1} auf der Kopplung der Methyl- und Methylengruppen. Die Kopplung hängt von der inneren Rotationskonformation der Hauptkette und damit von der Stereoregularität ab.

Von NATTA (1965) und PERALDO (1965) wurde das Verhalten der Banden experimentell untersucht. Sie fanden, daß ein geringer Einfluß der Kettenkonformation auf die Lage der Bande bei 973 cm^{-1} vorhanden ist. In Lösungen von isotaktischem, ataktischem und syndiotaktischem Polypropylen traten mehrere Banden zwischen 960 und 980 cm^{-1} auf, die verschiedenen Kombinationen der Konformation um die $CHCH_3$-Gruppe zugeschrieben wurden: 975 syndio TG, 972—973 iso TG, 968 hetero, 962 syndio TT (PERALDO (1965)). Auf den Sequenzlängeneinfluß auf diese Bande wird im Abschnitt 6.1.3.2. näher eingegangen.

6.1.2.6. Weitere Arbeiten über ultrarotspektroskopische Untersuchungen an Polypropylen

a) UR-Spektrum und Zuordnung der Banden:
GUBANOV (1971), LIANG (1962a), MCKNIGHT (1964)

b) Stereoregularität und Ordnungszustand:
DIAČIK (1960), HUGHES (1963a, 1969), JAMBRICH (1963, 1964), KISSIN (1963a, 1965), KOBAYASHI (1967), KOENIG (1965, 1966), MAKAREVIČ (1964), MILLER (1960a), MIYANOTO (1969), OKAMOTO (1964), POKROVSKIJ (1957), SAMUELS (1965), SOLOMKO (1970), VOLCEK (1960), ZERBI (1967b)

c) Analytische Untersuchungen:
CARLSSON (1970, 1971, 1971a) CHAPPELL (1963), HARADA (1962), JADRNICEK (1970), MAJER (1967, 1969), OSHIKA (1960), RUSSELL (1963), STIVALA (1963, 1971), TAKAHASHI (1964)

6.1.3. Äthylen-Propylen-Copolymere (von R. SCHMOLKE)

6.1.3.1. Bestimmung der Bruttozusammensetzung

Äthylen-Propylen-Copolymere mit einem Propylen-Gehalt etwa zwischen 30 und 70% erlangten wegen ihrer kautschukelastischen Eigenschaften technische Bedeutung. Sie bilden, meist in Verbindung mit einer dritten Komponente (zum Beispiel Dicyclopentadien) zur Vulkanisation, die Polymergrundlage des sogenannten APT-Kautschuks. Das Ultrarotspektrum von Äthylen-Propylen-Copolymeren (Abb. 6.9) bietet relativ günstige Möglichkeiten zur Analyse der Bruttozusammensetzung, der Sequenzlängenverteilung, des stereoregulären Aufbaues der Propylensegmente und anderer Strukturmerkmale. Da es an Ansatzmöglichkeiten für klassisch-chemische Methoden mangelt, ist die Ultrarotspektroskopie das wichtigste Verfahren zur Bestimmung des Propylengehaltes. Dementsprechend ist eine ganze Reihe von Arbeiten zu diesem Problem publiziert worden (BLY (1966), BROWN (1963), CIAMPELLI (1962), CORISH (1961a, 1964), DRUSHEL (1963), GARRASI (1965), GÖSSL (1960), KELLY (1962), KEY (1966), NATTA (1957a), SMALL (1961), SMITH (1962), SZEWCZYK (1968), TAKEUCHI (1969a), WEI (1961, 1961a)). Prinzipiell steht wie bei allen Copolymeren auch hier der Weg offen, die Intensität einer einzigen Bande, die für eine der beiden Komponenten spezifisch ist, zu messen. Dabei ist die Kenntnis der Schichtdicke erforderlich. Für kautschukelastische Proben kommt praktisch nur ein Lösungsverfahren in Betracht. Besonders geeignet ist die symmetrische Methyl-Deformationsschwingung bei 1378 cm^{-1} (NATTA (1957a), GÖSSL (1960)). Im allgemeinen wird an CCl_4-Lösungen der Copolymere gemessen. Als Intensitätsstandards dienen ataktisches Polypropylen oder hydriertes 1,4-Polyisopren (alternierendes Äthylen-

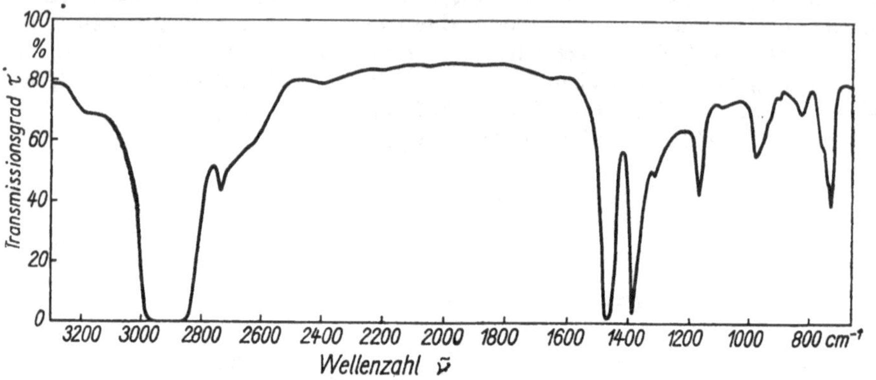

Abb. 6.9 Ultrarotspektrum eines Äthylen—Propylen-Copolymers mit etwa äquimolarer Zusammensetzung (Film aus Cyclohexan-Lösung).

Propylen-Copolymer) (KEY (1966)). Die Grenzen des Verfahrens sind schon in der schlechten Löslichkeit mancher Copolymerisate gegeben, so daß man bei der Routineanalyse meist auf Sekundärverfahren angewiesen ist, bei denen unter Ausschaltung der Schichtdicke das Extinktionsverhältnis zweier *E*- und *P*-spezifischer Absorptionen gemessen wird. Die Eichung kann mit Hilfe gut löslicher Proben auf dem Lösungswege, also über ataktisches Polypropylen, durch hochauflösende Kernresonanz (KIMMER (1970)) oder mittels C^{14}-markiertem Äthylen oder Propylen vorgenommen werden. Für diese Verhältnismethode bieten sich die CH_2-Rocking-Bande bei 720 cm^{-1} und die CH_2-Deformationsschwingung bei 1462 cm^{-1} für Äthylen sowie die mit der Methylgruppe verknüpften Absorptionen bei 970, 1155 und 1378 cm^{-1} für Propylen an, ferner einige Valenz- und Kombinationsschwingungen. Entsprechend wurden für die Bestimmung der Zusammensetzung von *E*-*P*-Copolymeren die verschiedensten Extinktionsquotienten vorgeschlagen, u. a.

$\frac{E_{720}}{E_{1155}}$ (GÖSSL (1960), WEI (1961)), $\frac{E_{1155}}{E_{4310}}$ (CIAMPELLI (1962)) und $\frac{E_{1378}}{E_{1462}}$ (CORISH (1961a, 1964), DRUSHEL (1963)).

Gegen die meisten dieser Verfahren sind jedoch Einwände vorgebracht worden. Eine ausführliche kritische Einschätzung von Äthylen-Propylen-Analysenverfahren wurde von CORISH und TUNNICLIFFE (1964) gegeben. Die Lage der CH_2-Rocking-Schwingung bei 720 cm^{-1} ist von der Anzahl der aufeinanderfolgenden Methylengruppen abhängig. Isolierte Äthylen-Einheiten werden bei 720 cm^{-1} nur zum Teil erfaßt. Ähnlich verhält es sich mit der Propylen-Absorption bei 970 cm^{-1}, deren Lage und Intensität ebenfalls Nachbarschaftseinflüssen unterliegen. Diese beiden Banden sind daher nicht zur Analyse geeignet. Weitere Einwände betreffen den Einfluß der Kristallinität und der Taktizität. Die Anwesenheit langer Methylenblöcke kann zur Bildung kristalliner Anteile führen, was sich auf einige Banden auswirkt. Durch Untersuchung der Proben oberhalb des Schmelzpunktes der kristallinen Bereiche lassen sich die Kristallinitätseffekte eliminieren oder zumindest herabsetzen. Im allgemeinen besitzen aber Äthylen-Propylen-Copolymere in dem für Kautschuk interessanten Konzentrationsbereich keinerlei kristalline Ordnung, was im Zweifelsfalle röntgenographisch sichergestellt werden kann. Unter Berücksichtigung der Genauigkeit und des Zeitaufwandes der Analyse scheint die Kombination der beiden benachbarten Banden bei 1462 und 1378 cm^{-1} zur Bestimmung der Bruttozusammensetzung am geeignetsten zu sein, wobei die Proben als gepreßte Filme (Corish (1963)) oder im CCl_4-angequollenen Zustand (Kimmer (1968)) analysiert werden können. Eine entsprechende Eichkurve, die allerdings nicht ohne weiteres auf andere Gerätebedingungen übertragbar ist, findet man bei Corish und Tunnicliffe (1963).

Schließlich kann man die Bruttozusammensetzung von Äthylen-Propylen-Copolymeren auch auf indirektem Wege ermitteln, zum Beispiel durch Pyrolyse der Proben. Brown u. a. (1963) benutzten das Vinyl-Vinyliden-Intensitätsverhältnis (Banden bei 909 und 889 cm^{-1}) der Pyrolyseprodukte. Weitere Ergebnisse hierzu wurden von Takeuchi u. a. (1969) mitgeteilt.

In der Praxis sind insbesondere Aufbau und Zusammensetzung von Äthylen-Propylen-Dicyclopentadien-Terpolymeren und ähnlichen Systemen von Interesse (Cooper (1965), de Kock (1966), Sartori (1963)). Eingebautes Dicyclopentadien zeigt sich durch Zusatzabsorptionen bei 3045, 1617, 1272, 945 und 690 cm^{-1} (de Kock (1966)). Zur quantitativen Bestimmung des Dicyclopentadien-Gehaltes eignet sich die Bande bei 3045 cm^{-1} und nach Szewczyk (1969) die bei 690 cm^{-1}.

Copolymere mit niedrigem Propylengehalt sind partiell-kristallin. Der Kristallinitätsgrad nimmt mit zunehmendem Propylengehalt ab (Linnig (1964), Zalwert (1966)). Mit der Analyse von Äthylen-Propylen-Blockcopolymeren befaßten sich Lomonte und Tirpak (1964a).

6.1.3.2. *Sequenzanalyse von Äthylen-Propylen-Copolymeren*

Ansatzpunkte im Äthylen-Propylen-Spektrum zur experimentellen Bestimmung der Sequenzlängenverteilung sind erstens der Bereich der CH_2-Rocking-schwingung bei 720 cm^{-1} und zweitens der Propylen-Bandenkomplex bei 970 cm^{-1}.

In der Äthylen-Propylen-Kette sind folgende Strukturen möglich:

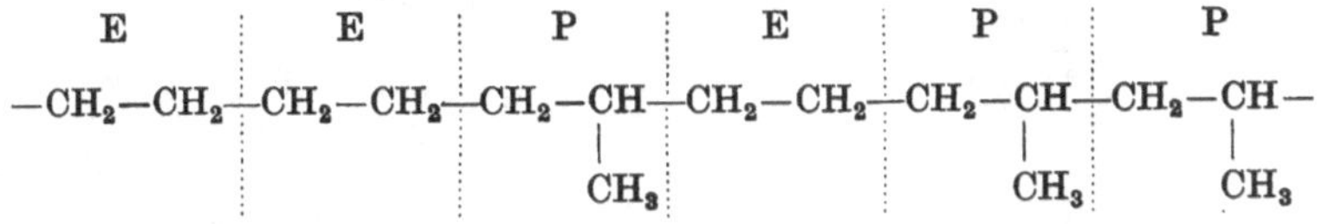

I II III

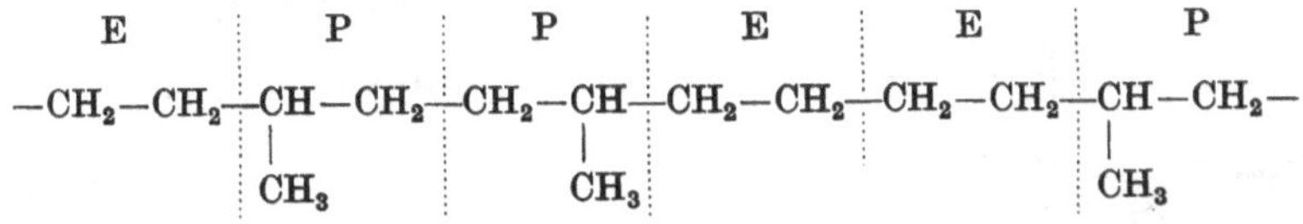

IV V VI

Aneinanderreihung von Äthyleneinheiten (I), reguläre Aneinanderreihung von Propylen (III), reguläre Alternierung (II) und Unregelmäßigkeiten wie Schwanz-Schwanz-Anlagerung des Propylens (V) und Äthyleneinheiten zwischen zwei Propylen-Köpfen (IV, VI).

Diese Kettenstrukturen unterscheiden sich in der Zahl n der aufeinanderfolgenden CH_2-Gruppen in den Sequenzen $(CH_2)_n$, zum Beispiel $n = 3$ bei regulärer Alternierung. Da andererseits die Lage der Methylen-Rocking-Bande von der Länge der CH_2-Folge abhängt, bietet dieser Spektralbereich detaillierte Informationen über die Verteilung der Äthylen- und Propylen-Einheiten, d. h. über die Sequenzlängenverteilung.

Zu diesem Gegenstand sind eine Reihe von Arbeiten erschienen (Bucci (1964), Drushel (1968), Kimmer (1968), Natta (1960b), van Schooten (1961, 1963), Veerkamp (1961)), die allerdings in den spektroskopischen Befunden und deren Deutung nicht in allen Fällen übereinstimmen. Zusammenfassende Darstellungen zu dieser Problematik schrieben Hummel (1965a) und Schnell (1966).

Natta u. a. (1960b) deuteten die im Äthylen-Propylen-Spektrum auftretenden Absorptionen bei 731 und 724 cm^{-1} als CH_2-Folgen der Länge $n = 3$ bzw. $n \geqq 5$, van Schooten u. a. (1961) dagegen lokalisierten die CH_2-Rocking-Schwingung auf Grund von Untersuchungen mit Modellverbindungen bei 740 cm^{-1} für $(CH_2)_3$, 729 cm^{-1} für $(CH_2)_4$ und 723 cm^{-1} für $(CH_2)_{\geq 5}$. Danach enthielten die von ihnen untersuchten Copolymere nur wenige $(CH_2)_3$-Folgen und relativ viele $(CH_2)_4$. Demgegenüber fanden Bucci und Simonazzi (1964) überhaupt keine $(CH_2)_4$-Sequenzen in ihren Spektren. Ihre Zuordnung wurde auch von anderen Autoren bestätigt (vgl. Tab. 6.13 und Drushel (1968), Kimmer (1968), Veerkamp (1961)).

Tabelle 6.13 Lage der CH_2-Rocking-Schwingung in Abhängigkeit von der Sequenzlänge in Äthylen-Propylen-Copolymeren und Modellverbindungen

CH_2-Sequenzlänge n	Bandenlage [cm^{-1}] Äthylen–Propylen	Bandenlage [cm^{-1}] Modellverbindung	Modellverbindung	Lit.
1	815	815	atakt. Polypropylen	a, b
2	752	752	Äthylen-Buten-2-Copolymerisat	a
		753	2,5-Dimethylhexan	c, b
3	735	735	hydriertes Polyisopren	a
		731	3-Methylheptan	b
4	—	728	2,7-Dimethyloctan	c
		726	Squalan, kompensiert mit 2,6,10,14-tetramethylpentadecan	a
$n \geq 5$	723	722	n-Heptan, n-Decan	a, b

Literatur: a: *Bucci* (1964)
b: *Kimmer* (1968)
c: *van Schooten* (1961)

Eine quantitative Auswertung wird durch die Bandenüberlagerung sehr erschwert. Lediglich die $(CH_2)_1$-Absorption bei 815 cm^{-1} steht isoliert (Abb. 6.10). Nach VEERKAMP (1961) kann man auf Grund eines optischen Ausgleichsverfahrens die CH_2-Gruppenverteilung über Sequenzen von drei bzw. wenigstens fünf CH_2-Gruppen in Abhängigkeit vom Propylen-Gehalt im Copolymer be-

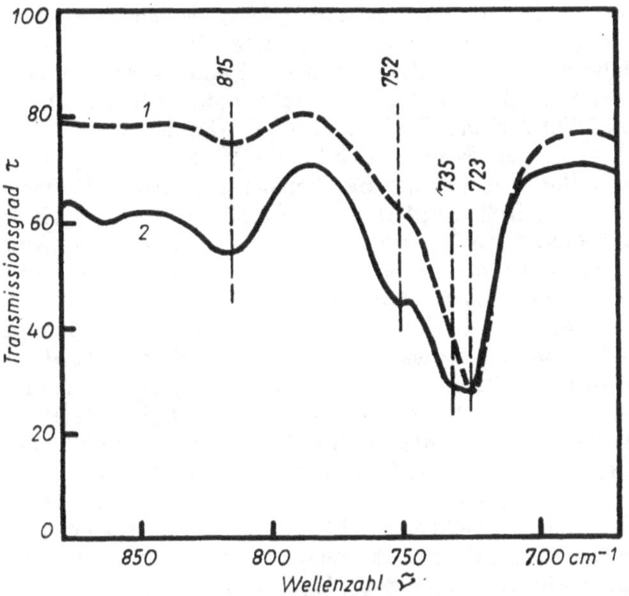

Abb. 6.10 CH_2-Rockingschwingungsbanden des Äthylen—Propylen-Copolymers.
1 — ca. 37 Mol-% Propylen, *2* — ca. 59 Mol-% Propylen

stimmen. Zweckmäßiger erscheint die rechnerische Bandenauftrennung durch ein Gleichungssystem. Indem die einzelnen Extinktionskoeffizienten mit Hilfe der Modellsubstanzen bestimmt werden, lassen sich aus den Gesamtintensitäten $E_{\tilde{\nu}_i}$ an den Meßstellen $\tilde{\nu}_1 = 815$, $\tilde{\nu}_2 = 752$, $\tilde{\nu}_3 = 735$ und $\tilde{\nu}_4 = 723$ cm^{-1} die auf die verschiedenen Sequenzen $n = 1, 2, 3$ und ≥ 4 entfallenden CH_2-Konzentrationen errechnen. Diese geben allein bereits ein gutes Bild für die Sequenzverteilung; zum Beispiel bedeutet ein hoher Prozentsatz an 3er-Folgen, daß ein hoher Alternierungsgrad vorliegt, denn 3 CH_2-Gruppen hintereinander können nur bei regulärer Verknüpfung von Äthylen- und Propylen-Einheiten auftreten. Die verschiedenen CH_2-Anteile lassen sich schließlich auf Äthylen- und Propylen-Einheiten aufschlüsseln (BUCCI (1964)). Außer über die CH_2-Gruppenverteilung kann man auch an anderer Stelle des Äthylen-Propylen-Spektrums Informationen über die Länge der Propylensequenzen erhalten (NATTA (1965), CIAMPELLI (1967), TOSI (1968c), ZERBI (1967b)). Die Bande im Bereich um 970 cm^{-1}, wie die bei 1155 cm^{-1} der Struktur $R{-}(CH_2)_{n_1}{-}\underset{\displaystyle CH_3}{\underset{|}{CH}}{-}(CH_2)_{n_2}{-}R$ zuzuschreiben, wird in ihrer Position von den Werten n_1 und n_2 beeinflußt (NATTA (1965)). In ataktischem Polypropylen erscheint eine Bande bei 970 cm^{-1}, in 3-Methyl-Paraffinen und Substanzen wie 2,2,4-Trimethylhexan und 3,3,5-Trimethylpentan eine Bande bei 965 cm^{-1}, in 4-Methyl-Paraffinen bei 955 cm^{-1} und in Squalan wie auch in hydriertem 1,4-Polyisopren bei 930 cm^{-1}. Man kann daher annehmen, daß isolierte Propylen-Einheiten des Äthylen-Propylen-Copolymers bei 930 cm^{-1} absorbieren. Bereits DRUSHEL und IDDINGS (1963) beobachteten Intensitätsveränderungen der 970 cm^{-1}-Absorption in Abhängigkeit vom Katalysator bzw. von den Elastomereigenschaften. Die Zuordnung der Bande war einige Zeit umstritten. Ihr Auftreten wurde mit der isotaktischen Helixstruktur in Verbindung gebracht. Nach NATTA (1965) ist für das Erscheinen dieser Bande lediglich reguläre Kopf-Schwanz-Verknüpfung der Propylen-Einheiten Voraussetzung. Kationisch hergestelltes Polypropylen, welches die Banden bei 970 und 1155 cm^{-1} nicht zeigt, enthält nur etwa 10 bis 15% Kopf-Schwanz-Einheiten. Nach Auffassung anderer Autoren (vgl. Abschnitt 6.1.2.) muß man jedoch einen mehr komplexen Zusammenhang zwischen der Intensität und Form der Bande 970 cm^{-1} und der lokalen Konfiguration und Konformation annehmen.

Die Sequenzempfindlichkeit der Bande bei 970 cm^{-1} kann zur quantitativen Bestimmung der Propylen-Sequenzverteilung ausgenutzt werden (CIAMPELLI (1967), TOSI (1968c)). Das Intensitätsverhältnis E_{937}/E_{970} ist ein Maß für die Alternierung in Äthylen-Propylen-Copolymeren. Nach TOSI (1968c) leitet sich daraus ein Index Φ ab, der dem Verhältnis der Propylen-Sequenzen mit $n = 1$ zu $n > 1$ entspricht, woraus sich das Reaktivitätenprodukt $r_1 r_2$ ergibt.

Am zweckmäßigsten ist eine kombinierte Sequenzanalyse sowohl im Gebiet um 720 cm^{-1} als auch um 970 cm^{-1}. Für Copolymere mit geringen Propylengehalten verliert die CH_2-Analyse nämlich an Aussagekraft. Die Propylen-Einheiten sind dann meist mit längeren CH_2-Folgen verknüpft, und die Analyse des 970 cm^{-1}-Bandenkomplexes bietet eine willkommene Ergänzung.

TOSI (1968b) stellte Untersuchungen im nahen UR-Bereich an. Die Frequenz der CH_2-Oberschwingung bei 5800 cm^{-1} hängt etwas von der Zusammensetzung der Copolymere ab.

Die Anwendung der skizzierten Methoden zur Sequenzanalyse auf mit ZIEGLER-Katalysatoren hergestellte Äthylen-Propylen-Copolymere ergab statistische Verteilungen, die sich in guter Übereinstimmung mit den aus den r-Werten berechneten Verteilungen befinden. Weitere Arbeiten zum Kettenaufbau von Äthylen-Propylen-Copolymeren veröffentlichten KISSIN (1967a) und TOSI (1969b).

6.1.4. *Polybuten*

6.1.4.1. *Polybuten-1*

Buten-1 läßt sich mit ZIEGLER-NATTA-Katalysatoren zu einem isotaktischen Polymer mit der Struktur

$$\begin{array}{c} -CH_2-\underset{\displaystyle C_2H_5}{\underset{|}{CH}}- \end{array}$$

polymerisieren, das als thermoplastischer Kunststoff Verwendung findet. Das Polymer kann in drei polymorphen Modifikationen kristallisieren, die von NATTA (1956b) mit I, II und III bezeichnet wurden. Beim Abkühlen der Schmelze entsteht zunächst die tetragonale Struktur II mit einer 4_1-Helixkonformation der Kettenmoleküle. Diese Struktur ist nicht stabil. Sie wandelt sich bei Zimmertemperatur in die hexagonale Modifikation I um, in der 3_1-Helices vorliegen (NATTA (1956c)). Die Modifikation III entsteht beim Kristallisieren aus Lösungen und hat eine orthorhombische Elementarzelle (HOLLAND (1964)). Neben der RÖNTGEN-Diffraktometrie wurden die Strukturmodifikationen und ihre Umwandlungen mit Hilfe der Differentialthermoanalyse untersucht (GEACINTOV (1966)).

Die Ultrarotspektren der drei Modifikationen wurden von LUONGO (1965, 1966, 1969, 1971) publiziert und für die Untersuchung der Strukturumwandlung herangezogen. Die Kettenmoleküle haben in den Strukturen I, II und III unterschiedliche Helixkonformationen, daher sind vor allem im mittleren Ultrarot, wo Kopplungen und intramolekulare Wechselwirkungen das Schwingungsverhalten bestimmen, deutliche Unterschiede in den Spektren vorhanden. In der Tab. 6.14

Tabelle 6.14 Zur Unterscheidung der polymorphen Modifikationen von Polybuten-1 geeignete Ultrarotbanden (nach LUONGO (1966))

Wellenzahl [cm^{-1}]	Modifikation I	II	III
1150	*m*	*m*	*m*
925	*s*	—	—
905	—	*s*	*s*
846	*m*	—	—
815	*m*	—	*w*
800	*w*	*w*	—
570	—	*w*	—
535	*s*	—	*w*
518	—	*w*	—
510	—	—	*w*

sind die zur Unterscheidung der polymorphen Modifikationen geeigneten Banden zusammengestellt. Die Umwandlung der Form II in die Form I läßt sich qualitativ gut an dem Bandendublett 905 und 925 cm^{-1} beobachten. Ein aus der Schmelze hergestellter Film hat zunächst nur die Bande 905 cm^{-1}. Nach etwa 30 Minuten zeigt eine schwache Schulter bei 925 cm^{-1} den Beginn der Strukturumwandlung an. Nach drei Stunden sind beide Banden etwa gleich stark. Im Verlauf von drei Wochen verschwindet die Bande 905 cm^{-1} fast vollständig, und es ist nur noch die Modifikation I vorhanden.

Quantitativ wurde die Umwandlung an Hand des Extinktionsverhältnisses der Bande 846 cm^{-1} zur strukturunabhängigen Bande 1150 cm^{-1} verfolgt. Es zeigte sich, daß die Geschwindigkeit der Umwandlung in dünnen Filmen größer als in dicken Proben ist (Abb. 6.11), woraus geschlossen wurde, daß die Änderung der Struktur von der Filmoberfläche ausgeht. Diese Annahme wurde durch ATR-Messungen bestätigt, bei denen keine Abhängigkeit von der Filmdicke festzustellen war. Da beim Verstrecken der Filme der Übergang II → I sofort stattfindet, nahm LUONGO (1966) an, daß in der Oberfläche vorhandene Spannungen die Umwandlung induzieren. Die spontane Umwandlung II → I und die durch erneutes Schmelzen hervorzurufende Umwandlung I → II werden behindert oder verzögert, wenn die Proben durch Elektronenbestrahlung vernetzt werden.

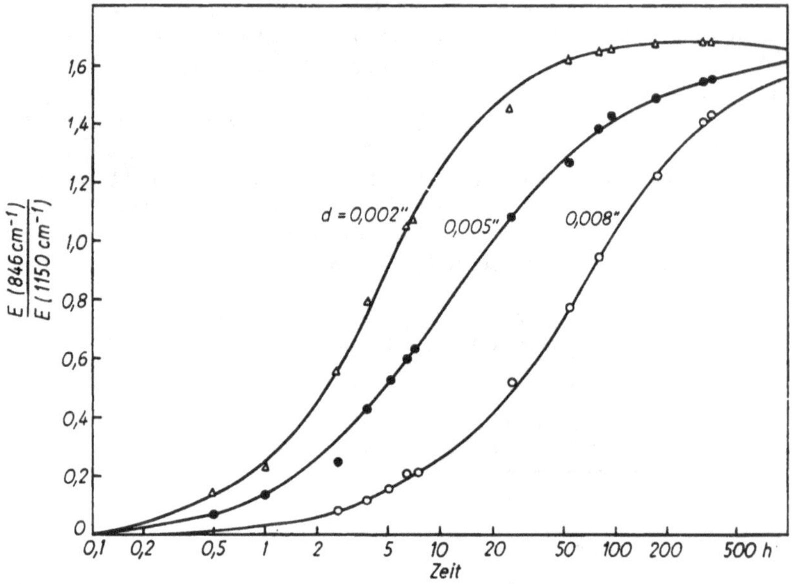

Abb. 6.11 Die Umwandlung der Modifikation II von Polybuten-1 in die Modifikation I in verschieden dicken Filmen (nach LUONGO (1966)).

In einigen Arbeiten (GEANCINTOV (1966), MILLER (1964), RAKUS (1966)) wurde eine weitere Modifikation I′ beschrieben, die zum Beispiel durch Polymerisation bei niedrigen Temperaturen zu erhalten ist und die sich röntgenographisch nicht von der Struktur I unterscheidet, aber einen niedrigeren Schmelzpunkt hat. GOLDBACH (1968) fand geringe Unterschiede in den UR-Spektren der Strukturen I und I′, insbesondere eine Umkehrung des Intensitätsverhältnisses der Banden 810 und 792 cm^{-1} (sie entsprechen den Banden 815 und 800 cm^{-1} in der Tab. 6.14). Es wurde weiter festgestellt, daß das Spektrum der Struktur I′ von der Kristallmodifikation abhängt und polykristallines Material sich anders verhält als aus der Lösung kristallisierte Proben. Möglicherweise spielen hier Orientierungseffekte und reguläre Sequenzlängen eine Rolle.

NISHIOKA (1962) untersuchte die Abhängigkeit des Ultrarotspektrums von Polybuten-1 von der Kristallinität und von der Stereoregularität. Als kristallinempfindlich wurden die Banden 1208, 1098, 1059, 1028, 922, 849 und 816 cm^{-1} bezeichnet, die in der Schmelze und in einer CS_2-Lösung verschwinden. Es besteht eine lineare Relation zwischen dem Verhältnis der Extinktion dieser Banden zur Extinktion der als innerer Standard verwendeten Bande 1150 cm^{-1} und dem spezifischen Volumen des Polymers. Die Bande 1220 cm^{-1} hängt ebenfalls vom spezifischen Volumen ab, sie verschwindet aber in der Lösung oder Schmelze nicht und wurde auf die Stereoregularität des Makromoleküls zurückgeführt. Das Extinktionsverhältnis E_{1220}/E_{1150} wurde zur Bestimmung der Stereoregularität in der Lösung herangezogen (NISHIOKA (1962a)).

UKITA (1966) hat polarisierte Spektren von Polybuten-1 in der hexagonalen Modifikation I aufgenommen und die Normalschwingungen nach der *GF*-Matrixmethode mit einem modifizierten UREY-BRADLEY-Kraftfeld berechnet. Die parallel- und senkrechtdichroitischen Banden wurden den Schwingungsrassen *A* und $E\left(\frac{2\pi}{3}\right)$ zugeordnet (Tab. 6.15).

Tabelle 6.15 Zuordnung der Ultrarotbanden von Polybuten-1 in der Modifikation I mit 3_1-Helixkonformation (nach UKITA (1966))

Wellenzahl [cm^{-1}]	Zuordnung
1463 σ 1458 π	$\delta_a(CH_3)$
1441 σ 1439 π	$\delta_s(CH_2)$
1380 σ	$\delta_s(CH_3)$
1366 σ 1342 π 1331 σ 1321 π 1302 σ	$\gamma_w(CH_2) + \delta(CH) + \gamma_w(CH)$
1222 π	$\gamma_t(CH_2) + \delta(CH) + \gamma_r$(Äthyl)
1207 σ	$\gamma_t(CH_2) + \gamma_w(CH)$
1150 σ 1096 σ 1028 π 1015 σ	$\nu(CC)$
1062 σ	$\gamma_r(CH_3) + \nu(CC)_{\text{Äthyl}}$
977 σ	$\nu(CC)_{\text{Kette}} + \gamma_r(CH_3)$
924 σ	$\gamma_r(CH_2)_{\text{Kette}} + \gamma_r(CH_3)$
848 π	$\gamma_r(CH_3) + \nu(CC)$
816 π 798 σ	$\gamma_r(CH_2) + \nu(CC)$
764 σ 758 π	γ_r(Äthyl)

CORNELL und KOENIG (1969b) berechneten die Frequenzen der *A*-Schwingungen für die fünf Helixkonformationen 3_1, 10_3, 7_2, 11_3 und 4_1 nach einem von HANNON u. a. (1969a) vorgeschlagenen Programm und unter Verwendung der Kraftfelder, die von SCHACHTSCHNEIDER (1963) und SNYDER (1964) für Polyäthylen bzw. Polypropylen angegeben wurden. Die RAMAN-Spektren der drei kristallinen Modifikationen von Polybuten-1 wurden mit den Ultrarotergebnissen verglichen, wobei im allgemeinen gute Übereinstimmung gefunden wurde und sich weitere neue Informationen ergaben. Die zwischen 770 und 1000 cm^{-1} gelegenen Schwingungsfrequenzen, die einen großen Bewegungsanteil der C—C-Kette enthalten, sind besonders empfindlich gegenüber Änderungen des Helixwinkels. Aus den experimentellen Ergebnissen wurde gefolgert, daß in der Modifikation III die Moleküle in der 10_3-Helixkonformation vorliegen, was auch mit dem Röntgenbeugungsdiagramm zu vereinbaren ist.

6.1.4.2. Polyisobuten

Die Monomereinheit von Polyisobuten

$$-CH_2-\overset{\displaystyle CH_3}{\underset{\displaystyle CH_3}{\overset{|}{\underset{|}{C}}}}-$$

enthält kein unsymmetrisch substituiertes Kohlenstoffatom, so daß die Regularität des Polymers nur in der regelmäßigen Kopf-Schwanz-Anordnung besteht. In den UR-Spektren von Polymeren, die mit BF_3 oder mit Ziegler-Natta-Katalysatoren hergestellt wurden, konnten keine signifikanten Unterschiede gefunden werden (Bacskai (1963)). Kennzeichnend für das UR-Spektrum von Polyisobuten ist die Doppelbande bei 1370 und 1400 cm^{-1}, die charakteristisch für die Struktur mit zwei Methylgruppen am gleichen Kohlenstoffatom ist.

Aus der spektroskopischen Untersuchung der beim thermischen Abbau des Polymers entstehenden Produkte wurde gefolgert, daß die Kopf-Schwanz-Anordnung überwiegt, aber mindestens 2% Einheiten in Schwanz-Schwanz-Anordnung vorhanden sind (Slobodin (1963)). Nach Dainton und Sutherland (1949) enthält das kationisch polymerisierte Isobuten die Endgruppen $-C(CH_3)_3$ und $-CH_2-C(CH_3)=CH_2$. Kosyreva (1959) untersuchte den Polymerisationsprozeß von Isobuten.

6.2. Halogenhaltige Vinylpolymere

6.2.1. Polyvinylchlorid

Polyvinylchlorid ist einer der am längsten bekannten und in großen Mengen produzierten Kunststoffe. Bei der gewöhnlichen radikalischen Polymerisation werden die Monomereinheiten in der Polymerkette

$$-[CH_2-\underset{\displaystyle Cl}{\underset{|}{CH}}-]_n$$

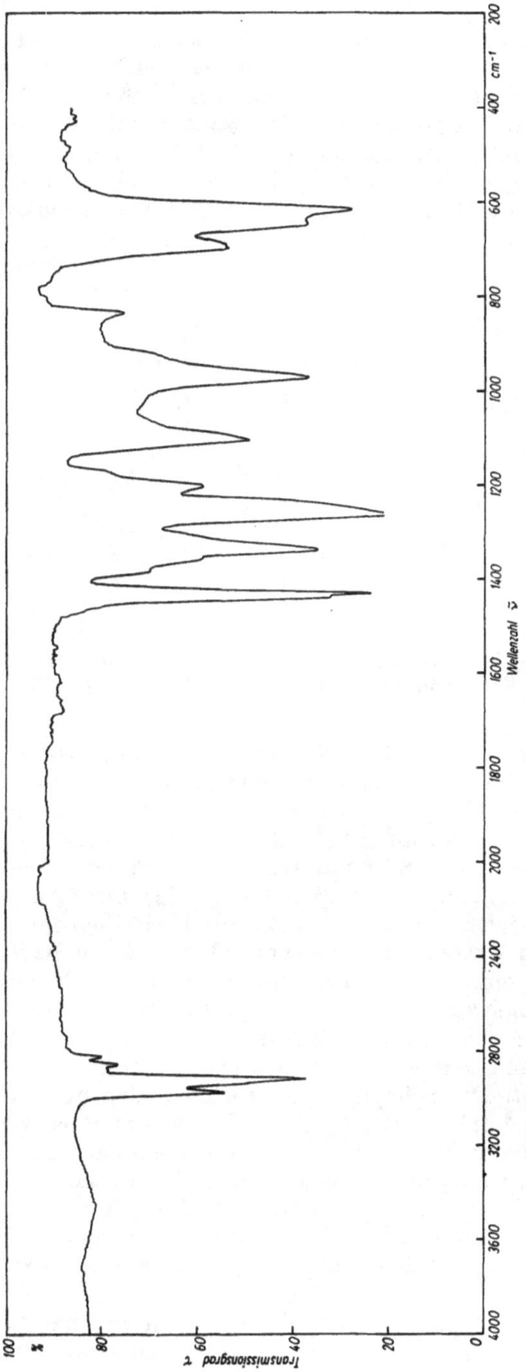

Abb. 6.12 Ultrarotspektrum von Polyvinylchlorid (Syndiotaktizität ca. 60%)

fast ausschließlich in Kopf-Schwanz-Anordnung polymerisiert (HODKINS (1958)). Kopf-Kopf-Polyvinylchlorid wurde durch Chlorierung von 1,4-Polybutadien dargestellt. Sein Ultrarotspektrum unterscheidet sich deutlich von dem des normalen Polyvinylchlorids (BAILEY (1964), MURAYAMA (1966)). Röntgenographische Untersuchungen zeigten, daß die syndiotaktische Konfiguration in der Polymerkette überwiegt (FULLER (1940), NATTA (1956d)). Das normale, bei Temperaturen um 50 °C polymerisierte Vinylchlorid enthält jedoch einen großen Anteil ataktischen Materials und kristallisiert kaum. Der Syndiotaktizitätsgrad und die Kristal-

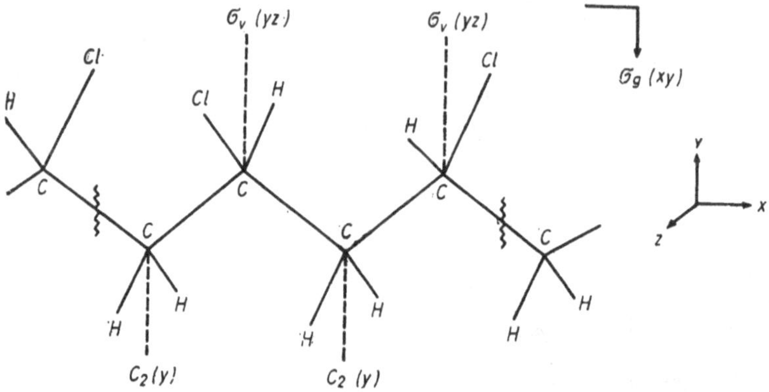

Abb. 6.13 Struktur und Symmetrieelemente der syndiotaktischen ebenen Zickzack-Kette von Polyvinylchlorid (nach KRIMM (1963)).

lisierbarkeit nehmen bei der Erniedrigung der Polymerisationstemperatur zu (FORDHAM (1959)). Hochkristallines, fast vollständig syndiotaktisches Polyvinylchlorid wird durch Strahlungspolymerisation in einem Harnstoffkomplex erhalten (KRIMM (1958, 1959), SHIMANOUCHI (1959), WHITE (1960)).

Das Ultrarotspektrum von syndiotaktischem Polyvinylchlorid (Abb. 6.12) wurde erstmals von KRIMM u. a. (1956b, 1960, 1963) unter Anwendung gruppentheoretischer Methoden analysiert. Obwohl durch die Elementarzelle des kristallinen Polymers zwei Ketten gehen (NATTA (1956d)), kann die Symmetrieanalyse auf die Betrachtung einer Einzelkette beschränkt werden, da das Spektrum keine Hinweise auf intermolekulare Wechselwirkungen enthält. Die Elementareinheit der syndiotaktischen ebenen Zickzack-Kette besteht aus zwei Monomereinheiten (Abb. 6.13). Die Symmetrieelemente bilden eine Faktorgruppe, die isomorph zur Punktgruppe C_{2v} ist. Die Schwingungen verteilen sich auf die ultrarotaktiven Schwingungsrassen $A_1(y)$, $B_1(z)$, $B_2(x)$ und die nur im RAMAN-Spektrum aktive Rasse A_2. In Klammern ist die Richtung der Dipolmomentänderung angegeben. Die Schwingungsrassen A_1 und B_1 sind σ-dichroitisch, die Schwingungsrasse B_2 ist π-dichroitisch. Unter der Annahme, daß die CH-Schwingungen getrennt behandelt werden können, wurden die in beiden Monomereinheiten in Phase bzw. in Gegenphase erfolgenden Schwingungen nach ihrem Symmetrieverhalten klassifiziert.

SHIMANOUCHI und TASUMI (1961a) führten die Normalkoordinatenanalyse des syndiotaktischen Polyvinylchlorids durch. Die berechneten Frequenzen sind in der Tab. 6.16 mit enthalten. Die B_2-Schwingungen sind auf Grund ihres Paralleldichroismus zuzuordnen. Für die Unterscheidung der A_1- und B_1-Schwingungen wurde die beim Verstrecken von Polyvinylchloridfilmen mit hohem Syndiotaktizitätsgrad beobachtete Umkehr des Dichroismus herangezogen (TASUMI (1961a)). Einige Banden haben bei niedrigen Verstreckungsgraden (in der Tabelle mit a bezeichnet) Paralleldichroismus, der bei stärkerer Verstreckung in Senkrechtdichroismus übergeht. Diese Erscheinung hängt mit der Morphologie der geordneten Bereiche zusammen. Bei leichter Verstreckung werden die z-Achsen der Kristallite teilweise parallel zur Streckrichtung orientiert. Bei stärkerer Verstreckung wird diese Orientierung wieder zerstört, und die Molekülketten werden parallel zur Streckachse ausgerichtet. Einige amorphe Banden (615, 970 und 1243 cm^{-1}) weisen schon nach relativ geringer Verstreckung starken σ-Dichroismus auf, woraus auf eine schnelle Orientierung der Ketten in den amorphen Bereichen zu schließen ist.

Alle Frequenzen des bei niedrigen Temperaturen polymerisierten syndiotaktischen Polyvinylchlorids konnten gedeutet werden. Eine wesentliche Hilfe für die Zuordnung waren neben der Symmetrieanalyse Untersuchungen an deuterierten Polymeren (ENOMOTO (1966), KRIMM (1963), NARITA (1959)). Durch Vergleich mit dem UR-Spektrum von Polyvinylbromid und geschmolzenem Polyvinylchlorid konnten die in den CCl-Gruppen lokalisierten Banden und die Strukturabhängigkeit erkannt werden (NARITA (1959c)). KRIMM u. a. (1963) untersuchten die deuterierten Polymere PVC-αd_1, PVC-βd_1, PVC-$\alpha,\beta d_2$ und PVC-d_3, für die zum Teil auch Normalkoordinatenrechnungen ausgeführt wurden (SHIMANOUCHI (1964)). Beim PVC-αd_1 können in erster Näherung die CH-Schwingungen durch die CD-Schwingungen ersetzt werden. Beim PVC-d_3 ist die Situation komplizierter, denn die Rechnungen zeigten, daß zwischen den verschiedenen Schwingungen starke Kopplungen bestehen. In den Polymeren PVC-βd_1 und PVC-$\alpha,\beta d_2$ ist die Symmetrie der ebenen Zickzackstruktur niedriger als im normalen Polyvinylchlorid. Die Zuordnung der Bande 2970 cm^{-1} zur ν(CH)-Schwingung ist auf Grund der Deuterierungsbefunde gesichert, denn im PVC-αd_1 verschwindet die Absorption bei dieser Wellenzahl, und es tritt bei 2207 cm^{-1} eine ν(CD)-Bande auf. Das Frequenzverhältnis $\tilde{\nu}/\tilde{\nu}' = 1{,}35$ entspricht dem zu erwartenden Wert. Allerdings fanden ENOMOTO u. a. (1966) im Spektrum von PVC-$\beta,\beta d_2$ drei Banden bei 2962, 2915 und 2855 cm^{-1}. Sie ordneten die Bande 2962 cm^{-1} der ν(CH)-Schwingung im syndiotaktischen kristallinen Anteil zu, die Bande 2855 cm^{-1} dem amorphen Anteil und erklärten 2915 cm^{-1} als FERMI-Resonanzbande. Interessant ist, daß sich die Deuterierung auch auf die ν(CCl)-Banden zwischen 600 und 700 cm^{-1} auswirkt und in diesem Bereich im wesentlichen eine Erniedrigung der Frequenzen zur Folge hat. Das weist auf die starke Kopplung der CCl-Schwingungen mit dem Rest des Moleküls hin und auf die Schwierigkeiten bei der Übertragung der an Modellverbindungen erhaltenen Ergebnisse auf das Spektrum des Polymers.

KOENIG und DRUESEDOW (1969) untersuchten das RAMAN-Spektrum der gestreckten Kette von syndiotaktischem Polyvinylchlorid. Auf Grund der Symmetrieanalyse des kristallinen Polymers, das ein Inversionszentrum enthält, sind die Schwingungsrassen des PVC-Kristalls entweder RAMAN-aktiv oder ultrarotaktiv. In der Praxis fallen aber wegen der geringen intermolekularen Wechselwirkungen die RAMAN-Banden mit den entsprechenden Ultrarotbanden zusammen (KRIMM (1960)). Die Ergebnisse der RAMAN-spektroskopischen Messungen wurden von

Tabelle 6.16 Ultrarotbanden von Polyvinylchlorid (nach KRIMM (1956b, 1963), SHIMANOUCHI (1961a), TASUMI (1961a, 1971) und WARRIER 1970))

Wellenzahl [cm^{-1}] gemessen	Polarisation[1] *a*	*b*	Struktur[2])	Wellenzahl [cm^{-1}] berechnet	Zuordnung
2970	σ	σ		2968, 2969	ν(CH) A_1, B_1
2930	—	σ		2905	$\nu_a(CH_2)$ B_1
2910	σ	σ		2873	$\nu_s(CH_2)$ A_1
2850	σ	σ	*a*		
2816	σ	σ	*c*		
1434	σ	σ	*a*		$\delta(CH_2)$
1426	σ	σ	*c*	1459	$\delta(CH_2)$ A_1
1379	—	π	*c*	1360	$\gamma_w(CH_2)$ B_2
1354	π	σ	*c*	1367	$\gamma_w(CH_2)$ B_1
1338	σ	σ	*c*	1322	$\gamma_t(CH_2)$ + δ(CH) A_1
1254	π	σ	*c*	1244	δ(CH) B_1
1243	σ	σ	*a*		δ(CH)
1229	π	π	*c*	1208	δ(CH) B_2
1210		σ			
1203		π	*a*		γ_w(CH)
1165		σ			
1118	π	π		1054	ν(CC) B_2
1102	σ	σ		1100	ν(CC) A_1
1090	σ	σ		1076	ν(CC) B_1
1030				1022	ν(CC) B_2
970	σ	σ	*a*		$\gamma_r(CH_2)$
957	π	σ	*c*	993	$\gamma_r(CH_2)$ B_1
926			*a*		
833	—	π		849	$\gamma_r(CH_2)$ B_2
690	π	π	*a*		ν(CCl)
680	σ	σ	*a*		ν(CCl)
638	σ	σ	*c*	651	ν(CCl) A_1
615	σ	σ	*a*		ν(CCl)
603	π	σ	*c*	633	ν(CCl) B_1
540	—	π	*a*		ν(CCl)
490	—	π	*c*	476	Skelett-Deformation
427			*a*		
418			*c*		
364		σ		349	δ(CCl) A_1
340		π		347	γ_w(CCl) B_1
312		σ		310	δ(CCl) B_2
180		π			innere Rotation, gekoppelt mit einer Gitterschwingung
160					Skelettschwingungen
102					Kettenrotation
64			c		CH...Cl

[1]) *a* — kleines Streckverhältnis, *b* — großes Streckverhältnis
[2]) *a* — amorph, *c* — kristallin

TASUMI (1971) bei einer verbesserten Normalkoordinatenanalyse berücksichtigt.

Stereoregularität und Ordnungszustand von Polyvinylchlorid spiegeln sich sehr deutlich im Aussehen des Spektrums zwischen 600 und 700 cm^{-1} wider (Abb. 6.14). Nach den Ergebnissen der Normalkoordinatenanalyse treten bei der regulären syndiotaktischen Struktur nur die beiden Banden 603 und 639 cm^{-1} auf, die bei dem im Harnstoffkomplex polymerisierten Polyvinylchlorid mit der höchsten Syndiotaktizität auch deutlich hervortreten. Eine Reihe weiterer Banden

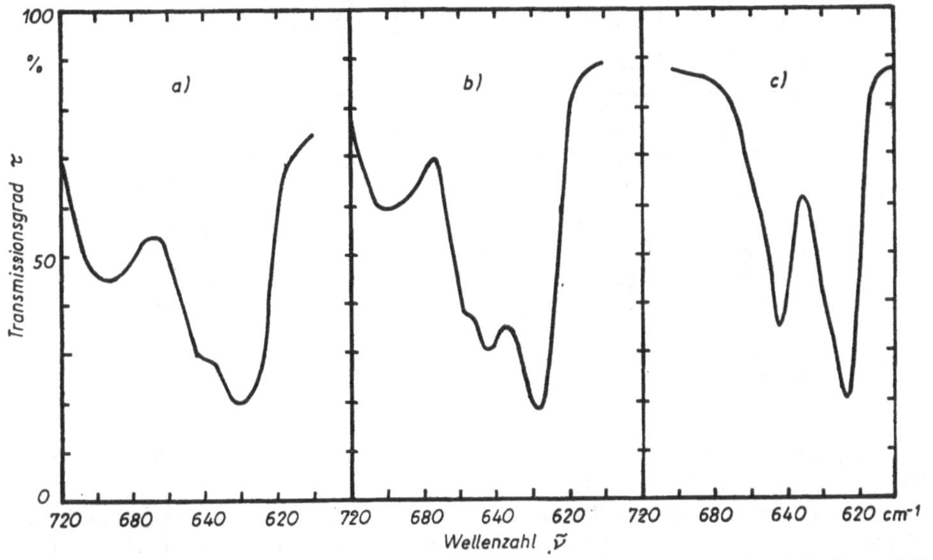

Abb. 6.14 Ultrarotspektren von verschiedenen Polyvinylchloriden im Bereich der ν(CCl)-Schwingungen (nach KRIMM (1964)).
a — polymerisiert bei +50 °C, b — polymerisiert bei —78°C, c — polymerisiert im Harnstoffkomplex bei —78°C

wurde gefunden (Tab. 6.17), deren genaue Analyse Aussagen über die Konfiguration und Konformation der Ketten ermöglicht (ENOMOTO (1964a), GRISENTHWAITE (1958, 1959), KRIMM (1964a), POHL (1968, 1968a)). Durch Untersuchungen an Modellsubstanzen wurde gefunden, daß die Lage der ν(CCl)-Bande vor allem von den Atomen abhängt, die sich in trans-Stellung zum Chloratom an den beiden CC-Bindungen befinden, welche an die CCl-Bindung grenzen (SHIMANOUCHI (1961b, 1965), SHIPMAN (1962a)). Da dies bei der sekundären CCl-Gruppe H- und C-Atome sein können, unterscheidet man die S_{HH}-, S_{HC}- und S_{CC}-Stellungen. In der Tab. 6.17 sind die von POHL und HUMMEL (1968a) durch graphische Auftrennung des Bandenkomplexes zwischen 600 und 700 cm^{-1} an Polyvinylchloridproben mit variierter Taktizität erhaltenen Banden sowie deren Zuordnung zusammengestellt. Die Banden 603 und 639 cm^{-1} können durch Aufspaltung der Bande 613 cm^{-1} infolge intramolekularer Wechselwirkung erklärt werden. Ihr Erscheinen ist an die Existenz genügend langer regulärer Kettenabschnitte gebunden, so daß sie als Regularitätsbanden zu bezeichnen sind. Aus ihrem Anteil an der gesamten ν(CCl)-Absorption in Proben von unterschiedlicher Temperatur und Taktizität berechneten POHL und HUMMEL die Mindestlänge der regulären Sequenz, die zur Aufspaltung in die A_1- und B_1-Schwingung erforderlich ist. Sie beträgt fünf bis acht Vinylchlorideinheiten.

Tabelle 6.17 Zuordnung der ν(CCl)-Banden von Polyvinylchlorid (nach POHL (1968a))

Wellenzahl [cm^{-1}]	relative Intensität synd.	atakt.	Taktizität[1])	Konformation[2])	
603	*vs*	*w*	*s* (lange Ketten)	S_{HH}	*TTTT*
613	*vw*	*vs*	*s* (kurze Ketten)	S_{HH}	*TT*
624	*vw*	*w*	*i*	S_{HH}	*TGTTG'T*
633	*vw*	*w*	*i*	S'_{HH}	
639	*vs*	*vw*	*s* (lange Ketten)	S_{HH}	*TTTT*
647	*w*	*w*	*s*		
677	*Sch*	*m*	*s*	S_{HC}	*TGGT*
695	*Sch*	*m*	*i*	S_{HC}	*TGTG*

[1]) *s* — syndiotaktisch, *i* — isotaktisch
[2]) *T* — trans, *G* — gauche

Die Absorption bei 690 cm^{-1} kann nach TASUMI (1961a) und SHIMANOUCHI (1964) längeren isotaktischen Sequenzen zugeschrieben werden. In verstreckten Proben wurden eine Parallelbande bei 690 cm^{-1} und eine Senkrechtbande bei 683 cm^{-1} gefunden. Diese Wellenzahlen entsprechen gut den durch Normalkoordinatenanalyse berechneten ν(CCl)-Frequenzen 679 cm^{-1} (A) und 675 cm^{-1} (E) der isotaktischen dreizähligen Helix.

KRIMM u. a. (1964b, 1965a) wiesen in festem Polyvinylchlorid bestehende Spannungen durch die Untersuchung der Kettenkonformation in Abhängigkeit vom physikalischen Zustand nach, indem sie die Struktur der ν(CCl)-Banden von Lösungsfilmen, gepreßten Filmen und KBr-Tabletten untereinander verglichen. GLAZKOVSKIJ (1966) hat ebenfalls mit Hilfe der ν(CCl)-Banden die Änderung der Konformation von Polyvinylchlorid bei mechanischen und thermischen Behandlungen studiert und die Ergebnisse mit röntgenographischen Messungen korreliert.

MICHAJLOV u. a. (1967) untersuchten die Wirkung von Weichmachern auf die Kettenkonformation, um eine Erklärung für die dielektrischen Effekte geben zu können. Steigende Weichmacherkonzentration hat bei normalem Polyvinylchlorid eine Umverteilung der Extinktionen bei 615 cm^{-1} und 635 bis 640 cm^{-1} zur Folge; es wird eine starke Zunahme der Absorption bei 635 bis 640 cm^{-1} beobachtet. Dies wurde als eine Zunahme des Anteils der wenig beweglichen *TTTT*-Konformation bzw. einer instabilen verspannten *TTT*-Konformation gedeutet. Aus Tetrahydrofuranlösungen gefällte Filme hatten ähnliche Spektren und Konformationen wie plastifiziertes Polyvinylchlorid.

Pohl und Hummel (1968, 1968a) bestimmten nach graphischer Auftrennung und Zuordnung der ν(CCl)-Banden den Syndiotaktizitätsgrad unter der Annahme, daß die molaren Extinktionskoeffizienten aller ν(CCl)-Banden gleich sind. Aus dem Beitrag der Banden 603 und 639 cm^{-1} zur integralen Extinktion wurde der Anteil regulärer Kettensequenzen ermittelt. Beim im Harnstoffkomplex polymerisierten Polymer wurden 87% Syndiotaktizität und 60% reguläre Kettenabschnitte gefunden. Bei +47 °C polymerisiertes PVC hatte einen Syndiotaktizitätsgrad von 57% und eine Regularität von 15%.

Imura (1961) und Takeda (1962) untersuchten die Temperaturabhängigkeit der ν(CCl)-Banden in Lösungen. Ausgehend von der Zuordnung der Bande 615 cm^{-1} zu syndiotaktischen S_{HH}-Sequenzen und der Absorption bei 696 cm^{-1} zur S_{HC}-Konformation wurde der Zusammenhang zwischen Konformation und Konfiguration des Kettenmoleküls diskutiert und die Syndiotaktizität abgeschätzt.

Germar (1963) ermittelte ebenfalls aus der Temperaturabhängigkeit der ν(CCl)-Banden in Lösungen die Taktizität von Polyvinylchlorid. Grundlage des Verfahrens ist die Annahme, daß bei niedriger Temperatur die energetisch günstigen Konformationen überwiegen und bei steigender Temperatur eine Umbesetzung erfolgt, was sich in einer Abnahme der Extinktion bei 615 cm^{-1} äußert. Außer der Syndiotaktizität kann den Messungen die Energiedifferenz zwischen der trans- und der gauche-Konformation in Lösung entnommen werden. Dabei wurde jedoch die Temperaturabhängigkeit der Extinktionskoeffizienten unberücksichtigt gelassen.

Ähnliche Untersuchungen wurden mit Hilfe der $\delta(CH_2)$-Banden durchgeführt, deren Lage von der Konformation in der Umgebung der Methylengruppe abhängt (Germar (1963a), Nakajima (1966), Pohl (1968a)). Während die isotaktischen Konformationen bei 1434 cm^{-1} absorbieren, sind die Konformationen der syndiotaktischen Segmente energetisch unterschiedlich und verteilen sich auf die Banden 1428 und 1434 cm^{-1}. Aus der Temperaturabhängigkeit des Intensitätsverhältnisses dieser Banden in PVC-Lösungen können deshalb der syndiotaktische Anteil und die Energiedifferenz bestimmt werden.

Štokr u. a. (1967) stellten fest, daß die Intensität der Bande 690 cm^{-1} proportional zur Anzahl der isotaktischen Diaden und unabhängig von der Kristallinität der Probe ist. Unter Verwendung der sowohl von der Taktizität als auch von der Kristallinität unabhängigen ν(CH)-Bande 2970 cm^{-1} als inneren Standard wurde der Taktizitätsgrad verschiedener Polyvinylchloridproben berechnet.

Kawasaki u. a. (1961) untersuchten die Abhängigkeit des Ultrarotspektrums von Polyvinylchlorid von dessen Dichte. Sie fanden, daß die Extinktion der Banden 1426, 1333, 1254, 1229 und 957 cm^{-1} mit steigender Dichte und Kristallinität linear zunimmt. Als innerer Standard wurde die Absorption bei 2920 cm^{-1} vorgeschlagen. Watanabe u. a. (1958) verwendeten die Bande 833 cm^{-1} zur Charakterisierung der Kristallinität des bei niedrigen Temperaturen polymerisierten Vinylchlorids.

Die Kristallisation, die Rekristallisation und das Schmelzverhalten von Polyvinylchlorid wurden von Witenhafer (1970) mittels der Bande 1250 cm^{-1} untersucht. Der Autor schlug folgende Kompensationsmethode zur Messung der Kristallinität vor: Zunächst wird die Extinktion der als innerer Dickenstandard dienenden Bande 2960 cm^{-1} gemessen; anschließend wird diese Bande mit einer keilförmigen, abgeschreckten Probe wegkompensiert und die verbleibende Extinktion der kristallinen Bande 1250 cm^{-1} bestimmt.

Fuchs (1957) und Germar (1965a) berichteten über die ultrarotspektroskopische Untersuchung der Struktur chlorierter Polyvinylchloride. An Hand der (CH_2)-Deformationsschwingung wurde festgestellt, daß die Chlorierung bevorzugt an der Methylengruppe erfolgt. Allen (1970) fand durch Vergleich der ν(CH)-, δ (CH)- und ν(CCl)-Banden, daß das Chlorradikal bevorzugt am mittleren Kohlenstoff einer heterotaktischen Triade angreift.

Bei der Dechlorierung des Polyvinylchlorids mit Zink zeigen neu entstandene Banden bei 3055, 2988 und 1020 cm^{-1} die Bildung von Cyclopropaneinheiten an, und eine Bande bei 1460 cm^{-1} weist auf aliphatische Methylengruppen hin. Die Änderungen des Spektrums im Bereich der ν(CCl)-Absorption deuten darauf hin, daß syndiotaktische Sequenzen bei der Einwirkung von Lithiumchlorid in Dimethylaminlösungen langsamer dechloriert werden, als solche, bei denen sich ein C-Atom in trans-Stellung zum Chlor befindet (Milan (1969)).

Weitere Arbeiten über das Ultrarotspektrum und die chemische und physikalische Struktur des Polyvinylchlorids erschienen unter anderem von Enomoto (1969), Gallinella (1965), Glazkovskij (1970), Majer (1967a, 1967b), Schneider (1968), Štokr (1971).

Über analytische Untersuchungen und Abbaureaktionen berichteten Allen (1969), Burley (1960), Campbell (1955), Fredriksen (1967), Gračev (1970), Kaltwasser (1966), Karjakin (1965), Luther (1966), Waiman (1968), Wuckel (1960).

Über spektroskopische Untersuchungen an Copolymeren des Vinylchlorids berichteten Misono (1967, 1970), Pohl (1968b, 1968c), Rao (1968), Rosen (1962), Takeuchi (1965, 1966). Vinylchlorid-Vinylidenchlorid-Copolymere werden im Abschnitt 5.6.4. behandelt.

6.2.2. *Polyvinylidenchlorid*

Das Ultrarotspektrum von Polyvinylidenchlorid wurde von Krimm (1956b, 1960) und Narita (1959a, 1959d) diskutiert. Einige der in diesen Arbeiten vorgeschlagenen Zuordnungen wurden später verbessert oder revidiert (Hendra (1969), Miyazawa (1965b)). Polyvinylidenchlorid kristallisiert wegen seines regelmäßigen Molekülbaus leichter als Polyvinylchlorid. Eine abgeschreckte Schmelze ist zunächst amorph, beginnt aber bereits bei Zimmertemperatur zu kristallisieren, was an der Zunahme der Dichte des Polymers und der Extinktion der kristallinitätsempfindlichen Banden bei 884 cm^{-1} und 753 cm^{-1} zu erkennen ist (Narita (1959d)). Für ultrarotspektroskopische Untersuchungen wurden häufig Copolymere mit einem geringen Anteil an Vinylchlorid verwendet, die leichter löslich sind und besser zu verstreckende Filme ergeben als reines PVDC. Die Spektren der Copolymere unterscheiden sich lediglich durch zwei zusätzliche Banden bei 868 und 1206 cm^{-1} von denen des Homopolymers (Narita (1959d)).

Die Längsperiode des kristallinen Polyvinylidenchlorids beträgt nach röntgenographischen Messungen 4,7 Å (Fuller (1940), Narita (1959e)). Diese Distanz läßt sich nicht mit einer ebenen Zickzackkette des Kohlenstoffgerüstes vereinbaren. Es wurden verschiedene Strukturvorschläge zur Erklärung der Verkürzung der Längsperiode unterbreitet, die sich dadurch unterscheiden, daß entweder eine in der Weise gestörte Zickzackkette vorliegt, daß alle Chloratome sich auf der gleichen Seite der Kette befinden (FULLER (1940), MIYAZAWA (1965b)), oder es wird eine helixartige Kettenstruktur angenommen, bei der benachbarte CCl_2-Gruppen auf den gegenüberliegenden Seiten der Kettenachse angeordnet sind (REINHARDT (1943)). Die ultrarotspektroskopischen Ergebnisse lassen sich mit der zuerst genannten Struktur besser erklären. COIRO u. a. (1966) berichteten jedoch über neuere röntgenographische Ergebnisse, die mehr für eine zweizählige Helix als für die von MIYAZAWA der Frequenzberechnung zu Grunde gelegte Struktur sprechen, so daß sowohl die Molekülkonformation als auch zum Teil die Zuordnungen der Ultrarotbanden nicht als vollständig gesichert anzusehen sind.

KRIMM (1956b, 1960) und NARITA (1959a, 1959d) ordneten das Spektrum von Polyvinylidenchlorid mit Hilfe der Symmetrieanalyse und durch den Vergleich mit den Spektren von Polyvinylidenbromid und deuteriertem Polyvinylidenchlorid zu (Tab. 6.18). Die Indices *i* und *o* geben an, ob die beiden Monomer-

Tabelle 6.18 Ultrarotbanden von Polyvinylidenchlorid (nach KRIMM (1956b, 1960) und NARITA (1959a, 1959d))

Wellenzahl [cm^{-1}]	relative Intensität	Polarisation	Zuordnung	
2990	*m*	σ	$\nu_a(CH_2)_i(A')$	
2948	*w*	σ?	$\nu_s(CH_2)_i(A')$	
2930	*m*	σ	$\nu_a(CH_2)$ (amorph)	
2850	*w*	σ?	$\nu_s(CH_2)$ (amorph)	
1407	*s*	σ	$\delta(CH_2)_i$ (A')	
1360	*m*	π	$\gamma_w(CH_2)_i$ (A'')	
1325	*w*	σ	$\gamma_w(CH_2)_o$ (A')	
1204	*vw*		$2 \times \nu_s(CCl_2)_o$	
1142	*m*	π	$\nu(CC)$	
1070	*vs*	σ	$\nu(CC)$	
1046	*vs*	σ	$\nu(CC)$	
980	*w*	σ	$\nu_a(CCl_2)_o + \delta(CCl_2)_i$	
887	*m*	σ	$\nu(CC)$	
778	*vw*	σ	$\gamma_r(CH_2)$	
754	*s*	σ	$\nu_a(CCl_2)_o$ (A')	743 (A'')[1]
657	*s*	σ	$\nu_a(CCl_2)_i$ (A')	647 (A'')
603	*vs*	σ	$\nu_s(CCl_2)_o$ (A')	563 (A')
565	*vw*			
530	*vs*	σ	$\nu_s(CCl_2)_i$ (A')	544 (A'')
454	*m*	π	$\gamma_t(CCl_2)_i$ (A'')	427 (A')
430	*vw*	π	$\gamma_t(CCl_2)_o$ (A'')	387 (A'')
359	*m*	π	$\gamma_w(CCl_2)_i$ (A'')	333 (A')
307	*w*		$\gamma_r(CCl_2)_o$ (A')	322 (A'')
291	*m*		$\gamma_r(CCl_2)_i$ (A')	280 (A')
245	*w*		$\delta(CCl_2)_i$ (A')	210 (A'')
185	*w*		Gerüst-	208 (A')
113	*vw*		schwingungen	
102	*vw*			

[1]) berechnete Wellenzahlen und Zuordnung nach MIYAZAWA (1965b)

einheiten, welche die Elementareinheit der regulären Kette bilden, in Phase oder in Gegenphase schwingen. Die Banden 2990, 2948, 1407 und 1360 cm^{-1} sind im deuterierten Polymer nach 2245, 2155, 1050 und 1024 cm^{-1} verschoben, was den Erwartungswerten für Schwingungen der CH_2-Gruppe sehr nahekommt. Die sehr starken ν(CC)-Banden bei 1070 und 1046 cm^{-1} sind besonders charakteristisch für Polyvinylidenchlorid. Hendra u. a. (1969) revidierten einige der Zuordnungen der Tab. 6.18 unter Hinzuziehung ramanspektroskopischer Ergebnisse. Im Gebiet der $\nu(CCl_2)$-Schwingungen ordneten sie die Banden 603 und 657 cm^{-1} den Schwingungen in Phase und die Banden 530 und 754 cm^{-1} den Schwingungen in Gegenphase zu. Im Gebiet der CCl_2-Deformationsschwingungen wurden die folgenden Wellenzahlen und Zuordnungen angegeben: 454 cm^{-1} $\gamma_w(CCl_2)_i$, 382 cm^{-1} $\delta(CCl_2)_i$, 358 cm^{-1} $\gamma_t(CCl_2)_i$, 291 cm^{-1} $\gamma_r(CCl_2)_o$, 245 cm^{-1} $\gamma_r(CCl_2)_i$.

Copolymere des Vinylidenchlorids mit anderen Vinylmonomeren lassen sich leichter verarbeiten und besitzen bessere mechanische Eigenschaften als das hochkristalline Reinpolymer. Über ihre ultrarotspektroskopische Analyse wird im Abschnitt 5.6.4. berichtet.

6.2.3. *Polytetrafluoräthylen*

Polytetrafluoräthylen hat wegen seiner einfachen chemischen Struktur — $(CF_2)_n$ — ein verhältnismäßig unkompliziertes Ultrarotspektrum mit wenigen intensiven Grundschwingungsbanden (Abb. 6.15). In dieser Hinsicht erinnert es an Polyäthylen, jedoch sind infolge des geringeren Massenunterschiedes der beteiligten Atome und der großen intramolekularen Wechselwirkungen von vornherein stärkere Kopplungen zwischen den Grundschwingungen zu erwarten.

Die Kristallstruktur des Polytetrafluoräthylens wurde erstmals von Bunn (1954) beschrieben. Danach bilden bei Temperaturen unter 20 °C die Molekülketten Helices mit 13 CF_2-Gruppen in der Identitätsperiode von 16,8 Å, die einer Verdrehung der Zickzackebene um 180 °C entspricht. Bei 20 °C und 30 °C treten Strukturumwandlungen auf, die sich u. a. in Dichteänderungen bemerkbar machen und auch im UR-Spektrum zu erkennen sind. Nach Kilian (1959) bilden die Moleküle unterhalb von 20 °C ein monoklines Gitter, zwischen 20 °C und 30 °C ein hexagonales Gitter, und oberhalb von 30 °C besteht nur noch laterale Ordnung aber keine Ordnung in Richtung der Moleküllängsachsen. Über die Konformation zwischen 20 und 30 °C existieren verschiedene Ansichten. Pierce u. a. (1956) und Clark (1962) schrieben, daß sich bei 20 °C die 13_6-Helix mit 13 CF_2-Gruppen zu einer 15_7-Helix mit 15 CF_2-Gruppen in der Identitätsperiode von 19,5 Å Länge aufweitet. Die Ergebnisse von Ultrarot- und Kernresonanzmessungen sind jedoch eher mit der Annahme vereinbar, daß bei der Umwandlungstemperatur das Umklappen des Drehsinns der Helix ermöglicht wird, woraus eine Zunahme der Defektstellen und eine Aufweitung des Gitters resultiert (Brown (1964), Frigge (1968), Kriegsmann (1967a)). Bei 30 °C erfolgt eine weitere Zunahme der Librationsschwingungen der Ketten, wodurch das hexagonale Gitter gelöst wird und eine irreguläre Helixkonformation entsteht (Clark (1962)). Bei allen Strukturmodellen geht nur eine Molekülkette durch die Elementarzelle, so daß die

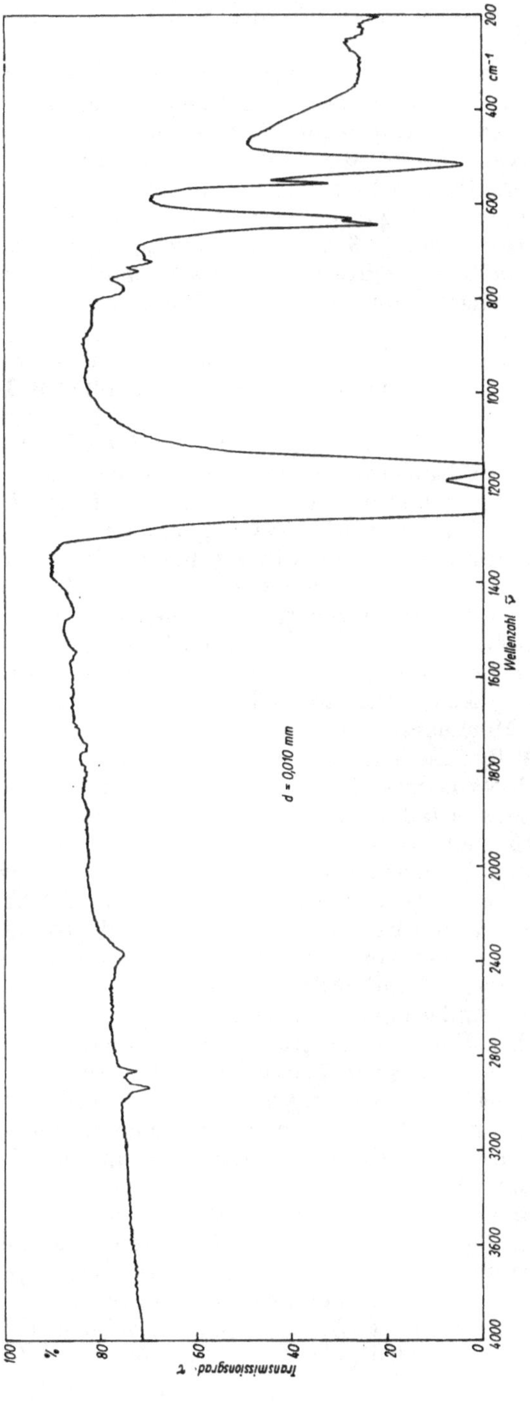

Abb. 6.15 Ultrarotspektrum von Polytetrafluoräthylen.

Einzelkettenanalyse zur Interpretation des Ultrarotspektrums von Polytetrafluoräthylen ausreicht.

KRIMM (1960), LIANG und KRIMM (1956a) und MOYNIHAN (1959) untersuchten das Ultrarotspektrum des Polytetrafluoräthylens und diskutierten die Zuordnung der Banden auf Grund der Gruppenfrequenzen und der Faktorgruppenanalyse. Die Symmetrieanalyse führt bei der 13_6- und bei der 15_7-Helix hinsichtlich der raman- und ultrarotaktiven Schwingungen zum gleichen Ergebnis. Die optisch aktiven Faktorgruppenschwingungen verteilen sich auf die Schwingungsrassen wie folgt: $4\,A_1$ (ramanaktiv), $3\,A_2$ (ultrarotaktiv, paralleldichroitisch), $8\,E_1$ (ramanaktiv, ultrarotaktiv, senkrechtdichroitisch) und $9\,E_2$ (ramanaktiv). Die A_1- und A_2-Schwingungen entsprechen dem Phasenwinkel 0 zwischen benachbarten CF_2-Gruppen.

Bei den zweifach entarteten E_1- und E_2-Schwingungen beträgt der Phasenwinkel $\pm\,\Psi$ bzw. $\pm\,2\Psi$, wo Ψ der Helixwinkel ist (KOENIG (1969b)). LIANG und KRIMM (1956a) berechneten die Schwingungsfrequenzen einer hypothetischen Zickzackkettenkonformation unter Zugrundelegung der Kraftkonstanten, die an niedermolekularen fluorierten Kohlenwasserstoffen ermittelt wurden. Sie fanden eine annehmbare Übereinstimmung mit den gemessenen Wellenzahlen trotz des stark vereinfachten Modells mit wesentlich höherer Symmetrie.

Als erheblicher Mangel bei der Zuordnung der Banden zu den Schwingungsrassen und bei der Interpretation der Ober- und Kombinationsschwingungen erwies sich das Fehlen von ramanspektroskopischen Informationen. Einige Hinweise konnten dem RAMAN-Spektrum von n-C_7F_{16} entnommen werden (KRIMM (1960)). KOENIG und BOERIO (1969b) gelang es, mit einem Laser-RAMAN-Spektrometer die RAMAN-Spektren von Polytetrafluoräthylen und einigen weiteren niedermolekularen Homologen aufzunehmen und die gemessenen Frequenzen zu klassifizieren. Aufbauend auf die raman- und ultrarotspektroskopischen Ergebnisse führten HANNON u. a. (1969a) die Normalkoordinatenanalyse für das Polytetrafluoräthylenmolekül durch. Die Schwingungen wurden für die 13_6-Helix, die 15_7-Helix und für die ebene Zickzackkette berechnet. Die der 15_7-Helix entsprechenden Frequenzen wurden durch Variation des Kraftfeldes den experimentellen Werten angepaßt. Mit dem gleichen Kraftfeld wurden die Frequenzen der anderen Konformationen berechnet, wobei sich keine großen Unterschiede ergeben, wenn man von den geänderten Auswahlregeln der Zickzackkettenkonformation absieht. Die im Ultrarotspektrum bei den Umwandlungstemperaturen auftretenden Änderungen sind daher nicht mit dem Übergang zwischen zwei unterschiedlichen Helixkonformationen zu erklären.

Die Verteilung der potentiellen Energie auf die Gruppenschwingungen und die Eigenvektoren der A-Schwingungen wurden berechnet. Die meisten Frequenzen gehören zu stark gekoppelten Schwingungen; nur die CF_2-Twistingschwingung kann als reine charakteristische Gruppenschwingung angesehen werden. In der Tab. 6.19 sind die berechneten und gemessenen Wellenzahlen und die Zuordnungen angegeben. Die von HANNON u. a. (1969a) berechnete Verteilung der potentiellen Energie wurde in die Gruppenfrequenzschreibweise übertragen, und die Gruppenschwingungen, welche die größten Beiträge zur potentiellen Energie beisteuern, wurden in die Tabelle aufgenommen. Die $\gamma_w(CF_2)$-Schwingungen liegen mit 638 cm^{-1} (A_2) bzw. 676 cm^{-1} (E_2) bei höheren Wellenzahlen als die Schwingungen mit großem $\delta(CF_2)$-Anteil, was auf die dichte Struktur der Helix

Tabelle 6.19 Berechnete und gemessene Wellenzahlen von Polytetrafluoräthylen (nach HANNON (1969a))

Rasse	berechnete Wellenzahl [cm^{-1}] 13$_6$-Helix	berechnete Wellenzahl [cm^{-1}] 15$_7$-Helix	gemessene Wellenzahl [cm^{-1}]	näherungsweise Zuordnung und Verteilung der Energie in [%]
A_1	1378	1379	1379	ν(CC) (32), ν(CF) (44)
	725	725	729	$\nu_s(CF_2)$ (57), $\nu(CF_2)$ (9)
	383	383	383	$\delta(CF_2)$ (70), $\gamma_w(CF_2)$ (25)
	304	304	291	$\gamma_t(CF_2)$ (99)
A_2	1442	1444	1450	$\nu_a(CF_2)$ (75), $\gamma_w(CF_2)$ (48)
	640	636	638	$\gamma_w(CF_2)$ (92)
	522	527	516	$\gamma_r(CF_2)$ (61), $\nu_s(CF_2)$ (29)
E_1	1253	1251	1242	ν(CC) (73), $\gamma_w(CF_2)$ (41)
	1225	1226	1210	$\nu(CF_2)$ (84), ν(CC) (23)
	1141	1141	1150	$\nu(CF_2)$ (84), $\delta(CF_2)$ (22)
	578	578	553	$\delta(CF_2)$ (75)
	316	313	321	$\gamma_t(CF_2)$ (97)
	282	281	277	$\gamma_t(CF_2)$ (61), ν(CC) (21)
	193	192	203	$\gamma_t(CF_2)$
	17	13	—	
E_2	1441	1442	—	$\nu_a(CF_2)$ (74)
	1334	1345	1295	ν(CF) (48), ν(CC) (31)
	739	734	741	ν(CF) (43)
	667	660	676	$\gamma_w(CF_2)$ (77)
	523	527	—	$\gamma_r(CF_2)$ (57)
	379	380	389	$\delta(CF_2)$ (67)
	298	300	308	$\gamma_t(CF_2)$ (99)
	131	118	—	Skelettschwingung
	22	20	—	

und auf starke Wechselwirkungen zwischen den nicht valenzgebundenen Fluoratomen zurückzuführen ist.

In der Tab. 6.20 sind weitere Absorptionsbanden des Polytetrafluoräthylens zusammengefaßt, die dem amorphen Polymer, Defektstellen und den Ober- bzw. Kombinationsschwingungen zuzuschreiben sind. Einige weitere schwächere Banden wurden von KRIMM (1960) und MOYNIHAN (1959) beobachtet. Die Ober- und Kombinationsschwingungsbanden konnten mit Hilfe der Faktorgruppenauswahlregeln mit Erfolg zugeordnet werden. Die amorphen Banden 718, 738 und 778 cm^{-1} nehmen am Schmelzpunkt des Polymers stark zu. Zugleich geht die Intensität der Banden 516 und 625 cm^{-1} auf Null zurück, und es tritt bei 640 cm^{-1} eine breite Bande auf (DUBE (1964)). Die Extinktion bei 778 cm^{-1} variiert linear mit der RÖNTGEN-Kristallinität. Diese Bande wurde von MILLER (1956) und MOYNIHAN (1959) in Verbindung mit der als innerer Standard dienenden Bande 2365 cm^{-1} zur Bestimmung des Ordnungsgrades vorgeschlagen.

Tabelle 6.20 Oberschwingungen und nichtkristalline Grundschwingungen im Ultrarotspektrum von Polytetrafluoräthylen (nach KRIMM (1960) und MOYNIHAN (1959))

Wellenzahl [cm^{-1}]	relative Intensität	Zuordnung
850	*w*	amorph
778	*m*	amorph
738	*m*	amorph
718	*m*	amorph
703	*vw*	amorph
384	*m*	amorph
625	*s*	siehe Text
2390 (π)	*m*	1242 + 1150
2365 (σ)	*w*	1210 + 1150
1792 (σ)	*m*	1150 + 638
1545 (σ)	*m*	1242 + 291
1450 (π)	*m*	1242 + 203
1415 (σ)	*m*	1210 + 203
932 (σ)	*w*	729 + 203

Die relative Intensität der CF_2-Waggingschwingungsbanden 638 und 625 cm^{-1} ist temperaturabhängig. Die Bande 625 cm^{-1} erscheint bei etwa +10 °C als Schulter an der langwelligen Seite der Bande 638 cm^{-1}. Ihre Intensität wächst mit steigender Temperatur, während die Bande 638 cm^{-1} schwächer wird. Die Intensitätsänderungen verlaufen nicht gleichförmig. Bei etwa +20 °C und +30 °C treten sprunghafte Änderungen auf, die in Proben mit hoher Kristallinität größer sind als in solchen mit niedrigem Ordnungsgrad (DUBE (1964), KRIEGSMANN (1967a)). Ursprünglich (KRIMM (1960), MOYNIHAN (1959)) wurde die Wellenzahlverschiebung von 638 nach 625 cm^{-1} mit der Änderung der Helixstruktur und der Molekülpackung bei der Strukturumwandlung in Verbindung gebracht. BROWN (1964) stellte jedoch fest, daß die Bande 638 cm^{-1} noch bei Temperaturen wesentlich oberhalb der Umwandlungspunkte nachweisbar ist, und schloß daraus, daß die Bande 625 cm^{-1} thermischen Defekten zugeschrieben werden muß, während 638 cm^{-1} zur regulären Helix gehört. Als solche Defekte können die Störstellen angesehen werden, bei denen die rechtsgedrehte Helix in eine linksgedrehte übergeht, bzw. umgekehrt die linksgedrehte in eine rechtsgedrehte Helix. An den Umwandlungspunkten nehmen die Beweglichkeit der Kette und die Häufigkeit einer Umkehr des Drehsinns sprunghaft zu. Dies wird, wie oben bereits erwähnt wurde, durch Kernresonanzmessungen bestätigt und ist mit den Normalkoordinatenrechnungen vereinbar, die keine ausgeprägten Unterschiede zwischen den Schwingungsfrequenzen der beiden Helixstrukturen ergaben.

ARAKI (1967) untersuchte das Verhalten der Banden 516, 625 und 638 cm^{-1} im Temperaturbereich von 30 °C bis 150 °C. Unregelmäßige Änderungen der Extinktionen wurden bei 30, 50, 90 und 130 °C festgestellt, die besonders deutlich bei der Bande 516 cm^{-1} und in einer Probe mit hoher Kristallinität auftraten. Sie korrelieren mit röntgenographisch bestimmten Umwandlungspunkten.

TABATA u. a. (1964b, 1965) untersuchten ultrarotspektroskopisch Copolymere von Tetrafluoräthylen und Äthylen bzw. Isobuten. Über den ultrarotspektroskopischen Nachweis von Fremdgruppierungen im Polytetrafluoräthylen berichteten DUBE und KRIEGSMANN (1965). Die UR-Spektren nach verschiedenen Spinnverfahren hergestellter Polytetrafluoräthylenfäden vor und nach thermischen Behandlungen wurden von SIGAL u. a. (1965) untersucht. KUNATH (1970) berichtete über ATR-Messungen an Polytetrafluoräthylen-Gleitbahnen.

6.2.4. *Weitere polymere Halogenkohlenwasserstoffe*

Das Ultrarotspektrum von *Polychlortrifluoräthylen* wurde von KRIMM und LIANG (1956a) zusammen mit dem des Polytetrafluoräthylens diskutiert. Polychlortrifluoräthylen hat hexagonale Kristallstruktur. Die Kettenmoleküle bilden gestreckte Helices, deren Identitätsperiode und die Zahl der Monomereinheiten $-CFCl-CF_2-$ unterschiedlich angegeben wurden. Die Symmetrieanalyse wurde analog zum Polytetrafluoräthylen durchgeführt.

Die Anzahl der aktiven Grundschwingungen ist von der Zahl der Monomereinheiten in der Helix nicht abhängig. In der Tab. 6.21 sind die wichtigsten Absorptionsbanden und die Zuordnungen zusammengestellt. Wegen der starken Kopplung aller Schwingungen hat die Zuordnung der Banden zu den Gruppenfrequenzen nur sehr begrenzte Berechtigung, insbesondere sind an den Banden 1285 und 972 cm^{-1} alle Atome der CFCl-Gruppe beteiligt.

MATSUO (1957, 1957a) befaßte sich mit der Abhängigkeit des Ultrarotspektrums des Polychlortrifluoräthylens von der Kristallinität. Die Extinktion der Banden

Tabelle 6.21 Ultrarotbanden von Polychlortrifluoräthylen (nach LIANG (1956a) und MATSUO (1957))

Wellenzahl [cm^{-1}]	relative Intensität	Polarisation	Struktur¹)	Zuordnung
2294	*m*	σ		
1285	*s*	σ	*c*	$\nu(CF)$
1194	*vs*	σ		$\nu_a(CF_2)$
1130	*vs*	σ		$\nu_s(CF_2)$
972	*vs*	σ		$\nu(CCl)$
755	*w*	σ?	*a*	
723	*w*	π		
658	*m*	π	*a*	
580	*s*	π	*c*	$\gamma_w(CF_2)$
506	*s*	σ?	*c*	$\delta(CF_2)$
490	*s*	π	*c*	$\gamma_r(CF_2)$
438	*s*	π	*c*	$\gamma_w(CFCl)$
335	*m*			$\delta(CFCl)$
235	*m*			$\gamma_r(CF_2)$
185	*w*			$\gamma_r(CFCl)$

¹) *a* — amorph; *c* — kristallin

1285, 580, 506, 490 und 438 cm^{-1} nimmt zu, wenn durch Tempern abgeschreckter Proben der Ordnungsgrad verbessert wird. Die Bande 755 cm^{-1} hat ausgeprägten amorphen Charakter. Sie wurde zusammen mit der Bande 438 cm^{-1} zur spektroskopischen Bestimmung des Kristallinitätsgrades herangezogen. Die zugehörigen Extinktionskoeffizienten konnten durch den Vergleich mit Dichtemessungen ermittelt werden. Der Kristallisationsverlauf in der Nähe des Schmelzpunktes wurde qualitativ über die Extinktion bei 490 cm^{-1} verfolgt. Diese Bande verschwindet bereits einige Grade unterhalb der mit anderen Methoden bestimmten Schmelztemperatur. Beim Abkühlen des geschmolzenen Polymers setzt die Kristallisation nach dem spektroskopischen Befund erst bei noch einige Grade tieferer Temperatur ein (Matsuo (1956)).

Koenig u. a. (1966c, 1969a) untersuchten die Ultrarot- und Raman-Spektren von *Polyvinylfluorid.* Dieses Polymer verhält sich insofern ungewöhnlich, als es hochkristallin ist, obwohl die Molekülkette nach Ultrarot- und Kernresonanzmessungen sehr unregelmäßige Struktur hat. Sie enthält einen beträchtlichen Anteil von Kopf-Kopf-Verknüpfungen der Monomereinheiten und ist überwiegend ataktisch. Bei syndiotaktischer Konfiguration müßten auf Grund der Symmetrieanalyse A_2-Schwingungen auftreten, die nur ramanaktiv und nicht ultrarotaktiv sind. Experimentell wurde jedoch gefunden, daß alle Raman-Banden mit einer entsprechenden Ultrarotbande korrelieren; es sind daher keine genügend langen syndiotaktischen Sequenzen vorhanden, um die Auswahlregeln zur Wirkung kommen zu lassen. Zerbi und Cortili (1970) befaßten sich ebenfalls mit der Analyse des Ultrarotspektrums von Polyvinylfluorid.

Polyvinylidenfluorid — $(CH_2—CF_2)_n$ — wurde erstmals ultrarotspektroskopisch von Wentink u. a. (1961) im kristallinen und amorphen (geschmolzenen) Zustand untersucht. Die Autoren stellten fest, daß die Banden bei 1075, 980, 855, 798 und 762 cm^{-1} kristallinen Charakter haben und oberhalb der Schmelztemperatur verschwinden. Als amorphe Bande kann die Absorption bei 740 cm^{-1} angesehen werden, deren Intensität beim Schmelzen zunimmt. Später wurde gezeigt, daß Polyvinylidenfluorid in zwei kristallinen Formen existiert, die Modifikation 1 und 2 genannt werden und ultrarotspektroskopisch deutlich zu unterscheiden sind (Cortili (1967), Makarevič (1965, 1965a, 1969), Zerbi (1965)). In der Modifikation 2 liegen die Kettenmoleküle in einer *TGTG**-Helixkonformation mit der Identitätsperiode 4,64 Å vor. In der Modifikation 1 bilden sie ebene Zickzackketten, und die Identitätsperiode von 2,56 Å enthält eine Monomereinheit. Meist ist in der Polymerkette ein merklicher Anteil von Irregularitäten in Gestalt von Kopf-Kopf-Additionen vorhanden. Die in Lösungsfilmen entstehende Kristallmodifikation hängt von der Eindampftemperatur und dem Lösungsmittel ab (Enomoto (1968)). Beim Verstrecken wird die Modifikation 2 in die Modifikation 1 transformiert. Durch langsame Kristallisation bei erhöhten Temperaturen wird die reine Modifikation 2 erhalten.

Enomoto u. a. (1968) diskutierten ausführlich die UR-Spektren von Polyvinylidenfluorid und führten Normalkoordinatenrechnungen für beide Modifikationen durch, indem sie die Kraftkonstanten von Polyäthylen und Polytetrafluoräthylen auf das Polyvinylidenfluoridmolekül übertrugen. Charakteristische Banden der Helixkonformation liegen bei 1385 (σ), 1148 (π), 997 (σ), 768 (σ), 610 (π), 535 (σ), 410, 285 und 215 cm^{-1}. Zur ebenen Zickzackkette gehören die Banden 510 (σ) und 445 cm^{-1}. Boerio und Koenig (1971) ergänzten die Ergebnisse durch ramanspektroskopische Untersuchungen und verbesserten einige der von CORTILI (1967) und ENOMOTO (1968) getroffenen Zuordnungen.

CORTILI und ZERBI (1967a) untersuchten das Spektrum im Gebiet der CF-Valenzschwingungen bei 1200 cm^{-1} und zwischen 500 und 250 cm^{-1} im Hinblick auf die Existenz einer dritten Modifikation, die auf Grund röntgenographischer Befunde vermutet wurde. Die Schwingungen in diesen Spektralbereichen sind besonders empfindlich gegenüber Änderungen der Kettenkonformation. Die experimentellen Befunde deuteten zwar auf die Existenz bestimmter lokaler Konformationen hin, sie erforderten jedoch nicht zwingend die Annahme einer besonderen Strukturmodifikation.

6.3. Polyvinylalkohol

KRIMM u. a. (1956a, 1960) untersuchten das Ultrarotspektrum von Polyvinylalkohol im Bereich von 3600 bis 70 cm^{-1}. Grundlage der Interpretation der Absorptionsbanden bildeten vor allem die charakteristischen Gruppenfrequenzen unter Berücksichtigung des Dichroismus und des Verhaltens der Banden beim Deuteriumaustausch (TADOKORO (1955, 1956, 1959b)). Die Zuordnung basiert auf dem von BUNN (1948) vorgeschlagenen Strukturmodell, das von einer ataktischen Konfiguration des Moleküls ausgeht. Da diese Betrachtungsweise die Wechselwirkungen zwischen den verschiedenen Schwingungen nur zum Teil berücksichtigt, können die in Tab. 6.22 angeführten Zuordnungen nur als Näherung angesehen werden. In Abb. 6.16 ist das Ultrarotspektrum eines kommerziellen, überwiegend syndiotaktischen Polyvinylalkohols wiedergegeben.

Eine ältere Arbeit mit versuchsweiser Zuordnung einiger Absorptionsbanden stammt von THOMPSON und TORKINGTON (1945). Dichroitische Untersuchungen im Bereich der ν(CH)-Banden führten AMBROSE (1949) und ELLIOTT (1948b) durch. GLATT u. a. (1950) untersuchten den Pleochroismus der ν(OH)- und ν(CH)-Banden in doppelt orientierten Proben, um die Diskrepanzen zwischen verschiedenen röntgenographisch bestimmten Kristallstrukturen aufzuklären. TADOKORO u. a. (1957a, 1958) ermittelten den Pleochroismus einiger Banden im mittleren Ultrarot durch mikrospektroskopische Messungen an Querschnitten gewalzter Polyvinylalkoholfäden. Diese Arbeiten dienten ebenso wie spektroskopische Untersuchungen an OH- und CH-deuterierten Polyvinylalkoholen (TADOKORO (1957, 1961a)) der Interpretation bestimmter Banden. Die Deuterierung der Hydroxylgruppen läßt sich in einfacher Weise durch Auflösen des Polymers in warmen D_2O und weiterer Behandlung der Probe in einer Drybox durchführen (KRIMM (1956a)).

LIANG und PEARSON (1959a) klassifizierten die Schwingungen des Polyvinylalkohols auf der Grundlage der Symmetrieeigenschaften der kristallinen Struktur. Dieses Vorgehen wurde von KRIMM (1960) kritisiert, da die Symmetrie des Kristalls auf der Vernachlässigung der Lage der Wasserstoffatome der OH-Gruppen beruht, die bei fehlender Taktizität statistisch verteilt sind.

Die Bande 1146 cm^{-1} nimmt beim Tempern des Polymers erheblich an Intensität zu (KENNEY (1966), NAGAI (1955, 1955a)). Sie wurde deshalb ursprünglich von KRIMM u. a. (1956a) C—O—C-Gruppen zugeschrieben, die im Verlauf ther-

Tabelle 6.22 Ultrarotbanden von Polyvinylalkohol (nach KRIMM (1960))

Wellenzahl [cm^{-1}]	relative Intensität	Polarisation[1])	Zuordnung
3340	*vs*	σ	ν(OH)
2942	*s*	$\sigma \perp$	$\nu_a(CH_2)$
2910	*s*	$\sigma \parallel$	$\nu_s(CH_2)$
2840	*w*	σ	ν(CH)
~2660	*vw*	σ	$\delta(CH_2) + \gamma_w(CH) = 2665$
1446	*s*	π	$\gamma_w(CH_2)$
1430	*s*	σ	$\delta(CH_2)$
1376	*w*		δ(CH + OH)
1326, 1320	*s*	σ	δ(CH + OH)
1235	*m*	π	γ_w(CH)
1146	*m*	$\sigma \parallel$	siehe Text
1096	*s*	$\sigma \perp$	ν(CO)
1085	*vw*		ν(CC)
1040	*vw*	$\sigma \perp$	ν(CC)
916	*m*	$\sigma \parallel$	siehe Text
890	*vw*	$\sigma \parallel$	$\delta(CO) + \gamma_w(CO) = 890$
850	*s*	σ	$\gamma_r(CH_2)$ (amorph)
835	*w*	$\sigma \perp$	$\gamma_r(CH_2)$
630	*m*	π	γ_w(OH)
610	*w*	σ	γ_w(OH)
480	*m*	σ	δ(CO)
410	*m*	π	γ_w(CO)
360	*vvw*	σ	$2 \times \nu$(OH...O)
185	*vw*		(OH...O)

[1]) $\perp$, $\parallel$ — Polarisation senkrecht bzw. parallel zur Walzebene (nach GLATT (1950) und TADOKORO (1958))

mischer Vernetzungsreaktionen entstehen können. TADOKORO u. a. (1957b, 1959c) fanden, daß eine lineare Beziehung zwischen der Extinktion der Bande und der Dichte bei steigenden Temperaturen getemperter Polyvinylalkoholfilme besteht. Nach HAAS (1957) wächst die Intensität der Bande auch an, wenn die Probe bei Zimmertemperatur längere Zeit hoher Luftfeuchte ausgesetzt wird, eine Behandlung, die sicher keine Vernetzung bewirkt, aber den Ordnungsgrad verbessert. Es erscheint danach erwiesen, daß die Bande mit dem Ordnungsgrad zusammenhängt, wofür auch der im Vergleich zu den anderen Banden sehr starke Senkrechtdichroismus spricht. Die Deutung der Bande bereitet Schwierigkeiten, da es die einzige Bande im UR-Spektrum von Polyvinylalkohol ist, die ausgeprägte Abhängigkeit vom Ordnungsgrad aufweist, so daß sie nicht ohne weiteres einer bestimmten nur im kristallinen Zustand existierenden Konformation zugeschrieben werden kann. KRIMM (1960) ordnete sie der ν(CO)-Schwingung des —C—CO—C—CO—-Segmentes mit einer intramolekularen Wasserstoffbrückenbindung zu. IMAI u. a. (1959) fanden eine entsprechende Bande auch in den Modellsubstanzen 2, 4,6-

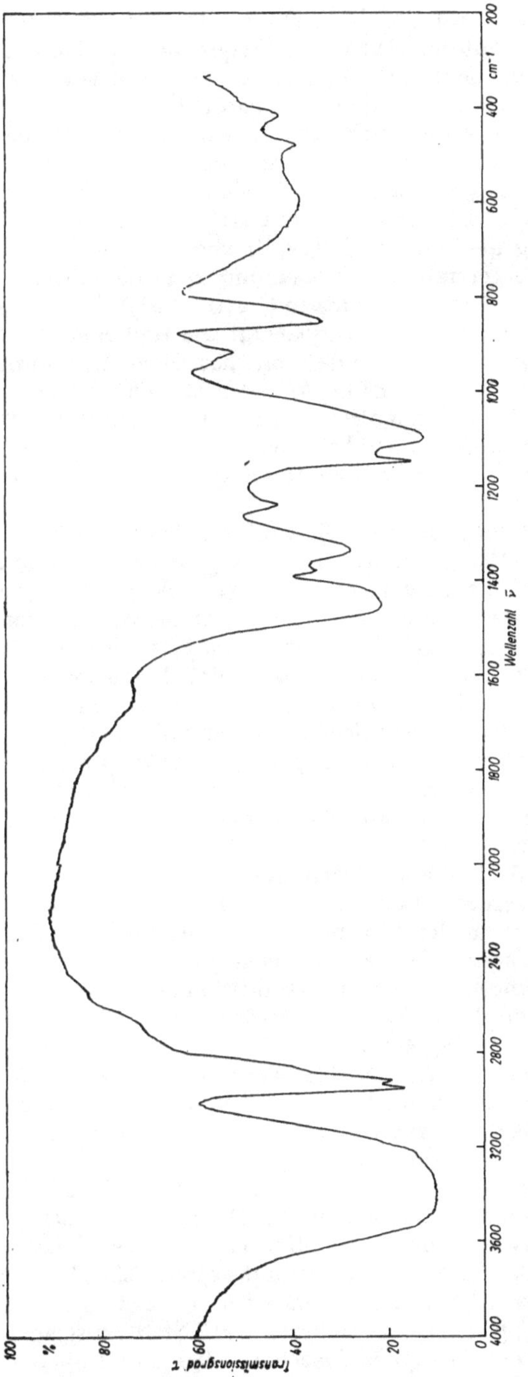

Abb. 6.16 Ultrarotspektrum von Polyvinylalkohol (KBr-Tablette)

Heptantriol und 2,4-Pentandiol. Bei Deuterierung verändert die Bande ihre Lage nicht. Die genannten Autoren führten die Frequenz auf die Kopplung der $\nu(CC)_{trans}$- und $\nu(CO)$-Schwingungen zurück. Von TADOKORO (1961a) wurde sie einer Gerüstschwingung der ebenen Zickzackkette zugeordnet.

Die Bande 916 cm^{-1} erwies sich als charakteristisch für die syndiotaktische Konfiguration des Polyvinylalkohols, und es wurde vorgeschlagen, daß Extinktionsverhältnis E_{916}/E_{850} als Maß für den Syndiotaktizitätsgrad anzusehen (FUJII (1963)). Das Verhältnis nimmt mit steigender Polymerisationstemperatur der zur Herstellung des Polyvinylalkohols verwendeten Polyvinylester ab. Die Dichte der bei 200 °C getemperten Proben und somit deren Ordnungsgrad nehmen mit steigendem Extinktionsverhältnis zu (FUJII (1964)). MURAHASHI u. a. (1966a) setzten Polyvinylalkohol zu Polyvinylacetat um und bestimmten dessen Taktizität mit Hilfe der hochauflösenden magnetischen Kernresonanz. Auf diese Weise gelang es ihnen, die Abhängigkeit des Extinktionsverhältnisses E_{916}/E_{850} vom Syndiotaktizitätsgrad quantitativ zu eichen. KENNEY (1966) fand lineare Beziehungen zwischen dem Extinktionsverhältnis E_{916}/E_{850} und dem aus Kernresonanzmessungen bestimmten Gehalt an syndiotaktischen, isotaktischen und heterotaktischen Triaden.

Isotaktischer Polyvinylalkohol läßt sich auf dem Weg über Poly-tert.-butylvinyläther (FUJII (1964), OKAMURA (1962)), oder aus Polyvinylbenzyläther (MURAHASHI (1962)) herstellen. Aus RÖNTGEN-Beugungsdiagrammen und der sehr schwachen Absorption bei 1146 cm^{-1} geht hervor, daß isotaktischer Polyvinylalkohol auch nach langem Tempern kaum kristallisiert (FUJII (1964)).

Nach MURAHASHI (1962) erscheint die ν(OH)-Bande im ataktischen Polymer bei 3321 cm^{-1} und ist nicht dichroitisch, während sie im isotaktischen Polymer bei 3350 cm^{-1} liegt und π-Dichroismus hat. Er schließt daraus, daß sich die isotaktische Konfiguration durch einen größeren Anteil intramolekularer Wasserstoffbrücken auszeichnet. Ein weiteres Merkmal des isotaktischen Polymers ist die Umkehrung der relativen Intensitäten der symmetrischen und antisymmetrischen $\nu(CH_2)$-Banden.

MURAHASHI (1965, 1966) beschrieb die Herstellung von Polyvinylalkoholen mit variierter Stereoregularität über kationisch polymerisierte Vinyltrimethylsilyläther. Im Spektrum der Proben mit dem größten Anteil isotaktischer Verknüpfungen, die in kaltem Wasser unlöslich waren, traten eine schwache Bande bei 1146 cm^{-1} und eine neue schwache Absorption bei 1160 cm^{-1} auf. Beide Banden wurden im Spektrum der in kaltem Wasser löslichen Proben mit nur wenig geringerer Isotaktizität nicht gefunden. Die Probe mit der höchsten Syndiotaktizität und einem Verhältnis $E_{916}/E_{850} = 1{,}38$ wurde erst bei Temperaturen über 150 °C in Wasser gelöst. Der Zusammenhang zwischen der molekularen Orientierung und dem Festigkeitsverhalten von Filmen aus Polyvinylalkohol und Copolymeren des Vinylalkohols und N-vinylpyrrolidon wurde von SAVICKAJA u. a. (1970) mittels dichroitischer Messungen an der Bande 916 cm^{-1} untersucht.

SMIRNOV u. a. (1967) untersuchten die Möglichkeiten der UR-Spektroskopie zur Analyse thermischer Abbau- und Oxydationsprozesse von Polyvinylalkohol. Sie stellten in den Spektren von Proben unterschiedlicher Herkunft beträchtliche Differenzen zwischen 1500 und 1800 cm^{-1} fest, die auf verschiedene Beimischungen und Fremdgruppen zurückzuführen sind. Nicht ausgewaschenes Natriumacetat absorbiert bei 1575 cm^{-1}. Zwischen 1680 und 1740 cm^{-1} liegen charakteristische Banden der verschiedenen Carbonylgruppen. Beim Tempern unterhalb von 160 °C besteht der dominierende Prozeß in der Bildung von Polyenstrukturen, die sich durch Banden bei 1590, 1630 und 1650 cm^{-1} bemerkbar machen. Oberhalb 180 °C nimmt die Bildung der Carbonylgruppen zu.

Kulikova u. a. (1967) berichteten über die Reaktion zwischen Dialkylphosphiten und Polyvinylalkohol. Šelkunov u. a. (1969) untersuchten mit Hilfe der UR-Spektroskopie die Einführung von siliziumorganischen Verbindungen in Polyvinylalkoholfasern. Amagasa (1971) untersuchte die Reaktion von Polyvinylalkohol mit Cyanamid.

6.4. Polyvinylester

Das Ultrarotspektrum von *Polyvinylacetat* wurde zuerst von Thompson und Torkington (1945) gemessen, die auch die wichtigsten Banden der Acetatgruppe interpretierten. Elliott u. a. (1948b) berichteten über dichroitische Untersuchungen an dem Polymer, welche die Zuordnungen von Thompson präzisierten. Štokr und Schneider (1963) haben die Ultrarot- und Raman-Spektren von Isopropylacetat, 2,4-Pentandioldiacetat und 2,4,6-Heptantrioltriacetat gemessen und interpretiert. Die Analyse der Spektren dieser Modellsubstanzen ermöglichte eine besser fundierte Zuordnung der Absorptionsbanden des Polyvinylacetat. Der Einfluß der Taktizität auf das UR-Spektrum wurde von Fujii (1967) untersucht. Er fand, daß zwei Banden bei 1124 und 1090 cm^{-1} mit der stereoregulären Struktur zusammenhängen; sie konnten der syndio- bzw. der isotaktischen Anordnung zugeschrieben werden. Außerdem trat in den Spektren von Polymeren mit hoher Isotaktizität eine schwache Bande bei 960 cm^{-1} auf. Maxim u. a. (1964) untersuchten mit Hilfe der Ultrarotspektroskopie Strahlungseinflüsse in Polyvinylacetat.

Polyvinylformate wurden von Fujii u. a. (1962, 1963a, 1964) vorwiegend im Zusammenhang mit Arbeiten über Polyvinylalkohol ultrarotspektroskopisch untersucht. Stereoreguläres Polyvinylformat besitzt entsprechend der Art der Taktizität zwei Arten von kristallinitätsempfindlichen Banden. Die Banden bei 1420, 1272, 1026 und 924 cm^{-1} sind charakteristisch für die syndiotaktische Struktur, während die Banden bei 1345, 1310, 1104, 970, 824 und 809 cm^{-1} zur isotaktischen Struktur gehören. Stereoblockpolymere von Vinylformat konnten durch Polymerisation im festem Zustand hergestellt und ultrarotspektroskopisch nachgewiesen werden (Fujii (1963a)).

6.5. Polystyrol

Abb. 6.17 zeigt das Ultrarotspektrum des konventionellen durch radikalische Polymerisation erhaltenen Polystyrols. Das Polymer ist ataktisch und nach dem röntgenographischen Befund amorph. Die Monomereinheit hat die Struktur

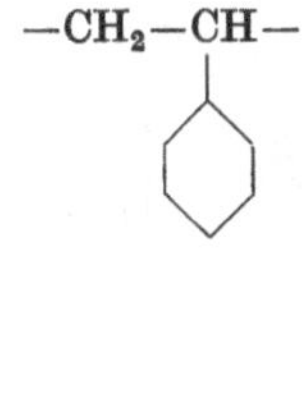

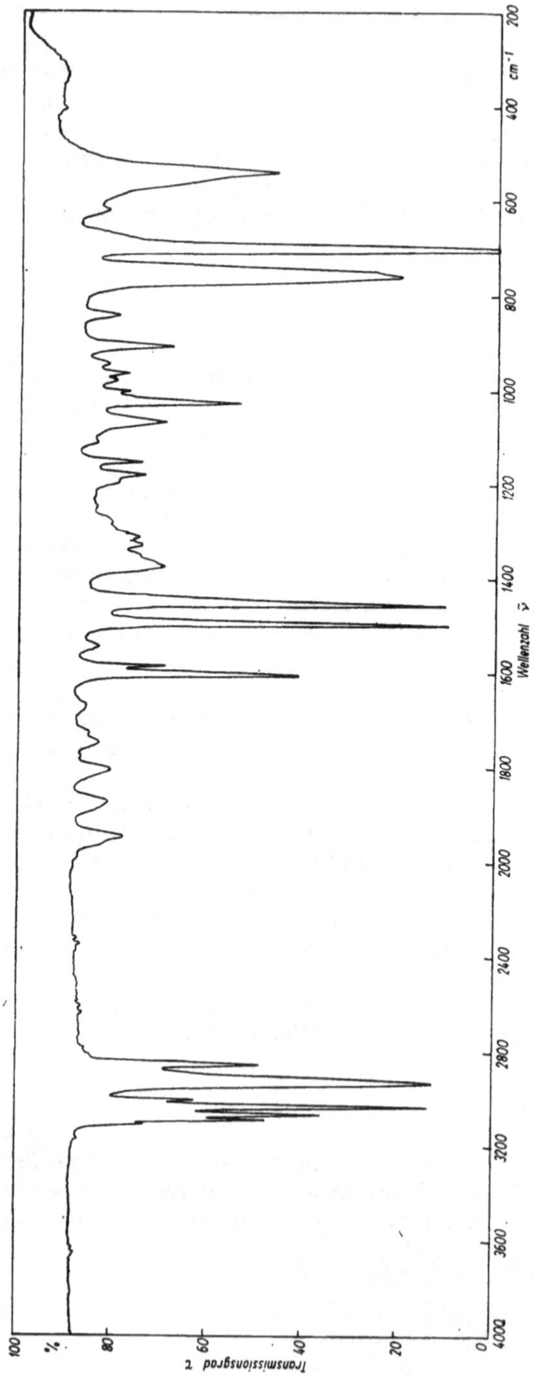

Abb. 6.17 Ultrarotspektrum von ataktischem Polystyrol.

Ataktisches Polystyrol gehört zu den ältesten bekannten und technisch genutzten Kunststoffen. Die Kettenmoleküle lassen sich durch Verstrecken nur mäßig orientieren (KRIMM (1951)), und es gelingt kaum, Ultrarotdichroismus zu erzeugen (LIANG (1958a), MILAGIN (1970)), der aber an Copolymeren mit relativ großem Styrolgehalt gemessen werden konnte (SCHMOLKE (1964)). Im Gegensatz dazu weist mit ZIEGLER-NATTA-Katalysatoren polymerisiertes isotaktisches Polystyrol ausgezeichnete Kristallisationseigenschaften auf und läßt sich gut orientieren. Die Moleküle des stereoregulären Polymers haben eine Helixkonformation mit drei Monomereinheiten je Windung (NATTA (1955c, 1955d, 1960)). Die Struktur ähnelt der des isotaktischen Polypropylens.

Das Ultrarotspektrum des ataktischen Polystyrols wurde von THOMPSON und TORKINGTON (1945) aufgenommen, die auch einige Banden zuordneten. KING u. a. (1949) untersuchten das Spektrum bei tiefen Temperaturen bis 4 °K. Sie fanden nur geringe Änderungen der relativen Intensitäten und Frequenzen, was darauf zurückzuführen ist, daß beim ataktischen Polystyrol inter- und intramolekulare Wechselwirkungen keine wesentliche Rolle spielen. Ausführlich wurde das Spektrum von LIANG und KRIMM (1958a) im Rahmen ihrer spektroskopischen Untersuchungen an einer Reihe von Polymeren im Bereich zwischen 3500 und 70 cm^{-1} diskutiert. Bei der Interpretation der Banden berücksichtigten die Autoren auch ramanspektroskopische Ergebnisse von SIGNER (1932) und PALM (1951). In erster Näherung wurden die Schwingungen des Benzolrings und die der aliphatischen Kohlenwasserstoffkette getrennt behandelt. Dieses Vorgehen fand durch spätere Untersuchungen an partiell deuterierten Polystyrolen seine Berechtigung, da gezeigt werden konnte, daß nur geringe Kopplungen zwischen den Gerüstschwingungen und den Ringschwingungen bestehen (KOBAYASHI (1961a), ONISHI (1961)). Die Basis für die Symmetrieanalyse und die Interpretation der Ringschwingungen bildeten Untersuchungen am monosubstituierten Benzolring, der, wenn die Symmetrie des Substituenten unbeachtet bleibt, zur Punktgruppe C_{2v} gehört (vgl. WHIFFEN (1955, 1956)). Seine Normalschwingungen verteilen sich wie folgt auf die Symmetrierassen: 11 A_1 (ultrarotaktiv, ramanaktiv), 3 A_2 (ramanaktiv), 10 B_1 (ultrarotaktiv, ramanaktiv) und 6 B_2 (ultrarotaktiv, ramanaktiv). Die Grundschwingungen und die im mittleren Ultrarot gelegenen Kombinationsbanden konnten befriedigend zugeordnet werden. Dichroitische Messungen an isotaktischem Polystyrol haben die Zuordnungen im wesentlichen bestätigt (KRIMM (1960)). Genauere Bestimmungen des Depolarisationsgrades der RAMAN-Banden mit einem Laser-RAMAN-Spektrometer (CORNELL (1968)) machten einige geringfügige Änderungen der Bandenzuordnung erforderlich.

Die Spektren von isotaktischem Polystyrol, deuteriertem Polystyrol sowie die Abhängigkeit der Banden vom Ordnungszustand wurden in mehreren Arbeiten untersucht (BRAUN (1959), KOBAYASHI (1960, 1961a), MORTON (1959), ONISHI (1961), POKROVSKIJ (1964a), TADOKORO (1959, 1960, 1961c), TAKEDA (1959, 1960)). TADOKORO u. a. (1959, 1960) zeigten, daß die Banden 906 und 1070 cm^{-1} des ataktischen Polystyrols im isotaktischen Polymer in jeweils zwei Komponenten bei 920 cm^{-1} (σ) und 898 cm^{-1} (π) bzw. 1084 cm^{-1} (σ) und 1053 cm^{-1} (σ) aufspalten (Wellenzahlen nach KOBAYASHI (1968a)). Die Banden 1364, 1312, 1297 und 1185 cm^{-1} hängen eng mit der isotaktischen Helix zusammen; die Bande bei 983 cm^{-1} erwies sich als besonders kristallinitätsempfindlich. In einem isotaktischen Copolymer aus Styrol und α, β, β-Trideuterostyrol wurde die erstgenannte Bandengruppe kaum beeinflußt, während die Intensität der Bande 983 cm^{-1} deutlich abnahm.

KRIMM (1960) und ONISHI (1961) diskutierten die Veränderungen, die im Ultrarotspektrum beim Übergang vom ataktischen zum isotaktischen Polystyrol festgestellt werden, und ordneten die taktizitätsabhängigen Banden entsprechend ihrem Verhalten in drei Gruppen ein. Zum Typ I gehören Banden, die im ataktischen Polymer fehlen oder sehr schwach sind und deren Intensität im stereoregulären, kristallinen Polymer zunimmt. Sie sind σ- oder π-dichroitisch, bestehen aber nicht aus getrennten σ- und π-Komponenten (zum Beispiel 1364 (σ), 1297 (π), 1261 (σ), 1187 (π) cm^{-1}). Die Banden vom Typ II spalten im isotaktischen Polystyrol in zwei σ-dichroitische Banden auf (zum Beispiel 1312, 1084, 1053 cm^{-1}). Bei den Banden vom Typ III wird eine Aufspaltung in σ- und π-Komponenten beobachtet (zum Beispiel 983 (σ), 982 (π); 920 (σ), 898 (π); 766 (σ), 764 (π); 700 (σ), 699 (π); 566 (σ), 562 (π) cm^{-1}). Diese Klassifizierung hängt, wie im Abschnitt 5.5. ausführlicher dargelegt wurde, mit den verschiedenen Ursachen für das Auftreten von Stereoregularitätsbanden und mit der Länge der dazu notwendigen regulären Helix zusammen.

Nach TAKEDA u. a. (1959) bleiben die der isotaktischen Helix zugeordneten Banden bei 566, 1053, 1084, 1185, 1297, 1312 und 1364 cm^{-1} auch in einer CS_2-Lösung bei Zimmertemperatur zum Teil bestehen. Die Stabilität der Helix bei höheren Temperaturen wurde in Brombenzol- und Dekalinlösungen bestimmt (TAKEDA (1966)).

Das Extinktionsverhältnis E_{566}/E_{542} nimmt oberhalb von 80 °C deutlich ab. Da die Bande 542 cm^{-1} im ataktischen Polymer zu finden ist, wurde gefolgert, daß bei dieser Temperatur die Regularität der Helix auch über kurze Bereiche verlorengeht. Ähnliche Ergebnisse teilten REISS und BENOIT (1968) mit. KOBAYASHI u. a. (1968) untersuchten die Konformationsstabilität isotaktischer Polymere in Lösungen bei tiefen Temperaturen. Die Intensität der Helixbanden von Polystyrol nimmt mit abnehmender Meßtemperatur zu; unterhalb von −60 °C wurden ähnliche Extinktionswerte wie im festen, kristallinen Zustand gefunden. Daraus konnten Schlüsse auf die Länge der regulären Sequenzen gezogen werden.

Die Empfindlichkeit der Helixbanden gegenüber der Regularität der Polymerkette im festen Zustand bestimmten KOBAYASHI u. a. (1968a) mit Hilfe von Copolymeren aus normalem Styrol, α-d_1-Styrol und Ring-d_5-Styrol. In einer amorphen Probe (abgeschreckte Schmelze) verschwinden die Banden 920 und 898 cm^{-1} vollständig, während die Banden 1364, 1312 und 1194 cm^{-1} noch mit bemerkenswerter Intensität zu beobachten sind. In Copolymeren mit α-d_1-Styrol nimmt die Intensität der Helixbanden trotz hoher Kristallinität der Proben schneller ab als der Anteil an normalem Styrol, was auf die Verkürzung der dynamisch-regulären Helix durch den Einbau des Comonomeren zurückgeführt wird. Die Banden 920 und 898 cm^{-1} sind bereits völlig verschwunden, wenn der Gehalt an normalem Styrolmonomeren noch 60% beträgt. Aus statistischen Betrachtungen über die Sequenzlängenverteilung in den Copolymeren wurde gefolgert, daß für die Banden 920 und 1053 cm^{-1} die kritische Segmentlänge etwa $m = 10$ Monomereinheiten beträgt. Für kürzere Sequenzen ist der Extinktionskoeffizient dieser Banden Null. Die Abhängigkeit der Extinktion bei 1194 cm^{-1} von der Zusammensetzung der Copolymere ließ sich am besten durch die Annahme erklären, daß für $m \geqq 6$ der Extinktionskoeffizient konstant ist und für $m < 6$

ein kleinerer, ebenfalls konstanter Extinktionskoeffizient vorhanden ist. Für die Banden 1084, 920 und 898 cm^{-1} ergaben sich aus Messungen in CS_2-Lösungen bei tiefen Temperaturen die kritischen Segmentlängen $m = 5$, 10 bzw. 16 Monomereinheiten.

Ein Teil der spektroskopischen Arbeiten über Polystyrol befaßt sich mit der Polymerisations- und Abbaukinetik. So konnten vom Katalysatorsystem herrührende Endgruppen an ihren charakteristischen Frequenzen nachgewiesen werden, woraus sich Schlußfolgerungen über den Reaktionsmechanismus ergaben (KÄMMERER (1962), KERN (1955), PFANN (1946), ZJATKOV (1966)). Der oxydative Abbau von Polystyrol und Deuteropolystyrol wurde von BEACHELL (1957, 1967) untersucht. Im Anfangsstadium der Oxydation entsteht eine Bande bei 1685 cm^{-1}, die aromatischen Carbonylgruppen zugeschrieben wurde. Erst in einem späteren Stadium tritt eine schwache Absorption bei 1720 cm^{-1} auf, die auf aliphatischen Aldehydgruppen beruht. SHAW und MARSHALL (1968) untersuchten die Oxydation während der Emulsionspolymerisation von Polystyrol. Sie beobachten in den UR-Spektren nach Kompensation der normalen Polystyrolbanden zwei Absorptionen bei 1770 und 1705 cm^{-1}, die der monomeren bzw. der dimeren Form von Carbonsäuren — wahrscheinlich Phenylessigsäure-Endgruppen — zugeordnet wurden. GRASSIE (1965) wies beim photolytischen Abbau von Polystyrol entstehende C=C-Doppelbindungen ultrarotspektroskopisch nach. SYMOUR u. a. (1967) verfolgten den Abbau bei der Bestrahlung mit ultraviolettem Licht an Hand des Extinktionsverhältnisses der Banden 1720 cm^{-1} (ν(C=O)) und 1925 cm^{-1} (Benzolringschwingung). Sie untersuchten die Wirksamkeit von Lichtstabilisatoren und den Einfluß der Filmdicke auf die Abbaugeschwindigkeit und die Induktionsperiode. Von BAGIROV (1969) wurden die wichtigsten Prozesse bei der Ionisierungsalterung von Polystyrolfilmen (Erosion, Oxydation, Vernetzung) mit ultrarotspektroskopischen Methoden untersucht. Die Erosion schreitet linear mit der Zeit fort, während die Oxydation ein Maximum durchläuft. Die Vernetzung erfolgt im sauerstoffhaltigen Medium über Sauerstoffbrücken. Alle Strukturänderungen sind in einer dünnen Oberflächenschicht lokalisiert.

Bei Polystyrolen mit substituierten Benzolkernen ist die Art der Substitution im Ultrarotspektrum zu erkennen (BRYANT (1949)). Poly-m-Methylstyrol hat eine Bande bei 785 cm^{-1}, Poly-p-Methylstyrol eine Bande bei 820 cm^{-1}. Poly-2,4,5-Trimethylstyrol und Poly-2,4,6-Trimethylstyrol können an den Banden bei 875 cm^{-1} bzw. 855 cm^{-1} unterschieden werden. Außerdem ist der Substitutionstyp des Benzolrings an der charakteristischen Struktur der Ober- und Kombinationsschwingungsbanden zwischen 1750 und 2000 cm^{-1} zu erkennen. LUONGO und SALOVEY (1965a) fanden, daß bei der Jodierung von Polystyrol die Bande 3030 cm^{-1} geschwächt wird, die Jodanlagerung also am Benzolring erfolgt. Entstehende Banden bei 1900 und 820 cm^{-1} und die Abnahme der Absorption bei 760 cm^{-1} zeigen die Parastellung des substituierten Jods an.

Durch Sulfonierung von Polystyrol erhaltene Poly-p-Styrolsulfonsäure absorbiert bei 835 cm^{-1}, während Poly-m-Styrolsulfonsäure eine Bande bei 790 cm^{-1} hat (HART (1961)). Über ausführliche Untersuchungen an Polystyrolsulfonsäuren und ihren Salzen berichteten ZUNDEL u. a. (1961, 1962, 1967a, 1968) in einer Reihe von Arbeiten.

KOBAYASHI (1960a) analysierte das Ultrarotspektrum von Poly-p-Fluorstyrol und ordnete die Banden des kristallinen Polymers zu.

6.6. Polymere Acryl- und Methacrylverbindungen (von R. SCHMOLKE)

6.6.1. Polyacrylsäure und deren Ester

Das Ultrarotspektrum der Polyacrylsäure

$$-[CH_2-\underset{\displaystyle COOH}{\underset{|}{CH}}-]_n$$

wird in der Hauptsache durch die starken Absorptionen der Carboxylgruppe bestimmt. SIMON u. a. (1958) fanden nach raman- und ultrarotspektroskopischen Untersuchungen, daß in der Polyacrylsäure die Moleküle durch Assoziation zwischen benachbarten Ketten eine Dimerform aufweisen. Die für die Dimerisierung charakteristische C=O-Bandenaufspaltung war nur dann zu beobachten, wenn reine wasserfreie Acrylsäure polymerisiert wurde. GENTILHOMME u. a. (1960) berichteten von drei C=O-Absorptionen (1738, 1728, 1713 cm^{-1}) bei Acrylnitril-Copolymeren mit kleinen Anteilen (2 und 5%) von Acrylsäure, wovon eine auf molekulare Assoziation mit Wasser zurückgeführt wird.

Abb. 6.18 zeigt das Ultrarotspektrum von Polyacrylsäureäthylester. Die einzelnen Polyacrylsäureester, auf dem Lösungswege als Filme mühelos zu präparieren, enthalten in ihren Spektren die gemeinsamen Charakteristika der Acrylesterstruktur mit Banden um 1735, 1260 und 1170 cm^{-1}, sind jedoch leicht zu unterscheiden, vor allem im Bereich 700 bis 950 cm^{-1}.

Acrylsäureester, insbesondere verzweigte, lassen sich stereospezifisch polymerisieren und zur Kristallisation bringen. MILLER und RAUHUT (1958) berichteten über die Herstellung von kristallinem Poly-t-Butylacrylat, GARRETT u. a. (1959) über zwei kristalline Formen von Polyisopropylacrylat und andere Polyacrylate sowie FURUKAWA u. a. (1960) über verschiedene Polybutylacrylate. Von allen Autoren wurde auf Besonderheiten im Ultrarotspektrum gegenüber den amorphen Formen hingewiesen.

Eine ausführliche Untersuchung über die Ultrarotspektren von amorphen und kristallinen bzw. stereoregulären Poly-n-butyl-, -isobutyl-, -sec-butyl- und -tert-butylacrylaten im Bereich von 3500 bis 700 cm^{-1} stammt von KAWASAKI u. a. (1961a). Den kristallinen Polyacrylsäurebutylestern werden isotaktische Strukturen zugeschrieben. In Tab. 6.23 sind die Frequenzen und Zuordnungen für ataktisches, amorphes und stereoreguläres Poly-n-butylacrylat angegeben. Das auf anionischem Wege hergestellte Polymer zeigt im Röntgenbild nur diffuse Ringe. Die Ausbildung einer kristallähnlichen Ordnung bei Raumtemperatur ist aus Gründen der sterischen Hinderung der n-Butylgruppen erschwert.

Polyisopropylacrylate unterschiedlicher Taktizität wurden von MARK u. a. (1966) untersucht. Das Spektrum des isotaktischen Polymers enthält Banden bei 1307 cm^{-1} (7,65 μm), 1247 cm^{-1} (8,02 μm) und 1212 cm^{-1} (8,25 μm), die beim

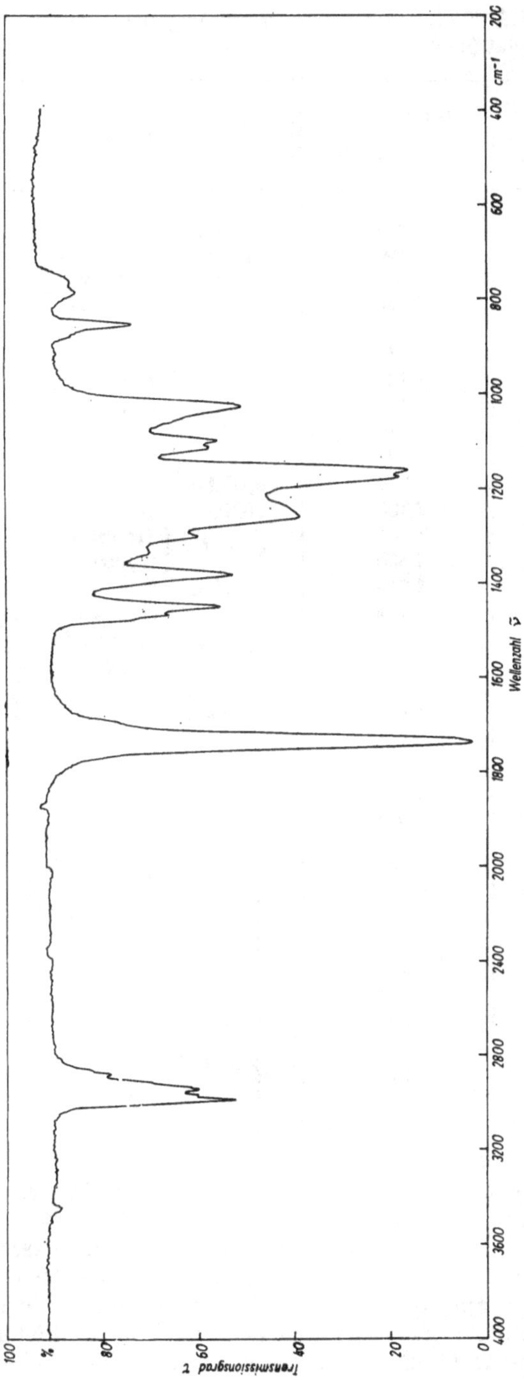

Abb. 6.18 Ultrarotspektrum von Polyacrylsäureäthylester (Film auf KBr aus Chloroformlösung)

Tabelle 6.23 Wellenzahlen und Zuordnung der Ultrarotbanden von Poly-n-butylacrylat (nach Kawasaki (1961a))

Wellenzahl [cm^{-1}] amorph	Wellenzahl [cm^{-1}] stereoregulär	Zuordnung
2960	2960	$\nu_a(CH_3)$
2920	2920	$\nu_a(CH_2)$
2880	2880	$\nu_s(CH_3)$, $\nu_s(CH_2)$, $\nu(CH)$
3460	3460	$2 \times \nu(C{=}O)$
1730	1730	$\nu(C{=}O)$
1465	1465	$\delta_a(CH_3)$
1460	1460	$\delta(CH_2)$ Hauptkette
1450	1450	$\delta(CH_2)$ n-butyl
1440	1440	$\delta(CH_2)$ Wechselwirkung
1395	1390	$\delta(CH_2)$ n-butyl
1380	1380	$\delta_s(CH_3)$
1335	1335	$\delta(CH)$
1300	1300	$\gamma_w(CH_2)$ Hauptkette
	1255	$\gamma_w(CH_2)$ n-butyl
	1215	$\gamma_t(CH_2)$
	775	$\gamma_r(CH_2)$ Wechselwirkung
750	750	$\gamma_r(CH_2)$ Hauptkette
737	737	$\gamma_r(CH_2)$ n-butyl
1240	1255	$\nu_a(COC)$
1165	1165	$\nu_s(COC)$
1117	1117	n-butyl
	1090	n-butyl
	1080	n-butyl
1064	1064	n-butyl
962	962	n-butyl
943	943	n-butyl
	860	n-butyl
837	837	n-butyl
	830	n-butyl
805	805	n-butyl
1117	1117	$\nu(CC)$
	1090	$\nu(CC)$
1035		$\nu(CC)$
1020	1020	$\nu(CC)$
962	962	$\nu(CC)$
943	943	$\nu(CC)$

ataktischen Polymer nicht erscheinen. An Hand dieser Banden sollte zumindest eine halbquantitative Bestimmung der relativen Isotaktizität von Polyisopropylacrylaten möglich sein. Nakayama u. a. (1961) und Kawasaki u. a. (1961b) beschrieben die stereospezifische Polymerisation von Alkylthioacrylaten $CH_2{=}CH{-}COSR$ (Alkylgruppe R: Äthyl, n-Propyl, Isopropyl, n-Butyl, Isobutyl, sec-Butyl und tert-Butyl). Mit Ausnahme des Äthylesters bildeten sich kristalline Polymere. Eine starke C—S—C-Valenzschwingung wird in den Spektren der amorphen Polymere im Bereich um 960 cm^{-1} gefunden. Nach Kristallisation tritt eine Aufspaltung ein.

Die Copolymere der Acrylester sind von wirtschaftlicher Bedeutung vor allem in der Papier-, Leder- und Lackindustrie. Sie werden in mannigfaltigen binären und ternären Kombinationen mit anderen Monomeren hergestellt. Zur Identifizierung entsprechender Spektren wird auf den Atlas der Kunststoffanalyse von HUMMEL (1968) verwiesen. Als Beispiel sei das Spektrum eines Terpolymeren aus Acrylsäure-Styrol-Acrylsäureäthylester angeführt (Abb. 6.19).

6.6.2. Polymethacrylsäure und deren Ester

6.6.2.1. Polymethacrylsäure

Zum Ultrarotspektrum der Polymethacrylsäure

$$\begin{array}{c} \qquad\quad CH_3 \\ \qquad\quad | \\ -[CH_2-C-]_n \\ \qquad\quad | \\ \qquad\quad COOH \end{array}$$

sind nur wenige Arbeiten erschienen. Das Interesse galt vor allem der Taktizität des Polymers. Durch Methylierung und damit Umwandlung der Polymethacrylsäure in Polymethylmethacrylat wurde von MATSUDA u. a. (1963) sowie HERMA u. a. (1966a) ein indirekter Weg der Taktizitätsanalyse beschritten. Das Spektrum von Polymethylmethacrylat ist hinreichend aussagekräftig und eine Taktizitätsbestimmung durch Vergleiche mit Kernresonanzergebnissen gut fundiert (vgl. Abschnitt 6.6.2.2.). Die Laser-RAMAN-Spektren von Polymethacrylsäure wurden von TOBIN (1969) veröffentlicht.

MATSUZAKI u. a. (1964) berichteten von charakteristischen Unterschieden der syndio- und isotaktischen Formen im Spektrum der Polymethacrylsäure selbst. Danach sollte sich die Stereoregularität der Polymethacrylsäure aus dem Intensitätsverhältnis der Banden bei 1490 und 1460 cm^{-1} bestimmen lassen. Erstere, wahrscheinlich eine Methyl-Deformationsschwingung, ist in ihrer Intensität stark von der sterischen Anordnung abhängig.

Von HERMA u. a. (1966a) wurde das Verhalten von Polymethacrylsäurebanden bei Sequenzverkürzung untersucht (vgl. Abschnitt 5.6.). In Copolymeren mit Acrylnitril sind vor allem an den mit C—O-Schwingungen verknüpften Absorptionen bei 1263 und 1167 cm^{-1} beträchtliche Intensitäts- und Frequenzänderungen zu beobachten.

McKNIGHT u. a. (1968) untersuchten Äthylen-Copolymere mit 4,1 Mol-% Methacrylsäure. Den Banden 1750 und 1700 cm^{-1} werden Carbonylschwingungen monomerer und dimerisierter Gruppen zugeordnet, den Banden bei 3540 und 2650 cm^{-1} freie und gebundene Hydroxylgruppen. Bei 1560 cm^{-1} erscheint mit zunehmender Ionisierung die asymmetrische Valenzschwingung des Carboxylat-

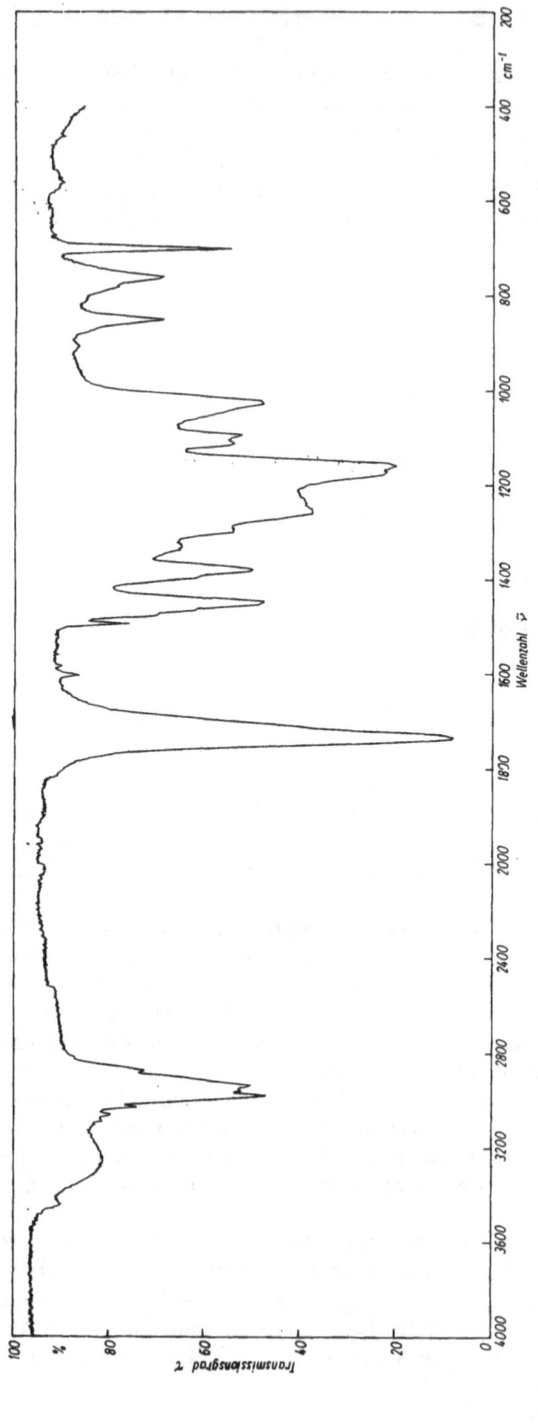

Abb. 6.19 Ultrarotspektrum des Copolymeren Acrylsäureäthylester (ca. 76%) — Styrol (ca. 17%) — Acrylsäure (ca. 7%).

Ions. Bei Raumtemperatur wird eine fast vollständige Dimerisierung der Säuregruppen über intermolekulare Wasserstoffbrücken gefunden:

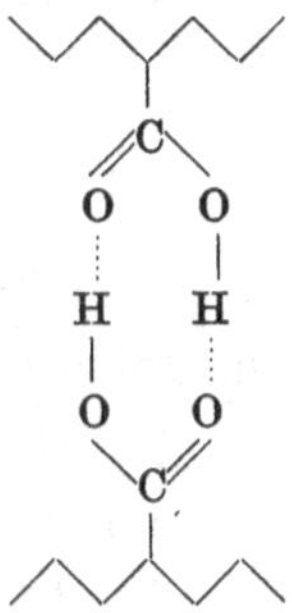

Unklar bleibt dabei, wie dieser Befund mit einer statistischen Verteilung der Methacrylsäureeinheiten in der Kette zu vereinbaren ist. McKnight nahm aus anderen Gründen eine gewisse Tendenz zur Blockbildung an.

6.6.2.2. *Polymethacrylsäureester*

Über die Ultrarotspektren von Methacrylsäureestern und deren Polymeren berichteten Salomon u. a. (1960) ausführlich. Der technisch und wissenschaftlich interessanteste Polymethacrylsäureester ist Polymethylmethacrylat (PMMA):

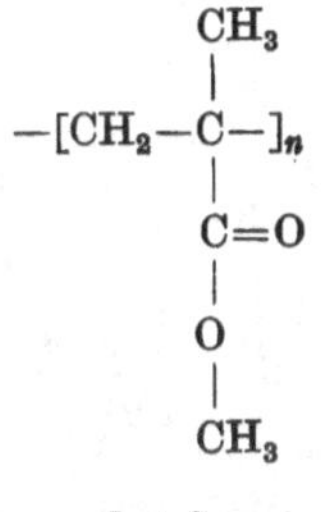

Methylmethacrylat kann leicht zu Produkten mit großer Variationsbreite in der sterischen Struktur polymerisiert werden. Bovey u. Tiers (1960) veröffentlichten Untersuchungsergebnisse von Kernresonanzmessungen an verschiedenen Polymethylmethacrylaten. Dem NMR-Spektrum von PMMA sind in beispielhafter Weise die relativen Anteile an isotaktischen (ddd oder lll), syndiotaktischen (ldl oder dld) und heterotaktischen Triaden (ldd, dll, ddl oder lld) zu entnehmen. Die radikalische Polymerisation von Methylmethacrylat führt zu vorwiegend syndiotaktischen Polymeren. Der taktische Kettenaufbau ist durch einen einzigen Parameter σ zu beschreiben (σ = Wahrscheinlichkeit, daß die angelagerte Monomereinheit die gleiche Konfiguration wie die letzte Einheit hat). Die Polymerisation folgt der sogenannten Bernoulli-Statistik, die keine Abhängigkeit vom vorhergehenden Schritt enthält. In den letzten Jahren ist eine Reihe weiterer NMR-Arbeiten zur Stereoregularität von PMMA erschienen; eine Zusammenfassung findet man bei Woodbrey (1968).

Die Ultrarotspektroskopie ist in diesem Falle hinsichtlich der quantitativen Auswertung der hochauflösenden Kernresonanz unterlegen, kann jedoch ebenfalls mit Erfolg für eine Charakterisierung von PMMA eingesetzt werden. Zahlreiche Autoren haben auf die spektralen Unterschiede der verschiedenen taktischen

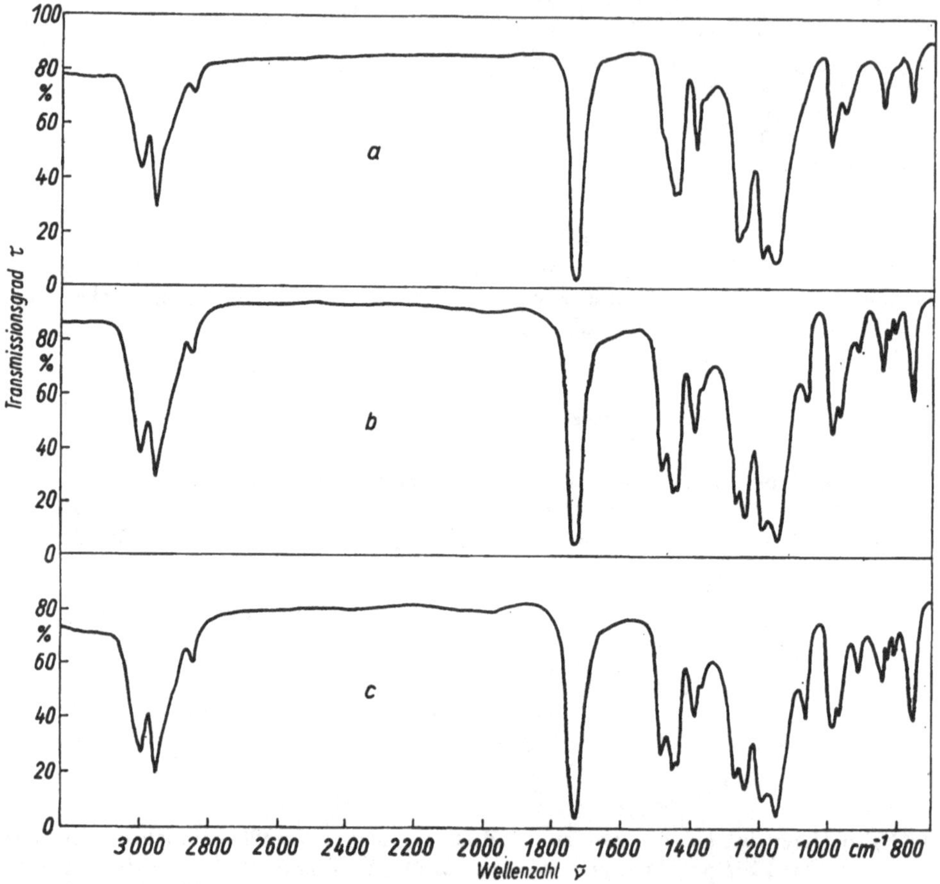

Abb. 6.20 Ultrarotspektren von Polymethylmethacrylaten unterschiedlicher Stereoregularität. *a* — isotaktisch, *b* — ataktisch, *c* — syndiotaktisch

Formen von PMMA hingewiesen, vgl. Abb. 6.20 (Bacskai (1960), Baumann (1959), Fox (1958), Goode (1960), Graham (1962), Hummel (1962, 1965b), Korotkov (1959), Miller (1958a), Nagai (1962, 1963), Nishioka (1960) und Pokrovskij (1964)).

Nagai (1963) diskutierte die Ultrarotspektren von PMMA ausführlich und im Zusammenhang mit der Polymerisation der deuterierten Methylmethacrylate $[CH_2C(CH_3)(COOCD_3)-]_n$, $[CD_2C(CD_3)(COOCH_3)-]_n$ und $[CD_2C(CD_3)(COO \cdot CD_3)-]_n$. In Tab. 6.24 ist für iso- und syndiotaktisches PMMA die von Nagai vorgeschlagene Zuordnung der Absorptionsbanden angegeben.

Tabelle 6.24 Ultrarotbanden von stereoregulärem Polymethylmethacrylat (nach NAGAI (1963))

isotaktisch			syndiotaktisch			
Wellenzahl [cm^{-1}]	relative Intensität	Polarisation	Wellenzahl [cm^{-1}]	relative Intensität	Polarisation	Zuordnung
3460	*w*	—	3460	*w*	—	$2 \times \nu(C{=}O)$
2995	*m*	π	2995	*m*	π	$\nu_a(CH_3{-}O) + \nu_a(CH_2)$
2948	*m*	σ	2948	*m*	σ	$\nu_s(CH_3{-}O) + \nu_a(\alpha\text{-}CH_3) + \nu_s(\alpha\text{-}CH_3) + \nu_s(CH_2)$
2920	*Sch*	—	2920	*Sch*	—	Kombinationsbande, verbunden mit der Ester-CH_3-Gruppe
2835	*vw*	σ	2835	*vw*	σ	Kombinationsbande, verbunden mit der Ester-CH_3-Gruppe
1730	*vs*	σ	1730	*vs*	σ	$\nu(C{=}O)$
1483	*w, Sch*	σ	1483	*m*	σ	$\delta_a(\alpha\text{-}CH_3)$
1465	*Sch*	—	1465	*Sch*	—	$\delta_a(CH_3{-}O)$
			1452	*s*	π	$\delta(CH_2)$
1445	*s*	σ				$\delta(CH_2)$ überlappt mit $\delta_s(CH_3{-}O)$
			1438	*s*	σ	$\delta_s(CH_3{-}O)$
1388	*m*	σ	1388	*m*	σ	$\delta_s(\alpha\text{-}CH_3)$
1370	*w, Sch*	—	1370	*w, Sch*	—	$\delta_s(\alpha\text{-}CH_3)$ (amorph)
1295	*w, Sch*	σ				
			1270	*s*	σ	$\nu_a(C{-}C{-}O)$ gekoppelt mit $\nu(C{-}O)$ (1270–1240)
1260	*s*	π				
1252	*s*	σ				
			1240	*s*	σ	
1190	*vs*	σ	1190	*vs*	σ	Skelett-Valenzschwingungen gekoppelt mit inneren CH-Deformationsschwingungen
1150	*vs*	σ	1150	*vs*	σ	
			1063	*w*	σ	intramol. Wechselwirkung
996	*m*	σ				$\nu_s(C{-}O{-}C)$ gekoppelt mit $\gamma_r(CH_3{-}O)$ (996, 988)
			988	*m*	σ	
			967	*m*	π	$\gamma_r(\alpha\text{-}CH_3)$
951	*m*	π				$\gamma_r(\alpha\text{-}CH_3)$
			910	*w*	—	
842	*w*	σ	842	*w*	σ	
			828	*vw*	σ	
825	*vvw*	—				
810	*vw*	σ	807	*vw*	—	
759	*w*	π	749	*w*	π	$\gamma_r(CH_2)$ gekoppelt mit Skelett-Valenzschwingung
560	*vw*	π	554	*vw*	—	
			510	*vw*	—	
484	*w*	σ	484	*w*	σ	$\delta(C{-}C{-}O)$

HAVRILIAK und ROMAN (1966) unterzogen den Bereich von 1050 bis 1300 cm^{-1} einer näheren Untersuchung. Sie beobachteten an einem hochsyndiotaktischen Polymer eine zusätzliche Absorption bei 1172 cm^{-1}. Die fünf Banden bei 1268, 1238, 1192, 1172 und 1148 cm^{-1} werden sämtlich der Estergruppe zugeschrieben, die Multiplizität wird auf intramolekulare Faktoren zurückgeführt. Den Einfluß zwischenmolekularer Wechselwirkung kann man ausschließen, da das Multiplett auch in verdünnter Lösung zu beobachten ist. Mit fortschreitender Verkürzung der mittleren Sequenzlänge (zum Beispiel in MMA-Styrol oder MMA-Acrylnitril-Copolymeren) wird diese Aufspaltung immer mehr aufgehoben. Der Bandenkomplex 1130 bis 1300 cm^{-1} wurde auch von TRAPEZNIKOVA (1967) untersucht.

WILLIS u. a. (1969) untersuchten die Laser-RAMAN- und Ultrarotspektren von vorzugsweise syndiotaktischem PMMA. Ihre Zuordnung weicht in einigen Punkten von der nach NAGAI ab. Unter anderem werden die C—H-Valenzschwingungen etwas anders zugeordnet:

2995 cm^{-1}	ν_a(C—H) von O—CH_3, ν_a(C—H) von α-CH_3
2948 ,,	ν_s(C—H) von O—CH_3, ν_s(C—H) von α-CH_3, $\nu_a(CH_2)$
2920 ,, / 2915 ,,	Kombinationsbande, verbunden mit O—CH_3, $\nu_s(CH_2)$
2850 ,,	Kombinationsbande, verbunden mit O—CH_3.

In Übereinstimmung mit SALOMON (1960) sehen WILLIS und Mitarbeiter die Bande bei 1483 cm^{-1} als $\delta(CH_2)$-Schwingung an:

1483 cm^{-1}	$\delta(CH_2)$
1465 ,,	δ_a(C—H) von O—CH_3
1452 ,,	δ_a(C—H) von α-CH_3.

Das intensitätsstarke Dublett 1190/1150 cm^{-1} wird ν_a(C—O—C)-Schwingungen zugeordnet, die ν_s(C—O—C)-Bande soll bei 828 cm^{-1} erscheinen. Schließlich wird die Bande bei 749 cm^{-1} als reine C—C-Skelettschwingung betrachtet und dafür die CH_2-Rockingschwingung mit der Absorption bei 842 cm^{-1} in Verbindung gebracht.

Von der sterischen Anordnung stark abhängig sind vor allem die Banden bei 1060 und 750 cm^{-1} sowie Schwingungen der α-CH_3-Gruppe (1483, 967 cm^{-1}). HAVRILIAK und ROMAN (1966) deuteten die Bande bei 1060 cm^{-1} und eine zweite hypothetische bei 1125 cm^{-1} als ν(C—C)-Schwingungen der ebenen Zickzack-Kette. Erstere wurde bereits von BAUMANN u. a. (1959) als Schlüsselbande für die syndiotaktische Verknüpfung der MMA-Einheiten zur Taktizitätsbestimmung verwendet. Als Bezugsbande diente die relativ stereounempfindliche $\delta_s(\alpha$-$CH_3)$-Absorption bei 1388 cm^{-1}. Dieses Verfahren über eine Eichung mit Gemischen aus rein iso- und syndiotaktischem PMMA führt jedoch nicht unbedingt zum Anteil syndiotaktischer Verknüpfungen, wenn nicht genau bekannt ist, inwieweit die Intensität der Analysenbande von der Stereosequenzlänge abhängt. Ein ähnlicher Sachverhalt besteht zum Beispiel beim Polypropylen im Zusammenhang mit der Bande 998 cm^{-1}, deren Erscheinen längere isotaktische Helixsegmente voraussetzt.

Aus Untersuchungen an verschiedenen Polymethylmethacrylaten ging hervor, daß das konventionelle Polymer nicht ataktisch (d. h. Syndiotaktizitätsgrad

p_s = Isotaktizitätsgrad p_i und Schrittwahrscheinlichkeit $\sigma = 0{,}5$) sondern überwiegend syndiotaktisch aufgebaut ist, ein Ergebnis, welches durch Kernresonanzmessungen sowie Vergleiche der Dichte und der Glasumwandlungstemperatur bestätigt wurde.

Die Taktizitätsabhängigkeit einiger Banden konnte übrigens auch in Lösung beobachtet werden (3% und 0,3% in Chloroform), woraus zu schließen war, daß der Ursprung dieser Effekte in der Kette selbst zu suchen ist (BAUMANN u. a. (1959)).

Von GOODE u. a. (1960) wurde ein Parameter J zur Charakterisierung der Stereoregularität von PMMA vorgeschlagen. J ergibt sich als arithmetisches Mittel aus zwei Subparametern J_1 und J_2:

$$J_1 = (179\, E_{1060}/E_{988}) + 27$$

$$J_2 = (81{,}4\, E_{1483}/E_{1388}) - 43\,.$$

Dabei ist die Grundlinie für die Bande 1060 cm^{-1} zwischen den Punkten minimaler Absorption auf beiden Seiten der Bande zu ziehen, für die anderen drei Banden zwischen 1850 und 700 cm^{-1}. Das Verfahren von GOODE wurde in der Folgezeit häufig angewandt (zum Beispiel RYAN (1965), HIRAHARA (1968)). Für syndiotaktisches PMMA findet man J-Werte um 100 bis 115, für isotaktisches Werte um $J = 25$ bis 35.

NISHIOKA u. a. (1960) stützten sich auf das stereoempfindliche Dublett bei 750 cm^{-1} und benutzten das Extinktionsverhältnis E_{757}/E_{749} als Maß für die Isotaxie (siehe auch WATANABE (1962) und KATO (1964)).

HUMMEL und BUSSE (1962, 1965) machten auf Unterschiede im langwelligen Bereich aufmerksam. Sie fanden, daß eine Bande nahe 557 cm^{-1} im isotaktischen Polymer erheblich stärker erscheint als im syndiotaktischen die Bande bei 552 cm^{-1}. Auch ein Dublett bei 506 und 482 cm^{-1} wird von der Stereoregularität beeinflußt.

Isotaktisches PMMA ist relativ leicht kristallisierbar. FOX u. a. (1958, 1958a) beschrieben die Synthese verschiedener kristallisierbarer Formen von PMMA mit unterschiedlichen Eigenschaften. Erste Überlegungen zur Kristallstruktur von PMMA wurden von STROUPE und HUGHES (1958) mitgeteilt. Sie nahmen eine 5_2-Helix für die isotaktische Konfiguration an. D'ALAGNI u. a. (1964), die eine Konformationsanalyse im Ultraviolettbereich anstellten, halten eine Helixkonformation mit 5 Monomereinheiten pro Windung für möglich, daneben aber auch die 5_2-Helix.

Der Einfluß einer Kristallisierung auf das Ultrarotspektrum von PMMA wurde von KAWASAKI (1960), KAWAI und TSUTSUMI (1961) sowie von NIKITIN und MICHAILOVA (1963) und von VOLKENSHTEIN (1964) untersucht. Das Spektrum von amorphem isotaktischem PMMA enthält nur eine schwache Bande bei 1580 cm^{-1}. Nach Kristallisation ist ein scharfes Dublett 1580—1560 cm^{-1} zu beobachten (VOLKENSHTEIN (1964)). Die Aufspaltung in zwei Komponenten bleibt auch in Lösung und beim Aufschmelzen des kristallinen Polymers bestehen. Bei Temperaturen wesentlich oberhalb des Schmelzpunktes verschwindet die Bande 1560 cm^{-1} allmählich. Die Aufspaltung wird mit intramolekularer Resonanzwechselwirkung in den geordneten Helixsegmenten der Kette erklärt.

Das PMMA-Spektrum erfährt bei statistischer Copolymerisation zahlreiche Intensitäts- und Frequenzänderungen. Das betrifft vor allem die spezifischen Schwingungen der syndiotaktischen Anordnung (zum Beispiel bei 1060 cm^{-1}). Durch das Dazwischenschalten von Fremdmonomereinheiten werden die regulären, ursprünglich syndiotaktischen Kettenabschnitte zerstört. Einzelheiten dazu werden im Abschnitt 5.6. beschrieben.

6.6.3. Polyacrylnitril

Das Hauptanwendungsgebiet von Polyacrylnitril (PAN)

$$-[CH_2-\underset{\displaystyle CN}{\underset{|}{C}H}-]_n$$

ist die Erzeugung von Fasern. Reines PAN ist in fast allen gebräuchlichen Lösungsmitteln unlöslich, gut löslich ist es in Dimethylformamid. Unter verschiedenen Bedingungen hergestellte Polyacrylnitrile besitzen sehr ähnliche Ultrarotspektren und RÖNTGEN-Diagramme, können aber Unterschiede im Lösungs- und Kristallisationsverhalten zeigen. Das Ultrarotspektrum von PAN (Abb. 6.21) enthält als markanteste Absorptionsbande die C≡N-Valenzschwingung bei 2244 cm^{-1}.

Der strukturelle Aufbau von PAN ist noch nicht völlig geklärt (ANDREWS (1965), BOHN (1961), CHIANG (1963), HOLLAND (1962), KLEMENT (1968), LINDENMEYER (1963), MENCIK (1960), STEFANI (1960)). Die relativ scharfe Hauptinterferenz im RÖNTGEN-Diagramm läßt auf eine gute Ordnung der Ketten senkrecht zur Kettenachse schließen. In der Kettenlängsrichtung ist eine scharfe Periode nicht zu erkennen. BOHN u. a. (1961) führten für PAN das Modell eines lateral geordneten Polymers ein, dessen Eigenschaften weder denen des kristallinen noch denen des amorphen Ordnungszustandes entsprechen. Sterische und dipolare intramolekulare Abstoßung führen zu einem Kettenversteifungseffekt und zu einer schleifenförmigen Konformation der Kette. Die starren *Stäbchen* denkt man sich in eine pseudohexagonale Gitteranordnung gepackt. LINDENMEYER und HOSEMANN (1963) interpretierten die RÖNTGEN-Ergebnisse vom Standpunkt der Theorie des Parakristalls. Von IMAI u. a. (1970) wird die Herstellung und Charakterisierung von „amorphem" Polyacrylnitril diskutiert.

Die Stereoregularität von PAN ist aus dem hochaufgelösten Kernresonanzspektrum zu bestimmen (BARGON (1966), MATSUZAKI (1966, 1966a, 1968), MURANO (1967, 1967a, 1968), SVEGLIADO (1967), YAMADERA (1965), YOSHINO (1967)). Allerdings wurden eine Zeitlang sehr widersprüchliche Ergebnisse publiziert. BARGON u. a. (1966) folgerten aus den Resonanzen der CH_2-Protonen, daß trotz verschiedener Herstellungsbedingungen etwa 60% isotaktische Monomerverknüpfungen enthalten sind, während YAMADERA und MURANO (1965) überwiegend syndiotaktische Strukturen feststellten. Nach neuesten Untersuchungen jedoch besitzt radikalisch polymerisiertes PAN unabhängig von der Polymeri-

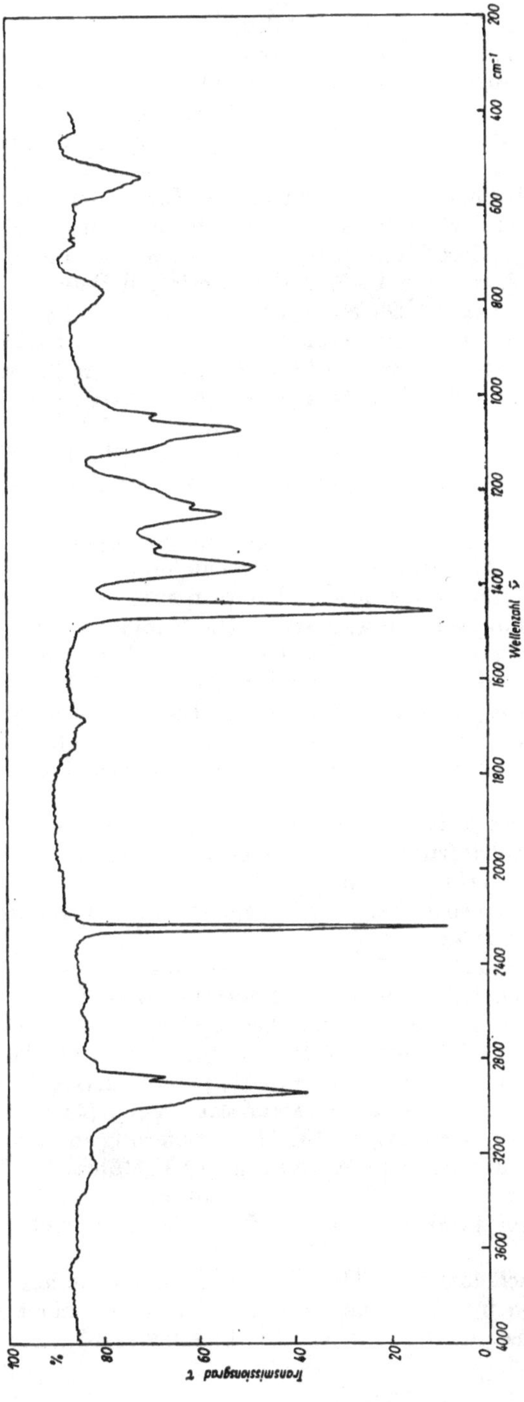

Abb. 6.21 Ultrarotspektrum von Polyacrylnitril (Film aus Dimethylformamid-Lösung).

sationstemperatur annähernd 50% isotaktische und entsprechend 50% syndiotaktische Diaden (Matsuzaki (1968), Murano (1968), Svegliado (1967)). Isotaktisches Polyacrylnitril läßt sich durch Strahlungspolymerisation im Harnstoffkanalkomplex darstellen. Eine ausführliche Zusammenstellung der physikalischen Eigenschaften von PAN und seinen Copolymeren findet man bei Beevers (1968).

Das Ultrarotspektrum von PAN ist zuerst von Liang und Krimm (1958, 1961a) analysiert worden, und zwar unter Zugrundelegung einer ataktischen Kettenkonfiguration. Eine andere Konzeption stammt von Tadokoro u. a. (1963). Sie diskutierten die Spektren von PAN und deuterierten Polyacrylnitrilen (Poly-α-deuteroacrylnitril $(-CH_2-CD(CN))_n$, Poly-α,β,β-trideuteroacrylnitril $(-CD_2-CD(CN))_n$) und in einer weiteren Arbeit (Yamadera (1964, 1964a)) das Spektrum von Poly-β,β-dideuteroacrylnitril $(-CD_2-CH(CN))_n$. Die Normalschwingungen von PAN wurden unter der Annahme einer syndiotaktischen, ebenen Zickzack-Kette als einfachstem Modell berechnet. In der Tab. 6.25 sind die Frequenzen von PAN und den deuterierten Polymeren angegeben, in der Tab. 6.26 die beobachteten und berechneten Frequenzen sowie die Zuordnung nach Yamadera u. a. (1964).

Die Banden im CH-Valenzbereich zeigen in den Spektren der deuterierten Polyacrylnitrile die zu erwartenden Verschiebungen. Unterhalb 1400 cm^{-1} ist bei der Deuterierung teilweise ein kompliziertes Verhalten zu beobachten. Die $C\equiv N$-Valenzbande bleibt lagekonstant. Die Kopplung der $C\equiv N$-Schwingung mit anderen Schwingungen ist offenbar vernachlässigbar klein.

Yamadera (1962, 1964) fand für die schwache Bande bei 2810 cm^{-1} (ursprünglich ν(CH) nach Liang (1958)) π-Dichroismus. Die CH-Valenzschwingung wurde der Bande bei 2930 cm^{-1} zugeordnet (vgl. Liang (1961a)). An Stelle der von Liang angeführten Bande 1359 cm^{-1} wurde das Dublett 1362 cm^{-1} (σ) und 1355 cm^{-1} (π) gefunden.

Nicht einheitlich ist fernerhin die Zuordnung der Bande 1073 cm^{-1}, die von Liang und Krimm (1958) früher als CC-Skelettschwingung, später von Liang u. a. (1961a) als $\delta_\perp$ (CH), verbunden mit $\gamma_r(CH_2)$ erklärt wurde. Diese Bande scheint in bestimmten Fällen gegenüber einer Sequenzverkürzung äußerst empfindlich zu sein (siehe Abschnitt 5.6.).

Neben den in den Tab. 6.25 und 6.26 genannten Banden treten im PAN-Spektrum in Abhängigkeit von den Polymerisationsbedingungen häufig einige weitere schwache Absorptionen auf, u. a. bei 2190 cm^{-1} sowie im Carbonylbereich. Letztere kann man auf geringe Konzentrationen von Fremdstrukturen in der PAN-Kette zurückführen. In Spektren von Redoxpolymerisaten ist bei 1043 cm^{-1} eine Endgruppen-Bande zu finden (Yamadera (1961), Matsubara (1960)). Sie ist einer S=O-Valenzschwingung der SO_3H-Gruppierung zuzuordnen. Von Yamadera (1961) wurden quantitative Messungen durchgeführt. Die Intensität dieser Bande fällt mit wachsendem Molekulargewicht stark ab. Eine zweite Bande gleicher Herkunft bei 1200 cm^{-1} ist nur durch Differenzspektroskopie nachzuweisen.

Bei der strahlenchemischen Tieftemperaturpolymerisation von Acrylnitril tritt eine Absorption um 2030 cm^{-1} auf, die der Anwesenheit von Ketenimingruppen zugeschrieben wird (Chen (1960), Bernas (1962), Schneider (1962a, 1964), Tsuda (1961)).

Tabelle 6.25 Ultrarotspektren von Polyacrylnitril, PAN-α-d_1, PAN-β,β-d_2 und PAN-α,β,β-d_3 (nach YAMADERA (1964))

PAN			PAN-α-d_1			PAN-β,β-d_2			PAN-α,β,β-d_3		
Wellen-zahl [cm^{-1}]	Pola-risa-tion	rel. Inten-sität	Wellen-zahl [cm^{-1}]	Pola-risa-tion	rel. Inten-sität	Wellen-zahl [cm^{-1}]	Pola-risa-tion	rel. Inten-sität	Wellen-zahl [cm^{-1}]	Pola-risa-tion	rel. Inten-sität
2950	σ	*vs*	2950	σ	*vs*	2930	σ	*s*	2237	σ	*vs*
2930	σ	*Sch*	2870	σ	*m*	2237	σ	*vs*	2180	σ	*w*
2870	σ	*m*	2810	π	*vw*	2180	σ	*w*	2170	σ	*vw*
2810	π	*vw*	2237	σ	*vs*	2130	σ	*w*	2130	σ	*w*
2237	σ	*vs*	2170	σ	*w*	1418	σ	*w*	1292	σ	*w*
1447	σ	*vs*	1447	σ	*vs*	1286	π	*s*	1198	π	*m*
1362	σ	*m*	1355	σ	*m*	1185	—	*w*	1142	σ	*s*
1355	π	*m*	1176	σ	*s*	1134	σ	*m*	1085	σ	*vs*
1310	σ	*w*	1087	π	*m*	1094	σ	*s*	1003	σ	*s*
1247	π	*s*	1020	σ	*m*	1077	π	*m*	957	σ	*m*
1227	π	*w*	1014	π	*m*	1043	σ	*m*	942	π	*m*
1175	π	*Sch*	969	σ	*vw*	1010	σ	*m*	873	σ	*m*
1115	σ	*Sch*	894	π	*w*	875	σ	*w*	807	π	*vw*
1073	σ	*vs*	889	σ	*m*	810	—	*vw*	683	σ	*m*
1015	π	*Sch*	765	π	*m*	752	σ	*m*	502	σ	*Sch*
865	π	*vw*	755	σ	*m*	702	σ	*m*	480	σ	*m*
778	σ	*m*	563	σ	*Sch*	505	σ	*m*	230	σ	*m*
570	σ	*Sch*	532	σ	*m*	234	σ	*m*			
537	σ	*m*	256	σ	*m*						
520	—	*Sch*									
260	σ	*m*									

Tabelle 6.26 Beobachtete und berechnete Wellenzahlen und die Zuordnung des Ultrarotspektrums von Polyacrylnitril (nach YAMADERA (1964))

Wellenzahl [cm^{-1}] beobachtet	Wellenzahl [cm^{-1}] berechnet	Zuordnung
2950 *vs*, σ	2935	$\nu_a(CH_2)$ (B_1, B_2)
2930 *Sch*, σ	2929	$\nu(CH)$ (A_1, B_1)
2870 *m*, σ	2886	$\nu_s(CH_2)$ (A_1)
2810 *vw*, π		
2237 *vs*, σ	2237	$\nu(CN)$ (A_1, B_1)
1447 *vs*, σ	1453	$\delta(CH_2)$ (63) (A_1)
	1396	$\delta(CH)$ (50) $-$ $w(CH_2)$ (40) (B_1)
1362 *m*, σ	1362	$\delta(CH)$ (64) (A_1)
1355 *m*, π	1357	$w(CH_2)$ (55) $+$ $\nu_a(CC)$ (37) (B_2)
1310 *w*, σ	1309	$w(CH_2)$ (44) $-$ $\delta(CH)$ (33) (B_1)
1247 *s*, π	1189	$w(CH)$ (40) $+$ $w(CH_2)$ (29) $-$ $\nu_a(CC)$ (26) (B_2)
1115 *Sch*, σ	1101	$\nu_s(CC)$ (33) $-$ $\delta(CH)$ (20) (A_1)
1073 *vs*, σ	1080	$\nu_s(CC)$ (69) (B_1)
	1066	$r(CH_2)$ (47) $-$ δ(C—C—CN) (21) (B_1)
1015 *Sch*, π	1018	$w(CH)$ (57) $+$ $\nu_a(CC)$ (26) (B_2)
	999	$t(CH_2)$ (59) (A_1)
865 *vw*, π	847	$r(CH_2)$ (91) (B_2)
778 *m*, σ	796	ν(C—CN) (48) $+$ $t(CH_2)$ (34) (A_1)
	764	ν(C—CN) (59) $-$ $r(CH_2)$ (28) (B_1)
570 *Sch*, σ	551	δ(C—C—CN) (53) $-$ δ(C—C—N) (22) (B_1)
537 *m*, σ	518	δ(C—C—CN) (34) $-$ δ(C—C—N) (37) (A_1)
520 *Sch*, —	524	w(C—C—CN) (45) $-$ w(C—C—N) (40) (B_2)
	357	δ(C—C—C) (65) (B_1)
260 *m*, σ	271	δ(C—C—N) (58) $+$ δ(C—C—CN) (19) $-$ δ(C—C—C) (19) (B_1)
	246	δ(C—C—N) (63) $+$ δ(C—C—CN) (28) (A_1)
	204	w(C—C—N) (54) $+$ w(C—C—CN) (40) (B_2)

Weitere Zusatzabsorptionen im PAN-Spektrum können von Lösungsmittelresten herrühren. Bei der Herstellung von Fasern oder Folien wird Dimethylformamid hartnäckig zurückgehalten und verursacht störende Banden vor allem bei 1672, 1386 und 1088 cm^{-1}. An der C=O-Bande bei 1672 cm^{-1} läßt sich der Gehalt an Dimethylformamid im PAN quantitativ bestimmen (SCHMOLKE (1965a)). Die Verschiebung dieser Bande deutet auf eine Assoziation des Dimethylformamids mit den Polymermolekülen hin (GENTILHOMME (1960), KLIMENKO (1963a)). Dafür spricht auch der Befund, daß die Lösungsmittelbande im Spektrum verstreckter Folien aus PAN oder Acrylnitril-Copolymeren mit linear polarisierter Strahlung σ-dichroitisch ist (KLIMENKO (1963a), RUSCHER (1963)).

An dieser Stelle sei kurz auf die Präparationsmöglichkeiten für PAN eingegangen. Abgesehen von einer direkten Spektroskopie der Faser (vgl. Abschnitt 4.3.) kommen praktisch nur die KBr-Preßtechnik und Filme in Betracht. PAN-Fasern ergeben fein zerschnitten in KBr gute Spektren. Zur Filmherstellung werden Dimethylformamidlösungen bei etwa 60 °C auf Glas eingeengt. Dabei bilden sich glasklare Folien, die sich leicht von der Unterlage abtrennen lassen. Inkludierte Lösungsmittelreste sind durch Tempern auch bei höheren Temperaturen nur teilweise zu entfernen. Besser ist die Extraktion mit siedendem Wasser.

PAN-Filme kann man bei höheren Temperaturen in Luft, in Wasser von 90 bis 100 °C, oder in anderen Medien leicht auf das 5- bis 10fache ihrer ursprünglichen Länge verstrecken. Sie besitzen dann, wie RÖNTGEN-Aufnahmen zeigen, einen hohen Orientierungsgrad. Aus diesem Grunde waren ultrarotdichroitische Messungen sehr erfolgversprechend. Zweck dieser Untersuchungen war die Klärung von Zuordnungsfragen und Strukturproblemen einschließlich der Orientierungsgradbestimmung (BOHN (1961), GAMPP (1955), RUSCHER (1963, 1963a)). An der gut isolierten C≡N-Valenzschwingung bei 2244 cm^{-1} läßt sich die Molekülorientierung von PAN-Folien oder -Fasern ausgezeichnet verfolgen. Die Bande zeigt ausgeprägten σ-Dichroismus. Man darf allerdings nicht erwarten, daß der ultrarotdichroitisch gemessene Orientierungswinkel dem röntgenographischen gleichkommt. Das bei *vollständiger* Orientierung nach Eintritt der Verfestigung gemessene dichroitische Verhältnis der C≡N-Bande fällt mit $R = E_\pi/E_\sigma = 0{,}25$ bis 0,30 relativ hoch aus, was zum Teil mit der wendelförmigen Kettenkonformation zusammenhängen kann. KOENIG u. a. (1970b) verfolgten die Orientierung der Nitrilgruppen und der Methylengruppen bei niedrigen Reckgraden an zweiachsig orientierten Filmen. Sie fanden, daß die Nitrilgruppen in bezug auf die Streckrichtung weniger gut orientiert sind als die Ebenen der Molekülketten, und führten dies auf die starke Dipol-Dipol-Wechselwirkung der C≡N-Gruppen in benachbarten Molekülen zurück.

Gegenüber thermischer Belastung ist die Molekülorientierung in verstreckten PAN-Proben außerordentlich stabil. Unterhalb 200 °C ist im gespannten Zustand keine wesentliche Desorientierung festzustellen. Trotz starker Verfärbung der Probe verändert sich das dichroitische Verhältnis der Nitrilbande nach 6 Std. Temperung bei 220 °C nur gering (RUSCHER (1963a)).

Nach WITENHAFER und KOENIG (1968a) enthält das PAN-Spektrum bei 775 cm^{-1} eine *Ordnungsbande*. Deren Intensität (relativ zu einer breiten Bande bei 800 cm^{-1}) ist deutlich von den Präparationsbedingungen abhängig. Die Anwendung von hohem Druck hat eine Intensitätsabnahme zur Folge.

Die Verfärbungsreaktionen von PAN standen im Mittelpunkt zahlreicher spektroskopischer und anderer Untersuchungen (BERLIN (1964), BRAUN (1969), BURLANT (1956), CONLEY (1963), FESTER (1965a), FRIEDLANDER (1968), GRASSIE (1958, 1962), HAMADA (1961), HOUTZ (1950), NOH (1966), SCHURZ (1958), SKODA (1959a), TAKATA (1959, 1962, 1964), ULBRICHT (1969)). PAN verfärbt sich unter Hitzeeinwirkung zunächst gelb, dann rot und schließlich schwarz. Das Ultrarotspektrum stark verfärbter Proben weist gegenüber dem unbehandelten Zustand eine Reihe zusätzlicher Banden auf, vor allem im Gebiet von 1200 bis 1700 cm^{-1}. Über den daraus abzuleitenden Reaktionsmechanismus herrscht jedoch keine Einigkeit. Einerseits wurde zum Beispiel die Bildung partiell hydrierter naphthyridinartiger Strukturen (I) als Ursache der Verfärbung vorgeschlagen (BURLANT (1956), GRASSIE (1958, 1962)), andererseits die Bildung einer Polyenstruktur (II) (BERLIN (1964), FESTER (1965a)). Weitere Vorschläge zum Verfärbungsmechanismus von PAN sind in den kürzlich erschienenen Arbeiten von ULBRICHT und

MAKSCHIN (1969) sowie BRAUN (1969) zusammengestellt.

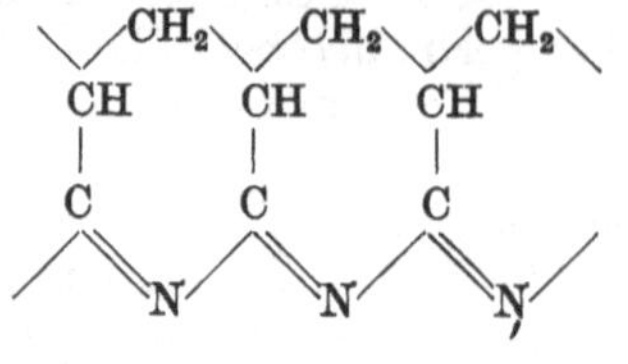

(I)

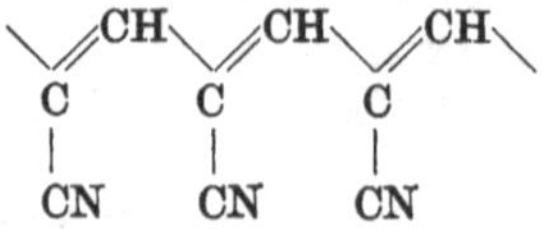

(II)

6.6.4. *Acrylnitril-Copolymere*

Acrylnitril ist als Cokomponente in zahlreichen technischen Polymeren enthalten. Copolymere mit mehr als 85% Acrylnitril finden jedoch wegen der fehlenden Thermoplastizität als Kunststoffe kaum Verwendung, dafür um so mehr als synthetische Fasern. Als Beispiel zeigt Abb. 6.22 das Ultrarotspektrum eines Acrylnitril-Vinylacetat-Copolymers mit etwa 8% Vinylacetat. Die intensiven C=O- und C—O-Absorptionen lassen die Minderheitskomponente stark hervortreten.

Der Einbau von Fremdmonomeren in geringer Konzentration etwa bis 10% verändert die zweidimensionale Ordnung des Polyacrylnitrils nur wenig. RÖNTGEN-Weitwinkeluntersuchungen an Acrylnitril-Acrylsäureester-Copolymeren zeigten, daß die ursprüngliche laterale Ordnung des PAN dominiert und erst bei einem Estergehalt > 30% zusammenbricht (RUSCHER und SCHMOLKE (1963)). Bei den meisten Acrylnitrilcopolymeren dieser Zusammensetzung wird von der Theorie auf Grund der gegebenen Copolymerisationsparameter eine Verteilung der Comonomereinheiten hauptsächlich auf sehr kurze Sequenzen ($n = 1$ oder 2) gefordert. Durch ultrarotdichroitische Messungen hat man die Möglichkeit, etwas über die Bewegung dieser Einheiten bzw. der sie umgebenden Bereiche bei Orientierungsprozessen zu erfahren. So deutet das dichroitische Verhalten der Phenylschwingung bei 700 cm^{-1} (π) von stufenweise verstreckten Acrylnitril-Styrol-Copolymeren oder das der C=O-Bande (σ) von Copolymeren mit Acrylsäureestern darauf hin, daß sich die *Störstellen* der Kette gleichförmig mit dem PAN-Grundgerüst orientieren. Der Orientierungsgrad der PAN-Segmente, gemessen am dichroitischen Verhältnis der C≡N-Bande, wird durch 5 bis 10% Fremdeinheiten kaum herabgemindert (KLIMENKO (1963, 1963a, 1970), LAUTERBERG (1968), RUSCHER (1963), SCHMOLKE (1964)).

Bei höheren Comonomeranteilen geht, wie schon erwähnt, die typische PAN-Struktur verloren. Wir haben es dann meist mit amorphen Produkten (im Sinne von *röntgenamorph*) zu tun. Hier ergeben sich auf Grund besserer Löslichkeit zusätzliche Präparationsmöglichkeiten zur UR-Spektroskopie. Für analytische Zwecke empfiehlt sich die Herstellung von Preßfolien bei höheren Temperaturen.

Technisch wichtige Copolymere, die Acrylnitril als Minderheitskomponente enthalten, sind zum Beispiel Styrol-Acrylnitril, Nitrilkautschuk oder ABS. Bei den sogenannten ABS-Produkten handelt es sich um Pfropfcopolymere auf der Basis Acrylnitril-Butadien-Styrol (Abb. 6.23). Das Acrylnitril/Styrol-Verhältnis

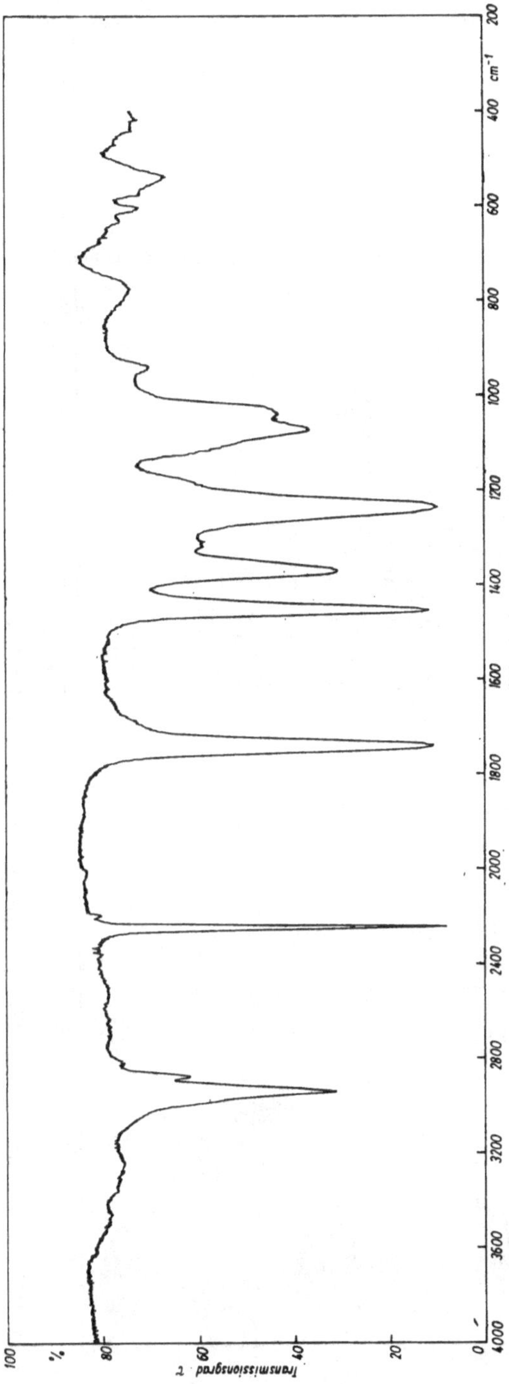

Abb. 6.22 Ultrarotspektrum des Copolymers Acrylnitril (ca. 92%) — Vinylacetat (ca. 8%) (Film aus Dimethylformamidlösung).

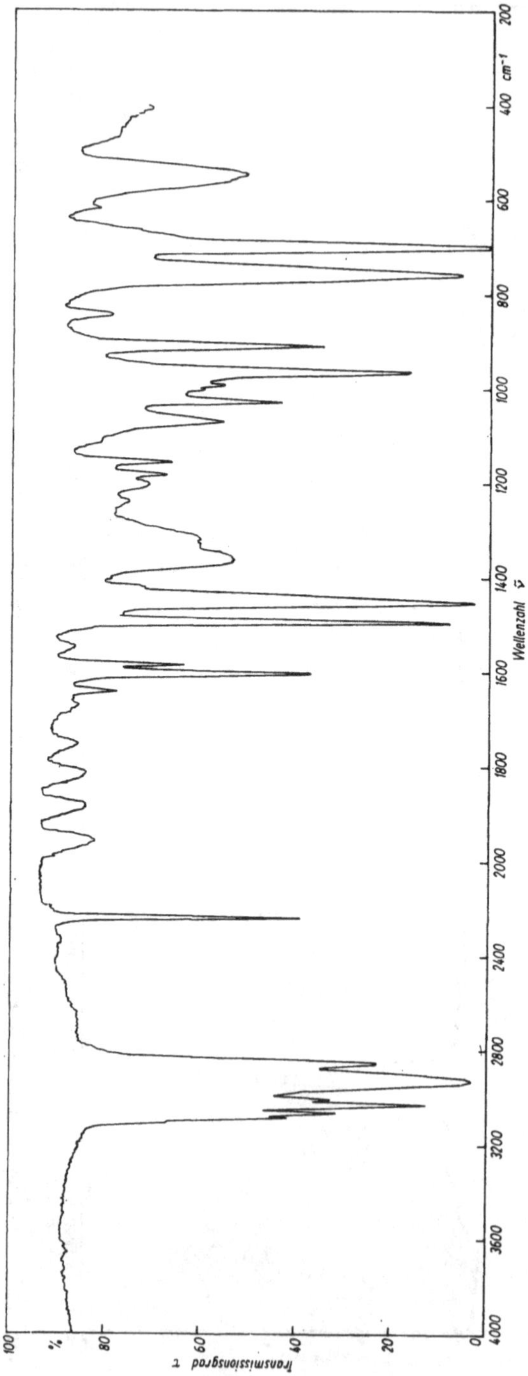

Abb. 6.23 Ultrarotspektrum von ABS (Pfropfcopolymerisat aus Acrylnitril—Butadien—Styrol).

kann über das Extinktionsverhältnis E_{2244}/E_{1603} kontrolliert werden. GESNER (1965) veröffentlichte Trennverfahren zur Zerlegung von ABS in die einzelnen Polymerbestandteile.

Die Sequenzanalyse von Acrylnitril-Copolymeren mit Methylmethacrylat, Methacrylsäure und Methacrylnitril wird im Abschnitt 5.6. beschrieben; dort ist weitere Literatur zur quantitativen Analyse der Copolymere angegeben.

6.6.5. *Polymethacrylnitril*

CH_3
|
$-[CH_2-C-]_n$

CN

Von SOBUE u. a. (1963, 1964) wurde aus Kernresonanz- und Ultrarotmessungen für Polymethacrylnitril ursprünglich eine Stereoblockstruktur postuliert. Ein bei $-78\,°C$ durch γ-Bestrahlung des festen Monomeren erhaltenes Produkt sollte eine recht ungewöhnliche Mikrostruktur der Form DDDLLLDDDLLL besitzen. Diese Ergebnisse bestätigten sich nicht. MATSUZAKI und URYU (1966b) fanden unabhängig von den Polymerisationsbedingungen (Azobisisobutyronitril, Benzoylperoxyd, γ-Bestrahlung) weitgehend ataktische Konfigurationen, wobei die NMR-Untersuchungen an den abgeleiteten Polymethylmethacrylaten erfolgten. SEGRE u. a. (1966) sowie ISHIGURE u. a. (1966) bestimmten die Stereoregularität durch Diadenanalyse direkt aus dem NMR-Spektrum des Polymethacrylnitrils. Mit $Mg(C_2H_5)_2$ als Katalysator lassen sich isotaktische, teilkristalline Produkte herstellen (KOTAKE (1967), YOSHIHARA (1967)). Über RÖNTGEN-Strukturuntersuchungen am System Methacrylnitril-Acrylnitril berichteten SCHMOLKE u. a. (1966).

Das Ultrarotspektrum von Polymethacrylnitril (Abb. 6.24) unterscheidet sich von dem des Polyacrylnitrils in erster Linie durch die Methylabsorptionen sowie durch eine charakteristische starke Bande bei 1215 cm^{-1}, welche vermutlich mit einer Schwingung der C—C—CN-Gruppierung verknüpft ist. Diese Bande ist sehr strukturempfindlich. Sie verschwindet in Spektren von Copolymeren des Methylacrylnitrils mit Butadien oder Acrylnitril. Polarisierte UR-Spektren von Polymethacrylnitril veröffentlichte JOH (1966).

Das Spektrum des kristallinen Polymethacrylnitrils (mit Diäthylmagnesium polymerisiert, in Dimethylformamid unlöslicher Anteil) enthält einige zusätzliche Banden, insbesondere bei 1192 und 885 cm^{-1} (JOH (1967)). Eine genaue Erklärung der Aufspaltung steht noch aus.

In Zusammenhang mit der thermischen Verfärbung wurden von SKODA und SCHURZ (1959) sowie von GRASSIE und MCNEIL (1958a, b, c) Ultrarotuntersuchungen angestellt. In den Temperaturbereichen 20 bis 120 °C, 120 bis 220 °C und über 220 °C können nach GRASSIE drei unterschiedliche Reaktionen beobachtet werden:

1. Verschwinden von Keteniminstrukturen (C=C=N—), die bei der Polymerisation entstehen und sich durch eine Absorption bei 2012 cm^{-1} bemerkbar machen.

2. Oberhalb des Erweichungspunktes 120 °C Verfärbung über gelb und orange nach rot als Folge der Bildung konjugierter Ringsysteme. Die Spektren zeigen

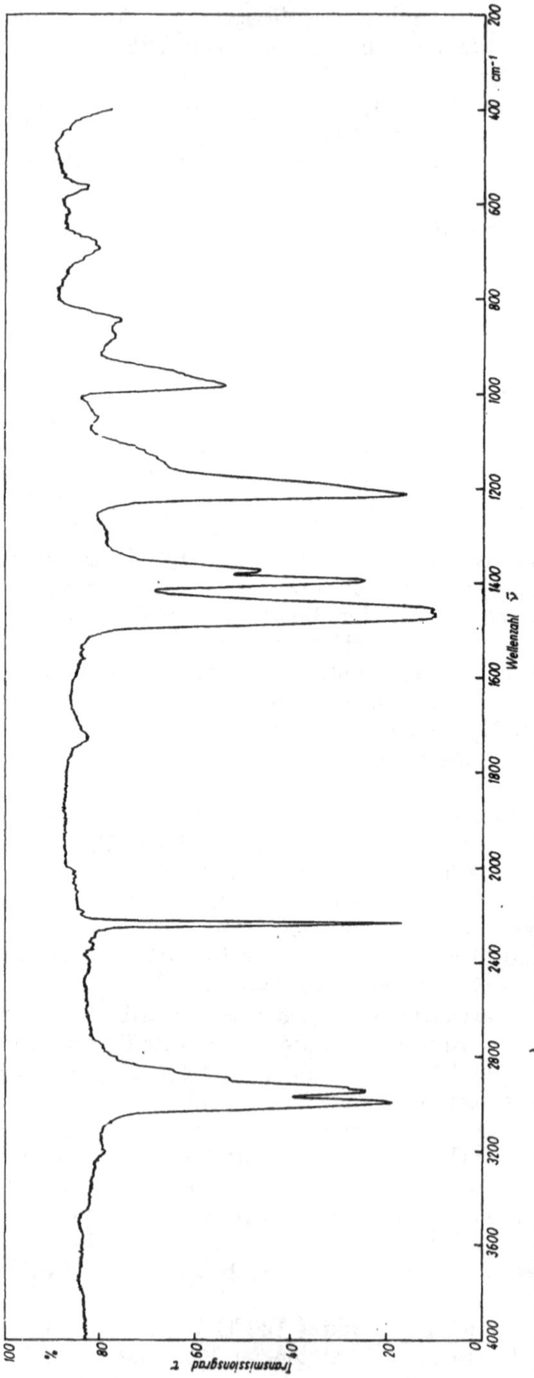

Abb. 6.24 Ultrarotspektrum von radikalisch polymerisiertem Polymethacrylnitril.

eine Abnahme der Nitrilbande und neue Absorptionen vor allem im Gebiet 1400 bis 1700 cm^{-1}.

3. Depolymerisation oberhalb 220 °C.

6.7. Polyäther (von R. Danz)

6.7.1. Polyoxymethylen $(-(CH_2)-O)_n$

Polyoxymethylen (POM) kristallisiert in der trigonalen und in der orthorhombischen Kristallmodifikation. Hengstenberg (1927) und Sauter (1933) untersuchten trigonales POM röntgenographisch und bestimmten die Gitterkonstanten der Elementarzelle zu $a = 4{,}46$ Å, $c = 17{,}35$ Å. Durch die Elementarzelle geht ein Kettenmolekül. Das Polymer liegt in einer schraubenförmigen Konformation vor, die von Huggins (1945) und Tadokoro (1960a) als eine 9_5 Helix bestimmt wurde (Abb. 6.25), d. h. in der Elementareinheit der Helix sind neun

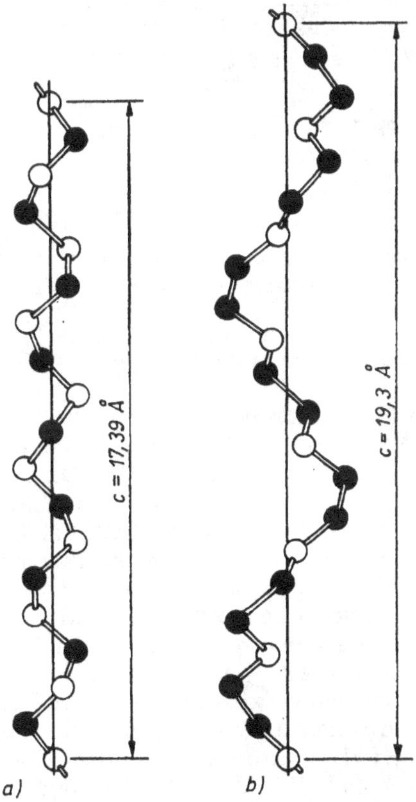

Abb. 6.25 Helixstruktur von trigonalem Polyoxymethylen (*a*) und Polyäthylenoxid (*b*) (nach Tadokoro (1967a)).

Monomereinheiten in fünf Windungen angeordnet. CARAZZALO (1963) fand, daß eine 29/16 Helix mit einer Identitätsperiode von 56,00 Å in Kettenrichtung besser mit den von ihm ausgeführten röntgenographischen Untersuchungen im Einklang steht als eine 9/5 Helix. Der Schmelzpunkt von kristallinem POM wird mit 192—195 °C angegeben (ZAMBONI (1964)).

CARAZZALO (1963a) ermittelte die Kristallstruktur der orthorhombischen Modifikation (Abb. 6.26). Die Elementarzelle enthält vier Monomereinheiten, die zu zwei Polymerketten gehören. Orthorhombisches POM ist weniger stabil als die trigonale Modifikation. Die orthorhombische Form wandelt sich in die trigonale um, wenn das Polymer auf 75—80 °C erhitzt wird (ZAMBONI (1964)).

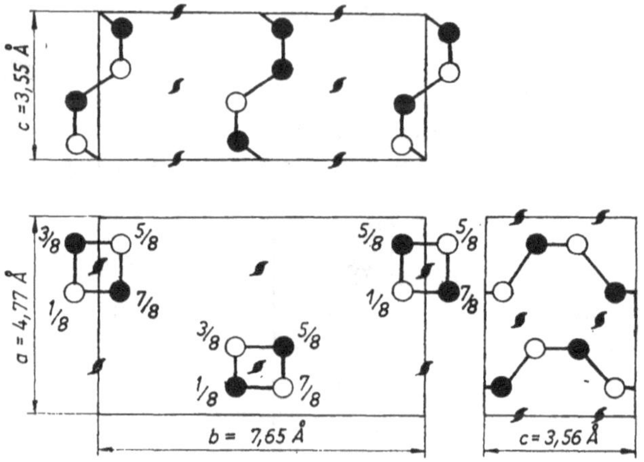

Abb. 6.26 Kristallstruktur von orthorhombischem Polyoxymethylen; Projektionen in die *ab*-, *bc*- und *ac*-Ebenen (nach ZAMBONI (1964)).

6.7.1.1. *Ultrarotspektrum und Bandenzuordnung der trigonalen Modifikation*

Es wurden zahlreiche Arbeiten über ultrarotspektroskopische Untersuchungen von trigonalem POM publiziert (MIYAZAWA (1960b, 1961), NOVAK (1959), PHILPOTTS (1955), SCHNEIDER (1956), TADOKORO (1960a, 1967)). In Abb. 6.27 sind die UR-Spektren der trigonalen und der orthorhombischen Modifikation von POM dargestellt. TADOKORO (1963b), MATSUI (1965) und ZERBI (1968a) ergänzten die ultrarotspektroskopischen Untersuchungen durch ramanspektroskopische Messungen. In der Tab. 6.27 werden die gemessenen Wellenzahlen den berechneten Werten gegenübergestellt und zugeordnet (ZERBI (1968a)).

TADOKORO (1963b) registrierte die UR-Spektren des trigonalen POM mit polarisierter Strahlung im Frequenzgebiet von 4000 bis 100 cm^{-1}. Bei der Zuordnung der UR-Banden wurden die Auswahlregeln verwendet, die auf der Faktorgruppe D (10π/9) beruhen (MATSUI (1965)). Aus den Auswahlregeln folgt, daß die Schwingungen der Symmetrierassen A_2 und E_1 ultrarotaktiv und die Schwingungen der Rassen A_1, E_1 und E_2 RAMAN-aktiv sind (Tab. 6.28). Die zweifach entarteten E_1-Schwingungen sind senkrecht und die A_2-Schwingungen parallel zur Helixachse polarisiert. Im UR-Spektrum werden fünf parallel zur Helixachse polarisierte

Absorptionsbanden beobachtet, die der Symmetrierasse A_2 zugeordnet wurden. Die verbliebenen zehn Absorptionsbanden, die σ-Polarisation aufweisen, gehören zur Symmetrierasse E_1 (Tab. 6.27).

Die Berechnung der Schwingungsfrequenzen von trigonalem POM erfolgte auf der Grundlage des Strukturmodells von HUGGINS (1945). MIYAZAWA (1961) berechnete die Skelettschwingungen der Symmetrierassen A_1, A_2 und E_1. Die

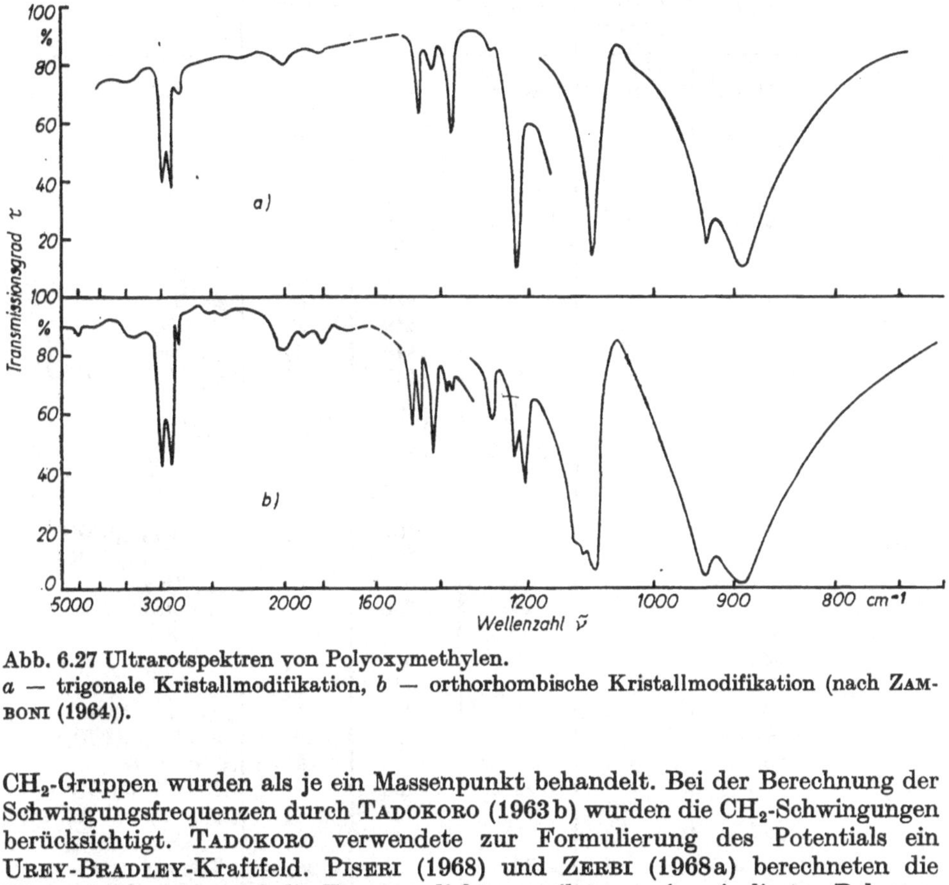

Abb. 6.27 Ultrarotspektren von Polyoxymethylen.
a — trigonale Kristallmodifikation, *b* — orthorhombische Kristallmodifikation (nach ZAMBONI (1964)).

CH_2-Gruppen wurden als je ein Massenpunkt behandelt. Bei der Berechnung der Schwingungsfrequenzen durch TADOKORO (1963b) wurden die CH_2-Schwingungen berücksichtigt. TADOKORO verwendete zur Formulierung des Potentials ein UREY-BRADLEY-Kraftfeld. PISERI (1968) und ZERBI (1968a) berechneten die Dispersionskurven und die Frequenzdichteverteilungen einer isolierten Polymerkette (siehe Tab. 6.27). Sie benutzten ein Valenzkraftmodell und übernahmen die Kraftkonstanten von niedermolekularen Äthern. Die von TADOKORO bzw. PISERI berechneten Frequenzen weichen um etwa 1% voneinander ab. TADOKORO (1963) registrierte die Spektren von trigonalem POM bei 150 und 170 °C. Die Bande 1235 cm^{-1}, deren Intensität bei Zimmertemperatur sehr stark ist, ist bei 170 °C fast verschwunden. Nach den Berechnungen von TADOKORO wird diese Bande durch eine gekoppelte Schwingung hervorgerufen, die auf der im kristallinen Zustand vorliegenden Helixstruktur beruht; sie verschwindet deshalb im Spektrum der Schmelze. Die Banden 1434 cm^{-1} und 1381 cm^{-1} verschmelzen bei

Tabelle 6.27 Zuordnung des Ultrarot- und RAMAN-Spektrums und die berechneten Wellenzahlen von trigonalem Polyoxymethylen (nach PISERI (1968) und ZERBI (1968a))

Wellenzahl [cm^{-1}]				Symmetrierasse	Zuordnung
beobachtet			berechnet		
Ultrarot	Polarisation[1]	RAMAN			
2979 *s*	σ	2997 *s*[1]	2979	E_1	$\nu_s(CH_2)$
2978 *s*[1]	π		2971	A_2	$\nu_a(CH_2)$
			2972	E_2	$\nu_s(CH_2)$
			2929	E_2	$\nu_s(CH_2)$
		2955 *w*[1]	2910	A_1	$\nu_s(CH_2)$
2919 *s*	σ	2925 *m*[1]	2919	E_1	$\nu_s(CH_2)$
1492 *m*			1491	A_1	$\delta(CH_2)$
			1490	E_2	$\delta(CH_2)$
1471 *m*	σ		1486	E_1	$\delta(CH_2)$
			1419	E_2	$\gamma_w(CH_2)$
1434 *w*	σ	1439	1418	E_1	$\gamma_w(CH_2)$
1381 *m*	π	1388	1419	A_2	$\gamma_w(CH_2)$
		1338	1324	A_1	$\gamma_t(CH_2)$
			1321	E_2	$\gamma_t(CH_2)$
1286 *vw*	σ	1295	1303	E_1	$\gamma_t(CH_2)$
1235 *vs*	σ		1224	E_1	$\gamma_r(CH_2)$, $\delta(COC)$, $\nu_s(COC)$
			1137	E_2	$\gamma_r(CH_2)$, $\nu_a(COC)$
1097 *vvs*	π	1095 } [2]	1110	A_2	$\gamma_r(CH_2)$, $\nu_a(COC)$
1091 *vvs*	σ	1106 } [2]	1077	E_1	$\nu_a(COC)$, $\delta(OCO)$
		946	956	E_2	$\nu_a(COC)$, $\gamma_r(CH_2)$, $\delta(OCO)$
932 *vvs*	σ	936	916	E_1	$\nu_s(COC)$
			931	E_2	$\nu_a(COC)$
		923 *s*	962	A_1	$\nu_s(COC)$, $\delta(OCO)$
903 *vvs*	π		928	A_2	$\nu_a(COC)$, $\gamma_r(CH_2)$
630 *s*	σ	635	649	E_1	$\delta(OCO)$
		539 *w*	499	A_1	$\delta(OCO)$, $\delta(COC)$
			525	E_2	$\delta(OCO)$, $\delta(COC)$
455 *m*	σ		466	E_1	$\delta(COC)$, $\gamma_r(CH_2)$
235 *w*	π	235	223	A_2	Torsion
		190	191	E_2	$\delta(COC)$, $\delta(OCO)$
		180	175	E_2	Torsion
			57	E_2	Torsion
			26	E_1	Torsion

[1]) experimentelle Werte von MATSUI (1965)
[2]) Zuordnung nicht gesichert

hohen Temperaturen zu einer breiten Bande bei 1390 cm^{-1} und einer schwachen Schulterbande bei 1420 cm^{-1}. Diese spektralen Veränderungen wurden ebenfalls auf die Zerstörung der regulären Helix im geschmolzenen Zustand zurückgeführt.

Tabelle 6.28 Zahl der Schwingungen und Auswahlregeln von trigonalem Polyoxymethylen für die Faktorgruppe $D(10\pi/9)$ (nach MATSUI (1965))

Symmetrie-rasse	Zahl der Schwingungen N	Aktivität	
		Ultrarot	RAMAN
A_1	5	i	a
A_2	$7-2\ (T_\pi, R_\pi)$	$a\ (\pi)$	i
E_1	$12-1\ (T_\sigma)$	$a\ (\sigma)$	a
E_2	12	i	a
E_3	12	i	i
E_4	12	i	i

6.7.1.2. Ultrarotspektrum und Bandenzuordnung der orthorhombischen Modifikation

Nachdem BEZZI (1960, 1962) ein Verfahren zur Herstellung von orthorhombischem POM beschrieben hatte, veröffentlichte ZAMBONI (1964) als erster eine Arbeit über das Schwingungsspektrum. Die Liniengruppe der isolierten Polymerkette ist isomorph zur Punktgruppe D_2. Die 20 Schwingungsfrequenzen verteilen sich wie folgt auf vier Symmetrierassen: 5 A, 5 B_1, 5 B_2 und 5 B_3. Die Schwingungen der Rasse A sind ultrarotinaktiv. Die Dipolmomente der Rassen B_2 und B_3 sind senkrecht zur Helixachse gerichtet, die der Rasse B_1 sind parallel zur Helixachse polarisiert. ZAMBONI zeigte, daß das beobachtete UR-Spektrum nicht mit den aus der Liniengruppe folgenden Auswahlregeln zu interpretieren ist, da einige Banden infolge intermolekularer Wechselwirkungen zwischen den beiden

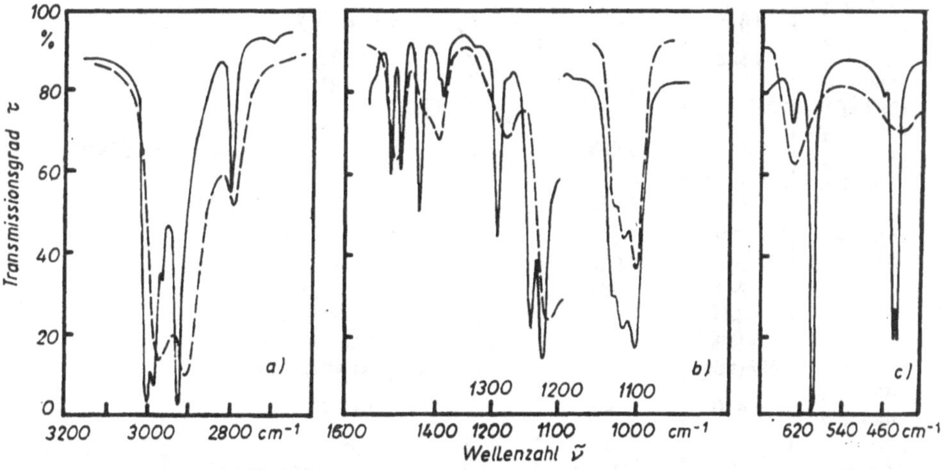

Abb. 6.28 Bandenaufspaltung im Ultrarotspektrum des orthorhombischen Polyoxymethylens (ZAMBONI (1964)).
a — 3200 bis 2850 cm^{-1}, b — 1600 bis 1000 cm^{-1}, c — 700 bis 380 cm^{-1}
- - - - - amorphe Probe, —— kristalline Probe

Molekülketten in den Elementarzellen aufspalten. Die Aufspaltung wurde im CH-Valenzschwingungsbereich sowie bei den Bandendubletts 1488 und 1466 cm^{-1}, 1237 und 1220 cm^{-1}, 434 und 428 cm^{-1} beobachtet (Abb. 6.28). Für die gruppentheoretische Schwingungsanalyse muß deshalb die Raumgruppe der orthorhombischen Struktur verwendet werden, die ebenfalls isomorph zur Punktgruppe D_2 ist. Auf Grund der Raumgruppenanalyse spalten alle Schwingungen der Liniengruppe in zwei Komponenten auf, wenn die intermolekularen Wechselwirkungen hinreichend groß sind. Eine Komponente der Rasse B_1 ist nicht ultrarotaktiv,

Tabelle 6.29 Zuordnung des Ultrarot- und RAMAN-Spektrums und die berechneten Wellenzahlen von orthorhombischem Polyoxymethylen (nach ZAMBONI (1964) und ZERBI (1967c, 1968a))

Wellenzahl [cm^{-1}] beobachtet: Ultrarot	Wellenzahl [cm^{-1}] beobachtet: RAMAN	Wellenzahl [cm^{-1}] berechnet	Symmetrierasse (Liniengruppe)	Zuordnung
3000 *s* 2980 *s* 2965 *m*		2971	B_1, B_3	$\nu_a(CH_2)$
		2920	A	$\nu_s(CH_2)$
2920 *s*		2919	B_2	$\nu_s(CH_2)$
	1491	1494	A	$\delta(CH_2)$
1488 *m* 1466 *m*	1469	1485	B_2	$\delta(CH_2)$
1430 *m*		1420	B_1	$\gamma_w(CH_2)$
1392 *m* 1381 *w*	1388	1408	B_3	$\gamma_w(CH_2)$
	1328	1319	A	$\gamma_t(CH_2)$
1290 *m*		1305	B_2	$\gamma_t(CH_2)$
1287 *m*				
1237 *m* 1220 *s*		1218	B_3	$\gamma_r(CH_2) + \delta(COC) + \nu_s(COC)$
1120 *Sch* 1110 *s*	1114	1096	B_2	$\nu_a(COC) + \delta(OCO)$
1092 *vs*	1096	1109	B_1	$\gamma_r(CH_2) + \nu_a(COC)$
937 *vs*	936	909	B_3	$\nu_s(COC)$
	907	958	A	$\nu_s(COC)$
895 *vs*	895	932	B_1	$\nu_a(COC) + \gamma_r(CH_2) + \gamma_w(CH_2)$
	624(598)	579	A	$\delta(OCO) + \delta(COC)$
594 *s*	598(624)	599	B_2	$\delta(OCO) + \delta(CH_2)$
434 *m* 428 *m*	410	444	B_3	$\delta(COC) + \gamma_r(CH_2)$
304 *m*	300	253	B_1	Torsion
130 *m*		135[1]	B_2	Gitterschwingung
89 *vw*		86[1]	B_3	Gitterschwingung
83 *w*		74[1]	B_1	Gitterschwingung

[1]) Ergebnisse von KITAGAWA (1966)

so daß die Aufspaltung im Ultrarotspektrum nur an den Liniengruppenrassen B_2 und B_3 zu beobachten ist.

Zerbi (1968a) berechnete die Schwingungsfrequenzen des Einzelkettenmodells. Bei der Rechnung wurden keine intermolekularen Kräfte berücksichtigt, so daß die auf der dreidimensionalen Struktur beruhenden Schwingungen nicht erfaßt werden konnten. Die berechneten und die von Zamboni (1964) gemessenen Wellenzahlen einschließlich der Zuordnungen sind in der Tab. 6.29 zusammengestellt. Kitagawa (1966) berechnete mit einem vereinfachten dreidimensionalen Modell die ultrarotaktiven Gitterschwingungen, die von Zerbi (1967c) experimentell bestimmt wurden und gleichfalls in der Tab. 6.29 enthalten sind. Die Gitterschwingungen des kristallinen orthorhombischen POM bestehen aus sechs Translationen parallel zu den drei kristallographischen Achsen und zwei Rotationen um die Kettenachse. Von diesen Schwingungen sind zwei gegenphasige Translationen der Symmetrierassen B_2, B_3 und eine Rotation in Phase der Rasse B_1 ultrarotaktiv. Zerbi ordnete die Banden 130 cm^{-1} und 89 cm^{-1} den Translationen und die Bande bei 83 cm^{-1} der Rotation zu, in guter Übereinstimmung mit den von Kitagawa (1966) berechneten Werten. Zerbi registrierte außerdem das Spektrum bei 120 °K und stellte fest, daß sich die Banden bei 130 cm^{-1}, 89 cm^{-1} und 83 cm^{-1} bei dieser Temperatur nach 143 cm^{-1}, 97 cm^{-1} und 92 cm^{-1} verschieben und eine starke Intensitätszunahme stattfindet. Die Dispersionskurven und Frequenzdichteverteilungen des Einzelkettenmodells wurden von Piseri und Zerbi (1968) berechnet und zu den Ergebnissen der unelastischen Neutronenstreuung von Trevino (1966) in Beziehung gesetzt.

Weitere ultrarotspektroskopische Arbeiten über Polyoxymethylen veröffentlichten Amrhein (1969), Kitazawa (1962), Majer (1965, 1965a), Roščupkin (1972), Tanaka (1964), Tadokoro (1960b, 1961b).

6.7.2. *Polyäthylenoxid* $(-(CH_2)_2-O)_n$

Die Struktur von Polyäthylenoxid wurde von Barnes (1936), Sauter (1933a) und Walter (1958) röntgenographisch untersucht. Sauter kam zu dem Ergebnis, daß neun Monomereinheiten in der Elementareinheit der Polymerkette mäanderförmig angeordnet sind. In späteren Arbeiten wurde erkannt, daß das Molekül in Form einer Helix vorliegen muß. Die Anzahl der Monomereinheiten und Windungen in der Elementareinheit der Helix wurde mit 9/5 (Huggins (1945)), 9/3 (Davison (1955a)) und 7/5 (Miyazawa (1961, 1961a)) angegeben. Kombinierte ultrarot- und ramanspektroskopische und röntgenographische Untersuchungen sowie Berechnungen an verschiedenen Modellen zeigten, daß ein 7/2 Helix-Modell (Abb. 6.25) am besten mit den experimentellen Daten im Einklang steht (Chatani (1961), Matsui (1965), Matsuura (1968), Miyazawa (1962), Price (1962a), Richard (1961), Tadokoro (1964)). Die Kristallstruktur des Polymers ist monoklin mit den Dimensionen $a = 8{,}16$ Å, $b = 12{,}99$ Å, $c = 19{,}30$ Å (Achse in Kettenrichtung), und in der Elementarzelle sind vier Polymerketten enthalten. Der Schmelzpunkt liegt bei 66 °C.

Die Ultrarot- und Raman-Spektren von Polyäthylenoxid sind in Abb. 6.29 dargestellt (nach Matsui (1965)). Die Tab. 6.30 enthält die gemessenen und berechneten Wellenzahlen und die Zuordnung der Absorptionsbanden nach TADOKORO (1964) und MATSUI (1965).

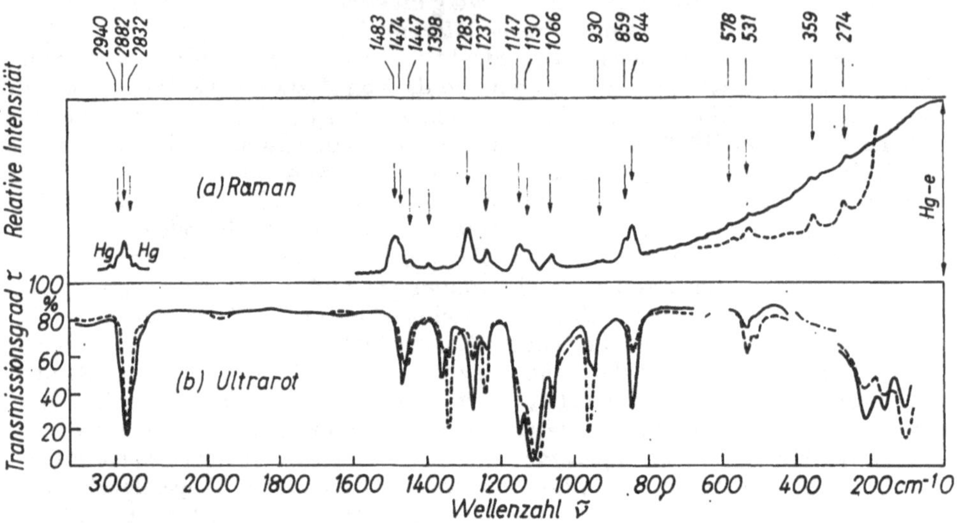

Abb. 6.29 Ultrarot- und RAMAN-Spektrum von Polyäthylenoxid (nach MATSUI (1965)).

DAVISON (1955) führte dichroitische Messungen an kristallinen Proben durch. Das Auftreten der CH_2-Rockingschwingungen bei 844 cm^{-1}, 947 cm^{-1} und 958 cm^{-1} wurde so interpretiert, daß die $-OCH_2CH_2O$-Gruppe in der geknäuelten gauche-Konformation vorliegt. Der entgegengesetzte Dichroismus der Dubletts bei 947 cm^{-1}, 958 cm^{-1} und 1342 cm^{-1}, 1358 cm^{-1} wurde diskutiert und die Aufspaltung auf die Wechselwirkungen zwischen den Monomereinheiten in der Helix zurückgeführt. KURODA (1957, 1959), MATSUURA (1967a), MIYAKE (1960d) und WHITE (1959) beschäftigten sich mit den Spektren von Polyäthylenoxid verschiedenen Polymerisationsgrades und deuterierten Derivaten. Das Frequenzgebiet der CH_2-Rockingschwingungen wurde besonders untersucht. MATSUURA fand, daß in den Spektren von kristallinen Oligomeren des Polyäthylenoxids mit unterschiedlichem Polymerisationsgrad Bandenprogressionen in den Frequenzbereichen 970 bis 930 cm^{-1}, 870 bis 830 cm^{-1} und 570 bis 520 cm^{-1} auftreten, während sich die Spektren der geschmolzenen Oligomeren nicht wesentlich unterscheiden. Die Bandenverschiebungen hängen also mit dem geordneten Zustand zusammen. MIYAKE diskutierte die Spektren von Äthylenglykol und seinen Derivaten. Die im Frequenzbereich 950 bis 850 cm^{-1} bzw. 850 bis 800 cm^{-1} auftretenden Banden wurden den CH_2-Rockingschwingungen der gauche- bzw. trans-Konformation der $-OCH_2CH_2O$-Gruppe zugeordnet. Aus diesen Zuordnungen wurde gefolgert, daß die $-OCH_2CH_2O$-Gruppe im Polyäthylenoxid sowohl in der gauche- als auch in der trans-Konformation vorliegt.

MIYAZAWA (1962) untersuchte die Spektren von hoch orientierten kristallinen Filmen im Frequenzgebiet von 3000 bis 50 cm^{-1}. Der Autor stellte ein Modell einer 7/2 Helix auf, in dem die inneren Rotationswinkel $\tau(OCCO) = 60°$ (gauche-Stellung) und $\tau(CCOC) = \tau(COCC) = 191{,}5°$ (trans-Stellung) betragen. Das

Tabelle 6.30 Zuordnung des Ultrarot- und RAMAN-Spektrums und die berechneten Wellenzahlen von Polyäthylenoxid (nach TADOKORO (1964) und MATSUI (1965))

Wellenzahl [cm^{-1}]				Symmetrierasse	Zuordnung[1])
beobachtet			berechnet		
Ultrarot	Polarisation	RAMAN			
2950 *w*		2940 *w*			
2885 *s*		2882 *s*			
2862 *Sch*					
2825 *w*		2832 *m*			
2805 *w*					
		1483 *s*	1473	A_1	$\delta(CH_2)_i$
1466 *m*	σ	1474 *Sch*	1474	E_1	$\delta(CH_2)_o$
1457 *m*	π		1471	A_2	$\delta(CH_2)_o$
1448 *Sch*	σ	1447 *w*	1470	E_1	$\delta(CH_2)_i$
1411 *w*	σ		1396	E_1	$\gamma_w(CH_2)_o$
		1398 *w*	1381	A_1	$\gamma_w(CH_2)_i$, $\nu(CC)$
1358 *m*	σ		1354	E_1	$\gamma_w(CH_2)_i$, $\nu(CC)$
1342 *s*	π		1386	A_2	$\gamma_w(CH_2)_o$
1278 *m*	σ	1283 *s*	1282	E_1	$\gamma_t(CH_2)_o$, $\gamma_t(CH_2)_i$
1240 *m*	π		1280	A_2	$\gamma_t(CH_2)_o$
1234 *w*	σ	1237 *m*	1250	E_1	$\gamma_t(CH_2)_i$, $\gamma_t(CH_2)_o$
			1243	A_1	$\gamma_t(CH_2)_i$
1147 *s*	σ	1147 *s*	1161	A_2	$\nu(CO)_o$
		1130 *m*	1138	A_1	$\nu(CC)$, $\gamma_w(CH_2)_i$
1116 *s*	σ		1110	E_1	$\nu(CC)$, $\nu(CO)_i$
1103 *vs*	π		1061	A_2	$\nu(CO)_o$
		1066 *m*	1093	A_1	$\nu(CO)_i$, $\gamma_r(CH_2)_i$
1060 *m*	σ		1033	E_1	$\gamma_r(CH_2)_i$, $\nu(CO)_i$, $\nu(CO)_o$
958 *s*	π		884	A_2	$\gamma_r(CH_2)_o$
947 *m*	σ	930 *vw*	924	E_1	$\gamma_r(CH_2)_i$, $\nu(CO)_i$
		859 *m*	876	A_1	$\gamma_r(CH_2)_i$, $\nu(CO)_i$
844 *s*	σ	844 *s*	856	E_1	$\gamma_r(CH_2)_o$
		578 *vw*			
532 *w*	σ	531 *w*	501	E_1	$\delta(OCC)_o$
530 *w*	π		544	A_2	$\delta(OCC)_o$
508 *w*					
		359 *w*	366	E_1	$\delta(COC)$, $\delta(OCC)_i$
		274 *w*	270	A_1	$\delta(OCC)_i$, $\delta(COC)$
			212	A_1	$\delta(COC)$, Torsion$(CO)_i$
215 *w*	σ		211	E_1	$\delta(OCC)_i$, $\delta(OCC)_o$, $\delta(COC)$
165 *w*	σ		162	E_1	Torsion(CC), Torsion$(CO)_o$
106 *m*	π		108	A_2	Torsion$(CO)_o$
			92	E_1	Torsion$(CO)_i$

[1]) Die Indices *i* und *o* bedeuten, daß die Atome der $CH_2—CH_2—O$-Gruppe in Phase bzw. in Gegenphase schwingen

Modell wird als TGT-Modell bezeichnet, weil sich die COCC-, OCCO- und CCOC-Gruppen in trans-, gauche-, trans-Konformation befinden. Zur Berechnung der Schwingungsfrequenzen des TGT-Modells verwendete MIYAZAWA ein UREY-BRADLEY-Kraftfeld, für das die Kraftkonstanten von Polyäthylen, Dimethyläther und Propylalkohol übernommen wurden. MATSUURA (1966, 1968) berechnete die Dispersionskurven und Frequenzdichteverteilung der Polyäthylenoxidkette und paßte die Kraftkonstanten mit Hilfe der Methode der kleinsten Quadrate an die beobachteten Ultrarot- und RAMAN-Frequenzen an. Auf diese Weise wurden Kraftkonstanten erhalten, die die beobachteten Frequenzen mit einer Abweichung von 0,9% reproduzieren. Weiter berechnete MATSUURA (1969) die Frequenzdichteverteilungen von TGT-, TGG-, GGG-, TTT-, TTG- und GTG-Modellen und verglich die Ergebnisse mit Messungen am geschmolzenen Polyäthylenoxid. Die UR-Banden des geschmolzenen Polymers entsprechen den Frequenzdichteverteilungen der TGT-Konformationen mit OCH_2CH_2O-Gruppen in gauche-Konformation.

TADOKORO (1964), YOSHIHARA (1964) und MATSUI (1965) führten Faktorgruppenanalysen durch, um zu entscheiden, zu welcher Symmetriegruppe Polyäthylenoxid gehört. Aus den röntgenographischen Untersuchungen kann nicht eindeutig geschlossen werden, ob die unendlich ausgestreckte Helix unter die cyclische Faktorgruppe $C(4\pi/7)$, oder unter die Dieder-Faktorgruppe $D(4\pi/7)$ fällt. Die Faktorgruppe $D(4\pi/7)$ ist dann zutreffend, wenn das Kettenmolekül zwei zweifache Achsen senkrecht zur Helixachse besitzt, die durch die Sauerstoffatome und durch die Zentren der C—C-Bindungen gehen. Tab. 6.31 enthält die Auswahl-

Tabelle 6.31 Zahl der Schwingungen und Auswahlregeln von Polyäthylenoxid für die cyclische Faktorgruppe $C(4\pi/7)$ und für die Faktorgruppe $D(4\pi/7)$ (nach MATSUI (1965))

Gruppe	Symmetrie-rasse	Zahl der Schwingungen N	Aktivität	
			Ultrarot	RAMAN
$C(4\pi/7)$	A	$21-2$ (T_π, R_π)	$a(\pi)$	a
	E_1	$21-1$ (T_σ)	$a(\sigma)$	a
	E_2	21	i	i
	E_3	21	i	i
$D(4\pi/7)$	A_1	10	i	a
	A_2	$11-2$ (T_π, R_π)	$a(\pi)$	i
	E_1	$21-1$ (T_σ)	$a(\sigma)$	a
	E_2	21	i	a
	E_3	21	i	i

regeln für beide Faktorgruppen. Wenn die cyclische Gruppe $C(4\pi/7)$ zugrunde gelegt wird, beträgt die Anzahl der parallel polarisierten ultrarotaktiven Schwingungen 19, während bei der Diedergruppe neun Parallelbanden erwartet werden. Die experimentellen Ergebnisse lassen sich nur mit der Diedergruppe vereinbaren. Außerdem wurden im RAMAN-Spektrum keine Linien gefunden, die zu der parallel polarisierten ultrarotaktiven Schwingungsrasse A gehören und die bei der cyclischen Gruppe $C(4\pi/7)$ bei der gleichen Wellenzahl wie die ultrarotaktiven π-Banden liegen müßten.

Tadokoro berechnete die Schwingungsfrequenzen von zwei Modellen der 7/2 Helix, die mit der Faktorgruppensymmetrie $D(4\pi/7)$ verträglich sind, aber verschiedene innere Rotationswinkel aufweisen. Das Modell I hat die inneren Rotationswinkel τ(CCOC) = τ(COCC) = 188,25°, τ(OCCO) = 65°, das Modell II τ(CCOC) = τ(COCC) = 111°, τ(OCCO) = 202,4°. Die Abweichungen zwischen berechneten und experimentellen Frequenzen sind bei dem Modell I am geringsten.

Angood und Koenig (1968) registrierten die Spektren von Polyäthylenoxid im Temperaturbereich von 97°K bis 342°K. Bei der Temperatur 97°K wurden in den Frequenzbereichen um 1460 cm^{-1}, 1350 cm^{-1}, 950 cm^{-1} und 850 cm^{-1} neue Banden entdeckt, deren Intensitäten mit steigender Temperatur abnehmen. Die Intensität dieser Banden hängt vom Molekulargewicht und der thermischen Vorgeschichte der Proben ab. Aus den experimentellen Ergebnissen wurde der Schluß gezogen, daß den genannten Banden Schwingungen zuzuordnen sind, die von in Faltungen existierenden Rotationsisomeren verursacht werden.

Iwamoto (1968), Tadokoro (1964a, 1964b) und Yokoyama (1969) führten ultrarotspektroskopische Untersuchungen an Polyäthylenoxid-Komplexen aus. Iwamoto registrierte die Spektren von Polyäthylenoxid-Quecksilberchlorid-Komplexen im Gebiet von 4000 bis 80 cm^{-1} und berechnete die Skelettschwingungen. Tadokoro beschäftigte sich mit Polyäthylenoxid-Harnstoff-Komplexen. Die UR-Spektren zeigten keine merklichen Veränderungen im Vergleich zu dem Spektrum des Polyäthylenoxids. Es wurden die dem Harnstoff-Molekül zuzuordnenden Banden bei 3220 und 1697 cm^{-1} und Frequenzverschiebungen der im Spektrum des Polyäthylenoxids auftretenden Banden bei 958, 947 und 1103 cm^{-1} beobachtet. Der Autor schließt daraus, daß die Struktur des Polyäthylenoxids in den Komplexen einer 7/2 Helix nahe kommt.

6.7.3. Höhere Polyäther $(-(CH_2)_m-O)_n$

Makino (1969) und Tadokoro (1967a) führten ultrarotspektroskopische Untersuchungen an Polyoxacyclobutan (Polytrimethylenoxid, $(-CH_2)_3-O)_n$) durch. Dieses Polymer kann nach röntgenographischen Ergebnissen in drei Kristallmodifikationen existieren (Bunn (1958), Tadokoro (1967a), Takahashi (1966)). Die polarisierten Ultrarotspektren der drei Modifikationen wurden im Wellenzahlbereich 4000 bis 80 cm^{-1} aufgenommen, und eine Faktorgruppenanalyse wurde durchgeführt. Makino berechnete die Schwingungsfrequenzen mit einem Urey-Bradley-Kraftfeld. Die Spektren der einzelnen Modifikationen weisen sehr ausgeprägte Unterschiede auf.

Imada (1965) und Matsui (1965) untersuchten die Ultrarot- und Raman-Spektren von Polytetrahydrofuran (Polytetramethylenoxid, $(-(CH_2)_4-O)_n$). Das Polymer liegt im kristallinen Zustand in einer ebenen Zickzack-Konformation vor; durch die Elementarzelle verlaufen zwei Molekülketten (Bunn (1958), Cesari (1965)). Es wird als Cokomponente in Polyurethanelastomeren und als synthetischer Kautschuk verwendet. Die Wellenzahlen der Ultrarot- und Raman-

Banden und die Bandenzuordnung sind in der Tab. 6.32 zusammengestellt. IMADA bestimmte mit der Kippmethode den Pleochroismus der UR-Banden, führte eine Faktorgruppenanalyse durch und berechnete die Schwingungsfrequenzen von Polytetrahydrofuran, Polytetrahydrofuran-d_4 $(-CH_2CD_2CD_2 \cdot CH_2O)_n$ und Polytetrahydrofuran-d_8 $(-CD_2CD_2CD_2CD_2O)_n$. Die isolierte Polymerkette gehört zu einer Faktorgruppe, die zur Punktgruppe D_{2h} isomorph ist und besitzt ein Symmetriezentrum i. Für das Auftreten der Ultrarotbanden und RAMAN-Linien gilt daher das gegenseitige Ausschließungsprinzip. Tab. 6.32 zeigt, daß keine beobachteten Ultrarotbanden mit den RAMAN-Linien zusammenfallen. Die Bande bei 744 cm^{-1} wurde der CH_2-Rockingschwingung zugeordnet. Die CH_2-Rockingschwingungen können im Falle einer ebenen Zickzack-Konformation nicht mit den Valenzschwingungen des C—C-Gerüstes und den Bendingschwingungen koppeln, weil sie zu verschiedenen Symmetrierassen gehören. In Poly-

Tabelle 6.32 Ultrarot- und RAMAN-Spektrum von Polytetrahydrofuran (nach IMADA (1965) und MATSUI (1965))

Wellenzahl [cm^{-1}]			Symmetrierasse	Zuordnung²)
Ultrarot	Polarisation¹)	RAMAN		
		2955 *vw*		
2946 *s*	σ		B_{1u}	$\nu_a(CH_2)$
		2930 *w*		$\nu_a(CH_2)$
2920 *Sch*				
		2870 *m*		$\nu_s(CH_2)_2$
2863 *w*	σ		B_{2u}	$\nu_s(CH_2)_2$
		2810 *w*		
2804 *m*	σ		B_{2u}	$\nu_s(CH_2)_1$
1495 *m*	σ, ∥		B_{2u}	$\delta(CH_2)_1$
		1492 *m*		$\delta(CH_2)$
1476 *w*	π		B_{3u}	$\delta(CH_2)_1$
1460 *w*	σ, ∥		B_{2u}	$\delta(CH_2)_2$
		1455 *m*		$\delta(CH_2)$
1444 *Sch*	π		B_{3u}	$\delta(CH_2)_2$
1370 *s*	π		B_{3u}	$\gamma_w(CH_2)_1$
		1295 *m*		$\gamma_w(CH_2)$
1250 *m*	σ, ∥		B_{2u}	$\gamma_w(CH_2)_2$
1230 *w*	π		B_{3u}	$\gamma_w(CH_2)_2$
1207 *s*	σ, ⊥		B_{1u}	$\gamma_t(CH_2)_1$
		1149 *m*		$\nu(CCC)$
1106 *vvs*	π		B_{3u}	$\nu_a(COC)$
1009 *m*	π		B_{3u}	$\nu(CCC)$
995 *s*	σ, ∥		B_{2u}	$\nu_s(COC)$
744 *w*	σ, ⊥		B_{1u}	$\gamma_r(CH_2)$
565 *m*	π		B_{3u}	$\delta(CCC)$

¹) ∥ und ⊥ bedeuten Polarisation parallel bzw. senkrecht zur Molekülebene.
²) Die Indices bezeichnen die Methylengruppen in der $\left(-O-\underset{(1)}{CH_2}-\underset{(2)}{CH_2}-\right)$-Gruppe

äthern mit Helix-Konformation wie Polyoxymethylen und Polyäthylenoxid, findet eine Kopplung der CH_2-Schwingungen statt, die sich im Auftreten mehrerer CH_2-Rockingschwingungsbanden äußert.

Kobayashi (1968b) untersuchte die Kristallstruktur und die Ultrarotspektren der Polyäther mit $m = 6$ bis 10 und 12. Die Moleküle dieser längerkettigen

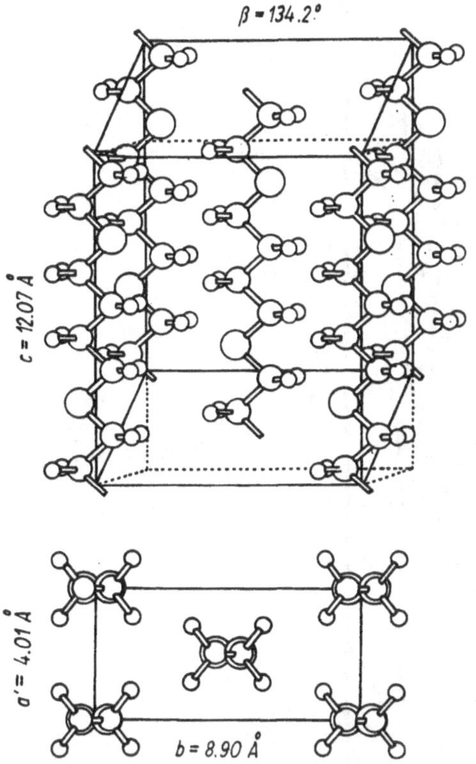

Abb. 6.30 Kristallstruktur von Polytetramethylenoxid (= Polytetrahydrofuran) (nach Imada (1965)).

Polyäther liegen alle in der ebenen Zickzack-Konformation vor. Sie kristallisieren in einer monoklinen ($m = 6$, 8, 10) oder orthorhombischen ($m = 6$, 8, 9, 10, 12) Modifikation. Die Struktur des Polyheptamethylenoxids ($m = 7$) ist der des orthorhombischen Polyäthylens sehr ähnlich. Es wurden die UR-Spektren von gewalzten Filmen im Frequenzgebiet von 4000 bis 80 cm^{-1} aufgenommen. Die starken Banden bei 1380 cm^{-1}, 1120 cm^{-1} und 725 cm^{-1}, die gemeinsam in den Spektren dieser Polyäther erscheinen, wurden den CH_2-Waggingschwingungen, den antisymmetrischen COC-Valenzschwingungen und den CH_2-Rockingschwingungen zugeordnet. Während die CH_2-Rockingschwingungen der in der orthorhombischen Kristallmodifikation vorliegenden Polyäther wie beim Polyäthylen aufspalten, wird bei den monoklinen Polyäthern keine Aufspaltung beobachtet

(Abb. 6.31). Die spektroskopische Elementarzelle der orthorhombischen Polyäther wird von zwei Polymerketten durchlaufen, so daß intermolekulare Wechselwirkungen zu einem Bandendublett im Frequenzgebiet der CH_2-Rockingschwingungen führen. Die Größe der Bandenaufspaltung beträgt 7 cm^{-1} in Polyoctamethylenoxid und 11 cm^{-1} in Polydodecamethylenoxid. Die Bandenaufspaltung

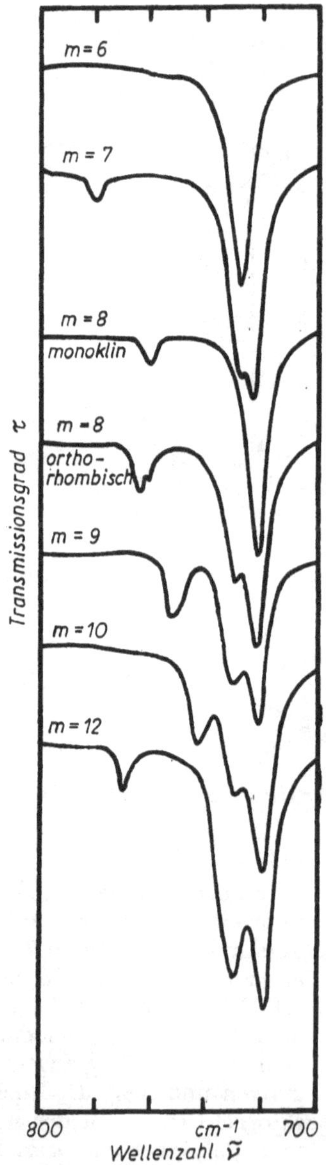

Abb. 6.31 Ultrarotspektren höherer Polyäther (nach KOBAYASHI (1968 b)).

wird hauptsächlich durch die intermolekulare Wechselwirkung der Wasserstoffatome in benachbarten Ketten verursacht und ist daher umso größer, je länger die CH_2-Segmente sind.

6.7.4. *Substituierte Polyäther*

Natta (1956f) und Stanley (1960) untersuchten isotaktisches Polypropylenoxid $(-\underset{\displaystyle CH_3}{\underset{|}{CH}}-CH_2-O)_n$ röntgenographisch.

Die Struktur des Polymers wurde als sinusförmige Zickzack-Kette bezeichnet, in welcher die Methylengruppen zwischen den Sauerstoffatomen und Methylengruppen der Nachbarkette angeordnet sind. Die Elementarzelle, welche von zwei

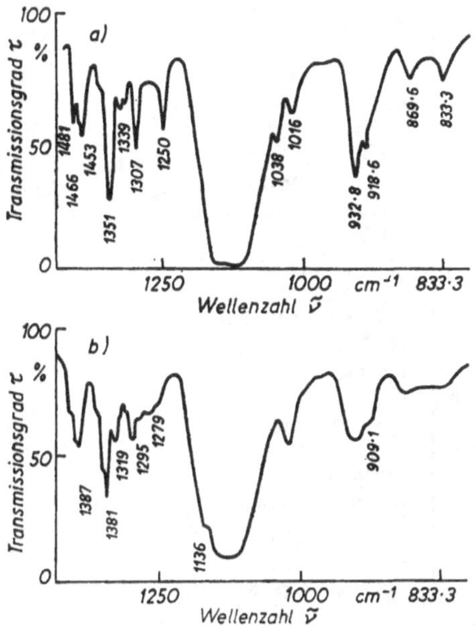

Abb. 6.32 Ultrarotspektren von Polypropylenoxid (nach Kawasaki (1960a)).
a — amorphe Probe, *b* — kristalline Probe

Polymerketten durchlaufen wird, ist orthorhombisch mit den Dimensionen $a = 10{,}4$ Å, $b = 4{,}64$ Å, $c = 6{,}92$ Å. Der Schmelzpunkt liegt bei 75 °C. Polypropylenoxide werden als Flexibilisatoren für Epoxyharze, als Dispergatoren und bei der Herstellung von Polyätherurethanen verwandt.

Price (1956), Kawasaki (1960a) und Heil (1966) berichteten über ultrarotspektroskopische Untersuchungen am Polypropylenoxid. Kawasaki untersuchte die Spektren von amorphen und kristallinen Proben und stellte Intensitätsunterschiede fest (Abb. 6.32). Beim Übergang amorph → kristallin nehmen die Intensitäten der Banden 1481 cm^{-1}, 1307 cm^{-1}, 1250 cm^{-1} zu, und die Intensitäten der Banden 1466 cm^{-1}, 1351 cm^{-1}, 1279 cm^{-1} nehmen ab. Die beobachteten Banden gehören zu verschiedenen Rotationsisomeren. Insbesondere wurden die Banden bei 1481 cm^{-1} und 1250 cm^{-1} bzw. bei 1466 cm^{-1} und 1279 cm^{-1} den CH_2-Bending- und Twistingschwingungen der trans- bzw. gauche-Konformation zugeordnet.

Das nur in kristallinen Proben auftretende Bandenpaar bei 932 cm^{-1}, 919 cm^{-1} wurde den CH_3-Rockingschwingungen der trans-Konformation zugeschrieben. KAWASAKI folgerte aus den in der Tab. 6.33 angeführten Zuordnungen, daß im

Tabelle 6.33 Zuordnung der Ultrarotbanden von Polypropylenoxid (nach KAWASAKI (1960a))

Wellenzahl [cm^{-1}]	Polarisation	Zuordnung	
2970	?	$\nu_a(CH_3)$	
2900	σ	$\nu_a(CH_2)$	
2875	σ	$\nu_s(CH_3)$, $\nu_s(CH_2)$	
1481	?	$\delta(CH_2)$	(trans)
1466		$\delta(CH_2)$	(gauche)
1453	σ	$\delta_a(CH_3)$	
1387	σ	$\delta_s(CH_3)$	(trans)
1381	π	$\delta_s(CH_3)$	(gauche)
1351		$\delta(CH)$	(gauche)
1339	σ	$\delta(CH)$	(trans)
1307	π	$\gamma_w(CH_2)$	(trans)
1279		$\gamma_t(CH_2)$	(gauche)
1250	π	$\gamma_t(CH_2)$	(trans)
1136	π	$\nu_a(COC)$	(trans)
1111	σ	$\nu(CC)$	
1038	σ	$\nu_s(COC)$	(trans)
1016		$\nu(COC)$	(gauche)
933	σ	$\gamma_r(CH_3)$	(trans)
919	σ	$\gamma_r(CH_3)$	(trans)
909		$\gamma_r(CH_3)$	(gauche)
870	π	$\delta(COC)$	
833	σ	$\gamma_r(CH_2)$	(trans)

amorphen Polypropylenoxid sowohl die gauche- als auch die trans-Konformation existiert, in kristallinen Proben aber nur die trans-Konformation zu finden ist. VAJNŠTEJN (1969) und KUMPANENKO (1971) führten eine Faktorgruppenanalyse der isolierten Polypropylenoxid-Kette aus. Die für die Abzählung der Eigenschwingungen verantwortliche Faktorgruppe ist zur Punktgruppe C_2 isomorph. Die Autoren erhielten je 28 σ- bzw. π-polarisierte ultrarotaktive Schwingungen. KUMPANENKO berechnete die Schwingungsfrequenzen des isolierten Kettenmoleküls und ordnete die berechneten Frequenzen den beobachteten Banden zu. Es wurde vorgeschlagen, die Banden 1268 cm^{-1} und 873 cm^{-1} zur Berechnung des Kristallinitätsgrades bzw. zur Bestimmung der Taktizität zu verwenden. Weiterhin wurden die Spektren des in CCl_4 und CS_2 gelösten Polymers untersucht.

Die Struktur von Poly-3,3-bischlormethyloxacyclobutan (Penton, $(-CH_2C\cdot(CH_2Cl)_2CH_2O)_n$) wurde von HATANO (1959), HEBER (1963) und SANDIFORD (1958) röntgenographisch untersucht. Das Polymer kann in zwei kristallinen Modifikationen mit ebener Zickzack-Konformation existieren. Die α-Form entsteht bei langsamer Abkühlung der Schmelze und hat einen Schmelzpunkt von 180 °C. Die monokline β-Form bildet sich, wenn eine abgeschreckte Probe bei etwa 110 °C getempert wird. HATANO (1962) untersuchte die Ultrarotspektren von amorphem und kristallinem Penton im Frequenzgebiet von 3000 bis 500 cm^{-1} und ermittelte den Polarisationszustand der UR-Banden. Es zeigte sich, daß die Extinktionen der Banden 1390 cm^{-1} (CH_2-Waggingschwingung), 1320 cm^{-1}, 1272 cm^{-1} (CH_2-Twistingschwingungen), 897 cm^{-1}, 866 cm^{-1}, 790 cm^{-1} (CH_2-Rockingschwingungen) und 701 cm^{-1} (CCl-Valenzschwingung) anwachsen, wenn sich die durch Dichtemessungen bestimmte Kristallinität der Probe vergrößert. Die Extinktion der CO-Valenzschwingungsbande bei 1027 cm^{-1} nimmt bei der Vergrößerung der Kristallinität ab. In der Arbeit wurden ferner die Extinktionen der strukturabhängigen Banden in Abhängigkeit von der Meßtemperatur bestimmt. Die Extinktion der Ordnungsbande 897 cm^{-1} geht auf Null zurück, wenn die Temperatur auf 180 °C erhöht wird. IIMURA (1962) verglich die UR-Spektren der α- und β-Form. Die Spektren der beiden Kristallmodifikationen unterscheiden sich nicht wesentlich. Die Banden 1325 cm^{-1} und 1315 cm^{-1} konnten der α- bzw. der β-Form zugeordnet werden. Die Extinktion der Bande 1325 cm^{-1} vergrößert sich stark, wenn eine abgeschreckte Probe bei 160 °C getempert wird.

Über ultrarotspektroskopische Untersuchungen an verschiedenen Polyaldehyden berichteten NOVAK u. a. (1959a bis d). KAWASAKI (1960a) untersuchte Polybutadienmonoxid und Polystyroloxid.

6.8. **Polyester** (von R. DANZ)

6.8.1. Polyäthylenterephthalat

Polyäthylenterephthalat (PÄT) wird vorwiegend zur Herstellung von Fasern und Folien verwendet. Die Monomereinheit besteht aus einem aliphatischen und

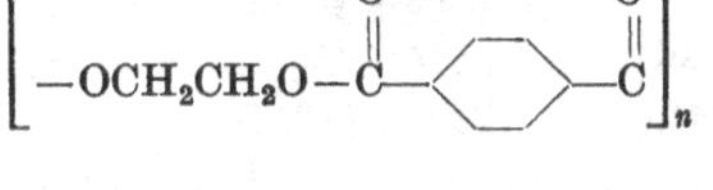

einem aromatischen Teil. DAUBENY (1954) bestimmte in einer röntgenographischen Arbeit die Kristallstruktur. Die Elementarzelle ist triklin mit $a = 4{,}56$ Å, $b = 5{,}94$ Å, $c = 10{,}75$ Å, $\alpha = 98{,}5°$, $\beta = 118°$ und $\gamma = 112°$. Sie enthält nur eine Monomereinheit (Abb. 6.33). In der von DAUBENY angegebenen Struktur weicht die Ebene der CCO-Gruppe ungefähr 12° von der Ebene des Benzolringes ab, und es findet eine Drehung der CH_2-CH_2-Bindung (um die $O-CH_2$-Bindung) von 20° bezüglich einer ebenen Konfiguration statt. Das Molekül besitzt eine niedrige Symmetrie; in der Elementarzelle sind nur ein Symmetriezentrum *i* und die Identität *E* als Symmetrieelemente enthalten.

Die $-OCH_2CH_2O$-Gruppe der Monomereinheit kann in verschiedenen Konformationen vorliegen. Während im kristallinen PÄT die gestreckte trans-Konformation existiert, ist in einer amorphen Probe überwiegend die gauche-Konformation zu finden. Tempern amorpher Proben im Temperaturbereich von 100 bis 240 °C bewirkt eine Umwandlung der gauche- in die energetisch günstigere trans-Konformation (Pliev (1966)), die sich in den UR-Spektren durch Intensitätsänderungen der zu den verschiedenen Konformationen gehörenden Banden widerspiegelt.

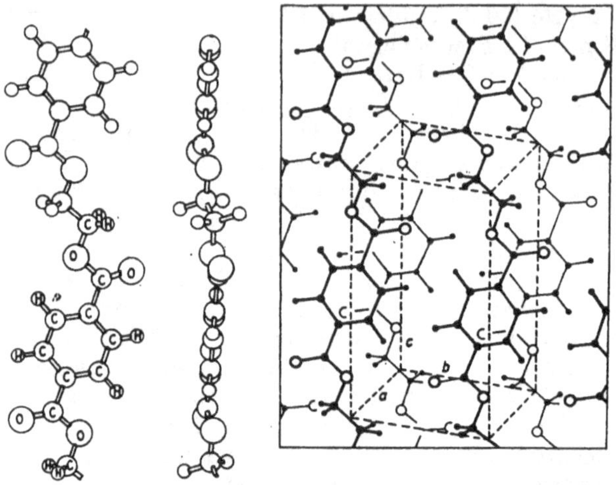

Abb. 6.33 Kristallstruktur von Polyäthylenterephthalat (nach Daubeny (1954)).

6.8.1.1. *Ultrarotspektrum und Bandenzuordnung von Polyäthylenterephthalat*

In den Abb. 6.34 und 6.35 sind die Spektren von amorphen und partiellkristallinen PÄT-Filmen dargestellt. In Tab. 6.34 ist die von Krimm (1960) und Manley (1969) vorgenommene Zuordnung der Absorptionsbanden des PÄT-Spektrums eingetragen. Sie beruht zum Teil auf den Ergebnissen einiger älterer Arbeiten (Daniels (1958), Grime (1958), Liang (1959), Mann (1952), Miller (1953), Miyake (1959, 1959a), Tobin (1957a), Ward (1956)).

Liang (1959) publizierte eine ausführliche Arbeit über die Schwingungszuordnung von PÄT. Wegen der geringen Symmetrie des Moleküls kann die Faktorgruppenanalyse die Schwingungszuordnung nicht erleichtern. Aus den Abzählvorschriften der zur Faktorgruppe des PÄT isomorphen Punktgruppe C_i folgt nur, daß je eine Hälfte der Eigenschwingungen von PÄT ultrarot- bzw. Raman-aktiv ist. Liang betrachtete die lokalen Symmetrien des aliphatischen und des aromatischen Fragmentes der Monomereinheit. Damit wird aber nicht berücksichtigt, daß Schwingungen existieren, die nicht in den einzelnen Frag-

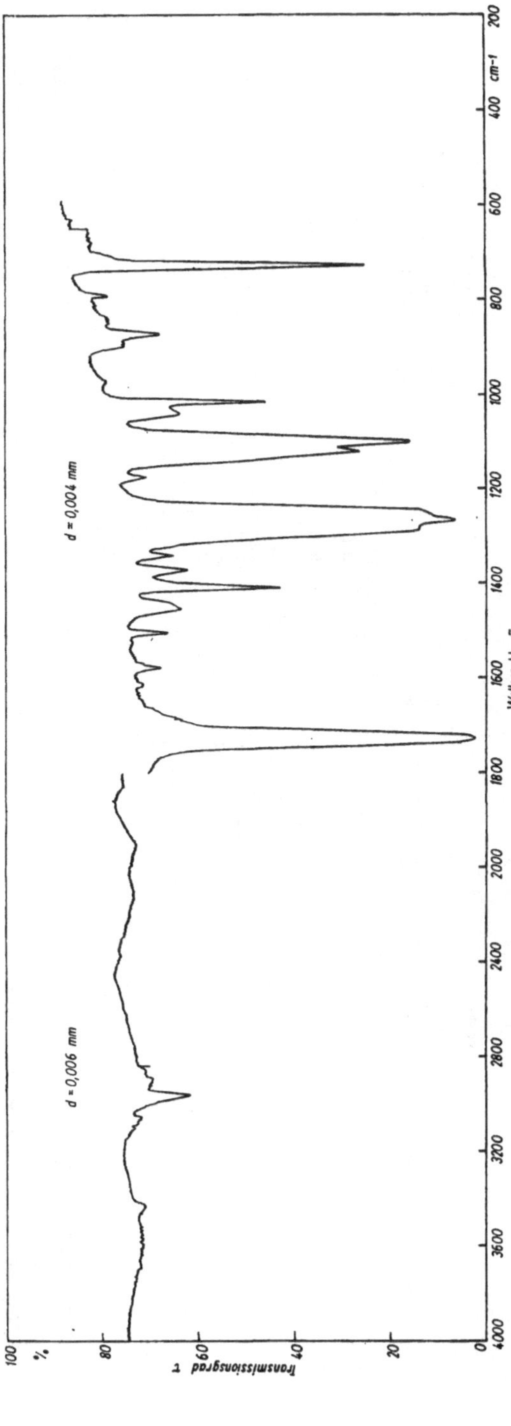

Abb. 6.34 Ultrarotspektrum von Polyäthylenterephthalat. *a* — amorphe Probe,

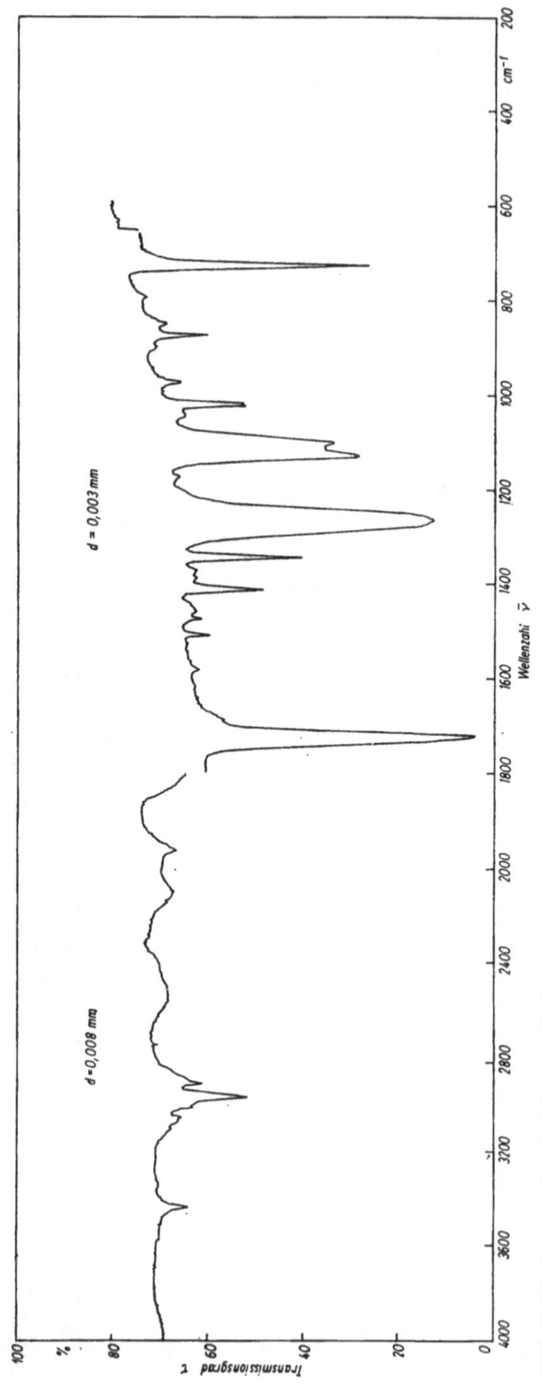

Abb. 6.34 *b* — partiell kristalline Probe

menten lokalisiert sind. Im Sinne der lokalen Symmetrie wird der aromatische Teil

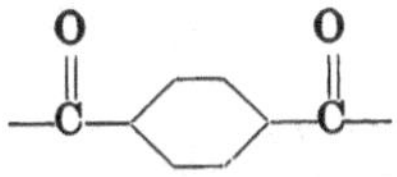

als ein p-substituiertes Benzol angesehen. Die C=O-Gruppe wird als ein Massenpunkt betrachtet. Dieses Modell hat die Punktgruppe V_h, und man kann die Schwingungen, soweit sie unabhängig vom aliphatischen Teil sind, klassifizieren.

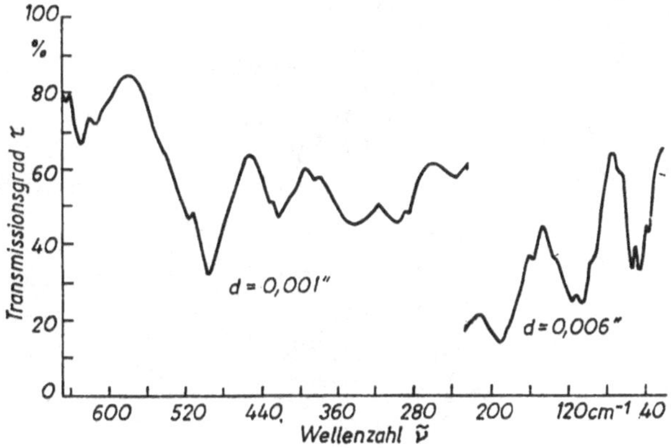

a — amorphe Probe

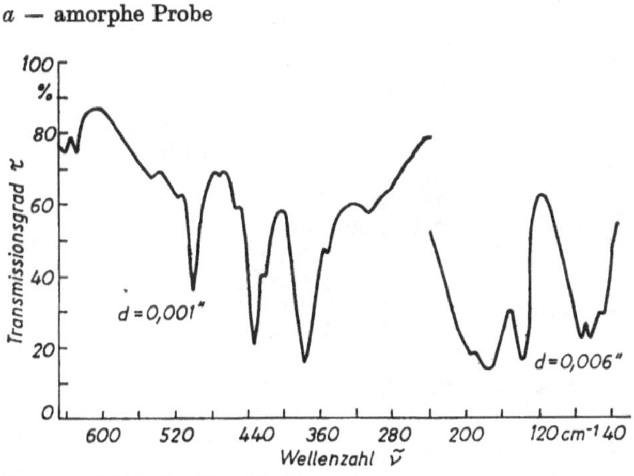

b — partiell-kristalline Probe

Abb. 6.35 Fernes Ultrarotspektrum von Polyäthylenterephthalat (nach MANLEY (1969)).

Bei der Zuordnung wurde das Spektrum vom p-substituierten Deuterobenzol hinzugezogen. Das trans-Konformere der $-OCH_2CH_2O$-Gruppe kann gruppentheoretisch wie 1,2-disubstituiertes Äthan mit der Symmetrie C_{2v} behandelt werden. LIANG analysierte die Spektren von Polyäthylen-d_4-Terephthalat und

Tabelle 6.34 Zuordnung der Ultrarotbanden von Polyäthylenterephthalat nach KRIMM (1960) (3600 bis 400 cm^{-1}) und MANLEY (1969) (400 bis 36 cm^{-1})

Wellenzahl [cm^{-1}]	Polarisation[1])	Struktur[2])	Zuordnung
3560 *w*	π		ν(OH) (Endgruppen)
3440 *w*	σ, ‖		$2 \times \nu$(C=O)
3130 *vw*			
3100 *w*	σ, ‖		
3082 *w*	σ		ν_{20B} (B_{3u})
3068 *w*	σ		
3055 *w*	π, ‖		ν'_{20A} (B_{2u})
3012 *w*	π	*c*	
2970 *m*	π, $\perp$		ν_a(CH_2) (gauche)
2908 *mw*	π, $\perp$	*c*	ν_a(CH_2) (trans)
2890 *vw*	π		ν_s(CH_2) (gauche)
2852 *vw*	σ	*c*	ν_s(CH_2) (trans)
2815 *vw*	π		
2770 *vw*	π		
2690 *vw*	π		
2625 *vw*	π		
2560 *w*	σ		
2510 *vw*	σ	*a*?	
2410 *w*	π		
2375, 2325 *vw*	π	*c*?	
2290, 2260 *vw*	σ	*c*	
2200 *vw*	σ		
2130 *w*	π		
2070 *vw*	π	*a*?	
1957 *w*	σ	*c*	ν_{17A} (A_u) + ν_5 (B_{3g})
1830 *w*	π		ν_{10A} (B_{2g}) + ν_{17A} (A_u)
1725 *vs*	σ, ‖		ν(C=O)
1617 *w*	σ	*a*	ν_{8B} (B_1)
1580 *mw*	π	*a*	ν_{8A} (A_1)
1563 *vw*			ν(O—C) (1120) + δ(CCO)
1525 *vw*			ν(O—C) (1100) + δ(CCO)
1504 *m*	π		ν_{19A} (B_{2u})
1473 *w*	σ, ‖	*c*[3])	δ(CH_2) (trans)
1455 *m*	π, $\perp$		δ(CH_2) (gauche)
1435 *vw*	π?		
1410 *s*	π		ν'_{13} (B_{2u}); ν_5(B_{3g}) + ν_{16B} (B_{1u})
1387 *w*		*c*[3])	ν_{19} (B_{3u})
1370 *w*	σ	*a*	γ_w(CH_2) (gauche)
1343 *ms*	π	*c*	γ_w(CH_2) (trans)
1280 *w*			ν_{14} (B_{3u})
1263 *vs*	π		ν(C—O)
1245 *w*			
1172 *w*	σ?	*a*	ν_{9A} (A_1)
1120 *s*	π	*c*	ν(O—C)

Tabelle 6.34 (Fortsetzung)

Wellenzahl [cm⁻¹]	Polarisation[1])	Struktur[2])	Zuordnung
1110 *vw*		*c*[3])	
1100 *s*	π, ∥	*a*	ν_{15}' (B_{3u}); ν(O—C)
1042 *w*	σ?	*a*	ν(CC)?
1023 *v vw*	∥	*c*[3])	
1019 *s*	π, ∥		ν_{18A} (B_{2u})
988 *vw*		*c*[3])	
973 *m*	π, ∥	*c*	ν_{12} (B_{2u})? / ν(O—C)?
897 *vw*	π?	*a*	$\gamma_r(CH_2)$ (gauche)
875 *m*	σ, ⊥	*c*	ν_{17B} (B_{1u})
845 *w*	π	*c*	$\gamma_r(CH_2)$ (trans)
793 *w*	π	*a*?	γ_r(C=O) + δ(CCO)
733 / 727 } *s*	σ, ⊥		ν_{11} (B_{1u})
680 *vw*	σ?	*a*	$\nu_4(B_2)$
633 *w*	π	*c*	ν_{18B}' + δ(C—O—C)
613 *vw*	σ	*a*	ν_{6B} (B_1)?
575 *vw*	π		ν_{10B} (B_{3g}) + ν_{16B} (B_{1u})
525 *m*	π	*a*	ν_{6A} (A_1)
502 *m*	π	*a*	γ_w(C=O)
437 *m*	π	*c*	δ(CCO)
430 *w*	σ		ν_{16B} (B_{1u})
387 *s*	π	*c*	δ(C—O—C) (B_u)
344 *m*	π	*a*	δ(C—O—C) (B)
300 *m*		*a*	
289 *w*			
250 *vw*	π?		ν_{18B} (B_{3u})
239 *vw*	σ	*a*	
213 *vw*		*a*	
193 *m*	σ	*a*	δ(aus der Ringebene) (B_{3u})?
176 *m*	π	*c*	Gitterschwingung
155 *w*		*a*	δ(C—O—C) (A)
138 *vw*	π	*c*	ν_{10} (B_{3g})
118 *w*	π	*a*	
110 *w*	σ	*a*	
95 *m*	π	*a*	Skelett
78 *m*		*c*	Gitterschwingung
68 *vvw*	π?	*c*	Gitterschwingung
55 *w*	π	*a*?	Torsion (Skelett)
44 *w*			Torsion (Skelett)
36 *vw*		*a*	Torsion (–CH_2–CH_2–)

[1]) ∥ und ⊥ bedeuten Polarisation parallel bzw. senkrecht zur Walzebene (nach TADOKORO (1962))

[2]) *c* — *kristalline* Bande; *a* — *amorphe* Bande

[3]) Die Bande existiert nur in partiell-kristallinen Proben (MIYAKE (1959))

Polyäthylenterephthalat-d_4, um zu erkennen, welche Banden im Spektrum des PÄT von dem aromatischen bzw. von dem aliphatischen Fragment der Monomereinheit herrühren.

Es bestehen einige Diskrepanzen zwischen den Zuordnungen der Tab. 6.34 und der aus röntgenographischen Untersuchungen ermittelten Struktur des PÄT. Nach dieser Struktur dürfte die CH_2-Rockingschwingung bei 845 cm^{-1} keine π-Polarisation haben, und der von LIANG (1959) gefundene π-Dichroismus der CH_2-Valenzschwingung steht ebenfalls im Widerspruch zur Struktur. MIYAKE

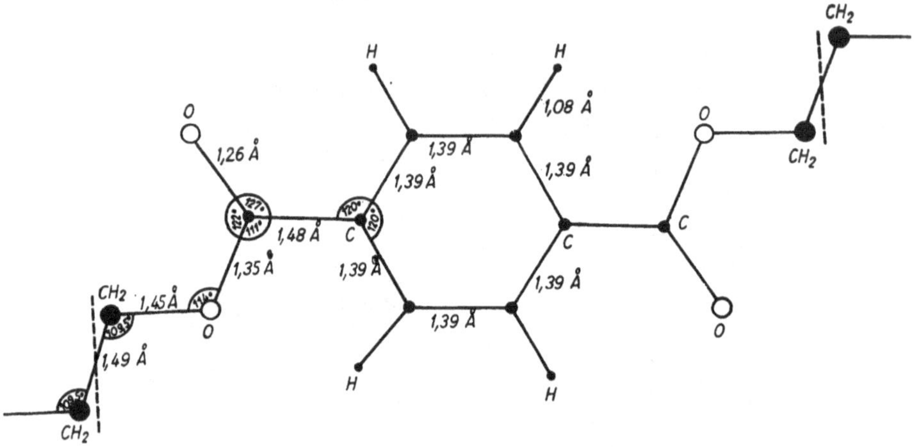

Abb. 6.36 Ebenes Modell der Monomereinheit von Polyäthylenterephthalat (nach DANZ (1970, 1970b)).

(1960a) beschäftigte sich mit diesem Problem, indem er die Spektren von Polyäthylen-d_4-Terephthalat studierte. Es zeigte sich, daß im Spektrum einer getemperten deuterierten PÄT-Probe die Banden 2275 cm^{-1} und 2175 cm^{-1} erscheinen, die beide senkrecht zur Kettenachse polarisiert sind. MIYAKE ordnete die gefundenen Banden den CD_2-Valenzschwingungen der trans-Konformation zu und vertrat die Ansicht, daß im nichtdeuterierten PÄT die σ-polarisierten $\nu(CH_2)$-Banden der trans-Konformation von den π-polarisierten $\nu(CH_2)$-Banden der gauche Konformation überdeckt werden. Die von LIANG (1959) den Benzolring-Schwingungen $\nu_{17B}(B_{1u})$ und $\nu_{11}(B_{1u})$ zugeordneten Banden 875 cm^{-1} und 727 cm^{-1} wurden von MIYAKE (1959a, 1960b) auf Grund von Untersuchungen an Vergleichssubstanzen auf die Kopplung der $\delta(O{-}C{=}O)$-Schwingung senkrecht zur Ebene mit der Schwingung $\nu_{17B}(B_{1u})$ zurückgeführt.

In der von LIANG (1959) durchgeführten Schwingungsanalyse konnten die Skelettschwingungen der Monomereinheit nicht erfaßt werden. DANZ (1970, 1970b) berechnete die Schwingungsfrequenzen und Schwingungsformen eines vereinfachten ebenen Modells der gesamten Monomereinheit (Abb. 6.36). Die im Modell enthaltenen Atomabstände und Winkel wurden aus den von DAUBENY (1954) angegebenen Atomkoordinaten berechnet. Der Beschreibung des Potentials in inneren Koordinaten wurde ein Valenzkraftmodell zugrunde gelegt. Während für den aromatischen Teil des Modells der dem Benzolspektrum angepaßte Potentialansatz von WHIFFEN (1955a) verwendet wurde, wurde im aliphatischen Teil nur die Wechselwirkung zum nächsten Nachbarn berücksichtigt. Die Kraftkonstanten wurden vom Äthylen-Glykol (MATSUURA (1967)), Benzol (WHIFFEN (1955a)) und Dimethyläther (MIYAZAWA (1962)) übernommen oder geschätzt. Die CH_2-Gruppen wurden als je ein Massenpunkt behandelt. Die berechneten 18 ultrarotaktiven

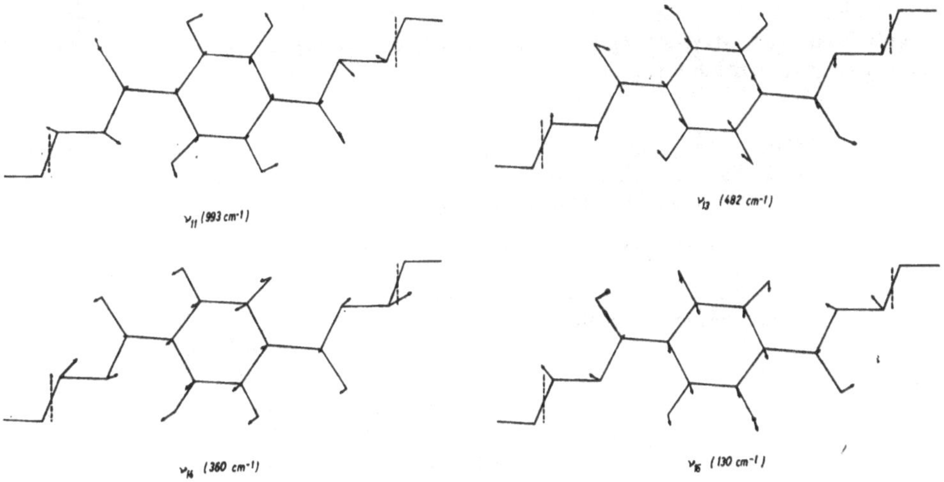

Abb. 6.37 Berechnete Schwingungsformen von Polyäthylenterephthalat (nach DANZ (1970b)).

ebenen Schwingungen des Modells wurden den Schwingungsbanden im Spektrum des PÄT zugeordnet. Da das Modell auf der von DAUBENY ermittelten Kristallstruktur beruht, enthält es die $-OCH_2CH_2O$-Gruppe in trans-Konformation. In Abb. 6.37 sind einige berechnete Schwingungsfrequenzen ν_i^{ber} und die dazugehörigen Schwingungsformen wiedergegeben. Die Zuordnungen der berechneten Schwingungen ν_i^{ber} zu den beobachteten Schwingungsbanden sind in Tab. 6.35 zusammengestellt.

Tabelle 6.35 Zuordnung der berechneten Grundschwingungen zu einigen beobachteten Banden im Ultrarotspektrum von Polyäthylenterephthalat (nach DANZ (1970b))

Wellenzahl [cm⁻¹] gemessen	Wellenzahl [cm⁻¹] berechnet	Polarisation	Zuordnung (vgl. Abb. 6.37)
973	993	π	ν_{11}^{ber}
437	482	π	ν_{13}^{ber}
387	360	π	ν_{14}^{ber}
138	130		ν_{16}^{ber}

6.8.1.2. *Strukturabhängigkeit des UR-Spektrums von Polyäthylenterephthalat*

Im UR-Spektrum von PÄT sind eine Reihe von Banden vorhanden, deren Intensität beim Tempern einer amorphen Probe zunimmt (zum Beispiel 1343 cm^{-1}, 973 cm^{-1}), während die Intensität anderer Banden beim Tempern schwächer wird (zum Beispiel 1370 cm^{-1}, 1042 cm^{-1}). Weitere Banden (988 cm^{-1}, 1023 cm^{-1}, 1387 cm^{-1}) sind nur im Spektrum einer getemperten, partiell-kristallinen Probe vorhanden. In Tab. 6.34 wurden die strukturabhängigen Banden nach den Ergebnissen von MIYAKE (1959a) und MANLEY (1969) mit *c* (*kristallin*) bzw. *a* (*amorph*) gekennzeichnet.

Tabelle 6.36 Ordnungsgrad *X* von getemperten und verstreckten PÄT-Filmen und -Fasern nach röntgenographischen und ultrarotspektroskopischen Untersuchungen und Dichtemessungen (nach FARROW (1960a))

Film Temper-temperatur [°C]	Dichte [g/cm³]	Ordnungsgrad *X* [%]		
		Dichte	Ultrarot	Röntgen
117	1,359	20	61	29
146	1,378	36	55	35
186	1,385	41	59	37
213	1,395	50	73	46
227	1,391	48	73	48
Faser Streck-verhältnis				
3,0	1,354	42	58	27
3,5	1,354	42	63	27
4,0	1,355	42	77	25
4,5	1,354	39	75	24
5,0	1,348	39	84	28

WARD (1956, 1957a), GRIME (1958) und MIYAKE (1959) wiesen erstmals darauf hin, daß der Unterschied in den Spektren amorpher und partiell-kristalliner PÄT-Proben hauptsächlich als Folge der Konformationsumwandlung der $-OCH_2CH_2O$-Gruppe in der Monomereinheit zu deuten ist. Die Autoren analysierten die Spektren von Vergleichssubstanzen und folgerten, daß die Banden 1473 cm^{-1}, 1343 cm^{-1}, 1120 cm^{-1}, 973 cm^{-1} und 845 cm^{-1} der trans-Konformation und die Banden 1455 cm^{-1}, 1370 cm^{-1}, 1100 cm^{-1}, 1042 cm^{-1} und 897 cm^{-1} der gauche-Konformation zuzuordnen sind. Als Vergleichssubstanzen wurden lineare Oligomere und cyclische Trimere benutzt. Insbesondere wurden die Banden 1473 cm^{-1} und 1455 cm^{-1} den $\delta(CH_2)$-Schwingungen und die Banden 1343 cm^{-1} und 1370 cm^{-1} den $\gamma_w(CH_2)$-Schwingungen der trans- bzw. der gauche-Konformation zugeordnet. Auf Grund der Konformationsumwandlung haben die Konformationsbanden von PÄT die Eigenschaft, daß sie paarweise miteinander *koppeln*, d. h. eine Bande vergrößert zu ungunsten einer anderen ihre Intensität. Das trifft zum Beispiel auf die Bandenpaare 1343 cm^{-1} und 1370 cm^{-1}, 973 cm^{-1} und 1042 cm^{-1} sowie 845 cm^{-1} und 897 cm^{-1} zu.

Um diese Zuordnungen theoretisch zu begründen, berechnete Bojcov (1963) die Schwingungsfrequenzen und Schwingungsformen der gauche- und trans-Konformation einer isolierten $-OCH_2CH_2O$-Gruppe. Die berechneten CH_2-Schwingungen stimmen gut mit den experimentellen Werten überein. Größere Abweichungen zwischen beobachteten und berechneten Frequenzen treten bei den C—O-Valenzschwingungen auf. Bojcov führte diese Abweichungen darauf zurück, daß bei der Behandlung der isolierten $-OCH_2CH_2O$-Gruppe die Wechselwirkungen mit dem aromatischen Fragment der Monomereinheit unberücksichtigt blieben. Während die CH_2-Schwingungen nahezu unabhängig vom aromatischen Fragment sind, stehen die C—O-Valenzschwingungen in Wechselwirkung mit Frequenzen des Benzolrings.

Manley (1969, 1969a) verglich die Spektren orientierter PÄT-Proben mit dem Spektrum von Poly-Cyclohexylen-1,4-Dimethylenterephthalat (PCT) im fernen Ultrarot. Er fand, daß die Ordnungsbanden 68 cm^{-1}, 78 cm^{-1}, 176 cm^{-1} und 458 cm^{-1} von PÄT auch im Spektrum des PCT vorhanden sind, und folgerte, daß diese Banden von dem

$$-\overset{\displaystyle O}{\overset{\|}{C}}-C_6H_4-\overset{\displaystyle O}{\overset{\|}{C}}-$$

Fragment verursacht werden. Das würde bedeuten, daß die beim Übergang amorph → kristallin auftretenden Änderungen im UR-Spektrum von PÄT nicht nur in der Konformationsumwandlung der $-OCH_2CH_2O$-Gruppe begründet sind, sondern die Struktur des

$$-\overset{\displaystyle O}{\overset{\|}{C}}-C_6H_4-\overset{\displaystyle O}{\overset{\|}{C}}-$$

Fragmentes ebenfalls dafür verantwortlich ist. Auch Liang (1959) und Krimm (1960) vertraten die Ansicht, daß Resonanzeffekte des Benzolrings die Ursache für die Strukturabhängigkeit des UR-Spektrums von PÄT sind. Die Experimente von Manley (1969) zeigen, daß im fernen Ultrarot des PÄT-Spektrums die Zahl der amorphen Banden viel größer ist als die Zahl der Ordnungsbanden. Manley führte das Entstehen der amorphen Banden sowohl auf die Konformationsumwandlung als auch auf den Verlust des Symmetriezentrums des PÄT-Moleküls im amorphen Zustand zurück.

Die von Danz (1970b) ausgeführte Berechnung der Schwingungsfrequenzen und Schwingungsformen eines vereinfachten PÄT-Modells (siehe Abschnitt 6.8.1.1.) bekräftigt die Ansicht, daß die Konformationsumwandlung der $-OCH_2CH_2O$-Gruppe die Strukturabhängigkeit der UR-Banden verursacht. Die berechnete Schwingung ν_{11}^{ber} (993 cm^{-1}) konnte ohne Zweifel der strukturabhängigen Bande 973 cm^{-1} zugeordnet werden. Die Schwingungsform zeigt, daß an ihr die C—O-Valenzschwingung der $-OCH_2CH_2O$-Gruppe beteiligt ist. Die Schwingungen

ν_{13}^{ber} (482 cm⁻¹), ν_{14}^{ber} (360 cm⁻¹) und ν_{16}^{ber} (130 cm⁻¹) wurden den strukturabhängigen Banden 437 cm⁻¹, 387 cm⁻¹ und 138 cm⁻¹ zugeordnet. Aus den Schwingungsformen geht hervor, daß diese Schwingungen Gerüstschwingungen sind, bei denen Atome der $-OCH_2CH_2O$-Gruppe mit relativ großer Amplitude schwingen. Damit werden die Ergebnisse der Untersuchungen von Miyake (1959) bestätigt, daß die Veränderungen in den Spektren amorpher und partiell-kristalliner PÄT-Proben hauptsächlich durch die Konformationsumwandlung in der $-OCH_2CH_2O$-Gruppe bewirkt werden.

6.8.1.3. *Ultrarotspektroskopische Untersuchungen des Ordnungszustandes von Polyäthylenterephthalat*

Die Konformationsbanden von PÄT sind nicht eindeutig mit den amorphen und kristallinen Bereichen des Polymers in Beziehung zu setzen, weil im amorphen PÄT neben der gauche-Konformation auch die trans-Konformation der $-OCH_2CH_2O$-Gruppe enthalten ist. Trotzdem benutzten viele Autoren die Extinktionsänderungen der Konformationsbanden, um mit den im Abschnitt 5.1.2. beschriebenen Methoden einen Ordnungsgrad x zu berechnen. Miller (1956) berechnete den Ordnungsgrad aus der Extinktionsänderung der gauche-Konformationsbande 897 cm⁻¹, indem er den Extinktionskoeffizienten ε unter der Annahme ermittelte, daß in einer abgeschreckten PÄT-Probe $x = 0$ ist. Farrow (1960a) wendete die gleiche Methode auf getemperte und verstreckte Fasern und Filme an. Er benutzte die Bande 875 cm⁻¹ als Dickenstandard, obwohl die Extinktion dieser Bande beim Tempern zunimmt (Zachmann (1961)). In der Tab. 6.36 sind die Ergebnisse von Farrow zusammengestellt und zum Vergleich die aus Dichte- und Röntgenuntersuchungen erhaltenen Ordnungsgrade aufgeführt.

Novak (1967) verwendete die Ordnungsbande 1343 cm⁻¹ und die amorphe Bande 502 cm⁻¹ zur Berechnung des Ordnungsgrades. Durch spektroskopische und Dichtemessungen wurden nach dem Extrapolationsverfahren (Abb. 6:38) die Extinktionskoeffizienten und die spezifischen Volumina v_o und v_u des kristallinen und amorphen Polymers berechnet. Das Verfahren ist jedoch hier nicht angebracht, da die Bande 1343 cm⁻¹ im amorphen PÄT nicht völlig verschwindet.

Schmidt (1962, 1963) und Heffelfinger (1965) berichteten über Experimente an verstreckten PÄT-Filmen. Sie führten die ultrarotspektroskopischen Untersuchungen mit polarisiertem Licht aus und ermittelten die orientierungsunabhängigen Extinktionen. Während die Extinktionen der trans-Konformationsbanden 973 cm⁻¹ und 845 cm⁻¹, bezogen auf die Extinktion der Vergleichsbande 795 cm⁻¹, beim Verstrecken zunehmen, ist bei den gauche-Konformationsbanden 1042 cm⁻¹ und 897 cm⁻¹ eine Extinktionsabnahme zu beobachten. Daraus wurde gefolgert, daß nicht nur durch Tempern, sondern auch durch Verstrecken eines PÄT-Filmes, eine Konformationsumwandlung von der gauche- in die trans-Konformation hervorgerufen wird. In Abb. 6.39 ist die Extinktion der Bande 973 cm⁻¹ von verstreckten und getemperten Proben in Abhängigkeit von der Dichte aufgetragen. Bei gleicher Dichte enthält der verstreckte Film einen größeren Anteil der trans-Konformation als die getemperte Probe. Wenn die Dichte als Maß für

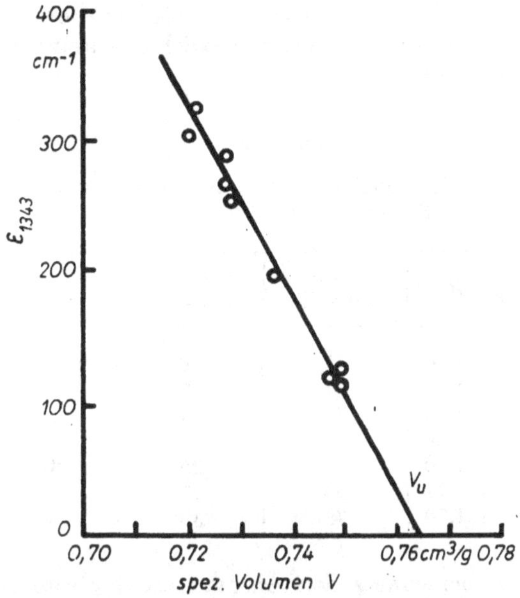

Abb. 6.38 Extrapolation der auf die Schichtdicke bezogenen Extinktion $\varepsilon_{1343} = \frac{E}{d}$ (nach NOVAK (1967)).

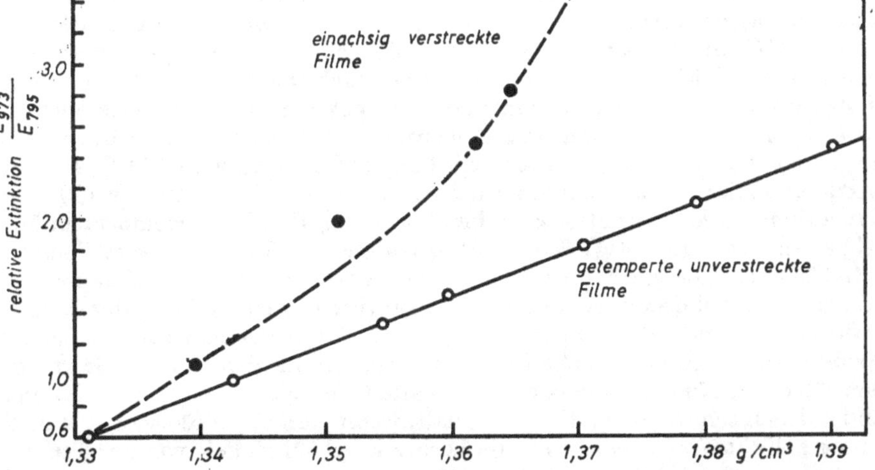

Abb. 6.39 Relative Extinktion der trans-Konformationsbande 973 cm^{-1} in Abhängigkeit von der Dichte (SCHMIDT (1963)).

die Kristallinität angesehen wird, kann daraus geschlossen werden, daß durch die Verstreckung in den amorphen Bereichen ein zusätzlicher Anteil des trans-Konformeren induziert wird (siehe Tab. 6.37).

Tabelle 6.37 Die dichroitischen Verhältnisse $R_{x,y} = \frac{E_x}{E_y}$ und $R_{z,y} = \frac{E_z}{E_y}$ der Bande 875 cm^{-1} und der Anteil der trans-Konformation in einachsig verstreckten PÄT-Filmen (nach Heffelfinger (1965))

Streck-verhältnis	$R_{x,y}$	$R_{z,y}$	total trans [%]	kristallin trans [%]	amorph trans [%]
(amorph)	1,00	1,00	13	0	13
2,0	1,41	1,05	21	7	14
3,0	1,74	1,22	34	14	20
3,5	1,97	1,39	41	17	24
4,0	2,21	1,70	56	25	31
4,5	2,47	1,77	65	27	38
5,0	2,68	1,86	78	30	48

Schönherr (1969, 1970) berechnete den Absolutwert der rotationsisomeren Anteile von handgezogenen PÄT-Filmen. PÄT ist bezüglich der trans- und gauche-Isomeren als ein Zweiphasensystem anzusehen, und es ist möglich, den Anteil der gauche- bzw. trans-Konformation zu berechnen (Abschnitt 5.1.2.). Der Autor verwendete die Bandenpaare 1343 cm^{-1}, 1370 cm^{-1} und 1370 cm^{-1}, 973 cm^{-1} und kam zu dem Ergebnis, daß der trans-Anteil einer ungetemperten handgezogenen PÄT-Folie 12% beträgt. Die Temperung der Probe bei +200 °C hat eine Vergrößerung des trans-Anteiles auf 61% zur Folge. Der größte Zuwachs des trans-Anteiles wurde im Temperaturbereich zwischen 100 und 130 °C beobachtet.

Danz (1970a) temperte abgeschreckte PÄT-Proben schrittweise in Abständen von 4 bis 12 °C im Temperaturbereich zwischen 60 und 240 °C jeweils bis zum Erreichen des Gleichgewichtszustandes. Der nach der Temperung erreichte Ordnungszustand wurde eingefroren und das Spektrum bei Zimmertemperatur registriert. Die Extinktion der Ordnungsbande 1343 cm^{-1} ist in Abb. 6.40 in Abhängigkeit von der Tempertemperatur dargestellt. Unterhalb 100 °C ist keine Extinktionszunahme zu beobachten. Im Temperaturbereich von 100 bis 130 °C erkennt man eine starke Extinktionszunahme. Erhöhung der Tempertemperatur über 130 °C hat eine weitere stetige Extinktionszunahme zur Folge, die beim Tempern über 180 °C nochmals stärker wird. Bemerkenswert ist, daß beim Tempern bei 240 °C der zuvor bei etwas niedrigeren Temperaturen erreichte Wert der Extinktion wieder abnimmt. Diese Beobachtung kann durch ein partielles Schmelzen der Probe erklärt werden. Gleiche Ergebnisse wurden mit den anderen Ordnungsbanden 973 cm^{-1}, 875 cm^{-1} und 845 cm^{-1} erhalten. Der Kurvenverlauf der Extinktionen ist denen sehr ähnlich, die man erhält, wenn man einen röntgenographisch bestimmten *Kristallinitätsgrad* oder die Dichte in Abhängigkeit von der Tempertemperatur aufträgt (Kilian (1960)).

In der Tab. 6.38 sind die Tempertemperaturen angegeben, bei denen die Banden 1473 cm^{-1}, 1387 cm^{-1}, 1110 cm^{-1}, 1023 cm^{-1} und 988 cm^{-1} erscheinen (Danz

(1970a)), die im Spektrum von amorphen PÄT-Proben fehlen. Die Banden 1473 cm⁻¹ und 988 cm⁻¹ haben nicht die gleiche Herkunft wie die Banden 1387 cm⁻¹, 1110 cm⁻¹ und 1023 cm⁻¹, da sie bei viel niedrigeren Temperaturen auftreten. Die Bande 988 cm⁻¹ wurde von KOENIG (1967a) untersucht. Der Autor stellte fest, daß sich die Intensität dieser Bande beim Verstrecken der Probe stark verringert und daß sie im abgebauten Polymer nicht vorhanden ist. Beim Tempern über 200 °C nimmt die Intensität stark ab. Auf Grund dieses Verhaltens wurde die Bande 988 cm⁻¹ mit der Kettenfaltung in Verbindung gebracht. Die Banden

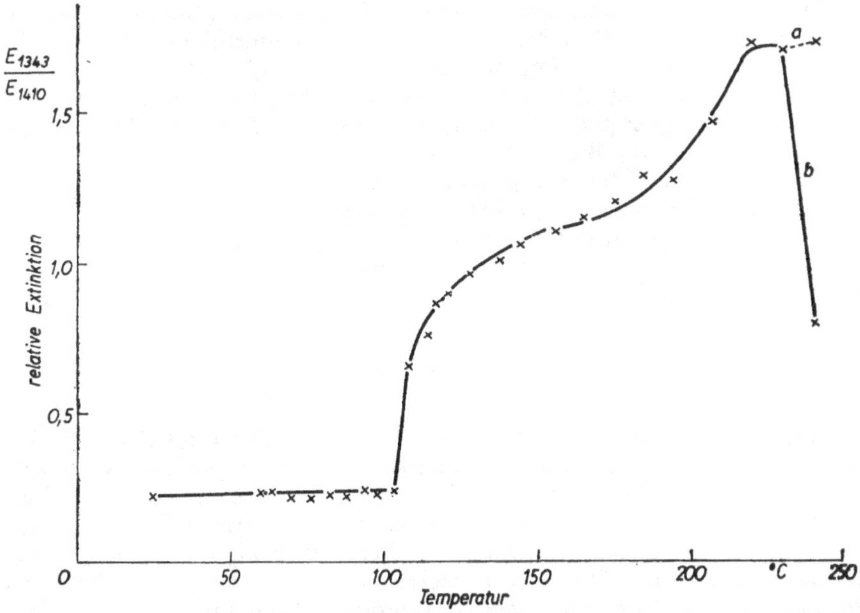

Abb. 6.40 Endwerte des Extinktionsverhältnisses E_{1343}/E_{1410} in Abhängigkeit von der Temper-Temperatur. Die gestrichelte Kurve *a* wurde erhalten, wenn die Probe nicht abgeschreckt, sondern langsam abgekühlt wurde (nach DANZ (1970a)).

Tabelle 6.38 Ordnungsbanden von Polyäthylenterephthalat, die nur in den Spektren getemperter Proben enthalten sind. Sie fehlen in den Spektren der Schmelze und des amorphen Polymers und erscheinen bei der Tempertemperatur T_k (nach DANZ (1970a))

Wellenzahl [cm⁻¹]	relative Intensität	T_k [°C]
988	*vw*	120
1023	*vw*	180
1110	*vw*	200
1387	*w*	180
1473	*w*	110

1110 cm^{-1}, 1023 cm^{-1} und 1387 cm^{-1} erscheinen in dem Temperaturbereich, wo eine erneute starke Extinktionszunahme der trans-Konformationsbanden zu beobachten ist, die auf die Entstehung längerer gestreckter Kettenabschnitte hindeutet. Die genannten Banden können daher als Regularitätsbanden angesehen werden. Starke Intensitätszunahmen der Banden 278 und 857 cm^{-1} und das Entstehen der Bande 1100 cm^{-1} beim Tempern bei 180 °C wurden von McGraw (1970) im Ramanspektrum beobachtet.

Miyake (1959) führte die Banden 1473 cm^{-1}, 1387 cm^{-1} und 988 cm^{-1} auf intermolekulare Schwingungswechselwirkungen zurück. Dabei ist zu bedenken, daß es beim PÄT keine Banden geben kann, die auf intermolekularen Wechselwirkungen beruhen, da die Elementarzelle nur eine Monomereinheit enthält. Die Bande 1387 cm^{-1} wurde von Krimm (1960) der Benzolschwingung $\nu_{19B}(B_{3u})$ zugeordnet. Diese Interpretation steht nicht mit dem Intensitätszuwachs der Bande im Spektrum einer partiell-kristallinen Probe im Einklang. Es liegt die Vermutung nahe, daß die Bande 1387 cm^{-1} ebenso wie die Bande 973 cm^{-1} (Danz (1970)) von einer Schwingung hervorgerufen wird, an der sowohl Atome des Terephthalsäure-Fragmentes als auch Atome der für die Strukturumwandlung verantwortlichen $-OCH_2CH_2O$-Gruppe beteiligt sind.

6.8.1.4. *Dichroitische Untersuchungen am Polyäthylenterephthalat*

Miller (1953) untersuchte mit polarisierter Strahlung einachsig kaltverstreckte PÄT-Filme und ermittelte die Extinktionen senkrecht und parallel zur Streckrichtung. Es zeigte sich, daß die C=O-Valenzschwingung bei 1725 cm^{-1} σ-polarisiert ist. Daraus konnte auf eine Ausrichtung der Polymerketten in Streckrichtung geschlossen werden, weil das Dipolmoment dieser Schwingung senkrecht zur Kettenachse gerichtet ist. Der Autor beobachtete eine starke Zunahme der σ-Polarisation als der Film gegen die Strahlungsrichtung um die Streckachse gekippt wurde, und folgerte, daß die C=O-Gruppe nahezu senkrecht zur Filmebene liegt. Das dichroitische Verhalten der Banden bei 1580 cm^{-1} und 1019 cm^{-1} deutete ebenfalls auf eine Ausrichtung der Molekülebene senkrecht zur Filmebene hin.

Liang (1957) gelangte im Gegensatz dazu zu dem Ergebnis, daß in einachsig verstreckten PÄT-Filmen die Molekülebene statistisch um die Streckrichtung orientiert ist. Bei der Verwendung von senkrecht zur Streckrichtung polarisierter Strahlung wurde beobachtet, daß sich die Intensitäten der aus der Ebene schwingenden Banden 875 cm^{-1} und 727 cm^{-1} nicht verändern, wenn der Film gegen die Strahlenrichtung um die Streckachse unter verschiedenen Winkeln geneigt wird.

Tadokoro (1962) untersuchte den Pleochroismus der UR-Banden in den Spektren von doppelt orientierten PÄT-Filmen, die nach dem Verstrecken gewalzt und bei 190°C getempert wurden. Zur Messung des Pleochroismus wurden mit einem Mikrotom Schnitte von 10 bis 30 μm Dicke senkrecht zur Streckrichtung und Walzebene angefertigt und unter Verwendung eines Ultrarot-Mikroskops untersucht. Des weiteren wurde der Pleochroismus nach der Kippmethode ermittelt. Die Ergebnisse sind in Tab. 6.34 enthalten. Die Intensitäten der Banden 875 cm^{-1} und 727 cm^{-1} nehmen zu, wenn der Kippwinkel der Probe gegen die Strahlungsrichtung verkleinert wird. TADOKORO schloß daraus, daß in verstreckten und anschließend gewalzten PÄT-Filmen die Molekülebene nahezu parallel zur Filmoberfläche orientiert ist. Im Einklang damit stehen die Untersuchungen von LIANG (1957) und DULMAGE (1958).

HEFFELFINGER (1965) berechnete die dichroitischen Verhältnisse $R_{x,y} = \frac{E_x}{E_y}$ und $R_{z,y} = \frac{E_z}{E_y}$ der orientierungsabhängigen Bande 875 cm^{-1}. E_y und E_x sind die Extinktionen parallel und senkrecht zur Streckrichtung in der Filmebene. E_z ist die Extinktion für senkrecht zur Filmebene polarisierte Strahlung. Amorphe PÄT-Filme wurden einachsig und zweiachsig verstreckt. In der Tab. 6.37 sind die dichroitischen Verhältnisse $R_{x,y}$ und $R_{z,y}$ sowie die berechneten trans-Anteile zusammengestellt. Mit zunehmendem Streckverhältnis ist ein Anwachsen sowohl von $R_{x,y}$ und $R_{z,y}$ als auch des trans-Anteils in amorphen und kristallinen Bereichen zu beobachten. Aus der Zunahme von $R_{x,y}$ folgt, daß sich die PÄT-Moleküle parallel zur Streckrichtung lagern. Gleichzeitig erfolgt durch die Entknäuelung der Polymerketten eine Konformationsumwandlung von der gauche- in die trans-Konformation und damit eine Ausstreckung der Kettensegmente. $R_{z,y}$ ist eine Maßzahl für die Ausrichtung der Molekülebene parallel zur Filmoberfläche.

KOENIG (1967 b, 1969 d) berichtete über Arbeiten an einachsig und zweiachsig verstreckten PÄT-Filmen, die in Abhängigkeit von der Streckgeschwindigkeit mit polarisierter UR-Strahlung untersucht wurden. Amorphe PÄT-Filme wurden bei den Streckgeschwindigkeiten 6,5, 15,0, 25,6 und 57,0 cm/sec auf 300% ihrer ursprünglichen Länge verstreckt. Die zweiachsige Orientierung erfolgte entweder simultan oder in zwei Stufen. Zur Charakterisierung der Filmstruktur wurden die trans-Konformationsbande 973 cm^{-1} und die gauche-Konformationsbande 897 cm^{-1} verwendet. Die orientierungsunabhängigen relativen Extinktionen E' (973 cm^{-1}) und E' (897 cm^{-1}), die Extinktionsdifferenzen $\Delta E'$ (973 cm^{-1}) und $\Delta E'$ (897 cm^{-1}) zwischen verstreckten und unverstreckten Proben, sowie die dichroitischen Verhältnisse $R_{y,x}$ wurden ermittelt. Als Vergleichsstandard diente die Bande 795 cm^{-1}. Die in der Tab. 6.39 zusammengestellten Werte ändern sich nur unwesentlich mit der Streckgeschwindigkeit. Die dichroitischen Verhältnisse $R_{y,x}$ (973 cm^{-1}) von simultan verstreckten Proben sind wesentlich größer als die von aufeinanderfolgend verstreckten Proben. In letzteren ist $R_{y,x}$ (973 cm^{-1}) wesentlich kleiner als eins, was darauf hindeutet, daß die mit der Bande 973 cm^{-1} im Zusammenhang stehenden Bereiche infolge der transversalen Streckung in x-Richtung, d. h. senkrecht zur ersten Streckrichtung, ausgerichtet werden. Die dichroitischen Verhältnisse $R_{y,x}$ (897 cm^{-1}) der an amorphe Bereiche gebundenen Bande 897 cm^{-1} liegen alle innerhalb des zu erwartenden Fehlers um den Wert eins. Daraus wurde von KOENIG gefolgert, daß die amorphen Bereiche sowohl von simultan als auch von aufeinanderfolgend verstreckten Filmen nicht orientiert sind.

Weitere ultrarotspektroskopische Arbeiten über PÄT wurden von folgenden Autoren veröffentlicht: BARER (1949), COBBS (1953), DAVIES (1962), DAVISON (1955a), FARROW (1960), HORNUFF (1967), KELLNER (1951), LANGBEIN (1963, 1964), MICHAJLOW (1960), PARISOT (1969), PATTERSON (1957), POKROVSKIJ (1957), QUYNN (1954), SEIDEL (1958), SENNER (1967), TAKAMITSU (1966), THOMPSON (1955), UEDA (1966), WARD (1957b), WESTON (1954), ŽURKOV (1969).

Tabelle 6.39 Die auf die Vergleichsbande 795 cm^{-1} bezogenen Extinktionen E' der Banden 897 cm^{-1} und 973 cm^{-1} von Polyäthylenterephthalat in Abhängigkeit von der Streckgeschwindigkeit (nach KOENIG (1967b))

Streck-geschwindigkeit [in./s]	897 cm^{-1}			973 cm^{-1}		
	$\frac{E_y}{E_x}$	E'	$\Delta E'$	$\frac{\Delta E'}{E'}$	$\frac{E_y}{E_x}$	E'
simultan verstreckt						
2,5	0,92	1,18	−0,35	0,23	1,59	1,25
6,0	1,01	1,03	−0,50	0,32	—	—
10,1	0,92	1,04	−0,49	0,32	1,41	1,13
22,5	1,02	1,16	−0,37	0,24	0,97	1,28
Mittelwert:	0,97	1,10	−0,43	0,28	1,32	1,22
aufeinanderfolgend verstreckt						
2,5	1,20	0,79	−0,74	0,48	0,44	1,33
6,0	1,18	0,84	−0,69	0,45	0,41	1,83
10,1	0,88	0,81	−0,72	0,47	0,67	1,54
22,5	1,00	0,91	−0,62	0,40	0,48	1,63
Mittelwert:	1,07	0,89	—	0,45	0,50	1,58
unverstreckt:	0,98	1,53	—	—	1,02	0,37

$\Delta E'$ ist die Extinktionsdifferenz zwischen verstreckter und unverstreckter Probe.

6.8.2. *Andere lineare Polyester*

CORISH (1955, 1955a, 1957) untersuchte die Spektren von Polyäthylensuccinat $(CO(CH_2)_2COO(CH_2)_2O)_n$, Polyäthylenadipat $(CO(CH_2)_4COO(CH_2)_2O)_n$ und Polyäthylensebacat $(CO(CH_2)_8COO(CH_2)_2)_n$ sowie der zugehörigen Dicarbonsäuren. Die Spektren von amorphen und partiell-kristallinen Proben unterscheiden sich darin, daß einige Banden, zum Beispiel die Banden 890 cm^{-1}, 805 cm^{-1} und 734 cm^{-1}, in den Spektren amorpher Proben fehlen. Der Autor brachte diese Banden mit den CH_2-Rockingschwingungen der trans-Konformation der $(CH_2)_n$-Gruppe in Verbindung und vertrat die Ansicht, daß die trans-Konformation der $(CH_2)_n$-Gruppe im amorphen Polymer nicht existiert. Das im partiell-kristallinen Polyäthylenadipat vorhandene Bandendublett bei 735 cm^{-1} und 748 cm^{-1} wurde auf intermolekulare Wechselwirkungen der $(CH_2)_n$-Rockingschwingungen zurückgeführt. Die ultrarotspektroskopischen Untersuchungen an den Dicarbonsäuren bestätigten, daß das $(CH_2)_n$-Segment in einer ebenen trans-Konformation vorliegt.

OKAMURA (1962) befaßte sich mit dem Spektrum von Poly-β-propiolacton $(-(CH_2)-CO-O-)_n$. Er stellte fest, daß ein aus einer Chloroform-Lösung erhaltener Film des Polymers ein anderes Spektrum ergibt als derselbe bei +130 °C getemperte Film. Die spektralen Unterschiede wurden auf Strukturveränderungen zurückgeführt.

Ishibashi (1963, 1964, 1964a) diskutierte die Spektren von Polyäthylenoxybenzoat $(-C_6H_4CO-OCH_2CH_2-O-)_n$ und seinen Oligomeren. Die molekulare Struktur von Polyäthylenoxybenzoat ist der von Polyäthylenterephthalat sehr ähnlich. Die starke Bande bei 1710 cm^{-1} im Spektrum des Polyäthylenoxybenzoats wurde der C=O-Valenzschwingung zugeordnet, und die Banden bei 932 cm^{-1} und 885 cm^{-1} wurden den CH_2-Rockingschwingungen zugeschrieben. Ishibashi stellte fest, daß die Spektren von amorphen und partiell-kristallinen Proben – im Gegensatz zum Polyäthylenterephthalat – keine merklichen Unterschiede zeigen. Er folgerte daraus, daß durch Tempern einer amorphen Polyäthylenoxybenzoat-Probe keine Konformationsänderungen hervorgerufen werden und sowohl in den amorphen Bereichen als auch in den kristallinen Bereichen des Polymers nur die trans-Konformation der $-OCH_2CH_2O$-Gruppe vorhanden ist.

Tadokoro (1968) berichtete über ultrarotspektroskopische Untersuchungen an linearen Polyestern vom Typ $(-(CH_2)_z-CO-O-)_n$ mit $z = 1, 2, 4$ und 5 (Tab. 6.40). Es wurden Spektren von amorphen und partiell-kristallinen Proben

Tabelle 6.40 Zur Struktur linearer Polyester vom Typ $(-(CH_2)_z-CO-O-)_n$ (nach Tadokoro (1968))

Polymer	Schmelzpunkt	Kristallsystem und Anzahl N der Polymerketten in der Elementarzelle
Polyglycolid $(-CH_2-CO-O-)_n$	220 °C	orthorhombisch $N = 2$
Poly-β-propiolacton $(-(CH_2)_2-CO-O-)_n$	130 °C	pseudo-orthorhombisch $N = 2$
Poly-δ-valerolacton $(-(CH_2)_4-CO-O-)_n$	53 °C	orthorhombisch $N = 2$
Poly-ε-caprolacton $(-(CH_2)_5-CO-O-)_n$	63 °C	monoklin $N = 2$

im Bereich von 4000 bis 80 cm^{-1} registriert und Polarisationsmessungen ausgeführt. Zur Berechnung der Schwingungsfrequenzen und Schwingungsformen wurde bei allen Polymeren eine ebene Zickzack-Kette angenommen. Manley (1971) untersuchte die Ultrarotspektren von Poly-Cyclohexylen-1,4-Dimethylenterephthalat im Bereich von 20 bis 5000 cm^{-1}. Die beim Tempern und Recken des Polymers beobachteten Intensitätsänderungen wurden auf der Grundlage der von Boye (1961, 1961a) ermittelten Struktur diskutiert.

6.8.3. *Polycarbonate*

Polycarbonate sind Ester der Kohlensäure mit zweiwertigen Alkoholen oder Phenolen. Von den zahlreichen denkbaren und hergestellten Polymeren dieser Art (Schnell (1964, 1967)) hat das Poly-bisphenol-A-Carbonat mit der Strukturformel

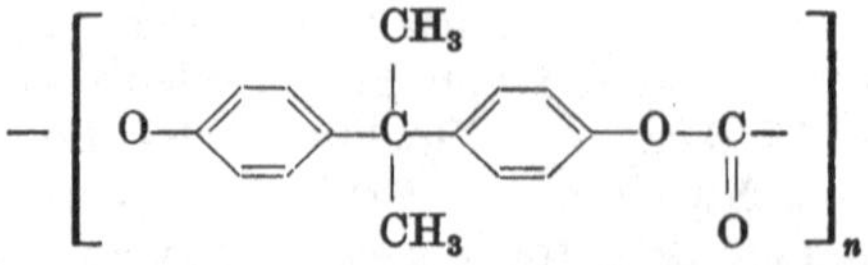

größere technische Bedeutung erlangt. Die Benzolringe verleihen der Kette große Steifheit und bedingen den hohen Schmelzpunkt aromatischer Polycarbonate. Die Kristallstruktur von Polybisphenol-A-Carbonat wurde röntgenographisch von PRIETZSCHK (1958) bestimmt. Danach hat die Molekülkette Zickzackstruktur, und die Ebene der aromatischen Ringe liegt senkrecht zur Zickzackebene. KRIMM (1962b) stellte jedoch fest, daß verschiedene Aspekte dieser Struktur nicht mit den ultrarotspektroskopischen Daten in Einklang sind. Für die ν(C=O)-Bande bei 1770 cm^{-1} wurde nur sehr schwacher σ-Dichroismus gefunden, obwohl diese Bande nach dem beschriebenen Strukturmodell sehr starken σ-Dichroismus haben müßte. Auch der Dichroismus der Benzolringschwingungen spricht für eine andere Anordnung der Ringe.

SCHNELL (1964) hat die Ultrarotspektren einer Reihe aromatischer Polycarbonate veröffentlicht. Die wichtigsten charakteristischen Banden sind die ν(CH)-Schwingungen des Benzolrings bei 3010 cm^{-1}, die ν(C=O)-Bande bei 1770 cm^{-1}, die antisymmetrische O—C—O-Valenzschwingung der Carbonatgruppe bei 1165 bis 1235 cm^{-1} und die symmetrische O—C—O-Valenzschwingung bei 1010 cm^{-1}. Der Substitutionstyp der Benzolringe ist an den γ_w(CH)-Schwingungen und den $\nu(C{=}C)_{arom.}$-Banden zu erkennen. Die Ultrarotspektren von weiteren Polycarbonaten sind in einer Arbeit von IWAKURA (1966) zu finden.

LEVANTOVSKAJA u. a. (1968) untersuchten mit ultrarotspektroskopischen Methoden die Reaktionen beim thermooxydativen Abbau von Polycarbonaten von unterschiedlicher chemischer Struktur. Der Wirkungsmechanismus von Stabilisatoren wurde von LIOGONKIJ (1968) studiert.

HORBACH u. a. (1965) berechneten das Zahlenmittel des Molekulargewichtes aromatischer Polycarbonate durch ultrarotspektroskopische Bestimmung der Endgruppen. Die phenolische OH-Endgruppe wurde an Hand einer Bande bei 3597 cm^{-1} bestimmt. Nach Kompensation der bei 3534 cm^{-1} liegenden Oberschwingung der Carbonylbande betrug die Nachweisgrenze 0,001%. Phenylendgruppen konnten über die γ_w(CH)-Schwingung des monosubstituierten Benzolrings bei 683 cm^{-1} bis herab zu einem Anteil von 0,05% erfaßt werden.

6.9. Polymere mit Amidbindungen

6.9.1. Polyamide

6.9.1.1. Die Struktur und Konformationen der Polyamide

Polyamide werden durch Polykondensation von Diaminen und Dicarbonsäuren oder von ω-Aminocarbonsäuren hergestellt. Sie sind durch die allgemeinen Formeln

$$-[CONH-(CH_2)_x-NHCO-(CH_2)_{y-2}]_n \quad (6.1)$$

und

$$-[(CH_2)_{z-1}-CONH-]_n \tag{6.2}$$

zu beschreiben und unterscheiden sich durch die Anzahl der in der Kette zwischen zwei Stickstoffatomen angeordneten Kohlenstoffatome. Sie werden entsprechend dieser Zahl als Polyamid-XY (Nylon-XY) bzw. Polyamid-Z (Nylon-Z) bezeichnet. Die wichtigsten Vertreter dieser Verbindungsklasse sind die Polyamide-66, -610, -6 und -11. Für spezielle Zwecke sind auch aromatische Polyamide von Interesse. In diesem Abschnitt werden fast ausschließlich die aliphatischen, linearen Polyamide behandelt, die ultrarotspektroskopisch in zahlreichen Arbeiten untersucht worden sind. Ein für die Struktur wesentlicher Unterschied zwischen den Formeln (6.1) und (6.2) besteht darin, daß die durch (6.2) beschriebene Molekülkette polar ist, so daß im Gegensatz zu den XY-Polyamiden zwischen paralleler und antiparalleler Richtung der Ketten in kristallinen Strukturen zu unterscheiden ist.

Durch röntgenographische Untersuchungen wurde festgestellt, daß die Polyamide in verschiedenen kristallinen und pseudokristallinen Strukturen auftreten können, die sowohl vom Polymertyp als auch von der Behandlung der Probe abhängen. In den Polyamiden-66 und -610 wurden von Bunn und Garner (1947) und im Polyamid-6 von Holmes, Bunn und Smith (1955) jeweils zwei mit α und β bezeichnete kristalline Strukturen gefunden, in denen vollständig gestreckte Ketten durch Wasserstoffbrücken zu Schichten gebunden sind. Die α- und β-Strukturen unterscheiden sich durch die Art, wie diese Schichten im Kristallgitter aufeinander gepackt sind. Eine andere Strukturmodifikation, die ebenfalls Anlaß zu scharfen Röntgenreflexen gibt, wurde anfangs durch eine mehr oder weniger statistische Verteilung der Wasserstoffbrücken zu den Nachbarmolekülen und entsprechende Rotationen der Molekülkette erklärt (Dechant (1955), Ruscher (1959, 1961), Ziabicki (1959)). Durch röntgenographische und ultrarotspektroskopische Untersuchungen an einer Reihe verschiedener Polyamide fand Kinoshita (1959, 1959a), daß bei diesen Strukturen die Längsperiode im Vergleich zur gestreckten, ebenen Zickzackkette etwas verkürzt ist, und erklärte dies in Analogie zur Struktur der Polypeptide durch eine Verdrehung der Amidgruppenebene gegen die Ebene der (CH_2)-Kette. Für die auf dieser Molekülkonformation beruhenden Modifikationen schlug Kinoshita die Bezeichnung γ-Struktur vor. Kinoshita (1959a) beschrieb die Kristallstruktur von Polyamid-77, das ein typischer Vertreter der nur in der γ-Struktur kristallisierenden Polyamide ist. Die γ-Struktur von Polyamid-6 wurde von Arimoto (1964, 1965) und Bradbury (1965) untersucht. Die Verdrehung der CONH-Ebene um 30° gegen die Kettenrichtung ermöglicht die Ausbildung von Wasserstoffbrücken zwischen parallelen Polyamid-6-Molekülen. Nach Arimoto haben aufeinander folgende Schichten dieser Moleküle alternierenden Richtungssinn, während in dem von Bradbury vorgeschlagenen Modell der Richtungssinn statistisch verteilt ist.

Es wurden noch weitere Strukturen der Polyamide beschrieben. Miyake (1960) schlug für die Polyamide-69 und -76 eine mit δ bezeichnete Struktur vor, die aber nach Magill (1965) eine Mischung der α- und γ-Strukturen sein soll. Hendus u. a. (1960) haben mit δ eine instabile Modifikation von Polyamid-6 benannt, die bei leichtem Erwärmen oder unter dem Einfluß der Luftfeuchte in die γ-Form übergeht und sich durch einen großen Prozentsatz ungebundener NH-Gruppen auszeichnen soll. Letzteres erscheint jedoch zweifelhaft, da nach übereinstimmender Ansicht der meisten Autoren bei Zimmertemperatur in Polyamiden alle NH-Gruppen in Wasserstoffbrücken gebunden sind.

Maßgebend für die Struktur eines bestimmten Polyamids ist die Länge des CH_2-Kettensegments zwischen den Amidgruppen und die dadurch bedingte Möglichkeit, in der α- oder in der γ-Struktur ein vollständiges Wasserstoffbrückensystem auszubilden. Von CANNON (1960), KINOSHITA (1959), MATSUBARA (1966) und MIYAKE (1960) wurden zahlreiche Polyamide unter diesem Gesichtspunkt untersucht. Polyamide vom Typ XY (Strukturformel (6.1)) können, von wenigen Ausnahmen abgesehen, entsprechend der Geradzahligkeit von X und Y klassifiziert werden. Gerade-gerade Polyamide bilden die α-Form, ungerade-ungerade Polyamide die γ-Form, gerade-ungerade sowie ungerade-gerade Polyamide kommen in beiden Strukturen vor. Polyamide-Z bevorzugen bei ungeradem Z die α-Struktur, bei geradem Z und kurzen CH_2-Sequenzen die α-Struktur und bei langen CH_2-Sequenzen die γ-Struktur. Die Polyamide-6 und -8 sind Zwischenglieder, die je nach der Herstellung in der α- oder in der γ-Form auftreten. Die α-Modifikation entsteht bei der Kristallisation aus Lösungen und beim langsamen Abkühlen einer Schmelze. Die Zusammensetzung des Lösungsmittels und die Kristallisationsunterlage können die entstehende Modifikation beeinflussen (DODD (1968), KAWAGUCHI (1963)). Die γ-Modifikation entsteht vor allem bei rascher Abkühlung und gleichzeitiger Verstreckung. Durch Einwirkung einer wäßrigen Jod-Jodkaliumlösung und darauf folgende Entfernung des Jods aus dem Polymer wird die α-Struktur in die γ-Struktur umgewandelt (ABU-ISA (1971), ARIMOTO (1962, 1964), MATSUBARA (1966), TSURUTA (1958), UEDA (1958)).

Im Ultrarotspektrum sind die α- und γ-Modifikationen an einer Reihe von Banden deutlich zu unterscheiden, da diesen Modifikationen verschiedene Konformationen der Polyamidkette zugrunde liegen. In amorphen und mesomorphen Bereichen nimmt die Amidgruppe zur CH_2-Kette eine ähnliche Lage ein wie in der γ-Modifikation, so daß sich diese Strukturen ultrarotspektroskopisch nicht unterscheiden lassen (SCHNEIDER (1962)).

6.9.1.2. Die Ultrarotspektren der Polyamide

Die UR-Spektren von Polyamiden sind durch die starken charakteristischen Banden der Amidgruppe gekennzeichnet, die in allen diese Gruppe enthaltenden Verbindungen erscheinen und mit Amid I bis Amid VII bezeichnet wurden (MIYAZAWA (1956)). FRASER und PRICE (1952) untersuchten die Schwingungen des nicht linearen OCN-Moleküls als Modell der sekundären Amidgruppe und interpretierten die Amid I-Bande bei 1650 cm^{-1} und die Amid II-Bande bei 1550 cm^{-1} als die antisymmetrische bzw. symmetrische OCN-Valenzschwingung, wobei letztere durch Kopplung mit der NH-Deformationsschwingung in Amid II und Amid III aufspaltet. Das Modell wurde von anderen Autoren erweitert und die Rechnung verbessert. MIYAZAWA u. a. (1958) berechneten die Schwingungen des N-Methylacetamids. ČIRGADZE (1962) führte eine Modellrechnung für die ebenen Normalschwingungen der trans-Amidgruppe durch, die er als ein sechsatomiges Molekül mit der Struktur

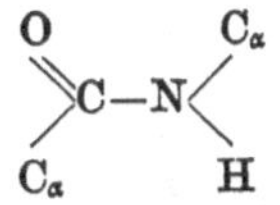
(6.3)

behandelte. Die Kraftkonstanten wurden den gemessenen Frequenzen angepaßt. Die Schwingungsformen wurden sowohl für die normale als auch für die ND-deuterierte Amidgruppe berechnet. Von den errechneten Frequenzen (3300, 1661, 1565, 1297, 1055, 832, 365, 204, 160 cm^{-1} für CCONHC und 2445, 1659, 1476, 1177, 922, 819, 354, 204, 155 cm^{-1} für CCONDC) stimmen nur jeweils die ersten vier mit den experimentellen Werten einigermaßen überein. Die anderen gehören zu Skelettschwingungen, die größere Verschiebungen der C_α-Atome enthalten, so daß das Strukturmodell (6.3) eine zu starke Vereinfachung bedeutet. Die Amidbanden V und VI sind in den genannten Frequenzen nicht enthalten. Sie werden NH- und C=O-Deformationsschwingungen senkrecht zur Ebene der Amidgruppe zugeordnet.

Jakeš u. a. (1965a) berechneten die Schwingungen der Methylenkettensegmente unter Berücksichtigung der Wechselwirkung mit der Amidgruppe. Die getrennten Analysen der Amidgruppen- und Methylenkettenschwingungen haben zur Interpretation der UR-Spektren von Polyamiden beigetragen. Im *finger-print*-Bereich des mittleren Ultrarot, wo die Frequenzen stark von der Kopplung zwischen den Teilen des Moleküls abhängen und besonders strukturempfindlich sind, können aber meist nur genäherte Zuordnungen vorgenommen werden, denn eine exakte Normalkoordinatenanalyse der vollständigen Elementareinheit ist angesichts der selbst im kristallinen Zustand geringen Symmetrie zu kompliziert.

Die Ultrarotspektren von Polyamid-6 in der α-und γ-Modifikation sind in den Abb. 6.41 und 6.42 dargestellt. In der Tab. 6.41 sind die Wellenzahlen, die relativen Intensitäten, die Polarisation und die Zuordnung der Absorptionsbanden angegeben. Die Polarisation wurde von Arimoto (1964) an Dünnschnitten gewalzter Filme und von Dechant (1965) an mehrfach gereckten Filmen gemessen.

Die in allen Polyamiden ziemlich lagekonstant bei 3300 cm^{-1} liegende starke Bande ist die NH-Valenzschwingung der in Wasserstoffbrücken gebundenen Amidgruppe. Bouriot (1957) fand in den Polyamiden-66, -6 und -11 eine geringe Abhängigkeit vom Abstand N...O. Die freie ν(NH)-Bande liegt in verdünnten Lösungen von N-Methylacetamid etwa bei 3470 cm^{-1} (Davies (1955)). Die sehr geringe Absorption der Polyamide in dieser Gegend ist nach Trifan und Terenzi (1958) nur mit weniger als 1% freier NH-Gruppen zu vereinbaren. Beim Erwärmen steigt der Anteil ungebundener Gruppen an; er beträgt bei 100°C etwa 1,5% und nimmt am Schmelzpunkt sprunghaft zu (Bessler (1969)). Die besonders an weniger gut geordneten Proben nahe 3500 cm^{-1} manchmal beobachtete Absorption ist nach Kinoshita (1959) überwiegend auf adsorbiertes Wasser zurückzuführen.

Um die Zuordnung der Schulter bei 3200 cm^{-1} und der Bande bei 3065 cm^{-1} gab es einige Kontroversen (zum Beispiel Bendit (1962) und Cannon u. a. (1962)), jedoch scheint nunmehr die Interpretation als Fermi-Resonanzbanden von ν(NH) und den Ober- bzw. Kombinationsschwingungen von Amid I und Amid II gesichert. Cannon (1960) verglich die Frequenzänderung dieser Banden bei Temperaturerhöhung und in verschiedenen N-Alkylamiden mit der Lage der Amid-

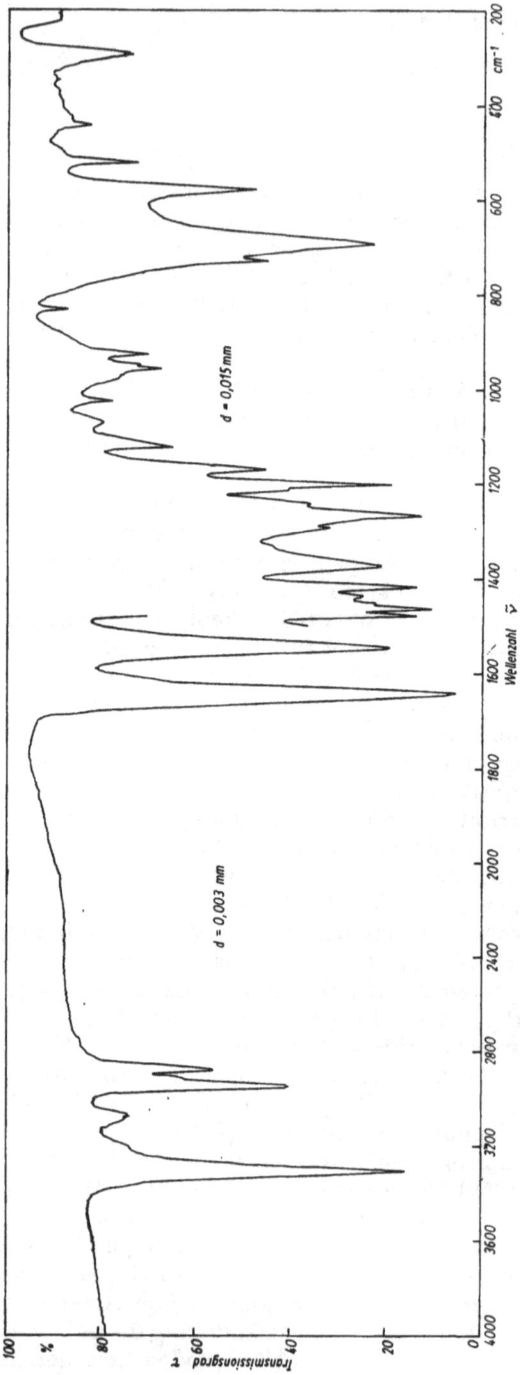

Abb. 6.41 Ultrarotspektrum von Polyamid-6 (α-Struktur). Die Filme wurden durch Eindampfen von Lösungen in Ameisensäure bei 60 °C hergestellt.

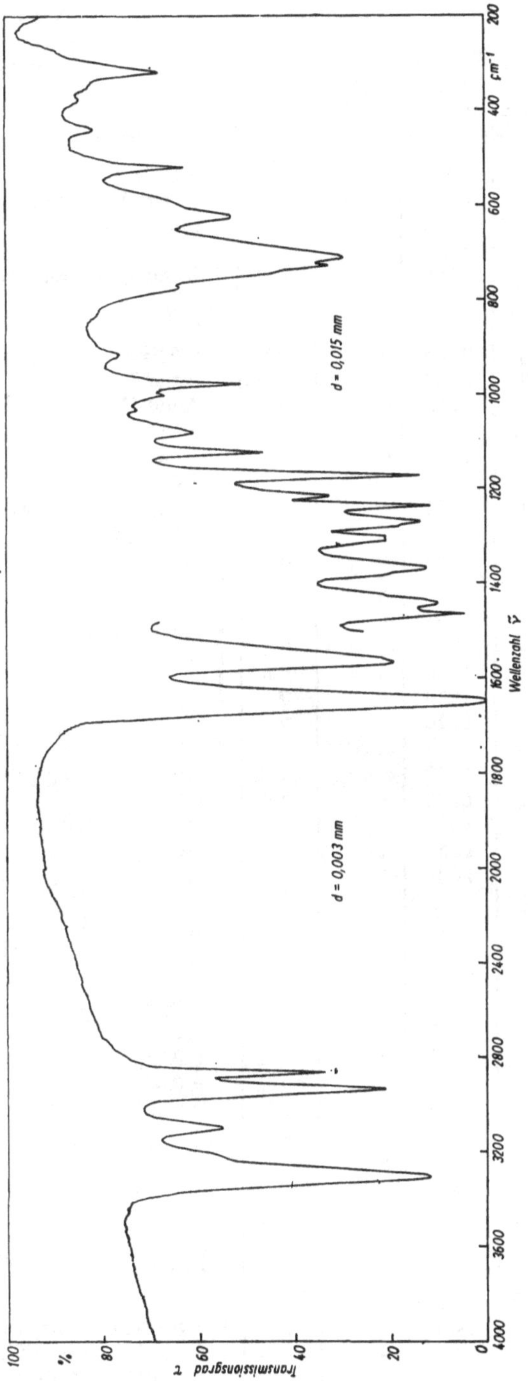

Abb. 6.42 Ultrarotspektrum von Polyamid-6 (γ-Struktur). Aus Lösungen in Ameisensäure hergestellte Filme wurden mit KJ_3 behandelt.

Tabelle 6.41 **Ultrarotbanden von Polyamid-6**

α-Modifikation			γ-Modifikation			Zuordnung
Wellenzahl [cm^{-1}]	Intensität	Polarisation	Wellenzahl [cm^{-1}]	Intensität	Polarisation	
3300	*vs*	σ ∥	3300	*vs*	σ ⊥	ν(NH)
3200	*w, Sch*		3200	*w, Sch*		Fermi-Resonanz: (Amid-I + Amid-II) mit ν(NH)
3091	*vw,Sch*					
3063	*m*	σ ∥	3096	*m*	σ ⊥	Fermi-Resonanz: 2×Amid-II mit ν(NH)
2936 2943	*vs*	σ ⊥	2930	*vs*	σ ⊥	$\nu_a(CH_2)$
2868	*s*	σ ∥	2858	*s*	σ ∥	$\nu_s(CH_2)$
1641	*vvs*	σ ∥	1647	*vvs*	σ ⊥	Amid-I
1545	*vvs*	π ∥	1563	*vvs*	π ⊥	Amid-II
1478	*m*	π ∥				$\delta(CH_2)$, N-vicinal
1464	*m*	σ ∥	1464	*m*	σ ∥	$\delta(CH_2)$
1452	*w, Sch*	π				$\delta(CH_2)$
1438	*w*	σ ∥	1441	*m*	σ ∥	$\delta(CH_2)$, N- und CO-vicinal
1418	*m*	σ ∥				$\delta(CH_2)$, CO-vicinal
1374	*m*	π ∥	1369	*m*	π ∥	$\gamma_w(CH_2)$
1335	*vw,Sch*		1310	*m*	π	}
1316	*vw,Sch*	π	1303	*m*	π	}
1293	*w*	π	1280	*w, Sch*	σ	} $\gamma_w(CH_2)$, $\gamma_t(CH_2)$ z. T. gekoppelt mit Amid-III
1243	*w*	π	1236	*m*	π ∥	}
1214	*w, Sch*	σ	1216	*m*	π	}
1266	*m*	π ∥	1270	*m*	π ⊥	} Amid-III
1202	*m*	π ∥				}
1171	*m*	π ∥	1172	*s*	σ ⊥	$\gamma_t(CH_2)$ oder $\nu(C_\alpha N)$
1124	*m*	π ∥	1122	*m*	π ∥	ν(CC)
1075	*w*		1080	*m*		$\nu(C_\alpha N)$
1041	*vw,Sch*		1030	*vw*		ν(CC)
			1001	*w*	σ	ν(CC)
1029	*m*	σ ∥				ν(π, 0) }
			977	*m*	σ ⊥	ν_0 }
960	*m*	σ ⊥				ν(π, π) } Amid-IV, Δ (CONH)
952	*w*	π ∥				}
929	*m*	π ∥				ν(O, π) }
			917	*w*		ν(CC)
835	*w*	σ ⊥	776	*vw*	σ ⊥	$\gamma_r(CH_2)$, N- und CO-vicinal
731	*m*	σ ⊥	730	*m*	σ ⊥	$\gamma_r(CH_2)$
691	*s*	σ ⊥	712	*s*	σ ∥	Amid-V, $\delta_0(NH)$
579	*m*	σ ⊥	624	*m*	σ	} Amid-VI, $\delta_0(C{=}O)$
524	*m*	σ ∥	520	*m*	σ	}
445	*w*	π	442	*w*	π	δ(CCC)
345	*vw, Sch*		350	*vw,Sch*		
293	*m*	π	319	*m*	π	
223	*w*					Amid-VII, γ_t(CO—NH)
deuteriertes Polyamid-6:						
2460	*vs*	σ	2470	*s*	σ	} Fermi-Resonanz: (Amid-II′ + Amid-III′) mit ν(ND)
2410	*s*	σ	2410	*vs*	σ	}
1460	*s*					Amid-II′, (ν(CN))
970	*w*					Amid-III′, (δ(ND))
493			530			Amid-V′, (δ_0(ND))

banden I und II und folgerte aus Korrelationsbetrachtungen, daß die Bande 3200 cm^{-1} die Kombinationsschwingung (Amid I + Amid II) und die Bande 3065 cm^{-1} die erste Oberschwingung von Amid II sind. MIYAZAWA (1960a) konnte zeigen, daß die Bande 3065 cm^{-1} sowohl hinsichtlich ihrer Lage als auch hinsichtlich ihrer Intensität durch FERMI-Resonanz erklärt werden kann. Er wies darauf hin, daß die FERMI-Resonanz berücksichtigt werden muß, wenn die ν(NH)-Frequenz in Beziehung zur Stärke der Wasserstoffbrückenbindung gesetzt wird. Diese Interpretation ist auch mit den spektroskopischen Erscheinungen bei der Jodsorption von Polyamid-6 am besten vereinbar (ARIMOTO (1962)).

MICHAJLOV (1952) und ŠIGORIN (1954) haben die drei Banden oberhalb 3000 cm^{-1} durch die Annahme von drei unterschiedlichen Wasserstoffbindungen zu deuten versucht. NIKITIN und VOLČEK (1960) folgerten aus der Temperaturabhängigkeit und dichroitischen Untersuchungen an Polyamiden verschiedener Kristallinität, daß die Bande 3300 cm^{-1} den NH-Gruppen im kristallinen und amorphen Zustand zugehört und die Bande 3065 cm^{-1} nur aus dem amorphen Anteil kommt. TOBIN (1956) kam auf Grund von Untersuchungen im festen und geschmolzenen Zustand zum entgegengesetztem Ergebnis und ordnete die Bande 3065 cm^{-1} den ν(NH)-Schwingungen im Kristall zu. Nach BENDIT (1962) hat die Schulterbande 3200 cm^{-1} im Keratin ihren Ursprung in der amorphen Phase.

Über die Zuordnung der Banden 2940 und 2868 cm^{-1} zur antisymmetrischen und symmetrischen CH_2-Valenzschwingung gibt es keinen Zweifel. Nach HEIDEMANN (1963) trägt im Polyamid-66 die CO-vicinale Methylengruppe nur wenig zur Intensität bei, und die N-vicinale Gruppe absorbiert bei etwas größeren Wellenzahlen (2945 und 2875 cm^{-1}).

N-deuteriertes Polyamid-6 hat ein Bandendublett bei 2465 und 2410 cm^{-1}, dessen Intensitätsverhältnis von der Struktur abhängt. Ebenso wie oberhalb 3000 cm^{-1} waren auch in diesem Frequenzbereich Versuche, die Banden mit bestimmten Ordnungszuständen oder unterschiedlichen Wasserstoffbrücken in Verbindung zu bringen, nicht überzeugend (BENDIT (1962), ČIRGADZE (1964)). BEER u. a. (1958) erklärten das Dublett durch FERMI-Resonanzaufspaltung der ν(ND)-Frequenz mit der Kombinationsbande (1290 cm^{-1} + 1126 cm^{-1}). CANNON (1960) wies darauf hin, daß die FERMI-Resonanz mit der Kombinationsschwingung Amid II' + Amid III' (1460 cm^{-1} + 970 cm^{-1}) wahrscheinlicher ist. Für N-Methylacetamid und Polyamid-6 wurden die FERMI-Resonanzeffekte von PIVCOVÁ u. a. (1964, 1965) berechnet und im Einklang mit dem Vorschlag von CANNON gefunden.

Die Amidbanden I und II sind wegen ihrer Lagekonstanz bei 1640 und 1545 cm^{-1} und wegen ihrer großen Intensität die charakteristischsten Banden der trans-Amidgruppe. Die genaue Lage von Amid II läßt zwischen den α- und γ-Strukturen der Polyamide unterscheiden. Auf Grund der bereits erwähnten Modellrechnungen von MIYAZAWA (1958) und ČIRGADZE (1962) ist Amid I im wesentlichen die C=O-Valenzschwingung, und Amid II verteilt sich auf δ(NH) (50%), ν(CN) (40%) und ν(C=O) (10%). Diese Zuordnung wird durch Deuterierungsversuche unterstützt, die nur eine geringe Verschiebung der Amid I-Bande nach 1630 cm^{-1} ergaben, während die Amid II-Bande verschwindet und als Amid II' bei etwa 1460 cm^{-1} erscheint (SCHMIDT (1963a)). Sie ist dann im wesentlichen als eine ν(CN)-Schwingung anzusehen. Die δ(ND)-Bande liegt bei 970 cm^{-1} und wird als Amid III' bezeichnet. CANNON (1959) hat die Kopplungen, die zur Entstehung der Amidbanden I, II und III führen, anschaulich durch das in Abb. 6.43 wiedergegebene Diagramm dargestellt. Miyazawa und Blout (1960, 1961b) diskutierten die Aufspaltung der Amidbanden I und II in Polypeptiden infolge der inter- und intramolekularen kristallinen Wechselwirkungen (vgl. Abschnitt 5.1.1.). Von Bradbury und Elliott (1963) wurde das Verfahren auf Polyamide aus ω-Aminocarbonsäuren übertragen mit dem Ergebnis, daß in der α-Struktur die Amid I-Bande eine σ-Komponente bei 1640 cm^{-1} und eine schwache π-Komponente bei 1665 cm^{-1} hat.

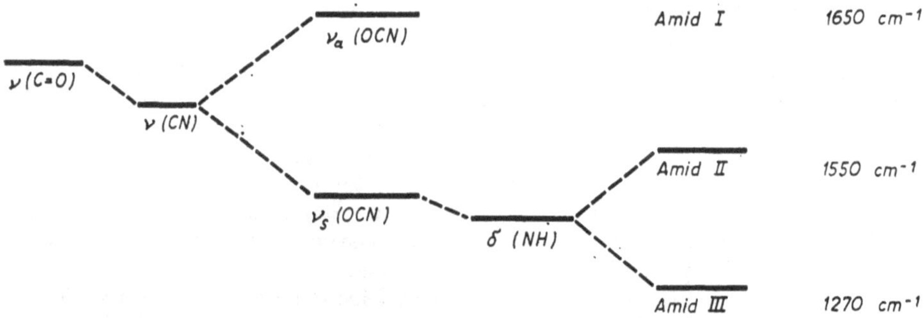

Abb. 6.43 Kopplungen und Frequenzaufspaltungen in der trans-Amidgruppe (nach Cannon 1959)).

Die Amid III-Bande besteht in der α-Modifikation von Polyamid-6 aus zwei Komponenten bei 1266 und 1202 cm^{-1}; in der γ-Modifikation liegt sie bei 1270 cm^{-1}. Als Amid IV-Bande wird die ebene (OCN)-Deformationsschwingung bezeichnet, die zwischen 600 und 700 cm^{-1} zu suchen ist, aber dort noch nicht zuverlässig identifiziert werden konnte (Cannon (1960)). Deshalb wurden in der Tab. 6.41 die zwischen 900 und 1030 cm^{-1} liegenden Absorptionen als Amid IV-Bande bezeichnet, die von Sandeman und Keller (1956) als ebene CONH-Gerüstschwingung interpretiert wurden und durch Deuterierung kaum beeinflußt werden (Schmidt (1963)). Die Aufspaltung in mehrere Banden und deren Polarisation wurden durch kristalline Wechselwirkungen gedeutet (Dechant (1965c)). In der γ-Struktur und im amorphen Polyamid-6 liegt die Bande bei 977 bzw. 990 cm^{-1}.

Die Amid V-Bande spiegelt am augenfälligsten die Molekülkonformation wider (Matsubara (1966, 1966a), Miyake (1960c)). Sie liegt in der α-Struktur von Polyamid-6 bei 691 cm^{-1} und in der γ-Struktur bei 712 cm^{-1} und weicht auch in anderen Polyamiden nur um wenige cm^{-1} von diesen Wellenzahlen ab. In amorphen Polyamiden liegt die Bande bei 700 cm^{-1} (Doskočilová (1963)). In deuterierten Polyamiden ist sie nach 493 bzw. 530 cm^{-1} verschoben (Kessler (1953), Schmidt (1963a)). Das Isotopieverhältnis von etwa 1,35 deutet darauf hin, daß es sich um eine fast reine NH-Deformationsschwingung senkrecht zur Amidgruppenebene handelt. Sie wird etwas durch die Deuterierung der C_α-Atome beeinflußt (Heidemann (1967)). Dieses sowie die deutliche Konformationsabhängigkeit zeigen, daß die Schwingung von der Elektronenstruktur der gesamten Amidgruppe abhängt.

Die Amid VI-Bande weist gleichfalls eine eindeutige Abhängigkeit von der Konformation auf. Sie liegt bei 580 cm^{-1} (α-Struktur) oder bei 624 cm^{-1} (γ-Struktur), wie MATSUBARA (1966) an zahlreichen Beispielen demonstrierte. Von ARIMOTO (1962) wurde die Bande der C=O-Deformationsschwingung senkrecht zur Amidgruppenebene zugeordnet, wofür der σ-Dichroismus spricht. Es wurde jedoch festgestellt, daß die Bande beim Deuteriumaustausch des Amidwasserstoffs schwächer wird oder verschwindet (CHEN-HUA (1962), SCHMIDT (1963)), daher muß auch das Wasserstoffatom wesentlich an der Schwingung beteiligt sein. CHEN-HUA hat sie ebenso wie die Amid V-Bande als δ(NH)-out-of-plane bezeichnet. Die δ(C=O)-out-of-plane-Schwingung könnte dann der mittelstarken σ-dichroitischen Bande bei 524 cm^{-1} zugeordnet werden.

MATSUBARA u. a. (1966a) untersuchten Polyamide mit verschiedenen Strukturen im Bereich zwischen 800 und 200 cm^{-1}. Die Polyamide-XY haben in der α-Konformation Banden bei 360 und 230 cm^{-1}. Letztere wurde in Analogie zu N-Methylacetamid und Polyglycin (MIYAZAWA (1961c)) der Amid VII-Schwingung — einer Torsion um die CO—NH-Bindung — zugeordnet. Die Bande 360 cm^{-1} wurde versuchsweise einer Gerüstschwingung der Gruppe $-CH_2CONH-CH_2-$ zugeschrieben, was ihrem Verhalten bei der Behandlung mit KJ_3 entgegenkommt. In der γ-Konformation vorliegende Polyamide-XY haben eine als Amid VII zu interpretierende Bande bei 300 cm^{-1}. Polyamide aus ω-Aminosäuren haben in der α-Struktur meist Banden bei 350 und 220 cm^{-1} und in der γ-Struktur bei 300 cm^{-1}, die in ähnlicher Weise interpretiert werden können. Polyamid-6 zeigt in dem Frequenzbereich ein anomales Verhalten; es hat eine mittelstarke Bande bei 293 cm^{-1}, die beim Übergang zur γ-Struktur nach 319 cm^{-1} verschoben wird. In beiden Fällen ist die Bande paralleldichroitisch, das schließt bei der γ-Struktur die Zuordnung zu Amid VII aus.

Die Schwingungsfrequenzen der CH_2-Kettensegmente wurden von JAKEŠ (1965a) für die Polyamide-3 bis -11 in der gestreckten α-Konformation berechnet. HEIDEMANN (1963, 1967) konnte einige dieser Schwingungen durch spezifische Deuterierung der CO- und NH-vicinalen CH_2-Gruppen zuordnen. Im Polyamid-6 mit α-Struktur werden fünf Banden zwischen 1400 und 1500 cm^{-1} beobachtet, von denen eine bei 1438 cm^{-1} offenbar zu der stets in geringen Anteilen vorhandenen γ-Konformation gehört. Auf die Korrelation der Bande 1418 cm^{-1} mit der α-Struktur wurde bereits von MIYAZAWA (1960) hingewiesen. Die mittelständigen CH_2-Gruppen absorbieren unabhängig von der Konformation nahe 1465 cm^{-1}. Die schwache Schulterbande bei 1452 cm^{-1} folgt auch aus der theoretischen Analyse von JAKEŠ. Die in fast allen Polyamiden bei 1370 cm^{-1} liegende Bande wird gewöhnlich als CH_2-Waggingschwingung interpretiert. CHEN-HUA (1962) wies jedoch darauf hin, daß ihre Intensität proportional zum Gehalt an Amidgruppen ist, und folgerte daraus, daß es eine ν(CN)-Schwingung sein sollte. Eine Reihe schwacher bis mittelstarker Banden zwischen 1200 und 1300 cm^{-1} hängt von der Konformation ab und wird sowohl von der Deuterierung der Amidgruppe als auch der CH_2-Gruppen beeinflußt. In Übereinstimmung mit der theoretischen Analyse werden die Banden als $\gamma_w(CH_2)$- und $\gamma_t(CH_2)$-Schwingungen angesehen, die teilweise mit der Amid III-Frequenz gekoppelt sind.

Die Absorption bei 1172 cm^{-1} wurde von DOSKOČILOVÁ u. a. (1962) zur Bestimmung des relativen Anteils der γ-Konformation herangezogen. Der entgegengesetzte Dichroismus der bei etwa gleicher Wellenzahl in Proben mit überwiegender α-Struktur liegenden Bande zeigt, daß letztere ihren Ursprung nicht in dem γ-Anteil haben kann. Nach HEIDEMANN handelt es sich um die $\gamma_t(CH_2)$-Schwingung der N- und CO-vicinalen Methylengruppen. CHEN-HUA (1962) ordnete die Bande der $(C_\alpha—N)$-Valenzschwingung zu, da mit dieser Zuordnung der Übergang vom Parallel- zum Senkrechtdichroismus bei der α-γ-Transformation am besten zu verstehen ist.

Die Bande 1124 cm^{-1} wurde als strukturunabhängiger innerer Standard verwendet (DOSKOČILOVÁ (1962), RUSCHER (1964)) und als $\nu(CC)$-Schwingung angesehen (ARIMOTO (1964)). In C_α-deuterierten Polyamiden verändert die Bande etwas ihre Lage, so daß die α-Methylengruppen an ihr beteiligt sein müssen. HEIDEMANN (1967) ordnete sie der $\nu(C—CO)$-Schwingung zu.

Die Bande bei 1075 cm^{-1} besteht nach ARIMOTO (1964) aus einem Dublett mit entgegengesetztem Dichroismus, der sich bei der α-γ-Transformation umkehrt. Dies steht im Einklang mit der von HEIDEMANN vorgeschlagenen Zuordnung $\nu(C_\alpha—N)$.

Die Feinstruktur der Amid IV-Banden zwischen 900 und 1050 cm^{-1} hängt außer von der Konformation noch von der chemischen Struktur des Polyamids ab; die zugrunde liegende Schwingung der Amidgruppe ist stark mit der CH_2-Kette gekoppelt. Hierauf ist die von HEIDEMANN festgestellte Abhängigkeit von der Methylengruppendeuterierung zurückzuführen, da die $\gamma_r(CH_2)$-Schwingungen bei etwas kleineren Wellenzahlen zu erwarten sind. ARIMOTO (1962) diskutierte die Möglichkeit, die γ_r-Banden 731 cm^{-1} und 835 cm^{-1} durch kristalline Wechselwirkungen zu erklären. Angesichts der im kristallinen Polyäthylen gefundenen weit geringeren Aufspaltung erscheint diese Deutung unwahrscheinlich.

Die Bande bei 445 cm^{-1} hat sehr hohen π-Dichroismus. Sie hängt kaum von der Konformation ab und wird durch die Deuterierung der Amidgruppe nicht verändert. Da sie in amorphen Proben fehlt, kann sie als Gerüstschwingung des gestreckten $(CH_2)_5$-Segmentes angesehen werden.

Die Abb. 6.44 bis 6.46 zeigen die Spektren der Polyamide-11, -66 und -610. Die Proben wurden durch Eindampfen von Lösungen der Polymere in Ameisensäure bzw. einem Gemisch aus Ameisensäure und Phenol hergestellt und enthielten überwiegend die α-Modifikation. Die genauen Wellenzahlen der Absorptionsbanden sind in der Tab. 6.42 zusammengestellt. Zum Vergleich wurden auch die von YODA und MATSUBARA (1964) an Poly-m-Xylylenadipamid gemessenen Banden in die Tabelle aufgenommen. Das aromatische Polyamid hat nach den Befunden der RÖNTGEN-Diffraktometrie in den geordneten Bereichen eine Helixstruktur mit einer der γ-Form analogen Konformation der Amidgruppe. Es enthält eine Reihe kristallinitätsabhängiger Banden, die dem Benzolring zugeordnet werden und auf intermolekularen Wechselwirkungen beruhen. Für die Zuordnung wurden die bei der Deuterierung und Jodbehandlung auftretenden Effekte herangezogen.

Die $\nu(NH)$-Banden und die mit den Kohlenwasserstoffsegmenten nur wenig gekoppelten Amidbanden I, II und V unterscheiden sich bei den einzelnen Polyamiden nur wenig, wenn man von den Konformationseffekten absieht. Etwas weniger deutlich trifft das auch auf die Amidbanden VI und VII zu. Im Frequenzbereich der Deformations- und Gerüstschwingungen der Methylenketten und der mit ihnen gekoppelten Amidbanden III und IV sind charakteristische Unterschiede festzustellen, deren Eignung für die Analyse von Polyamidfasern und

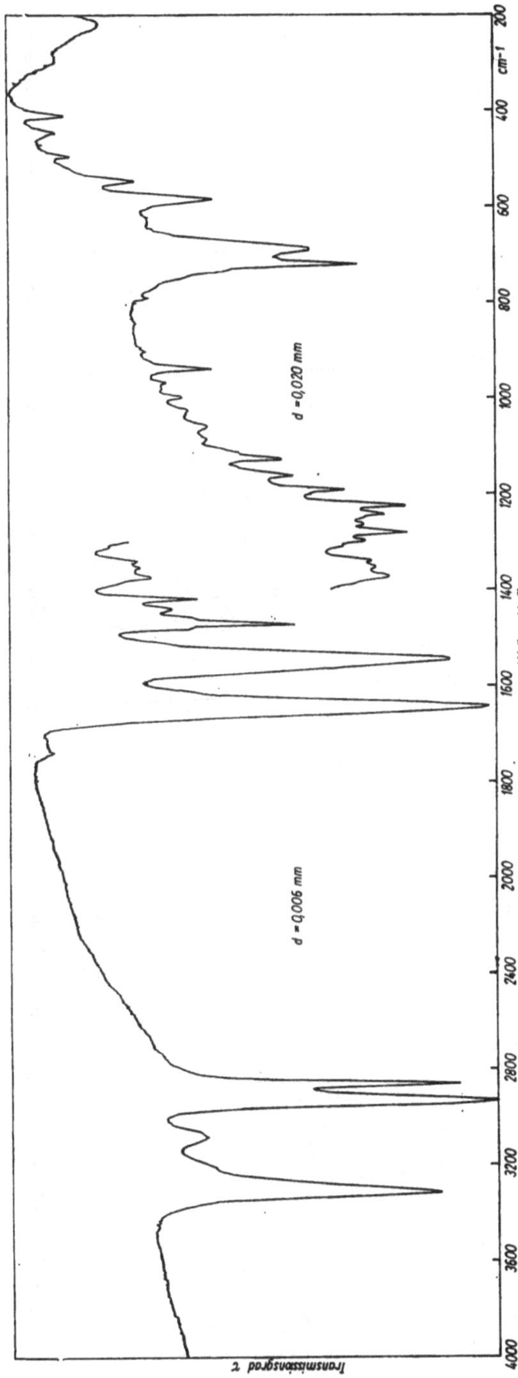

Abb. 6.44 Ultrarotspektrum von Polyamid-11. Die Filme wurden durch Eindampfen von Lösungen in Ameisensäure und Phenol bei 100°C hergestellt.

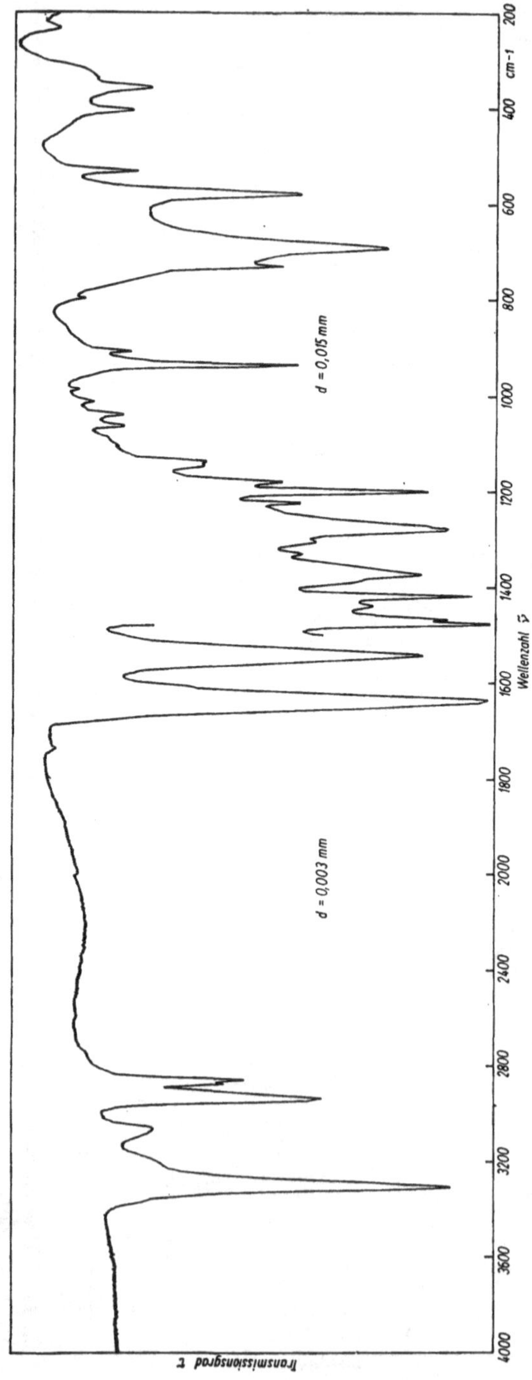

Abb. 6.45 Ultrarotspektrum von Polyamid-66. Die Filme wurden durch Eindampfen von Lösungen in Ameisensäure bei 60 °C hergestellt.

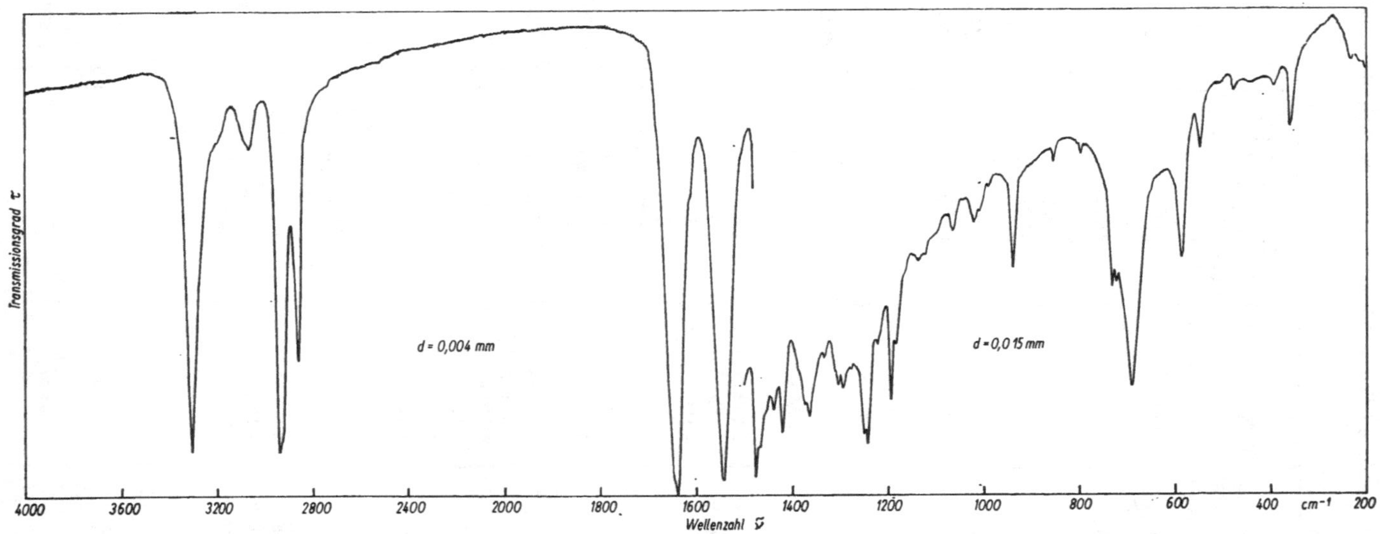

Abb. 6.46 Ultrarotspektrum von Polyamid-610. Die Filme wurden durch Eindampfen von Lösungen in Ameisensäure und Phenol bei 100 °C hergestellt.

Tabelle 6.42 Ultrarotbanden (in cm^{-1}) der Polyamide-11, -66, -610 und von Poly-m-Xylylen-adipamid

Polyamid-11	Polyamid-66	Polyamid-610	Poly-m-Xylylen-adipamid (nach YODA (1964))	Zuordnung
3313 *s*	3304 *vs*	3309 *vs*	3297 *vs*	ν(NH)
3200 *w*, *Sch*	3210 *w*, *Sch*	3206 *w*, *Sch*		
3080 *m*	3062 *m*	3073 *m*	3074 *m*	
			3032 *vw*	$\nu(CH)_{arom.}$
			3022 *vw*	
			3005 *vw*	
			2944 *m*	
2937 *vs*	2936 *vs*	2938 *vs*	2925 *s*	$\nu_a(CH_2)$
2856 *s*	2877 *s*	2859 *s*	2865 *m*	$\nu_s(CH_2)$
	2861			
1647 *vs*	1636 *vvs*	1639 *vs*	1639 *vvs*	Amid-I
1546 *vs*	1541 *vs*	1543 *vs*	1545 *vs*	Amid-II
			1611 *w*	$\nu(CC)_{arom.}$
			1593 *w*	
1479 *w*, *Sch*	1475 *s*	1475 *s*		$\delta(CH_2)$, N-vic.
1471 *s*				$\delta(CH_2)$
1460 *w*, *Sch*	1466 *m*	1468 *m*	1460 *m*	
1442 *w*	1438 *w*	1439 *m*	1447 *s*	
1420 *m*	1418 *s*	1420 *m*	1423 *s*	$\delta(CH_2)$, CO-vic.
			1382 *m*	$\gamma(CH_2)$
1377 *m*	1373 *m*	1374 *m*	1378 *vw*	
1356 *w*		1365 *s*	1351 *m*	
1344 *w*	1332 *w*	1334 *w*	1335 *vw*	
			1310 *vw*	
1300 *w*	1305 *w*	1304 *m*	1300 *w*	
		1294 *m*		
1280 *m*	1279 *s*	1277 *vw*	1277 *s*	Amid-III + $\gamma_w(CH_2)$ + $\gamma_t(CH_2)$
1266 *w*		1249 *s*	1266 *s*	
1242 *m*		1242 *s*	1240 *m*	
1225 *m*	1225 *m*	1220 *w*		
	1201 *s*			
1191 *m*	1182 *m*	1192 s	1206 *m*	ν(CC), ν(CN), $\gamma_t(CH_2)$, $\delta_i(CH)_{arom.}$
		1184 *m*		
1160 *m*	1147 *m*	1137 *w*	1147 *w*	
1127 *m*	1140 *m*	1121 *w*		
1087 *vw*	1090 *vw*	1080 *vw*	1091 *w*	
1060 *w*	1066 *m*	1064 *m*		
1026 *vw*	1043 *m*	1044 *vw*	1030 *m*	
997 *w*	1015 *w*	1020 *m*		
		1009 *w*		
978 *vw*	988 *vw*	989 *vw*		δ(CONH) (Amid-IV)
967 *vw*				
938 *m*	936 *s*	938 *m*		
902 *vw*	907 *w*			

Tabelle 6.42 (Fortsetzung)

Polyamid-11	Polyamid-66	Polyamid-610	Poly-m-Xylylen-adipamid (nach YODA (1964))	Zuordnung
			908 *w*	
			894 *w*	$\delta_0(CH)_{arom.}$
			794 *m*	
845 *vw*		854 *w*		
792 *vw*	797 *w*	798 *w*	752 *m*	
	731 *m*	731 *m*	738 *m*	$\gamma_r(CH_2)$
721 *s*		723 *w*		
			705 *s*	δ_0(Ring)
			684 *w*	
688 *s*	692 *s*	690 *s*	725 *m*	Amid-V
585 *m*	582 *m*	585 *s*	600 *w*	
547 *m*	535 *m*	545 *m*	590 *w*	Amid-VI
			581 *w*	
			566 *w*	δ_i(Ring)
			500 *w*	
495 *w*		509 *vw*		
445 *m*		475 *w*		Gerüstschwingungen
410 *m*	409 *m*	391 *w*		
307 *w*	358 *m*	357 *m*	365 *w*	Amid-VII,
295 *w*	331 *w*, *Sch*	232 *w*	336 *w*	Gerüstschwingungen
287 *w*	234 *w*	213 *w*	310 *w*	

deren Mischungen von BOURIOT (1957, 1961) und PRATI (1964) untersucht wurde. Im Falle des Poly-m-Xylylenadipamid kommen noch die für den Benzolring charakteristischen Banden bei etwa 3000, 1500, 900 und 800 cm^{-1} hinzu. Die symmetrischen CH_2-Valenzschwingungen des Polyamid-11 liegen niedriger als die der anderen Polyamide und nähern sich dem bei Polyäthylen gefundenen Wert.

Die Aufspaltung der $\nu_s(CH_2)$-Bande des Polyamid-66 hängt nach PRATI (1964) von der Filmherstellung ab. Bei sehr hoher Auflösung und extrem langsamer Registrierung zeigt sich auch bei anderen Polyamiden eine Feinstruktur der $\nu(CH_2)$-Banden.

6.9.1.3. Die ultrarotspektroskopische Bestimmung des Ordnungszustandes und der Orientierung der Polyamide

Das besondere Charakteristikum der Ordnungsgradbestimmung an Polyamiden besteht darin, daß mehrere kristalline und mesomorphe Modifikationen nebeneinander existieren können, so daß es von vornherein problematisch ist, einen auf der Gegenüberstellung von zwei Phasen mit unterschiedlichem Ordnungszustand beruhenden Ordnungsgrad zu definieren. Wie die Tab. 6.41 zeigt, hängen im Polyamid-6 nahezu alle Ultrarotbanden mehr oder weniger von der Struktur ab, und ähnliches trifft auch auf die anderen Polyamide zu. Nach SCHNEIDER u. a. (1962) lassen sich die UR-Spektren von Polyamid-6 im wesentlichen durch die Überlagerung der Spektren der α- und der γ-Modifikation erklären. Die kristalline γ-Struktur und mesomorphe Strukturen haben nahezu gleiche Ultrarotspektren und sind daher spektroskopisch kaum zu unterscheiden. Im amorphen Polymer fehlen die Skelettschwingungen unterhalb 500 cm^{-1}, und die Amidbanden V und VI liegen bei 700 bzw. 600 cm^{-1} (SCHMIDT (1967)). Die UR-spektroskopische Ordnungsgradbestimmung der Polyamide bezieht sich aus diesen Gründen immer auf die Bestimmung des relativen Anteils der kristallinen α-Modifikation. Über die Ordnungsgradbestimmung an solchen Polyamiden, die ausschließlich in der γ-Form vorkommen, sind bisher keine Arbeiten bekannt geworden.

Die Strukturabhängigkeit der Polyamidspektren beruht, wie oben gesagt, überwiegend auf der Konformation der Moleküle. Wenn jedoch die Elementarzelle mehrere Monomereinheiten enthält, sind wegen der Wechselwirkung zwischen den Amidgruppen benachbarter Einheiten, die durch Wasserstoffbrücken oder die Methylenketten verbunden sind, Kristallaufspaltungen zu erwarten. Nach TOBIN (1956) ist das bei Polyamid-6 der Fall, jedoch nicht bei Polyamid-66 und Polyamid-610, bei denen nur eine Kette durch die Elementarzelle geht. Auf die Aufspaltung zurückzuführende kristalline Banden haben sehr hohen Dichroismus. DECHANT (1965c) interpretierte die Banden zwischen 930 und 1030 cm^{-1} des Polyamid-6 mittels der Aufspaltung der bei 980 cm^{-1} gelegenen Bande des nicht kristallinen Polymers.

In den meisten Arbeiten wurden die zwischen 800 und 1050 cm^{-1} liegenden Banden zur Ordnungsgradbestimmung verwendet. Als von der Struktur unabhängige Banden wurden die bei 1075 und 1124 cm^{-1} vorgeschlagen (VOLČEK (1959)). NOVAK (1963) ordnete die Bande 1075 cm^{-1} dem ungeordneten Anteil zu. Auch die Bande 1124 cm^{-1} ist nur scheinbar strukturunabhängig. Sie besteht aus zwei etwa gleichstarken Komponenten mit entgegengesetztem Dichroismus, die den α- und γ-Modifikationen zuzuordnen sind (SCHWAIR (1966)). STARKWEATHER (1956) eichte Dichtemessungen an Polyamid-66 und -610 mit Hilfe der UR-Spektroskopie, indem die Intensität kristalliner und amorpher Banden über der Dichte aufgetragen und zur Intensität Null extrapoliert wurde. Mit aus der Schmelze abgeschreckten und bei mittleren Temperaturen getemperten Proben ergab sich ein linearer Zusammenhang zwischen Dichte und Extinktion. NOVAK (1963) bestimmte durch Extrapolation der integralen Extinktion der Bande 835 cm^{-1} die Dichte des amorphen Polyamid-6 und leitete eine Formel ab, die es gestattet, den Kristallinitätsgrad aus der Maximalextinktion bei 835 oder 929 cm^{-1} zu ermitteln. SANDEMAN und KELLER (1956) eichten die integrale Extinktion der kristallinen Bande 938 cm^{-1} von Polyamid-610 mit Dichtemessungen und untersuchten den Zusammenhang zwischen spezifischem Volumen und der spektroskopisch bestimmten Kristallinität getemperter und verstreckter Proben. Es zeigte sich dabei, daß bei hohen Tempertemperaturen und bei ver streckten Proben der lineare Zusammenhang verloren geht.

HENDUS u. a. (1960) leiteten Gleichungen zur Bestimmung des Kristallinitätsgrades von Polyamid-6 aus spektroskopischen Messungen ab und kombinierten die erhaltenen Ergebnisse mit Dichtemessungen und Röntgenuntersuchungen. Aus der Korrelation der Ergebnisse der drei Methoden erhielten sie Aufschlüsse über die Existenz der α-, γ- und amorphen Strukturen in den verschiedenen Dichtebereichen. Es zeigte sich, daß abgeschreckte, amorphe Proben beim Tempern bis zu 150 °C in die hexagonale γ-Struktur übergehen, oberhalb dieser Temperatur erfolgt die Kristallisation in der monoklinen α-Struktur.

DOSKOČILOVÁ u. a. (1962) bestimmten mit den Banden 1202 cm^{-1} (α), 1172 cm^{-1} (γ) und 1124 cm^{-1} (innerer Standard) den Anteil der α-Konformation in Blockpolymerisaten von Polyamid-6 durch Anwendung der im Abschnitt 5.1.2. angeführten Gleichungen. Das Verhältnis der Extinktionskoeffizienten ließ sich an Copolymeren aus Caprolactam und γ-Methylcaprolactam, die mit größerer Variationsbreite des Ordnungsgrades herzustellen sind, genauer als mit den Homopolymeren bestimmen (DOSKOČILOVÁ (1963a)).

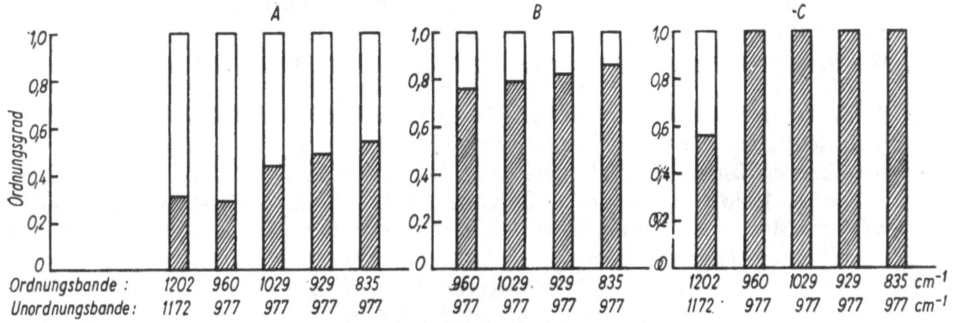

Abb. 6.47 Scheinbarer Ordnungsgrad von Polyamid-6-Filmen (nach RUSCHER und DECHANT (1964)).
A — aus der Schmelze kristallisiert, *B* — eine Stunde in Wasser bei 100 °C getempert, *C* — aus Ameisensäurelösung kristallisiert

RUSCHER und DECHANT (1964) fanden, daß der berechnete Ordnungsgrad einer Reihe verschieden vorbehandelter Polyamid-6-Proben bei formaler Anwendung der Gleichungen (5.8) und (5.9) von dem zugrunde gelegten Bandenpaar $\tilde{\nu}_o$ und $\tilde{\nu}_u$ abhängt (Abb. 6.47). Die Differenzen wurden darauf zurückgeführt, daß die von den jeweiligen Banden widergespiegelten geordneten und ungeordneten Bereiche sich nicht unbedingt zu eins ergänzen, da sich das Spektrum nicht in allen Frequenzbereichen nur durch die Überlagerung der Einzelspektren von zwei Strukturen ergibt. Bei den kristallinen Banden spielt auch die Größe und Güte der geordneten Bereiche eine Rolle. Setzt man die Banden 960, 1029, 929 und 835 cm^{-1} in Beziehung zu der Unordnungsbande 977 cm^{-1}, so erhält man einen in der angegebenen Reihenfolge ansteigenden Ordnungsgrad. Bei 960 cm^{-1} absorbieren die Bereiche mit dem besten Ordnungszustand, von den Banden 1029, 929 und 835 cm^{-1} werden zusätzlich Bereiche mit schlechterer Ordnung erfaßt und zum geordneten Anteil gezählt. Bei der lösungskristallisierten Probe ist die Bande 977 cm^{-1} nur als schwache Schulter vorhanden, so daß der scheinbare Ordnungsgrad nahezu 100% ist. Dagegen wird mit dem Bandenpaar 1202 und 1172 cm^{-1} fast 50% ungeordneter Anteil gefunden. Diese Ergebnisse zeigen, wie problematisch die Angabe eines Kristallinitätsgrades bei Polyamiden ist, sie weisen aber auch darauf hin, daß durch volle Ausnutzung des Informationsgehaltes des Ultrarotspektrums weitere Aussagen über den Ordnungszustand erhalten werden können.

In der Arbeit von SANDEMAN (1956) wurde gefunden, daß die Kristallinität von Polyamid-6 bei der Verstreckung zunimmt und die von Polyamid-610 abnimmt. Nach NOVAK (1965) hängt die Änderung des Ordnungsgrades bei der Verstreckung vom Ausgangszustand ab. In Proben mit niedrigem Ordnungsgrad nimmt er beim Dehnen durch Orientierungskristallisation in den ungeordneten Bereichen zu, bei Proben mit hohem Ordnungsgrad nimmt er ab. JAMBRICH (1961) und DIAČIK (1961) untersuchten die Stukturänderungen von Polyamid-6 beim Tempern und Verstrecken im Zusammenhang mit der Herstellung von Textilfasern. Sie fanden, daß die kristallinen Banden 835, 929 und 1029 cm^{-1} beim Tempern zwischen 100 °C und 200 °C unterschiedlich schnell anwachsen. Von der Bande 960 cm^{-1} wird erst oberhalb von 140 °C eine Ordnungszunahme registriert.

Die Auswirkung technologischer Behandlungen (Trocken- und Naßfixierung, Langzeitlagerung) auf die Struktur der Polyamidfasern untersuchten BOURIOT (1967, 1967a, 1969) und SCHWAIR (1966). Beim Lagern von Polyamid-66 wurde eine Zunahme der kristallinen Bande 936 cm^{-1} über mehrere Monate beobachtet. Durch Einlegen der Proben in Wasser wurde die Kristallinitätszunahme beschleunigt, gleichzeitig änderte sich die Orientierung der geordneten Bereiche. KOSHIMO (1965, 1965a, 1965b) behandelte Polyamid-6 bei Temperaturen bis zu 150 °C mit D_2O bzw. deuteriertes Polyamid mit H_2O, und untersuchte so die strukturellen Vorgänge bei der Thermofixierung.

KING (1962) und WOOD (1963) benutzten die ν(NH)-Bande bei 3300 cm^{-1} zur Ordnungsgradbestimmung. Sie fanden, daß der Extinktionskoeffizient am Bandenmaximum für kristallines Polyamid-6 sechsmal so groß ist wie für das amorphe Polymer. Die getrennte Bestimmung der Extinktionskoeffizienten wurde durch Deuterierung mit D_2O und HCOOD ermöglicht.

KOENIG (1968) ordnete im Spektrum von Polyamid-66 zwei schwache Banden bei 1224 und 1329 cm^{-1} wegen ihres Verhaltens gegenüber thermischen Behandlungen und chemischem Abbau einer speziellen in engen Rückfaltungen der Kette vorliegenden Konformation zu. An Hand dieser Banden konnten die Entstehung und das Verschwinden von Faltungsstrukturen beim Tempern und Verstrecken des Polymers verfolgt werden. (Vgl. auch FRAYER (1969) und CANNON (1969)).

Der Mechanismus der Umwandlung der α- in die γ-Struktur im Polyamid-6 unter der Einwirkung von Jod und die Bildung des Polyamid-Jod-Komplexes wurden von ARIMOTO (1962, 1964) an Mikrotomschnitten doppelt orientierter Filme mittels dichroitischer Messungen untersucht. Danach bildet das Jod in den kristallinen Bereichen einen definierten Komplex mit dem Carbonylsauerstoff der Amidgruppe, was die Auflösung der Wasserstoffbrücken zwischen den Amidgruppen zur Folge hat. Die ν(NH)-Bande wird nach 3360 cm^{-1} verschoben; die Amidbanden I und II liegen in dem Komplex bei etwas erniedrigten Frequenzen (1635 bzw. 1534 cm^{-1}). Die Richtungen der Übergangsmomente ebener Schwingungen der Amidgruppe werden bei der Komplexbildung aus der Filmebene herausgedreht und liegen dann fast senkrecht zur Filmebene. Dagegen bleibt die Lage der Übergangsmomente der Methylengruppen bestehen. Bei der Entfernung des Jods bilden sich Wasserstoffbrücken zwischen den einander am nächsten liegenden Amidgruppen. Die Ergebnisse wurden durch die Untersuchung der spektralen Änderungen bei der Jod-Jodkalium-Behandlung in schwerem Wasser ergänzt, wobei die Umwandlung der Kristallstruktur mit der Substitution des Amidwasserstoffs durch Deuterium einhergeht (ARIMOTO (1962a)).

Im Spektrum von Polyamid-66 treten bei der Einwirkung von Jod zunächst die gleichen Erscheinungen wie bei Polyamid-6 auf, nach der Herauslösung des Jods mit Natriumthiosulfat kommt jedoch das ursprüngliche Spektrum wieder (SCHNEIDER (1962)). DOSKOČILOVÁ (1962a) kam auf Grund der Untersuchungen

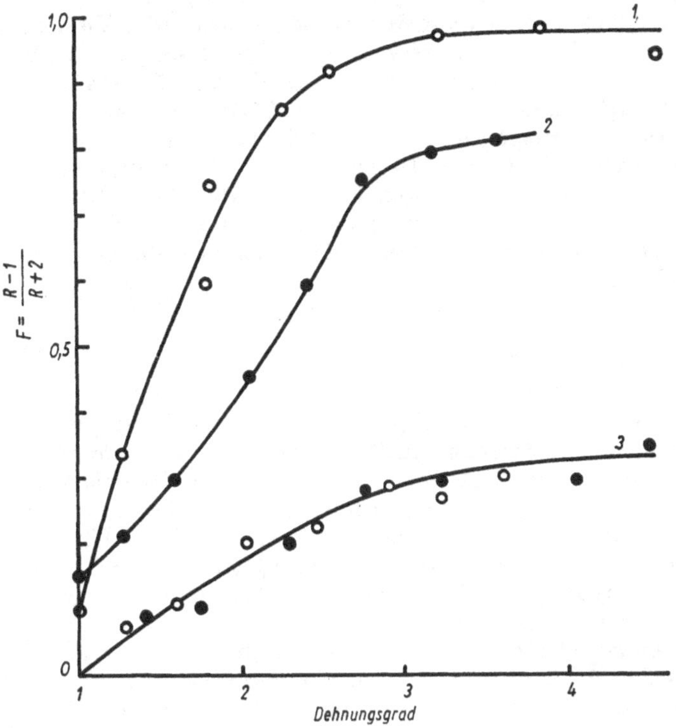

Abb. 6.48 Abhängigkeit des Orientierungsfaktors F vom Dehnungsgrad (nach NOVAK (1964)).
1 und *2* — Orientierung der Moleküle in den Kristalliten bei der Ausgangskristallinität 14 bzw. 34%, *3* — Orientierung der Moleküle in der amorphen Phase

an KJ_3-Komplexen von N-Alkylamiden zu der Ansicht, daß das Jod nicht über das Sauerstoffatom, sondern über den Stickstoff zur Amidgruppe koordiniert ist, und zwar bildet ein J_3^--Ion eine Brücke zwischen zwei Stickstoffatomen. MATSUBARA (1966) konnte das J_3^--Ion durch die Beobachtung einer starken Bande im fernen Ultrarot bei 140 cm^{-1} direkt nachweisen. Der Eintritt des großen Halogenions in die Polyamidstruktur ist nur möglich, wenn das Netzwerk der Wasserstoffbrückenbindungen durch Protonierung des Carbonylsauerstoffs im ionisierten wäßrigen Medium gelockert wird. Damit wird erklärlich, warum in nichtwäßrigen Lösungsmitteln und mit elementarem Jod die Komplexbildung unterbleibt.

Polyamid-6, in dem durch Einwirkung von Jod-Jodkalium die γ-Struktur erzeugt wurde, geht beim Verstrecken in die α-Struktur über. Die Umwandlung gelingt jedoch nicht oder nur in viel geringerem Ausmaß, wenn die γ-Struktur beim Spinnstrecken von Fasern entstanden ist (Tsuruta (1958)). Arimoto (1962b) erklärte das unterschiedliche Verhalten damit, daß die Strukturumwandlung durch das Aufziehen von Kettenfaltungen begünstigt wird.

Mit dichroitischen Untersuchungen an Polyamiden befaßten sich in älteren Arbeiten Ambrose (1949), Elliott (1948a, 1949) und Glatt (1948). Caroti und Dusenbury (1956, 1956a) untersuchten das dichroitische Verhältnis der ν(NH)- und $\nu(CH_2)$-Banden beim Verstrecken von Polyamid-66-Fäden. Die Orientierung der amorphen und kristallinen Bereiche von Polyamid-6 wurde von Novak und Vettegren (1964) mit Hilfe der Banden 1122 und 960 cm^{-1} bestimmt. Der Orientierungsfaktor steigt für beide Banden mit zunehmender Verstreckung an. Bei gleicher Dehnung werden die Moleküle in den geordneten Bereichen viel besser orientiert als in der amorphen Phase (Abb. 6.48). Die Orientierung der Kristallite hängt von der Ausgangskristallinität der Probe ab. Durch hohen Ordnungszustand wird die Orientierung der in den kristallinen Bereichen liegenden Moleküle gehemmt.

6.9.1.4. Analytische Untersuchungen

Anton (1963) beschrieb eine Methode zur direkten Bestimmung der cyclischen Oligomeren im Wasserextrakt von Polyamid-6. Die Methode basiert darauf, daß cyclische Oligomere im Gegensatz zum monomeren Caprolactam die Amid II-Bande bei 1550 cm^{-1} haben und demzufolge leicht neben dem Monomeren nachzuweisen sind. Der eingedampfte Wasserextrakt wird für die Ultrarotuntersuchung in Tetrafluorpropanol gelöst. Der Monomergehalt läßt sich aus der Differenz zwischen Gesamtextrakt und Oligomeranteil berechnen. Ongemach u. a. (1966) empfehlen, den Gesamtextrakt durch Differentialrefraktometrie zu bestimmen und das monomere Caprolactam nach Abtrennung mit Tetrachlorkohlenstoff an Hand der scharfen Bande bei 3430 cm^{-1} zu analysieren. Nach Mori (1967) kann monomeres ε-Caprolactam in Gegenwart von Polyamid-6 und dessen Oligomeren durch Messung der Absorption bei 892 cm^{-1} bestimmt werden. Die Probe wird zu diesem Zweck in o-Chlorphenol gelöst und die Absorption des Lösungsmittels kompensiert.

Mit der spektroskopischen Bestimmung von Imidgruppen im Polyamid-6 befaßten sich Jokl u. a. (1963a). Die Carbonylbande von Imiden liegt bei 30 cm^{-1} höheren Wellenzahlen als die Amid I-Bande. Wegen der meist sehr niedrigen Konzentration der Imidgruppen mußte eine Differenzmethode angewendet werden, bei der die Absorption der Amidgruppen mittels einer von Imidgruppen freien Probe kompensiert wurde. Die Messungen wurden an 2%igen Lösungen des Polymers in Kresol durchgeführt.

Bouriot und Chaillet (1963) untersuchten die spektroskopischen Veränderungen beim thermischen Abbau von sekundären Amiden, die als Modellsubstanzen für Polyamid-66 anzusehen sind. Im festen Zustand wiesen die an Luft erhitzten Substanzen Banden bei 1715 und 1760 cm^{-1} auf. Daraus wurde auf das Vorhandensein von in kleine Ringe eingebauten Carbonylgruppen geschlossen. Weiter wurde gefunden, daß die Methylengruppe in α-Stellung zum Stickstoffatom besonders empfindlich ist und daß in größerer Zahl —CONHCO- und —$CONH_2$-Gruppen entstanden. KOTORLENKO u. a. (1964) fanden beim Studium der thermischen und strahlungsinduzierten Oxydation von Polyamid-6 eine mit fortschreitender Schädigung wachsende Abnahme der ν(NH)-, Amid I- und Amid II-Banden. Eine bei 1713 cm^{-1} entstehende Bande weist auf die Bildung von Carbonylgruppen hin. Die Absorptionszunahme zwischen 800 und 1200 cm^{-1} entspricht der Entstehung von Hydroperoxid- und Ätherbindungen sowie vernetzter Strukturen. Die Spaltung des Makromoleküls erfolgt hauptsächlich an den in β-Stellung zur Carbonylgruppe befindlichen C—N- und C—C-Bindungen.

6.9.1.5. *Weitere ultrarotspektroskopische Arbeiten über Polyamide*

a) *Zum UR-Spektrum*
CANNON (1955), JOKL (1963b), SAFFORD (1965), SCHNEIDER (1965), ZAHN (1962, 1965).

b) *Zur Struktur*
FOMINA (1970), GOJCHMAN (1965), JEFFRIES (1964b), KOMOTO (1965), LAROSE (1957), NOVAK (1969), RAU (1966), SASAKI (1965), ŽURKOV (1965).

c) *Zur Analytik*
AZIMOV (1960), BUKAČ (1964), GOODMAN (1955), MIKOLAJEWSKI (1964), PEERMAN (1954), PORTER (1958), RODE (1968), SARDA (1963), SLOVOCHOTOVA (1959).

6.9.2. *Polypeptide und Proteine*

Die Polypeptide sind formal als Kondensationsprodukte der α-Aminosäuren aufzufassen. Sie lassen sich, wenn man von den Endgruppen absieht, durch die allgemeine Formel

$$-[\mathrm{NH}\underset{\substack{|\\ \mathrm{R}}}{\mathrm{C}}\mathrm{HCO}-]_n \qquad (6.4)$$

beschreiben. Ihre Eigenschaften werden weitgehend durch die Seitengruppe *R* bestimmt. Das große Interesse an dieser Polymerklasse erklärt sich vor allem dadurch, daß die Polypeptide als einfache Modelle der Proteine angesehen werden können, die im wesentlichen die gleiche Grundkette besitzen. Während die synthetischen Polypeptide nur eine Substituentensorte *R* enthalten, bzw. in Copolymeren zwei bis drei verschiedene Seitengruppen, sind in den Proteinen 20 oder mehr verschiedene Aminosäuren durch Peptidgruppen verknüpft, die in bestimmter Folge aneinandergereiht sind. Die chemische Struktur der Polypeptide ist deshalb besser bekannt als die der Proteine, und die an ihnen gewonnenen Erkenntnisse schaffen die Voraussetzung für die Erforschung der komplizierter gebauten Proteine.

Röntgendiffraktometrie, optische Rotationsdispersion und Ultrarotspektroskopie zeigten, daß die Polypeptidketten in drei Konformationen vorliegen können: als α-Helix, in der β-Form mit nahezu gestreckten Ketten und als statistisches Knäuel (PAULING (1951, 1951a)). Im ungestörten Zustand ist die α-Helix eine irrationale Spirale mit etwa 3,6 Aminosäureresten je Windung. Jede Peptidgruppe ist mit der an dritter Stelle entlang der Kette folgenden Gruppe durch eine Wasserstoffbrückenbindung verbunden, wodurch 13gliedrige, durch Wasserstoffbrücken geschlossene Ringe entstehen (Abb. 6.49).

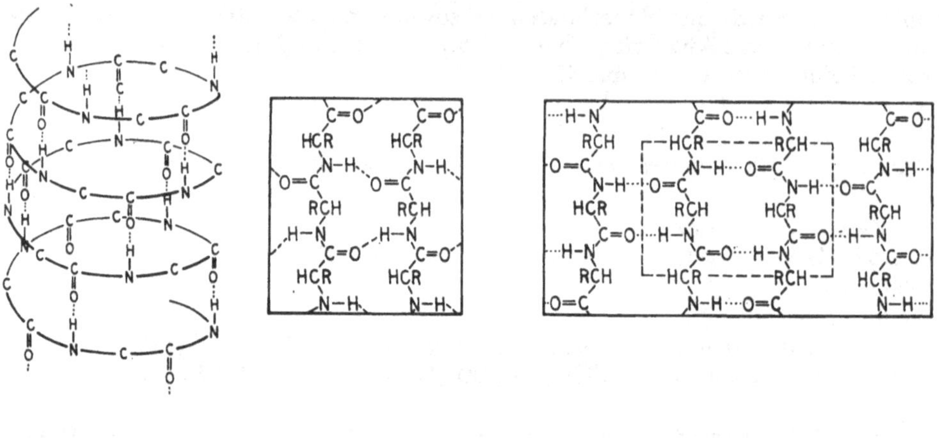

a) b) c)

Abb. 6.49 Konformationen der Polypeptidkette.
a — α-Helix, *b* — β-Form mit parallelen Ketten, *c* — β-Form mit antiparallelen Ketten

In der β-Form sind die Ketten nicht vollständig gestreckt. Die Amidgruppen sind etwas gegen die Kettenrichtung verdreht, wodurch die Längsperiode verkürzt wird (BAMFORD (1956a)).

Erste ausführliche ultrarotspektroskopische Arbeiten über Polypeptide stammen von DARMON (1947, 1949) und ASTBURY (1948). Sie zeigten, daß die charakteristischen starken Amidbanden der Peptidgruppe auftreten und daß sich die verschiedenen Polypeptide vor allem im Bereich von 1500 bis 700 cm^{-1} unterscheiden. Vorher hatten bereits BUSWELL u. a. (1940a) nachgewiesen, daß die NH-Gruppen der Polypeptide in Wasserstoffbrücken gebunden sind, und BATH und ELLIS (1941) fanden durch dichroitische Untersuchungen im nahen Ultrarot, daß die C=O-Bindung in der Seide senkrecht zur Faserachse orientiert ist. Nach einer Mitteilung von COOK (1954) waren Proteine die ersten Substanzen, die mit Hilfe der KBr-Preßtechnik ultrarotspektroskopisch untersucht wurden.

Als äußerst wertvoll für die Aufklärung der Polypeptidkonformationen erwies sich die Anwendung polarisierter Strahlung (AMBROSE (1949a, 1951), ELLIOTT (1950, 1954a, 1956)). Wie aus Abb. 6.49 hervorgeht, ist die ν(NH)-Bande in der α-Helix parallel zur Achse und in der β-Konformation senkrecht zur Kettenrichtung polarisiert. Die Amid I-Bande, die näherungsweise parallel zur C=O-Bindung polarisiert ist, hat in der α-Helix π- und in der β-Konformation σ-Dichroismus. Umgekehrt verhält sich die Amid II-Bande. Eine weitere wichtige Feststellung, die bei der Untersuchung zahlreicher Polypeptide in der α- und

β-Form gemacht wurde, ist die Verschiebung der Amid I-Bande von etwa 1655 cm^{-1} nach 1630 cm^{-1} und der Amid II-Bande von etwa 1550 cm^{-1} nach 1520 cm^{-1} beim Übergang von der α-Helix zur β-Konformation (Elliott (1954b)). Die Frequenzverschiebung ermöglicht es, auch bei nicht orientierten Proben zwischen α- und β-Polypeptiden zu unterscheiden und die Existenz der α-Helix in Lösungen nachzuweisen (Elliott (1956a)). Ein ausführlicher Bericht über diese Arbeiten ist in der Monographie von Bamford, Elliott und Hanby (1956) enthalten.

Die empirisch gefundene Korrelation zwischen Frequenz und Polarisation der Amidbanden I und II und der Konformation der Polypeptide wurde von Miyazawa (1960, 1961b) durch die theoretische Analyse der Frequenzaufspaltung als Folge inter- und intramolekularer Wechselwirkungen erklärt. Die Wechselwirkungskonstanten D_1 und D_1' und die ungestörte Wellenzahl ν_0 aus der im Abschnitt 5.1. angeführten Gleichung (5.1) wurden von Miyazawa mittels der an Polyamid-66, Polyglycin I und partiell deuteriertem Poly-γ-Benzylglutamat gemessenen Wellenzahlen berechnet. In der Tab. 6.43 sind die berechneten und die gemessenen ultrarotaktiven Frequenzen zusammengestellt. Nach einer Störungsrechnung von Konarski (1971) reichen die Wechselwirkungen nicht aus, um die Aufspaltung der Amidbanden zu erklären.

Tabelle 6.43 Gemessene und berechnete Wellenzahlen der Amidbanden I und II von Polypeptiden in verschiedener Konformation (nach Miyazawa (1961b))

Konformation	Zuordnung	Polarisation	Wellenzahl [cm^{-1}] Amid I gemessen	Amid I berechnet	Amid II gemessen	Amid II berechnet
statistisches Knäuel	ν_0	—	1656 *s*	1658	1535 *s*	1535
α-Helix	$\nu(0)$	π	1650 *s*	1650	1516 *w*	1516
	$\nu\left(\frac{2\pi}{3,6}\right)$	σ	1652 *m*	1647	1546 *s*	1540
β-Form, parallele Ketten	$\nu(0, 0)$	π	1645 *w*	1648	1530 *s*	1530
	$\nu(\pi, 0)$	σ	1630 *s*	1632	1550 *w*	1550
β-Form, antiparallele Ketten	$\nu(0, \pi)$	π	1685 *w*	1685	1530 *s*	1530
	$\nu(\pi, 0)$	σ	1632 *s*	1632		1540
	$\nu(\pi, \pi)$	σ		1668		1550

Auf Grund der berechneten Frequenzen kann spektroskopisch zwischen den β-Konformationen mit parallelen und antiparallelen Ketten unterschieden werden. Beide Strukturen haben eine starke σ-dichroitische Amid I-Bande bei 1630 cm^{-1}, jedoch wird die schwache Parallelbande bei 1685 cm^{-1} nur in der Struktur mit antiparallelen Ketten beobachtet. Die Bande 1645 cm^{-1} der Parallelstruktur ist für die Unterscheidung weniger geeignet, da sie auch auf einem α-Helixanteil beruhen kann.

Qualitativ ließen sich mittels der Theorie von MIYAZAWA die Feinstruktur und die Polarisation der Amid I- und II-Banden gut erklären. Die quantitative Übereinstimmung hängt von der Wahl der ungestörten Frequenz ν_0 ab, wobei eine gewisse Willkür nicht auszuschließen ist. KRIMM (1962) hat für die ungestörte Frequenz ν_0 der Amid II-Bande den Wert 1520 cm^{-1} angenommen. Diese Wellenzahl wird experimentell in Polypeptiden mit ungeordneten Ketten und im geschmolzenen Polyamid-66 gefunden. BRADBURY (1963) und ELLIOTT (1964) zeigten an einer Reihe von Polyamiden mit zunehmendem Abstand der Peptidgruppen, daß ν_0 nicht als eine von der Konformation unabhängige Konstante angesehen werden kann. KRIMM (1962) führte zusätzlich zu den in der Tab. 6.43 genannten Strukturen die Frequenzberechnung für eine Konformation mit parallelen polaren Ketten durch, die dadurch gekennzeichnet ist, daß alle Peptidgruppen entlang der Kette gleiche räumliche Anordnung haben. Die berechneten Wellenzahlen stimmen mit den experimentell an Federkeratin gemessenen Werten gut überein. Versuchsweise wurde die Theorie auch auf die Konformationsanalyse von Tabakmosaikvirus-Protein angewendet.

Das Intensitätsverhältnis der polarisierten Komponenten der Amidbanden hängt von der Orientierung des Übergangsmomentes der ungestörten Schwingung ν_0 ab (MIYAZAWA (1960)). Um die Richtung des Übergangsmomentes quantitativ zu bestimmen, hat SUZUKI (1967) das Spektrum von Seidenfibroin mit hoher Auflösung aufgenommen und die sich überlagernden Komponenten der Amid I-Bande unter Anwendung eines Iterationsverfahrens rechnerisch separiert. Der Unterschied zwischen den Halbwertsbreiten der senkrecht bzw. parallel zur Faserachse polarisierten Komponenten wurde mit der Kristallmorphologie erklärt. Aus dem Verhältnis der integralen Intensitäten der $\nu(\pi, 0)$- und $\nu(0, \pi)$-Komponenten wurde ermittelt, daß das Übergangsmoment der Amid I-Schwingung um etwa 20° gegen die Richtung der C=O-Bindung geneigt ist.

Von FRASER u. a. (1969) wurde die röntgenographische Strukturbestimmung von β-Keratin durch ultrarotspektroskopische Messungen unterstützt. Durch sorgfältige Analyse des Dichroismus gelang es, außer den $\nu(\pi, 0)$- und $\nu(0, \pi)$-Banden auch die sehr schwache $\nu(\pi, \pi)$-Komponente der Amid I-Bande zu finden (Abb. 6.50). Die Banden 1629, 1683 und 1697 cm^{-1} haben die Intensität, den Dichroismus und die Lage, die für die antiparallele β-Struktur erwartet werden. Auf der Basis der spektroskopischen Ergebnisse wurde die Drehung der Ketten gegen die Schichtebene bestimmt. Außerdem erlaubten die Messungen die Bestimmung der Wechselwirkungskonstanten ohne zusätzliche Annahmen (FRASER (1970, 1971)).

MIYAZAWA (1962a) und MASUDA (1963, 1969) untersuchten die Abhängigkeit der Amid V-Bande von der Kettenkonformation. In Polyglutamaten und Poly-L-Alanin mit α-Helix-Konformation liegt sie bei 610 bis 620 cm^{-1} und ist senkrecht zur Helixachse polarisiert. Bei Deuterierung wird die Bande nach 460 cm^{-1} verschoben. Der σ-Dichroismus steht im Einklang mit der Zuordnung zur NH-Deformationsschwingung senkrecht zur Ebene, da die Amidgruppenebene fast parallel zur Helixachse liegt. In der antiparallelen β-Konformation und in Polyglutamaten mit niedrigen Molekulargewichten, die ebenfalls gestreckte Ketten bilden, wird eine starke Bande bei 700 cm^{-1} beobachtet, die durch Deuterierung der Amidgruppen nach 530 cm^{-1} verschoben wird. Im Poly-L-Alanin liegt die entsprechende Bande bei 695 cm^{-1}. In der Knäuelkonformation von Poly-DL-

Alanin wurde eine breite Bande bei 665 cm^{-1} gefunden. Die Amid V-Banden der Polypeptidkonformationen sind weiter voneinander getrennt als die Komponenten der Amid I- und Amid II-Banden und eignen sich daher häufig besser zur Untersuchung der Kettenkonformation, besonders für die Unterscheidung

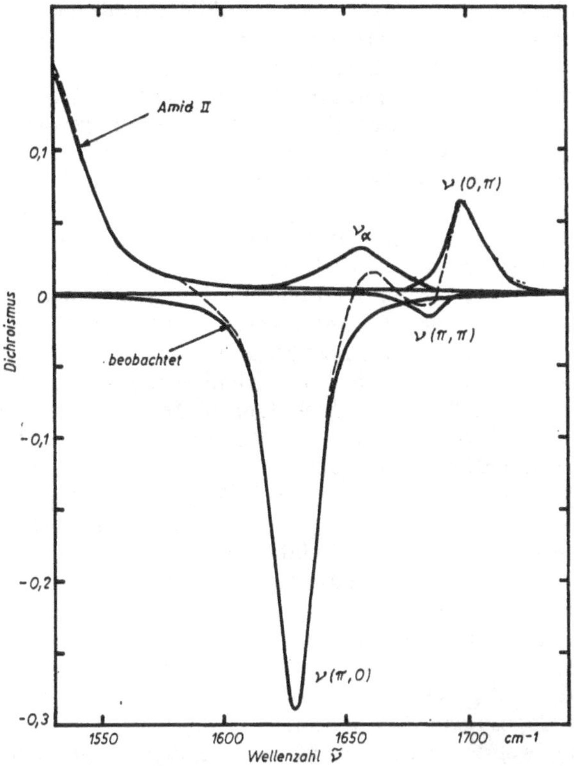

Abb. 6.50 Der Dichroismus im Bereich der Amid I-Bande von β-Keratin. Die ausgezogenen Kurven für die einzelnen Komponenten wurden durch rechnerische Analyse ermittelt. Ihre Summe gibt die gemessene Kurve (gestrichelt) wieder. Die Bande ν_α gehört zu dem in der Probe enthaltenen Anteil mit α-Helixkonformation (nach FRASER (1969)).

zwischen der α-Helix und dem ungeordneten Knäuel. Poly-γ-Benzyl-L-Glutamat hat bei 696 cm^{-1} eine starke Absorption des Phenylrings, welche die Amid V-Bande der β-Konformation verdeckt. Deshalb verwendete MASUDA (1967) N-deuterierte Polymere, um die Abhängigkeit der Konformation vom Polymerisationsgrad zu untersuchen.

Von ČIRGADZE (1969) wurde eine Methode zur Untersuchung kleiner Änderungen der geometrischen Struktur des Polypeptidmoleküls beschrieben, die auf der Abhängigkeit der Skelettschwingungen im fernen Ultrarot von der Molekülkonformation basiert. Das Problem wurde in allgemeiner Form für ein Polypeptidkettenfragment, das zwei Peptidgruppen enthält, behandelt. In einer weiteren

Arbeit bestimmte Čirgadze (1969a) die absolute integrierte Intensität und andere spektroskopische Parameter der Hauptbanden der Peptidgruppe und diskutierte die Anwendung der daraus zu entnehmenden Informationen.

Tsuboi (1962) ermittelte aus dem Dichroismus der Schwingungen der Peptid-, Ester- und Phenylgruppen von Poly-γ-Benzyl-L-Glutamat die Winkel zwischen den Übergangsmomenten und der Helixachsen und leitete daraus die Orientierung der Gruppen in Haupt- und Seitenketten ab. Ishikawa u. a. (1963) fanden bei der dichroitischen Untersuchung von Sphärolithen aus Poly-γ-Methyl-L-Glutamat, daß die Moleküle in der α-Konformation vorliegen und die Helixachse parallel zum Sphärolithradius orientiert ist. Über die ultrarotspektroskopische Konformationsbestimmung an weiteren Poly-γ-Alkyl-L-Glutamaten berichteten Sugai u. a. (1966). Die Konformation auf Wasser gespreiteter Monoschichten von Poly-γ-Methyl-Glutamat wurde von Loeb (1968) mit der Vielfach-ATR-Technik untersucht, indem die Schichten auf ein Germaniumprisma übertragen wurden. In den aus Chloroformlösungen gespreiteten Schichten lagen die Moleküle in Form von α-Helices vor; mit zunehmendem Pyridingehalt des Lösungsmittels wurde ein wachsender Anteil der β-Konformation gefunden. Volček und Purkina (1967, 1968, 1968a, 1969) untersuchten die Konformationsumwandlung von Polypeptiden im festen Zustand bei der Orientierung sowie unter dem Einfluß von Lösungsmitteln und organischen Säuren. Ihre Ergebnisse lassen vermuten, daß zwischen der α-Helix und der β-Form der Polypeptidkette keine wesentliche energetische Differenz besteht.

Asai u. a. (1955) untersuchten die nicht in der Peptidgruppe lokalisierten Schwingungen von einer Reihe synthetischer Polypeptide. Eine Bande bei 1015 cm^{-1} erwies sich als charakteristisch dafür, daß in der Kette mehrere Glycinreste aufeinander folgen. Diese Bande ist in einem statistischen 1:1-Copolymer aus Glycin und Alanin vorhanden, fehlt aber im alternierenden Copolymer. Ähnliches trifft auf eine Bande bei 965 cm^{-1} im Spektrum von Polyalanin zu. Da im Seidenfibroin, das überwiegend aus Glycin- und Alanineinheiten besteht, beide Banden fehlen, wird geschlossen, daß Seidenfibroin ein alternierendes Copolymer ist. Weitere Copolypeptide untersuchte Iio (1970).

Suzuki u. a. (1966) wendeten bei der Zuordnung der Absorptionsbanden von Polyglycin I (β-Form) und Polyglycin II (Helixkonformation) die Methode der Isotopensubstitution an, indem sie die Ultrarotspektren der Polypeptide mit den Grundbausteinen $-(NHCH_2CO-)_n$, $-(NDCH_2CO-)_n$, $-(NHCD_2CO-)_n$, $-(NDCD_2CO-)_n$ und $-(^{15}NHCH_2CO-)_n$ untereinander verglichen.

Über die theoretische Analyse der Schwingungsspektren von Polyglycin berichteten Gupta (1968, 1970) und Singh (1971). Die Frequenzen und Dispersionskurven wurden für Polyglycin I unter der Annahme einer ebenen gestreckten Kette berechnet und zugeordnet. Experimentell wurden die Frequenzdichteverteilungen für Polyglycin I und Polyglycin II mit Hilfe der unelastischen Neutronenstreuung bestimmt. Die Ergebnisse legten den Schluß nahe, daß zwischen den Molekülen in der Helixkonformation (II) auch Wasserstoffbrücken des Typs CH...O vorhanden sind.

Die Übertragung der an Polypeptiden erhaltenen Ergebnisse auf die ultrarotspektroskopische Untersuchung der Proteinstruktur bringt naturgemäß wegen der Vielfalt der verknüpften Aminosäuren Schwierigkeiten mit sich. Blout u. a. (1960) untersuchten die Abhängigkeit der Konformation von der Zusammensetzung der Aminosäuren an solchen synthetischen Polypeptiden, die als Bestandteile der Proteine in Frage kommen. ZERBI u. a. (1960, 1963) fanden, daß bei der Denaturierung von Desoxyribonukleinsäuren zwei Banden bei 1645 cm^{-1} und 1680 cm^{-1} verschwinden und an ihrer Stelle Banden bei 1660 und 1690 cm^{-1} erscheinen. Erstere wurden den regelmäßigen Wasserstoffbrückenbindungen zwischen Purin- und Pyrimidineinheiten zugeordnet, welche die Doppelhelix zusammenhalten. Die Messungen wurden an Lösungen in schwerem Wasser durchgeführt. Die Notwendigkeit und die Methoden der spektroskopischen Untersuchung von Biopolymeren in H_2O und D_2O als deren natürlichem Medium wurden von BLOUT (1957) erörtert. Die Konformationsumwandlungen bei der Denaturierung von Plasmaproteinen untersuchte PALM (1965, 1969). ČIRGADZE (1961, 1962a) befaßte sich mit den Schwingungen des Prolinringes in Poly-L-Prolin, das Bestandteil vieler Proteine ist. Die Bande bei 1440 cm^{-1} kann zur Bestimmung der Menge von Iminosäureresten im Polypeptidmolekül herangezogen werden.

Eine Methode zur Herstellung orientierter Filme von Proteinen für die Untersuchung mit polarisierter Strahlung wurde von RUPPRECHT (1970) beschrieben.

TSUBOI (1964) untersuchte die Spektren einiger synthetischer Polyribonukleinsäuren. BRADBURY u. a. (1962, 1962a) berichteten ebenfalls über die ultrarotspektroskopische Untersuchung von Nukleoproteinen. Die Absorptionsspektren von Nukleoproteinen im fernen Ultrarot wurden von BUONTEMPO (1970) gemessen und mit den Neutronenstreuungsspektren verglichen.

Die Änderung der UR-Spektren von Haaren und Wolle bei Einwirkung oxydierender Chemikalien untersuchten ALTER (1969), ROBBINS (1967) und STRASHEIM (1960).

BLOUT u. a. (1961) haben die Geschwindigkeit des Deuteriumaustauschs von wasserlöslichen Polypeptiden und Proteinen mit Hilfe der zeitabhängigen Abnahme der Amid II-Bande gemessen. Es wurde gefunden, daß der Austausch bei einem statistischen Knäuel sehr rasch erfolgt, wogegen die α-Helix-Konformation viele Stunden für den vollständigen Austausch des Amidwasserstoffs benötigt. SWENSON (1967) untersuchte die Konformationsänderung von Poly-L-Prolin in wäßriger Lösung bei Temperaturerhöhung.

6.9.3. Polyurethane

Polyurethane erhält man bei der Polykondensation von polyfunktionellen Isocyanaten und mehrwertigen Alkoholen oder anderen Substanzen, die Hydroxylgruppen enthalten. Dabei werden gemäß der Reaktion

$$R_1{-}N{=}C{=}O + HO{-}R_2 \rightarrow R_1{-}NH{-}CO{-}O{-}R_2 \qquad (6.5)$$

Urethangruppen gebildet, die sich von den Peptidgruppen durch das zusätzliche Sauerstoffatom unterscheiden. Die Urethangruppe hat sowohl Amidgruppencharakter (—NH—CO—) als auch Estergruppencharakter (—CO—O—), daher wird die Valenzschwingung der Carbonylgruppe von den R_1—NH- und —O—R_2-Resten beeinflußt, die entgegengesetzte Effekte auf die Frequenz der Schwingung ausüben (KACZAJ (1967)). Die Amid I-Bande der Polyurethane liegt mit 1700 bis 1720 cm^{-1} zwischen der Amid I-Bande von Polyamiden und der Carbonylbande der Ester.

In Abhängigkeit von den Ausgangssubstanzen und dem Verhältnis, in dem diese eingesetzt werden, entstehen mehr oder weniger verzweigte Polymere, die noch weitere funktionelle Gruppen sowie aliphatische und aromatische Kohlenwasserstoffe enthalten können. Durch die Wahl der Ausgangsstoffe und die Führung der Polymerisationsreaktion ist eine breite Variationsmöglichkeit der mechanischen Eigenschaften der Polyurethane vorhanden. Die Polymere sind nur in wenigen Fällen chemisch einheitlich und übersichtlich aufgebaute Produkte. Daher ist auch ihr Ultrarotspektrum schwieriger zu deuten als das der meisten anderen Polymere. Andererseits bieten gerade ultrarotspektroskopische Untersuchungen gute Ansätze zur Aufklärung der Struktur der Polyurethane.

Lineare Polyurethane erhält man aus Diisocyanaten und Diolen. Von technischem Interesse ist das Polykondensationsprodukt aus 1,4-Butandiol und 1,6-Hexandiisocyanat, das zur Herstellung von Borsten und Spritzgußteilen Verwendung findet. Sein Ultrarotspektrum wurde von Hemmer (1960, 1963) beschrieben. Polyurethanlacke bestehen aus Polyhydroxylverbindungen und Polyisocyanaten in geeigneten Lösungsmitteln; sie ergeben bei der Trocknung haltbare vernetzte Lacküberzüge.

Die verbreitetste Anwendung finden Polyurethane in Form von Schaumstoffen und Elastomeren. Durch Vernetzungsreaktionen können regelmäßige Netzstrukturen erzeugt werden, die dem idealen Aufbau eines kautschukelastischen Stoffs nahekommen. Die mechanischen und elastischen Eigenschaften dieser Elastomere werden durch die Verteilung von harten und weichen Segmenten in der Polymerkette bestimmt, die ultrarotspektroskopisch von Suzuki (1970, 1971) untersucht wurde. Am strukturellen Aufbau von Schaumstoffen auf der Basis vernetzter Polyurethane sind auf Grund spektroskopischer Untersuchungen von Merten u. a. (1965) hauptsächlich Urethan-, Ester-, Äther-, Harnstoff- und Biuretstrukturen beteiligt. Die Schaumbildung wird durch Zusatz von Wasser oder Carbonsäuren ausgelöst, wobei durch die Reaktionen

$$2\ -NCO + H_2O \rightarrow -NH-CO-NH- + CO_2 \qquad (6.6)$$

und

$$-NCO + -COOH \rightarrow -CONH- + CO_2 \qquad (6.7)$$

Kohlendioxid freigesetzt wird. Da die Polymerisations- und die Treibreaktion gleichzeitig stattfinden, ist eine gute Abstimmung der einzelnen Prozesse unter Beachtung der Folgereaktionen erforderlich, wofür die spektroskopische Untersuchung der komplexen Reaktion durch Merten u. a. (1967) eine Grundlage bilden kann. In der genannten Arbeit werden die Absorptionsfrequenzen der zu erwartenden chemischen Gruppen und für einige Gruppen die unteren spektroskopischen Nachweisgrenzen angegeben.

Die charakteristischen Absorptionen der Urethangruppen sind in der Tab. 6.44 zusammengestellt (nach Kaczaj (1967)). Von anderen Autoren wurden besonders für den Bereich unter 1500 cm^{-1} etwas abweichende Frequenzen und Zuordnungen genannt. Eine Bande bei 780 cm^{-1} wurde der $\delta(C{=}O)$-Schwingung aus der Ebene zugeordnet (Hemmer (1960)). Aromatische Polyurethane sind an den charakteristischen Banden des Phenylrings zwischen 1600 und 1420 cm^{-1} zu

Tabelle 6.44 Absorptionsbanden der Urethangruppe (nach KACZAJ (1967))

Wellenzahl [cm^{-1}]	Zuordnung
3300	ν(NH)
1700	Amid I (aliphatisch)
1720	Amid I (aromatisch)
1540	Amid II (aliphatisch)
1520	Amid II (aromatisch)
1260	ν(C—O) (aliphatisch)
1220	ν(C—O) (aromatisch)

erkennen, und bei genügend großem Anteil aromatischer Diisocyanate kann dem Bereich zwischen 900 und 670 cm^{-1} der Substitutionstyp entnommen werden. Polyurethane aus Diisocyanaten und Polyestern haben Banden bei 1170 und 1070 cm^{-1}, solche aus Diisocyanaten und Polyäthern eine starke ν_a(C—O—C)-Bande bei 1120 cm^{-1} (MULDER (1967)). CORISH (1959) beschrieb die ultrarotspektroskopische Identifizierung einiger auf Polyesterbasis aufgebauter Polyurethane an Hand der charakteristischen Banden zwischen 700 und 900 cm^{-1}.

Eine Methode zur qualitativen Analyse linearer Polyurethane unbekannter Zusammensetzung wurde von MULDER (1967) entwickelt. Sie beruht auf der alkalischen Hydrolyse des Polyurethans, nachdem zuvor mittels der oben genannten charakteristischen Banden der Polymertyp festgestellt wurde. Daran schließt sich eine Trennung der Hydrolyseprodukte mit Ionenaustauschern an, die vom Polymertyp abhängt. Die Identifizierung der getrennten Substanzen geschieht durch Ultrarotanalyse oder Dünnschichtchromatographie. KACZAJ (1967) berichtete über den Nachweis von Polyurethanen nach pyrolytischer Zersetzung an Hand der intensiven Bande der Isocyanatgruppe bei 2270 cm^{-1}.

Die Eigenschaften sowohl der linearen Polyurethane als auch der Elastomere auf Polyurethanbasis hängen zu einem nicht unwesentlichen Teil von Wasserstoffbrückenbindungen zwischen den Molekülketten ab (BOJARČUK (1965, 1968)). Protondonator sind hauptsächlich die NH-Gruppen der Urethanbindung. Als Protonakzeptoren können der Carbonylsauerstoff der Urethan- und Estergruppen oder der Sauerstoff der Ätherbindung fungieren, so daß drei Typen von Wasserstoffbrücken möglich sind:

I
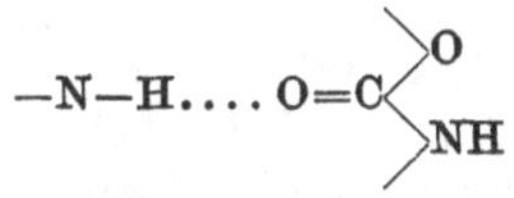

II
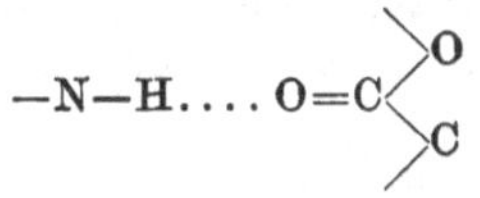

III
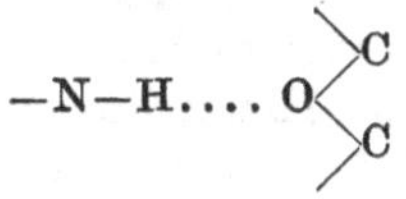

Žarkov (1968) zeigte auf Grund der Untersuchung von UR-Spektren bestimmter Modellverbindungen und Oligomere, daß in Polyurethanen auf der Basis von Polyoxypropylendiolen die Wasserstoffbrückenbindungen vom Typ III überwiegen. Tanaka u. a. (1968) untersuchten ebenfalls das Gleichgewicht zwischen den Bindungstypen I und II bzw. I und III in Polyester- und Polyätherurethanen. Sie wiesen darauf hin, daß das Gleichgewicht und daher auch die räumlich-statistische Verteilung der Wasserstoffbrückenbindungen von der Konzentration der Urethangruppen im Polymer und von der relativen Stärke der Bindungstypen abhängt. Seymour (1970) fand, daß die Wasserstoffbrücken in bis zu 300% gereckten Polyurethanen konstant bleiben, und folgerte daraus, daß Änderungen des Systems der Wasserstoffbrücken keine wesentliche Bedeutung für die elastischen Eigenschaften des Polymer haben. Estes (1971) untersuchte die molekulare Orientierung der Segmente in Polyurethan-Elastomeren.

In aliphatischen linearen Polyurethanen kommen nur Wasserstoffbrückenbindungen vom Typ I zwischen den Urethangruppen vor. Ihre Temperaturabhängigkeit wurde von Trifan (1958) und Hemmer (1960, 1963) untersucht. Bei Zimmertemperatur sind alle NH-Gruppen in Wasserstoffbrücken gebunden. Nach Erwärmung auf 125 °C zeigt eine Schulter bei 3425 cm^{-1} die Existenz freier NH-Gruppen an, deren Menge mit weiterer Temperaturerhöhung ansteigt.

6.10. **Kautschuk und Gummi** (von W. Kimmer)

6.10.1. Polybutadien

Die Polymerisation von 1,3-Butadien, des einfachsten Diolefins, kann auf zweierlei Weise erfolgen:

1. als 1,2-Polymerisation unter Aufspaltung einer Vinyldoppelbindung oder

2. als 1,4-Polymerisation, wobei eine Doppelbindung in cis- oder trans-Stellung entsteht.

Die Monomereinheiten der Polymerketten der klassischen Alkali-, Alfin- und Emulsionspolymerisate des Butadiens (Synthesekautschuk) bauen sich aus allen drei Strukturisomeren auf und können somit als sterische Copolymerisate angesehen werden. Das Isomerenverhältnis hängt von den Polymerisationsbedingungen, insbesondere vom verwendeten Katalysator und der Temperatur ab. Natta und Mitarbeiter (1956e, 1958a, 1959c, 1959d, 1964b) gelang es, mit Hilfe verschiedener stereospezifischer Katalysatoren die einzelnen Isomeren in hoher sterischer Reinheit darzustellen: neben sterisch reinem 1,4-cis- und 1,4-trans-Polybutadien ist mit diesen Katalysatorsystemen auch isotaktisches und syndiotaktisches 1,2-Polybutadien herstellbar, so daß insgesamt vier Polybutadien-Reinisomere bekannt sind (Abb. 6.51). Von diesen besitzt das 1,4-cis-Polybutadien als Verschnittkomponente mit anderen Elastomeren technische Bedeutung, während die anderen drei Isomeren bis jetzt keine technische Anwendung gefunden haben (Natta (1961)). Die Synthese dieser Kautschukreinisomeren durch stereospezifische Polymerisation mittels der Ziegler-Natta-Katalysatoren und die röntgenographische und molekülspektroskopische Strukturaufklärung (Abb. 6.52) hat die Kenntnis über die Kettenkonstitution, die Konfiguration und Konformation der Dienpolymere wesentlich erweitert und neue strukturelle Aufbauprinzipien von Polymeren erkennen lassen. Eine zusammenfassende Darstellung hierüber wurde von CORRADINI (1966) verfaßt.

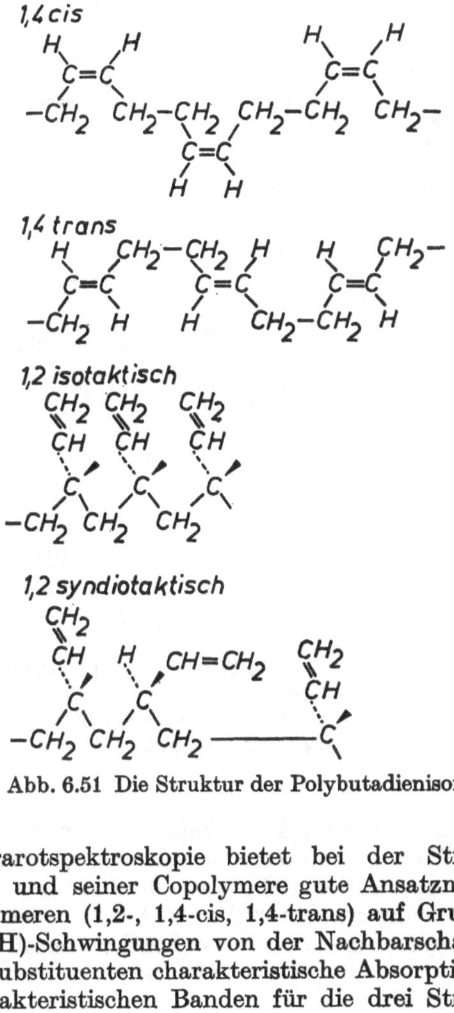

Abb. 6.51 Die Struktur der Polybutadienisomeren.

Die Ultrarotspektroskopie bietet bei der Strukturanalyse des Synthesekautschuks und seiner Copolymere gute Ansatzmöglichkeiten, da die einzelnen Strukturisomeren (1,2-, 1,4-cis, 1,4-trans) auf Grund der starken Abhängigkeit der γ_w(=CH)-Schwingungen von der Nachbarschaft und der sterischen Anordnung der Substituenten charakteristische Absorptionen aufweisen (Abb. 6.53).

Die charakteristischen Banden für die drei Strukturen liegen bei folgenden Wellenzahlen: 1,2-Isomere 910 cm^{-1}, 1,4-trans-Isomere 967 cm^{-1}, 1,4-cis-Isomere um 740 cm^{-1}.

Die Zuordnung der einzelnen Absorptionen erfolgte vor der Synthese der reinen Stereoisomeren mit Hilfe *strukturidentischer* niedermolekularer Olefine. Später konnten die einzelnen Zuordnungen gesichert und verbessert werden, wobei die Polarisationsspektren, die Spektren von hydrierten und deuterierten Polybutadienen, ihre Maleinsäureanhydridaddukte und die spektralen Veränderungen bei der Isomerisierung zur Sicherung der Bandenzuordnungen herangezogen wurden (BINDER (1963a), GOLUB und SHIPMAN (1960)).

Eine exakte Deutung der UR-Absorptionen ist bei diesen kompliziert gebauten Molekülen jedoch erst durch die theoretische Schwingungsanalyse möglich. Hierzu liegen erste Anfänge vor. So wurde von ZERBI und GUSSONI (1966) eine Normal-

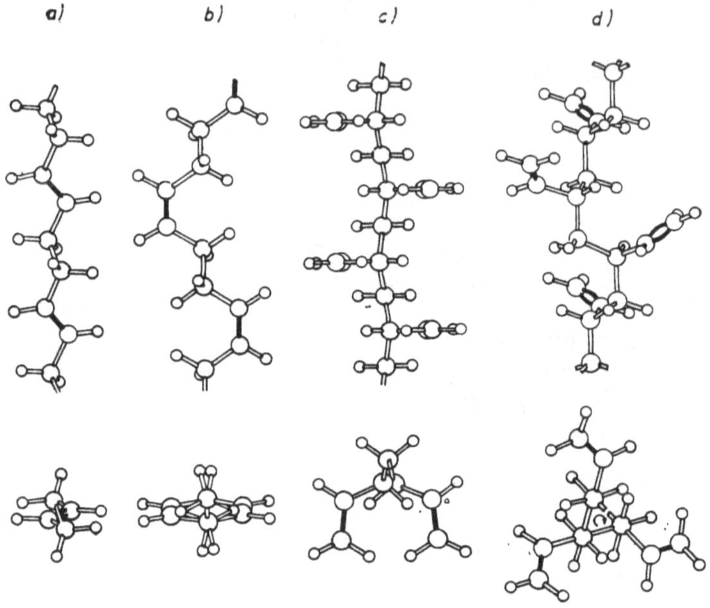

Abb. 6.52 Kettenkonformationen der vier kristallinen Stereoisomeren des Polybutadiens (nach NATTA und CORRADINI (1960c)).
a — 1,4-trans-Polybutadien, *b* — 1,4-cis-Polybutadien, *c* — syndiotaktisches 1,2-Polybutadien, *d* — isotaktisches 1,2-Polybutadien

koordinatenanalyse von syndiotaktischem 1,2-Polybutadien durchgeführt, dessen geometrische Parameter durch NATTA und CORRADINI (1956d) röntgenographisch bestimmt wurden. Die Rechnungen wurden dabei unter der Voraussetzung durchgeführt, daß die Polymerkette völlig regulär und unendlich lang ist, als Einzelkette vorliegt und keine Beeinflussung durch Kristallfelder erfolgt. Ergebnisse einer Normalkoordinatenanalyse von 1,4-trans-Polybutadien wurden von LAURO und NETO (1967, 1967a) beschrieben.

Die ersten UR-Spektren von Butadienkautschuk wurden von LUFT (1944), THOMPSON und TORKINGTON (1945), sowie von FIELD, WOODFORD und GEHMANN (1946) veröffentlicht; sie deuten bereits die Möglichkeit der quantitativen Bestimmung des 1,4-: 1,2- Verhältnisses an, unterscheiden aber noch nicht 1,4-cis von 1,4-trans. Diese Unterscheidung erfolgte durch ANDERSON (1948), HART (1949) und HAMPTON (1949).

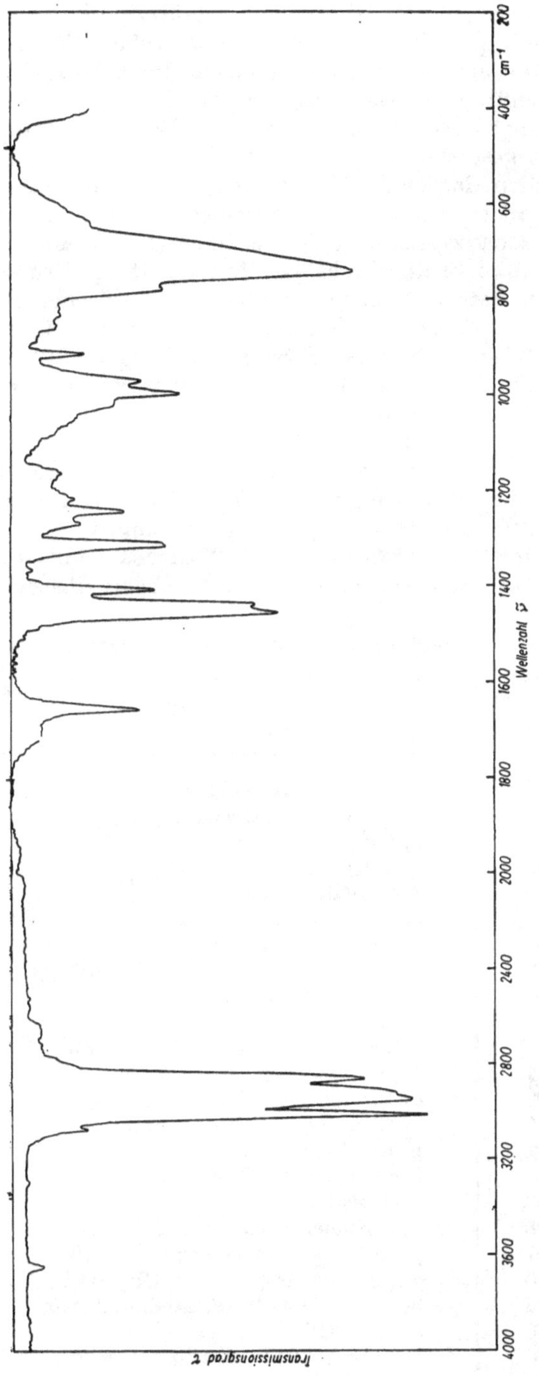

Abb. 6.53 Ultrarotspektrum eines 1,4-cis-reichen Polybutadiens.

Die Ultrarotspektroskopie ist das einzige Verfahren, mit dem in relativ kurzer Zeit qualitative und quantitative Informationen über die Kautschukstruktur erhalten werden. Die auf der unterschiedlichen Reaktionsgeschwindigkeit von Benzopersäure gegenüber mittelständigen (1,4-cis, 1,4-trans) und endständigen (1,2-) Doppelbindungen beruhende kinetische Bestimmungsmethode für die Kautschukisomeren gestattet nur eine Bestimmung der Summe der 1,4-Anteile neben den 1,2-Anteilen, da sich die Umsetzungsgeschwindigkeiten der 1,4-cis- und 1,4-trans-Isomeren nicht wesentlich unterscheiden. Auch mit Hilfe der hochauflösenden Kernresonanzspektroskopie (bis 100 MHz) ist eine getrennte Bestimmung der 1,4-Anteile nicht durchführbar. Man erhält auf Grund der annähernd gleichen chemischen Verschiebungen der strukturspezifischen Protonen nur die Summe der 1,4-Anteile. Erst bei Arbeitsfrequenzen über 220 MHz ist die getrennte Bestimmung der 1,4-Isomeren im NMR-Spektrum möglich (Šimak (1970)). Beide Verfahren wurden zur Kontrolle der Ultrarotergebnisse eingesetzt (Durbetaki (1965), Eimers (1950), Hückel (1958), Kolthoff (1947, 1947a, 1947b), Lee (1949, 1951), Schmalz (1962, 1962a, 1962b)).

Die UR-Spektren der Polybutadiene unterscheiden sich, wie aus den Tab. 6.45 und 6.46 hervorgeht, in charakteristischer Weise. Die angeführten Zuordnungen gehen auf dichroitische Untersuchungen und auf empirische Korrelationen mit ähnlich gebauten Molekülen (Binder (1963a)) zurück. Man erkennt aus dieser Übersicht, daß die zur Strukturanalyse herangezogene Absorption für die 1,2-

Tabelle 6.45 Absorptionsbanden von 1,4-Polybutadien (nach Binder (1963 a))

Wellenzahl [cm^{-1}]	Zuordnung
3077	ν(CH) von CH_2=CH
3012	ν(CH) von cis-CH=CH
2900	$\nu_a(CH_2)$
2841	$\nu_s(CH_2)$
1850	$2 \times \gamma_w$(CH_2=CH)
1660	ν(C=C) von cis-CH=CH
1640	ν(C=C) von CH_2=CH
1470	$\delta(CH_2)$
1480	δ(CH) von CH_2=CH
1408	δ(CH) von cis-CH=CH
1355	δ(CH) von trans-CH=CH (amorph)
1311	δ(CH) von cis-CH=CH
1308	δ(CH) von trans-CH=CH (amorph)
1235	in allen Polybutadienspektren
1081	in Emulsions-, cis- und trans-CH=CH-Polybutadien
1053	hoch-trans-1,4-PB (Kristallinitätsbande, Modif. I)
1000	hoch-cis-1,4
998	γ_w(CH)-out-of-plane von CH_2=CH
967	γ_w(CH)-out-of-plane von trans-CH=CH
910	$\gamma_w(CH_2)$-out-of-plane von CH_2=CH
775	hoch-trans-1,4-PB (Kristallinitätsbande)
740	cis-CH=CH
440	hoch-trans-PB (Kristallinitätsbande, Modif. I)

Tabelle 6.46 Die Wellenzahlen der Ultrarotbanden von 1,2-Polybutadien (nach Binder (1963a))

ataktisch [cm^{-1}]	isotaktisch [cm^{-1}]	syndiotaktisch [cm^{-1}]
1355	1348	1346
1325	1321	1333
1305	1302	1309
1264	1287	1295
1247		
1230	1230	1217
	1195	
	1163	1136
	1107	
1081	1066	1071
1049	1049	1045
973	966	975
	943	
	876	
	840	855
800	807	790
769		
735	735	741
	709	
	694	
676	676	680
		664

Struktur bei 910 cm^{-1} durch Absorptionseinflüsse anderer Strukturen nicht beeinflußt wird, während die Absorption bei 998 cm^{-1} (1,2-Anteil) und teilweise auch die trans-Absorption bei 967 cm^{-1} durch Banden der cis-Komponente gestört sein können, was besonders bei der Analyse hoch-cis-haltiger Proben zu beachten ist. Der Einfluß der cis-Anteile auf die trans-Absorption ist jedoch in den technischen Warm- oder Kaltkautschuken gering, da der Extinktionskoeffizient der trans-Bande relativ groß ist und der cis-Anteil in diesen Produkten ohnehin sehr klein ist. Dabei sinkt mit fallender Polymerisationstemperatur der 1,4-cis-Gehalt merklich ab, während der 1,4-trans-Anteil ansteigt, so daß bei den meisten Kaltkautschuken (Polymerisationstemperatur 5°C) praktisch keine cis-Anteile spektroskopisch mehr nachweisbar sind und sterisch relativ einheitliche 1,4-trans-1,2-Polymerisate vorliegen. Bei 20°C beträgt das trans: cis-Verhältnis etwa 100:1 (Weber (1967)).

6.10.1.1. 1,4-cis-Polybutadien

Die Deutung des UR-Spektrums cis-haltiger Polybutadiene ist in der Literatur nicht einheitlich. Fest steht, daß die für die cis-Komponente spezifische Absorption um 740 cm^{-1} erscheint, wobei sich das Maximum der Absorption bei niederen cis-Gehalten um 10 bis 12 cm^{-1} nach kleineren Wellenzahlen verschiebt. Offenbar absorbieren cis-Stereoblöcke bei anderen Wellenzahlen als isoliert stehende cis-Einheiten. Die cis-Bande ist sehr asymmetrisch; einige Autoren glauben deshalb an das Vorhandensein von Fremdabsorptionen in diesem Bereich bzw. an die Anwesenheit von Fremdstrukturen im cis-Polybutadien. So hat BINDER (1965) durch graphische und rechnerische Separierung diesen Bandenkomplex in acht Absorptionsbanden aufgelöst, wobei er durch Isomerisierungsversuche nachweisen konnte, daß nur der bei 740 cm^{-1} absorbierende Anteil nach der erwarteten ganzzahligen Reaktionsordnung in die trans-Form umgelagert wird.

Bei der Polymerisation von Butadien mit ZIEGLER-NATTA-Katalysatoren können cyclische, quasiaromatische Strukturen auftreten, die in Versuchsprodukten teilweise nachweisbar sind und die zu starken Beeinflussungen der cis-Absorptionen um 740 cm^{-1} führen können. Andererseits gibt es keinen exakten Beweis für die Existenz und die mögliche Struktur solcher Fremdanteile in großtechnisch hergestelltem 1,4-cis-Polybutadien. Weder Isomerisierungsversuche, Deuterierungen, kernresonanzspektroskopische Untersuchungen oder das Erscheinen spezifischer strukturfremder Absorptionen geben hierauf einen direkten Hinweis. Trotzdem muß bei qualitativen und quantitativen Untersuchungen im Bereich der cis-Absorption das Auftreten von Fremdabsorptionen berücksichtigt werden. So können bei der Untersuchung hoch-1,2-haltiger Polybutadiene Beeinflussungen der cis-Absorption durch die im gleichen Wellenzahlenbereich liegenden Absorptionen des ataktischen, syndiotaktischen oder isotaktischen 1,2-Polybutadiens eintreten (vgl. Tab. 6.46). Sie erklären die Abweichungen bei der cis-Bestimmung in früheren Arbeiten über Alkali-Polymerisate (Buna 32).

Bei der Analyse hoch-cis-haltiger Produkte oder der radikalisch polymerisierten Butadien- oder Butadiencopolymerisate (Warm- und Kaltkautschuk) ist dieser Einfluß der 1,2-Absorption zu vernachlässigen, da bei diesen nur ca. 20% des Butadiens in der 1,2-, der Rest in der 1,4-Stellung vorliegt. Anders liegen die Verhältnisse bei den klassischen Alkalipolymerisaten. Hier werden im Durchschnitt bei Buna 32 70% und bei Buna 85 40% 1,2-Anteile gefunden, so daß besonders bei quantitativen Auswertungen dieser PB-Typen Korrekturen anzubringen sind. Die Alkaliblockpolymerisate lassen sich durch Zusatzabsorptionen bei 680 cm^{-1} von den Emulsionspolymerisaten qualitativ unterscheiden. Weitere Beeinflussungen der cis-Bande können durch Absorptionen von Kautschukinhaltstoffen (Stabilisatoren, Emulgatoren, Reglern), durch copolymere Komponenten, zum Beispiel Styrol (Banden bei 700 und 760 cm^{-1}), oder durch die Anwesenheit paraffinischer oder aromatischer Anteile (ölgestreckter Kautschuk) hervorgerufen werden. Liegen cyclische Anteile im cis-Polybutadien vor und besitzen diese ein sehr einfaches UR-Spektrum, so ist ihr Nachweis sehr schwierig. BINDER (1966) konnte bei Zusatz eines Leiterpolymers, das er bei der Polymerisation von 1,3-Butadien mit $POCl_3$ erhielt und das vorzugsweise aus fusionierten Cyclohexanringen bestand, nachweisen, daß keine Veränderungen im UR-Spektrum des cis-Polybutadiens erfolgten, wenn er 20% dieses Leiterpolymers zufügte. Über weitere Cyclisierungsmöglichkeiten berichteten CARBONARO (1966) und KAWABATA (1967).

Im Bereich unter 700 cm^{-1} treten beim amorphen cis-Polybutadien keine analytisch auswertbaren Absorptionen auf (HUMMEL (1966)). Spektroskopische Untersuchungen der Kristallisation von cis-Polybutadien und Vulkanisaten beschrieben SEMENOVA u. a. (1970).

6.10.1.2. 1,4-trans-Polybutadien

Das Spektrum des 1,4-trans-Polybutadiens (Abb. 6.54) ist bandenärmer als die Spektren der anderen Stereoisomeren. Das 1,4-trans-Polybutadien existiert in zwei verschiedenen kristallinen Modifikationen (I und II), die sich durch den Schmelzpunkt und das Kristallgitter unterscheiden. Die Modifikation I ist bis 50 °C stabil und koexistiert im Bereich 50 bis 70 °C mit der Modifikation II; ab 70 °C bis zum Schmelzpunkt bei 130 °C existiert nur die Form II.

Die thermische Umwandlung der Modifikation I in die Modifikation II läßt sich dilatometrisch (NATTA 1963)) oder ultrarotspektroskopisch (NIKITIN (1959), VOLKENSHTEIN (1964)) über die *Kristallinitätsbanden* bei 375, 440, 772, 1053, 1235 und 1335 cm^{-1} erfassen. Absorptionen bei 1308 und 1349 cm^{-1} charakterisieren den amorphen Teil des Polymers; ihre Extinktionen steigen beim Schmelzen beider Modifikationen an. Dadurch ist es möglich, ultrarotspektroskopisch den Kristallinitätsgrad von 1,4-trans-Polybutadien zu bestimmen.

Nach Untersuchungen von NIKITIN (1967) und MICHAJLOVA (1969) mit polarisierter Ultrarotstrahlung rechtfertigen der Bandendichroismus und die Absorptionsintensitäten der Modifikation I des 1,4-trans-Polybutadiens die Annahme einer etwas gefalteten Konfiguration. Über Untersuchungen zur Kettenfaltung von 1,4-trans-Polybutadien-Kristallen berichtete STELLMAN (1969). MICHAJLOVA (1969) untersuchte die Veränderungen der Konformation des Polymers in Lösung und im festen Zustand bei verschiedenen Temperaturen zwischen —25 und +120 °C.

Wird 1,4-trans-Polybutadien in Tetrachloräthylen-Lösung untersucht, so erscheint bei 1450 und 1435 cm^{-1} ein Bandendublett, das durch Rotationsisometrie hervorgerufen wird (Rotation um die C—C-Bindung unter Entstehung von trans- bzw. gauche-Rotationsisomeren). Diese beiden Absorptionen sind nach ZERBI (1966) daher als trans-gauche-Konformationsbanden zu bezeichnen. Die Energiedifferenz zwischen den trans- und gauche-Konformationen des Polybutadiens wurde von TOSI und CIAMPELLI (1969a) aus Ultrarotmessungen zu 0,1 bis 0,2 kcal/Mol bestimmt. HENDRIX (1971) untersuchte die Struktur von Polybutadien-Faltungslamellen.

Bei der graphischen Auftrennung der Banden im Bereich 900 bis 1000 cm^{-1} ergibt sich für die Intensität der trans-Absorption bei 967 cm^{-1} ein größerer Wert als bei der Extinktionsbestimmung nach dem Grundlinienverfahren. Bei Mikrostrukturbestimmungen ohne Berücksichtigung dieser Auftrennung fällt somit der trans-Gehalt etwas zu niedrig aus (AVSTRIJSKAJA (1968)).

6.10.1.3. 1,2-Polybutadien

Die UR-Spektren des iso- und syndiotaktischen kristallinen 1,2-Polybutadiens, die von BINDER (1963) tabellarisch zusammengestellt wurden, zeigen untereinander und im Vergleich zum ataktischen Polybutadien eine Reihe charakteristischer Unterschiede (Tab. 6.46, Abb. 6.55 und 6.56.).

Neben Absorptionen, die in allen drei Polymerspektren an der gleichen Stelle auftreten und daher den gleichen Ursprung haben, erscheinen beim isotaktischen und syndiotaktischen Polybutadien Banden, die nach BINDER (1963) auf Unter-

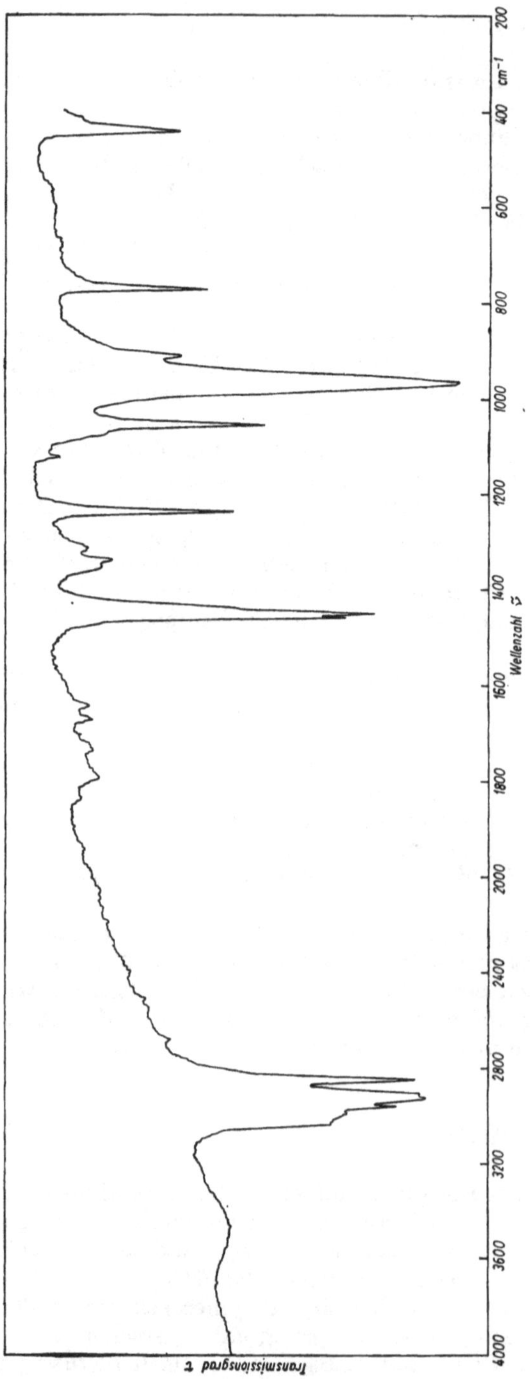

Abb. 6.54 Ultrarotspektrum von 1,4-trans-Polybutadien.

schiede in der Konfiguration zurückgeführt werden können. Das betrifft besonders die Absorptionsbanden bei 966 cm^{-1} im isotaktischen Polybutadien und bei 975 cm^{-1} im syndiotaktischen Polybutadien und das Bandenpaar bei 694 bzw. 664 cm^{-1}. Im ataktischen Polybutadien, das als ein unregelmäßig aufgebautes

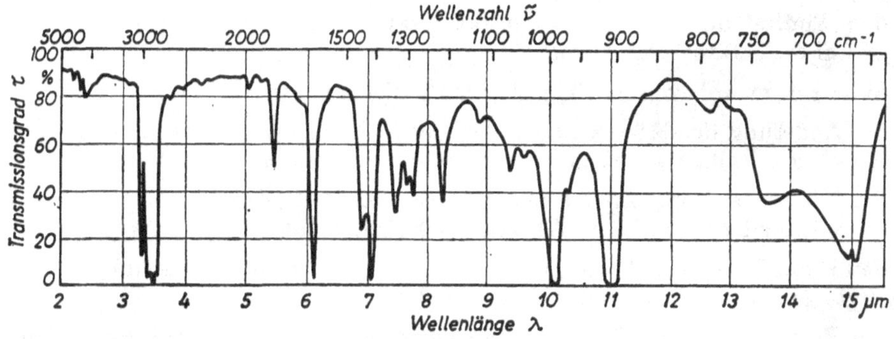

Abb. 6.55 Ultrarotspektrum von syndiotaktischem 1,2-Polybutadien (nach NATTA (1957)).

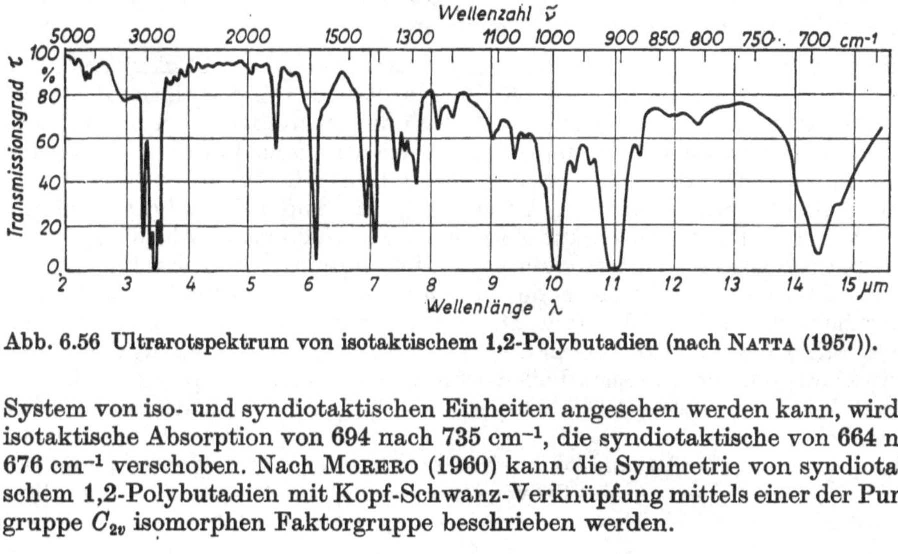

Abb. 6.56 Ultrarotspektrum von isotaktischem 1,2-Polybutadien (nach NATTA (1957)).

System von iso- und syndiotaktischen Einheiten angesehen werden kann, wird die isotaktische Absorption von 694 nach 735 cm^{-1}, die syndiotaktische von 664 nach 676 cm^{-1} verschoben. Nach MORERO (1960) kann die Symmetrie von syndiotaktischem 1,2-Polybutadien mit Kopf-Schwanz-Verknüpfung mittels einer der Punktgruppe C_{2v} isomorphen Faktorgruppe beschrieben werden.

6.10.1.4. *Die quantitative ultrarotspektroskopische Bestimmung der 1,2-, 1,4-cis- und 1,4-trans-Anteile im Kautschuk*

In den letzten Jahren sind durch die Entwicklung neuer Polymerisationsverfahren neue Kautschuktypen mit verbesserten Eigenschaften geschaffen worden. Die veränderten Eigenschaften des Kautschuks lassen sich weitgehend auf Veränderungen im Aufbau der Kautschukmoleküle zurückführen. Die Strukturanalyse des Kautschuks ist daher von besonderer Wichtigkeit geworden. Hierzu ist neben der Bestimmung der physikalisch-chemischen und anwendungstechnischen Parameter die ultrarotspektroskopische Bestimmung der 1,2-, 1,4-cis- und 1,4-trans-Strukturen im Synthesekautschuk und seinen Copolymeren von praktischem und theoretischem Interesse. Aus den Daten der quantitativen ultrarotspektroskopischen Strukturanalyse erhält man Angaben über

1. den Einfluß der Polymerisationskatalysatoren und Polymerisationsbedingungen auf die Kautschukstruktur,

2. die Struktur unbekannter Typen (Identifizierungen),

3. die Änderung der Mikrostruktur bei der Vulkanisation (Isomerisierungen), die Kinetik der Vulkanisation und Bestimmung der kinetischen Größen,

4. die Vorgänge beim oxydativen und thermischen Abbau von Kautschuk (strukturelle Änderungen beim Trocknen des Kautschuks, Lagerungsverhalten),

5. den Einfluß von Stabilisatoren auf die Beständigkeit des Kautschukgerüstes, die Vorgänge bei der Pfropfung und Mastikation des Kautschuks,

6. die Bestimmung des Einbauverhältnisses der Monomeren bei Kautschukcopolymerisaten und im Zusammenhang damit, qualitative Aussagen über die Sequenzlängenverteilung bei Copolymeren des Butadiens mit Styrol (Unterscheidung von Block- und statistischen Copolymeren).

Die quantitative Bestimmung der drei Isomeren setzt die Gültigkeit des LAMBERT-BEERschen Gesetzes für die drei charakteristischen Absorptionen der Kautschukisomeren voraus. Aus praktischen Erwägungen werden dabei meist maximale Extinktionen anstelle der integralen Werte gemessen. Für die quantitative Strukturanalyse des Kautschuks ergeben sich folgende Bedingungen:

Zur exakten Bestimmung von Konzentrationen und Schichtdicke muß die Kautschukprobe löslich sein oder in Form einer Folie definierter Schichtdicke vorliegen (ausgenommen Quellverfahren). Das Lösungsmittel muß im Bereich der charakteristischen Absorptionsbanden (700 bis 1000 cm^{-1}) optisch leer sein. Diese Forderung wird nur vom CS_2 erfüllt. Die zur Auswertung kommenden Meßbanden müssen ungestört und charakteristisch sein. Diese Voraussetzung wird von der 1,4-cis-Absorption nicht in allen Fällen erfüllt, so daß diese Komponente teilweise indirekt bestimmt werden muß. Die Extinktionskoeffizienten der Meßbanden müssen bekannt sein.

Zur Bestimmung der Extinktionskoeffizienten wurden eine Reihe von Verfahren entwickelt, die sich durch die Art der verwendeten Eichsubstanzen, die Präparation der Proben und den rechnerischen Auswertegang unterscheiden:

1. Die Bestimmung der Extinktionskoeffizienten der Kautschukisomeren mit Hilfe *strukturidentischer* niedermolekularer Olefine (klassisches Verfahren) und die Berechnung der Zusammensetzung des gelösten Kautschuks aus den UR-Spektren mit Hilfe von Simultan-Gleichungen, die die Fremdabsorptionseinflüsse berücksichtigen sollen.

2. Die Eichung mit hochprozentigen Kautschukreinisomeren und Extrapolation dieser Werte zu den an Reinisomeren zu erwartenden.

3. Die Ermittlung der Extinktionskoeffizienten am löslichen Kautschuk selbst (Kopplungsverfahren).

Als indirekte Methoden zur quantitativen Kautschukanalyse, bei denen auf eine Bestimmung der Extinktionskoeffizienten verzichtet werden kann, sind zwei Verfahren zu nennen:

1. Die quantitative Analyse mit Hilfe von Eichfaktoren, die an Proben, deren quantitative Zusammensetzung über das Kopplungsverfahren bekannt ist, ermittelt wurden. Das Verfahren erlaubt es, in sehr kurzer Zeit quantitative Aussagen auch von nur teilweise löslichem und nur quellfähigem Kautschuk zu machen (Simultan- oder Quellverfahren).

2. Die Pyrolyse von Kautschuk im Vakuum und der Vergleich der im Pyrolysat enthaltenen niedermolekularen Abbauprodukte mit den Pyrolysaten von Kautschuktypen bekannter quantitativer Zusammensetzung (HUMMEL (1958a)).

Die Eichung der Isomeren-Banden mit niedermolekularen Alkenen, zum Beispiel 1-Octen, cis-4-Octen, trans-4-Octen und anderen Alkenen geht auf HAMPTON (1949) zurück, obwohl bereits zuvor FIELD (1946) versucht hatte, die relativen Anteile (1,2): Summe (1,4) durch Messung der relativen Absorption bei 996 und 967 cm^{-1} zu messen, und diese Ergebnisse mit bekannten Mischungen von 1- und 2-Octen verglich. BINDER (1949) hat in weiteren Arbeiten diese Methode auf ihre Anwendbarkeit überprüft (Emulsions-Polybutadien, Alkali-PB, Butadien-Styrol-Copolymere), wobei er die Absorption bei 680 cm^{-1} (14,7 μm) als charakteristisch für die cis-Struktur wählte.

Die gesuchte Zusammensetzung des Kautschuks erhält man bei diesen Verfahren durch Auflösen eines Systems von Simultangleichungen. Zur Überprüfung dieses Auswerteverfahrens wird der Ungesättigtheitsgrad der Polybutadiene bestimmt, den man durch Anlagerung von JCl an die Doppelbindungen des Kautschuks und Rücktitration des nicht umgesetzten JCl nach Umwandlung in J_2 erhält. Die Summe aller Doppelbindungen müßte der Summe der spektroskopisch bestimmten Isomerenanteile entsprechen. Ist das nicht der Fall, so liegen entweder Fehler in der Messung oder der Auswertung vor, die Eichgrundlage ist falsch oder in den Polymeren sind cyclische oder andere Substanzen vorhanden, die durch das Bestimmungsverfahren nicht mit erfaßt wurden. Dieser Gesamtgehalt aller Doppelbindungen wird in der angelsächsischen Literatur als *total found value* bezeichnet und durch die Gleichung

$$\text{total found value } [\%] = \frac{[C]_{cis} + [C]_{trans} + [C]_{1,2}}{[C]} \cdot 100 \qquad (6.8)$$

beschrieben, wo [C] die Konzentration der Lösung ist (BINDER (1962)). Während die 1,2- und 1,4-trans-Anteile wegen ihrer relativ hohen Extinktionskoeffizienten und ihrer definierten und weitgehend ungestörten Bandenlage ziemlich genau und auch in niedrigen Konzentrationen bestimmt werden können, trifft das für die nicht völlig lagebeständige cis-Absorption mit ihrem kleinen Extinktionskoeffizienten nicht zu. So ist es bei einigen Polymeren mit niedrigem cis-Anteil günstiger, auf eine direkte Bestimmung der 1,4-cis-Komponente zu verzichten und diese stattdessen nach Ermittlung der 1,4-trans- und 1,2-Anteile aus der Differenz zu 100% zu bestimmen, wie es von RICHARDSON (1954) und LEONOVA (1963) vorgeschlagen wurde.

Von SILAS (1959) wurde eine Methode beschrieben, die eine Bestimmung des cis-Anteils unter Benutzung der integralen statt der maximalen Extinktionen vorsieht. Hierzu wird eine empirische Funktion des Flächeninhalts der zwischen den Grenzen 833 und 635 cm^{-1} liegenden Absorptionsbande aufgestellt, wobei die Eichung des Verfahrens mit Polybutadien hoher sterischer Reinheit durchgeführt wird. Diese Methode läßt die Tatsache unberücksichtigt, daß zwischen 833 und 635 cm^{-1} weitere Absorptionen bei 666 und 699 cm^{-1} auftreten können, die von syndiotaktischem und isotaktischem 1,2-Polybutadien hervorgerufen werden und die sowohl im Festzustand wie in Lösung erhalten bleiben.

MORERO (1959) benutzte für die Eichung der Absorptionen bei 967 cm^{-1} (trans), 910 cm^{-1} (1,2) und 735—741 cm^{-1} (cis) durch stereospezifische Synthese hergestellte hochprozentige Kautschukisomere, wobei, unter Berücksichtigung des Gehaltes an noch in Spuren vorhandenen Fremdisomeren, durch eine zweimalige Iteration konstante Werte für die Extinktionskoeffizienten der zu bestimmenden Isomeren bei den drei Wellenzahlen erhalten werden. Das Verfahren setzt eine 100%ige Ungesättigtheit des Kautschuks voraus und ist auf lösliche Proben beschränkt. In der Arbeit wird nachgewiesen, daß die Extinktionskoeffizienten der isotaktischen und syndiotaktischen 1,2-Einheiten bei 910 cm^{-1} praktisch identisch sind, so daß der Extinktionskoeffizient der 1,2-Anteile ziemlich sicher und unabhängig von der Kettenstruktur dieser Isomeren ist, wobei allerdings einige vom Kettenaufbau der Polybutadiene hervorgerufene kleinere Abweichungen der Wellenzahl auftreten können. Zugleich läßt sich dadurch die Summe beider 1,2-Stereoisomeren quantitativ erfassen. Eine qualitative Abschätzung des Verhältnisses der iso- zu den syndiotaktischen Anteilen ist mit Hilfe der Banden bei 699 und 671 cm^{-1} in Lösung bzw. mittels zahlreicher im Spektralbereich 1430 bis 645 cm^{-1} erscheinender Kristallinitätsbanden im festen Zustand möglich.

BINDER (1962, 1969) verwendete zur Bestimmung der cis-Anteile die Absorption 1311 cm^{-1} und für die trans-Anteile die Bande bei 1355 cm^{-1}. GALENKO (1967) verwendete die cis-Absorption bei 1311 cm^{-1} zur Mikrostrukturbestimmung von in CCl_4 gelöstem Kautschuk.

Um die Unsicherheiten, die besonders bei der Anwendung niedermolekularer Olefine zur Eichung der Kautschukabsorptionsbanden auftreten, zu beseitigen, entwickelten KIMMER und SCHMALZ (1959, 1963) ein Auswerteverfahren, mit dem eine Bestimmung der Extinktionskoeffizienten an beliebigen Kautschuken möglich ist (Kopplungsverfahren). Hierzu werden Lösungen von Kautschuken mit gleicher qualitativer aber verschiedener quantitativer Zusammensetzung untersucht und zunächst fiktive, auf die Gesamtkonzentration an olefinischen Doppelbindungen bezogene Extinktionskoeffizienten berechnet. Daraus lassen sich nach dem im Abschnitt 2.4.3.3. beschriebenen Verfahren die Extinktionskoeffizienten und die Isomerenzusammensetzung bestimmen. ŠIMÀK und FAHRBACH (1970) verglichen die nach den verschiedenen Verfahren erhaltenen Werte der Extinktionskoeffizienten.

In der Praxis müssen oft in kürzester Zeit eine Vielzahl von Kautschukproben auf ihre strukturelle Zusammensetzung untersucht werden. Die vorstehend beschriebenen Methoden sind auf Grund der aufwendigen Präparations- oder Auswerteverfahren hierfür nur bedingt einsetzbar. Hinzu kommt, daß die meisten angeführten Verfahren auf lösliche Kautschuktypen, oder die Anwendung von Folien definierter Schichtdicke beschränkt sind, während sehr viele Kautschuke auf Grund ihres hohen Molekulargewichtes, oder infolge Vernetzungen in organischen Lösungsmitteln nur anquellen. Aus diesem Grunde wurde von SCHMALZ und KIMMER (1961) ein Verfahren entwickelt, das aufbauend auf dem Kopplungsverfahren die Schnellanalyse von Kautschuk im Quellzustand ermöglicht. Es wird als *Quell- oder Simultanverfahren* bezeichnet. Im Gegensatz zum Kopplungsverfahren erhält man hierbei Relativwerte, und die Summe der erhaltenen Analysenwerte ergibt eine 100%ige Ungesättigtheit des Kautschuks.

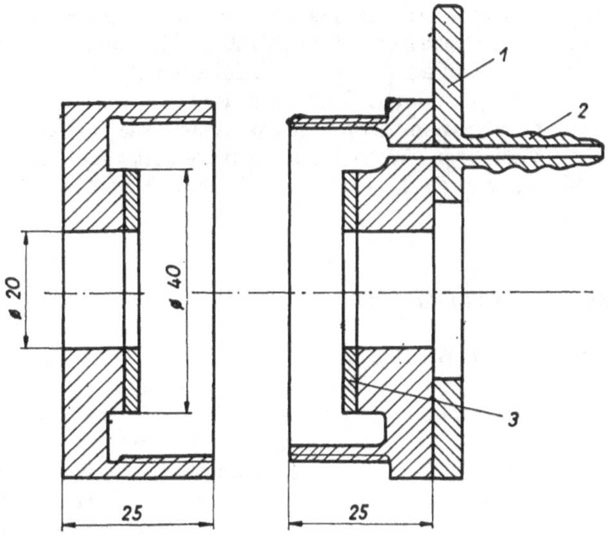

Abb. 6.57 Schraubküvette zur ultrarotspektroskopischen Analyse von gequollenem Kautschuk.
1 — Vorderplatte der Küvette, *2* — Absaugstutzen, *3* —Teflonring

Um bei quantitativen Messungen am gequollenen Kautschuk ein Spektrum zu erhalten, dessen Extinktionswerte im gewünschten Bereich liegen, wird zur Durchführung dieses Verfahrens eine spezielle Schraubküvette verwendet, die eine Veränderung der Schichtdicke ermöglicht und die so konstruiert wurde, daß die CS_2-Dämpfe ständig abgesaugt werden können (Abb. 6.57).

Von JANIK (1965) wurde ein Relativverfahren zur Bestimmung der Kautschukisomeren beschrieben, das an Kautschukfilmen durchgeführt wird, die durch Eindampfen benzolischer Lösungen auf NaCl-Fenster erhalten werden. Ein Routineanalysenverfahren zur Strukturbestimmung von cis-Butadienkautschuk in Folienform wurde von KASSTORSKI (1963) angegeben. Ein Verfahren zur spektroskopischen Bestimmung von niedermolekularen Butadienpolymeren (Oligomeren) und Butadienkautschuk, bei dem die Extinktionskoeffizienten durch sukzessive mathematische Näherung an Kautschuken mit überwiegendem trans- oder cis-Gehalt erhalten werden, beschrieb ZALKIND (1965). Zur Auswertung gelangen für die 1,2-Absorption die Banden bei 910 und 1640 cm^{-1} (C=C-Valenzschwingung der Vinylgruppierung), 967 cm^{-1} für 1,4-trans und für die cis-Anteile die Bande bei 1658 cm^{-1}. Da bei höheren 1,2-Gehalten im C=C-Valenzschwingungsbereich eine Überlagerung der Banden bei 1640 und 1658 cm^{-1} auftritt, werden in diesen Fällen die Absorptionsanteile durch Simultangleichungen berücksichtigt. KOZLOVA u. a. (1965) beschrieben ein Näherungsverfahren zur Bestimmung der Extinktionskoeffizienten der Absorptionen bei 730, 910 und 967 cm^{-1}, bei dem als Modellverbindungen Polybutadiene mit überwiegendem, aber unbekanntem Gehalt an jeder der drei Strukturen benutzt werden.

Über die quantitative Mikrostrukturbestimmung von unvulkanisiertem und vulkanisiertem Butadienkautschuk mit Hilfe der ATR-Methode berichteten HAYASHI u. a. (1966). Nach Festlegung des optimalen Winkels der Totalreflexion wurden mit Hilfe des von MORERO (1959) beschriebenen Auswerteverfahrens die Anteile der drei Isomeren quantitativ bestimmt und die erhaltenen Ergebnisse mit den durch normale Transmission-UR-Spektroskopie erhaltenen Werten verglichen. Das gleiche Verfahren läßt sich auch auf die Untersuchung der Vulkanisation und Isomerisierung von cis-1,4-Polybutadien mit Schwefel oder Peroxiden anwenden.

6.10.1.5. Untersuchungen zur Monomerenverteilung

Neben der Ermittlung der Bruttozusammensetzung ist die Bestimmung der Verteilung der Monomereinheiten in der Kette von Interesse. Ansätze zur Behandlung dieses wichtigen Strukturproblems liegen hauptsächlich bei hoch-cis-haltigen Polybutadienen und 1,4-trans-Polybutadienen vor.

So stellten SCOTT u. a. (1961) bei der Untersuchung von kristallinen hoch-1,4-cis-haltigen Polybutadienen, die mit verschiedenen Katalysatorsystemen hergestellt wurden, fest, daß trotz gleicher Zusammensetzung die Schmelzpunkte unterschiedlich waren, und erklärten diese Unterschiede mit der Anwesenheit von cis-Blöcken oder cis-Sequenzen.

BERGER (1963, 1964) untersuchte die Monomerenverteilung in isomerisierten 1,4-trans- und 1,4-cis-Polybutadienen. Aus der spektroskopisch zu bestimmenden Bruttozusammensetzung der Polybutadiene im Isomerisierungsgleichgewicht werden die Wahrscheinlichkeiten für das Auftreten einer TT-Folge berechnet. Dabei können folgende Sequenzen zu einer TT-Verknüpfung führen: TT—TT, TT—TC, CT—TC, CT—TT (C = cis, T = trans). Auf Grund der Copolymerentheorie lassen sich aus den Wahrscheinlichkeiten die Reaktivitätsverhältnisse berechnen. Mit Untersuchungen über die Sequenzverteilung von cis-Einheiten in hoch-cis-haltigen Polybutadienen mit kleinem trans-Anteil befaßte sich auf theoretischer Grundlage LANZAVECCHIA (1961).

Trotz der Bedeutung, die die Mikrostrukturbestimmung des Kautschuks besitzt, und der großen Zahl analytischer Arbeiten, die sich mit dieser Problematik befassen, gibt es bisher keine exakten Ansätze, aus dem UR-Spektrum über die Bruttozusammensetzung des Kautschuks hinausgehende Informationen über den Aufbau der Polybutadienkette in technischen Kautschuken zu erhalten. Aus diesem Grunde sind auch die Relationen zwischen den spektroskopisch erhaltenen Strukturwerten und den physikalisch-anwendungstechnischen Größen trotz einiger Untersuchungen noch nicht befriedigend geklärt (AVSTRIJSKAJA (1968), BLÜMEL (1963), KULICHIN (1968), SHORT (1957)).

6.10.2. Polyisopren

Bei der Polymerisation des Isoprens (2-Methyl-Butadien)

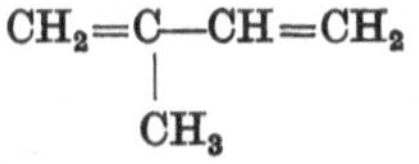

können theoretisch folgende isomere Strukturen entstehen:

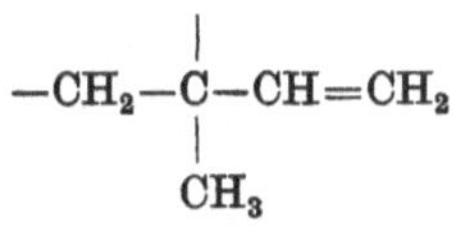

1,2-Addition

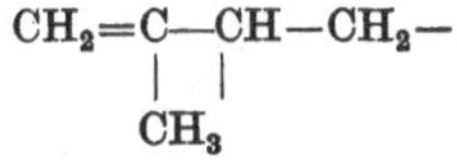

3,4-Addition

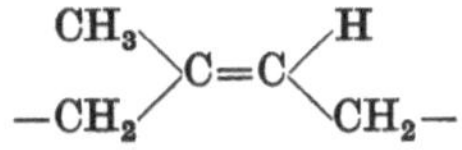

1,4-cis-Addition

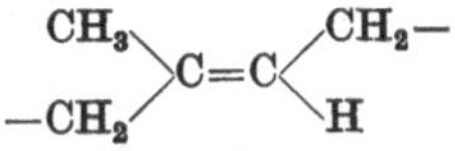

1,4-trans-Addition

Von den 1,2- und 3,4-Formen sind auf Grund der Anwesenheit pseudoasymmetrischer C-Atome in der Struktureinheit ähnlich wie beim 1,2-Polybutadien isotaktische und syndiotaktische Strukturisomeren zu erwarten, so daß insgesamt sechs Stereoisomere möglich sind, von denen bisher das 1,4-cis-, das 1,4-trans- und das 3,4-Polyisopren synthetisiert wurden.

Während die synthetischen Polyisoprene erst in den letzten Jahren theoretisches und praktisches Interesse erlangten, gehört der Naturkautschuk zu den Polymeren, die zuerst Gegenstand zahlreicher ultrarotspektroskopischer Strukturanalysen waren. Im Vordergrund standen dabei die natürlich vorkommenden Hevea-, Gutta- und Balatatypen. Sie enthalten im Rohzustand neben dem Polyisoprengerüst harzige, proteinische und seifenartige Anteile, die durch Trennverfahren größtenteils zu entfernen sind (Umfällung, Extraktion).

An Hand von UR-Spektren lassen sich zwei Strukturtypen des Naturkautschuks unterscheiden, der Hevea-Typ (Hevea, *Rubber*, Guayul- und Koksaghz-Kautschuk) und der Gutta-Typ (Guttapercha, Balata, Chicle). Bei normaler Temperatur liegt Hevea-Gummi in amorpher Form vor, wird aber bei längerem Lagern oder durch Unterkühlung infolge Kristallisation hart. Gutta-Gummi kann dagegen bei Zimmertemperatur in zwei verschiedenen kristallinen Formen auftreten. Die natürliche Form ist α-Guttapercha (Fp.: 74 °C, Identitätsperiode 8,7 Å), die sich beim Erhitzen auf 65 °C und rascher Abkühlung in die β-Form umwandelt (Fp.: 54 °C, Identitätsperiode 4,7 Å). Oberhalb 80 °C geht die kristalline β-Form in den amorphen Zustand über.

Röntgen-Untersuchungen haben gezeigt, daß die Unterschiede zwischen dem Hevea- und Gutta-Typ auf verschiedene Konfigurationen zurückgeführt werden müssen (Bunn (1946)). Hevea weist hiernach 1,4-cis-, Gutta 1,4-trans-Konfiguration auf. Dieser Befund steht in Übereinstimmung mit ultrarotspektroskopischen Untersuchungen über die Kettenstruktur der Polyisoprene, die unter Verwendung polarisierter Strahlung an gedehnten und kaltgewalzten NK-Filmen zunächst an der C=C-Valenzschwingung bei 1667 cm^{-1}, später an weiteren Banden durchgeführt wurden (Saunders (1949)). Bei den ersten Untersuchungen in dieser Richtung wurde die Polyisoprenkette als planares Modell betrachtet. Liegt die C=C-Bindung parallel zur Kettenachse und damit zur Streckrichtung, besitzt das System also cis-Anordnung, so hat man für die ν(C=C)-Bande

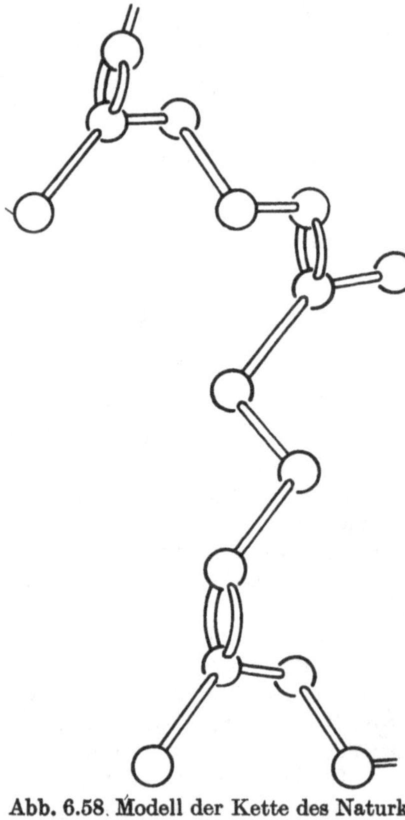

Abb. 6.58. Modell der Kette des Naturkautschuks (nach NYBURG (1954)).

π-Dichroismus zu erwarten, der bei Anwesenheit von trans-Doppelbindungen, die gegen die Molekülachse geneigt sind, wesentlich geringer sein muß. Tatsächlich zeigten die Messungen für die C=C-Absorption bei 1667 cm^{-1} beim Hevea π-Dichroismus, während für die Gutta-Typen ein der trans-Struktur entsprechendes dichroitisches Verhältnis gefunden wurde. Das dichroitische Verhältnis spricht in Übereinstimmung mit den röntgenographischen Strukturbestimmungen für eine tordierte Anordnung der Isopreneinheiten (Abb. 6.58).

Im Gegensatz zu den Polybutadienen tritt im Falle des Polyisoprens, spektroskopisch gesehen, keine echte cis-trans-Isomerie auf, da beide 1,4-Strukturen das gleiche Grundgerüst besitzen, wenn man nur die C-Atome betrachtet (SCHMALZ (1962c)). Aus diesem Grunde sind für die UR-Spektren von Hevea und Balata nur geringe spektrale Unterschiede zu erwarten, die teilweise auf Effekte der cis-trans-Isomerie, teilweise auf Einflüsse der Kristallinität oder auf Absorptionen natürlicher Inhaltsstoffe zurückgeführt werden können (Abb. 6.59 und 6.60).

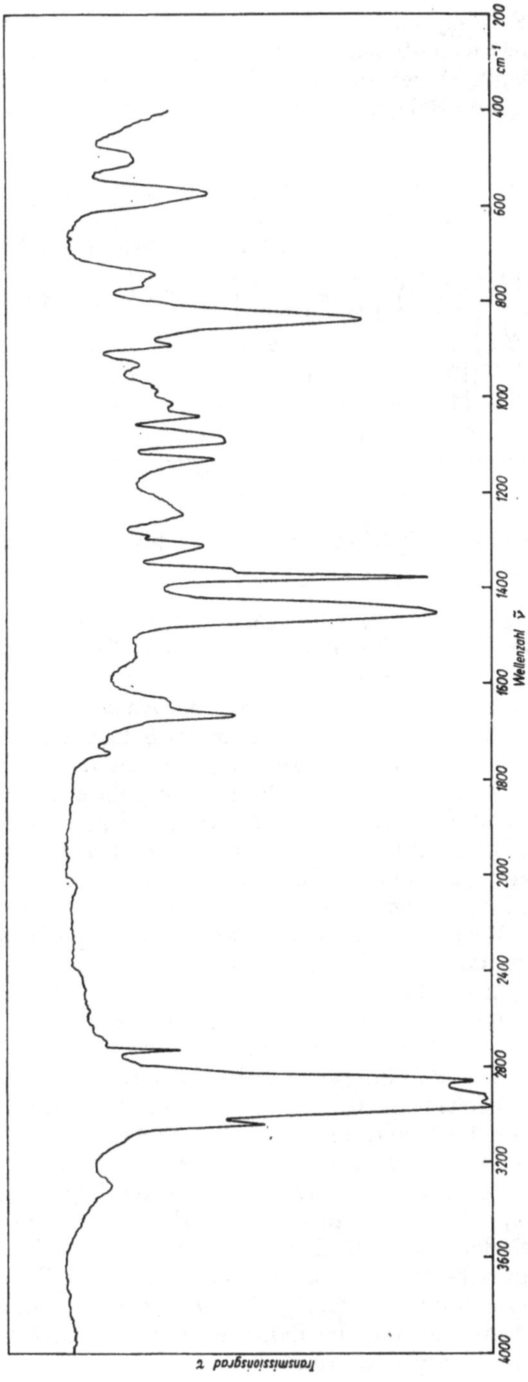

Abb. 6.59 Ultrarotspektrum von Naturkautschuk (smoked sheet, 1,4-cis-Polyisopren)

Die natürlichen Polyisoprene sind reguläre Kopf-Schwanz-Polymerisate, die aus 1,4-Isopreneinheiten bestehen. Ihre Ketten sind vorzugsweise aus einer Strukturform aufgebaut, Hevea zum Beispiel zu 97% aus 1,4-cis-Strukturen und zu 3% aus 3,4-Anteilen, Balata zu 98,7% aus 1,4-trans-Einheiten und 1,3%

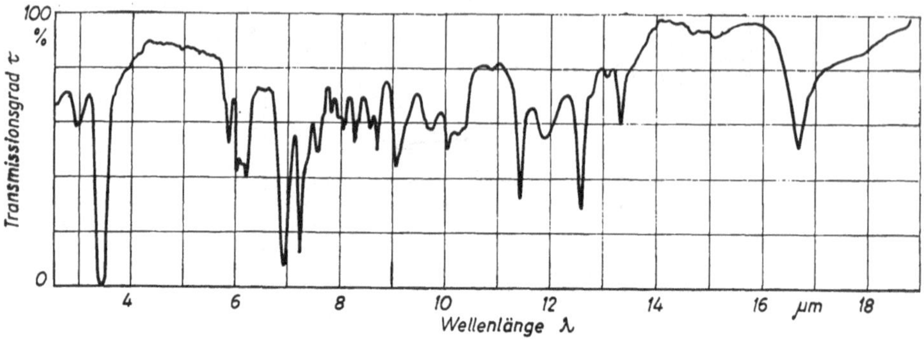

Abb. 6.60 Ultrarotspektrum von Balata (1,4-trans-Polyisopren)

3,4- Addukten. Dagegen sind in synthetischen Polyisoprenen alle vier Strukturisomeren in unterschiedlicher Verteilung zu erwarten. Nach Untersuchungen im nahen Ultrarot von Fraga (1959) sollen natürliche Polyisoprene 100%ige 1,4-Struktur besitzen, da im nahen Ultrarot keine 3,4-Absorptionen auftreten (Nachweisbarkeitsgrenze $< 0{,}2\%$). Zum gleichen Ergebnis kam Golub (1962), der im Balata kein cis-1,4-, im Hevea kein trans-1,4-Isopren nachweisen konnte und deshalb folgerte, daß jede NK-Type mehr als 99% ihrer Nominalstruktur besitzt. Andererseits fand Chakravarty (1962) bei der Ozonolyse von Hevea Ameisensäure, deren Menge auf die Anwesenheit von 2,5% 3,4-Struktur schließen läßt, wie von Binder (1957) spektroskopisch gefunden wurde.

Eine sichere Zuordnung aller in den natürlichen und synthetischen Polyisoprenen auftretenden Absorptionsbanden ist trotz grundlegender Untersuchungen mit polarisierter Strahlung, durch Vergleichsmessungen an strukturidentischen Kohlenwasserstoffen, sowie durch spektroskopische Untersuchungen an chemisch veränderten Polyisoprenen (hydrierter NK, Maleinsäureanhydrid-Addukte, deuterierter NK) noch nicht exakt möglich. Beim kritischen Vergleich der publizierten UR-Spektren von Polyisoprenen fallen Absorptionsunterschiede auf, die ihre Ursache in natürlichen Begleitstoffen der einzelnen Hevea- oder Balata-Typen haben, oder im Falle synthetischer Polyisoprene durch die unterschiedliche Anordnung der Isopreneinheiten in der Kette bedingt sein können. Hinzu kommen Veränderungen des Kautschuks, die bei der Lagerung auftreten, und apparative Einflüsse, die besonders bei den älteren Arbeiten berücksichtigt werden müssen. Nach dem gegenwärtigen Stand der Untersuchungen ist es daher sinnvoll, in der Hauptsache die Banden zu diskutieren, deren Zuordnung gesichert ist, oder bei denen eine exakte Abhängigkeit von der Kristallinität und der Konfiguration festgestellt wurde und die daher auch zur ultrarotspektroskopischen Bestimmung des Ordnungsgrades und der Mikrostruktur verwendet werden können. Ultrarotspektroskopische Untersuchungen in dieser Richtung wurden hauptsächlich von BINDER (1962, 1963, 1969), CUNNEEN (1959), GOLUB (1959), KÖSSLER (1962, 1964), SAUNDERS (1949) und SUTHERLAND (1950a) durchgeführt.

Die UR-Spektren von amorphem cis- und trans-Polyisopren sind erwartungsgemäß einander ziemlich ähnlich. Bei der Untersuchung der gleichen Proben im kristallinen Zustand erkennt man, daß die auf kristalline Einflüsse zurückgehenden Absorptionen hauptsächlich im Bereich von 700 bis 900 cm^{-1} liegen. Beim Hevea, in dem durch Strecken Kristallinität hervorgerufen wurde, zeigen viele Banden Dichroismus, der bei 1665, 1365, 1130 und 840 cm^{-1} besonders ausgeprägt ist.

Wie bereits eingangs erwähnt, besitzt die Bande bei 1665 cm^{-1}, die auf die ν(C=C)-Schwingung zurückzuführen ist und die in allen Polyisoprenstrukturen erscheint, für die parallele Polarisationsrichtung eine stärkere Intensität als für die senkrechte. Beim Übergang vom amorphen zum kristallinen Zustand tritt bei dieser Bande keine Veränderung der Lage oder der Intensität auf. SUTHERLAND (1950a) wies auf die Möglichkeit der Beeinflussung des Dichroismus dieser Bande durch die Oberschwingung der Absorption bei 840 cm^{-1} hin.

Die CH_3-Banden bei 1448 und 1375 cm^{-1} zeigen im Vergleich zur ν(C=C)-Bande schwach senkrechte Polarisation. Ein Einfluß der Kristallisation wird bei beiden Banden nicht gefunden. Die Zuordnung der benachbarten π-dichroitischen Bande bei 1365 cm^{-1}, ist nicht einheitlich. SUTHERLAND (1950a) ordnete sie der Deformationsschwingung der CH-Gruppe in der Ebene zu, SAUNDERS (1949) der CH_2-Wagging-Schwingung. BINDER (1962) folgerte aus der Intensität dieser Bande und einem Vergleich mit Polybutadienspektren, daß die Zuordnung zur CH_2-Gruppe sinnvoller ist.

Die Bande bei 1130 cm^{-1} besitzt stark parallele Polarisation und wurde von SAUNDERS (1949) einer CH_2-Wagging- und von SUTHERLAND (1950a) einer CH_3-in-plane-Deformation-Schwingung zugeordnet. BINDER (1962) konnte die Abhängigkeit der Intensität dieser Bande vom cis-1,4-Gehalt nachweisen. Die Zuordnung dieser Bande zu einer CH_2-Schwingung erscheint wenig zutreffend, da der CH_2-Anteil eines Isoprens unabhängig von der Konfiguration ist. Daher erscheint die Zuordnung dieser Bande zu einer C—CH_3-Schwingung der cis-(CH_3)C=CH-Gruppe sicherer zu sein. Beim Umsetzen von cis-Polyisopren mit Maleinsäureanhydrid oder bei der Hydrierung verschwindet die Bande.

Bei der Anwendung dieser Bande zur Analyse müssen allerdings zwei Einflüsse beachtet werden. Einmal ist die Intensität etwas vom Kristallinitätsgrad abhängig, zum anderen erscheint diese cis-Absorption nur in Polyisoprenen, die lange cis-1,4-Sequenzen besitzen. Sie tritt in synthetischen Polyisoprenen (Alkali- oder Emulsionspolymerisate) mit hohem 3,4-Gehalt nicht auf. Dafür erscheint eine Absorption bei 1140 cm^{-1}, die nach KÖSSLER (1963) isoliert stehenden cis- bzw. trans-Einheiten zugeordnet wird.

Eine weitere für die cis-Struktur spezifische Absorption, deren Intensität jedoch schwächer als die Absorption bei 1130 cm^{-1} ist, tritt bei 1312 cm^{-1} auf. Diese Bande, die bei der Isomerisierung in die trans-Form verschwindet (GOLUB (1959)), wird der =CH-Schwingung der C(CH_3)=CH-Gruppe zugeordnet, da im Polybutadien, nicht aber im Polydimethylbutadien, in dem die an der Doppelbindung befindlichen H-Atome durch CH_3 ersetzt sind, eine gleiche Absorption auftritt.

Bemerkenswert ist das Verhalten einer Absorption um 840 cm^{-1}, die beim Hevea in CS_2-Lösung bei 837 cm^{-1}, beim Balata etwas verschoben bei 843 cm^{-1} erscheint. Diese Absorption wird jetzt hauptsächlich einer CH-out-of-plane-Schwingung der $C(CH_3){=}CH$-Gruppe in Hevea bzw. Balata zugeordnet. SEMON (1959) führte Untersuchungen an deuterierten Polyisoprenen durch, die die Zuordnung bestätigten.

Gegenüber Änderungen des Ordnungsgrades verhalten sich die Absorptionen des Hevea-Kautschuks bei 1130 und 840 cm^{-1} unterschiedlich. Während die Absorption bei 1130 cm^{-1} beim Übergang vom amorphen zum kristallinen Zustand lediglich eine Intensitätserhöhung aufweist, tritt bei der Absorption bei 840 cm^{-1} zusätzlich eine Verschiebung der Bandenlage nach höheren Wellenzahlen ein. Wie Röntgenuntersuchungen gezeigt haben, steigt bei einem Streckverhältnis von etwa 1: 3,5 die Kristallisation beträchtlich an. Untersucht man die Frequenzänderung der Absorption bei 840 cm^{-1} in Abhängigkeit vom Streckgrad, so beobachtet man beim angegebenen Streckverhältnis eine Wellenzahlverschiebung von 835 nach 844 cm^{-1}. SUTHERLAND (1950a) folgerte aus dem Polarisationsverhalten, daß es zwei separate Absorptionen bei 840 cm^{-1} gibt, die auf die amorphe bzw. kristalline Form des Heveas zurückzuführen sind und deren relative Intensitäten zur Kristallinitätsbestimmung herangezogen werden können. Die spektroskopischen Kristallinitätsbestimmungen werden jedoch allgemein durch das unterschiedliche dichroitische Verhalten, besonders der Absorptionen bei 840, 1130 und 1665 cm^{-1} stark erschwert.

Weitere Absorptionen, die vermutlich mit Schwingungen der $C(CH_3){=}CH$-Gruppe zusammenhängen, erscheinen im Hevea-Spektrum bei 763 und 741 cm^{-1}; sie sind in bezug auf die Streckrichtung senkrecht polarisiert. Beim Hydrieren verschwindet die Absorption bei 741 cm^{-1}, und es tritt bei 735 cm^{-1} die $\gamma_r(CH_2)$-Schwingung der $(CH_2)_3$-Sequenz auf.

Vergleicht man die Spektren von Hevea mit Balata in CS_2-Lösung, so erscheinen im Balata-Spektrum eine Reihe Banden gegenüber ihren Partnern im Hevea-Spektrum nach größeren Wellenzahlen verschoben:

Hevea	Balata
1130 cm^{-1}	1152 cm^{-1}
837,5	843
764	766
742	745

Von analytischem Interesse ist die Absorption bei 1152 cm^{-1}, deren Intensität vom trans-Anteil im Polyisopren abhängt. Jedoch gilt das wie beim cis-Polyisopren ebenfalls nur für trans-reiche Proben, d. h. trans-1,4-Stereoblöcke, da bei isoliert stehenden trans-Einheiten diese Absorption nicht gefunden wird und stattdessen eine Bande bei 1140 cm^{-1} auftritt. Nach HORNE u. a. (1956) sind mindestens vier aufeinanderfolgende trans-Einheiten erforderlich, damit das UR-Verhalten eines synthetischen Polyisoprens dem von Balata entspricht. Eine weitere trans-spezifische Absorption erscheint, wie Isomerisierungsversuche gezeigt haben, bei 1325 cm^{-1} (GOLUB (1959)). Die CH_3-Absorption nahe 1380 cm^{-1} wird für die trans-1,4-Struktur bei 1385 cm^{-1}, für die cis-1,4-Struktur bei 1377 cm^{-1} und für 3,4-Einheiten bei 1377,5 cm^{-1} gefunden, wie CIAMPELLI u. a. (1963) nachwiesen, die diese Banden auch zur quantitativen Mikrostrukturbestimmung verwenden.

Die UR-Spektren der einzelnen Modifikationen des 1,4-trans-Polyisoprens, des α- und β-Guttas (Abb. 6.61) und seiner amorphen Form, unterscheiden sich in charakteristischer Weise. Die α-Form zeigt scharfe Banden bei 801, 862 und 883 cm^{-1}, während die β-Form sich durch Banden bei 750, 795 und 875 cm^{-1}

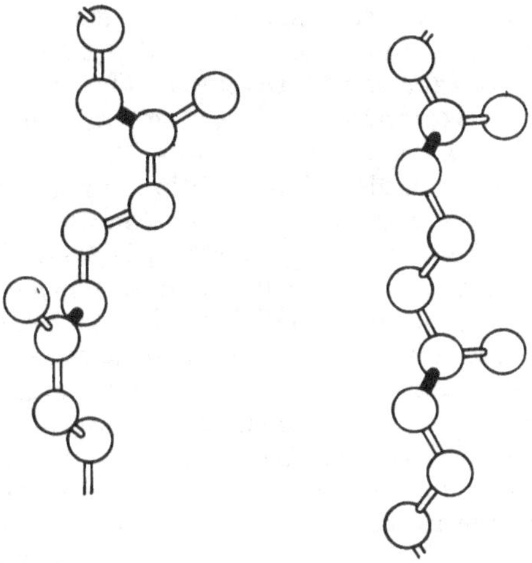
α β

Abb. 6.61 Modell von Guttapercha in der α- und β-Modifikation (nach Corradini (1966)).

von ersterer unterscheiden läßt (Hummel (1968)). Kristallinitätseinflüsse machen sich durch das Verschwinden der Banden bei 801, 862, 883 und 1050 cm^{-1} beim Schmelzen bemerkbar. Ähnlich wie beim Hevea verschiebt sich die Absorption bei 840 cm^{-1} der α- und β-Formen während der Kristallisation nach höheren Wellenzahlen, was auf die gleiche Entstehungsursache hinweist.

Synthetische Polyisoprene können neben den 1,4-Isomeren größere Anteile 3,4-Strukturen oder cyclische Anteile enthalten; es ist sogar gelungen, ein annähernd reines 3,4-Polyisopren darzustellen. 3,4-Anteile (Isopropenyl-Struktur) zeigen eine starke Absorption bei 899 cm^{-1}, die von Saunders (1949) der CH_3-Wagging-Schwingung, von Binder (1963) einer CH-Schwingung der $CH_2{=}CH\cdot(CH_3)$-Gruppe zugeordnet wurde. Diese Bande besitzt einen sehr großen Extinktionskoeffizienten, so daß Einflüsse der 1,4-cis-Polyisoprenstruktur, die bei 891 cm^{-1} eine schwache Absorption aufweist, bei niedrigen cis-Gehalten unberücksichtigt bleiben können. Beim Hydrieren verschwindet die Absorption bei 889 cm^{-1}, was die von Binder angegebene Zuordnung unterstützt.

Die UR-Spektren von Cyclopolymeren, die mit Hilfe von Ziegler-Natta-Katalysatoren aus Isopren synthetisiert wurden, unterscheiden sich nach Kössler (1963a, 1965) und Štolka (1964) praktisch nicht von den Spektren der cyclisierten trans-1,4-, cis-1,4- und 3,4-Polyisoprene, was für die gleiche polycyclische Grundstruktur dieser Polymere spricht. Eine Beeinflussung der Spektren kann durch die unterschiedliche Segmentlänge der linearen Strukturen zwischen den Ringgliedern auftreten.

6.10.2.1. Die Bestimmung der Mikrostruktur der Polyisoprene

Die Untersuchung der quantitativen Zusammensetzung des Polyisoprens im Hinblick auf den Anteil an 1,4-cis-, 1,4-trans-, 1,2- und 3,4-Einheiten ist zur Analyse von Naturkautschuken verschiedener Provenienz oder zur Untersuchung synthetischer Polyisoprene von vorrangigem Interesse für den Kautschukchemiker. Hierfür sind, ähnlich wie beim Synthesekautschuk, mehrere spektroskopische Verfahren entwickelt worden, die sich durch die Art der Eichung, durch das rechnerische Auswerteverfahren und die Wahl der Analysenbanden unterscheiden. Wie im vorausgehenden Abschnitt ausgeführt wurde, treten Unterschiede im UR-Verhalten der 1,4-Strukturen bei natürlichen und synthetischen Polyisoprenen auf, die ihre Ursache im unterschiedlichen Aufbau dieser sterischen Copolymerisate haben. Zur Analyse von Stereoblockpolymerisaten sind aus diesem Grunde andere 1,4-Absorptionen heranzuziehen als zur Bestimmung der Mikrostruktur von synthetischen Polyisoprenen, die nicht in Blockform vorliegen und auch isoliert stehende isomere Isoprenstrukturen enthalten. Je weiter die cis-1,4-, trans-1,4- und 3,4-Strukturisomeren in der Kette voneinander getrennt sind, desto mehr weichen die gemessenen Werte von den an Mischungen von sterischen Blockcopolymeren zu erhaltenden ab (Kössler (1963)). Mikrostrukturbestimmungen können somit neben der quantitativen Zusammensetzung der Polyisoprene zusätzliche Informationen über den Aufbau der Kettenstruktur der 1,4-Isomeren vermitteln.

In allen bisher beschriebenen ultrarotspektroskopischen Mikrostrukturbestimmungsverfahren wurden zur Eichung der 1,4-cis- und 1,4-trans-Absorptionen, unabhängig von der gewählten Wellenzahl, Hevea bzw. Balata verwendet, für die Eichung der 3,4-Absorption niedermolekulare Alkene und all-3,4-Polyisoprene. Die Eichung der in fast allen Polyisoprenen sehr geringen 1,2-Anteile erfolgt ebenfalls mittels Alkenen. Für die Messungen können die in der Tab. 6.47 angegebenen Absorptionen verwendet werden.

Die Ultrarotspektren cyclischer Polyisoprene zeigen nach Kössler (1965) keine spezifischen Absorptionen, die für eine Bestimmung neben linearen Einheiten im Polymer geeignet wären. Lediglich im Bereich von 1450 bis 1470 cm^{-1} tritt gegenüber dem linearen Polyisopren eine Bandenverschiebung der antisymmetrischen Deformationsschwingung der CH_3-Gruppe und der Deformationsschwingung der CH_2-Gruppe um etwa 10 cm^{-1} auf, die für die quantitative Analyse cyclischer Einheiten auswertbar ist. Ein quantitatives Bestimmungsverfahren für cyclische Strukturen in Polyisoprenen, das auf der Differenzspektroskopie beruht, wurde von Kössler (1968) angegeben.

Alle in der Tabelle angeführten Bandenkombinationen gestatten bei kritischer Betrachtung nur eine Relativbestimmung der einzelnen Struktureinheiten. Andererseits kann aus dem Ausmaß, in dem die mit den verschiedenen Kombinationen erhaltenen Ergebnisse übereinstimmen, geschlossen werden, ob die Probe eine Mischung stereoregulärer Polymere bzw. ein Blockpolymerisat ist, oder ob

Tabelle 6.47 Charakteristische Absorptionsbanden (in cm^{-1}) zur Analyse von Polyisoprenen

1,4-cis-Gehalt:	1,4-trans-Gehalt:
4064 (CORISH (1959a))	
2965	2973 (NELSON (1963))
1377	1385 (CIAMPELLI (1963))
1315	1325
1130[1])	1150[1])
837[2])	843[2])
762 (BINDER (1962))	980
742 (BINDER (1962))	600 (bei hohen cis-Gehalten Störungen)
572 (KÖSSLER (1964); VODEHNAL (1964, 1964a))	
3,4-Gehalt:	**1,2-Gehalt:**
3070 (bei hohen 3,4-Gehalten)	910
1780	
889 (bei kleinen 3,4-Gehalten)	

[1]) nur in Hevea-Balata-Gemischen oder in Polyisopren-Blockcopolymeren
[2]) im Gemisch nur eine Bande bei 840 cm^{-1}

alternierende oder statistisch verteilte Strukturbausteine das Copolymerisat aufbauen. Eine Unterstützung kann die Ultrarotspektroskopie in diesen Fällen durch die NMR-Spektroskopie erfahren (ASSIOMA (1966) und ŠIMÀK (1970, 1971)).

6.10.3. *Halogen-Kautschukderivate*

6.10.3.1. *Poly-2-Chlorbutadien (Polychloropren, Neopren)*

Die Emulsionspolymerisation von 2-Chlorbutadien (Chloropren) führt zu Polymerisaten, die vorwiegend aus linearen Sequenzen der trans-2-Butenyl-Einheiten (1,4-Polymerisation) bestehen. Daneben können 1,4-cis-, 1,2- und 3,4-Strukturen auftreten:

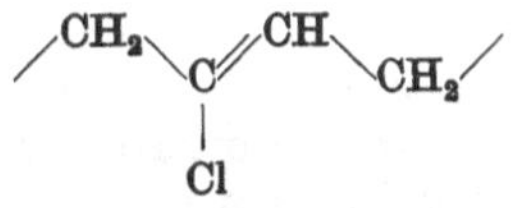

1,4-trans-Addition

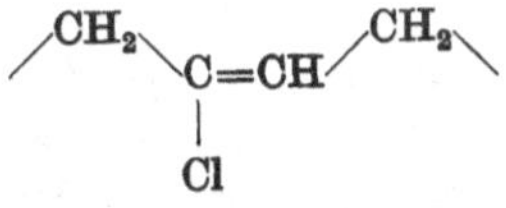

1,4-cis-Addition

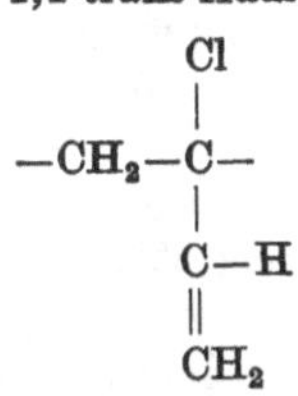

1,2-Addition

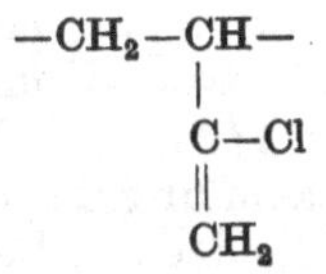

3,4-Addition

Bei einer Polymerisationstemperatur von —40 °C beträgt der Gesamtanteil der cis-, 1,2- und 3,4-Anteile nach MOCHEL (1952) und MAYNARD (1954) 5% und steigt in bei 100 °C polymerisierten Produkten auf ca. 30% an, was auf die Zunahme der 1,4-cis-Polymerisation zurückzuführen ist. Bei —40 °C hergestelltes Polychloropren schmilzt bei ungefähr 68 °C, die üblichen Neoprene (40 °C Polymerisationstemperatur) bei ungefähr 40 °C. Das Chloratom wandert leicht an das Ende der 1,2-Seitenkette (Allylumlagerung), was für die Vulkanisation des Polychloroprens mit ZnO oder MgO wichtig ist. Reines cis-Polychloropren konnte durch direkte Chloropren-Polymerisation bisher nicht dargestellt werden. Es wurde aber von AUFDERMASH (1964) durch Spaltung von 1,4-Poly-2-(tri-n-butyl)-1,3-Butadien mit Cl_2 synthetisiert.

Die Hauptabsorptionen des Neoprens und ihre Zuordnung wurden von MOCHEL und HALL (1949) diskutiert. Kristallinitätsempfindliche Banden, die infolge Rekristallisation gegossener Filme oder bei gefälltem Polychloropren nach einiger Zeit auftreten, erscheinen bei 952 und 782 cm^{-1}. Sie wurden von MAYNARD (1954) zur Bestimmung des Kristallinitätsgrades und zur Ermittlung des Einflusses der Polymerisationstemperatur auf die Kristallisationsgeschwindigkeit verwendet. Bei Anwendung dünner Polychloroprenfilme ergibt sich die gesuchte Kristallinität x bei Gültigkeit des LAMBERT-BEERschen Gesetzes zu

$$x = \frac{E_{952}}{E_{2941}} \cdot \theta, \tag{6.9}$$

wobei vorausgesetzt wird, daß die Absorption bei 952 cm^{-1} nur durch die kristallinen Bereiche im Polychloropren hervorgerufen wird und proportional zu deren Anteil ist. Zur Eliminierung der Schichtdicke wird die gemessene Extinktion auf die CH-Valenzschwingung bei 2941 cm^{-1} bezogen. θ ist ein Proportionalitätsfaktor, der die Extinktionskoeffizienten der Banden bei 952 und 2941 cm^{-1} enthält. Eine Eichung des Verfahrens kann über Dichtemessungen an verschiedenen Neoprenen erfolgen.

Zur Identifizierung und quantitativen Bestimmung der einzelnen Strukturisomeren wurden Vergleiche mit Modellsubstanzen angestellt (MAYNARD (1954)). Es wurden verwendet: cis- bzw. trans-4-Chlor-Octen als Modell für die 1,4-Addition; 3-Chlor-1-Buten für die 1,2-Addition; 2,3-Dichlor-2-Methyl-1-Buten, 2,3,3-Trichlor-1-Buten, 2,3,4-Trichlor-1-Buten und 2,3-Dichlorbuten für die 3,4-Addition.

Im Bereich 700 bis 1000 cm^{-1}, in dem beim Polybutadien und Polyisopren charakteristische Unterschiede zwischen der cis- und trans-Konfiguration gefunden werden, treten beim Vergleich der UR-Absorptionen von Polychloropren mit den cis- und trans-Chlorocten-Modellverbindungen keine übereinstimmenden Absorptionen auf. Lediglich im Bereich der C=C-Valenzschwingung um 1660 cm^{-1} wurden Unterschiede zwischen der cis- und trans-Form, sowohl bei den Monomeren wie in den Spektren der bei verschiedenen Temperaturen hergestellten Polymere gefunden. Die trans-Komponente absorbiert hiernach bei 1662 cm^{-1}, die cis-Komponente bei 1652 cm^{-1}. MAYNARD benützte diese Wellenzahldifferenz zur quantitativen Bestimmung der cis- und trans-Anteile.

Von FERGUSON (1964), der zur Bestimmung der cis-trans-Isomerie die gleichen Banden verwendete, wurden hochprozentige cis- bzw. trans-Polychloroprene zur

Eichung eingesetzt. Nach dieser Arbeit ist zur cis-Bestimmung in hoch-trans-haltigen Polychloroprenen eine Bande bei 1200 cm^{-1} geeignet, die bei höheren cis-Konzentrationen nicht mehr anwendbar ist.

Die endständige olefinische Gruppe der Allylchlorid-1,2-Einheit zeigt in der monomeren Modellverbindung eine starke Absorption bei 926 cm^{-1} und eine schwächere Bande bei etwa 985 cm^{-1}. Im Polymer erscheinen diese Banden bei 923 cm^{-1} und als Schulter bei 982 cm^{-1}. Der Extinktionskoeffizient bei 923 cm^{-1} wird mittels der Modellsubstanz bestimmt. Der 3,4-Anteil kann durch Messungen der Absorption bei 883 cm^{-1} ermittelt werden, wobei wiederum eine Eichung mit niedermolekularen Modellsubstanzen erforderlich ist.

Die Genauigkeit dieses Bestimmungsverfahrens wird durch verschiedene Fehlermöglichkeiten beeinträchtigt. Einmal ist das technische Polychloropren ein sterisches Copolymerisat, zur Eichung werden aber niedermolekulare Modellsubstanzen verwendet. Die Wellenzahldifferenz im C=C-Valenzschwingungsbereich ist zu gering, um exakt die 1,4-Anteile bestimmen zu können. Zum anderen treten Sequenzisomerien auf, d. h. neben der Kopf-Schwanz-Hauptstruktur der 1,4-Polychloropren-Einheiten können Kopf-Kopf- bzw. Schwanz-Schwanz-Additionen erfolgen, was bereits von MAYNARD (1952, 1954) vermutet und von FERGUSON (1964, 1964a) durch Ultrarot- und Kernresonanz-Messungen nachgewiesen wurde:

Kopf-Schwanz: $-CCl=CH-CH_2-CH_2-CCl=CH-$

Kopf-Kopf: $-CH=CCl-CH_2-CH_2-CCl=CH-$

Schwanz-Schwanz: $-CCl=CH-CH_2-CH_2-CH=CCl$

Durch NMR-Messungen wurden im radikalisch polymerisierten Polychloropren 70 bis 80% Kopf-Schwanz- und je 15 bis 10% Kopf-Kopf- bzw. Schwanz-Schwanz-Verknüpfungen nachgewiesen. Beim cis-Polychloropren lagen der Kopf-Schwanz-Anteil zwischen 50 und 60%, die Kopf-Kopf- und Schwanz-Schwanz-Verknüpfungen zwischen 25 bis 20%.

Die von FERGUSON (1964, 1964a) angegebenen Zuordnungen der Absorptionsbanden der cis- und trans-Polychloroprene und der Modellverbindungen sind in der Tab. 6.48 zusammengestellt.

Tabelle 6.48 Zuordnung der Ultrarotbanden von Polychloroprenen und Modellverbindungen (nach FERGUSON (1964, 1964a))

Zuordnung	Isomer	2-Chlor-2-Buten [cm^{-1}]	4-Chlor-4-Octen [cm^{-1}]	Neopren [cm^{-1}]
$\gamma(=CH)$ out-of-plane	trans	798	811	822
	cis	823	826	847
$\nu(C=C)$	trans	1674	1662	1666
	cis	1665	1653	1653
$2 \times \nu(C=C)$	trans	3322		3295
	cis	3305		3282
$\nu(=CH)$	trans	3024		3018
	cis	3020, 3052		3025

Von MOVSESYAN u. a. (1967) wurde die Intensitätsänderung der C=C-Valenzschwingung bei der Chloroprenpolymerisation ramanspektroskopisch untersucht. Sie fanden eine zeitliche Abnahme der Intensität der Linie bei 1663 cm^{-1} und eine anfängliche Zunahme der trans-Doppelbindungslinie bei 1660 cm^{-1}. Letztere nimmt vermutlich infolge von Vernetzungen im Laufe der Polymerisation wieder etwas ab. AZHANDZHYAN u. a. (1967) verwendeten zur quantitativen Mikrostrukturbestimmung von Polychloroprenen ebenfalls die Absorptionen der Valenzschwingungen der verschiedenen Doppelbindungen (1653 cm^{-1}-cis, 1662 cm^{-1}-trans, 1636 cm^{-1}-3,4). Als Eichsubstanzen wurden cis-4-Chlor-4-Octen, cis-5-Chlor-5-Decen, trans-4-Chlor-4-Octen und 2-Chlor-1-Hexen verwendet. Der 1,2-Anteil wurde aus der Differenz ermittelt (vgl. auch MEKONYAN (1966)).

6.10.3.2. Chlorderivate des Naturkautschuks

Durch Hydrochlorierung bzw. Chlorierung des Naturkautschuks können folgende Chlorderivate dargestellt werden: Naturkautschuk-Hydrochlorid, Naturkautschuk-Dichlorid, nachchloriertes NK-Dichlorid. Durch direkte Chlorierung von Naturkautschuk oder Cyclokautschuk in CCl_4-Lösung oder als Latex mit Chlor erhält man *Chlorkautschuk.*

Die einzelnen Chlorderivate des Naturkautschuks zeigen in Abhängigkeit vom Chlorgehalt und dem Chlorierungsverfahren ein mehr oder weniger unterschiedliches Ultrarotspektrum (Tab. 6.49).

Bei der Hydrochlorierung in Lösung nimmt die Intensität der Doppelbindungsabsorption bei 1660 cm^{-1} ab, verschwindet aber nicht völlig. Bei der Umsetzung des Latex mit HCl wird ein höherer Umsetzungsgrad erreicht, und die Doppelbindungsabsorption ist nicht mehr nachweisbar. Aus diesem Verhalten wurde geschlossen, daß die Hydrochlorierung in Lösung über die Stufe einer Allylverschiebung verläuft, während die Umsetzung des Latex mit HCl direkt erfolgen soll.

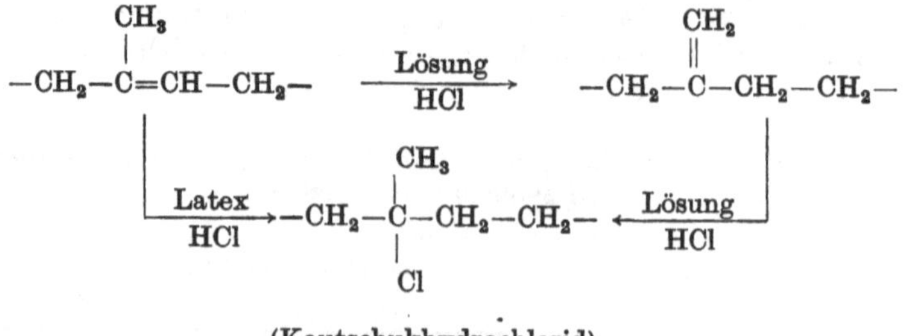

(Kautschukhydrochlorid)

Beim Kautschukdichlorid (Chlorgehalt 51%)

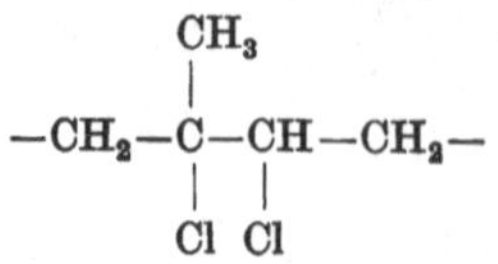

Tabelle 6.49 Ultrarotbanden (in cm^{-1}) der Chlorderivate des Naturkautschuks (nach SALOMON (1950, 1954))

Kautschuk-Hydrochlorid 28–32% Cl	Kautschuk-Dichlorid 37–47% Cl	Chloriertes Hydrochlorid 39–70% Cl	Chlorierter Cyclokautschuk 52% Cl	Chlorierter Kautschuk 58–68% Cl
2980 *s*		2980 *s*		2980 *m*
	1730[1])	1735 *w*		1735 *w*[1])
1650 *w*	1640 *w*			1630 *w*[1])
1464 *s*	1448 *s*	1447 *s*	1444 *s*	1445 *s*, *Sch*
		1430 *m*	1430 *Sch*	1430 *s*
1380 *s*	1388 *s*	1386 *s*	1385 *m*	1385 *m*
1310 *s*	1313 *m*			
	1272 *s*	1280 *s*		1270 *s*
1265 *m*			1265 *s*	
	1252 *s*	1240 *s*		1245 *s*
1215 *w*	1215 *m*	1215 *s*	1223 *m*	1212 *s*
		1167 *w*		
1143 *s*	1133 *m*	1140 *w*		
1110 *m*				
	1092 *s*	1090 *w*		
		1060 *m*		
1029 *vw*	1040 *w*			
986 *vw*				
974 *vw*	970 *m*	970 *m*	970 *w*	970 *m*
	930 *w*	935 *s*	930 *s*	935 *m*
	914 *m*			910 *w*
874 *m*				
838 *m*	830 *w*			
806 *m*	788 *s*	790 *s*	790 *m*	796 *s*
	765 *s*	765 *s*	765 *s*	765 *s*
750 *s*				
		740 *s*	745 *s*	740 *s*
	685 *m*	665 *m*		670 *m*
635 *m*	640 *m*			
625 *m*	620 *s*			
565 *s*	585 *w*			
	530 *w*[1])			
	515 *w*[1])			

[1]) Die Bande wird nicht immer beobachtet.

verschwindet die ursprüngliche Absorption bei 1660 cm^{-1}; stattdessen erscheint bei 1640 cm^{-1} eine neue schwache Absorption. Die Intensität der CH_3-Absorption bei 1388 cm^{-1} bleibt weitgehend erhalten. Mit steigendem Chlorierungsgrad wird die Bande bei 1272 cm^{-1} stärker, während die schwachen Absorptionen bei 585, 530 und 515 cm^{-1} verschwinden.

Bei der Umsetzung von Kautschukhydrochlorid mit aktivem Chlor entsteht das chlorierte Kautschukhydrochlorid. Dabei bildet sich bei einem Chlorgehalt von etwa 50% zuerst das Dichlorid, das bei weiterer Umsetzung in höherchlorierte Produkte umgewandelt werden kann:

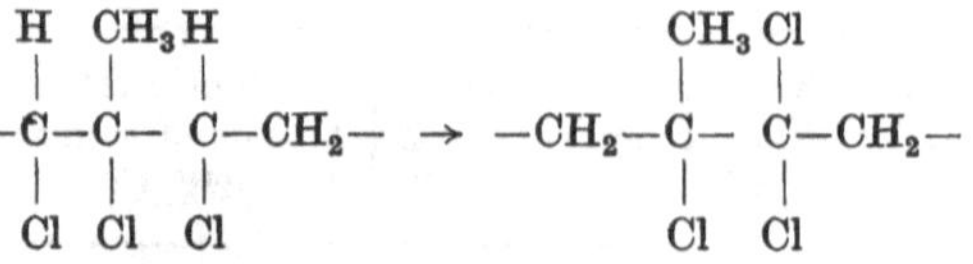

61 % Cl

I II

Die Doppelbindungsabsorption verschwindet bei dieser Reaktion vollständig ebenso die Deformationsschwingung der CH_2-Gruppe bei 1464 cm^{-1}. Stattdessen erscheinen bei 1447 und 1430 cm^{-1} neue Banden, was dem Absorptionsverhalten höherchlorierter Polyäthylene entspricht. Die Bande bei 1430 cm^{-1} wird dabei der $-CH_2CCl_2$-Gruppe zugeordnet, die auch im Chlorkautschuk, nicht aber im Kautschukdichlorid zu finden ist, wo nur CHCl-Gruppen auftreten können. Auffällig sind auch die Veränderungen im CCl-Valenzschwingungsbereich zwischen 600 und 700 cm^{-1} gegenüber dem Hydrochlorid.

Wie beim Dichlorid, so wird auch im chlorierten Kautschukhydrochlorid eine CO-Bande unterschiedlicher Intensität gefunden, die auf Oxydationsnebenreaktionen bei der Halogenierung hinweist. Das Spektrum von Chlorkautschuk, der bei der Chlorierung von Naturkautschuk in CCl_4-Lösung oder von Naturkautschuk-Latices entsteht, ist dem des chlorierten Kautschukhydrochlorids (Chlorgehalt 61%) sehr ähnlich. Beim Chlorkautschuk handelt es sich, wie bei den vorstehend genannten Derivaten, nicht um definierte Produkte, da während der Chlorierung eine Reihe von Simultan- und Sekundärreaktionen erfolgen.

Nach SALOMON (1950, 1954) ist Chlorkautschuk durch die geringere Intensität der CH_3-Bande bei 1385 cm^{-1} von den anderen chlorierten Kautschuken mit gleichem Chlorgehalt zu unterscheiden. Beim Chlorkautschuk ist also eine merkliche Chlorierung der CH_3-Gruppe nachzuweisen. Das Verhalten der CH_2-Bande bei 1464 cm^{-1} während der Chlorierung (Verschiebung nach 1430 cm^{-1}) ist das gleiche wie beim chlorierten Kautschukhydrochlorid. Auch die Absorptionen im CCl-Valenzschwingungsbereich entsprechen diesem Verhalten (vgl. auch RAMAKRISHNAN (1956) und CHECKLAND (1956)).

6.10.4. *Copolymere des Butadiens*

Zu den wichtigsten Copolymeren des Butadiens gehören die großtechnisch hergestellten Copolymerisate mit Styrol (Warm- und Kaltkautschuk) und Acrylnitril (ölfester Kautschuk). Daneben werden Acrylsäure und ihre Ester, Vinylpyridine, Methacrylsäure, Vinylchlorid und Olefine als ternäre bzw. quaternäre Comonomere eingesetzt. Mit Hilfe der Ultrarotspektroskopie ist ein qualitativer Nachweis und eine Bestimmung der Bruttozusammensetzung der Copolymere möglich, bei einigen Butadien-Copolymeren sind darüber hinaus qualitative Angaben über die Monomerenverteilung durch das Auftreten sequenzempfindlicher Absorptionen zu erhalten.

6.10.4.1. Butadien-Styrol-Copolymere

Im Ultrarotspektrum des Butadien-Styrol-Kautschuks treten neben den bereits diskutierten Banden des Polybutadiens gut nachweisbar die aromatischen Absorptionen des Styrols bei 1660 bis 2000 cm^{-1} (Fünffingerbanden), 1605, 1495, 760 und 699 cm^{-1} auf (Abb. 6.62).

In den technischen Butadien-Styrol-Typen überwiegt die trans-Polybutadien-Struktur, die durch die sehr schwache Styrolabsorption bei 962 cm^{-1} nur wenig beeinflußt wird. Dagegen können bei geringen 1,2-Gehalten im Copolymer durch die im gleichen Wellenzahlenbereich erscheinende schwache Styrolabsorption bei 906 cm^{-1} Störungen auftreten.

Die cis-Absorption im Bereich 680 bis 740 cm^{-1} wird durch die γ_w-Schwingung des Styrols bei 699 cm^{-1} gestört, so daß eine qualitative und quantitative Bestimmung der cis-Struktur in diesem Falle Schwierigkeiten bereitet. Durch Aufnahme von Differenzspektren gegen reines Polystyrol gelingt es in den meisten Fällen gut auswertbare Spektren zu erhalten. Infolge des höheren cis-Anteils im Warmkautschuk erscheint der Untergrund in diesem Bereich gegenüber dem beim Kaltkautschuk auftretenden verstärkt.

Die Spektren der Block- und Pfropfcopolymerisate sind im wesentlichen mit den Spektren von Gemischen beider Homopolymere identisch. Im Falle der statistischen Copolymerisate, zu denen auch die meisten technischen Kalt- und Warmkautschuke gehören, treten vor allem im Bereich unterhalb 600 cm^{-1} sequenzabhängige Verschiebungen auf (vgl. Abschnitt 5.6.).

Styrolgehaltsbestimmungen unter Benutzung der Bande bei 700 cm^{-1} in Butadien-Styrol-Copolymeren wurden von Hampton (1949), Binder (1963a) und Kimmer (1962, 1963) beschrieben. Wexler (1964) benutzte das Extinktionsverhältnis E_{1639}/E_{1601} (ν(C=C) der CH_2=CH-Gruppe des PB zu $\nu(C{=}C)_{arom.}$ des Styrols) zur Styrolbestimmung in unlöslichen Emulsionspolymerisaten. Das Verfahren setzt die Konstanz des 1,2-Anteils im Copolymer voraus.

6.10.4.2. Butadien-Acrylnitril-Copolymere

Die Abb. 6.63 zeigt das Ultrarotspektrum eines Butadien-Acrylnitril-Copolymer. Die Butadien-Absorptionen werden durch das Acrylnitril zum Teil beeinflußt. Die großtechnisch hergestellten Typen enthalten vorwiegend die trans-Form. Der 1,2-Gehalt liegt niedriger als bei den Styrol-Butadien-Copolymeren und ist von der Polymerisationstemperatur weitgehend unabhängig. Die Nitrilabsorption (—C≡N) erscheint bei 2237 cm^{-1}. Gegenüber dem UR-Spektrum des reinen Polyacrylnitrils, in dem die Valenzschwingung der Nitrilgruppe bei 2245 cm^{-1} erscheint, tritt somit bei Butadien-Acrylnitril-Copolymeren je nach Zusammensetzung eine Verschiebung um 6 bis 7 cm^{-1} ein. Die Messung dieser Verschiebung, die auch bei Styrol-Acrylnitril- und Acrylnitril-Vinyltoluol-Copolymeren nachgewiesen wurde, ermöglicht eine nähere qualitative Charakterisierung der Polymere und des Polymerisationsablaufs.

Zur quantitativen ultrarotspektroskopischen Acrylnitrilbestimmung im Copolymer wurden verschiedene Methoden vorgeschlagen. Dinsmore und Smith (1948) bestimmten den prozentualen Anteil an Acrylnitril durch Messung des Extink-

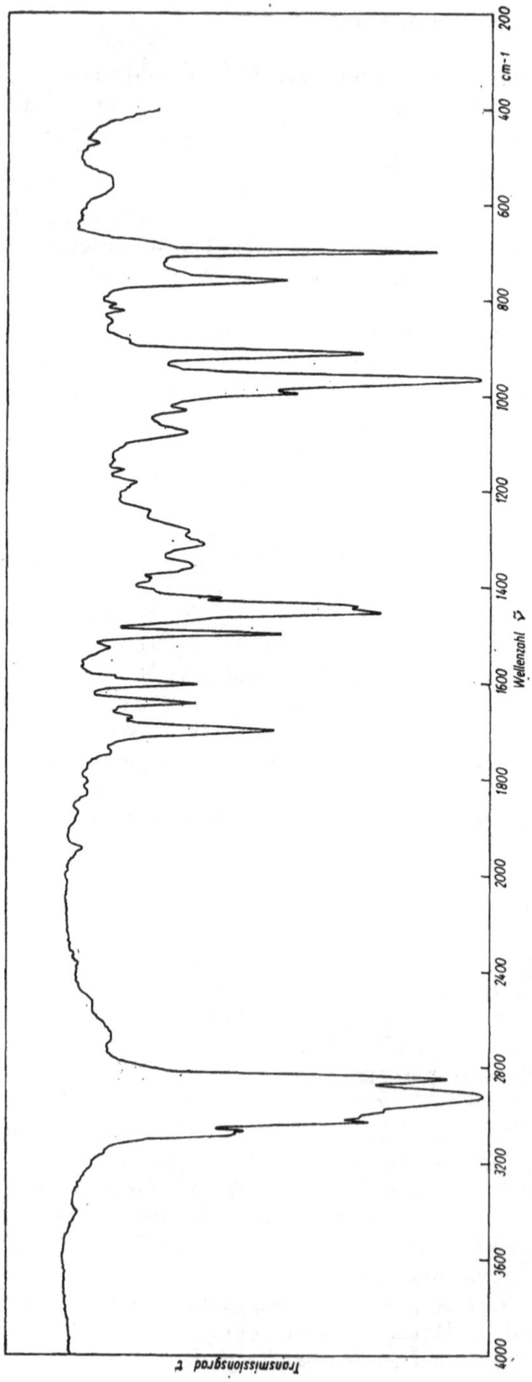

Abb. 6.62 Ultrarotspektrum eines Butadien—Styrol-Kaltkautschuks.

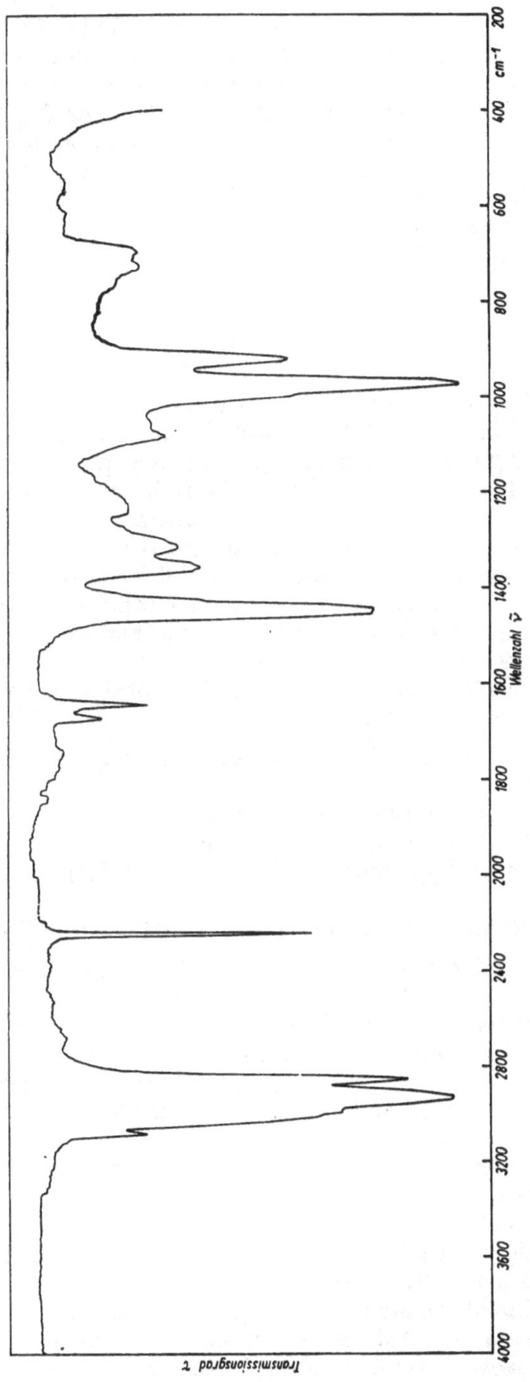

Abb. 6.63 Ultrarotspektrum eines Butadien—Acrylnitril-Copolymer.

tionsverhältnisses der Nitrilbande zu einer Bezugsbande. Die Proben wurden dabei im extrahierten Zustand untersucht oder vorher pyrolysiert und die Pyrolyseprodukte auf semiquantitativem Wege bestimmt. Beide Verfahren erfassen nicht das Gesamtmolekül; im erstgenannten Falle werden nur die löslichen Anteile berücksichtigt, die gelartigen und unlöslichen werden verworfen, nach dem zweiten Verfahren wird das Makromolekül völlig zerstört. Von KIMMER (1962) wurde das Kopplungs- und Simultanverfahren zur Nitrilbestimmung angewandt; nach dieser Methode wird das Copolymerisat im Quellzustand oder als Folie untersucht.

6.10.5. Gummi

Die ultrarotspektroskopische Charakterisierung der Struktur von vulkanisiertem und gefülltem Kautschuk (Naturkautschuk, Buna N und S, Polychloropren, Butylkautschuk, Äthylpolysulfid u. a.) kann im Gegensatz zum Rohkautschuk erhebliche Schwierigkeiten bereiten, die ihre Ursache in der Präparationstechnik haben. Daher ist dieses Gebiet im Vergleich zu den Untersuchungen am Rohkautschuk von der spektroskopischen Seite her relativ wenig bearbeitet worden, obwohl die Strukturanalyse des Gummis im Hinblick auf die durch die Vulkanisation verursachten Strukturänderungen, für die quantitative Analyse von Kautschukverschnitten und teilweise auch für die Identifizierung des Kautschuks und seiner Inhaltstoffe von praktischem Interesse ist.

Zur Präparation des Weichgummis für die Ultrarotanalyse werden im wesentlichen folgende Verfahren angewandt:

Auflösen des Gummis in geeigneten Lösungsmitteln oder Kombinationen von solchen,
pyrolytische Spaltung des Gummis,
Herstellung von Mikrotomschnitten,
mechanische Zerkleinerung des Gummis und Anquellung des Gummipulvers,
Untersuchung von Gummischnitten mittels der ATR-Technik.

Für die Untersuchung der Kautschukbasis von Hartgummi kommt vorzugsweise die Pyrolysetechnik in Betracht.

Ausführliche Arbeitsvorschriften für die Vorbereitung von Vulkanisaten nach dem Lösungsverfahren wurden von BARNES (1944, 1944a), DINSMORE (1948), HUMMEL (1958a) sowie von FIORENZA (1963) angegeben. Während die beiden Erstgenannten Lösungsmittelkombinationen verschiedener Art für das Auflösen des Vulkanisats verwenden, empfiehlt HUMMEL (1958a) die Polymere vor dem Lösen mit einem Walzwerk evtl. bei höheren Temperaturen abzubauen, wobei Felle erhalten werden, die zum Teil schon in der Kälte gelöst werden können. Zum Auflösen von Vulkanisaten, ohne mechanischen Abbau des Polymerisats, ist ein längeres Kochen mit o-Dichlorbenzol unter Rückfluß im N_2-Strom besonders geeignet, wobei neben Synthese- und Naturkautschuk auch Polychloropren und Butadien-Acrylnitril-Copolymere auf- bzw. angelöst werden. Pigmente und Füllstoffe können nach dem Auflösen durch Zentrifugieren entfernt werden. Die zurückbleibende viskose Lösung wird auf NaCl-Fenster gestrichen, und die

Lösungsmittelreste werden im Vakuum abgedampft. Von HUMMEL (1958a) wurden die in der Tab. 6.50 angegebenen Kochzeiten in o-Dichlorbenzol für verschiedene Weichgummisorten gefunden. Dabei tritt an Luft bereits ein Abbau der Polymermoleküle ein (CLARK (1970)). Für Polychloropren und gewisse Buna-N-Typen ist die Verwendung von asymmetrischem Dichloräthylen als Lösungsmittel günstiger. Zur Entfernung von Stabilisatoren, Reglern oder anderen löslichen organischen Inhaltstoffen ist eine Vorextraktion des Gummis mit Äthanol oder Butanon notwendig.

Tabelle 6.50 Löslichkeit verschiedener Kautschuktypen in o-Dichlorbenzol (nach HUMMEL (1958a))

Basis des Weichgummis	Kochzeit [h]	gelöste Menge [%]
Naturkautschuk	2,5	100
Butylkautschuk	8	100
NK/Butylkautschuk	6	100
Butadien-Styrol-CP	16	100
Butadien-Acrylnitril-CP	30	40
Polychloropren	26	14

Wesentlich rascher als das Lösungsverfahren gestattet es die pyrolytische Spaltung, den Gummi zu präparieren. Die Pyrolyseprodukte, die neben Monomeren eine Reihe flüssiger und gasförmiger Nebenprodukte enthalten, die durch Sekundärreaktionen (Cyclisierungen, Kondensationen, Dehydrierungen usw.) entstehen, zeigen in Abhängigkeit vom Kautschuktyp charakteristische Absorptionen, die zur Identifizierung herangezogen werden können. Die Pyrolyseprodukte können im gelösten (zum Beispiel in CCl_4 nach KRUSE (1952, 1953)) oder kondensierten Zustand (HARMS (1953)) spektroskopiert werden. Da unter Normalbedingungen eine Reihe von Monomeren leicht flüchtig oder gasförmig sind (Butadien, Isopren, Chloropren, Isobutylen), ist zur sicheren Identifizierung besonders von Elastomermischungen die Untersuchung dieser Anteile im Gaszustand oder in kondensierter Form unbedingt erforderlich. So ist zum Beispiel das UR-Spektrum des flüssigen Pyrolysats von Naturkautschuk-Butylkautschuk-Mischungen weitgehend identisch mit dem UR-Spektrum von pyrolysiertem vulkanisiertem Naturkautschuk, während praktisch keine Oligomeren des Isobutylens darin gefunden werden. Bei der Untersuchung des Pyrolysegases lassen sich jedoch beide Monomeren gut nebeneinander erkennen. Das gleiche Verhalten wurde bei Mischungen von NK mit Chloropren-Elastomeren und Buna S mit Chloropren gefunden. In beiden Fällen ist der Nachweis von Chloropren nur im Pyrolysegas möglich, während die Monomeren der anderen Verschnittkomponenten im flüssigen Pyrolysat nachweisbar sind.

Apparaturen, die eine einfache Pyrolyse im N_2-Strom und im Vakuum ermöglichen, wurden von FIORENZA (1963) und von HUMMEL (1958a) beschrieben. Außerdem wurden von diesen Autoren eine Vielzahl von UR-Spektren flüssiger und gasförmiger Pyrolysate publiziert, die bei Einhaltung der Pyrolysebedingungen zur Identifizierung unbekannter Pyrolysate herangezogen werden können.

Wesentlich problematischer ist die Pyrolyse von Hartgummi, der infolge seines hohen Schwefelgehaltes (20 bis 40%) stark vernetzt ist und zum Teil Füllstoffe enthält. Trotzdem ist auch hier die Pyrolysetechnik mit Erfolg anwendbar. Um freien Schwefel oder Schwefelverbindungen im Vulkanisat zu binden, müssen bei der Pyrolyse Ca-Späne oder Zn-Staub zugegeben werden. Nach HUMMEL (1958a) ist das Spektrum der flüssigen Pyrolyseprodukte des Hartgummis auf Basis NK, Buna S und Buna N charakteristisch für den Kautschuktyp.

Die UR-Spektren flüssiger Pyrolysate von Hartgummi auf NK-Basis unterscheiden sich von denen des Weichgummis durch die Zunahme der Intensität der aromatischen Absorptionen (zwischen 670 und 830 cm^{-1}) und die Abnahme der Absorptionsintensität der Vinylidengruppe bei 887 cm^{-1}. Im übrigen sind die Spektren beider Gummisorten einander sehr ähnlich. Das gleiche wird bei den Pyrolysespektren von Weich- und Hartgummi aus Buna S festgestellt. Im UR-Spektrum des Hart-Buna N ist eine Zunahme der aromatischen Absorptionen und eine Verschiebung der $\nu(C{\equiv}N)$-Bande nach 2208 cm^{-1} zu erkennen.

Um den Kautschuk ohne Veränderung seiner Struktur direkt untersuchen zu können, ist die Anwendung genügend strahlungsdurchlässiger Kautschukfolien notwendig. Während Untersuchungen dieser Art am vulkanisierten und mit mineralischen Füllstoffen gefüllten Kautschuk sehr gute Spektren liefern können, treten beim Spektroskopieren rußgefüllter Kautschukfolien erhebliche Schwierigkeiten infolge der starken Eigenabsorption des Rußes und der Streuung der Strahlung an den Rußpartikeln auf. Hier können nur ultradünne Folien angewandt werden, oder der Ruß muß vor der Aufnahme nach Auflösen des Kautschuks durch Spezialfilter oder Zentrifugieren abgetrennt werden.

Von CORISH (1960) wurden Mikrotomschnitte (2 bis 5 μm) von rußgefülltem Kautschuk durch Schneiden der Kautschukblöcke in Petroleum, Toluol oder Aceton hergestellt und die erhaltenen Folien auf NaCl-Fenster aufgebürstet. Wegen der starken Streuung im kurzwelligen Bereich des Spektrums erfolgte die Registrierung der Spektren nur zwischen 5 und 15 μm. Durch Anwendung einer besonderen elektrischen Verstärkertechnik wurden über einen Zweitschreiber auch schwache Absorptionen gut wiedergegeben, wobei die Untergrundeinflüsse allerdings beträchtlich bleiben. Auf diese Weise wurden die Spektren von rußgefülltem NK, Buna S und N, Butylkautschuk und Polychloropren aufgenommen und zur Untersuchung technischer Artikel (Autoreifen, Treibriemen u. a.) verwendet.

Andere Autoren bevorzugten die Herstellung von Mikrotomschnitten nach vorheriger Abkühlung des Kautschuks mit Kohlensäureschnee oder Mischungen von Trockeneis in Aceton. Nach SUITO (1965a) ist die günstigste Schnittemperatur für Buna S −45 °C, für NK −55 °C. Neben der Bestimmung des Kautschuktyps und seiner strukturellen Änderungen bei der technischen Weiterbehandlung erhält man aus diesen Spektren auch Informationen über die Art des verwendeten Füllstoffs (Silikate, Kaolin, $CaCO_3$, $MgCO_3$, CaF_2, TiO_2, Ultramarinblau usw.). Zahlreiche UR-Spektren dieser Mineralstoffe und ihrer Mischungen mit Kautschuk wurden von CORISH (1961) und SUITO (1965) veröffentlicht.

Charakteristische Absorptionsbanden der Füllstoffe liegen für aktive Kieselsäure bei 1105 cm^{-1} (Si—O-Gruppe), für Kaolin bei 1035 cm^{-1}, für Talkum bei 1020 cm^{-1} (Si—O—Si), 3420 bis 3600 cm^{-1} (ν(OH)) und 675 cm^{-1}. $MgCO_3$ und $CaCO_3$ absorbieren bei 1450 cm^{-1}, Schwerspat bei 990, 1085, 1130 und 1190 cm^{-1}.

Überdecken die Absorptionen des Füllstoffs die des Kautschuks, so ist es mitunter schwierig, den Kautschuktyp zu identifizieren. In diesen Fällen ist es zweckmäßig, durch Auflösen des Kautschuks in o-Dichlorbenzol den Füllstoff abzutrennen und beide Komponenten getrennt zu untersuchen; den Füllstoff als KBr-Tablette oder in Nujol-Suspension, den Kautschuk nach Anquellen mit CS_2.
Abb. 6.64 zeigt das Ultrarotspektrum einer Kabelmischung, die als Kautschukkomponente Buna S4T (Kaltkautschuk) und etwas Plastikator 32, sowie als Füllstoffe 26% Kaolin und 26% Talkum enthält. Die Probe wurde mechanisch zer-

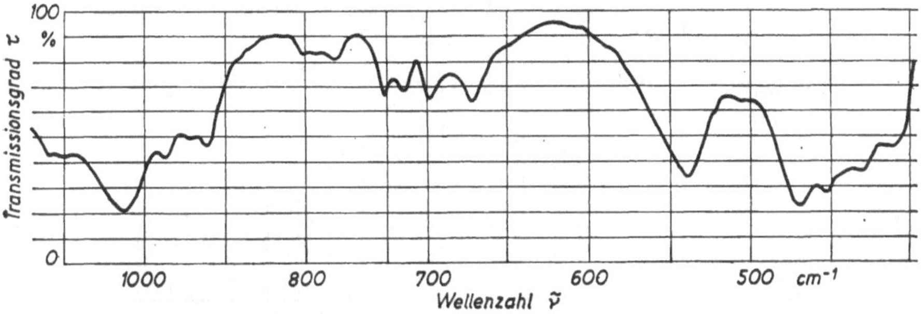

Abb. 6.64 Ultrarotspektrum einer Kabelmischung

kleinert und mit CS_2 angequollen. Da die Füllstoffe in hohen Prozentsätzen enthalten sind, bereitet ihre Identifizierung keine Schwierigkeiten. Die Banden bei 455, 470, 672 und 1020 cm^{-1} stammen von Talkum, die Absorptionen bei 428, 540, 910, 1035 und 1120 cm^{-1} von Kaolin. Vom Kautschuk ist nur die Styrol-Absorption bei 700 cm^{-1} sichtbar, so daß es notwendig ist, die Füllstoffe abzutrennen.

Die im Kautschuk enthaltenen Stabilisatoren und Beschleunigerreste lassen sich UV-spektroskopisch nachweisen. Hierzu können von vulkanisierten, rußgefüllten Kautschuken unter Benutzung eines UV-durchlässigen Lösungsmittels (Methylcyclohexan) als Schneideflüssigkeit Mikrotomschnitte angefertigt werden. Die erhaltenen dünnen Filme können ultrarotspektroskopisch auf den Kautschuktyp und die vorhandenen Füllstoffe untersucht werden, während der Stabilisator und die bei der Vulkanisation entstehenden Reaktionsprodukte aus dem Film durch das Lösungsmittel rasch extrahiert werden und über das UV-Spektrum identifiziert werden können. Diese Methode ist auf Naturkautschuk, Buna S, Polybutadien und Butylkautschuk anwendbar, während sie beim Polychloropren und Buna N versagt, da beide in Methylcyclohexan nicht anquellen; sie ist ferner nicht anwendbar bei ölgestrecktem Kautschuk (Corish (1963a)).

Um mögliche strukturelle Veränderungen bei der Vulkanisation des Kautschuks oder der technischen Weiterbehandlung der Vulkanisate nachzuweisen, bietet die Ultrarotspektroskopie ebenfalls gute Möglichkeiten. Kimmer u. a. (1965) zeigten, daß auch bei Vulkanisaten eine Anwendung der quantitativen Analyseverfahren zu guten Ergebnissen führt. Voraussetzung dafür ist die Übertragbarkeit der Extinktionskoeffizienten und Eichkonstanten vom Rohkautschuk auf die Vulkanisate und die Möglichkeit, den Gummi so zu präparieren, daß er ein auswertbares Ultrarotspektrum ergibt. Die Gummiproben werden bei diesem

Verfahren mit einer feinen Korundscheibe zerkleinert, wobei Erhitzungseffekte, die zum Abbau des Kautschuks führen, weitgehend vermieden werden. Die Korundteilchen, die beim Schleifen in den Gummi gelangen, stören die weiteren Untersuchungen nicht. Die Teilchengröße der Gummipartikel ist von der Härte des Gummis abhängig. Sie liegt bei zerschliffenem vulkanisiertem Kaltkautschuk mit 50% Ruß zwischen 30 und 60 μm. Bei weicheren Gummitypen muß das

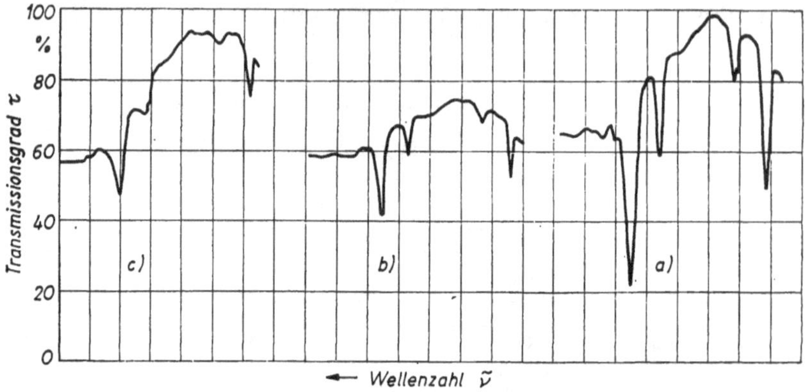

Abb. 6.65 Ultrarotspektrum von mechanisch zerkleinertem Gummi mit verschiedenen Rußgehalten (*a* — 25% Ruß, *b* — 50% Ruß, *c* — 75% Ruß).

Material vor der Zerkleinerung in CO_2-Schnee gelegt werden. Das fein zerkleinerte Gummigut wird im Quellzustand (Quellmittel CS_2) spektroskopiert (Abb. 6.65). Diese Arbeitstechnik ermöglicht es, die spektralen Änderungen bei der Vulkanisation von NK, 1,4-cis-Polybutadien und Buna N quantitativ zu erfassen und neben dem qualitativen Nachweis von mineralischen Füllstoffen auch rußgefüllte vulkanisierte Verschnitte von NK, Kaltkautschuk und 1,4-cis-Polybutadien quantitativ zu untersuchen.

Von Bishop (1961) wurde die Kinetik der durch Schwefel induzierten Isomerisierung von hochprozentigem 1,4-cis-Polybutadien innerhalb eines großen Temperaturbereiches und bei verschiedenen Schwefelkonzentrationen ultrarotspektroskopisch untersucht. Die Isomerisierung erfolgt hiernach nach einer Reaktion 1. Ordnung. Neben der cis-trans-Isomerisierung tritt bei der Schwefelvulkanisation auch Ringbildung und die gleichzeitige Bildung konjugierter Doppelbindungen auf. Über strukturelle Veränderungen von 1,4-cis-Polybutadien bei der Vulkanisation durch Dicumylperoxid berichtet Reichenbach (1965). Bei der Vulkanisation von Naturkautschuk, zum Beispiel Crepe (1,4-cis-Polyisopren) ist die auffälligste Veränderung die Abnahme der Absorption bei 840 cm^{-1} (cis) und das Auftreten einer neuen Bande bei 961 cm^{-1}; daneben wird manchmal eine Absorption bei 588 cm^{-1} gefunden, die der C—S-Valenzschwingung zugeordnet wurde (Davison (1957)). Diese neue Absorption bei 961 cm^{-1} ist im Spektrum von Weichgummi nur schwach, oft auch gar nicht zu erkennen, während sie bei Anwendung höherer Schwefelgehalte (Hartgummi, Ebonit) deutlich erscheint.

Die Entstehung dieser Bande hat zu verschiedenen Deutungen Anlaß gegeben. Sears (1941), der diese Bande zuerst beschrieb, u. a. Autoren (Sheppard (1948),

SALOMON (1954a, 1955), LINNIG (1958)) erklärten ihre Entstehung durch eine Doppelbindungsverschiebung unter dem Einfluß des Schwefels, wobei sich trans-CH=CH-Einheiten bilden. BATEMAN (1957) führte die Bande auf cyclische Schwefelstrukturen zurück. In einer ausführlichen Untersuchung haben SHIPMAN und GOLUB (1962) unter Verwendung deuterierter cis-Polyisoprene eine sicherere Deutung dieser *trans-Bande* vornehmen können. Danach soll das Auftreten der Absorption bei 961 cm^{-1} auf cyclische Sulfide und konjugierte Doppelbindungen zurückgehen und in geringerem Maße durch die ursprünglich vermutete Doppelbindungsverschiebung verursacht werden. Nach SEHAN (1964) können allerdings bis zu einem Schwefelgehalt von 7% nur wenig konjugierte Doppelbindungen vorhanden sein, da der theoretisch berechnete und der experimentell bestimmte Ungesättigtheitsgrad annähernd übereinstimmen. Erst bei höheren Schwefelkonzentrationen (10 bis 20%) ist der Einfluß nachzuweisen. Über den Einfluß von Metalloxiden (MgO, ZnO, CdO) auf die Veränderung der Struktur des Naturkautschuks bei der Vulkanisation berichteten RAHMAN und IVANOVA (1970).

Als weitere Arbeitsmethode zur Ultrarotanalyse von Gummi kann die ATR-Technik angewandt werden (FAHRENFORT (1961)). Der Gummi muß dazu in Scheibenform geschnitten und in engen Kontakt mit dem ATR-Prisma gebracht werden. Da bei diesem Verfahren nur die Oberfläche bis zu einigen μm Dicke erfaßt wird, sollten die Aufnahmen an frisch geschnittenen Proben durchgeführt werden, um evtl. chemische Veränderungen des Gummis von außen zu eliminieren.

ATR-Untersuchungen an NK, Buna N, Isobutylen-Isopren- und Butadien-Styrolkautschuk (mit $CaCO_3$ gefüllt), sowie Polyesterurethan, Silikonelastomeren und Wachsschichten auf NK wurden von HARRIS (1963) beschrieben. Die Vulkanisation und Isomerisierung von cis-1,4-Polybutadien durch Schwefel oder Peroxide wurde von HAYASHI (1966, 1970) mittels der ATR-Methode untersucht (vgl. auch FUJIMOTO und WATAYA (1969)).

6.10.5.1. *Kautschukverschnitte*

Von praktischem Interesse ist die quantitative Bestimmung des Mischungsverhältnisses von Kautschukverschnitten, insbesondere von denen des Buna S mit NK. Ein halbquantitatives Verfahren hierzu wurde von FIORENZA (1963) beschrieben. Die Bestimmung erfolgt an flüssigen Pyrolysaten der Mischungen, wobei die Absorptionen bei 908 cm^{-1} (Buna S) und 890 cm^{-1} (NK) zur Analyse herangezogen werden. Für kleine Buna S-Gehalte wird die Verwendung der Styrol-Absorption bei 700 cm^{-1} empfohlen. Die Eichung erfolgt über Mischungen bekannter Zusammensetzung. TRYON u. a. (1955) pyrolysierten mit Aceton extrahierte und vakuumgetrocknete Proben bei 550 °C und stellten eine empirische Relation zwischen den Bandenintensitäten bei 908 und 890 cm^{-1} und dem NK-Gehalt auf. LERNER u. a. (1964) überprüften diese Methode und fanden, daß Mischungen von vulkanisiertem Buna S und vulkanisiertem NK ein anderes spektrales Verhalten nach der Pyrolyse zeigten als Covulkanisate dieser Polymere. Sie fanden, daß diese Unterschiede und der Einfluß der Vulkanisationsrezeptur auf das Meßergebnis beseitigt werden, wenn die Proben zwischen 850 und 950 °C pyrolysiert werden.

Von FEUERBERG (1963) wurde ebenfalls ein Pyrolyseverfahren zur quantitativen Bestimmung von Buna S/NK-Mischungen angegeben. Zur Aufstellung einer reproduzierbaren Eichkurve werden beide Elastomere in einer Pyrolyseapparatur bei ca. 600 °C und 100 Torr pyrolysiert und die Pyrolysate in Cyclohexan bei 8 °C aufgefangen. Aus den erhaltenen Stammlösungen für NK und Buna S werden Meßlösungen hergestellt, die einen von 0 bis 100% ansteigenden Buna S-Gehalt aufweisen. Zur Auswertung gelangt bei konstanter Schichtdicke (1 mm) die Styrolabsorption bei 697 cm^{-1}. Bei der Analyse von gefülltem Kautschuk muß zur Styrolbestimmung nach diesem Verfahren der Füllstoffgehalt zuvor bestimmt werden, da die Eichung auf der Einwaage basiert.

Ein halbquantitatives Verfahren zur Analyse von Buna N-Phenolharzmischungen wurde von Bentley (1954) beschrieben. Die Mischung wird pyrolysiert (550 °C, 2 mm Hg). Die Pyrolyse-Produkte werden in einem mit CO_2 gekühlten Gefäß gesammelt, und unter definierten Bedingungen spektroskopiert. Mit Proben bekannter Zusammensetzung wurde eine Eichkurve konstruiert, die das Absorptionsverhältnis 3390/2232 cm^{-1} in Abhängigkeit vom Phenolharz- oder Acrylnitril-Gehalt wiedergibt. Mit der Untersuchung der Pyrolyseprodukte von Gummiabfällen befaßte sich Mzourek (1961).

Ein Verfahren zur ultrarotspektroskopischen Bestimmung des Gehaltes an cis-1,4-Polybutadien in Reifenlaufflächen wurde von Schult (1964) beschrieben. Dabei wird nach extraktiver Entfernung der Alterungsschutzmittel der Kautschuk durch Kochen im Rückfluß mit o-Dichlorbenzol gelöst. Nach Abtrennung des Rußes werden die Ultrarotmessungen an vakuumgetrockneten Filmen durchgeführt. Mit bekannten Mischungen (cis-Polybutadien, Buna S) wird eine Eichkurve aufgestellt, die die Abhängigkeit des Verhältnisse E_{737}/E_{1316} vom cis-Gehalt wiedergibt (vgl. auch Mackillop (1968) und Mills (1970)).

6.11. Cellulose

Obwohl die Cellulose als weit verbreitetes natürliches und seit langem technologisch genutztes Polymer frühzeitig Interesse für ultrarotspektroskopische Untersuchungen gefunden hat, bereitet die vollständige Interpretation des Spektrums noch immer Schwierigkeiten. Ursache dafür ist neben dem komplizierten Bau der als Monomereinheit des Cellulosemoleküls anzusehenden Cellobiose

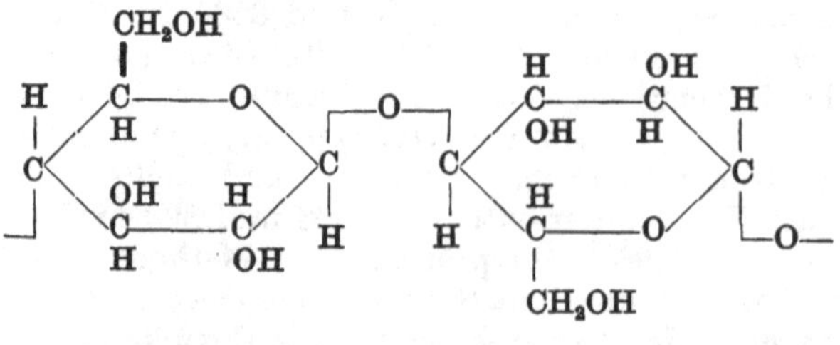

die starke Abhängigkeit des Spektrums von der übermolekularen Struktur. Das Ultrarotspektrum wird maßgebend von den drei verschiedenen Hydroxylgruppen in jedem Glucosering bestimmt, die sowohl zu anderen Hydroxylgruppen als auch zu den Ring- und Brückensauerstoffatomen intermolekulare und intramolekulare Wasserstoffbrückenbindungen eingehen können, wodurch die Existenz einer Anzahl stabiler übermolekularer Strukturmodifikationen ermöglicht wird. Röntgenographisch werden mindestens vier kristalline Modifikationen unterschieden, wozu noch die ungeordneten Anteile kommen. Nur in Ausnahmefällen kann die übermolekulare Struktur der Cellulose durch ein Zweiphasenmodell beschrieben werden; im allgemeinen ist eher eine breite Verteilung der Ordnungszustände vorhanden (MARCHESSAULT (1957)). Die Vielfalt der möglichen Konfigurationen des Moleküls hat eine starke Verbreiterung der Absorptionsbanden zur Folge, was vornehmlich auf die unterschiedlichen Bindungsenergien der Wasserstoffbrücken zurückzuführen ist.

Ältere Arbeiten, von denen die Untersuchungen von ROWEN (1950), FORZIATI (1951) und BROWN (1951) genannt seien, konnten über eine qualitative Diskussion des UR-Spektrums und die Beobachtung einzelner Banden, die bei der Oxydation der Cellulose oder in Derivaten auftreten, kaum hinausgehen. Wesentlich mehr und sicherere Aussagen wurden durch die Einführung der Deuterierungstechnik durch MANN (1956) und MARRINAN (1954), die Untersuchung von orientierten Proben mit polarisierter Strahlung durch TSUBOI (1957) und die Untersuchung von hydrolysierten Kristalliten in uniplanar orientierten Schichten durch LIANG (1959b, 1959c) und MARCHESSAULT (1960) ermöglicht. Nachdem es gelang, außer der Deuterierung der Hydroxylgruppen auch den an Kohlenstoffatome gebundenen Wasserstoff gegen Deuterium auszutauschen (CORRENS (1967, 1968)), konnte eine nahezu vollständige Interpretation des UR-Spektrums der Cellulose durchgeführt werden (DECHANT (1968a)).

Die Präparation von Celluloseproben für spektroskopische Untersuchungen erfolgt je nach der Beschaffenheit des Materials nach den verschiedenen im Kapitel 4 beschriebenen Verfahren. Die Zerkleinerung der Proben zur Herstellung von KBr-Preßlingen oder Suspensionen muß in einer mehr schneidend als mahlend wirkenden Vorrichtung erfolgen. O'CONNOR (1957, 1965) stellte fest, daß in einer WILEY-Mühle ausreichende Zerteilung ohne merkliche Veränderung der übermolekularen Struktur erreicht werden kann, während beim Mahlen in einer Kugelmühle der Kristallinitätsgrad beträchtlich herabgesetzt wird. Fasern sind für die direkte Durchstrahlung meist zu dick, durch Pressen (siehe Abschnitt 4.3.4.) können etwas bessere Präparate hergestellt werden. Bakteriencellulose läßt sich bequem in Filmen mit geeigneter Schichtdicke gewinnen, sie ist deshalb ein beliebtes Studienobjekt für spektroskopische Untersuchungen. Die Herstellung von Cellulosefilmen aus einer Viskoselösung wurde von BANDEL (1958) und PENNINGS (1961) ausführlich beschrieben. Es ist jedoch zu beachten, daß solche Filme eine wesentlich andere Struktur haben können als technische Fäden, die unter gleichzeitiger Verstreckung ausgefällt werden. ŽBANKOV (1964) hat in einer Monographie ausführlich über die bei der Anfertigung und Interpretation von Cellulosespektren auftretenden Probleme berichtet.

6.11.1. Das Spektrum der nativen Cellulose

Normale Bakteriencellulose, deren Ultrarotspektrum in Abb. 6.66 wiedergegeben ist, hat eine D_2O-Accessibilität von weniger als 25%. Auf Grund des großen Anteils mit hoher molekularer Ordnung enthält das Spektrum zahlreiche scharfe Absorptionsbanden. Ähnlich bandenreiche Spektren sind auch von Algencellulose (valonia ventricosa) und hydrolysierten Ramiekristalliten zu erhalten (LIANG (1959c)), während im Spektrum von Baumwolle oder Holzzellstoffen die Banden breiter und weniger gut aufgelöst sind. Abb. 6.67 enthält die Spektren von verstreckter Bakteriencellulose im polarisierten Licht. LIANG und MARCHESSAULT (1959b)

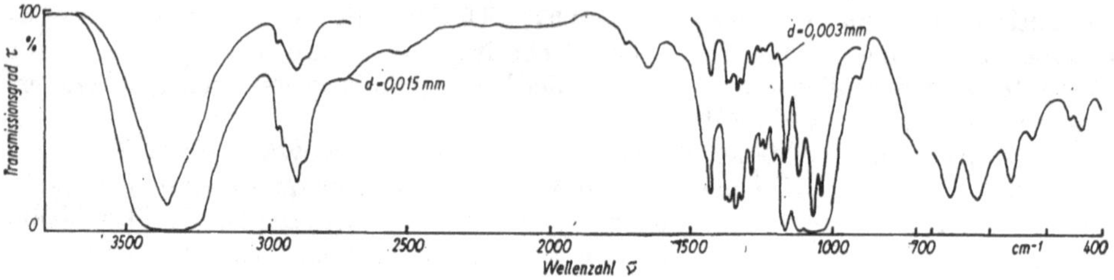

Abb. 6.66 Ultrarotspektrum von Bakteriencellulose.

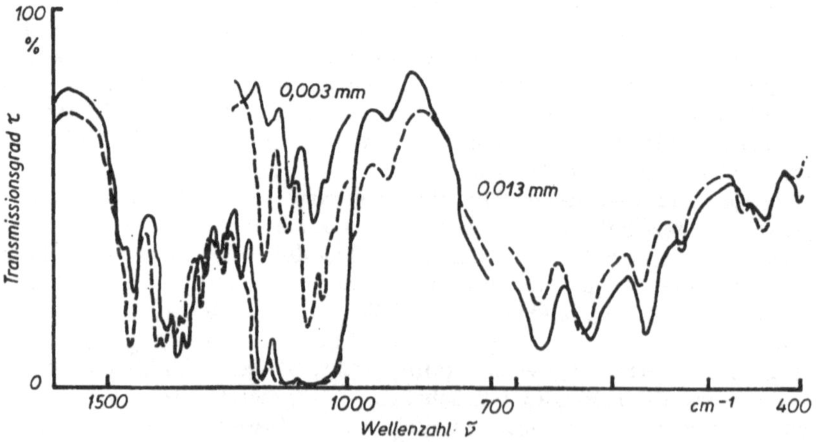

Abb. 6.67 Ultrarotspektren von im Verhältnis 1:2 verstreckter Bakteriencellulose.
——— E-Vektor senkrecht zur Streckrichtung
- - - - E-Vektor parallel zur Streckrichtung

stellten uniplanar orientierte Proben aus Cellulosekristalliten her, indem sie die Kristallite in einer Suspension durch Ultrazentrifugation ausrichteten und die orientierte Suspension auf AgCl-Platten spreiteten. Mit diesen Proben konnten auch die Spektren von gegen den Strahl geneigten Kristalliten erhalten werden (LIANG (1960d)).

6.11.1.1. OH-*Valenzschwingungen*

Die starke Absorption zwischen 3200 und 3500 cm^{-1} und die Bandengruppe bei 2900 cm^{-1} sind den OH- bzw. CH-Valenzschwingungen zuzuordnen. Schwieriger ist es, eine Aussage darüber zu machen, in welcher Weise die einzelnen OH- und CH-Gruppen die Bandenstruktur in diesen Bereichen bestimmen. Durch

Untersuchungen im Oberschwingungsbereich stellten ELLIS und BATH (1940) fest, daß der überwiegende Teil der Hydroxylgruppen in Wasserstoffbrücken gebunden ist. Aus der geringen Absorption oberhalb 3600 cm^{-1} folgerte RÅNBY (1964), daß in trockener Cellulose weniger als 1% freie Hydroxylgruppen existieren. In kristallinen Bereichen sind alle Hydroxylgruppen gebunden.

Nach Deuterierung oder hydrolytischem Abbau des amorphen Anteils der Probe ist die Hydroxylabsorption in Banden aufgelöst, die noch besser in polarisierter Strahlung zu erkennen sind (Abb. 6.68).

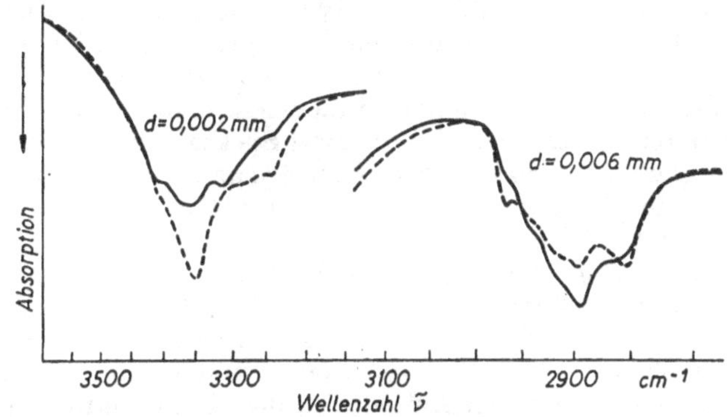

Abb. 6.68 Ultrarotspektren von orientierten Bakteriencellulosekristalliten (nach LIANG und MARCHESSAULT (1959b)).
——— E-Vektor senkrecht zur Streckrichtung
– – – – E-Vektor parallel zur Streckrichtung

Die Daten in Tab. 6.51 wurden aus verschiedenen Arbeiten von MANN und MARRINAN sowie LIANG und MARCHESSAULT zusammengestellt. In nicht orientierten Proben sind nur die stärkeren Banden bei 3405, 3350, 3305 und 3245 cm^{-1} zu erkennen (RÅNBY (1964), SUMI (1963)). Die Bande 3245 cm^{-1} wird nur in den Spektren von Bakterien- und Algencellulose und nicht bei Baumwolle, Ramie

Tabelle 6.51 Hydroxylbanden der nativen Cellulose

Wellenzahl [cm^{-1}]	relative Intensität	Polarisation	Zuordnung (nach LIANG (1959b, 1959d, 1960d))
3405	*m*	σ	$O_6H\ldots O_1''$ (10$\bar{1}$-Ebene)
3360	*w*	σ	$O_2H\ldots O_6''$ (002-Ebene)
3350	*vs*	π	$O_3H\ldots O_5'$
3305	*s*	σ	$O_6H\ldots O_1''$ (101-Ebene)
3275	*w*	π	
3245	*m*	π	

OH...O′ intramolekulare Bindung zum nächsten Glucoserest
OH...O″ intermolekulare Bindung zum Nachbarmolekül

u. a. nativen Fasern gefunden (MARRINAN (1956)). MANN und MARRINAN (1958) führten den Unterschied zwischen diesen beiden Spektrentypen auf Kopplungen der OH-Valenzschwingungen zurück, die bei Bakterien- und Algencellulose, jedoch nicht bei den anderen Proben auftreten sollen. Sie fanden, daß die OD-Valenzschwingungsbande von Bakteriencellulose mit 10% OD-Gruppen in den kristallinen Bereichen eine andere Struktur hat als bei vollständiger Deuterierung der Hydroxylgruppen, woraus sie auf die Aufhebung der Kopplung bei unvollständiger Deuterierung schließen. Nach Untersuchungen von CORRENS und DECHANT (1968) erfolgt jedoch bei der Synthese von Bakteriencellulose in schwerem Wasser ein bevorzugter Einbau von Hydroxylgruppen in kristallinen Bereichen, wobei die Bevorzugung der einzelnen Gruppen nicht gleich ist, so daß die Struktur der OD-Bande von der OH-Konzentration im schweren Wasser abhängt, ohne daß man Schwingungskopplungen annehmen muß. Daher hat die von LIANG (1959b) vertretene Ansicht, daß die zwei Spektrentypen auf unterschiedliche Ordnung und Orientierung der Proben zurückzuführen sind, größere Wahrscheinlichkeit als die Annahme unterschiedlicher Kopplungsverhältnisse bei gleicher Struktur.

Die Elementarzelle von Cellulose I enthält zwei Cellobiosereste (HERMANS (1949)). Während die kristallographischen Kenndaten, das sind die Dimensionen der Elementarzelle, die Existenz einer zweizähligen Schraubenachse und die Rückläufigkeit der Zentralkette, auf Grund von Röntgenuntersuchungen als gesichert angesehen werden können, bestehen hinsichtlich der Konformation des Cellulosemoleküls noch Unsicherheiten, zu deren Klärung die UR-Spektroskopie beitragen kann (ELLEFSEN (1964)). Von den zwölf in der Elementarzelle enthaltenen Hydroxylgruppen sind sechs kristallographisch unabhängig, daher sind sechs OH-Valenzschwingungen zu erwarten (MANN (1958)). Der starke π-Dichroismus einiger ν(OH)-Banden weist auf die intramolekulare Wasserstoffbrücken hin, die zwischen der Gruppe O_3H und dem Ringsauerstoff O_5' des benachbarten Glucoserestes bestehen und der Bande 3350 cm^{-1} zugeordnet werden (Abb. 6.69). Die Gruppe O_6H ist durch intermolekulare Wasserstoffbrücken zwischen Eck- und Zentralketten an ein Brückensauerstoffatom des Nachbarmoleküls gebunden. Solche Wasserstoffbrücken sind sowohl in der 101-Ebene als auch in der $10\bar{1}$-Ebene möglich und wurden den Banden 3305 und 3405 cm^{-1} zugeordnet (LIANG (1959b, 1959d)). Die Bande 3360 cm^{-1} wurde mit der O_2H-Gruppe in Verbindung gebracht, die in der 002-Ebene Wasserstoffbrücken zum Sauerstoffatom O_6'' der Nachbarkette bilden kann (LIANG (1960d)). Andere Strukturvorschläge von MANN (1958) und ELLIS (1962) enthalten intramolekulare Wasserstoffbrücken zwischen der O_6H-Gruppe und dem O_2'-Atom des benachbarten Glucoserestes, die in Abb. 6.69 durch Drehung der Hydroxymethylengruppe um die C_5C_6-Bindung ermöglicht werden. Diese Konformation ist jedoch nach der Auffassung von LIANG (1962b) nicht mit dem Paralleldichroismus der symmetrischen Valenz- und Deformationsschwingungen der CH_2-Gruppe vereinbar.

Eine eindeutige Zuordnung der OH-Valenzbanden zu bestimmten Hydroxylgruppen und Wasserstoffbrücken im Cellulose I-Gitter war bisher nicht möglich. Eine genauere Analyse müßte die Kopplungen zwischen den Schwingungen in benachbarten Glucoseresten berücksichtigen, die zur Aufspaltung in parallel und senkrecht polarisierte Banden führen kann. Es gibt jedoch keine eindeutigen Hinweise auf die Schwingungskopplung. TSUBOI (1957) und MANN (1958) fanden, daß es in vollständig deuterierten Proben zu jeder OH-Bande eine entsprechende OD-Bande gibt, wobei das Frequenzverhältnis für alle Banden etwa 1,35 beträgt. Das spricht gegen einen Einfluß von Kopplungen auf die OH-Absorptionsbanden, da andernfalls in den OH- und OD-Frequenzbereichen genau gleiche Kopplungsverhältnisse vorliegen müßten. Von SAKSENA u. a. (1962) wurde eine Normalschwingungsanalyse der OH-Valenzschwingungen ausgehend von einem Einzelkettenmodell und statistischen Phasenbeziehungen zwischen benachbarten Ketten versucht, die Ansätze zur Berücksichtigung der Kopplung enthält.

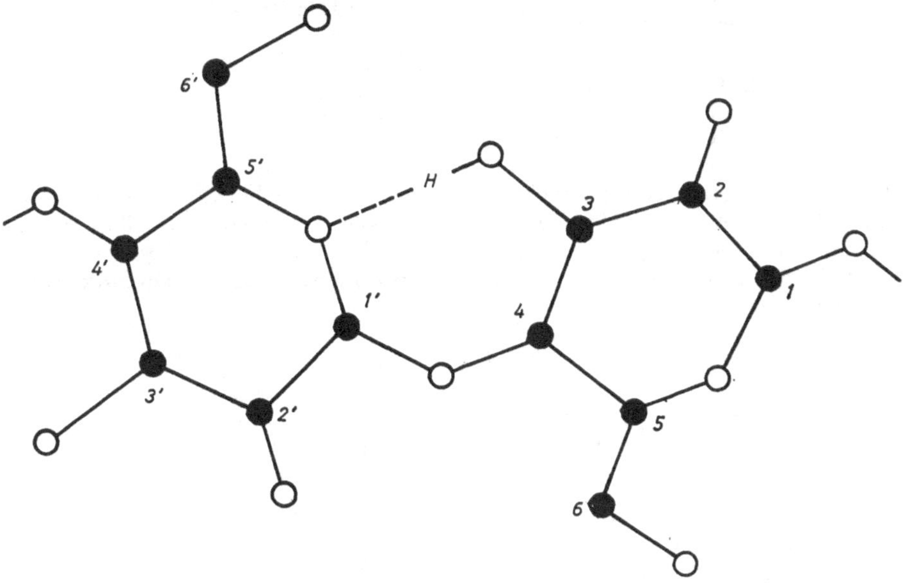

Abb. 6.69 Zur Lage der intramolekularen Wasserstoffbrücke $O_3H \cdots O_5'$.

6.11.1.2. CH-Valenzschwingungen

Die Zuordnung der CH- und CD-Valenzschwingungen in Tab. 6.52 beruht auf Untersuchungen an spezifisch deuterierter Bakteriencellulose (CORRENS (1968), DECHANT (1968a)). Die CD-Banden können nicht durch eine einfache Frequenzverschiebung aus den CH-Banden abgeleitet werden. Die Unterschiede in der Bandenstruktur beider Bereiche sind entweder durch Resonanz der CD-Schwingungen mit einer Oberschwingung oder durch Aufhebung einer bei den CH-Schwingungen bestehenden Kopplung zu erklären. Die Annahme von Schwingungskopplungen ist auch für das Verständnis des an den CH-Banden beobachteten Dichroismus erforderlich, da bei einem isoliert betrachteten Glucosering alle CH-Banden senkrecht polarisiert sein müßten (SAKSENA (1962)). Phasengleiche Schwingungen in den durch eine zweizählige Schraubenachse verknüpften benachbarten Glucoseresten führen dagegen zu π-dichroitischen Banden, während die Schwingungen in Gegenphase σ-Dichroismus haben. Wird das Kristallgitter

Tabelle 6.52 Zuordnung der CH- und CD-Valenzschwingungen von nativer Cellulose (nach DECHANT (1968a))

Wellenzahl [cm^{-1}]	relative Intensität	Polarisation	Zuordnung
2970	*m*	π	$\nu(C_1H)$ in Phase
2943	*m*	(π)	$\nu_a(CH_2)$
2920	*Sch*	?	$\nu(CH)$
2897	*vs*	σ	$\nu(CH)$ in Gegenphase $\nu_s(CH_2)$
2853	*s*	π	$\nu(CH)$ in Phase
2212	*m*	σ	$\nu_a(CD_2)$
2140	*m, breit*	σ	$\nu(CD)$
2110	*s*	σ	$\nu_s(CD_2)$

zerstört, so weisen auch die CH-Schwingungen eine ähnliche Bandenstruktur auf wie das CD-Gebiet (Abb. 6.70). Das Frequenzverhältnis beträgt 1,325 für die antisymmetrische und 1,37 für die symmetrische CH_2-Valenzschwingung. Die stärkere Mitbewegung des C-Atoms bei der antisymmetrischen Schwingung erklärt das kleinere Frequenzverhältnis.

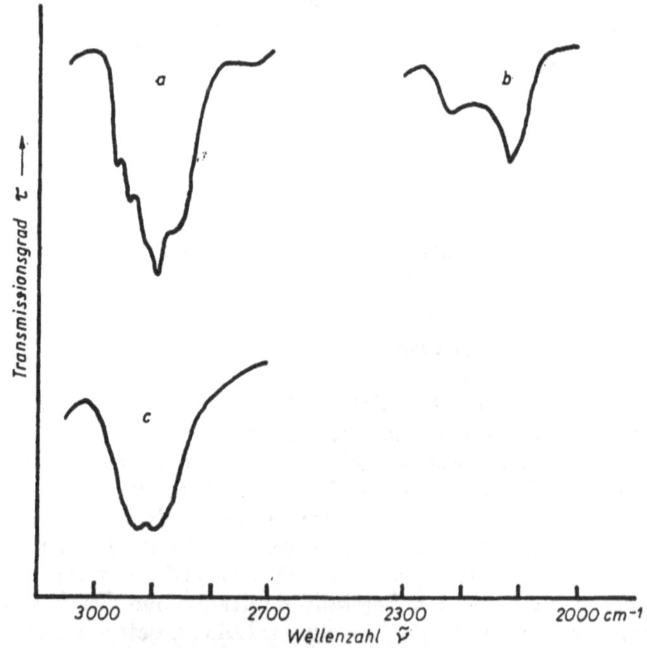

Abb. 6.70 CH- und CD-Valenzschwingungen von
a — normaler Bakteriencellulose, *b* — CD-deuterierter Bakteriencellulose, *c* — normaler Bakteriencellulose, 30 min in einer Vibrationskugelmühle gemahlen

Von Tsuboi (1957) und Liang (1959b) wurde die π-dichroitische Bande 2853 cm^{-1} der symmetrischen CH_2-Valenzschwingung zugeordnet, weil die symmetrische Deformationsschwingung dieser Gruppe bei 1430 cm^{-1} ebenfalls π-dichroitisch ist. Diese Annahme ist jedoch nicht zwingend, wenn man berücksichtigt, daß der Dichroismus von eventuellen Kopplungen abhängt. Die Deuterierungsergebnisse legen die Zuordnung der $\nu_s(CH_2)$-Schwingung zur σ-dichroitischen Bande 2897 cm^{-1} nahe, die von einer CH-Valenzschwingung überlagert wird, welche überwiegend für den starken σ-Dichroismus der Bande verantwortlich ist. Nach Untersuchungen von Stepanov u. a. (1961) an Pentaerythrit ($C(CH_2OH)_4$) liegen die antisymmetrische und die symmetrische Valenzschwingung der CH_2OH-Gruppe bei 2950 und 2890 cm^{-1}.

6.11.1.3. *Das Spektrum im mittleren Ultrarot von 1700 bis 400 cm^{-1}*

Zuordnungstabellen für das Spektrum der nativen Cellulose im mittleren Ultrarot wurden von Tsuboi (1957) sowie Liang und Marchessault (1959c) veröffentlicht. Grundlage dieser Zuordnungen waren charakteristische Gruppenfrequenzen, Deuterierung der Hydroxylgruppen und dichroitische Messungen. Die in Tab. 6.53 angegebene Zuordnung weicht zum Teil erheblich von den älteren Vorschlägen ab. Die Änderungen waren auf Grund von Untersuchungen an spezifisch an C-Atomen deuterierter Bakteriencellulose erforderlich, bei denen sich zeigte, daß nahezu alle Banden durch Deuterierung der CH-Gruppen beeinflußt werden (Dechant (1968a)). Die starke Wechselwirkung zwischen den am gleichen C-Atom gebundenen H-Atomen und OH-Gruppen hat zur Folge, daß die meisten Schwingungen nicht in einer begrenzten Gruppe lokalisiert werden können und besser als gekoppelte Schwingungen mehrerer Gruppen zu deuten sind.

Die Banden 1455 und 1337 cm^{-1} treten nur in solchen Proben auf, die $>C<^{H}_{OH}$-Gruppen enthalten. In vollständig OD-deuterierten Proben wird die ungekoppelte CH-Deformationsschwingung bei 1386 cm^{-1} gefunden, während vollständig CD-deuterierte Proben eine starke Bande bei 1400 cm^{-1} (Cellulose I) bzw. 1380 cm^{-1} (Cellulose II) haben, die der ungekoppelten OH-Deformationsschwingung zuzuordnen ist. Die starke π-dichroitische Bande 1430 cm^{-1} wird durch Austausch von Hydroxylgruppen nicht beeinflußt. Bei Deuterierung von CH-Gruppen wird sie nach 1416 cm^{-1} verschoben und fehlt in Proben mit CD_2-Gruppen. Die ungestörte CH_2-Waggingschwingung wurde einer Bande bei 1265 cm^{-1} zugeordnet, die in einer vollständig hydroxyldeuterierten Probe mit CH_2-, aber ohne CH-Gruppen auftritt.

Es ist anzunehmen, daß im UR-Spektrum der Cellulose die Banden zwischen 1500 und 1150 cm^{-1} auf komplexen Schwingungen aller CH-, CH_2- und OH-Gruppen beruhen, wozu in deuterierten Proben noch CD-, CD_2- und OD-Schwingungen kommen. Die in der Tab. 6.53 angegebenen Zuordnungen stellen nur eine Näherung dar, die angibt, welche Gruppen an einem Schwingungszustand wesentlich beteiligt sind.

Die beiden sehr starken Banden bei 1110 und 1060 cm^{-1} werden durch Deuterierung der OH- oder CH-Gruppen nicht merklich beeinflußt. In Cellulose II

Tabelle 6.53 Zuordnung der Absorptionsbanden von Cellulose im mittleren Ultrarot (nach DECHANT (1968a))

Cellulose I			Cellulose II		Zuordnung
Wellenzahl [cm^{-1}]	relative Intensität	Polarisation	Wellenzahl [cm^{-1}]	relative Intensität	
1635			1635		adsorbiertes H_2O
1455	*m, Sch*	σ	1470	*w, Sch*	$\delta_i(OH) + \delta(CH)$
1430	*s*	π	1420	*w*	$\delta_s(CH_2) + \delta(CH)$
1374	*m*	π	1370	*s*	$\delta_i(OH) + \delta(CH) + \gamma_w(CH_2)$
1337	*s*	σ	1337	*w*	$\delta_i(OH) + \delta(CH)$
1318	*m*	σ	1315	*m*	$\delta(CH)$
1284	*m*	π	1280	*w*	} $\delta_i(OH) + \delta(CH) + \gamma_w(CH_2)$
1250	*m*	σ	1260	*w*	}
1235	*m*	π	1230	*m*	}
1205	*m*	σ	1200	*m*	$\delta(OH) + \delta(CH)$
1163	*vs*	π	1160	*vs*	$\delta(OH) + \delta(CH_2)$
1110	*vs*	π	1120	*vs*	ν_{ai} 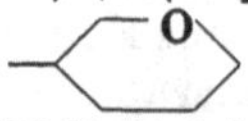
1060	*vs*	π	1070	*vs*	$\nu_a(COC)$ (Brücke)
1035	*vs*	π	1030	*vs*	} $\nu(C-C)$, $\nu(C-OH)$, $\delta(CH)$, $\delta(OH)$
1015	*m*	π			}
1000	*w, Sch*	π	1000	*m*	}
			970	*w, Sch*	}
898	*w*	π	900	*w*	$\nu_s(COC)$ (Brücke) $+ \delta(C^1H)$
			900	*s*	$\delta\left(\rangle C \langle {OH \atop H}\right)$
745	*w*				Ringatmungsschwingung
715	*w*	σ	715	*vw*	$\gamma_r(CH_2)$
667	*s*	σ	670	*s*	} siehe Text
630	*vw*	π			}
620	*s*	π	615	*m*	}
560	*s*	σ	570–580	*w*, breit	}
521	*m*	π	520	*w*	}
457	*m*	π	460	*vw*	}
435	*m*	π	415	*vw*	}
398	*w*	σ			}

liegen die Banden bei einer etwa 10 cm^{-1} höheren Wellenzahl. An gleicher Stelle wird bei Bakteriencellulose eine schwache, diffuse Schulterbande gefunden, die im Spektrum von Baumwolle deutlicher zu erkennen ist und den ungeordneten Anteilen zugeordnet wird. Wegen der Unabhängigkeit vom Deuteriumaustausch sind beide Banden auf Gerüstschwingungen der Kohlenstoff- und Sauerstoffatome zurückzuführen. Nach LIANG (1959c) lassen sich die Valenzschwingungen des Glucoserings und der Glucosidbrücke darstellen, indem jeweils die Gruppen

C_1OC_5, $C_2C_3C_4$ und C_1OC_4' als nichtlineare dreiatomige Molekeln betrachtet werden (Abb. 6.71). Starke paralleldichroitische Banden sind für die antisymmetrische Valenzschwingung des Brückensauerstoffs und die antisymmetrische Ringschwingung in Phase, ν_{ai}, zu erwarten. Die Ringschwingung hat etwas schwächeren Dichroismus und wird der Bande 1110 cm^{-1} zugeordnet. Die Brückenschwingung ordnete LIANG der Bande 1163 cm^{-1} zu; nach den Deuterierungsergebnissen scheint aber die in Tab. 6.53 angegebene Zuordnung zur Bande 1060 cm^{-1} besser fundiert zu sein.

Die Banden 1035, 1015 und 1000 cm^{-1} müssen auf Grund ihres Deuterierungsverhaltens als Kopplungen von C—C- und C—O-Valenzschwingungen und CH-

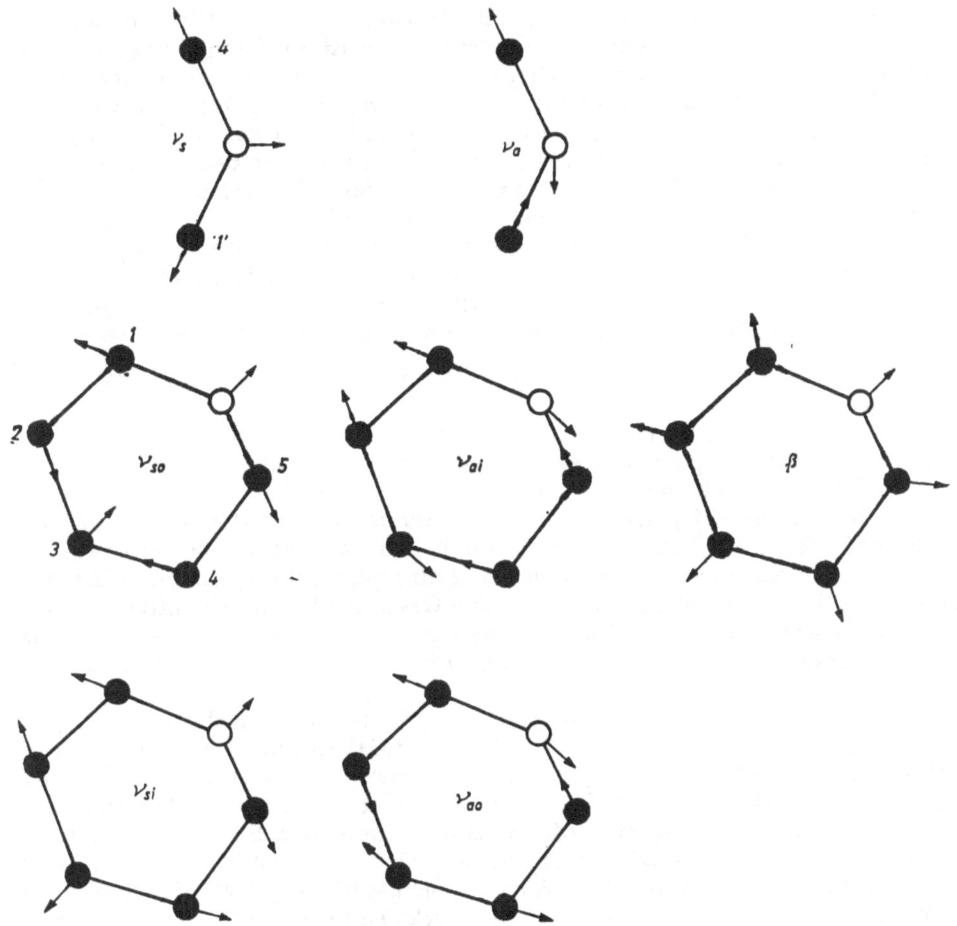

Abb. 6.71 Valenzschwingungen der Glucosidbrücke und des Glucoserings (nach LIANG (1959c)). Die Ringe haben Sesselform. Die Sesselachse ist etwa 15° gegen die Faserachse geneigt, wenn die in Abb. 6.69 dargestellte Konformation der Cellobioseeinheit zugrunde gelegt wird.

und OH-Deformationsschwingungen angesehen werden, woran auch ein Teil der Ringschwingungen der Abb. 6.71 beteiligt sind.

Die Bande bei 898 cm^{-1} wurde von LIANG (1959c) der antisymmetrischen Ringschwingung in Gegenphase, ν_{ao}, zugeordnet. HIGGINS (1961) und SPEDDING (1964) erklärten die Bande durch eine Schwingung des Kohlenstoffatoms C_1 und der vier daran gebundenen Atome, was gut mit der Feststellung übereinstimmt, daß die Bande charakteristisch für die β-Glucosidverknüpfung ist. In α-glucosidischen Strukturen wird eine entsprechende Bande bei 850 cm^{-1} gefunden (BELLAMY (1962), CASU (1964), JAYME (1967)). In Cellulose II und amorpher Cellulose ist die Absorption bei 900 cm^{-1} wesentlich stärker als in nativer Cellulose. NELSON (1964) und HIGGINS (1958) führten die Abhängigkeit der Intensität dieser Bande von der Konformation des Moleküls auf die Drehung um die Glucosidbindung C_1OC_4 zurück. Bei Hydroxylgruppendeuterierung wird die Bande in Cellulose II stark geschwächt, doch bleibt auch nach vollständigem Austausch noch eine schwache Absorption zurück. NIKITIN (1965) folgerte aus Messungen an verschiedenen Celluloseproben und Modellverbindungen, daß die Absorption bei 900 cm^{-1} auf zwei verschiedene Schwingungen zurückzuführen ist, von denen eine mit der glucosidischen Verknüpfung zusammenhängt. Diese Schwingung wurde von DECHANT (1968a) einer Kombination der symmetrischen Valenzschwingung der Glucosidbrücke mit der Deformationsschwingung der C_1H-Gruppe zugeordnet. Nach Deuterierung zu C_1D erscheint bei 910 cm^{-1} die $\nu_s(C_1OC_4)$-Bande mit dem nach Abb. 6.71 zu erwartenden Senkrechtdichroismus. Die bei Hydroxyldeuterierung verschwindende Absorption in Cellulose II und amorpher Cellulose wurde der Gruppe $>C<^{H}_{OH}$ am zweiten und dritten C-Atom des Glucoserestes zugeordnet.

Zwischen 700 und 400 cm^{-1} ändert sich das Cellulosespektrum bei Deuterierung der CH- und CH_2-Gruppen sehr stark (Abb. 6.72). Im Spektrum von Cellulose II sind in diesem Bereich weniger Banden vorhanden. Die Banden sind schwächer und breiter, es besteht jedoch eine geringe Ähnlichkeit mit dem Spektrum von Cellulose I. Wird die Kristallstruktur durch Mahlen zerstört, so verschwinden alle Banden. Vollständiger Austausch der Hydroxylgruppen in Cellulose II wirkt sich nur bei einigen Banden aus, ohne das Gesamtspektrum wesentlich zu verändern. Dagegen nimmt die Untergrundabsorption sowohl bei Deuterierung als auch bei Substitution der Hydroxylgruppen in Cellulosederivaten ab (STEPANOV (1963)).

Die σ-dichroitische Bande bei 667 cm^{-1} wurde ursprünglich als Deformationsschwingung der OH-Gruppen senkrecht zur COH-Ebene interpretiert (CASU (1964), LIANG (1959c), TSUBOI (1957)). Diese Zuordnung ist aber zweifelhaft, da die Bande in CD-deuterierten Proben nicht auftritt und bei Deuterierung der OH-Gruppen nicht schwächer wird. Die anderen in diesem Bereich auftretenden Banden wurden als Skelettschwingungen der —C—C-Gruppen (SCHNEIDER (1963)) oder als Ringfrequenzen des Pyranrings bezeichnet (CASU (1964), MARCHESSAULT (1962)). Diese Schwingungen sind, wie die Spektren in Abb. 6.72 beweisen, stark mit CH- und CH_2-Rockingschwingungen gekoppelt. Nach Deuterierung dieser Gruppen treten neue Kopplungsfrequenzen mit CD- und CD_2-Schwingungen auf. Für eine genauere Analyse der Schwingungen, die wegen der Strukturabhängigkeit der Spektren auch die Wechselwirkung zwischen den vier Glucoseresten in der

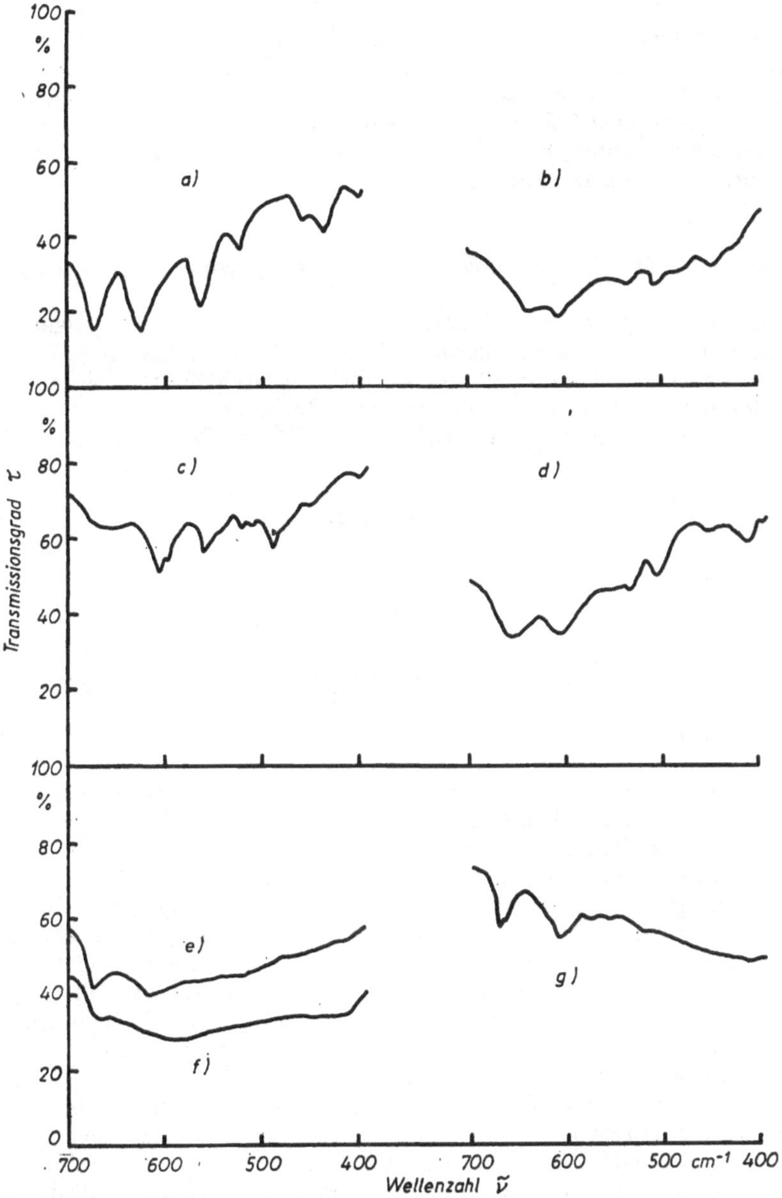

Abb. 6.72 Ultrarotspektren von deuterierter Cellulose zwischen 700 und 400 cm^{-1} (nach DECHANT (1968a)).
a — normale Bakteriencellulose, *b* — Deuterierungsschema CH_2, C_1H, $4 \times CD$, *c* — Deuterierungsschema CD_2, $5 \times CD$, *d* — Deuterierungsschema CD_2, C_1D, $4 \times CH$, *e* — Cellulose II, *f* — Probe wie bei *a*, 15 min in einer Vibrationskugelmühle gemahlen, *g* — Cellulose II, Hydroxylgruppen deuteriert

Elementarzelle berücksichtigen müßte, sind die bisher vorliegenden Ergebnisse zu wenig übersichtlich. Die Banden bei 521 und 398 cm^{-1} haben schon bei geringer Verstreckung der Proben sehr starken Dichroismus. Sie werden deshalb mit Wechselwirkungen in größeren kristallinen Einheiten in Zusammenhang gebracht. Hydroxylgruppen haben anscheinend an den Banden zwischen 700 und 400 cm^{-1} nur geringen Anteil. Sie geben Anlaß zu einer breiten Untergrundabsorption mit einem Maximum bei 570 bis 580 cm^{-1}.

6.11.2. Die Spektren anderer Strukturmodifikationen der Cellulose

Das Kristallgitter der Cellulose I geht bei der Mercerisierung genannten Behandlung mit starken Alkalien in die Cellulose II-Modifikation über. Cellulose II, auch Regenerat- oder Hydratcellulose genannt, entsteht ferner bei der Verseifung von Celluloseestern und beim Viskoseprozeß. Bei Einwirkung von wasserfreiem Äthylamin oder flüssigem Ammoniak bei −50 °C auf Cellulose I oder II erhält man

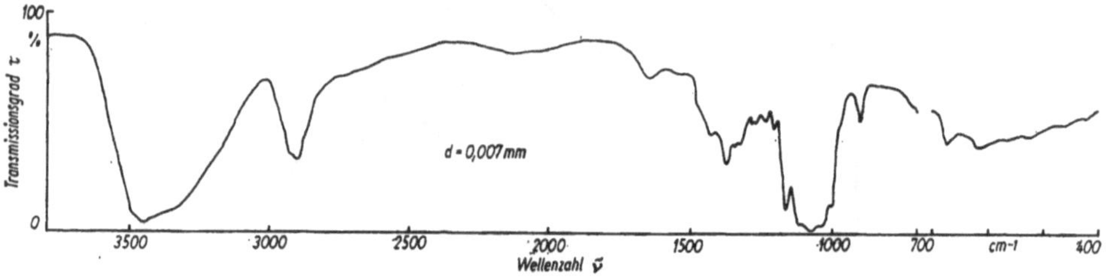

Abb. 6.73 Ultrarotspektrum von Cellulose II (mercerisierte Bakteriencellulose).

Cellulose III (Marrinan (1956)). Die als Hochtemperaturform bezeichnete Cellulose IV kann durch Erhitzen von Cellulose II oder III in Glycerin auf Temperaturen über 250 °C erhalten werden (Loeb (1954)). Alle diese Modifikationen ergeben gut unterscheidbare Röntgendiagramme (Ellefsen (1964)).

Forziati (1951) beobachtete, daß die Umwandlung von Cellulose I in Cellulose II oder amorphe Cellulose Schärfe und Auflösung des Spektrums herabsetzt, und bei einigen Frequenzen Intensitätsänderungen hervorruft (Abb. 6.73). Von Marrinan (1954, 1956) und Mann (1958) wurden die Hydroxylbanden der kristallinen Cellulosemodifikationen an deuterierten Proben mit polarisierter Strahlung untersucht. Die Ergebnisse dieser Arbeiten sind in der Tab. 6.54 zusammengefaßt. Marchessault und Liang (1960) fanden an Cellulose II die gleichen Hydroxylbanden, geben aber geringfügig abweichende Frequenzen an. Mit den Modifikationen III und IV erhielten Marrinan und Mann (1956) im Bereich der OH-Valenzschwingungen unterschiedliche Spektren, je nachdem, ob das Ausgangsmaterial Cellulose I oder Cellulose II-Struktur hatte, obwohl nach Röntgenuntersuchungen die Elementarzellen von III_I und III_{II} bzw. IV_I und IV_{II} gleich sind[1]). Die Ultrarotspektren zeigen jedoch, daß es sich um unter-

[1]) Nach der von Marrinan und Mann (1956) eingeführten Nomenklatur ist Cellulose III_I die aus Cellulose I erhaltene Modifikation III. Cellulose IV_I wird auf dem Wege I → III_I → IV_I erhalten.

Tabelle 6.54 Hydroxylbanden von Cellulose II, III und IV (nach MARRINAN (1954, 1956) und MANN (1958))

Cellulose II	Cellulose III_I	Cellulose III_{II}	Cellulose IV_I	Cellulose IV_{II}
3484 *vs*, *π*	3484 *vs*, *π*	3480 *m*		3490 *s*
3444 *vs*, *π*		3440 *s*		3450 *vs*
3350 *m*, *d*,*σ*			3340 *vs*	
3322 *s*, *d*, *σ*	3300 *s*, *d*, *σ*	3300 *w*, *d*	3270 *s*	3330 *m*, *d*
3163 *s*, *d*, *σ*	3150 *s*, *d*, *σ*	3170 *w*, *d*		3140 *w*

d — diffuse Bande

schiedliche Modifikationen handelt. Durch Behandlung mit Wasser können die Modifikationen III_I und III_{II} in ihre Ausgangsstrukturen zurückverwandelt werden. Die Spektren von Cellulose IV_I und IV_{II} ähneln sehr stark denen der Ausgangsstrukturen. ELLEFSEN (1962) beschrieb eine weitere röntgenographisch unterscheidbare Modifikation mit einem ähnlichen Spektrum wie Cellulose II.

Diese Beobachtungen legen die Vermutung nahe, daß in den Strukturen I, III_I, IV_I und II, III_{II}, IV_{II} das Cellulosemolekül jeweils gleiche oder ähnliche Konformation hat und sich die Kristallstrukturen durch intermolekulare Beziehungen unterscheiden, während die Molekülkonformationen durch intramolekulare Wasserstoffbindungen stabilisiert werden.

Die inter- und intramolekularen Wasserstoffbindungen von Cellulose II wurden von MANN (1958) und MARCHESSAULT (1960) diskutiert, wobei die Autoren ebenso wie im Fall der Cellulose I zu unterschiedlichen Auffassungen hinsichtlich der möglichen intramolekularen Bindungen kamen. Nach MANN sind intramolekulare Wasserstoffbrücken zwischen O_3 und O_5' und zwischen O_2 und O_6' möglich (Abb. 6.74a). Ein solches System erklärt am einfachsten das Auftreten von zwei starken π-dichroitischen Banden. Die Glucosidbindung ist in diesem Schema an zwei durch Wasserstoffbrücken geschlossenen Ringen beteiligt. Das Doppelringsystem kann für die Stabilität der Kettenkonformation im amorphen Zustand verantwortlich sein (NELSON (1964)).

In dem von MARCHESSAULT vorgeschlagenen Schema der Abb. 6.74b sind intramolekulare Wasserstoffbrücken nur zwischen O_3 und O_5' möglich. In jedem zweiten Glucoserest ist diese Bindung in ein System $O_6H...O_6''H...O_3'...O_5$ einbezogen, womit die Existenz von zwei verschiedenen intramolekularen Wasserstoffbrücken erklärt wird. In einem anderen von den gleichen Autoren vorgeschlagenen Schema haben benachbarte $O_3H...O_5'$-Bindungen etwas verschiedene Bindungslängen. Gegen die Existenz intramolekularer $O_2H...O_6'$- oder $O_6H...O_2'$-Bindungen wenden die Autoren wie bei Cellulose I den mit einer solchen Konformation nicht verträglichen Dichroismus der CH_2-Banden ein. In Cellulose II sind jedoch diese Banden schwächer und breiter, und die angenommene Zuordnung zu bestimmten Schwingungen der CH_2-Gruppe kann nicht als gesichert angesehen werden. STEPANOV u. a. (1961) erklärten den Übergang von der Cellulose I-Struktur zu Cellulose II und die damit verbundene Intensitätsabnahme der CH_2-Banden durch eine Drehung der CH_2OH-Gruppe um die C_5C_6-Bindung.

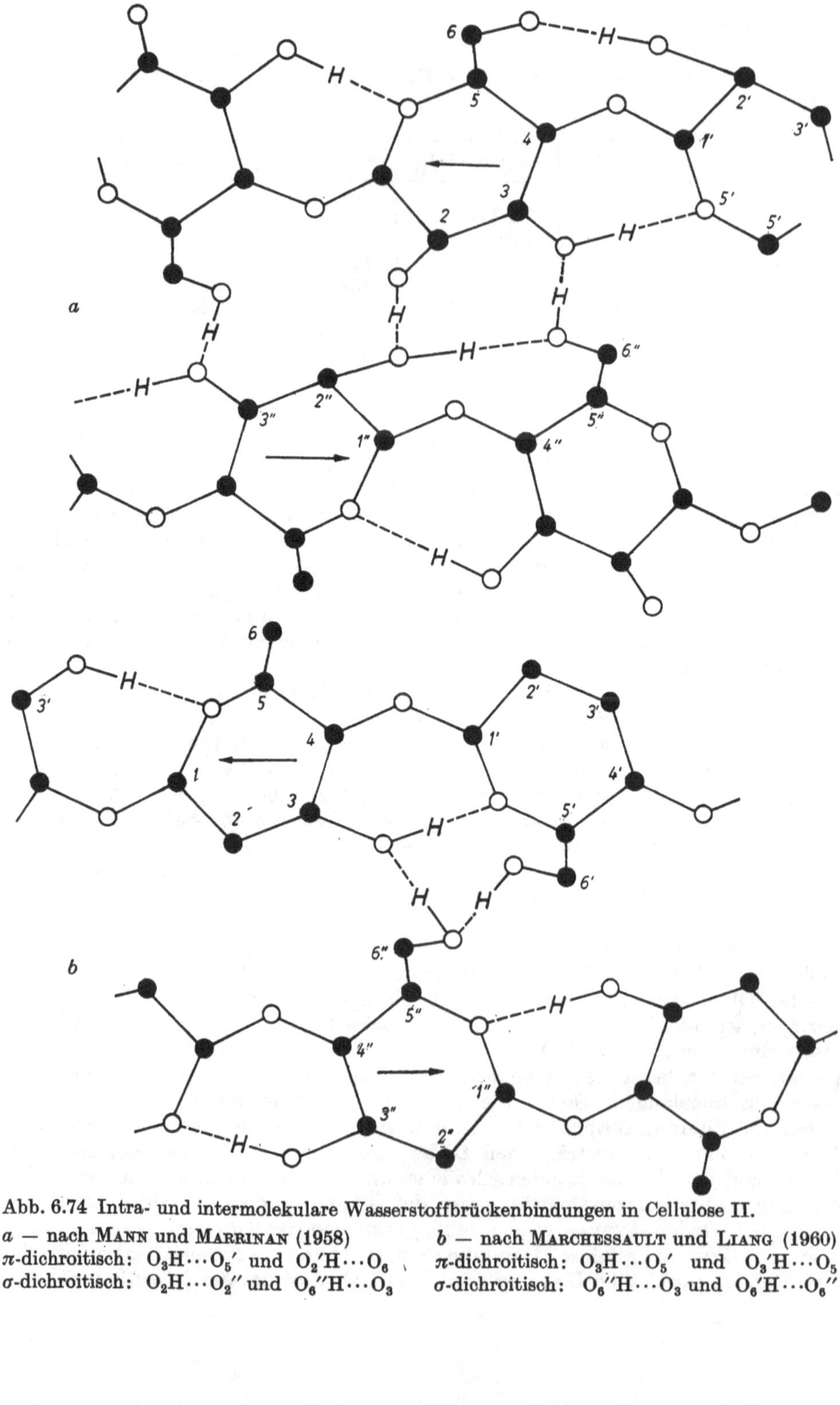

Abb. 6.74 Intra- und intermolekulare Wasserstoffbrückenbindungen in Cellulose II.

a — nach MANN und MARRINAN (1958)
π-dichroitisch: $O_3H\cdots O_5'$ und $O_2'H\cdots O_6$
σ-dichroitisch: $O_2H\cdots O_2''$ und $O_6''H\cdots O_3$

b — nach MARCHESSAULT und LIANG (1960)
π-dichroitisch: $O_3H\cdots O_5'$ und $O_3'H\cdots O_5$
σ-dichroitisch: $O_6''H\cdots O_3$ und $O_6'H\cdots O_6''$

In Cellulose I ist dem von LIANG und MARCHESSAULT (1959b, 1960d) vorgeschlagenen Modell der Abb. 6.69 und den Zuordnungen in der Tab. 6.51 mit nur einer intramolekularen Wasserstoffbrücke $O_3H \ldots O_5'$ größere Wahrscheinlichkeit zuzusprechen, da nur eine starke paralleldichroitische ν-(OH)-Bande gefunden wird. Bei der Umwandlung in Hydratcellulose durch Mercerisierung werden infolge der Quellung in den 101-, $10\bar{1}$- und 002-Ebenen intermolekulare Wasserstoffbrücken gelöst, und nach einer Drehung der CH_2OH-Gruppe können neue intramolekulare Bindungen nach dem in Abb. 6.74a abgebildeten Schema entstehen. Auf Grund der größeren Stabilität intramolekularer Wasserstoffbrücken gelingt die Umwandlung von Cellulose II in Cellulose I nicht. Mit der Drehung der Hydroxymethylengruppe ist zugleich eine geringfügige Verkleinerung des Winkels zwischen den Achsen benachbarter Glucosereste verbunden, was zur Verlängerung des Abstandes O_3O_5' und der Frequenzerhöhung der entsprechenden ν(OH)-Bande führt. Auf der Grundlage der von JONES (1958) angegebenen Strukturparameter würde eine Winkeländerung von 5° ausreichen, um die beobachteten Frequenzunterschiede zu erklären (MARCHESSAULT (1960)).

Für Cellulose III_I wurden von MANN und MARRINAN (1958) zwei verschiedene Wasserstoffbrückensysteme vorgeschlagen, in denen jeder OH-Gruppe eine Wasserstoffbindung und eine Absorptionsbande entspricht. Davon ist dem System, das eine $O_3H \ldots O_5'$-Bindung enthält, der Vorzug zu geben.

Die spektroskopische Auflösung der OH-Valenzschwingungen gelingt nur in Proben mit sehr hohem Ordnungsgrad oder nach Deuterierung des ungeordneten Anteils. In deuterierten Proben tritt etwa bei 2540 cm^{-1} die breite OD-Valenzschwingungsbande der nicht kristallin-geordneten Cellulose auf. Die Bande hat unsymmetrische Gestalt mit steilerem Abfall zu höheren Frequenzen. Sie erinnert an schlecht aufgelöste OH-Banden von Cellulose II. Lage und Form der Bande vermitteln Hinweise auf die Packungsdichte und Stärke der Wasserstoffbrücken in den ungeordneten Bereichen.

Nach Untersuchungen von PENNINGS (1961) und RÅNBY (1964) verschiebt sich bei der Behandlung von Regeneratcellulose mit Laugen die Absorption zu etwas kleinerer Wellenzahl, was einer Verkürzung der intermolekularen Wasserstoffbrücken und einer Dichtezunahme entspricht (Abbb. 6.75). In methylierten und acetylierten Cellulosefilmen stellten SPEDDING (1964a) und WARWICKER (1965) mit steigendem Substitutionsgrad eine zunehmende Verschiebung des Maximums der OD-Bande nach größerer Wellenzahl bei gleichzeitiger Verschärfung der Bande fest, woraus auf die Auflockerung der Struktur infolge sterischer Behinderung durch Seitengruppen geschlossen wird. Die geringere Halbwertsbreite kann durch Vergleichmäßigung der Struktur oder durch bevorzugte Substitution der intermolekular gebundenen Hydroxylgruppen gedeutet werden. Die Intensität der OD-Bande kann deshalb nicht zur Bestimmung des Substitutionsgrades herangezogen werden, da mit der Frequenzverschiebung sich auch der Extinktionskoeffizient ändert.

Die OD-Bande von Bakteriencellulose liegt nach Untersuchungen von MANN (1962) und HERITAGE (1963) bei etwa 20 bis 30 cm^{-1} niedrigerer Wellenzahl als die von Cellulose II. Der Unterschied zeigt, daß das D_2O-zugängliche Material in Bakteriencellulose eine andere Struktur hat als in Regeneratcellulose. In diesem Zusammenhang ist bemerkenswert, daß bei der Einwirkung von D_2O auf frische Bakteriencellulose entstehende kristalline Bereiche Cellulose I-Struktur haben

(DECHANT (1967)), während bei Behandlung von amorpher Cellulose mit Wasser die Cellulose II-Struktur entsteht. Offenbar ist in den zugänglichen Bereichen der Bakteriencellulose die Cellulose I-Konformation des Cellulosemoleküls teilweise vorgebildet.

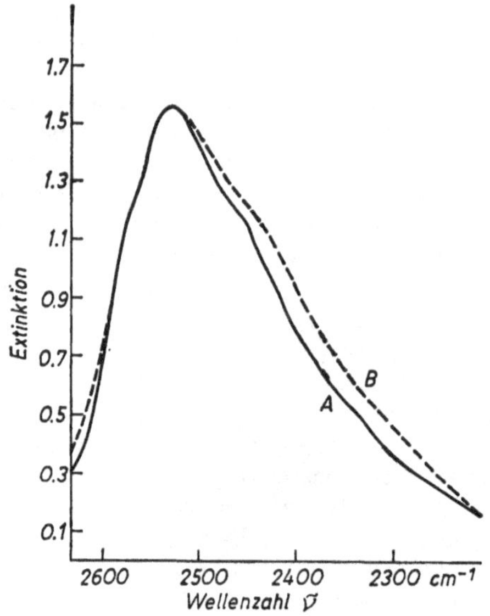

Abb. 6.75 OD-Valenzschwingungsbande von Regeneratcellulose vor (*A*) und nach (*B*) der Behandlung mit Natronlauge (nach RÅNBY (1964)).

Im Bereich der CH-Valenzschwingungen fanden MARCHESSAULT und LIANG (1960) in doppelt orientierten Filmen von gut geordneten mercerisierten Ramiekristalliten acht Absorptionsbanden. Weniger gut geordnete Proben haben nur eine breite Absorption mit einem Maximum bei 2900 cm^{-1} und Schultern bei 2870 und 2935 cm^{-1}. Die stärksten Banden, ein bei 2891 und 2904 cm^{-1} liegendes Dublett, ordneten sie CH-Schwingungen zu, da im Cellulosemolekül auf eine CH_2-Gruppe fünf CH-Gruppen entfallen. STEPANOV u. a. (1961) wiesen auf die Unzulässigkeit dieser Argumentation hin. Die integrale Intensität von CH_2-Banden ist weit größer als die von CH-Banden. Obwohl durch den benachbarten Sauerstoff die Intensität der CH-Banden erhöht wird, ist aus Intensitätsgründen eine Beteiligung von CH_2-Gruppen an den stärkeren Banden anzunehmen. DECHANT (1968a) fand in CD-deuterierter mercerisierter Bakteriencellulose zwei starke Banden bei 2890 und 2930 cm^{-1}, die den Banden 2897 und 2943 cm^{-1} in Cellulose I entsprechen und CH_2-Valenzschwingungen zugeordnet wurden. Die übrigen Banden sind auf CH-Schwingungen zurückzuführen, die infolge kristalliner Wechselwirkungen aufspalten und in ungeordneter Cellulose eine breite Bande bei 2900 cm^{-1} ergeben. Im Bereich der CD-Valenzschwingungen tritt offenbar keine Aufspaltung auf, und man findet die gleichen Banden bei 2212, 2140 und 2110 cm^{-1}, die in Tab. 6.52 für Cellulose I angegeben wurden.

Die Spektren der Modifikationen III_I, III_{II}, IV_I und IV_{II} im CH-Valenzschwingungsbereich wurden von MARRINAN und MANN (1956) publiziert. Bei Cellulose

IV_I gleicht die Bandenstruktur dem Spektrum von Cellulose I. Die CH-Schwingungen der anderen Modifikationen entsprechen mehr der ungeordneten oder mercerisierten Cellulose.

Die Zuordnung des mittleren Ultrarotspektrums von Cellulose II ist in der Tab. 6.53 mit enthalten. Im wesentlichen treten die gleichen Banden wie bei Cellulose I auf, so daß auch die gleiche Zuordnung angenommen werden kann. Unterschiede in der Lage und Intensität sind bei einigen Banden vorhanden, an denen Hydroxylgruppen oder die CH_2-Gruppen beteiligt sind, was darauf hinweist, daß sich die beiden Modifikationen durch die Stellung der Hydroxymethylengruppe und die Wasserstoffbrückenstruktur unterscheiden. Die geringere Bandenschärfe in Cellulose II-Spektren ist auf den größeren Anteil an ungeordneter Substanz zurückzuführen. Präparate mit höherem Kristallinitätsgrad liefern ebenso scharfe Spektren wie Cellulose I, in denen die Banden 1370 und 1030 cm^{-1} in Komponenten bei 1375 und 1365 bzw. 1035 und 1020 cm^{-1} aufspalten (Marchessault (1960)). Anstelle der breiten Bande bei 1120 cm^{-1} in mercerisierter Baumwolle (Hummel (1965)) oder aus Viskose regenerierten Filmen tritt in kristalliner Cellulose II ein scharfes Maximum bei 1107 cm^{-1} auf.

Die in Cellulose I bei 1430 cm^{-1} gelegene starke Bande ist in Cellulose II und amorpher Cellulose schwach und nach 1420 cm^{-1} verschoben. In Cellulose III_I liegt sie mit mittlerer Intensität bei 1425 cm^{-1} (Nelson (1964)). Stepanov u. a. (1961) beobachteten an Mono- und Disacchariden in diesem Bereich eine Anzahl Banden, die sie jeweils bestimmten Rotationsisomeren der CH_2OH-Gruppe zuschrieben. Sie führen die bei Cellulose II festgestellte Intensitätsabnahme auf die Verbreiterung des Absorptionsbereiches zurück.

Nach Spedding (1962a) sind Banden bei 1363, 1264 und 1226 cm^{-1} sowie die Verschiebung von 1110 nach 1103 cm^{-1} und von 1060 nach 1073 cm^{-1} charakteristisch für die Modifikation III_I. Die Frequenzverschiebung der Bande 1110 cm^{-1} wurde auch von Nelson (1964) festgestellt. Higgins u. a. (1961) fanden für Cellulose II und Cellulose III_{II} außerhalb der Hydroxylbanden keinen Unterschied. Auch Cellulose I und IV_I haben sehr ähnliche Spektren, abgesehen von einer etwas höheren Absorption bei 900 cm^{-1} in Cellulose IV_I (Segal (1961)). In Cellulose III liegt die Intensität der Bande bei 900 cm^{-1} zwischen der von Cellulose I und Cellulose II. Alle diese Unterschiede sind sehr gering und hängen zudem vom Ordnungsgrad und der Vorbereitung der Proben ab, so daß es schwierig ist, aus dem Spektrum im mittleren UR die kristallinen Modifikationen III und IV zu bestimmen.

Schneider und Vodňanský (1963) unterscheiden nur zwei Spektrentypen. Zum Typ A gehören die Modifikationen I und IV_I, zum Typ B die Modifikationen II, III_I, III_{II} und IV_{II}. Sie führten ihre Messungen an in einer Vibrationskugelmühle gemahlenen Proben durch, wodurch ein großer ungeordneter Anteil hervorgerufen wurde, der feinere Unterschiede zwischen den Spektren überdeckt.

6.11.3. *Ultrarotspektroskopische Bestimmung des Ordnungsgrades der Cellulose*

Nach den Ausführungen im vorhergehenden Abschnitt sind die Möglichkeiten zur quantitativen Bestimmung der verschiedenen kristallinen Modifikationen und des ungeordneten Anteils mit rein spektroskopischen Methoden beschränkt. Die deutlichsten Unterschiede zwischen den Spektren treten im Bereich der OH-Valenzschwingungen nach Deuterierung des ungeordneten Anteils zutage. Die Deuterierung ist zugleich die beste Methode zur quantitativen Bestimmung der accessiblen Bereiche (Abschnitt 5.2.4.).

Im mittleren Ultrarot wird das Spektrum mehr durch die Molekülkonformation als durch die Kristallstruktur bestimmt. Die Spektren von Cellulose I und II und von amorpher Cellulose weisen jedoch genügend Unterschiede auf, um bei Abwesenheit der Modifikationen III und IV Aussagen über den Ordnungszustand zu erhalten. Voraussetzung ist, daß die zu vergleichenden Proben unter denselben äußeren Meßbedingungen untersucht werden. O'Connor u. a. (1958) beobachteten bei mechanischer und chemischer Dekristallisation von Baumwolle eine Abnahme der Bande 1430 cm^{-1} und eine Zunahme der Extinktion bei 900 cm^{-1}. Sie bezeichneten diese Banden als *kristallin* bzw. *amorph* und definierten als Kristallinitätsindex das Verhältnis der Extinktion bei diesen Wellenzahlen. Hurtubise (1960) untersuchte die Veränderung der Banden 3300, 1430, 1163 und 900 cm^{-1} bei der Mercerisation von Baumwolle und Holzzellstoffen. Da das Extinktionsverhältnis E_{1430}/E_{900} sowohl bei Dekristallisation als auch bei zunehmendem Gehalt an Cellulose II ansteigt, schlug er dafür die Bezeichnung *lateral-order-index* vor. Von McKenzie (1958) wurde die Strukturumwandlung bei Einwirkung von Natronlauge an Hand der Banden 1430, 1110, 1000 und 900 cm^{-1} verfolgt.

Pandey und Iyengar (1968) untersuchten die Änderungen dieser Banden bei Einwirkung von LiOH und KOH. Vodňanský u. a. (1963) dehnten die Untersuchungen ins ferne Ultrarot aus und fanden, daß die Absorption bei den Frequenzen 525, 460 und 425 beim Mercerisieren zunimmt. Für genauere Messungen stört in diesem Bereich die Untergrundabsorption, auf die die Zunahme hauptsächlich zurückzuführen ist, da wie die Abb. 6.72 zeigt, die scharfen Banden beim Übergang von Cellulose I zu Cellulose II größtenteils verschwinden. Als innerer Standard wurde die Absorption bei 1380 cm^{-1} verwendet, die in Cellulose I und II gleich stark sein soll, aber nach Nelson und O'Connor (1964) vom Kristallinitätsgrad abhängt. Zur Bestimmung des Mercerisierungsgrades sind nach Vodňanský die Bandenpaare 900/1430 und 1005/1170 am besten geeignet.

Wegen der Ähnlichkeit der Spektren von Cellulose II und amorpher Cellulose untersuchten Nelson und O'Connor (1964, 1964a) Mischungen dieser Modifikationen mit Cellulose I. Die Absorptionsbanden 1430, 1110 und 893 cm^{-1} werden beim Zumischen von Cellulose II oder amorpher Cellulose in gleicher Weise verändert. Die Banden 1370, 1335, 1315, 1277 und 1225 cm^{-1} werden dagegen in einer Mischung mit amorpher Cellulose reduziert, während sie beim Zusetzen von kristalliner Cellulose II nicht abnehmen. Sie sind also mehr von der Kristallinität als vom speziellen Gittertyp abhängig. Zur Messung des Kristallinitätsgrades wurde das Extinktionsverhältnis der Bande 1370 cm^{-1} zur ν(CH)-Bande bei 2900 cm^{-1} verwendet und mit anderen Methoden zur Bestimmung des Ordnungszustandes verglichen. Der *Kristallinitätsindex nach* O'Connor E_{1430}/E_{900} hängt in Cellulose I sehr und in Cellulose II nur wenig von der Röntgenkristallinität ab, wogegen die Abhängigkeit des Quotienten E_{1370}/E_{2900} von der Röntgenkristallinität, der Dichte und der Wasserdampfabsorption vom Gittertyp nicht beeinflußt wird.

6.11.4. Analytische Untersuchungen

In diesem Abschnitt soll über analytische Untersuchungen an oxydierter Cellulose und über die spektroskopische Bestimmung der wichtigsten Begleitstoffe berichtet werden. Die Analyse von Cellulosederivaten wird im Abschnitt 6.11.5. behandelt.

Rowen und Plyler (1950) fanden in mit NO_2 oxydierter Cellulose Banden bei 1725, 1650 und 1280 cm^{-1}, von denen sie die erste der Carboxylgruppe und die beiden anderen dem gebildeten Cellulosenitrat zuordneten. Forziati u. a. (1951a) benutzten die Bande bei 1725 cm^{-1} zur Bestimmung des Gehaltes an Carboxylgruppen in oxydierter Cellulose. In mit Perjodat oxydierter Baumwolle ist die Absorption bei 1725 cm^{-1} wesentlich geringer als erwartet, was auf die Bildung von Halbacetalen zurückgeführt wurde (Rowen (1951)). Zum gleichen Ergebnis kam auch O'Connor (1958). Rugg (1954) konnte an Modellsubstanzen für oxydiertes Polyäthylen die CO-Valenzschwingungen von Carboxyl-, Aldehyd-, Keto- und Estergruppen trennen und diese Gruppen im Polyäthylen getrennt nachweisen. In Cellulose wird dagegen nur eine Bande bei etwa 1740 cm^{-1} gefunden (Ant-Wuorinen (1963), Ermolenko (1959, 1964)), an der sowohl Carboxyl- als auch Carbonylgruppen beteiligt sind und die wegen der nicht sicher bestimmten Umgebung der C=O-Gruppen und der meist ungünstigen Beschaffenheit der Proben nicht aufgelöst werden kann. Nach Ant-Wuorinen und Visapää (1960, 1963a) spielt bei der Untersuchung oxydierter Cellulosen der Feuchtigkeitsgehalt eine Rolle. Bei Abwesenheit freier Carbonylgruppen wurde lineare Abhängigkeit der Extinktion bei 1740 cm^{-1} vom Carboxylgehalt gefunden. Die gleichzeitige spektroskopische Bestimmung der verschiedenen C=O-Gruppen scheitert an den sehr unterschiedlichen Extinktionskoeffizienten (Rugg (1954)), sie ist aber mit einer von Ermolenko (1964) beschriebenen kombinierten Methode möglich, wenn durch Ionenaustausch die Carboxylgruppen in Carboxylatgruppen überführt werden. Die antisymmetrische und symmetrische Valenzschwingung der COO$^-$-Gruppe liegen bei 1610 bis 1550 cm^{-1} und 1400 bis 1300 cm^{-1} und stören die Carbonylbestimmung nicht. Andererseits sind bei der Carboxylbestimmung wegen der möglichen Salzbildung kationische Verunreinigungen aus der Probe zu entfernen (Ant-Wuorinen (1963)).

Higgins (1958a) untersuchte den oxydativen Abbau von Cellulose in Luft bei 250 °C an Hand der C=O- und C=C-Banden bei 1740 und 1660 cm^{-1}. Die C=O-Bande verschwindet bei Behandlung der oxydierten Probe mit NaOH, was darauf hindeutet, daß Carboxylgruppen gegenüber Aldehyd- und Ketogruppen überwiegen. Über die Entstehung von Carbonylgruppen bei Einwirkung von ionisierender Strahlung auf Cellulose berichten Blouin (1958) und Polčin (1967).

Der Wassergehalt von Celluloseproben kann durch die Absorption bei 1635 cm^{-1} bestimmt werden. Ermolenko (1959) fand eine lineare Beziehung zwischen der Extinktion und dem gravimetrisch bestimmten Wasser. Das Extinktionsmaximum wird mit zunehmendem Wassergehalt etwas nach größerer Wellenzahl verschoben (Ant-Wuorinen (1963a)). Ursache dieser Verschiebung ist der unterschiedliche physikalische Zustand des an funktionelle Gruppen der Cellulose gebundenen und des in Kapillaren kondensierten Wassers.

Holzzellstoffe können neben Cellulose noch Lignin und kurzkettige Polysaccharide (Hemicellulosen) enthalten, die sich durch zusätzliche Absorptionsbanden bemerkbar machen (Liang (1960), Vodňanský (1963), Žbankov (1963a)). Lignin ist an den C=C-Schwingungen von Benzolkernen bei 1595 und 1500 cm^{-1} zu erkennen, wobei die zuletzt genannte Bande in Laubholzlignin bei 1495 und in Nadelholzlignin bei 1515 cm^{-1} liegt (Kolboe (1962), Jayme (1965a)). Eine weitere charakteristische Ligninbande ist die Deformationsschwingung der CH_3-Gruppe bei 1460 cm^{-1}. Spektroskopische Untersuchungen an isolierten Ligninen führten Hergert (1960), Kolboe (1962) und Michell (1966) aus. Banden bei 1710 und 1663 cm^{-1} werden Keto- und Aldehydgruppen am Benzolkern zugeschrieben. Ekman und Lindberg (1960) fanden, daß eine bei 1720 cm^{-1} gelegene Bande bei Methylierung nach 1740 cm^{-1} verschoben wird, und deuteten diese Verschiebung durch die Methylierung von Carboxylgruppen. Der C=O-Valenzschwingungsbereich ist im Hinblick auf mögliche Bindungen zwischen Lignin und Cellulose von Interesse. Nach Bolker (1963) wird die in isolierten Ligninen bei 1710 cm^{-1} liegende Bande in Holz und Zellstoffen nicht gefunden, woraus er auf Halbacetalbindungen mit Hydroxylgruppen der Cellulose schließt.

Hemicellulosen sind an Banden bei 1730 und 890 cm^{-1} (Xylan) bzw. 870 und 805 cm^{-1} (Mannan) zu erkennen (Jayme (1965a), Liang (1960)). Marchessault und Liang (1962a) haben die Spektren von orientiertem Xylan untersucht und durch Vergleich mit Spektren von Holzquerschnitten festgestellt, daß das Xylan im Holz in Faserrichtung ausgerichtet ist.

6.11.5. *Cellulosederivate*

Cellulosederivate werden durch Substitution an den reaktionsfähigen Hydroxylgruppen erhalten. Brown (1951) und Gerbaux (1957) studierten die Änderungen von Intensität und Form der Hydroxylbanden in Cyanoäthylcellulose und Acetylcellulose und diskutierten die Möglichkeiten, daraus den Hydroxylgehalt und die Gleichmäßigkeit der Substitution zu ermitteln. Ivanova und Žbankov (1964) stellten fest, daß in Nitrocellulose die Hydroxylbande auf das Vorhandensein von ungebundenen oder nur schwach assoziierten Hydroxylgruppen hindeutet. Nach homogenen oder heterogenen Methoden hergestellte Celluloseacetate unterscheiden sich durch die intermolekularen Wasserstoffbrücken Sarmadjieva (1971).

Nitrocellulose ist an den Nitratbanden bei 1660, 1280 und 850 cm^{-1} und einigen weiteren Banden im langwelligen Bereich zu erkennen (Kuhn (1950), White (1964)). Levitsky (1962) verwendete die Bande 1280 cm^{-1} zur Bestimmung des Substitutionsgrades in Tetrahydrofuranlösung. Nach Clarkson (1966) wird mit dieser Methode die gleiche Genauigkeit wie bei exakten Stickstoffbestimmungen erzielt. Zur quantitativen Bestimmung der Nitrocellulose in Gegenwart anderer Celluloseester eignet sich die Bande 850 cm^{-1} (Rosenberger (1959)).

Das Spektrum von Celluloseacetat wird durch drei Banden charakterisiert: Die C=O-Valenzbande bei 1750 cm^{-1}, die C—CH_3-Deformationsbande bei 1375 cm^{-1} und die C—O-Valenzbande bei 1240 cm^{-1} (Higgins (1957), Hurtubise (1962)). Alle drei Banden sind zur Bestimmung des Acetylgehaltes geeignet. Acetylcellulosen verschiedener Herkunft ergeben wegen des ungleichen Verteilungsgrades der Proben in KBr-Preßlingen voneinander abweichende Eichgeraden. Zur Beseitigung der Differenzen ist es besser, die integrale Intensität statt der Maximalintensität zu messen. Hurtubise (1962) stellte eine Abnahme des *lateral-order-index* bei der Acetylierung fest, die er durch Schwächung des Wasserstoffbindungssystems in den kristallinen Bereichen infolge der in amorphen Bereichen vorhandenen Acetylgruppen erklärte. Die spektroskopische Methode zur Bestimmung des Acetylgehaltes ist wesentlich schneller und spezifischer als chemische Methoden; insbesondere wird sie durch Sulfonylgruppen nicht gestört (O'Connor (1957, 1965)). Mitchell (1957) beschrieb die Bestimmung des Acetylgehaltes aus dem Spektrum im nahen Ultrarot.

Cyanoäthylierte Cellulose, das Reaktionsprodukt von Cellulose und Acrylnitril, ist an der C≡N-Valenzschwingung bei 2250 cm^{-1} zu erkennen, die in einem sonst absorptionsfreien Gebiet liegt und als Analysenbande besonders gut geeignet ist. Sie weist eine ausgezeichnete lineare Abhängigkeit vom Stickstoffgehalt auf, sofern keine anderen stickstoffhaltigen Gruppen vorhanden sind (O'Connor (1957, 1965)). Chatterjee (1966) untersuchte die Produkte, die bei der Cyanoäthylierung bis zu sehr hohem Substitutionsgrad entstehen. Diese Derivate enthalten mehr Stickstoff als einer einfachen Addition von Acrylnitril an jede Cellulosehydroxylgruppe entspricht. Im Spektrum treten die für Aminogruppen charakteristischen Schwingungen auf.

Von Balabaeva (1963) und Žbankov (1963b) wurden eine Reihe spezieller Celulloseester beschrieben, die Benzolringe (1600, 1525, 785, 750 cm^{-1}), SO_2-Gruppen (1330 bis 1250 cm^{-1}), NH_2-Gruppen (1640 cm^{-1}) und S—C≡N-Gruppen (2160 cm^{-1}) enthalten. In phosphorhaltigen Celluloseestern liegt bei 1220 cm^{-1} die P=O-Valenzschwingung; sie kann aber durch Wasserstoffbindungen vom Typ —P=O...HO— um 50 bis 80 cm^{-1} verschoben sein. Putiev (1967) analysierte Mischester der Cellulose mit Essig- und Sorbinsäure an Hand der Esterbande bei 1740 cm^{-1} und der C=C-Bande bei 1630 cm^{-1}. Die Spektren und Unterscheidungsmöglichkeiten verschiedener Ester mit ungesättigten und aromatischen Carbonsäuren sowie von Esteranhydriden beschrieben O'Connor u. a. (1960).

Zu den als Ausgangsprodukt für die Herstellung weiterer Derivate interessanten Verbindungen gehören die *mesylierte* und *tosylierte* Cellulose, die durch Reaktion mit Methylsulfochlorid bzw. p-Toluolsulfochlorid erhalten werden. Ihre UR-Spektren wurden von O'Connor u. a. (1957, 1958a, 1960, 1965) untersucht. Die $—O—SO_2—R$-Gruppe hat Banden bei 1370 und 1180 cm^{-1}. Bei 834 und 811 cm^{-1} liegende Banden sind in den Ausgangsprodukten nicht vorhanden und werden der C—O—S-Bindung zum Cellulosemolekül zugeschrieben. Die tosylierte Cellulose weist bei 1600 und 1495 cm^{-1} charakteristische C=C-Schwingungen des Benzolrings auf, die zur Unterscheidung der mesylierten und tosylierten Cellulose geeignet sind. Das Ausmaß der Mesylierungs- oder Tosylierungsreaktion kann am besten unter Verwendung der Sulfonatbanden 1370 und 1180 cm^{-1} oder der bei 800 cm^{-1} liegenden Banden bestimmt werden.

Über UR-spektroskopische Untersuchungen an stabilen Cellulosexanthogenaten berichteten Žbankov (1962a, 1963 b) und Marupov (1963). Im Spektrum von Cellulosemethylxanthogenat

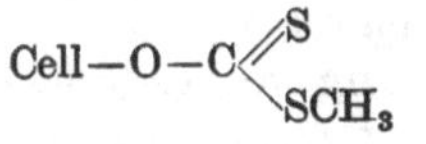

liegen bei 1420 und 1320 cm^{-1} die antisymmetrische und symmetrische CH_3-Valenzschwingung. Eine Bande bei 1380 cm^{-1} wurde der C=S-Schwingung zugeordnet, andere Autoren geben dafür etwa 1200 cm^{-1} an (MARVELL (1955)). Nach ŽBANKOV liegen bei 1220 und 1060 cm^{-1} Schwingungen der Esterbindung C—O—C. In Cellulosenitrophenylxanthogenat wurden bei 1600, 1580 und 740 cm^{-1} Banden des Benzolrings und bei 1520 und 1350 cm^{-1} die Valenzschwingungen der Nitrogruppe gefunden. Diäthylacetamidxanthogenat hat bei 1640 cm^{-1} eine C=O-Bande (Amid I), die ebenso wie die Esterbande bei 1225 cm^{-1} zur Bestimmung des Xanthogenierungsgrades herangezogen werden kann. OGURA und SOBUE (1968) untersuchten Natriumcellulosexanthogenat und das Natriumsalz der Cellulosexanthoessigsäure. Sie ordneten der C=S-Valenzschwingung Banden bei 1235 und 1250 cm^{-1} und der C—S-Valenzschwingung Banden bei 925, 935 und 767 cm^{-1} zu.

Ein Mittel zur Verbesserung der textilen Eigenschaften der Cellulose ist die Ausrüstung mit Harzen, insbesondere Harnstoff- und Formaldehydharzen. BANDEL (1958, 1960) stellte durch UR-spektroskopische Untersuchungen fest, daß nicht bei allen Harzen eine chemische Bindung an das Cellulosemolekül erfolgt, die Voraussetzung für eine gute Waschbeständigkeit ist. Die Reaktion zwischen Harnstoff und Cellulose wurde von SEGAL und EGGERTON (1961a) untersucht. O'CONNOR (1958, 1965) und McCALL (1964) untersuchten die Spektren von Cellulose, die mit Dimethylolharnstoffderivaten und ähnlichen Verbindungen modifiziert wurde. Da die vernetzenden Substanzen gewöhnlich nur in geringen Anteilen in der Cellulose vorhanden sind, erwies sich die Anwendung der Differentialspektroskopie als sehr vorteilhaft, bei der im Vergleichsstrahl des Spektrometers eine KBr-Tablette mit einer entsprechenden Menge unmodifizierter Cellulose angeordnet wird. Durch Skalendehnung konnte die Nachweisempfindlichkeit erhöht werden. An Hand der Amidbanden bei 1665 und 1545 cm^{-1} in Dimethylolharnstoff, der Amidbande I bei 1680 cm^{-1} und der C—N-Valenzschwingung 1480 cm^{-1} in Dimethyloläthylenharnstoff, oder der C=N-Schwingungen des Triazinrings bei 1560 und 1460 cm^{-1} im Methylolmelamin lassen sich die Vernetzungsmittel identifizieren und quantitativ bestimmen. In einigen Fällen kann es von Vorteil sein, die spektroskopische Analyse an Hydrolyseprodukten der modifizierten Baumwolle vorzunehmen (MILES (1964)). ADYLOV u. a. (1967) fanden bei der Umsetzung von Cellulose mit Monomethylolthioharnstoff eine Zunahme der Absorption zwischen 3200 und 3400 cm^{-1} relativ zu anderen Cellulosebanden, woraus gefolgert wurde, daß infolge einer Pfropfpolymerisation auf jede substituierte Hydroxylgruppe mehrere NH-Gruppen eingeführt werden. Mit Dimethylolthioharnstoff tritt jedoch wie bei den Untersuchungen von O'CONNOR Vernetzung ein, und die Hydroxylbande wird schwächer. PUTIEV u. a. (1964) untersuchten durch Differentialspektroskopie die Reaktion zwischen Cellulose und Acrolein. Sie fanden, daß die Aldehydgruppen des Acroleins mit der Cellulose reagieren und zugleich homopolymeres Acrolein entsteht.

Über Versuche zum UR-spektroskopischen Nachweis der chemischen Bindung zwischen Cellulose und Farbstoffen berichteten RATH und PÄSSLER (1961) und BOHNERT (1961).

Zahlreiche Arbeiten, auf die hier nicht im einzelnen eingegangen werden kann, befassen sich mit der spektroskopischen Untersuchung von Cellulosepfropfpolymeren, wobei neben der analytischen Bestimmung des gepfropften Anteils die Art der Bindung an das Cellulosemolekül interessiert (BALLABAEVA (1965), DASGUPTA (1965), DETERS (1963), FARAONE (1961), FEIT (1964), GUTHRIE (1963),

Imrišová (1967), Kobayashi (1961b), Kulkarni (1963), Marupov (1963a), Schurz (1967), Simionescu (1967), Singh (1965)).

In der Tabelle 6.55 sind charakteristische Banden von einigen wichtigen Cellulosederivaten zusammengestellt. Eine Anzahl weiterer Banden ist in den Arbeiten von Ermolenko (1964) und O'Connor (1958a) zu finden. In dem Buch von Žbankov (1964) sind die Spektren zahlreicher Cellulosederivate und modifizierter Cellulosen enthalten.

Tabelle 6.55 Charakteristische Banden einiger Cellulosederivate modifizierter Cellulosen

Wellenzahl [cm^{-1}]	Zuordnung
2250	$\nu(-C{\equiv}N)$ in Cyanoäthylcellulose
2240	$\nu(-C{\equiv}N)$ in Pfropfpolymeren mit Polyacrylnitril
2160	$\nu(SC{\equiv}N)$
1760–1730	$\nu(C{=}O)$ der Celluloseester
1750	$\nu(C{=}O)$ von COOH in Carboxylcellulose
1660	$\nu_a(NO_2)$ in Nitrocellulose
1660–1640	Amid I in amidhaltigen Xanthogenaten und vernetzten Cellulosen
1640	$\delta(NH_2)$
1630	$\nu(C{=}C)$ in Estern mit ungesättigten Säuren
1600, 1500	$\nu(C{=}C)$ in aromatischen Ringen
1520	$\nu_a(NO_2)$ am Benzolring
1540	Amid II
1560, 1460	$\nu(C{=}N)$, $\nu(C{-}N)$ in mit Methylolmelamin vernetzter Cellulose
1420	$\delta_a(CH_3)$ in Methylxanthogenat
1380	$\nu(C{=}S)$ in Xanthogenaten
1380	$\delta(CH_3)$ in Acetylcellulose
1370	Sulfatgruppe $O{-}SO_2{-}R$ in mesylierter und tosylierter Cellulose
1320	$\delta_s(CH_3)$ in Methylxanthogenat
1280	$\nu_s(NO_2)$ in Nitrocellulose
1240–1200	$\nu(C{-}O)$ in Estergruppen
1220	$\nu(P{=}O)$
1180	Sulfatgruppe $O{-}SO_2{-}R$ in mesylierter und tosylierter Cellulose
850	Nitrocellulose
700–800	Schwingungen des Benzolrings, NH-Gruppen u. a.

6.11.6. *Andere Polysaccharide*

Über spektroskopische Untersuchungen an anderen Polysacchariden als Cellulose liegen nur sehr wenig Angaben vor. In zwei Übersichtsarbeiten über die UR-Spektroskopie der Kohlenhydrate berichtete Spedding (1962, 1964) über die experimentellen Methoden, die Bandenzuordnung und die Auswirkung von Konformation und Konfiguration auf das Spektrum dieser Verbindungen.

KONKIN (1958) untersuchte die Hydroxylbanden einiger Mono- und Polysaccharide. Er unterschied fünf Typen der Wasserstoffbrückenbindung und gab die dazu gehörigen Frequenzintervalle an. Die Spektren von Pyranderivaten und Oligosacchariden wurden von MARCHESSAULT (1962) mit Xylan- und Holzspektren verglichen. Zur Interpretation des UR-Spektrums von Xylan stellten MARCHESSAULT und LIANG (1962a) orientierte Proben durch Dehnen von Acetylderivaten her. PEARSON u. a. (1960) untersuchten kristallines Chitin mit polarisierter Strahlung. Die Bandenzuordnung wurde durch Vergleich mit dem Cellulosespektrum erleichtert. Das aus spektroskopischen Ergebnissen folgende intermolekulare System von C=O...H—N-Wasserstoffbindungen des Chitins ist in Einklang mit röntgenographischen Untersuchungen.

Die anomerische Verknüpfung der Glucopyranoseringe ist an den Banden zwischen 800 und 900 cm^{-1} zu erkennen. Die α-Glucosidverknüpfung absorbiert bei 844 $\pm$ 8 cm^{-1}, die β-Konfiguration bei 891 $\pm$ 7 cm^{-1} (BARKER (1954), BELLAMY (1962)). HIGGINS u. a. (1961) fanden diese Bande in Amylose bei 850 cm^{-1} und in Cellulose bei 895 cm^{-1}. Die Autoren untersuchten ferner den Einfluß der Lage der Verknüpfung auf das Spektrum. Eine Bande bei 795 cm^{-1} wurde mit der α,1-3-Verknüpfung in Zusammenhang gebracht (BARKER (1953), BURKET (1952)).

GREENWOOD und ROSSOTTI (1958) untersuchten das Spektrum des Amylose-Jod-Komplexes und zogen daraus Schlüsse auf die Konformation des Glucopyranoserings. Eine ausführliche spektroskopische Untersuchung der Amylose und ihrer cyclischen Oligomeren unter Einschluß von deuterierten Proben führten CASU und REGGIANI (1964) durch. Sie fanden in allen untersuchten Stärkederivaten die Bande bei 850 cm^{-1} und nahmen daher für alle Proben die gleiche Konformation an. Nach KOENIG (1970) tritt die Bande im Spektrum von gefriergetrockneter, amorpher Amylose nicht auf. Eine Bande bei 1295 cm^{-1} im Spektrum von Faltungslamellen und cyclischen Oligomeren der Amylose wurde einer speziellen Faltungskonformation zugeordnet. Zwei Banden bei 790 und 1256 cm^{-1} in gefriergetrockneter Amylose führte KOENIG (1970a) auf eine metastabile Konformation zurück.

JAYME (1967) schlug zur Unterscheidung von Stärke und Cellulose beziehungsweise zur Analyse von Stärkeprodukten in Papier die Banden 920, 850, 760 und 700 cm^{-1} vor, die im Spektrum der Cellulose nicht oder nur schwach vorhanden sind. Andererseits treten die Cellulosebanden 1430, 1370, 1280 und 670 cm^{-1} im Spektrum der Stärke nicht auf.

6.11.7. *Weitere ultrarotspektroskopische Arbeiten über Cellulose*
Cellulosestruktur:

ÅSNES (1966), BARCHEWITZ (1951), BOURIOT (1962, 1964), BOURNE (1954), CLAESSON (1968), HURTUBISE (1959), JAYME (1969), JEFFRIES (1968), KLEIN (1958), KONKIN (1957), LEVDIK (1968), OKAZIMA (1967), POLJAK (1964), PRATI (1966), PUTIEV (1964a), RAZIKOV (1967), SOBUE (1957a, 1958), SPEDDING (1962b), STEPANOV (1959), ŽBANKOV (1958, 1962, 1966), ZIIFLE (1968).

Celluloseanalytik:

Bruun (1964), Ermolenko (1958), Friedlander (1966), Madorsky (1958), Neimo (1963), Pavljučenko (1956), Oltus (1968), Rosmarin (1967), Sapolski (1963), Sobue (1960), Treiber (1955), Wilson (1955a).

Cellulosederivate:

Abramova (1967), Akovbjan (1966), Bockman (1961), Carter (1961), Champetier (1947, 1956), Cremonesi (1966), Ermolenko (1961, 1969), Garbuz (1966, 1967, 1968), Gulina (1964), Gusev (1961, 1961a, 1965), Heath (1967), Ide (1962), Imrišova (1968), Jones (1963), Kobayashi (1961c), Kozmina (1966), Kulkarni (1968), Lee (1964), Levdik (1965), Livšic (1968), Michajlova (1967), Nikonovič (1965), Pande (1966), Panov (1969), Petropavlovskij (1967), Putiev (1968), Rogovin (1968), Sakata (1963), Schurz (1957), Sircar (1967), Steele (1955), Treiber (1956), Tun (1961), Žbankov (1966a, 1968).

Andere Polysaccharide:

Borchert (1961), Horitsu (1960), Jayme (1967a, 1968, 1968a), Komar (1966, 1967), Marchessault (1960a, 1962b), Michell (1965), Samec (1954), Steele (1949), Van der Bij (1962), Yvanovitch (1961).

7. Literatur

ABBOT, N. B., und A. ELLIOTT, Proc. Roy. Soc. A **234** (1956) 247
ABE, K., und K. YANAGISAWA, J. Polymer Sci. **36** (1959) 536
ABRAMOVA, E. A., N. V. MICHAILOVA und V. N. NIKITIN, Cellulose Chem. Technol. **1** (1967) 545
ABRAMOWITZ, A., und R. BAUMAN, J. chem. Phys. **39** (1963) 2757
ABU-ISA, I., J. Polymer Sci. A-1 **9** (1971) 199
ADYLOV, A., JU. T. TAŠPULATOV, A. NABIEV, T. G. GAFUROV und CH. U. USMANOV, Vysokomol. Soed. (Hochmol. Verbind.) A **9** (1967) 1207
AGGARWAL, S. L., G. P. TILLEY und O. J. SWEETING, J. appl. Polymer Sci **1** (1959) 91
AKOVBJAN, E. M., Vysokomol. Soed. (Hochmol. Verbind.) **8** (1966) 959
ALLEN, V. R., und L. F. THOMPSON, Appl. Polymer Symposia Nr. 10 (1969) 131
ALLEN, V. R., und R. D. YOUNG, J. Polymer Sci. A-1 **8** (1970) 3123
ALLERHAND, A., und P. VON RAGUÈ SCHLEYER, J. amer. chem. Soc. **85** (1963) 1715
ALFREY, T., und G. GOLDFINGER, J. chem. Phys. **12** (1944) 205
ALMIN, K. E., Svensk. Papperstidn. **55** (1952) 767
ALTER, H., und H. Y. HSIAO, J. Polymer Sci. B **6** (1968) 363
ALTER, H., und M. BIT-ALKHAS, Textile Res. J. **39** (1969) 479
AMAGASA, M., Y. KASUGA, Y. SAITO und T. YAMAUCHI, Kobunshi Kagaku, Tokio (Chem. High Polymers) **28** (1971) 51
AMBROSE, E. J., A. ELLIOTT und R. B. TEMPLE, Proc. Roy. Soc. A **199** (1949) 183
AMBROSE, E. J. und W. E. HANBY, Nature (London) **163** (1949a) 483
AMBROSE, E. J. und A. ELLIOTT, Proc. Roy. Soc. A **206** (1951) 206
AMBROSE, E. J., A. ELLIOTT und R. B. TEMPLE, Proc. Roy. Soc. A **206** (1951a) 192
AMRHEIN, E. M. und F. H. MÜLLER, Kolloid-Z./Z. Polymere **234** (1969) 1078
ANDERSON, J. A. und W. D. SEYFRIED, Analyt. Chem. **20** (1948) 998
ANDRAŠINA, J. und C. KRUPA, Jenaer Rdsch. **7** (1962) 167
ANDREWS, R. D. und R. M. KIMMEL, J. Polymer Sci. B **3** (1965) 167
ANG, T. L. und H. J. HARWOOD, Polymer Preprints (Amer. Chem. Soc., Div. Polymer Chem.) **5** (1964) 306
ANGELL, C. L., in *Progress in Infrared Spectroscopy*, Vol. 2. Plenum Press, New York: 1964
ANGOOD, A. C. und J. L. KOENIG, J. appl. Phys. **39** (1968) 4985
ANGOOD, A. C. und J. L. KOENIG, J. macromol. Sci. B **3** (1969) 321
ANTON, A., J. appl. Polymer Sci. **7** (1963) 1629
ANTON, A., J. appl. Polymer Sci **12** (1968) 2117
ANT-WUORINEN, O. und A. VISAPÄÄ, Paperi ja Puu **42** (1960) 367
ANT-WUORINEN, O. und A. VISAPÄÄ, Paperi ja Puu **45** (1963) 35
ANT-WUORINEN, O. und A. VISAPÄÄ, Paperi ja Puu **45** (1963a) 81
ARAKI, Y., J. appl. Polymer Sci. **11** (1967) 953
ARIMOTO, H., Kobunshi Kagaku, Tokio (Chem. High Polymers) **19** (1962) 205
ARIMOTO, H., Kobunshi Kagaku, Tokio (Chem. High Polymers) **19** (1962a) 456
ARIMOTO, H., Kobunshi Kagaku, Tokio (Chem. High Polymers) **19** (1962b) 212

ARIMOTO, H., J. Polymer Sci. A **2** (1964) 2283
ARIMOTO, H., M. ISHIBASHI, M. HIRAI und Y. CHATANI, J. Polymer Sci. A **3** (1965) 317
ASAHINA, M. und S. ENOMOTO, Nippon Kagaku Zassi **81** (1960) 1370, 1374
ASAI, M., M. TSUBOI, T. SHIMANOUCHI und S. MIZUSHIMA, J. phys. Chem. **59** (1955) 322
ÅSNES, H., und B. O. WICKMAN, J. appl. Polymer Sci. **10** (1966) 1323
ASSIOMO, F., J. MARSHAL und M. G. CHAMPETIER, C. R. hebd. Séances Acad. Sci., Sér. C **263** (1966) 705
ASTBURY, W. T., C. E. DALGLEISH, S. E. DARMON und G. B. B. M. SUTHERLAND Nature (London) **162** (1948) 596
AUFDERMASH, C. A. und R. PARISER, J. Polymer Sci. A **2** (1964) 4727
AVSTRIJSKAJA, E. E. und K. W. NELSON, Kaučuk i Rezina, Moskva **27** (1968) 8
AZHANDZHYAN, E. O. und L. G. MEKONYAN, Armjanskij chem. Z. **20** (1967) 98
AZIMOV, S. A., CH. U. USMANOV, N. V. KORDUB und S. I. SLEPAKOVA, Vysokomol. Soed. (Hochmol. Verbind.) **2** (1960) 1459

BACALOGLU, R. und S. BADILESCU, Studii Cerc. Chim., Bucuresti **15** (1967) 281
BACANOV, S. S. und S. S. DERBENEVA, Optika i Spektroskopija, Moskva **17** (1964) 149
BACANOV, S. S. und S. S. DERBENEVA, Optika i Spektroskopija, Moskva **18** (1965) 599
BACSKAI, R. und H. A. POHL, J. Polymer Sci. **42** (1960) 151
BACSKAI, R. und S. J. LAPPORTE, J. Polymer Sci. A **1** (1963) 2225
BADGER, R. M. und S. H. BAUER, J. chem. Phys. **5** (1937) 839
BADGER, R. M., J. chem. Phys. **8** (1940) 288
BADGER, G. M., Rev. pure appl. Chem. **7** (1957) 55
BAGIROV, M. A. und V. P. MALIN, Vysokomol. Soed. (Hochmol. Verbind.) A **11** (1969) 2323
BAIER, R. E. und W. A. ZISMAN, Macromolecules **3** (1970) 462
BAILEY, F. E., J. P. HENRY, R. D. LUNDBERG und J. M. WHELAN, J. Polymer Sci. B **2** (1964) 447
BAIRD, W. S., H. M. O'BRYAN, G. OGDEN und D. LEE, J. opt. Soc. Amer. **37** (1947) 754
BAKER, E. B. und C. D. ROBB, Rev. sci. Instrum. **14** (1943) 362
BAKER, A. W., J. phys. Chem. **61** (1957) 450
BAKER, A. W., H. O. KERLINGER und A. T. SHULGIN, Spectrochim. Acta **20** (1964) 1477
BALABAEVA, M. D., M. O. LIŠEVSKAJA, R. G. ŽBANKOV, A. D. VIRNIK und Z. A. ROGOVIN, Vysokomol. Soed. (Hochmol. Verbind.) Sonderheft *Cellulose und ihre Derivate* (1963) 157
BALABAEVA, M. D., E. F. ŠARKOVA, R. G. ŽBANKOV, A. D. VIRNIK und Z. A. ROGOVIN, Vysokomol. Soed. (Hochmol. Verbind.) **7** (1965) 1763
BAMFORD C. H., A. ELLIOTT und W. E. HANBY, Synthetic Polypeptides. Academic Press, New York: 1956
BAMFORD, C. H., Textile Manufacturer **82** (1956a) 184
BANDEL, W., Melliand Textilber. **39** (1958) 204
BANDEL, W., Melliand Textilber. **41** (1960) 1391
BANK, M. I. und S. KRIMM, J. appl. Phys. **39** (1968) 4951
BANK, M. I. und S. KRIMM, J. appl. Phys. **40** (1969) 4248
BANK, M. I. und S. KRIMM, J. Polymer Sci. B **8** (1970) 143
BARCHEWITZ, P., L. HENRY und J. CHEDIN, J. Chimie Physique **48** (1951) 590
BARER, R., A. R. H. COLE und H. W. THOMPSON, Nature (London) **163** (1949) 198
BARGON, J., K. H. HELLWEGE und U. JOHNSEN, Kolloid-Z./Z. Polymere **213** (1966) 51
BARKER, S. A., E. J. BOURNE, M. STACEY und D. H. WHIFFEN, Chem. and Ind. (1953) 196
BARKER, S. A., E. J. BOURNE, M. STACEY und D. H. WHIFFEN, J. chem. Soc. (London) (1954) 171
BARLOW, A., R. S. LEHRLE und J. C. ROBB, Polymer **2** (1961) 27
BARNES, W. H. und S. ROSS, J. amer. chem. Soc. **58** (1936) 1129
BARNES, R. B., V. Z. WILLIAMS, A. R. DAVIS und P. GIESECKE, Ind. Engng. Chem., analyt. Ed. (1944) 16

BARNES, R. B., V. Z. WILLIAMS, A. R. DAVIS und P. GIESECKE, Rubber Chem. Techn. **17** (1944a) 253
BARNES, R. B., R. C. GORE, E. F. WILLIAMS, S. G. LINSLEY und E. M. PETERSEN, Ind. Engng. Chem., analyt. Ed. **19** (1947) 620
BARNETT, H. A., und A. BARTOLI, Analyt. Chem. **32** (1960) 1153
BARR, J. K., Nature (London) **215** (1967) 844
BARTENEV, G. M. und A. A. VALIŠIN, Mechanika Polimerov (Riga) (1970) 979
BASSETT, K. H., C. Y. LIANG und R. H. MARCHESSAULT, J. Polymer Sci. A **1** (1963) 1687
BATEMAN, L. C., R. W. GLAZEBROOK, C. G. MOORE und R. W. SAVILLE, Rubber Chem. Technol. **30** (1957) 397
BATH, J. D. und J. W. ELLIS, J. phys. Chem. **45** (1941) 204
BAUDISCH, J., J. DECHANT, DINH VAN NGHI, B. PHILIPP und C. RUSCHER, Faserforsch. u. Textiltechn. **19** (1968) 62
BAUER, E. und M. MAGAT, J. Phys. Radium **9** (1938) 319
BAUM, B., J. appl. Polymer Sci. **2** (1959) 281
BAUMANN, U., H. SCHREIBER und K. TESSMAR, Makromol. Chem. **36** (1959) 81
BAUMANN, R. P., Absorption Spectroscopy., John Wiley & Sons, New York—London: 1963
BAXTER, B. H. und N. A. PUTTMANN, Nature (London) **207** (1965) 288
BEACHELL, H. C. und S. P. NEMPHOS, J. Polymer Sci. **21** (1956) 113
BEACHELL, H. C. und S. P. NEMPHOS, J. Polymer Sci. **25** (1957) 173
BEACHELL, H. C. und G. W. TARBET, J. Polymer Sci. **45** (1960) 451
BEACHELL, H. C. und L. H. SMILEY, J. Polymer Sci. A-1 **5** (1967) 1635
BEER, M., Proc. Roy. Soc. A **236** (1956) 136
BEER, M., H. B. KESSLER und G. B. B. M. SUTHERLAND, J. chem. Phys. **29** (1958) 1097
BEEVERS, R. B., Macromolecular Reviews **3** (1968) 113
BELLAMY, L. J. und R. L. WILLIAMS, Spectrochim. Acta **9** (1957) 341
BELLAMY, L. J. und R. L. WILLIAMS, J. chem. Soc. (London) (1957a) 4294
BELLAMY, L. J., H. E. HALLAM und R. L. WILLIAMS, Trans. Farad. Soc. **54** (1958) 1120
BELLAMY, L. J. und R. L. WILLIAMS, Trans. Farad. Soc. **55** (1959) 14
BELLAMY, L. J. und H. E. HALLAM, Trans. Farad. Soc. **55** (1959a) 220
BELLAMY, L. J. und R. L. WILLIAMS, Proc. Roy. Soc. **255** (1960) 22
BELLAMY, L. J., The Infrared Spectra of Complex Molecules. Methuen/Wiley, London/New York: 1962
Deutsche Übersetzung: Ultrarot-Spektrum u. chemische Konstitution. Steinkopff, Darmstadt: 1964
BELLAMY, L. J., Advances in Infrared Group Frequencies. Methuen & Co., Ltd., New York: 1968
BELOPOLSKAJA, T. V., Dokl. Akad. Nauk. SSR (Ber. Akad. Wiss. UdSSR) **180** (1968) 1388
BELOPOLSKAJA, T. V., Optika i Spektroskopija, Moskva **26** (1969) 476
BENDIT, E. G., Nature (London) **193** (1962) 236
BENDIT, E. G. und D. ROSS, Z. wiss. Mikroskopie **65** (1963) 279
BENEDETTI, E., S. PUCCI, P. PINO, V. SCHETTINO und S. CALIFANO, Spectrochim. Acta **23** A (1967) 2371
BENTLEY, F. und G. RAPPOPORT, Analyt. Chem. **26** (1954) 1980
BENTLEY, F. F., L. D. SMITHSON und A. L. ROZEK, Infrared Spectra and Characteristic Frequencies $\sim$ 700—300 cm^{-1}.
Interscience Publishers, New York—London—Sydney: 1968
BERGER, M. und D. J. BUCKLEY, J. Polymer Sci. A **1** (1963) 2945
BERGER, M. und D. J. BUCKLEY, Rubber Chem. Technol. **37** (1964) 169
BERGHMANS, H., Ind. Chim. Belge **34** (1969) 727
BERGHMANS, H., G. J. SAFFORD und P. S. LEUNG, J. Polymer Sci. A-2 **9** (1971) 1219
BERLIN, A. A., A. M. DUBINSKAJA und JU. S. MOSKOVSKIJ, Vysokomol. Soed. (Hochmol. Verbind.) **6** (1964) 1938

BERNAS, A., R. BENSASSON, I. ROSSI und P. BARCHEWITZ, J. Chim. Physique **59** (1962) 442
BERTHOMIEU, C. und C. SANDORFY, J. mol. Spectroscopy **15** (1965) 15, 22
BERTIE, J. E. und E. WHALLEY, J. chem. Phys. **41** (1964) 575
BESSLER, E. und G. BIER, Makromol. Chem. **122** (1969) 30
BEZZI, S., Soc. Montocatini, Ital. Pat. 461, 626 (1960)
BEZZI, S., Soc. Montocatini, Ital. Pat. 25, 502 (1962)
BHATNAGAR, V. M., Chem. Age India **15** (1964) 184
BIERNACKA, T., Commun. IXth Coloquium Spectr. Internationale (1961) 113
BINDER, J. L., Analyt. Chem. **21** (1949) 923
BINDER, J. L., Analyt. Chem. **26** (1954) 1877
BINDER, J. L. und H. C. RANSAW, Analyt. Chem. **29** (1957) 503
BINDER, J. L., Rubber Chem. Technol. **35** (1962) 57
BINDER, J. L., J. Polymer Sci. A **1** (1963) 37
BINDER, J. L., J. Polymer Sci. A **1** (1963a) 47
BINDER, J. L., J. Polymer Sci. A **3** (1965) 1587
BINDER, J. L., J. Polymer Sci. B **4** (1966) 19
BINDER, J. L., Appl. Spectroscopy **23** (1969) 17
BIRD, G. R. und E. R. BLOUT, J. chem. Phys. **25** (1956) 798
BIRD, G. R., M. PARRISH und E. R. BLOUT, Rev. Sci. Instr. **29** (1958) 305
BIRD, G. R. und W. A. SHURCLIFF, J. opt. Soc. Amer. **49** (1959) 235
BIRD, G. R. und E. R. BLOUT, J. amer. chem. Soc. **81** (1959a) 2499
BIRD, G. R. und M. PARRISH, J. opt. Soc. Amer. **50** (1960) 886
BISHOP, W. A., J. Polymer Sci. **55** (1961) 827
BISHOP, W. A., Analyt. Chem. **33** (1961a) 456
BISSETT, F., A. L. BLUHM und L. LONG, Analyt. Chem. **31** (1959) 1927
BLACKWELL, J., P. D. VASKO und J. L. KOENIG, J. appl. Phys. **41** (1970) 4375
BLAKE, B. H. und D. S. ERLEY, Perkin-Elmer Instr. News **13** (1961) Nr. 1, 8
BLINC, R. und D. HADŽI, in Hadži (1959)
BLINC, R., D. HADŽI und A. NOVAK, Z. Elektrochemie **64** (1960) 567
BLOUIN, F. A. und J. C. ARTHUR, Textile Res. J. **28** (1958) 198
BLOUT, E. R., G. R. BIRD und D. S. GREY, J. opt. Soc. Amer. **40** (1950) 304
BLOUT, E. R., Ann. New York Acad. Sci. **69** (1957) 84
BLOUT, E. R., C. DELOZÊ, S. M. BLOOM und G. D. FASMAN, J. amer. chem. Soc. **82** (1960) 3787
BLOUT, E. R., C. DELOZÊ und A. ASADOURIAN, J. amer. chem. Soc. **83** (1961) 1895
BLÜMEL, H., Kautschuk, Gummi, Kunststoffe **16** (1963) 571
BLY, R. M., P. E. KIENER und B. A. FRIES, Analyt. Chem. **38** (1966) 217
BOCCATO, G., A. RIGO, G. TALAMINI und F. ZILIO-GRANDI, Makromol. Chem. **108** (1967) 218
BOCKMAN, C. D., Appl. Spectroscopy **15** (1961) 85
BOENIG, H. v., Polyolefins, Elsevier Publ. Comp., Amsterdam—London—New York 1966
BOERIO, F. J., und J. L. KOENIG, J. Polymer Sci. A-2 **7** (1969) 1489
BOERIO, F. J. und J. L. KOENIG, J. Polymer Sci. A-2 **9** (1971) 1517
BOERIO, F. J. und J. L. KOENIG, J. chem. Phys. **54** (1971a) 3667
BOHN, C. R., J. R. SCHAEFGEN und W. O. STATTON, J. Polymer Sci. **55** (1961) 531
BOHN, C. R., bei Zbinden (1964) zitierte Mitteilung
BOHNERT, E., Melliand Textilber. **42** (1961) 1156
BOJARČUK, JU. M. und V. N. NIKITIN, Dokl. Akad. Nauk SSSR (Ber. Akad. Wiss. UdSSR) **19** (1964) 397
BOJARČUK, JU. M., L. JA. RAPPOPORT, V. N. NIKITIN und N. P. APUCHTINA, Vysokomol. Soed. (Hochmol. Verbind.) **7** (1965) 778
BOJARČUK, JU. M., G. I. MEDVEDEVA, L. JA. RAPPOPORT und I. M. ERLICH, Vysokomol. Soed. (Hochmol. Verbind.) **10** B (1968) 173
BOJCOV, V. G. und JU. JA. GOTLIB, Optika i. Spektroskopija, Moskva **15** (1963) 216

BOLKER, H. J., Nature (London) **197** (1963) 489
BOR, J. und L. A. BROOKS, J. sci. Instr. **43** (1966) 944
BORCHERT, P. J., Kunststoffe **51** (1961) 137
BORELLO, E. und C. MUSSA, J. Polymer Sci. **13** (1954) 402
BORISOVA, N. P. und T. M. BIRŠTEJN, Vysokomol. Soed. (Hochmol. Verbind.) **5** (1963) 279
BORN, M. und R. OPPENHEIMER, Ann. Physik **84** (1927) 457
BORN, M., Proc. phys. Soc. (London) **54** (1942) 362
BORN, M. und E. WOLF, Principles of Optics. Pergamon Press, London: 1959
BOTT, B. und F. VERNON, Spectrochim. Acta **26** A (1970) 1633
BOURGIN, D. G., Physic. Rev. **29** (1927) 794
BOURIOT, P., Bull. Inst. Textile France **11** (1957) 7
BOURIOT, P., Bull. Inst. Textile France **15** (1961) 93
BOURIOT, P., Bull. Inst. Textile France **16** (1962) 1197
BOURIOT, P. und S. CHAILLEY, Bull. Inst. Textile France **17** (1963) 503
BOURIOT, P. und F. DELESTANG, Bull. Inst. Textile France **18** (1964) 757
BOURIOT, P. und A. PARISOT, J. Polymer Sci. C Nr. **16** (1967) 1393
BOURIOT, P., Bull. Inst. Textile France **21** (1967 a) 545
BOURIOT, P., Teintex (1969) 193
BOURNE, E. G., Angew. Chem. **66** (1954) 176
BOYE, C. A., J. Polymer Sci. **55** (1961) 263
BOYE, C. A., J. Polymer Sci. **55** (1961 a) 275
BOVEY, F. A. und G. V. D. TIERS, J. Polymer Sci. **44** (1960) 173
BRADBURY, E. M., A. ELLIOTT und R. D. B. FRASER, Trans. Farad. Soc. **56** (1960) 1117
BRADBURY, E. M., W. C. PRICE und G. R. WILKINSON, J. molecular Biol. **4** (1962) 39
BRADBURY, E. M., W. C. PRICE, G. R. WILKINSON und G. ZUBAY, J. molecular Biol. **4** (1962 a) 50
BRADBURY, E. M. und A. ELLIOTT, Polymer **4** (1963) 47
BRADBURY, E. M., L. BROWN, A. ELLIOTT und D. A. D. PARRY, Polymer **6** (1965) 465
BRADER, J. J., J. appl. Polymer Sci. **3** (1960) 370
BRAKO, F. D. und A. S. WEXLER, Analyt. Chem. **35** (1963) 1944
BRANDMÜLLER, J. und H. MOSER, Einführung in die RAMAN-Spektroskopie, Dr. Dietrich Steinkopff Verlag, Darmstadt: 1962
BRAUN, D., W. BETZ und W. KERN, Naturwiss. **46** (1959) 444
BRAUN, D. und I. A. AZIZ EL SAYED, Angew. makromol. Chem. **6** (1969) 136
BRO, M. I. und C. A. SPERATI, J. Polymer Sci. **38** (1959) 289
BROCKMEIER, N. F., J. appl. Polymer Sci. **12** (1968) 2129
BROWN, J. K., N. SHEPPARD und D. M. SIMPSON, Discuss. Farad. Soc. **9** (1950) 261
BROWN, L., P. HOLLIDAY und I. F. TROTTER, J. chem. Soc. (London) **2** (1951) 1532
BROWN, J. E., M. TRYON und J. MANDEL, Analyt. Chem. **35** (1963) 2172
BROWN, R. G., J. chem. Phys. **38** (1963 a) 221
BROWN, R. G., J. appl. Phys. **34** (1963 b) 2382
BROWN, R. G., J. chem. Phys. **40** (1964) 2900
BROWNING, R. S., S. E. WIBERLEY und F. C. NACHOD, Analyt. Chem. **27** (1955) 7
BRÜGEL, W., Einführung in die Ultrarotspektroskopie, Dr. Dietrich Steinkopff, Darmstadt: 1962 (vierte Auflage: 1969)
BRUUN, H. und R. SJÖHOLM, Acta Acad. Aboensis, Math. Phys. **24** (1964) 3
BRYANT, K. C., G. T. KENNEDY und E. M. TANNER, J. chem. Soc. (London) (1949) 2389
BRYANT, M. D. und R. C. VOTER, J. amer. chem. Soc. **75** (1953) 6113
BUCCI, G. und T. SIMONAZZI, J. Polymer Sci. C Nr. **7** (1964) 203
BUCKLEY, G. D., L. H. CROSS und N. H. RAY, J. chem. Soc. (London) (1950) 2714
BUCKLEY, G. D. und N. H. RAY, J. chem. Soc. (London) (1952) 3701
BUIJS, K., Appl. Spectroscopy **14** (1960) 81

Bukač, Z., P. Čefelin, D. Doskočilová und J. Šebenda, Coll. czechoslov. chem. Commun. **29** (1964) 2615
Bunn, C. W., Trans. Farad. Soc. (1939) 482
Bunn, C. W., Advances in Colloid Science. Vol. **II**, Interscience Publ., New York: 1946
Bunn, C. W. und E. V. Garner, Proc. Roy. Soc. A **189** (1947) 39
Bunn, C. W., Nature (London) **161** (1948) 929
Bunn, C. W. und E. R. Howells, Nature (London) **174** (1954) 549
Bunn, C. W. und D. R. Holmes, Discuss. Farad. Soc. **25** (1958) 95
Buontempo, V., G. Careri und P. Fasella, Physics Letters (Amsterdam) **31** A (1970) 543
Burgess, S. und H. Spedding, Chem. and Ind. (1961) 1166
Burket, S. C. und E. H. Melvin, Science **115** (1952) 516
Burlant, W. J. und J. L. Parsons, J. Polymer Sci. **22** (1956) 249
Burley, R. A. und W. J. Bennett, Appl. Spectroscopy **14** (1960) 32
Burnett, I. D., R. G. J. Miller und A. H. Willis, J. Polymer Sci. **15** (1955) 592
Buswell, A. M., R. L. Maycock und W. H. Rodebush, J. chem. Phys. **8** (1940) 362
Buswell, A. M., K. F. Krebs und W. H. Rodebush, J. phys. Chem. **44** (1940a) 1126

Cabana, A. und C. Sandorfy, Spectrochim. Acta **16** (1960) 335
Camer, D., M. Martin und E. Medeck, Appl. Spectroscopy **22** (1968) 574
Campbell, J. E. und W. H. Rauscher, J. Polymer Sci. **18** (1955) 461
Cannon, C. G., Mikrochim. Acta (1955) 555
Cannon, C. G., Chem. and Ind. (1957) 29
Cannon, C. G., in R. Meredith und J. W. S. Hearle, Physical Methods of Investigating Textiles. Interscience Publ., New York: 1959
Cannon, C. G., Spectrochim. Acta **16** (1960) 302
Cannon, C. G., B. C. Stace und R. Jeffries, Nature (London) **196** (1962) 436
Cannon, C. G. und P. H. Harris, J. macromol. Sci. (Phys.) B**3** (1969) 357
Cantow, H. J., Ber. Bunsenges. physik. Chem. **70** (1966) 257
Caraculacu, A. A., J. Polymer Sci. A-1 **4** (1966) 1829
Carazzolo, G. A., J. Polymer Sci. A **1** (1963) 1573
Carazzolo, G. A., J. Polymer Sci. A **1** (1963a) 965
Carbonaro, A. und A. Greco, Chim. e Ind., Milano **48** (1966) 363
Carlsson, D. J. und D. M. Wiles, Canad. J. Chem. **48** (1970) 2397
Carlsson, D. J. und D. M. Wiles, Macromolecules **4** (1971) 174
Carlsson, D. J. und D. M. Wiles, Madromolecules **4** (1971a) 179
Caroti, G. und J. H. Dusenbury, Nature (London) **178** (1956) 162
Caroti, G. und J. H. Dusenbury, J. Polymer Sci. **22** (1956a) 399
Carter, M. E., J. Polymer Sci. **51** (1961) 199
Cassels, J. W., Appl. Spectroscopy **22** (1968) 477
Casu, B. und M. Reggiani, J. Polymer Sci. C Nr. **7** (1964) 171
Cernia, E., C. Mancini und G. Montaudo, J. Polymer Sci. B **1** (1963) 371
Cesari, M., G. Perigo und A. Mazzei, Makromol. Chem. **83** (1965) 196
Chakravarty, S. M., D. Banerjee und A. K. Sirka, Trans. Inst. Rubber Ind. **38** (1962) 226
Champetier, G. und P. L. Clément, Compt. Rend. **224** (1947) 199
Champetier, G. und G. Chérubin, Makromol. Chem. **18** (1956) 178
Chang, Y. I. und D. C. Summerfield, J. Polymer Sci. A-2 **7** (1969) 405
Chapman, D., J. chem. Soc. (London) (1957) 4489
Chappell, S. E., J. A. Sauer und A. E. Woodward, J. Polymer Sci. A **1** (1963) 2805
Charlesby, A., Proc. Roy. Soc. A **215** (1952) 263
Charney, E., J. opt. Soc. Amer. **45** (1955) 980
Charney, E., J. opt. Soc. Amer. **51** (1961) 912
Chatani, Y., H. Tadokoro, Y. Yoshihara und S. Murahashi, Symposium on Polymer Sci., Tokio (1961) 11 B-5

CHATTERJEE, P. K. und C. M. CONRAD, J. Polymer Sci. A-1 **4** (1966) 233
CHECKLAND, P. B. und W. H. T. DAVISON, Trans. Farad. Soc. **52** (1956) 151
CHEN, C. S. H., N. COLTHUP, W. DEICHERT und R. L. WEBB, J. Polymer Sci. **45** (1960) 247
CHEN-HUA, P. und C. JEN-YUAN, Acta phys. sinica **18** (1962) 159
CHIANG, R., J. Polymer Sci. A **1** (1963) 2765
CHINAI, N. und R. H. CAMPBELL, Analyt. Chem. **33** (1961) 577
CHORNEY, W., N. J. SCULLY, H. L. CRESPI und J. J. KATZ, Biochim. Biophys. Acta **37** (1960) 280
CIAMPELLI, F. und I. MANOVICIU, Gazz. chim. ital. **91** (1961) 1045
CIAMPELLI, F., G. BUCCI, T. SIMONAZZI und A. SANTAMBROGIO, Chim. e Ind., Milano **44** (1962) 489
CIAMPELLI, F., D. MORERO und M. CAMPINI, Makromol. Chem. **61** (1963) 250
CIAMPELLI, F., M. CAMBINI und M. P. LACHI, J. Polymer Sci. C Nr. **7** (1964) 213
CIAMPELLI, F. und A. VALVASSORI, J. Polymer Sci. C Nr. **16** (1967) 377
ČIRGADZE, JU. N., L. A. GRIBOV, N. S. ANDREJEVA und N. E. ŠUCKEVER, Ž. fizič. Chimii (Z. physik. Chemie) **37** (1961) 754
ČIRGADZE, JU. N., Biofizika **7** (1962) 523
ČIRGADZE, JU. N., Biofizika **7** (1962a) 382
ČIRGADZE, JU. N., Vodorodnaja Svjaz (Die Wasserstoffbindung) Herausgeg. v. Akad. Wiss. UdSSR, Inst. f. physik. Chemie (1964) 310
ČIRGADZE, JU. N., Biofizika **14** (1969) 792
ČIRGADZE, JU. N. und E. P. RAŠEVSKAJA, Biofizika **14** (1969a) 608
CLAESSON, S. und M. WAHBA, Svensk Papperstidn. **71** (1968) 366
CLARK, E. S. und L. T. MUUS, Z. Kristallogr. **117** (1962) 119
CLARK, J. K. und R. A. SCOTT, J. appl. Polymer Sci. **14** (1970) 1
CLARKSON, A. und C. M. ROBERTSON, Analyt. Chem. **38** (1966) 522
CLEVERLEY, B. und R. HERRMANN, J. appl. Chem. **11** (1961) 344
CLINGMAN, W. H., J. chem. Phys. **27** (1957) 322
COAKLEY, J. E. und H. H. BERRY, Appl. Spectroscopy **20** (1966) 418
COBBS, W. H. und R. L. BURTON, J. Polymer Sci. **10** (1953) 275
COIRO, V. M., P. DE SANTIS, A. M. LIQUORI und A. RIPAMONTI, J. Polymer Sci. B **4** (1966) 821
COLEMAN, B. D., J. Polymer Sci. **31** (1958) 155
COLEMAN, B. D. und T. G. FOX, J. Polymer Sci. A **1** (1963) 3183
COLLIER, G. L. und A. C. M. PANTING, Spectrochim. Acta **14** (1959) 104
COLTHUP, N. B., J. opt. Soc. Amer. **40** (1950) 397
COLTHUP, N. B., L. H. DALY und S. E. WIBERLEY, Introduction to Infrared and RAMAN-Spectroscopy, Academic Press, New York—London: 1964
COLTHUP, N. B., Spectrochim. Acta **20** (1964a) 1843
CONLEY, R. T. und J. F. BIERON, J. appl. Polymer Sci. **7** (1963) 1757
CONLEY, R. T. und J. F. BIERON, Spectroscopic Tricks (1967) 207
CONN, G. K. T. und D. G. AVERY, Infrared Methods. Academic Press, New York—London: 1960
COOK, E. S., C. W. KREKE, E. B. BARNES und W. MOTZEL, Nature (London) **174** (1954) 1144
COOPER, W., D. E. EAVES, M. E. TUNICLIFFE und G. VAUGHAN, Europ. Polymer J. **1** (1965) 121
COOVER, H. W., R. L. MCCONNELL, F. B. JOYNER, D. F. SLONAKER und R. L. COMBS, J. Polymer Sci. A-1 **4** (1966) 2563
CORISH, P. J. und W. H. T. DAVISON, J. chem. Soc. (London) (1955) 2428
CORISH, P. J. und W. H. T. DAVISON, J. chem. Soc. (London) (1955a) 2431
CORISH, P. J. und D. CHAPMAN, J. chem. Soc. (London) (1957) 1746
CORISH, P. J., Analyt. Chem. **31** (1959) 1298
CORISH, P. J., Spectrochim. Acta **15** (1959a) 598
CORISH, P. J., J. appl. Polymer Sci. **4** (1960) 86

CORISH, P. J., J. appl. Polymer Sci. **5** (1961) 53
CORISH, P. J., Analyt. Chem. **33** (1961 a) 1798
CORISH, P. J. und M. E. TUNNICLIFFE, J. Polymer Sci. C Nr. **7** (1963) 187
CORISH, P. J., J. appl. Polymer Sci. **7** (1963 a) 727
CORNELL, S. W. und J. L. KOENIG, J. appl. Phys. **39** (1968) 4883
CORNELL, S. W. und J. L. KOENIG, Macromolecules **2** (1969) 540
CORNELL, S. W. und J. L. KOENIG, Macromolecules **2** (1969 a) 546
CORNELL, S. W. und J. L. KOENIG, J. Polymer Sci. A-2 **7** (1969 b) 1965
CORNELL, S. W. und J. L. KING, J. Polymer Sci. B **8** (1970) 137
CORRADINI, P., Rubber Chem. Technol. **39** (1966) 14
CORRADINI, P. und C. TOSI, Europ. Polymer J. **4** (1968) 227
CORRENS, E. und J. DECHANT, Faserforsch. u. Textiltechn. **18** (1967) 590
CORRENS, E. und J. DECHANT, Faserforsch. u. Textiltechn. **19** (1968) 393
CORTILI, G. und G. ZERBI, Spectrochim. Acta **23** A (1967) 285
CORTILI, G. und G. ZERBI, Spectrochim. Acta **23** A (1967 a) 2216
COTMAN, J. D., J. amer. chem. Soc. **77** (1955) 1790
COULSON, C. A., in Hadži (1959)
CREMONESI, P., Ricerca Doc. tessile, Milano (1966) 67
CRESPI, H. L., S. M. ARCHER und J. J. KATZ, Nature (London) **184** (1959) 729
CRESPI, G., A. VALVASSORI und G. SARTORI in G. E. Ham, High Polymers. Vol. **XVIII**. Copolymerisation. John Wiley & Sons, New York: 1965
CROOK, A. und P. J. TAYLOR, Chem. and Ind. (1958) 95
CROOKS, D. A., Nature (London) **160** (1947) 17
CROSS, L. H., R. B. RICHARDS und H. A. WILLIS, Discuss. Farad. Soc. **9** (1950) 235
CUDBY, M. E. A., J. Polymer Sci. B **3** (1965) 73
CUMBERBIRCH, R. J. E. und H. SPEDDING, J. appl. Chem. **12** (1962) 83
CUMBERBIRCH, R. J. E. und R. JEFFRIES, J. appl. Polymer Sci. **11** (1967) 2083
CUNNEEN, I. J., G. M. C. HIGGINS und W. F. WATSON, J. Polymer Sci. **40** (1959) 1

DAINTON, F. S. und G. B. B. M. SUTHERLAND, J. Polymer Sci. **4** (1949) 37
DAINTON, F. S. und W. D. SISLEY, Trans. Farad. Soc. **59** (1963) 1385
D'ALAGNI, M., P. DE SANTIS, A. M. LIQUORI und M. SAVINO, J. Polymer Sci. B **2** (1964) 925
DANIELS, W. W. und R. E. KITSON, J. Polymer Sci. **33** (1958) 161
DANKOVIČ, A. und JU. V. KISSIN, Vysokomol. Soed. (Hochmol. Verbind.) **12** (1970) 802
DANNER, H. R., G. J. SAFFORD, H. BOUTIN und M. BERGER, J. chem. Phys. **40** (1964) 1417
DANZ, R., Dissertation, Merseburg 1970
DANZ, R., J. DECHANT und C. RUSCHER, Faserforsch. u. Textiltechn. **21** (1970 a) 251
DANZ, R., J. DECHANT und C. RUSCHER, Faserforsch. u. Textiltechn. **21** (1970 b) 503
DANZ, R. und J. DECHANT, Faserforsch. u. Textiltechn. **23** (1972) 199
DARMON, S. E. und G. B. B. M. SUTHERLAND, J. amer. chem. Soc. **69** (1947) 2074
DARMON, S. E. und G. B. B. M. SUTHERLAND, Nature (London) **164** (1949) 440
DARUWALLA, E. H., H. T. LOKHANDE und M. R. PADHYE, Cellulose Chem. Technol. **4** (1970) 107
DASGUPTA, SH., Canad. Spectroscopy **10** (1965) 9
DAUBENY, R. D. P., C. W. BUNN und C. J. BROWN, Proc. Roy. Soc. A **226** (1954) 531
DAVIES, M., J. C. EVANS und R. L. JONES, Trans. Farad. Soc. **51** (1955) 761
DAVIES, T., P. L. GOLDSMITH, D. A. RAVENS und I. M. WARD, J. phys. Chem. **66** (1962) 175
DAVIES, M. (Herausg.), Infrared Spectroscopy and Molecular Structure Elsevier Publ. Comp., Amsterdam—London—New York: 1963
DAVISON, W. H. T. und J. P. CORISH, J. chem. Soc. (London) (1955) 2428
DAVISON, W. H. T., J. chem. Soc. (London) (1955 a) 3270
DAVISON, W. H. T., Chem. and Ind. (1957) 131

DEANE, A. M., E. W. T. RICHARDS und I. G. STEPHEN, Spectrochim. Acta **22** (1966) 1253
DECHANT, J. Faserforsch. u. Textiltechn. **6** (1955) 422
DECHANT, J. und H. HOYME, Jenaer Rdsch. **10** (1965) 210
DECHANT, J., Z. Chem. **5** (1965a) 114
DECHANT, J. und C. RUSCHER, Faserforsch. u. Textiltechn. **16** (1965c) 180
DECHANT, J., Faserforsch. u. Textiltechn. **17** (1966) 377
DECHANT, J., unveröffentlichte Ergebnisse (1966a)
DECHANT, J., Faserforsch. u. Textiltechn. **18** (1967) 239
DECHANT, J., Faserforsch. u. Textiltechn. **18** (1967a) 263
DECHANT, J., Faserforsch. u. Textiltechn. **19** (1968) 365
DECHANT, J., Faserforsch. u. Textiltechn. **19** (1968a) 491
DECHANT, J. und K. FRIGGE, Exp. Techn. Phys. **17** (1969) 221
DECHANT, J. und R. DANZ, Plaste u. Kautschuk **19** (1972) im Druck
DECIUS, J. C. und E. B. WILSON, J. chem. Phys. **19** (1951) 1409
DE KLEIN, W. J., Z. analyt. Chem. **246** (1969) 294
DE KOCK, R. L., P. A. M. HOL und H. BOS, Z. analyt. Chem. **205** (1964) 371
DE KOCK, R. J. und A. VEERMANS, Makromol. Chem. **95** (1966) 179
DELEY, J. P., R. J. GIGI und A. J. LIOTTI, Tappi **46** (1963) 188A
DEMENTEVA, L. A., A. B. IOGANSEN und G. A. KURSKCI, Optika i Spektroskopija (Moskva) **29** (1970) 868
DENAXAS, J. und D. O. HUMMEL, Makromol. Chem. **126** (1969) 296
DERKOSCH, J., Absorptionsspektralanalyse im ultravioletten, sichtbaren und infraroten Gebiet, Akad. Verl. Ges., Frankfurt/Main: 1967
DESPER, C. R., J. appl. Polymer Sci. **13** (1969) 169
DETERS, W. und D. HUANG, Faserforsch. und Textiltechn. **14** (1963) 183
DIAČIK, I. und M. JAMBRICH, Chem. Zvesti **14** (1960) 540
DIAČIK, I. und M. JAMBRICH, Chem. Zvesti **15** (1961) 902
DINH-NGUYEN, N. und E. STENHAGEN, Acta chem. scand. **20** (1966) 1423
DINSMORE, H. L. und D. C. SMITH, Analyt. Chem. **20** (1948) 11
DITTMANN, H. und K. H. HERRMANN, Exper. Techn. Physik **14** (1966) 312
DODD, J. W., P. HOLLIDAY, B. E. PARKER, Polymer **9** (1968) 54
DOLE, M., C. D. KEELING und D. G. ROSE, J. amer. chem. Soc. **76** (1954) 4304
DOSKOČILOVÁ, D., B. SCHNEIDER und J. ŠEBENDA, Coll. czechoslov. chem. Commun. **27** (1962) 1760
DOSKOČILOVÁ, D. und B. SCHNEIDER, Coll. czechoslov. chem. Commun. **27** (1962a) 2605
DOSKOČILOVÁ, D., H. PIVCOVÁ, B. SCHNEIDER und P. ČEFELIN, Coll. czechoslov. chem. Commun. **28** (1963) 1867
DOSKOČILOVÁ, D., B. SCHNEIDER und P. ČEFELIN, Coll. czechoslov. chem. Commun. **28** (1963a) 2556
DOSKOČILOVÁ, D., J. ŠTOKR, B. SCHNEIDER, H. PIVCOVÁ, M. KOLINSKY, J. PETRÁNEK und D. LIM, J. Polymer Sci. C Nr. **16** (1967) 215
DRECHSEL, L., Naturwiss. **44** (1957) 533
DRECHSEL, L. und L. SCHREINER, Feingerätetechnik **7** (1958) 307
DRECHSEL, L. und H. BÜTTNER, Jenaer Rdsch. **7** (1962) 70
DRUSHEL, H. V. und F. A. IDDINGS, Analyt. Chem. **35** (1963) 28
DRUSHEL, H. V., J. S. ELLERBE, R. C. COX und L. H. LANE, Analyt. Chem. **40** (1968) 370
DUBE, G. und H. KRIEGSMANN, Z. Chem. **4** (1964) 430
DUBE, G. und H. KRIEGSMANN, Z. Chem. **5** (1965) 421
DU BOIS, H. und H. RUBENS, Ann. Physik **35** (1911) 243
DULMAGE, W. J. und A. L. GEDDES, J. Polymer Sci. **31** (1958) 499
DULOG, L., Fortschr. chem. Forschung **6** (1966) 427
DUNKEN, H. und P. FINK, Z. Chem. **3** (1963) 232
DURBETAKI, A. J. und C. M. MILES, Analyt. Chem. **37** (1965) 1231

DUVERNEY, R. und A. M. VERGNOUX, J. Physique Radium **18** (1957) 527
DUYCKAERTS, G., Analyst **84** (1959) 201

EIMERS, E., Liebigs Ann. Chem. **567** (1950) 116
EKMAN, K. H. und J. J. LINDBERG, Paperi ja Puu **42** (1960) 21
ELLEFSEN, Ø. und N. NORMAN, J. Polymer Sci. **58** (1962) 769
ELLEFSEN, Ø. und K. KRINGSTAD, Faserforsch. u. Textiltechn. **15** (1964) 582
ELLIOTT, A. und E. J. AMBROSE, Nature (London) **159** (1947) 641
ELLIOTT, A., E. J. AMBROSE und R. B. TEMPLE, J. opt. Soc. Amer. **38** (1948) 212
ELLIOTT, A., E. J. AMBROSE und R. B. TEMPLE, J. chem. Phys. **14** (1948a) 877
ELLIOTT, A., E. J. AMBROSE und R. B. TEMPLE, Nature (London) **163** (1949) 567
ELLIOTT, A. und E. J. AMBROSE, Discuss. Farad. Soc. (1950) 246
ELLIOTT, A., Nature (London) **172** (1953) 359
ELLIOTT, A., W. E. HANBY und B. R. MALCOLM, Brit. J. appl. Phys. **5** (1954) 377
ELLIOTT, A., Proc. Roy. Soc. A **226** (1954a) 408
ELLIOTT, A., Proc. Roy. Soc. A **221** (1954b) 104
ELLIOTT, A., J. appl. Chem. (1956) 341
ELLIOTT, A. und B. R. MALCOLM, Trans. Farad. Soc. **52** (1956a) 528
ELLIOTT, A., Advances in Spectroscopy **1** (1959) 214
ELLIOTT, A., J. Polymer Sci. C Nr. **7** (1964) 37
ELLIOTT, J. J. und D. R. WINANS, Appl. Spectroscopy **19** (1965) 62
ELLIS, J. W. und J. BATH, J. amer. chem. Soc. **62** (1940) 2859
ELLIS, K. C. und J. O. WARWICKER, J. Polymer Sci. **56** (1962) 339
ENOMOTO, S., J. Polymer Sci. **55** (1961) 95
ENOMOTO, S. und M. ASAHINA, Kolloid-Z./Z. Polymere **196** (1964) 36
ENOMOTO, S., M. KOGURO und M. ASAHINA, J. Polymer Sci. A **2** (1964a) 5355
ENOMOTO, S., M. ASAHINA und S. SATOH, J. Polymer Sci. A-1 **4** (1966) 1373
ENOMOTO, S. und S. SATOH, Kolloid-Z./Z. Polymere **219** (1967) 12
ENOMOTO, S., Y. KAWAI und M. SUGITA, J. Polymer Sci. A-2 **6** (1968) 861
ENOMOTO, S., J. Polymer Sci. A-1 **7** (1969) 1255
ENTELIS, S. G., E. F. VAJNŠTEJN und I. V. KUMPANENKO, Vysokomol. Soed. (Hochmol. Verbind.) A **11** (1969) 2615
ERMOLENKO, I. N., R. G. ŽBANKOV, V. I. IVANOV, N. JA. LENŠINA und V. S. IVANOVA, Izv. Akad. Nauk SSSR, Ser. chim. (1958) 249
ERMOLENKO, I. N. und S. S. GUSEV, Vysokomol. Soed. (Hochmol. Verbind.) **1** (1959) 1462
ERMOLENKO, I. N. und F. N. KAPUTSKY, J. Polymer Sci. **53** (1961) 141
ERMOLENKO, I. N., Vesci Akad. Nauk BSSR (Nachr. Akad. Wiss. Beloruss. SSR, Reihe der phys.-techn. Wiss.) (1964) 63
ERMOLENKO, I. N., S. S. GUSEV und I. P. LJUBINER, Ž. prikl. Chim. (Z. angew. Chem.) **42** (1969) 2302
ERUSSALIMSKY, B., N. TUMARKIN, F. DUNTOFF, F. LYUBETZKY und A. GOLDENBERG, Makromol. Chem. **104** (1967) 288
ESTES, G. M., R. W. SEYMOUR und S. L. COOPER, Macromolecules **4** (1971) 452
EVANS, J. C., in DAVIES (1963)

FAGOT, C. C., Appl. Spectroscopy **19** (1965) 30
FAHRENFORT, J. Spectrochim. Acta **17** (1961) 698
FAHRENFORT, J. und W. M. VISSER, Spectrochim. Acta **18** (1962) 1103
FAHRENFORT, J., in DAVIES (1963)
FAJZI, N. C. und A. I. KURILENKO, Vysokomol. Soed. (Hochmol. Verb.) B**13** (1971) 216
FALES, H. M. und A. V. ROBERTSON, Tetrahedron Letters (1962) 111
FANCONI, B., B. TOMLINSON, L. A. NAFIE, W. SMALL und W. L. PETICOLAS, J. chem. Phys. **51** (1969) 3993

FARAONE, G., G. PARASACCO und C. COGROSSI, J. appl. Polymer Sci. **5** (1961) 16
FARROW, G. und I. M. WARD, Polymer, London **1** (1960) 330
FARROW, G., J. McINTOSH und I. M. WARD, Makromol. Chem. **38** (1960a) 147
FATELEY, W. G., G. L. WITKOWSKI und G. L. CARLSON, Appl. Spectroscopy **20** (1966) 190
FEAIRHELLER, W. R. und J. T. MILLER, Appl. Spectroscopy **25** (1971) 175
FEAZEL, C. E. und E. A. VERCHOT, J. Polymer Sci. **25** (1957) 351
FEILER, E., G. GEPPERT und O. SERFAS, Mber. dt. Akad. Wiss. Berlin **8** (1966) 525
FEINBERG, J. G., H. D. C. RAPSON und M. P. TAYLOR, Nature (London) **181** (1958) 763
FEIT, B. A., A. BAR-NUN, M. LAHAR und A. ZILKHA, J. appl. Polymer Sci. **8** (1964) 1869
FELTZIN, J., D. M. LONGENECKER und I. PETKER, SPE Transactions **5** (1965) 111
FERGUSON, R. C., J. Polymer Sci. A **2** (1964) 4735
FERGUSON, R. C., Analyt. Chem. **36** (1964a) 2204
FERRAND, E. F., Appl. Spectroscopy **16** (1962) 22
FESTER, W., Textil-Praxis **20** (1965) 924
FESTER, W., Textil-Rdsch., St. Gallen **20** (1965a) 127
FEUERBERG, H., D. GROSS und H. ZIMMER, Kautschuk, Gummi, Kunststoffe **16** (1963) 199
FEUERBERG, H., GIT, Fachz. Lab. **13** (1969) 1185
FIEBER, W., W. KIMMER und R. SCHMOLKE, Z. Chem. **12** (1972) im Druck
FIELD, J. E., D. E. WOODFORD und S. D. GEHMANN, J. appl. Phys. **17** (1946) 386
FIORENZA, A. und G. BONOMI, Rubber Chem. Technol. **36** (1963) 1129
FISCHER, K. A. und G. BRANDES, Naturwiss. **43** (1956) 223
FLETT, M. S. C., Characteristic Frequencies of Chemical Groups in the Infrared, Elsevier Publ. Comp., Amsterdam—London—New York: 1963
FLOURNOY, P. A., J. chem. Phys. **39** (1963) 3156
FLOURNOY, P. A., Spectrochim. Acta **22** (1966) 15
FLOURNOY, P. A. und W. J. SCHAFFERS, Spectrochim. Acta **22** (1966a) 5
FOGELBERG, B. C. und E. KAILA, Paperi ja Puu **41** (1959) 45
FOLDES, A. und C. SANDORFY, J. mol. Spectroscopy **20** (1966) 262
FOLT, V. L., J. J. SHIPMAN und S. KRIMM, J. Polymer Sci. **61** (1962) 17
FOMINA, L. L. und T. V. MICHALCEVA, Plast, Massy (Plast. Massen), Moskva (1970) 55
FORD, M. A. und G. R. WILKINSON, J. sci. Instr. **31** (1954) 338
FORD, C. G., Nature (London) **212** (1966) 72
FORDHAM, J. W. L., P. H. BURLEIGH und C. L. STURM, J. Polymer Sci. **41** (1959) 73
FORZIATI, F. H., W. K. STONE, J. W. ROWEN und W. D. APPEL, J. Res. nat. Bur. Stand. **45** (1950) 109
FORZIATI, F. H. und J. W. ROWEN, J. Res. nat. Bur. Stand. **46** (1951) 38
FORZIATI, F. H., J. W. ROWEN und E. K. PLYLER, J. Res. nat. Bur. Stand. **46** (1951a) 288
FOSTER, G. N., S. B. ROW und R. G. GRISKEY, J. appl. Polymer Sci. **8** (1964) 1357
FOX, J. J. und A. E. MARTIN, Proc. Roy. Soc. **162** (1937) 419
FOX, J. J. und A. E. MARTIN, Proc. Roy. Soc. A **167** (1938) 257
FOX, J. J. und A. E. MARTIN, Proc. Roy. Soc. A **175** (1940) 208
FOX, T. G., W. GOODE, S. GRATCH, C. HUGGETT, J. KINCAID, A. SPELL und J. STROUPE, J. Polymer Sci. **31** (1958) 173
FOX, T. G., B. GARRETT, W. GOODE, S. GRATCH, J. KINCAID, A. SPELL und J. STROUPE, J. amer. chem. Soc. **80** (1958a) 1768
FRAGA, D. W., J. Polymer Sci. **41** (1959) 522
FRANCK, B., Z. Naturforsch. **9b** (1954) 276
FRASER, R. D. B., Discuss. Farad. Soc. (1950) 378
FRASER, R. D. B. und W. C. PRICE, Nature (London) **170** (1952) 490
FRASER, R. D. B., J. chem. Phys. **21** (1953) 1511
FRASER, R. D. B., J. chem. Phys. **24** (1956) 89
FRASER, R. D. B., J. opt. Soc. Amer. **48** (1958) 1017
FRASER, R. D. B. und T. P. McRAE, J. chem. Phys. **28** (1958a) 1120

FRASER, R. D. B. und T. P. McRAE, J. chem. Phys. **29** (1958b) 1024
FRASER, R. D. B., J. chem. Phys. **28** (1958c) 1113
FRASER, R. D. B., J. chem. Phys. **29** (1958d) 1428
FRASER, R. D. B. und E. SUZUKI, Spectrochim. Acta **21** (1965) 615
FRASER, R. D. B. und E. SUZUKI, Analyt. Chem. **38** (1966) 1770
FRASER, R. D. B., T. P. McRAE, D. A. D. PARRY und E. SUZUKI, Polymer **10** (1969) 810
FRASER, R. D. B. und E. SUZUKI, Spectrochim. Acta **26 A** (1970) 423
FRASER, R. D. B., T. P. MACRAE, D. A. D. PARRY und E. SUZUKI, Polymer **12** (1971) 35
FRAYER, P. D., J. L. KOENIG und J. B. LANDO, J. macromol. Sci. (Phys.) B3 (1969) 329
FREDRIKSEN, O. und J. A. CROWO, Makromol. Chem. **100** (1967) 231.
FRENZEL, A. O. und J. P. BUTLER, J. opt. Soc. Amer. **54** (1964) 1059
FRENZEL, C. A., E. B. BRADLEY und M. S. MATHUR, J. chem. Phys. **49** (1968) 3789
FREUND, I., J. opt. Soc. Amer. **58** (1968) 427
FREYMANN, R., Compt. Rend. **195** (1932) 39
FRIEDLANDER, B. I., A. S. DUTT und W. H. RAPSON, Tappi **49** (1966) 468
FRIEDLANDER, H. N., L. H. PEEBLES, J. BRANDRUP und J. R. KIRBY, Macromolecules **1** (1968) 79
FRIGGE, K., G. DUBE und H. KRIEGSMANN, Plaste u. Kautschuk **15** (1968) 470
FRILETTE, V. J., J. HANLE und H. MARK, J. amer. chem. Soc. **70** (1948) 1107
FRISCHKORN, H. und E. AMRHEIN, Ber. Bunsenges. physik. Chemie **74** (1970) 880
FRITZSCHE, H., Dissertation, Jena: 1963
FRITZSCHE, H., Spectrochim. Acta **22** (1966) 1139
FUCHS, W. und D. LOUIS, Makromol. Chem. **22** (1957) 1
FUJII, K., T. MOCHIZUKI, S. IMOTO, J. UKIDA und M. MATSOMOTO, Makromol. Chem. **51** (1962) 225
FUJII, K. und J. UKIDA, Makromol. Chem. **65** (1963) 74
FUJII, K., K. NAGOCHI, J. UKIDA und M. MATSOMOTO, Makromol. Chem. **65** (1963a) 81
FUJII, K., T. MOCHIZUKI, S. IMOTO, J. UKIDA und M. MATSUMOTO, J. Polymer Sci. A **2** (1964) 2327
FUJII, K., J. Polymer Sci. B **5** (1967) 551
FUJIMOTO, T., N. KAWABATA und J. FURUKAWA, J. Polymer Sci. A-1 **6** (1968) 1209
FUJIMOTO, K. und K. WATAYA, J. appl. Polymer Sci. **13** (1969) 2513
FUJIWARA, S. und H. NARASAKI, J. Polymer Sci. B **1** (1963) 139
FUKAWA, K., J. chem. Soc. Japan, Kogyo Kagaku Zasshi **66** (1963) 1605
FULLER, C. S., Chem. Reviews **26** (1940) 143
FUREDI, H. und A. G. WALTON, Appl. Spectroscopy **22** (1968) 23
FURUKAWA, J., T. TSURUTA und T. MAKIMOTO, Makromol. Chem. **42** (1960) 165
FUSON, N., P. PINEAU und M. L. JOSIEN in Hadži (1959)

GAFUROV, U. G. und I. I. NOVAK, Mechanika Polimerov, (Riga) (1970) 170
GALENKO, N. V. und V. B. ZORINA, Plast. Massy, Moskva (1967) 59
GALLINELLA, E. und C. GARBUGLIO, Chim. e Ind., Milano **47** (1965) 1208
GAMPP, K., Dissertation, Freiburg: 1955
GARBUZ, N. I., R. G. ŽBANKOV, D. A. PREDVODITELEV und E. E. NIFANTEZ, Vysokomol. Soed. (Hochmol. Verbind.) **8** (1966) 613
GARBUZ, N. I. und R. G. ŽBANKOV, Ž. prikl. Spektroskopii (Z. angew. Spektr.) **7** (1967) 854
GARBUZ, N. I. und R. G. ŽBANKOV, Ž. prikl. Spektroskopii (Z. angew. Spektr.) 8 (1968) 469
GARRASI, G., Chim. e Ind., Milano **47** (1965) 52
GARRETT, B. S., W. GOODE, S. GRATCH, J. KINCAID, C. LEVESQUE und A. SPELL, J. amer. chem. Soc. **81** (1959) 1007
GATEHOUSE, B. M., Chem. and Ind. (1957) 1351
GEACINTOV, C., R. B. MILES und H. J. L. SCHUURMANS, J. Polymer Sci. A-1 **4** (1966) 431
GEDEMER, T. J., Appl. Spectroscopy **19** (1965) 141
GENTILHOMME, C., A. PIGUET, J. ROSSET und C. EYRAUD, Bull. Soc. chim. France **5** (1960) 901

GEORGE, R. S., Appl. Spectroscopy **20** (1966) 101
GERBAUX, R., Bull. Soc. chim. Belg. **66** (1957) 382
GERMAR, H., Kolloid-Z./Z. Polymere **193** (1963) 25
GERMAR, H., K. H. HELLWEGE und U. JOHNSEN, Makromol. Chem. **60** (1963a) 106
GERMAR, H., Makromol. Chem. **84** (1965) 36
GERMAR, H., Makromol. Chem. **86** (1965a) 89
GESNER, B. D., J. Polymer Sci. A **3** (1965) 3825
GILBY, A. C., J. BURR und B. CRAWFORD, J. phys. Chem. **70** (1966) 1520
GILBY, A. C., J. BURR, W. KRUEGER und B. CRAWFORD, J. phys. Chem. **70** (1966a) 1525
GILLIS, P. P., J. Polymer Sci. A-2 **7** (1969) 783
GINZBURG, I. M., M. A. ABRAMOVIČ und L. A. PALEVIČ, Vodorodnaja Svjaz (Die Wasserstoffbindung) Herausgeg. von Akad. Wiss. UdSSR, Inst. f. physik. Chemie (1964) 177
GLATT, L. und J. W. ELLIS, J. chem. Phys. **16** (1948) 551
GLATT, L., D. S. WEBER, C. SEAMAN und J. W. ELLIS, J. chem. Phys. **18** (1950) 413
GLATT, L. und J. W. ELLIS, J. chem. Phys. **19** (1951) 449
GLAZKOVSKIJ, JU V., V. E. ZGAJEVSKIJ, S. P. RUČINSKIJ und N. M. BAKARDŽIEV, Vysokomol. Soed. (Hochmol. Verbind.) 8 (1966) 1472
GLAZKOVSKIJ, J. V., A. N. ZAVJÁLOV, N. M. BAKARDŽIJEV und I. I. NOVAK, Vysokomol. Soed. (Hochmol. Verbind.) **12 A** (1970) 2697
GLENZ, W. und A. PETERLIN, Amer. chem. Soc., Div. Polymer Chem., Polymer Preprints **10** (1969) 951
GLENZ, W. und A. PETERLIN, J. Macromol. Sci. — Phys. B **4** (1970) 473
GLENZ, W. und A. PETERLIN, J. Polymer Sci. A-2 **9** (1971) 1191
GLENZ, W. und A. PETERLIN, Kolloid-Z./Z. Polymere **247** (1971a) 786
GLENZ, W. und A. PETERLIN, Makromol. Chemie **150** (1971b) 163
GODDU, R. F. und D. A. DELKER, Analyt. Chem. **32** (1960) 140
GOJCHMAN, A. S., M. P. NOSOV, JU. N. TRET'JAKOV und V. G. OLEJNIK, Vysokomol. Soed. (Hochmol. Verbind.) **7** (1965) 1877
GOLDBACH, G. und G. PEITSCHER, J. Polymer Sci. B **6** (1968) 783
GOLDENBERG, A. L., L. I. ZJUZINA und S. G. LJUBECKIJ, Vysokomol. Soed. (Hochmol. Verbind.) **9B** (1967) 542
GOLDENBERG, A. L., M. A. LITVINOVA und F. I. DUNTOV, Vysokomol. Soed. (Hochmol. Verbind.) **9 A** (1967a) **2553**
GOLDENBERG, A. L. und S. G. LJUBECKIJ, Dokl. Akad. Nauk SSSR **179** (1968) 900
GOLDFINGER, G. und T. KANE, J. Polymer Sci. **3** (1948) 462
GOLUB, M. A., J. Polymer Sci. **36** (1959) 523
GOLUB, M. A. und J. J. SHIPMAN, Spectrochim. Acta **16** (1960) 1165
GOLUB, M. A., S. A. FUQUA und N. S. BHACCA, J. amer. chem. Soc. **84** (1962) 4981
GOLUB, M. A. und J. J. SHIPMAN, Spectrochim. Acta **20** (1964) 701
GOODE, W. E., F. H. OWENS, R. P. FELLMANN, W. H. SNYDER und J. W. MOORE, J. Polymer Sci. **46** (1960) 317
GOODMAN, I., J. Polymer Sci. **17** (1955) 587
GOOS, F. und H. HÄNCHEN, Ann. Physik **1** (1947) 333
GÖSSL, T., Makromol. Chem. **42** (1960) 1
GOTLIB, JU. JA., Vysokomol. Soed. (Hochmol. Verbind.) **1** (1959) 474
GOTLIB, JU. JA. und L. V. KUBINSKAJA, Optika i Spektroskopija, Moskva **13** (1962) 591
GOTOH, R., T. TAKENAKA und N. HAYAMA, Kolloid-Z./Z. Polymere **205** (1965) 18
GOTOH, R., T. TAKENAKA und N. HAYAMA, Bull. Inst. chem. Res., Kyoto Univ. **43** (1965a) 369
GOTTLIEB, K. und B. SCHRADER, Z. analyt. Chem. **216** (1966) 307
GOTTLIEB, K., Z. Instrumentenkde. **75** (1967) 125
GOULDEN, J. D. S., Spectrochim. Acta **15** (1959) 657
GOULDEN, J. D. S. und D. J. MANNING, Nature (London) **203** (1964) 403

Gračev, V. I., A. V. Bezprozvannych, N. G. Šelkunov, I. B. Klimenko, Ju. K. Kirilenko und L. A. Volf, Ž. prikl. Chimii (Z. angew. Chemie) **43** (1970) 633
Grafmüller, F. und E. Husemann, Makromol. Chem. **40** (1960) 161, 172
Graham, R. K., D. L. Dunkelberger und J. R. Panchak, J. Polymer Sci. **59** (1962) 43
Gramberg, G., Kolloid-Z. **175** (1961) 119
Grant, L. J. und I. M. Ward, Polymer **6** (1965) 223
Grassie, N., J. N. Hay und I. C. McNeill, J. Polymer Sci. **31** (1958) 205
Grassie, N. und I. C. McNeill, J. Polymer Sci. **27** (1958a) 207
Grassie, N. und I. C. McNeill, J. Polymer Sci. **30** (1958b) 37
Grassie, N. und I. C. McNeill, J. Polymer Sci. **33** (1958c) 171
Grassie, N. und J. N. Hay, J. Polymer Sci. **56** (1962) 189
Grassie, N. und N. A. Weir, J. appl. Polymer Sci. **9** (1965) 975
Grečušnikov, B. N. und I. P. Petrov, Optika i Spektroskopija, Moskva **14** (1963) 305
Greenwood, C. T. und H. Rossotti, J. Polymer Sci. **27** (1958) 481
Gribov, L. A. und T. S. Abilova, Optika i Spektroskopija (Moskva) **23** (1967) 374
Gribov, L. A. und T. S. Abilova, Optika i Spektroskopija (Moskva) **23** (1967a) 535
Gribov, L. A., Optika i Spektroskopija (Moskva) **29** (1970) 876
Grime, D. und I. M. Ward, Trans. Farad. Soc. **54** (1958) 959
Grimm, W., Chem. Techn. **17** (1965) 167
Grisenthwaite, R. J. und R. F. Hunter, Chem. and Ind. (1958) 719
Grisenthwaite, R. J. und R. F. Hunter, Chem. and Ind. (1959) 433
Grisenthwaite, R. J., Plastics **27** (1962) 117
Gröbe, V., R. Schmolke, W. Makschin und H. Herma, Faserforsch. u. Textiltechn. **17** (1966) 525
Gross, E. F., in Hadži (1959)
Gross, D., Z. analyt. Chem. **248** (1969) 40
Gubanov, A. I. und V. A. Kossobukin, Mechanika Polimerov, Riga (1971) 205
Gulina, A. A., R. Marupov, R. G. Žbankov, Ju. G. Krjažev und Z. A. Rogovin, Vysokomol. Soed. (Hochmol. Verbind.) **6** (1964) 1997
Günzler, H., Z. analyt. Chem. **170** (1959) 152
Gupta, V. D., S. Trevino und H. Boutin, J. chem. Phys. **48** (1968) 3008
Gupta, V. D., A. K. Gupta und M. V. Krishnan, Chem. Phys. Letters (Amsterdam) **6** (1970) 317
Gusev, S. S., S. Tun, I. N. Ermolenko und Z. A. Rogovin, Vysokomol. Soed. (Hochmol. Verbind.) **3** (1961) 1684
Gusev, S. S., M. A. Katibnikov und I. N. Ermolenko, Kolloid. Ž., Moskva **23** (1961a) 140
Gusev, S. S. und I. N. Ermolenko, Zavodsk. Labor., Moskva (Betriebslabor.) **30** (1964) 181
Gusev, S. S. und I. N. Ermolenko, Ž. prikl. Spektroskopii (Z. angew. Spektr.) **5** (1965) 429
Guthrie, F. K., Tappi **46** (1963) 656

Haas, H. C., J. Polymer Sci. **26** (1957) 391
Hacskaylo, M., Analyt. Chem. **26** (1954) 1410
Hadži, D., Hydrogen Bonding, Pergamon Press, London u. a.: 1959
Hadži, D., in Davies (1963) 226
Hallam, H. E., Unicam-Spectrovision Nr. 11 (1961) 1
Hallam, H. E., in M. Davies (1963) 405
Halverson, F., Rev. mod. Physics **19** (1947) 87
Ham, G. E., High Polymers. Vol. XVIII. Copolymerisation, John Wiley & Sons, New York: 1965
Hamada, F. und G. Takahashi, Kobunshi Kagaku, Tokio (Chem. High Polymers) **18** (1961) 721
Hampel, B., Spectrochim. Acta **19** (1963) 1276
Hampton, R. R., Analyt. Chem. **21** (1949) 923

HANLE, W., H. KLEINPOPPEN und A. SCHARMANN, Z. Naturforsch. **13a** (1958) 64
HANNAH, R. W., Perkin-Elmer Instr. News **17** (1966) 10
HANNON, M. J. und J. L. KOENIG, J. Polymer Sci. A-2 **7** (1969) 1085
HANNON, M. J., F. J. BOERIO und J. L. KOENIG, J. chem. Phys. **50** (1969a) 2829
HANSEL, J. G. und S. Y. LEE, Appl. Spectroscopy **21** (1967) 261
HANSEN, W. N. und J. A. HORTON, Analyt. Chem. **36** (1964) 783
HANSEN, W. N., Spectrochim. Acta **21** (1965) 815
HANSEN, W. N., J. A. HORTON und M. C. SHEN, Polymer Preprints (Div. Polymer Chem., Amer. chem. Soc.) **8** (1967) 46
HARADA, S., O. ISHIZUKA und K. SAKABA, J. Soc. Text. and Cell. Ind. Japan **18** (1962) 511
HARLEN, F., W. SIMPSON, F. B. WADDINGTON, J. D. WALDRON und A. C. BASKETT, J. Polymer Sci. **18** (1955) 589
HARMS, D. L., Analyt. Chem. **25** (1953) 1140
HARRICK, N. J., J. opt. Soc. Amer. **49** (1959) 376
HARRICK, N. J., J. chem. Phys. Solids **8** (1959a) 106
HARRICK, N. J., Ann. N. Y. Acad. Sci. **101** (1963) 928
HARRICK, N. J., Analyt. Chem. **36** (1964) 188
HARRICK, N. J. und F. K. DU PRÉ, Appl. Optics **5** (1966) 1739
HARRICK, N. J., Appl. Optics **5** (1966a) 1
HARRICK, N. J., Internal Reflexion Spectroscopy. Interscience Publ., New York: 1967
HARRIS, R. L. und G. R. SVOBODA, Analyt. Chem. **34** (1962) 1655
HARRIS, R. L., Bull. Parenteral Drug. Assoc. **17** (1963) 1
HART, E. J. und A. W. MEYER, J. amer. chem. Soc. **71** (1949) 1980
HART, R. und R. JANSSEN, Makromol. Chem. **43** (1961) 242
HARVEY, M. R., J. E. STEWART und B. G. ACHHAMMER, J. Res. nat. Bur. Stand. **56** (1956) 225
HARVEY, M. C. und L. L. PETERS, Analyt. Chem. **32** (1960) 1725
HARVEY, M. C. und A. D. KETLEY, J. appl. Polymer Sci. **5** (1961) 247
HARWOOD, H. J. und W. M. RITCHEY, J. Polymer Sci. B **2** (1964) 601
HARWOOD, H. J., Angew. Chem. **77** (1965) 393 u. 1124
HARWOOD, H. J., T. L. ANG, R. G. BAUER, N. W. JOHNSTON und K. SHIMIZU, Polymer Preprints (Amer. chem. Soc., Div. Polymer Chem.) **7** (1966) 980
HASLAM, J. und H. A. WILLIS, Identification and Analysis of Plastics. Iliffe, London: 1965
HASS, M. und M. O'HARA, Appl. Optics **4** (1965) 1027
HATANA, M. und S. KAMBARA, J. chem. Soc. Japan, Ind. chem. Sect. **62** (1959) 290
HATANA, M. und S. KAMBARA, J. appl. Polymer Sci. **6** (1962) 232
HATHAWAY, C. E. und J. R. NIELSEN, J. chem. Phys. **41** (1964) 2203
HAUSDORFF, H. H., Soc. appl. Spectr. Bull. **5** (1950) 8
HAVRILIAK, S. und N. ROMAN, Polymer **7** (1966) 387
HAYASHI, J. und K. ONO, Kobunshi Kagaku, Tokio (Chem. High Polymers) **22** (1965) 446
HAYASHI, J., J. FURUKAWA und S. YAMASHITA, Kobunshi Kagaku (Chem. High Polymers) **23** (1966) 527, 531
HAYASHI, J., J. FURUKAWA und S. YAMASHITA, Rev. gén. Caoutchouk Plastiques, Paris **47** (1970) 57
HAZEBROEK, H. F., Spectrochim. Acta **15** (1959) 1
HEATH, J. E. und R. JEFFRIES, J. Polymer Sci. A-1 **5** (1967) 2465
HEBER, I., Kolloid-Z./Z. Polymere **189** (1963) 110
HECHT, K. T. und D. L. WOOD, Proc. Roy. Soc., London **235** (1956) 174
HEFFELFINGER, C. J. und P. G. SCHMIDT, J. appl. Polymer Sci. **9** (1965) 2661
HEIDEMANN, G. und H. ZAHN, Makromol. Chem. **62** (1963) 123
HEIDEMANN, G. und H. J. NETTELBECK, Faserforsch. u. Textiltechn. **18** (1967) 183
HEIDEMANN, G., Chemiefasern **20** (1970) 204
HEIL, J. F. und J. M. PRAUSNITZ, J. chem. Phys. **44** (1966) 737
HEINEN, W., J. Polymer Sci. **38** (1959) 545

HELLWEGE, K. H., R. KAISER und K. KUPHAL, Kolloid-Z. **147** (1956) 155
HEMMER, E. A., Dissertation, Aachen: 1960
HEMMER, E. A. und E. JENCKEL, Angew. Chem. **75** (1963) 677
HENDRA, P. J., J. R. MCKENZIE und P. HOLLIDAY, Spectrochim. Acta **25 A** (1969) 1349
HENDRA, P. J., Fortschr. Hochpolymeren-Forsch./Adv. Polymer Sci. **6** (1969a) 151
HENDRA, P. J., D. S. WATSON, M. E. A. CUDBY, H. A. WILLIS und P. HOLLIDAY, Chem. Commun. (1970) 1048
HENDRIX, C., D. A. WHITING und A. E. WOODWARD, Macromolecules **4** (1971) 571
HENDUS, H., Erg. exakt. Naturw. **31** (1959) 339
HENDUS, H., K. SCHMIEDER, G. SCHNELL und K. A. WOLF, Festschrift Carl Wurster (BASF), Ludwigshafen (1960) 293
HENDUS, H. und G. SCHNELL, Kunststoffe **51** (1961) 69
HENDUS, H., K. H. ILLERS und E. ROPTE, Kolloid-Z./Z. Polymere **216/217** (1967) 110
HENGSTENBERG, J., Ann. Physik 84 (1927) 245
HENNIKER, J. C., Infrared Spectrometry of Industrial Polymers, Academic Press, London—New York: 1967
HENNIKER, C. J., Méthodes physiques d'analyse (1972) im Druck
HENNING, O., G. PÄSELT und W. DANOWSKI, Z. physik. Chem. (Leipzig) **233** (1966) 170
HENRY, A. W. und G. J. SAFFORD, J. Polymer Sci. A-2 **7** (1969) 433
HERGERT, H. L., J. org. Chem. **25** (1960) 405
HERITAGE, K. J., J. MANN und L. ROLDAN-GONZALES, J. Polymer Sci. A **1** (1963) 671
HERMA, H., V. GRÖBE und R. SCHMOLKE, Faserforsch. u. Textiltechn. **17** (1966) 56
HERMA, H., R. SCHMOLKE und V. GRÖBE, Faserforsch. u. Textiltechn. **17** (1966a) 373
HERMANN, T. S., J. appl. Polymer Sci. **9** (1965) 3953
HERMANN, T. S., Rev. Sci. Instr. **40** (1969) 1062
HERMANS, P. H. und P. PLATZEK, Kolloid-Z. 88 (1939) 68
HERMANS, P. H., Physics and Chemistry of Cellulose Fibres, Elsevier Publ. Co., New York: 1949
HERR, I. und J. JENTZSCH, Plaste u. Kautschuk **13** (1966) 31
HERTZ, J. H., Exper. Techn. Physik **7** (1959) 277
HERZBERG, G., Molecular Spectra and Molecular Structure. I. Spectra of Diatomic Molecules. Prentice-Hall, New York: 1939
HERZBERG, G., Molecular Spectra and Molecular Structure. Bd. 2, Van Nostrand Comp., New York: 1945
HERZOG, A., Melliand Textilber. **20** (1939) 545
HESSE, G. und H. SCHILDKNECHT, Angew. Chem. **67** (1955) 737
HEYN, A. N. J., Fiber Microscopy, Interscience Publ., New York: 1954
HIGGINS, H. G., Austral. J. Chem. **10** (1957) 496
HIGGINS, H. G., V. GOLDSMITH und A. W. MCKENZIE, J. Polymer Sci. **32** (1958) 57
HIGGINS, H. G., J. Polymer Sci. 28 (1958a) 645
HIGGINS, H. G., C. M. STEWART und K. J. HARRINGTON, J. Polym. Sci. **51** (1961) 59
HIGGS, P. W., Proc. Roy. Soc. A **220** (1953) 472
HILBERT, G. E., O. R. WULF, S. B. HENDRICKS und U. LIDDEL, Nature (London) **135** (1935) 147
HIRAHARA, T., T. NAKANO und Y. MINOURA, J. Polymer Sci. A-1 **6** (1968) 485
HIRSCHFELD, T., Appl. Spectroscopy **21** (1967)
HODKINS, J. E., J. org. Chem. **23** (1958) 1369
HOLLAND, V. F., S. B. MITCHELL, W. L. HUNTER und P. H. LINDENMEYER, J. Polymer Sci. **62** (1962) 145
HOLLAND, V. F. und R. L. MILLER, J. appl. Phys. **35** (1964) 3241
HOLLIDAY, P., Nature (London) **163** (1949) 602
HOLMES, D. R., W. BUNN und D. J. SMITH, J. Polymer Sci. **17** (1955) 159
HORBACH, A., U. VEIEL und H. WUNDERLICH, Makromol. Chem. 88 (1965) 215

HORITSU, K., Bull. agric. chem. Soc. Japan **24** (1960) 40
HORNE, S. E., J. P. KIEHL, J. J. SHIPMAN, V. L. FOLT und C. F. GIBBS, Ind. Engng. Chem. **48** (1956) 784
HORNIG, D. F., J. chem. Phys. **16** (1948) 1063
HORNIG, D. F., Discuss. Farad. Soc. (1950) 115
HORNUFF, G. und H. J. JACOBASCH, Faserforsch. u. Textiltechn. **18** (1967) 282
HOUTZ, R. C., Textile Res. J. **20** (1950) 786
HOVE, v. H., Naturwiss. **41** (1954) 193
HOYER, H., Infrarotspektroskopie, in: HOUBEN-WEYL, Methoden der organischen Chemie, Band III/2, Stuttgart: 1955
HOYER, H., Mh. Chem. **90** (1959) 357
HOYER, H., Z. Elektrochemie **64** (1960) 631
HUANG, Y. S. und J. L. KOENIG, J. appl. Polymer Sci. **15** (1971) 1237
HÜCKEL, W. und A. HÜBELE, J. prakt. Chem. **7** (1958) 1
HUGGINS, M. L., J. chem. Phys. **13** (1945) 37
HUGGINS, M. L., J. Polymer Sci. **50** (1961) 65
HUGGINS, M. L., G. NATTA, V. DESREUX und H. MARK, J. Polymer Sci. **56** (1962) 153
HUGGINS, S. M. und G. C. PIMENTEL, J. chem. Phys. **60** (1964) 1615
HUGGINS, M. L., G. NATTA, V. DESREUX und H. MARK, Makromol. Chem. **82** (1965) 1
HUGGINS, M. L., Makromol. Chem. **92** (1966) 260
HUGHES, R. H. und R. J. MARTIN, ASTM Special Technical Publ. Nr. 224 (1958) 127
HUGHES, H. K., Appl. Optics **2** (1963) 937
HUGHES, R. H., Amer. chem. Soc., Div. Polymer Chem. Preprints **4** (1963a) 697
HUGHES, R. H., J. appl. Polymer Sci. **13** (1969) 417
HUMMEL, D. O., Kunststoff-, Lack- und Gummi-Analyse, Carl Hanser Verlag, München: 1958
HUMMEL, D. O., Kautschuk, Gummi, Kunststoffe **1** (1958a) 185
HUMMEL, D. O. und C. SCHNEIDER, Kunststoffe **50** (1960) 427
HUMMEL, D. und A. BUSSE, International Symposium on Far Infrared Spectroscopy, Cincinnati, Ohio (1962)
HUMMEL, D. O., Melliand Textilchemie (1965) 108 u. 139
HUMMEL, D. O., Pure appl. Chem. **11** (1965a) 497
HUMMEL, D. O., Kunststoffe **55** (1965b) 102
HUMMEL, D. O., Infrared Spectra of Polymers in the Medium and Long Wavelength Regions. Intersci. Publ., New York—London—Sydney: 1966
HUMMEL, D. O., Summer School Spectroscopy of Polymers. Prag: 1967
HUMMEL, D. O. und F. SCHOLL, Atlas der Kunststoffanalyse, Bd. 1 Hochpolymere und Harze, Carl Hanser Verlag, München; Verlag Chemie, Weinheim: 1968
HURLEY, W. J., I. D. KUNTZ und G. E. LEROI, J. amer. chem. Soc. 88 (1966) 3199
HURTUBISE, F., Canad. Textile J. **76** (1959) 53
HURTUBISE, F. G. und H. KRÄSSIG, Analyt. Chem. **32** (1960) 177
HURTUBISE, F. G., Tappi **45** (1962) 460
HÜTTENRAUCH, R. und K. MATTHEY, Z. Chem. **6** (1966) 421

IDE, F., J. chem. Soc. Japan, ind. Chem. Sect. **65** (1962) 88
IGARASHI, S., J. Polymer Sci. B **1** (1963) 359
IGARASHI, S., O. YAMAMOTO und H. KAMBE, Kolloid-Z./Z. Polymere **199** (1964) 97
IIMURA, K. und M. TAKEDA, J. Polymer Sci. **51** (1961) 51
IIMURA, K., J. appl. Polymer Sci. **6** (1962) 52
IIO, T. und S. TAKAHASHI, Bull chem. Soc. Japan **43** (1970) 515
IKEDA, S., A. YAMAMOTO und H. TANAKA, J. Polymer Sci. A **1** (1963) 2925
IKEDA, S. und R. TSUCHIYA, J. Polymer Sci. B **3** (1965) 39
IMADA, K., T. MIYAKAWA, Y. CHATANI, H. TADOKORO und S. MURAHASHI, Makromol. Chem. **83** (1965) 113

IMAI, K., J. UKIDA und M. MATSUMOTO, Kobunshi Kagaku, Tokio (Chem. High Polymers) **16** (1959) 597
IMAI, Y., S. MINOMI, T. YOSHIHARA, Y. JOH und H. SATO, J. Polymer Sci. B **8** (1970) 281
IMMERGUT, E. H., G. KOLLMANAN und A. MALATESTA, J. Polymer Sci. **51** (1961) 57
IMRIŠOVA, D. und S. MARYŠKA, J. appl. Polymer Sci. **11** (1967) 901
IMRIŠOVA, D. und S. MARYŠKA, J. appl. Polymer Sci. **12** (1968) 2007
Int. Union Pure Appl. Chem., Commission of Mol. Structure Spectroscopy, Tables of Wavenumbers for the Calibration of Infrared Spectrometers. Butterworths, Washington: 1961
ISHIBASHI, M., J. Polymer Sci. B **1** (1963) 529
ISHIBASHI, M., J. Polymer Sci. A **2** (1964) 3657
ISHIBASHI, M., J. Polymer Sci. A **2** (1964a) 3665
ISHIGURE, K., Y. TABATA und K. OSHIMA, J. Polymer Sci. B **4** (1966) 669
ISHIKAWA, S., T. KURITA und E. SUZUKI, J. Polymer Sci. B **1** (1963) 127
ITO, K. und Y. YAMASHITA, J. Polymer Sci. A-1 **3** (1965) 2165
IVANOVA, N. V. und R. G. ŽBANKOV, Vodorodnaja Svjaz (Die Wasserstoffbindung) Herausgeg. v. Akad. Wiss. UdSSR, Inst. physik. Chemie (1964) 149
IWAKURA, Y., K. UNO, Y. IMAI und Y. TAKASE, Makromol. Chem. **95** (1966) 261
IWAMOTO, R., Y. SAITO, H. ISHIHARA und H. TADOKORO, J. Polymer Sci. A-2 **6** (1968) 1509
IWANOW, N. und R. SCHNEIDER, Bull. Inst. Textile France Nr. 77 (1958) 55
IWASAKI, M., M. AOKI und K. OKUHARA, J. Polymer Sci. **26** (1957) 116

JADRNICEK, B. R., S. S. STIVALA und L. REICH, J. appl. Polymer Sci. **14** (1970) 2537
JAKEŠ, J., Coll. czechoslov. chem. Commun. **30** (1965) 1523
JAKEŠ, J., P. SCHMIDT und B. SCHNEIDER, Coll. czechoslov. chem. Commun. **30** (1965a) 996
JAKEŠ, J., J. Polymer Sci. C Nr. 16 (1967) 305
JAKOBI, H., A. NOVAK und H. KUHN, Z. Elektrochemie **66** (1962) 863
JAKOBSEN, R. J., J. W. BRASCH und Y. MIKAWA, Appl. Spectroscopy **22** (1968) 641
JAMBRICH, M. und I. DIAČIK, Chem. Zvesti **15** (1961) 197
JAMBRICH, M. und I. DIAČIK, Chemické Vlákna **13** (1963) 99
JAMBRICH, M. und I. DIAČIK, Faserforsch. u. Textiltechn. **15** (1964) 590
JANICKA, K. und L. WIECHEĆ, Polimery **11** (1966) 153
JANIK, A., Polimery **10** (1965) 97, 101
JANIK, A., F. MACIEJOWSKI und J. MITUS, Chem. analit. (Warszawa) **11** (1966) 595
JANIK, A., Chem. analit. (Warszawa) **12** (1967) 87
JANIK, A. und D. CZECHOWICZ, Chem. analit. (Warszawa) **13** (1968) 827
JAROSLAVSKIJ, N. G., ZAVODSK. Labor., Moskva (Betriebslabor) **28** (1962) 944
JASPER, B. T., Pye Unicam Spectrovision Nr. 23 (1970) 4
JAYME, G. und H. KNOLLE, Papier **18** (1964) 249
JAYME, G. und E. M. ROHMANN, Papier **19** (1965) 497
JAYME, G. und E. M. ROHMANN, Papier **19** (1965a) 719
JAYME, G. und E. M. ROHMANN, Papier **20** (1966) 1
JAYME, G. und E. M. ROHMANN, Papier **20** (1966a) 169
JAYME, G. und PEK KA TIO, Papier **21** (1967) 883
JAYME, G. und E. M. ROHMANN, Papier **21** (1967a) 813
JAYME, G. und PEK KA TIO, Papier **22** (1968) 322
JAYME, G. und PEK KA TIO, Papier **22** (1968a) 811
JAYME, G., E. ROFFAEL und E. OLTUS, Papier **23** (1969) 129
JAYME, G. und G. TRASER, Angew. makromol. Chemie **21** (1972) 87
JEFFRIES, R., Polymer, London **4** (1963) 375
JEFFRIES, R., J. appl. Polymer Sci. **8** (1964) 1213
JEFFRIES, R., Tappi **47** (1964a) 296
JEFFRIES, R., J. Polymer Sci. A **2** (1964b) 5161
JEFFRIES, R., Polymer **8** (1967) 1

JEFFRIES, R., J. appl. Polymer Sci. **12** (1968) 425
JOH, Y., T. YOSHIHARA, Y. KOTAKE, F. IDE und K. NAKATSUKA, J. Polymer Sci. B **4** (1966) **673**
JOH, Y., Y. KOTAKE, T. YOSHIHARA, F. IDE und K. NAKATSUKA, J. Polymer Sci. **5** (1967) 593
JOHNSEN, U. und W. LESCH, Kolloid Z./Z. Polymere **233** (1969) 863
JOKL, J., M. ZÁVETOVÁ, Chem. Listy **55** (1961) 1471
JOKL, J., Coll. czechoslov. chem. Commun. **28** (1963) 3305
JOKL, J., B. MIKULOVÁ und J. SEBENDA, Coll. czechoslov. chem. Commun. **28** (1963a) 3239
JOKL, J., Coll. czechoslov chem. Commun. **28** (1963b) 3305
JONES, R. N., D. A. RAMSAY, F. HERLING und K. DOBRINER, J. amer. chem. Soc. **74** (1952) 2828
JONES, R. N., J. amer. chem. Soc. **74** (1952a) 2681
JONES, E. R. S., J. sci. Instr. **30** (1953) 132
JONES, R. N. und C. SANDORFY, in WEST (1956)
JONES, R. C., J. opt. Soc. Amer. **46** (1956) 528
JONES, D. W., J. Polymer Sci. **32** (1958) 371
JONES, D. M. und N. F. WOOD, Chem. and Ind. (1963) 2009
JONES, J. W., J. Polymer Sci. C Nr. 8 (1965) 59

KABANOV, V. JA. und S. A. BACHČISARAJCEVA, Zavodsk Labor, Moskva **33** (1967) 446
KABIEL, A. M. und R. M. ISSA, Z. physik. Chem. (Leipzig) **222** (1963) 260
KABIEL, A. M. und F. M. TERA, Z. physik. Chem. (Leipzig) **228** (1965) 39
KACZAJ, J., Appl. Spectroscopy **21** (1967) 180
KAILA, E. und B. C. FOGELBERG, Paperi ja Puu **39** (1957) 375
KAISER, R., Kolloid-Z. **148** (1956) 168
KAISER, R., Kolloid-Z. **149** (1956a) 84
KAISER, R., Kolloid-Z. **152** (1957) 8
KALTWASSER, H. und W. KLOSE, Plaste u. Kautschuk **13** (1966) 515
KAMBARA, S. und M. HATANA, J. chem. Soc. Japan, Ind. Chem. Sect. **59** (1956) 77
KAMIYAMA, F., H. MATSUDA und H. INAGAHI, J. phys. Chem. **71** (1967) 4153
KÄMMERER, H., F. ROCABOY, K. STEINFORT und W. KERN, Makromol. Chem. **53** (1962) 80
KARJAKIN, A. V., G. V. GRIŠIN und B. D. KURYKIN, Vysokomol. Soed. (Hochmol. Verbind.) **7** (1965) 389
KARLINSKÝ, N., Chem. Zvesti **8** (1954) 452
KASSTORSKI, A. B. und J. N. MEDNIKOVA, Kaučuk i Rezina, Moskva **22** (1963) 55
KATLAFSKY, B. und R. E. KELLER, Analyt. Chem. **35** (1963) 1665
KATO, Y., H. WATANABE und A. NISHIOKA, Bull. chem. Soc. Japan **37** (1964) 1762
KAVESH, S. und J. M. SCHULTZ, Polymer Engng. Sci., Manchester **9** (1969) 331
KAWABATA, N. und J. FURUKAWA, J. Polymer Sci. B **5** (1967) 1025
KAWAGUCHI, Y., O. YOSHIZAKI und E. NAGAI, Kobunshi Kagaku, Tokio (Chem. High Polymers) **20** (1963) 337
KAWAI, W. und S. TSUTSUMI, Kobunshi Kagaku, Tokio, (Chem. High Polymers) **18** (1961) 103
KAWAI, W., Bull. chem. Soc. Japan **38** (1965) 879
KAWAI, T., T. SOTO und H. MAEDE, Kolloid-Z./Z. Polymere **223** (1968) 117
KAWAI, T., Kolloid-Z./Z. Polymere **229** (1969) 116
KAWASAKI, A., J. FURUKAWA, T. TSURUTA, S. INOUE und K. ITO Makromol. Chem. **36** (1960) 260
KAWASAKI, A., J. FURUKAWA, T. TSURUTA, T. SARGUSA, G. KAKOGAWA und R. SAKATA, Polymer **1** (1960a) 315
KAWASAKI, A., J. FURUKAWA, T. TSURUTA und S. SHIOTANI, Polymer **2** (1961) 143
KAWASAKI, A., J. FURUKAWA, T. TSURUTA, G. WASAI und T. MAKIMOTO Makromol. Chem. **49** (1961a) 76
KAWASAKI, A., J. FURUKAWA, T. TSURUTA, Y. NAKAYAMA und G. WASAI, Makromol. Chem. **49** (1961b) 112

KAYE, W., Spectrochim. Acta **6** (1954) 257
KE, B., Newer Methods of Polymer Characterization. Interscience Publ., New York: 1964
KELLER, A. und I. SANDEMAN, J. Polymer Sci. **15** (1955) 133
KELLNER, L., Proc. phys. Soc. A **378** (1951) 64, 521
KELLY, R. J., H. K. GARNER, H. E. HAXO und W. R. BINGHAM, Ind. Engng. Chem. Prod. Res. Devlop. **1** (1962) 210
KENNEY, J. F. und G. W. WILLCOCKSON, J. Polymer Sci. A-1 **4** (1966) 679
KERN, W., M. A. ACHON und R. SCHULZ, Makromol. Chem. **15** (1955) 161
KESSLER, H. K. und G. B. B. M. SUTHERLAND, J. chem. Phys. **21** (1953) 570
KEY, L. C., F. M. TRENT und M. E. LEWIS, Appl. Spectroscopy **20** (1966) 330
KHODZHAEVA, V. L. und B. M. MAMEDOVA, Vysokomol. Soed. (Hochmol. Verbind.) **9** (1967) 447
KIKUCHI, Y. und S. KRIMM, J. Macromol. Sci. — Phys. B **4** (1970) 461
KILIAN, H. G. und E. JENCKEL, Z. Elektrochemie **63** (1959) 308
KILIAN, H. G., H. HALBOTH und E. JENCKEL, Kolloid-Z. **172** (1960) 166
KIMMER, W. und E. O. SCHMALZ, Z. analyt. Chem. **170** (1959) 132
KIMMER, W., Plaste u. Kautschuk **9** (1962) 135
KIMMER, W. und E. O. SCHMALZ, Kautschuk, Gummi, Kunststoffe **16** (1963) 606
KIMMER, W., R. SEHAN und A. SCHELLENBERGER, Plaste u. Kautschuk **12** (1965) 104
KIMMER, W. und R. SCHMOLKE, Plaste u. Kautschuk **15** (1968) 807
KIMMER, W., P. KUZAY und R. SCHMOLKE, Plaste u. Kautschuk **17** (1970) 261
KIMMER, W., R. SCHMOLKE und M. RÖDER, unveröff. Ergebnisse (1970a)
KIMMER, W. und R. SCHMOLKE, Plaste u. Kautschuk **19** (1972) im Druck
KING, G. W., R. M. HAINER und H. O. MCMAHON, J. appl. Phys. **20** (1949) 559
KING, G. und F. WOOD, Nature (London) **195** (1962) 1093
KINOSHITA, Y., Makromol. Chem. **33** (1959) 1
KINOSHITA, Y., Makromol. Chem. **33** (1959a) 21
KINSINGER, J. B. und D. COLTON, J. Polymer Sci. B **3** (1965) 797
KIRCHBERG, H., Melliand Textilber. **41** (1960) 1067
KIRKWOOD, J. G., zitiert von WEST u. EDWARDS, J. chem. Phys. **5** (1937) 14
KISSIN, JU. V., V. I. CVETKOVA und N. M. ČIRKOV, Dokl. Akad. Nauk SSSR (Ber. Akad. Wiss. UdSSR) **152** (1963) 1162
KISSIN, JU. V., G. P. BELOV und I. V. JEREMINA, Vysokomol. Soed. (Hochmol. Verbind.) **5** (1963a) 1117
KISSIN, JU. V., V. I. CVETKOVA und N. M. ČIRKOV, Vysokomol. Soed. (Hochmol. Verbind.) **7** (1965) 1288
KISSIN, JU. V., V. I. CVETKOVA und N. M. ČIRKOV, Vysokomol. Soed. (Hochmol. Verbind.) A **9** (1967) 1104
KISSIN, JU. V., V. I. CVETKOVA und N. M. ČIRKOV, Vysokomol. Soed. (Hochmol. Verbind.) A **9** (1967a) 1374
KISSIN, JU. V., V. I. CVETKOVA und N. M. ČIRKOV, Vysokomol. Soed. (Hochmol. Verbind.) A **10** (1968) 1092
KISSIN, JU. V. und N. M. ČIRKOV, Vysokomol. Soed. (Hochmol. Verbind.) A **10** (1968a) 2443
KITAGAWA, T. und T. MIYAZAWA, Rep. Progress in Polymer Physics, Japan **8** (1965) 53
KITAGAWA, T. und T. MIYAZAWA, Internat. Symposium on Macromol. Chem., Tokio—Kyoto (1966)
KITAGAWA, T. und T. MIYAZAWA, J. chem. Phys. **47** (1967) 337
KITAGAWA, T. und T. MIYAZAWA, J. Polymer Sci. B **6** (1968) 83
KITAGAWA, T. und T. MIYAZAWA, Bull. chem. Soc. Japan **43** (1970) 372
KITAZAWA, T., H. TADOKORO, T. MATSUMOTO und I. IMAZU, Kobunshi Kagaku, Tokio (Chem. High Polymers) **19** (1962) 148
KLABAN, J., J. SMRČKA und J. MLEZIVA, Makromol. Chem. **111** (1968) 1
KLEIN, E. und J. E. SNOWDEN, Ind. Engng. Chem. **50** (1958) 80

KLEMENT, J. J. und P. H. GEIL, J. Polymer Sci. A-2 **6** (1968) 1381
KLIMENKO, I. B., Vysokomol. Soed. (Hochmol. Verbind.) **5** (1963) 287
KLIMENKO, I. B. und L. V. SMIRNOV, Vysokomol. Soed. (Hochmol. Verbind.) **5** (1963a) 1520
KLIMENKO, I. B., V. V. AVERJANOVA und N. B. JANOVSKAJA, Ž. prikl. Chimii (Z. angew. Chemie) **43** (1970) 1318
KLOTZ, I. M., J. Colloid Interface Sci. **27** (1968) 804
KNIGHT, J. A., M. P. SMOACK, R. A. PORTER und W. E. KIRKLAND, Textile Res. J. **37** (1967) 924
KNIGHT, J. A., H. L. HICKS und K. W. STEPHENS, Textile Res. J. **39** (1968) 324
KOBAYASHI, M., Bull. chem. Soc. Japan **33** (1960) 1416
KOBAYASHI, M., K. NAGAI und E. NAGAI, Bull. chem. Soc. Japan **33** (1960a) 1421
KOBAYASHI, M., Bull. chem. Soc. Japan **34** (1961) 560
KOBAYASHI, M., Bull. chem. Soc. Japan **34** (1961a) 1045
KOBAYASHI, Y., J. Polymer Sci. **51** (1961b) 359
KOBAYASHI, Y. und R. YAMADERA, J. Soc. Textile Cellulose Ind., Japan **17** (1961c) 441
KOBAYASHI, F. und K. MATSUYA, J. Polymer Sci. A **1** (1963) 111
KOBAYASHI, Y., S. OKAJIMA und A. NARITA, J. appl. Polymer Sci. **11** (1967) 2515
KOBAYASHI, M., K. TSUMURA und H. TADOKORO, J. Polymer Sci. A-2 **6** (1968) 1493
KOBAYASHI, M., K. AKITA und H. TADOKORO, Makromol. Chem. **118** (1968a) 324
KOBAYASHI, S., H. TADOKORO und Y. CHATANI, Makromol. Chem. **112** (1968b) 225
KOČENT, A., Jenaer Rdsch. **11** (1966) 230
KOENIG, J. L., Analyt. Chem. **36** (1964) 1045
KOENIG, J. L. und A. VAN ROGGEN, J. appl. Polymer Sci. **9** (1965) 359
KOENIG, J. L., Spectrochim. Acta **22** (1966) 1223
KOENIG, J. L., L. E. WOLFRAM und J. G. GRASSELLI, Spectrochim. Acta **22** (1966a) 1233
KOENIG, J. L. und D. E. WITENHAFER, Makromol. Chem. **99** (1966b) 193
KOENIG, J. L. und J. J. MANNION, J. Polymer Sci. A-2 **4** (1966c) 401
KOENIG, J. L., S. W. CORNELL und D. E. WITENHAFER, J. Polymer Sci. A-2 **5** (1967) 301
KOENIG, J. L. und M. J. HANNON, J. macromol. Sci. (Phys.) **B1** (1967a) 119
KOENIG, J. L. und S. W. CORNELL, J. macromol. Sci. (Phys.) **B1** (1967b) 279
KOENIG, J. L. und M. C. AGBOATWALLA, J. macromol. Sci. (Phys.) B2 (1968) 391
KOENIG, J. L. und D. DRUESEDOW, J. Polymer Sci. A-2 **7** (1969) 1075
KOENIG, J. L. und F. J. BOERIO, Makromol. Chem. **125** (1969a) 302
KOENIG, J. L. und F. J. BOERIO, J. chem. Phys. **50** (1969b) 2823
KOENIG, J. L., A. C. ANGOOD, J. SEMEN und J. B. LANDO, J. amer. chem. Soc. **91** (1969c) 7250
KOENIG, J. L. und S. W. CORNELL, J. Polymer Sci. C Nr. 22 (1969d) 1019
KOENIG, J. L. und P. L. SUTTON, Biopolymers 8 (1969e) 167
KOENIG, J. L. und P. D. VASKO, J. Macromol. Sci. — Phys. B4 (1970) 347
KOENIG, J. L. und P. D. VASKO, J. Macromol. Sci. — Phys. B4 (1970a) 369
KOENIG, J. L., L. E. WOLFRAM und J. G. GRASSELLI, J. Macromol. Sci. — Phys. **B4** (1970b) 491
KOENIG, J. L. und A. C. ANGOOD, J. Polymer Sci. A-2 **8** (1970c) 1787
KOENIG, J. L. und F. J. BOERIO, J. chem. Phys. **52** (1970d) 4170
KOENIG, J. L. und M. ITOGA, Appl. Spectroscopy **25** (1971) 355
KOLBOE, ST. und Ø. ELLEFSEN, Tappi **45** (1962) 163
KOLTHOFF, J. M., T. S. LEE und M. A. MAIRS, J. Polymer Sci. **2** (1947) 199
KOLTHOFF, J. M. und T. S. LEE, J. Polymer Sci. **2** (1947a) 206
KOLTHOFF, J. M., T. S. LEE und M. A. MAIRS, J. Polymer Sci. **2** (1947b) 220
KOMAR, V. P., K. P. CHOMJAKOV, A. D. VIRNIK, R. G. ŽBANKOV und Z. A. ROGOVIN, Vysokomol. Soed. (Hochmol. Verbind.) **8** (1966) 287
KOMAR, V. P., R. G. ŽBANKOV und A. M. PRIMA, Ž. strukt. Chim. (Z. Strukturchem.) **8** (1967) 252
KOMOTO, H. und K. SAOTOME, Kobunshi Kagaku, Tokio (Chem. High Polymers) **22** (1965) 337
KONARSKI, J., Chem. Phys. Letters (Amsterdam) **9** (1971) 54

KONISHI, A., Bull. chem. Soc. Japan **35** (1962) 395
KONKIN, A. A., D. N. ŠIGORIN und L. I. NOVIKOVA, Ž. fisič. Chemii (Z. physik. Chemie) **32** (1958) 894
KONKIN, A. A., D. N. ŠIGORIN und L. I. NOVIKOVA, Faserforsch. u. Textiltechn. **8** (1967) 85
KONTNIK, B. und T. BIERNACKA, Tworzywa, Gummo, Lackiery **5** (1960) 105
KOROBKOV, V. S., Optika i Spektroskopija, Moskva **17** (1964) 938
KOROBKOV, V. S., Primenija molek. spektroskopij chim. nauka (Anwendung der Molekülspektroskopie in der Chemie) (1966) 159
KOROTKOV, A. A., S. B. MITSENGENDLER, V. N. KRASULINA und L. A. VOLKOVA, Vysokomol. Soed. (Hochmol. Verbind.) **1** (1959) 1319
KOSHIMO, A., J. appl. Polymer Sci. **9** (1965) 55
KOSHIMO, A., J. appl. Polymer Sci. **9** (1965a) 81
KOSHIMO, A. und T. TAGAWA, J. appl. Polymer Sci. **9** (1965b) 117
KOSMINA, O. P., V. N. SJUTKIN, O. P. SKAVECKAJA und S. N. DANILOV, Vysokomol. Soed. (Hochmol. Verbind.) **8** (1966) 1196
KÖSSLER, I. und J. VODEHNAL, J. Polymer Sci. B **1** (1963) 415
KÖSSLER, I., M. ŠTOLKA und K. MACH, J. Polymer Sci. C Nr. **4** (1963a) 977
KÖSSLER, I. und J. VODEHNAL, Coll. czechoslov. chem. Commun. **29** (1964) 2419
KÖSSLER, I., J. VODEHNAL und M. ŠTOLKA, J. Polymer Sci. A **3** (1965) 2081
KÖSSLER, I., Methoden der Infrarot-Spektroskopie in der chemischen Analyse. Akad. Verl. Ges., Leipzig: 1966
KÖSSLER, I. und J. ČIŽEK, Z. analyt. Chem. **220** (1966a) 272
KÖSSLER, I. und J. VOHDENAL, Analyt. Chem. **40** (1968) 825
KOSTOWSKI, H. J. und A. M. BASS, J. opt. Soc. Amer. **46** (1956) 1060
KOSYREVA, M. S., Optika i Spektroskopija (Moskva) **6** (1959) 478
KOTAKE, Y., T. YOSHIHARA, H. SATO, N. YAMADA, Y. JOH, J. Polymer Sci. B **5** (1967) 163
KOTERA, A., M. SHIMA, K. AKIYAMA, M. KUME und M. MIYAKAWA, Bull. chem. Soc. Japan **39** (1966) 758
KOTORLENKO, L. A., A. P. GARDENINA und V. G. OLEYNIK, Ukrainskij chim. Ž. **30** (1964) 370
KOTSCHKINA, A. und M. GRELL, J. Polymer Sci. C Nr. 16 (1968) 3731
KOZLOVA, N. V., F. F. SUCHOV und V. P. BAZOO, Zavodsk. Labor., Moskva (Betriebslabor) **31** (1965) 968
KRAMER, L., Zeiss-Jena-Nachrichten **9** (1961) 31
KRAMER, L. und S. SPOTT, Exper. Techn. Physik **11** (1963) 319
KRAMM, D. E., I. N. LOMONTE und I. D. MOYER, Analyt. Chem. **36** (1964) 2170
KRATKY, O., Kolloid-Z. **64** (1933) 213
KRIEGSMANN, H., R. HEESS, P. REICH und O. NILLIUS, Z. Chem. **7** (1967) 449
KRIEGSMANN, H., G. SEIFERT, K. FRIGGE und G. DUBE, J. Polymer Sci. C Nr. 16 (1967a) 1843
KRIMM, S. und A. V. TOBOLSKY, Textile Res. J. **21** (1951) 805
KRIMM, S., J. chem. Phys. **22** (1954) 567
KRIMM, S., C. Y. LIANG und G. B. B. M. SUTHERLAND, J. chem. Phys. **25** (1956) 549
KRIMM, S., C. Y. LIANG und G. B. B. M. SUTHERLAND, J. Polymer Sci. **22** (1956a) 227
KRIMM, S. und C. Y. LIANG, J. Polymer Sci. **22** (1956b) 95
KRIMM, S., A. R. BERENS, V. L. FOLT und J. J. SHIPMAN, Chem. and Ind. (1958) 1512
KRIMM, S., A. R. BERENS, V. L. FOLT und J. J. SHIPMAN, Chem. and Ind. (1959) 433
KRIMM, S., Advances Polymer Sci./Fortschr. Hochpolymeren-Forsch. **2** (1960) 51
KRIMM, S., J. chem. Phys. **32** (1960a) 1780
KRIMM, S., J. chem. Phys. **32** (1960b) 313
KRIMM, S., J. molecular Biol. **4** (1962) 528
KRIMM, S., in Unsolved Problems in Polymer Science. National Acad. Sci., Washington: 1962, S. 64 (1962a)
KRIMM, S., J. Polymer Sci. **61** (1962b) 40
KRIMM, S., V. L. FOLT, J. J. SHIPMAN und A. R. BERENS, J. Polymer Sci., Part A **1** (1963) 2621

KRIMM, S., J. Polymer Sci. C Nr. 7 (1964) 3
KRIMM, S., V. L. FOLT, J. J. SHIPMAN und A. R. BERENS, J. Polymer Sci. B **2** (1964a) 1009
KRIMM, S. und S. ENOMOTO, J. Polymer Sci. A **2** (1964b) 669
KRIMM, S. und M. I. BANK, J. Chem. Phys. **42** (1965) 4059
KRIMM, S., J. J. SHIPMAN, V. L. FOLT und A. R. BERENS, J. Polymer Sci. B **3** (1965a) 275
KRIMM, S., M. TASUMI und C. G. OPASKAR, J. Polymer Sci. B **5** (1967) 105
KRIMM, S., Pure appl. Chem. **16** (1968) 369
KROHMER, P., Analysentechnische Berichte (Perkin-Elmer) Heft 14 (1968)
KRÖMER, H., Dissertation, Freiburg: 1964
KRUSE, P. F. und W. B. WALLACE, Analyt. Chem. **24** (1952) 2015
KRUSE, P. F. und W. B. WALLACE, Analyt. Chem. **25** (1953) 1156
KUHN, W. und F. GRÜN, Kolloid-Z. **101** (1942) 248
KUHN, L. P., Analyt. Chem. **22** (1950) 276
KULICIHIN, V. G., G. V. VINOGRADOV und A. J. MALKIN, Vysokomol. Soed. (Hochmol. Verbind.) B **10** (1968) 739
KULIKOVA, N. P., M. V. ANDROSOVA und N. F. ORLOV, Ž. prikl. Chim. (Z. angew. Chemie) **40** (1967) 2318
KULKARNI, A. Y. und P. C. MEHTA, J. Polymer Sci. B **1** (1963) 509
KULKARNI, A. Y. und P. C. MEHTA, J. appl. Polymer Sci. **12** (1968) 1321
KUMATA, Y., J. FURUKAWA und T. SAEGUSA, Makromol. Chem. **105** (1967) 138
KUMPANENKO, I. V. und K. S. KAZANSKIJ, Vysokomol. Soed. (Hochmol. Verbind.) A **13** (1971) 719
KUNATH, D. und H. JOST, Plaste u. Kautschuk **17** (1970) 899
KUNICHIKA, S. und G. KATAGIRI, Bull. Inst. chem. Res., Kyoto Univ. **39** (1962) 215
KUNTZ, I., J. Polymer Sci. **54** (1962) 569
KUPFER, W., Z. analyt. Chem. **192** (1963) 219
KURATANI, K. und A. MINEGISHI, Bull. chem. Soc. Japan **31** (1958) 586
KURODA, Y. und M. KUBO, J. Polymer Sci. **26** (1957) 323
KURODA, Y. und M. KUBO, J. Polymer Sci. **36** (1959) 453
KUTZELNIGG, W., G. NONNENMACHER und R. MECKE, Chem. Ber. **93** (1960) 1279

LACHER, J. R., V. D. CROY, A. KIANPOUR und J. D. PARK, J. phys. Chem. **58** (1954) 206
LACHER, J. R., J. L. BITNER und J. D. PARK, J. phys. Chem. **59** (1955) 610
LACHER, J. R., J. L. BITNER, D. J. EMERY, M. E. SEFEL und J. D. PARK, J. phys. Chem. **59** (1955a) 615
LADY, J. H., R. E. ADAMS und I. KESSE, J. appl. Polymer Sci. **3** (1960) 65
LAGEMANN, R. T. und T. G. MILLER, J. opt. Soc. Amer. **41** (1951) 1063
LANGBEIN, G. und W. SEUFERT, Kolloid-Z./Z. Polymere **193** (1963) 37
LANGBEIN, G., Kolloid-Z./Z. Polymere **200** (1964) 10
LANZAVECCHIA, G., Chim. e Ind., Milano **43** (1961) 376
LAROSE, P., Canad. J. Chem. **35** (1957) 1239
LAURO, C. und N. NETO, Abstr. 9. Europ. Congr. Molec. Spectr., Madrid (1967) 46
LAURO, C. und N. NETO, Europ. Polymer J. **3** (1967a) 645
LAUTERBERG, W., W. KIMMER und R. SCHMOLKE, Dtsch. Textiltechn. **18** (1968) 657
LAWTON, E. J., P. D. ZEMANY und J. S. BALWIT, J. amer. chem. Soc. **76** (1954) 3437
LECOMTE, J., Spectroscopie dans l'infrarouge in S. FLÜGGE (Herausg.), Handbuch der Physik Band XXVI, Springer, Berlin—Göttingen—Heidelberg: 1958
LEE, T. S., Analyt. Chem. **21** (1949) 537
LEE, T. S. und J. M. KOLTHOFF, Ann. New York Acad. Sci. **53** (1951) 1093
LEE, L. T. C. und J. J. GRIFFITH, Tappi **47** (1964) 42
LEHRER, E. und K. F. LUFT, Z. techn. Physik **23** (1942) 169
LEHRLE, R. S. und J. C. ROBB, Nature, London **183** (1959) 1671
LEJEUNE, R. und G. DUYCKAERTS, Spectrochim. Acta **6** (1954) 194

LEONOVA, N. J., B. J. TIKHOMIROV und A. J. YAKUBCHIK, Polymer Sci. USSR **4** (1963) 953
LERNER, M. und R. C. GILBERT, Analyt. Chem. **36** (1964) 1382
LESCH, W., Kolloid-Z./Z. Polymere **240** (1970) 737
LEVANTOVSKAJA, I. I. und G. V. DRALJUK, Vysokomol. Soed. (Hochmol. Verbind.) A **10** (1968) 1633
LEVDIK, I. JU., V. N. NIKITIN, G. A. PETROPAVLOVSKIJ und G. G. VASILEVA, Ž. prikl. Spektroskopii (Z. angew. Spektr.) **3** (1965) 362
LEVDIK, I. JU. und V. N. NIKITIN, Cellulose Chem. Technol. **2** (1968) 259
LEVITSKY, H. und G. NORWITZ, Analyt. Chem. **34** (1962) 1167
LIANG, C. Y., S. KRIMM und G. B. B. M. SUTHERLAND, J. chem. Phys. **25** (1956) 543
LIANG, C. Y. und S. KRIMM, J. chem. Phys. **25** (1956a) 563
LIANG, C. Y. und S. KRIMM, J. chem. Phys. **27** (1957) 327
LIANG, C. Y. und S. KRIMM, J. Polymer Sci. **31** (1958) 513
LIANG, C. Y. und S. KRIMM, J. Polymer Sci. **27** (1958a) 241
LIANG, C. Y. und S. KRIMM, J. mol. Spectroscopy **3** (1959) 554
LIANG, C. Y. und F. G. PEARSON, J. Polymer Sci. **35** (1959a) 303
LIANG, C. Y. und R. H. MARCHESSAULT, J. Polymer Sci. **37** (1959b) 385
LIANG, C. Y. und R. H. MARCHESSAULT, J. Polymer Sci. **39** (1959c) 269
LIANG, C. Y. und R. H. MARCHESSAULT, J. Polymer Sci. **35** (1959d) 529
LIANG, C. Y., K. H. BASSETT, E. A. MCGINNES und R. H. MARCHESSAULT, Tappi **43** (1960) 1017
LIANG, C. Y., M. R. LYTTON und C. J. BOONE, J. Polymer Sci. **47** (1960a) 139
LIANG, C. Y. und F. G. PEARSON, J. mol. Spectroscopy **5** (1960b) 290
LIANG, C. Y., M. R. LYTTON und C. J. BOONE, J. Polymer Sci. **44** (1960c) 549
LIANG, C. Y. und R. H. MARCHESSAULT, J. Polymer Sci. **43** (1960d) 85
LIANG, C. Y., M. R. LYTTON und C. J. BOONE, J. Polymer Sci. **54** (1961) 523
LIANG, C. Y., F. G. PEARSON und R. H. MARCHESSAULT, Spectrochim. Acta **17** (1961a) 568
LIANG, C. Y. und W. R. WATT, J. Polymer Sci. **51** (1961b) 14
LIANG, C. Y. und M. R. LYTTON, J. Polymer Sci. **61** (1962) 45
LIANG, C. Y., Spectrochim. Acta **18** (1962a) 876
LIANG, C. Y., J. Polymer Sci. **62** (1962b) 5
LIANG, C. Y., Infrared Spectra of Polymers: Deuteration and Polarization, in BACON KE (Ed.), Newer Methods of Polymer Characterization, Interscience Publ., New York: 1964
LIEBMAN, S. A., C. R. FOLTZ, J. F. REUWER und R. J. OBREMSKI, Macromolecules **4** (1971) 134
LIN, T. P. und J. L. KOENIG, J. mol. Spectroscopy **9** (1962) 228
LINDENMEYER, P. H. und R. HOSEMANN, J. appl. Phys. **34** (1963) 42
LINDENMEYER, P. H., J. Polymer Sci. C Nr. 20 (1967) 145
LINDLEY, G., Lab. Practice, London **14** (1965) 826
LINDQUIST, I., Acta Chem. Scand. **9** (1955) 73
LINNIG, F. J. und J. E. STEWART, Rubber Chem. Technol. **31** (1958) 719
LINNIG, F. J., E. J. PARKS und L. A. WOOD, J. appl. Polymer Sci. **8** (1964) 2645
LIOGONKI, B. I. und G. V. DRALJUK, Vysokomol. Soed. (Hochmol. Verbind.) A **10** (1968) 2488
LIPPINCOTT, E. R. und R. SCHROEDER, J. chem. Phys. **23** (1955) 1099
LISICA, M. P. und JU. P. CJAŠČENKO, Optika i Spektroskopija, Moskva **9** (1960) 188
LISICA, M. P. und JU. P. CJAŠČENKO, Optika i Spektroskopija, Moskva **9** (1960a) 438
LIVŠIC, R. M., T. S. SYDYKOV und Z. A. ROGOVIN, Cellulose Chem. Technol. **2** (1968) 3
LOEB, L. und L. SEGAL, J. Polymer Sci. **14** (1954) 121
LOEB, G. I. und R. E. BAIER, J. Coll. Interface Sci. **27** (1968) 38
LOESER, E. und M. SCHÜTZ, Melliand Textilber. **47** (1966) 1412
LOMONTE, J. N., Analyt. Chem. **34** (1962) 129
LOMONTE, J. N., Analyt. Chem. **36** (1964) 192
LOMONTE, J. N. und G. A. TIRPAK, J. Polymer Sci. A **2** (1964a) 705
LONGSTER, G. F. und J. W. WHITE, J. chem. Phys. **48** (1968) 5271

LORD, R. C. und R. MERRIFIELD, J. chem. Phys. **21** (1953) 166
LORD, R. C. und T. J. PORRO, Z. Elektrochemie **64** (1960) 672
LUCK, W., Naturwiss. **52** (1965) 25 u. 49
LUCK, W., Naturwiss. **54** (1967) 601
LUFT, K., Bericht 452 der Betriebskontrolle Oppau der BASF, Ludwigshafen (1944)
LUFT, K. F., Angew. Chem. B **19** (1947) 2
LÜNEBACH, E. und D. HUMMEL, Kunststoffe **54** (1964) 210
LUONGO, J. P., J. Polymer Sci. **42** (1960) 139
LUONGO, J. P., J. appl. Polymer Sci. **3** (1960) 302
LUONGO, J. P., J. Polymer Sci. B **1** (1963) 141
LUONGO, J. P., J. Polymer Sci. B **2** (1964) 75
LUONGO, J. P. und R. SALOVEY, J. Polymer Sci. B **3** (1965) 513
LUONGO, J. P. und R. SALOVEY, J. Polymer Sci. A **3** (1965a) 2759
LUONGO, J. P. und R. SALOVEY, J. Polymer Sci. A-2 **4** (1966) 997
LUONGO, J. P., Appl. Polymer Symposia Nr. 10 (1969) 121
LUONGO, J. P., Appl. Spectroscopy **25** (1971) 76
LUTHER, H., H. MEYER und H. LOEW, Z. analyt. Chem. **170** (1959) 155
LUTHER, H. und H. KRÜGER, Kunststoffe **56** (1966) 74
LUTINSKI, C., Analyt. Chem. **30** (1958) 2071
LYNCH, J. E., G. C. SUMMERFIELD, L. A. FELDKAMP und J. S. KING, J. chem. Phys. **48** (1968) 912

MACKILLOP, D. A., Analyt. Chem. **40** (1968) 607
MADORSKY, S. L., V. E. HART und S. STRAUS, J. Res. Nat. Bur. Stand. **60** (1958) 343
MAGILL, J. H., J. Polymer Sci. A **3** (1965) 1195
MAGNASCO, V. und M. ROSSI, J. Polymer Sci. **62** (1962) 172
MAJER, J., Coll. czechoslov. chem. Commun. **26** (1961) 1756
MAJER, J., Chem. Průmysl, **15** (1965) 172
MAJER, J. und O. HAINOVA, Kolloid-Z./Z. Polymere **201** (1965a) 23
MAJER, J., Chem. Průmysl **16** (1966) 428
MAJER, J., Chem. Průmysl **17** (1967) 501
MAJER, J., Chem. Průmysl **17** (1967a) 141
MAJER, J., Chem. Průmysl **17** (1967b) 209
MAJER, J., Chem. Průmysl **19** (1969) 71
MAKAREVIČ, N. I., A. A. KONKIN und U ŽUN ŽUJ, Chim. Volokna (Chem. Fasern) (1964) 9
MAKAREVIČ, N. I. und V. N. NIKITIN, Vysokomol. Soed. (Hochmol. Verbind.) **7** (1965) 1673
MAKAREVIČ, N. I., Ž. prikl. Spektroskopii (Z. angew. Spektr.) **2** (1965a) 341
MAKAREVIČ, N. I. und N. I. SUŠKO, Ž. prikl. Spektroskopii (Z. angew. Spektr.) **11** (1969) 917
MAKAS, A. S. und W. A. SHURCLIFF, J. opt. Soc. Amer. **45** (1955) 998
MAKAS, A. S., Perkin-Elmer Instr. News **17** (1967) 5
MAKINO, D., M. KOBAYASHI und H. TADOKORO, J. chem. Phys. **51** (1969) 3901
MAKLAKOV, L. I. und V. N. NIKITIN, Optika i Spektroskopija **17** (1964) 452
MALCOLM, B. R., J. sci. Instrum. **35** (1958) 423
MANLEY, T. R. und D. A. WILLIAMS, J. Polymer Sci. C Nr. 22 (1969) 1009
MANLEY, T. R. und D. A. WILLIAMS, Polymer **10** (1969a) 339
MANLEY, T. R. und D. A. WILLIAMS, Polymer **12** (1971) 2
MANLEY, T. R. und C. G. MARTIN, Polymer **12** (1971a) 524
MANN, J. und H. W. THOMPSON, Proc. Roy. Soc. A **211** (1952) 168
MANN, J. und H. J. MARRINAN, Trans. Farad. Soc. **52** (1956) 481
MANN, J. und H. J. MARRINAN, Trans. Farad. Soc. **52** (1956a) 487
MANN, J. und H. J. MARRINAN, Trans. Farad. Soc. **52** (1956b) 492
MANN, J. und H. J. MARRINAN, J. Polymer Sci. **32** (1958) 357
MANN, J., Pure appl. Chem. **5** (1962) 61

MARCHESSAULT, R. H. und J. A. HOWSMON, Textile Res. J. **27** (1957) 30
MARCHESSAULT, R. H. und C. Y. LIANG, J. Polymer Sci. **43** (1960) 71
MARCHESSAULT, R. G., F. G. PEARSON und C. Y. LIANG, Biochim. biophys. Acta **45** (1960a) 499
MARCHESSAULT, R. H., Pure appl. Chem. **5** (1962) 107
MARCHESSAULT, R. H. und C. Y. LIANG, J. Polymer Sci. **59** (1962a) 357
MARCHESSAULT, R. G., Spectrochim. Acta **18** (1962b) 876
MARÉCHAL, Y. und A. WITKOWSKI, Theoret. chim. Acta (Berlin) **9** (1967) 116
MARK, J. E., R. A. WESSLING und R. E. HUGHES, J. phys. Chem. **70** (1966) 1895
MARKERT, G., Makromol. Chem. **126** (1969) 166
MARRINAN, H. J. und J. MANN, J. appl. Chem. **4** (1954) 204
MARRINAN, H. J. und J. MANN, J. Polymer Sci. **21** (1956) 301
MARRINAN, H. J., J. Polymer Sci. **39** (1959) 461
MARTIN, A. E., Trans. Farad. Soc. **47** (1951) 1182
MARTIN, D. H., Contemporary Phys. **4** (1963) 187
MARUPOV, R., R. G. ŽBANKOV, A. I. POLJAKOV und Z. A. ROGOVIN, Vysokomol. Soed. (Hochmol. Verbind.) (1963) Sonderheft *Cellulose und ihre Derivate* 196
MARUPOV, R., R. G. ŽBANKOV, JU. G. KRJAŽEV und Z. A. ROGOVIN, Vysokomol. Soed. (Hochmol. Verbind.) (1963a) Sonderheft *Cellulose und ihre Derivate* 156
MARVEL, C. S.,D. P. RADSITZKY und J. J. BRADER, J. amer. chem. Soc. **77** (1955) 5997
MASUDA, Y., Kobunshi Kagaku, Tokio (Chem. High Polymers) **20** (1963) 161, 166, 171
MASUDA, Y. und T. MIYAZAWA, Makromol. Chem. **103** (1967) 261
MASUDA, Y. und T. MIYAZAWA, Bull. chem. Soc. Japan **42** (1969) 570
MATOSSI, F., Gruppentheorie der Eigenschwingungen von Punktsystemen, Springer, Berlin—Göttingen—Heidelberg: 1961
MATSUBARA, I., Bull. chem. Soc. Japan **33** (1960) 1624
MATSUBARA, I. und J. H. MAGILL, Polymer **7** (1966) 199
MATSUBARA, I., Y. ITOH und M. SHINOMIYA, J. Polymer Sci. B **4** (1966a) 47
MATSUDA, T. und F. KURIHARA, Railway techn. Res. Rep. Nr. 273 (1962) 1
MATSUDA, T., H. YAMAKITA und Y. SAKAI, Kobunshi Kagaku, Tokio (Chem. High Polymers) **20** (1963) 614
MATSUI, Y., T. KUBOTA, H. TADOKORO und T. YOSHIHARA, J. Polymer Sci. A **3** (1965) 2275
MATSUO, H., J. Polymer Sci. **21** (1956) 331
MATSUO, H., Bull. chem. Soc. Japan **30** (1957) 593
MATSUO, H., J. Polymer Sci. **25** (1957a) 234
MATSUURA, H. und T. MIYAZAWA, Rept. Progr. Polymer Phys. Japan **9** (1966) 179
MATSUURA, H. und T. MIYAZAWA, Bull. chem. Soc. Japan **40** (1967) 85
MATSUURA, H. und T. MIYAZAWA, Spectrochim. Acta **23 A** (1967a) 2433
MATSUURA, H. und T. MIYAZAWA, Bull. chem. Soc. Japan **41** (1968) 1798
MATSUURA, H. und T. MIYAZAWA, J. Polymer Sci. A-2 **7** (1969) 1735
MATSUZAKI, K., T. OKAMOTO, A. ISHIDA und H. SOBUE, J. Polymer Sci. A **2** (1964) 1105
MATSUZAKI, K., T. URYU und K. ISHIGURE, J. Polymer Sci. B **4** (1966) 93
MATSUZAKI, K., T. URYU, M. OKADA, K. ISHIGURE, T. OHKI und M. TAKEUCHI, J. Polymer Sci. B **4** (1966a) 487
MATSUZAKI, K. und T. URYU, J. Polymer Sci. B **4** (1966b) 255
MATSUZAKI, K., T. URYU, M. OKADA und H. SHIROKI, J. Polymer Sci. A-1 **6** (1968) 1475
MAXIM, L. D., R. H. MARCHESSAULT, V. STANETT und C. H. KUIST, Polymer, London **5** (1964) 403
MAY, L. und K. J. SCHWING, Appl. Spectroscopy **17** (1963) 166
MAYNARD, J. T. und W. E. MOCHEL, J. Polymer Sci. **13** (1954) 235, 251
MAYO, F. R. und F. M. LEWIS, J. amer. chem. Soc. **66** (1944) 1594
MAYO, F. R., Ber. Bunsenges. physik. Chemie **70** (1966) 233
McCALL, E. R., S. H. MILES, V. W. TRIPP und R. T. O'CONNOR, Appl. Spectroscopy **18** (1964 81

McCall, E. R., S. H. Miles und R. T. O'Connor, Amer. Dyestuff Rep. **55** (1966) 400
McCall, E. R., N. M. Morris, V. W. Tripp und R. T. O'Connor, Appl. Spectroscopy **25** (1971) 196
McCallum, J. D., in Progress in Infrared Spectroscopy. Vol. 2 Plenum Press, New York: 1964
McDonald, M. P. und I. M. Ward, Polymer **2** (1961) 341
McDonald, M. P. und I. M. Ward, Chem. and Ind. (1961a) 631
McGraw, G. E., Amer. chem. Soc., Polymer Preprints **11** (1970) 1122
McKenzie, A. W. und H. G. Higgins, Svensk Papperstidn. **61** (1958) 893
McKnight, R. V. und K. D. Möller, J. opt. Soc. Amer. **54** (1964) 132
McKnight, W. J., L. W. McKenna, B. E. Read und R. S. Stein, J. phys. Chem. **72** (1968) 1122
Mecke, R. und B. Starck, Z. analyt. Chemie **170** (1959) 120
Meeks, M. und J. L. Koenig, J. Polymer Sci. A-2 **9** (1971) 717
Mekonyan, L. G., Armjanskij chim. Ž. **19** (1966) 951
Meloche, V. W. und G. E. Kalbus, J. inorg. nuclear Chem. **6** (1958) 104
Mencik, Z., Vysokomol. Soed. (Hochmol. Verbind.) **2** (1960) 1935
Merten, R., G. Braun und D. Lauerer, Kunststoffe **55** (1965) 249
Merten, R., D. Lauerer, G. Braun und M. Dahm, Makromol. Chem. **101** (1967) 337
Merz, E., G. Goldfinger und T. Alfrey, J. Polymer Sci. **1** (1946) 75
Michajlov, N. V., D. N. Šigorin und S. P. Makareva, Dokl. Akad. Nauk SSSR (Ber. Akad. Wiss. UdSSR) **87** (1952) 1009
Michajlov, N. V., O. A. Kljueva, W. O. Gorbačeva und E. Z. Fajnberg, Vysokomol. Soed. (Hochmol. Verbind.) **6** (1960) 942
Michajlov, N. V. und M. V. Šablygin, Vysokomol. Soed. (Hochmol. Verbind.) **4** (1962) 1155
Michajlov, G. P. und A. L. Smoljanskij, Optika i Spektroskopija, Moskva **15** (1963) 471
Michajlov, G. P. und A. L. Smoljanskij, Optika i Spektroskopija, Moskva **15** (1963a) 766
Michajlov, G. P., D. M. Mirkamilov, Ju. Ja. Gotlib, A. M. Lobanov und B. Z. Volček, Vysokomol. Soed. (Hochmol. Verbind.) A **9** (1967) 1967
Michajlova, N. V. und V. N. Nikitin, Ž. prikl. Chimii (Z. angew. Chemie) **40** (1967) 1165
Michajlova, N. V. und V. N. Nikitin, Vysokomol. Soed. (Hochmol. Verbind.) A **11** (1969) 2432
Michell, A. J. und H. G. Higgins, Tetrahedron **21** (1965) 1109
Michell, A. J., Austral. J. Chem. **19** (1966) 2285
Mikolajewski, E., J. E. Swallow und M. W. Webb, J. appl. Polymer Sci. **8** (1964) 2067
Milagin, M. F., A. D. Gabarajeva und N. I. Šiškin, Vysokomol. Soed. (Hochmol. Verbind.) **12A** (1970) 513
Milan, J. und G. Smets, Makromol. Chem. **121** (1969) 275
Miles, S. H., E. R. McCall, V. W. Tripp und R. T. O'Connor, Amer. Dyestuff Reporter **53** (1964) 440
Miller, R. G. J. und H. A. Willis, Trans. Farad. Soc. **49** (1953) 433
Miller, R. G. J. und H. A. Willis, J. Polymer Sci. **19** (1956) 485
Miller, R. G. J. und H. A. Willis, J. appl. Chem. **6** (1956a) 385
Miller, R. G. J., Chem. and Ind. (1957) 190
Miller, M. L. und C. E. Rauhut, J. amer. chem. Soc. **80** (1958) 4115
Miller, R. G. J., B. Mills, P. Small, A. Turner-Jones und D. Wood, Chem. and Ind. **11** (1958a) 1323
Miller, R. L. und L. E. Nielsen, J. Polymer Sci. **46** (1960) 303
Miller, R. L., Polymer **1** (1960a) 135
Miller, R. L. und V. F. Holland, J. Polymer Sci. B **2** (1964) 519
Miller, R. G. J. (Herausgeg.), Laboratory Methods in Infrared Spectroscopy, Heyden & Son, London: 1965

MILLER, M. L., The Structure of Polymers, Reinhold Publ. Corp., New York: 1966. S. 426–492
MILLS, W. und M. J. JORDAN, J. Inst. Rubber Ind., London **4** (1970) 60
MISONO, A., Y. UCHIDA und K. YAMADA, Bull. chem. Soc. Japan **39** (1966) 2458
MISONO, A., Y. UCHIDA und K. YAMADA, Bull. chem. Soc. Japan **40** (1967) 2696
MISONO, A., Y. UCHIDA und K. YAMADA, Bull. chem. Soc. Japan **43** (1970) 3259
MITCHELL, J. A., C. D. BOCKMAN und A. V. LEE, Analyt. Chem. **29** (1957) 499
MITCHELL, I. und L. R. PERKINS, Mod. Plastics **44** (1967) 158
MITRA, S. S., J. chem. Phys. **36** (1962) 3286
MITSUISHI, A., Y. YAMADA, S. FUJITA, H. YOSHINAGA, J. opt. Soc. Amer. **50** (1960) 433
MIYAKE, A., J. Polymer Sci. **38** (1959) 479
MIYAKE, A., J. Polymer Sci. **38** (1959a) 497
MIYAKE, A., J. chem. Soc. Japan, Ind. Chem. Sect. **62** (1959b) 1443
MIYAKE, A. und R. CHUJO, J. Polymer Sci. **46** (1960) 163
MIYAKE, A., J. phys. Chem. **64** (1960a) 510
MIYAKE, A., Butt. chem. Soc. Japan **33** (1960b) 992
MIYAKE, A., J. Polymer Sci. **44** (1960c) 223
MIYAKE, A., J. amer. chem. Soc. **82** (1960d) 3040
MIYANOTO, T. und H. INAGAKI, J. Polymer Sci. A-2 **7** (1969) 963
MIYAZAWA, T., T. SHIMANOUCHI und S. MIZUSHIMA, J. chem. Phys. **24** (1956) 408
MIYAZAWA, T., T. SHIMANOUCHI und S. MIZUSHIMA, J. chem. Phys. **29** (1958) 611
MIYAZAWA, T., J. chem. Phys. **32** (1960) 1647
MIYAZAWA, T., J. mol. Spectroscopy **4** (1960a) 168
MIYAZAWA, T., Spectrochim. Acta **16** (1960b) 1233
MIYAZAWA, T., J. chem. Phys. **35** (1961) 693
MIYAZAWA, T., J. Polymer Sci. **55** (1961a) 215
MIYAZAWA, T. und E. R. BLOUT, J. amer. chem. Soc. **83** (1961b) 712
MIYAZAWA, T., Bull. chem. Soc. Japan **34** (1961c) 691
MIYAZAWA, T., K. FUKUSHIMA und I. IDEGUCHI, J. chem. Phys. **37** (1962) 2764
MIYAZAWA, T., Y. MASUDA und F. FUKUSHIMA, J. Polymer Sci. **62** (1962a) 62
MIYAZAWA, T. und Y. IDEGUCHI, J. Polymer Sci. B **1** (1963) 389
MIYAZAWA, T., Y. IDEGUCHI und K. FUKUSHIMA, J. chem. Phys. **38** (1963a) 2709
MIYAZAWA, T. und Y. IDEGUCHI, Bull. chem. Soc. Japan **36** (1963b) 1125
MIYAZAWA, T., K. FUKUSHIMA und Y. IDEGUCHI, J. Polymer Sci. B **1** (1963c) 385
MIYAZAWA, T. und Y. IDEGUCHI, J. Polymer Sci. B **1** (1963d) 389
MIYAZAWA, T., J. Polymer Sci. C Nr. **7** (1964) 59
MIYAZAWA, T., J. Polymer Sci. B 2 (1964a) 847
MIYAZAWA, T. und T. KITAGAWA, J. Polymer Sci. B **2** (1964b) 395
MIYAZAWA, T. und Y. IDEGUCHI, Bull. chem. Soc. Japan **37** (1964c) 1065
MIYAZAWA, T. und Y. IDEGUCHI, Makromol. Chem. **79** (1964d) 89
MIYAZAWA, T., J. chem. Phys. **43** (1965) 4030
MIYAZAWA, T. und Y. IDEGUCHI, Reports Progress Polymer Phys. Japan 8 (1965a) 49
MIYAZAWA, T. und Y. IDEGUCHI, J. Polymer Sci. B **3** (1965b) 541
MIYAZAWA, T., Vibrational Analysis of the Infrared Spectra of Stereoregular Polypropylene. In A. D. KETLEY (Ed.), The Stereochemistry of Macromolecules. Bd. **3**, Marcel Dekker, Inc., New York: 1968
MOCHEL, W. E. und M. B. HALL, J. amer. chem. Soc. **71** (1949) 4082
MOCHEL, W. E., J. Polymer Sci. 8 (1952) 583
MOENKE, H. Mineralspektren, Akademie-Verlag, Berlin: 1962
MORERO, D., A. SANTAMBROGIO, L. PORRI und F. CIAMPELLI, Chim. e Ind., Milano **41** (1959) 758
MORERO, D., E. MANTICA und L. PORRI, Suppl. Nuovo Cimento Nr. 1 (1960) 136
MORI, S. und K. OKAZAKI, J. Polymer Sci. A-1 **5** (1967) 231
MORRIS, J. und S. J. VAN DER WALT, J. South African chem. Inst. **14** (1961) 16

MORRISON, R. D., Amer. Dyestuff Rep. **52** (1963) 867
MORTON, A. A. und L. D. TAYLOR, J. Polymer Sci. **38** (1959) 7
MOSER, H. und D. STIELER, Z. angew. Physik **12** (1960) 280
MOVSESYAN, H. E. und A. A. SAAKYAN, Armjanskij chem. Ž. **20** (1967) 97
MOYNIHAN, R. E., J. amer. chem. Soc. 81 (1959) 1045
MULDER, J. L., Analyt. chim. Acta **38** (1967) 563
MURAHASHI, S., H. YUKI, T. SANO, U. YONEMURA, H. TADOKORO und Y. CHATANI, J. Polymer Sci. **62** (1962) 77
MURAHASHI, S., S. NOZAKURA und M. SUMI, J. Polymer Sci. B **3** (1965) 245
MURAHASHI, S., S. NOZAKURA, M. SUMI und K. MATSUMURA, J. Polymer Sci. B **4** (1966) 59
MURAHASHI, S., S. NOZAKURA, M. SUMI, H. YUKI und K. HATADA, J. Polymer Sci. B **4** (1966a) 65
MURANO, M. und R. YAMADERA, J. Polymer Sci. A-1 **5** (1967) 1059, 1855
MURANO, M. und R. YAMADERA, J. Polymer Sci. B **5** (1967a) 333, 483
MURANO, M., Makromol. Chem. **112** (1968) 281
MURAYAMA, N. und Y. AMAGI, J. Polymer Sci. B **4** (1966) 119
MZOUREK, Z. und O. MIKL, Plaste u. Kautschuk 8 (1961) 3

NAGAI, E. und N. SAGANE, Kobunshi Kagaku, Tokio (Chem. High Polymers) **12** (1955) 199
NAGAI, E. und S. KURIBAYASHI, Kobunshi Kagaku, Tokio (Chem. High Polymers) **12** (1955a) 322
NAGAI, H., H. WATANABE und N. NISHIOKA, J. Polymer Sci. **62** (1962) 95
NAGAI, H., J. appl. Polymer Sci. **7** (1963) 1697
NAKAJIMA, A., H. HAMADA und S. HAYASHI, Makromol. Chem. **95** (1966) 40
NAKAMOTO, K., M. MARGOSHES und R. E. RUNDLE, J. amer. chem. Soc. **77** (1955) 6480
NAKAYAMA, Y., T. TSURUTA, J. FURUKAWA, A. KAWASAKI und G. WASAI, Makromol. Chem. **43** (1961) 76
NARITA, S., S. ICHINOHE und S. ENOMOTO, J. Polymer Sci. **37** (1959) 281
NARITA, S., S. ICHINOHE und S. ENOMOTO, J. Polymer Sci. **37** (1959a) 263
NARITA, S., S. ICHINOHE und S. ENOMOTO, J. Polymer Sci. **36** (1959b) 389
NARITA, S., S. ICHINOHE und S. ENOMOTO, J. Polymer Sci. **37** (1959c) 273
NARITA, S., S. ICHINOHE und S. ENOMOTO, J. Polymer Sci. **37** (1959d) 251
NARITA, S. und K. OKUDA, J. Polymer Sci. **38** (1959e) 270
NATTA, G., J. Polymer Sci. **16** (1955) 143
NATTA, G., P. PINO, P. CORRADINI, F. DANUSSO, E. MANTICA, G. MAZZANTI und G. MORAGLIO, J. amer. chem. Soc. **77** (1955a) 1708
NATTA, G. und P. CORRADINI, Atti Accad. naz. Lincei, Cl. Sci. fis. mat. nat., Sez. II **4** (1955b) 73
NATTA, G. und P. CORRADINI, Atti Accad. naz. Lincei, Rend., Sci. fis. mat. nat. **18** (1955c) 19
NATTA, G. und P. CORRADINI, Makromol. Chemie **16** (1955d) 77
NATTA, G. Angew. Chemie **68** (1956) 393
NATTA, G., P. CORRADINI und M. CESARI, Atti Accad. naz. Lincei, Rend., Cl. Sci. fis. mat. nat. **21** (1956a) 365
NATTA, G., P. CORRADINI und L. PORRI, Atti. Accad. naz. Lincei, Rend. Classe Sci. fis. mat. nat. (8) **26** (1956b) 728
NATTA, G., P. CORRADINI und I. W. BASSI, Makromol. Chem. **21** (1956c) 240
NATTA, G. und P. CORRADINI, J. Polymer Sci. **20** (1956d) 251
NATTA, G., L. PORRI, P. CORRADINI und D. MORERO, Atti. Accad. naz. Lincei, Rend., Classe Sci. fis. mat. nat. **20** (1956e) 560
NATTA, G., P. CORRADINI und G. DALL'ASTA, Atti. Accad. naz. Lincei, Rend., Classe Sci. fis. mat. nat. **20** (1956f) 408
NATTA, G., P. PINO und G. MAZZANTI, Gazz. chim. ital. **87** (1957) 528
NATTA, G., G. MAZZANTI, A. VALVASSORI und G. PAJARO, Chim. e Ind., Milano, **39** (1957a) 733

NATTA, G., M. FARINA und M. PERALDO, Atti. Accad. naz. Lincei, Rend., Classe Sci. fis. mat. nat. (8) **25** (1958) 424
NATTA, G., L. PORRI, P. CORRADINI und D. MORERO, Chim. e Ind., Milano **40** (1958a) 362
NATTA, G. und F. DANUSSO, J. Polymer Sci. **34** (1959) 3
NATTA, G. und D. SIANESI, Atti Accad. naz. Lincei, Rend., Cl. Sci. fis. mat. nat. **26** (1959a) 418
NATTA, G., M. PERALDO und P. CORRADINI, Atti Accad. naz. Lincei, Rend., Classe Sci. fis. mat. nat. **26** (1959b) 14
NATTA, G., L. PORRI und A. MAZZEI, Chim. e Ind., Milano **41** (1959c) 116
NATTA, G., L. PORRI, A. MAZZEI und D. MORERO, Chim. e Ind., Milano **41** (1959d) 398
NATTA, G., Makromol. Chem. **35** (1960) 94
NATTA, G., M. FARINA und M. PERALDO, J. Polymer Sci. **43** (1960a) 289
NATTA, G., G. MAZZANTI, A. VALVASSORI, G. SARTORI und D. MORERO, Chim. e Ind., Milano **42** (1960b) 125
NATTA, G. und P. CORRADINI, Rubber Chem. Technol. **33** (1960c) 703
NATTA, G., G. CRESPI, S. GUZETTA und D. LEGHISSA, Rubber Plastics Age **42** (1961) 402
NATTA, G., G. DALL'ASTA, G. MAZZANTI und F. CIAMPELLI, Kolloid-Z./Z. Polymere **182** (1962) 50
NATTA, G. und G. MORAGLIO, Rubber Plastics Age **44** (1963) 42
NATTA, G., A. ZAMBELLI, I. PASQUON und F. CIAMPELLI, Makromol. Chem. **79** (1964) 161
NATTA, G., M. PERALDO und G. ALLEGRA, Makromol. Chem. **75** (1964a) 215
NATTA, G., Angew. Chem. **76** (1964b) 553
NATTA, G., A. VALVASSORI, F. CIAMPELLI und G. MAZZANTI, J. Polymer Sci. A **3** (1965) 1
NEIMO, L. und H. SIHTOLA, Paperi ja Puu **45** (1963) 243
NELSON, K. V., L. S. SKRIPOVA und N. V. KOZLOVA, Zavodsk. Labor., Moskva (Betriebslabor) **29** (1963) 704
NELSON, M. L. und R. T. O'CONNOR, J. appl. Polymer Sci. **8** (1964) 1311
NELSON, M. L. und R. T. O'CONNOR, J. appl. Polymer Sci. **8** (1964a) 1325
NESZMÉLYI, A. und L. IMRE, Spectrochim. Acta **24 A** (1968) 297
NETTELBECK, H. J., Dissertation Aachen: 1966
NEWBOLD, G. T., Chem. and Ind. (1959) 155
NEWBURGER, S. H., J. Assoc. off. agric. Chemists **45** (1962) 792
NEWMAN, R. und R. S. HALFORD, Rev. sci. Instrum. **19** (1948) 270
NICHOLS, J. B., J. appl. Phys. **25** (1954) 840
NIELSEN, J. R. und A. H. WOOLETT, J. chem. Phys. **26** (1957) 1391
NIELSEN, J. R. und R. F. HOLLAND, J. mol. Spectroscopy **4** (1960) 488
NIELSEN, J. R. und R. F. HOLLAND, J. mol. Spectroscopy **6** (1961) 394
NIELSEN, J. R., J. Polymer Sci. C Nr. **7** (1964) 19
NIKITIN, V. N. und E. J. POKROVSKIJ, Dokl. Akad. Nauk SSSR (Ber. Akad. Wiss. UdSSR) **95** (1954) 109
NIKITIN, V. N. und B. Z. VOLČEK, Ž. techn. Fiz. (Z. techn. Physik) **27** (1957) 1616
NIKITIN, V. N., L. A. VOLKOVA, N. V. MICHAJLOVA und JU. G. BAKLAGINA, Vysokomol. Soed. (Hochmol. Verbind.) **1** (1959) 1094
NIKITIN, V. N. und B. Z. VOLČEK, Vysokomol. Soed. (Hochmol. Verbind.) **2** (1960) 1015
NIKITIN, V. N. und L. I. MAKLAKOV, Optika i Spektroskopija **13** (1962) 603
NIKITIN, V. N. und N. V. MICHAJLOVA, Dokl. Akad. Nauk SSSR (Ber. Akad. Wiss. UdSSR) **148** (1963) 624
NIKITIN, V. N. und I. JU. LEVDIK, Ž. prikl. Chimii (Z. angew. Chem.) **38** (1965) 2366
NIKITIN, V. N. und N. V. MICHAJLOVA, Vysokomol. Soed. (Hochmol. Verbind.) A **9** (1967a) 784
NIKONOVIČ, G. V., S. A. LEONTEVA, V. P. ŠUTKINA, CH. U. USMANOV, A. A. ADILOV und JU. T. TAŠPULATOV, Vysokomol. Soed. (Hochmol. Verbind.) **7** (1965) 2132
NISHIOKA, A., H. WATANABE, K. ABE und Y. SONO, J. Polymer Sci. **48** (1960) 241
NISHIOKA, A. und K. YANAGISAWA, Kobunshi Kagaku, Tokio (Chem. High Polymers) **19** (1962) 667

NISHIOKA, A. und K. YANAGISAWA, Kobunshi Kagaku, Tokio (Chem. High Polymers) **19** (1962 a) 671
NOH, I. und H. YU, J. Polymer Sci. B **4** (1966) 721
NONNENMACHER, G. und R. MECKE, Z. analyt. Chem. **170** (1959) 127
NORRIS, K. P., J. sci. Instr. **31** (1954) 284
NOVAK, A. und E. WHALLEY, Trans. Farad. Soc. **55** (1959) 1484
NOVAK, A. und E. WHALLEY, Trans. Farad. Soc. **55** (1959 a) 1490
NOVAK, A. und E. WHALLEY, Can. J. Chem. **37** (1959 b) 1710
NOVAK, A. und E. WHALLEY, Can. J. Chem. **37** (1959 c) 1718
NOVAK, A. und E. WHALLEY, Can. J. Chem. **37** (1959 d) 1722
NOVAK, I. I., Vysokomol. Soed. (Hochmol. Verbind.) **5** (1963) 1645
NOVAK, I. I. und V. I. VETTEGREN, Vysokomol. Soed. (Hochmol. Verbind.) **6** (1964) 706
NOVAK, I. I. und V. I. VETTEGREN, Vysokomol. Soed. (Hochmol. Verbind.) **7** (1965) 1027
NOVAK, I. I., V. A. SUČKOV und E. A. IVANOVA, Vysokomol. Soed. (Hochmol. Verbind.) A **9** (1967) 2742
NOVAK, I. I., D. M. SACHIBGAREJEVA und N. P. KULIKOVA, Vysokomol. Soed. (Hochmol. Verbind.) **11 B** (1969) 591
NYBURG, S. C., Acta crystalogr. **7** (1954) 385
NYQUIST, R. A., Infrared Spectra of Plastics and Resins. Dow Chemical Co., USA: 1960

O'CONNOR, R. T., E. F. DUPRÉ und E. R. MCCALL, Analyt. Chem. **29** (1957) 998
O'CONNOR, R. T., E. F. DUPRÉ und D. MITCHAM, Textile Res. J. **28** (1958) 382
O'CONNOR, R. T., E. F. DUPRÉ und E. R. MCCALL, Textile Res. J. **28** (1958 a) 542
O'CONNOR, R. T., E. R. MCCALL und D. MITCHAM, Amer. Dyestuff Rep. **49** (1960) 214
O'CONNOR, R. T., Develop. appl. Spectr. **5** (1965) 129
OGURA, K. und H. SOBUE, J. Polymer Sci. B **6** (1968) 63
OHSHIKA, T., J. chem. Soc. Japan, Ind. Chem. Sect. **63** (1960) 1256, 1261, 1265, 1270
OKADA, K., J. chem. Phys. **43** (1965) 2497
OKADA, T. und L. MANDELKERN, J. Polymer Sci. B **4** (1966) 1043
OKADA, T. und L. MANDELKERN, J. Polymer Sci. A-2 **5** (1967) 239
OKAJIMA, S. und K. INOUE, J. Polymer Sci. B **1** (1963) 513
OKAJIMA, S. und K. INOUE, J. Polymer Sci. A **2** (1964) 461
OKAMOTO, M., K. MIYAMICHI und O. ISHIZUKA, Kobunshi Kogaku, Tokio (Chem. High Polymers) **21** (1964) 218
OKAMURA, S., T. KODAMA und T. HIGASHIMURA, Makromol. Chem. **53** (1962) 180
OKAMURA, S., T. HIGASHIMURA, A. TANAKA, R. KATO und Y. KIKUCHI, Makromol. Chem. **54** (1962 a) 226
OKAZIMA, S. und A. KAI, J. appl. Polymer Sci. **11** (1967) 289
OLTUS, E., Cellulose Chem. Technol. **2** (1968) 311
ONGEMACH, G. C., V. A. DORMAN-SMITH und W. E. BEIER, Analyt. Chem. **38** (1966) 123
ONISHI, T. und S. KRIMM, J. appl. Phys. **32** (1961) 2320
OPASKAR, C. G. und S. KRIMM, J. Polymer Sci. A-2 **7** (1969) 57
OTTING, W., Spektrale Zuordnungstafel der Infrarot-Absorptionsbanden. Springer-Verlag, Berlin—Göttingen—Heidelberg: 1963
OVANDER, L. N., Optika i Spektroskopija, Moskva **11** (1961) 129
OVANDER, L. N., Optika i Spektroskopija, Moskva **12** (1962) 711
OVEREND, J., in DAVIES (1963) 345

PALM, A., J. phys. Chem. **55** (1951) 1320
PALM, K., Z. Chem. **5** (1965) 462
PALM, K., Z. Chem. **9** (1969) 452
PAN, H. P. und G. J. EDWARDS, Appl. Spectroscopy **17** (1963) 74
PANDE, A. und M. M. SINGH, Laboratory Practice **15** (1966) 544

PANDEY, S. N. und R. L. N. IYENGAR, Textile Res. J. **38** (1968) 675
PANOV, V. P., R. G. ŽBANKOV und R. A. MALACHOV, Vysokomol. Soed. (Hochmol. Verbind.) A **11** (1969) 2254
PARISOT, A. und P. BOURIOT, Bull. Inst. Textile France **23** (1969) 789
PARKER, F. S., Nature (London) **200** (1963) 1093
PARKER, F. S. und R. ANS, Analyt. Biochem. **18** (1967) 414
PATTERSON, D. und I. M. WARD, Trans. Farad. Soc. **53** (1957) 291
PAULING, L., R. COREY und H. BRANSON, Proc. nat. Acad. Sci. US **37** (1951) 205
PAULING, L. und R. COREY, Proc. nat. Acad. Sci. US **37** (1951a) 256
PAVLJUČENKO, M. M. und I. M. ERMOLENKO, Izv. Akad. Nauk SSSR, Serija fiz. (Nachr. Akad. Wiss. UdSSR, Physik) **20** (1956) 546
PEACOCK, C. J., P. J. HENDRA, H. A. WILLIS und M. E. A. CUDBY, J. chem. Soc. (London) Sect. A (1970) 2943
PEARSON, F. G., R. H. MARCHESSAULT und C. Y. LIANG, J. Polymer Sci. **43** (1960) 101
PEERMAN, D. E., W. TOLBERG und H. WITTCOFF, J. amer. chem. Soc. **76** (1954) 6085
PENNINGS, A. J., W. PRINS, R. D. HALE und B. G. RÅNBY, J. appl. Polymer Sci. **5** (1961) 676
PERALDO, M., Gazz. chim. ital. **89** (1959) 798
PERALDO, M. und M. FARINA, Chim. e Ind. (Milano) **42** (1960) 1349
PERALDO, M., G. NATTA und A. ZIAMPELLI, Makromol. Chem. **89** (1965) 273
PERALDO, M. und M. CAMBINI, Spectrochim. Acta **21** (1965a) 1509
Perkin-Elmer Instr. News **16** (1966) 5
Perkin-Elmer Instr. News **16** (1966a) 15
PESTEMER, M., Angew. Chem. **63** (1951) 118
PESTEMER, M., Angew. Chem. **67** (1955) 740
PETERLIN, A., H. G. OLF, W. L. PETICOLAS, G. W. HIBLER und J. L. LIPPERT, J. Polymer Sci. B **9** (1971) 583
PETICOLAS, W. L., G. W. HIBLER, J. L. LIPPERT, A. PETERLIN und H. OLF, Appl. Phys. Letters **18** (1971) 87
PETROPAVLOVSKIJ, G. A., M. M. KRUNČAK und G. G. VASILEVA, Ž. prikl. Chimii (Z. angew. Chemie) **40** (1967) 2209
PETROPAVLOVSKIJ, G. A. und G. G. VASILEVA, Ž. prikl. Spektroskopii (Z. angew. Spektr.) **7** (1967a) 240
PFANN, H. F., VAN ZANDT WILLIAMS und H. MARK, J. Polymer Sci. **1** (1946) 14
PFUND, A. H., J. opt. Soc. Amer. **37** (1947) 558
PHILPOTTS, A. R., W. THAIN und P. G. SMITH, Analyt. Chem. **23** (1951) 268
PHILPOTTS, A. R., D. O. EVANS und N. SHEPPARD, Trans. Farad. Soc. **51** (1955) 1051
PIERCE, R. H. H., E. S. CLARK, J. F. WHITNEY und W. M. D. BRYANT, 130th Meeting of the American Chem. Soc., Sept. 1956
PIMENTEL, G. C. und C. H. SEDERHOLM, J. chem. Phys. **24** (1956) 639
PIMENTEL, G. C. und A. L. MCCLELLAN, The Hydrogen Bond. W. H. Freeman & Co., San Francisco und London: 1960
PINCHAS, S., Analyt. Chem. **27** (1955) 2
PIRLOT, G., Bull. Soc. chim. belg. **58** (1949) 28
PIRLOT, G., Bull. Soc. chim. belg. **59** (1950) 352
PISERI, L. und G. ZERBI, J. chem. Phys. **48** (1968) 3561
PISERI, L. und G. ZERBI, Chem. Phys. Letters **2** (1968a) 127
PIVCOVÁ, H. und B. SCHNEIDER, Chem. Listy **57** (1963) 1068
PIVCOVÁ, H., B. SCHNEIDER, J. ŠTOKR und J. JAKEŠ, Coll. czechoslov. chem. Commun. **29** (1964) 2436
PIVCOVÁ, H., B. SCHNEIDER und J. ŠTOKR, Coll. czechoslov. chem. Commun. **30** (1965) 2215
PLIEV, T. N., Dokl. Akad. Nauk. SSSR (Ber. Akad. Wiss. UdSSR) **169** (1966) 626
POHL, R. W., Einführung in die Elektrizitätslehre, 10. Aufl., Springer: Berlin 1944, 262

POHL, H. U., Dissertation, Köln: 1967
POHL, H. U. und D. O. HUMMEL, Makromol. Chem. **113** (1968) 190
POHL, H. U. und D. O. HUMMEL, Makromol. Chem. **113** (1968 a) 203
POHL, H. U. und D. O. HUMMEL, Makromol. Chem. **115** (1968 b) 141
POHL, H. U., J. DENAXAS und D. O. HUMMEL, Makromol. Chem. **115** (1968 c) 125
POKROVSKIJ, E. I. und M. V. VOLKENŠTEIN, Dokl. Akad. Nauk SSSR (Ber. Akad. Wiss. UdSSR) **115** (1957) 552
POKROVSKIJ, E. I. und I. P. KOTOVA, Soviet Phys. **1** (1957 a) 1417
POKROVSKIJ, E. I.,Vysokomol. Soed. (Hochmol. Verbind.) **1** (1959) 738
POKROVSKIJ, E. I., Vysokomol. Soed. (Hochmol. Verbind.) **6** (1964) 642
POKROVSKIJ, E. I. und E. F. FEDOROVA, Vysokomol. Soed. (Hochmol. Verbind.) **6** (1964 a) 647
POLČIN, J., F. VALČEK, A. FELCÁNOVÁ und Č. VARGOVÁ, Cellulose Chem. Technol. **1** (1967) 259
POLJAK, A. B., E. L. TATEVOSJAN, A. A. KUPCAN und A. I. MEOS, Chim. Volokna (Chem. Fasern) (1964) 38
POPOV, V. P., R. M. VOROPAJEVA und A. G. IVANOVA, Plast. Massy (1969) 8
PORTER, M. R., J. Polymer Sci. **33** (1958) 447
POTTS, W. J. und R. A. NYQUIST, Spectrochim. Acta **15** (1959) 679
PRATI, G., Ricerca Doc. Tessile, Milano **1** (1964) 49
PRATI, G., Ricerca Doc. Tessile, Milano **3** (1966) 63
PREVORSEK, D. C. und J. P. SIBILIA, J. macromol. Sci. (Phys.) B **5** (1971) 617
PRICE, W. C. und R. D. B. FRASER, Proc. Roy. Soc. B **141** (1953) 66
PRICE, C. C. und M. OSGAN, J. amer. chem. Soc. **78** (1956) 4787
PRICE, F. P., J. Chem. Phys. **36** (1962) 209
PRICE, F. P. und R. W. KILB, J. Polymer Sci. **57** (1962 a) 395
PRICE, W. H. und R. H. MAURER, Appl. Spectr. **17** (1963) 106
PRICE, C. C. und R. SPECTOR, J. amer. chem. Soc. **88** (1966) 4171
PRIETZSCHK, A., Kolloid-Z. **156** (1958) 8
PUTIEV, JU. P., JU. T. TAŠPULATOV, T. G. GAFUROV und CH. U. USMANOV, Vysokomol. Soed. (Hochmol. Verbind.) **6** (1964) 1415
PUTIEV, JU. P., G. V. NIKONOVIČ und J. TAŠPULATOV, Usbek. chem. J. **8** (1964 a) 75
PUTIEV, JU. P. und E. I. BERENŠTEJN, Ž. prikl. Spektroskopii (Z. angew. Spektr.) **7** (1967) 371
PUTIEV, JU. P., Vysokomol. Soed. (Hochmol. Verbind.) **10B** (1968) 663
PUTTNAM, N. A., Proc. Soc. analyt. Chem. **2** (1965) 158

QUYNN, R. G. und R. STEELE, Nature (London) **173** (1954) 1240
QUYNN, R. G., J. L. RILEY, D. A. YOUNG und H. D. NOETHER, J. appl. Polymer Sci. **2** (1959) 166

RAFF, R. A. v. und K. W. DOAK, Crystalline Olefin Polymers. Intersci. Publ., New York: 1965
RAGAZZINI, M., D. CARCANO, M. MODENA und G. C. SERBOLI, European Polymer J. **6** (1970) 763
RAHBEK, H. und M. OMAR, Nature (London) **169** (1952) 1008
RAHMAN, M. Z. und P. E. IVANOVA, Kaučuk i Rezina, Moskva **29** (1970) 49
RAKUS, J. P. und C. D. MASON, J. Polymer Sci. B **4** (1966) 467
RAMAKRISHNAN, G. S., S. DASGUPTA und J. P. PONDE, J. Polymer Sci. **19** (1956) 323
RAMSAY, D. A., J. amer. chem. Soc. **74** (1952) 72
RÅNBY, B., Papier **18** (1964) 593
RAO, C. N. R., Chemical Applications of Infrared Spectroscopy. Academic Press, New York und London: (1963)
RAO, S. P. und M. SANTAPPA, J. Polymer Sci. A-1 **6** (1968) 95

RATH, H. und M. PÄSSLER, Melliand Textilber. **42** (1961) 787
RAU, J. H., Melliand Textilber. **44** (1963) 1098, 1197, 1317
RAU, J. H., Melliand Textilber. **45** (1964) 224
RAU, J. H. und U. A. SCHWAIR, Melliand Textilber. **47** (1966) 1423
RAVENS, A. S. und I. M. WARD, Trans. Farad. Soc. **57** (1961) 150
RAZIKOV, CH., E. D. TJAGAI, P. P. LARIN und CH. U. USMANOV, Vysokomol. Soed. (Hochmol. Verbind.) **9** (1967) 393
READ, B. E. und R. S. STEIN, Macromolecules **1** (1968) 116
REDING, F. P. und C. M. LOVELL, J. Polymer Sci. **21** (1956) 157
REDLICH, O., Z. physik. Chemie **B28** (1935) 371
REICHENBACH, D., Kautschuk, Gummi, Kunststoffe **18** (1965) 9
REICHERT, K. H., Farbe u. Lack **72** (1966) 13
REINHARDT, R. C., Ind. Engng. Chem. **35** (1943) 422
REISS, C. und H. BENOIT, J. Polymer Sci. C Nr. 16 (1968) 3079
RICHARDS, R. E. und W. R. BURTON, Trans. Faraday Soc. **45** (1949) 874
RICHARDS, R. B., J. appl. Chem. **1** (1951) 370
RICHARDS, J. R., Dissertation Abstr. **22** (1961) 1029
RICHARDSON, W. S., J. Polymer Sci. **13** (1954) 229
RING, W., J. Polymer Sci. B **1** (1963) 323
RIPPERE, R. E., Analyt. Chem. **25** (1953) 363
RIPPON, W. B., J. L. KOENIG und A. G. WALTON, J. amer. chem. Soc. **92** (1970) 7455
ROBBINS, C., Textile Res. J. **37** (1967) 811
ROBERT, L. und J. FAVRE, Compt. Rend. **234** (1952) 2270
ROBINSON, D. Z., Analyt. Chem. **23** (1951) 273
ROBINSON, T., Nature (London) **184** (1959) 448
ROBINSON, F. P. und S. N. VINOGRADOV, Appl. Spectroscopy **18** (1964) 62
RODE, V. V., P. N. GRIBKOVA, JA. S. VYGODSKIJ, S. V. VINOGRADOVA und V. V. KORŠAK, Vysokomol. Soed. (Hochmol. Verbind.) A **10** (1968) 2550
ROEDEL, M. J., J. amer. chem. Soc. **75** (1953) 6110
ROGOVIN, Z. A., T. S. SYDYKOV, R. M. LIVŠIC, M. V. ŠABLYGIN und N. V. MICHAJLOV, Vysokomol. Soed. (Hochmol. Verbind.) **10B** (1968) 46
ROHMER, M., Z. analyt. Chem. **170** (1959) 147
RÖPKE, R. und W. NEUDERT, Z. analyt. Chem. **170** (1959) 78
ROPTE, E., Ber. Bunsenges. physik. Chem. **70** (1966) 317
ROŠČUPKIN, V. P., N. S. ANDREEV und T. K. GONCAROV, Vysokomol. Soed. (Hochmol. Verbind.) **14** (1972) 477
ROSEN, I. und W. E. MARSHALL, J. Polymer Sci. **56** (1962) 501
ROSENBERGER, H. M. und C. H. SHOEMAKER, Analyt. Chem. **31** (1959) 1315
ROSMARIN, G., B. SOLOMON und C. SIMIONESKU, Cellulose Chem. Technol. **1** (1967) 445
ROSSBACH, V. und D. NISSEN, Polymer **12** (1971) 655
ROSSMANN, K., J. chem. Phys. **23** (1955) 1355
ROWEN, J. W. und E. K. PLYLER, J. Res. nat. Bur. Stand. **44** (1950) 313
ROWEN, J. W., F. H. FORZIATI und R. E. REEVES, J. amer. chem. Soc. **73** (1951) 4484
RUGG, F. M., J. J. SMITH und J. V. ATKINSON, J. Polymer Sci. **9** (1952) 579
RUGG, F. M., J. J. SMITH und H. WARTMAN, J. Polymer Sci. **11** (1953) 1
RUGG, F. M., J. J. SMITH und R. C. BACON, J. Polymer Sci. **13** (1954) 535
RUNDLE, R. E. und M. PARASOL, J. chem. Phys. **20** (1952) 1487
RUPPRECHT, A., Biochim. Biophys. Acta **199** (1970) 277
RUSCHER, C. und H. VERSÄUMER, Faserforsch. u. Textiltechn. **10** (1959) 245
RUSCHER, C. und R. SCHMOLKE, Faserforsch. u. Textiltechn. **11** (1960) 383
RUSCHER, C., V. GRÖBE und H. VERSÄUMER, Faserforsch. u. Textiltechn. **12** (1961) 214
RUSCHER, C. und R. SCKMOLKE, Faserforsch. u. Textiltechn. **14** (1963) 459
RUSCHER, C. und R. SCHMOLKE, Faserforsch. u. Textiltechn. **14** (1963a) 340

RUSCHER, C. und J. DECHANT, Faserforsch. u. Textiltechn. **15** (1964) 481
RUSSELL, A., J. appl. Polymer Sci. **4** (1960) 219
RUSSELL, C. A. und J. V. PASCALE, J. appl. Polymer Sci. **7** (1963) 959
RYAN, F. und P. C. FLEISCHER, J. phys. Chem. **69** (1965) 3384

ŠABLYGIN, M. V. und N. V. MICHAJLOV, Chim. Volokna (Chem. Fasern) **5** (1963) 51
SAFFORD, G. J. und F. J. LoSACCO, J. chem. Phys. **43** (1965) 3404
SAFFORD, G. J. und A. W. NAUMANN, Adv. Polymer Sci./Fortschr. Hochpolymeren-Forsch. **5** (1967) 1
SAFFORD, G. J. und A. W. NAUMANN, Macromolecular Reviews **2** (1967a) 1
SAKATA, H. und N. KOMATSU, J. Soc. Textile Cellulose Ind., Japan **19** (1963) 337
SAKSENA, B. D., K. C. AGARWAL und G. S. JAUHRI, J. Polymer Sci. **62** (1962) 347
SALOMON, G., A. C. VAN DER SCHEE, A. A. KETELAAR und B. J. VAN EYK, Disc. Farad. Soc. **9** (1950) 291
SALOMON, G. und A. C. VAN DER SCHEE, J. Polymer Sci. **14** (1954) 287
SALOMON, G. und A. C. VAN DER SCHEE, J. Polymer Sci. **14** (1954a) 181
SALOMON, G. und A. C. VAN DER SCHEE, Rubber Chem. Technol. **28** (1955) 213
SALOMON, G., C. J. SCHOONEVELDT-VAN DER KLOES und J. H. L. ZWIERS, Recueil Trav. chim. Pays-Bas **79** (1960) 313
SAMEC, M., Stärke **6** (1954) 87
SAMUELS, R. J., J. Polymer Sci. A **3** (1965) 1741
SANDEMAN, I., Proc. Roy. Soc. A **232** (1955) 105
SANDEMAN, I. und A. KELLER, J. Polymer Sci. **19** (1956) 401
SANDIFORD, D. J. H., J. appl. Chem. **8** (1958) 188
SAPOLSKI, O. B., Vysokomol. Soed. (Hochmol. Verbind.) **5** (1963) 68
SARDA, G. und N. PEACOCK, Nature (London) **200** (1963) 67
SARMADJIEVA, V. und K. DIMOV, Cellulose Chem. Technol. **5** (1971) 443
SARTORI, G., A. VALVASORRI und S. FAINA, Atti Accad. naz. Lincei, Rend., Cl. Sci. fis. mat. nat. **35** (1963) 565
SASAKI, T., J. Polymer Sci. B **3** (1965) 557
SAUNDERS, R. A. und D. C. SMITH, J. appl. Phys. **20** (1949) 953
SAUTER, E., Z. physik. Chem. (Leipzig) **B21** (1933) 186
SAUTER, E., Z. physik. Chemie (Leipzig) **B21** (1933a) 161
SAVICKAJA, A. N., I. B. KLIMENKO, L. A. VOLF und V. F. ANDROSOV, Vysokomol. Soed. (Hochmol. Verbind.) **A12** (1970) 790
SCHACHTSCHNEIDER, J. H. und R. G. SNYDER, Spetrochim. Acta **19** (1963) 117
SCHACHTSCHNEIDER, J. H. und R. G. SNYDER, J. Polymer Sci. C Nr. 7 (1964) 99
SCHACHTSCHNEIDER, J. H. und R. G. SNYDER, Spectrochim. Acta **21** (1965) 1527
SCHAUFELE, R. F., J. opt. Soc. Amer. **57** (1967) 105
SCHAUFELE, R. F. und T. SHIMANOUCHI, J. chem. Phys. **47** (1967a) 3605
SCHAUFELE, R. F., J. Polymer Sci. D (Macromol. Rev.) **4** (1970) 67
SCHEARER, H. M. und V. VAND, Acta crystallogr. (Kopenhagen) **9** (1956) 379
SCHEDDEL, R. T., Analyt. Chem. **30** (1958) 1303
SCHIEDT, U. und H. REINWEIN, Z. Naturforsch. **7b** (1952) 270
SCHIEDT, U., Z. Naturforsch. **8b** (1953) 66
SCHIEDT, U., Appl. Spectroscopy **7** (1953a) 75
SCHIELE, C. und K. HALFAR, Appl. Spectroscopy **19** (1965) 163
SCHIELE, C. und F. J. MEYER, Spectrochim. Acta **22** (1966) 1967
SCHMALZ, E. O. und W. KIMMER, Z. analyt. Chemie **181** (1961) 229
SCHMALZ, E. O. und G. GEISELER, Z. analyt. Chem. **188** (1962) 241, 253
SCHMALZ, E. O. und G. GEISELER, Z. analyt. Chem. **190** (1962a) 222, 233
SCHMALZ, E. O. und G. GEISELER, Z. physik. Chem. (Leipzig) **220** (1962b) 317
SCHMALZ, E. O. und G. GEISELER, Z. analyt. Chem. **191** (1962c) 1

SCHMIDT, P. G. und F. P. GAY, Angew. Chem. **74** (1962) 638
SCHMIDT, P. G., J. Polymer Sci. A **1** (1963) 1271
SCHMIDT, P. und B. SCHNEIDER, Coll. czechoslov. chem. Commun. **28** (1963a) 2685
SCHMIDT, P., B. SCHNEIDER und P. ČEFELIN, J. Polymer Sci. C **16** (1967) 229
SCHMITZ, D., Plaste u. Kautschuk **16** (1969) 936
SCHMOLKE, R., Dissertation, Leipzig: 1963
SCHMOLKE, R., Faserforsch. u. Textiltechn. **15** (1964) 273
SCHMOLKE, R., H. HERMA und V. GRÖBE, Faserforsch. u. Textiltechn. **16** (1965) 589
SCHMOLKE, R., Faserforsch. u. Textiltechn. **16** (1965a) 514
SCHMOLKE, R., E. WALENTA, H. HERMA und C. RUSCHER, Faserforsch. u. Textiltechn. **17** (1966) 220
SCHMOLKE, R., W. KIMMER, P. KUZAY und W. HUFENREUTER, Plaste u. Kautschuk **18** (1971) 95
SCHNEIDER, W. G. und H. J. BERNSTEIN, Trans. Farad. Soc. **52** (1956) 13
SCHNEIDER, B., P. SCHMIDT und O. WICHTERLE, Coll. czechoslov. chem. Commun. **27** (1962) 1749
SCHNEIDER, C., J. HERZ und D. HUMMEL, Makromol. Chem. **53** (1962a) 228
SCHNEIDER, B. und J. VODŇANSKÝ, Coll. czechoslov. chem. Commun. **28** (1963) 2080
SCHNEIDER, C. und J. HERZ, Makromol. Chem. **73** (1964) 128
SCHNEIDER, B., A. HOŘENI, H. PIVCOVÁ und J. HONZL, Coll. czechoslov. chem. Commun. **30** (1965) 2196
SCHNEIDER, B., Summer School Spectroscopy of Polymers, Prag: 1967
SCHNEIDER, B., J. ŠTOKR, D. DOSKOČILOVÁ, M. KOLINSKY, Š. SYKORA und D. LIM, J. Polymer Sci. C Nr. **16** (1968) 3891
SCHNELL, G., Ergeb. exakt. Naturwiss. **31** (1959) 220
SCHNELL, H., Chemistry and Physics of Polycarbonates. Interscience Publ., New York—London—Sydney: 1964
SCHNELL, G., Ber. Bunsenges. physik. Chemie **70** (1966) 297
SCHNELL, H. und L. BOTTENBRUCH, Naturwiss. **54** (1967) 306
SCHÖNHERR, F., Z. Chem. **9** (1969) 424
SCHÖNHERR, F., Faserforsch. u. Textiltechn. **21** (1970) 246
SCHONHORN, H. und J. P. LUONGO, Macromolecules **2** (1969) 366
SCHOWTKA, K. H. und H. KRIEGSMANN, Zeiss-Jena-Nachrichten **9** (1961) 3
SCHRADER, B., W. MEIER, E. STEIGNER und F. ZÖHRER, Z. analyt. Chemie **254** (1971) 257
SCHULT, J. H., Kautschuk, Gummi, Kunststoffe **17** (1964) 707
SCHULZ, R. C., H. CHERDRON und W. KERN, Makromol. Chem. **29** (1959) 190
SCHULZ, R. C., E. KAISER und W. KERN, Makromol. Chem. **76** (1964) 99
SCHURZ, J. und E. KIENZL, Mh. Chem. **88** (1957) 1017
SCHURZ, J., J. Polymer Sci. **28** (1958) 438
SCHURZ, J., M. REBEK und M. DECHANT, Cellulose Chem. Technol. **1** (1967) 23
SCHWAB, O., Papier **19** (1965) 115
SCHWAIR, U. A., Dissertation, Stuttgart: 1966
SCHWOCHAU, K. und H. J. EICHHOFF, Z. Naturforsch. **17b** (1962) 582
SCISM, A. J., Analyt. chem. Acta **42** (1968) 177
SCOTT, K. W., G. S. TRICK, R. H. MAYOR, W. M. SALTMAN und R. M. PIERSON, Rubber Plastics Age **42** (1961) 175
SEARS, W. C., J. appl. Phys. **12** (1941) 35
SEGAL, L., J. Polymer Sci. **55** (1961) 395
SEGAL, L. und F. V. EGGERTON, Textile Res. J. **31** (1961a) 460
SEGRE, A. L., F. CIAMPELLI und G. DALL'ASTA, J. Polymer Sci. B **4** (1966) 633
SEHAN, R., Diplomarbeit, Halle (1964)
SEIDEL, B., Ber. Bunsenges. phys. Chem. **62** (1968) 214
ŠELKUNOV, N. G., I. B. KLIMENKO und N. K. PODLESSKAJA, Ž. prikl. Chimii (Z. angew. Chem.) **42** (1969) 2322

SEMENOVA, L. P., N. A. KLAUZEN und A. L. ZAJDES, Kaučuk i Rezina, Moskva **29** (1970) 16
SEMON, W. L. und D. CRAIG, Rubber Plastics Age **40** (1959) 140
SENNER, P., U. SCHWAIR, W. MORGENSTERN und B. SANDNER, Melliand Textilber. **48** (1967) 789
SESHADRI, K. S. und R. N. JONES, Spectrochim. Acta **19** (1963) 1013
SEYMOUR, R. W., G. M. ESTES und S. L. COOPER, Macromolecules **3** (1970) 579
SHAH, R. C. und R. S. GANDHI, Textile Res. J. **38** (1969) 874
SHAW, J. N. und M. C. MARSHALL, J. Polymer Sci. A-1 **6** (1968) 449
SHEN, M., W. N. HANSEN und P. C. ROMO, J. chem. Phys. **51** (1969) 425
SHEPPARD, N. und G. B. B. M. SUTHERLAND, Nature (London) **159** (1947) 739
SHEPPARD, N. und G. B. B. M. SUTHERLAND, Rubber Chem. Technol. **21** (1948) 799
SHEPPARD, N., Trans. Farad. Soc. **46** (1950) 429
SHEPPARD, N., in HADŽI (1959)
SHERMAN, B., Appl. Spectroscopy **18** (1964) 7
SHIMANOUCHI, T., S. TSUCHIYA und S. MIZUSHIMA, J. chem. Phys. **30** (1959) 1365
SHIMANOUCHI, T. und M. TASUMI, J. chem. Phys. **34** (1961) 687
SHIMANOUCHI, T. und M. TASUMI, Bull. chem. Soc. Japan **34** (1961a) 359
SHIMANOUCHI, T. und M. TASUMI, Spectrochim. Acta **17** (1961b) 755
SHIMANOUCHI, T., Pure appl. Chem. **7** (1963) 131
SHIMANOUCHI, T., J. Polymer Sci. C Nr. **7** (1964) 85
SHIMANOUCHI, T., M. TASUMI und Y. ABE, Makromol. Chem. **86** (1965) 43
SHIMANOUCHI, T., Summer School *Spectroscopy of Polymers*, Preprints of Lectures, Prag: 1967
SHIPMAN, J. J. und M. A. GOLUP, J. Polymer Sci. **58** (1962) 1063
SHIPMAN, J. J., V. L. FOLT und S. KRIMM, Spectrochim. Acta **18** (1962a) 1603
SHORT, J. N., V. THORNTON und G. KRAUS, Rubber Chem. Technol. **30** (1957) 1118
SIBILIA, J. P. und R. C. WINCKLHOFER, J. appl. Polymer Sci. **6** (1962) 56
SIBILIA, J. P. und A. R. PATERSON, J. Polymer Sci. C Nr. 8 (1965) 41
SIBILIA, J. P., J. Polymer Sci. A-2 **9** (1971) 27
SIGAL, M. B., M. V. ŠABLYGIN und V. JA. VARŠAWSKIJ, Chim. Volokna (Chem. Fasern) (1965) 25
SIGNER, R. und J. WEILER, Helv. Chim. Acta **15** (1932) 649
ŠIGORIN, D. N., N. V. MICHAJLOV und S. P. MAKAREVA, Dokl. Akad. Nauk SSSR (Ber. Akad. Wiss. UdSSR) **97** (1954) 711
SILAS, R. S., I. YATES und V. THORNTON, Analyt. Chem. **31** (1959) 529
ŠIMÀK, P. und G. FAHRBACH, Angew. Makromol. Chemie **12** (1970) 73
ŠIMÀK, P. und G. FAHRBACH, Angew. makromol. Chemie **16/17** (1971) 309
SIMIONESCU, C. und C. UNGUREANU, Cellulose Chem. Technol. **1** (1967) 33
SIMON, A., M. MÜCKLICH, D. KUNATH und G. HEINTZ, J. Polymer Sci. **30** (1958) 201
SINGH, H., R. T. THAMPY und V. B. CHIPALKATTI, J. Polymer Sci. A **3** (1965) 1247
SINGH, R. D. und V. D. GUPTA, Chem. Phys. Letters (Amsterdam) 8 (1971) 294
SIRCAR, A. K., D. J. STANOUS und C. M. CONRAD, J. appl. Polymer Sci. **11** (1967) 1683
SKODA, W. und J. SCHURZ, Makromol. Chem. **29** (1959) 156
SKODA, W., J. SCHURZ und H. BAYZER, Z. physik. Chem. **210** (1959a) 35
SLOANE, H. J., Appl. Spectroscopy **16** (1962) 5
SLOBODIN, JA. M. und N. I. MATUSEVIČ, Vysokomol. Soed. (Hochmol. Verbind.) **5** (1963) 774
SLOVOCHOTOVA, N. A., Dokl. Akad. Nauk SSSR (Ber. Akad. Wiss. UdSSR) **127** (1959) 831
SLOWINSKI, E. J. und G. C. CLAVER, J. Polymer Sci. **17** (1955) 269
SLOWINSKI, E. J., H. WALTER und R. MILLER, J. Polymer Sci. **19** (1956) 353
SMALL, R. M. B., Analyt. Chem. **31** (1959) 478
SMALL, R. M. B., Analyt. Chem. **31** (1959a) 1742
SMALL, R. M. B., Analyt. Chem. **33** (1961) 1798
SMALLWOOD, S. E. F. und P. B. HART, Spectrochim. Acta **19** (1963) 285
SMETHURST, B. und D. STEELE, Spectrochim. Acta **20** (1964) 242

SMIRNOV, L. V., N. P. KULIKOVA und N. V. PLATONOVA, Vysokomol. Soed. (Hochmol. Verbind.) A **9** (1967) 2515
SMITH, A. E., J. chem. Phys. **21** (1953) 2229
SMITH, D. C., Ind. Engng. Chem. **48** (1956) 1161
SMITH, R. H., F. E. JONES und R. P. CHASMAR, The Detection and Measurement of Infrared Radiation, Clarendon Press, Oxford: 1957
SMITH, W. E., R. C. STOFFER und R. B. HANNAN, J. Polymer Sci. **61** (1962) 39
SMITH, J. K., W. J. KITCHEN und D. B. MUTTON, J. Polymer Sci. C Nr. 2 (1963) 499
SMITH, D. A., Addition Polymers, Butterworth, London: 1968
SMITH, M., A. G. WALTON und J. L. KOENIG, Biopolymers 8 (1969) 173
SNYDER, R. G., J. mol. Spectroscopy **4** (1960) 411
SNYDER, R. G., J. mol. Spectroscopy **7** (1961) 116
SNYDER, R. G. und J. H. SCHACHTSCHNEIDER, Spectrochim. Acta **19** (1963) 85
SNYDER, R. G. und J. H. SCHACHTSCHNEIDER, Spectrochim. Acta **20** (1964) 853
SNYDER, R. G., J. mol. Spectroscopy **23** (1967) 224
SNYDER, R. S. und G. ZERBI, Spectrochim. Acta **23 A** (1967a) 391
SNYDER, R. G., J. molecular Spectroscopy **36** (1970) 222
SOBUE, H. und S. FUKUHARA, J. chem. Soc., Japan, ind. Chem. Sect. **60** (1957) 88
SOBUE, H. und S. FUKUHARA, J. chem. Soc., Japan, ind. Chem. Sect. **60** (1957a) 320
SOBUE, H. und S. FUKUHARA, J. chem. Soc., Japan, ind. Chem. Sect. **61** (1958) 767
SOBUE, H. und S. FUKUHARA, J. chem. Soc., Japan, ind. Chem. Sect. **63** (1960) 632
SOBUE, H. und S. FUKUHARA, J. Soc. Text. Cell. Ind., Japan **18** (1962) 121
SOBUE, H., T. URYU, K. MATSUZAKI und Y. TABATA, J. Polymer Sci. B **1** (1963) 409
SOBUE, H., T. URYU, K. MATSUZAKI und Y. TABATA, J. Polymer Sci. A **2** (1964) 3333
SOKOLOV, N. D., Ž. eksp. teor. Fiz. **23** (1952) 392
SOKOLOV, N. D., Ann. Chimie **10** (1965) 497
SOLOMKO, V. P. und V. V. NIŽNIK, Vysokomol. Soed. (Hochmol. Verbind.) B**12** (1970) 257
SPACH, G., Compt. Rend. **249** (1959) 667
SPEDDING, H., Unicam-Spectrovision Nr. 8 (1960) 7
SPEDDING, H., In *Methods in Carbohydrate Chemistry*, Academic Press, New York, N.Y., 1962, Bd. **1**, 539
SPEDDING, H., Polymer **3** (1962a) 210
SPEDDING, H., Polymer **3** (1962b) 195
SPEDDING, H., Advances Carbohydrate Chem. **19** (1964) 23
SPEDDING, H. und J. O. WARWICKER, J. Polymer Sci. A **2** (1964a) 3933
SPURR, R. A., B. M. HANKING und J. W. ROWEN, J. Polymer Sci. **37** (1959) 431
STACE, B. C., in MILLER (1965)
STANLEY, E. und M. LITT, J. Polymer Sci. **43** (1960) 453
STARKWEATHER, H. W. und R. E. MOYNIHAN, J. Polymer Sci. **22** (1956) 363
STATTON, W. O., J. L. KOENIG und M. HANNON, J. appl. Phys. **41** (1970) 4290
STEELE, R. und E. PASCU, Textile Res. J. **19** (1949) 790
STEELE, R., Textile Res. J. **25** (1955) 545
STEFANI, R., M. CHEFRETON, M. GARNIER und M. C. EYRAUD, Compt. Rend. **251** (1960) 2174
STEGER, E., Chem. Techn. **12** (1960) 216
STEGER, E. und K. HERZOG, Z. Chem. **3** (1963) 142
STEIN, R. S. und G. B. B. M. SUTHERLAND, J. chem. Phys. **21** (1953) 370
STEIN, R. S. und G. B. B. M. SUTHERLAND, J. chem. Phys. **22** (1954) 1993
STEIN, R. S., J. chem. Phys. **23** (1955) 734
STEIN, R. S. und F. H. NORRIS, J. Polymer Sci. **21** (1956) 381
STEIN, R. S., J. Polymer Sci. **31** (1958) 327
STEIN, R. S., J. Polymer Sci. **31** (1958a) 335
STEIN, H. H. und J. GUARNACCIO, Textile Res. J. **29** (1959) 492
STEIN, R. S., J. appl. Polymer Sci. **5** (1961) 96

STEIN, R. S., J. Polymer Sci. **50** (1961a) 339
STEIN, R. S., J. appl. Phys. **32** (1961b) 1280
STEIN, R. S. und B. E. READ, Appl. Polymer Symposia Nr. 8 (1969) 255
STELLMAN, J. M. und A. E. WOODWARD, J. Polymer Sci. B **7** (1969) 755
STEPANOV, B. I., R. G. ŽBANKOV und A. JA. ROSENBERG, Ž. fizič. Chimii (Z. phys. Chem.) **33** (1959) 1907
STEPANOV, B. I., R. G. ŽBANKOV und R. MARUPOV, Vysokomol. Soed. (Hochmol. Verbind.) **3** (1961) 1633
STEPANOV, B. I., und R. G. ŽBANKOV, Zavodsk. Labor., Moskva (Betriebslabor.) **29** (1963) 696
STEVENSON, H. J. R. und S. LEVINE, Rev. sci. Instr. **24** (1953) 229
STEWART, J. E., in Interpretive Spectroscopy (Ed.: S. K. Freeman). Reinhold Publ. Corp., New York: 1965
STIMSON, M. M. und M. J. O'DONNEL, J. amer. chem. Soc. **74** (1952) 1805
STIVALA, S. S., L. REICH und P. G. KELLEHER, Makromol. Chem. **59** (1963) 28
STIVALA, S. S., B. R. JADRNICEK und L. REICH, Macromolecules **4** (1971) 61
ŠTOKR, J. und B. SCHNEIDER, Coll. czechoslov. chem. Commun. **28** (1963) 1946
ŠTOKR, J., B. SCHNEIDER, M. KARLINSKÝ, M. RYSKA und D. LIM, J. Polymer Sci. A-1 **5** (1967) 2013
ŠTOKR, J., S. DIRLIKOV und B. SCHNEIDER, Coll. czechoslov. chem. Commun. **36** (1971) 1923
ŠTOLKA, M., J. VODEHNAL und I. KÖSSLER, J. Polymer Sci. A **2** (1964) 3987
STONE, N. W. B. und D. WILLIAMS, Appl. Optics **5** (1966) 353
STRASHEIM, A. und K. BUIJS, Spectrochim. Acta **16** (1960) 1010
STRECKER, R. A. H., J. appl. Polymer Sci. **13** (1969) 2439
STROUPE, J. D. und R. E. HUGHES, J. amer. chem. Soc. **80** (1958) 2341
STUART, H. A., Die Physik der Hochpolymeren. Bd. **3**, Springer, Berlin—Göttingen—Heidelberg: 1955
SUCHOV, F. F., N. A. SLOVOCHOTOVA, V. A. KARGIN und D. M. MARGOLIN, Ž. prikl. Spektroskopii (Z. angew. Spektr.) **6** (1967) 338
SUCHOV, F. F., Z. F. IL'IČEVA und N. A. SLOVOCHOTOVA, Vysokomol. Soed. (Hochmol. Verbind.) B **9** (1967a) 851
SUČKOV, V. A. und I. I. NOVAK, Vysokomol. Soed. (Hochmol. Verbind.) **11** (1969) 2753
SUGAI, S., K. KAMASHIMA, S. MAKINO und J. NOGUCHI, J. Polymer Sci. A-2 **4** (1966) 183
SUGETA, H., T. MIYAZAWA und T. KAJIURA, J. Polymer Sci. B **7** (1969) 251
SUITO, E. und M. ARAKAWA, Rubber Chem. Technol. **38** (1965) 219
SUITO, E., Rubber Chem. Technol. **38** (1965a) 227
SUMI, Y., R. D. HALE und B. G. RÅNBY, Tappi **46** (1963) 126
SUMMERFIELD, G. C., J. chem. Phys. **43** (1965) 1079
SUTHERLAND, G. B. B. M. und H. W. THOMPSON, Trans. Faraday Soc. **41** (1945) 174
SUTHERLAND, G. B. B. M., Disc. Farad. Soc. **9** (1950) 274
SUTHERLAND, G. B. B. M. und A. V. JONES, Trans. Farad. Soc. **9** (1950a) 281
SUTHERLAND, G. B. B. M. und M. TSUBOI, Proc. Roy. Soc. A **239** (1957) 446
SUZUKI, S., Y. IWASHITA und T. SHIMANOUCHI, Biopolymers **4** (1966) 337
SUZUKI, E., Spectrochim. Acta **23A** (1967) 2303
SUZUKI, H. und H. ONO, Makromol. Chemie **132** (1970) 305
SUZUKI, H., J. Polymer Sci. A-1 **9** (1971) 387
SVEGLIADO, G., G. TALAMINI und G. VIDOTTO, J. Polymer Sci. A-1 **5** (1967) 2875
SVERDLOV, L. M., Dokl. Akad. Nauk SSSR (Ber. Akad. Wiss. UdSSR) **78** (1951) 1115
SVERDLOV, L. M., Optika i Spektroskopija, Moskva 8 (1960) 17
SWENSON, C. A. und R. FORMANEK, J. phys. Chem. **71** (1967) 4073
SYMOUR, R. B., H. E. TSANG und D. WARREN, Polymer Engng. and Sci. **7** (1967) 1
SZEWCZYK, H. und A. ZIELASKO, Polimery **13** (1968) 415
SZEWCZYK, H., Polimery **14** (1969) 233
SZYMANSKI, H. A. und R. T. CONLEY, Analyt. Chem. **30** (1958) 552

SZYMANSKI, H. A., Theory and Practice of Infrared Spectroscopy. Plenum Press, New York: 1964
SZYMANSKI, H. A., R. RIPLEY, R. FIEL, W. KINLIN, L. ZWOLINSKI, H. DREW, D. BAKALIK, J. MULLER, A. BLUEMLE und W. COLLINS, Progress in Infrared Spectroscopy Bd. 2, S. 177. Plenum Press, New York: 1964b
SZYMANSKI, H. A., K. BRODA, J. MAY, W. COLLINS und D. BAKALIK, Analyt. Chem. **37** (1965) 617
SZYMANSKI, H. A. und A. BLUEMLE, J. Polymer Sci. A **3** (1965a) 63
SZYMANSKI, H. A., A. BLUEMLE und W. COLLINS, Appl. Spectroscopy **19** (1965b) 137

TABATA, Y., Y. HASIZUME und H. SOBUE, J. Polymer Sci. A **2** (1964) 2647
TABATA, Y., K. HAMANOUE und H. SOBUE, Kogyo Kagaku Zasshi **67** (1964a) 482
TABATA, Y., H. SHIBANO und H. SOBUE, J. Polymer Sci. A **2** (1964b) 1977, 2235, 2445
TABATA, Y., K. ISHIGURE und K. OSHIMA, Makromol. Chem. **85** (1965) 91
TADA, K., T. FUENO und J. FURUKAWA, J. Polymer Sci. A-1 **4** (1966) 2981
TADOKORO, H., S. SEKI und I. NITTA, J. chem. Phys. **23** (1955) 1351
TADOKORO, H., S. SEKI und I. NITTA, J. Polymer Sci. **22** (1956) 563
TADOKORO, H., S. SEKI, I. NITTA und K. OSAKI, J. chem. Soc. Japan **78** (1957) 1060
TADOKORO, H., K. OSAKI, S. SEKI und I. NITTA, J. chem. Soc. Japan **78** (1957a) 1065
TADOKORO, H., K. KOŽAI, S. SEKI und I. NITTA, J. Polymer Sci. **26** (1957b) 379
TADOKORO, H., S. SEKI, I. NITTA und R. YAMADERA, J. Polymer Sci. **28** (1958) 244
TADOKORO, H., N. NISHIYAMA, S. NOZAKURA und S. MURAHASHI, J. Polymer Sci. **36** (1959) 553
TADOKORO, H., S. NOZAKURA, T. KITAZAWA, Y. YASUHARA und S. MURAHASHI, Bull. chem. Soc. Japan **32** (1959a) 313
TADOKORO, H., Bull. chem. Soc. Japan **32** (1959b) 1252
TADOKORO, H., K. KOŽAI, S. SEKI und I. NITTA, Kobunshi Kagaku, Tokio (Chem. High Polymers) **16** (1959c) 418
TADOKORO, H., T. KITAZAWA, S. NOZAKURA und S. MURAHASHI, Kobunshi Kagaku (Chem. High Polymers) **17** (1960) 231
TADOKORO, H., T. YASUMOTO, S. MURAHASHI und I. NITTA, J. Polymer Sci. **44** (1960a) 266
TADOKORO, H., T. YASUMOTO, G. MORIMOTO und S. MURAHASHI, Kobunshi Kagaku (Chem. High Polymers) **17** (1960b) 95
TADOKORO, H., T. KITAZAWA, S. NOZAKURA und S. MURAHASHI, Bull. chem. Soc. Japan **34** (1961) 1209
TADOKORO, H., H. NAGAI, S. SEKI und I. NITTA, Bull. chem. Soc. Japan **34** (1961a) 1504
TADOKORO, H., A. KOBAYASHI, Y. KAWAGUCHI, S. SOBAJIMA, S. MURAHASHI und Y. MATSUI, J. chem. Phys. **35** (1961b) 369
TADOKORO, H., Y. NISHIYAMA, S. NOZAKURA und S. MURAHASHI, Bull. chem. Soc. Japan **34** (1961c) 381
TADOKORO, H., K. TATSUKA und S. MURAHASHI, J. Polymer Sci. **59** (1962) 413
TADOKORO, H., S. MURAHASHI, R. YAMADERA und T. KAMEI, J. Polymer Sci. A **1** (1963) 3029
TADOKORO, H., M. UKITA, M. KOBAYASHI und S. MURAHASHI, J. Polymer Sci. B **1** (1963a) 405
TADOKORO, H., M. KOBAYASHI, I. KAWAGUCHI, A. KOBAYASHI und S. MURAHASHI, J. chem. Phys. **38** (1963b) 703
TADOKORO, H., Y. CHATANI, T. YOSHIHARA, S. TAHARA und S. MURAHASHI, Makromol. Chem. **73** (1964) 109
TADOKORO, H., T. YOSHIHARA, Y. CHATANI und S. MURAHASHI, J. Polymer Sci. B (1964a) 363
TADOKORO, H., Y. YOSHIHARA, Y. CHATANI und S. MURAHASHI, J. Polymer Sci. B **2** (1964b) 363
TADOKORO, H., M. KOBAYASHI, M. UKITA, K. YASUFUKU, S. MURAHASHI und T. TORII, J. chem. Phys. **42** (1965) 1432
TADOKORO, H., Macromol. Reviews **1** (1967) 119
TADOKORO, H., Y. TAKAHASHI, Y. CHATANI und H. KAKIDA, Makromol. Chem. **109** (1967a) 96

TADOKORO, H., M. KOBAYASHI, H. YOSHIDOME, K. TAI und M. DAISUKE, J. chem. Phys. **49** (1968) 3359
TAKAHASHI, T. und KEN-ICHI SUZUKI, Kobunshi Kagaku, Tokio (Chem. High Polymers) **21** (1964) 487, 494
TAKAHASHI, Y., N. MATSUZAWA, H. KAKIDA, Y. CHATANI und H. TADOKORO, Annual Meeting of the chem. Soc. Japan (1966)
TAKAMITSU, I. und N. UEDA, Kobunshi Kagaku, Tokio (Chem. High Polymers) **23** (1966) 593
TAKATA, T. und M. TANIYAMA, Kobunshi Kagaku, Tokio (Chem. High Polymers) **16** (1959) 693
TAKATA, T., Kobunshi Kagaku, Tokio (Chem. High Polymers) **19** (1962) 641, 653, 682, 690
TAKATA, T., I. HIROI und M. TANIYAMA, J. Polymer Sci. A **2** (1964) 1567
TAKEDA, M., K. IIMURA, A. YAMADA und Y. IMAMURA, Bull. chem. Soc. Japan **32** (1959) 1150
TAKEDA, M., K. IIMURA, A. YAMADA und Y. IMAMURA, Bull. chem. Soc. Japan **33** (1960) 1212
TAKEDA, M. und K. IIMURA, J. Polymer Sci. **57** (1962) 383
TAKEDA, M., K. IIMURA und S. OCHIAI, J. Polymer Sci. B **4** (1966) 155
TAKENAKA, T., Y. SHIMURA und R. GOTOH, Kolloid-Z./Z. Polymere **237** (1970) 193
TAKEUCHI, T. und S. MORI, Analyt. Chem. **37** (1965) 589
TAKEUCHI, T. und S. MORI, Bull. chem. Soc. Japan **39** (1966) 1328
TAKEUCHI, T., S. TSUGE und Y. SUGIMURA, J. Polymer Sci. A-1 **6** (1968) 3415
TAKEUCHI, T., S. TSUGE und K. ITO, Japan Analyst **18** (1969) 383
TAKEUCHI, T., S. TSUGE und Y. SUGIMURA, Analyt. Chem. **41** (1969a) 184
TAMRES, M., J. amer. chem. Soc. **74** (1952) 3375
TAMRES, M., S. SEARLES, E. M. LEIGHLY und D. W. MOHRMAN, J. amer. chem. Soc. **76** (1954) 3283
TANAKA, S. und T. KURACHI, J. chem. Soc. Japan, ind. Chem. Sect. **62** (1959) 1472
TANAKA, S., T. KURACHI und M. TSUGE, Japan Analyst **13** (1964) 1205
TANAKA, T., T. YOKOYAMA und Y. YAMAGUCHI, J. Polymer Sci. A-1 **6** (1968) 2137
TARUTINA, J. L., Ž. fisič. Chimii (Z. physik. Chem.) **29** (1955) 975
TASUMI, M. und T. SHIMANOUCHI, Spectrochim. Acta **17** (1961) 731
TASUMI, M., T. SHIMANOUCHI und T. MIYAZAWA, J. mol. Spectroscopy **9** (1962) 261
TASUMI, M., T. SHIMANOUCHI und T. MIYAZAWA, J. mol. Spectroscopy **11** (1963) 422
TASUMI, M., T. SHIMANOUCHI, H. TANAKA und S. IKEDA, J. Polymer Sci. A **2** (1964) 1607
TASUMI, M. und T. SHIMANOUCHI, J. chem. Phys. **43** (1965) 1245
TASUMI, M., T. SHIMANOUCHI, H. KENJO und S. IKEDA, J. Polymer Sci. A-1 **4** (1966) 1011
TASUMI, M., T. SHIMANOUCHI und S. IKEDA, J. Polymer Sci. A-1 **4** (1966a) 1023
TASUMI, M. und G. ZERBI, J. Polymer Sci. B **5** (1967) 985
TASUMI, M. und S. KRIMM, J. chem. Phys. **46** (1967a) 755
TASUMI, M. und G. ZERBI, J. chem. Phys. **48** (1968) 3813
TASUMI, M. und S. KRIMM, J. Polymer Sci. A-2 **6** (1968a) 995
TASUMI, M. und T. SHIMANOUCHI, Polymer J., Japan **2** (1971) 62
TEARE, P. W., Acta crystallogr. (Kopenhagen) **12** (1959) 294
TERANISHI, K. und K. SUGAHARA, Kobunshi Kagaku, Tokio (Chem. High Polymers) **23** (1966) 512
Textile Institute Manchester, Identification of Textile Materials. 5. Ausgabe, Manchester: 1965
THOMPSON, H. W. und P. TORKINGTON, Trans. Farad. Soc. **41** (1945) 246
THOMPSON, H. W. und P. TORKINGTON, Proc. Roy. Soc. A **184** (1945a) 21
THOMPSON, A. B. und D. W. WOODS, Nature (London) **176** (1955) 78
TIRPAK, G. A., J. Polymer Sci. B **3** (1965) 371
TIRPAK, G. A., J. Polymer Sci. B **4** (1966) 111
TITOVA, I. A. und M. G. BEL'SKAJA, Ž. anal. Chimii (Z. analyt. Chem.) **21** (1966) 1118
TOBIN, M. C., J. chem. Phys. **23** (1955) 891
TOBIN, M. C. und M. J. CARRANO, J. chem. Phys. **25** (1956) 1044
TOBIN, M. C. und M. J. CARRANO, J. Polymer Sci. **24** (1957) 93

TOBIN, M. C., J. phys. Chem. **61** (1957a) 1392
TOBIN, M. C., J. mol. Spectroscopy **4** (1960) 349
TOBIN, M. C., J. phys. Chem. **64** (1960a) 216
TOBIN, M. C., J. chem. Phys. **50** (1969) 4551
TORKINGTON, P. und H. W. THOMPSON, Trans. Faraday Soc. **41** (1945) 184
TOSI, C., Makromol. Chem. **108** (1967) 307
TOSI, C., Advances Polymer Sci./Fortschr. Hochpolymeren-Forsch. **5** (1968) 451
TOSI, C., M. P. LACHI und A. PINTO, Makromol. Chem. **120** (1968a) 225
TOSI, C., Makromol. Chem. **112** (1968b) 303
TOSI, C., A. VALVASSORI und F. CIAMPELLI, Europ. Polymer J. **4** (1968c) 107
TOSI, C., P. CORRADINI, A. VALVASSORI und F. CIAMPELLI, J. Polymer Sci. C Nr. 22 (1969) 1085
TOSI, C. und F. CIAMPELLI, European Polymer J. **5** (1969a) 759
TOSI, C., A. VALVASSORI und F. CIAMPELLI, European Polymer J. **5** (1969b) 575
TOSI, C., European Polymer J. **6** (1970) 161
TRAPEZNIKOVA, O. N. und T. V. BELOPOLSKAJA, Optika i Spektroskopija, Moskva **22** (1967) 974
TREIBER, E., H. TOPLAK und M. RUCK, Holzforsch. **9** (1955) 49
TREIBER, E., J. GIERER, J. REHNSTRÖM und J. SCHURZ, Holzforsch. **10** (1956) 36
TRELOAR, L. R. G., in STUART *Die Physik der Hochpolymeren* Bd. **4**. Springer, Berlin—Göttingen—Heidelberg: 1956
TREVINO, S. und H. BOUTIN, J. chem. Phys. **45** (1966) 2700
TREVINO, S. und H. BOUTIN, J. macromol. Sci. A **1** (1967) 723
TREVINO, S., Appl. Spectroscopy **23** (1968) 659
TRIFAN, D. S. und J. F. TERENZI, J. Polymer Sci. **28** (1958) 443
TRUETT, W. L., Appl. Spectroscopy **21** (1967) 400
TRYON, M., E. HOROWITZ und J. MANDEL, J. Res. nat. Bur. Stand. **55** (1955) 219
TSUBOI, M., Spectrochim. Acta 8 (1956) 299
TSUBOI, M., J. Polymer Sci. **25** (1957) 159
TSUBOI, M., J. Polymer Sci. **59** (1962) 139
TSUBOI, M., J. Polymer Sci. C Nr. **7** (1964) 125
TSUDA, Y., Bull. chem. Soc. Japan **34** (1961) 7
TSURUTA, M., H. ARIMOTO und M. ISHIBASHI, Kobunshi Kagaku, Tokio (Chem. High Polymers) **15** (1958) 619
TSUTSUI, N., T. HAYAHARA, Y. MATSUMURA und H. SEKIGUCHI, Kobunshi Kagaku, Tokio (Chem. High Polymers) **23** (1966) 193
TUN, S., S. S. GUSEV, I. N. ERMOLENKO und Z. A. ROGOVIN, Vysokomol. Soed. (Hochmol. Verbind.) **3** (1961) 1688
TWISLETON, J. F. und J. W. WHITE, Polymer **13** (1972) 40

ÜBERREITER, K. und W. KRULL, Angew. Chem. **69** (1957) 557
UEDA, S. und T. KIMURA, Kobunshi Kagaku, Tokio (Chem. High Polymers) **15** (1958) 243
UEDA, N. und S. NISHIUMI, Kobunshi Kagaku (Chem. High Polymers) **23** (1966) 593
UKITA, M., Bull. chem. Soc. Japan **39** (1966) 742
ULBRICHT, J. und W. MAKSCHIN, Faserforsch. u. Textiltechn. **20** (1969) 170
Unicam-Spectrovision Nr. 13 (1965) 12

VAHLDIECK, J., I. SOLF, E. ANTON, R. SCHMOLKE, W. KIMMER und P. KUZAY, Plaste u. Kautschuk **17** (1970) 634
VAJNSTEJN, E. F., I. V. KUMPANENKO und S. G. ENTILIS, Vysokomol. Soed. (Hochmol. Verbind.) A **11** (1969) 2624
VALVASSORI, A. und G. SARTORI, Fortschr. Hochpolymeren-Forsch./Adv. Polymer Sci. **5** (1967) 28
VAN DER BIJ, J. R. und W. F. VOGEL, Stärke **14** (1962) 113
VAN DER MAAS, J. H. und A. TOLK, Spectrochim. Acta **18** (1962) 235

VAN SCHOOTEN, J., E. W. DUCK und R. BERKENBOSCH, Polymer **2** (1961) 357
VAN SCHOOTEN, J. und S. MOSTERT, Polymer **4** (1963) 135
VASKO, P. D. und J. L. KOENIG, Macromolecules **3** (1970) 597
VEERKAMP, T. A. und A. VEERMANS, Makromol. Chem. **50** (1961) 147
VELIJEV, S. I., V. I. VETTEGREN und I. I. NOVAK, Mechanika Polimerov, Riga (1970) 433
VETTEGREN, V. I. und I. I. NOVAK, Optika i Spektroskopija **14** (1963) 545
VODEHNAL, J. und I. KÖSSLER, Coll. czechoslov. chem. Commun. **29** (1964) 2859
VODEHNAL, J. und I. KÖSSLER, Coll. czechoslov. chem. Commun. **29** (1964a) 2428
VODŇANSKÝ, J., M. SLABINA und B. SCHNEIDER, Coll. czechoslov. chem. Commun. **28** (1963) 3245
VOIGT, J., Kunststoffe **55** (1965) 458
VOIGT, J., Die Stabilisierung der Kunststoffe gegen Licht und Wärme. Springer, Berlin—Göttingen—Heidelberg: 1966
VOLČEK, B. Z. und V. N. NIKITIN, Ž. techn. Fiz. (Z. techn. Physik) **27** (1957) 1836
VOLČEK, B. Z., Fizika tverdogo Tela (Festkörperphysik) **1** (1959) 803
VOLČEK, B. Z. und Ž. N. ROBERMAN, Vysokomol. Soed. (Hochmol. Verbind.) **2** (1960) 1157
VOLČEK, B. Z., JU. JA. GOTLIB und Ž. N. ROBERMAN, Fižic. Probl. Spektroskopii, Akad. Nauk. SSSR, Moskva **1** (1962) 449
VOLČEK, B. Z. und A. V. PURKINA, Vysokomol. Soed. (Hochmol. Verbind.) **9A** (1967) 1257
VOLČEK, B. Z. und A. V. PURKINA, Vysokomol. Soed. (Hochmol. Verbind.) **10B** (1968) 605
VOLČEK, B. Z. und A. V. PURKINA, Molekuljarnaja Biologija, Moskva 2 (1968a) 107
VOLČEK, B. Z. und A. V. PURKINA, Vysokomol. Soed. (Hochmol. Verbind.) **11A** (1969) 1563
VOLKENSHTEIN, M. V., B. Z. VOLCHEK, YU. YA. GOTLIB und V. N. NIKITIN, J. appl. Polymer Sci. 8 (1964) 2923
VRATNY, F. und B. GRAVES, Rev. sci. Instr. **31** (1960) 65

WAGNER, H. und J. BOHM, Jenaer Rdsch. **10** (1965) 87
WAGNER, H. und J. BOHM, Spectrochim. Acta **21** (1965a) 427
WAGNER, H. und L. WUCKEL, Plaste u. Kautschuk **18** (1971) 426
WAIMAN E. JA., JU. V. GLAZKOVSKIJ, L. V. SMIRNOV und V. D. FICHMAN, Ž. prikl. Chim. (Z. angew. Chemie) **41** (1968) 362
WALL, F. T., J. amer. chem. Soc. **62** (1940) 803
WALL, F. T., J. amer. chem. Soc. **66** (1944) 2050
WALLS, F., Chem. and Ind. (1962) 1833
WALTER, E. R. und F. P. REDING, J. Polymer Sci. **21** (1956) 561
WALTER, E. R. und F. P. REDING, Amer. chem. Soc. 133rd Meeting, Abstracts 14R (1958)
WALTON, A. K., T. S. MOSS und B. ELLIS, J. sci. Instr. **41** (1964) 687
WARD, I. M., Chem. and Ind. (1956) 905
WARD, I. M., Nature (London) **180** (1957) 141
WARD, I. M., Trans. Farad. Soc. **53** (1957a) 1406
WARD, I. M., Chem. and Ind. (1957b) 1102
WARD, I. M., Textile Res. J. **31** (1961) 650
WARWICKER, J. O. und H. SPEDDING, J. appl. Polymer Sci. **9** (1965) 1913
WARRIER, A. V. R. und S. KRIMM, Macromolecules **3** (1970) 709
WASHBROOKE, P. F., Unicam-Spectrovision Nr. 8 (1960) 8
WATANABE, H., T. HOTTA und K. OKUDA, J. chem. Soc. Japan, Ind. Chem. Sect. **61** (1958) 1322
WATANABE, H., Y. KATO und A. NISHIOKA, J. chem. Soc. Japan, Ind. Chem. Sect. **65** (1962) 270
WEBER, H., B. SCHLEIMER und H. WINTER, Makromol. Chem. **101** (1967) 320
WEGEMER, N. J., J. appl. Polymer Sci. **14** (1970) 573
WEI, P. E., Analyt. Chem. **33** (1961) 215
WEI, P. E., Analyt. Chem. **33** (1961a) 1799
WEIDEMANN, E. G. und G. ZUNDEL, Z. Physik **198** (1967) 288

WEIS, G., Fette, Seifen, Anstrichmittel **70** (1968) 355
WENTINK jun., T., L. J. WILLWERTH und J. P. PHANEUF, J. Polymer Sci. **55** (1961) 551
WEST, W. (Herausg.), Chemical Applications of Spectroscopy. Interscience Publ., New York: 1956
WESTON, G. J., Chem. and Ind. (1954) 604
WEXLER, A. S., Analyt. Chem. **36** (1964) 1829
WHARTON, M. K. und F. H. FORZIATI, Amer. Dyestuff Rep. **50** (1961) 515
WHIFFEN, D. H., Spectrochim. Acta **7** (1955) 253
WHIFFEN, D. H., Phil. Trans. Roy. Soc. Ser. A **248** (1955a) 131
WHIFFEN, D. H., J. chem. Soc. (1956) 1350
WHITE, H. F. und C. LOVELL, J. Polymer Sci. **41** (1959) 369
WHITE, D. M., J. amer. chem. Soc. **82** (1960) 5678
WHITE, R. G., Handbook of Industrial Infrared Analysis, Plenum Press, New York: 1964
WIBERG, K. B. und B. J. NIST, J. amer. chem. Soc. **83** (1961) 1226
WIBERLEY, S. E., J. W. SPRAGUE und J. E. CAMPBELL, Analyt. Chem. **29** (1957) 210
WILKINSON, G. R., W. C. PRICE und E. M. BRANDBURY, Spectrochim. Acta **14** (1959) 284
WILKINSON, G. R., in DAVIES (1963)
WILKS, P. A. und T. HIRSCHFELD, Appl. Spectroscopy Rev. **1** (1967) 99
WILLBOURN, A. H., J. Polymer Sci. **34** (1959) 569
WILLIAMS, V. Z., Rev. sci. Instr. **19** (1948) 135
WILLIS, J. B., Austral. J. sci. Research Ser. A **4** (1951) 172
WILLIS, H. A., R. G. J. MILLER, D. H. ADAMS und H. A. GEBBIE, Spectrochim. Acta **19** (1963) 1457
WILLIS, H. A., V. J. I. ZICKY und P. J. HENDRA, Polymer **10** (1969) 737
WILSON, E. B. und A. J. WELLS, J. chem. Phys. **14** (1946) 578
WILSON, E. B., J. C. DECIUS und P. C. CROSS, Molecular Vibrations. McGraw-Hill, New York: 1955
WILSON, W. K., Tappi **38** (1955a) 274
WINSTON, H. und R. S. HALFORD, J. chem. Phys. **17** (1949) 607
WITENHAFER, D. E. und J. L. KOENIG, J. appl. Phys. **39** (1968) 4982
WITENHAFER, D. E. und J. L. KOENIG, J. macromol. Sci. (Phys.) B **2** (1968a) 147
WITENHAFER, D. E. und J. L. KOENIG, J. Polymer Sci. A-2 **7** (1969) 1279
WITENHAFER, D. E., J. Macromol. Sci. — Phys. B **4** (1970) 915
WODARSKI, G., Polimery **9** (1964) 40
WOHLLEBEN, G., Angew. Chem. **67** (1955) 741
WOLFF, H. und D. HORN, Ber. Bunsenges. phys. Chem. **72** (1968) 419
WOLFRAM, L. E., J. G. GRASSELLI und J. L. KOENIG, Appl. Spectroscopy **24** (1970) 263
WOOD, D. L. und S. S. MITRA, J. opt. Soc. Amer. **48** (1958) 537
WOOD, F. und G. KING, J. Textile Inst., Trans., **54** (1963) T 111
WOODBREY, J. C., in KETLEY, The Stereochemistry of Macromolecules, Vol. **3**, Marcel Dekker, Inc., New York: 1968
WRIGHT, N., J. opt. Soc. Amer. **38** (1948) 69
WUCKEL, L., Naturwiss. **47** (1960) 109
WUNDERLICH, B., J. chem. Phys. **37** (1962) 1207
WYSS, H. R., R. D. WERDER und H. H. GÜNTHARD, Spectrochim. Acta **20** (1964) 573

YAMADA, H. und K. SUZUKI, Spectrochim. Acta **23 A** (1967) 1735
YAMADERA, R., J. Polymer Sci. **50** (1961) 4
YAMADERA, R., Kobunshi Kagaku, Tokio, (Chem. High Polymers) **19** (1962) 135
YAMADERA, R., H. TADOKORO und S. MURAHASHI, J. chem. Phys. **41** (1964) 1233
YAMADERA, R., Kobunshi Kagaku, Tokio (Chem. High Polymers) **21** (1964a) 362
YAMADERA, R. und M. MURANO, J. Polymer Sci. B **3** (1965) 821
YANAGISAWA, K., Kobunshi Kagaku, Tokio (Chem. High Polymers) **21** (1964) 312

YANAGISAWA, K., N. ASHIKARI, T. KANEMIZU und A. NISHIOKA, Kobunshi Kagaku, Tokio (Chem. High Polymers) **21** (1964a) 319
YANNAS, I. V. und A. C. LUNN, J. Polymer Sci. B **9** (1971) 611
YASUMI, M., Bull. chem. Soc. Japan **28** (1955) 489
YODA, N. und I. MATSUBARA, J. Polymer Sci. A **2** (1964) 253
YOKOYAMA, M., H. ISHIHARA, R. IWAMOTO und H. TADOKORO, Macromolecules **2** (1969) 184
YOSHIHARA, T., H. TADOKORO und S. MURAHASHI, J. chem. Phys. **41** (1964) 2902
YOSHIHARA, T., Y. KOTAKE und Y. YOH, J. Polymer Sci. B **5** (1967) 459
YOSHINAGA, H. und R. A. OETJEN, J. opt. Soc. Amer. **45** (1955) 1085
YOSHINO, T., T. KENJO und K. KUNO, J. Polymer Sci. B **5** (1967) 703
YOUNG, C. W., R. B. DUVALL und N. WRIGHT, Analyt. Chem. **23** (1951) 709
YOUNG, J. B., H. A. GRAHAM und E. W. PETERSON, Appl. Optics 4 (1965) 1023
YVANOVITCH, G., Compt. Rend. **252** (1961) 2884

ZACHMANN, H. G. und H. A. STUART, Makromol. Chem. **44/46** (1961) 622
ZADEROŽNIJ, B. A. und I. K. IŠČENKO, Optika i Spektroskopija, Moskva **19** (1965) 551
ZAHN, H. und W. PIEPER, Makromol. Chem. **53** (1962) 103
ZAHN, H., H. D. STOLPER und G. HEIDEMANN, Chem. Ber. **98** (1965) 3251
ZAKRZEWSKI, L., Polimery **6** (1961) 169
ZALKIND, G. I. und A. N. SABADAS, Plast. Massy (Plast. Massen), Moskva **4** (1965) 61
ZALWERT, S., H. SZEWCZYK und M. NOWAKOWSKA, Polimery **11** (1966) 65
ZAMBONI, V. und G. ZERBI, J. Polymer Sci. C Nr. 7 (1964) 153
ŽARKOV, V. V. und N. K. RUDNEVSKIJ, Vysokomol. Soed. (Hochmol. Verbind.) B **10** (1968) 29
ŽBANKOV, R. G. und I. N. ERMOLENKO, Vesci Akad. Nauk BSSR (Nachr. Akad. Wiss. Beloruss. SSR) (1956) 15
ŽBANKOV, R. G., Optika i Spektroskopija, Moskva **4** (1958) 318
ŽBANKOV, R. G., H. V. IVANOVA und A. JA. ROZENBERG, Zavodsk. Labor., Moskva (Betriebslabor.) **28** (1962) 1324
ŽBANKOV, R. G., V. I. NEPOČATYCH, R. MARUPOV und Z. A. ROGOVIN, Vysokomol. Soed. (Hochmol. Verbind.) **4** (1962a) 1696
ŽBANKOV, R. G., Zavodsk. Labor., Moskva (Betriebslabor.) **29** (1963) 1438
ŽBANKOV, R. G., R. MARUPOV, N. I. GARBUZ, A. I. SKRYGAN und A. M. ŠYŠKO, Vesci Akad. Nauk BSSR (Nachr. Akad. Wiss. Beloruss. SSR) (1963a) 65
ŽBANKOV, R. G., R. MARUPOV und M. D. BALABAEVA, Vesci Akad. Nauk BSSR (Nachr. Akad. Wiss. Beloruss. SSR) (1963b) 38
ŽBANKOV, R. G., Ultrarotspektren der Cellulose und ihrer Derivate (russ.) Minsk: 1964 Engl. Übersetzung: Infrared Spectra of Cellulose and its Derivatives, Consultants Bureau, New York: 1966
ŽBANKOV, R. G., N. V. IVANOVA und W. P. KOMAR, Vysokomol. Soed. (Hochmol. Verbind.) **8** (1966) 1778
ŽBANKOV, R. G., V. P. KOMAR, M. I. RODIONOVA und P. V. KOZLOV, Vysokomol. Soed. (Hochmol. Verbind.) **8** (1966a) 157
ŽBANKOV, R. G., V. P. KOMAR, R. V. ZUEVA und P. V. KOZLOV, Vysokomol. Soed. (Hochmol. Verbind.) A **10** (1968) 671
ZBINDEN, R., Infrared Spectroscopy of High Polymers, Academic Press, New York—London: 1964
ZERBI, G., P. BIANCHI und E. E. POLLI, Nature (London) **186** (1960) 964
ZERBI, G., P. BIANCHI und E. E. POLLI, Makromol. Chem. **60** (1963) 223
ZERBI, G., F. CIAMPELLI und V. ZAMBONI, J. Polymer Sci. C Nr. 7 (1964) 141
ZERBI, G. und G. CORTILI, Chem. Commun. (1965) 295
ZERBI, G. und M. GUSSONI, Spectrochim. Acta **22** (1966) 2111
ZERBI, G., Summer School *Spectroscopy of Polymers*, Preprints of Lectures III, Prag: 1967
ZERBI, G., Summer School *Spectroscopy of Polymers*, Preprints of Lectures IV, Prag: 1967a

ZERBI, G., M. GUSSONI und F. CIAMPELLI, Spectrochim. Acta **23A** (1967b) 301
ZERBI, G. und G. MASETTI, J. mol. Spectroscopy **22** (1967c) 284
ZERBI, G. und L. PISERI, J. chem. Phys. **49** (1968) 3840
ZERBI, G. und P. J. HENDRA, J. mol. Spectroscopy **27** (1968a) 17
ZERBI, G. und G. CORTILI, Spectrochim. Acta **26A** (1970) 733
ZIABICKI, A., Kolloid-Z./Z. Polymere **167** (1959) 132
ZIIFLE, H. M., R. R. BENERITO, R. J. BERNI und A. M. CANNIZZARO, Textile Res. J. **38** (1968) 1101
ZIMMER, H., Melliand Textilber. **50** (1969) 1141
ZIMMERMANN, H., Angew. Chem. **76** (1964) 1
ZJATKOV, I. P., JU. A. OLDEKOP, G. S. BYLINA, L. K. BURYKINA und M. M. SUBAREVA, Ž. prikl. Spektr. (Z. angew. Spektr.) **5** (1966) 97
ZOLOTAREV, V. M. und L. D. KISLOVSKIJ, Optika i Spektroskopija, Moskva **19** (1965) 623
ZOLOTAREV, V. M. und L. D. KISLOVSKIJ, Optika i Spektroskopija, Moskva **19** (1965a) 809
ZUNDEL, G., H. NOLLER und G. M. SCHWAB, Z. Naturforsch. **16b** (1961) 716
ZUNDEL, G., H. NOLLER und G. M. SCHWAB, Z. Elektrochemie **66** (1962) 122
ZUNDEL, G. und H. METZGER, Spectrochim. Acta **23A** (1967) 759
ZUNDEL, G. und A. MURR, Z. physik. Chem. (Frankfurt) **54** (1967a) 59
ZUNDEL, G. und H. METZGER, Z. physik. Chem. (Frankfurt) **59** (1968) 225
ŽURKOV, S. N., I. I. NOVAK, B. JA. LEVIN, A. V. SAVICKIJ und V. I. VETTEGREN, Vysokomol. Soed. (Hochmol. Verbind.) **7** (1965) 1203
ŽURKOV, S. N., V. I. VETTEGREN, V. E. KORSUKOV und I. I. NOVAK, Tverdoe telo (Festkörperphysik) Leningrad **11** (1969) 290

Sachverzeichnis

FSC
www.fsc.org
MIX
Papier | Fördert gute Waldnutzung
FSC® C083411

Kolibri 360 GmbH
Ferdinand-Jühlke-Straße 7
99095 Erfurt, Deutschland
produktsicherheit@kolibri360.de